中国高等植物
·修订版·

HIGHER PLANTS OF CHINA
· Revised Edition ·

主 编
EDITORS-IN-CHIEF

傅立国　陈潭清　郎楷永　洪　涛　林　祁　李　勇
FU LIKUO, CHEN TANQING, LANG KAIYUNG, HONG TAO, LIN QI AND LI YONG

第七卷

VOLUME
07

编 辑
EDITORS

李沛琼　傅立国　洪　涛
LI PEICHUN, FU LIKUO AND HONG TAO

青岛出版社
QINGDAO PUBLISHING HOUSE

中国高等植物（修订版）

主编单位	中国科学院植物研究所				
	深圳仙湖植物园				
主　　编	傅立国	陈潭清	郎楷永	洪　涛	林　祁	李　勇
副 主 编	傅德志	李沛琼	覃海宁	张宪春	张明理	贾　渝
	杨亲二	李　楠				
编　　委	（按姓氏笔画排列）		王文采	王印政	包伯坚	石　铸
	朱格麟	吉占和	向巧萍	邢公侠	林　祁	林尤兴
	陈心启	陈艺林	陈书坤	陈守良	陈伟球	陈潭清
	应俊生	李沛琼	李秉滔	李　楠	李　勇	李锡文
	吴珍兰	吴德邻	吴鹏程	何廷农	谷粹芝	张永田
	张宏达	张宪春	张明理	陆玲娣	杨汉碧	杨亲二
	郎楷永	胡启明	罗献瑞	洪　涛	洪德元	高继民
	梁松筠	贾　渝	黄普华	覃海宁	傅立国	傅德志
	鲁德全	潘开玉	黎兴江			
责任编辑	高继民	张　潇				

中国高等植物（修订版）第七卷

编　　辑	李沛琼	傅立国	洪　涛			
编 著 者	黄普华	吴德邻	向巧萍	包伯坚	李沛琼	傅立国
	陈家瑞	张泽荣	张宏达	陈书坤	傅坤俊	何善宝
	张继敏	宋滋圃	丘华兴	朱相云	陈　介	韦　直
	张若惠	覃海宁	刘瑛心	李　楠	郑朝宗	方云亿
	刘　演	陈　涛	林　祁	卫兆芳	马金双	班　勤
	王忠涛	夏振岱	杜玉芳	李娇兰	韦裕宗	
责任编辑	高继民	张　潇				

HIGHER PLANTS OF CHINA   REVISED EDITION

Principal Responsible Institutions

Institute of Botany, Chinese Academy of Sciences

Shenzhen Fairy Lake Botanical Garden

Editors-in-Chief   Fu Likuo, Chen Tanqing, Lang Kaiyung, Hong Tao, Lin Qi and Li Yong

Vice Editors-in-Chief   Fu Dezhi, Li Peichun, Qin Haining, Zhang Xianchun, Zhang Mingli, Jia Yu, Yang Qiner and Li Nan

Editorial Board (alphabetically arranged)   Bao Bojian, Chang Hungta, Chang Yongtian, Chen Shouling, Chen Shukun, Chen Singchi, Chen Tanqing, Chen Weichiu, Chen Yiling, Chu Gelin, Fu Dezhi, Fu Likuo, Gao Jimin, He Tingnung, Hong Deyuang, Hong Tao, Hu Chiming, Huang Puhwa, Jia Yu, Ku Tsuechih, Lang Kaiyung, Lee Shinchiang, Li Hsiwen, Li Nan, Li Peichun, Li Pingtao, Li Yong, Liang Songjun, Lin Qi, Lin Youxing, Lo Hsienshui, Lu Dequan, Lu Lingti, Pan Kaiyu, Qin Haining, Shih Chu, Shing Kunghsia, Tsi Zhanhuo, Wang Wentsai, Wang Yingzheng, Wu Pancheng, Wu Telin, Wu Zhenlan, Xiang Qiaoping, Yang Hanpi, Yang Qiner, Ying Tsunshen, Zhang Mingli and Zhang Xianchun

Responsible Editors   Gao Jimin and Zhang Xiao

HIGHER PLANTS OF CHINA   REVISED EDITION   Volume 7

Editors   Li Peichun, Fu Likuo and Hong Tao

Authors   Ban Qin, Bao Bojian, Chen Hungta, Chang Rohhwei, Chang Tsehyung, Chen Cheih, Chen Chiajui, Chen Shukun, Chen Tao, Cheng Chaotsung, Du Yufen, Fang Yunyi, Fu Kuntsun,Fu Likuo, He Shanbao, Huang Puhwa, Kiu Huashing, Li Jian, Li Nan, Li Peichun, Lin Qi, Liou Yingxin, Liu Yian, Ma Jinshuang, Qin Haining, Soong Tsepu, Wang Zhongtao, Wei Chaofen, Wei Yuetsung, Wei Zhi, Wu Telin, Xia Zhendai, Xiang Qiaoping, Zhang Jimin, Zhu Xiangyun

Responsible Editors   Gao Jimin and Zhang Xiao

第 七 卷 被子植物门
Volume 7 ANGIOSPERMAE

科 次

109. 含羞草科 MIMOSACEAE
（吴德邻）

常绿或落叶乔木或灌木,有时为藤本,很少草本。叶互生,常为二回羽状复叶,稀为一回羽状复叶或变为叶状柄、鳞片或无;叶柄具显著叶枕;羽片常对生;叶轴或叶柄上常有腺体;托叶存在或无,或呈刺状。花小,两性,有时单性,辐射对称,组成头状、穗状或总状花序或再排成圆锥花序;苞片小,生在花序梗的基部或上部,通常脱落,小苞片早落或无。花萼管状,稀萼片分离,通常5齿裂,稀3-4或6-7齿裂,裂片镊合状(稀覆瓦状)排列;花瓣与萼齿同数,镊合状排列,分离或合生成管状;雄蕊5-10(常与花冠裂片同数或为其倍数)或多数,突露于花被之外,分离或连合成管或与花冠相连,花药小,2室,纵裂,顶端常有一脱落性腺体,花粉单粒或为复合花粉;心皮1,稀2-15,子房上位,1室,胚珠数枚,花柱细长,柱头小。果为荚果,开裂或不开裂,有时具节或横裂,直或旋卷。种子扁平,坚硬,具马蹄形痕或无。

约64属,2950种,分布于全世界热带、亚热带地区,少数分布于温带地区,以中、南美洲为最盛。通常生长于低海拔热带雨林、稀树干草原以及热带美洲和非洲的干旱地区。我国国产、连同引入栽培的共15属,约66种。

1. 花萼裂片镊合状排列;花不组成大型头状花序。
  2. 雄蕊10或较少,离生或有时仅基部合生。
    3. 药隔顶端常有脱落性腺体。
      4. 乔木或灌木;种子小,具胚乳。
        5. 花序上的花全为两性花。
          6. 无刺乔木;小叶互生;荚果扁平,2瓣裂,果瓣旋卷 ················ 1. **海红豆属 Adenanthera**
          6. 具刺或无刺乔木或灌木;小叶通常对生;荚果肿胀,常呈圆筒形或其他形状,坚厚而不开裂 ······
                                ······ 2. **牧豆树属 Prosopis**
        5. 花序上部的花为两性花,下部的为中性花或雄花。
          7. 有刺灌木或小乔木;穗状花序圆柱形,退化雄蕊淡紫或红色;荚果弯扭 ······
                                ······ 3. **代儿茶属 Dichrostachys**
          7. 多年生草本或铺散灌木;头状花序卵形,退化雄蕊黄色;荚果扁平 ······ 4. **假含羞草属 Neptunia**
      4. 攀援状木质大藤本,具卷须(国产种);种子大,暗褐色,无胚乳 ··········· 5. **榼藤属 Entada**
    3. 药隔顶端无腺体。
      8. 荚果成熟时横裂为数节,荚节脱落后有具长刺的荚缘宿存果柄上,每节含1种子 ··········
                                ······ 6. **含羞草属 Mimosa**
      8. 荚果成熟时沿缝线纵裂呈后2瓣。
        9. 乔木或灌木;柱头头状;荚果带状;种子横生 ················ 7. **银合欢属 Leucaena**
        9. 多年生草本或亚灌木;柱头棒状;荚果线形;种子纵列或斜列 ·········· 8. **合欢草属 Desmanthus**
  2. 雄蕊多数,通常在10枚以上。
    10. 花丝分离或仅基部稍连合 ······························ 9. **金合欢属 Acacia**
    10. 花丝连合呈管状。
      11. 荚果2瓣裂。
        12. 果瓣富弹性,开裂时自顶端向基部翻转;种子长圆形,压扁 ······ 10. **朱缨花属 Calliandra**
        12. 果瓣沿背腹两缝线同时开裂,旋卷或稍扭转,不自顶端向基部翻转;种子透镜形或棋子形。
          13. 托叶小,不呈针状刺;种子无马蹄形痕;小叶多对 ·········· 11. **猴耳环属 Abarema**

1. 海红豆属 Adenanthera Linn.

　　乔木，无刺。二回羽状复叶，小叶多对，互生。花小，具短梗，两性，稀杂性，5基数，组成腋生穗状总状花序或在枝顶排成圆锥花序；花萼钟状，具5短齿，镊合状排列；花瓣5，披针形，基部微合生或近分离，等大；雄蕊10，分离，与花冠等长或稍长，花药卵圆形，顶端有一脱落性腺体；子房无柄，花柱线形，胚珠多颗。荚果带状，弯曲或劲直，革质，种子间有横膈膜，成熟后沿缝线开裂，果瓣旋卷。种子小，种皮坚硬，鲜红色或二色，具胚乳。

　　约10种，产热带亚洲及大洋洲，非洲及美洲有引种。我国1变种。

海红豆　　　　　　　　　　　　　　　　图 1 彩片 1

Adenanthera pavonina Linn. var. **microsperma**（Teijsm. et Binnend.）Nielsen in Adansonia ser. 2, 19（3）: 341. 1980.

Adenanthera microsperma Teijsm. et Binnend. in Nat. Tijdschr. Nederl. Ind. 27: 58. 1864.

Adenanthera pavonina auct. non Linn.: 中国高等植物图鉴 2: 327. 1972.

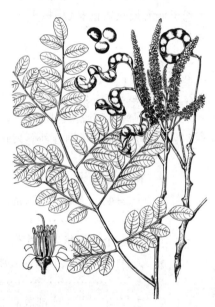

图 1 海红豆　（邓晶发绘）

　　落叶乔木，高5-20余米。嫩枝被微柔毛。二回羽状复叶，总叶柄和叶轴被微柔毛，无腺体；羽片3-5对，小叶4-7对，互生，长圆形或卵形，长2.5-3.5厘米，两端圆钝，两面均被微柔毛，具短柄。总状花序单生于叶腋或在枝顶排成圆锥花序，被短柔毛。花小，白色或黄色，有香味，具短梗；花萼长不足1毫米，与花梗同被金黄色柔毛；花瓣披针形，长2.5-3毫米，无毛，基部稍合生；雄蕊10，与花冠等长或稍长；子房被柔毛，几无柄，花柱丝状，柱头小。荚果窄长圆形，盘旋，

长10-20厘米，宽1.2-1.4厘米，开裂后果瓣旋卷；种子近圆形或椭圆形，长5-8毫米，宽4.5-7毫米，鲜红色，有光泽。花期4-7月，果期7-10月。

　　产福建、广东、香港、海南、广西及云南，生于山沟、溪边林中或栽培于庭园。缅甸、柬埔寨、老挝、越南、马来西亚及印度尼西亚有分布。心材暗褐色，质坚而耐腐，可为支柱、船舶、建筑用材和箱板；种子鲜红色而光亮，甚为美丽，可作装饰品。根有催吐、泻下的作用，叶有收敛之效。

2. 牧豆树属 Prosopis Linn.

　　乔木或灌木，有刺或无刺。托叶小或无。二回羽状复叶，常簇生短枝上；羽片1-2对，稀多对；总叶柄及叶轴上有腺体或无；小叶少数至多数，常对生，稀互生。花5数，近无梗，组成腋生、圆柱形穗状的总状花序或圆球形头状花序；花萼杯状，具短齿，镊合状排列；花瓣分离或仅基部连合，或初时连合至中部，后分离；雄蕊10，

分离；花药顶端有脱落性腺体或无；子房无柄或有柄；胚珠多数；花柱线形。荚果线形，压扁或圆柱形，直或弯曲，不开裂，中果皮厚，海棉质，内果皮骨质或纸质，种子间有隔膜。种子压扁，具胚乳。

45种，主产南美，少数产非洲。我国引入栽培1种。

牧豆树

图 2

Prosopis juliflora (Swartz) DC. Prodr. 2: 477. 1825.

Mimosa juliflora Swartz, Prodr. Veg. Ind. Occ. 85. 1788.

乔木，高4-5米。嫩枝被微柔毛。托叶成对，刺状，长约1厘米。二回羽状复叶，常簇生于短枝上或生于延长的枝条上；羽片1-3对；叶轴长1-8厘米，羽片着生处有腺体；小叶10-20对，长圆形，长0.5-1 (-1.7) 厘米，先端圆钝，基部偏斜，两面均被短柔毛或仅具缘毛。总状花序腋生，长4-8.5厘米；花序梗长0.6-1.2厘米。花黄绿色；花梗长1毫米；花萼杯状，长1毫米，具5齿，齿小；花瓣5，分离，长3-4毫米，顶端及边缘被毛；雄蕊10枚，分离，突露，长6-7毫米；花药顶端具脱落性腺体。荚果线形，长6-23厘米，弯曲或劲直，淡黄色，无毛；果梗长5-7毫米。种子10-18，长圆形。果期6月。

原产热带美洲。台湾、广东及海南有栽培。本种耐瘠薄的土地，可作荒山造林和造薪炭林树种；种子含丰富蛋白质。

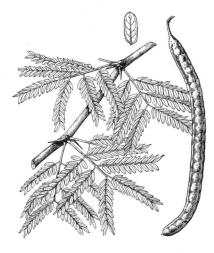

图 2 牧豆树 （邓盈丰绘）

3. 代儿茶属 Dichrostachys (DC.) Wight et Arn.

灌木或小乔木。小枝具刺或无。二回羽状复叶，叶轴上在羽片着生处有棒状腺体；羽片及小叶多对。穗状花序单生或簇生叶腋，圆柱形，具总梗，通常下垂，上部的花为两性花，黄色，下部的为中性花，白、玫瑰或微紫色；花萼具5短齿，镊合状排列；花瓣中部以下合生；两性花；雄蕊10，分离；花药顶端具腺体；子房近无柄，胚珠多数，花柱线形，柱头截平；中性花有退化雄蕊10，丝状，淡紫或红色，退化子房小。荚果线形，簇生成头状，扁压，弯扭，不开裂或沿缝线开裂，种子间无隔膜。种子卵圆形或椭圆形，光滑，扁压，有胚乳。

约6种，产热带非洲、亚洲及澳大利亚。我国引入1种。

代儿茶

图 3

Dichrostachys cinerea (Linn.) Wight et Arn. Prodr. Fl. Ind. Or. 271. 1834.

Mimosa cinerea Linn. Sp. Pl. 520. 1753.

灌木或小乔木，高达6米，具棘刺。小枝被粗毛。二回羽状复叶，羽片 (5-) 9-11对，对生，叶轴上在羽片着生处有棒状腺体；小叶13-20对，线状长圆形，长4-8毫米，被微柔毛或缘毛。穗状花序单生或簇生叶腋，长5-8厘米，垂悬于纤细的花序梗上，上半部为两性花。花萼长1毫米；花冠长2.5毫米，淡绿色，雄蕊长约5毫米，黄或淡紫色；下半部为中性花，退化雄蕊长0.8-1.5厘米，淡紫或红色。荚果长圆形，长4-6厘米，褐色，扁压，聚成头状，成熟时弯扭，经久不落。花期10月。

原产非洲及印度。广东有引种。树干心材碎片的水煎浸膏可代儿茶，外用能敛疮拔脓，生肌、镇痛。内服能止血、治痢、止泻等。木材红棕色，质坚耐用，抗白蚁，可作齿轮、木钉、弓、箭杆、精美的工艺品、家具等。

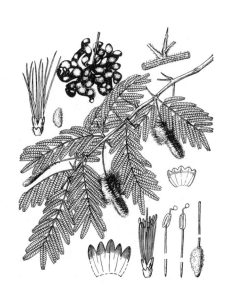

图 3 代儿茶 （邓晶发绘）

4. 假含羞草属 **Neptunia** Lour.

铺散亚灌木或多年生草本,有时为漂浮水面的水生植物。托叶膜质,斜心形。二回羽状复叶;叶轴具腺体或无,小叶小,数对至多对。头状花序卵球形,花序上部的花为两性花,下部的通常为雄花或中性花;花序梗单生叶腋。花5数,花萼、花冠都很小;花萼钟状,具短齿,镊合状排列;花瓣合生至中部或分离,镊合状排列;雄蕊(5)10,分离,突露于花冠之上,花药顶端有一具柄腺体或无;退化雄蕊花瓣状,黄色;花柱线形,柱头内凹;子房具柄;胚珠多数。荚果长圆形,扁平,下垂于果序上,成熟时2瓣裂;种子之间近有隔膜,稀仅具1种子。种子横置,卵圆形,扁压,珠柄丝状,有胚乳。

15种,产热带、亚热带地区。我国引入栽培1种。

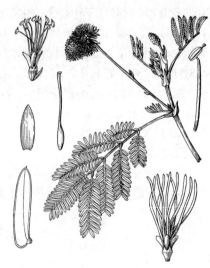

假含羞草　　　　　　　　　　　　　图 4

Neptunia plena (Linn.) Benth. in Hook. Journ. Bot. 4: 355. 1842.

Mimosa plena Linn. Sp. Pl. 519. 1753.

多年生陆生或近水生草本;茎直立或铺散。托叶宿存,披针形,长约1厘米,基部斜心形。羽片4-10对,最末一对羽片着生处有1腺体;小叶9-40对,敏感,线状长圆形,长0.4-1.8厘米,先端钝,急尖或具小尖头,基部圆,两面无毛。头状花序卵圆形,长约2厘米,黄色,上部为两性花,下部为中性花。花萼钟状,长1.5毫米,5齿裂;花瓣披针形,长约3毫米,基部连合;雄蕊10,花丝长约6毫米,花药顶端具有柄腺体;退化雄蕊花瓣状,长0.8-1厘米。荚果下垂,长圆形,长5-10厘米,果柄长0.8-1.2厘米;种子5-20。花期10-11月。

原产美洲。广东及福建有引种,广州郊区偶见野化,生于塘边湿地。

图 4　假含羞草　　(余汉平绘)

5. 榼藤属 **Entada** Adans.

木质藤本、乔木或灌木,通常无刺。托叶小,刚毛状。二回羽状复叶,顶生的1对羽片常变为卷须;小叶1至多对。穗状花序纤细,单生于上部叶腋或再排成圆锥花序式。花小,两性或杂性;花萼钟状,5齿裂,镊合状排列;花瓣5,分离或于基部稍合生;雄蕊10,分离,稍突出于花冠之外,花丝丝状,花蕾时药隔顶端具腺体;子房近无柄,胚珠多数,花柱丝状。荚果大而长,木质或革质,扁平,直或弯曲,逐节脱落,每节内有1种子。种子大,扁圆形,无胚乳。

约30种,主产热带非洲和美洲。我国1种。

榼藤　榼藤子　　　　　　　　　图 5 彩片 2

Entada phaseoloides (Linn.) Merr. in Philipp. Journ. Sci. Bot. 9: 86. 1914.

Lens phaseoloides Linn. in Stickman Herb. Amb. 18. 1753.

常绿木质大藤本,具卷须,茎扭旋。枝无毛。二回羽状复叶,长10-25厘米;羽片通常2对,顶生1对羽片变为卷须;小叶2-4对,对生,革质,长椭圆形或长倒卵形,长3-9厘米,先端钝,微凹,基部略偏斜,主脉稍弯曲,主脉两侧的叶面不等大,网脉两面明显;叶柄短。穗状花序长15-25厘米,单生或排成圆锥花序,被疏柔毛;苞片被毛;花细小,白色,密集,略有香味。花萼宽钟状,长2毫米,具5齿;花瓣5,长圆形,长4毫米,无毛,顶端尖,基部稍连合;雄蕊稍长于花冠;子房无毛,花柱丝状。

荚果长达1米，宽8-12厘米，弯曲，扁平，木质，成熟时逐节脱落，每节内有1种子。种子近圆形，径4-6厘米，扁平，暗褐色，成熟后种皮木质，有光泽，具网纹。花期3-6月，果期8-11月。

产福建、广东、海南、广西、贵州西南部、云南及西藏，生于山涧或山坡混交林中。攀援于大乔木上。东半球热带地区广布。全株有毒。

图 5 榼藤 （黄少容绘）

6. 含羞草属 **Mimosa** Linn.

多年生、有刺草本或灌木，稀为乔木或藤本。托叶小，钻状。二回羽状复叶，常很敏感，触之即闭合而下垂，叶轴上通常无腺体；小叶细小，多数。花序为稠密的球形头状花序或圆柱形穗状花序，单生或簇生。花小，两性或杂性（雄花、两性花同株），通常4-5数；花萼钟状，具短裂齿，镊合状排列；花瓣下部合生；雄蕊与花瓣同数或为花瓣数的2倍。分离，伸出花冠之外，花药顶端无腺体；子房无柄或有柄，胚珠2至多数。荚果长椭圆形或线形，扁平，直或略弯曲，荚节脱落后，有具长刺毛的荚缘宿存在果柄上，每节有1种子。种子卵圆形或圆形，扁平。

约500种，大部分产热带美洲，少数广布于全世界的热带、温带地区。我国引入3种及1变种。

含羞草 图 6 彩片 3

Mimosa pudica Linn. Sp. Pl. 518. 1753

披散、亚灌木状草本，高达1米；茎圆柱状，具分枝，有散生、下垂的钩刺及倒生刺毛。托叶披针形，长0.5-1厘米，被刚毛。羽片和小叶触之即闭合而下垂；羽片通常2对，指状排列于总叶柄顶端，长3-8厘米；小叶10-20对，线状长圆形，长0.8-1.3厘米，先端急尖，边缘具刚毛。头状花序圆球形，径约1厘米，具长花序梗，单生或2-3个生于叶腋；花小，淡红色，多数；苞片线形。花萼极小；花冠钟状，裂片4，外面被短柔毛；雄蕊4，伸出花冠；子房有短柄，无毛，胚珠3-4，花柱丝状，柱头小。荚果长圆形，长1-2厘米，扁平，稍弯曲，荚缘波状，被刺毛，成熟时荚节脱落，荚缘宿存；种子卵圆形，长3.5毫米。花期3-10月，果期5-11月。

原产热带美洲，现广布于世界热带地区。在台湾、福建、广东、广西、云南等地已野化。生于旷野荒地或灌木丛中，长江流域常有栽培供观赏。全草供药用，有安神镇静、散瘀止痛、止血收敛的功能，鲜叶捣烂外敷治带状疱疹。

图 6 含羞草 （引自《广州植物志》）

7. 银合欢属 **Leucaena** Benth.

常绿、无刺灌木或乔木。托叶刚毛状或小型，早落；二回羽状复叶；叶柄长，具腺体；小叶小而多，或大而少，偏斜。花白色，通常两性，5基数，无梗，组成密集、球形、腋生的头状花序，单生或簇生于叶腋；苞片通常2。萼管钟状，具短裂齿，镊合状排列；花瓣分离；雄蕊10，分离，伸出花冠；花药顶端无腺体，常被柔毛；子房具柄，胚珠多颗，花柱线形，柱头头状。荚果劲直，扁平，光滑，革质，带状，成熟后2瓣裂，无横隔膜。种子多数，横生，卵圆形，扁平。

约40种，主产美洲。我国引入1种。

银合欢　　　　　　　　　　　　　　　　图 7 彩片 4

Leucaena leucocephala (Lam.) de Wit in Taxon 10:54. 1961.

Mimosa leucocephala Lam. Encycl. Meth. Bot. 1:12. 1783.

Leucaena glauca Will. Benth.; 中国高等植物图鉴 2: 326. 1972.

灌木或小乔木，高达6米。幼枝被短柔毛，老枝无毛，具褐色皮孔，无刺；托叶三角形，小。羽片4-8对，长5-9 (-16) 厘米，叶轴被柔毛，在最下一对羽片着生处有1黑色腺体；小叶5-15对，线状长圆形，长0.7-1.3厘米，基部楔形，先端急尖，边缘被短柔毛，中脉偏向小叶上缘，两侧不等宽。头状花序常1-2腋生，径2-3厘米；苞片紧贴，被毛，早落；花序梗长2-4厘米。花白色；花萼长约3毫米，顶端具5细齿，外面被柔毛；花瓣窄倒披针形，长约5毫米，背面被疏柔毛；雄蕊10，常被疏柔毛，长约7毫米；子房具短柄，上部被柔毛，柱头凹下呈杯状。荚果带状，长10-18厘米，顶端凸尖，基部有柄，被微柔毛，纵裂。种子6-25，卵圆形，长约7.5毫米，褐色，扁平，光亮。花期4-7月，果期8-10月。

原产热带美洲，现广植于各热带地区。台湾、福建、广东、广西及云南等省区有引种或野化，生于低海拔的荒地或疏林中。本种耐旱力强，适宜作荒山造林树种，为良好之薪炭材。

图 7　银合欢　（引自《广州植物志》）

8. 合欢草属 Desmanthus Willd. nom. cons.

乔木、灌木或多年生草本。托叶刚毛状，宿存；二回羽状复叶，羽片1-15对，常在最下一对羽片着生处有腺体。头状花序卵状球形，单生叶腋；花5数，两性或下部的为雄花或中性花且常无花瓣而具短的退化雄蕊。花萼钟状，具短齿，镊合状排列；花瓣分离或基部稍连合，于蕾中呈镊合状排列；雄蕊10或5，分离，突露；花药顶端无腺体；子房近无柄；胚珠多数；花柱近钻状或上部增粗，柱头棒状。荚果线形，劲直或弯曲，扁平或圆柱形，沿缝线开裂为2果瓣，种子间有间隔或无。种子纵列或斜列，卵圆形或椭圆形，扁压。

约25种，主产美洲的热带、亚热带地区，少数产温带地区。我国引入栽培1种。

合欢草　　　　　　　　　　　　　　　　图 8

Desmanthus virgatus (Linn.) Willd. Sp. Pl. 4: 1046. 1806.

Mimosa virgata Linn. Sp. Pl. 519. 1753.

多年生亚灌木状草本，高达1.3米；分枝纤细，具棱，棱上被短柔毛。托叶刚毛状，长3-6毫米。二回羽状复叶，最下一对羽片着生处有1长圆形腺体；羽片2-4 (6) 对，长1.2-2.5厘米；小叶6-21对，长圆形，长4-6毫米，先端具小凸尖，基部截平，具缘毛，稍不对称。头状花序径约5毫米，绿白色，有4-10花；花序梗长1-4厘米；小苞片卵形，具长尖头。花萼钟状，长约2毫米，萼齿短；花瓣窄长圆形，长约3毫米；雄蕊10，长约5毫米。荚果线形，长4-11厘米，直或稍弯，边不缢缩，稍增厚。种子斜列，长2.5-3毫米。

原产热带美洲。广东南部及云南南部有引种。

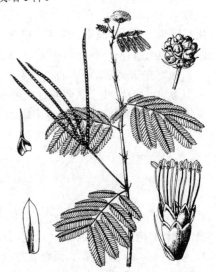

图 8　合欢草　（黄少容绘）

9.金合欢属 Acacia Mill.

灌木、小乔木或攀援藤本，有刺或无刺。托叶刺状或不明显，稀为膜质；二回羽状复叶；总叶柄及叶轴上常有腺体；小叶小而多对，或叶片退化，叶柄变为叶片状（叶状柄），花小，两性或杂性，5-3基数，黄色，稀白色，常约50，最多达400朵，组成圆柱形的穗状花序或圆球形的头状花序，1至数序簇生叶腋或于枝顶再排成圆锥花序；花序梗上有总苞片。花萼常钟状，具裂齿，镊合状排列；花瓣分离或基部合生；雄蕊常50以上，花丝分离或仅基部稍连合；子房无柄或具柄，胚珠多颗，花柱丝状，柱头小，头状。荚果多形，常长圆形或线形，直或弯曲，多扁平，少膨胀，开裂或不开裂。种子扁平，种皮硬而光滑。

约800-900种，分布于世界热带和亚热带地区，尤以大洋州及非洲的种类最多。我国连引入栽培的有18种，产西南部至东部。本属植物具有很大的经济价值，一些种类可提取单宁、树胶或染料，供硝皮、染物、制造墨水及药品等用；一些种类为重要的荒山绿化树种、用材及风景树种。

1. 叶片退化，叶柄变为叶片状（叶柄状）。
  2. 叶状柄长10-20厘米，宽1.5-6厘米；花组成穗状花序 ·············· 1. **大叶相思 A. auriculiformis**
  2. 叶状柄长6-10厘米，宽0.5-1.3厘米；花组成圆球形头状花序 ·············· 2.**台湾相思 A. confusa**
1. 叶片存在，为二回羽状复叶。
  3. 花组成穗状花序；托叶下常有一对钩状刺；羽片10-30对，小叶20-50 ·············· 3.**儿茶 A. catechu**
  3. 花组成圆球形的头状花序，再组成圆锥花序。
    4. 乔木或灌木。
      5. 小枝上有托叶变成的针状刺；小枝常呈"之"字形弯曲；荚果近圆柱状，肿胀 ··············
      ·············· 4.**金合欢 A. farnesiana**
     5. 无刺植物。
      6. 叶轴上的腺体位于羽片着生处；小叶较细长，长2.6-3.5毫米，宽0.4-0.5毫米；荚果宽0.7-1.2厘米，无毛，常被白霜 ·············· 5.**银荆 A. dealbata**
      6. 叶轴上的腺体位于羽片着生之间或其它部位；小叶较宽短，长2-3毫米，宽0.8-1毫米；荚果宽4-5毫米，被短柔毛，无白霜 ·············· 6.**黑荆 A. mearnsii**
    4. 攀援，多刺藤本。
     7. 网脉在叶下面突起，小叶两面被粗毛或变无毛；小枝、叶轴被灰色茸毛 ········ 7. **藤金合欢 A. sinuata**
     7. 网脉在叶下面不突起。
      8. 叶柄上的腺体生于叶柄中部以下，通常生于叶枕之上，小叶向上微弯；小枝及叶轴被锈色短柔毛 ···
      ·············· 8.**羽叶金合欢 A. pennata**
      8. 叶柄上的腺体生于叶柄中部以上；小叶劲直，小枝幼嫩时被柔毛及腺毛，后变无毛 ··············
      ·············· 8(附). **钝叶金合欢 A. megaladena**

1. 大叶相思   图 9：1-2

Acacia auriculiformis A. Cunn. ex Benth. in London Journ. Bot. 1: 377. 1842.

常绿乔木；树皮平滑，灰白色。枝下垂，小枝无毛，皮孔显著。叶片退化，叶柄变为叶状柄；叶状柄镰状长圆形，长10-20厘米，宽1.5-4 (-6) 厘米，两端渐窄，有3-7条较显著的主脉。穗状花序长3.5-8厘米，1至数序簇生于叶腋或枝顶。花橙黄色；花萼长0.5-1毫米，顶端浅齿裂；花瓣长圆形，长1.5-2毫米；花丝长约2.5-4毫米。荚果成熟时旋卷，长5-8厘米，果瓣木质，果内有种子约12颗。种子黑色，围以折叠的珠柄。

原产澳大利亚北部及新西兰。广东、广西、福建有引种。材用或绿化树种；生长迅速，萌生力极强。

2. 台湾相思

图 9: 3-5 彩片 5

Acacia confusa Merr. in Philipp. Journ. Sci. Bot. 5: 27. 1910.

常绿乔木，高达15米，无毛。枝灰色或褐色，无刺；小枝纤细。苗期第一片真叶为羽状复叶，长大后小叶片退化，叶柄变为叶状柄；叶状柄革质，披针形，长6-10厘米，宽0.5-1.3厘米，直或微呈弯镰状，两端渐窄，先端略钝，两面无毛，有明显的纵脉3-5（-8）。头状花序球形，单生或2-3个簇生于叶腋，径约1厘米；花序梗纤弱，长0.8-1厘米。花金黄色，有微香；花萼长约为花冠之半；花瓣淡绿色，长约2毫米；雄蕊多数，明显超出花冠之外；子房被黄褐色柔毛，花柱长约4毫米。荚果扁平，长4-9（12）厘米，宽0.7-1厘米，干时深褐色，有光泽，于种子间微缢缩，顶端钝而有凸头，基部楔形；种子2-8，椭圆形，压扁，长5-7毫米。花期3-10月，果期8-12月。

产台湾、福建、广东、香港、海南、广西、贵州及云南，野生或栽培。菲律宾、印度尼西亚、斐济有分布。本种生长迅速，耐干旱，为华南地区

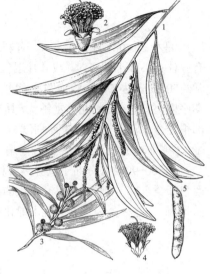

图 9: 1-2. 大叶相思　3-5. 台湾相思
（邓盈丰绘）

荒山造林、水土保持和沿海防护林的重要树种。材质坚硬，可为车轮、桨橹及农具等用；树皮含单宁；花含芳香油，可作调香原料。

3. 儿茶

图 10 彩片 6

Acacia catechu（Linn. f.）Willd. Sp. Pl. 4: 1079. 1806.

Mimosa catechu Linn. f. Suppl. Pl. Syst. Veg. 39. 1781.

落叶小乔木，高6-10多米；树皮棕色常呈条状薄片开裂，但不脱落。小枝被短柔毛。托叶下面常有一对扁平、棕色的钩状刺，稀无刺。二回羽状复叶，总叶柄近基部及叶轴顶部数对羽片间有腺体；叶轴被长柔毛；羽片10-30对；小叶20-50对，线形，长2-6毫米，宽1-1.5毫米，被缘毛。穗状花序长2.5-10厘米，1-4个生于叶腋。花淡黄或白色；花萼长1.2-1.5厘米，钟状，齿三角形，被毛；花瓣披针形或倒披针形，长2.5厘米，被疏柔毛。荚果带状；长5-12厘米，宽1-1.8厘米，棕色，有光泽，开裂，柄长3-7毫米，顶端有喙尖，有3-10种子。花期4-8月，果期9月至翌年1月。

产云南南部；广西、广东、海南、浙江南部及台湾有引种。非洲东部、印度及缅甸有分布。心材碎片煎汁，经浓缩干燥即为儿茶浸膏或儿茶

图 10 儿茶　（余汉平绘）

末，有清热、生津、化痰、止血、敛疮、生肌、定痛等功能。从心材中提取的栲胶也是优良工业原料。木材坚硬，细致，可供枕木、建筑、农具、车厢等用。

4. 金合欢 鸭皂树

图 11

Acacia farnesiana (Linn.) Willd. Sp. Pl. 4: 1083. 1806.

Mimosa farnesiana Linn. Sp. Pl. 521. 1753.

灌木或小乔木，高2-4米；树皮粗糙，褐色，多分枝，小枝常呈"之"字形弯曲，有小皮孔。托叶针刺状，长1-2厘米，生于小枝上的刺较短。二回羽状复叶长2-7厘米，叶轴有槽，被灰白色柔毛，有腺体；羽片4-8对，长1.5-3.5厘米；小叶通常10-20对，线状长圆形，长2-6毫米，宽1-1.5毫米，无毛。头状花序1或2-3个簇生于叶腋，直径1-1.5厘米；花序梗被毛，长1-3厘米，苞片位于花序梗的顶端或近顶部。花黄色，有香味；花萼长1.5毫米，5齿裂；花瓣连合呈管状，长约2.5毫米，5齿裂；雄蕊长约为花冠的2倍；子房圆柱状，被微柔毛。荚果膨胀，近圆柱状，长3-7厘米，宽0.8-1.5厘米，褐色，无毛，劲直或弯曲。种子多粒，褐色，卵圆形，长约6毫米。花期3-6月，果期7-11月。

原产热带美洲，现广布于热带地区。浙江、台湾、福建、广东、广西、云南及四川栽培或野化，多生于阳光充足、土壤较肥沃疏松的地方。本种多枝、多刺，可植作绿篱；木材坚硬，可为贵重器材；根及荚果含单宁，可为黑色染料，入药能收敛，清热；花很香，可提香精；茎流出的树脂可供美工用及药用，品质较阿拉伯胶优良。

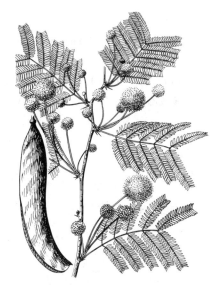

图 11 金合欢 （引自《图鉴》）

5. 银荆

图 12

Acacia dealbata Link, Enum. Pl. Berol. 2: 445. 1822.

无刺灌木或小乔木，高达15米。嫩枝及叶轴被灰色短绒毛，被白霜。二回羽状复叶，银灰或淡绿色，有时在叶尚未展开时，稍呈金黄色；叶轴上的腺体位于羽片着生处；羽片10-20（-25）对；小叶26-46对，密集，间距不超过小叶本身的宽度，线形，长2.6-3.5毫米，宽0.4-0.5毫米，下面或两面被灰白色短柔毛。头状花序直径6-7毫米，花序梗长约3毫米，复排成腋生的总状花序或顶生的圆锥花序。花淡黄或橙黄色。荚果长圆形，长3-8厘米，宽0.7-1.2厘米，扁压，无毛，通常被白霜，红棕或黑色。花期4月，果期7-8月。

原产澳大利亚。云南、广西及福建有引种。开花极繁盛，可作蜜源植物或观赏植物。

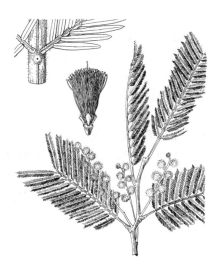

图 12 银荆 （余汉平绘）

6. 黑荆

图 13

Acacia mearnsii De Wilde, Pl. Bequaert. 3: 62. 1925

乔木，高达15米。小枝有棱，被灰白色短绒毛。二回羽状复叶，嫩叶被金黄色短绒毛，成长叶被灰色短柔毛；羽片8-20对，长2-7厘米，每对羽片着生处之间及叶轴的其它部位均有腺体；小叶30-40对，排列紧密，线形，长2-3毫米，宽0.8-1毫米，边缘、下面、有时两面均被短柔毛。头状花序圆球形，径6-7毫米，在叶腋排成总状花序或在枝顶排成圆锥花序；花序梗长0.7-1厘米；花序轴密被黄色短绒毛。花淡黄或白色。荚果长圆形，压扁，长5-10厘米，宽4-5毫米，种子之间略收窄，被短柔毛，老时黑色。种子卵圆形，黑色，有光泽。花期6月，果期8月。

原产澳大利亚。浙江、福建、台湾、广东、广西、云南及四川等省区有引种。

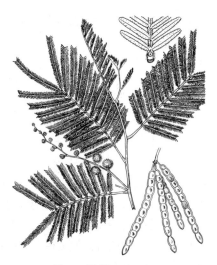

图 13 黑荆 （余汉平绘）

7. 藤金合欢　　　　　　　　　　　　　图 14: 1-3

Acacia sinuata (Lour.) Merr. in Trans. Amer. Philos. new ser. 24 (2) : 186. 1935.

Mimosa sinuata Lour. Fl. Cochinch. 653. 1790.

攀援藤本。小枝、叶轴被灰色短茸毛，有散生、多而小的倒刺。托叶卵状心形，早落。二回羽状复叶，长10-20厘米；羽片6-10对，长8-12厘米；总叶柄近基部及最顶1-2对羽片之间有1腺体；小叶15-25对，线状长圆形，长0.8-1.2厘米，上面淡绿色，下面粉白色，网脉突起，两面被粗毛或变无毛，具缘毛，中脉偏于上缘。头状花序球形，径0.9-1.2厘米，排成圆锥花序，花序分枝被茸毛。花白或淡黄色，芳香；花萼漏斗状，长2毫米；花冠稍突出。荚果带形，长8-15厘米，边缘直或微波状，干时褐色，有种子6-10。花期4-6月，果期7-12月。

产福建、江西、湖南、广东、香港、海南、广西、贵州、四川及云南，

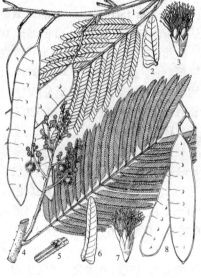

图 14: 1-3. 藤金合欢　4-8. 钝叶金合欢
（余汉平绘）

生于疏林或灌丛中。亚洲热带地区广布。树皮含单宁，入药有解热、散血之效。

8. 羽叶金合欢　蛇藤　　　　　　　　图 15

Acacia pennata (Linn.) Willd. Sp. Pl. 4: 1090. 1806.

Mimosa pennata Linn. Sp. Pl. 522. 1753.

攀援、多刺藤本。小枝和叶轴均被锈色短柔毛。总叶柄基部及叶轴上部羽片着生处稍下有1腺体；羽片8-22对；小叶30-54对，线形，长0.5-1厘米，彼此紧靠，向上微弯，先端稍钝，基部截平，具缘毛，中脉靠近上缘；叶柄上的腺体位于叶柄中下部，常生于叶托之上。头状花序圆球形，径约1厘米，单生或2-3个聚生，排成腋生或顶生的圆锥花序，花序梗长1-2厘米，被暗褐色短柔毛。花萼近钟状，长约1.5毫米，5齿裂；花冠长约2毫米；子房被微柔毛。荚果带状，长9-20厘米，无毛或幼时有极细柔毛，边缘稍隆起，呈浅波状。种子8-12，长椭圆形而扁。花期3-10月，果期7月至翌年4月。

产浙江、福建、湖南、广东、香港、海南、广西、贵州、四川、云南及西藏，多生于低海拔的疏林中，常攀附于灌木或小乔木的顶部。亚洲及非洲热带地区广布。

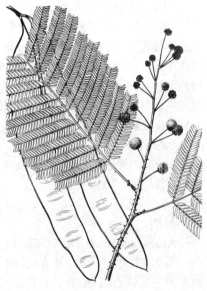

图 15　羽叶金合欢　（引自《图鉴》）

[附] **钝叶金合欢**　图 14: 4-8

Acacia megaladena Desv. in Journ. Bot. 1: 69. 1814. 本种与羽叶金合欢的区别：小枝幼嫩时被柔毛及腺毛，后变无毛；叶柄上的腺体生于叶柄中上部；小叶劲直。产云南及广西，

生于疏林或灌丛中。亚洲热带地区广布。

10. 朱缨花属 Calliandra Benth.

灌木或小乔木。托叶常宿存，有时变为刺状，稀无。二回羽片复叶，无腺体；羽片1至数对；小叶对生，小而多对或大而少至1对。花组成球形头状花序或总状花序，腋生或顶生，5-6数，杂性。花萼钟状，浅裂，镊合状排列；花瓣连合至中部，中央的花常异型而具长管状花冠；雄蕊多达100，红或白色，长而突露，下部连合成管，花药常具腺毛；心皮1，无柄，胚珠多数，花柱线形。荚果线形，扁平，劲直或微弯，基部通常较窄，边缘增厚，成熟后果瓣由顶部向基部沿缝线2瓣开裂。种子压扁，种皮硬，具马蹄形痕，无假种皮。

约200种，产美洲、西非、印度至巴基斯坦等热带、亚热带地区。我国引入栽培2种。

朱缨花　　　　　　　　　　　图 16 彩片 7

Calliandra haematocephala Hassk. Retzia 1: 216. 1855.

落叶灌木或小乔木，高达3米。枝条扩展，小枝圆柱形，褐色，粗糙。托叶卵状披针形，宿存。二回羽状复叶，总叶柄长1-2.5厘米；羽片1对，长8-13厘米；小叶7-9对，斜披针形，长2-4厘米，中下部的小叶较大，下部的较小，先端钝、具小尖头，基部偏斜；边缘被疏柔毛；中脉稍偏上缘；小叶柄长仅1毫米。头状花序腋生，径约3厘米，有花25-40，花序梗长1-3.5厘米。花萼钟状，长约2毫米，绿色；花冠管长3.5-5毫米，淡紫红色，顶端具5裂片，裂片反折，长约3毫米，无毛；雄蕊管长约6毫米，白色，管口内有钻状附属体，上部离生的花丝长约2厘米，深红色。荚果线状倒披针形，长6-11厘米，暗棕色，成熟时由顶至基部沿缝线开裂，果瓣外反。种子5-6，长圆形，长0.7-1厘米，棕色。花期8-9月，果期10-11月。

原产南美洲，现热带及亚热带地区常有栽培。台湾、福建及广东有引种，栽培供观赏。花极美丽，为优良的园林绿化树种和木本花卉。

图 16 朱缨花 （邓盈丰绘）

11. 猴耳环属 Archidendron F. V. Muell.

乔木或灌木，无刺。托叶小，不成针状刺。二回羽状复叶；小叶2至多对，稀1对构成羽片，叶柄上有腺体。花（4）5（6）基数，两性或杂性，通常白色，组成球形头状花序或圆柱形穗状花序，单生叶腋或簇生枝顶，或排成圆锥花序，有时为老茎生花。花萼钟状或漏斗状，萼齿短，镊合状排列；花瓣中下部合生；雄蕊多数，伸出花冠，花丝合生成管，花药顶端无腺体；心皮1至多数，子房无柄或有柄；胚珠多颗；花柱线形，柱头头状。荚果旋卷或稍扭转，稀劲直，扁平或肿胀；果瓣常在开裂后扭卷，无果瓤。种子悬垂于延伸的种柄上，无假种皮及马蹄形痕。

约94种，分布于热带及亚热带地区，尤以热带美洲为多。我国15种。

4. 羽片2对。

  5. 叶轴无棱；小叶4对，叶下面疏被锈色短柔毛，侧脉5-7对 ·················· 4. **锈毛棋子豆 C. balansae**

  5. 叶轴有显著的棱；小叶3对，两面无毛，侧脉6-11对 ·················· 4(附). **大棋子豆 C. eberhardtii**

4. 羽片1对。

  6. 嫩枝被锈色绒毛；小叶长圆形至椭圆形，侧脉6-11对，叶背疏生短柔毛 ············· 5. **大叶合欢 C. turgida**

  6. 枝、叶无毛；小叶卵形、倒卵状椭圆形或披针形，侧脉4-6对 ·················· 6. **碟腺棋子豆 C. kerrii**

1. 亮叶猴耳环　　　　　　　　　　图 17 彩片 8

Archidendron lucida (Benth.) Nielsen in Adansonia ser. 2, 19(1): 19. 1979.

Pithecellobium lucidum Benth. in London Journ. Bot. 3: 207. 1844.; 中国高等植物图鉴 2: 320. 1972；中国植物志 39: 52. 1988.

乔木，高达10米。小枝无刺，嫩枝、叶柄和花序均被褐色短茸毛。托叶不为针刺状。羽片1-2对；总叶柄近基部，每对羽片下和小叶片下的叶轴上均有圆形而凹陷的腺体，下部羽片常具2-3对小叶，上部羽片具4-5对小叶；小叶斜卵形或长圆形，长5-9(-11)厘米，顶生1对最大，对生，其余互生，较小，先端渐尖，具钝小尖头，基部稍偏斜，两面无毛或下面脉上有微毛。头状花序球形，有花10-20，总梗长不及1.5厘米，排成腋生或顶生圆锥花序。花萼长不及2毫米，与花冠同被褐色短茸毛；花瓣白色，长4-5毫米，中下部合生；子房具短柄，无毛。荚果旋卷成环状，宽2-3厘米，边缘在种子间缢缩。种子黑色，无假种皮，长约1.5厘米，宽约1厘米。花期4-6月，果期7-12月。

图 17 亮叶猴耳环 （引自《广州植物志》）

产浙江、台湾、福建、广东、海南、广西、四川及云南，生于疏或密林中或林缘灌木丛中。印度及越南有分布。木材用作薪炭，枝叶入药，能消肿祛湿、收敛止血；果有毒。

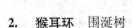

2. 猴耳环 围涎树　　　　　　　　图 18 彩片 9

Archidendron clypearia (Jack) Nielsen in Adansonia ser. 2, 19(1): 15. 1979.

Inga clypearia Jack in Malay. Misc. 2(7): 78. 1822.

Pithecellobium clypearia (Jack) Benth.; 中国高等植物图鉴 2: 320. 1972；中国植物志 39: 53. 1988.

乔木，高达10米。小枝无刺，有棱角，密被黄褐色绒毛。托叶早落。二回羽状复叶；羽片（3）4-5（-8）对；总叶柄具4棱，密被黄褐色柔毛，叶轴及叶柄近基部有腺体，最下部的羽片有小叶3-6对，最顶部的羽片有小叶10-12（-16）对；小叶斜菱形，长1-7厘米，顶部的最大，往下渐小，两面稍被褐色短柔毛。基部极不等侧，近无

柄。花具短梗，数朵聚成小头状花序，排成顶生和腋生的圆锥花序。花萼钟状，长约2毫米，5齿裂，与花冠同密被褐色柔毛；花冠白或淡黄色，长4-5毫米，中下部合生，裂片披针形；雄蕊长约花冠2倍，下部合生；子房具短柄，有毛。荚果旋卷，宽1-1.5厘米，边缘在种子间缢缩。种子4-10，椭圆形或宽椭圆形，长约1厘米，黑色，种皮皱缩，无假种皮。花期2-6月，果期4-8月。

产浙江、福建、广东、海南、广西及云南，生于林中。热带亚洲广布。叶有凉血、消炎的功能。

3. 心叶大合欢 图 19

Archidendron cordifolium (T. L. Wu) Nielsen in Acta Phytotax. Sin. 21: 167. 1983.

Zygia cordifolia T. L. Wu in Acta Phytotax. Sin. 19: 220. 1981; 中国植物志 39: 50. 1988.

乔木。小枝圆柱形，棕色，无毛，具皮孔。二回羽状复叶，羽片1对，总叶柄长16-25厘米，离基2厘米处及每对小叶着生处均有1圆形、扁平或内凹的腺体，羽片轴长20-22厘米；小叶3-4对，从上往下渐变小，倒卵状长圆形，长8-30厘米，先端圆或有时具小凸尖，下部渐窄，基部浅心形，两面被腺毛，下面较密，侧脉10-21对；小叶柄长5-7毫米。花20-30朵组成头状花序，排成圆锥花序式，生于老茎上。花萼长1.2毫米；花冠长2.2毫米；雄蕊多数，基部连合，花丝长2毫米；子房长1毫米。荚果带形，长23-46厘米，熟时沿背腹两缝线开裂，果瓣稍扭转，革质，具显著的脉纹，外淡褐色，内橙红色；种子6-10，卵圆形，扁平，长2.5厘米，厚7毫米，种皮黑色。花期5月，果期11月。

产云南南部，生于海拔160-300米的山沟中。越南有分布。

4. 锈毛棋子豆 图 20 彩片 10

Archidendron balansae (Oliv.) Nielsen in Adansonia ser. 2, 19(1): 23. 1979.

Pithcellobium balansae Oliv. in Hook. Icon. Pl. 20: t. 1976. 1891.

Cylindrokelupha balansae (Oliv.) Kosterm.; 中国植物志 39: 42. 1988.

乔木，高达25米。小枝棕红色，皮孔显著。二回羽状复叶；总叶柄长6-8厘米，近羽片着生处有1椭圆形、扁平腺体；羽片2对；叶轴长16-24厘米；小叶4对，对生，每对小叶着生处有1倒卵形、扁平腺体；小叶长圆形或倒披针形，长(5-)10-18厘米，宽3-6.5厘米，先端具短尖头，基部

图 18 猴耳环 （引自《图鉴》）

图 19 心叶大合欢 （黄少容绘）

渐窄或钝，上面无毛或被极疏的锈色短柔毛，下面疏被锈色短柔毛，脉上较多；侧脉5-7对，两面显露；小叶柄长5-8毫米。花约20余朵组成球形头状花序，排成长约20厘米的圆锥花序，花序全部被锈色绒毛，分枝稀疏。花无梗；花萼杯状，密被锈色绒毛；花冠管长约2.5毫米，裂片5，密被锈色绒毛；雄蕊多数，花丝长0.8-1厘米；子房无毛，具短柄。荚果圆柱形，长7-15厘米。种子2-6，位于荚果两端的弹头形，当中的棋子形，径和高约4.5厘米。花期3-4月，果期7月。

产云南东南部，生于疏林中，海拔900-1300米。越南有分布。

[附] **大棋子豆** **Archidendron eberhardtii** Nielsen in Adansonia ser. 2, 19(1)：30.1979. —— *Cylindrokelupha eberhardtii* (Nielsen) T. L. Wu；中国植物志 39：40. 1988. 本种与锈色棋子豆的区别：小枝和叶轴有显著的棱；羽叶轴长达35厘米；小叶4对，长8-30厘米，宽5-12厘米，两面无毛，侧脉5-11对。产广西。生于山谷水旁。越南北部有分布。

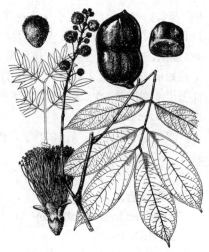

图 20 锈毛棋子豆 （邓盈丰绘）

5.　大叶合欢　　　　　　　　　　　　图 21

Archidendron turgida (Merr.) Nielsen in Adansonia ser. 2, 19(1)：32. 1979.

Pithecellobium turgida Merr. in Philipp. Journ. Sci. Bot. 15: 239. 1919.

Cylindrokelupha turgida (Merr.) T. L. Wu；中国植物志 39：44. 1988.

图 21 大叶合欢 （余汉平绘）

小乔木，高达9米；嫩枝、叶轴密被锈色绒毛。二回羽状复叶，羽片1对，总叶柄近顶部及叶轴上每对小叶着生处均有1腺体；小叶2-3对，长圆形、椭圆形、斜披针形或斜椭圆形，长7-20厘米，先端具尖头，基部急尖或圆，上面无毛，下面有极稀少的伏贴短柔毛，在脉上较密；中脉居中，侧脉6-

11对；小叶柄长2-6毫米。头状花序径约1.5厘米，有花约20，排成腋生或顶生的圆锥花序。花白色，无梗；花萼杯状，5齿裂；花冠长约6毫米，裂片长圆形，与萼同被白色绒毛；雄蕊多数，明显伸出花冠管；子房光滑，具短柄。荚果膨胀，带状，长7-20厘米，厚1-1.5厘米。种子椭圆形，长1.8-2.5厘米，宽2厘米，棕色，光滑。花期4-5月，果期7-12月。

产广东及广西，生于山沟或林中。

6.　碟腺棋子豆　　　　　　　　　　　图 22

Archidendron kerrii (Gagnep.) Nielsen in Adansonia ser. 2, 19 (1)：27. 1979.

Pithecellobium kerrii Gagnep. in Bull. Soc. Bot. France 99：49. 1952.

Cylindrokelupha kerrii (Gagnep.) T. L. Wu；中国植物志 39：48. 1988.

小乔木，高不逾6米。小枝圆柱形，褐色，无毛。二回羽状复叶，羽

片1对；羽片着生处或以下1厘米处及第1对小叶着生处具1圆形碟状腺体；小叶（1）2（3）对，对生或近对生，卵形、倒卵状椭圆形或披针形，两面均无毛，长6-13厘米，先端渐尖，基部楔形；侧脉4-6对，在下面显著。花无梗，10-15组成头状花序，具花序梗，1-4序一簇，稀疏地排成顶生或腋生、长达30厘米的圆锥花序。花萼壶形或杯形，无毛，齿裂不明显；花冠管状，长6-8毫米，无毛，裂片窄三角形或长圆形，先端急尖或钝，顶端具微柔毛；雄蕊管与花冠管等长；子房无毛，柄长1.5毫米。荚果劲直，圆柱形，长约10厘米，棕色。种子6-7，填满果腔，生于两端的陀螺形，高及宽达1.3厘米，中部的碟形，宽1.3厘米，高0.5-0.7厘米，种皮黑色，薄壳质。

产广西及云南，生于海拔200-1000米山谷林中。老挝及越南有分布。

图 22 碟腺棋子豆 （余汉平绘）

12. 牛蹄豆属 Pithecellobium Mart.

乔木或灌木，无刺或有刺。托叶小，针状刺。二回羽状复叶；小叶仅1对构成羽片，总叶柄上有腺体。花小，5基数，稀4或6基数，两性或杂性，通常白色，组成球形的头状花序或圆柱形的穗状花序，单生叶腋或簇生枝顶，或再排成圆锥花序式，有时为老茎生花。花萼钟状或漏斗状，有短齿，镊合状排列；花瓣中下部合生；雄蕊多数，伸出花冠，花丝合生成管，花药小，顶端无腺体；子房无柄或有柄；胚珠多数；花柱线形，柱头头状。荚果通常旋卷或弯曲，稀劲直，扁平或肿胀，果瓣通常于开裂后扭卷，无果瓤。种子悬垂于延伸的种柄上，有假种皮及马蹄形痕。

约3种。分布于热带美洲。我国引入1种。

牛蹄豆　　　　　　　　　　　　　　　　　　　图 23

Pithecellobium dulce （Roxb.） Benth. in London Journ. Bot. 3: 199. 1844.

Mimosa duclis Roxb. Pl. Corom. 1: 67. pl. 99. 1798.

常绿乔木。枝常下垂，小枝有由托叶变成的针状刺。羽片1对，每羽片在小叶着生处各有1凸起的腺体；羽片柄及小叶柄均被柔毛；小叶长倒卵形或椭圆形，大小差异甚大，长2-5厘米，宽0.2-2.5厘米，先端钝或凹入，基部略偏斜，无毛，叶脉明显，中脉偏于内侧。头状花序在叶腋或枝顶排列成窄圆锥花序。花萼漏斗状，长1毫米，密被长柔毛；花冠白或淡黄色，长约3毫米，密被长柔毛，中下部合生；花丝长0.8-1厘米。荚果线形，长10-13厘米，膨胀，旋卷，暗红色。种子黑色，包于白或粉红色的肉质假种皮内。花期3月，果期7月。

原产中美洲，现广布于热带干旱地区。台湾、广东、广西及云南有栽培。树皮含单宁；荚果可作饲料，假种皮在墨西哥用来制柠檬水。

图 23 牛蹄豆 （引自《图鉴》）

13. 合欢属 Albizia Durazz.

乔木或灌木，稀为藤本，通常无刺，稀托叶变为刺状。二回羽状复叶，互生，通常落叶；羽片1至多对；总叶柄及叶轴上有腺体；小叶对生，1至多对。花常两型，5基数，两性，稀杂性，有梗或无梗，组成头状花序、聚伞花序或穗状花序，排成腋生或顶生的圆锥花序。花萼钟状或漏斗状，具5齿或5浅裂，镊合状排列；花瓣常在中下部合生成漏斗状，上部具5裂片；雄蕊20-50，花丝突出花冠，基部合生成管，花药小，无或有腺体；子房有胚珠多颗；

荚果带状，扁平，果皮薄，种子间无间隔，不开裂或迟裂；种子圆形或卵形，扁平，无假种皮，种皮厚，具马蹄形痕。

约150种，产亚洲、非洲、大洋洲及美洲的热带、亚热带地区。我国17种。

1. 小叶的中脉居中或偏于下缘。
 2. 藤状灌木或藤本，在总叶柄下常有1下弯的刺 ···················· 1. 天香藤 **A. corniculata**
 2. 乔木，无刺。
  3. 中脉略偏下缘，小叶两面疏被伏贴短柔毛 ···················· 2.黄豆树 **A. procera**
  3. 中脉居中。
   4. 嫩枝，叶轴及叶的两面均无毛；小叶通常2对 ···················· 3.光叶合欢 **A. lucidior**
   4. 嫩枝、叶轴及叶的两面或下面被毛；小叶3-6对。
    5. 叶下面被毛；花萼杯状，长约1毫米，花冠长约3毫米，裂片三角状卵形 ···············
    ···················· 4.白花合欢 **A. crassiramea**
    5. 叶两面均被微柔毛；花萼钟状，长2-3毫米，花冠长约7毫米，裂片披针形 ···············
    ···················· 4(附). 蒙自合欢 **A. bracteata**
1. 小叶的中脉偏于上缘。
 6. 小叶长（1.5-）1.8-4.5厘米，宽0.7-2厘米。
  7. 花无梗 ···················· 5. 香合欢 **A. odoratissima**
  7. 花有梗。
   8. 小叶5-14对，两面被短柔毛；腺体密被黄褐或灰白色短绒毛 ···················· 6.山槐 **A. kalkora**
   8. 小叶4-8对，两面无毛或下面疏被微柔毛；腺体无毛 ···················· 7. 阔荚合欢 **A. lebbeck**
 6. 小叶长1.8厘米以下，宽1厘米以下。
  9. 小叶的中脉紧靠上缘。
   10. 托叶较小叶小，线状披针形；花序轴蜿蜒状；花粉红色 ···················· 8. 合欢 **A. julibrissin**
   10. 托叶较小叶大，半心形；花序轴长而直；花绿白色 ···················· 9.楹树 **A. chinensis**
  9. 小叶的中脉偏于上缘。
   11. 小叶6-20对，菱状长圆形；花瓣仅基部连合 ···················· 10.南洋楹 **A. falcataria**
   11. 小叶8-15对，镰状长圆形；花瓣大部连合 ···················· 11.毛叶合欢 **A. mollis**

1.　天香藤　　　　　　　　　　　　　图 24

Albizia corniculata（Lour.）Druce in Rept. Bot. Exch. Club Brit. Isles 4: 603. 1917.

Mimosa corniculata Lour. Fl. Cochinch. 651. 1790.

攀援灌木或藤本，长约20余米。幼枝稍被柔毛。托叶小，脱落。二回羽状复叶，羽片2-6对；总叶柄下常有1下弯的粗短刺，近基部有1压扁的腺体；小叶4-10对，长圆形或倒卵形，长1.2-2.5厘米，先端极钝或有时微缺，或具硬细尖，基部偏斜，上部无毛，下部疏被微柔毛；中脉居中。头状花序有花6-12，排成顶生或腋生的圆锥花序；花序梗柔弱，疏被短柔毛，长0.5-1厘米。花无梗；花萼长不及1毫米，与花冠同被微柔毛；花冠白色，管

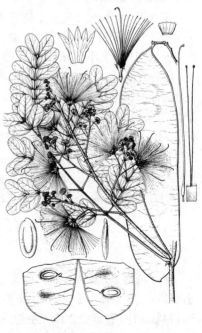

图 24　天香藤 （引自《图鉴》）

长约4毫米，裂片长2毫米；花丝长1厘米。荚果带状，长10-20厘米，扁平，无毛。种子7-11，长圆形，褐色。花期4-7月，果期8-11月。

2. 黄豆树 图 25：1-5

Albizia procera (Roxb.) Benth. in London Journ. Bot. 3：89. 1844.

Mimosa procera Roxb. Pl. Corom. 2：12. t. 121. 1798.

落叶乔木，高达20米，无刺。小枝微被短柔毛或近无毛。二回羽状复叶；总叶柄近基部有1长圆形大腺体；羽片3-5对，长15-20厘米；小叶6-12对，近革质，先端圆钝或微凹，基部偏斜，两面疏被伏贴短柔毛，中脉偏于下缘；叶柄长约2毫米。头状花序在枝顶或叶腋排成圆锥花序。花无梗；花萼长2-3毫米，无毛；花冠黄白色，长约6毫米，裂片披针形，长约2.5毫米，顶部被柔毛；子房近无柄。荚果带形，长10-15厘米，扁平，无毛，有8-12种子。花期5-9月，期9月至翌年2月。

产台湾、海南及云南，生于低海拔疏林或灌丛中。南亚至东南亚均有分布。本种为速生树种之一，采伐时有扑鼻之臭气。木材之边材黄白色，心

产福建、广东、海南及广西，生于旷野或山地疏林中，常攀附于树上。越南、老挝及柬埔寨有分布。

图 25：1-5. 黄豆树 6-8. 光叶合欢
（余志蒲绘）

材棕色，坚硬，有光泽，并有深颜色的纹理，适用于制造车轮、农具及建筑用材，又为良好之薪炭材。

3. 光叶合欢 图 25：6-8

Albizia lucidior (Steud.) Nielsen in Adansonia ser. 2, 19 (2)：222. 1979.

Inga lucidior Steud. Nomencl. Bot. ed. 2, 1：810. 1840.

乔木，高达20米。小枝有棱，无毛。二回羽状复叶，羽片1对，稀2对，长5厘米或过之；总叶柄上及顶部一对小叶着生处有1腺体；叶轴无毛；小叶1-2 (-3) 对，膜质，椭圆形或长圆形，长5-11厘米，顶部1对较大，无

毛，先端急尖，基部渐窄或近圆，对称，中脉居中；小叶柄长3毫米。头状花序排成腋生伞形圆锥花序，长7-11厘米。花无梗或具短梗；花萼钟状，长1.5-2毫米，与花冠同被长柔毛，具短齿；花冠长约6毫米，裂片披针形；雄蕊多数，管长3-4毫米；子房无毛，无柄。荚果带状，直，革质，长15-20厘米，黄色。种子6-9，圆形，径8-9毫米，淡棕色。花期3-5月。

产广西、贵州及云南，生于次生林及灌丛中。南亚至东南亚广布。观赏树种；木材供制器具用。

4. 白花合欢 图 26

Albizia crassiramea Lace in Kew Bull. 1915：402. 1915.

乔木，高达10米。小枝被锈色短柔毛，皮孔显著。二回羽状复叶；总叶柄近基部及羽片轴近顶部有1椭圆形腺体；叶轴被短柔毛；羽片2-4对；

小叶4-6对，椭圆形、卵形或倒卵形，长2-7厘米，先端圆钝，基部斜截平，

上面无毛,下面被短柔毛;中脉居中,两侧稍不对称;小叶柄长2毫米。花白色,无梗,7-10朵聚成头状,排成圆锥花序;花序梗长1.5-3.5厘米,密被短柔毛。花萼杯状,长1毫米,具5短齿;花冠与花萼同密被淡黄或白色绒毛,花冠管长1.5毫米,裂片三角状卵形,长1.5毫米;雄蕊约25,花丝长2.5

厘米,基部连合,管长约5毫米。荚果带状,长15-22厘米,无毛,有8-11种子。花期8月,果期11月。

产广西及云南,生于疏或密林中。泰国、缅甸及越南有分布。

[附] **蒙自合欢 Albizia bracteata** Dunn in Journ. Linn. Soc. Bot. 35: 493. 1903. 本种与白花合欢的区别:小叶两面均被微柔毛;花萼钟状,长2-3毫米,花冠漏斗状,长约7毫米,裂片披针形。花期5-6月,果期9-11月。产云南、贵州及广西,生于沟谷、河岸或山地林中。

图 26 白花合欢 (邓盈丰绘)

5. 香合欢 香须树　　　　　　图 27

Albizia odoratissima (Linn. f.) Benth. in London Journ. Bot, 3: 88. 1844.

Mimosa odoratissima Linn. f. Suppl. Sp. Pl. 437. 1781.

常绿乔木,高达15米,无刺。小枝初被柔毛。二回羽状复叶;总叶柄近基部和叶轴的顶部1-2对羽片间各有1腺体;羽片2-4(-6)对;小叶6-14对,长圆形,长2-3厘米,先端钝,有时有小尖头,基部斜截形,两面被稀疏贴生短柔毛,中脉偏于上缘。头状花序排成顶生、疏散圆锥花序,被锈色短柔毛。花无梗,淡黄色,有香味;花萼杯状,长不及1毫米,与花冠同被锈色短柔毛;花冠长约5毫米,裂片

图 27 香合欢 (引自《图鉴》)

产福建、湖南南部、广东、海南、广西、贵州、四川及云南,为低海拔疏林中常见植物。印度及马来西亚有分布。木材深棕色,坚硬,纹理致密,适用于制造车轮、油磨和家具。根、树皮能安神、活血、养肝明目。

披针形;子房被锈色茸毛。荚果长圆形,长10-18厘米,扁平,嫩荚被极短的柔毛,成熟时毛变稀疏,有6-12种子。花期4-7月,果期6-10月。

6. 山槐 山合欢　　　　　　图 28: 1-3 彩片 11

Albizia kalkora (Roxb.) Prain in Journ. Asiat. Soc. Bengal 66: 661. 1897.

Mimosa kalkora Roxb. Fl. Ind. ed 2, 2: 457. 1832.

落叶小乔木或灌木,高3-8米。枝条暗褐色,被短柔毛,皮孔显著。二回羽状复叶;羽片2-4对;腺体密被

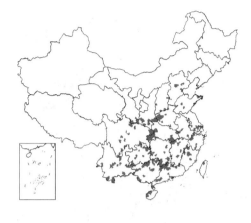

黄褐色或灰白色短茸毛；小叶5-14对，长圆形或长圆状卵形，长1.8-4.5厘米，先端圆钝，有细尖头，基部不对称，两面均被短柔毛，中脉稍偏于上缘。头状花序2-7生于叶腋或于枝顶排成圆锥花序。花初时白色，后变黄色，花梗明显；花萼管状，长2-3毫米，5齿裂；花冠长6-8毫米，中下部连合呈管状，裂片披针形，花萼、花冠均密被长柔毛；雄蕊长2.5-3.5厘米，基部连合呈管状。荚果带状，长7-17厘米，深棕色，嫩荚密被短柔毛，老时无毛。种子4-12，倒卵圆形。花期5-6月，果期8-10月。

产河北、山西、河南、山东、江苏、安徽、浙江、福建、台湾、江西、湖北、湖南、广东、香港、海南、广西、贵州、云南、四川、陕西及甘肃，生于山坡灌丛、疏林中。越南、缅甸及印度有分布。本种生长快，能耐干旱及瘠薄地。木材耐水湿；花美丽，亦可植为风景树。花能安神舒郁、理气活络。

图 28: 1-3. 山槐 4-7. 阔荚合欢
（黄少容绘）

7. 阔荚合欢 图 28:4-7

Albizia lebbeck (Linn.) Benth. in London Journ. Bot. 3: 87. 1844.

Mimosa lebbeck Linn. Sp. Pl. 516. 1783.

落叶乔木，高达12米。嫩枝密被短柔毛，老枝无毛。二回羽状复叶；总叶柄近基部及叶轴上羽片着生处均有腺体，腺体无毛；叶轴被短柔毛或无毛；羽片2-4对，长6-15厘米；小叶4-8对，长椭圆形或略斜的长椭圆形，长2-4.5厘米，先端圆钝或微凹，两面无毛或下面疏被微柔毛，中脉略偏上缘。头状花序径3-4厘米；花序梗通常长7-9厘米，1至数个聚生叶腋。花梗长3-5毫米；花芳香，花萼管状，长约4毫米，被微柔毛；花冠黄绿色，长7-8毫米，裂片三角状卵形；雄蕊白或淡黄绿色。荚果带状，长15-28厘米，扁平，麦秆色，光亮，无毛，常宿存于树上经久不落。种子4-12，椭圆形，长约1厘米，棕色。花期5-9月，果期10月至翌年5月。

原产热带非洲，现广植于两半球热带、亚热带地区。广东、广西、福建及台湾有栽培。本种生长迅速，枝叶茂密，为良好的庭园观赏植物及行道树。材质坚硬，耐朽力强，适为家具、车轮、船艇、支柱及建筑之用。

8. 合欢 图 29 彩片 12

Albizia julibrissin Durazz. in Mag. Tosc. 3: 11. 1772

落叶乔木，高达16米。小枝有棱角，嫩枝、花序和叶轴被绒毛或短柔毛。托叶线状披针形，较小叶小，早落。二回羽状复叶，总叶柄近基部及最顶一对羽片着生处各有1腺体；羽片4-12对（栽培的可达20对）；小叶10-30对，线形或长圆形，长0.6-1.2厘米，向上偏斜，先端有小尖头，具缘毛，有时下面沿中脉被短柔毛；中脉紧靠上缘。头状花序于枝顶排成圆锥花序；花序轴蜿蜒状。花粉红色；花萼管状，长3毫米；花冠长8毫米，裂片三角形，长1.5毫米，花萼、花冠外均被短柔毛；花丝长2.5厘米。荚果带状，长9-15厘米，宽1.5-2.5厘米，嫩荚有柔毛，老时无毛。花期6-7月，果期8-10月。

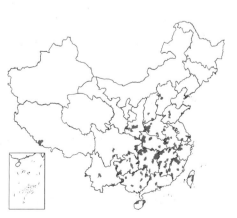

产吉林、河北、山西、河南、山东、江苏、安徽、浙江、福建、台湾、江西、湖北、湖南、广东、香港、海南、广西、贵州、云南、西藏、四川、陕西及甘肃，生于山坡或栽培。非洲、中亚至东亚有分布。本种生长迅速，能耐沙质土及干燥气候，开花如绒簇，美观可爱，常植为城市行道树和观赏树。木材耐久，可制家具；树皮供药用，有解郁安神、活血消肿之效。

9. 楹树　　　　　　　　　　　　　　图 30 彩片 13

Albizia chinensis (Osbeck) Merr. in Amer. Journ. Bot. 3: 575. 1916.

Mimosa chinensis Osbeck, Dagbok Ostind. Resa 233. 1757.

落叶乔木，高达30米。小枝被黄色柔毛。托叶大，膜质，心形，先端有小尖头，早落。二回羽状复叶，羽片6-12对；总叶柄基部和叶轴上有腺体；小叶20-35（40）对，无柄，长椭圆形，长0.6-1厘米，先端渐尖，基部近平截，具缘毛，下面被长柔毛，中脉紧靠上缘。头状花序有花10-20，生于长短不同、密被柔毛的总梗上，排成顶生的圆锥花序；花序轴长而直。花绿白或淡黄色，密被黄褐色茸毛；花萼漏斗状，长约3毫米，有5短齿；花冠长约为花萼的2倍，裂片卵状三角形；雄蕊长约2.5厘米；子房被黄褐色柔毛。荚果扁平，长10-15厘米，幼时稍被柔毛，成熟时无毛。花期3-5月，果期6-12月。

产福建、广东、湖南、广西、云南及西藏，多生于林中，亦见于旷野，但以谷地、河溪边最适宜其生长。南亚至东南亚亦有分布。本种生长迅速，枝叶茂盛，适为行道树及荫蔽树。木材质软，耐朽力弱，可作家具、箱板等用；树皮含单宁。全株药用，有固涩止泻、收敛生肌之效。

10. 南洋楹　　　　　　　　　　　　图 31: 1-2

Albizia falcataria (Linn.) Fosberg in Reinwardtia 7: 88. 1965.

Adenanthera falcataria Linn. Sp. Pl. ed. 2, 550. 1762.

常绿大乔木，高达45米。嫩枝圆柱状或微有棱，被柔毛。托叶锥形，早落。羽片6-20对，上部的通常对生，下部的有时互生；总叶柄基部及叶轴中部以上羽片着生处有腺体；小叶6-26对，无柄，菱状长圆形，长1.5厘米，先端急尖，基部圆钝或近平截，中脉偏于上缘。穗状花序腋生，单生或数个组成圆锥花序。花初白色，后变黄；花萼钟状，长2.5毫米；花瓣长5-7毫米，密被短柔毛，仅基部连合。荚果带形，长10-13厘米，熟时开裂。种子多粒，长约7毫米，宽约3毫米。花期4-7月。

11. 毛叶合欢　　　　　　　　　　　图 31: 3-6

Albizia mollis (Wall.) Boiv. in Encycl. 19(2): 33. 1838.

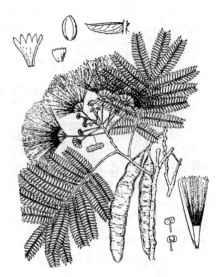

图 29 合欢 （引自《图鉴》）

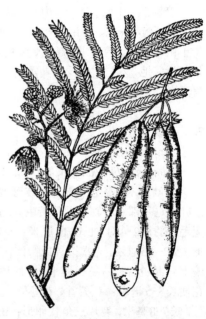

图 30 楹树 （引自《图鉴》）

原产马六甲及印度尼西亚马鲁古群岛，现广植于各热带地区。福建、广东、香港及广西有栽培。本种为速生树种，是优良的庭园观赏树和行道树。木材适于作一般家具、室内建筑、箱板、农具、火柴等。木材纤维含量高，又是造纸和人造丝的优良材料。全株药用，有固涩止泻、收敛生肌之效。

Acacia mollis Wall. Pl. Rar. 2: 76. t. 177. 1831.

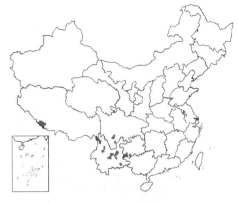

乔木,高达18(-30)米。小枝被柔毛,有棱角。二回羽状复叶;总叶柄近基部及顶部一对羽片着生处各有1腺体,叶轴具槽,被长绒毛。羽片3-7对,长6-9厘米;小叶8-15对,镰状长圆形,长1.2-1.7厘米,宽4-7毫米,先端具小尖头,基部截平,两面密被长茸毛或老时上面变无毛;中脉偏于上缘。头状花序排成腋生的圆锥花序。花白色,花梗极短;花萼钟状,长约2毫米,与花冠同被茸毛;花冠长约7毫米,裂片三角形,长2毫米;花丝长2.5厘米。荚果带状,长10-16厘米,扁平,棕色。花期5-6月,果期8-12月。

产贵州、四川、云南及西藏,生于海拔1800-2500米的山坡林中。印度及尼泊尔有分布。本种可作行道树,木材坚硬,供制家具、模型及农具等用。

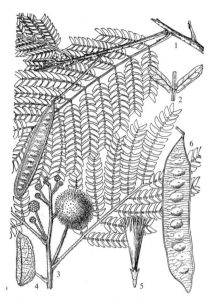

图 31: 1-2. 南洋楹 3-6. 毛叶合欢
（余汉平绘）

14. 象耳豆属 Enterolobium Mart.

落叶大乔木,无刺。托叶不显著;二回羽状复叶;羽片及小叶多对;总叶柄及叶轴上有腺体。花通常两性,5数,无梗,组成球形头状花序,簇生于叶腋或排成总状花序。花萼钟状,具5短齿;花冠漏斗形,中上部具5裂片;雄蕊多数,基部连合成管;子房无柄,胚珠多数;花柱线形。荚果卷曲或弯作肾形,厚硬,不开裂,中果皮海绵质,后变硬,种子间具隔膜。种子横生,扁平,珠柄丝状。

约11种,产热带美洲及西非。我国引入栽培2种。

象耳豆　　　　　　　　　　　　　图 32

Enterolobium cyclocarpum (Jacq.) Grieseb. Fl. Brit. W. Brit. Isl. 226. 1860.

Mimosa cyclocarpa Jacq. Frag. Bot. 30. t. 34. 1801.

落叶大乔木,高达20米。嫩叶及花序均被白色疏柔毛;小枝绿色,有明显皮孔。托叶小,早落;羽片（3）4-9对;总叶柄长约6厘米,通常在总叶柄上及最上2对羽片着生处有2-3腺体;小叶12-25对,镰状长圆形,长0.8-1.4厘米,先端具小尖头,基部截平,上面深绿色,下面粉绿色,两面被疏毛;中脉靠近上缘。头状花序圆球形,径1-1.5厘米,有花10余朵,簇生或排成总状花序。花绿白色;花萼长3毫米,与花冠同被短柔毛;花冠长6毫米;雄蕊多数,基部合生成管。荚果弯曲成耳状,径5-7厘米,两端浑圆而相接,熟时黑褐色,肉质,不开裂,有10-20种子。种子长椭圆形,长约1.5厘米,棕褐色,质硬,有光泽。花期4-6月。

原产南美洲及中美洲,现世界热带地区各国多有栽培。广东、海南、广

图 32 象耳豆 （邓盈丰绘）

西、福建沿海、浙江南部及江西有栽培。本种生长迅速,枝叶广展,可作行道树及庭园绿化树种;成熟的荚果可供洗涤用。

15. 球花豆属 Parkia R. Br.

乔木,无刺。二回羽状复叶,羽片及小叶多数。花多数,聚生成棒状或扁球形头状花序;花序梗长,单生叶腋

或数个生分枝顶端；头状花序上部的花为两性花，黄或红色，下部为雄花或不育的中性花，白或红色。花萼管状，裂齿5，覆瓦状排列；花瓣5，窄匙形，分离或连合至中部，裂片5，镊合状排列；雄蕊10，常和花冠贴生，花药长圆形，顶端常具腺体；子房具柄或无；胚珠多数；花柱线形，柱头顶生；下部不育花的花瓣通常分离，退化雄蕊10，成一长束，上部分离，线形，具色彩。果长圆形，有时很长，直立或弯曲，压扁，稍木质或肉质，迟裂，具2果瓣。种子横生，厚，卵圆形，压扁。

约40种，产亚洲、非洲和美洲的热带地区。我国引入栽培2种。

大叶球花豆　　　　　　　　　　　　　　图 33

Parkia leiophylla Kurz in Journ. Asiat. Soc. Bengal 42(2)：73. 1873.

乔木，高达30余米。小枝褐色，嫩枝被短柔毛。二回羽状复叶长30-60厘米；羽片15-20对；羽片轴长10-15厘米，被黄褐色短柔毛；小叶28-56对，线状长圆形，长1-1.4厘米，先端斜急尖，基部近截平，一侧微具耳状凸起，干时上面褐色，下面棕色，具1条明显的主脉和1条基出脉，余为羽状脉，除边缘被微柔毛外，余无毛，无柄。花小，黄色，密集成头状花序，花序托基部变窄成长2.5-3厘米的柄；花序梗长30-45厘米，常数个在枝顶排成总状花序。花萼长0.8-1厘米，萼管无毛，裂片圆形，外密被黄褐色绒毛。荚果线形，长（15-）30-45厘米，顶端圆，基部收窄成长12-22厘米的柄，黑色，有光泽，无毛，有6-15种子，种子着生处肿胀，荚果微呈念珠状。

原产缅甸、泰国及西非。云南南部（西双版纳）有栽培。

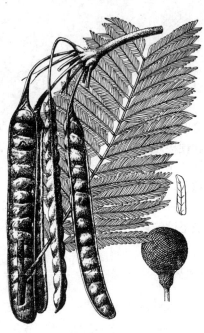

图 33　大叶球花豆　（邓盈丰绘）

110. 云实科 CAESALPINIACEAE

（吴德邻）

乔木或灌木，有时为藤本，稀草本。叶互生，一回或二回羽状复叶，稀单叶或单小叶；托叶常早落；小托叶存在或缺。花两性，稀单性，多少两侧对称，稀为辐射对称，组成总状花序或圆锥花序，稀组成穗状花序；小苞片小或大而呈花萼状，包覆花蕾时则苞片极退化。花托极短或杯状，或延长为管状；萼片（4）5，离生或下部合生，花蕾时常覆瓦状排列；花瓣通常5，稀1片或无花瓣，在花蕾时覆瓦状排列，上面的（近轴的）1片被侧生的2片所覆叠；雄蕊10或较少，稀多数，花丝离生或合生，花药2室，常纵裂，稀孔裂，花粉单粒；子房具柄或无柄，与花托管内壁的一侧离生或贴生；胚珠倒生，1至多数，花柱细长，柱头顶生。荚果开裂，或不裂而呈核果状或翅果状。种子有时具假种皮。

约180属，3000种，分布于全世界热带和亚热带地区，少数属（皂荚属和肥皂荚属）分布于温带地区。我国连引入栽培的有21属，约130种（含亚种及变种）。

1. 叶为二回羽状复叶，稀兼有一回羽状复叶（皂荚属）。
　2. 花杂性或单性异株。
　　3. 植株无刺；荚果肥厚，2瓣裂 ·· 1.肥皂荚属 Gymnocladus
　　3. 植株具分枝的枝刺；荚果扁平；不裂或迟开裂 ····················· 2.皂荚属 Gleditsia
　2. 花两性。
　　4. 乔木，无刺。

5. 花径不逾3厘米。

6. 花红色；雄蕊5；荚果腹缝一侧有窄翅 ·················· 3. 顶果树属 Acrocarpus

6. 花黄或黄绿色；雄蕊10；荚果两缝线均具翅或无翅。

7. 荚果两缝线均具翅；雄蕊稍短于花瓣 ·················· 4. 盾柱木属 Peltophorum

7. 荚果缝线上无翅；雄蕊长为花瓣的2倍 ·················· 5. 格木属 Erythophleum

5. 花径7厘米以上 ······································ 6. 凤凰木属 Delonix

4. 攀援藤本、灌木或乔木，通常有刺。

8. 花两侧对称；胚珠1至多数。

9. 羽片对生在正常的叶轴上；荚果扁平和肿胀，不呈念珠状 ·········· 7. 云实属 Caesalpinia

9. 羽片簇生在刺状的叶轴上；荚果念珠状 ·················· 8. 扁轴木属 Parkinsonia

8. 花辐射对称；胚珠1；荚果翅果状，不开裂 ·················· 9. 老虎刺属 Pterolobium

1. 叶为单叶或为一回羽状复叶，或仅具单小叶。

10. 叶为单叶，全缘或2裂，有时2裂成2小叶。

11. 能育雄蕊10；花紫红或粉红色；荚果腹缝线常具窄翅 ·········· 10. 紫荆属 Cercis

11. 能育雄蕊通常3-5枚，倘为10枚时则花为白色、淡黄色或绿色；荚果的腹缝线上无翅 ·········

·· 11. 羊蹄甲属 Bauhinia

10. 叶常为一回羽状复叶，有时仅具1对小叶或单小叶。

12. 花瓣5。

13. 奇数羽状复叶；小叶互生 ·················· 12. 任豆属 Zenia

13. 偶数羽状复叶；小叶对生。

14. 小叶3-5对。

15. 花通常黄色；雄蕊4-10 ·················· 13. 决明属 Cassia

15. 花紫红或粉红色；能育雄蕊2 ·················· 14. 仪花属 Lysidice

14. 小叶1对，孪生 ································ 15. 李叶豆属 Hymenaea

12. 花瓣1-3或无。

16. 花瓣无，萼片花瓣状 ·················· 16. 无忧花属 Saraca

16. 花瓣1-3。

17. 花瓣1（2）。

18. 花瓣具长柄；能育雄蕊7-8；种子基部有角质假种皮 ·········· 17. 缅茄属 Afzelia

18. 花瓣无柄；能育雄蕊9；种子基部无角质假种皮 ·········· 18. 油楠属 Lindora

17. 花瓣3 ·· 19. 酸豆属 Tamarinus

1. 肥皂荚属 Gymnocladus Lam.

　　落叶乔木，无刺。二回偶数羽状复叶；托叶小，早落。总状花序或圆锥花序顶生。花淡白色，杂性或单性异株，辐射对称；花萼管状，裂片5，近相等；花瓣4-5，稍长于萼片，长圆形，覆瓦状排列，最上方的1片有时消失；雄蕊10，分离，5长5短，直立，较花冠短，花丝粗，被长柔毛，花药背着，药室纵裂；子房在雄花中退化或不存在，在雌花或两性花中无柄，胚珠4-8，花柱直，稍粗而扁，柱头偏斜。荚果扁平、肥厚、有瓤，2瓣裂。种子大，外种皮革质。

　　约5种，分布于中国、缅甸及美洲东北部。我国1种。

肥皂荚　　　　　　　　　　　　　　　　　图 34　　　　　落叶乔木，无刺，高达12米；树

Gymnocladus chinensis Baill. in Bull. Soc. Linn. 1: 33. 1875.　　皮具明显的白色皮孔。当年生枝被锈

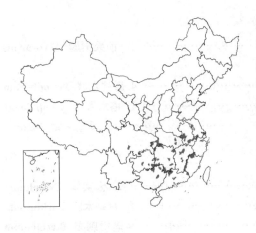

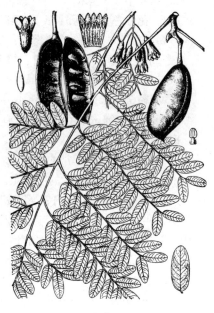

或白色短柔毛，后变无毛。二回偶数羽状复叶长20-25厘米，叶轴具槽，被短柔毛；羽片5-10对，对生、近对生或互生；小叶互生，8-12对，长圆形，长2.5-5厘米，两端圆钝，先端有时微凹，基部稍斜，全世界缘，两面被绢质柔毛。总状花序顶生，被短柔毛。花杂性，白色或带紫色，有长梗，下垂；苞片小或消失；花萼管长5-6毫米，被短柔毛，裂片钻形，较萼稍短；花瓣长圆形，先端钝，较萼片稍长，被硬毛；花丝被柔毛；子房无毛，无柄，有2-4胚珠，花柱粗短，柱头头状。荚果长圆形，长7-10厘米，扁平或膨胀，无毛，顶端有短喙，有2-4种子。种子近球形，稍扁，径约2厘米，黑色，无毛。8月结果。

产江苏、浙江、安徽、福建、江西、湖北、湖南、广东、广西、贵州及四川，生于海拔150-1500米杂木林中或村旁、宅旁或路边。果含皂素，可供洗涤用，有祛痰破瘀、行气消肿、泻热毒的功能。种子油可作油漆等工业用油。

图 34　肥皂荚　（邓晶发绘）

2. 皂荚属 Gleditsia Linn.

落叶乔木或灌木状；干和枝常具分枝的粗刺。叶互生，常簇生，一或二回偶数羽状复叶常并存于同一植株上；叶轴和羽轴具槽；小叶多数，近对生或互生，基部两侧稍不对称或近于对称，具细锯齿或钝齿，稀全缘；托叶小，早落。花杂性或单性异株，淡绿或绿白色，组成腋生或少有顶生的穗状总状花序，稀圆锥花序。花萼钟状，外面被柔毛，里面无毛；萼裂片3-5，近相等；花瓣3-5，稍不等，与萼裂片等长或稍长；雄蕊6-10，伸出，花丝中下部稍扁宽并被长曲柔毛，花药背着；子房无柄或具短柄，花柱短，柱头顶生；胚珠1至多数。荚果扁，劲直、弯曲或扭转，不裂或迟开裂。种子1至多颗，卵圆形或椭圆形，扁或近柱形。

约14种，分布于亚洲中部、东南部和南北美洲。我国6种，2变种。本属植物木材多坚硬，常用于制作器具；荚果煎汁可代皂供洗涤用。

1. 小叶长0.6-2.4厘米，宽0.3-1厘米，全缘；荚果长3-6厘米，具1-3颗种子 ………… 1. 野皂荚 G. microphylla
1. 小叶长（1.5-）2.5-9（-12.5）厘米，宽1-4（-6）厘米，边缘具齿；荚果长（4-）6-41厘米，具多颗种子。
　2. 小叶斜椭圆形或菱状长圆形，中脉在基部偏斜；花萼裂片及花瓣5（6）；雄蕊5（6）或10；子房密被绢毛。
　　3. 一回或二回羽状复叶；小叶上面网脉不清晰；总状花序常复合为圆锥花序；荚果长（4-）6-12厘米，种子着生部位明显臌起 ……………………………………… 2. 小果皂荚 G. australis
　　3. 一回羽状复叶；小叶上面网脉明显凸起；小聚伞花序组成总状花序；荚果长13.5-26（-41）厘米，种子着生部位不臌起 ……………………………………………… 3. 华南皂荚 G. fera
　2. 小叶卵状长圆形、卵状披针形或长圆形，中脉在基部居中或微偏斜；花萼裂片及花瓣3-4；雄蕊6-8（9）；子房不被绢毛。
　　4. 刺圆柱形；小叶上面网脉明显凸起，具细锯齿；子房缝线上及基部被柔毛；荚果肥厚，不扭转，劲直或稍弯呈新月形 ……………………………………………… 4. 皂荚 G. sinensis

4. 刺扁平；小叶上面网脉不明显，全缘或具波状疏圆齿；子房无毛；荚果扁，不规则扭转或弯曲作镰刀状 ……… …………………………………………………………… 5. **山皂荚 G. japonica**

1. 野皂荚

图 35 彩片 14

Gleditsia microphylla Gordon ex Y. T. Lee in Journ. Arn. Arb. 57: 29. 1976.

Gleditsia heterophylla auct. non Raf.: 中国高等植物图鉴 2: 344. 1972.

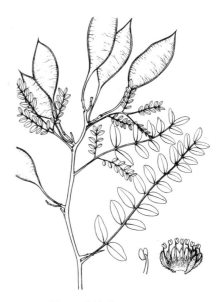

灌木或小乔木，高达4米。幼枝被短柔毛；刺长1.5-6.5厘米。叶为一回或二回羽状复叶，羽片2-4对，长7-16厘米；小叶5-12对，斜卵形或长椭圆形，长0.6-2.4厘米，宽0.3-1厘米，先端圆钝，基部偏斜，宽楔形，全缘，上面无毛，下面被短柔毛。叶脉在两面均不清晰。花杂性，绿白色，近无梗，簇生，组成穗状花序或顶生圆锥花序；花序长5-12厘米。雄花径约5毫米，花萼裂片长2.5-3毫米，花瓣4，长约3毫米，与萼裂片外面均被短柔毛，里面被长柔毛，雄蕊6-8；两性花径约4毫米，萼片长1.5-2毫米，两面被短柔毛；花瓣4，长2毫米，两面被毛，雄蕊4，子房具长柄，无毛。荚果斜椭圆形，长3-6厘米，红棕或深

图 35 野皂荚 （蔡淑琴绘）

褐色，无毛，果颈长1-2厘米。具1-3种子。花期6-7月，果期7-10月。

产陕西、山西、河南、河北、山东、江苏及安徽，生于海拔100-1300米山坡阳处或路边。

2. 小果皂荚

图 36

Gleditsia australis Hemsl. in Journ. Linn. Soc. Bot. 23：208. t. 5. 1887.

乔木，高达20米。刺圆锥状，长3-5厘米，有分枝。叶为一回或二回羽状复叶，羽片2-6对，长10-18厘米；小叶5-9对，斜椭圆形或菱状长圆形，长1.5-4（-5）厘米，宽1-2厘米，先端圆钝，常微缺，基部斜急尖或斜楔形，具钝齿或近全缘，中脉在基部偏斜，上面网脉稍疏而不甚明显。花杂性，淡绿或绿白色；雄花径4-5毫米，数朵簇生，组成较密集的总状花序，常复合呈圆锥花序，长达28厘米；两性花的花序与雄花序相似，具较疏离的花；两性花径7-9毫米。花萼管长约2毫米，无毛，裂片5-6，长约3毫米，外面被微柔毛，里面密被

图 36 小果皂荚 （陶德圣绘）

浅棕色长曲柔毛，花瓣5-6，外面被绒毛，里面密被长曲柔毛，雄蕊5，不伸出，子房无柄，密被浅棕色绢毛。荚果带状长圆形，压扁，长（4-）6-12厘米，劲直或稍弯，果瓣革质，干时棕黑色，种子着生部位明显臌起，几无果颈，有5-12种子。花期6-10月，果期11月至翌年4月。

产广东、海南及广西，生于缓坡、山谷林中或路旁水边阳处。越南有分布。

3. 华南皂荚　　　　　　　　图 37 彩片 15

Gleditsia fera (Lour.) Merr. in Philipp. Journ. Sci. Bot. 13: 141. 1918.

Mimosa fera Lour. in Fl. Cochinch. 652. 1790.

乔木，高达42米。刺分枝，长达13厘米。叶为一回羽状复叶，长11-18厘米；小叶5-9对，斜椭圆形或菱状长圆形，长2-7（-12）厘米，先端圆钝而微凹，基部斜楔形或圆钝而偏斜，具圆齿，两面无毛，中脉在基部偏斜，上面网脉细密，清晰，明显凸起。花杂性，绿白色，数朵成小聚伞花序，组成腋生或顶生、长7-16厘米的总状花序。雄花径6-7毫米，花萼管长约2.5毫米；萼片5，长2.5-3毫米，

图 37 华南皂荚 （引自《海南植物志》）

外面密被短柔毛，花瓣5，长圆形，两面均被短柔毛，雄蕊10，退化雌蕊被长柔毛；两性花径0.8-1厘米，花萼、花瓣与雄花的相似，惟花萼里面基部被一圈长柔毛，雄蕊5-6，子房密被棕黄色绢毛。荚果嫩时密被棕黄色短柔毛，扁平，长13.5-26（-41）厘米，劲直或稍弯，稍扭转，种子着生部位不膨起，果瓣革质，老时毛渐脱落，果颈长0.5-1厘米，有多数种子。花期4-5月，果期-12月。

产江西南部、广东、海南、广西及贵州南部，生于海拔300-1000米山

地缓坡、山谷林中或村旁路边阳处。偶有栽培。越南有分布。荚果含皂素，煎出的汁可代肥皂用以洗涤。果可作杀虫药。

4. 皂荚　　　　　　　　图 38 彩片 16

Gleditsia sinensis Lam. Encycl. 2: 465. 1786.

Gleditsia officinalis Hemsl.；中国高等植物图鉴 2: 345. 1972.

落叶乔木，高达30米。刺圆柱形，常分枝，长达16厘米。叶为一回羽状复叶，长10-18（26）厘米；小叶（2）3-9对，卵状披针形或长圆形，长2-8.5(-12.5)厘米，先端急尖或渐尖，顶端圆钝，基部圆或楔形，中脉在基部稍歪斜，具细锯齿，上面网脉明显。花杂性，黄白色，组成5-14厘米长的总状

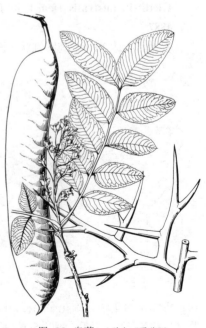

图 38 皂荚 （引自《图鉴》）

花序。雄花径0.9-1厘米，萼片4，长3毫米，两面被柔毛，花瓣4，长4-5毫米，被微柔毛，雄蕊（6）8；退化雌蕊长2.5毫米；两性花径1-1.2厘米，萼片长4-5毫米，花瓣长5-6毫米，雄蕊8，子房缝线上及基部被柔毛。荚果带状，肥厚，长12-37厘米，劲直，两面膨起；果颈长1-3.5厘米；果瓣革质，褐棕或红褐色，常被白色粉霜，有多数种子；或荚果短小，稍弯呈新月形，俗称猪牙皂，内无种子。花期3-5月，果期5-12月。

产河北、山东、江苏、浙江、安徽、福建、江西、湖北、湖南、广东、广西、云南、贵州、四川、甘肃、陕西、山西及河南，生于海拔2500米以下山坡林中、谷地或路旁，常栽培于庭院或宅旁。本种木材坚硬，为车辆、家具用材；荚果煎汁可代肥皂用以洗涤丝毛织物；嫩芽油盐调食。其子煮熟糖渍可食。荚、子、刺均入药，有祛痰通窍，镇咳利尿，消肿排脓，杀虫治癣之效。

5. 山皂荚 图 39

Gleditsia japonica Miq. in Ann. Mus. Bot. Lugd.-Bat. 3: 53. 1867.
Gleditsia melanacanth Tang et Wang；中国高等植物图鉴 2: 346. 1972.

落叶乔木，高达25米；刺略扁，常分枝，长2-15.5厘米。叶为一回或

二回羽状复叶，羽片2-6对，长11-25厘米；小叶3-10对，卵状长圆形、卵状披针形或长圆形，长2-7（-9）厘米，宽1-3（4）厘米，先端圆钝，有时微凹，基部宽楔形或圆，微偏斜，全缘或具波状疏圆齿，上面网脉不明显。花黄绿色，组成穗状花序，腋生或顶生，雄花序长8-20厘米，雌花序长5-16厘米。雄花径5-6毫米，花萼管外面密被褐色短柔毛，裂片3-4，两面均被柔毛，花瓣4，长约2毫米，被柔毛，雄蕊6-8（9）；雌花径5-6毫米，萼片和花瓣均为4-5，长约3毫米，两面密被柔毛，不育雄蕊4-8，子房无毛。荚果带形，扁平，长20-35厘米，不规则旋扭或弯曲作镰刀状，果颈长1.5-3.5（-5）厘米，果瓣革质，常具泡状隆起，有多数种子。花期4-6月，果期6-11月。

产辽宁、河北、河南、山东、江苏、安徽、浙江、福建、江西及湖南，

图 39 山皂荚 （引自《图鉴》）

生于海拔100-1000米向阳山坡、谷地、溪边或路旁，常见栽培。日本及朝鲜有分布。本种荚果含皂素，可代肥皂用以洗涤，并可作染料，嫩叶可食；刺有活血祛瘀、消肿溃脓、下乳的功能；果有祛痰开窍的作用。木材坚实，心材带粉红色，色泽美丽，纹理粗，可作建筑、器具、支柱等用材。

3. 顶果树属 **Acrocarpus** Wight ex Arn.

乔木，无刺。叶互生，二回偶数羽状复叶；羽片对生；小叶具柄，对生。总状花序单生于叶腋或2-3个生于短枝先端；苞片与小苞片小，早落；花两性；花托钟形；萼片，近相等。覆瓦状排列；花瓣5等大，与萼片互生，比萼片长1倍；雄蕊5，与花瓣互生，花丝直而远伸出花冠，花药背着，纵裂；子房具长柄，花柱短，内弯，柱头小，顶生；胚珠多数。荚果带形，扁平，具长的果颈，沿腹缝线具窄翅。种子多数，倒卵形，扁平，具胚乳。

2种，产热带亚洲。我国1种。

顶果树 图 40 彩片 17 547.1839.

Acrocarpus fraxinifolius Wight ex Arn. in Mag. Zool. Bot. 2: 高大无刺乔木。枝下高达30米以

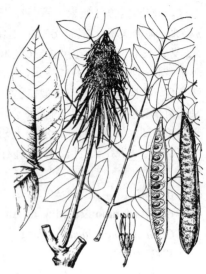

图 40 顶果树 (陶德圣绘)

上。二回羽状复叶长30-40厘米，下部叶具羽片3-8对，顶部的为一回羽状复叶；叶轴和羽轴被黄褐色微柔毛，后变无毛；小叶4-8对，对生，卵形或卵状长圆形，长7-13厘米，先端渐尖或急尖，基部稍偏斜，宽楔形或圆钝，全缘；侧脉8-12对。总状花序腋生，长20-25厘米，具密集的花；花序轴先端被柔毛。花大，红色，初直立，后下垂；花梗长6-8毫米，被柔毛；花托钟形；萼片5；花瓣5片，披针形，比萼片长1倍，与花托、萼片均被黄褐色微柔毛；雄蕊5，花丝长于花冠2倍；子房扁平，具长柄，胚珠多颗。荚果扁平，长8-15厘米，紫褐色，沿腹缝线具窄翅，翅宽3-5毫米。种子14-18，淡褐色。

产广西西部及云南，生于海拔1000-1200米疏林中。老挝、泰国、缅甸、印度、斯里兰卡及印度尼西亚有分布。

4. 盾柱木属 Peltophorum（Vogel）Benth.

乔木，无刺。叶为二回偶数羽状复叶；羽片对生；小叶多数，对生，无柄。圆锥花序或总状花序腋生或顶生；苞片小，脱落或宿存，无小苞片；花两性，黄色，花萼裂片5；近相等；花瓣5，与萼片均为覆瓦状排列；雄蕊10，离生，花丝稍伸出花冠，基部密被长柔毛，花药长圆形，背着；子房无柄，胚珠2-多颗，花柱长，柱头大、盾状、头状或盘状。荚果披针状长圆形，扁平，薄而坚硬，不开裂，沿背腹两缝线均有翅。种子1-4，扁平，无胚乳。

约12种，分布于斯里兰卡、安达曼和马来群岛以及大洋洲南部等热带地区。我国1种，引入栽培1种。

银珠 双翼豆　　　　　　　　图 41 彩片 18

Peltophorum tonkinense（Pierre）Gagnep. in Lecomte, Fl. Gen. Indo-Chine 2：192. 1913.

Baryxylum tonkinense Pierre, Fl. For. Cochinch. 5：t. 391. 1899.

Peltophorum pterocarpum auct. non Baker ex K. Heyne：中国高等植物图鉴 2：352. 1972.

图 41 银珠 (引自《图鉴》)

落叶乔木，高达20米；幼嫩部分和花序、花梗密被锈色毛。老枝有细密锈色皮孔。二回偶数羽状复叶长15-35厘米；叶柄粗壮，长3-15厘米；羽片6-13对，羽轴长4-9厘米，上面有槽，基部膨大；小叶5-14对，长圆形，长1.5-2厘米，先端钝圆、微凹或凸尖，基部渐窄，两侧不对称。总状花序近顶生，长8-10厘米。花黄色，大而芳香；花梗长1-1.5厘米；花萼裂片5，近相等，长圆形，长8-9毫米；花瓣5，倒卵状圆形，长1.5厘米，具柄，边缘波状，两面中脉被锈色长柔毛；雄蕊10，花丝基部膨大，密被锈色毛；子房具短柄，扁平。荚果薄革质，纺锤形，长8-13厘米，两端不对称，渐尖，初被毛，老时红褐色，无毛，两边具翅，翅宽5-7毫米，有3-4种子。花期3-6月，果期4-10月。

产海南，生于海拔300-400米的山地疏林中。越南、泰国、印度尼西亚及菲律宾有分布。

5. 格木属 **Erythophleum** R. Br.

乔木，无刺。二回羽状复叶；托叶早落；羽片数对，对生；小叶互生。花具短梗，密聚成穗状总状花序，常排成圆锥花序，顶生或腋生。萼钟状，上部5裂；花瓣5，近等大；雄蕊10，分离，花丝长短相间或等长；子房具柄，被毛，胚珠多颗，花柱短，柱头小。荚果长扁平，厚革质，熟时2瓣裂，内面种子间有肉质组织。种子横生，长圆形或倒卵圆形，压扁，有胚乳。

约15种，分布于非洲热带、亚洲东部的热带和亚热带以及澳大利亚北部。我国1种。

格木 图 42

Erythophleum fordii Oliv. in Hook. Icon. Pl. 15: 7. pl. 1409. 1883.

常绿乔木，高达10(-30)米。小枝和幼芽被锈色短柔毛。二回羽状复叶长20-30厘米；羽片通常3对，近对生，每羽片具8-12小叶；小叶卵形或卵状椭圆形，互生，长5-8厘米，先端渐尖，基部圆，两侧不对称，全缘，无毛。穗状花序排成圆锥花序，长15-20厘米；花序梗被锈色毛。花萼外面被疏柔毛，裂片长圆形；花瓣淡黄绿色，倒披针形，内面和边缘密被柔毛；雄蕊花长为花瓣的2倍，花丝无毛；子房密被黄白色柔毛，胚珠10-12。荚果扁平，长圆形，长1-1.8厘米，厚革质，成熟时开裂。种子长圆形，种皮黑褐色。

产福建东南部、广东、广西及贵州，生于山地林中。越南有分布。木材质硬而亮，纹理致密，为著名的硬木之一，又是优良的园林绿化树种之

图 42 格木 (引自《图鉴》)

一。树皮、种子有强心作用，含格木碱，有毒。

6.凤凰木属 **Delonix** Raf.

乔木，无刺。二回偶数羽状复叶，具托叶；羽片对生，多对；小叶对生，小而多。伞房状总状花序顶生或腋生。花两性；苞片小，早落；花萼管短，陀螺状；花萼裂片5，倒卵形，近相等，镊合状排列；花瓣5，与萼裂片互生，圆形，具柄，边缘皱波状；雄蕊10，离生；子房无柄，胚珠多颗，花柱丝状，柱头平截。荚果带形，扁平，下垂，2瓣裂，果瓣厚木质，坚硬。种子横长圆形，种皮硬。

2-3种，分布于非洲东部、马达加斯加至热带亚洲。我国引种栽培1种。

凤凰木 图 43 彩片 19

Delonix regia (Boj. ex Hook.) Raf. Fl. Tellur. 2: 92. 1836.

Poinciana regia Boj. ex Hook. in Curtis's Bot. Mag. t. 2884. 1826.

落叶乔木，高达20余米。小枝常被短柔毛。叶为二回偶数羽状复叶，长20-60厘米，具托叶；下部的托叶羽状分裂，上部的成刚毛状；叶柄长7-12厘米，基部膨大呈垫状；羽片15-20对，长5-10厘米；小叶约25对，长圆形，长4-8毫米，两面被绢毛，先端钝，基部微偏斜，全缘；中脉明显。伞房状总状花序顶生或腋生。花径7-10厘米，花梗长4-10厘米；花萼管盘状或短陀螺状；萼片5，里面红色，边缘绿黄色；花瓣5，红色，具黄及白色花斑，匙形，长5-7厘米，瓣柄长约2厘米；雄蕊10，红色，长3-6厘米，向上弯，花丝下半部被绵毛，花药红色；子房被柔毛，无柄或具短柄。荚果带形，扁平，长30-60厘米，稍弯曲，暗红褐色，熟时黑褐色。种子20-40，横长圆形，坚硬，黄色，有褐斑。花期6-7月，果期8-10月。

原产马达加斯加，世界热带地区常栽种。台湾、福建、广东、香港、广西及云南有栽培。本种在我国南方城市、植物园和公园栽作观赏树或行道树。树冠开展，枝叶密茂，花大色艳，盛开时红花与绿叶相映，特别鲜丽。

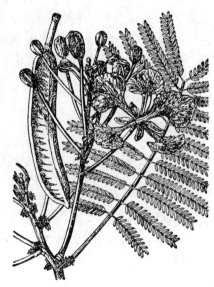

图 43 凤凰木 （引自《图鉴》）

7. 云实属 Caesalpinia Linn.

乔木、灌木或藤本，通常有刺。二回羽状复叶，互生；羽片3对以上，对生，小叶对生或互生。总状花序或圆锥花序腋生或顶生。花两侧对称；花托凹陷；萼片离生，覆瓦状排列，下方1片较大；花瓣5，具柄，开展，其中4片圆形，有时长圆形，最上方1片较小，色泽、形状及被毛常与其余4片不同；雄蕊10，离生，2轮排列，花丝基部加粗，被毛，花药卵圆形或椭圆形，背着，纵裂；子房有胚珠1-7，花柱圆柱形，柱头截平或凹入。荚果卵圆形，长圆形或披针形，有时呈镰刀状弯曲，扁平或肿胀，无翅或具翅，平滑或有刺，革质或木质，少为肉质，开裂或不开裂。种子卵圆形或球形，无胚乳。.

约100种。分布热带和亚热带地区。我国17种。

1. 灌木或乔木。
　2. 羽片7-13对；圆锥花序；雄蕊稍伸出花冠外；荚果宽2.5-4厘米，种子3-4 ·············· 1. **苏木 C. sappan**
　2. 羽片4-8对；总状花序伞房状；雄蕊远伸出于花冠外；荚果宽1.5-2厘米，种子6-9
　　　·· 2. **金凤花 C. pulcherrima**
1. 藤本。
　3. 荚果无翅或具窄翅，翅宽3-5毫米。
　　4. 荚果有刺。
　　　5. 托叶大，叶状，分裂；花瓣黄色，最上片有红色斑点；荚果长5-7厘米；种子近球形 ·············
　　　·· 3. **刺果苏木　C. bonduc**
　　　5. 托叶锥状；花瓣白色，具紫红色斑点；荚果长7.5-13厘米；种子椭圆状球形 ··· 4. **喙荚云实 C. minax**
　　4. 荚果无刺。
　　　6. 荚果倒卵形、近圆形、半圆形、斜宽卵形或斜长圆形。
　　　　7. 小叶长0.7-1.3厘米；荚果沿腹缝线具窄翅，果瓣革质 ·············· 5. **小叶云实 C. millettii**
　　　　7. 小叶长1.5-15厘米。
　　　　　8. 小叶2-6对，椭圆形、卵形、长圆形或卵形；荚果有明显网脉。
　　　　　　9. 荚果木质；小叶长4-15厘米 ······························· 5(附). **大叶云实 C. magnifoliolata**
　　　　　　9. 荚果革质；小叶3-9厘米。

10. 小叶先端通常渐尖；荚果腹缝线上具3毫米宽的窄翅 ·············· 6. 鸡嘴簕 **C. sinensis**

10. 小叶先端通常圆钝，有时微缺，很少急尖；荚果腹缝线上无窄翅或翅不明显 ··· 7. **华南云实 C. crista**

　8. 小叶6-10对，卵状披针形；荚果无明显的网脉 ·············· 8. **春云实 C. vernalis**

　6. 荚果长圆状舌形 ······························ 9. **云实 C. decapetala**

3. 荚果具翅，翅宽6-9毫米。

　11. 小叶长4-12厘米；羽片2-5对；花瓣无毛，上面1片宽而短，具短柄；荚果中央有1（2）种子 ············

·············· 10. **见血飞 C. cucullata**

　11. 小叶长（1-）1.5-2.5厘米；羽片8-10对；花瓣被毛，上面1片近圆形，具长柄；荚果有种子3-7。

　12. 小叶无毛；荚果在种子着生处明显隆起；种子中央有隆起的脊 ·············· 11. **九羽见血飞 C. enneaphylla**

　12. 小叶两面被毛，尤以下面更密；荚果和种子不为上述情况 ·············· 11（附）. **膜荚见血飞 C. hymenocarpa**

1. 苏木　　　　　　　　　　　　图 44 彩片 20

Caesalpinia sappan Linn. Sp. Pl. 381. 1753.

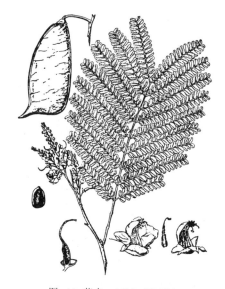

图 44 苏木 （引自《图鉴》）

小乔木，高达6米，具疏刺，除老枝、叶下面和荚果外，多少被细柔毛。二回羽状复叶长30-45厘米；羽片7-13对，长8-12厘米；小叶10-17对，紧靠，无柄，长圆形或长圆状菱形，长1-2厘米，先端微缺，基部歪斜，以斜角着生于羽轴上；侧脉明显。圆锥花序顶生或腋生，长约与叶相等；苞片早落。花梗长1.5厘米，被细柔毛；花托浅钟形；萼片5，稍不等，下面1片较大，呈兜状；花瓣黄色，宽倒卵形，长约9毫米，最上面1片基部带粉红色，具瓣柄；雄蕊稍伸出，花丝下部密被柔毛；子房被灰色绒毛，具柄，花柱细长，被毛，柱头截平。荚果木质，稍压扁，近长圆形或长圆状倒卵形，长约7厘米，宽2.5-4厘米，基部稍窄，先端斜向平截，上角有外弯或上翘的硬喙，不开裂，红棕色，有光泽，具3-4种子。花期5-10月，果期7月至翌年3月。

产云南金沙江河谷及红河河谷；台湾、福建、广东、广西、云南、贵州及四川有栽培。印度、缅甸、越南、马来西亚及斯里兰卡有分布。心材

入药，为清血剂，有祛痰、止痛、活血、散风之功效。近年来云南植物研究所从苏木的心材中提取一种苏木素，可用于生物制片的染色。本种边材黄色微红，心材赭褐色，纹理斜，结构细，材质坚重，有光泽，干燥后少开裂，为细木工用材。

2. 金凤花　　　　　　　　　　　图 45 彩片 21

Caesalpinia pulcherrima（Linn.）Sw. Obs. 166. 1791.

Poinciana pulcherrima Linn. Sp. Pl. 380. 1753.

灌木状或小乔木。枝无毛，绿或粉绿色。散生疏刺。二回羽状复叶长12-26厘米；羽片4-8对，长6-12厘米；小叶7-11对，长圆形或倒卵形，长1-2厘米，先端凹缺，有时具短尖头，基部偏斜；具短柄。总状花序伞房状，顶生或腋生，疏松，长达25厘米。花梗长短不一，长4.5-7厘米；花托凹陷成陀螺形，无毛；萼片5，无毛，最下1片长约1.4厘米，其余的长约1厘米；花瓣橙红或黄色，圆形，长1-2.5厘米，边缘皱波状，瓣柄与

瓣片几等长；花丝红色，远伸出花瓣外，长5-6厘米，基部粗，被毛；子房无毛，花柱长，橙黄色。荚果窄而薄，倒披针状长圆形，长6-10厘米，宽1.5-2厘米，无翅。先端有长喙；无毛，开裂，成熟时黑褐色，有6-9

种子。几乎全年均可开花结果。

原产地可能西印度群岛。云南、广西、广东、香港及台湾有栽培，供观赏。

3. 刺果苏木 大托叶云实　　　　　　　图 46 彩片 22

Caesalpinia bonduc (Linn.) Roxb. Fl. Ind. ed. 2, 2: 362. 1832.

Guilandia bonduc Linn. Sp. Pl. 381. 1753.

Caesalpinia crista auct non Linn.: 中国高等植物图鉴 2: 349. 1972.

有刺藤本，各部均被黄色柔毛；刺直或弯曲。二回羽状复叶长 30-45 厘米，叶轴有钩刺；羽片 6-9 对，柄极短，基部有 1 刺；托叶大，叶状，常分裂，脱落；在小叶着生处常有 1 对托叶状小钩刺；小叶 6-12 对，膜质，长圆形，长 1.5-4 厘米，先端圆钝，有小凸尖，基部斜。总状花序腋生，具长梗；花梗长 3-5 毫米；苞片锥状，长 6-8 毫米，被毛，外折，开花时渐脱落；花萼裂片 5，长约 8 毫米，内外均被锈色毛；花瓣黄色，最上面 1 片有红色斑点，倒披针形，有瓣柄；花丝短，基部被绵毛；子房被毛。荚果革质，长圆形，长 5-7 厘米，顶端有喙，膨胀，具细长针刺。种子 2-3，近球形，铅灰色，有光泽。花期 8-10 月，果期 10 月至翌年 3 月。

产台湾、广东、海南及广西。全世界热带地区均有分布。

4. 喙荚云实 南蛇簕　　　　　　　图 47 彩片 23

Caesalpinia minax Hance in Journ. Bot. 22: 365. 1884.

有刺藤本，各部被短柔毛。二回羽状复叶长可达 45 厘米；托叶锥状；羽片 5-8 对；小叶 6-12 对，对生，椭圆形或长圆形，长 2-4 厘米，先端圆钝或急尖，基部圆，微偏斜，两面沿中脉被短柔毛。总状花序或圆锥花序顶生；苞片卵状披针形，先端短渐尖；萼片 5，长约 1.3 厘米；花瓣 5，白色，有紫红色斑点，倒卵形，长约 1.8 厘米，先端圆钝，基部靠合，外面和边缘有毛；雄蕊 10，较花瓣稍短，花丝下部密被长柔毛；子房密生细刺，花柱稍超出雄蕊，无毛。荚果长圆

图 45 金凤花 （引自《图鉴》）

图 46 刺果苏木 （引自《图鉴》）

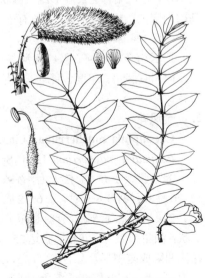

图 47 喙荚云实 （孙英宝绘）

形，长7.5-13厘米，顶端圆钝，有喙，喙长0.5-2.5厘米，果瓣密生针状刺，有4-8种子。种子椭圆状球形，一侧稍凹陷，有环状纹，长约1.8厘米。花期4-5月，果期7月。

产福建南部、广东、海南（西沙）、广西、云南、贵州及四川，生于海拔400-1500米山沟、溪旁或灌丛中。种子入药，名石莲子，有散瘀止痛、清热祛湿的功能；根之苗有清热解毒、散瘀消肿的作用；树皮用于治疗皮肤过敏、疮疖、骨折。

5. 小叶云实　　　　　　　　　　图 48

Caesalpinia millettii Hook. et Arn. Bot. Beech. Voy. 182.1883.

有刺藤本，各部被锈色短柔毛。二回羽状复叶长19-20厘米，叶轴具成对的钩刺；羽片7-12对；小叶15-20 对，互生，长圆形，长0.7-1.3厘米，先端圆钝，基部斜截形。圆锥花序腋生，长达30厘米，花多数。花梗长1.5厘米，被稀疏短柔毛；花萼裂片5，最下面1片长达8毫米，其余的长约5毫米；花瓣黄色，近圆形，宽约8毫米，最上面1片宽4毫米，基部有柄；雄蕊长约1厘米，花丝下部被长柔毛；雌蕊稍长于雄蕊，长约1.3厘米；子房与花柱下部被柔毛，柱头截平，有短毛。

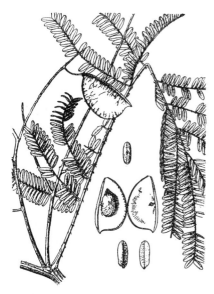

图 48 小叶云实 （引自《豆科图说》）

荚果倒卵圆形，背缝线直，腹缝线具窄翅，被短柔毛，革质，无刺，成熟时沿背缝线开裂。种子1，肾形，红棕色，长约1.1厘米，有光泽，具环纹。花期8-9月，果期12月。

产江西南部、湖南南部、广东及广西，生于山麓灌丛中或溪旁。根治胃病、消化不良。

[附] **大叶云实 Caesalpinia magnifoliolata** Metcalf in Lingnan Sci. Journ. 19: 533. 1940. 本种与小叶云实的区别：二回羽状复叶具2-3对羽片；小叶4-6对，长4-15厘米；荚果木质，有粗网脉；种子近圆形，极扁，径约2厘米。花期4月，果期5-6月。产广东、广西、云南东部及贵州南部，生于海拔500-1300米灌木丛中。

6. 鸡嘴簕　　　　　　　　　　图 49

Caesalpinia sinensis（Hemsl.）Vidal in Bull. Mus. Nat. Hist. Paris 395（Bot. si 27）: 90. 1976.

Mezoneuron sinense Hemsl. ex Forbes et Hemsl. in Journ. Linn. Soc. Bot. 23: 204. 1887, incl. var. parvifolium Hemsl.

藤本；主干和小枝具分散、粗大的倒钩刺。嫩枝或多或少具锈色柔毛。二回羽状复叶，叶轴有刺；羽片2-3对，长30厘米；小叶2对，

图 49 鸡嘴簕 （宗维诚 邓晶发绘）

对生，长圆形或卵形，长6-9厘米，先端渐尖、急尖或钝，基部圆，多少不对称，上面无毛，下面沿中脉有疏柔毛；小叶柄短。圆锥花序腋生或顶生。花梗长约5毫米；花萼裂片5，长约4毫米；花瓣5，黄色，长约7毫米，瓣柄长约3毫米；雄蕊10，花丝长约1厘米，下面被锈色柔毛；雌蕊稍长于雄蕊，子房近无柄，被柔毛或近无毛。荚果革质，压扁，近圆形或半圆形，长约4.5厘米，有明显网脉，栗褐色，无刺，腹缝线稍弯曲，具宽约3毫米窄翅，先端有长约3毫米的喙。种子1，近圆形。花期4-5月，果期7-8月。

产广东、广西、云南、贵州、四川及湖北西部，生于灌木丛中。缅甸、老挝北部及越南北部有分布。

7. 华南云实　　　　　图50 彩片24

Caesalpinia crista Linn. Sp. Pl. 380. 1753.

Caesalpinia nuga Ait.; 中国高等植物图鉴 2: 350. 1972.

木质藤本，长达10米以上，有少数倒钩刺。二回羽状复叶长20-30厘米，叶轴有黑色倒钩刺；羽片2-3对；小叶4-6对，对生，具短柄，卵形或椭圆形，长3-6厘米，先端圆钝，有时微缺，稀急尖，基部宽楔形或钝，两面无毛。总状花序长10-20厘米，排列成顶生、疏松的圆锥花序。花芳香；花梗纤细，长0.5-1.5厘米；花萼裂片5，披针形，长约6毫米；花瓣5，不相等，其中4片黄色，卵形，无毛，瓣柄短，上面1片具红色斑纹，向瓣柄渐窄，内面中部有毛；雄蕊稍伸

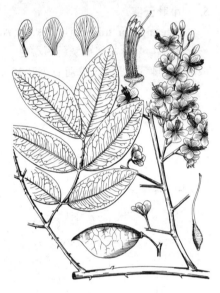

图 50 华南云实 （引自《图鉴》）

出，花丝基部膨大，被毛；子房被毛。荚果斜宽卵形，革质，长3-4厘米，肿胀，具网脉，无翅或翅不明显，先端有喙。种子1，扁平。花期4-7月，果期7-12月。

产福建、广东、海南、广西、贵州、云南、四川、湖北及湖南，生于海拔400-1500米山地林中。印度、斯里兰卡、缅甸、泰国、柬埔寨、越南、马来西亚和波利尼西亚群岛及日本有分布。根用于利尿、治外伤肿痛和筋骨痛；种子有止咳功能。

8. 春云实　　　　　图51

Caesalpinia vernalis Champ. in Journ. Bot. Kew Misc. 4: 77. 1852.

有刺藤本，各部被锈色绒毛。二回羽状复叶，叶轴长25-35厘米，有刺，被柔毛；羽片8-16对，长5-8厘米；小叶6-10对，对生，革质，卵状披针形、卵形或椭圆形，长1.5-2.5厘米，先端急尖，基部圆，上面无毛，深绿色，有光泽，下面粉绿色，疏被绒毛；小叶柄长1.5-2毫米。圆锥花序生于上部叶腋或顶生，多花。花梗长7-9毫米；花萼裂片倒卵状长圆形，被纤毛，下面

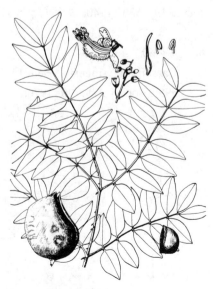

图 51 春云实 （孙英宝绘）

1片较大，长约1厘米；花瓣黄色，上面1片较小，外卷，有红色斑纹；雄蕊先端下倾，花丝下部被柔毛；子房具短柄，被短柔毛。荚果斜长圆形，长4-6厘米，木质，黑紫色，有皱纹，网脉不明显，顶端具喙。种子2，斧形，长约1.7厘米，宽约2厘米，一端截形，稍凹，有光泽。花期4月，果期12月。

产浙江、福建、广东及广西东部，生于山沟湿润的沙土上或岩石旁。

9. 云实

图52 彩片25

Caesalpinia decapetala (Roth) Alston in Trimen, Handb. Fl. Ceyl. 6 (Suppl.): 89. 1931.

Reichardia decapetala Roth, Nov. Pl. Sp. 212. 1821.

Caesalpinia sepiaria Roxb.; 中国高等植物图鉴 2: 351. 1972.

藤本；枝、叶轴和花序均被柔毛和钩刺。二回羽状复叶长20-30厘米；羽片3-10对，具柄，基部有刺1对；小叶8-12对，对生，膜质，长圆形，长1.5-2.5厘米，两端近圆钝，两面被短柔毛，老时渐无毛；托叶小，斜卵形，先端渐尖，早落。总状花序顶生，长15-30厘米，具多花。花梗长3-4厘米，被毛，花萼下具关节，花易脱落；花萼裂片5，长圆形，被短柔毛；花瓣黄色，膜质，圆形或倒卵形，长1-1.2厘米，盛开时反卷，瓣柄短；雄蕊与花瓣近等长，花丝基部扁平，下部被绵毛；子房无毛。荚果长圆状舌形，长6-12厘米，宽2.5-3厘米，脆革质，栗褐色，无毛，无刺，有光泽，沿腹缝线具窄翅，成熟时沿腹缝线开裂，顶端具尖喙。种子6-9，椭圆形，长约1厘米，种皮棕色。花果期4-10月。

产陕西、甘肃南部、四川、云南、贵州、湖南、湖北、河南、安徽、江

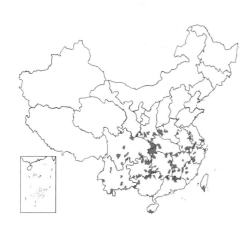

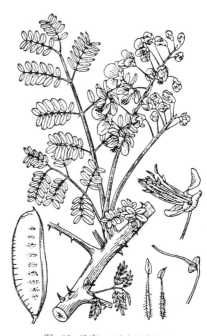

图 52 云实 （引自《图鉴》）

苏、浙江、江西、福建、台湾南部、广东、海南及广西，生于山坡灌丛中及平原、丘陵或河旁。亚洲热带和温带地区有分布。根、茎及果药用，治筋骨疼痛、跌打损伤及解毒杀虫。常栽培作为绿篱。

10. 见血飞

图 53

Caesalpinia cucullata Roxb. Fl. Ind. ed. 2, 2: 358. 1832.

藤本，长达5米；茎上倒生钩刺木栓化形成扁圆形凸起。枝和叶轴具黑褐色倒生钩刺。二回羽状复叶，叶轴长20-40厘米；羽片2-5对，具柄；小叶3对，对生，革质，卵圆形或长圆形，长4-12厘米，先端渐尖，基部宽楔形或圆钝。圆锥花序顶生或总状花序侧生，与叶近等长。花梗长0.6-1.2厘米，无毛，具关节；花萼深盘状或浅钟形，裂片5，不等大，最外面1片盔形，其

图 53 见血飞 （宗维诚 邓晶发绘）

余的三角状长圆形，花后脱落；花瓣5，黄色，无毛，上面1片宽短，先端2裂成鱼尾状，瓣柄短，其余4片长圆形，黄色有红色条纹；雄蕊10，伸出花冠外，基部稍粗，被褐色长柔毛；子房扁平，花柱细长，柱头小，截形。荚果扁平，椭圆状长圆形，长8-12厘米，红褐色，有光泽，沿腹缝线具翅，翅宽6-9毫米，不开裂，中央有1（2）种子。花期11月至翌年2月，

果期3-10月。

产云南东南部，生于海拔500-1200米山坡疏林或灌丛中。印度、尼泊尔、锡金、中南半岛及马来半岛有分布。

11. 九羽见血飞　　　　　　　　　图 54: 1-5

Caesalpinia enneaphylla Roxb. Fl. Ind. ed. 2, 2: 363. 1832.

大型藤本。枝具散生、黑褐色、下弯的钩刺。二回羽状复叶互生，叶轴长25-30厘米；羽片8-10对，具柄，长6-8厘米，基部有黑褐色、成对的钩刺；小叶8-12对，对生，膜质，长圆形，长（1-）1.5-2.5厘米，两端圆钝，两面无毛，小叶柄短。圆锥花序顶生或总状花序腋生，长10-20厘米，被柔毛。花大型，似蝶形，芳香，花梗长1-2.5厘米；花萼裂片5，无毛，不等大，下面1片兜状；花瓣黄色，被毛，上面1片近圆形，2裂成鱼尾状；雄蕊10。

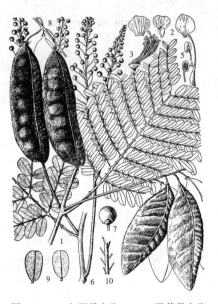

图 54: 1-5.九羽见血飞　6-10.膜荚见血飞
（邓晶发绘）

花丝细长，中部以下增粗，密被黄褐色长柔毛，花药棕黄色；子房近无柄，生于花托底部，无毛，花柱长，胚珠3-7。荚果无刺，近无柄，扁平，在种子着生处明显隆起，宽披针形或椭圆状长圆形，长10-14厘米，红棕色，光滑，沿腹缝线具翅，翅宽5-6毫米。种子3-7，卵圆形，中央有脊。花期9-10月，果期10月至翌年2月。

产广西及云南，生于海拔600米山坡、山脚灌丛或疏林中。印度、缅甸、斯里兰卡及马来西亚有分布。

［附］**膜荚见血飞** 图 54: 6-10 **Caesalpinia hymenocarpa**（Prain）Hattink in Reinwardtia 9: 35. 1974. —— *Mezoneuron hymenocarpum* Prain in Journ. Asiat. Soc. Bengal 66（2）: 233. 1897. 本种与九羽见血飞的区别：小叶两面被毛；下面尤密；荚果在种子着生处不明显隆起；种子中央无脊。产云南及广西，生于海拔280-350米的疏林及湿地。泰国、越南及斯里兰卡有分布。

8. 扁轴木属 Parkinsonia Linn.

灌木或乔木，具刺或不具刺。二回偶数羽状复叶，叶轴扁；羽片通常4，生在刺状的叶轴上；托叶短小，鳞片状或刺状；羽轴极长且扁；小叶退化，形小而数多，对生或互生。总状花序或伞房花序腋生；苞片小，早落。花梗长，无小苞片；花两性；花萼管短，裂片5，膜质，稍不等，覆瓦状排列或近镊合状排列；花瓣5，开展，稍不相等，具短瓣柄，最上面1片较宽具长瓣柄；雄蕊10，分离，不伸出花瓣，花丝基部被长柔毛，花药卵圆形，丁字形着生，药室纵裂；子房具短柄，生于花托底部，无毛至被柔毛；胚珠多数，花柱丝状，无毛或与子房同被柔毛；柱头平截，具纤毛或无毛。荚果线形，念珠状，无翅，不开裂，薄革质。种子长圆形，种脐小，靠近顶部着生，具胚乳。

约4种，主产南美洲干旱地区非洲及大洋洲。我国引入栽培1种。

扁轴木 图 55

Parkinsonia aculeata Linn. Sp. Pl. 375. 1753.

灌木或小乔木，具刺，高达6米；树皮光滑绿色。二回偶数羽状复叶；叶轴和托叶变成刺；羽片1-3对，簇生在刺状、极短的叶轴上；羽轴绿色扁平，长达40厘米；小叶片极小而数多，倒卵状椭圆形、倒卵状长圆形或长圆形，2.5-8.5毫米。总状花序腋生，具稀疏的花；花梗长1.5-1.7厘米；苞片披针形；花托盘状；萼片5，长圆形，长约6毫米，先端钝；花瓣5，黄色，匙形，先端圆钝，最上面1片长约1.1厘米，宽约6毫米；雄蕊10，离生，不伸出花冠，花丝基部被长柔毛。荚果念珠状，长7.5-10.5厘米。

原产美洲热带及亚热带地区。全世界热带地区广为栽培。海南有栽培。树皮和叶供药用，补虚劳。

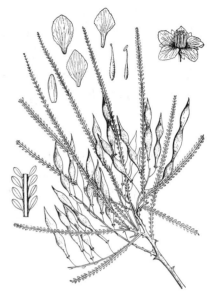

图 55 扁轴木 （邓晶发绘）

9. 老虎刺属 Pterolobium R. Br. ex Wight et Arn.

攀援灌木或木质藤本。枝具下弯的钩刺。二回偶数羽状复叶互生；羽片和小叶片多数；托叶与小托叶小或不明显，早落。总状花序或圆锥花序腋生或顶生；苞片钻形或线形，早落；花辐射对称，白或黄色，无小苞片；花托盘状；萼片5，最下面的1片较大，微凹，舟形；花瓣5片，开展，长圆形或倒卵形，稍不等，与萼片均覆瓦状排列；雄蕊10，离生，近相等，向下倾斜，花丝基部被长柔毛或近无毛，花药同型，药室纵裂；子房无柄，卵圆形，生于花托底部，离生，胚珠1，花柱短或伸长，棍棒状，柱头顶部截形或微凹。荚果无柄，扁平，不开裂，具斜长圆形或镰刀形的膜质翅。种子悬生室顶，无胚乳；子叶扁平，胚根短，直立。

约10余种，分布于亚洲、非洲及大洋洲热带地区。我国2种。

1. 花疏生；花瓣最里面1片不同形；果翅歪斜，宽1.8-2厘米；羽片4-6对；小叶6-9对，长1.5-2厘米 ………… 1. **大翅老虎刺 P. macropterum**
1. 花密集；花瓣同形；果翅一边直、一边弯曲，宽1.3-1.5厘米；羽片9-14对；小叶19-30对，长0.9-1厘米 ………… 2. **老虎刺 P. punctatum**

1. 大翅老虎刺 图 56 彩片 26

Pterolobium macroterum Kurz in Journ. Asiat. Soc. Bengal 42(2): 71. 1873.

大型攀援木质藤本。幼枝有条纹，疏被黄褐色毛；老枝无毛。二回偶数羽状复叶，叶轴长8-10厘米；叶柄基部具成对黑色托叶刺；羽片4-6对，长8-10厘米；叶轴及羽轴均密被褐色短硬毛，具关节；小叶6-9对，对生，斜长圆形，长1.5-2厘米，先端圆钝，具凸尖或微凹，基部不对称，两面无毛。总状花序或圆锥花序顶生或腋上生，花序轴被毛，长10-15厘米；苞片锥形，早落。花梗长0.5-1厘米；花疏生；花萼裂片5，不

图 56 大翅老虎刺 （引自《海南植物志》）

等；花瓣白色，4片相同，倒卵形，长5毫米，最里面1片中部以下缩小成瓣柄，瓣柄宽，具沟槽，瓣片边缘具纤毛，先端波状和耳形；雄蕊10，等长，伸出，花丝长约8毫米，中部以下膨大和密被毛，花药长圆形，长约1毫米；子房稍被短柔毛，花柱光滑，丝状，柱头漏斗状，被纤毛，胚珠2颗。荚果不开裂，长6-6.5厘米，翅歪斜，长4-4.5厘米，宽1.8-2厘米。

产云南中南部及东南部，生于海拔450-1600米的阳坡处、干旱灌丛中或林下。缅甸、老挝、越南、马来西亚及印度尼西亚（爪哇）有分布。

2.　老虎刺　　　　　　　　图 57 彩片 27

Pterolobium punctatum Hemsl. in Journ. Linn. Soc. Bot. 23: 207. 1887.

木质藤本或攀援性灌木，高达10米。幼枝银白色，被短柔毛及浅黄色毛，小枝具棱，具散生黑色、下弯的短钩刺。叶轴长12-20厘米；叶柄长3-5厘米，基部有成对黑色托叶刺；羽片9-14对，羽轴长5-8厘米，上面具槽；小叶19-30对，对生，窄长圆形，中部的长0.9-1厘米，先端圆钝，具凸尖或微凹，基部微偏斜，两面被黄色毛，下面毛更密，具明显或不明显的黑点；小叶柄具关节。总状花序长8-13厘米，腋上生或在枝顶排列成圆锥状。花梗纤细，长

图 57 老虎刺 （引自《图鉴》）

2-4毫米；花密集；花萼裂片5，最下面1片较长，舟形，长约4毫米，具睫毛，其余的长椭圆形；花瓣相等，稍长于萼，倒卵形，先端稍呈啮蚀状；雄蕊10，花丝长5-6厘米，中部以下被柔毛；子房一侧具纤毛，柱头漏斗形。荚果长4-6厘米，发育部分菱形，长1.6-2厘米，翅一边直，一边弯曲，长约4厘米，宽1.3-1.5厘米，光亮，颈部具宿存的花柱。种子单一。花期6-8月，果期9月至翌年1月。

产福建、浙江南部、江西、湖北、湖南、广东、海南、广西、贵州、四川及云南，生于海拔300-2000米山坡疏林阳处、路旁石山干旱地方以及石灰岩山上。老挝有分布。枝叶用于治疗疥疮。

10. 紫荆属 Cercis Linn.

灌木或乔木，单生或丛生，无刺。叶互生，单叶，全缘或先端微凹，具掌状叶脉；托叶小。鳞片状或薄膜状，早落。花两侧对称，两性，紫红或粉红色，具梗，排成总状花序或聚生成花束生于老枝或主干上，通常先叶开放；苞片鳞片状，聚生花序基部，覆瓦状排列，边缘常被毛；小苞片极小或缺。花萼短钟状，微歪斜，红色，喉部具一短花盘，先端不等的5裂，裂齿短三角状；花瓣5，近蝶形，具柄，不等大，旗瓣最小，位于最里面；能育雄蕊10，分离，花丝下部常被毛，花药背部着生，药室纵裂；子房具短柄，有胚珠2-10，花柱线形，柱头头状。荚果扁窄长圆形，两端渐尖或钝，腹缝线常有窄翅，不开裂或开裂。种子2至多颗，小，近圆形，扁平，无胚乳，胚直立。

约8种。2种分布于北美，1种分布于欧洲东部和南部，5种分布于我国。

1. 花序总状，有明显的总梗。
　2. 叶菱状卵形，两侧不对称，基部钝三角形，两面常被白粉 ……………………………… 1. **广西紫荆 C. chuniana**
　2. 叶宽卵形、卵圆形或心脏形，两侧对称，基部心形或近平截，无白粉。
　　3. 总状花序较长，轴长2-10厘米；叶下面被短柔毛，脉上毛较密；荚果基部渐窄，背、腹缝线等长 …………

　　　　　　　　　　　　　　　　　　　　　　　　　　　　　　　2. **垂丝紫荆 C. racemosa**
　　3. 总状花序短，轴长0.5-1厘米；叶下面无毛或仅于基部脉腋间常有簇生柔毛；荚果基部圆钝，背、腹缝线不等长 ······················· 3. **湖北紫荆 C. glabra**
1. 花簇生，无花序梗。
　　4. 小枝、叶柄及叶下面脉上无毛 ····························· 4. **紫荆 C. chinensis**
　　4. 小枝、叶柄及叶下面脉上被短柔毛 ············ 4(附). **短毛紫荆 C. chinensis** f. **pubescens**

1. 广西紫荆

图 58

Cercis chuniana Metcalf in Lingnan Sci. Journ. 19: 551. 1940.

乔木，高达27米。当年生枝红色，干后呈褐红色，有多而密的小皮孔。

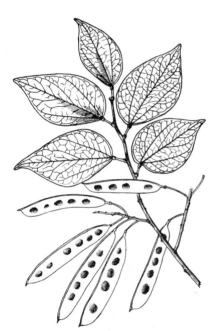

叶菱状卵形，长5-9厘米，先端长渐尖，基部钝三角形，两侧不对称，两面常被白粉，上面较多，下面基部脉腋间常有少数短柔毛；叶柄长约1厘米或过之，两端稍膨大。总状花序长3-5厘米，有花数至十余朵。花梗长约1厘米。荚果紫红色，干后呈红褐色，窄长圆形，极压扁，长6-9厘米，宽1.3-1.7厘米，两端稍

尖，顶端具2-3毫米长的细尖喙；翅宽不及1毫米；果颈长约5毫米；果梗长1-1.5厘米。种子2-5，宽卵圆形，长约6毫米，压扁，黑褐色，光滑。果期9-11月。

　　产浙江南部、福建、江西、湖南、广东北部、广西东北部及贵州东南部，生于海拔600-1900米山谷、溪边疏林或密林中。

图 58 广西紫荆 （余汉平绘）

2. 垂丝紫荆

图 59

Cercis racemosa Oliv. in Hook. Icon. Pl. 19: t. 1894. 1899.

乔木，高达15米。叶宽卵圆形，长6-12.5厘米，两侧对称，先端急尖，短尖头长约1厘米，基部截形或浅心形，上面无毛，下面被短柔毛，主脉较多，无白粉，主脉5，在下面凸起，网脉两面明显；叶柄较粗壮，长2-3.5厘米，无毛。总状花序单生，下垂，轴长2-10厘米，花先叶开或与叶同时

开放，花序梗和轴被毛；花多数，长约1.2厘米。花梗长约1厘米；花萼长约5毫米；花瓣玫瑰红色，旗瓣具深红色斑点；雄蕊内藏，花丝基部被毛。荚果长圆形，稍弯拱，长5-10厘米，宽1.2-1.8厘米，翅宽2-2.5毫米，扁平，顶端急尖，有长约5毫米的细喙，基部渐窄，背腹缝线

图 59 垂丝紫荆 （引自《图鉴》）

近等长；果颈长约4毫米；果柄长约1.5厘米。种子2-9，扁平。花期5月，果期10月。

产陕西南部、湖北西部、四川东部、贵州西部及云南东北部，生于海拔1000-1800米的山地密林中、路旁或村落附近。花多而美丽，为优良的观赏植物。树皮有活血通经、消肿解毒的功能。

3. 湖北紫荆 图 60

Cercis glabra Pampan. in Nuov. Giorn. Bot. Ital. 17: 393. 1910.

乔木，高达16米。叶幼时常呈紫红色，成长后绿色，心形或三角状圆形，长5-12厘米，两侧对称，先端钝或急尖，基部浅心形或深心形，上面光滑，下面无毛或基部脉腋间常有簇生柔毛，无白粉；基脉（5-）7；叶柄长2-4.4厘米。总状花序短，轴长0.5-1厘米，有花数至十余朵；花淡紫红或粉红色，先叶或与叶同时开放，长1.3-1.5厘米；花梗长1-2.3厘米。荚果窄长圆形，紫红色，长9-14厘米，宽1.2-1.5厘米，翅宽约2毫米，顶端渐尖，基部圆钝，背腹缝线不等长，背缝稍长，向外弯拱，少数基部渐尖而缝线等长；果颈长2-3毫米。种子1-8，近圆形，扁，长6-7毫米。花期3-4月，果期9-11月。

产浙江、安徽、江西、河南、陕西、甘肃、湖北、湖南、广东北部、广西北部、贵州、云南及四川，生于海拔600-1900米山地疏林或密林中、山谷或路边。

图 60 湖北紫荆 （余汉平绘）

4. 紫荆 图 61 彩片 28

Cercis chinensis Bunge in Mém. Acad. Sci. St. Pétersb. Sav. Etrang. 2: 95. 1833.

灌木，高达5米。小枝灰白色，无毛。叶近圆形或三角状圆形，长5-10厘米，先端急尖，基部浅或深心形，两面通常无毛，叶缘膜质透明；叶柄长2.5-4厘米，无毛。花紫红或粉红色，2-10余朵成束，簇生于老枝和主干上，尤以主干上花束较多，越到上部幼嫩枝条则花越少，常先叶开放，幼嫩枝上的花则与叶同时开放；花长1-1.3厘米；花梗长3-9毫米；龙骨瓣基部有深紫色斑纹；子房嫩绿色，花蕾时光亮无毛，后期则密被短柔毛，胚珠6-7。荚果扁，窄长圆形，绿色，长4-8厘米，宽1-1.2厘米，翅宽约1.5毫米，顶端急尖或短渐尖，喙细而弯曲，基部长渐尖，两侧缝线对称或近对称；果颈长2-4毫米。种子2-6，宽长圆形，长5-6毫米，黑褐色，光

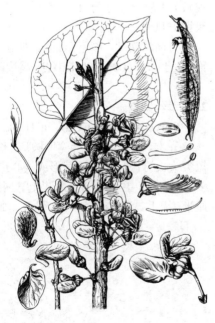

图 61 紫荆 （引自《图鉴》）

亮。花期3-4月,果期8-10月。

产山东、河南、安徽、江苏、浙江、江西、湖北、湖南、广东、广西、贵州、云南、四川及陕西,常栽植庭园、屋旁及寺庙边,少数生于密林或石灰岩地区。本种为美丽的木本花卉植物。树皮可入药,可治产后血气痛、疔疮肿毒、喉痹;花可治风湿筋骨痛。

1983. 本变型与模式变型的区别:小枝、叶柄以及叶下面沿脉均被短柔毛。江苏、安徽、湖北、贵州及云南栽培。用途与紫荆相同。

[附] **短毛紫荆 Cercis chinensis** f. **pubescens** Wei in Guihaia 3: 15.

11. 羊蹄甲属 Bauhinia Linn.

乔木,灌木或攀援藤本。托叶常早落。单叶,全缘,先端凹缺或分裂为2裂片,有时深裂达基部成2离生小叶;基出脉3至多条,中脉常伸出于2裂片间形成一小芒尖。花两性,稀单性,组成总状花序、伞房花序或圆锥花序;苞片和小苞片通常早落。花托短陀螺状或延长为圆筒状;花萼杯状,佛焰状或开花时分裂为5萼片;花瓣5,稍不等,常具瓣柄;能育雄蕊10、5或3,有时2或1,花药背着,纵裂,稀孔裂;退化雄蕊数枚或无,花药较小,无花粉;假雄蕊先端渐尖,无花药,有时基部合生如掌状;花盘扁平或肉质肿胀,有时缺;子房常具柄,胚珠2至多颗,花柱细长或短粗,柱头顶生,头状或盾状。荚果长圆形、带状或线形,通常扁平,开裂。种子圆形或卵圆形,扁平,有或无胚乳,胚根直或近直。

约600种,遍布于世界热带地区。我国40种、4亚种、11变种。

1. 叶先端2浅裂至深裂,稀全裂。
  2. 乔木或灌木。
    3. 能育雄蕊10;花冠白色,长3.5-5厘米 ·············· 1. **白花羊蹄甲 B. acuminata**
    3. 能育雄蕊3或5;花冠桃红、紫红或淡红色。
      4. 能育雄蕊3;花冠桃红色,花瓣倒披针形,具长瓣柄 ·············· 2. **羊蹄甲 B. purpurea**
      4. 能育雄蕊5;花冠紫红或淡红色,花瓣倒卵形或倒披针形,具短瓣柄。
        5. 总状花序具少数花,短缩呈伞房花序式;花冠淡红或紫红色,花瓣倒卵形,少有倒披针形,长4-5厘米;能正常结实 ·············· 3. **洋紫荆 B. variegata**
        5. 总状花序具多数花,有时复合成圆锥状;花冠红紫色;花瓣倒披针形,长5-8厘米;通常不结实 ···
        ·············· 4. **红花羊蹄甲 B. blakeana**
  2. 藤本植物,具卷须。
    6. 能育雄蕊3;叶下面无毛、被柔毛或被白粉。
      7. 花小,花瓣长7毫米以下,组成窄长的总状花序。
        8. 花序顶端因具丛集的苞片和小苞片而呈毛刷状;叶下面无毛或被柔毛。
          9. 叶两面无毛或仅在幼时被柔毛,花黄或黄白色,花瓣倒卵形或长圆形,背面有1纵列丝质长柔毛;退化雄蕊2 ·············· 5. **石山羊蹄甲 B. comosa**
          9. 叶下面密被黄或白色柔毛;花淡黄或白色,花瓣倒披针形,兜状,背部被丝质长柔毛;退化雄蕊4
          ·············· 6. **元江羊蹄甲 B. esquirolii**
        8. 花序顶端不呈毛刷状;叶下面被白粉,初时被紧贴短柔毛,或渐变无毛 ··· 7. **龙须藤 B. championii**
      7. 花大,花瓣长在8毫米以上,组成短的伞房式总状花序。
        10. 子房无毛。
          11. 叶长2-3厘米,两面无毛,有时仅于基部或脉上被红棕色粗毛,基出脉7;退化雄蕊2-5 ·············
          ·············· 8. **首冠藤 B. corymbosa**

11. 叶长5-7厘米，上面无毛，下面疏被毛，基出脉9-11，退化雄蕊5-7。

    12. 叶先端分裂达叶的中部或中下部，罅口狭窄，两裂片很接近；花白色 ⋯⋯ 9. **粉叶羊蹄甲 B. glauca**

    12. 叶先端分裂不超过叶长的1/3，罅口宽，倒三角形；花玫瑰红色 ⋯⋯⋯⋯⋯⋯⋯⋯⋯⋯

    ⋯⋯⋯⋯⋯⋯⋯⋯ 9(附). **鄂羊蹄甲 B. glauca** subsp. **hupehana**

10. 子房被毛。

    13. 子房沿两侧缝线被黄褐色丝质长柔毛；叶先端浅裂为2短而宽的裂片；荚果无毛 ⋯⋯⋯

    ⋯⋯⋯⋯⋯⋯⋯⋯ 10. **阔裂叶羊蹄甲 B. apertilobata**

    13. 子房全部密被褐或锈色长柔毛；叶先端分裂至叶长的1/3至中下部；荚果被茸毛。

        14. 叶下面密被黄褐色茸毛，上端分裂至叶长的1/3-1/2，裂片先端圆钝；花丝无毛；荚果密被褐色茸毛 ⋯⋯⋯⋯⋯⋯⋯⋯⋯ 11. **火索藤 B. aurea**

        14. 叶下面沿脉被锈色柔毛或近无毛，先端分裂至叶的中部或中下部，裂片先端急尖或渐尖；花丝基部被柔毛；荚果密被锈色茸毛 ⋯⋯⋯⋯⋯ 12. **锈荚藤 B. erythropoda**

6. 能育雄蕊5；叶下面疏被松脂质丁字毛；花长不及1厘米，多而密，组成短的伞房式总状花序 ⋯⋯⋯

    ⋯⋯⋯⋯⋯⋯⋯⋯⋯ 13. **鞍叶羊蹄甲 B. brachycarpa**

1. 叶先端全裂达基部，形成2片小叶。

    15. 花白色，多数，组成伞房式总状花序；花瓣长约9毫米；叶下面浅绿色 ⋯⋯ 14. **李叶羊蹄甲 B. didyma**

    15. 花淡红色，10-20组成总状花序；花瓣长约1.7厘米；叶下面粉绿色 ⋯⋯ 15. **云南羊蹄甲 B. yunnanensis**

1. 白花羊蹄甲   图 62

Bauhinia acuminata Linn. Sp. Pl. 375. 1753.

小乔木或灌木。小枝之字曲折，无毛。叶卵圆形，有时近圆形，长9-12厘米，先端2裂达叶长的1/3-2/5，裂片先端急尖或近渐尖，稀圆钝，基部通常心形，上面无毛，下面被灰色短柔毛；基出脉9-11条；叶柄长2.5-4厘米，被短柔毛。总状花序腋生，呈伞房花序式，密集，花3-15；花序梗短，与花序轴均微被短柔毛。花蕾纺锤形，顶端冠以5条长约3毫米、锥尖被毛的萼齿；花萼佛焰状，一

图 62 白花羊蹄甲 （邓盈丰绘）

边开裂，顶端有5枚短细齿；花瓣白色，倒卵状长圆形，长3.5-5厘米，无瓣柄；能育雄蕊10，2轮，花丝长短不一，长1.5-2.5厘米，下部1/3被毛；子房具长柄，疏被柔毛或近无毛，花柱长1.5-2厘米，柱头盾状。荚果线状倒披针形，扁平，直或稍弯，顶端具直喙，长6-12厘米，宽1.5厘米，无

毛，近腹缝处有1条隆起、锐尖的纵棱。种子5-12，扁平。花期4-6月或全年，果期6-8月。

    产福建、云南、广西及广东。印度、斯里兰卡、马来半岛、越南及菲律宾有分布。

2. 羊蹄甲 紫羊蹄甲   图 63 彩片 29

Bauhinia purpurea Linn. Sp. Pl. 375. 1753.

乔木或灌木，高达10米。枝幼时微被毛。叶近圆形，长10-15厘米，先端分裂达叶长的1/3-1/2，裂片先端圆钝或近急尖，基部浅心形，两面无

毛或下面疏被微柔毛；基出脉9-11；叶柄长3-4厘米。总状花序侧生或顶

图 63 羊蹄甲 （引自《图鉴》）

生，少花，长6-12厘米，有时2-4序生于枝顶而成复总状花序，被褐色绢毛。花蕾纺锤形，具4-5棱或窄翅；花梗长0.7-1.2厘米；花萼佛焰状，一侧开裂达基部成外反的2裂片，裂片长2-2.5厘米，其中1片具2齿，另1片具3齿；花瓣桃红色，倒披针形，长4-5厘米，具脉纹和长瓣柄；能育雄蕊3，花丝与花瓣等长；退化雄蕊5-6，长0.6-1厘米；子房具长柄，被黄褐色绢毛，柱头斜盾形。荚果带状，扁平，长12-15厘米，宽2-2.5厘米，稍呈镰状。种子近圆形，扁平，径1.2-1.5厘米，种皮深褐色。花期9-11月，果期2-3月。

产台湾、广东、海南、广西及云南南部。中南半岛、印度及斯里兰卡有分布。世界亚热带地区广泛栽培于庭园供观赏及作行道树；树皮、花和根供药用，为烫伤及脓疮的洗涤剂；嫩叶汁液或粉末可治咳嗽；根皮剧毒，忌服。

3. 洋紫荆 图 64

Bauhinia variegata Linn. Sp. Pl. 375. 1753.

落叶乔木；幼嫩部分常被灰色短柔毛。枝稍呈之字曲折，无毛。叶宽卵形或近圆形，长5-9厘米，宽度常超过长度，先端2裂达叶长的1/3，裂片宽，钝头或圆，基部浅心形或深心形，有时近截形，两面无毛或下面疏被灰色短柔毛；基出脉（9-）13；叶柄长2.5-3.5厘米，被毛或近无毛。总状花序侧生或顶生，极短缩，多少呈伞房花序式，少花，被灰色短柔毛；花序梗短粗。花大，近无梗；花萼佛焰苞状，被短柔毛，一侧开裂为宽卵形、长2-3厘米的裂片；花托长约1.2厘米；

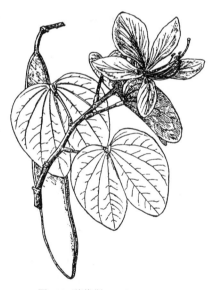

图 64 洋紫荆 （引自《图鉴》）

花瓣倒卵形，少有倒披针形，长4-5厘米，具瓣柄，紫红或淡红色，杂以黄绿及暗紫色的条纹，近轴一片较宽；能育雄蕊5，花丝无毛，长约4厘米；退化雄蕊1-5，丝状，较短；子房具柄，被柔毛，缝线上较密。荚果带状，扁平，长15-25厘米，宽1.5-2厘米，具长柄及喙。种子10-15，近圆形，径约1厘米。花期全年，3月最盛。

产广东、广西、贵州西南部及云南。印度及中南半岛有分布。花美丽而略有香味，花期长，生长快，为良好的观赏及蜜源植物，在热带、亚热带地区广泛栽培。根有清热解毒、润肺止咳的功能。

4. 红花羊蹄甲 图 65 彩片 30

Bauhinia blakeana Dunn in Journ. Bot. 46: 325. 1908.

乔木。小枝被毛。叶近圆形或宽心形，长8.5-13厘米，先端2裂约为

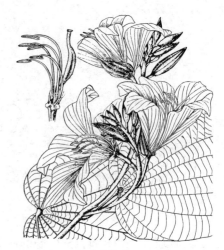

叶长的1/4-1/3，裂片先钝或窄圆，基部心形，有时近截平，上面无毛，下面疏被短柔毛；基出脉11-13；叶柄长3.5-4厘米，被褐色短柔毛。总状花序具多花，顶生或腋生，有时复合成圆锥花序，被短柔毛；苞片和小苞片三角形。花大，美丽；花蕾纺锤形；花萼佛焰状，长约2.5厘米，有淡红和绿色线条；花瓣红紫色，具短瓣柄，倒披针形，长5-8厘米，近轴的1片中间至基部呈深紫红色；能育雄蕊5，其中3枚较长；退化雄蕊2-5，丝状，极细；子房具长柄，被短柔毛。通常不结果。花期全年，3-4月为盛花期。

为美丽的观赏树木，花大，紫红色，盛开时繁花满树，为广东、香港及广西主要的庭园树之一。1963年被定为香港的市花。1997年，香港回归

图 65 红花羊蹄甲 （邓晶发绘）

祖国，其花的图案又被定为香港特别行政区的区徽。世界亚热带地区广泛栽植。

5. 石山羊蹄甲　　　　　　　图 66：1-9

Bauhinia comosa Craib in Kew Bull. 1913: 352. 1913.

木质藤本。小枝被褐色长柔毛；卷须单生或成对，被毛。叶宽卵形或近圆形，长3-6厘米，先端2裂达叶的中部或中下部，裂片宽卵形，先端圆钝，基部心形，有时近截形，两面近无毛或下面初被疏柔毛；基出脉7-9；叶柄长2-3厘米，被长柔毛。总状花序具多花，长10-15厘米或更长，先端因具密集的苞片而呈毛刷状；花序轴多少具棱，被长柔毛；苞片与小苞片钻状，长5-8毫米，被毛。花梗长0.8-1.3厘米，被毛，中部或中部以下具2枚小苞片；花托长2-3毫米；花萼

图 66：1-9.石山羊蹄甲 10-17.元江羊蹄甲
（余 峰绘）

裂片5，长约5毫米，上面2片常粘合为宽披针形，外面被毛，内面具脉纹，开花时反折；花瓣黄或黄白色，倒卵形或长圆形，长约7毫米，先端急尖、圆或钝，背面有一纵列丝质长柔毛，瓣柄短或近无；花盘肥厚，肉质；能育雄蕊3，花丝无毛；退化雄蕊2；子房具柄，无毛，生花盘一侧。荚果带状长圆形，稍扁，长约7厘米，宽约2厘米，果瓣木质，无毛。种子椭圆形，

扁平，长约1厘米。花期8-9月，果期12月。

产云南及四川。

6. 元江羊蹄甲　　　　　　　图 66：10-17

Bauhinia esquirolii Gagnep. in Not. Syst. Lecomte 2: 171. 1911.

木质藤本。小枝密被长柔毛；卷须对生，被长柔毛。叶心形或宽卵形，长4-7厘米，先端深2裂，裂片钝三角形，基部深心形或浅心形，上面渐变

无毛，下面密被黄或白色柔毛；基出脉9；叶柄粗壮，长1.5-2厘米，密被长柔毛。总状花序长10-30厘米，先

端因具密集的苞片和小苞片而呈毛刷状,花序轴与长1-2厘米的花序梗均密被黄白色长柔毛。花梗长1.5厘米,被毛,中部或中部以下具2枚小苞片;苞片和小苞片窄线形,锥尖,长7-9毫米,被长柔毛;花托与花梗区分不明显;萼片披针形,长5-6毫米,通常中下部合生,外面被毛;花瓣淡黄或白色,倒披针形,兜状,急尖,长约7毫米,具瓣柄,背被丝质柔毛;能育雄蕊

3,花丝无毛;退化雄蕊4,三角形,长不及1毫米;花盘肥厚,马蹄形;子房无毛,具柄。荚果长圆形,长5-8厘米,果瓣木质,干时淡褐色。种子2-5,近圆形,径约9毫米。花期9-11月,果期11-12月。

产贵州中部贵定及云南,生于山坡阳处疏林中。

7. 龙须藤 图 67

Bauhinia championii (Benth.) Benth. Fl. Hongkong. 99. 1861.

Phanera championii Benth. in Journ. Bot. Kew. Misc. 4: 78. 1852.

藤本,有卷须。嫩枝和花序疏被紧贴的柔毛。叶卵形或心形,长3-10厘米,先端锐渐尖,圆钝,微凹或2浅裂,裂片不等,基部截形、微凹或心形,上面无毛,下面初时被紧贴短柔毛,渐变无毛,被白粉;基出脉5-7;叶柄长1-2.5厘米,疏被毛。总状花序腋生,有时与叶对生或数个聚生枝顶成复总状花序,长7-20厘米,被灰褐色柔毛。花萼与花梗同被灰褐色短柔毛;花径约8毫米;花梗长1-1.5厘米;

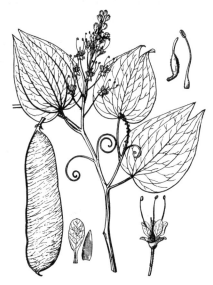

图 67 龙须藤 (引自《图鉴》)

花托漏斗形,长约2毫米;萼片披针形,长约3毫米;花瓣白色,匙形,具瓣柄,长约4毫米,外面中部疏被丝毛;能育雄蕊3,花丝长约6毫米,无毛;退化雄蕊2;子房具短柄,仅沿背、腹缝线被毛。荚果倒卵状长圆形或带状,扁平,长7-12厘米,宽2.5-3厘米,无毛,果瓣革质。种子2-5,圆形,扁平。花期6-10月,果期7-12月。

产浙江、福建、台湾、江西、湖北、湖南、广东、海南、广西及贵州,生于低海拔至中海拔丘陵灌丛或山地疏林和密林中。印度、越南及印度尼西亚有分布。根、茎有祛风散瘀、活络活血、镇静止痛的功能。

8. 首冠藤 图 68 彩片 31

Bauhinia corymbosa Roxb. ex DC. in Mem. Leg.(Mem. 13): 487. f. 70. 1825.

木质藤本;嫩枝、花序、花梗和卷须的一面被红棕色粗毛。枝无毛;卷须单生或成对。叶近圆形,长和宽2-3(-4)厘米,先端深裂达叶长的3/4,裂片先端圆,基部近截形或浅心形,两面无毛或下面基部和脉上被红棕色粗毛;基出脉7;叶柄长1-2厘米。伞房状总状花序生于侧枝顶,长约5厘米,具多花,花序梗短。花芳香;花托长1.8-2.5厘米;萼片长约6毫米,

外面被毛，开花时反折；花瓣白色，有粉红色脉纹，宽匙形或近圆形，长0.8-1.1厘米，外面中部被丝质长柔毛，边缘皱曲，具短瓣柄；能育雄蕊3，花丝淡红色，长约1厘米；退化雄蕊2-5；子房具柄，无毛。荚果带状长圆形，扁平，直或弯曲，长10-16（-25）厘米，宽1.5-2.5厘米，具果颈。种子10余颗，长圆形，褐色。花期4-6月，果期9-12月。

产福建、广东西南部、海南及广西，生于山谷疏林中或山坡阳处。热带及亚热带地区引种栽培，供观赏。

9. 粉叶羊蹄甲　　　　　　　　　图 69: 1-9 彩片 32

Bauhinia glauca (Wall. ex Benh.) Benth. Fl. Hongkong. 99. 1861.

Phanera glauca Wall. ex Benh. in Pl. Jungh. 265. 1852.

木质藤本，除花序稍被锈色短柔毛外其余无毛；卷须稍扁，旋卷。叶近圆形，长5-7（-9）厘米，先端2裂达中部或中下部，裂口狭窄，内侧很接近，裂片卵形，先端圆钝，基部宽心形或平截，上面无毛，下面疏被柔毛；基出脉9-11；叶柄长2-4厘米。伞房状总状花序顶生或与叶对生，具密集的花；花序梗长2.5-6厘米，被疏柔毛；花序下部的花梗长达2厘米。花托长1.2-1.5（-2）厘米，被疏毛；萼片卵形，急尖，长约6毫米，外被锈色茸毛；花瓣白色，倒卵形，近相等，具长瓣柄，边缘皱波状，长1-1.2厘米；能育雄蕊3，花丝无毛，远较花瓣长；退化雄蕊5-7；子房无毛，具柄。荚果带状，薄，无毛，不开裂，长15-20厘米，宽约6厘米。种子10-20，在荚果中央排成一纵列，卵形，极扁平，长约1厘米。花期4-6月，果期7-9月。

产浙江南部、福建、江西、湖南、广东、广西、贵州及云南，生于山坡阳处疏林中或山谷蔽荫的密林或灌丛中。印度、中南半岛及印度尼西亚有分布。

[附] **鄂羊蹄甲** 图 69: 10-16 彩片 33 **Bauhinia glauca** subsp. **hupehana** (Craib) T. Chen, Fl. Reipubl. Popul. Sin. 39: 194. 1988. —— *Bauhinia hupehana* Craib in Sarg. Pl. Wilson. 2: 89. 1914; 中国高等植物图鉴 2: 334. 1972. 与模式亚种的区别：叶先端分裂达叶的1/4-1/3，裂片宽圆形，裂口宽，倒三角形；花瓣玫瑰红色。花期4-5月，果期6-7月。产福建、广东、湖南、湖北、四川及贵州，生于海拔650-1400米山坡疏林或山谷灌丛中。

10. 阔裂叶羊蹄甲　　　　　　　　图 70

Bauhinia apertilobata Merr. et Metcalf in Lingnan Sci. Journ. 16: 83. 1937.

藤本，具卷须；嫩枝、叶柄及花序各部分均被短柔毛。叶卵形、宽椭圆形或近圆形，长5-10厘米，先端浅裂为2片短而宽的裂片，裂阔甚或成弯缺状，嫩叶先端常不分裂而呈截形，老叶分裂可达叶长的1/3或更深裂，裂片先端圆，基部宽圆、平截或心形，上面近无毛或疏被短柔毛，下面被锈色柔毛，基出脉7-9。伞房式总状花序腋生或1-2序顶生，长4-8厘米；苞片丝状，长3.5-7毫米。小苞片锥

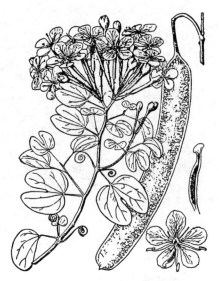

图 68 首冠藤 （引自《图鉴》）

图 69: 1-9. 粉叶羊蹄甲　10-16. 鄂羊蹄甲

（余 峰绘）

尖，着生花梗中部；花梗长1.8-2.2厘米；花托短漏斗状；花萼裂片披针形，开花时反折；花瓣白或淡绿白色，具瓣柄，近匙形，外面中部被毛；能育雄蕊3，花丝长6-9毫米，无毛；子房具柄，仅背腹缝线被黄褐色丝质长柔毛。荚果倒披针形或长圆形，扁平，长7-10厘米，具小喙，果瓣厚革质，褐色，无毛。种子2-3，近圆形，扁平。花期5-7月，果期8-11月。

产福建、江西、湖南南部、广东及广西，生于海拔300-600米山谷和山坡的疏林、密林或灌丛中。

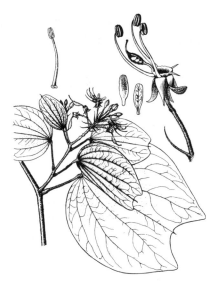

图 70 阔裂叶羊蹄甲 （引自《图鉴》）

11. 火索藤 红绒毛羊蹄甲   图 71 彩片 34

Bauhinia aurea Lévl. in Bull. Soc. Bot. France 7: 368. 1907.

木质藤本。枝密被褐色茸毛；嫩枝具棱；卷须初时被毛，渐变无毛。

叶近圆形，长12-18(-23)厘米，先端分裂达叶长的1/3-1/2，裂片先端圆钝，很少急尖，基部深心形或浅心形，上面除脉上有毛外其余近无毛，下面被黄褐色茸毛；基出脉9-13；叶柄长4-7厘米，密被毛。伞房花序顶生或侧生，有花10余朵，密被褐色丝质茸毛。花梗长2-5厘米；花托短，萼片披针形，开花时反折，外面被毛；花瓣白色，匙形，具瓣柄，外面中部被丝质长柔毛；能育雄蕊3，花丝无毛；子房密被褐色长柔毛，花柱上半部无毛，柱头大，盘状。荚果带状，长16-30厘米，宽4-7厘米，外面密被褐色茸毛，果瓣硬木质。种子6-11，椭圆形，扁平，长约2厘米。花期4-5月，果期7-12月。

图 71 火索藤 （引自《图鉴》）

产云南、四川、贵州及广西，生于山坡或山沟岩石边灌丛中。根有补肾涩精、祛风湿、止血的功能。

12. 锈荚藤   图 72

Bauhinia erythropoda Hayata, Ic. Pl. Formos. 3: 83. 1913.

木质藤本。嫩枝密被褐色茸毛；卷须初时被长柔毛。叶心形或近圆形，长5-10厘米，先端深裂达中部或中下部，裂片先端急尖或渐尖，基部深心形，上面无毛，有光泽，下面沿脉被锈色柔毛或近无毛；基出脉9-11，叶柄长3-8厘米，密被赤褐或灰褐色茸毛。伞房状总状花序，顶生，密被锈红色茸毛；花芳香；花梗长4-5厘米，与萼外面同密被锈红色茸毛；花托圆柱形，长0.5-1厘米；萼片长圆状披针形，长约1.2厘米，开花时反折；

花瓣白色，宽倒卵形，具瓣柄，长2-2.5厘米，边缘皱缩啮蚀状，外面中部至瓣柄均被锈色长柔毛；能育雄蕊3，花丝长1.5-1.7厘米，基部被毛；子房无柄，密被锈色长柔毛，花柱细长，除基部被柔毛。荚果倒披针状带形，扁平，长达30厘米，宽约5厘米，密被锈色短茸毛。花期3-4月，果期6-7月。

产广东、海南、广西南部及云南南部，生于山地疏林中或沟谷旁岩石上。菲律宾有分布。

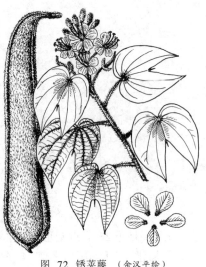

图 72 锈荚藤 （余汉平绘）

13. 鞍叶羊蹄甲 图73 彩片 35

Bauhinia brahycarpa Wall. ex Benth. in Miq. Pl. Jungh. 261. 1852.

Bauhinia faberi Oliv.；中国高等植物图鉴 2: 338. 1972.

直立或攀援小灌木。小枝具棱，初时被微柔毛。叶近圆形，通常宽度大于长度，长3-6厘米，先端2裂达中部，罅口窄，裂片先端圆钝，基部近平截、宽圆或有时浅心形，上面无毛，下面被稀疏微柔毛及松脂质丁字毛；基出脉7-9(-11)；叶柄长0.6-1.6厘米，具沟，稍被微柔毛。伞房式总状花序侧生，连花序梗长1.5-3厘米，有密集的花10余朵；花序梗短，与花梗同被短柔毛。花萼佛焰状，裂片

2；花瓣白色，倒披针形，连瓣柄长7-8毫米，具瓣柄和羽状脉；能育雄蕊通常10，其中5枚较长，花丝长5-6毫米，无毛；子房被茸毛，具短柄。荚果长圆形，扁平，长5-7.5厘米，宽0.9-1.2厘米，两端渐窄，顶端具短喙，成熟时开裂；果瓣革质，初时被短柔毛，开裂后扭曲。种子2-4，卵圆形，稍扁平，褐色，有光泽。花期5-7月，果期8-10月。

产甘肃、陕西南部、湖北、四川、西藏东部、云南、贵州及广西，生于海拔800-2200米山地草坡和河溪旁灌丛中。印度、缅甸及泰国有分布。根、

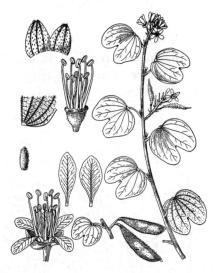

图 73 鞍叶羊蹄甲 （余汉平绘）

枝叶有清热润肺、敛阴安神、除湿杀虫的功能。

14. 李叶羊蹄甲 图 74

Bauhinia didyma L. Chen in Journ. Arn. Arb. 19: 131. 1938.

藤本，除花梗基部和腋芽疏被红色短柔毛外全株无毛。枝稍呈之字曲折；卷须单生。叶分裂至近基部，裂片斜倒卵形，长1.2-2.4厘米，先端圆钝，基部截平，下面浅绿色，仅基部脉腋有红色短髯毛；基出脉每裂片2，网脉密集，在两面明显凸起；叶柄长1-2厘米。伞房状总状花序生于侧枝顶，具多花；花序梗长不及1厘米，苞片和小苞片锥尖，长1.5-4毫米。花托长1-1.2厘米，具线纹；萼片宽卵形或披针形，开花时反折；花瓣白色，宽倒卵形，具短瓣柄，长约9毫米，外面近基部微被丝质疏柔毛；能育雄蕊3，花丝长约1厘米；退化雄蕊3-5；子房无毛，具短柄，花柱短，柱头盘状。荚果带状长圆形，扁平而薄，长约10厘米，宽约2.5厘米，两荚缝

稍加厚,果瓣革质,有不明显的网纹。

产广东西南部及广西南部,生于海拔约100米山腰灌丛中或300-500米的山谷溪边疏林中。全株有活血、舒筋、消炎的功能。

15. 云南羊蹄甲

图 75 彩片 36

Bauhinia yunnanensis Franch. Pl. Delav. 190. 1890.

藤本,无毛。枝稍具棱或圆柱形;卷须成对,近无毛。叶宽椭圆形,全裂至基部,弯缺处有一侧刚毛状尖头,基部深心形或浅心形,裂片斜卵形,长2-4.5厘米,两端圆钝,上面灰绿色,下面粉绿色,具3-4脉。总状花序顶生或与叶对生,长8-18厘米,有10-20花。小苞片2,对生于花梗中部,与苞片均早落;花梗长2-3厘米;花径2.5-3.5厘米;花托圆筒形,长7-8毫米;萼檐二唇形,裂片椭圆形或卵圆形,先端具小齿;花瓣淡红色,匙形,长约1.7厘米,顶部两面有黄色柔毛,上面3片各有3条玫瑰红色纵纹,下面2片中心各有1条纵纹;能育雄蕊3,不育雄蕊7;子房无毛,有长柄,柱头头状。荚果带状,扁平,长8-15厘米,宽1.5-2厘米,顶端具短喙,开裂后荚瓣扭曲。种子宽椭圆形或长圆形,扁平,长7-9毫米,种皮黑褐色,有光泽。花期8月,果期10月。

产云南、四川及贵州,生于海拔400-2000米山地灌丛或悬岩上。缅甸及泰国北部有分布。

12. 任豆属 **Zenia** Chun

落叶乔木,高达20米。芽鳞少数。小枝黑褐色,散生黄白色小皮孔。奇数羽状复叶长25-45厘米,叶柄长3-5厘米,稍被黄色微柔毛,无托叶;小叶互生,长圆状披针形,长6-9厘米,先端短渐尖或尖,基部圆,全缘,上面无毛,下面有灰白色糙伏毛,无小托叶。花两性,近辐射对称,红色,组成顶生圆锥花序,花序梗和花梗被黄或棕色糙伏毛。花长约1.4厘米;萼片5,长圆形,长1-1.2厘米,覆瓦状排列;花瓣5,覆瓦状排列,稍长于萼片,最上1片倒卵形,宽约8毫米,其余椭圆状长圆形或倒卵状长圆形,宽5-6毫米;发育雄蕊4(5),生于花盘周边;花盘深波状分裂;子房扁,胚珠7-9,边缘具伏贴疏柔毛,花柱钻状,稍弯,柱头小。荚果长圆形或椭圆状长圆形,成熟时红棕色,长10(-15)厘米,腹缝有翅,宽5-6毫米。种子圆形,长4-9毫米,有光泽,棕黑色。

单种属。

图 74 李叶羊蹄甲 (余 峰绘)

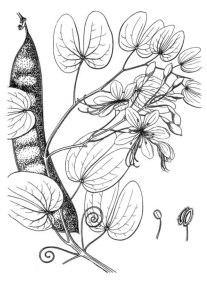

图 75 云南羊蹄甲 (引自《图鉴》)

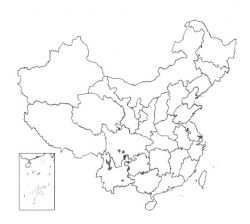

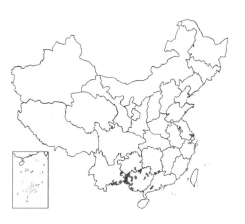

任豆 任木　翅荚木　　　　　　　　　　　　　图 76 彩片 37

Zenia insignis Chun in Sunyatsenia 6: 196. 1946.

形态特征同属。花期5月，果期6-8月。

产广东、广西、贵州南部及云南，生于海拔200-950米山地密林或疏林中。越南及泰国有分布。

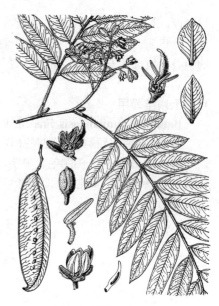

13. 决明属 Cassia Linn.

乔木、灌木、亚灌木或草本。偶数羽状复叶；叶柄和叶轴上常有腺体；小叶对生，无柄或具短柄；托叶多样，无小托叶。花近辐射对称，组成腋生总状花序或顶生圆锥花序，或有时1至数朵簇生叶腋；苞片与小苞片多样。萼筒很短，裂片5，覆瓦状排列；花瓣通常5，通常黄色，近相等或下面2片较大；雄蕊（4-）10，常不相等，有些花药退化，花药背着或基着，孔裂或短纵裂；子房纤细，有时弯扭，无柄或有柄，胚珠多数，花柱内弯，柱头小。荚果形状多样，圆柱形或扁平，很少具4棱或有翅，木质、革质或膜质，2瓣裂或不开裂，内面种子间有横隔。种子横生或纵生，有胚乳。

图 76 任豆 （余汉平绘）

约600种，分布于世界热带及亚热带地区，少数分布至温带地区；我国10余种，引进栽培10余种。

1. 亚灌木、灌木或草本。
　　2. 小叶不超过10对，长2厘米以上，非线形。
　　　　3. 小叶4-10对；腺体1枚，位于叶柄基部上方。
　　　　　　4. 小叶4-5对，长4-9厘米，先端渐尖；荚果带状镰形，压扁，长10-13厘米 ⋯ **1. 望江南 C. occidentalis**
　　　　　　4. 小叶5-10对，长达4.2厘米，先端急尖或短渐尖；荚果近圆筒形，长5-10厘米 ⋯⋯⋯⋯⋯⋯⋯
　　　　　　⋯⋯⋯⋯⋯⋯⋯⋯⋯⋯⋯⋯⋯⋯⋯⋯⋯⋯⋯⋯⋯⋯⋯⋯⋯⋯⋯⋯ **1(附). 槐叶决明 C. sophera**
　　　　3. 小叶3对；腺体3枚位于每对小叶间的叶轴上；荚果近四棱形，长达15厘米 ⋯⋯⋯⋯⋯ **2. 决明 C. tora**
　　2. 小叶超过10对，长通常不超过1.3厘米，线状镰形或带状披针形。
　　　　5. 雄蕊10；小叶线状镰形。
　　　　　　7. 小叶20-50对，长3-4毫米 ⋯⋯⋯⋯⋯⋯⋯⋯⋯⋯⋯⋯⋯⋯⋯⋯⋯ **3. 含羞草决明 C. mimosoides**
　　　　　　7. 小叶14-25对，长0.8-1.3厘米 ⋯⋯⋯⋯⋯⋯⋯⋯⋯⋯⋯⋯⋯ **4. 短叶决明 C. leschenaultiana**
　　　　5. 雄蕊4（5）；小叶带状披针形 ⋯⋯⋯⋯⋯⋯⋯⋯⋯⋯⋯⋯⋯⋯⋯⋯⋯ **5. 豆茶决明 C. nomame**
1. 乔木、小乔木或灌木。
　　8. 小叶长8-15厘米，两面几同色。
　　　　9. 小叶3-4对，宽卵形、卵形或长圆形；叶轴与叶柄上无翅；荚果圆柱形，长30-60厘米，无翅；乔木 ⋯⋯⋯
　　　　　　⋯⋯⋯⋯⋯⋯⋯⋯⋯⋯⋯⋯⋯⋯⋯⋯⋯⋯⋯⋯⋯⋯⋯⋯⋯⋯⋯⋯⋯⋯⋯ **6. 腊肠树 C. fistula**
　　　　9. 小叶6-12对，倒卵状长圆形或长圆形，叶轴与叶柄上具窄翅；荚果带形，长10-20厘米，果瓣的中央具翅；
　　　　　　灌木 ⋯⋯⋯⋯⋯⋯⋯⋯⋯⋯⋯⋯⋯⋯⋯⋯⋯⋯⋯⋯⋯⋯⋯⋯⋯⋯⋯⋯⋯ **7. 翅荚决明 C. alata**
　　8. 小叶长2.5-8厘米，下面粉绿色或灰白色。
　　　　10. 小叶先端短渐尖，长5-8厘米；荚果圆柱形，长30-50厘米 ⋯⋯⋯⋯⋯⋯ **8(附). 神黄豆 C. agnes**
　　　　10. 小叶先端圆钝或微凹，长不超过5厘米；荚果长7-30厘米。
　　　　　　11. 叶柄和叶轴上有腺体1-3；小叶先端圆钝。
　　　　　　　　12. 在叶轴最下1对小叶间有1腺体；小叶3-4对；荚果圆柱形，长13-17厘米；雄蕊7枚能育，3枚退
　　　　　　　　　　化 ⋯⋯⋯⋯⋯⋯⋯⋯⋯⋯⋯⋯⋯⋯⋯⋯⋯⋯⋯⋯⋯⋯⋯⋯⋯ **8. 双荚决明 C. bicapsularis**

12. 在叶轴最下2-3对小叶间和叶柄上部各有1腺体；小叶7-9对；荚果扁平，带形，长7-10厘米；雄蕊10枚，
    全部能育 ·· 9. **黄槐决明 C. surattensis**
11. 叶柄和叶轴无腺体；小叶6-10对，先端微凹；雄蕊7枚能育，3枚退化；荚果扁平，长15-30厘米 ··········
    ·· 10. **铁刀木 C. siamea**

1. 望江南

图 77 彩片 38

Cassia occidentalis Linn. Sp. Pl. 377. 1753.

亚灌木或灌木，少分枝，高达1.5米；枝有棱。羽状复叶长约20厘米，叶柄上方基部有一大而带褐色、圆锥形的腺体；小叶4-5对，卵形或卵状披针形，长4-9厘米，先端渐尖，有小缘毛；小叶柄长1-1.5毫米；托叶卵状披针形，早落。花数朵组成伞房状总状花序，腋生和顶生，长约5厘米；苞片线状披针形或长卵形，早落；花长约2厘米；萼片不等大，外生的近圆形，内生的卵形；花瓣黄色，外生的卵形，长约1.5厘米，其余长达2厘米，均有短窄的瓣柄；雄蕊7枚发育，3枚不育。荚果带状镰形，褐色，压扁，长10-13厘米，宽8-9毫米，稍弯曲，边色较淡，加厚，有尖头，有30-40种子，种子间有隔膜；果柄长1-1.5厘米。花期4-8月，果期6-10月。

原产美洲热带地区，现广布于全世界热带及亚热带地区。我国东南部、南部及西南部各省区有栽培或野化。常生于河边滩地、旷野或丘陵的灌木林或疏林中，为村边荒地习见植物。本植物常作缓泻剂，种子炒后治疟疾；根有利尿功效；鲜叶捣碎治毒蛇、毒虫咬伤。但有微毒，牲畜误食过量可以致死。

[附] **槐叶决明** 茳芒决明 彩片 39 **Cassia sophera** Linn. Sp. Pl. 379. 1753. 本种与望江南的区别：小叶较小，有5-10对，长1.7-4.2厘米，宽0.7-2厘米，椭圆状披针形，先端急尖或短渐尖；荚果长5-10厘米，初时扁而稍厚，成熟时近圆筒形而多少膨胀。花期7-9月，果期10-12月。原产亚洲热带，现广布于世界热带及亚热带地区。我国中部、东南部、南部及西南

图 77 望江南 （引自《图鉴》）

部均有分布，多生于山坡和路旁。北方部分地区有栽培。嫩叶和嫩荚可食用；种子为解热药。

2. 决明

图 78

Cassia tora Linn. Sp. Pl. 211. 1753.

一年生亚灌木状草本，高达2米。羽状复叶长4-8厘米，叶柄上无腺体，叶轴上每对小叶间有1棒状腺体；小叶3对，倒卵形或倒卵状长椭圆形，长2-6厘米，先端圆钝而有小尖头，基部渐窄，偏斜，上面被稀疏柔毛，下面被柔毛；小叶柄长1.5-2毫米；托叶线状，被柔毛，早落。花腋生，通常2朵聚生；花序梗长0.6-1厘米。花梗长1-1.5厘米；萼片稍不等大，卵形或卵状长圆形，外面被柔毛，长约8毫米；花瓣黄色，下面2片稍长，长1.2-1.5厘米；能育雄蕊7，花药四方形，顶孔开裂，长约4毫米，花丝短于花药；子房无柄，被白色柔毛。荚果纤细，近四棱形，两端渐尖，长达15厘米，宽3-4毫米，膜质。种子约25，菱形，光亮。花果期8-11月。

原产美洲热带地区，现全世界热带、亚热带地区广泛分布。我国长江以南各省区均有野化，生于山坡、旷野及河滩沙地上。其种子称决明子，有清肝明目、利尿通便之功效，同时还可提取蓝色染料；苗叶和嫩果可食。

图 78 决明 （引自《图鉴》）

3. 含羞草决明

图 79 彩片 40

Cassia mimosoides Linn. Sp. Pl. 379. 1753.

一年生或多年生亚灌木状草本，高达60厘米，多分枝。枝条被微柔毛。羽状复叶长4-8厘米，叶柄的上端和最下1对小叶的下方有1圆盘状腺体；小叶20-50对，线状镰形，长3-4毫米，先端短急尖，两侧不对称，中脉靠近上缘，干时呈红褐色；托叶线状锥形，长4-7毫米，有明显肋条，宿存。花序腋生，1或数朵聚生，花序梗顶端有2枚小苞片，长约3毫米。花萼长6-8毫米，先端急尖，外被疏柔毛；花瓣黄色，不等大，具短瓣柄，稍长于萼片；雄蕊10，5长5短相间而生。荚果镰形，扁平，长2.5-5厘米，宽约4毫米；果柄长1.5-2厘米。种子10-16。花果期通常8-10月。

原产美洲热带地区，现广布于全世界热带和亚热带地区。我国东南部、南部至西南部均有野化，生于坡地或空旷地的灌木丛或草丛中。本种耐旱又耐瘠，是良好的覆盖植物和改土、绿肥植物；其幼嫩茎叶可以代茶；全株有清肝利湿、清肺止咳、散瘀化积的功能。

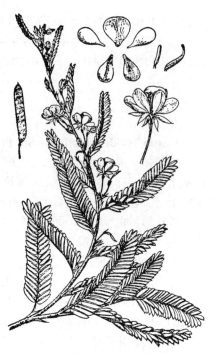

图 79 含羞草决明 （引自《图鉴》）

4. 短叶决明

图 80

Cassia leschenaultiana DC. in Mem. Soc. Phys. Geneve 2: 132. 1824.

一年生或多年生亚灌木状草本，高达1米。嫩枝密生黄色柔毛。羽状复叶长3-8厘米，叶柄的上端有1圆盘状腺体；小叶14-25对，线状镰形，长0.8-1.3(-1.5)厘米，两侧不对称，中脉靠近上缘；托叶线状镰形，长7-9毫米，宿存。花序腋生，有花1或数朵不等；花序梗顶端的小苞片长约5毫米。萼片5，长约1厘米，带状披针形，外面疏被黄色柔毛；花冠橙黄色，花瓣稍长于萼片或等长；雄蕊10，或1-3枚退化；子房密被白色柔毛。荚果扁平，长2.5-5厘米，宽约5毫米，有8-16种子。花期6-8月，果期9-11月。

产安徽、浙江、福建、台湾、江西、湖北、湖南、广东、海南、广西、贵州、云南、四川及西藏，生于山地路旁灌木丛或草丛中。越南、缅甸及印度有分布。根有清热解毒、消肿排脓、平肝安神的功能。

图 80 短叶决明 （引自《图鉴》）

5. 豆茶决明

图 81

Cassia nomame （Sieb.） Kitagawa in Rep. Inst. Sci. Res. Manchoukuo 3（App. 1）: 283. 1939.

Sooja nomame Sieb. in Verb. Bat. Genoot. 12: 50. 1830.

一年生草本，株高达60厘米。羽状复叶长4-8厘米，叶柄上端有1黑褐色、盘状、无柄的腺体；小叶10-28对，带状披针形，稍不对称，长5-9毫米。花生于叶腋，有柄，单生或2至数朵组成短的总状花序。萼片5，

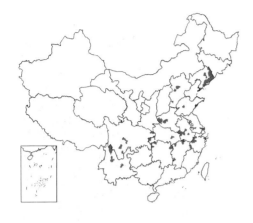

分离，外面疏被柔毛；花瓣5，黄色；雄蕊4（5）枚；子房密被短柔毛。荚果扁平，有毛，开裂，长3-8厘米，宽约5毫米，有6-12种子。种子扁，近菱形，平滑。

产辽宁、河北、山东、江苏、浙江、安徽、江西、河南、湖北、湖南、四川及云南，生于山坡和原野的草丛中。朝鲜及日本有分布。全株有清热利尿、健胃通便的功能。

6. 腊肠树　　　　　图 82 彩片 41

Cassia fistula Linn. Sp. Pl. 377. 1753.

落叶乔木，高达15米；枝细长。羽状复叶长30-40厘米，叶轴和叶柄上无翅亦无腺体；小叶3-4对，对生，宽卵形、卵形或长圆形，长8-13厘米，先端短渐尖而钝，基部楔形，全缘，幼嫩时两面被微柔毛，老时无毛，两面几同色；两面叶脉明显；叶轴与叶柄无翅。总状花序长达30厘米或更长，疏散，下垂。花径约4厘米；花梗长3-5厘米，无苞片；萼片长卵形，长1-1.5厘米，开花时反折；花瓣黄色，倒卵形，近等大，长2-2.5厘米，具明显的脉；雄蕊10，其中3枚具长而弯曲的花丝，高出花瓣，4枚短而直，具宽大的花药，另3枚不育，花药纵裂。荚果圆柱形，长30-60厘米，径2-2.5厘米，黑褐色，不开裂，有3条槽纹。种子40-100，被横膈膜分开。花期6-8月，果期10月。

原产印度、缅甸和斯里兰卡。我国南部和西南部各省区均有栽培。为常见的庭园观赏树木。树皮含单宁，可做红色染料。根、树皮、果瓤和种子均可入药，作缓泻剂。木材坚重，耐朽力强，光泽美丽，可作支柱、桥梁、车辆及农具等用材。

7. 翅荚决明　　　　　图 83 彩片 42

Cassia alata Linn. Sp. Pl. 378. 1753.

灌木，高达3米。羽状复叶长30-60厘米，在叶柄和叶轴上有窄翅；小叶6-12对，倒卵状长圆形或长圆形，长8-15厘米，先端圆钝并有小尖头，基部斜截形，两面均为绿色，下面叶脉明显凸起；叶轴与叶柄具窄翅。总状花序顶生和腋生，不分枝或有短分枝，长10-50厘米；花序梗长。花径约2.5厘米；花瓣黄色，有紫色脉纹；雄蕊10，上部3枚退化，下部7枚发育，最下面的2枚花药通常较大。荚果带形，长10-20厘米，宽1.2-1.5厘米，在每一果瓣的中央有直贯的纸质翅，翅缘有圆钝齿。种子50-60，三角形，稍扁。花期7月至翌年1月，果期10月至翌年3月。

8. 双荚决明　　　　　图 84

Cassia bicapsularis Linn. Sp. Pl. 376. 1753.

图 81 豆茶决明　（引自《东北草本植物志》）

图 82 腊肠树　（引自《豆科图说》）

原产美洲热带，现广布于全球热带地区。我国台湾、福建、广东、广西及云南南部广为栽培。为木本花卉和园林绿化植物；种子药用，有驱蛔虫之效。全株有泻下、解毒、杀虫的功能。

灌木，无毛。羽状复叶长7-12厘米；叶柄长2.5-4厘米，小叶3-4对，倒卵形或倒卵状长圆形,长2.5-3.5厘米,先端圆钝,基部渐窄,偏斜,下面粉绿色,侧脉在近边缘处网结;叶轴最下1对小叶间有1黑褐色线形而钝头的腺体。总状花序生于枝条顶端的叶腋,密集成伞房花序状,长约与叶相等。花鲜黄色,径约2厘米;雄蕊10,7枚能育,3枚退化而无花药,能育雄蕊中有3枚特大,高出于花瓣,4枚较小,短于花瓣。荚果圆柱状,膜质,直或微曲,长13-17厘米,径约1.6厘米,缝线窄,有2列种子。花期10-11月,果期11月至翌年3月。

原产美洲热带地区,现广布于全世界热带地区。台湾、福建、广东及广西等省区广为栽培。可作绿肥、绿篱及观赏植物。

[附] **神黄豆 Cassia agnes** (de Wit) Brenan in Kew Bull. 13: 180. 1958. —— *Cassia javanica* Linn. var. *agnes* de Wit in Webbia 11: 220. 1955. 本种与双荚决明的区别:乔木,羽状复叶长25-40厘米;小叶长25-40厘米,先端短渐尖;荚果长30-50厘米。花期3-4月,果期8-10月。产云南及广西,生于山地林中。中南半岛有分布。种子药用。

图 83 翅荚决明 (引自《豆科图说》)

9. 黄槐决明 黄槐　　　　　　　图 85 彩片 43

Cassia surattensis Burm. f. Fl. Ind. 97. 1768.

灌木或小乔木,高达7米;嫩枝、叶轴、叶柄被微柔毛。小枝有肋。羽状复叶长10-15厘米,叶轴及叶柄呈扁四方形,叶轴最下2或3对小叶之间和叶柄上部各有2-3棍棒状腺体;小叶7-9对,长椭圆形或卵形,长2-5厘米,顶端钝,基部圆,微不对称,下面灰白色,被疏散、紧贴的长柔毛,全缘;小叶柄长1-1.5毫米,被柔毛;托叶线形,弯曲,早落。总状花序生于枝条上部叶腋;苞片卵状长圆形,外被微柔毛。萼片卵圆形,大小不等,有3-5脉;花瓣鲜黄或深黄色,卵形或倒卵形,长1.5-2厘米;雄蕊10,全育,最下2枚有较长的花丝,花药长椭圆形,2侧裂;子房线形,被毛。荚果扁平,带状,开裂,长7-10厘米,宽0.8-1.2厘米,顶端具细长的喙,果颈长约5毫米;果柄明显。种子10-12,有光泽。全年均可开花结果。

原产印度、斯里兰卡、印度尼西亚、菲律宾、澳大利亚及波利尼西亚等地,世界各地均有栽培。台湾、福建、广东、香港及广西等地区广为栽培,为木本花卉,又是优良的园林绿化植物和行道树。叶有清热解毒、润肺泻下的功能。

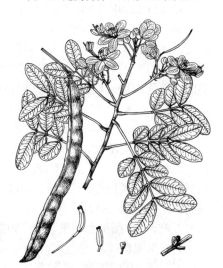

图 84 双荚决明 (余汉平绘)

10. 铁刀木　　　　　　　　　　图 86 彩片 44

Cassia siamea Lam. Encycl. 1: 648. 1785.

乔木,高约10米。嫩枝有棱条,疏被短柔毛。羽状复叶长20-30厘米,叶轴与叶柄无腺体,被微柔毛;小叶6-10对,对生,长圆形或长圆状椭圆形,长3-6.5厘米,先端圆钝,常微凹,有短尖头,基部圆,上面无毛,下面灰白色,全缘;小叶柄长2-3毫米;托叶线形,早落。总状花序生于枝条上部叶腋,排成伞房花序状;苞片线形。萼片近圆形,外生的较小,内生的较大,外面被细毛;花瓣黄色,宽倒卵形,长1.2-1.4厘米,具短瓣柄;雄蕊10,其中7枚发育,3枚退化,花药顶孔开裂;子房无柄,被白色柔毛。荚果扁平,长15-30厘米,宽1-1.5厘米,边缘加厚,被柔毛,熟时带紫褐色,有10-20种子。花期10-11月,果期12月至翌年1月。

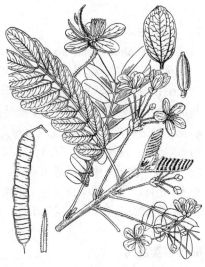

图 85 黄槐决明 (余汉平绘)

产云南南部，南方各省区有栽培。印度、缅甸及泰国有分布。本种在我国栽培历史悠久，木材坚硬致密，耐水湿，不受虫蛀，为上等家具原料。老树材黑色，纹理甚美，可为乐器装饰。因其生长迅速，萌芽力强，枝干易燃，火力旺，在云南大量栽培作薪炭林，采用头状作业砍伐，砍后2年树高达3-4米，一般每4年轮伐一次。

图 86 铁刀木 （引自《图鉴》）

14. 仪花属 Lysidice Hance

灌木或乔木。叶为偶数羽状复叶；小叶3-5对，对生，具短柄，基部稍偏斜，托叶小，钻状或尖三角状，早落或迟落。圆锥花序顶生；花紫红或粉红色，具梗，基部托以红或白色的苞片和小苞片，小苞片小，成对着生于花梗顶部或近顶部。花萼管状，顶部4裂，裂片覆瓦状排列，花后反折；后面3片花瓣大，倒卵形，具长瓣柄，前面2片退化呈鳞片状或钻状；能育雄蕊2，分离或基部稍连合，花丝伸长，花药椭圆形，纵裂；退化雄蕊3-8，不等长，钻状，无花药或有1-3枚圆形小花药；子房扁长圆形，具柄，与萼管贴生，胚珠6-14；花柱细长，柱头小头状。荚果两侧压扁，厚革质或木质，具果颈，开裂，果瓣平或稍扭转或成螺旋状卷曲。种子扁平，有光泽，子叶扁平，胚小，基生。

2种，产中国及越南。我国2种均产。

1. 苞片、小苞片粉红色；花萼管长1.2-1.5厘米，长于裂片；种子边缘不增厚，种皮薄，里面无胶质层；灌木或小乔木 ·· 1. 仪花 **L. rhodostegia**
1. 苞片、小苞片白色；花萼管长5-9毫米，短于裂片；种子边缘增厚成一圈窄边，种皮较厚，里面紧粘着一层白色海绵状胶质层；乔木 ·· 2. **短萼仪花 L. brevicalyx**

1. 仪花

图 87: 1-5 彩片 45

Lysidice rhodostegia Hance in Journ. Bot. 5: 298. 1867.

灌木或小乔木，高2-5（10）米。小叶3-5对，长椭圆形或卵状披针形，长5-16厘米，宽2-6.5厘米，先端尾状渐尖，基部圆钝；侧脉两面明显；小叶柄粗短，长2-3毫米。圆锥花序长20-40厘米，花序轴被短疏柔毛；苞片和小苞片粉红色，被短柔毛。花萼管长1.2-1.5厘米，比裂片长1/3或过之，裂片长圆形，暗紫红色；花瓣紫红色，宽倒卵形，连瓣柄长约1.2厘米，先端圆而微凹；能育雄蕊2，花药长约4毫米； 退化雄蕊4，钻状；子房被毛，胚珠6-9，花柱细长，被毛。荚果倒卵状长圆形，长12-20厘米，基部2缝线不等长，腹缝较长而弯拱，开裂后果瓣常成螺旋状卷曲。种子2-7，长圆形，长2.2-2.5厘米，褐红色，边缘不增厚，种皮较薄而脆，微皱折，里面无胶质层。花期6-8月，果期9-11月。

产广东、广西、贵州西南部及云南东南部，生于海拔500米以下山地

丛林中、灌丛、路旁与山谷溪边。越南有分布。根、茎、叶有小毒，药用可治跌打损伤、骨折、风湿关节炎、外伤出血等症。花美丽，是优良的庭园绿化树种。

2. 短萼仪花 图 87: 6-7

Lysidice brevicalyx Wei in Guihaia 3: 12. 1983.

乔木，高达20米。小叶3-4（5）对，长圆形、倒卵状长圆形或卵状披针形，长6-12厘米，先端钝或尾状渐尖，基部楔形或钝。圆锥花序长13-20厘米，披散，苞片和小苞片白色。花萼管长5-9毫米，裂片长圆形或宽长圆形，比萼管长；花瓣倒卵形，连瓣柄长1.6-1.9厘米，先端近平截而微凹，紫色；能育雄蕊的花药长3-4毫米，药室边缘紫红色；退化雄蕊8或5-6不等长；子房沿二缝线被长柔

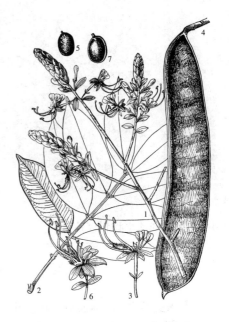

图 87: 1-5.仪花 6-7.短萼仪花
（邓盈丰绘）

毛，胚珠9-14。荚果长圆形或倒卵状长圆形，长15-26厘米，二缝线等长或近等长，开裂后果瓣平或稍扭转。种子7-10，长圆形，斜宽长圆形或近圆形，长2-2.8厘米，栗褐色或微带灰绿，光亮，边缘增厚成一圈窄边，种皮脆壳质，里面紧粘着一层白色海绵状胶质层，干后呈锈红色，胚小，基生。花期4-5月，果期8-9月。

产广东、香港、广西、贵州及云南东南部，生于海拔500-1000米疏林或密林中，常见于山谷、溪边。木材黄白色，坚硬，是优良建筑用材。根、茎、叶可入药，性能同仪花。

15. 李叶豆属 Hymenaea Linn.

乔木。叶仅有1小叶；小叶孪生，全缘，常有半透明腺点，具短柄或近无柄；托叶早落。花白色，排成顶生圆锥花序或伞房状圆锥花序；苞片和小苞片卵形或圆形，内凹，早落。花萼管状，萼管下部实心，上部膨大呈钟状或陀螺状，檐部4裂，裂片覆瓦状排列；花瓣5或3，无瓣柄或具瓣柄，近等大或前方2片小而呈鳞片状；雄蕊10，全育，离生，花丝无毛或近基部被毛，花药长圆形，背着，药室纵裂；子房具短柄，柄与萼管贴生，胚珠数颗，花柱线形，柱头小，顶生。荚果核果状，斜倒卵圆形或长圆形，厚革质或木质，粗糙或有疣状凸起，不开裂。种子少数，形状不一，种皮坚硬，骨质，无胚乳和假种皮，子叶增厚，肉质，胚根短，直立。

约26种。分布于美洲及非洲热带地区。我国引入栽培2种。本属植物多为有价值的经济树种。树干中流出的树脂名柯伯胶（Copal）是一种重要的油漆原料。有些种类的树脂也存于树皮或果皮中。

李叶豆 图 88

Hymenaea courbaril Linn. Sp. Pl. 1192. 1753.

常绿乔木，高达10米。小枝有多数棕色小皮孔和紧贴的短柔毛。叶互生；小叶卵形或卵状长圆形，向内微弯，长5-10厘米，先端急尖，基部斜圆，不对称，上面无毛或被短疏微毛，下面沿叶脉被紧贴短柔毛；小叶柄不明显。伞房状圆锥花序顶生。花较大，长2.5-5厘米；花梗具节，密被紧贴短柔毛；花萼管长1.3-1.5厘米，上部膨大呈钟状，裂片宽卵形或近圆形，

与萼管等长，外面密被紧贴短柔毛里面中部密被长绢毛；花瓣5，卵形或长卵形，近等大，与萼裂片近等长，瓣柄无或近无；雄蕊突出，花丝长2.5-3厘米；子房扁平，无毛，花柱

伸长，上部弯曲，柱头头状。荚果木质，长圆形或倒卵状长圆形，长5-10.5厘米，红褐色，粗糙；果颈粗短，长约5毫米。花期8-10月，果期翌年5-6月。

原产美洲热带。台湾及广东有栽培。本种材质坚重，似桃花心木，可用作造高级家具；果肉可食用和酿酒；树脂名巴西柯伯胶（Brazil copal），用于油漆或制革。

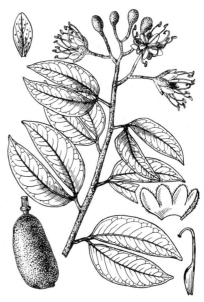

图 88 李叶豆 （余汉平绘）

16. 无忧花属 **Saraca** Linn.

乔木。叶为偶数羽状复叶，有小叶数对；小叶革质，叶柄粗壮，常具腺状结节；托叶2，常连合成圆锥形鞘状，早落。伞房状圆锥花序腋生或顶生；总苞片早落；苞片1，小或大于小苞片，脱落或宿存；小苞片2，近对生，常宿存，具色泽。花两性或单性，具短梗；花瓣缺；花萼管状，萼管伸长，上部略膨大，顶部具一花盘，裂片4，稀5-6，花瓣状，黄或深红色，卵形或长圆形，稍不等大，覆瓦状排列；雄蕊4-10，全育或1-2枚退化，生于萼管喉部的花盘上，花丝伸长，分离，花药长圆形或近圆形，背着，药室纵裂；子房扁长圆形，具短柄，柄与萼管贴生，胚珠数至10余，花柱线形，柱头头状，顶生。荚果扁长圆形，稍弯斜，革质至近木质，2瓣裂。种子1-8，椭圆形或卵形，两侧压扁，种皮脆壳质，胚很小，直立。

约20种，分布于亚洲热带地区。我国2种。

中国无忧花 无忧花　　　　　　　图 89 彩片 46

Saraca dives Pierre, Fl. For. Cochinch. 5: t. 386B. 1899.

Saraca chinensis Merr. et Chun；中国高等植物图鉴 2: 331. 1972.

Saraca indica auct. non Linn.: 中国高等植物图鉴 2: 331. 1972.

乔木，高达20米，胸径达25厘米。羽状复叶有小叶5-6对，嫩叶略带紫红色，下垂；小叶长椭圆形、卵状披针形或长倒卵形，长15-35厘米，基部1对常较小，先端渐尖、急尖或钝，基部楔形，侧脉8-11对；小叶柄长0.7-1.2厘米。花序腋生，较大，花序轴被毛或近无毛；总苞大，宽卵形，被毛，早落；苞片卵形，披针形或长圆形，

图 89 中国无忧花 （张泰利绘）

长1.5-5厘米，下部1片最大，往上逐渐变小，被毛或无毛，早落或迟落；小苞片与苞片同形，远较苞片为小。花黄色（萼裂片基部及花盘、雄蕊、花柱变红色），两性或单性；花梗短于花萼管，无关节；花萼管长1.5-3厘米，裂片4（5-6），长圆形，具缘毛；雄蕊8-10，常1-2退化呈钻状，花丝突出，花药长圆形；子房卷曲。种子5-9，形状不一，扁平，两面中央有一浅凹槽。花期4-5月，果期7-10月。

产云南东南部及广西，生于海拔200-1000米密林或疏林中，常见于河流或溪谷两旁。越南及老挝有分布。本种可放养紫胶虫，是优良的紫胶虫寄主；由于花大而美丽，又是良好的庭园绿化和观赏树种。树皮有祛风除湿、消肿止痛、利尿的功能。

17. 缅茄属 **Afzelia** Smith nom. cons.

乔木。叶为偶数羽状复叶，小叶数对；托叶小，早落。圆锥花序顶生；苞片和小苞片卵形，较厚，无色泽，萼片状，脱落或近宿存；花两性，具梗；花萼管状，喉部具一花盘，裂片4，稍不等大，革质，覆瓦状排列；花瓣1，具瓣柄，其余的退化或缺，能育雄蕊7-8，花丝伸长，基部联合或分离，花药卵圆形或长圆形，纵裂；退化雄蕊2；子房具柄，柄与萼管贴生，胚珠数颗，花柱丝状，柱头近头状。荚果长圆形或斜长圆形，木质，厚，稍压扁，2瓣裂，种子间有隔膜。种子卵圆形或长圆形，基部具角质假种皮，无胚乳，子叶肉质，多少压扁，胚直立。

约14种，分布于非洲及亚洲热带地区。我国引入栽培1种。

缅茄　　　　　　　　　　　　　　图 90 彩片 47

Afzelia xylocarpa (Kurz) Craib in Kew Bull. 1912: 267. 1912.

Pahudia xylocarpa Kurz in Journ. Asiat. Soc. Bengal 45(2): 290. 1876; 中国高等植物图鉴 2: 330. 1972.

乔木，高达25(-40)米。小叶3-5对，对生，卵形、宽椭圆形或近圆形，长4-40厘米，先端圆钝或微凹，基部圆，稍偏斜；小叶柄长不及5毫米。花序各部密被灰黄绿或灰白色短柔毛；苞片和小苞片卵形或三角状卵形，大小相若，长约6毫米，宿存。花萼管长1-1.3厘米，裂片椭圆形，长1-1.5厘米，先端圆钝；花瓣淡紫色，倒卵形至近圆形，瓣柄被白色细长柔毛；能育雄蕊7，基部稍合生，花丝长3-3.5厘米，突出，下部被柔毛；子房窄长形，被毛，花柱长而突出。荚果扁长圆形，长11-17厘米，黑褐色，木质，坚硬。种子2-5，卵圆形或近圆形，稍扁，长约2厘米，暗褐红色，有光泽，基部有角质、坚硬的假种皮状种柄，其长约等于种子。花期4-5月，果期11-12月。

原产缅甸、越南、老挝、泰国及柬埔寨。广东西南部、海南、广西南部及云南南部有栽培。种子供雕刻用，入药用于消肿解毒、拭眼去翳、解疮毒、治牙痛及疔疮。

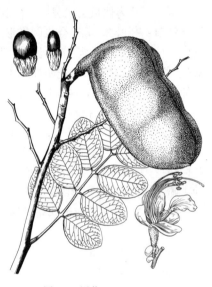

图 90 缅茄 （引自《图鉴》）

18. 油楠属 **Sindora** Miq.

乔木。叶为偶数羽状复叶，有小叶2-10对；小叶革质；托叶叶状。花两性，组成圆锥花序；苞片和小苞片卵形，早落；花萼具短的萼管，基部有花盘，裂片4，镊合状排列，或边缘极窄的覆瓦状排列；花瓣1，稀2，无柄；雄蕊10，其中9枚基部合生成偏斜的管，上面1枚分离，稍短而无花药，花药长椭圆形，丁字着生，纵裂；子房具胚珠2-7，具短柄，花柱线形，拳卷，柱头小。荚果大而扁，通常圆形或长椭圆形，多少偏斜，开裂，果瓣常有短刺，稀无刺，具1-2种子。

18-20种，产亚洲及非洲的热带地区。我国1种，引入栽培1种。

油楠　　　　　　　　　　　　　　图 91 彩片 48

Sindora glabra Merr. ex de Wit in Bull. Bot. Gard. Buitenzorg ser. 3, 18: 46.1949.

乔木，高达20米。叶长10-20厘米，有小叶2-4对；小叶对生，椭圆状长圆形，长 5-10厘米，先端钝急尖或短渐尖，基部钝圆，稍不对称，小叶柄长约5毫米。圆锥花序生于小枝顶端叶腋，长15-20厘米，密被黄色柔毛；苞片卵形，叶状，长5-7毫米。花梗长2-4毫米，中上部有线状披针

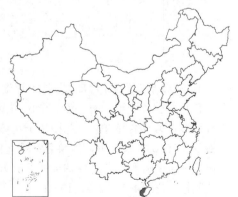

形小苞片1-2；萼片4，两面均被黄色柔毛，2型，最上面的1枚宽卵形，长约5.5毫米，背隆起，有软刺21-23，其他3枚椭圆状披针形，有软刺6-10；花瓣1，被包于最上面萼片内，长椭圆状圆形，长约5毫米，先端圆钝，外面密被柔毛，能育雄蕊9，雄蕊管长约2毫米，被紧贴褐色粗伏毛；子房密被锈色粗伏毛，花柱丝状，旋卷，无毛。荚果圆形或椭圆形，长5-8厘米，有散生硬直的刺，内有胶汁。种子1，扁圆形，黑色，径约1.8厘米。花期4-5月，果期6-月。

产海南，生于中海拔山地混交林内。木材性质优良，可供建筑、车辆及家具用材。

图 91 油楠 （余汉平绘）

19. 酸豆属 Tamarindus Linn.

乔木，高达25米。叶为偶数羽状复叶，互生，有小叶10-20余对；小叶长圆形或椭圆状长圆形，长1.3-2.8厘米，先端圆钝或微凹，基部圆，偏斜，无毛；托叶小，早落。总状花序顶生，花序梗与花梗被黄绿色短柔毛；苞片和小苞片卵状长圆形，具色泽，常早落。花萼管窄陀螺形，长约7毫米。檐部4裂，裂片覆瓦状排列，披针状长圆形，长约1.2厘米，花后反折；花瓣仅后方3片发育，黄色或有紫红色条纹，倒卵形，边缘波状，与萼片近等长，后方2片退化呈鳞片状，藏于雄蕊管基部；能育雄蕊3枚，中部以下合生成上弯的管或鞘，长1.2-1.5厘米，近革部被柔毛，花丝分离部分长约7毫米，花药背着，椭圆形，长约2.5毫米；退化雄蕊刺毛状，着生于雄蕊管顶部；子房圆柱形，被毛，具柄，柄与萼管贴生，胚珠多数，花柱延长，柱头头状。荚果圆柱状长圆形，肿胀，长5-14厘米，常不规则缢缩，棕褐色，不开裂，外果皮薄，脆壳质，中果皮厚，肉质，内果皮膜质，种子间有隔膜。种子3-14，斜长方形或斜卵圆形，压扁，褐色，有光泽，子叶厚，肉质，胚基生，直立。

单种属。

酸豆 图 92 彩片 49

Tamarindus indica Linn. Sp. Pl. 34. 1753.

形态特征同属。

原产非洲，世界热带地区均有栽培。台湾、福建、广东、广西及云南常有栽培或野化。果肉味酸甜，可生食或熟食，或作蜜饯或制成各种调味酱及泡菜；果汁加糖水是很好的清凉饮料；种仁榨取的油可供食用。果实入药，为清凉缓下剂，有驱风和抗坏血病之功效。本种干粗树冠大，抗风力强，适于海滨地区种植。材质重而坚硬，纹理细致，用于建筑、制造农具、车辆和高级家具。

图 92 酸豆 （邓盈丰绘）

111. 蝶形花科 FABACEAE（PAPILIONACEAE）

（包伯坚 李沛琼 黄普华 傅坤俊 朱湘云 韦 直 张若惠 刘瑛心 郑朝宗 吴德邻 何善宝 张继敏 方云亿 卫兆芬 夏振岱 李娇兰 陈 涛 韦裕宗）

乔木、灌木、藤本或草本，有时具刺。叶互生，稀对生，常为羽状或掌状复叶（含羽状或掌状3小叶），稀单叶或退化为鳞片状；托叶常存在，有时变为刺；小托叶存在或无。花两性，单生或组成总状或圆锥状花序，稀为头状总状花序和穗状花序，腋生、顶生或与叶对生；苞片和小苞片小，稀大。花萼钟形或筒形，萼齿或裂片5，最下方1齿通常较长，芽时作上升覆瓦状排列或镊合状排列，有时因上方2齿较下方3齿在合生程度上较多而稍呈二唇形，当下方全部合生成1齿时则呈佛焰苞状；花瓣5，不等大，两侧对称，作下降覆瓦状排列构成蝶形花冠，瓣柄分离或部分连合，上面1枚为旗瓣在花蕾中位于外侧，2翼瓣位于两侧，对称，2龙骨瓣位于最内侧，其瓣片前缘常连合，有时先端呈喙状至旋曲，并包裹着雄蕊及雌蕊，在个别属中翼瓣和龙骨瓣退化，仅存旗瓣（如紫穗槐属）或具二型花，其闭花受精的花冠退化（如胡枝子属）；雄蕊10或有时部分退化，花丝全部分离或连合成单体或二体，花药2室，药室纵裂，基部有时具附属物，同型或二型，二型时花药背着和基着，花丝长短交互排列，花粉粒具3孔沟；子房1室，上位，有时背腹缝线内伸形成或宽或窄的隔膜，具柄或无柄，常生于具蜜腺的花盘上，胚珠弯生，1至多数，边缘胎座，花柱单一，常上弯，有时螺旋状卷曲或扭曲，无毛或被髯毛，柱头通常小，头状或歪斜。荚果沿腹线或背腹线开裂或不裂，有时具翅，或具横向关节而断裂成节荚，稀呈核果状。种子1至多数，通常具革质种皮，无胚乳或具很薄的内胚乳，种脐常较显著，圆形或伸长或线形，中央有1条脐沟，种阜或假种皮有时甚发达；胚轴延长并弯曲，胚根内贴或折叠于子叶下缘之间；子叶2枚，卵状椭圆形，基部不呈心形。

约440属，12000种，遍布全世界。我国包括引进栽培的共131属，约1380多种，190变种和变型。

1. 花丝全部分离或近基部稍连合，花药同型。
 2. 奇数羽状复叶（仅藤槐和单叶红豆为单叶），托叶小或无；花萼通常具近等长的5短齿；乔木或灌木，稀藤本。
  3. 荚果两侧压扁或凸起，有时沿缝线具翅。
   4. 羽状复叶（单叶红豆除外）；乔木或灌木，稀攀援性。
    5. 顶生小叶正常；植株毛被非银白色。
     6. 荚果两侧压扁或多少隆起，两缝线无翅，不明显增厚 ································· 1. 红豆属 Ormosia
     6. 荚果扁平。
      7. 腋芽无芽鳞，包裹于膨大的叶柄内；荚果沿缝线两侧具翅或无翅 ········· 2. 香槐属 Cladrastis
      7. 腋芽具芽鳞，不为膨大的叶柄包裹；荚果无翅或沿腹缝线有窄翅 ········ 3. 马鞍树属 Maackia
    5. 顶生小叶退化，叶轴顶端成针刺；植株被银白色毛 ············ 5. 银砂槐属 Ammodendron
   4. 单叶；木质藤本；荚果卵圆形，顶端具弯曲的喙 ············ 6. 藤槐属 Bowringia
  3. 荚果圆柱形或稍扁，种子间缢缩成串珠状，稀具4条软木质翅 ·············· 4. 槐属 Sophora
 2. 掌状3小叶（仅沙冬青常兼有单叶）；托叶常与叶柄连合或抱茎，无小托叶；花萼通常深裂成5裂片；灌木或草本。
  8. 地上部分木质，冬季不枯死，茎上腋生新枝。
   9. 托叶大，2枚合生，与叶柄相对，贴茎生，脱落后留有环茎叶痕；花无小苞片 ································· 123. 黄花木属 Piptanthus
   9. 托叶小，钻形或线形，着生叶柄基部两侧，不环茎；花具小苞片2，生于花萼下端 ········· 124. 沙冬青属 Ammopiptanthus
  8. 地上部分草质，冬季自根茎关节处枯死 ··········· 125. 黄华属 Thermopsis
1. 花丝全部或大部分连合成雄蕊管，雄蕊单体或二体，二体时对旗瓣的1枚花丝与9枚合生的花丝分离或部分连合，花药同型、近同型或二型。
 10. 花药同型或近同型，即不分成背着或基着，也不分成长短交互而生。
  11. 花丝丝状，上部不膨大。
   12. 荚果不横向断裂成节荚；种子1至多粒。
    13. 雄蕊单体，花丝连合成多少闭合的雄蕊管，有时在基部具裂口，但上部均连合。

14. 植株被丁字毛；药隔顶端具硬尖；花柱无毛；总状花序腋生；灌木或草本，稀乔木。

 15. 雄蕊二体；旗瓣外面常被毛，如无毛时荚果仅具1条纵棱；灌木或草本，稀乔木 … 23. **木蓝属 Indigofera**

 15. 雄蕊单体，合生成雄蕊管；旗瓣外面无毛；荚果直立，具3-4条纵棱；一年生草本 …………………………………………………………………………………………… 24. **瓜儿豆属 Cyamopsis**

14. 植株被单毛或无毛；药隔顶端无附属体，无腺体；花序总状或圆锥状，或单花，顶生或腋生；木本，稀草本。

 16. 荚果不裂，具节荚，节荚半圆形或肾形，具1-2种子（仅藏豆属的荚果开裂亦不为节荚果）；草本或亚灌木；叶柄宿存，有时变成刺。

  17. 果为节荚果，不开裂。

   18. 荚果裂为1-数节，各节近圆形、椭圆形、卵形或菱形等形状，两侧扁平或双凸透镜形，脉纹明显隆起，无刺或有时具刺；翼瓣通常短于旗瓣或等长 ………………… 103. **岩黄蓍属 Hedysarum**

   18. 荚果通过仅1节，呈半圆形或鸡冠状，两侧膨胀，脉纹隆起，通常具刺；翼瓣短小 …………………………………………………………………………………………… 105. **驴食草属 Onobrychis**

  17. 果不为节荚果，开裂，两侧稍膨胀，脉纹隆起，边缘和沿两侧中线具刺；多年生草本，茎缩短 …………………………………………………………………………………………… 104. **藏豆属 Stracheya**

 16. 荚果开裂；总状花序或圆锥花序顶生，有时花单生叶腋或顶轴上。

  19. 乔木、灌木或藤本，稀草本；托叶不呈戟形或无。

   20. 木本植物。

    21. 托叶早落或宿存。

     22. 圆锥花序顶生或腋生；有时生老茎上；多为常绿藤本。

      23. 花序腋生或生老茎上；胚珠2。

       24. 无小托叶；芽腋生；花序单生；荚果木质，肿胀 ………… 11. **猪腰豆属 Afgekia**

       24. 具小托叶；芽腋上生；花序常簇生；荚果薄木质，扁平 ………… 12. **干花豆属 Fordia**

      23. 花序顶生或腋生；胚珠4至多数。

       25. 荚果缝线上无翅；奇数羽状复叶，小叶通常5以上。

        26. 内外二层果皮干后不分离 ………………………… 13. **崖豆藤属 Millettia**

        26. 内外二层果皮干后分离 ………………………… 16. **耀花豆属 Sarcodum**

       25. 荚果缝线上具窄翅；心状三出复叶，小叶3 …… 17. **巴豆藤属 Craspedolobium**

     22. 总状花序顶生，下垂；落叶藤本 ………………………… 15. **紫藤属 Wisteria**

    21. 无托叶。

     27. 乔木；荚果肿胀，内具空腔 ………………………… 10. **肿荚豆属 Antheroporum**

     27. 藤本或攀援；荚果扁，果皮与种子贴生。

      28. 荚果厚革质，缝线上无翅 ………………………… 14. **水黄皮属 Pongamia**

      28. 荚果平薄，沿腹缝线或背腹两线具窄翅 ………………………… 18. **鱼藤属 Derris**

   20. 草本，有时呈灌木状，茎直立、匍伏或平卧，植株通常被毛；具托叶 …… 19. **灰毛豆属 Tephrosia**

  19. 二年生草本；托叶戟形。

   29. 花柱被髯毛，有时柱头下侧仅有簇状毛。

    30. 花柱内弯或钩曲，花冠黄或淡褐红色，旗瓣瓣柄上方具二折或胼胝体 …… 88. **鱼鳔槐属 Colutea**

    30. 花柱内弯、不钩曲；花冠红或紫色，旗瓣无附属物。

     31. 叶为羽状复叶；花萼较小，萼齿近等大或上边2齿靠拢；荚果膨胀 …………………………………………………………………………………………… 89. **苦马豆属 Sphaerophysa**

     31. 叶退化成鳞片状；花萼至少为龙骨瓣长的1/2，上边2萼齿比下边3齿宽；荚果扁平 …………………………………………………………………………………………… 90. **无叶豆属 Eremosparton**

   29. 花柱无毛，有时柱头被画笔状毛（黄蓍属有时花柱上部内侧有毛）。

    32. 花药药室离生；叶枕退化或无；植株不被盾状腺毛。

     33. 荚果的脉横生，在果瓣中上部汇合，细而不显；雄蕊花丝有1枚分离（在黄蓍属有时全合生），龙骨瓣通常具耳；小叶侧脉至边缘环结或不明显。

34. 花萼筒基部常偏斜，上侧多少浅囊状，翼瓣具羽状脉；荚果裂瓣常螺旋状扭曲。

  35. 偶数羽状复叶，叶轴宿存并硬化成针刺状。

    36. 荚果膨胀；花淡紫或紫红色 ·· **91. 铃铛刺属 Halimodendron**

    36. 荚果常呈筒状或稍扁；花黄色，稀淡紫或浅红色 ························ **92. 锦鸡儿属 Caragana**

  35. 奇数羽状复叶，叶轴脱落不硬化。

    37. 灌木；托叶膜质或草质；花序有4至多花；子房无柄，被有柄腺毛或柔毛 ···················

      ··· **93. 丽豆属 Calophaca**

    37. 草本；托叶草质或膜质；花1-3；子房无毛或被柔毛。

      38. 茎明显；托叶膜质，与叶柄分离；花萼钟状，旗瓣无毛 ········ **94. 旱雀豆属 Chesniella**

      38. 茎短缩，呈无茎状；托叶草质，下部与叶柄基部连合；花萼管状，旗瓣背面密被短柔毛 ·······

      ··· **95. 雀儿豆属 Chesneya**

34. 花萼筒基部对称或稍偏斜；翼瓣常具掌状脉；荚果裂瓣不扭曲。

  39. 羽状复叶；草本，稀为小灌木或亚灌木；花序梗不变成针刺。

    40. 龙骨瓣与翼瓣近等长或稍短；花柱长于子房。

      41. 龙骨瓣先端钝；荚果1室或具由远轴缝线侵入成隔膜；小叶基部多少对称 ······················

      ··· **96. 黄耆属 Astragalus**

      41. 龙骨瓣先端具喙；荚果1室或具由近轴缝线侵入成隔膜；小叶基部多少偏斜，或较窄呈镰刀状

        内弯 ·· **97. 棘豆属 Oxytropis**

    40. 龙骨瓣仅为翼瓣长的1/2，花柱短于子房或等长。

      42. 花柱内弯，上边2萼齿分离；种子具凹点；托叶分离，与叶柄基部贴生 ·······················

      ·· **98. 米口袋属 Gueldenstaedtia**

      42. 花柱内弯与子房成直角，上边2萼齿合生至中部以上；种子平滑，具斑纹；托叶先端以下合生

        抱茎并与叶对生 ································ **99. 高山豆属 Tibetia**

  39. 单叶；亚灌木或多年生草本；花序梗针刺状 ··························· **100. 骆驼刺属 Alhagi**

33. 荚果的脉斜向，密而平行，成熟时向上拱起，至边缘处汇合；雄蕊花丝结合，龙骨瓣无耳；小叶侧脉伸

  至叶缘 ··· **101. 山羊豆属 Galega**

32. 花药药室顶端连合；叶有叶枕；植株被鳞片状腺点、刺毛状腺体或柔毛 ······ **102. 甘草属 Glycyrrhiza**

13. 雄蕊二体，通常对旗瓣的1枚花丝分离或部分连合，如为单体时则在上部或顶端分离。

  43. 掌状复叶、单叶或羽状三出复叶。

    44. 叶下面无腺点或透明斑点。

      45. 植株具丁字毛；药隔顶端具腺体或硬尖；花序通常总状，腋生；旗瓣背面常被毛 ···············

      ··· **23. 木蓝属 Indigofera**

      45. 植株无毛或被单毛；药隔顶端无腺体和无硬尖。

        46. 小叶多少具锯齿，侧脉直达叶缘，托叶常与叶柄连生，无小托叶；通常为三出复叶；草本。

          47. 花药二型，长短交互，基着和背着，雄蕊单体；植株常具腺毛和柔毛 ····· **113. 芒柄花属 Ononis**

          47. 花药同型，等长，雄蕊两体。

            48. 花瓣凋落，花丝顶端不膨大；荚果2瓣开裂或迟裂。

              49. 掌状三出复叶；花单生或2-3组成伞形花序，龙骨瓣先端锐尖 ··· **114. 紫雀花属 Parochetus**

              49. 羽状三出复叶；总状花序，有时呈头状或单生，龙骨瓣先端钝。

                50. 总状花序细长，具多花；荚果小 ·················· **115. 草木犀属 Melilotus**

                50. 总状花序短，有时呈头状或单生。

                  51. 荚果直或弧形弯曲，顶端具直喙；小叶几全部具尖齿 ····· **116. 胡卢巴属 Trigonella**

                  51. 荚果两缝不等长，螺旋形转曲、肾形、镰形或近于劲直，顶端具内贴短喙；小叶先端或

                    基部以上具锯齿 ································ **117. 苜蓿属 Medicago**

            48. 花瓣宿存，瓣柄多少与雄蕊管相连，花丝顶端膨大；荚果短小，不裂，包藏于宿存花萼和花瓣

              中 ·· **118. 车轴草属 Trifolium**

46. 小叶全缘，侧脉不达叶缘，具小托叶；常为灌木或亚灌木，稀草本。
 52. 小托叶通常存在；荚果具2至多荚节，稀1荚节1种子，常被小钩状毛。
  53. 枝节上具锐利而直的三叉硬刺；叶仅具1小叶 ·················· 25. 三叉刺属 **Trifidacanthus**
  53. 枝节上无刺；叶具3（-9）小叶，稀具1小叶。
   54. 花萼不呈颖状，裂片膜质，不具纵纹。
    55. 伞形花序或短总状花序腋生；花白或淡黄色；小叶3。
     56. 伞形花序或短总状花序无叶状苞片 ·················· 26. 假木豆属 **Dendrolobium**
     56. 伞形花序藏于两枚对生叶状苞片内 ·················· 27. 排钱树属 **Phyllodium**
    55. 总状花序或圆锥花序顶生，或顶生和腋生，稀数花腋生；小叶3-9或仅有1小叶。
     57. 掌状复叶，小叶3，托叶合生，先端3裂；荚果具2荚节 ·········· 28. 两节豆属 **Dicerma**
     57. 掌状复叶，小叶3-9，或仅有1小叶，托叶通常离生，先端全缘；荚果2至多荚节，稀具1节。
      58. 荚果背缝线于节荚间深凹入几达腹缝线，而形成一深缺口，腹缝线在每一荚节中部不缢缩或
       微缢缩；荚节斜三角形或微呈宽的半倒卵形；具细长或稍短的子房柄，雄蕊单体 ·········
       ··················· 30. 长柄山蚂蝗属 **Podocarpium**
      58. 荚果背腹两缝线缢缩、稍缢缩或腹缝线劲直；无细长子房柄或稀具短柄，雄蕊二体，稀单体。
       59. 荚果的荚节通常不反复折叠。
        60. 花梗不弯曲，或先端弯曲但不成钩状。
         61. 叶柄无翅，如有翅则叶具3小叶。
          62. 荚果不膨胀，无横脉纹，有荚节。
           63. 荚果具明显荚节，通常不开裂 ·············· 29. 山蚂蝗属 **Desmodium**
           63. 荚果的荚节不明显或稍明显，成熟时沿背缝线开裂 ··· 31. 舞草属 **Codariocalyx**
          62. 荚果膨胀，有横脉纹，无横隔，不分荚节 ·············· 32. 密子豆属 **Pycnospora**
         61. 叶柄具翅，小叶1 ·················· 33. 葫芦茶属 **Tadehagi**
        60. 花梗弯曲，先端成钩状；荚节1-2；总状花序密，顶生 ········ 34. 长柄荚属 **Mecopus**
       59. 荚果的荚节反复折叠。
        64. 花萼于花后不增大，不具网脉。
         65. 荚节连接点在各节的边缘，即沿腹缝线连接 ·············· 35. 狸尾豆属 **Uraria**
         65. 荚节的连接点在各节的中央 ·············· 36. 算珠豆属 **Urariopsis**
        64. 花萼于花后增大，具网脉，裂片卵状披针形，与花瓣近等长 ··· 37. 蝙蝠草属 **Christia**
   54. 花萼颖状，裂片干硬，具纵纹；叶柄具沟槽 ·············· 38. 链荚豆属 **Alysicarpus**
 52. 小托叶通常无；荚果无钩状毛，通常具1荚节，有1种子。
  66. 缠绕草本；苞片膜质，花后极增大成叶状，向下面成兜状摺叠 ·········· 39. 苞护豆属 **Phylacium**
  66. 灌木或非缠绕性草本。
   67. 小叶侧脉在近缘处弧状弯曲；托叶细小，锥形，脱落。
    68. 苞片内具1花；花梗在花萼下具关节，龙骨瓣近镰刀形，上部弯曲成直角，有时成钝角或锐角 ······
     ··················· 40. 杭子梢属 **Campylotropis**
    68. 苞片内具2花；花梗不具关节，龙骨瓣直，先端钝 ·············· 41. 胡枝子属 **Lespedeza**
   67. 小叶侧脉直；托叶大，膜质，宿存 ·············· 42. 鸡眼草属 **Kummerowia**
44. 叶下面有腺点或透明斑点。
 69. 荚果开裂，具1至多数种子；三出复叶或单叶。
  70. 小叶和花萼常具黄色腺点；小苞片无；花序无结节。
   71. 胚珠3或多数。
    72. 荚果种子间有横槽 ·················· 74. 木豆属 **Cajanus**
    72. 荚果种子间无横槽 ·················· 75. 野扁豆属 **Dunbaria**
   71. 胚珠1-2。
    73. 珠柄生于种脐的中央。

74. 直立草本、亚灌木或灌木；叶为3小叶掌状复叶或为单叶；荚果膨胀；种子不具种阜 ……………………………………………………………………………… 76. **千斤拔属 Flemingia**

74. 攀援、匍匐或缠绕性草本，稀灌木或亚灌木；叶为3小叶羽状复叶；荚果扁平或膨胀；种子有种阜或无 ……………………………………………………………… 77. **鹿藿属 Rhynchosia**

73. 珠柄生于细长种脐的一端；亚灌木或草本；叶具单小叶（限国产种）…………… 78. **鸡头薯属 Eriosema**

70. 小叶和花萼无腺点。

75. 花柱常膨大、变扁或旋卷，常具髯毛，如花柱无毛和为圆柱形，则旗瓣和龙骨瓣具细小附属体；种脐常具海绵状残留物。

76. 花柱一侧扁平，旗瓣具附属体 ……………………………………………… 68. **扁豆属 Lablab**

76. 花柱圆柱形。

77. 龙骨瓣先端具螺旋卷曲的长喙。

78. 翼瓣短于旗瓣，花柱旋卷360°以上。

79. 龙骨瓣基部内侧具短耳；种子椭圆形或近圆柱形，种脐长，围绕种子的一半 …………………………………………………………… 67. **毒扁豆属 Physostigma**

79. 龙骨瓣无耳；种子肾形或椭圆形，种脐小，位于中部 ………… 73. **菜豆属 Phaseolus**

78. 翼瓣长于旗瓣，花柱增厚部分分2次作90°弯曲，形成近方形的轮廓 … 72. **大翼豆属 Macroptilium**

77. 龙骨瓣先端钝圆，或具喙但不旋卷。

80. 荚果横切面不呈方形，亦不具翅。

81. 柱头顶生。

82. 旗瓣基部附属体缺或稍发育，花冠通常紫色，带红或蓝色，花柱细长，不增粗 ………………………………………… 65. **镰瓣豆属 Dysolobium**

82. 旗瓣基部有附属体。

83. 旗瓣基部有附属体，花冠白、黄、红或蓝色，花柱上部粗 ………… 69. **镰扁豆属 Dolichos**

83. 旗瓣基部附属体窄长，花冠黄、微白或淡黄绿色，花柱细长，不增粗 …………………………………………………… 70. **硬皮豆属 Macrotyloma**

81. 柱头侧生 ……………………………………………… 71. **豇豆属 Vigna**

80. 荚果横切面呈四棱形，沿棱具翅 ………………… 66. **四棱豆属 Psophocarpus**

75. 花柱通常圆柱形，无髯毛（有时在柱头下方具少毛，在刺桐属偶见花柱旋卷，在蝶豆属有些花柱具髯毛或扁平）；种脐常无海绵状残留物（除刺桐属一些种外）。

84. 花通常下垂，花萼内面无毛，花柱窄，常被髯毛，花冠常被毛；小叶3，1或5-9，常有小钩状毛。

85. 旗瓣背面具一明显短距 ……………………………… 63. **距瓣豆属 Centrosema**

85. 旗瓣背面无短距 ……………………………………… 64. **蝶豆属 Clitoria**

84. 花直立，如下垂则其他各点与上不同。

86. 旗瓣背面被绢毛；花序无结节或稍具结节；种子光滑，具凸起的假种皮 …… 62. **拟大豆属 Ophrestia**

86. 旗瓣无毛，如果被毛，花序常具结节或其花多变化。

87. 花通常适应鸟媒或蝙蝠媒；花瓣不等长，有时适应蜂媒则花柱上部旋卷（如土圞儿属，旋花豆属）或为大型圆锥花序和荚果翅果状（如密花豆属）。

88. 花瓣中旗瓣最大，龙骨瓣明显短于旗瓣；乔木或灌木；茎及枝具皮刺；小托叶肿胀呈腺体状 …………………………………………………………… 43. **刺桐属 Erythrina**

88. 花瓣中龙骨瓣最大。

89. 花柱旋卷。

90. 叶干后绿色，具（3）5-7（9）小叶 ……………… 47. **土圞儿属 Apios**

90. 叶干后黑色，具3小叶 ……………………… 48. **旋花豆属 Cochlianthus**

89. 花柱不旋卷。

91. 荚果有多数种子，2瓣裂，具或不具螯毛 ………………… 44. **黧豆属 Mucuna**

91. 荚果仅顶端有1种子，其下部扁平，不开裂，无螫毛。
　　92. 花桔红或鲜红色，长1.5-8厘米 ·· 45. 紫矿属 Butea
　　92. 花蓝、玫瑰红或白色，长0.5-1厘米 ································· 46. 密花豆属 Spatholobus
87. 花通常适应蜂媒，若适应鸟媒则花瓣近等长。
　　93. 花序常具结节；种子各式，无明显假种皮，种脐短或长。
　　　　94. 柱头侧生或近顶生，子房被疏柔毛，毛延伸至花柱形成假髯毛 ······· 50. 豆薯属 Pachyrhizus
　　　　94. 柱头顶生，花柱无毛。
　　　　　　95. 花萼为明显二唇形，上唇大，平截或2裂，下唇短小，雄蕊单体，花稍大；荚果带状或长圆形，
　　　　　　　　扁或稍膨胀；种脐线形 ·· 49. 刀豆属 Canavalia
　　　　　　95. 花萼不为明显二唇形，雄蕊二体，花小；荚果线形；种脐椭圆形或短长圆形。
　　　　　　　　96. 花萼上唇裂片完全合生（花萼4深裂） ······························· 51. 乳豆属 Galactia
　　　　　　　　96. 花萼上唇裂片微裂至大部分分离 ··························· 52. 毛蔓豆属 Calopogonium
　　93. 花序不具结节或几无结节；种子光滑或具小凸点，有假种皮，种脐短。
　　　　97. 发育雄蕊与败育的互生；荚果顶端宿存花柱呈喙状 ····················· 57. 软荚豆属 Teramnus
　　　　97. 雄蕊全部发育。
　　　　　　98. 茎为明显的四棱柱状，枝上具倒生褐色毛；花长约5毫米 ············· 58. 琼豆属 Teyleria
　　　　　　98. 茎通常不为明显四棱柱状，枝上毛被非倒生；花长5毫米以上。
　　　　　　　　99. 翼瓣和龙骨瓣的瓣柄短于瓣片；种子通常粗糙，种脐周围常具干膜质种阜；子房壁不透明。
　　　　　　　　　　100. 叶具单小叶 ·· 54. 土黄芪属 Nogra
　　　　　　　　　　100. 叶具3小叶。
　　　　　　　　　　　　101. 花序每节具2-3花；托叶基部着生或盾状着生 ············· 53. 葛属 Pueraria
　　　　　　　　　　　　101. 花序每节仅具1花。
　　　　　　　　　　　　　　102. 花长1.2厘米以上 ··························· 55. 华扁豆属 Sinodolichos
　　　　　　　　　　　　　　102. 花长1厘米以下 ··································· 56. 大豆属 Glycine
　　　　　　　　99. 翼瓣和龙骨瓣的瓣柄长于瓣片；种子光滑，种脐周围无干膜质种阜；子房壁通常透明。
　　　　　　　　　　103. 花萼筒口斜截形，萼齿不明显；花黄色 ················· 60. 山黑豆属 Dumasia
　　　　　　　　　　103. 花萼裂齿三角形；花红、淡紫、红紫、紫、蓝或白色，不为黄色。
　　　　　　　　　　　　104. 有小苞片；子房基部无花盘 ····················· 59. 宿苞豆属 Shuteria
　　　　　　　　　　　　104. 无或有小苞片；子房基部具鞘状花盘 ··········· 61. 两型豆属 Amphicarpaea
69. 荚果不裂，具1种子；单叶 ·· 79. 补骨脂属 Psoralea
43. 羽状复叶（含羽状3小叶）。
105. 小叶下面有腺点或透明斑点；胚珠少数；荚果不裂，密布腺状小疣点；花冠仅存旗瓣，花药背着；奇数
　　　羽状复叶 ·· 80. 紫穗槐属 Amorpha
105. 小叶下面无腺点或透明斑点；胚珠4以上，稀1-2（3）。
　　106. 荚果开裂或仅顶端开裂。
　　　　107. 旗瓣或龙骨瓣明显大于翼瓣；托叶小，有时呈腺体状 ················· 43. 刺桐属 Erythrina
　　　　107. 花瓣近等长，有时翼瓣甚短，或龙骨瓣稍长于其他瓣片，有时先端呈喙状或卷曲。
　　　　　　108. 植株具丁字毛；药隔顶端具腺体或附属体；有小托叶。
　　　　　　　　109. 雄蕊二体；旗瓣外面常被毛，如无毛时荚果仅具1纵棱 ········· 23. 木蓝属 Indigofera
　　　　　　　　109. 雄蕊单体，合生成雄蕊管；旗瓣背面无毛；荚果直立，具3-4纵棱 ··· 24. 瓜儿豆属 Cyamopsis
　　　　　　108. 植株无毛或具单毛；药隔顶端无腺体和附属体。
　　　　　　　　110. 花序轴上的节增厚成结；具小托叶。
　　　　　　　　　　111. 花柱无毛；龙骨瓣不卷曲 ······················· 51. 乳豆属 Galactia
　　　　　　　　　　111. 花柱内侧有纵列髯毛；龙骨瓣常螺旋状卷曲 ········· 73. 菜豆属 Phaseolus
　　　　　　　　110. 花序轴上的节不增厚；无或有小托叶。
　　　　　　　　　　112. 叶轴顶端有卷须或成针刺状；无小托叶。

113. 雄蕊10；花单生或排成总状花序，或数朵簇生叶腋；旗瓣瓣柄与雄蕊管分离。
　　114. 花柱圆柱形，顶端周围被毛或侧向压扁，于远轴端具一束髯毛；雄蕊管上部偏斜 ························· **108. 野豌豆属 Vicia**
　　114. 花柱扁平，上部近轴面被髯毛；雄蕊管口截形、稀偏斜。
　　　115. 花柱不纵折；花托小于小叶。
　　　　116. 种子不为双凸透镜状；花萼较花冠短；小叶在芽中席卷 ········ **109. 山黧豆属 Lathyrus**
　　　　116. 种子双凸透镜状；花萼稍长于花冠；小叶在芽中对折 ········· **110. 兵豆属 Lens**
　　　115. 花柱向远轴面纵折；托叶叶状，大于小叶 ····················· **111. 豌豆属 Pisum**
113. 雄蕊9，对旗瓣的1枚退化；总状花序腋生或与叶对生；旗瓣瓣柄多少与雄蕊管连合 ··········
　　··· **9. 相思子属 Abrus**
112. 叶轴顶端无卷须，有或无小叶。
117. 荚果膨胀呈囊泡状，有时仅在顶端开裂 ····················· **88. 鱼鳔槐属 Colutea**
117. 荚果扁平。
　　118. 托叶通常部分与叶柄连生，小叶具锯齿；多为草本 ········· **118. 车轴草属 Trifolium**
　　118. 有托叶或无，如托叶存在不与叶柄连生，小叶全缘。
　　　119. 子房具1胚珠；三出复叶 ···························· **40. 杭子梢属 Campylotropis**
　　　119. 子房具2至多数胚珠。
　　　　120. 总状花序顶生，与叶对生或腋生 ··············· **19. 灰毛豆属 Tephrosia**
　　　　120. 花单生、簇生或组成腋生总状花序。
　　　　　121. 乔木或灌木；奇数羽状复叶，小叶10对以下。
　　　　　　122. 花簇生枝端；小叶线形，叶缘卷曲；生于高原 ········· **20. 冬麻豆属 Salweenia**
　　　　　　122. 花排成总状花序；小叶长圆形或宽卵形；生于低地。
　　　　　　　123. 小叶通常10对以下，托叶刚毛状或刺状；荚果扁平，沿腹缝线具窄翅；种子间不具横隔；乔木或灌木 ············· **21. 刺槐属 Robinia**
　　　　　　　123. 小叶通常20对以上，托叶不变成刺；荚果细长，缝线增厚无翅；种子间具横隔；草本 ·························· **22. 田菁属 Sesbania**
　　　　　121. 直立草本、亚灌木或灌木，稀乔木状；偶数羽状复叶，小叶10对以上；荚果线形，内壁有横隔膜 ·· **22. 田菁属 Sesbania**
106. 荚果不开裂；无小托叶。
124. 荚果膨胀呈囊泡状 ································· **89. 苦马豆属 Sphaerophysa**
124. 荚果不膨胀呈囊泡状。
125. 奇数羽状复叶，小叶互生；种子1-数粒。
　　126. 花小，白、淡绿或紫色；花药基着；荚果薄而扁平，长圆形，舌状或翅果状 ···········
　　··· **7. 黄檀属 Dalbergia**
　　126. 花大，黄色；花药背着；荚果圆形或卵圆形，边缘有宽翅 ········ **8. 紫檀属 Pterocarpus**
125. 3-7小叶；种子1粒。
　　127. 3小叶；荚果扁平，革质 ···················· **40. 杭子梢属 Lespedeza**
　　127. 3-7小叶；荚果肿胀，核果状，木质 ··········· **121. 山豆根属 Eucresta**
12. 荚果横向断裂或缢缩成荚节，每荚节具1种子。
128. 有小托叶 ······································· **29. 山蚂蝗属 Desmodium**
128. 无小托叶。
129. 龙骨瓣歪斜，先端平截，翼瓣短，稀与龙骨瓣等长 ········· **103. 岩黄蓍属 Hedysarum**
129. 龙骨瓣钝头或喙状卷曲，翼瓣常具横皱褶纹。
130. 叶、花萼等无透明腺体或仅具暗黑色点；花无梗、近无梗或有梗，常有关节或小苞片。
131. 花有梗，花托宽大于长而不成管状；子房有柄。
132. 叶为奇数羽状复叶；荚果在两侧具纵脉；子房隔膜形成迟；雄蕊二体 ···········

·· 81. 链荚木属 Ormocarpum

132. 叶为偶数羽状复叶，稀奇数羽状复叶（顶生小叶不对称）；荚节具网状脉；子房隔膜在花时形成；雄蕊通常为单体或二体（5+5）。

133. 苞片不扩大，不盖着花和果；荚节1至多数。

134. 花序多稀疏；荚果直至拳卷，具1至多荚节，伸出萼外 ·········· 82. 合萌属 Aeschynomene

134. 花序密和多少蝎尾状；荚果具数个扁或膨胀的荚节，包藏于萼内 ······ 83. 坡油甘属 Smithia

133. 苞片多而扩大，完全盖着花和果，多少呈球果状；荚节1-2 ·········· 84. 睫苞豆属 Geissaspis

131. 花无梗或近无梗，花托长大于宽，有时成管状；子房无柄或近无柄。

135. 叶具3小叶；荚果具1-2荚节；子房不在土中发育 ·········· 86. 笔花豆属 Stylosanthes

135. 叶具4（6）小叶；荚果在种子间缢缩；子房在土中发育成熟 ·········· 87. 落花生属 Arachis

130. 叶、花萼等常具透明腺体，如腺体不明显则花无梗；花的下面有1对大型小苞片 ·········

·· 85. 丁癸草属 Zornia

11. 花丝顶端全部或部分膨大下延。

136. 荚果由荚节组成，近圆柱形，有4条纵脊或棱，不裂 ·········· 107. 小冠花属 Coronilla

136. 荚果不分成节，开裂或不裂，有时内壁具横向短膜。

137. 叶轴顶端成针刺或卷须；花单生或组成腋生总状花序；侧脉直伸至齿尖 ····· 112. 鹰嘴豆属 Cicer

137. 叶轴先端有叶，无卷须及针刺。

138. 全部或部分瓣柄与雄蕊管连生；小叶常具锯齿，侧脉直伸至齿尖 ······· 118. 车轴草属 Trifolium

138. 瓣柄不与雄蕊管连生。

139. 托叶退化成腺点；基部的1对小叶呈托叶状；小叶全缘，侧脉不伸达叶缘 ·········

·· 106. 百脉根属 Lotus

139. 托叶部分与叶柄连生；小叶先端或基部以上具锯齿，侧脉通常直伸至齿尖 ·········

·· 117. 苜蓿属 Medicago

10. 花药二型，即背着与基着交互，有时长短交互排列。

140. 花丝顶端膨大；多年生草本或灌木，常被柔毛和腺毛 ·········· 113. 芒柄花属 Ononis

140. 花丝顶端不膨大也不扩展。

141. 荚果横向分节并断裂成具单粒种子的荚节，有时仅有1荚节 ·········· 82. 合萌属 Aeschynomene

141. 荚果不横向分节，如分节时也不断裂成荚节。

142. 花丝连合成多少闭合的雄蕊管，上部分离。

143. 瓣柄与雄蕊管贴生；托叶钻形或无 ·········· 130. 染料木属 Genista

143. 瓣柄与雄蕊管分离。

144. 花萼二唇形，瓣柄与雄蕊筒完全分离。

145. 萼齿或裂片远长于萼筒。

146. 掌状复叶；托叶基部与叶柄合生；草本 ·········· 126. 羽扇豆属 Lupinus

146. 叶退化成鳞片状，小枝成尖刺；无托叶；灌木 ·········· 131. 荆豆属 Ulex

145. 萼齿或裂片远短于萼筒。

147. 掌状三出复叶，叶柄长；子房具柄，花柱不上弯；小乔木 ·········· 127. 毒豆属 Laburnum

147. 单叶，有时为掌状三出复叶，叶柄短，稀无叶；子房无柄，花柱旋曲；灌木 ·········

·· 128. 金雀儿属 Cytisus

144. 花萼钟形或佛焰苞形；下方的瓣柄多少与雄蕊筒连生；单叶；灌木。

148. 花萼后方深裂近佛焰苞形；无托叶 ·········· 129. 鹰爪豆属 Spartium

148. 花萼钟形或筒状，萼齿三角形；托叶钻形或无 ·········· 130. 染料木属 Genista

142. 花丝连合成上部有缝裂的雄蕊管，有时对旗瓣的1枚雄蕊分离或部分分离。

149. 掌状三出复叶或单叶，荚果无毛或被各式毛，无横褶亦无螫毛；花序顶生或与叶对生。

150. 花药二型；花柱上弯；灌木、亚灌木或草本。

151. 荚果膨胀；龙骨瓣中上部通常弯曲，具喙 ·········· 119. 猪屎豆属 Crotalaria

1. 红豆属 Ormosia Jacks.

(张若蕙)

乔木。裸芽或芽为大托叶所包被。叶互生稀对生，奇数羽状复叶，稀单叶或为3小叶；小叶对生，革质或厚纸质，有托叶稀无托叶，通常无小托叶。圆锥花序成总状花序，顶生或腋生。花萼钟形，5齿裂，或上方2齿连合较多；花冠白或紫色，长于花萼，旗瓣通常近圆形，翼瓣与龙骨瓣偏斜，倒卵状长圆形，具瓣柄，龙骨瓣分离，雄蕊10，花丝分离或基部有时稍连合成皿状，与萼筒愈合，不等长，花药2室，背着，开花时伸出花冠外，有时仅5枚雄蕊发育；其余的退化不具花药，子房具1至数粒胚珠，花柱上部内卷，柱头偏斜。荚果两侧压扁或多少隆起，木质或革质，2瓣裂，稀不裂，果瓣内壁有或无横隔膜，缝线无翅，具1至数粒种子。种子鲜红、暗红或黑褐色，种脐通常较短，稀超过种子周长的1/2，无胚乳，子叶肥厚。

约100种，产热带美洲、东南亚和澳大利亚西北部。我国35种、2变种和2变型。本属多数种类木材花纹美丽，淡红至褐红色，质坚重，刨削后有光泽，可作高级家具、器具、雕刻等用材；种子红色或亮褐色，可作项链、耳饰、戒指等装饰品；少数种类的根、枝、叶或种子民间作药用。

1. 单叶；荚果扁，长椭圆形或倒卵圆形，长3-4.5厘米，果瓣近木质，内壁无隔膜；种子1-3粒 ···················
··· 1. **单叶红豆 O. simplicifolia**
1. 羽状复叶。
  2. 荚果内壁无横隔膜。
    3. 荚果密被绒毛。
      4. 植株被褐色短毡毛；种脐长1.5-1.8厘米，超过种子周长的1/2以上；荚果不裂或迟裂，果柄长3-4毫米
        ··· 2. **长脐红豆 O. balansae**
      4. 植株被黄褐色茸毛；种脐长1-1.5毫米，长不及种子周长的1/10；荚果开裂，无果柄 ···············
        ··· 3. **云开红豆 O. merrilliana**
    3. 荚果无毛或被疏柔毛或仅边缘有疏毛。
      5. 种子较大，长2.5-3.5厘米，径1.7-2.7厘米，种皮薄肉质，干后脆；荚果椭圆形或长圆形，长0.5-1.2厘
        米，果瓣木质，开裂，淡黄色，内壁象牙色 ·············· 4. **肥荚红豆 O. fordiana**
      5. 种子小，长1.8厘米以下。
        6. 种子长1.4-1.8厘米，种脐长0.9-1厘米；小枝幼时被黄褐色细毛，后变无毛。
          7. 荚果扁，近圆形，果瓣近革质，无中果皮；小叶卵形或卵状椭圆形 ······· 5. **红豆树 O. hosiei**
          7. 荚果肥厚，椭圆形，果瓣木质，具明显的中果皮；小叶长椭圆形 ···· 5(附). **厚荚红豆 O. elliptica**
        6. 种子长1.4厘米以下，种脐长约2毫米；小枝被毛。
          8. 荚果长圆形、椭圆状倒卵圆形或长卵圆形，长3.2-4.4厘米，先端钝圆有短尖头，果柄长3-4毫米，
            果瓣薄革质，无毛，有1-3种子 ·············· 6. **屏边红豆 O. pingbianensis**
          8. 荚果近圆形、斜椭圆状卵圆形或卵状菱形，长宽近相等，1.5-2.5厘米，有种子1，稀2粒。
            9. 荚果斜椭圆状卵圆形或卵状菱形，果瓣厚革质，幼时被褐色毛，成熟时无毛或边缘疏被淡褐色
              长毛 ·· 7. **缘毛红豆 O. howii**
            9. 荚果近圆形，果瓣薄革质，幼时边缘有毛，老则无毛。
              10. 小叶3-5，卵状长椭圆形或椭圆形，基部圆或宽楔形；树皮褐色 ·····················
                ··· 8. **软荚红豆 O. semicastrata**
               10. 小叶6-9(-11)，长椭圆状披针形或倒披针形，基部楔形或稍钝；树皮青褐色 ·············
                ················· 8(附). **苍叶红豆 O. semicastrata f. pallida**
  2. 荚果内壁有横隔膜。

11. 小枝、叶柄、叶轴密被褐黄或锈褐色茸毛或短柔毛。
 12. 小叶3-7，长3-14（-17）厘米，革质成厚革质，边缘微反卷。
  13. 小叶椭圆形或长圆状椭圆形，先端钝或短尖，革质；荚果长椭圆形，长5-12厘米，果瓣革质，无毛，有种子4-5，稀1-2粒 ⋯⋯⋯⋯⋯⋯⋯⋯⋯⋯⋯⋯⋯⋯⋯⋯⋯ 9. 花榈木 **O. henryi**
  13. 小叶长椭圆形或长圆状倒披针形，先端钝圆或急尖，厚革质；荚果倒卵圆形、长椭圆形或菱形，长5-7厘米，果瓣厚木质，外面密被黄褐色短毛，有1-5种子 ⋯⋯⋯⋯ 10. 木荚红豆 **O. xylocarpa**
 12. 小叶11-15，长2-4厘米，纸质；荚果菱形或长椭圆形，果瓣厚革质或木质，有种子3-4粒 ⋯⋯⋯⋯⋯⋯⋯⋯⋯⋯⋯⋯⋯⋯⋯⋯⋯⋯⋯⋯⋯⋯⋯⋯⋯⋯⋯⋯⋯ 11. 小叶红豆 **O. microphylla**
11. 小枝、叶柄、叶轴无毛或疏被毛，如老枝有毛，则毛甚稀疏。
 14. 总状花序腋生；种子有槽纹；小叶7-9（11） ⋯⋯⋯⋯⋯⋯⋯⋯⋯ 12. 槽纹红豆 **O. striata**
 14. 圆锥花序顶生，稀圆锥花序兼总状花序；种子无槽纹；小叶（3）5-7（-9）。
  15. 子房无毛；荚果无毛。
   16. 小叶倒卵形、倒卵状椭圆形，先端钝圆有凹缺 ⋯⋯⋯⋯⋯⋯⋯ 13. 凹叶红豆 **O. emarginata**
   16. 小叶卵形或椭圆状披针形，先端渐尖 ⋯⋯⋯⋯⋯⋯⋯ 14. 光叶红豆 **O. glaberrima**
  15. 子房有毛；荚果多少被毛。
   17. 小叶7-9，披针形，长12-15厘米，无毛；荚果圆柱形或稍扁，成熟时橙红色，干时褐色 ⋯⋯⋯⋯⋯⋯⋯⋯⋯⋯⋯⋯⋯⋯⋯⋯⋯⋯⋯⋯⋯⋯ 15. 海南红豆 **O. pinnata**
   17. 小叶5-7，长不及11厘米，被毛；荚果扁，成熟时不为橙红色，干时黑或黑褐色。
    18. 小叶3-9，长椭圆状披针形或长椭圆形，边缘微呈波状，先端渐尖 ⋯⋯ 16. 台湾红豆 **O. formosana**
    18. 小叶5-7，长椭圆形，边缘不呈波状，先端渐尖或尾尖 ⋯⋯⋯⋯⋯⋯ 17. 秃叶红豆 **O. nuda**

1. 单叶红豆   图 93

Ormosia simplicifolia Merr. et Chun ex L.Chen in Sargentia 3: 102. 1943.

灌木或小乔木，高2-5米。芽三角状卵圆形，密被褐色茸毛。单叶，互生或有时生于顶端的对生，无托叶，叶长椭圆形或披针形，长4.7-25厘米，先端长尾尖，有时微凹，基部楔形或微圆，革质，上面无毛，下面疏被红褐色粗毛，侧脉8-10对；叶柄长4-8毫米，有短毛。圆锥花序或总状花序，顶生或腋生，长6-10厘米；花序梗和序轴被灰褐色茸毛或几无毛。花长约1.5厘米，有香气；花梗长0.7-1厘米；

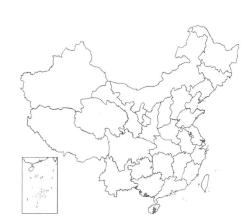

图 93 单叶红豆 （葛克俭绘）

花萼被平伏短柔毛，萼齿三角形，稍长于萼筒；花冠玫瑰红色，旗瓣宽倒卵形；子房无毛。荚果长椭圆形或倒卵圆形，扁，长3-4.5（-6）厘米，果瓣近木质，内壁无横隔膜，具1-3种子。种子椭圆形，长约1.5厘米，红色，有光泽，种脐小，无假种皮。花期7月，果期9-10月。

 产海南及广西，生于海拔400-1300米山谷林内。越南有分布。

2. 长脐红豆   图 94

Ormosia balansae Drake in Journ. Bot. 5: 215. 1891.

常绿乔木，高达30米。小枝密被褐色短毡毛。奇数羽状复叶长15-20（-35）厘米；小叶5-7，长圆形、长椭圆形或椭圆形，长（5-）8-13（-20）

厘米,先端钝,微凹或急尖,稀渐尖或尾尖,基部圆或宽楔形,上面无毛或中脉上微被毛,下面有淡黄色平贴短毡毛,侧脉16-27对,与中脉在两面均隆起。圆锥花序顶生,长约19厘米;花序轴和花梗密被灰褐色短绒毛;花梗长2-3毫米,花萼钟状,长约7毫米,密被褐色茸毛,萼齿5,不等长;花冠白色,旗瓣近圆形,具短瓣柄,翼瓣与龙骨瓣均长圆形,稍长于旗瓣,子房密被灰褐色短茸毛。胚珠2。荚果宽卵圆形、近圆形或倒卵圆形,长3-4.5厘米,种子1,稀2,着生处隆起,喙偏斜,内壁无横隔膜,果瓣薄革质,质脆,密被褐色短茸毛,成熟时不裂或迟裂,果柄长3-4毫米。种子圆形或椭圆形,红或深红色,长1.3-2厘米,种脐长1.5-1.8厘米,超过种子周长的1/2以上。花期6-7月,果期10-12月。

产海南西南部及南部、广西南部、云南东南部,常生于海拔300-1000米的山谷溪畔阴湿的阔叶混交林中。越南有分布。木材纹理通直,有光泽,材质轻软,均匀,适作家具和纸浆等材料。

图 94 长脐红豆 (冯晋庸绘)

3. 云开红豆

图 95

Ormosia merrilliana L. Chen in Sargentia 3: 99. 1943.

常绿乔木,高达20米;树皮灰褐色,浅纵裂。小枝被黄褐色茸毛。奇数羽状复叶长20-25厘米;小叶5-7,革质,椭圆状倒披针形或倒披针形,长5-12厘米,先端急尖,基部楔形,侧脉12-15对,两面均凸起,下面密被褐色短柔毛,小叶柄长2-5毫米;托叶、小托叶、叶轴及叶柄均被褐色绒毛。圆锥花序顶生,长17-30厘米;花序梗与花序轴密被柔毛。花萼密被锈褐色毛,花冠白色,旗瓣宽圆形,长约1厘米,宽约1.2厘米,翼瓣与龙骨瓣均短于旗瓣,子房宽卵圆形,密被毛,无柄,胚珠1。荚果宽卵圆形或倒卵圆形,肿胀,长约4厘米,先端钝或短凸尖,基部圆,密被茸毛,内壁无横隔膜,具1种子,成熟开裂,无果柄。种子近圆形或宽倒卵形,微扁,长1.5-2.4厘米,暗栗色或黑色,有光泽,并密布小凹点,种脐长1-1.5毫米,长不及种

图 95 云开红豆 (引自《豆科图说》)

子周长的1/10。花期6月,果期10月。

产云南东南部、广西及广东西部,生于海拔80-1200米山坡、山谷疏林中或林缘。越南有分布。生长快,木材纹理直,质坚重,易加工,不裂,可作建筑、家具等用材。

4. 肥荚红豆

图 96

Ormosia fordiana Oliv. in Hook. Icon. Pl. 25: t. 2422. 1895.

乔木,高达17米,胸径可达20厘米;树皮浅裂,深灰色。幼枝、幼

叶密被锈褐色柔毛，老则无毛。奇数羽状复叶长19-40厘米；小叶5-9(-15)片，倒卵状披针形或倒卵状椭圆形，稀椭圆形，长6-20厘米，宽1.5-7厘米，先端急尖或微尖，基部楔形或略圆，侧脉约11对，上面无毛，下面疏被锈褐色平贴毛或无毛。圆锥花序生于新枝顶端，长15-26厘米，花序梗及花梗密被锈褐色毛。花大，长2-2.5厘米，花萼长1.5-2.6厘米，深5裂，密被锈褐色短毛；花冠淡紫红色，旗瓣近圆形，上部边缘内折，翼瓣与龙骨瓣均近长圆形，与旗瓣约等长；子房扁，密被锈褐色绢毛，胚珠通常4。荚果椭圆形或长圆形，长0.5-1.2厘米，先端有斜歪的喙，果柄长0.5-1厘米，果瓣木质，开裂，淡黄色，疏被柔毛或无毛，内壁象牙色，有光泽，无横隔膜，边缘微厚，反卷，具1-4种子。种子长椭圆形，两端钝圆，长2.5-3.3厘米，径1.7-2.7厘米，鲜红色，厚肉质，种皮薄肉质，干后脆，种脐近圆形，径3-4毫米。花期6-7月，果期11月。

产广东、海南、广西、云南南部及东部，散生于海拔100-1400米山谷、

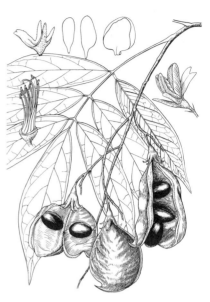

图 96 肥荚红豆 （引自《图鉴》）

山坡路旁、溪边杂木林中。越南、缅甸、泰国及孟加拉有分布。根、树皮、叶有清热解毒、消肿止痛的功能。

5. 红豆树

图 97

Ormosia hosiei Hemsl. et Wils. in Kew Bull. 1906: 156. 1906.

常绿或落叶乔木，高达30米；树皮灰绿色，平滑。小枝幼时有黄褐色细毛，后无毛。奇数羽状复叶长12.5-23厘米，小叶（3）5-7（9），通常5，卵形或卵状椭圆形，长3-10.5厘米，先端急尖或渐尖，基部圆或宽楔形，幼时两面疏被细柔毛，后无毛，圆锥花序顶生或腋生，下垂，长15-20厘米。花疏生，有香气；花萼钟状，裂片近圆形，密被短柔毛；花冠白或淡紫色；旗瓣倒卵形，长1.8-2厘米，翼瓣和龙骨瓣均为长圆形，与旗瓣近等长，子房无毛，胚珠5-6。荚果扁，近圆形，长3.3-4.8厘米，扁平，先端有短喙，果柄长5-8毫米，果瓣近革质，厚2-3毫米，干后褐色，无毛，无中果皮，内壁无横隔膜，具1-2种子。种子近圆形或椭圆形，长1.4-1.8厘米，微扁，种皮红色，种脐长0.9-1厘米。花期4-5月，果期10-11月。

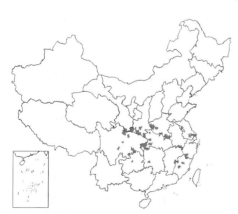

产江苏、安徽、浙江南部、福建、江西东部、河南、湖北、湖南、贵州、四川、陕西南部及甘肃南部，生于海拔200-1350米河边、山坡、山谷林内。木材坚硬细致，花纹美丽，有光泽，心材耐腐朽，为优良的木雕工

图 97 红豆树 （引自《图鉴》）

艺及高级家具等用材；根用于气虚痛、解热毒，种子有理气镇痛、解热通经的功能；树姿优雅，是很好的庭园树种。

[附] **厚荚红豆 Ormosia elliptica** Q. W. Yao et R. H. Chang in Acta Phytotax. Sin. 22(1): 18. 1984. 本种与红豆树的区别：小叶长椭

圆形，长3.3-9厘米；荚果肥厚，椭圆形，果瓣木质，具中果皮。产福建、广东及广西，生于河边或路边。

6. 屏边红豆　　　　　　　　　　　　　图 98

Ormosia pingbianensis W. C. Cheng et R. H. Chang in Acta Phytotax. Sin. 22(1)：18. f. 1. 1984.

常绿乔木，高约15米。一年生枝有黄褐色平贴细毛，老枝无毛。奇数羽状复叶长15-17厘米，小叶5-7，通常7片，长椭圆形，长5.2-8.5厘米，宽1.7-2.6厘米，先端渐尖或长尖，基部楔形，稀微圆，薄革质，两面无毛。花未见。果序轴有淡褐色短柔毛；荚果长圆形、椭圆状倒卵圆形或长卵圆形，长3.2-4.4厘米，先端钝圆，有短尖，但不成喙状，基部圆或楔形，果柄长3-4毫米，宿存花萼密被黄褐色柔毛，果瓣薄革质，厚不及1毫米，干后黑色，无毛，内壁无横隔膜，具1-3种子。种子近圆形，微扁，长约1厘米，种皮鲜红色，种脐长2毫米，微凹。

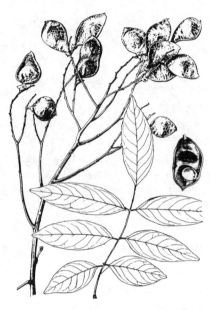

图 98 屏边红豆 （葛克俭绘）

产广西西南部、云南东部及南部，生于海拔900-1000米山谷疏林中。木材质重，心材红褐色，边材黄白色，是优良的用材树种。

7. 缘毛红豆　　　　　　　　　　　　　图 99

Ormosia howii Merr. et Chun ex Merr. et L. Chen in Sargentia 3：112. 1943.

常绿乔木，高达10米；树皮灰褐色。小枝密被灰褐色短柔毛。奇数羽状复叶，叶长14.5-36厘米；叶柄长4.2-5厘米；小叶5-7，长椭圆状倒卵形或长椭圆形，长6-17厘米，先端短尖，基部楔形或近圆，厚革质，两面无毛或仅下面中脉上被短柔毛，侧脉约12对，下面网脉隆起，上面凹陷。圆锥花序顶生，密被褐色柔毛。花未见。荚果斜椭圆状卵圆形或卵状菱形，微扁，长2-2.5厘米，顶端具喙，喙长3-4毫米，斜歪，果柄长3-4毫米，果瓣厚革质，淡褐黑色，未成熟时有褐色毛，成熟时无毛或仅在边缘疏被淡褐色长毛，宿存萼密被锈褐色毛，内壁无横隔膜，具1-2种子。种子近圆形，稍扁或近三棱形，暗红色，有光泽，长宽均8-9毫米，种脐长约2毫米，微凹。

图 99 缘毛红豆 （邓晶发绘）

产海南，散生于花岗岩山地海拔80-850米林中。材质坚重，有斑纹，可作雕刻材。为国家保护濒危植物。

8. 软荚红豆

图 100

Ormosia semicastrata Hance in Journ. Bot. 20: 78. 1882.

常绿乔木，高达12米；树皮褐色。小枝具黄色柔毛，叶长18.5-24.5厘米；小叶3-5，卵状长椭圆形或椭圆形，长4-14.2厘米，先端渐尖或急尖，钝尖或微凹，基部圆或宽楔形，革质，两面无毛或有时下面有白粉，沿中脉有柔毛，侧脉10-11对，不明显。圆锥花序顶生，花序梗及花梗均密被黄褐色柔毛。花长约7毫米；萼钟状，长4-5毫米，萼齿近等长，外面被锈色绒毛，内面疏被褐色柔毛；花冠白色，旗瓣近圆形，长、宽均约4毫米，翼瓣与旗瓣近等长，龙骨瓣略长于翼瓣，雄

蕊10，5枚发育，5枚退化，交互着生于花盘边缘，花盘与萼筒贴生，子房背腹缝密被黄褐色短柔毛，胚珠2。荚果近圆形，稍肿胀，长1.5-2厘米，顶端具短喙，果柄长2-3毫米，果瓣薄革质，干时黑褐色，有光泽，幼时边缘有毛，后无毛，内壁无横隔膜，具1种子。种子扁圆形，长和宽均约9毫米，厚6毫米，鲜红色，种脐长2毫米。花期4-5月。

产福建东南部、江西南部及东南部、湖南西南部、广东、海南、广西东部及北部、贵州北部，生于海拔240-910米山谷杂木林中。

[附] **苍叶红豆 Ormosia semicastrata f. pallida** How in Acta Phytotax.

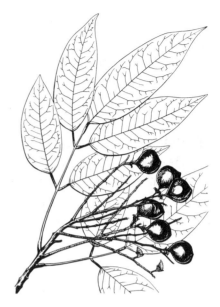

图 100 软荚红豆 （引自《图鉴》）

Sin. 1: 235. 1951. 本变型与模式变型的区别：树皮青褐色，小叶常为6-9(-11)，长椭圆状披针形或倒披针形，长4-10(-13)厘米，基部楔形或稍钝。产江西西南部、湖南、广东、海南、广西及贵州东南部，生于海拔100-1700米山谷、山坡、溪旁杂木林中。材质坚硬，可作车轮及纱绽等用。

9. 花榈木

图 101

Ormosia henryi Prain in Journ. Asiat. Soc. Bengal. 69: 180. 1900.

常绿乔木，高16米，胸径可达40厘米；树皮灰绿色，平滑，有浅裂纹。小枝、花序、叶柄和叶轴密被锈褐色茸毛。叶长13-32.5(-35)厘米，具(3)5-7小叶；小叶革质，椭圆形或长圆状椭圆形，长4.3-13.5(-17)厘米，先端钝或短尖，基部圆或宽楔形，边缘微反卷，上面无毛，下面及叶柄均密生黄褐色茸毛，侧脉6-11对。圆锥花序顶生，如为总状花序则腋生，长11-17厘米，花序梗及序轴密被淡褐色茸毛。花长约2厘米；花萼钟状，5齿裂至2/3处，

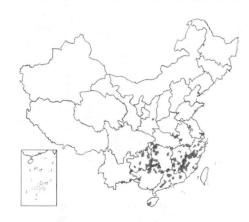

内外均密被褐色茸毛，花冠中央淡绿色，边缘绿色微带淡紫色，旗瓣近圆形，基部具胼胝体，翼瓣与龙骨瓣均短于旗瓣；子房有9-10胚珠，沿两侧缝线密生淡褐色长毛。荚果扁平，长椭圆形，长5-12厘米，顶端有喙，果

图 101 花榈木 （引自《图鉴》）

柄长5毫米，果瓣革质，紫褐色，无毛，有横隔膜，具4-8（稀1-2）种子。种子椭圆形或卵圆形，长0.8-1.5厘米，鲜红色，有光泽，种脐长约3毫米。花期7-8月，果期10-11月。

产安徽、浙江、福建、江西、湖北、湖南、广东、海南、广西、云南东南部、贵州、四川东南部及陕西中东部，生于海拔100-1300米山坡溪谷两旁杂木林中。越南及泰国有分布。木材致密质重，可作轴承及细木家具用材。根、枝、木材有破瘀行气、解毒、通络、祛风湿、消肿痛的功能；又为绿化或防火树种。

10. 木荚红豆 图 102

Ormosia xylocarpa Chun ex L. Chen in Sargentia 3：105. 1943.

常绿乔木，高12-20米，胸径达0.4-1.5米；树皮灰色或棕褐色，平滑。小枝、叶柄和叶轴密被紧贴的褐黄色短柔毛。叶长（8）11-24.5厘米，叶柄长3-5厘米；小叶（3）5-7，

长椭圆形或长椭圆状倒披针形，长3-14厘米，先端钝圆或急尖，基部楔形或宽楔形，厚革质，边缘微反卷，上面无毛，下面贴生极短的褐黄色毛。圆锥花序顶生，长8-14厘米；花序梗及序轴被短柔毛。花大，长2-2.5厘米，有芳香，花冠白或粉红色，花瓣近等长；子房密被褐黄色

图 102 木荚红豆 （引自《图鉴》）

短绢毛，胚珠7-9。荚果倒卵形、长椭圆形或菱形，长5-7厘米，厚1.5厘米，内壁有横隔膜，外面密被黄褐色短毛，具1-5种子。种子横椭圆形或近圆形，微扁，长0.8-1.3厘米，宽6-8毫米，厚4-5毫米，红色，光亮，种脐小。花期6-7月，果期10-11月。

产福建、江西南部、湖南南部、广东、海南、广西及贵州东部，生于海拔230-1600米山坡、山谷、路边、溪边疏林或密林中。心材紫红色，纹理直，结构细匀，用途同红豆树。

11. 小叶红豆 图 103

Ormosia microphylla Merr. et L. Chen in Sargentia 3：109. 1943.

灌木或乔木，高3-10米；树皮灰褐色，不裂。小枝、叶柄和叶轴密被锈褐色短柔毛。叶长12-16厘米，近对生；叶柄长2.2-3.2厘米；小叶11-15，椭圆形，长（1.5）2-4厘米，先端急尖，基部圆，纸质，上面榄绿色，无毛或疏被毛，下面苍白色，多少贴生短柔毛，中脉具黄色密毛，侧脉5-7对。花序顶生，花未见。荚果近菱形或长椭圆形，长5-6厘米，压扁，顶端有小尖头，果瓣厚革质

或木质，黑褐或黑色，有光泽，内壁有横隔膜，具3-4种子。种子椭圆形，长1.2厘米，宽6-8毫米，红色，坚硬，微有光泽，种脐长3-3.5毫米。

图 103 小叶红豆 （引自《豆科图说》）

产广西南部及东部、贵州东南部,生于密林中。边材灰黄色,心材深紫红或紫黑色,纹理通直,材质坚重,有光泽,为珍贵用材,是制作高级家具及美术工艺品的优良材料。根可入药。

12. 槽纹红豆   图 104

Ormosia striata Dunn in Journ. Linn. Soc. Bot. 35: 492. 1903.

乔木,高7-30米,胸径50厘米。小枝无毛。叶长17-35.5厘米;叶柄长4.2-9.5厘米,与叶轴均无毛;小叶7-9(-11),长椭圆形或卵状披针形,

长5-15厘米,先端渐尖或尾状渐尖,基部钝圆,薄革质,两面无毛。总状花序生于枝上部叶腋,与叶近等长。花萼钟状,外面无毛,内面密被柔毛,萼齿宽三角形;花冠黄色,长约1厘米,旗瓣有条纹,子房有柄,无毛,胚珠2-4。荚果斜方状卵圆形或椭圆形,长2.3-4.8厘米,宽1.7-2.3厘米,顶端偏斜,有喙,隆凸,果瓣厚革质,干时淡黄褐色,无毛,内壁有横隔膜,具1-2种子,2 粒时种子间缢缩。种子椭圆形,长1.1-1.8厘米,厚6-8毫米,种脐小,沿种脐向下直至基部常有一微凹条槽,长约0.9-1.3厘米。夏季开花。

产云南南部,生于海拔1000-1500米河边、山坡林中。缅甸及泰国有分布。

图 104 槽纹红豆 (葛克俭绘)

13. 凹叶红豆   图 105 彩片 50

Ormosia emarginata (Hook. et Arn.) Benth. in Journ. Bot. Kew Misc. 4: 77. 1852.

Layia emarginata Hook. et Arn. Bot. Beech. Voy. 183. t. 38. 1833.

常绿小乔木,高约6米,稀达12米,胸径8厘米,稀达30厘米,有时

呈灌木状。小枝绿色,与叶轴均无毛。叶长(6.5)11-20.5厘米;叶柄长3.4-4.8厘米;小叶(3)5-7,倒卵形、倒卵状椭圆形、长倒卵形或长椭圆形,长(1.4)3.7-7厘米,先端钝圆或有凹缺,基部圆或楔形,厚革质,仅幼时沿中脉疏被毛,侧脉7-8对。圆锥花序顶生,长约11厘米;花疏生,有香气。花萼钟状,萼齿等大,边缘及内面有灰色茸毛;花冠白或粉红色,旗瓣近圆形,长约7毫米,翼瓣稍短于旗瓣,龙骨瓣短于翼瓣,子房无毛,有柄。荚果菱形或长圆形,扁平,长3-5.5厘米,两端尖,无毛,果柄长2-3毫米,黑褐或黑

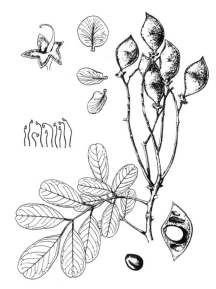

图 105 凹叶红豆 (葛克俭绘)

色,果瓣木质,内壁有横隔膜,具1-4种子。种子近圆形或椭圆形,微扁,长0.7-1厘米,宽约7毫米,种皮鲜红色,种脐小,长约2毫米。花期5-6月。

产广东、香港、海南及广西南部,生于山坡、山谷混交林中。越南有分

布。木材优良，可旋切单板贴面。为海南三类珍贵用材。

14. 光叶红豆 图 106

Ormosia glaberrima Y. C. Wu in Engl. Bot. Jahrb. 71: 182. 1940.

常绿乔木，高达15(-21)米，胸径达40厘米。树皮灰绿色，平滑。小枝绿色，疏被锈褐色毛，老无毛。叶长12.5-19.7厘米；叶柄长2.5-3.7厘米，与叶轴仅幼时被锈褐色绢毛；小叶（3）5-7，卵形或椭圆状披针形，长（2.7）4-9.5厘米，先端渐尖、钝或微凹，基部圆，两面均无毛，革质或薄革质，侧脉9-10对。圆锥花序顶生或腋生，长9-12厘米，花序梗及花梗密被锈色贴伏毛，后无毛。花长约1厘米；花萼钟形，外面有黄色短毛，内面被黄褐色柔毛；旗瓣近圆形，长约8毫米；子房无毛，胚珠5。荚果椭圆形或长椭圆形，扁平，长3.5-5厘米，宽1.7-2厘米，两端急尖，顶端有短而略弯的喙，果瓣黑色，木质，无毛，内壁有横隔膜，具1-4种子。种子扁圆形或长圆形，长1-1.1厘米，宽8-9毫米，鲜红色，有光泽，种脐椭圆形，长1-

图 106 光叶红豆 （引自《图鉴》）

3毫米，凹陷。花期6月，果期10月。

产江西南部、湖南南部、广东、海南及广西，生于海拔200-750米稍湿或干燥山地、沟谷疏林中。木材优良，为珍贵用材之一。

15. 海南红豆 图 107

Ormosia pinnata (Lour.) Merr. in Lingnan Sci. Journ. 14: 12. 1935.

Cynometra pinnata Lour. Fl. Cochinch. 268. 1790.

常绿乔木或灌木，高3-18米，稀达25米，胸径30厘米；树皮灰或灰黑色；小枝疏被淡褐色短柔毛，后无毛。叶长16-22.5厘米；叶柄长2-3.5厘米；小叶7-9，披针形，长12-15厘米，宽4-5厘米，先端钝或渐尖，薄革质，两面均无毛，侧脉5-7对。圆锥花序顶生，长20-30厘米。花长1.5-2厘米；花萼钟状，被柔毛，萼齿三角形；花冠粉红色而带黄白色，旗瓣长约1.3厘米，瓣片基部有2枚耳状体，翼瓣与龙骨瓣均略长于旗瓣；子房密被褐色短柔毛，胚珠4。荚果圆柱形或稍扁，长3-7厘米，多少被毛；具1-4种子，

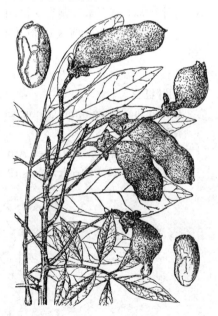

图 107 海南红豆 （引自《豆科图说》）

产湖南南部、广东、海南及广西南部，生于中海拔及低海拔山谷、山坡、路边森林中。越南及泰国有分布。木材纹理通直，心材淡红棕色，边材淡黄棕色，可作一般家具和建筑用材。树冠浓绿美观，可用作行道树。

如具单粒种子时其基部有明显的果柄，呈镰状，如具数粒种子时，则肿胀，直或微弯，种子间缢缩，果瓣厚木质，成熟时橙红色，干时褐色，有淡色斑点，无毛，内壁有横隔膜。种子椭圆形，长1.5-2厘米，红色，种脐长不及1毫米。花期7-8月，果期9-12月。

16. 台湾红豆 图 108

Ormosia formosana Kanehira in Bot. Mag. Tokyo 30: 420. 1916.

常绿乔木，高5-15米，胸径17厘米，树皮平滑，茶褐色。小枝绿色，与叶柄、叶轴仅幼时疏被褐色细柔毛，老时无毛。复叶长9-11厘米，小叶3-9，长椭圆状披针形或长椭圆形，长3.7-10厘米，先端渐尖，基部圆或宽楔形，薄革质，边缘微呈波状，反卷，上面绿色无毛，下面苍白色，贴生淡黄色短毛。圆锥花序顶生，长8-10厘米，花序梗、花梗、萼有锈褐色毛；花冠黄白色，子房有硬毛，胚珠1-4。荚果椭圆形，长3-10厘米，压扁，两端急尖，先端喙状，果瓣木质，外面多少具褐色短平伏毛，内壁具横隔膜，干后黑褐色，具1-4种子。种子近圆形，微扁，宽约1厘米，种皮鲜红色，

图 108 台湾红豆 （引自《豆科图说》）

有光泽。花期5月，果期10月。

产台湾中部及南部，生于常绿阔叶林中。

17. 秃叶红豆 图 109

Ormosia nuda (How) R. H. Chang et Q. W. Yao in Acta Phytotax. Sin. 22: 117. 1984.

Ormosia henryi Prain var. *nuda* How in Acta Phytotax. Sin. 1: 232. 1951.

常绿乔木，高7-27米，胸径50厘米；树皮灰或灰褐色。枝淡褐绿色，幼时疏被短毛，老则无毛。叶长11.5-25厘米；叶柄长2-4.5厘米；与叶轴均无毛或疏被毛，小叶5-7，椭圆形，长5-9.5厘米，先端渐尖或尾尖，基部楔形或微圆，革质，上面绿色无毛，下面色稍淡，微被淡黄色细毛或无毛，侧脉7-8对，不明显。子房被毛。荚果长椭圆形或椭圆形，长4.3-6.6厘米，果瓣厚木质，厚3-7毫米，干时黑色，外面多少被淡黄褐色刚毛，两端最密，内壁有

图 109 秃叶红豆 （引自《豆科图说》）

产湖北西部、广东北部、云南中部、贵州、四川东部及东南部，生于海拔800-2000米山谷、坑边混交林中。

横隔膜，具1-5种子。种子椭圆形，长0.8-1厘米，厚约6毫米，暗红色，种脐长2-2.5毫米。花期7-8月。

2. 香槐属 **Cladrastis** Rafin.

（张若蕙）

落叶大乔木，稀为藤本。芽叠生，无芽鳞，包裹于膨大的叶柄内。叶互生，奇数羽状复叶，小叶互生或近对生，具或不具小托叶。圆锥花序或近总状花序，顶生，常下垂。花萼钟形，5齿，近等大；花冠白色，瓣片近等长，旗

瓣圆形，微凹或圆，外弯，翼瓣斜长椭圆形，有两耳，龙骨瓣稍内弯，长椭圆形、半箭形；雄蕊10，花丝分离或近基部稍连合，花药丁字着生；子房具子房柄，花柱稍内弯。荚果扁平，两侧无翅或具翅，边缘明显增厚，迟裂，具1至多数种子。种子长圆形，压扁，种阜小，种皮褐色。

约7种，分布于亚洲东部和北美洲东部温带和亚热带地区。我国5种。

本属植物多数种类的木材材质坚重致密，黄色，刨削有光泽，可作建筑材料及提取黄色染料；花芳香，树冠优美，可作庭园观赏树种。

1. 荚果两侧具翅；小叶7-9，上面疏被柔毛，两面近同色，具小托叶 ······················ 1. **翅荚香槐 C. platycarpa**
1. 荚果无翅；小叶9-15，上面绿色，无毛，下面苍白色；不具小托叶。
  2. 小叶卵形或卵状长椭圆形，下面无毛；花序长10-20厘米；花长1.8-2厘米，萼齿三角形，急尖，子房密被黄白色绢毛 ·· 2. **香槐 C. wilsonii**
  2. 小叶卵状披针形或长圆状披针形，下面沿中脉被锈色柔毛；花序长15-30厘米；花长约1.4厘米，萼齿半圆形，钝，子房疏生淡黄色柔毛 ·································· 3. **小花香槐 C. sinensis**

1. 翅荚香槐

图 110

Cladrastis platycarpa（Maxim.）Makino in Bot. Mag. Tokyo 15: 162. 1901.

Sophora platycarpa Maxim. in Bull. Acad. Imp. Sci. St. Pétersb. 18: 398. 1873.

大乔木，高达30米。小枝被褐色柔毛，旋无毛。小叶7-9，互生或近对生，长椭圆形或卵状长圆形，顶生叶最大，基部最小，长4-10厘米，先端渐尖，基部圆或宽楔形，侧生小叶基部微偏斜，上面无毛，下面沿中脉疏被毛或几无毛，两面近同色，侧脉6-8对；小托叶钻形，长约2毫米。圆锥花序长10-30厘米；花序轴和花梗疏被短柔毛。花萼宽钟形，长3-4毫米，密被棕褐色绢毛，萼齿5，三角形，近等长；花冠白色，芳香，基部有黄色小点，旗瓣长圆形，长约1厘米，翼瓣稍长于旗瓣，龙骨瓣与翼瓣等长。荚果扁平，长椭圆形或长圆形，长4-8厘米，宽1.5-2厘米，两侧有窄翅，不裂，具1-2（稀4）种子。种子长圆形，长约8毫米，压扁，种皮深褐或黑色。花期4-6月，果期7-10月。

产江苏南部、浙江、安徽、河南东南部、江西西部、湖南、广东、广

图 110 翅荚香槐（引自《图鉴》）

西、贵州及云南东南部，生于海拔1000米以下山谷疏林中或村庄附近山坡杂木林中。日本有分布。材质坚重致密，可作建筑用材或从木材中提取黄色染料。

2. 香槐

图 111

Cladrastis wilsonii Takeda in Notes Roy. Bot. Gard. Edinb. 8: 103. 1913.

乔木，高达16米。小叶9-11，互生，卵形或长圆状卵形，顶生小叶较大，长6-10厘米，有时倒卵形，先端急尖，基部宽楔形，上面绿色，无毛，

下面苍白色，无毛，叶脉两面隆起，中脉偏向一侧，侧脉10-13对；无小托叶。圆锥花序顶生或腋生，长10-20厘米。花长1.8-2厘米，花萼钟形，长

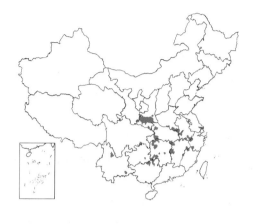

约6毫米,密生黄棕色短柔毛;萼齿三角形,急尖;花冠白色,旗瓣椭圆形,长1.4-1.8厘米,翼瓣与龙骨瓣均稍短于旗瓣,雄蕊10,花丝分离;子房无柄,密被黄白色绢毛。荚果长圆形,扁平,两侧无翅,长5-8厘米,宽0.8-1厘米,具2-4种子。种子肾形,灰褐色。花期5-7月,果期8-9月。

产陕西、浙江、安徽、福建、江西、河南、湖北、湖南、广西、贵州、四川及云南,生于海拔1000-1500米沟谷杂木林中或落叶阔叶林中。用途同翅荚香槐。

图 111 香槐 (引自《图鉴》)

3. 小花香槐

图 112

Cladrastis sinensis Hemsl. in Journ. Linn. Soc. Bot. 29: 304. 1892.

乔木,高达20米。幼枝、叶轴、小叶柄被灰褐色或锈色柔毛。叶长达20厘米,小叶9-15,卵状披针形或长圆状披针形,长6-10厘米,先端渐尖或钝,基部圆或微心形,上面深绿色,无毛,下面苍白色,常沿中脉被锈色柔毛,无小托叶。圆锥花序顶生,长15-30厘米;花长约1.4厘米;花萼钟形,长约4毫米,萼齿5,半圆形,钝尖,密被灰褐色或锈色短柔毛;花冠白或淡黄色,稀粉红色;雄蕊10,分离;子房线形,疏被淡黄色柔毛。荚果长椭圆形或椭圆形,扁平,两侧无翅,长3-8厘米,宽1-1.4厘米,疏被柔毛,具1-3(-5)种子。种子卵形,压扁,褐色,长约4毫米。花果期6-10月。

产福建、河南、湖北、湖南、广西、云南、贵州、四川、陕西及甘肃,生于海拔1000-2500米较温暖山区杂木林中。常栽培作庭园观赏,又作建筑用材和提取黄色染料。

图 112 小花香槐 (冯晋庸绘)

3. 马鞍树属 **Maackia** Rupr. et Maxim.

(张若蕙)

落叶乔木或灌木。芽鳞覆瓦状排列。奇数羽状复叶互生;小叶对生或近对生,全缘,无小托叶。总状花序单一,或在基部有3-7分枝,具密集的花。花两性;花萼膨大,钟形,5齿裂;花冠白色,旗瓣倒卵形、长椭圆状倒卵形或倒卵状楔形,瓣片反卷,瓣柄增厚,翼瓣斜长椭圆形,基部戟形,龙骨瓣稍内弯,斜半箭头形,背部稍叠生;雄蕊10,花丝基部稍连合,药背着;子房有柄或近无柄,密被毛,花柱稍内弯,柱头小,顶生,胚珠少数。荚果扁平,长椭圆形或线形,无翅或沿腹缝有窄翅,具1-5种子。种子长椭圆形,扁,种皮薄,褐色或褐黄色,平滑。

约10种，产东亚。我国8种。

1. 小叶5，稀7；荚果微弯成镰状；果柄细长，长0.5-1.5厘米；花瓣长约2厘米；灌木或小乔木 ················· ················· **1. 光叶马鞍树 M. tenuifolia**
1. 小叶7枚以上；荚果不为镰形，无果柄；花瓣长1.2厘米以下。
　　2. 荚果腹缝无翅，稀仅具1毫米的窄翅；花长6-9毫米；乔木或灌木。
　　　　3. 老叶下面无毛，稀中脉基部被毛；荚果长3-7.2厘米，宽约1.2厘米；花长7-9毫米；乔木 ················· ················· **2. 朝鲜槐 M. amurensis**
　　　　3. 老叶下面疏被淡褐色短伏毛；荚果长2.7-4厘米，宽1.1-1.3厘米；花长约6毫米。灌木 ················· ················· **3. 浙江马鞍树 M. chekiangensis**
　　2. 荚果腹缝线有明显的翅，翅宽2-6毫米；花长约1厘米。乔木 ················· **4. 马鞍树 M. hupehensis**

1. 光叶马鞍树　　　　　　　　　　　图 113

Maackia tenuifolia (Hemsl.) Hand.–Mazz. Symb. Sin. 7: 544. 1933.

Euchresta tenuifolia Hemsl. in Journ. Linn. Soc. Bot. 23: 200. 1887.

灌木或小乔木，高2-7米；树皮灰色。芽密被褐色柔毛，小枝幼时绿色，有紫褐色斑点，被淡褐黄色柔毛，后棕紫色，无毛或有疏毛。叶长12-16.5厘米；叶柄及叶轴被灰白色柔毛；小叶通常5，稀7枚，顶生小叶倒卵形、菱形或椭圆形，长达10厘米，先端长渐尖，基部楔形或圆，侧生小叶对生，椭圆形或长椭圆状卵形，长4-9.5厘米，先端渐尖，基部楔形，幼时上面疏被毛，下面沿中脉和边缘密被毛，后无毛。总状花序顶生，长6-10.5厘米，花疏生。花梗长0.8-1.2厘米，纤细；花萼圆筒形，长8毫米，萼齿短，边缘被毛，花冠绿白色，长约2厘米；子房密被淡黄褐色短柔毛，具柄。荚果线形，长5.5-10厘米，宽0.9-1.4厘米，微弯成镰状，扁，无翅，果柄长0.5-1.5厘米，褐色密被长柔毛；果柄长1厘米。种子肾形，扁，种皮淡红色。花期4-5月，果期8-9月。

图 113 光叶马鞍树 （引自《图鉴》）

产陕西西南部、河南、安徽、江苏西南部、浙江、江西北部及湖北东部，生于山坡溪边林中。根、叶、荚果用于治手脚冰冷、口吐白沫。

2. 朝鲜槐　　　　　　　　　　　图 114

Maackia amurensis Rupr. et Maxim. in Bull. Phys.–Math. Acad. Imp. Sci. Pétersb. 15: 128. 143. 1856.

落叶乔木，高达15米；树皮淡绿褐色，薄片剥裂。芽稍扁，芽鳞无毛。枝紫褐色，有褐色皮孔。叶长16-20.6厘米；小叶7-9(-11)，对生或近对生，卵形、倒卵状椭圆形或长卵形，长3.5-6.8(-9.7)厘米，先端钝，短渐尖，基部宽楔形或圆，幼时两面密被灰白色毛，后无毛，稀沿中脉基部被毛。总状花序基部3-4分枝集生，具密集的花；花序梗及花梗密被锈褐色柔毛。花蕾密被褐色短毛；花萼钟状，长宽均约4毫米，5浅齿，密被黄褐

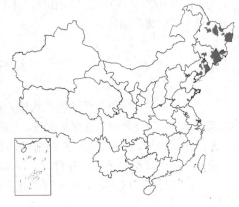

色平伏柔毛；花冠白色，长7-9毫米，旗瓣倒卵形，长3-4毫米，反折，翼瓣与龙骨瓣稍短于旗瓣；子房线形，密被黄褐色毛，无柄。荚果扁平，长3-7.2厘米，宽约1.2厘米，腹缝无翅或有宽约仅1毫米的窄翅，暗褐色，被疏短毛或近无毛，无果柄。种子长椭圆形，长约8毫米，褐黄色。花期6-7月，果期9-10月。

产黑龙江、吉林、辽宁、河北东北部、山东东部及河南北部，生于海拔300-900米山坡杂木林中、林缘及溪流附近，喜湿润肥沃土壤。俄罗斯远东地区及朝鲜有分布。边材红白色，心材黑褐色，材质致密，稍坚重、有光泽，可作建筑及各种器具、农具等用。

图 114 朝鲜槐 （引自《图鉴》）

3. 浙江马鞍树 图 115

Maackia chekiangensis Chien in Contr. Biol. Lab. Sci. Soc. China Bot. ser. 8, 132. 1932.

灌木，高1-1.5米。小枝灰褐色，有白色皮孔，幼时被毛。叶长17-20.5厘米；叶柄与叶轴无毛；小叶9-11，对生或近对生，卵状披针形或椭圆状卵形，长2.5-6.3厘米，先端渐尖，基部楔形，边缘反卷，上面无毛，下面疏被淡褐色短伏毛。总状花序长8-14厘米，3枚分枝集生枝顶或腋生。花梗纤细，长2-3.5毫米；花萼钟形，长约3毫米，萼齿5，上方2齿大部分合生，被贴生锈褐色柔毛；花冠白色，长约6毫米，旗瓣长圆形，翼瓣与龙骨瓣稍短于旗瓣；子房长圆形，有短柄，密被锈褐色毛。荚果椭圆形、卵形或长圆形，长2.7-4厘米，宽1.1-1.3厘米，具细短喙，腹缝有宽仅1毫米的窄翅，无果柄，外被褐色短毛。花期6月，果期9月。

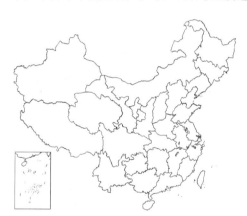

产安徽南部、浙江及江西北部，生于海拔500米以下林中。喜酸性红壤。

4. 马鞍树 图 116

Maackia hupehensis Takeda in Sarg. Pl. Wilson. 2: 98. 1914.

乔木，高5-23米，胸径20-80厘米；树皮绿灰或灰黑褐色，平滑。幼枝及芽有灰白色柔毛，老枝紫褐色，毛脱落。叶长17.5-20厘米；小叶9-11（13），上部的对生，下部的近对生，卵形、卵状椭圆形或椭圆形，长2-6.8厘米，先端钝，基部宽楔形或圆，上面无毛，下面密被平伏褐色短柔毛，中脉尤密。总状花序长3.5-8厘米，常2-6分枝集生枝条上部；花序梗密被淡黄褐色柔毛；花密集。花梗长2-4毫米，纤细，密被锈褐色毛；花萼长3-4毫米，密被锈褐色柔毛，萼齿5，上部2齿大部合生；花冠白色，长约1厘米，旗瓣圆形或椭圆形，翼瓣与龙骨瓣稍长于旗瓣，子房密被白色长柔毛，胚珠6。荚果宽椭圆形或长椭圆形，扁平，长4.5-8.4厘米，宽1.6-2.5厘米，腹缝翅宽2-6毫米，疏被短柔毛。种子椭圆状微肾形，黄褐色，有

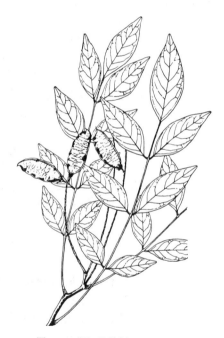

图 115 浙江马鞍树 （葛克俭绘）

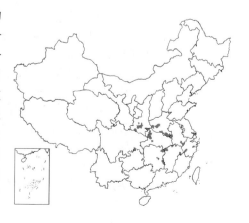

光泽。花期5-7月，果期8-9月。

　　产河南、安徽、江苏、浙江、江西、湖北、湖南、四川及陕西，生于海拔550-2300米山坡、溪边、谷地。根、叶、荚果用于手脚冰冷、口吐白沫。

4. 槐属 Sophora Linn.

（张若蕙）

　　落叶或常绿乔木、灌木，稀草本。奇数羽状复叶，互生；托叶小，早落或变为针刺状而宿存。小叶7枚以上，对生或近对生，全缘。总状花序或圆锥花序顶生、腋生或与叶对生；苞片小，线形或缺如。花萼宽钟形，不整齐，顶端截形或具5浅齿；花冠白色、黄色、稀蓝紫色，长约为花萼2倍，具爪，旗瓣圆形、椭圆形或宽倒卵形，较龙骨瓣短，稀较长，翼瓣圆形，具耳或无，龙骨瓣近直立，顶端有时凸尖；雄蕊10，花丝分离或基部稍合生为环状，药背着；子房具短柄，花柱内弯，柱头头状，胚珠多数。荚果圆柱形或稍扁，种子间缢缩成串珠状，肉质或木质，稀具4条软木质翅，不裂或迟裂。种子倒卵圆形或球形，具种阜。

图 116 马鞍树 （引自《图鉴》）

　　约80种，分布于温带和亚热带地区。我国约23种。

1. 叶柄基部膨大，芽隐藏于叶柄基部，有小托叶；圆锥花序；荚果中果皮及内果皮均肉质，不裂；乔木，稀灌木。
　2. 子房与雄蕊近等长，无毛；荚果较细，径约1厘米，连续串珠状；种子靠近，卵圆形 ┄┄ 1. **槐 S. japonica**
　2. 子房长为雄蕊的一半，疏被白色柔毛；荚果较粗，径达1.5厘米，不连续串珠状，种子疏离；种子卵圆形，两端稍扁 ┄┄┄┄┄┄┄┄┄┄┄┄┄ 1(附). **短蕊槐 S. brachygyna**
1. 叶柄基部不膨大，芽外露，无小托叶；总状花序，稀圆锥状；荚果果皮不为肉质，开裂或撕裂；小乔木、灌木、亚灌木或草本。
　3. 草本或茎基部木质化呈灌木状；总状花序顶生。
　　4. 总状花序的花密集；雄蕊的花丝不同程度连合，有时近二体；荚果串珠状，成熟时表面常出现撕裂，最后成2瓣裂 ┄┄┄┄┄┄┄┄┄┄┄┄┄┄┄┄ 2. **苦豆子 S. alopecuroides**
　　4. 总状花序的花疏生；雄蕊的花丝分离或基部稍连合；荚果线形或钝四棱形，成熟时4瓣开裂
　　　┄┄┄┄┄┄┄┄┄┄┄┄┄┄┄┄┄┄┄┄┄┄┄┄┄┄┄┄┄┄ 3. **苦参 S. flavescens**
　3. 灌木、小乔木或藤本；总状花序顶生，与叶互生、对生或假顶生。
　　5. 不育枝末端和托叶成刺状。
　　　6. 托叶全部为刺状，植株被灰白色柔毛，叶轴、叶柄、小叶两面密被白或黄褐色长柔毛 ┄┄┄┄┄
　　　　┄┄┄┄┄┄┄┄┄┄┄┄┄┄┄┄┄┄┄┄┄┄┄┄┄ 4. **砂生槐 S. moorcroftiana**
　　　6. 托叶部分成刺，枝和小叶上面几无毛，小叶下面疏生毛 ┄┄┄┄┄┄ 5. **白刺花 S. davidii**
　　5. 不育枝末端与托叶均不成刺状。
　　　7. 托叶微小或几不存在。
　　　　8. 荚果稍扭曲，裂成2瓣；羽状复叶的小叶向基部渐小，顶生小叶长3-4厘米，宽约2厘米，侧生小叶长1.5-2.5厘米，宽1-1.5厘米；下面被灰褐色平伏柔毛；枝无毛 ┄┄┄ 6. **越南槐 S. tonkinensis**
　　　　8. 荚果直，裂成4瓣，羽状复叶小叶近等大，小叶长2.5-5厘米，宽2-3.5厘米，下面被灰白色茸毛；枝被灰白色茸毛 ┄┄┄┄┄┄┄┄┄┄┄┄┄┄┄┄ 6(附). **绒毛槐 S. tomentosa**
　　　7. 托叶钻形或线形，长0.4-1厘米。
　　　　9. 荚果成熟后裂成2瓣；花萼钟形，萼齿不等大，近2唇形，花冠紫红色。
　　　　　10. 翼瓣单侧生，长圆形，瓣片基部一侧具耳，皱折占瓣片的2/3；种子长圆形，长7-9毫米 ┄┄┄┄┄
　　　　　　┄┄┄┄┄┄┄┄┄┄┄┄┄┄┄┄┄┄┄┄┄┄┄┄┄┄┄┄ 7. **短绒槐 S. velutina**
　　　　　10. 翼瓣双侧生，镰形，瓣片基部两侧各具1耳，皱折占瓣片1/2；种子长卵形，长5-6毫米 ┄┄┄┄┄
　　　　　　┄┄┄┄┄┄┄┄┄┄┄┄┄┄┄┄┄┄┄┄┄┄┄┄┄┄┄ 7(附). **柳枝槐 S. dunnii**

9. 荚果成熟后裂成4瓣；花萼斜钟状或杯状，萼齿小，管口呈波状或近平截，花冠白或淡黄色。
　11. 荚果通常具1种子；小叶膜质。
　　12. 小叶长圆形或卵状长圆形，边缘反卷；花序顶生；萼杯状 ·············· 8. **闽槐 S. franchetiana**
　　12. 小叶卵形或卵状椭圆形，顶生小叶较大，边缘不反卷；花序与叶互生或近对生；花萼斜钟形 ·············
　　　·· 9. **瓦山槐 S. wilsonii**
　11. 荚果具2-4种子；小叶坚纸质或近革质；花序侧生或与叶互生；花萼斜钟形，萼齿浅裂或近平截 ··········
　　··· 10. **锈毛槐 S. prazeri**

1. 槐

图 117 彩片 51

Sophora japonica Linn. Mant. 1: 68. 1767.

落叶乔木，高达25米；树皮灰褐色，纵裂。芽隐藏于叶柄基部。当年生枝绿色，生于叶痕中央。叶长15-25厘米；叶柄基部膨大；小叶7-15，卵状长圆形或卵状披针形，长2.5-6厘米，先端渐尖，具小尖头，基部圆或宽楔形，上面深绿色，下面苍白色，疏被短伏毛后无毛；叶柄基部膨大，托叶早落，小托叶宿存。圆锥花序顶生。花长1.2-1.5厘米，花梗长2-3毫米，花萼浅钟状，具5浅齿，疏被毛，花冠乳白或黄白色，旗瓣近圆形，有紫色脉纹，具短爪，翼瓣较龙骨瓣稍长，有爪，子房无毛，与雄蕊等长，雄蕊10，不等长，子房近无毛。荚果串珠状，长2.5-5厘米或稍长，径约1厘米，中果皮及内果皮肉质，不裂，具1-6种子，种子间缢缩不明显，排列较紧密。种子卵圆形，淡黄绿色，干后褐色。花期7-8月，果期8-10月。

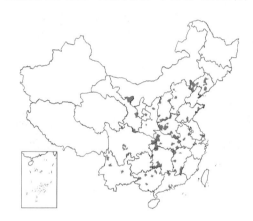

产辽宁、河北、山西、河南、山东、安徽、浙江、江西、湖北、湖南、广东、广西、贵州、云南、四川、陕西及甘肃，现南北各地普遍栽培，尤以黄土高原及华北平原最常见。越南、朝鲜、日本、欧洲及美洲有栽培。为良好的庭园树和遮荫树并常栽作行道树，又是优良的蜜源植物。槐花及花蕾（槐米）可食，含芳香油，药用为清凉性收敛止血药，槐实能止血降压；根皮、枝叶有清热解毒、除湿消肿、止痛杀虫的功能。木材坚硬而富弹性，可供建筑、舟车、家具及雕刻等用。

［附］**短蕊槐 Sophora brachygyna** C. Y. Ma in Acta Phytotax. Sin.

图 117 槐 （引自《图鉴》）

20(4)：472. 1982. 与槐的区别：子房明显比雄蕊短，长约为雄蕊的一半，疏被白色柔毛；荚果较粗，不连续串珠状，长4-6厘米，径达1.5厘米，具1-2（稀4）粒种子，种子间急骤缢缩，种子相互疏离；种子卵圆形，两端稍扁，长约1.1厘米，宽约7毫米，厚2毫米，褐黑色，种脐凹陷。花期8-11月，果期10月至翌年1月。产浙江、江西、湖南及广西，生于海拔300米山坡路边林中。

2. 苦豆子

图 118 彩片 52

Sophora alopecuroides Linn. Sp. Pl. 373. 1753.

草本或亚灌木，高约1米。芽外露。枝密被灰色平伏绢毛。叶长6-15厘米，叶柄基部不膨大，与叶轴均密被灰色平伏绢毛，小叶15-27，对生或近互生，披针状长圆形或椭圆状长圆形，长1.5-3厘米，先端钝圆，基部圆或宽楔形，灰绿色，两面密被灰色平伏绢毛；托叶小，钻形，宿存，无小托叶。总状花序顶生，花多数密集。萼斜钟状，长5-6毫米，密被平伏灰色绢质长柔毛，萼齿短三角形，不等大；花冠白或淡黄色，旗瓣长1.5-2厘

米，瓣片长圆形，基部渐窄成爪，翼瓣与龙骨瓣近等长，稍短于旗瓣，雄蕊10，花丝多少连合，有时近二体；子房密被白色伏贴柔毛。荚果串珠状，长8-13厘米，密被短而平伏绢毛，成熟时表面撕裂，后2瓣裂。具6-12种子。种子卵圆形，直而稍扁，褐或黄褐色。花期5-6月，果期8-10月。

产内蒙古、河北、河南、山西、陕西、甘肃、青海、新疆及西藏，多生于沙漠和草原边缘地带和阳光充足排水良好的石灰性土壤或沙丘上，也常侵入农田。俄罗斯（西伯利亚）、哈萨克斯坦、吉尔吉斯斯坦、塔吉克斯坦、乌兹别克斯坦、土库曼斯坦、阿富汗、伊朗、土耳其、巴基斯坦及印度北部有分布。耐旱耐碱性强，生长快，是良好的固沙植物。全株有清热解毒、燥湿杀虫的功能。

图 118 苦豆子 （引自《图鉴》）

3.　苦参　地槐　　　　　　　　　图 119 彩片 53

Sophora flavescens Alt. Hort. Kew ed. 1, 2: 43. 1789.

草本或亚灌木，高1-2米。芽外露。茎皮黄色，具纵纹和易剥落的栓皮，味苦。叶长20-25厘米，叶柄基部不膨大；小叶13-25(-29)，椭圆形、卵形或线状披针形，长3-4(-6)厘米，先端钝或急尖，基部宽楔形，上面近无毛，下面被白色平伏柔毛或近无毛；托叶披针状线形，长5-8毫米，无小托叶。总状花序顶生，长15-25厘米，疏生多花。花萼斜钟形，长约7毫米，疏被短柔毛；萼齿不明显或呈波状；花冠白或淡黄色，旗瓣倒卵状匙形，长1.4-

1.5厘米，翼瓣单侧生，皱折几达顶部，长约1.3厘米，龙骨瓣与翼瓣近等长；雄蕊10，花丝分离或基部稍连合；子房线形，密被淡黄白色柔毛。荚果线形或钝四棱形，革质，长5-10厘米，种子间稍缢缩，呈不明显串珠状，疏被柔毛或近无毛，成熟后裂成4瓣，具1-5种子。种子长卵圆形，稍扁，长约6毫米，深红褐色或紫褐色。花期6-8月，果期7-10月。

产黑龙江、吉林、辽宁、内蒙古、河北、山西、河南、山东、江苏、安徽、浙江、福建、台湾、江西、湖北、湖南、贵州、广西、云南、四川、陕西及甘肃，常生于海拔1500以下山坡沙地、草坡灌丛中或阴湿草地和田野附近。印度、朝鲜、日本及俄罗斯（西伯利亚）有分布。根有清热利

图 119 苦参 （引自《图鉴》）

尿、燥湿杀虫的功能。种子含金雀花碱，可作农药。又为水土保持改良土壤植物。

4.　砂生槐　　　　　　　　　　图 120 彩片 54

Sophora moocroftiana (Benth.) Baker in Hook. f. Fl. Brit. Ind. 2: 249. 1878.

Astragalus moocroftiana Benth. in Royle, Ill. Bot. Himal. Mt. 198. 1835.

矮灌木，高约1米。芽外露。分枝多，小枝密生灰白色短茸毛，不育枝末端成刺状。托叶钻状，后成刺状，宿存，无小托叶；叶长3-6厘米，叶

柄基部不膨大；小叶11-19，倒卵形，长约1厘米，先端钝或微凹具芒尖，两面密被灰白或浅黄褐色开展长柔毛，叶轴与叶柄均密被灰白或黄褐色长柔毛。总状花序生于小枝顶端，长3-5厘米。花萼蓝色，浅钟状，长5-6毫

米，密被长柔毛，萼齿5枚，不等大；花冠上部蓝紫色，下部乳白色，旗瓣卵状长圆形，长1.5-1.9厘米，反折，瓣柄与瓣片近等长，翼瓣与旗瓣近等长，瓣片基部一侧具耳，龙骨瓣与翼瓣近等长；雄蕊10，不等长，花丝基部不同程度连合；子房密被黄褐色长柔毛。荚果呈不明显串珠状，稍扁，长7-11厘米，宽约7毫米，有密毛，具1-4（5）种子。种子淡黄褐色，椭圆状球形，长4.5毫米。花期5-7月，果期7-10月。

产西藏（雅鲁藏布江流域），生于海拔2800-4500米山坡灌丛中、河漫滩砂质地或石质干山坡、河谷，常成大片群落。印度、不丹及尼泊尔有分布。果有消炎解毒的功能。

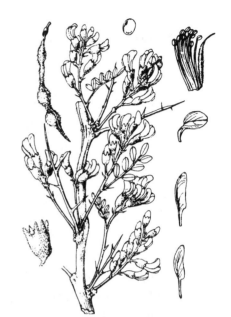

图 120 砂生槐 （何冬泉绘）

5. 白刺花　　　　图 121 彩片 55

Sophora davidii (Franch.) Skeels in U. S. Dep. Agr. Bur. Pl. Indig. Bull. 282: 68. 1913.

Sophora moocroftiana (Benth.) Baker var. *davidii* Franch. in Nuov. Arch. Mus. Paris ser. 2, 5: 253. t. 14. 1883.

Sophora viciifolia Hance；中国高等植物图鉴 2: 358. 1972.

灌木或小乔木，高1-2.5（-4）米。芽外露。枝直立开展，棕色，无毛，不育枝末端变成刺状。叶长4-6厘米，具11-21小叶，叶柄基部不膨大；托叶部分变成刺状部分脱落，无小托叶；小叶椭圆状卵形或倒卵状长圆形，长1-1.5厘米，先端圆或微凹，具芒尖，上面几无毛，下面疏生毛。总状花序顶生，有花6-12朵。花萼钟状，蓝紫色，萼齿5，不等大；花冠白或淡黄色，有时旗瓣稍带红紫色，旗瓣倒卵状长圆形，翼瓣与旗瓣等长，龙骨瓣比翼瓣稍短，基部有钝耳，雄蕊10，等长，花丝基部连合不及1/3；子房密被黄褐色毛。荚果串珠状，长6-8厘米，疏生毛或近无毛，具3-5种子。种子卵圆形，长约4毫米。花期3-8月，果期6-10月。

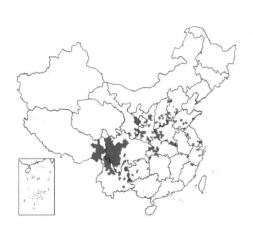

图 121 白刺花 （引自《图鉴》）

产山西、河南、河北南部、江苏、浙江、安徽、河南、湖北西部、贵州、云南、西藏、四川、陕西及甘肃，生于海拔2500米以下干旱河谷山坡，在西藏生于海拔3200-3800米干旱河谷山坡灌丛中或河谷沙丘。可供观赏或编篱；耐旱性强，又作保持水土植物。可插条繁殖。

6. 越南槐　柔枝槐　广豆根　山豆根　　　图 122

Sophora tonkinensis Gagnep. in Lecomte, Not. Syst. 3: 18. 1914.

Sophora subprostrata Chun et T. Chen；中国高等植物图鉴 2: 359.

1972.

灌木，高1-2米，有时攀援状。芽外露。小枝被灰色柔毛或短柔毛；不育枝不为刺状。叶长10-15厘米；叶柄长1-2厘米，基部不膨大；托叶微小，几不可见；小叶11-17，向基部渐小，椭圆形、长圆形或卵状长圆形，侧生者长1.5-2.5厘米，宽1-1.5厘米，先端钝骤尖，基部圆或微凹，上面无毛或疏生短柔毛，下面被贴伏灰褐色柔毛，顶生者较大，长3-4厘米。总状花序

顶生，长10-30厘米；花序梗和花序轴被贴伏丝质柔毛。花萼杯状，长约2毫米；萼齿尖齿状；花冠黄白色，旗瓣近圆形，长约6毫米，瓣柄长约1毫米，翼瓣稍长，基部一侧具耳，龙骨瓣最长；雄蕊10，花丝基部稍连合；子房被短柔毛，胚珠4。荚果串珠状，稍扭曲，长3-5厘米，疏被毛，2瓣裂，具1-3种子。种子卵圆形，黑色。花期5-7月，果期8-12月。

产云南、贵州及广西，生于海拔900-2000米石山或石灰岩山地灌木林中。越南北部有分布。根粗壮，称"广豆根"，含苦参碱类生物碱，入药，有清热解毒、消炎止痛的功效，主治咽喉肿痛、肺热咳嗽、热结便秘等症；研末外敷治蛇咬伤及痔疮肿痛。

［附］**绒毛槐** 彩片 56 **Sophora tomentosa** Linn. Sp. Pl. 373. 1753.

图 122 越南槐 （引自《图鉴》）

与越南槐的区别：枝被灰白色绒毛；羽状复叶的小叶近等大，小叶长2.5-5厘米，宽2-3.5厘米，下面被灰白色茸毛；荚果直，裂成4瓣。产台湾、广东沿海岛屿、香港及海南，生于海滨沙丘及其附近灌丛中。世界热带海岸及岛屿广布。

7. 短绒槐 灰毛槐树　　　　　　　　图 123

Sophora velutina Lindl. in Curtis's Bot. Mag. 14: t. 1185. 1828.

Sophora glauca Lesch. ex DC.; 中国高等植物图鉴 2: 357. 1972.

灌木，高2-3米。芽外露。不育枝不为刺状，小枝、花序轴、花枝、叶轴等幼时均密被黄白或锈色短茸毛。托叶线形，长6-7毫米，被长柔毛；无小托叶；叶长15-20厘米，有17-25小叶；叶柄基部不膨大；小叶卵状披针形、长圆形或卵状长圆形，长2-4厘米，先端渐尖或急尖，基部圆或钝，两面被灰白或锈色绢毛，后渐无毛。总状花序与叶对生或假对生，长15-20

（-30）厘米。花长6-8毫米；花萼钟形，近二唇形，长约1.3厘米，萼齿5，不等大；密被褐色或锈色绒毛；花冠紫红色，旗瓣反折，倒卵状披针形，长约1.6厘米，翼瓣单侧生，长圆形，长约1.5厘米，基部具1耳，皱折占瓣片2/3，龙骨瓣稍短于翼瓣；雄蕊10，花丝分离或基部稍连合；子房密

图 123 短绒槐 （引自《图鉴》）

被黄褐色柔毛，胚珠4-6。荚果串珠状，稍扁，长6-10厘米，具网肋，密被灰褐或灰白色柔毛，裂成2瓣，具

2-4种子。种子长圆形,长7-9毫米,厚4-5毫米,两端急尖,黄或黄褐色。花果期4-8月。

产云南、贵州及四川,生于海拔1000-2500米山谷、山坡或河边灌木林中。印度、缅甸及孟加拉有分布。

[附] **柳枝槐 Sophora dunnii** Prain in Journ. Asiat. Soc. Bengal. 66:

8. 闽槐 图 124

Sophora franchetiana Dunn in Journ. Linn. Soc. Bot. 38: 358. 1908.

灌木或小乔木,高1-3米。芽外露。不育枝不为刺状。小枝、叶轴、叶柄、总花梗和序轴、花萼和花梗均被褐色短茸毛。叶长10-15厘米;叶柄长1-2厘米,基部不膨大;托叶钻状,长约4毫米,密被锈色短柔毛,无小托叶;小叶11-15,膜质,互生,长圆形或卵状长圆形,长2-4厘米,先端急尖或渐尖,基部楔形或圆,上面无毛,下面被锈色伏毛,侧脉不明显,边缘反卷。总状花序顶生,长6-7厘米,花序梗长约2厘米。花梗长约5毫米;

花萼长约3毫米,杯状萼齿小,近等大,三角形;花冠白色,花瓣近等长,旗瓣直立,倒卵状长圆形或近圆形,长约1厘米,翼瓣长圆形,瓣片长约7毫米,几无耳,龙骨瓣稍短于翼瓣,雄蕊10,花丝分离或基部稍连合;子房疏被短柔毛,胚珠4。荚果圆柱形,肿胀,长4-6厘米,被锈褐色柔毛,有网脉,顶端有喙,喙长0.5-1厘米,果柄长1-1.5厘米;种子通常1,卵圆形,长约1厘米,宽约0.7厘米,黄色,有光泽,如具2粒种子,荚果在种子间缢缩成串珠状。花果期4-9月。

产浙江、福建、江西、湖南及广东北部,生于海拔1000米以下溪边疏林中。日本有分布。

9. 瓦山槐 图 125

Sophora wilsonii Craib in Sarg. Pl. Wilson. 2: 94. 1914.

Sophora mairei auct. non Pamp.: 中国高等植物图鉴 2: 358. 1972.

灌木,高1-2米。芽外露。不育枝不为刺状。枝皮灰褐或黄褐色,疏被金黄或锈色短柔毛;幼枝、托叶、叶轴、小叶柄和花序轴毛较密。叶长10-12厘米,托叶钻状,长约4.5毫米,宿存,无小托

466. 1897. 与短绒槐的区别:翼瓣双侧生,镰形,瓣片基部两侧各具1耳,皱折占瓣片1/2;种子长卵形,长5-6毫米,宽4-5毫米。产四川南部、贵州及云南,生于海拔1000-2000米山谷及山坡林中。缅甸及泰国有分布。

图 124 闽槐 (何冬泉绘)

图 125 瓦山槐 (引自《图鉴》)

叶；小叶9-15，膜质，卵形或卵状椭圆形，长1.5-2.5厘米，顶生小叶较大，先端钝，具小尖头，基部宽楔形，上面无毛，下面密被锈色贴伏柔毛，边缘不反卷。总状花序与叶互生或近对生。花萼斜钟形，萼齿小，管口呈波状；花冠白或淡黄色，旗瓣线状倒卵形，长1.2-1.5厘米，翼瓣与旗瓣近等长，龙骨瓣稍短于翼瓣；花丝基部稍连合；子房疏被贴伏柔毛。荚果圆柱形，长约8厘米，较坚硬，深褐色，外面疏被短柔毛或近无毛，通常只含1

种子，成熟后裂成4瓣。种子长圆形，肥大，长约1.3厘米，径7-8毫米，两端钝圆，深褐色。花果期5-10月。

产甘肃南部、云南东北部及贵州北部，生于海拔500-1700米山谷河边灌木林中。

10. 锈毛槐 图 126

Sophora prazeri Prain in Journ. Asiat. Soc. Bengal. 66(2): 466. 1897.

灌木，高1-3米。芽外露，不育枝不为刺状。枝皮灰褐色。幼枝、花序轴及叶轴均被锈色绒毛。小叶7-15，坚纸质或近革质，卵状椭圆形、卵形或长椭圆形，长3-5厘米，顶生小叶较大，长达8厘米，宽约4厘米，基部的更小，上面无毛或仅沿中脉被疏毛，下面密被锈毛，有光泽；托叶刚毛状，被毛，无小托叶。总状花序侧生或与叶互生，长5-20厘米。花梗长3-6毫米；花萼斜钟形，长8-9毫米，萼齿5，浅裂或近平截，被锈色毛；花冠白或淡黄

图 126 锈毛槐 (何冬泉绘)

色，旗瓣倒卵形，长1.5-1.7厘米，翼瓣单侧生，长圆形，与旗瓣近等长，龙骨瓣较翼瓣短小，雄蕊10，花丝基部稍连合；子房密被锈色绒毛状柔毛。荚果串珠状，长4-10厘米，具纤细的果柄和喙，外被紧贴锈色毛，具2-4粒种子。种子卵球形或椭圆形，长约8毫米，厚约4毫米，两端急尖，深红

或鲜红色。花果期4-9月。

产广西、云南及贵州，常生于海拔2000米以下山地林中或山谷河边山坡。缅甸有分布。根有清热除湿的功能。

5. 银砂槐属 Ammodendron Fisch. ex DC.
(张若蕙)

灌木。枝、叶均被银白色丝状毛。偶数羽状复叶具小叶1-2对；叶轴顶端成刺状；托叶小，无小托叶。总状花序顶生。花萼浅杯状，萼齿近等大，上面2齿稍靠合，旗瓣圆形，反折，翼瓣斜长圆形，龙骨瓣内弯，钝圆，分离，雄蕊10，花丝分离，花药丁字着生，子房无柄，胚珠少数，花柱内弯，钻状。荚果长圆形或披针形，不裂，沿缝线具窄翅，具1-2种子。种子长圆形或近圆柱状，无种阜，子叶厚，胚根反折。

约8种，分布亚洲北部的温带地区。我国1种。

银砂槐 图 127

Ammodendron bifolium (Pall.) Yakovl. in Бот. Жур. 57: 592. 1972.

Sophora bifolia Pall. Astrag. 124. 1800.

灌木，高0.3-1.5米。枝、叶均被银白色短柔毛。复叶仅具2枚小叶，顶生小叶退化成锐刺；托叶成刺，宿存，长1-2毫米；叶柄与小叶等长；小叶对生，倒卵状长圆形或倒卵状披针形，长1-1.5厘米，先端钝圆具硬尖头，基部渐窄成楔形，两面具银白色绢毛，无小托叶。总状花序顶生，长

3-5厘米。花萼浅杯形，萼齿三角形，与萼筒近等长；花冠深紫色，旗瓣近圆形，长5-7毫米，翼瓣和龙骨瓣略长于旗瓣；雄蕊10，花丝分离，宿存；子房疏被短毛。荚果扁平，长圆状披针形，长1.8-2厘米，无毛或在果柄处疏被柔毛，沿缝线具2窄翅，不裂，具1-2种子。花期5-6月，果期6-8月。

产新疆西北部，生于较干旱的砂地。哈萨克斯坦有分布。

6. 藤槐属 Bowringia Champ. ex Benth.
（张若蕙）

木质藤本。单叶互生；托叶小。总状花序腋生，甚短。花萼膜质，钟形，先端具5短齿；花冠白色，旗瓣近圆形，有柄，翼瓣镰状长圆形，龙骨瓣背部稍合生，较翼瓣长，雄蕊10，花丝分离或基部稍连合；子房具短柄，有数个胚珠。荚果卵圆形或近球形，肿胀，顶端有弯曲的喙，果瓣薄革质，成熟时开裂，具1-2种子。种子长圆形或球形，褐色，具种阜，胚根短而直，子叶肥厚。

4种，分布于东南亚和非洲热带至亚热带地区。我国1种。

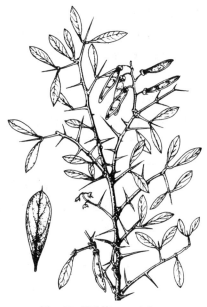

图 127 银砂槐 （何冬泉绘）

藤槐　　　　　　　　　　　　　　图 128

Bowringia callicarpa Champ. ex Benth. in Journ. Bot. Kew Misc. 4: 75. 1852.

木质藤本。单叶互生，近革质，长圆形或卵状长圆形，长6-14厘米，先端渐尖或短尖，基部圆，两面几无毛，叶脉在两面均隆起，侧脉5-6对，于叶缘前汇合；叶柄长1-3厘米，两端膨大。花3-5朵排成总状或伞房状。花梗纤细，疏生短柔毛，花萼杯状，长2-3毫米，萼齿极小，几不明显；花冠白色，旗瓣近圆形，长6-8毫米，翼瓣稍长于旗瓣，龙骨瓣最短，雄蕊10，不等长，花丝分离；子房被短柔毛。荚果卵形或卵球形，膨胀，长2-4厘米，先端具喙，无毛，果瓣薄革质，具明显凸起网纹，具1-2种子。种子椭圆形，稍扁，长约1.2厘米，厚约7毫米，深褐或黑色，种脐在种子中部。花期4-6月，果期7-9月。

图 128 藤槐 （何冬泉绘）

产福建南部、广东、海南及广西，生于低海拔山谷、林缘或溪边，常攀援其他树上。越南有分布。根、叶有清热、凉血的功能。

7. 黄檀属 Dalbergia Linn. f.
（郑朝宗）

乔木、灌木或木质藤本。叶互生，奇数羽状复叶；托叶常早落；小叶互生，无小托叶。圆锥花序顶生或腋生，分枝有时呈二歧聚伞状。苞片和小苞片均脱落，稀宿存；花萼钟状，5齿裂，下方1枚常最长，稀近等长，上方2枚常较宽且部分合生；花冠白、淡绿或紫色，旗瓣卵形、长圆形或圆形，先端常凹缺，翼瓣长圆形，瓣片基部楔形、平截或箭头状，龙骨瓣钝头，前喙先端多少合生；雄蕊10或9，单体或二体（5+5），稀3-5体，花药小，基着，顶端短纵裂；子房具柄，胚珠少数，花柱内弯，柱头小。荚果薄而扁平，不裂，长圆形、舌状或翅果状，稀近圆形或半月形而稍厚，具1至数粒种子。种子肾形，扁平，胚根内弯。

约100种，分布于亚洲、非洲和美洲热带和亚热带地区。我国28种、1变种。本属一些种类为优良材用树种及紫胶虫寄主树，有些种类供药用和观赏。

1. 雄蕊9或10，单体。
　2. 小叶10-20对，长2厘米以下。
　　3. 小叶斜长圆形，基部偏斜；花瓣具长瓣柄；花序密被褐色短柔毛；荚果干后褐色，有光泽 ……………………………………………………………………………………… **1. 斜叶黄檀 D. pinnata**
　　3. 小叶线状长圆形、线形或窄长圆形，基部两侧对称；花瓣具短柄；花序疏被毛或无毛；荚果干后无光泽。
　　　4. 小叶15-20对，两端钝或圆；荚果宽约7.5毫米 …………………… **2. 狭叶黄檀 D. stenophylla**
　　　4. 小叶10-17对，先端平截，微凹，基部楔形或宽楔形；荚果宽1-2厘米。
　　　　5. 小苞片脱落；旗瓣长圆状倒卵形；荚果仅对种子部分有网纹 ……………… **3. 象鼻藤 D. mimosoides**
　　　　5. 小苞片宿存；旗瓣圆形；荚果全部有网纹 ……………………… **4. 香港黄檀 D. millettii**
　2. 小叶1-7 (-10) 对，长2厘米以上（藤黄檀的小叶长1-2厘米，小叶3-6对）。
　　6. 荚果半月形，长2-4厘米（具1种子时长2.5厘米以下）；花序近无花序梗 … **5. 弯枝黄檀 D. candenatensis**
　　6. 荚果长圆形、舌状长圆形或带状，长3厘米以上；花序有花序梗。
　　　7. 花萼裂齿近相等，宽三角形或卵状三角形。
　　　　8. 小叶窄长圆形或倒卵状长圆形，长1-2厘米；子房具短柄，旗瓣不外反 ……… **6. 藤黄檀 D. hancei**
　　　　8. 小叶卵形或椭圆形，长3.5-6厘米；子房具长柄，旗瓣反折 ……………… **7. 两粤黄檀 D. benthami**
　　　7. 花萼下部1枚裂齿明显比其余4枚长，披针形或长圆形。
　　　　9. 小叶较小，长4厘米以下。
　　　　　10. 藤本；小叶基部楔形，网脉明显凸起；旗瓣圆形 ………………… **8. 大金刚檀 D. dyeriana**
　　　　　10. 乔木；小叶基部圆或钝；网脉不明显；旗瓣宽倒心形 …………… **9. 黑黄檀 D. fusca**
　　　　9. 小叶较大，长4厘米以上。
　　　　　11. 小叶先端圆，微缺，两面被细柔毛；藤本。
　　　　　　12. 小叶革质，长圆形或椭圆状长圆形；圆锥花序生于上部叶腋 … **10. 滇黔黄檀 D. yunnanensis**
　　　　　　12. 小叶膜质，卵形或卵状披针形；圆锥花序顶生或腋生 …………………………………………………………………………… **10(附). 高原黄檀 D. yunnanensis var. collettii**
　　　　　11. 小叶卵形、倒卵形或椭圆形，先端渐尖或急尖，两面无毛或下面疏被毛。
　　　　　　13. 乔木；小叶两面无毛；荚果对种子部分明显凸起如棋子状，网纹不明显 …………………………………………………………………………………………… **11. 降香 D. odorifera**
　　　　　　13. 藤本、直立灌木或小乔木；小叶下面疏被毛；荚果对种子部分略凸起，网纹比其余部分显著 …………………………………………………………………………… **11(附). 多裂黄檀 D. rimosa**
1. 雄蕊10，二体（5+5）或仅基部连合。
　14. 雄蕊成5+5的二体雄蕊。
　　15. 小叶8-10对，托叶大，叶状，卵状披针形或镰状披针形；花序密被褐色长柔毛。
　　　16. 荚果较大，长5-11厘米，宽1.2-3.2厘米；小叶初时下面疏被伏贴短柔毛，后渐无毛。
　　　　17. 小叶长约为宽的2.5倍；荚果宽2-3.2 (-4) 厘米，先端钝或圆，基部圆或宽楔形 …………………………………………………………………………………………… **12. 托叶黄檀 D. stipulacea**
　　　　17. 小叶长约为宽的1.5-2倍；荚果宽1.2-1.8厘米，先端急尖，基部渐窄 … **12(附). 秧青 D. assamica**

16. 荚果较小，长2.5-5厘米，宽0.6-1厘米；小叶两面密被柔毛 ················ 12(附). **毛叶黄檀 D. sericea**
15. 小叶3-7对；托叶披针形，小，非叶状；花序密被锈色或黄褐色短柔毛。
    18. 小叶3-5对，宽2.5-4厘米；花萼上部2枚裂齿宽卵形，侧面2枚卵形，旗瓣基部无附属体；荚果宽1.3-
        1.5厘米 ················ 13. **黄檀 D. hupeana**
    18. 小叶4-7对，宽1-2厘米；花萼上部与侧面裂齿均为三角形，旗瓣基部有2枚附属体；荚果宽2-2.5厘米
    ················ 14. **南岭黄檀 D. balansae**
14. 雄蕊基部合生，花丝筒自基部以上不规则3-5裂，呈3-5体雄蕊；小叶通常4对，有时3或5-6对，卵形或卵
    状披针形，长1.5-4厘米，宽0.8-1.6厘米 ················ 14(附). **多体蕊黄檀 D. polyadelpha**

1. 斜叶黄檀   图 129

Dalbergia pinnata (Lour.) Prain in Ann. Bot. Gard. Calc. 10: 48. 1904.

Derris pinnata Lour. Fl. Cochinch. 432. 1790.

乔木或藤状灌木，高5-13米。嫩枝密被褐色短柔毛。羽状复叶长12-15厘米；叶轴、叶柄和小叶柄均密被褐色短柔毛。小叶10-20对，斜长圆形，长1.2-1.8厘米，先端圆，微凹，基部偏斜，两面被褐色短柔毛，上面渐无毛。圆锥花序腋生，长1.5-5厘米；花序梗与花序分枝及花梗均密被褐色短柔毛。苞片和小苞片卵形，宿存；花萼钟状，被毛或近无毛，萼齿卵形，上方2枚稍合生；花冠白色，花瓣具长瓣柄，旗瓣卵形，反折，翼瓣基部戟形，龙骨瓣具耳；雄蕊10，单体；子房无毛。荚果膜质，长圆状舌形，长2.5-6.5厘米，干后褐色，有光泽，有细网纹，具1-4种子。种子窄长，长约1.8厘米，宽约4毫米。花

图 129 斜叶黄檀 （仿《豆科图说》）

期1-2月。

产海南、广西、贵州南部、云南及西藏，生于海拔1400米以下山地密林中。缅甸、菲律宾、马来西亚及印度尼西亚有分布。全株药用，治风湿、跌打、扭挫伤，有消肿止痛之效。

2. 狭叶黄檀   图 130

Dalbergia stenophylla Prain in Journ. Asiat. Soc. Bengal. 70(2): 56. 1901.

藤本。小枝无毛或疏被短柔毛。羽状复叶长4-6(-10)厘米；叶轴和叶柄疏被短柔毛；托叶卵形；小叶15-20对，线状长圆形，两端钝或圆，幼时两面疏被伏贴短柔毛，后除下面中脉外，余无毛。圆锥花序腋生，长4-6厘米；花序梗、花序轴、分枝和花梗均疏被短柔毛。苞片披针形，小苞片卵形，均宿存；花萼钟状，薄被短柔毛，上方2萼齿先端钝，近合生，侧方的急尖，下方1枚较长，花冠白或淡黄色，花瓣具短瓣柄，旗瓣宽卵形或近圆形，先端微凹，翼瓣长圆形，龙骨瓣倒卵形，与翼瓣均具短耳；雄蕊9，单体；子房具长柄，沿缝线被疏柔毛，胚珠3。荚果舌状或带状，长2.5-5厘米，宽约7.5毫米，无光泽。具1-2种子。花期5-6月。

产湖北、广西、贵州及四川，生于山谷潮湿处灌丛中。越南有分布。

3.　象鼻藤　含羞草叶黄檀　　　　　　　　　　　　　图 131

Dalbergia mimosoides Franch. Pl. Delav. 1: 187. 1890.

灌木或藤本，高4-6米。幼枝密被褐色短粗毛。羽状复叶长6-8(-10)厘米；叶轴、叶柄和小叶柄初时密被柔毛，后毛渐稀疏；托叶卵形；小叶10-17对，线状长圆形，长0.6-1.2(-1.8)厘米，先端平截、钝或凹缺，基部楔形或宽楔形，嫩时两面略被褐色柔毛，后无毛或近无毛。圆锥花序腋生，比复叶短，长1.5-5厘米；花序梗、花序轴、分枝与花梗均被柔毛；小苞片脱落。花萼钟状，萼齿除下方1枚为披针形外，其余的卵形；花冠白或淡黄色，花瓣具短瓣柄，旗瓣长圆状

倒卵形，翼瓣倒卵状长圆形，龙骨瓣椭圆形；雄蕊9，稀10，单体；子房具柄，沿腹缝线疏被柔毛；胚珠2-3。荚果扁平，长圆形或带状，长3-6厘米，宽1-2厘米，果瓣对种子部分有网纹，具1(2)种子。种子肾形，扁平，长约1厘米，宽约6毫米。花期4-5月。

产浙江、江西、湖北、湖南、广西、贵州、云南、西藏、四川、陕西南部及甘肃南部，生于海拔800-2000米山沟疏林或山坡灌丛中。印度及锡金有分布。根、树皮有消炎解毒、抗疟的功能。

4.　香港黄檀　　　　　　　　　　　　　　　　　图 132

Dalbergia millettii Benth. Journ. Linn. Soc. Bot. 4(suppl.): 34. 1860.

藤本。枝无毛。羽状复叶长4-5厘米；托叶窄披针形，脱落；小叶12-17对，线形或窄长圆形，长(0.4-)1-1.5厘米，先端平截，基部圆或钝，两面无毛。圆锥花序腋生，长1-1.5厘米；花序梗、花序轴和分枝被稀疏的短柔毛；小苞片卵形，宿存。花萼钟状，最下1枚萼齿三角形，侧方2枚卵形，上方2枚合生，圆形；花冠白色，花瓣具瓣柄，旗瓣圆形，翼瓣卵状长圆形，龙骨瓣长圆形；雄蕊9，单体；

子房具柄，被疏毛，胚珠1-2。荚果长圆形至带状，扁平，无毛，长4-6厘米，宽1.2-1.6厘米，具网纹，尤以对种子部分网纹较明显，具1(2)种子。

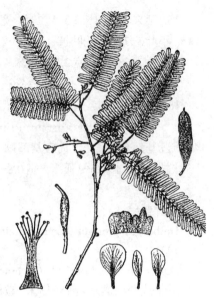

图 130　狭叶黄檀　(引自《豆科图说》)

图 131　象鼻藤　(黄少容绘)

图 132　香港黄檀　(黄少容绘)

种子肾形，扁平，长0.8-1.2厘米，花期5月。

产浙江、湖南、广东、香港及广西，生于海拔300-800米山谷疏林或密林中。

5. 弯枝黄檀 图 133

Dalbergia candenatensis (Dennst.) Prain in Journ. Asiat. Soc. Bengal 70 (2)：49. 1901.

Cassia candenatensis Dennst. Schluess. Hort. Malab. 32. 1818.

图 133 弯枝黄檀 （仿《豆科图说》）

藤本。枝无毛，先端扭转呈螺旋钩状。羽状复叶长6-7.5厘米；小叶（1）2-3对，倒卵状长圆形，长1.5-3厘米，先端圆或钝，基部楔形，上面无毛，下面被稀疏伏贴短柔毛。圆锥花序腋生，长2.5-5厘米；花序梗极短，分枝被微柔毛；苞片卵状披针形，小苞片宽卵形。花萼宽钟状，萼齿近等长，宽三角形或卵形，上方2枚近合生；花冠白色，花瓣具长瓣柄，旗瓣长圆形，反折，翼瓣倒卵状长圆形，基部戟形，龙骨瓣长圆形，雄蕊9或10枚，单体；子房具柄，无毛，胚珠1（2）。荚果半月形，背缝线弯状，长2-4厘米（具1种子时长2.5厘米以下）。具1或2种子，果瓣具不明显网纹，对种子部分不凸起。种子肾形，长约6毫米，宽约3毫米。

产广东及广西沿海地区，攀援于林中树上。太平洋岛屿、大洋洲、印度及东南亚有分布。

6. 藤黄檀 图 134 彩片 57

Dalbergia hancei Benth. in Journ. Linn. Soc. Bot. 4(suppul.) 44. 1860.

图 134 藤黄檀 （引自《图鉴》）

藤本。幼枝疏生白色柔毛，有时小枝呈钩状或螺旋状。羽状复叶长5-8厘米；托叶披针形；小叶3-6对，长圆形，长1-2厘米，先端钝，微缺，基部楔形或圆，下面疏被伏贴柔毛。圆锥花序腋生；花序梗与花梗、花萼与小苞片均被褐色短茸毛；苞片卵形，小苞片披针形。花萼宽钟状，萼齿短，近等长，宽三角形，先端钝；花冠绿白色，花瓣具长瓣柄，旗瓣椭圆形，不反折，翼瓣与龙骨瓣长圆形；雄蕊9，单体；子房具短柄。荚果扁平，长圆形或带状，无毛，长3-7厘米，宽

0.8-1.4厘米，具1（2-4）种子。种子肾形，长约8毫米，宽约5毫米。花

期4-5月。

产浙江、安徽、福建、江西、湖北、湖南、广东、海南、广西、贵州及四川东部,生于山坡灌丛中或山谷溪边。根有强筋壮骨、舒筋活络

的功能;茎有行气、止痛、破积的作用。

7. 两粤黄檀

图 135

Dalbergia benthami Prain in Journ. Asiat. Soc. Bengal 67(2): 289. 1898.

藤本。枝干后黑色。羽状复叶长12-17厘米;小叶2-3对,卵形或椭圆形,长3.5-6厘米,先端钝,基部楔形,下面有疏柔毛。圆锥花序腋生;花序梗与花梗密生锈色绒毛;苞片长圆形脱落,小苞片披针形,宿存。花萼钟形,萼齿近相等,卵状三角形,被锈色绒毛;花冠白色,花瓣具长瓣柄,旗瓣椭圆形,反折,翼瓣倒卵状长圆形,龙骨瓣半月形;雄蕊9,单体;子房无

图 135 两粤黄檀 (引自《图鉴》)

毛,具长柄,胚珠2-3。荚果舌状长圆形,长5-7.5厘米,宽1.5厘米,具1-2种子。种子肾形,长约1.1厘米,宽约5毫米。花期2-3月。

产台湾、广东、香港、海南、广西、贵州及湖南西南部,生于疏林

或灌丛中。越南有分布。茎为活血通经药。

8. 大金刚檀

图 136

Dalbergia dyeriana Prain ex Harms in Engl. Bot. Jahrb. 29: 416. 1900.

大藤本。小枝纤细,无毛。羽状复叶长7-13厘米;小叶3-7对,倒卵状长圆形或长圆形,长2.5-4厘米,先端圆或钝,基部楔形,网脉明显凸起,下面疏被柔毛。圆锥花序腋生;花序梗、分枝与花梗均疏被短柔毛;苞片与小苞片长圆形或披针形,脱落。花萼钟状,萼齿披针形,上面2枚较宽,下方1枚最长;花冠黄白色,花瓣具长瓣柄,旗瓣圆形,翼瓣倒卵状长圆形,龙骨瓣窄长圆形;雄蕊9,单体;

图 136 大金刚檀 (黄少容绘)

子房具短柄,胚珠1-3。荚果长圆形或带状,长5-9厘米,宽1.2-2厘米,果瓣对种子部分有明显网纹,具1-2种子。种子长圆状肾形,长约1厘米,宽约5毫米。花期5月。

产陕西、甘肃南部、浙江、湖北、湖南、贵州、四川及云南,生于海拔700-1500米灌丛或密林中。

9. 黑黄檀 图 137

Dalbergia fusca Pierre, Fl. For. Cochinch. 5: pl. 3814. 1899.

乔木, 高达20米, 木材暗红色。羽状复叶长10-15厘米; 小叶3-6对,

卵形或椭圆形, 长2-4厘米, 先端钝或微缺, 基部钝或圆, 网脉不明显, 下面被伏贴柔毛。圆锥花序腋生或腋外生; 苞片线形。花萼钟状, 上方2枚萼齿锥形, 近合生, 侧方2枚三角形, 下方1枚较长; 花冠白色, 花瓣具长瓣柄, 旗瓣宽倒心形, 翼瓣椭圆心形, 龙骨瓣弯; 雄蕊10或9, 单体; 子房具柄, 胚珠3。荚果长圆形或带状, 长

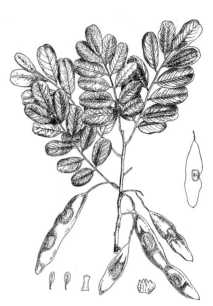

图 137 黑黄檀 (引自《豆科图说》)

6-10厘米, 宽0.9-1.5厘米, 对种子部分有细网纹, 具1-2种子。种子肾形, 长约1厘米, 宽约6毫米。花期3-4月, 果期翌年2-4月。

产云南, 生于海拔700-1700米山地。越南及缅甸有分布。木材暗红色, 优质, 坚硬致密, 为家具和雕刻原料。

10. 滇黔黄檀 图 138

Dalbergia yunnanensis Franch. Pl. Delav. 187. 1889.

藤本, 有时为大灌木或小乔木。茎匍匐状, 分枝有时为螺旋钩状。羽状复叶长20-30厘米; 小叶6-7(9)对, 革质, 长圆形或椭圆状长圆形, 长

2.5-5(-7.5)厘米, 两端圆, 两面被伏贴细柔毛。聚伞状圆锥花序生于上部叶腋, 花序梗与分枝被疏柔毛; 小苞片卵形, 脱落。花萼钟状, 萼齿5, 最下1枚较长, 长圆形, 其余近等长, 上方2枚近合生; 花冠白色, 旗瓣宽倒卵状长圆形, 翼瓣窄倒卵形, 龙骨瓣近半月形; 雄蕊9, 单体; 子房具长柄, 胚珠2-3。荚果长圆形或椭圆形, 长

图 138 滇黔黄檀 (仿《豆科图说》)

3.5-6.5厘米, 宽2-2.5厘米, 果瓣对种子部分有明显网纹, 具1-3种子。种子圆肾形, 长约1.2厘米, 宽约7毫米。花期4-5月。

产湖南西部、广西西部、贵州西南部、四川及云南, 生于海拔1400-2200米山地密林或疏林中。根有理气发表的功能。

[附] 高原黄檀 **Dalbergia yunnanensis** var. **collettii** (Prain) Thoth. in Bull. Bot. Surv. Ind. 25: 171. 1983. —— *Dalbergia collettii* Prain in Journ. Asiat. Soc. Bengal 66: 445. 1987. pro parte 与滇黔黄檀的区别: 小叶膜质, 卵形, 先端圆, 或卵状披针形而先端钝, 长2.5-4厘米。花序顶生或腋生。荚果顶端锐尖, 基部渐窄具短果柄, 种子1粒。产云南。缅甸有分布。

11. 降香 降香黄檀 图 139 彩片 58

Dalbergia odorifera T. Chen in Acta Phytotax. Sin. 8: 351. 1963.

乔木,高10-15米。小枝有小而密集的皮孔。羽状复叶长12-15厘米;

小叶(3)4-6对,卵形或椭圆形,长3.5-8厘米,先端急尖而钝,基部圆或宽楔形,两面无毛。圆锥花序腋生,由多数聚伞花序组成;苞片近三角形,小苞片宽卵形;花萼钟状,下方1枚萼齿较长,披针形,其余宽卵形;花冠淡黄色或乳白色,花瓣近等长,具柄,旗瓣倒心形,翼瓣长圆形,龙骨瓣半月形,背弯拱;雄蕊9,单

图 139 降香 (邓晶发绘)

体;子房窄椭圆形,具长柄,胚珠1-2。荚果舌状长圆形,长4.5-8厘米,宽1.5-1.8厘米,果瓣革质,对种子部分明显凸起呈棋子状,网纹不显著,通常有1(稀2)种子。种子肾形。

产海南,生于中海拔山坡疏林中、林缘或旷地上。木材质优,心材红褐色,坚重,纹理致密,为上等家具良材;有香味,可作香料;根、心材名降香,有理气止痛、散瘀止血的功能。

[附] **多裂黄檀 Dalbergia rimosa** Roxb. Fl. Ind. 3: 233. 1832. 与降

香的区别:藤本、直立灌木或小乔木;小叶下面疏被毛;荚果对种子部分略凸起,网纹比其余部分显著。产广西及云南,生于海拔850-1700米山坡、山谷或河边疏林中。喜马拉雅山东部有分布。

12. 托叶黄檀 图 140

Dalbergia stipulacea Roxb. Fl. Ind. 3: 233. 1832.

藤本,有时呈小乔木状。羽状复叶长15-20厘米;托叶大,叶状,卵

状披针形或镰状披针形;小叶8-10对,长圆形或倒卵状长圆形,长2.8-3.5厘米,先端圆或钝,基部宽楔形或圆,上面无毛,下面初时疏被平伏短柔毛,后无毛。圆锥花序生于具嫩叶的枝顶叶腋;花序梗、花序轴、分枝和苞片均被褐色柔毛。苞片卵形,小苞片倒卵形;花萼钟状,最下1枚萼齿披针形,与萼筒等长,余卵形,较短;

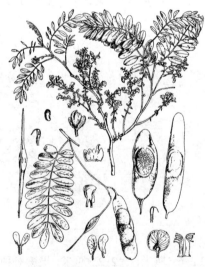

图 140 托叶黄檀 (引自《豆科图说》)

产云南,生于海拔500-1400米山谷至山顶疏林中。喜马拉雅东部、东南亚有分布。

[附] **秧青 Dalbergia assamica** Benth. Pl. Jungh. 1: 255. 1851. 与托叶黄檀的区别:小叶长约为宽的1.5-

花冠淡蓝或淡紫红色,花瓣具长瓣柄,旗瓣圆形,翼瓣倒卵形,龙骨瓣近半月形,背弯拱;雄蕊10,二体(5+5);子房具柄,除柄被毛外,余无毛。荚果宽舌状、卵形或椭圆形,无毛,长6.5-11厘米,宽2-3.2(4)厘米,顶端钝或圆,基部圆或宽楔形,种子1(2)。种子肾形,长约1.5厘米,宽约9毫米。花期4月。

2倍；荚果宽1.2-1.8厘米，顶端急尖，基部渐窄。产广西及云南，生于海拔650-1700米山地疏林中、河边或林缘旷野。喜马拉雅山东部有分布。

[附] **毛叶黄檀 Dalbergia sericea** G. Don, Gen. Syst. 2: 375. 1832. 与托叶黄檀的区别：小叶上面被伏贴短柔毛，下面密被柔毛；荚果较小，长2.5-5厘米，宽0.6-1厘米。产西藏（察隅），生于海拔1600米左右山坡路边。喜马拉雅山、印度北部、尼泊尔及不丹有分布。

13. 黄檀　　　　　　　　　　图 141

Dalbergia hupeana Hance in Journ. Bot. 20: 5. 1882.

乔木，高10-20米；树皮暗灰色，呈薄片状剥落。羽状复叶长15-25厘米；托叶披针形，小；小叶3-5对，椭圆形或长圆状椭圆形，长3.5-6厘米，先端钝或微凹，基部圆或宽楔形，两面无毛。圆锥花序顶生或生于最上部叶腋；花序梗、花序分枝及花梗均被锈色或黄褐色短柔毛；苞片和小苞片卵形，脱落。花萼钟状，萼齿5，最下1枚披针形，较长，上面2枚宽卵形，连合，两侧2枚卵形，较短，有锈色

柔毛；花冠白或淡紫色，花瓣具瓣柄，旗瓣圆形，基部无附属体，翼瓣倒卵形，龙骨瓣半月形；雄蕊10，二体（5+5）；子房具短柄，胚珠2-3。荚果长圆形或宽舌状，长4-7厘米，宽1.3-1.5厘米，果瓣对种子部分有网纹，具1-2（3）种子。种子肾形，长0.7-1.4厘米，宽5-9毫米。花期5-7月。

产山东、江苏、安徽、浙江、福建、江西、河南、湖北、湖南、广东、广西、云南、贵州、四川、陕西及甘肃，生于海拔600-1400米山地林中或

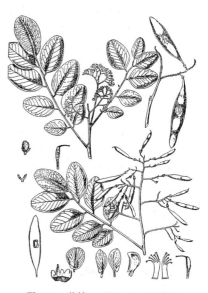

图 141 黄檀 （引自《豆科图说》）

灌丛中。木材黄或白色，坚韧、致密，可作各种负重力及拉力强的用具及器材；根药用，可治疗疮。树皮有毒虫的功效，叶有接骨、杀蛆的作用。

14. 南岭黄檀　　　　　　　图 142

Dalbergia balansae Prain in Journ. Asiat. Soc. Bengal 70(2): 54. 1901.

乔木，高6-15米；树皮棕黑色。羽状复叶长10-15厘米；托叶披针形；小叶6-7对，长圆形或倒卵状长圆形，长1.8-4.5厘米，先端圆截形，基部宽楔形或圆，下面有微柔毛；叶轴及叶柄被短柔毛。圆锥花序腋生，长5-10厘米；花序梗、分枝和花序轴疏被锈色短柔毛或近无毛；苞片卵状披针形，小苞片披针形，均早落。花萼钟状，萼齿5，三角形，最下1枚较长，其余三角形，上方2枚近合生；花冠白色，花瓣具瓣柄，旗瓣圆形，翼瓣倒卵形，龙骨瓣近半月形；雄蕊10，二体（5+5）；子房

图 142 南岭黄檀 （引自《图鉴》）

具柄,密被短柔毛,胚珠3,稀1或5。荚果舌状或长圆形,长5-6厘米,宽2-2.5厘米,具1(稀2-3)种子,果瓣对种子部分有明显网纹。花期6月。

产浙江、福建、江西、湖南、广东、海南、广西、贵州及四川,生于海拔300-900米山地杂木林中或灌丛中。越南北部有分布。我国南部城市常栽植为蔽荫树或风景树,为紫胶虫的寄主植物。木材有行气、止痛的功能。

[附] **多体蕊黄檀 Dalbergia polyadelpha** Prain in Ann. Bot. Gard. Calc. 10: 84. 1904. 与南岭黄檀的区别:叶轴和叶柄密被锈色绒毛;小叶通常4对,有时3或5-6对,卵形或卵状披针形,长1.5-4厘米,宽0.8-1.6厘米;花序梗无毛;花梗与花序分枝被锈色短柔毛;雄蕊基部合生,花丝筒自基部以上不规则3-5裂,呈3-5体雄蕊。荚果长圆形或带形,长7-9.5厘米,宽1.5-2.8厘米。产广西、贵州及云南,生于海拔1000-2000米山坡密林中或灌丛中。

8. 紫檀属 Pterocarpus Jacq.

(郑朝宗)

乔木。奇数羽状复叶;小叶互生;托叶脱落,无小托叶。圆锥花序顶生或腋生;苞片和小苞片早落。花梗具关节;花萼倒圆锥状,稍弯,萼齿短,上方2枚近合生;花冠黄色,伸出花萼外,花瓣有长瓣柄,旗瓣圆形,与龙骨瓣边缘均呈皱波状;雄蕊10,单体或成5+5的二体,有时为9+1的二体,花药背着,1或4;子房有柄或无柄,胚珠2-6,花柱丝状,内弯,无须毛,柱头小,顶生。荚果圆形,扁平,边缘有宽而硬的翅,宿存花柱下弯,常具1种子。种子长圆形或近肾形,种脐小。

约30种,分布于全世界热带地区。我国1种。

紫檀　　　　　　　　　　　　　　　　　　图 143

Pterocarpus indicus Willd. Sp. Pl. 3: 904. 1802.

乔木,高15-25米;树皮灰色,光滑。羽状复叶长15-30厘米;托叶早落;小叶3-5对,卵形,长6-11厘米,先端渐尖,基部圆,两面无毛,叶脉纤细。圆锥花序顶生或腋生,有多数花,被褐色柔毛。花梗长0.7-1厘米,顶端具2枚线形、易脱落的苞片;花萼钟状,微弯,长约5毫米,萼齿宽三角形,长约1毫米,先端圆,被褐色丝毛;花冠黄色,花瓣有长瓣柄,旗瓣宽1-1.3厘米;雄蕊10,单体,最后分为二体(5+5);子房密被柔毛,具短柄。荚果圆形,扁平,偏斜,宽约5厘米,对种子部分略被毛且有网纹,周围具2厘米宽的翅,具1-2种子。花期春季。

图 143 紫檀　(引自《图鉴》)

产台湾、广东、香港、广西及云南南部,生于坡地疏林中或栽培于庭园。印度、菲律宾、印度尼西亚及缅甸有分布。木材坚硬致密,心材红色,为优良建筑、乐器及家具用材;树脂和木材药用;又为优良的绿化树和园林风景树。木材、树脂有抗癌的功能,树胶含漱治疗口腔炎。

9. 相思子属 Abrus Adans.

(张若蕙)

落叶藤本。茎纤细。偶数羽状复叶;叶轴顶端具短尖;托叶线状披针形,无小托叶,小叶多对,全缘。总状花序腋生或与叶对生;苞片与小苞片均小;花小,通常数朵簇生于花序轴的节上。花萼钟状,顶部平截或有短齿;

花冠远大于花萼，淡红或白色，旗瓣卵形，具短瓣柄，基部多少与雄蕊筒合生，雄蕊9，单体，对着旗瓣的1枚雄蕊缺如；子房近无柄，花柱短，无髯毛。荚果长圆形，扁平，开裂，具2-多粒种子。种子椭圆形或近球形，暗褐色或半红半黑，有光泽。

约12种，分布于热带和亚热带地区。我国4种。

1. 茎较粗，径约2毫米，全株疏被白色糙伏毛或黄色开展的长柔毛。
  2. 植株各部疏被白色糙伏毛；小叶12-26。
    3. 叶长1-2厘米，荚果长2-3.5厘米；种子二色，上部鲜红色，下部黑色 ……………… 1. 相思子 A. precatorius
    3. 叶长达3厘米；荚果长5-6.5厘米；种子黑褐色 ……………………… 1(附). 美丽相思豆 A. pulchellus
  2. 植株各部疏被黄色开展长柔毛；小叶20-32，长圆形，最上一对常倒卵形；荚果长圆形，长3-5(-6)厘米，密被白色长柔毛；种子一色，黑或暗褐色 ………………………………… 2. 毛相思子 A. mollis
1. 茎细弱，径约1毫米，表皮平滑；小叶12-22，长圆形或倒卵状长圆形，下面疏被糙伏毛；荚果长圆形，长约3厘米，疏被白色糙伏毛；种子黑褐色 …………………………… 2(附). 广州相思子 A. cantoniensis

1. 相思子 图 144: 1-3 彩片 59

Abrus precatorius Linn. Syst. Nat. ed. 12, 2: 472. 1767.

藤本，茎纤细，径约2毫米，分枝多，全株疏被白色糙伏毛。羽状复叶具16-26小叶；小叶膜质，对生，长圆形，长1-2厘米，先端平截具小尖头，基部钝圆，上面无毛，下面疏被糙伏毛；小叶柄甚短。总状花序腋生，长3-8厘米，花序轴甚短；花小，密集成头状，着生于花序轴的各个节上。花萼钟状，具4浅齿，疏被白色糙伏毛；花冠紫色，花瓣近等长；雄蕊9；子房被毛。荚果长圆形，长2-3.5厘

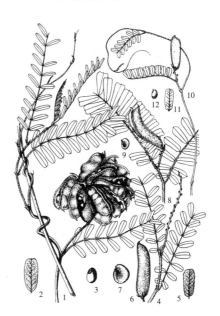

图 144: 1-3.相思子 4-7.美丽相思豆 8-9.毛相思子 10-12.广州相思子
（蔡淑琴绘）

米，果瓣革质，密被白色短伏毛，具2-6种子。种子椭圆形，平滑有光泽，上部2/3红色，下部1/3黑色。花期3-6月，果期9-10月。

产台湾、福建、广东、海南、广西及云南，生于疏林或灌丛中。泰国、爪哇、菲律宾、越南及印度有分布。种子质坚，色泽艳丽，可作装饰品，但有剧毒，外用治皮肤病。根、藤入药，有清热解毒的效用。

[附] **美丽相思豆** 图144:4-7 **Abrus pulchellus** Wall. ex Thwaite, Enum. Pl. Zeyl. 91. 1859. 本种与相思豆的区别：小叶长达3厘米；荚果

长5-6.5厘米；种子黑褐色。产广西及云南，生于海拔400-3000米河谷岸边灌丛中或平原疏林中。锡金、斯里兰卡、马来西亚及几内亚有分布。

2. 毛相思子 图 144: 8-9

Abrus mollis Hance in Journ. Bot. 9: 130. 1871.

藤本。全株疏被黄色开展长柔毛。羽状复叶具20-32小叶，小叶长圆形，膜质，最上部两枚常倒卵形，长1-2.5厘米，先端平截，具小凸尖，基部圆或平截，上面疏被柔毛，下面密被白色长柔毛，托叶披针形，小托叶钻形。总状花序腋生，长3-7厘米，花充梗长2-4厘米；花3-6朵聚生于

花序轴的节上；花序梗与花序轴被淡黄色长柔毛。花萼钟状，密被白色长柔毛；花冠粉红或淡紫色。荚果长圆形，扁平，长约3-5(6)厘米，被

长柔毛,顶端有喙,具4-9种子。种子卵形,扁平,长约5毫米,暗褐或黑色,稍有光泽。花期8月,果期9月。

产福建南部、广东、海南及广西,生于海拔200-1700米山谷、路边疏林下灌丛中,砂土或海边山地。中南半岛有分布。全株有消炎解热、散风祛湿、清肺热、除肝火的功能;种子有剧毒。

Hance in Journ. Bot. 6: 112. 1868. 本种与毛相思子的区别:茎细弱,径约1毫米,无毛;小叶12-22,长圆形或倒卵状长圆形,下面疏被糙伏毛;荚果长圆形,较小,长约3厘米,疏被白色糙伏毛;种子黑褐色。产湖南、广东及广西,生于海拔约200米疏林、灌丛中或山坡。泰国有分布。全株有清热利湿、舒肝止痛、活血散瘀的功能。

[附] **广州相思子** 鸡骨草 图144:10-12 彩片 60 **Abrus cantoniensis**

10. 肿荚豆属 Antheroporum Gagnep.
（韦 直）

常绿乔木。小枝具点状皮孔。奇数羽状复叶互生;无托叶与小托叶;小叶5-13,对生,叶柄基部与小叶柄增厚。总状花序多花,2-5枝簇生上部叶腋,短于复叶或聚集枝梢形成复合花序;生花节不隆起;苞片与小苞片均甚小。花小,花梗纤细;花萼宽钟形,萼齿短,几不明显;花冠白、淡红或淡紫色,无毛,花瓣近等大,均具长瓣柄;旗瓣圆或倒心形,上缘呈波状褶裥;翼瓣长圆形,窄长;龙骨瓣斜卵形,与翼瓣贴生;雄蕊单体,花药缝裂,子房被绒毛,花柱钻形,无毛,柱头点状,顶生,胚珠2-4。荚果肿胀,内具空腔,斜卵圆形,顶端具短喙,2瓣裂,果瓣厚木质,凸起;胚珠通常仅1枚发育。种子扁球形,种脐近顶端,种阜圆锥状隆起,与珠柄相连。

3种,分布我国西南、泰国及越南。我国2种。

肿荚豆

图 145

Antheroporum harmandii Gagnep. in Lecomte, Not. Syst. 3: 181. 1915.

乔木,高达20米。小枝、叶轴和花序轴均被淡黄色柔毛,皮孔小,散生。羽状复叶长30-40厘米;小叶7-13,革质,长圆形,长11-18厘米,先端锐尖,基部圆钝,歪斜,两侧不等大,上面光亮,无毛,下面密被平伏绢毛,侧脉5-8对,上面平,下面隆起,小叶柄长6-9毫米,被灰白色细柔毛。总状花序长7-15厘米,2-5枝簇生近枝端叶腋或聚集枝顶形成大型复合花序,花序轴被黄色柔毛。花萼杯状,长4毫米,宽3毫米,被短柔毛;花冠淡红色,长8毫米;旗瓣倒心形,翼瓣基部平截,龙骨瓣卵形,具耳;子房密被柔毛,胚珠2。荚果斜卵圆形,长8厘米,径约3.5厘米,密被黄色柔毛。种子1,栗褐色,长约1.8厘米,径约1.4厘米,光亮,种脐圆形,径3毫米,具种阜。花期5-10月,果期

图 145 肿荚豆 （孙英宝绘）

7-11月。

产广西西部、贵州西南部及云南,生于海拔200-1000米山谷杂木林中。越南有分布。

11. 猪腰豆属 Afgekia Craib

（韦 直）

攀援灌木。芽腋生。奇数羽状复叶互生；叶枕膨大；托叶早落或宿存；小叶多数，近对生，无小托叶。总状圆锥花序腋生或生老茎上；苞片大，先端尾尖，长于花蕾甚明显，并在花期宿存；花序轴粗壮。花梗脱落后叶痕隆起；小苞片2，细小；花梗细长；花萼宽钟形，萼齿短，上方2齿部分合生，下方3齿宽三角形；旗瓣圆形，具短柄，基部具耳，有2囊状胼胝体，翼瓣与龙骨瓣均长圆形，先端钝圆，基部内侧有耳，具长瓣柄；雄蕊二体，上方1枚离生，其余9枚连合成雄蕊筒；花药同型；子房密被绒毛，具长柄，花柱无毛，上弯，柱头头状。荚果厚木质，肿胀，卵圆形，迟裂。种子1-2，椭圆形，光亮，种脐居中，长可达种子长度的1/2。

3种，分布我国南部、缅甸及泰国。我国1种、1变种。

猪腰豆 图 146

Afgekia filipes (Dunn) Geesink, Scala Millettiearum 77. 1984.

Adinobotrys filipes Dunn in Kew Bull. Misc. Inform. 1911: 195. 1911.

大型攀援灌木，长达50余米。嫩茎圆柱形，密被银灰色绢毛和红色直立髯毛，老时无毛，赭黄色，枝皮条裂，折断时有红色液汁。羽状复叶长25-35厘米；托叶窄三角形，先端长渐尖，长6毫米，早落；小叶（13-）17-19，近对生，纸质，长圆形，长6-10厘米，初时两面疏被银灰色绢毛，后仅中脉有毛；小叶柄长3-4毫米，被毛；总状花序长8-15厘米，常数枚聚集，花序梗与花序轴密被银灰色茸毛；苞片长

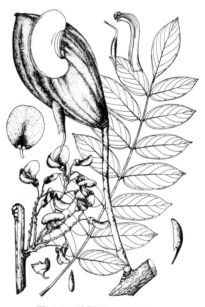

图 146 猪腰豆 （何冬泉绘）

2厘米，膜质。花梗细，长2厘米；花萼长7毫米，宽8毫米，密被细茸毛；花冠堇青色至淡紫色，长2.5厘米。荚果纺锤状长圆形，长17厘米，宽9厘米，密被银灰色绒毛，具明显斜向脊棱，内果皮白色，海绵质厚；果柄粗壮，果悬于枝上至翌年。种子1，肾形，长约8厘米，宽约4.5厘米，暗褐色，光滑，种脐长3.5-4厘米。花期7-8月，果期9-11月。

产广西及云南，生于海拔250-1500米山谷疏林中。茎药用，民间用于补血、治风湿骨痛；根含鱼藤酮，种子可毒鱼。

12. 干花豆属 Fordia Hemsl.

（韦 直）

灌木。芽腋上生，常有多数针刺状展开的芽苞片。奇数羽状复叶螺旋状排列，聚集枝梢；托叶钻形，稍弯曲；具小托叶，如存在则为丝状，宿存；小叶多对，对生，中部几对较大，基部1对最小，先端渐尖至尾尖。总状花序着生当年枝基部或老茎上，常数枝簇生，生花节球形；苞片与小苞片均小。萼钟形，萼齿5，近平截；花瓣均具长瓣柄，先端边缘有绢毛；旗瓣瓣片圆形，基部无胼胝体；雄蕊二体，对旗瓣1枚离生，花药同型；子房无柄，具毛，花柱上弯，无毛，柱头点状，顶生，胚珠2。荚果棍棒形，扁平，薄木质，瓣裂，具1-2种子。种子圆形，扁平，光滑，具种阜。

约10种，分布于我国南部、菲律宾、越南、马来西亚及印度尼西亚。我国2种。

1. 托叶宿存；羽状复叶具21-25小叶；小叶长圆形或卵状长圆形，长4-12厘米，宽2.5-3厘米；总状花序长15-40厘米；花长1.1-1.3厘米；荚果长7-10厘米，宽2-2.5厘米 ⋯⋯⋯⋯⋯⋯⋯⋯⋯ 干花豆 **F. cauliflora**
1. 托叶早落；羽状复叶具小叶11-12；小叶卵状披针形，长2.5-6厘米，宽约1.5厘米；总状花序长8-13厘米；花长8-10厘米；荚果长3.5-6厘米，宽约1.5厘米 ⋯⋯⋯⋯⋯⋯⋯⋯ （附）. 小叶干花豆 **F. microphylla**

干花豆

图 147：1-8

Fordia cauliflora Hemsl. in Journ. Linn. Soc. Bot. 23: 160. 1886.

灌木，高2-4米。当年枝密被锈色绒毛，老茎赤褐色，表皮纵裂，散生皮孔；叶落后茎上留有明显的圆形叶痕；芽苞片长1.3-1.9厘米。羽状复叶长达50厘米以上，叶柄约占10厘米；托叶钻形，长2-2.5厘米，宿存；小叶21-25，长圆形或卵状长圆形，长4-12厘米，先端长渐尖，基部钝圆，上面无毛，下面淡白色，密被平伏细毛，小叶柄长3毫米，小托叶丝状，长0.8-1厘米。总状花序长15-40厘米，花长1.1-1.3厘米，3-6(-10)朵簇生节上。花梗长1-1.3厘米；萼钟形；花冠粉红或红紫色。荚果棍棒形，长7-10厘米，宽2-2.5厘米，先端平截，具尖喙，基部渐窄，被平伏柔毛，后秃净，具1-2粒种子。种子扁球形，径约1厘米，棕褐色，光滑，种阜膜质，包于株柄。花期5-9月，果期6-11月。

产广东、香港、广西及贵州西南部，生于海拔500米以下山地灌丛中。根、叶入药，有散瘀消肿、止痛、润肺化痰的功效。

[附] **小叶干花豆** 图147：9-14 彩片 61 **Fordia microphylla** Dunn ex Z. Wei in Acta Phytotax. Sin. 27: 75. 1989. 与干花豆的区别：托叶早落，小叶17-21，卵状披针形，长2.5-6厘米，宽1.5厘米，小托叶长1.5毫米；

图 147: 1-8. 干花豆 9-14. 小叶干花豆
（邓盈丰绘）

总状花序长8-13厘米，花长0.8-1厘米；荚果长3.5-6厘米，宽约1.5厘米。花果期较早。产广西、贵州及云南，生于海拔800-2000米山谷岩石堆或灌丛中。

13. 崖豆藤属 **Millettia** Wight et Arn.
（韦 直）

常绿藤本、灌木或攀援灌木，稀乔木。奇数羽状复叶互生；托叶早落或宿存，小托叶有或无；小叶3至多数，对生。圆锥花序顶生或腋生；花单生花序轴的分枝或簇生于缩短的节上，似总状花序；具苞片和小苞片。花萼宽钟形，萼齿5，短于萼筒，上方2齿多少合生；旗瓣大，近基部有2枚胼胝体或无；翼瓣稍窄，龙骨瓣宽镰形，前缘多少粘合；雄蕊二体(9+1)，有时上方1枚多少与雄蕊筒连合成假单体，花药同型，具花盘，有时花盘不发达；子房线形，胚珠(2-)4-12，花柱上弯，柱头小，顶生。荚果扁平或肿胀，线形或卵圆形，如为单粒种子时呈卵圆形或球形；缝线上无翅，内壁无隔膜。种子凸镜形、球形或肾形，挤压时呈棋子形，种皮光滑，珠柄在近轴侧，种子周围有一圈套白色或黄色假种皮。

约200种。分布热带和亚热带非洲、亚洲、大洋洲及美洲。我国36种，11变种。

1. 花序分枝短缩成圆柱体或节，花簇生其上，呈总状花序式。
　　2. 旗瓣无毛；无小托叶。

3. 小叶（5-）7-9，近互生，斜卵形，基部偏斜，两面无毛；荚果木质；乔木 ·················

··· 1. 闹鱼崖豆 **M. ichthyochtona**

3. 小叶13-17，对生，长椭圆形或长椭圆状披针形，基部楔形或钝圆，下面被绢毛；荚果木质，甚厚；大型

藤本 ··· 3. 厚果崖豆藤 **M. pachycarpa**

2. 旗瓣外面被毛；有小托叶。

4. 小叶9-13。

5. 小叶9，上面无毛，光亮，下面密被黄色绢毛，侧脉13-17对；大型藤本 ··············

·································· 2. 海南崖豆藤 **M. pachyloba**

5. 小叶9-13，上面密被柔毛，下面密被绒毛，侧脉6-7对；直立灌木或小乔木 ···········

··· 6. 香港崖豆 **M. oraria**

4. 小叶13-19。

6. 小叶下面密被绢毛；花长1.3-1.6厘米；荚果密被绒毛；小乔木 ········· 4. 绒毛崖豆 **M. velutina**

6. 小叶下面被平伏柔毛或毡毛；花长约1.1厘米；荚果初时被灰黄色柔毛后渐无毛；直立灌木或小乔木。

7. 小叶长2-6厘米，侧脉4-6对 ························· 5. 印度崖豆 **M. pulchra**

7. 小叶长3.5-10厘米，侧脉7-10对 ··············· 5（附）. 疏叶崖豆 **M. pulchra** var. **laxior**

1. 圆锥花序，花序分枝长，花单生；花序顶生或兼有腋生，如为后者，则为总状花序；攀援灌木或藤本。

8. 旗瓣无毛；有小托叶。

9. 子房密被绒毛；花长2.5-3.5厘米；花冠白、淡黄或淡红色，有香气；小叶通常（7-）13（-15）·············

·································· 7. 美丽崖豆藤 **M. speciosa**

9. 子房无毛；花长1.7厘米以下；小叶5-9。

10. 托叶基部下延的一对距突明显；花冠紫红色，网脉两面隆起。

11. 花萼密被平伏绒毛；荚果长圆形，肿胀，干后朱红色，缝线增厚；小叶长8厘米以上 ·············

··· 8. 宽序崖豆藤 **M. eurybotrya**

11. 花萼无毛；荚果线形，扁平，干后黑褐色，缝线不增厚；小叶长6厘米以下，长圆形 ···········

·································· 9. 网络崖豆藤 **M. reticulata**

10. 托叶基部无明显距突；花冠白或绿色。

12. 花冠白色，先端红色；花序为腋生总状花序，下垂；小叶之网脉不明显 ·······················

·································· 10. 江西崖豆藤 **M. kiangsiensis**

12. 花冠黄绿色；花序为顶生圆锥花序，分枝直立；小叶之网脉明显 ········· 10（附）. 绿花崖豆藤 **M. championi**

8. 旗瓣背面密被绢毛；小托叶存在或否。

13. 小叶3（-5）。

14. 小叶革质，宽椭圆形或椭圆形；无小托叶；花冠淡黄色，带淡红或淡紫色晕；荚果椭圆形至线状长圆

形 ··· 11. 喙果崖豆藤 **M. tsui**

14. 小叶纸质，披针状椭圆形；有小托叶；花冠红色至紫色；荚果圆球形 ·······················

·································· 11（附）. 球子崖豆藤 **M. sphaerosperma**

13. 小叶3-5，偶有7。

15. 荚果肿胀；种子球形或卵形。

16. 小叶下面、叶轴、花序轴及小枝密被毛；荚果密被褐色绒毛。

17. 小叶披针状椭圆形或卵状长圆形，长8-20厘米，宽4-8厘米，上面无毛或疏被毛，下面密被棕褐

色长柔毛；荚果长6-13厘米，宽2-2.5厘米 ············· 12. 皱果崖豆藤 **M. oosperma**

17. 小叶宽披针形，长6-10厘米，宽1.8-3厘米，上面被平伏柔毛，下面密被锈色绒毛；荚果长4-10

厘米，宽约1.5厘米 ····························· 14. 绣毛崖豆藤 **M. sericosema**

16. 小叶下面、叶轴、花序轴及小枝几无毛、疏被毛或仅幼时被毛；荚果密被灰色或黄色茸毛。

   18. 小枝疏被灰色硬毛；小叶倒卵状椭圆形，下面疏被灰色硬毛，小托叶长4-5毫米 ⋯⋯⋯⋯⋯⋯⋯⋯⋯⋯⋯⋯⋯⋯⋯⋯⋯⋯⋯⋯⋯⋯⋯⋯⋯⋯⋯⋯⋯ 13. **灰毛崖豆藤 M. cinerea**

   18. 小枝被灰色细柔毛；小叶卵状椭圆形或长圆状椭圆形，下面几无毛或疏被柔毛，小托叶长仅1毫米 ⋯⋯⋯⋯⋯⋯⋯⋯⋯⋯⋯⋯⋯⋯⋯⋯⋯⋯⋯⋯⋯⋯⋯ 13（附）. **黔滇崖豆藤 M. gentiliana**

15. 荚果扁平；种子凸镜形。

  19. 圆锥花序的分枝粗壮，直立，花紧密着生。

    20. 花冠紫色；荚果具短柄，密被黄褐色茸毛；小叶卵状披针形或长圆形，硬纸质，小托叶锥刺状，长约2毫米。

     21. 小叶长圆形或宽披针形，上面有光泽，下面无毛或疏被毛；花长1.8-2.5厘米 ⋯⋯⋯⋯⋯⋯⋯⋯⋯⋯⋯⋯⋯⋯⋯⋯⋯⋯⋯⋯⋯⋯⋯⋯⋯ 16. **亮叶崖豆藤 M. nitida**

     21. 小叶卵形，上面无光泽，下面密被红褐色硬毛；花较小，长1.4-1.8厘米 ⋯⋯⋯⋯⋯⋯⋯⋯⋯⋯⋯⋯⋯⋯ 16（附）. **丰城崖豆藤 M. nitida var. hirsutissima**

    20. 花冠白或红色；荚果无柄，密被灰色茸毛；小叶宽椭圆形或宽卵形，纸质，小托叶刺毛状，长5-6毫米 ⋯⋯⋯⋯⋯⋯⋯⋯⋯⋯⋯⋯⋯ 17. **密花崖豆藤 M. congestiflora**

  19. 圆锥花序分枝细长而柔软；花疏散着生。

    22. 小叶通常7片，先端尾状渐尖，下面密被平伏柔毛；花序具较长的花序梗 ⋯⋯⋯⋯⋯⋯⋯⋯⋯⋯⋯⋯⋯⋯⋯⋯⋯⋯⋯⋯ 15. **长梗崖豆藤 M. longipedunculata**

    22. 小叶通常5片，先端急尖或渐尖，下面疏被平伏柔毛或几无毛；花序梗不明显。

     23. 小叶披针形、长圆形或窄长圆形，长5-15厘米；果瓣木质；种子长圆状凸镜形 ⋯⋯⋯⋯⋯⋯⋯⋯⋯⋯⋯⋯⋯⋯⋯⋯⋯⋯⋯ 18. **香花崖豆藤 M. dielsiana**

     23. 小叶卵形或宽披针形，较大；荚果薄革质；种子近圆形 ⋯⋯⋯⋯⋯⋯⋯⋯⋯⋯⋯⋯⋯ 18（附）. **异果崖豆藤 M. dielsiana var. heterocarpa**

1. 闹鱼崖豆　　　　　　　　　　图 148

Millettia ichthyochtona Drake in Journ. Bot. 5: 187. 1891.

乔木，高10-15米；全株除花序轴被微毛外，余无毛。小枝之字形曲折。羽状复叶长12-17厘米，无托叶；小叶5-9，斜卵形，长5-8厘米，先端渐尖，基部偏歪，侧脉7-8对，无小托叶。总状花序近枝端腋生，并聚集成30-50厘米的复合花序，序轴被白色曲柔毛；花1-2朵着生节上。花梗细，长1-1.5厘米；苞片和小苞片早落；花萼宽钟形，齿短；花冠白色，长1.5厘米；旗瓣宽卵形，无毛，无胼胝体；子房具柄，胚珠2。荚果倒披针状镰形，光滑，扁平，木质，长11-14厘米，先端具短喙，基部有1厘米长的果柄，内果皮海绵状，具1-2种子。种子椭圆形，扁平，淡棕色，具光泽，长1.3厘米，宽1厘米，种阜薄片状，白色。花期2-4月。

产云南南部，生于海拔150-750米河谷砂质地。越南有分布。材质白，

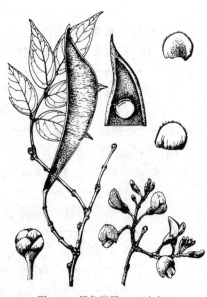

图 148 闹鱼崖豆 （何冬泉绘）

可制家具；全株有毒，种子用以毒鱼；根和茎药用，适量煎水外用，可除湿止痒。

2. 海南崖豆藤 毛蕊鸡血藤 毛瓣鸡血藤　　　　图 149 彩片 62

Millettia pachyloba Drake in Journ. Bot. 5: 187. 1891.

Millettia lasiopetala（Hayata）Merr.；中国高等植物图鉴 2：396. 1972.

大型藤本，长达20米。茎中空，皮黄色，粗糙，小枝初时密被棕色绢毛，后毛渐脱落。羽状复叶长25-35厘米；托叶三角形，宿存；小叶9，倒卵状长圆形或椭圆形，厚纸质，长7-17厘米，先端钝尖，有时浅凹头，基部圆钝，上面无毛光亮，下面密被黄色绢毛，后毛渐稀疏；侧脉13-17对，平行直达叶缘，小托叶针刺状，长约3毫米。总状花序聚集枝梢，长20-30厘米；花序梗及序轴密被棕色绢毛。花梗长2-3毫米；花萼宽钟形，长约3毫米，萼齿尖三角形，短于萼筒；花冠淡紫色，花瓣近等长，旗瓣扁圆形，长1-1.2厘米，背面密被褐色绢毛，基部无胼胝体，翼瓣与龙骨瓣外露部分均被绢毛；子房密被毛，胚珠4-6。荚果菱状长圆形，肿胀，木质，长5-8厘米，宽3-4厘米，厚2厘米，密被黄色茸毛，老时毛渐脱落，具1-4种子。种子暗褐色，具光泽。花期4-6月，果期7-11月。

产湖南西南部、广东、海南、广西、贵州西南部及云南，生于海拔1500

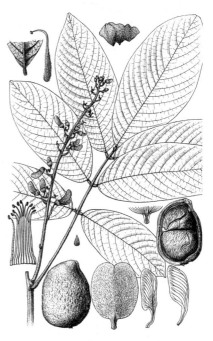

图 149 海南崖豆藤　（引自《图鉴》）

米以下沟谷常绿阔叶林中。越南北部有分布。茎皮纤维制绳索。种子和根含鱼藤酮，可作杀虫剂。茎作外用药，有消炎止痛之效。

3. 厚果崖豆藤 厚果鸡血藤　　　　图 150 彩片 63

Millettia pachycarpa Benth. in Miq. Pl. Journ. 250. 1855.

大型藤本，长达15米。茎中空，嫩枝褐色，密被黄色茸毛，后渐秃净；老枝黑色，无毛，散生褐色皮孔。羽状复叶长30-50厘米，托叶宽卵形，贴生鳞芽两侧，宿存；小叶13-17，对生，长椭圆形或长圆状披针形，纸质，长10-18厘米，先端锐尖，基部楔形或钝圆，侧脉12-15对，上面无毛，下面被绢毛，沿中脉密被褐色茸毛，无小托叶。总状花序长15-30厘米，2-6枝生于新枝下部；花2-5朵着生节上；苞片和小苞片均甚小。花梗长6-8毫米；花萼宽钟形，密被褐色茸毛；花冠淡紫色，长2.1-2.3厘米，旗瓣卵形，无毛，基部无胼胝体，翼瓣与龙骨瓣稍短于旗瓣；子房密被茸毛，胚珠5-7。荚果肿胀，长圆形，单粒种

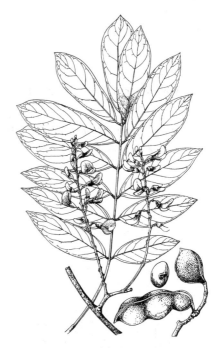

图 150 厚果崖豆藤　（何冬泉绘）

子时卵圆形，长5-23厘米，宽4厘米，厚3厘米，绒毛秃净，表皮黄褐色，密布浅黄色疣点，果瓣厚木质，迟裂，具1-5种子。种子暗褐色，肾形，或挤压时呈棋子形。花期4-6月，果期6-11月。

产浙江南部、福建、台湾、江西南部、湖北西南部、湖南、广东、广西、贵州、云南、西藏东南部及四川，生于海拔2000米以下山坡常绿阔叶林中。尼泊尔、不丹、越南、老挝、孟加拉、印度、泰国及缅甸有分布。种子和根含鱼藤酮，有杀虫、攻毒、止痛的功效，磨粉可作杀虫药，防治多种粮棉害虫。

4. 绒毛崖豆   图 151

Millettia velutina Dunn in Journ. Linn. Soc. Bot. 41: 149. 1912.

小乔木，高8-10米；树皮灰褐色，粗糙；枝密被黄色茸毛后毛渐脱落。羽状复叶长25-30厘米；托叶卵状披针形，脱落；小叶15-19，纸质，长圆状披针形或长圆形，长4-9厘米，先端急尖或渐尖，基部钝圆或宽楔形，上面被平伏细毛，下面被黄色绢毛，脉上尤密，侧脉7对，小托叶刺毛状。总状花序腋生，长20-25厘米，短于复叶，花序梗及花序轴密被黄色茸毛；花4-5朵着生节上，花序轴上部

花渐密生。苞片早落，小苞片小，贴萼生；花梗细，长4-5毫米；花萼钟形，长约5毫米，密被毛，萼齿锥尖，与萼筒等长；花冠白或淡紫色，长1.3-1.6厘米，旗瓣宽卵形，先端有稀疏细毛，翼瓣与龙骨瓣长圆状镰形；子房密被绢毛，胚珠6-7。荚果线形，扁平，长9-14厘米，先端平截，喙尖，缝线凸起，密被褐色茸毛，果瓣薄革质，具3-5种子；种子栗褐色，长圆形，长约1.2厘米，宽约8毫米，扁平。花期5月，果期7月。

图 151 绒毛崖豆 （何冬泉绘）

产湖南南部、广东北部、广西、云南、贵州及四川，生于海拔500-1700米山坡、旷野杂木林中。

5. 印度崖豆   图 152

Millettia pulchra (Benth.) Kurz in Journ. Asiat. Soc. Bengal 42(2): 69. 1873.

Mundulea pulchra Benth. in Miq. Pl. Jungh. 248. 1852.

直立灌木或小乔木，高3-8米；全株被灰黄色柔毛。羽状复叶长8-20厘米，集生于枝梢，托叶披针形，长约2毫米；小叶13-19，纸质，披针形或披针状椭圆形，长2-6厘米，先端急尖，基部渐窄或钝，上面暗绿色，有稀细毛，下面浅绿色，被平伏柔毛，侧脉4-6对，叶脉在上面平；小托叶刺毛状，长1-3毫米。总状花序集生枝梢腋生，短于

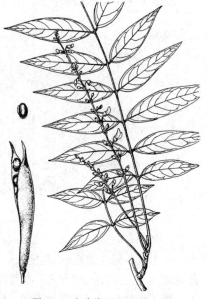

图 152 印度崖豆 （何冬泉绘）

复叶，长6-15厘米；花3-4着生节上，甚稀疏。苞片披针形，小苞片贴萼生；花梗细，长3-4毫米；花萼钟形，长约4毫米，萼齿短三角形，上方2齿合生；花冠淡红或红紫色，长1.1厘米，旗瓣长圆形，先端微凹，有几列细柔毛，翼瓣长圆形，龙骨瓣长圆状镰形；子房被柔毛，胚珠5。荚果线形，扁平，长5-10厘米，初时被灰黄色柔毛，旋秃净，果瓣薄革质，具1-4粒种子。种子褐色，椭圆形，宽约1厘米。花期4-8月，果期6-10月。

产广东、海南、广西、贵州及云南，生于海拔1400米左右山地杂木林林缘。印度、缅甸及老挝有分布。根有散瘀消肿、止痛、宁神的功能。

[附] **疏叶崖豆** Millettia pulchra var. **laxior** (Dunn) Z. Wei in

Acta Phytotax. Sin. 23: 280. 1985. —— *Millettia pulchra* var. *typica* f. *laxior* Dunn in Journ. Linn. Soc. Bot. 41: 151. 1912. 与印度崖豆的区别：羽状复叶和花序非集生于枝梢；小叶长3.5-10厘米，侧脉7-10对。产福建、江西、湖南、广东、香港、海南、广西及云南。印度有分布。

6. 香港崖豆　　　　　　图 153

Millettia oraria Dunn in Journ. Linn. Soc. Bot. 41: 149. 1912.

直立灌木或小乔木；树皮光滑。小枝灰黑色，具纵棱，密被灰色茸毛。

羽状复叶长15-20厘米；叶柄长3.5-4.5厘米；叶轴密被黄色茸毛；托叶长2-3毫米，披针形，贴茎生。小叶(7-)9-13(-15)，椭圆形或宽卵形，长4-5.5厘米，先端圆钝，基部圆或近心形，上面密被柔毛，下面密被茸毛，侧脉6-7对，网脉不明显，小托叶针刺状，长约2毫米。圆锥花序集生枝梢，腋生，短于复叶，长6-15厘米；花序梗

图 153　香港崖豆　（何冬泉绘）

体；子房密被绢毛。荚果线形，长5-9厘米，宽1-1.5厘米，扁平，密被褐色绒毛，具2-3种子。

产广东、香港及广西。

与花序分枝密被黄色茸毛；花1-3朵生于节上，长0.8-1.1厘米；花萼钟状，长约3毫米，被茸毛，萼齿宽三角形，短于萼筒；花冠紫红色，旗瓣近圆形，背面被细柔毛，瓣柄甚短，翼瓣长圆状镰形，龙骨瓣宽卵形；雄蕊二

7. 美丽崖豆藤　牛大力藤　　图 154

Millettia speciosa Champ. in Journ. Bot. Kew Misc. 4: 73. 1852.

藤本，长约3米。茎圆柱形，初被褐色绒毛，后毛渐脱落。羽状复叶

长15-25厘米；托叶披针形，长3-5毫米，宿存；小叶(7-)13(-15)，硬纸质，长圆状披针形至椭圆状披针形，长4-8厘米，先端钝圆，短尖状，基部钝圆，边缘略反卷，上面无毛，干后粉绿色，光亮，下面被锈色柔毛或无毛，干后红褐色，侧脉5-6对，小托叶针刺状，长2-3毫米，宿存。圆锥花序腋生，聚集枝

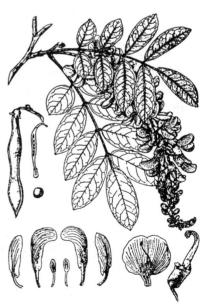

图 154　美丽崖豆藤　（引自《图鉴》）

梢呈大型圆锥花序状，长达30厘米；花1-2朵并生或单生，密集于花序轴上部，有香气；花序梗及花序轴密被黄色茸毛。苞片披针形，长4-5毫米，脱落，小苞片长约4毫米，离萼生；花梗长0.8-1.2厘米，与花萼同被褐色茸毛；花萼钟形，长约1.2厘米，萼齿钝圆；花冠白、淡黄或淡红色，无毛，长2.5-3.5厘米，旗瓣圆形，近基部有2枚胼胝体；子房密被茸毛，具柄，胚珠多数。荚果窄长圆形，长10-15厘米，宽1-2厘米，先端窄尖，具喙，基部具短柄，密被褐色茸毛，具4-6种子。种子卵球形。花期7-10月，

果期翌年2月。

产福建、广东、香港、海南、广西、湖南南部、贵州西南部及云南东南部，生于海拔1000米以下杂木林林缘。越南有分布。根可入药，有通经活络、补虚润肺和健脾功能。

8. 宽序崖豆藤　　　　　　　　　　图 155

Millettia eurybotrya Drake in Journ. Bot. 5: 187. 1891.

攀援灌木。茎皮光滑；小枝浅黄色，初时被平伏柔毛，后渐无毛，具棱。羽状复叶长20-25(-40)厘米；叶柄长(3-)5-6(-7)厘米，与叶轴均疏被柔毛；托叶锥刺状，长4-6毫米，基部下延成一对尖而硬的距；小叶(5-)7，纸质，卵状长圆形或披针状椭圆形，长8-16厘米，先端急尖，基部圆或宽楔形，两面无毛，侧脉6-7对，网脉两面均隆起；小托叶针刺状，长约3毫米。圆锥花序顶生，长约30厘米；花序梗与花序轴均密被褐色茸毛；花单生，长1.4-1.5厘米，苞片与小苞片均卵状披针形，长约2毫米。花萼钟状或杯状，长约4毫米，密被平伏茸毛，萼齿短，宽三角形；花冠紫红色，花瓣近等长，旗瓣圆形，径约1.2厘米，无毛，中央具黄绿色斑，基部无胼胝体，翼瓣镰形，基部两侧各具一小耳，龙骨瓣先端尖；子房无毛，胚珠多数。荚果长圆形，长10-11厘米，木质，肿胀，无毛，缝线增厚，干后

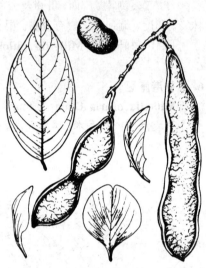

图 155　宽序崖豆藤　（何冬泉绘）

朱红色，种子间微缢缩，具1-7种子。花期7-8月，果期9-11月。

产湖南南部、广东北部、广西西北部、贵州南部及云南南部，生于海拔1200米以下山谷、溪边及疏林中。越南及老挝有分布。

9. 网络崖豆藤 鸡血藤　　　　图 156 彩片 64

Millettia reticulata Benth. in Miq. Pl. Jungh. 249. 1853.

藤本。小枝有细棱，初被黄色细柔毛，旋秃净，老枝褐色。羽状复叶长10-20厘米，叶柄长2-5厘米，无毛，托叶锥形，长3-5(-7)毫米，基部贴茎向下突起成一对短而硬的距，叶腋常有多数宿存钻形芽鳞；小叶7-9，硬纸质，卵状椭圆形或长圆形，长(3-)5-6(-8)厘米，先端钝，渐尖或微凹，基部圆，两面无毛或有稀疏柔毛，侧脉6-7对，两面均隆起；小托叶刺毛状，长1-3毫米，宿存。圆锥花序顶生或着生枝

图 156　网络崖豆藤　（冯晋庸绘）

梢叶腋，长10-20厘米，常下垂，花序梗及花序轴被黄色柔毛；苞片早落，小苞片贴萼生。花梗长3-5毫米；花单生，花萼宽钟形，长3-4毫米，无毛，萼齿短钝，边缘有黄色绢毛；花冠紫红色，长1.3-1.7厘米，旗瓣卵状长圆形，无毛，无胼胝体，翼瓣和龙骨瓣稍长于旗瓣；子房无毛，胚珠多数。荚果线形，长达15厘米，扁平，干后黑褐色，缝线不增厚，果瓣薄革质，开裂后卷曲，具3-6种子。种子长圆形。花期5-11月。

产江苏、安徽、浙江、福建、台湾、江西、湖北、湖南、广东、香港、海南、广西、贵州、云南、四川及陕西东南部，生于海拔1000米以下灌丛及沟谷地带。越南北部有分布。本种广泛栽培作园艺观赏植物，世界各地都有栽培。根、茎有养血祛风、通经活络的功能。

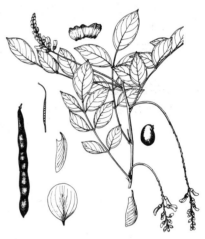

图 157 江西崖豆藤 （何冬泉绘）

10. 江西崖豆藤　　　　　图 157

Millettia kiangsiensis Z. Wei in Acta Phytotax. Sin. 23（4）：283. 1985.

藤本。茎细柔、红褐色，密布细小皮孔。羽状复叶长6-18厘米；叶柄长2-3厘米；托叶丝状，长4毫米，基部无明显距状突起；小叶7-9，纸质，卵形，长（1.5-）3-5（-6）厘米，先端锐尖，基部圆，两面均无毛，侧脉4-6对，网脉不明显；小托叶针刺状。总状花序与复叶近等长，腋生，长8-12厘米，下垂；花序梗与花序轴被微细毛；花单生，苞片和小苞片卵状披针形；

花梗长2-3毫米；花萼钟形，无毛，萼齿三角形，短于萼筒，边缘有睫毛；花冠白色，先端红色，长1.2-1.5厘米，旗瓣长圆形，无毛，基部无胼胝体，瓣柄不明显，翼瓣和龙骨瓣稍短于旗瓣；子房无毛，胚珠多数。荚果线形，劲直，长约10厘米，宽约1.2厘米，扁平，先端具短钩状喙，基部有长3毫米短柄，具5-9种子。种子凸镜形。花期6-8月，果期9-10月。

产安徽南部、浙江西部、福建北部、江西、湖北东南部及湖南东部，生于海拔200-600米向阳灌丛中。

[附]　**绿花崖豆藤** **Millettia championi** Benth. in Kew Journ. Bot. 4：74. 1852. 与江西崖豆藤的区别：花序顶生，分枝直立；花冠黄绿色，有时中央具红晕，网脉明显，两面均隆起。产福建、广东、香港及广西，生于海拔800米以下溪边灌丛中。

11. 喙果崖豆藤　　　　　图 158

Millettia tsui Metcalfe in Lingnan Sci. Journ. 19：554. 1940.

藤本，长3-10米。茎皮黑褐色，小枝劲直，初时密被褐色茸毛，后渐秃净。羽状复叶长12-28厘米；叶柄长5-8厘米，与叶轴均被细茸毛或无毛；托叶宽三角形，长约2毫米，宿存；小叶3（-5），革质，宽椭圆形或椭圆形，长（6-）10-18厘米，先端骤尖，基部钝圆或宽楔形，两面无毛，有光泽，侧脉6-7对，网脉两面隆起，无小托叶。圆锥花

图 158 喙果崖豆藤 （何冬泉绘）

序顶生，长15-30厘米，分枝长而伸展，密被褐色茸毛；花密集，单生，长1.5-2.5厘米。苞片卵形，小苞片离萼生；花梗长5-8毫米；花萼宽钟形，长约8毫米，萼齿短于萼筒；花冠淡黄色，带淡红或淡紫色晕斑，旗瓣背面被绢毛，基部无胼胝体；子房密被绢毛，具柄，胚珠4-7。荚果肿胀，具单粒种子时为椭圆形，长5.5厘米，具2-3（-4）种子时为窄长圆形，长7厘米，被褐色茸毛，后无毛，先端有坚硬钩状喙，基部有5毫米的柄，种子间微缢缩。种子近球形或稍扁，长2-2.5厘米，径1-2.5厘米。花期7-9月，果期10-12月。

产湖南南部、广东、海南、广西、云南及贵州，生于海拔200-1600米

山地杂木林中。根、茎入药，广西瑶山称"血皮藤"，能行血补气，治风湿关节痛；种子煨熟可食。

[附] **球子崖豆藤 Millettia sphaerosperma** Z. Wei in Acta Phytotax. Sin. 23：285. 1985. 与喙果崖豆藤的区别：小叶纸质，披针状椭圆形，有小托叶；花冠红或紫色；荚果球形。产广西及贵州，生于海拔约1000米的山谷、溪边和疏林中。

12. 皱果崖豆藤

图 159

Millettia oosperma Dunn in Journ. Linn. Soc. Bot. 41：157. 1912.

攀援灌木或藤本，长达20米。茎褐色，具棱，分枝圆柱形，密被棕褐色茸毛，后渐无毛。羽状复叶长25-40厘米；叶柄长6-11厘米，与叶轴均密被茸毛；托叶三角状锥形，长5-6毫米，早落；小叶3，硬纸质，披针状椭圆形或卵状长圆形，长8-20厘米，宽4-8厘米，先端钝，基部圆或楔形，上面无毛或疏被毛，下面密被棕褐色长柔毛，侧脉7-12对；小托叶锥刺状，长3-4毫米。圆锥花序顶生，长10-20厘米；花序梗与序轴密被褐色茸毛；花单生；苞片与小苞片均早落。花萼钟状，长约6毫米，萼齿短于萼筒；花冠长1.5-2厘米，红色微带紫色，旗瓣宽卵形，背面密被绢毛，基部有2胼胝体和耳，翼瓣短于旗瓣，基部有2耳，龙骨瓣短于翼瓣；子房密被绢毛，花柱内侧有一列绢毛。荚果卵形或圆柱形，长6-13厘米，宽2-2.5厘米，厚约2厘米，肿胀，密被褐色茸毛，具尖喙，具2-4种子。种子卵圆形。花期5-7月，果期8-11月。

产湖南西南部、广东西南部、海南、广西、贵州及云南，生于海拔200-1700米山谷疏林中。越南有分布。

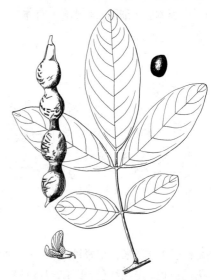

图 159 皱果崖豆藤 （孙英宝绘）

13. 灰毛崖豆藤

图 160: 1-2

Millettia cinerea Benth. in Miq. Pl. Jungh. 249. 1852.

攀援灌木或藤本。茎圆柱形，无毛；枝具棱，密被灰色硬毛，后渐无毛。羽状复叶长15-25厘米；叶柄长3-4厘米，与叶轴均被疏或密的硬毛；托叶线状披针形，长约5毫米；小叶5，纸质，倒卵状椭圆形，顶生小叶长约15厘米，侧生小叶较小，长约5.5厘米，先端急尖，基部宽楔形或圆，稀近心形，上面除中脉外无毛，下面疏被灰色硬毛，侧脉7-9对；小托叶刺毛状，长4-5毫米。圆锥花序顶生，长10-15厘米；花序梗与序轴密被短伏毛；花单生，长1.2-1.6厘米；苞片三角形；小苞片线形，离萼生。花

图 160: 1-2.灰毛崖豆藤 3-8.绣毛崖豆藤 （何冬泉绘）

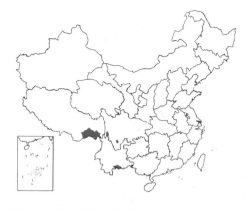

萼钟状，长约3毫米，萼齿三角形，短于萼筒，上方2齿合生；花冠红或紫色，旗瓣卵形，背面密被锈色绢毛，翼瓣三角形，翼瓣和龙骨瓣稍短于旗瓣，近镰形；子房线形，密被茸毛，具短柄。荚果线状长圆形，长约13厘米，宽约2厘米，厚约1.5厘米，密被灰色茸毛，具1-4种子。球形。花期2-7月，果期8-11月。

产四川西南部、云南南部及西藏东南部，生于海拔1120米左右山坡林中。尼泊尔、不丹、孟加拉、印度及缅甸有分布。

[附] **黔滇崖豆藤 Millettia gentiliana** Lévl. Fl. Kouy-Tchéou 239. 1914. 与灰毛崖豆藤的区别：小枝被灰色细柔毛；小叶卵状椭圆形或长圆状椭圆形，下面几无毛或疏被柔毛；小托叶长仅1毫米。产四川南部、贵州及云南，生于海拔1200-2500米石灰岩山地杂木林中。

14. 绣毛崖豆藤

图 160：3-8

Millettia sericosema Hance in Journ. Bot. 20: 259. 1882.

攀援灌木；全株被黄色和锈色茸毛。茎皮红褐色，初密被毛后渐无毛。羽状复叶长13-18厘米；叶柄长3-6厘米，与叶轴均密被锈色茸毛；托叶锥形，早落；小叶5，纸质，宽披针形，长6-10厘米，宽1.8-3厘米，先端锐尖或渐尖，基部钝，下方1对小叶较小，呈卵形，上面被平伏柔毛，中脉和叶缘较密，下面密被锈色茸毛，侧脉4-7对，网脉明显；小托叶针刺状，长2-3毫米。圆锥花序顶生，长8-10厘米，分枝伸展，长3-5厘米，密被锈色茸毛；花密集、单生；苞片小，早落，小苞片离萼生。花梗长2毫米；花萼钟形，长4-5厘米，密被绢毛；花冠淡紫或粉红色，长1.7厘米，旗瓣卵形，背面密被绢毛，无胼胝体，翼瓣长及旗瓣2/3，两侧各具1枚反折的耳，龙骨瓣短于翼瓣；子房密被黄色茸毛，具柄，胚珠5-6。荚果线形，肿胀，长4-10厘米，宽约1.5厘米，密被黄褐色茸毛，具1-4种子。种子卵圆形或扁球形。花期6-8月，果期8-10月。

产湖北西部、湖南、贵州、云南东北部及四川，生于海拔500-1200米山地旷野和沟谷杂木林中。

15. 长梗崖豆藤

图 161

Millettia longipedunculata Z. Wei in Acta Phytotax. Sin. 23: 287. 1985.

藤本。茎皮褐色，平滑。枝细柔，初时密被黄色茸毛。羽状复叶长30-50厘米；叶柄长5-6厘米，与叶轴均被黄色茸毛；托叶披针状锥形，长4-

5毫米，具3脉；小叶（5-）7，纸质，披针形，顶生小叶长12-20厘米，侧生小叶长4-8厘米，先端尾尖，基部宽楔形或微心形，上面被平伏细柔毛，下面毛更密，侧脉7-10对，网脉两面均清晰；小托叶针刺状，长3-4毫米。圆锥花序分枝细长而柔，长20-40厘米，花疏生；花序

图 161 长梗崖豆藤 （何冬泉绘）

梗常密被黄色茸毛；苞片线状锥形，长4-5毫米，宿存，小苞片离萼生。花疏生，长1.5-1.7厘米；花萼杯状，长约6毫米，萼齿短于萼筒，密被绢毛；花冠红色，旗瓣倒卵形，密被绢毛，基部具2耳，无胼胝体，翼瓣长为旗瓣3/5，龙骨瓣短于翼瓣；子房密被茸毛。荚果菱形或长圆形，扁，长3.5-8厘米，宽约2.2厘米，密被褐色茸毛，具1-3种子。种子凸镜形。花

期5-8月，果期7-10月。

产广西西北部、贵州西南部及云南，生于海拔约1400米山坡常绿阔叶林中。

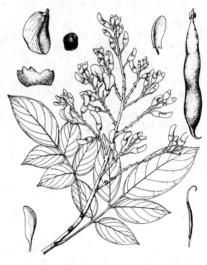

图 162 亮叶崖豆藤 （何冬泉绘）

16. 亮叶崖豆藤

图 162 彩片 65

Millettia nitida Benth. in Lond. Journ. Bot. 1: 484. 1842.

攀援灌木，长2-6米。茎皮茶褐色，粗糙，初被锈色细毛，旋秃净。羽状复叶长15-20厘米，叶柄长3-6厘米，与叶轴均疏被短柔毛；托叶线形，长约5毫米，脱落；小叶5，硬纸质，卵状披针形或长圆形，硬纸质，长5-9(-11)厘米，先端钝尖，基部圆，上面光亮无毛，下面有稀疏柔毛或无毛，侧脉5-6对，网脉两面均隆起；小托叶锥刺状，长约2毫米。圆锥花序顶生，粗壮，长10-20厘米；花序梗与序轴均密被茶褐色茸毛；花单生，苞片和小苞片均早落。

花梗长4-8毫米，花萼钟形，长6-8毫米，萼齿短于萼筒；花冠紫色，长1.8-2.5厘米，旗瓣密被绢毛，基部具二胼胝体；子房具柄，密被毛，胚珠4-8。荚果扁平长长圆形，长10-14厘米，密被黄褐色茸毛，先端具喙，基部有短柄，具4-5种子。种子茶褐色，光亮，斜卵圆形，凸镜状，长1厘米。花期5-9月，果期7-12月。

产福建、台湾、江西、湖南、广东、香港、海南、广西及贵州，生于海拔800米以下低山疏林或滨海灌丛中。茎有活血舒筋的功能。

〔附〕 **丰城崖豆藤 Millettia nitida** var. **hirsutissima** Z. Wei in Acta Phytotax. Sin. 23: 288. 1985. 本变种与模式变种的区别：小叶卵形，较小，上面无光泽，下面密被红褐色硬毛，长1.4-1.8厘米。产福建、江西、湖南、广东及广西，生于海拔500-1000米的山坡旷野、灌丛中和林缘。根药用，有行血通经之效。

17. 密花崖豆藤

图 163

Millettia congestiflora T. Chen in Acta Phytotax. Sin. 3: 362. 1954.

藤本，长达5米。茎皮黄褐色。枝具棱，幼时密被长柔毛，后变无毛。羽状复叶长15-30厘米；叶柄长4.5-8.5厘米，被短柔毛；托叶早落；小叶5，纸质，宽椭圆形至宽卵形，长11-13厘米，先端锐尖，基部宽楔形，上面几无毛，下面疏被毛，侧脉6-7对；小托叶刺毛状，长5-6毫米。圆锥花序顶生，长14-16厘米，分枝很密，常2-3枝簇生；花序梗与花序轴被黄色柔毛；苞片与小苞片均早落；花单生，密集，长约1.6厘米。

图 163 密花崖豆藤 （何冬泉绘）

花萼钟状，长约5毫米，密被绢毛，萼齿三角形，短于萼筒，上方2齿合生；花冠白或红色，旗瓣宽卵形，背面被绢毛，基部两侧具下弯尖耳，无胼胝体，翼瓣长圆形，龙骨瓣长圆状镰形；子房密被柔毛。荚果线形，长1-1.2厘米，扁平，密被灰色绒毛，顶端有钩状喙，无柄，具3-6种子。种

18. 香花崖豆藤

图 164 彩片 66

Millettia dielsiana Harms in Engl. Bot. Jahrb. 29：412. 1900.

攀援灌木，长2-5米。茎皮灰褐色，剥裂；枝条无毛或微毛。羽状复叶长15-30厘米，托叶线形；

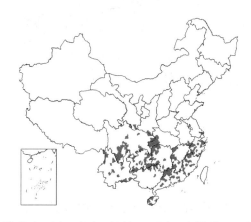

叶柄长5-12厘米，与叶轴均疏被柔毛；小叶5，纸质，披针形、长圆形或窄长圆形，长5-15厘米，先端急尖至渐尖，偶有钝圆，基部钝，偶有近心形，上面具光泽，几无毛，下面疏被平伏柔毛或几无毛，侧脉6-9对，中脉在上面微凹，下面甚隆起；小托叶锥刺形，长3-5毫米。圆

锥花序顶生，宽大，长达40厘米，分枝伸展，盛花时成扇状开展并下垂，花序梗不明显，与花序轴多少被黄褐色柔毛；苞片宿存；小苞片贴萼生，早落。花梗长5毫米；花单生，长1.2-2.4厘米；花萼宽钟形，长3-5毫米，被细柔毛；花冠紫红色，长1.2-2.4厘米，旗瓣密被绢毛，基部无胼胝体；子房被茸毛，胚珠8-9。荚果长圆形，长7-12厘米，扁平，密被灰色茸毛，果瓣木质，具3-5种子。种子长圆状，凸镜状，长8毫米。花期5-9月，果期6-11月。

产安徽、浙江、江西、福建、湖北、湖南、广东、海南、广西、贵州、云南、四川、陕西南部及甘肃南部，生于海拔2500米以下山坡杂木林或灌丛中。越南及老挝有分布。藤茎有舒筋活血、行气补血、通经活络、祛风除湿的功能。

［附］**异果崖豆藤 Millettia dielsiana** var. **heterocarpa**（Chun ex T.

子栗褐色，长圆形，凸镜状。

产安徽南部、福建西部、江西、湖北、四川、湖南及广东，生于海拔500-1200米山地杂木林中。根有补血、活血、解热的功能。

图 164 香花崖豆藤 （引自《图鉴》）

Chen）Z. Wei in Acta Phytotax. Sin. 23：289. 1985. —— *Millettia heterocarpa* Chun ex T. Chen in Acta Phytotax. Sin. 3：364. 1954；中国高等植物图鉴 2：395. 与香花崖豆藤的区别：小叶较大，卵形或宽披针形；荚果薄革质；种子近圆形。产江西、福建、广东、广西及贵州，生于山坡杂木林林缘或灌丛中。

14. 水黄皮属 Pongamia Vent.

（韦 直）

常绿乔木，高8-15米。嫩枝通常无毛，老枝密生灰白色小皮孔。奇数羽状，复叶，互生，长20-25厘米；小叶对生，2-3对，近革质，卵形，宽椭圆形至长椭圆形，长5-10厘米，宽4-8厘米，先端短渐尖或圆形，基部宽楔形、圆形或近截形，托叶早落，无小托叶；小叶柄长6-8毫米。总状花序腋生，长15-20厘米，通常2朵花簇生于花序总轴的节上；苞片小，早落。花梗长5-8毫米，在花萼下有卵形的小苞片2枚；花萼长约3毫米，顶端近平截，外面略被锈色短柔毛，边缘尤密；花冠白或粉红色，长1.2-1.4厘米，各瓣均具柄，旗瓣近圆形，基部两侧有内折的耳，背面被丝毛，翼瓣长圆形，龙骨瓣镰形，前缘连合；雄蕊二体（9+1），花药基着；子房无柄，胚珠2，花柱细，内弯。荚果扁平，厚革质，长4-5厘米，宽1.5-2.5厘米，有不甚明显的小疣凸，顶端有微弯曲的短喙，不开裂，沿缝线处无隆起的边或翅，有1种子。种子肾形，种脐小，无胚乳。

单种属。

水黄皮

图 165 彩片 67

Pongamia pinnata (Linn.) Pierre, Fl. For. Cochinch. t. 385. 1899.

Cytisus pinnatus Linn. Sp. Pl. 741. 1753.

形态特征同属。花期5-6月，果期8-10月。

产台湾、福建、广东、香港、海南及广西南部，生于沿海潮汐到达的地区，常栽植于低海拔山地。印度、斯里兰卡、缅甸、马来西亚、澳大利亚及玻里尼西亚有分布。喜水湿、速生。枝叶可作饲料或绿肥。全株药用，作催吐剂，有杀虫效果；种子油作燃料并治疥癣、脓疮。常栽植作护堤、防风的海岸林树种。

图 165 水黄皮 （引自《图鉴》）

15. 紫藤属 Wisteria Nutt.

（韦 直）

落叶藤本。冬芽球形或卵形，芽鳞3-5枚。奇数羽状复叶互生，托叶线形，早落；小叶多数，对生，具小托叶。总状花序顶生，下垂，在花期中延伸；花散生花序轴上；苞片早落，无小苞片。花梗长；花萼宽钟形，萼齿5，略呈二唇形，上方2齿大部合生，最下1齿较长，钻形；花冠紫、堇青或白色，旗瓣圆形，基部具2胼胝体，花开后反折，翼瓣长圆状镰形，有耳，龙骨瓣内弯，钝头，先端稍粘合；雄蕊二体(9+1)，花药同型；花盘有明显的蜜腺环；子房具柄，花柱无毛，上弯，柱头小，点状，顶生，胚珠多数。荚果线状倒披针形，伸长，基部具颈，种子间缢缩，迟裂，瓣片革质；种子大，肾形，无种阜。

约10种。分布于东亚、北美和大洋洲。我国5种。

1. 小叶9-13；花序长15-30(-35)厘米；花长2-2.5厘米。
　　2. 叶无毛或幼时有稀疏平伏毛；花紫色 ·· 1. 紫藤 **W. sinensis**
　　2. 叶被长柔毛，下面尤密；花堇青色 ·· 2. 藤萝 **W. villosa**
1. 小叶13-19；花序长30-60(-90)厘米；花长1.5-2厘米；叶初时两面被平伏细毛，后无毛；花淡紫色 ··········
　　·· 3. 多花紫藤 **W. floribunda**

1. 紫藤

图 166 彩片 68

Wisteria sinensis (Sims) Sweet, Hort. Brit. 121. 1872.

Glycine sinensis Sims in Curtis's Bot. Mag. 44: t. 2083. 1819.

大型藤本，长达20余米。茎粗壮，左旋；嫩枝黄褐色，被白色绢毛。羽状复叶长15-25厘米，小叶9-13，纸质，卵状椭圆形或卵状披针形，先端小叶较大，基部1对最小，长5-8厘米，宽2-4厘米，先端渐尖或尾尖，基部钝圆或楔形，或歪斜，嫩时两面被平伏毛，后无毛，小托叶刺毛状。总状花序生于去年短枝的叶腋或顶芽，长15-30厘米，径8-10厘米，先叶开花。花梗细，长2-3厘米；花萼长5-6毫米，宽7-8毫米；密被细毛；花冠紫色，长2-2.5厘米，旗瓣反折，基部有2枚柱状胼胝体；子房密被茸毛，胚珠6-8。荚果线状倒披针形，成熟后不脱落，长10-15厘米，宽1.5-2厘

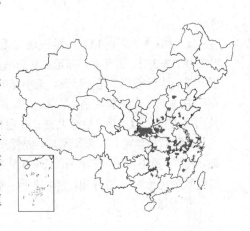

米，密被灰色茸毛。种子1-3，褐色，扁圆形，径1.5厘米，具光泽。花期4-5月，果期5-8月。

产河北、山西、陕西、山东、江苏、浙江、安徽、福建、江西、河南、湖北、湖南及广西，其余省区常有栽培。世界各地亦广为栽培。为著名棚架观赏植物，自古即栽培于寺庙、庭院，春日紫穗满架，十分美丽。花含芳香油，鲜花常加入糕饼中食用；根用于咳嗽、水肿、通小便；茎皮和胃解毒、驱虫、止吐泻；种子有防腐作用。野生种略有变异，常见有白花变型。

2. 藤萝　　　　　　　　　　　图 167

Wisteria villosa Rehd. in Journ. Arn. Arb. 7: 162. 1926.

藤本。当年生枝密被灰色长柔毛，后无毛。羽状复叶长15-32厘米；叶柄长2-5厘米；小叶9-11，纸质，卵状长圆形或卵状椭圆形，自下向上渐小，第二、三对小叶较大，长5-10厘米，先端锐尖或尾尖，基部宽楔形或圆，上面疏被白色柔毛，下面的毛甚密，小托叶刺毛状，长5-6毫米，易脱落，与小叶柄均被长柔毛。总状花序着生枝端，下垂，长30-35厘米，径8-10厘米；花芳香，与叶同时展开，自下向上顺序开花；苞片卵状椭圆形，长约1厘米。花梗长1.5-2.5厘米，和苞片均被长柔毛；花萼宽钟形，长8毫米，宽1厘米，萼紫色，内外均被茸毛，萼齿三角形，上方2齿合生；花冠堇青色，长2.2-2.5厘米，旗瓣近圆形，瓣片基部心形，翼瓣与龙骨瓣宽长圆形，龙骨瓣顶端微缺；子房密被茸毛，胚珠5。荚果倒披针形，密被褐色茸毛，长18-24厘米，宽2.5厘米，具3种子。种子棕色，扁圆形，径1.5厘米。花期5月，果期7-9月。

产陕西及河南，河北、山东、江苏及安徽有栽培，生于山坡、灌丛中及路边。用途与紫藤相同。

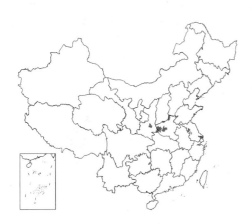

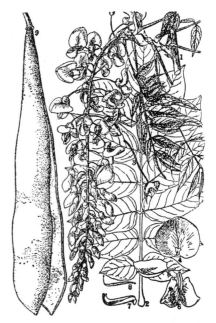

图 166 紫藤 （引自《豆科图说》）

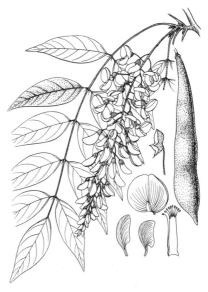

图 167 藤萝 （引自《图鉴》）

3. 多花紫藤　　　　　　　　　图 168

Wisteria floribunda （Willd.） DC. Prodr. 2: 390. 1825.

Glycine floribunda Willd. Sp. Pl. 3: 1066. 1800.

藤本。茎柔软，右旋，皮赤褐色，分枝密，初密被褐色短毛，旋秃净。羽状复叶长20-30厘米；托叶线形，早落，小叶13-19，薄纸质，卵状披针形，长4-8厘米，先端渐尖，基部钝或宽楔形，初时两面被平伏细毛，后渐秃净；小叶柄被毛，干后变黑；小托叶刺毛状，长约3毫米，脱落。总状花序着生枝梢，长30-60（90）厘米，径5-7厘米，先叶后花，自下向上顺序开放。花梗细，长1.5-2.5厘米，与花序轴均被白色短柔毛；花萼宽钟形，长4-5毫米，上方2萼齿几合生，下方3萼齿三角形，均被细绢毛；花

冠淡紫色，长1.5-2厘米，旗瓣圆形，基部2枚胼胝体不显著，翼瓣短于旗瓣，先端尖，龙骨瓣稍短于旗瓣；子房被毛，胚珠8。荚果倒披针形，密被茸毛，长12-19厘米，宽1.5-2厘米，具3-6种子。种子赤褐色，扁圆形，径1-1.4厘米，有光泽。花期5月，果期

7月。

原产日本,我国南北各地普遍作棚架植物供观赏。本种和紫藤杂交培育出许多园艺品种,花有白色,淡红色,杂色斑纹和重瓣等。

16. 耀花豆属 Sarcodum Lour.
(韦 直)

缠绕草本或亚灌木。奇数羽状复叶互生,小叶多数,全缘,有托叶和小托叶。圆锥花序顶生,直立,苞片和小苞片均宿存。花萼钟形,萼齿5,上方2齿不明显,下方3齿急尖;花大,红或白色,旗瓣近圆形,基部无胼胝体,翼瓣较短,龙骨瓣镰形,长于翼瓣,先端急尖成喙;雄蕊二体(9+1),花药同型;子房具柄,无毛,胚珠多数,花柱钻形,上弯,内侧近轴面有纵列须毛,柱头小,顶生。荚果圆柱形,肿胀,顶端渐尖成喙,具果柄,2瓣裂,内外二层果皮干后分离。种子无种阜。

2种。1种分布于东南亚,另1种分布于太平洋所罗门群岛。我国1种。

图 168 多花紫藤 (引自《图鉴》)

耀花豆   图 169

Sarcodum scandens Lour. Fl. Cochinch. 472. 1790.

多年生缠绕草本,呈灌木状,长2-7米;全株除花冠外密被棕色长柔毛。羽状复叶长10-25厘米;叶柄与叶轴有棱;托叶线状披针形或芒针状,长1.1-1.5厘米,宿存;小叶21-27(-31),长圆形至卵状长圆形,长2-5.5厘米,先端有长2毫米的芒尖,基部圆或宽楔形,两面被毛,下面沿中脉两侧和边缘尤密,侧脉7-10对;小托叶芒刺状,宿存。总状花序长10-20(-30)厘米,具多花;苞片卵状披针形,长1.6-2厘米,先端尾尖。花梗长0.7-1.5厘米;花萼长3-4毫米,萼齿

5,上方2齿合生,下方3齿宽三角形,花冠紫红或淡紫色,长1.5-2厘米,无毛,旗瓣椭圆形,反折,与龙骨瓣近等长,翼瓣较短;子房具柄,无毛,胚珠6-10。荚果线状圆柱形,长7-9厘米,径8-9毫米,喙长7毫米,果柄5毫米;外果皮干后深褐色,纸质,内果皮白色,软骨质,种子间稍缢缩,具6-10种子。种子黑色,光亮,椭圆状肾形,长6毫米,径3.5毫米,种脐宽卵形。花期4-5月,果期7-8月。

图 169 耀花豆 (蒿克俭绘)

产海南,生于山坡林中,缠绕树上。东南亚有分布。花色鲜艳,故得名,可供观赏。

17. 巴豆藤属 Craspedolobium Harms
(韦 直)

攀援灌木。羽状三出复叶,具托叶和小托叶。花聚集于缩短成柱状的节上,呈团伞花序状,再排列呈总状花序式。花萼钟形,萼齿5,近等长,上方2齿大部连合,两侧萼齿三角形,急尖,最下1齿卵状披针形;花冠红色,无毛,旗瓣近圆形,先端微凹缺,基部无胼胝体,具短瓣柄;翼瓣斜长圆形,钝头,龙骨瓣直,宽镰形;雄蕊二体

（9+1），花药同型；子房具短柄，被细柔毛，花柱无毛，上弯，柱头小；胚珠5-8。荚果线形，扁平，厚纸质，瓣裂，沿腹缝线具窄翅，种子间无横隔。种子肾形，扁平。

单种属，特产于我国。

巴豆藤　　　　　　　　　　　　　图 170

Crespedolobium schochii Harms in Fedde, Repert. Sp. Nov. 17: 135. 1921.

形态特征同属。花期6-9月，果期9-10月。

产广西西北部、贵州西南部、四川及云南，生于海拔2000米以下土壤湿润的疏林下或路旁灌丛中。根、茎有祛瘀活血、补血、调经、除风湿的功效。

图 170 巴豆藤 （蔡淑琴绘）

18. 鱼藤属 Derris Lour.
（韦 直）

藤本或攀援灌木，稀乔木。奇数羽状复叶，互生；托叶小，无小托叶；小叶（3-）5-15（-21），对生。花簇生于节上，组成腋生或顶生的总状花序或圆锥花序；苞片小，早落。花萼钟形，萼齿短而宽；花冠长于花萼，通常无毛或近无毛；旗瓣基部有胼胝体或无，翼瓣与龙骨瓣较窄，均具长柄；花盘通常缺；雄蕊单体或二体（9+1），花药丁字着生；子房具柄或无柄，胚珠1至多数。荚果薄而坚硬，扁平，不裂，沿腹缝线或背缝两线有窄翅，种子1至数粒。种子肾形，扁平。

共70余种，分布东南亚、大洋洲及其周围岛屿，至非洲东部。我国包括引入栽培的有25种。

1. 小叶至少下面有毛；荚果多少有毛。
　　2. 小叶13-15，两面疏被平伏毛；小枝、花序轴被黄色细柔毛，旗瓣基部无胼胝体；荚果仅腹缝有2毫米宽的翅 ·· 1. **毛果鱼藤 D. eriocarpa**
　　2. 小叶5-13，上面几无毛，下面微被柔毛；小枝、花序轴密被毛；荚果腹缝与背缝均有翅。
　　　　3. 小叶5-9，上面光亮，下面被锈色柔毛；小枝、花序轴被锈色短柔毛；旗瓣无胼胝体；荚果腹缝翅宽3-5毫米，背缝翅宽2-4毫米 ·· 3. **锈毛鱼藤 D. ferruginea**
　　　　3. 小叶9-13，上面近无毛，下面疏被棕色绢毛；小枝、花序轴被棕色柔毛；旗瓣基部有胼胝体；荚果双缝翅均窄，宽不及2毫米 ·· 8. **毛鱼藤 D. elliptica**
1. 小叶两面无毛，荚果无毛。
　　4. 荚果仅腹缝有翅，翅宽1.5毫米；小叶5；花序轴无毛；花淡红色，旗瓣基部无胼胝体 ··· 2. **鱼藤 D. trifoliata**
　　4. 荚果双缝线均有翅。
　　　　5. 花序轴有毛，旗瓣基部无胼胝体。
　　　　　　6. 雄蕊单体。

7. 小叶 (3-) 5-7；花冠白色。

　8. 小叶5-7，先端尾状。

　　9. 小叶长4-13厘米，宽2-6厘米，上面不光亮，网脉明显；花序轴和花梗被稀疏黄褐色短硬毛；荚果背缝翅宽不及1毫米 ·················· 4. **中南鱼藤 D. fordii**

　　9. 小叶长5-8厘米，宽1.5-3厘米，上面光亮，网脉不甚明显；花序轴和花梗密被棕褐色柔毛；荚果背缝宽1-1.5毫米 ·············· 4(附). **亮叶中南鱼藤 D. fordii** var. **lucida**

　8. 小叶 (3-) 5，先端钝尖 ·············· 5. **白花鱼藤 D. alborubra**

7. 小叶 7-13；花冠红色 ·············· 5(附). **粗茎鱼藤 D. scabricaulis**

6. 雄蕊二体 (9+1)；小叶5-9，先端急尖或钝尖；荚果双缝翅近等宽 ·············· 9. **密锥花鱼藤 D. thyrsiflora**

5. 花序轴无毛，旗瓣基部有或无胼胝体。

　10. 花白或淡红色，旗瓣基部无胼胝体；小叶5-7 ·············· 6. **边荚鱼藤 D. marginata**

　10. 花玫瑰红，旗瓣基部有胼胝体；小叶9-13 ·············· 7. **粉叶鱼藤 D. glauca**

1. 毛果鱼藤　　　　　　　　　　　图 171

Derris eriocarpa How in Acta Phytotax. Sin. 3: 223. 1954.

Derris scabricaulis auct. non Gagnep.: 中国高等植物图鉴 2: 474. 1972.

攀援灌木。小枝疏被锈色柔毛。羽状复叶长20-30厘米；叶柄和叶轴疏被柔毛；小叶13-15，厚纸质，侧生小叶长椭圆形至卵状长圆形，顶生小叶倒卵状椭圆形，长5-7.5厘米，先端锐尖，基部偏斜，两面疏被黄色柔毛，侧脉7-8对。总状花序腋生，长于复叶；花序轴被黄色柔毛，花3-10朵聚生于长2-4毫米的生花节上。花梗丝状，长4-5毫米；花萼宽钟形，长3-4毫米，萼齿不明显；花冠白或淡红色，

图 171 毛果鱼藤 （引自《图鉴》）

长1-1.2厘米，旗瓣椭圆状卵形，背面脉上疏被柔毛或无毛，基部无胼胝体；雄蕊单体，子房被长柔毛，胚珠4-8。荚果长椭圆形，长6-11厘米，疏被平伏毛，先端具短尖，基部渐窄，有柄；仅腹缝有翅，翅宽约2毫米，具2-8种子。种子扁圆形，长6毫米，宽4毫米。花期6-7月，果期9-1月。

产广西、贵州西南部及云南，生于海拔1200-1400米山地疏林中。根有散瘀止痛、杀虫的功效。

2. 鱼藤　　　　　　　　　图 172 彩片 69

Derris trifoliata Lour. Fl. Cochinch. 433. 1790.

攀援灌木，长达5米。茎粗壮，枝叶均无毛。羽状复叶长7-15厘米；小叶 (3-) 5 (-7)，厚纸质，卵形或卵状长圆形，长5-10厘米，先端渐尖，钝头，基部圆或呈心形；小叶柄长2-3毫米。总状花序腋生，长5-15厘米，有时下部有分枝，呈圆锥花序状，花序梗与花序轴均无毛；苞片小，三角形，花聚生。花梗长2-4毫米；花萼钟形，长约2毫米，萼齿甚短；花冠白或粉红色，花瓣近等长，长约1厘米，旗瓣近圆形，基部无胼胝体；雄

蕊单体；子房被微细毛，无柄，胚珠2-4。荚果圆形或斜卵形，长2.5-4厘米，宽2-3厘米，扁平，无毛，仅于腹缝有1.5毫米的翅，具1-2种子。花期4-8月，果期8-12月。

产台湾、福建、广东、香港、海南及广西，多生于沿海河岸灌丛或红树林中。印度、东南亚及澳大利亚北部有分布。根、茎、叶含鱼藤酮约5%，可作杀虫药。有毒，外敷治跌打肿疮。

3. 锈毛鱼藤 图 173

Derris ferruginea (Roxb.) Benth. in Miq. Pl. Jungh. 1: 252. 1852.

Robinia ferruginea Roxb. Fl. Ind. ed. 2, 3: 329. 1832.

攀援灌木，长达数米。小枝密被锈色柔毛。羽状复叶长15-30厘米，托叶宽三角形；小叶5-9，革质，椭圆形或倒卵状椭圆形，长6-13厘米，先端渐尖或锐尖，基部圆，上面无毛，有光泽，下面疏被锈色微柔毛或无毛。圆锥花序腋生，长15-30厘米；序轴密被锈色短柔毛；花簇生于短轴上。花梗细，长4-6毫米；花萼钟形，长约3毫米，萼齿不明显，均被锈色毛；花冠淡红或白色，长0.8-1厘米；雄蕊单体；子房密被毛，胚珠2-4。荚果革质，椭圆形至长椭圆形，长5-8厘米，初密被锈色绢毛，成熟时几无毛，腹缝翅宽3-5，背缝翅宽2-4毫米，具1-2种子。花期4-7月，果期9-12月。

产广东、海南、广西、贵州西南部及云南，生于低海拔山地疏林或灌丛中。印度、越南、柬埔寨、老挝及泰国有分布。根含鱼藤酮甚高，作杀虫剂。

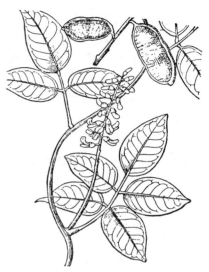

图 172 鱼藤 （引自《图鉴》）

图 173 锈毛鱼藤 （引自《图鉴》）

4. 中南鱼藤 图 174

Derris fordii Oliv. in Hook. Icon. Pl. 18: t. 1771. 1888.

攀援灌木。羽状复叶长15-28厘米，托叶三角形；小叶5-7，厚纸质或薄革质，卵状椭圆形、卵状长椭圆形或椭圆形，长4-13厘米，宽2-6厘米，先端尾尖，基部钝圆，上面不光亮，两面无毛，侧脉6-7对，网脉明显。圆锥花序腋生，略短于复叶；花序轴和花梗疏被棕色短硬毛；花2-5朵聚生于分枝上。花梗长3-5毫米，小苞片2，长约1毫米，贴萼生，被微柔毛；花萼钟形，长2-3毫米，萼齿圆形或三角形，均被短毛

图 174 中南鱼藤 （余 峰绘）

和红色腺点或腺条,花冠白色,长1厘米,旗瓣宽倒卵状椭圆形,基部无胼胝体,翼瓣与旗瓣近等长,龙骨瓣略长于翼瓣;雄蕊单体;子房无柄,被柔毛,胚珠2-4。荚果薄革质,长椭圆形或长圆形,长4-10厘米,宽1.5-2.3厘米,扁平,无毛,腹缝翅宽2-3毫米,背缝翅宽不及1毫米,具1-4种子。种子棕褐色,长肾形,长1.4-1.8厘米,宽1厘米。花期5-8月,果期10-11月。

产浙江、福建、江西、湖南、广东、香港、广西、贵州、四川东南部及云南,生于低山丘陵疏林或灌丛中。茎皮纤维可织麻袋、绳索和人造棉;根磨粉、毒鱼和杀虫剂;根和茎又供药外用,治跌打肿痛、疥疮湿疹,有大毒,严禁内服。

[附] **亮叶中南鱼藤 Derris fordii** var. **lucida** How in Acta Phytotax. Sin. 3: 218. 1954. 与中南鱼藤的区别:小叶较小,长3-8厘米,宽1.5-3厘米,上面较光亮,网脉不甚明显;花序轴和花梗均密被棕褐色柔毛;荚果较薄,背缝翅宽1-1.5毫米。产广东、广西及贵州,生于石质山坡林中。

5. 白花鱼藤   图 175

Derris alborubra Hemsl. in Curtis's Bot. Mag. 4: t. 8008. 1905.

藤本,长6-7米。羽状复叶长20-30厘米;叶柄长2.5-3.5厘米;托叶三角形;小叶(3-)5,革质,椭圆形至倒卵状长圆形,长5-8(-15)厘米,先端钝尖或微凹,基部宽楔形至圆,上面光亮,两面无毛,圆锥花序顶生或腋生,长15-30厘米;花序轴和花梗微被细柔毛;花梗细;花萼钟形,红色,长3-4毫米,萼齿5,最下1齿较长,宽三角形,外被棕色短柔毛;花冠白色,长1-1.2厘米,先端被微柔

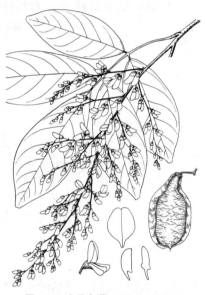

图 175 白花鱼藤 (引自《图鉴》)

毛,旗瓣近圆形,先端凹缺,基部无胼胝体,翼瓣基部两侧各具1耳,与龙骨瓣均短于旗瓣;雄蕊单体;子房无柄,被柔毛,胚珠2-4。荚果革质,斜卵形或斜长圆形,长2-5厘米,宽2.2-2.5厘米,扁平,无毛,腹缝翅宽3-4毫米,背缝翅宽1毫米,具1-2种子。花期4-6月,果期7-10月。

产广东、香港、海南及广西,生于低海拔山地疏林中。越南有分布。

[附] **粗茎鱼藤 Derris scabricaulis** (Franch.) Gagnep. in Lecomte,

Not. Syst. 2: 367. 1913. —— *Millettia scabricaulis* Franch. Pl. Delav. 2: 158. 1889. 与白花鱼藤的区别:枝粗糙;小叶7-13;花冠红色。产云南及西藏,生于海拔2000-2500米山谷灌木林中。

6. 边荚鱼藤   图 176

Derris marginata (Roxb.) Benth. in Journ. Linn. Soc. Bot. 4(Suppl): 111. 1860.

Dalbergia marginata Roxb. Fl. Ind. 3: 241. 1824.

攀援灌木,除花萼、子房被疏柔毛外,全株无毛。羽状复叶长13-25厘米,托叶三角形;小叶5-7,近革质,倒卵状椭圆形或倒卵形,长5-15厘米,先端短渐尖,基部宽楔形或钝圆,侧脉6-8(-10)对,两面均隆起;小托叶长约5毫米。圆锥花序腋生,长6-20厘米;花序的分枝很少,与花序轴均无毛;花单生或2-3朵聚生;花梗长0.5-1.2厘米,花萼宽钟形,长2-3毫米;花冠白色至淡红色,旗瓣宽卵形,基部无胼胝体,翼瓣稍短于

旗瓣，龙骨瓣与翼瓣等长，长1-1.2厘米；雄蕊单体；子房无柄，胚珠2-4。荚果线状长圆形，长7-10(-15)厘米，薄革质，无毛，腹缝翅宽6-8毫米，背缝翅宽2-3毫米，具1-3种子。花期4-5月，果期11-1月。

产广西、贵州及云南，生于山地疏林中，印度、越南、老挝、柬埔寨及泰国有分布。根磨粉或浸出液可防治农林害虫。

7. 粉叶鱼藤 图 177

Derris glauca Merr. et Chun in Sunyatsenia 2: 246. pl. 50. 1935.

藤本。小枝初被黄色柔毛，旋秃净或疏被毛，具凸起的疣状皮孔。羽状复叶长10-25厘米；小叶9-13，膜质，倒卵状长圆形，长5-7厘米，先端短渐尖至急尖，基部宽楔形，上面深绿色，有光泽，下面初时苍白色，老时粉绿色。圆锥花序腋生，长10-15厘米，径6-8厘米，通常花3朵聚生于0.8-1厘米长的节端。花梗纤细，长0.8-1厘米，小苞片2枚；花萼褐色，宽钟形，长6-7毫米，边缘疏生黄色缘毛；花冠玫瑰红色，旗瓣圆形，长1.6-1.8厘米，近基部有2枚薄片状胼胝体，翼瓣和龙骨瓣与旗瓣等长；雄蕊单体；子房基部被黄色疏毛，

图 176 边荚鱼藤 （引自《图鉴》）

胚珠4。荚果长椭圆形，薄革质，长4-8厘米，无毛，先端渐尖，基部渐窄或钝，腹缝翅宽3-4毫米，背缝翅宽1-2毫米，具1-3种子。花期4-5月，果期7-10月。

产海南及广西，生于海拔700米以下山谷疏林、溪边岩石堆中。根可作杀虫剂，毒效高；花美丽、枝叶繁茂，在广州栽培长势旺盛，供观赏。

8. 毛鱼藤 图 178

Derris elliptica (Roxb.) Benth. in Journ. Linn. Soc. Bot. 4(Suppl.): 111. 1860.

Galedupa elliptica Roxb. Hort. Beng. 53. 1814.

攀援灌木，长7-10米。小枝密被棕色柔毛，后变无毛，散生褐色皮孔，中空。羽状复叶长20-35厘米；叶柄和叶轴密被棕褐色柔毛；小叶9-13，厚纸质，倒卵状长圆形至倒披针形，长6-15厘米，先端锐尖，基部楔形，上面无毛或仅沿脉疏被毛，下面粉绿色，疏被棕色绢毛。总状花序腋生，长15-30厘米；花序梗和序轴密被棕褐色柔毛；花3朵聚生于1-2厘米的节上。花萼宽钟形，长约4毫米，与花梗均密被棕褐色柔毛；花冠淡红或白色，长1.5-1.8厘米，外被棕色柔毛；旗瓣近圆形，基部有2枚胼胝体；雄蕊单体；子房密被毛，胚珠3-4。荚果长椭圆形，长3.5-8厘米，宽1.7-2厘米，扁平，初被柔毛，后秃净，腹缝翅宽约2毫米，背缝翅宽约0.5毫米，具1-4种子。种子扁平，深褐色。花期4-5月，果期10-11月。

图 177 粉叶鱼藤 （引自《Sunyatsenia》）

原产印度、中南半岛、马来半岛及菲律宾。台湾、广东、海南、广西及云南均有栽培，生长良好。根部含鱼藤酮3%-13%，为本属杀虫效力最高的一种，可用于癣疥、湿疹。

9. 密锥花鱼藤

图 179

Derris thyrsiflora (Benth.) Benth. in Journ. Linn. Soc. Bot. 4 (Suppl.)：114. 1860.

Millettia thyrsiflora Benth. in Miq. Pl. Jough. 1：249. 1852.

攀援或披散灌木。小枝无毛或疏被柔毛，密布皮孔，中空。羽状复叶

长30-45厘米；小叶5-9，近革质，长椭圆形或长椭圆状披针形，长10-15厘米，先端急尖或钝尖，基部圆，两面无毛，侧脉5-7对。圆锥花序紧密，侧生或顶生，长12-35厘米；花序梗与序轴疏被棕色柔毛；花序分枝多，伸展或上举；花单生，紧密排列于分枝上。花梗甚短；花萼钟形，长约3毫米，萼齿三角形，不明显；花冠白或粉红色，旗瓣近圆形，长约8毫米，基部无胼胝体；雄蕊二体（9+1）；子房被毛，胚珠3。荚果长椭圆形，长5-10厘米，宽2.5-3（-4）厘米，薄革质，网纹明显，无毛，双缝均有翅，宽度近相等，中部宽约3-8毫米，具1-3种子。种子长圆状肾形。花期5-6月，果期8-11月。

产广东、海南、广西及云南，生于低海拔（云南可达2000米）山地、灌丛中。印度、越南、菲律宾及印度尼西亚有分布。

图 178　毛鱼藤　（余汉平绘）

图 179　密锥花鱼藤　（余 峰绘）

19. 灰毛豆属 Tephrosia Pers.

（韦 直）

一年生或多年生草本，有时呈灌木状。奇数羽状复叶螺旋状着生，具托叶，无小托叶；小叶多数，对生，通常被绢毛，下面尤密，先端具凸尖，侧脉多对，平行直伸。总状花序顶生或与叶对生和腋生，具苞片，通常无小苞片。花萼钟形，萼齿近等长或下方1齿较长；花冠多紫红色，旗瓣背面被毛，通常反折，基部有二胼胝体，翼瓣和龙骨瓣无毛，多少相粘连，均有柄；雄蕊二体（9+1），花药同型；花盘浅皿状，环裂；子房线形，无柄，有毛，胚珠多数，花柱上弯，扁平或扭曲，被毛或无毛，柱头点状，无毛或具画笔状毛。荚果线形至长圆形，扁平，先端有喙，瓣裂后果瓣扭转，种子间无真正隔膜。种子长圆形至椭圆形，珠柄短，有时具小种阜。

约400种，广布热带和亚热带，以非洲的分布最集中。我国11种。

1. 花长1.7-2.2厘米，花柱至少一侧有毛；荚果长6-10厘米。
　　2. 花长2-2.2厘米；荚果长8-10厘米，宽6-8.5毫米。
　　　3. 花冠白色，花梗长1厘米，萼齿钝而短，密被白色茸毛；小叶线状长圆形，长3-6厘米，宽0.6-1.4厘米；荚果密被褐色茸毛 ·· **1. 白灰毛豆 T. candida**
　　　3. 花冠红色，花梗长5毫米，萼齿锥尖，长5毫米，密被银色绢毛；小叶椭圆形，长5-8厘米，宽1.5-2厘米；荚果密被黄色茸毛 ·· **1（附）. 银灰毛豆 T. kerrii**

2. 花长1.7厘米,白色,花梗长2毫米,萼齿三角形,密被淡黄色茸毛;小叶倒卵状椭圆形,宽1-1.8厘米;荚果长5.5-6厘米,宽5毫米,密被黄色绢毛 ·············· **2. 黄灰毛豆 T. vestita**

1. 花长1厘米以下,花柱无毛;荚果长2-5厘米,宽5毫米以下。

    4. 花序长10-25厘米,花疏散着生。

        5. 花紫色,萼齿近等长;荚果被稀疏平伏毛 ·············· **3. 灰毛豆 T. purpurea**

        5. 花黄、紫或白色,上方萼齿短而宽,下方1齿窄长;荚果密被棕色茸毛 ··············

        ·············· **4. 长序灰毛豆 T. noctiflora**

    4. 花序长2-5厘米,花密集着生,红色;萼齿窄三角形;叶脉紫红色,下面尤其清晰 ··············

        ·············· **5. 台湾灰毛豆 T. ionophlebia**

1. 白灰毛豆 短萼灰叶   图 180

Tephrosia candida DC. Prodr. 2: 249. 1825.

    灌木状草本,高1-3.5米。茎木质化,具纵棱,与叶轴同被灰白色茸毛。羽状复叶长15-25厘米;叶柄长1-3厘米;托叶三角状钻形,长4-7毫米,被毛,直立,宿存;小叶17-25,线状长圆形,长3-6厘米,宽6-14厘米,上面无毛,下面密被平伏毛,侧脉30-50对。总状花序顶生或腋生,长15-20厘米,花多数,排列疏松;苞片钻形,长约3毫米,脱落。花梗长1厘米;花萼宽钟形,长宽各5毫米,萼齿短而钝,长1毫米,密被白色茸毛;花冠白色,长约2-2.2厘米,旗瓣近圆形,外被白色绢毛,翼瓣与龙骨瓣均短于旗瓣,无毛;子房密被茸毛,花柱扁,内侧有疏柔毛,胚珠10-15。荚果直,线形,长8-10厘米,宽6-8.5毫米,先端尖,喙直,密被褐色长短混杂的细茸毛,具10-15种子;种子榄绿色,具斑点,椭圆形,长5毫米,宽3.5毫米,光滑,种脐稍偏,种阜环形。花期10-11月,果期12月。

    原产印度东部及马来西亚。福建、广东、海南、广西及云南有栽培,并已野化,生于草地、旷野、山坡。枝叶作绿肥,肥效高,又为土坡、河岸保土植物。

    [附] **银灰毛豆 Tephrosia kerrii** Drummond et Craib in Kew Bull. 3: 149. 1912. 与白灰毛豆的区别:小叶椭圆形,长5-6厘米,宽1.5-2厘米;萼齿锥形,花冠红色,花梗长约5毫米;荚果密被黄色茸毛。产云南南部,生于海拔700-950米的山谷、旷野湿润处。泰国及老挝有分布。

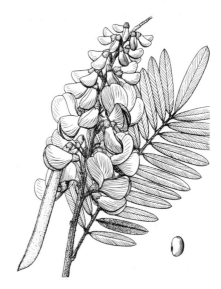

图 180 白灰毛豆 (引自《图鉴》)

2. 黄灰毛豆   图 181

Tephrosia vestita Vogel in Nov. Acta Acad. Nat. Curr. 19(Suppl.), 1: 15. 1842.

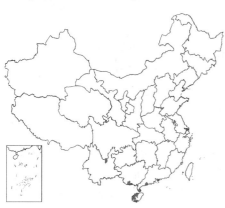

    多年生草本,高1-2米;全株密被淡黄色茸毛。茎基部木质化,稍呈之字形,具纵棱。羽状复叶长10厘米;叶柄长1-1.5厘米;托叶线形,长3-5厘米,锥尖,早落;小叶7-11(-13),倒卵状椭圆形或长椭圆形,长2-4厘米,宽1-1.8厘米,先端

图 181 黄灰毛豆 (引自《图鉴》)

圆或微凹，基部楔形，上面粗糙，无毛，下面密被绢毛，中脉和叶缘尤密，侧脉15-20对。总状花序顶生或与叶对生，长3-7厘米，具多数密生的花；苞片小，窄三角形，背面被茸毛，早落。花梗长2毫米；花萼宽钟形，长约3毫米，萼齿三角形，密被淡黄色茸毛；花冠白色，长约1.7厘米，芳香，旗瓣近圆形，长约1.5厘米，外面被黄色绢毛，翼瓣与龙骨瓣均短于旗瓣；子房密被绢毛，花柱内面被长纤毛，胚珠10-15。荚果直，线形，长5.5-6厘米，宽5毫米，扁平，水平伸展，密被黄色绢毛，先端尖，具直喙，缝线

稍加厚，具10-12种子。种子黑色，肾形。花期6-10月，果期7-11月。

　　产江西南部、广东、香港、海南、广西及云南，生于旷野、林缘和草地。东南亚有分布。本种为喜光耐旱保土植物。

3. 灰毛豆　灰叶　　　　　　　　　图 182

Tephrosia purpurea (Linn.) Pers. Syn. Pl. 2: 329. 1807.

Cracca purpurea Linn. Sp. Pl. 752. 1753.

亚灌木状草本，高0.3-0.6(-1.5)米。茎多分枝，基部木质化，具纵棱，被细柔毛或近无毛。羽状复叶长7-15厘米；托叶锥形，长约4毫米；小叶9-17(-21)，倒卵状椭圆形，长1.5-3.5厘米，先端钝圆、截形或微凹，基部窄圆，上面无毛，下面被平伏短柔毛，侧脉7-12对。总状花序顶生或生于上部叶腋，长10-15厘米；花疏散着生，2(-4)集生于节上；苞片窄披针形，长2-4毫米。花梗细，长2-4毫米，果期稍伸

长；花萼宽钟形，长2-4毫米，萼齿窄三角形，锥尖，近等长；花冠紫色，长8毫米，旗瓣扁圆形，外被细柔毛，翼瓣稍长于旗瓣，龙骨瓣与旗瓣近等长；子房密被柔毛，花柱无毛，胚珠5-8。荚果线形，稍向上弯曲，长4-5厘米，宽4(-6)毫米，先端具短喙，被稀疏伏毛，具6种子。种子灰褐色，长3毫米，具斑纹，椭圆形，扁平，种脐位于中央。花果期3-10月。

　　产台湾、福建、广东、香港、海南、广西及云南，生于旷野、山坡。广布热带地区，根据地域性变异分成若干亚种和变种。枝叶作绿肥，全株有毒，含芸香苷，根含灰毛豆素和鱼藤酮，可毒鱼；又为良好的固沙与堤岸保土植物。全株有清热消滞的作用。

4. 长序灰毛豆　　　　　　　　　　图 183

Tephrosia noctiflora Bojer ex Baker in Oliv. Fl. Trop. Afr. 2: 112. 1871.

多年生草本，高0.5-1.5米。茎直立，木质化，密被伸展柔毛。羽状复叶长7-11厘米；叶柄长0.7-1.3厘米；托叶窄三角形，长6-11厘米，锥尖，宿存；小叶15-25，倒披针状长圆形，长2.2-3.2厘米，顶生小叶较大，先端钝或浅凹，基部楔形，上面无毛，下面密被平伏绢毛，侧脉9-11对。总状花序顶生，长15-25厘米，花序轴劲直；被毛，花散生，3-4朵生于节上，苞片刺毛状，长约3毫米。花梗长2-4毫米；花萼浅皿状，长宽均约5毫

图 182 灰毛豆 （引自《图鉴》）

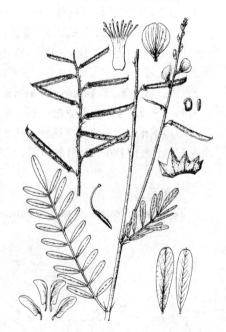

图 183 长序灰毛豆 （何冬泉绘）

米，萼齿三角形，下方1枚窄长，其余的短而宽；花冠黄、紫或白色，长约1厘米，旗瓣圆形，外面被棕色绢

毛,翼瓣和龙骨瓣均略短于旗瓣;子房被茸毛,花柱无毛,柱头有画笔状毛,胚珠8-10。荚果线形,劲直,长4.5-5厘米,宽5毫米,先端稍上弯,密被棕色茸毛,具7-9种子。种子黑色,长4毫米,肾形,具横向皱斑,种脐偏于一边。花果期12-2月。

原产非洲及印度。云南、台湾及广东有栽培,有逸生,生于荒郊、路旁草丛、旷野。本种代茶,也是咖啡园的绿肥和保土植物,也可毒鱼。

5. 台湾灰毛豆 图 184

Tephrosia ionophlebia Hayata, Ic. Formos. 9: 21. 1920.

多年生草本。小枝略呈之字形曲折,直立或上升,被淡黄色平伏毛。羽状复叶长6-8厘米,托叶线形,与叶轴同被硬毛;小叶 13-17 (-21),长圆状倒披针形,长1.5-1.8厘米,先端钝或凹头,具短尖,基部宽楔形,中部侧生小叶较大,上面近无毛,下面疏被长硬毛,叶脉紫红色,下面尤其清晰。总状花序顶生或腋生。长2-5厘米,挺直,密被长硬毛,果期伸长,节上簇生5-7花;苞片线形。花梗细,长4毫米;花萼钟形,外被硬毛,萼齿窄三角形,锥尖;花冠红色,长1厘米,旗瓣被柔毛;子房下部具硬毛,胚珠5-8,花柱无毛。荚果线形,长3.5-4厘米,宽4毫米,顶端具尖喙,弯曲,具

图 184 台湾灰毛豆 (引自《Fl. Taiwan》)

5-7种子。种子椭圆形,粗糙。
产台湾,生于旷野、荒地。

20. 冬麻豆属 **Salweenia** Baker f.

(郑朝宗)

常绿灌木,高达2米。茎直立,密被灰白色长柔毛。奇数羽状复叶;叶柄及叶轴均被灰白色长柔毛;具托叶,无小托叶;小叶对生,3-7 (-9) 对,线形或线状披针形,长1-2.7厘米,全缘,内卷,贝合状。花簇生枝顶;具苞片和小苞片,小苞片位于花萼下方。花萼钟状,萼齿5,正三角形,上方2齿部分合生;花冠黄色,旗瓣倒卵形,先端微凹,翼瓣长圆形,具长瓣柄,龙骨瓣舟状,具长瓣柄;雄蕊二体,花药同型,背着,花盘贴生花萼内面基部;子房具长柄。荚果线状长圆形,扁平,具果柄,2瓣裂,果瓣薄,近纸质。种子近心形,压扁。

单种属,为我国特有。

冬麻豆 图 185 彩片 70

Salweenia wardii Baker f. in Journ. Bot. 73: 135. 1935.

形态特征同属。

产四川西部及西藏东部,生于海拔2700-3600米干热河谷多石山坡或灌丛中。

图 185 冬麻豆 (蒀克俭绘)

21. 刺槐属 Robinia Linn.

（郑朝宗）

乔木或灌木。有时全株（除花冠外）被具腺刚毛。无顶芽，腋芽为叶柄下芽。奇数羽状复叶，常具10对以下小叶；托叶刚毛状或刺状，具小托叶；小叶全缘，具柄。总状花序腋生，下垂；苞片早落。花萼钟状，5齿裂，上方2齿近合生；花冠白、粉红或玫瑰红色，花瓣具瓣柄，旗瓣反折，翼瓣弯曲，龙骨瓣内弯；雄蕊二体，对旗瓣的1枚分离，花药同型，2室纵裂；子房具柄，花柱顶端具毛，柱头顶生，胚珠多数。荚果扁平，沿腹缝线具窄翅，果瓣薄。种子长圆形或偏斜肾形，无种阜。

约20种，分布于北美洲至中美洲。我国引进栽培2种和2变种。

1. 小枝、花序轴、花梗被平伏细柔毛；具托叶刺，小叶长椭圆形；花冠白色；荚果无毛 … **刺槐 R. pseudoacacia**
1. 小枝、花序轴、花梗密被细柔毛及紫红色硬腺毛；无托叶刺，小叶长椭圆状卵形、宽卵形或近圆形；花冠红或玫瑰红色；荚果密被粗硬腺毛 ························ （附）. **毛洋槐 R. hispida**

刺槐　洋槐　　　　　　　　　图 186 彩片 71

Robinia pseudoacacia Linn. Sp. Pl. 722. 1753.

落叶乔木，高10-25米；树皮浅裂至深纵裂，稀光滑。小枝初被毛，后无毛；具托叶刺。羽状复叶长10-25（-40）厘米；小叶2-12对，常对生，椭圆形、长椭圆形或卵形，长2-5厘米，先端圆，微凹，基部圆或宽楔形，全缘，幼时被短柔毛，后无毛。总状花序腋生，长10-20厘米，下垂；花芳香；花序轴与花梗被平伏细柔毛。花萼斜钟形，萼齿5，三角形或卵状三角形，密被柔毛；花冠白色，花瓣均具瓣柄，旗瓣近圆形，反折，翼瓣斜倒卵形，与旗瓣几等长，长约1.6厘米，龙骨瓣镰状，三角形；雄蕊二体；子房线形，无毛，花柱钻形，顶端具毛，柱头顶生。荚果线状长圆形，褐色或具红褐色斑纹，扁平，无毛，先端上弯，果颈短，沿腹缝线具窄翅；花萼宿存，具2-15种子。种子近肾形，种脐圆形，偏于一端。花期4-6月，果期8-9月。

原产美国东部。全国各地广泛栽植。适应性强，为优良固沙保土树种、绿化树种、行道树和优良蜜源植物；木材质硬重，为用材树种；萌芽力强，是速生薪炭林树种。根有利气活血、祛风除湿、舒筋活络的功能；树皮有利尿的功效。

[附] **毛洋槐**　彩片 72 **Robinia hispida** Linn. Mant. 101. 1767. 与刺槐的区别：小枝、花序轴、花梗密被细柔毛及紫红色腺毛；无托叶刺；小叶5-7（8）对，椭圆形、卵形、宽卵形或近圆形；花冠红或玫瑰红色；荚果密被粗硬腺毛。原产北美洲。北京、天津、陕西、江苏（南

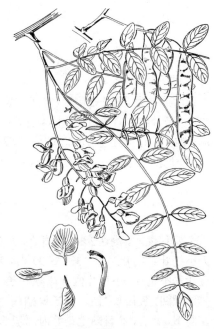

图 186 刺槐 （冯金环绘）

京）、辽宁（熊岳）等地有栽培。为美丽的园林观赏树。

22. 田菁属 Sesbania Scop.

（方云亿）

亚灌木状草本或落叶灌木，稀乔木状。偶数羽状复叶互生；托叶小，早落；小叶多数，对生，通常10对以上，中间的常较两端的大，具腺点，全缘，小托叶小或无。总状花序腋生，具早落的钻形苞片和小苞片。花萼宽钟状，萼齿5，近等大，稀近二唇形，常短于萼筒；花冠远较花萼长，通常黄色，具紫色斑点或条纹，稀白、红或紫黑色，无毛，旗瓣宽，基部具瓣柄及2个胼胝体，翼瓣镰状长圆形，龙骨瓣弯曲，下缘合生，与翼瓣均具耳及细长瓣柄；雄蕊二体，无毛，花丝下部合生成雄蕊筒，常较分离部分长，花药同型，背着，纵裂；子房线形，具柄，胚珠多数，花柱细长，柱头小，顶生。荚果细长圆柱形，缝线增厚无翅，先端具喙，种子多数，种子间有横隔。种子圆柱形，

种脐圆形。

约50种，分布于全世界热带至亚热带地区。我国3种、1变种。另引进栽培2种。

1. 小叶线状长圆形，长0.8-2厘米，宽2-3毫米；花较小，长不及1.5厘米；荚果径不及3.5毫米。
　　2. 小枝、叶轴及花序轴无皮刺；小叶幼时下面多少有长柔毛；旗瓣横椭圆形或近圆形，宽大于长 ·················
　　　·· 1. 田菁 **S. cannabina**
　　2. 小枝、叶轴及花序轴疏生小皮刺状；小叶两面无毛；旗瓣近卵形，长大于宽 ········ 2. 刺田菁 **S. bispinosa**
1. 小叶长圆形或长椭圆形，长2-5厘米，宽0.8-1.6厘米；花大，长5-7.5厘米，蕾时镰状弯曲；荚果径7-8毫米
　　　·· 3. 大花田菁 **S. grandiflora**

1. 田菁　　　　　　　　　　　　　　　　图 187

Sesbania cannabina (Retz.) Poir. in Lam. Encycl. 7: 130. 1806.

Aeschynomene cannabina Retz. Observ. Bot. 5: 26. 1789.

一年生亚灌木状草本，高2-3.5米。茎绿色，有时带褐红色，微被白粉。

小枝疏生白色绢毛，与叶轴及花序轴均无皮刺。偶数羽状复叶有小叶20-30（-40）对，小叶线状长圆形，长0.8-2（-4）厘米，宽2.5-4（-7）毫米，先端钝或平截，基部圆，两侧不对称，两面被紫褐色小腺点，幼时下面疏生绢毛；小托叶钻形，宿存。总状花序长3-10厘米，疏生2-6花。花梗纤细，下垂；花萼斜钟状，长3-4毫米，萼齿短三角形；花冠黄色，旗瓣横椭圆形或近圆形，宽大于长，长0.9-1厘米，散生紫黑色点线，基部有2枚小胼胝体。荚果细长圆柱形，具喙，长12-22厘米，宽2.5-3.5毫米，具20-35种子，种子间具横隔。种子有光泽，黑褐色，短圆柱形，长3-4毫米，径1.5-3毫米。花果期7-12月。

产山东、台湾、福建、湖北、广东、海南、四川及云南，内蒙古、河北、山西、江苏、浙江、江西及广西有栽培。通常生于水田、水沟等潮湿

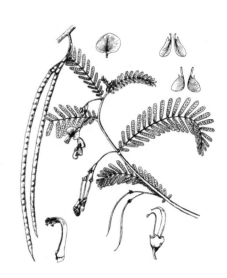

图 187 田菁 （葛克俭绘）

低地。欧洲、亚洲及大洋洲热带地区有分布。耐潮湿及盐碱，常被栽培于海岸作护堤用，茎纤维可代麻用，茎叶可作绿肥及饲料。根、叶、种子有消炎止痛的功能。

2. 刺田菁　　　　　　　　　　　　　　　图 188

Sesbania bispinosa (Jacq.) W. F. Wight. in U. S. Dept. Agr. Bur. Pl. Ind. Bull. 137: 15. 1909.

Aeschynoimene bispinosa Jacq. Icon. Pl. Rar. 3: 13. t. 564. 1792.

Sesbania aculeata (Willd.) Pers.; 中国高等植物图鉴 2: 401. 1972.

灌木状草本，高1-3米。枝圆柱形，与叶轴及花序梗均疏生小皮刺。偶数羽状复叶长13-30厘米；托叶早落；小叶20-40对，线状长圆形，长1-1.6厘米，宽2-3毫米，先端钝圆，基部圆，两面密生紫褐色腺点，无毛；小托叶针芒状。总状花序长5-10厘米，有2-6花。花梗纤细，长6-8毫米；花黄色，花萼钟状，长5毫米，萼齿5，短三角形；旗瓣长大于宽，近卵形，

长约1厘米，基部具瓣柄及2胼胝体，外有红褐色斑点，翼瓣及龙骨瓣均具瓣柄及耳；雄蕊2体（9+1）；子房细长，花柱上弯。荚果深褐色，细长圆柱形，长15-22厘米，径约3毫米，具长喙，具多数种子，种子间有横隔。种子圆柱状，长3毫米，径2毫米。花果期8-12月。

产广东、海南西沙群岛、广西、四川及云南，生于山坡路边湿润处。伊朗、巴基斯坦、印度、斯里兰卡、越南、老挝、柬埔寨、泰国及马来西亚有分布。

3. 大花田菁 木田青 图 189 彩片 73

Sesbania grandiflora (Linn.) Pers. Syn. Pl. 2: 316. 1807.

Robinia grandiflora Linn. Sp. Pl. 722. 1753.

小乔木，高4-10米，胸径达25厘米。枝圆柱形，具明显的叶痕及托叶痕。羽状复叶长20-40厘米；小叶10-30对，长圆形或长椭圆形，长2-5厘米，宽0.8-1.6厘米，先端圆钝，基部圆或宽楔形，两面密布紫褐色腺点或无，幼时被绢毛。总状花序下垂，长4-7厘米，有2-4花。花大、白、粉红或玫瑰红色，长5-7.5厘米，蕾时呈镰状弯曲；花萼长1.8-2.9厘米，先端呈浅二唇形或近平截；旗瓣长圆状倒卵形或宽卵形，长5-7.5厘米，有长瓣柄，基部无胼胝体，翼瓣镰状长卵形，长约5厘米，龙骨瓣弯曲，与翼瓣近等长，下缘连合呈舟状；雄蕊二体（9+1）；子房扁，镰状弯曲，具柄。荚果线形，稍弯曲，下垂，长20-60厘米，径7-8毫米，具多数种子。种子红褐色，椭圆形或肾形，长6毫米，宽3-4毫米。花果期9月至翌年4月。

原产巴基斯坦、印度、孟加拉、越南、老挝、柬埔寨、泰国、菲律宾及毛里求斯。台湾、福建、广东、海南、广西及云南有栽培。为庭园观赏树；叶、花嫩时可食；树皮入药，为收敛剂。

图 188 刺田菁 （引自《图鉴》）

23. 木蓝属 **Indigofera** Linn.

（郑朝宗 方云亿）

灌木或草本，稀小乔木，常被有白色或褐色平贴丁字毛，少数被有开展多节毛或腺毛。奇数羽状复叶，稀三出复叶或单叶；小叶全缘，对生或互生；具托叶，小托叶有或无。总状花序腋生，稀头状、穗状或圆锥状；苞片早落。花萼钟状或斜杯状，5裂，裂齿近相等或下部一枚最长；花冠通常淡红色至紫红色，很少白色或黄色；旗瓣倒卵形、圆形或长圆形，基部具短瓣柄，外面常被毛或有1条纵棱，翼瓣较窄长，具耳，龙骨瓣匙形，常具距突与翼瓣钩连；雄蕊二体，花药同型，药隔顶端具硬尖或腺点，有时具髯毛；子房无柄，胚珠1至多数，花柱线形，无毛，柱头头状。荚果通常线状圆柱形，稀卵状圆柱形、球形或半月形，被毛或无毛，偶具刺。种子肾形、长圆形或方形。

约700种，广布于世界亚热带与热带地区，非洲占多数。我国81种9变种。本属植物可供观赏、作绿肥、饲料、染料或药用，有些种类具毒性。

图 189 大花田菁 （引自《图鉴》）

1. 单叶；草本。

  2. 叶宽2-4毫米；荚果球形，微扁，仅有1粒种子 ·················· **33. 单叶木蓝 I. linifolia**

  2. 叶宽0.6-2.3厘米；荚果圆柱形或镰形。

    3. 叶长圆形、披针形或倒披针形；荚果圆柱形，无刺，有4-5粒种子 ·················· **32. 远志木蓝 I. squalida**

3. 叶倒卵形或圆形；荚果镰形，具刺，有1粒种子 ································· 34. **刺荚木蓝 I. nummularifolia**

1. 羽状复叶，稀三出复叶；灌木或亚灌木，稀小乔木或草本。

 4. 三出掌状或羽状复叶，小叶下面具暗褐色或红色腺点；草本；总状花序短缩成头状 ·················

··· 31. **三叶木蓝 I. trifoliata**

 4. 羽状复叶，稀三出复叶，若为后者，则小叶下面不具红色腺点；灌木或草本；总状花序伸长。

  5. 草本；小叶全部互生；小叶柄极短；花长3-6毫米。

   6. 花冠稍长于花萼；花序较短，明显短于复叶，几无花序梗；荚果长圆形，长2.5-5毫米，有2粒种子 ······

··· 30. **九叶木蓝 I. linnaei**

   6. 花冠较花萼长达1倍；花序与复叶近等长，有明显的花序梗；荚果线状圆柱形，具4棱，长1-2.5厘米，

   有8-10粒种子 ··· 29. **穗序木蓝 I. spicata**

  5. 灌木，稀草本；小叶对生，间有部分互生，有小叶柄；花长0.35-1.8厘米。

   7. 茎、小枝、叶轴和花序轴至少在幼时有二歧状开展毛，或为多节毛或有柄的腺毛。

    8. 茎、叶轴、花序轴、叶缘、萼齿与苞片均具有柄的腺毛；小叶3-5对，长1-3厘米 ···············

··· 28. **腺毛木蓝 I. scabrida**

    8. 茎、叶轴及花序轴具二歧开展毛或多节毛。

     9. 茎、叶轴和花序轴具多节毛。

      10. 小叶4-6（-12）对，椭圆形、卵形或披针形，长1.3-3（-5）厘米；总状花序常短于复叶，花序

      梗长不及1.5厘米；花长1-1.3厘米；灌木，高30-60厘米 ············· 8. **浙江木蓝 I. parkesii**

      10. 小叶2-3对，宽卵形或椭圆形，长4-7厘米；总状花序稍长于复叶，花序梗长达7厘米；花长

      1.4-1.5厘米；亚灌木，高达1米 ················· 8(附). **长总梗木蓝 I. longipedunculata**

     9. 茎、叶轴及花序轴具二歧开展毛。

      11. 茎、叶轴、花序轴及荚果均密被二歧开展长硬毛；小叶4-5对；花长4-5毫米，花冠与花萼几

      等长 ··· 27. **硬毛木蓝 I. hirsuta**

      11. 茎、叶轴及花序轴被二歧开展长柔毛，但决非上述硬毛；小叶2-20（-25）对；花长0.7-1.5厘

      米，花冠远长于花萼。

       12. 小叶15-20（-25）对，长1.2-2厘米；花深红或紫红色，长约1厘米 ····················

··· 2. **茸毛木蓝 I. stachyodes**

       12. 小叶2-7对，长2-8厘米；花白色。

        13. 花较大，长1.1-1.5厘米；总状花序长达12厘米；小叶4-7对，长2-3厘米 ···············

··· 3. **黔南木蓝 I. esquirolii**

        13. 花较小，长7-8毫米；总状花序长达20厘米；小叶2-5对，长2.7-8厘米 ··················

··· 3(附). **尾叶木蓝 I. caudata**

   7. 茎、小枝、叶轴及花序轴无毛或有丁字毛。

    14. 花小，长在1厘米以下，稀达1.2厘米。

     15. 花长在5毫米以下（仅马棘的花长4.5-6.5毫米）。

      16. 花序通常短于复叶；小叶4-9对，长椭圆形、倒卵形、倒卵状长圆形或倒披针形。

       17. 荚果弯曲如钩，长1-1.5厘米，被毛；小叶5-7（-9）对，长椭圆形或倒披针形，先端急尖 ···

··· 22. **野青树 I. suffruticosa**

       17. 荚果线形，直，长2.5-3厘米，近无毛；小叶4-6对，倒卵形或倒卵状长圆形，先端钝或微凹

··· 21. **木蓝 I. tinctoria**

      16. 花序通常长于复叶；小叶2-4（-5）对，椭圆形、长圆形或宽倒卵形；荚果线状圆柱形，长2.5-

      5.5厘米，被毛。

       18. 小枝圆柱形；花10-15朵，稍疏生，萼齿略近相等；荚果长不及2.5厘米 ················

··· 24. **河北木蓝 I. bungeana**

18. 小枝常具棱；花常20朵以上，密生；花萼下方3齿较长；荚果长2.5-5.5厘米 …… 23. **马棘 I. pseudotinctoria**

15. 花长0.5-1.15厘米，若长为5毫米则花序轴常具红色腺体。

　19. 茎、叶轴、花序轴及荚果通常无毛；小叶3-7对，仅幼时在叶缘及下面中脉上被少量丁字毛；花长8-1（-1.2）厘米 ……………………………………………………………………… 7. **华东木蓝 I. fortunei**

　19. 茎、叶轴及花序轴至少在幼时被平贴丁字毛；小叶两面或至少在下面被毛。

　　20. 花梗长5-6（-9）毫米，花疏生，总状花序常与复叶等长；小叶2-9对，叶轴在小叶着生处缢缩成关节状 ……………………………………………………………………… 15. **长梗木蓝 I. henryi**

　　20. 花梗长3毫米以下。

　　　21. 总状花序通常短于复叶，如长于复叶则旗瓣外面无毛。

　　　　22. 花较小，长6-6.5（-7）毫米，淡红色；小叶3-4（5）对，卵状长圆形、椭圆形或近圆形，长1-3.7（-6.5）厘米，两面常被毛；荚果长3.5-6（7）厘米 ……………… 25. **多花木蓝 I. amblyantha**

　　　　22. 花较大，长6.5-9（-10.5）毫米。

　　　　　23. 小叶2-6对，较小，长0.5-2厘米，椭圆形或椭圆状长圆形；花序基部芽鳞常宿存，苞片花时脱落 ……………………………………………………………… 16. **西南木蓝 I. monbeigii**

　　　　　23. 小叶（3-）5-12对，较大，长（1.5-）2-8厘米；花序基部芽鳞脱落，苞片花时存在。

　　　　　　24. 荚果长圆柱形，直立，长5-9厘米，顶端具长尖喙；小叶5-12对，长圆形或倒披针状长圆形，长2-4厘米 …………………………………………………… 10. **假大青蓝 I. galegoides**

　　　　　　24. 荚果圆柱形或稍膨胀，长2.5-5厘米，顶端锐尖；小叶3-9（10）对，卵形、椭圆形或卵状披针形。

　　　　　　　25. 小叶卵形或椭圆形，长1.5-6.5（-8）厘米，先端圆钝或急尖；旗瓣外面无毛；荚果下垂 …………………………………………………………… 13. **深紫木蓝 I. atropurpurea**

　　　　　　　25. 小叶卵状披针形，长3-6厘米，先端渐尖；旗瓣外面密被棕褐色柔毛；荚果劲直 …………………………………………………………… 12. **尖叶木蓝 I. zollingeriana**

　　　21. 总状花序常长于复叶或与复叶近等长。

　　　　26. 花序轴顶端呈针刺状；小叶2-4对，长圆形、椭圆形、倒卵形或倒卵状长圆形，长0.3-0.8（-1.2）厘米，上面近无毛，下面被粗丁字毛 ……………………… 26. **刺序木蓝 I. silvestrii**

　　　　26. 花序轴顶端不呈刺状；小叶2-多对。

　　　　　27. 总状花序长（9-）15-19厘米。

　　　　　　28. 小叶干后下面黑色或具黑色斑块或斑点；花长6.5-7毫米；荚果圆柱形，长1.7-2.5厘米，果柄下弯 …………………………………………………… 9. **黑叶木蓝 I. nigrescens**

　　　　　　28. 小叶干后下面不变黑色亦无黑色斑块或斑点；花长约6毫米；荚果线状圆柱形或近镰形，长2.5-3.5厘米，果柄直立 …………………………………… 11. **密果木蓝 I. densifructa**

　　　　　27. 总状花序长2-10厘米。

　　　　　　29. 托叶披针形或线形，长0.3-0.6（-1）厘米。

　　　　　　　30. 托叶线形，长3-4（5）毫米；小叶3-4对，长0.5-1.7厘米，两面被毛，下面网脉明显；花序基部芽鳞脱落；矮小灌木，高10-30厘米 ……………… 17. **网叶木蓝 I. reticulata**

　　　　　　　30. 托叶披针形，长0.5-0.6（-1）厘米；小叶2-4对，长1-3厘米，上面无毛，下面被毛，网脉不甚明显；花序基部芽鳞宿存；灌木，高0.6-1米 …… 17(附). **木里木蓝 I. mulinnensis**

　　　　　　29. 托叶窄或斜三角形、披针形、卵状披针形或卵形，长1-2.5毫米。

　　　　　　　31. 托叶斜三角形或披针形，长1-1.5毫米；羽状复叶花时不及2.5（-5）厘米，小叶长不及1厘米。

　　　　　　　　32. 花较小，长7-8毫米；花序长不及3厘米，具明显花序梗；小叶纸质，椭圆形或倒卵形，长

3-7毫米；托叶纸质，长约1.5毫米 ·················· 20. 岷谷木蓝 **I. lenticellata**

32. 花较大，长0.8-1.1厘米，花序长达8厘米，花序梗极短；小叶近革质；倒卵状长圆形，长0.3-1厘米；
托叶坚硬，长仅1毫米 ·················· 20(附). 硬叶木蓝 **I. rigioclada**

31. 托叶披针形、卵状披针形至卵形，长2-2.5毫米；羽状复叶花时长3厘米以上。

33. 托叶披针形，长2.5毫米；花较大，长8-9.5毫米；花萼长3-3.5毫米，萼齿披针形，最下一枚与萼筒等
长；荚果圆柱形，长达4厘米，近无毛 ·················· 18. 四川木蓝 **I. szechuensis**

33. 托叶卵形或卵状披针形，长2毫米；花较小，长6-7毫米，花萼长约2毫米，最下一枚萼齿近三角形，常
短于萼筒；荚果圆柱形，长约3厘米，被毛 ·················· 19. 绢毛木蓝 **I. hancockii**

14. 花大，长1厘米以上。

34. 苞片呈舟形，包围花蕾；总状花序呈塔形，长8-15（-20）厘米，花白或淡紫色，长1-1.1厘米；花梗长约
1.5毫米 ·················· 14. 苞叶木蓝 **I. bracteata**

34. 苞片不呈舟形；总状花序也不呈塔状，长10-21厘米，花粉红、玫瑰红、淡紫或白色，长1.2-1.8厘米；花
梗长1.5-6毫米。

35. 苞片不早落，线形，长5毫米；花梗长1.5毫米；花冠白或粉红色，旗瓣外面有毛；荚果线形，长4-6厘
米，果柄上弯；托叶宿存，钻形，长5-7毫米 ·················· 1. 滇木蓝 **I. delavayi**

35. 苞片早落；花梗长2-6毫米，花冠粉红、淡紫或玫瑰红色，稀白色，旗瓣外面有或无毛；荚果圆柱形或
线状圆柱形，长2.5-8厘米，果柄平展；托叶早落。

36. 旗瓣外面近无毛，花冠淡红色，稀白色，花萼长3.5毫米，下萼齿长达2毫米；小叶（2-）3-5对，长
2-5厘米 ·················· 6. 花木蓝 **I. kirilowii**

36. 旗瓣外面被毛，花冠淡紫、粉红或玫瑰红色，稀白色。

37. 花梗长3-6毫米，萼齿三角形，常短于萼筒；小叶3-7对，长2.5-7.5厘米，先端渐尖或急尖。

38. 叶轴常具棱，羽状复叶有小叶3-7对，小叶上面无毛，下面被丁字毛 ·········· 4. 庭藤 **I. decora**

38. 叶轴圆柱形，羽状复叶有小叶3-6对，小叶两面被毛
·················· 4(附). 宜昌木蓝 **I. decora** var. **ichangensis**

37. 花梗长2-4毫米，萼齿披针形，下萼齿与萼筒等长；小叶3-5（-6）对，长2-5厘米，先端圆钝，两
面密被毛 ·················· 5. 苏木蓝 **I. carlesii**

1. 滇木蓝

图 190

Indigofera delavayi Franch. Pl. Delav. 154. 1889.

直立灌木，高达2米。茎粗壮，淡红褐色，上部具棱，疏被丁字毛。羽状复叶长8-18厘米；叶柄长3-4厘米，无毛；托叶钻形，长5-7毫米，宿存；小叶6-9对，对生，长圆形，稀倒卵形，长1.3-4厘米，宽0.8-2厘米，先端圆或楔形，基部宽楔形或圆，上面无毛，下面粉绿色，疏被丁字毛，侧脉6-7对。总状花序长达20厘米，疏花；花序梗长1.5-2.5厘米，疏被丁字毛，苞片线形，长5毫米。花梗长1.5毫米；花萼钟状，长约3毫米，疏被丁字毛，萼齿卵状三角形，长渐尖，下萼齿长1.5毫米；花冠白或粉红色，花瓣具短瓣

图 190 滇木蓝 （何冬泉绘）

柄，旗瓣宽椭圆形，长1.2-1.5(-1.8)厘米，外面被毛，翼瓣长1.1-1.2厘米，有耳，龙骨瓣长1.3-1.4厘米；花药两端有髯毛；子房无毛，胚珠14-15。荚果线形，长4-5厘米，渐尖，向上弯曲，无毛；果柄下弯。花期8-9月。

产云南及四川，生于海拔1400-2200米处草坡、丛林或灌丛中。

2. 茸毛木蓝　　　　　　　　　　　　图 191

Indigofera stachyodes Lindl. in Bot. Reg. t. 14. 1843.

灌木，高1-3米。茎灰褐色，幼枝具棱，与叶柄、托叶、小叶两面及荚果均密被棕色或黄褐色二歧开展的长柔毛。羽状复叶长10-20厘米；托叶线形，长5-6毫米；小叶15-20(-25)对，长圆状披针形，顶生小叶倒卵状长圆形，长1.2-2厘米，宽4-9毫米，侧脉不明显。总状花序长达12厘米，与苞片、花萼、旗瓣背面及荚果均密被长软毛。花梗长1.5毫米；花萼长3.5毫米，被棕色长软毛，萼齿披针形，不等长，下萼齿长2毫米；花冠深红或紫红色，旗瓣椭圆形，长1-1.1厘米，外面有长软毛，翼瓣稍短于旗瓣，龙骨瓣与旗瓣近等长，上部及边缘有毛；花药卵形，两端无毛；子房仅缝线有疏毛。荚果圆柱形，长3-4厘米，具10余种子；果柄粗短，下弯或平展。种子赤

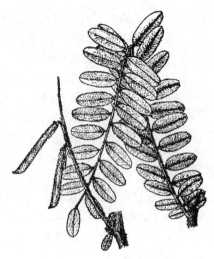

图 191 茸毛木蓝 （引自《图鉴》）

褐色。立方形，长宽约2毫米。花期4-7月，果期8-11月。

产湖北西南部、广西、贵州、云南及西藏，生于海拔700-2400米山坡阴处或灌丛中。泰国、缅甸、尼泊尔、不丹及印度有分布。根有补虚、滋阴补肾、活血补气的功能。

3. 黔南木蓝　　　　　　　　　　　　图 192

Indigofera esquirolii Lévl. in Fedde, Repert Sp. Nov. 12. 1913.

灌木，高1-4米。茎圆柱形，幼枝具棱，与叶柄、小叶两面、花序及荚果均密被棕褐色软毛。羽状复叶长达12厘米；托叶线形，长5-8毫米，密生软毛，脱落；小叶4-7对，椭圆形、宽倒卵形、倒卵状椭圆形，长2-3厘米，宽1-1.7厘米，先端圆截，基部楔形或圆，下面粉绿色，侧脉不明显。总状花序与复叶近等长；花序梗长1-1.3厘米。花萼长5-5.5毫米，萼齿披针状钻形，稍不等，下萼齿长3-3.5毫米；花冠白色，旗瓣椭圆形或长圆形，长1.1-1.5厘米，外面被毛，翼瓣长1.3厘米，具耳及瓣柄，龙骨瓣长达1.5厘米，具瓣柄；花药卵形，药隔上端疏生髯毛；子房除缝线处余无毛。荚果圆柱形，长4.5厘米，具14-15种子；果柄长3毫米，上升或平展。花期4-8月，果期7-8月。

图 192 黔南木蓝 （何冬泉绘）

产广西、贵州及云南，生于海拔400-2450米山坡疏林或灌丛中。

[附] **尾叶木蓝 Indigofera caudata** Dunn in Gerd. Chron. 2:

210. 1902. 与黔南木蓝的区别：花较小，长7-8毫米，总状花序长达20厘米；荚果长5-6.5厘米；小叶2-5对，卵形、卵状披针形或椭圆形，长2.7-8厘米，先端尖锐。花期8-10月，果期10-12月。产广西、云南西南部及

东南部，生于海拔600-2000米山坡、山谷、路旁、林缘灌丛及杂木林中。老挝有分布。

4. 庭藤 图 193

Indigofera decora Lindl. in Journ. Hort. Soc. Lond. 1: 68. 18. 1846.

灌木，高0.4-2米。茎圆柱形或具棱，几无毛。羽状复叶长8-25厘米；

叶轴具棱；叶柄长1-1.5厘米，无毛或疏被毛；托叶早落；小叶3-7(-11)对，对生或近对生；常卵状披针形、卵状长圆形或长圆状披针形，长2.5-6.5(-7.5)厘米，宽1-3.5厘米，先端渐尖或急尖，基部楔形或宽楔形，仅下面被白色丁字毛。总状花序长13-21厘米；花序梗长2-4厘米，无毛。花梗长3-6毫米，无毛；萼筒长1.5-

图 193 庭藤 （引自《图鉴》）

2毫米，萼齿三角形，长约1毫米，短于萼筒；花冠淡紫色或粉红色，稀白色，旗瓣椭圆形，长1.2-1.8厘米，被棕褐色短毛，翼瓣稍短，具缘毛，龙骨瓣与翼瓣近等长，有短距；花药卵球形，两端有髯毛；子房无毛，胚珠10余粒。荚果棕褐色，圆柱形，长2.5-6.5(-8)厘米，几无毛，具7-8种子。种子椭圆形，长4-4.5毫米。花期4-6月，果期6-10月。

产江苏、安徽、浙江、福建、湖北、湖南、广东、香港、广西及贵州，生于海拔200-1800米溪边、沟谷旁、杂木林和灌丛中。日本有分布。全株或根有散瘀消肿、舒筋活络、止痛的功能。

[附] **宜昌木蓝 Indigofera decora** var. **ichangensis**（Craib）Y. Y. Fang et C. Z. Zhang in Acta Phytotax. Sin. 27: 164. 1989. —— *Indigofera ichangensis* Craib in Notes Roy. Bot. Gard. Edinb. 8: 55. 1913; 中国高

等植物图鉴 2: 386. 1972. 与庭藤的区别：叶轴圆柱形，羽状复叶有小叶3-6对，小叶两面均被毛。产安徽、浙江、福建、江西、湖北、湖南、广东、广西及贵州，生于灌丛或杂木林中。

5. 苏木蓝 图 194

Indigofera carlesii Craib in Notes Roy. Bot. Gard. Edinb. 8: 48. 1913.

灌木，高达1.5米。茎圆柱形，幼枝具棱，疏生丁字毛。羽状复叶长7-20厘米；叶柄长1.5-3.5厘米，被紧贴丁字毛；托叶线状披针形，长0.7-1厘米，早落；小叶（2）3-5(-6)对，对生，稀互生，椭圆形或卵状椭圆形，长2-5厘米，先端圆钝，基部圆钝或宽楔形，两面密被

图 194 苏木蓝 （引自《图鉴》）

白色丁字毛，下面灰绿色，侧脉6-10对。总状花序长10-20厘米；花序梗长约1.5厘米，疏被平贴丁字毛。花梗长2-4毫米；花萼杯状，长4-4.5毫米，外面被白色丁字毛，萼齿披针形，下萼齿长约2毫米，与萼筒等长；花冠粉红或玫瑰红色，稀白色，旗瓣近椭圆形，长1.3-1.5（-1.8）厘米，外面近无毛，翼瓣长1.3厘米，边缘有睫毛，龙骨瓣与翼瓣近等长，有缘毛，距长约1.5毫米；花药卵形，两端有髯毛；子房无毛。荚果褐色，圆柱形

或线状圆柱形，长4-6厘米，近无毛；果柄平展。花期4-6月，果期8-10月。

产山西西南部、陕西、江苏、安徽、江西北部、河南及湖北，生于海拔500-1000米处山坡路旁及丘陵灌丛中。根药用，有清热补虚之效。

6. 花木蓝　　　　　　图195

Indigofera kirilowii Maxim. ex Palibin in Acta Hort. Petrop. 17: 62. t. 4. 1898.

小灌木，高0.3-1米。茎圆柱形，幼枝具棱，与叶轴、小叶两面及花序均疏生白色丁字毛。羽状复叶长6-15厘米，叶柄长1-2.5厘米；托叶长4-6毫米，早落；小叶（2）3-5对，对生，宽卵形、卵状菱形或椭圆形，长1.5-4厘米，先端圆钝或急尖，基部楔形或宽楔形，下面粉绿色，侧脉明显；小托叶钻形，宿存。总状花序疏花，长5-12（-20）厘米；花序梗长1-2.5厘米。花梗长3-5毫米，无毛；花萼杯状，长3.5毫米，无毛，萼齿披针状三角形，下萼齿长达2毫米；花冠淡红色，稀

图 195　花木蓝　（何冬泉绘）

白色，旗瓣椭圆形，长1.2-1.5（-1.7）厘米，外面无毛，与翼瓣、龙骨瓣近等长；花药两端有髯毛；子房无毛。荚果圆柱形，长3.5-7厘米，无毛，具10余种子；果柄平展。种子赤褐色，长圆形，长5毫米。花期5-7月，果期8月。

产吉林东南部、辽宁、内蒙古、陕西、山西、河北、山东、江苏、浙

江西北部及河南，生于山坡灌丛、疏林或岩缝中。朝鲜及日本有分布。枝条可编筐。根有清热解毒、消肿止痛、通便利咽的功能。

7. 华东木蓝　　　　　　图196

Indigofera fortunei Craib in Notes Roy. Bot. Gard. Edinb. 8: 53. 1913.

灌木，高达1米。茎灰褐或灰色，分枝具棱，与叶柄及小叶均无毛。羽状复叶长10-18厘米；叶柄长1.5-4厘米；托叶线状披针形，早落；小叶3-7对，对生，卵形、宽卵形或卵状椭圆形，长1.5-2.5（-4.5）厘米，先端钝圆或急尖，微凹，有长约2毫米的小尖头，基部圆或

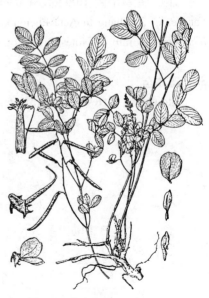

图 196　华东木蓝　（引自《图鉴》）

宽楔形，中脉上面凹下，细脉明显，幼时叶缘及下面中脉疏被丁字毛。总状花序长8-15厘米，花序梗短于叶柄，无毛。花梗长达3毫米；花萼斜杯状，长2.5毫米，疏生丁字毛，萼齿三角形，长约0.5毫米，下萼齿稍长；花冠紫红或粉红色，旗瓣倒宽卵形。长1-1.2厘米，外面被短毛，有短瓣柄，翼瓣长0.9-1.1厘米，瓣柄长约1毫米，龙骨瓣长达1.2厘米，边缘及上部有毛，有短距；花药两端有髯毛。子房有10余枚胚珠。荚果褐色，线状圆柱形，长3-4（5）厘米，无毛。花期4-5月，果期5-9月。

产江苏、浙江、安徽、河南、湖北及陕西，生于海拔200-800米处山坡疏林或灌丛中。根有清热解毒、消肿止痛的功能。

8. 浙江木蓝

图 197

Indigofera parkesii Craib in Notes Roy. Bot. Gard. Edinb. 8: 59. 1913.

小灌木，高30-60厘米。茎圆柱形或具棱，呈之字形曲折，与叶轴及花序轴均被白色或棕色多节卷毛。羽状复叶长8-15厘米；叶柄长1-3厘米；托叶线形，长达8毫米；小叶(2-)4-6对，对生，近对生，坚纸质，椭圆形、卵形、卵状椭圆形或披针形，顶生者常为倒卵形，长1.3-3(-5)厘米，先端圆或急尖，基部楔形或圆，稀近心形，两面被丁字毛，侧脉6对，细脉两面均明显；小托叶钻形，长约3.5毫米。总状花序长5-13厘米，短于复叶；花序梗长约1.5厘米。花梗长2-2.5毫米；花萼钟状，长4-4.5毫米，外面疏生多节毛，萼齿披针形，下萼齿与萼筒近等长；花冠淡紫色，稀白色，旗瓣倒卵状椭圆形，长1-1.3厘米，外面密生白色柔毛，翼瓣长1.1-1.2厘米，边缘具睫毛；龙骨瓣长1.1-1.4厘米；花药两端有髯毛；子房无毛。荚果圆柱形，长3-4.7厘米，无毛。花期5-9月，果期9-10月。

产安徽、浙江、福建及江西，生于海拔100-600米山坡疏林中或灌丛中。根有清热解毒、消肿止痛的功效。

[附] **长总梗木蓝 Indigofera longipedunculata** Y. Y. Fang et C. Z.

图 197 浙江木蓝 （引自《图鉴》）

Zheng in Acta Phytotax. Sin. 21: 331. 1983. 与浙江木蓝的区别：亚灌木，高达1米；小叶2-3对，宽卵形或椭圆形，长4-7厘米；总状花序稍长于复叶；花序梗长于复叶，长达7厘米；花长1.4-1.5厘米。产浙江及江西，生于海拔700-1000米的山坡路旁及林中。

9. 黑叶木蓝

图 198

Indigofera nigrescens Kurz ex King et Prain in Journ. Asiat. Soc. Bengal 67: 286. 1898.

灌木，高1-2米。茎赤褐色。幼枝、叶轴及小叶两面均被棕色丁字毛。羽状复叶长8-18厘米；叶柄长2-2.5厘米；托叶线形，长约5毫米；小叶5-11对，对生，椭圆形或倒卵状椭圆形，稀披针形，长1.5-3厘米，宽0.7-1.5厘米，先端圆钝，基部宽楔形或近圆，干后下面黑色或有黑色斑点及斑块。总状花序密花，长达19厘米；花序梗长达2厘米。花萼杯状，长2-2.5毫米，外面被棕色间有白色的丁字毛，萼齿三角形，下萼齿长1毫米；花冠红或紫红色，花瓣有短瓣柄，旗瓣倒卵形，长6.5-7毫米，外面被棕色及

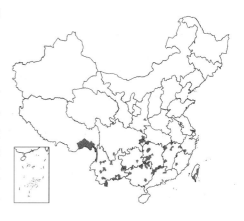

白色丁字毛，翼瓣长5.5-6毫米，有缘毛，龙骨瓣与翼瓣等长，有距，先端
与边缘有毛，花药基部有少量髯毛；子房无毛。荚果圆柱形，长1.7-2.5厘
米，被疏毛，具7-8种子；果柄下弯。种子红褐色，长2.5毫米。花期6-
9月，果期9-10月。

产浙江、福建、台湾、江西、湖北、湖南、广东、广西、贵州、云南、
西藏、四川及陕西，生于海拔500-2500米丘陵、山地、山坡灌丛、山谷疏
林中及向阳草坡、田野、河滩等处。印度、缅甸、泰国、老挝、越南、菲
律宾及印度尼西亚（爪哇）有分布。

图 198 黑叶木蓝 （何冬泉绘）

10. 假大青叶　　　　　　　　　　　图 199

Indigofera galegoides DC. Prodr. 2：225. 1825.

灌木或亚灌木，高1-2米。嫩枝具棱，被白色或灰褐色丁字毛，后渐
无毛。羽状复叶长达20厘
米；叶柄长1.5-3厘米，被
短丁字毛；托叶线形，长3-
4毫米；小叶5-12对，对生
或近对生，膜质，长圆形或
倒卵状长圆形，长2-4厘米，
先端圆或急尖，基部宽楔形
或圆，两面有棕褐色并间白
色的丁字毛，侧脉约11对。
总状花序密花，长6-10厘米
花序梗长0.7-1厘米，被白色
平伏柔毛。花梗长1-2毫米；

花萼钟状，长约2毫米，萼齿短，三角形；花冠淡红色，长8-9毫米，旗
瓣卵状椭圆形，外面密被毛，棕黄色并间生白色平伏丁字毛，翼瓣长约8毫
米，龙骨瓣与翼瓣等长，有距；花药卵状长圆形，两端无毛；子房无毛。
荚果长圆柱形，长达9厘米，顶端具长尖喙，直立向上，初被毛，渐无毛，
具15-18种子；果柄向上。花期4-8月，果期9-10月。

产台湾、广东、海南、广西及云南，生于海拔1000-1700米处旷野或山
谷中。印度、中南半岛、泰国及印度尼西亚有分布。叶可提取蓝靛，治腮
腺炎用或用作染料。

图 199 假大青叶 （引自《图鉴》）

11. 密果木蓝　　　　　　　　　　　图 200

Indigofera densifructa Y. Y. Fang et C. Z. Zheng in Acta Phototax.
Sin. 21：329. 1983.

灌木，高达2米。茎黄褐色，圆柱形，分枝4棱，与叶轴、小叶两面
及花序轴均被白色间褐色平伏丁字毛。羽状复叶长9-15厘米；叶柄长1.3-
2.5厘米；托叶线形，长3-5毫米；小叶6-9对，卵形、长圆状披针形或披
针形，长3-6厘米，先端渐尖，基部宽楔形或圆。总状花序密花，与复叶近
等长或稍超出。花萼筒长1毫米，萼齿三角形，长0.5毫米，被褐色丁字毛，
边缘偶具腺体；花冠淡紫色，旗瓣长圆形，长约6毫米，外面密被棕褐色
绢丝毛，翼瓣略短于旗瓣；龙骨瓣与旗瓣等长，有距，花药卵形，子房无

毛。荚果直立,线状圆柱形,偶近镰形,长2-3.5厘米,被褐毛,熟时黑色,具6-10种子,种子间常缢缩。种子球形,锈褐色,有光泽。花期6月,果期6-8月。

产湖南、广东北部、广西东北部及贵州,生于海拔约700米溪边、河旁、湿润山坡及疏林灌丛中。

12. 尖叶木蓝　　　　　　　　　图 201: 1-3

Indigofera zollingeriana Miq. Fl. Ind. Bat. 1: 310. 1855.

直立亚灌木,高1-2米。茎上部具棱,与叶轴及小叶两面均薄被白色或间生棕色丁字毛。羽状复叶长达25厘米;叶柄长2-2.5厘米;托叶线状披针形,早落;小叶5-9对,对生,卵状披针形,长3-6厘米,宽1.5-2厘米,先端渐尖,基部宽楔形或圆,侧脉13-14对,明显。总状花序长7-13厘米,花多而密;与花梗、花序轴及花萼均被棕褐色柔毛。花萼斜杯状,长1-2毫米,萼齿三角形;花冠白色微带红色或紫色,花瓣近等长,旗瓣卵状椭圆形,长6.5-8毫米,外面密被棕褐色绢毛;花药基部有疏毛;子房无毛。荚果劲直,圆柱形,肿胀,长2.5-4.5厘米,径5.5-6毫米,具10-12种子,种子间明显缢缩。种子扁圆形,径2毫米。花期6-9月,果期10-11月。

图 200 密果木蓝 (何冬泉绘)

产台湾、广东、海南、广西及云南,生于旷地、池塘边、山坡路旁及林下。东南亚有分布。

13. 深紫木蓝　　　　　　　　　图 201: 4-7

Indigofera atropurpurea Buch.-Ham. ex Hornem. Hort. Reg. Bot. Hafn. Suppl. 152. 1819.

灌木或小乔木,高1.5-5米。茎褐色,圆柱形,嫩枝具棱,与叶轴及小叶两面均被白色间生棕色丁字毛。羽状复叶长达24厘米;叶柄长达2.5-3.5厘米;托叶早落;小叶3-9(10)对,对生,膜质,卵形或椭圆形,长1.5-6.5(8)厘米,宽1-3.5厘米,先端圆钝或急尖,基部宽楔形或圆,侧脉8-10对,明显。总状花序长8-15(28)厘米;花序梗长1.5-2.5厘米;与花序轴及花萼均被棕色毛。花萼钟形,长2.5毫米,萼齿三角形,长0.5毫米;花冠深紫色,花瓣近等长并具短瓣柄,旗瓣长圆状椭圆形,长7-8.5毫米,外面无毛,龙骨瓣中下部有距;花药球形,基部有疏髯毛;子房无毛。荚果圆柱形,下垂,长2.5-5厘米,顶端锐尖,两侧缝线加厚,幼时疏被毛,具6-9种子,种子间有横隔;果柄下弯。种子赤褐色,近方形,长1.7毫米。花期5-9月,果期8-10月。

产福建、江西、湖南、广东、广西、贵州、四川西南部、云南及西藏

图 201: 1-3.尖叶木蓝 4-7.深紫木蓝
(何冬泉绘)

东南部，生于海拔300-1600米山坡灌丛中、山谷疏林、草坡及溪沟边。越南、缅甸、尼泊尔、印度及克什米尔地区有分布。

14. 苞叶木蓝　　　　　图 202

Indigofera bracteata Grah. ex Baker in Hook. f. Fl. Brit. Ind. 2: 100. 1876.

图 202　苞叶木蓝　（何冬泉绘）

直立或匍匐状矮小灌木或亚灌木，高20-40厘米。分枝细长，幼枝疏被丁字毛。羽状复叶长3-11厘米；叶柄长1.5-3.5厘米，疏被平伏丁字毛，后无毛；托叶线状披针形，长5-7毫米，基部向外扭曲；小叶2-3（-8）对，对生，膜质，椭圆形或倒卵状椭圆形，长1.5-3.2厘米，宽0.8-1.9厘米，先端近圆形，基部宽楔形或圆，下面苍白色，两面被丁字毛，侧脉5-10对，明显。总状花序呈塔形，长8-15（-20）厘米；花序梗长5-6厘米，无毛。花梗长1.5毫米；花萼钟状，长2.5毫米，被白或褐色毛，萼齿三角形，长约0.5毫米；花冠淡紫或白色，旗瓣宽卵形，长1-1.1厘米，外面被白或淡褐色毛，翼瓣长约1.1厘米，龙骨瓣长约1.1厘米，有距；花药卵形，基部有少量髯毛；子房无毛，胚珠8-9。花期5-7月。

产西藏，生于海拔2700-3000米山坡林间草地。锡金、尼泊尔、印度北部及克什米尔地区有分布。

15. 长梗木蓝　　　　　图 203

Indigofera henryi Craib in Notes Roy. Bot. Gard. Edinb. 8: 54. 1913.

直立灌木，高30-60厘米。分枝多，具棱，被白色丁字毛，老时无毛。羽状复叶长3-8厘米；叶柄长0.5-1厘米，叶轴扁平，着生小叶处缢缩似关节，节间扩大成窄翅，散生白色丁字毛；托叶线形，长约5毫米；小叶2-9对，对生，卵状长圆形、长圆形或倒卵状长圆形，长1.7-2.3厘米，先端圆，基部宽楔形、圆或平截，上面疏被毛，下面灰绿色，密被毛，侧脉4-6对，不明显。总状花序疏花，长4-10厘米，花序梗长0.8-1厘米，疏生丁字毛。花梗长5-6毫米；萼筒长1.5毫米，萼齿三角形，长渐尖，下萼齿与萼筒等长，被丁字毛；花冠红色，花瓣近等长，旗瓣倒卵形，长9-9.5毫米，外面被毛；花药基部密生髯毛；子房无

图 203　长梗木蓝　（何冬泉绘）

毛。荚果褐色，线状圆柱形，长2.5-3厘米，疏被毛，种子间具横隔；果柄长6-9毫米，平展。花期8-9月，果期10-11月。

产贵州、四川及云南，生于海拔1200-2500米山坡、路边草丛中及草坡。

16. 西南木蓝 图 204

Indigofera monbeigii Craib in Notes Roy. Gard. Edinb. 8: 57. 1913.

灌木，高1-2米。茎栗褐色，圆柱形或具棱线，幼时被平伏丁字毛。羽状复叶长2.5-10厘米；托叶钻形，长3-6毫米，与叶轴均被褐色和白色丁字毛；小叶2-6（-8）对，纸质，椭圆形或椭圆状长圆形，顶生小叶倒卵状长圆形或倒披针形，长0.5-2厘米，先端圆钝，基部楔形或宽楔形，下面苍白色，两面薄被白色伏毛，侧脉不明显。总状花序长2-10厘米，基部有宿存芽鳞，序轴被毛；苞片线状披针形，

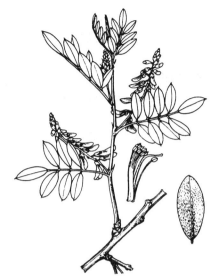

图 204 西南木蓝 （何冬泉绘）

长2-3毫米，脱落。花萼杯状，长2.5-3毫米，萼齿披针形，不等长，下萼齿与萼筒等长；花冠淡紫红色，花瓣近等长，旗瓣长圆状椭圆形，长0.9-1.1厘米，外面被白色丁字毛；花药基部有疏髯毛；子房近无毛。荚果圆柱形，长2-3.5厘米，几无毛，具6-7种子；果柄短，下弯。花期5-7月，果期8-10月。

产贵州、云南、西藏、四川、甘肃南部及陕西西南部，生于海拔2100-2700米山坡、沟边灌丛及杂木林中。

17. 网叶木蓝 图 205: 1-6

Indigofera reticulata Franch. Pl. Delav. 153. 1889.

矮小灌木，直立或平卧，高10-30厘米。分枝短，具棱，被棕色丁字毛。羽状复叶长2-6厘米；叶柄长0.4-1.1厘米；被毛；托叶线形，长3-4（5）毫米；小叶（2-）3-4（-6）对，对生，坚纸质，长圆形或长圆状椭圆形，顶生小叶倒卵形，长0.5-1.7厘米，顶端钝或微凹，基部浅心形或圆，两面被白色间生棕色丁字毛，侧脉5-6对，网脉明显。总状花序长2-4厘米；花序梗长4-5毫米，被毛，基部芽鳞脱落。花萼长约3毫米，外面被毛，萼齿披针状钻形，与萼筒近等

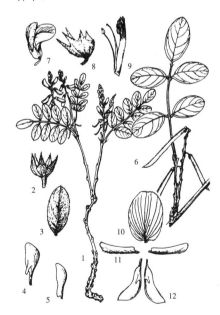

图 205: 1-6.网叶木蓝 7-12. 木里木蓝 （何冬泉绘）

长；花冠紫红色，旗瓣宽卵形，长6-7毫米，外面被毛，翼瓣与旗瓣近等长，龙骨瓣与翼瓣近等长，先端外面被毛，距长约1毫米；花药卵球形，基部有疏髯毛；子房无毛。荚果圆柱形，长1-2厘米，被短丁字毛。种子赤褐色，椭圆形，长1.5-2毫米。花期5-7月，果期9-12月。

产贵州西部、四川、云南及西藏，生于海拔1200-3000米灌丛中或林缘草地。泰国有分布。

［附］**木里木蓝** 图 205: 7-12

Indigofera muliensis Y. Y. Fang et C. Z. Zheng in Acta Phytotax. Sin. 21: 333. 1983. 与网叶木蓝的区别：灌木，高0.6-1米；托叶披针形，长0.5-0.6（-1）厘米；小叶2-4对，长

1-3厘米，上面无毛，下面被毛，网脉不甚明显；花序梗基部芽鳞宿存。产四川及云南，生于海拔2100-3200米湿润山坡、林中和松林下。

18. 四川木蓝 图 206

Indigofera szechuensis Craib in Notes Roy. Bot. Gard. Edinb. 8: 62. 1913.

灌木，高达2.5米。茎黑褐色，圆柱形；幼枝有棱，被白色和棕褐色平伏丁字毛。羽状复叶长4-6（-10）厘米；叶柄长0.5-1.5厘米，叶轴上面扁平，被丁字毛；托叶披针形，长约2.5毫米；小叶3-6对，椭圆形或倒卵形，长0.5-1.2厘米，先端圆钝或截形，基部圆形或楔形，两面被丁字毛。总状花序长达10厘米；花序梗长0.8-2.7厘米。花萼杯状，长3-3.5毫米，外被棕褐色和白色绢丝状丁字毛，萼齿披针形，最下萼齿与萼筒等长；花冠红或紫红色，花瓣具柄，旗瓣倒卵状椭圆形，长8-9.5毫米，外面被毛，翼瓣与龙骨瓣均与旗瓣近等长，龙骨瓣有长1毫米的距；花药两端无毛；子房无毛，胚珠8-10。荚果圆柱形，长达

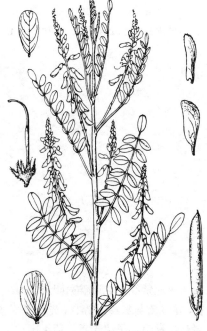

图 206 四川木蓝 （何冬泉绘）

4厘米，疏被毛，后变无毛，具8-9种子；果柄直立或平展，长约3毫米。种子长2.5-3毫米，宽约2毫米。花期5-6月，果期7-10月。

产四川、云南及西藏，生于海拔2500-3500米的山坡、路旁、沟边及灌丛中。全株及根有止咳利尿的功能。

19. 绢毛木蓝 图 207

Indigofera hancockii Craib in Notes Roy. Bot. Gard. Edinb. 8: 53. 1913.

灌木，高达2.5米。茎红褐色，圆柱形；幼枝有棱，被白色和褐色平伏丁字毛。羽状复叶长3-8厘米，叶柄长0.5-1厘米，有平伏丁字毛；托叶卵形或卵状披针形，长约2毫米；小叶4-8对，长圆状倒卵形，顶生小叶倒卵形，长0.5-1厘米，先端圆，基部楔形，两面粗糙，被平贴丁字毛，小叶柄长1-1.5毫米。总状花序长3-8厘米；花序梗长1厘米。花梗长1-1.5毫米；花萼钟状，长约2毫米，外密被白色并混生棕褐色绢丝状丁字毛，萼齿三角形，最下萼齿常短于萼筒；花冠紫红色，长6-7毫米，旗瓣长圆形，无明显瓣柄，外面密生绢丝状丁字毛，翼瓣长6毫米，龙骨瓣略长于翼瓣，中上部有距；花药两端无毛；子房有毛。荚果圆柱形，长约3厘米，被毛；果柄下弯。花期5-8月，果期10-11月。

图 207 绢毛木蓝 （何冬泉绘）

产四川及云南，生于海拔500-2900米山坡灌丛中或林缘草坡。

20. 岷谷木蓝

图 208

Indigofera lenticellata Craib in Notes Roy. Bot. Gard. Edinb. 8: 56. 1913.

灌木，高达1.2米。茎圆柱形，紫褐色，初时被白色丁字毛，后渐无毛，皮孔红褐色，明显。羽状复叶长0.8-2厘米；叶柄长2-6毫米，叶轴密被丁字毛；托叶斜三角形，长1.5毫米，宿存；小叶2-4对，椭圆形至倒卵形，长3-7毫米，纸质，先端圆或截平，基部圆或宽楔形，两面被白色和棕色粗丁字毛，下面毛较密；总状花序短，长约2.7厘米，花序梗长于叶柄。花萼长约2毫米，外面有毛，最下萼齿宽披针形，与萼筒等长；花冠红色，旗瓣宽椭圆形，长约7-8毫米，外面有毛，翼瓣与旗瓣等长，龙骨瓣长约7毫米，距长0.5毫米。荚果圆柱形，长1.2-3厘米，疏被短毛；果柄下弯。花期5-7月，果期9-10月。

产四川、云南西北部及西藏，生于海拔1500-3850米向阳山坡、沟谷、林缘及石灰岩灌丛中。

[附] **硬叶木蓝 Indigofera rigioclada** Craib in Notes Roy. Bot. Gard.

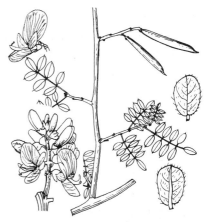

图 208 岷谷木蓝 （孙英宝仿绘）

Edinb. 8: 60. 1913. 与绢毛木蓝的区别：托叶坚硬，长仅1毫米；羽状复叶长1.5-2.5厘米；托叶坚硬，长约1毫米；小叶2-6对，近革质，倒卵状长圆形或长圆形，长0.3-1厘米；总状花序长8厘米；花序梗极短；花较大，长0.8-1.1厘米。花期4-7月，果期7-9月。产云南、四川及西藏，生于海拔2400-3300米山坡、路边灌丛中及松林下。

21. 木蓝

图 209 彩片 74

Indigofera tinctoria Linn. Sp. Pl. 751. 1753.

小灌木，高50-60厘米。小枝扭曲，被白色丁字毛。羽状复叶长2.5-11厘米；叶柄长1.3-2.5厘米，被丁字毛；托叶钻形，长约2毫米；小叶4-6对，倒卵状长圆形或倒卵形，长1.5-3厘米，先端钝或微凹，基部宽楔形或近圆，两面被丁字毛或上面近无毛，侧脉不明显。总状花序长2.5-5(-9)厘米；花疏生，近无花序梗。花梗长4-5毫米；花萼钟状，长约1.5毫米，萼齿三角形，与萼筒近等长，外被丁字毛；花冠红色，旗瓣宽倒卵形，长4-5毫米，外面被毛，翼瓣长4毫米，龙骨瓣与旗瓣等长；花药无毛。荚果线形，长2.5-3厘米，近无毛。种子间缢缩，外形似串珠状，有毛或几无毛，具5-10种子；果柄下弯。种子近方形，长1.5毫米。花期几全年，果期10月。

图 209 木蓝 （引自《图鉴》）

产安徽西南部、台湾、海南、广西、贵州及云南。世界各地有栽培。全株有清热解毒、祛瘀止血的功能。

22. 野青树

图 210 彩片 75

Indigofera suffruticosa Mill. Gard. Dict. ed. 8, no. 28. 1768.

灌木或亚灌木，高0.8-1.5米。茎灰绿色，有棱，枝有白色丁字毛。羽状复叶长5-10厘米；叶柄长约1.5厘米，被毛；托叶钻形，长达4毫米；小叶5-7(-9)对，长椭圆形或倒披针形，长1-4厘米，先端急尖，基部近圆，上面近无毛或疏生毛，下面灰白色，被丁字毛。总状花序长2-3厘米；花序梗极短或几不明显。花萼钟状，长约1.5毫米，有毛，萼齿与萼筒等长；花冠红色，旗瓣倒宽卵形，长4-5毫米，瓣柄甚短，外面密被毛，翼瓣短于旗瓣，龙骨瓣与翼瓣近等长或稍长，有距，被毛；花药无毛；子房在腹缝线上密被毛。荚果镰状弯曲，长1-1.5厘米，下垂，被毛，具6-8种子。种子短圆柱状，两端平截。花期3-5月，果期6-10月。

原产美洲热带。江苏、浙江、福建、台湾、广东、海南、广西及云南有栽培或逸生，生于低海拔山地路旁、山谷疏林、空旷地、田野沟边及海滩沙地。世界热带地区广布。全草药用，有清热解毒、消炎止痛的功能。

图 210 野青树 （何冬泉绘）

23. 马棘

图 211 彩片 76

Indigofera pseudotinctoria Matsum. in Bot. Mag. Tokyo 16: 62. 1902.

小灌木，高1-3米。茎多分枝；小枝具棱，有丁字毛。羽状复叶长3.5-6厘米；叶柄长1-1.5厘米，被丁字毛；托叶窄三角形，早落；小叶3-5对，椭圆形、倒卵形或倒卵状椭圆形，长1-2.5厘米，宽0.5-1.5厘米，先端圆或微凹，有短尖，基部近圆，两面均被白色丁字毛。总状花序长3-11厘米，有花20朵以上，密生，花序梗短于叶柄。花萼钟状，外有白色和棕色丁字毛，萼筒长1-2毫米，萼齿下方3枚较长，与萼筒近相等；花冠淡红或紫红色，旗瓣倒宽卵形，长4.5-6.5毫米，先端螺壳状，外面有白色丁字毛，翼瓣基部有耳状附属物，龙骨瓣与翼瓣近等长，距长1毫米；花药无毛；子房被毛。荚果圆柱形，长2.2-5.5厘米，幼时密生丁字毛；果柄下弯。种子椭圆形。花期5-8月，果期9-10月。

产山西、陕西、山东、江苏、浙江、安徽、福建、江西、河南、湖北、

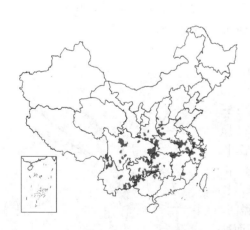

图 211 马棘 （引自《图鉴》）

湖南、广西、贵州、四川及云南，生于海拔100-1300米的山坡林缘及灌木丛中。日本有分布。根供药用，能清热解毒、活血祛瘀，外敷治疗疮及蛇伤。

24. 河北木蓝 铁扫帚

图 212

Indigofera bungeana Walp. in Linnaea 13: 525. 1839.

直立灌木，高0.4-1米。茎褐色，小枝圆柱形；枝银灰色，被白色丁字毛。羽状复叶长2.5-5厘米；叶柄长约1厘米，与叶轴均被白色丁字毛；托叶三角形，早落；小叶2-4对，椭圆形或倒卵状长圆形，长0.5-1.5厘米，

宽0.3-1厘米，先端钝圆，基部圆，两面被丁字毛；小叶柄长0.5毫米。总状花序长4-8厘米，有花10-15朵，稍疏生。花梗长1毫米；花萼长约2毫

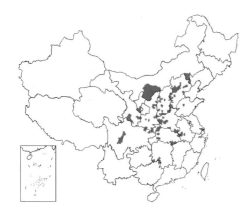

米，外面被丁字毛，萼齿几相等，三角状披针形，与萼筒近等长；花冠紫或紫红色，旗瓣宽倒卵形，长约5毫米，外面被毛，翼瓣与龙骨瓣近等长，龙骨瓣有距；花药无毛；子房被疏毛。荚果圆柱形，长不及2.5厘米，被丁字毛，种子间有横隔。种子椭圆形。花期5-6月，果期8-10月。

产辽宁、内蒙古、宁夏、甘肃、陕西、山西、河北、山东、安徽、河南、湖北、湖南、广西东北部及四川，生于海拔600-1000米山坡、草地或河滩地。全株药用，能清热止血、消肿生肌，外敷治创伤。

图 212 河北木蓝 （引自《图鉴》）

25. 多花木蓝

图 213

Indigofera amblyantha Craib in Notes Roy. Bot. Gard. Edinb. 8: 47. 1913.

直立灌木，高0.8-2米。茎圆柱形，幼枝禾秆色，具棱，被白色平伏丁字毛。羽状复叶长约18厘米；叶柄长2-5厘米；托叶微小，三角状披针形，长约1.5毫米。小叶3-5对，对生，稀互生，形状多变，常为卵状长圆形、长圆状椭圆形，长1-3.7（-6.5）厘米，先端圆钝，基部楔形或宽楔形，两面被白色并混生棕色丁字毛，下面毛较密。总状花序长约11（-15）厘米，近无花序梗。花梗长约1.5毫米；花萼长约3.5毫米，被丁字毛，最下萼齿长约2毫米，两侧萼齿稍短，上方萼齿最短；

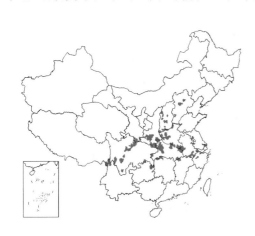

花冠淡红色，旗瓣倒宽卵形，长6-6.5毫米，翼瓣长约7毫米，龙骨瓣较翼瓣短，距长1毫米；花药无毛；子房被毛，胚珠17-18。荚果圆柱形，长3.5-6（7）厘米，被丁字毛。种子长圆形，长约2.5毫米。花期5-7月，果期9-11月。

产山西、河南、河北、江苏、浙江、安徽、江西西北部、湖北、湖南西北部、贵州北部、四川、云南西北部、陕西及甘肃南部，生于海拔600-

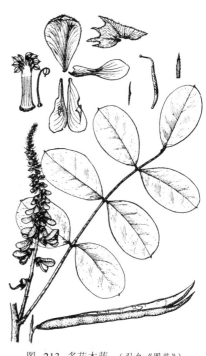

图 213 多花木蓝 （引自《图鉴》）

1600米的山坡草地、沟边、路旁灌丛中或林缘。根入药，有清热解毒、消肿止痛之效。

26. 刺序木蓝

图 214

Indigofera sylvestris Pamp. in Nouv. Giorn. Bot. Ital. 17: 397. 1910.

多分枝灌木，高0.6-1.5米。茎褐色，圆柱形，光滑，幼枝具钝棱，节间短。羽状复叶长1-2厘米；叶柄长4-5（-8）毫米；托叶微小，长约1毫

米；小叶2-4对，倒卵形、倒卵状长圆形、长圆形或椭圆形，长0.3-0.8（-1.2）厘米，先端圆钝，基部宽楔形或

圆，上面无毛，下面有粗丁字毛；小叶柄长约0.5毫米。总状花序长2-5厘米；花序梗长5毫米，花序轴顶端成针刺状。花梗长约1毫米；花萼钟状，长约2.5毫米，外面有粗丁字毛，萼齿线形，最下萼齿长1.5毫米；花冠紫红色，长4.5-5.5毫米，旗瓣倒宽卵形，龙骨瓣略短于翼瓣，距长0.5毫米；花药无毛；子房有毛。荚果圆柱形，长2-4厘米，有毛，具6-7种子；果柄下弯。种子长圆形或近方形，长2-3毫米。花期6-7月，果期8-10月。

产甘肃南部、陕西东南部、湖北西北部、贵州、四川、云南及西藏，生于海拔100-2700米干旱山坡、向阳岩缝中及河边。

图 214 刺序木蓝 （何冬泉绘）

27. 硬毛木蓝   图 215

Indigofera hirsuta Linn. Sp. Pl. 753. 1753.

平卧或直立亚灌木，高0.3-1米。茎圆柱形，枝、叶轴和花序轴均被二歧的开展长硬毛。羽状复叶长2.5-10厘米；叶柄长1厘米，被开展毛；

小叶4-5对，对生，倒卵形或长圆形，长3-3.5厘米，先端圆钝，基部宽楔形，两面有平贴丁字毛。总状花序长10-25厘米，密被锈色和白色混生的硬毛；花序梗比叶柄长。花梗长1毫米；花萼长4毫米，外面被红褐色开展长硬毛，萼齿线形；花冠红色，长4-5毫米，花瓣具短瓣柄，旗瓣倒卵状椭圆形，翼瓣与龙骨瓣等长，龙骨瓣

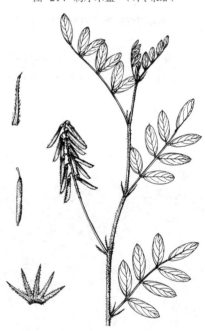

图 215 硬毛木蓝 （何冬泉绘）

的距短小；花药顶端有红色小尖头；子房有黄棕色长粗毛。荚果圆柱形，长1.5-2厘米，有开展长硬毛，具6-8种子；果柄下弯。花期7-9月，果期10-12月。

产浙江、台湾、福建、湖南、广东、香港、海南、广西及云南东南部，生于低海拔山坡旷野、路旁、河边草地及海滨沙地。热带非洲、亚洲、美洲及大洋洲有分布。

28. 腺毛木蓝   图 216

Indigofera scabrida Dunn in Journ. Linn. Soc. Bot. 35: 487. 1903.

直立灌木，高达80厘米。茎圆柱形，分枝呈"之"字形弯曲。枝、叶轴、叶缘和叶脉、花序轴、苞片及萼片均被红色有柄腺毛。羽状复叶长达

12厘米；叶柄长1-1.5厘米；托叶线形；小叶3-5对，对生，椭圆形、倒卵状椭圆形或倒卵形，长1-3厘米，先端圆钝或平截，基部宽楔形或圆；小叶柄长约1毫米。总状花序长6-12厘米，具疏生的花，花序梗比叶柄长。花萼长2.5毫米，萼齿线形；旗瓣倒卵状椭圆形，长约8毫米，外面有柔毛，翼瓣与龙骨瓣等长，龙骨瓣有距；花药基部有髯毛；子房线形，有毛。荚果圆柱形，长1.8-3厘米，无毛，具9-10种子。种子长方形，长约1.5毫米。花期6-9月，果期8-10月。

产四川及云南，生于海拔1450-2060米山坡灌丛和林缘。缅甸有分布。

29. 穗序木蓝   图 217

Indigofera spicata Forsk. Fl. Aegypt. Arab. 138. 1775.

一至多年生草本，高15-40厘米。茎单一或基部多分枝，枝直立或偃伏，中空，有紧贴丁字毛。羽状复叶长2.5-7.5厘米；叶柄极短或不明显；托叶披针形，长达6毫米；小叶2-5对，互生，倒卵形或倒披针形，稀线形，长0.8-2厘米，先端圆钝，基部宽楔形，下面疏生丁字毛；小叶柄极短。总状花序约与复叶等长；花序梗长约1厘米。花梗长约1毫米；花萼钟状，长3-3.5毫米，萼齿线状披针形；花冠青紫色，旗瓣宽卵形，长5-6毫米，翼瓣长4毫米，龙骨瓣长2毫米。荚果线状圆柱形，有4棱，长1-2.5厘米，下垂，无毛，具8-10种子；果柄下弯。花果期4-11月。

产台湾及云南，生于海拔800-1100米旷地、竹园、路边潮湿向阳处。印度、越南、泰国、菲律宾及印度尼西亚有分布。

30. 九叶木蓝   图 218

Indigofera linnaei Ali in Bot. Not. 3: 549. 1958.

一年生或多年生草本，多分枝。茎基部木质化。分枝纤细，平卧，长10-40厘米，被丁字毛。羽状复叶长1.5-3厘米；叶柄极短；托叶披针形，长约3毫米；小叶2-5对，互生，窄倒卵形、长椭圆状卵形或倒披针形，长3-8毫米，宽1-3.5毫米，先端圆钝，基部楔形，两面有粗硬丁字毛。总状花序短于复叶，长0.4-1厘米，几无花序梗。花梗长0.5

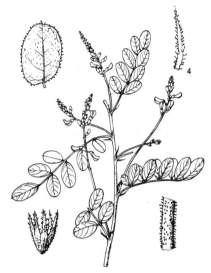

图 216 腺毛木蓝 （何冬泉绘）

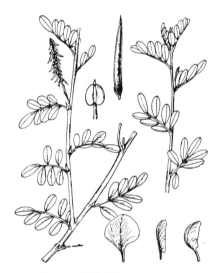

图 217 穗序木蓝 （何冬泉绘）

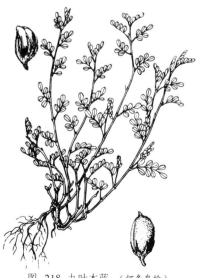

图 218 九叶木蓝 （何冬泉绘）

毫米；花萼杯状，萼筒长约1毫米，萼齿线状披针形，最下萼齿长1.5毫米；花冠紫红色，长约3毫米；花药无毛；子房椭圆形，有毛。荚果长圆形，长2.5-5毫米，被白色平伏柔毛，具2种子。花期8月，果期11月。

产海南及云南，生于海边、干旱沙土地及松林林缘。澳大利亚、印度尼西亚、越南、泰国、缅甸、锡金、尼泊尔、斯里兰卡、巴基斯坦及热带非洲西部有分布。

31. 三叶木蓝　　　　　　图 219

Indigofera trifoliata Linn. Cent. Pl. 2: 29. 1756.

多年生草本。茎平卧或近直立，基部木质化，分枝细长，幼时被毛。三出羽状或掌状复叶；叶柄长0.6-1厘米；小叶膜质，倒卵状长椭圆形或倒披针形，长1-2.5厘米，先端圆，基部楔形，两面被柔毛，下面有暗褐色或红色腺点。总状花序近头状，远较复叶短，有6-12朵密集的花，花序梗长约2.5毫米，密生长硬毛。花萼钟状，长约2.5毫米，萼齿刚毛状；花冠红色，旗瓣倒卵形，长6毫米，外面被毛，翼瓣长圆形，无毛，龙骨瓣镰形，外面密被毛；花药无毛；子房无毛。荚果长1-1.5厘米，下垂，背腹两缝线有棱脊，幼时被毛及红色腺点，具6-8种子；果柄下弯。花期7-9月，果期9-10月。

产台湾、广东、海南、广西、四川西南部及云南，生于海拔1700米以

图 219 三叶木蓝　（引自《图鉴》）

下的山坡草地及田边草地。越南、缅甸、印度尼西亚、菲律宾、尼泊尔、斯里兰卡、印度、巴基斯坦及澳大利亚有分布。全株有清热消肿的功能。

32. 远志木蓝　　　　　　图 220

Indigofera squalida Prain in Journ. Asiat. Soc. Bengal 66: 355. 1897.

多年生直立草本或亚灌木状，高30-60厘米。根膨大，块状或纺锤状。茎不分枝或基部有少数分枝，散生丁字毛。单叶，长圆形、披针形或倒披针形，长2-7厘米，宽0.6-2.3厘米，先端圆钝，基部楔形，下延，两面被毛，下面有黄褐色腺点；叶柄长2-3毫米；托叶线状钻形。总状花序长1-2厘米，具密集的花。花萼杯状，长2-2.5毫米，萼齿长于萼筒或与之等长；旗瓣披针形，长4-5毫米，外面被锈色毛，翼瓣线形，龙骨瓣长圆状镰形，有距；花药无毛；子房被毛。荚果圆柱形，长1-1.3厘米，密被毛，无刺，具4-5种子；果柄下弯。花期5-6月，果期9月。

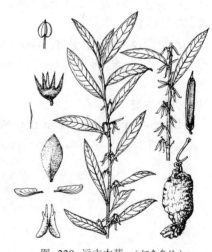

图 220 远志木蓝　（何冬泉绘）

产广东、广西、贵州及云南，生于海拔600米以下斜坡旷野、山脚、路旁向阳草地。越南、老挝、柬埔寨、缅甸及泰国有分布。

33. 单叶木蓝

图 221: 1-9

Indigofera linifolia (Linn.f.) Retz. Obs. Bot. 4: 29. 1786.

Hedysarum linifolia Linn. f. Suppl. Sp. Pl. 331. 1781.

多年生草本，高30-40厘米。茎平卧或上升，基部分枝，被绢丝状平贴丁字毛。单叶，线形、长圆形或披针形，长0.8-2厘米，宽2-4毫米，先端急尖，基部楔形，两面密被平贴粗丁字毛；叶柄几不明显；托叶钻形。总状花序短于叶，长5-8毫米，有3-8花；花序梗不明显。萼筒长0.5-1毫米，外面被毛，萼齿披针状钻形，最下萼齿长2.5-3毫米；花冠紫红色，旗瓣椭圆形或近圆形，长3.5-4毫米，

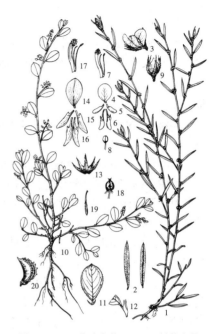

图 221: 1-9. 单叶木蓝 10-20. 刺荚木蓝
（何冬泉绘）

末端有小凸尖，翼瓣长圆状倒卵形，稍短于旗瓣，龙骨瓣长圆形，与翼瓣近等长；花药无毛。荚果球形，径约2毫米，微扁，具1种子；果柄下弯。花期4-5月，果期5-8月。

产台湾、四川及云南，生于海拔1200米以下沟边沙岸、田埂、路梗、路旁及草坡。澳大利亚、越南、缅甸、泰国、印度、克什米尔地区、巴基斯坦、阿富汗、埃塞俄比亚及苏丹有分布。

34. 刺荚木蓝

图 221: 10-20

Indigofera nummularifolia (Linn.) Livera ex Alston in Trimen Handb. Fl. Ceylon 6, Suppl. 72. 1931.

Hedysarum nummularifoium Linn. Sp. Pl. 746. 1753.

多年生草本。高15-30厘米。茎平卧，基部分枝，分枝长达40厘米。单叶，倒卵形或近圆形，长1-2厘米，宽0.8-1.4厘米，先端圆钝，基部圆或宽楔形，除边缘有毛外，两面近无毛；叶柄长1-2毫米；托叶三角形，宿存。总状花序长1.5-3厘米，有5-10花，花序梗长约1厘米；花序轴被丁字毛。花萼长3-4毫米，萼筒长约1毫米，萼齿线形，长2-3毫米；花冠深红色，旗瓣倒卵形，长3毫米，外面密生丁字毛，翼瓣基部具舟状附属物，龙骨瓣长约4毫米；花药两端有髯毛；子房有毛。荚果镰形，长约5毫米，不裂，背缝沿弯拱部分有数行钩刺，具1种子。种子肾状长圆形，长达4毫米。花期10月，果期10-11月。

产海南，生于海滨沙土或稍干旱旷野。东南亚及西非热带有分布。

24. 瓜儿豆属 Cyamopsis DC.

（郑朝宗）

一年生草本，植株被平贴丁字毛。奇数羽状复叶、羽状三出复叶或单叶；托叶钻形；小叶全缘、有锯齿或深裂，两面或下面被白色平贴丁字毛。总状花序腋生，疏花；有或无花序梗。花萼5裂，下方1萼齿最长；花冠淡黄、黄或粉红色，旗瓣近宽倒卵形，外面无毛，龙骨瓣不卷曲，多少成囊状，无距或有短距；雄蕊10，单体，花药顶端

具硬尖，基部无鳞片；子房无柄。荚果直立，具3-4条纵棱，近四棱形，扁平，顶端渐尖成喙。种子立方形，有微细瘤状凸起。

约4种，原产非洲热带地区。我国引入栽培1种。本属植物是良好的饲料、绿肥；嫩荚可供食用；种子胚乳含瓜儿胶，是用于石油工业的优质凝胶材料。

瓜儿豆 图 222

Cyamopsis tetragonolobus (Linn.) Taub. in Engl. u. Prantl. Pfanzenf. 3: 259. 1894.

Psoralea tetragonoloba Linn. Mant. 1: 104. 1767.

一年生草本，高0.6-3米。茎直立，基部木质化，分枝具4棱。羽状三出复叶，具长柄；托叶线形；小叶卵形或近菱形，长3-7厘米，先端渐尖，基部楔形或宽楔形，边缘有锯齿，上面被微毛或无毛，下面有浅灰色平贴的丁字毛。总状花序腋生，长4-6厘米；花序梗短；花萼5齿裂，萼齿三角形，与萼筒近等长，下萼齿较萼筒长；花冠黄色，旗瓣宽卵形，先端圆钝，具短瓣柄，龙骨瓣无距，边缘多少成囊状；雄蕊10，单体，药隔顶端具短硬尖；子房无毛。荚果近线形，长4-7厘米，厚4-8毫米，边缘有明显的脊，顶端有尖细的喙，具6-12种子。种子近立方形，黑或浅灰色，表面粗糙。

原产非洲热带。云南西双版纳地区有栽培。印度、斯里兰卡、阿富汗、孟加拉、巴基斯坦、泰国、越南、老挝、柬埔寨均有栽培。

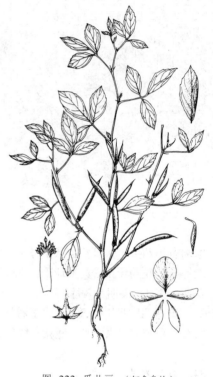

图 222 瓜儿豆 （何冬泉绘）

25. 三叉刺属 Trifidacanthus Merr.

（黄普华）

直立灌木。枝节上具锐利而直的三叉硬刺。叶互生，仅具1小叶；叶柄短；叶椭圆形、长圆状椭圆形或条状椭圆形，长1.5-6厘米，宽0.7-1.5厘米，两面无毛，全缘，网脉明显。总状花序短，腋生；苞片小，宽卵形；小苞片短。花萼裂片5，上部2枚完全合生或大部分合生，下部3枚卵状披针形；花冠紫色，旗瓣宽倒卵形，翼瓣长椭圆形，龙骨瓣略呈镰刀形；雄蕊二体（9+1）；子房条形，略被柔毛，具短柄，胚珠约6。荚果劲直，扁平而薄，长约2厘米，稍被短柔毛，腹缝线直或微波状，背缝线于节间深凹；荚节通常3-4，长6-7毫米，宽约4毫米。

单种属。有人把产于印度尼西亚小巽他群岛的Desmodium horridum Steen.归入本属。

三叉刺 图 223

Trifidacanthus unifoliolatus Merr. in Philipp. Journ. Sci. Bot. 12: 269. 1917.

形态特征同属。

产海南，生于海拔约200米稀树干草原中的旱生灌丛中或河边疏林内。菲律宾及越南有分布。

图 223 三叉刺 （引自《图鉴》）

26. 假木豆属 Dendrolobium（Wight et Arn.）Benth.

（黄普华）

灌木或小乔木。叶互生，羽状复叶，小叶3或稀仅有1小叶，小叶全缘或边缘浅波状；具托叶和小托叶。花序腋生，近伞形，伞形或短总状花序，花密；苞片具条纹。花萼钟状或筒状，5裂，但上部2裂完全合生成4裂状，或上部裂片先端不完全合生而稍2裂，下部裂片较其他裂片长；花冠白或淡黄色，旗瓣倒卵形、椭圆形或近圆形，具瓣柄，翼瓣窄长圆形，基部具耳或无，龙骨瓣具长瓣柄，基部具耳或无；雄蕊单体；子房无柄，有胚珠（1）2-8，花柱细长。荚果具1-8荚节，多少呈念珠状，不裂。种子宽长圆状椭圆形或近方形。子叶出土萌发。染色体2n=22。

14种，分布于亚洲热带。我国约15种。

1. 幼枝三棱形；顶生小叶倒卵状长椭圆形或长椭圆，侧脉10-17对；伞形花序有20-30花 ··· 1. 假木豆 **D. triangulare**
1. 幼枝圆柱形；顶生小叶椭圆形、卵形、圆形或宽卵形，侧脉7-12对；伞形花序有10-12花 ··· 2. 伞花假木豆 **D. umbellatum**

1. 假木豆 图 224

Dendrolobium triangulare（Retz.）Schindl. in Fedde, Repert. Sp. Nov. 20: 274. 1924.

Hedysarum triangulare Retz. Obs. Bot. 3: 40. 1783.

Desmodium triangulare（Retz.）Merr.；中国高等植物图鉴 2: 444. 1972.

图 224 假木豆 （引自《图鉴》）

灌木，高1-2米。幼枝三棱形，密被灰白色丝状毛。叶具3小叶；叶柄长1-2.5厘米，被开展或贴伏丝状毛；小叶硬纸质，顶生小叶倒卵状长椭圆形，长7-15厘米，侧生小叶略小，基部略偏斜，上面无毛，下面被长丝状毛，侧脉每边10-17。伞形花序腋生，有20-30花；花序梗短，长仅3-6毫米。花梗不等长；花萼长5-9毫米，下部1裂片与萼筒近等长，其余较萼筒稍短；花冠白或淡黄色，长约9毫米，旗瓣宽椭圆形，翼瓣和龙骨瓣长圆形，均具瓣柄；雄蕊长0.8-1.2厘米；雌蕊长0.7-1.4厘米，子房被毛。荚果长2-2.5厘米，稍弯曲，有荚节3-6，被贴伏丝状毛；种子椭圆形。

产台湾、广东、海南、广西、贵州及云南，生于海拔100-1400米山坡灌丛中或沟边荒草地。印度、东南亚及非洲有分布。全株入药，有强筋骨、清热凉血、健脾利湿之效。

2. 伞花假木豆 白木苏花 图 225 彩片 77

Dendrolobium umbellatum（Linn.）Benth. in Miq. Pl. Jungh. 216. 1852.

Hedysarum umbellatum Linn. Sp. Pl. 747. 1753.

灌木或小乔木，高达3米。幼枝圆柱形，密被黄色或白色贴伏丝状毛。

叶具3小叶；叶柄长2-5厘米，幼时密被贴伏丝状毛；小叶近革质，椭圆

形、卵形、圆形或宽卵圆形，顶生小叶长5-14（-17）厘米，两端钝或急尖，幼时两面被贴伏丝状毛，侧脉7-12对，直达叶缘。伞形花序常有10-20花；花序梗短；花梗开花时长3-7毫米，密被丝状毛；花萼长4-5毫米，上部裂片先端2裂；花冠白色，长1-1.3厘米，旗瓣宽倒卵形或椭圆形，翼瓣窄椭圆形，龙骨瓣较翼瓣宽，各瓣均具瓣柄；雄蕊长约1厘米；雌蕊长达1.5厘米，子房被丝状毛。荚果窄长圆形，长2-3.5厘米，有荚节3-5（-8），宽椭圆形或长圆形。种子椭圆形或宽椭圆形。

产台湾，生于海滨地区。印度、东南亚、太平洋群岛至非洲、大洋洲有分布。

图 225 伞花假木豆 （引自《Fl. Taiwan》）

27. 排钱树属 **Phyllodium** Desv.

（黄普华）

灌木或亚灌木。叶互生，羽状复叶，小叶3，具托叶和小托叶。花4-15组成伞形花序，由对生、圆形、宿存的叶状苞片包藏，在枝先端排成总状花序式的圆锥花序，形如一长串钱牌。花萼5裂，上部2裂合生为1或先端微2裂，下部3裂较上部裂片长；花冠白或淡黄色，稀紫色，旗瓣倒卵形或宽倒卵形，基部渐窄或具瓣柄，翼瓣窄椭圆形，较龙骨瓣小，具耳和瓣柄，龙骨瓣弧曲，具耳和瓣柄；雄蕊单体；雌蕊较雄蕊长，具花盘。荚果腹缝线稍缢缩呈浅波状，背缝线呈浅牙齿状，无柄，不裂，有荚节（1-）2-7。种子在种脐周围具明显带边假种皮。子叶出土萌发。染色体2n=22。

约6种，分布于热带亚洲及大洋洲。我国4种。

1. 顶生小叶披针形或长圆形，长13-20厘米，较侧生小叶长4-5倍；花序有（5-）9-15花；叶状苞片斜卵形 ⋯⋯⋯⋯⋯⋯⋯⋯⋯⋯⋯⋯⋯⋯⋯⋯⋯⋯⋯⋯ **1. 长叶排钱树 Ph. longipes**
1. 顶生小叶卵形、椭圆形或倒卵形，长6-10厘米，较侧生小叶长1倍；花序有5-6花；叶状苞片圆形 ⋯⋯⋯⋯⋯⋯⋯⋯⋯⋯⋯⋯⋯⋯⋯⋯⋯⋯⋯⋯⋯⋯ **2. 排钱树 Ph. pulchellum**

1. 长叶排钱树   图 226

Phyllodium longipes (Craib) Schindl. in Fedde, Repert. Sp. Nov. 20: 270. 1924.

Desmodium longipes Craib in Kew Bull. 1910: 20. 1910.

灌木，高约1米。小枝密被开展褐色短柔毛。叶具3小叶；叶柄长约3毫米，被褐色茸毛；小叶革质，顶生小叶披针形或长圆形，长13-20厘米，先端渐窄，基部圆或宽楔形，侧生小叶斜卵形，较顶生短4-5倍，上面疏被毛或近无毛，下面密被褐色软毛，侧脉每边8-15。伞形花序有（5-）9-15花，藏于叶状苞片内；苞片斜卵形，先端微缺，长2.5-3.5厘米，宽2-2.7厘米，花萼长4-5毫米，被白色茸毛；花冠白或淡黄色，长约7-9毫米，旗瓣倒卵形，具瓣柄，翼瓣基部具耳和瓣

图 226 长叶排钱树 （引自《豆科图说》）

柄，龙骨弧曲；子房有胚珠7-8。荚果长0.8-1.5厘米，宽3.5毫米，被缘毛，有荚节2-5；荚节近方形。种子宽椭圆形。

产广东、广西及云南南部，生立海拔900-1000米山地灌丛中或密林中。

2. 排钱树　　　　　　　　　　　图 227 彩片 78

Phyllodium pulchellum (Linn.) Desv. in Journ. de Bot. ser. 2, 1: 124. t. 5. f. 24. 1815.

Hedysarum pulchellum Linn. Sp. Pl. 747. 1753.

Desmodium pulchellum (Linn.) Benth.；中国高等植物图鉴 2: 445. 1972.

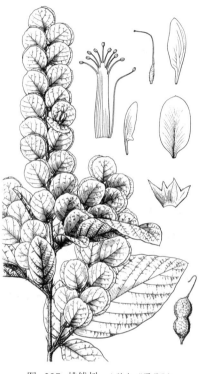

灌木，高0.5-2米。小枝被白或灰色短柔毛。叶具3小叶；叶柄长5-7毫米，密被灰黄色柔毛；小叶革质，顶生小叶卵形、椭圆形或倒卵形，长6-10厘米，先端钝或急尖，基部圆或钝，侧生小叶较顶生小叶短1倍，基部偏斜，上面近无毛，下面疏被短柔毛，侧脉6-10对。伞形花序有5-6花，藏于叶状苞片内；苞片圆形，径1-1.5厘米。花萼长约2毫米，被短柔毛；花冠白或淡黄色，长5-6毫米，旗瓣基部渐窄，具短宽的瓣柄，翼瓣基部具耳和瓣柄，龙骨瓣基部无耳但具瓣柄。荚果长6毫米，宽2.5毫米，腹、背两缝线稍缢缩，通常有荚节2，成熟时无毛或有疏短柔毛及缘毛。种子宽椭圆形或近圆形。

图 227 排钱树 （引自《图鉴》）

产台湾、福建、江西南部、广东、香港、海南、广西、贵州西南部及云南，生于海拔160-2000米的丘陵荒地、路边或山坡疏林中。印度、斯里兰卡、缅甸、泰国、越南、老挝、柬埔寨、马来西亚及澳大利亚北部有分布。根、叶供药用，有解表清热、活血散瘀之效。

缅甸、泰国、老挝、柬埔寨及越南有分布。

28. 两节豆属 Aphyllodium (DC.) Gagnep.
（黄普华）

亚灌木，高达70厘米。茎直立或平卧，纤细。叶互生，掌状复叶，小叶3；托叶合生抱茎，长0.7-1厘米，先端3裂；叶柄长5-7毫米；小叶窄倒卵形、卵形或窄椭圆形，长1-1.8厘米，宽3-8毫米，先端钝，具细尖，基部楔形或圆，上面无毛，下面被贴伏柔毛，全缘。总状花序顶生或腋生，长5-15厘米，有苞片和小苞片；花2-5簇生每一节上。花萼5裂，上部2裂合生为1而成4裂状或先端稍2裂；花冠红色，旗瓣窄倒卵形或倒卵形，无耳，翼瓣窄长圆形，与旗瓣等长，具纤细瓣柄，龙骨瓣长椭圆形，略弯曲，较翼瓣短；雄蕊二体(9+1)；子房被毛。荚果直，长约1厘米，腹背两缝线有种子间深缢呈圆齿状，被黄褐色贴伏丝状毛；荚节通常2，近圆形。

单种属。

两节豆　　　　　　　　　　　图 228

Aphyllodium biarticulatum (Linn.) Gagnep. Notul. Syst. (Paris) 3: 254. 1916.

Hedysarum biarticulatum Linn. Sp. Pl. 1054. 1753.

Dicerma biarticulatum (Linn.) DC.；中国植物志 40: 13. 1995.

形态特征与属同。

产海南,生于旷野或林缘草地。印度、东南亚至澳大利亚北部有分布。

图 228 两节豆 (许芝源绘)

29. 山蚂蝗属 Desmodium Desv.

（黄普华）

草本、亚灌木或灌木。叶互生,羽状复叶,小叶3或为单小叶;具托叶和小托叶;小叶全缘或浅波状。花通常较小,组成腋生或顶生的总状花序或圆锥花序,稀单生或成对生于叶腋;苞片宿存或早落;小苞片有或缺。花萼4-5裂,上部裂片全缘或先端2裂至微裂;花冠白、绿白、黄白、粉红、紫色、紫堇色,旗瓣椭圆形、宽椭圆形、倒卵形、宽倒卵形或近圆形,翼瓣多少与龙骨瓣贴连,均有瓣柄;雄蕊二体（9+1）或少有单体;子房通常无毛,有数颗胚珠。荚果扁平,不裂,背腹两缝线稍缢缩或腹缝线劲直;荚节数枚。子叶出土萌发。染色体2n=（20），22。

约350种,多分布于亚热带和热带地区。我国30种。

1. 二体雄蕊,对着旗瓣1枚雄蕊与其他9枚完全离生。
  2. 叶柄两侧具0.2-0.4毫米宽的窄翅;具小苞片;花瓣绿白或黄白色,具明显脉纹 ⋯ 1. 小槐花 D. caudatum
  2. 叶柄两侧无翅;无小苞片;花瓣通常粉红、紫红或紫堇色,有时兼有白色,脉纹不明显。
    3. 荚果线形;荚节线形、长圆形、长圆状长形或窄倒卵形,长为宽的3倍以上。
      4. 叶全为3小叶羽状复叶,顶生小叶长4.5-10（-15）厘米,宽3-6（-8）厘米,侧脉7-12对;荚果长2-6厘米,有荚节4-12,荚节长4-5毫米 ⋯⋯⋯⋯⋯⋯⋯⋯⋯⋯ 2. 大叶拿身草 D. laxiflorum
      4. 叶全为单小叶,小叶卵形、卵状椭圆形或披针形,长5-12厘米,宽2-5厘米,侧脉7-10对;荚果长8-12厘米,有荚节6-8;荚节长1.2-2厘米 ⋯⋯⋯⋯⋯⋯⋯⋯⋯⋯ 3. 单叶拿身草 D. zonatum
    3. 荚果窄长圆形;荚节通常近圆形、近长圆形或近方形,长与宽几相等,或长稍大于宽,但不超过1倍。
      5. 3小叶羽状复叶（仅南美山蚂蝗和小叶三点金有时近基部兼有1小叶）。
        6. 顶生小叶通常长2.5厘米以上。
          7. 总状花序长10-45厘米,花稍稀疏。
            8. 荚果腹缝线近直或微波状,背缝线于节间深缢缩至腹缝线,不呈念珠状;侧脉7-9对;托叶长0.8-2厘米,早落 ⋯⋯⋯⋯⋯⋯⋯⋯⋯⋯ 4. 凹叶山蚂蝗 D. concinnum
            8. 荚果腹、背两缝线于节间缢缩呈念珠状;侧脉每边4-6;托叶长5-8毫米,宿存 ⋯⋯⋯⋯⋯⋯⋯⋯⋯⋯⋯⋯⋯⋯⋯⋯⋯⋯⋯⋯ 4(附). 南美山蚂蝗 D. tortuosum
          7. 总状花序长2.5-7厘米,花极稠密。
            9. 花序梗密被开展的淡黄色钩状毛 ⋯⋯⋯⋯⋯⋯⋯⋯⋯⋯ 7. 假地豆 D. heterocarpon
            9. 花序梗密被贴伏的白色糙伏毛 ⋯⋯⋯⋯⋯ 7(附). 糙毛假地豆 D. heterocarpon var. strigosum

6. 顶生小叶通常长2.5厘米以下。

   10. 茎近无毛；顶生小叶倒卵状长椭圆形或长椭圆形，长1-1.2厘米，宽4-6毫米；总状花序有6-10花 ……………………………………………………………………… 10. 小叶三点金草 **D. microphyllum**

   10. 茎被开展柔毛；顶生小叶倒心形、倒三角形或倒卵形，长宽约0.25-1厘米；花单生或2-3簇生叶腋 ……………………………………………………………………… 11. 三点金草 **D. triflorum**

5. 叶通常只有单小叶（仅绒毛山蚂蝗、广东金钱草有时兼有3小叶）。

  11. 小叶通常长大于宽。

    12. 小叶长椭圆状卵形，有时卵形或披针形，上面除中脉外无毛，下面及花序梗被灰色柔毛；荚节被钩状短柔毛 ………………………………………………… 5. 大叶山蚂蝗 **D. gangeticum**

    12. 小叶卵状披针形、三角状卵形或宽卵形，两面及花序梗被黄褐色绒毛；荚节密被黄色直毛和混有钩状毛 ……………………………………………………… 6. 绒毛山蚂蝗 **D. velutinum**

  11. 小叶长小于宽或几相等。

    13. 小叶厚纸质或近革质，圆形、近圆形或宽倒卵形，长与宽几相等，下面密被伏贴白色丝状毛；侧脉8-10对 ………………………………………………… 8. 广东金钱草 **D. styracifolium**

    13. 小叶膜质，肾形或扁菱形，通常长小于宽，下面无毛；侧脉3-4对 …… 9. 肾叶山蚂蝗 **D. renifolium**

1. 单体雄蕊，对着旗瓣1枚雄蕊与其他9枚雄蕊的花丝中部以上联合（仅长波叶山蚂蝗在中下部联合）；荚节长为宽1-1.5倍或近相等。

  14. 托叶窄卵形、卵形或三角形，宽1-4毫米；龙骨瓣较翼瓣短；荚果扁平，不为念珠状，被伏贴丝状毛或短柔毛，或小钩状毛有时混有直毛。

    15. 小叶先端具硬细尖，干后叶常黑色；无小苞片；龙骨瓣基部无耳；荚果密被褐色丝状毛 ……………………………………………………………………… 12. 饿蚂蝗 **D. multiflorum**

    15. 小叶先端无硬细尖，干后叶非黑色；有小苞片；龙骨瓣基部具耳；荚果被伏贴短柔毛，小钩状毛或有时混有直毛。

      16. 顶生小叶长2-7厘米，宽1.5-5厘米；荚果疏被贴伏短柔毛 …………… 13. 圆锥山蚂蝗 **D. elegans**

      16. 顶生小叶长8-15厘米，宽6-9厘米；荚果被小钩状毛，有时混有直毛，成熟时近无毛 ……………………………………………………………………… 14. 滇南山蚂蝗 **D. megaphyllum**

  14. 托叶线形，宽约1毫米；龙骨瓣与翼瓣等长；荚果近念珠状，密被锈或褐色小钩状毛 …………………………………………………………………… 15. 长波叶山蚂蝗 **D. sequax**

1. 小槐花   图 229 彩片 79

Desmodium caudatum (Thunb.) DC. Prodr. 2: 337. 1825.

Hedysarum caudatum Thunb. Fl. Jap. 286. 1784.

灌木或亚灌木，高达2米。叶具3小叶；叶柄长1.5-4厘米，两侧具极窄的翅；顶生小叶披针形或长圆形，长5-9厘米，侧生小叶较小，先端渐尖、急尖或短渐尖，基部楔形，上面疏被极短柔毛，老时渐无毛，下面疏被贴伏短柔毛，侧脉10-12对。总状花序长5-30厘米，花序轴密被柔毛并混生小钩状毛，每节生2花，具小苞片。花梗长3-4毫米；花萼窄钟形，长3.5-4毫米，裂片披针形；花冠绿白或黄白色，有明显脉纹，长约5毫米，旗瓣椭圆形，翼瓣窄长圆形，龙骨瓣长圆形，均具瓣柄，雌蕊长约7毫米。荚果线形，扁平，长5-7厘米，被伸展钩状毛，背腹缝线浅缢缩，有4-8荚节；荚节长椭圆形，长0.9-1.2厘米。

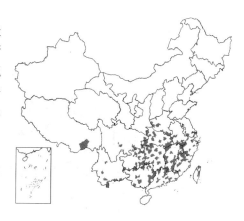

产江苏、浙江、安徽、台湾、福建、江西、河南、湖北、湖南、广东、广西、贵州、四川、云南及西藏，生于海拔150-1000米山地、路旁、草地、沟边、林缘或林下。印度、斯里兰卡、锡金、不丹、缅甸、马来西亚、日本及朝鲜有分布。根、叶供药用，能祛风活血、利尿、杀虫，亦可作牧草。

2. 大叶拿身草　　　　　　　　　图 230

Desmodium laxiflorum DC. in Ann. Sci. Nat. Bot. 4: 100. 1825.

直立灌木或亚灌木，高达1.2米。幼枝被贴伏毛和小钩状毛。叶具3小叶；叶柄长1.5-4厘米；顶生小叶卵形或椭圆形，长4.5-10（-15）厘米，宽3-8厘米，先端短渐尖，下面密被黄色丝状毛，侧脉7-12。总状花序长达28厘米，花序梗和花序轴被柔毛和小钩状毛；花2-7簇生每节上。花梗长0.5-1厘米，密被柔毛和小钩状毛；花萼长约2.5毫米，密被长柔毛，裂片全缘或先端微2裂；花冠紫堇或白色，长4-7毫米，旗瓣宽倒卵形或近圆形，翼瓣具耳和短瓣柄；龙骨瓣无耳，但具瓣柄；子房疏被柔毛。荚果线形，长2-6厘米，密被小钩状毛，两侧缝线几不缢缩，有4-12荚节；荚节长圆形，长4-5毫米。

产台湾、福建南部、江西南部、湖北西部、湖南、广东、广西、四川、贵州、云南及西藏，生于海拔160-2400米的次生林林缘、灌丛或草坡。印度、马来西亚、缅甸、菲律宾、泰国及越南有分布。

3. 单叶拿身草　　　　　　　　　图 231

Desmodium zonatum Miq. Fl. Ind. Bat. 1(1): 250. 1855.

直立小灌木，高达80厘米。茎幼时被黄色小钩状毛和散生贴伏毛。叶为单小叶；叶柄长1-2.5厘米；小叶卵形、卵状椭圆形或披针形，长5-12厘米，宽2-5厘米，先端渐尖或急尖，基部宽楔形或圆，上面无毛或沿脉散生小钩状毛，下面密被黄褐色柔毛，侧脉7-10对。总状花序通常顶生，长10-25厘米；花序梗密被小钩状毛和疏生直长毛；花常2-3簇生每节上。花梗长0.4-1厘米；花萼长2.5-3毫米，密被开展钩状毛，裂片先端微2裂；花

图 229　小槐花　（引自《图鉴》）

图 230　大叶拿身草　（引自《图鉴》）

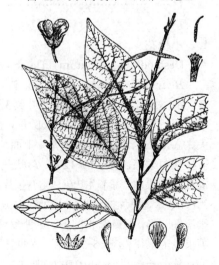

图 231　单叶拿身草　（引自《豆科图说》）

冠白或粉红色，长约7毫米，旗瓣倒卵形，基部渐窄，翼瓣倒卵状长椭圆形，具短圆的耳和短瓣柄，龙骨瓣弯曲；子房被小柔毛。荚果线形，长8-12厘米，背腹两缝线浅波状，有6-8荚节；荚节长圆状线形，长1.2-2厘米，密被小钩状毛。

产台湾、海南、广西、贵州西南部及云南南部，生于海拔480-1300米

4. 凹叶山蚂蝗　　　　　　　　　图 232: 1-8

Desmodium concinnum DC. in Ann. Sci. Nat. 4: 101. 1825.

灌木，高达1.5米。幼枝被贴伏柔毛。叶具3小叶；托叶长0.8-2厘米，早落；叶柄长0.8-1.3厘米，密被灰色柔毛；小叶硬纸质，椭圆形或倒卵形，长4-9厘米，侧生小叶较小，先端急尖或钝圆，具小细尖，基部楔形，两面被贴伏灰色柔毛，侧脉每边7-9。总状花序长20-35厘米，总花梗被灰色柔毛和钩状毛；花2-4生于每节上。花梗长约1厘米，被钩状毛；花萼长2-3.5毫米，裂片近相等；花冠紫或堇色，旗瓣倒卵形或圆，长5.5-7毫米，具瓣柄，翼瓣宽倒卵形，长4.5-6毫米，具长

瓣柄；子房被毛，胚珠5-6。荚果窄长圆形，腹缝线近直或微波状，背缝线深缢缩至腹缝线，有3-6荚节；荚节长圆形或半圆形，长4-4.5毫米，疏被小钩状毛。

产广西西部及云南，生于海拔1300米山坡草地或灌丛中。印度、尼泊尔、锡金、不丹及缅甸有分布。

[附] **南美山蚂蝗** 图 232: 9-10 **Desmodium tortuosum**（Sw.）DC. Prodr. 2: 332. 1825. —— *Hedysarum tortuosum* Sw. Prodr. 107. 1788. 本

5. 大叶山蚂蝗　　　　　　　　　图 233

Desmodium gangeticum（Linn.）DC. Prodr. 2: 327. 1825.

Hedysarum gangeticum Linn. Sp. Pl. 746. 1753.

亚灌木，高达1米。茎疏被柔毛。叶具单小叶；叶柄长1-2厘米，密被直毛和小钩状毛；小叶长圆状卵形，有时卵形或披针形，大小变异大，长3-13厘米，宽2-7厘米，先端急尖，基部圆，上面除中脉外，其余无毛，下面薄被灰色长柔毛，侧脉每边6-12。总状花序长10-30

山地密林或林缘。印度、斯里兰卡、缅甸、泰国、越南、马来西亚、印度尼西亚及菲律宾有分布。根有清热消滞的功效。

图 232: 1-8.凹叶山蚂蝗　9-10.南美山蚂蝗
（邓盈丰绘）

种与凹叶山蚂蝗的区别：叶具3小叶，稀具1小叶，椭圆形或卵形，两面疏被毛，侧脉4-6对；托叶长5-8毫米，宿存；荚果腹、背两缝线于节间缢缩呈念珠状。原产南美洲及西印度。我国广州、深圳等地逸生于荒地、平原地区。

图 233 大叶山蚂蝗　（引自《图鉴》）

厘米,顶生者有时成圆锥花序;花序梗纤细,被短柔毛;花2-6生于每节上,节疏离。花梗长2-5毫米,被毛;花萼长约2毫米,被糙伏毛,裂片先端微2裂;花冠绿白色,长3-4毫米,旗瓣倒卵形,翼瓣长圆形,基部具耳和短瓣柄,龙骨瓣窄倒卵形,无耳。荚果密集,稍弯曲,长1.2-2厘米,宽2.5毫米,腹缝线直,背缝线波状,有6-8荚节,被钩状柔毛。

产台湾、福建南部、广东、香港、海南、广西、贵州及云南,生于海

拔300-900米荒地草丛或次生林中。印度、斯里兰卡、缅甸、泰国、越南、马来西亚、热带非洲及大洋洲有分布。全株有散瘀消肿、驳骨的功能。

6. 绒毛山蚂蝗　　　　图 234

Desmodium velutinum (Willd.) DC. Prodr. 2: 328. 1825.

Hedysarum velutinum Willd. Sp. Pl. 3 (2): 1174. 1802.

灌木或亚灌木,高达1.5米。幼枝密被黄褐色茸毛。叶通常只有单小叶,

稀3小叶;叶柄长1.5-1.8厘米,密被黄色茸毛;小叶卵状披针形、三角状卵形或宽卵形,长4-11厘米,宽2.5-8厘米,先端圆钝或渐尖,基部圆钝或平截,两面被黄色绒毛,侧脉8-10对。总状花序长4-10厘米,顶生者有时成圆锥花序状,花序梗被黄色茸毛;花2-5朵生于每节上。花梗长1.5-2毫米,被毛;花萼长2-3毫米,裂片与萼

图 234　绒毛山蚂蝗　(引自《图鉴》)

筒等长或稍短,先端微2裂;花冠紫或粉红色,长约3毫米,旗瓣倒卵状近圆形,翼瓣长椭圆形,具耳,龙骨瓣窄,无耳;子房密被糙伏毛,胚珠5-7。荚果窄长圆形,长1-2.5厘米,宽2-3毫米,腹缝线几直,背缝线浅波状,有5-7荚节,密被直毛和混有钩状毛。

产台湾、广东、海南、广西、贵州及云南,生于海拔100-900米向阳

草坡、溪边或灌丛中。印度、斯里兰卡、缅甸、泰国、越南及马来西亚有分布。

7. 假地豆　　　　图 235

Desmodium heterocarpon (Linn.) DC. Prodr. 2: 339. 1825.

Hedysarum heterocarpon Linn. Sp. Pl. 747. 1753.

小灌木或亚灌木,高达1.5米,基部多分枝,多少被糙伏毛。叶具3小

叶;叶柄长1-2厘米;顶生小叶椭圆形、长椭圆形或宽倒卵形,长2.5-6厘米,侧生小叶较小,先端圆或钝,微凹,具短尖,基部钝,上面无毛,下面被贴伏白色短柔毛,侧脉5-10对。总状花序长2.5-7厘米,花序梗密被淡黄色开展钩状毛;花极密,2朵生于每节上。花梗长3-4毫

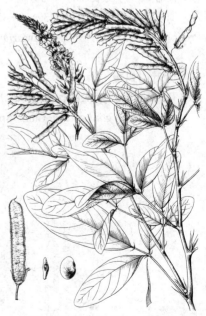

图 235　假地豆　(引自《图鉴》)

米；花萼长1.5-2毫米，裂片较萼筒稍短，上部裂片先端微2裂；花冠紫或白色，长约5毫米，旗瓣倒卵状长圆形，基部具短瓣柄，翼瓣倒卵形，具耳和瓣柄，龙骨瓣极弯曲。荚果密集，窄长圆形，长1.2-2厘米，腹缝线浅波状，沿两缝线被钩状毛，有4-7荚节；荚节近方形。

产江苏、安徽、浙江、福建、台湾、江西、湖北、湖南、广东、香港、海南、广西、云南、贵州及四川，生于海拔350-1800米山坡草地、水旁、灌丛或林中。印度、斯里兰卡、缅甸、泰国、越南、柬埔寨、老挝、马来西亚、日本、太平洋群岛及大洋洲有分布。全株药用，有清热利尿、消痛解毒的功效。

[附] **糙毛假地豆 Desmodium heterocarpon** var. **strigosum** van Meeuwen in Reinwardtia 6: 95. 1961. 本变种与模式变种的区别：花序梗密被贴伏的白色糙伏毛。产广东、海南、广西及云南南部，生于海拔450-900米山坡草地、溪边或稀疏灌丛中。印度、缅甸、泰国、越南、马来西亚、太平洋群岛、大洋洲至非洲有分布。

8. 广东金钱草　　　　　图 236 彩片 80

Desmodium styracifolium（Osbeck）Merr. in Amer. Journ. Bot. 3: 580. 1916.

Hedysarum styracifolium Osbeck Dagbok Ostind. Resa 247. 1757.

亚灌木状草本，高达1米。幼枝密被白或淡黄色毛。叶常为单小叶，有时具3小叶；叶柄长1-2厘米，密被贴伏或开展丝状毛；小叶厚纸质或近革质，圆形、近圆形或宽倒卵形，长与宽2-4.5厘米，先端圆或微凹，基部圆或心形，上面无毛，下面密被贴伏白色丝状毛，侧脉8-10对。总状花序长1-3厘米；花序梗密生丝状毛；花密生，2朵生于每节上。花梗长2-3毫米，花萼长约3.5毫米，上部裂片先

图 236　广东金钱草 （引自《图鉴》）

端2裂；花冠紫红色，长约4毫米，旗瓣倒卵形或近圆形，具瓣柄，翼瓣倒卵形，具短瓣柄，龙骨瓣极弯曲，有长瓣柄；子房被毛。荚果长1-2厘米，宽2.5毫米，被短柔毛和小钩状毛，腹缝线直，背缝浅波状，有3-6荚节；果柄下弯。

产福建、湖北、湖南、广东、海南、广西及云南南部，生于海拔1000米以下山坡、草地或灌丛中。印度、斯里兰卡、缅甸、泰国、越南及马来西亚有分布。全株供药用，有平肝火、清湿热、利尿通淋的功效。

9. 肾叶山蚂蝗　　　　　图 237

Desmodium renifolium（Linn.）Schindl. in Fedde, Repert. Sp. Nov. 22: 262. 1926.

Hedysarum renifolium Linn. Syst. Nat. ed. 10. 2: 1169. 1759.

亚灌木，高30-50厘米；多分枝，通常无毛。叶为单小叶；叶柄纤细，长1-2厘米；小叶膜质，肾形或扁菱形，通常宽大于长，长1.5-3.5厘米，宽2.5-5厘米，两端平截或先端微凹，基部宽楔形，两面无毛，侧脉3-4对。圆锥花序顶生或腋生总状花序，长5-15厘米；花序梗纤细；花疏离，2-5

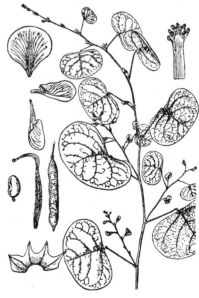

图 237　肾叶山蚂蝗 （引自《豆科图说》）

生于每节上，有时单生于叶腋。花梗长2-8毫米，结果时增至1.3厘米，疏生小钩状毛；花萼长约2毫米，上部裂片全缘；花冠白、淡黄或紫色，长约5毫米，旗瓣倒卵形，具宽短瓣柄，翼瓣窄长圆形，龙骨瓣长椭圆形，均具长瓣柄；雄蕊单体。荚果窄长圆形，长2-3厘米，腹缝线直或稍缢缩，背缝线稍缢缩或深缢缩，有2-5荚节。

产台湾、海南、广西西部及云南，生于海拔100-1600米向阳草地、灌丛、林缘或阔叶林下。印度、缅甸、泰国、越南、老挝、马来西亚及大洋洲有分布。

10. 小叶三点金草　　　　　　　图 238
Desmodium microphyllum (Thunb.) DC. Prodr. 2: 337.　　　1825.
Hedysarum microphyllum Thunb. Fl. Jap. 284. 1784.

多年生草本，平卧或直立。茎多分枝，纤细，通常红褐色，近无毛。叶具3小叶，有时为单小叶；叶柄长2-3毫米；小叶倒卵状长椭圆形或长椭圆形，长1-1.2厘米，宽4-6毫米，较小叶长仅2-6毫米，宽1.5-4毫米，先端圆，基部宽楔形，上面无毛，下面被疏柔毛或无毛，侧脉4-5对。总状花序有6-10花；花序梗被黄褐色开展柔毛。花梗长5-8毫米；花萼长4毫米，5深裂，裂片线状披针形；花冠粉红

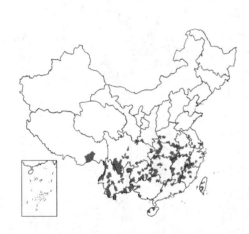

色，与花萼近等长，旗瓣倒卵状或倒卵状圆形，具短瓣柄，翼瓣倒卵形，具耳和瓣柄，龙骨瓣长椭圆形，弯曲；子房被毛。荚果长约1.2厘米，宽约3毫米，腹背两缝线浅齿状，有（2）3-4（5）荚节，被小钩状毛和缘毛。

产江苏、浙江、安徽、台湾、福建、江西、河南、湖北、湖南、广东、海南、广西、贵州、云南、西藏、四川及陕西，生于海拔150-2500米荒草丛中或灌木林中。印度、尼泊尔、东南亚、日本及澳大利亚有分布。全株有清热解毒、利湿通络、消炎止痛、活血祛瘀的功能。

11. 三点金　　　　　　　　　图 239
Desmodium triflorum (Linn.) DC. Prodr. 2: 334. 1825. excl. syn. cit.
Hedysarum triflorum Linn. Sp. Pl. 749. excl. var. B et r

多年生草本，平卧，高10-50厘米。茎纤细，被开展柔毛。叶具3小叶；叶柄长约5毫米，被柔毛；顶生小叶倒心形，倒三角形或倒卵形，长和宽约0.25-1厘米，先端截平，基部楔形，上面无毛，下面被白色柔毛，叶脉4-5对。花单生或2-3簇生叶腋。花梗长3-8毫米，结果时长达1.3厘米；花萼长约3毫米，密被白色长柔毛，5深裂；花冠紫红色，与萼近相

图 238 小叶三点金草　（引自《图鉴》）

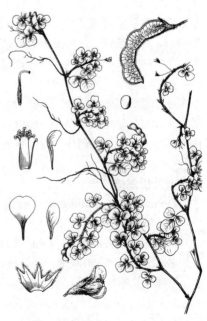

图 239 三点金　（引自《图鉴》）

等，旗瓣倒心形，具长瓣柄，翼瓣椭圆形，具短瓣柄，龙骨瓣呈镰刀形，具长瓣柄。荚果窄长圆形，略呈镰刀状，长0.5-1.2厘米，宽约2.5毫米，腹缝线直，背缝线波状，有3-5荚节，被钩状短毛。具网脉。

产浙江、台湾、福建、江西、湖北西南部、湖南、广东、海南、广西及四川西南部，生于海拔180-570米草地、路旁或河边沙土上。印度、尼泊尔、东南亚有分布。全草入药，有解表、消食之效。

图 240 饿蚂蝗 （引自《图鉴》）

12. 饿蚂蝗　　　　　　　　　　　　　图 240

Desmodium multiflorum DC. in Ann. Sci. Nat. 4：101. 1825.

Desmodium sambuense（D. Don）DC.；中国高等植物图鉴 2：448. 1972.

灌木，高1-2米；幼枝密被柔毛。叶具3小叶；叶柄长1.5-4厘米，密被茸毛；小叶椭圆形或倒卵形，长5-10厘米，宽3-6厘米，侧生小叶较小，先端钝或急尖，具硬细尖，上面几无毛，下面多少被丝状毛，侧脉6-8对，干时常呈黑色。顶生花序多为圆锥状，腋生者为总状，长达18厘米，花序梗密被向上丝状毛和小钩状毛；花常2朵生于每节上，无小苞片。花梗长约5毫米；花萼长约4.5毫米，密被钩状毛；花冠紫色，旗瓣椭圆形或倒卵形，长0.8-1.1厘米，翼瓣窄椭圆形，具瓣柄，龙骨瓣长0.7-1厘米，具长瓣柄，无耳；雄蕊单体。荚果长1.5-2.4厘米，腹缝线近直或微波状，背缝线圆齿状，有4-7荚节，密被贴伏褐色丝状毛。

产浙江、台湾、福建、江西、湖北、湖南、广东、广西、贵州、四川、云南及西藏，生于海拔500-2800米山坡草地或林缘。印度、锡金、不丹、尼泊尔、缅甸、泰国及老挝有分布。花、枝供药用，有清热解表之效。

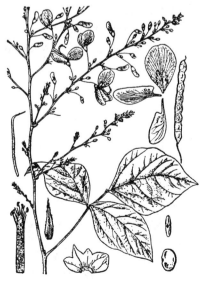

图 241 圆锥山蚂蝗 （引自《图鉴》）

13. 圆锥山蚂蝗　　　　　　　　　　　图 241

Desmodium elegans DC. in Ann. Sci. Nat. 4：100. 1825.

Desmodium esquirolii Lévl.；中国高等植物图鉴 2：448. 1972.

灌木，高1-2米。小枝被短柔毛，渐变无毛。叶具3小叶；叶柄长2-4厘米；小叶形状、大小变化较大，卵状椭圆形、宽卵形、菱形或圆菱形，长2-7厘米，宽1.5-5厘米，先端圆钝或渐尖，基部宽楔形，上面被贴伏短柔毛或几无毛，下面被短柔毛或近无毛，全缘或浅波状，侧脉4-6对。顶生花序多为圆锥状，腋生者为总状，长5-20厘米或更长；花序梗被小柔毛；花2-3生于每节上。花梗长0.4-1厘米；花萼长3-4毫米，裂片全缘或先端微2裂；花冠紫或紫红色，长0.9-1.7厘米，旗瓣宽椭圆形或倒卵形，翼瓣、

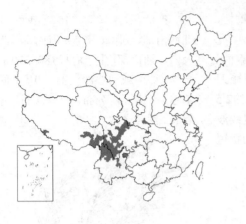

龙骨瓣均具瓣柄,龙骨瓣具耳。荚果线形,长3-5厘米,宽4-5毫米,腹缝线近直,背缝线圆齿状,有4-6荚节,疏被贴伏短柔毛。

产陕西、甘肃南部、贵州西北部、四川、云南及西藏,生于海拔1000-3700米松栎林缘、林下、路旁或水沟边。阿富汗、印度、尼泊尔、锡金及不丹有分布。

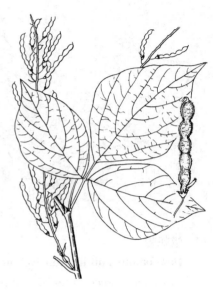

图 242 滇南山蚂蝗 (许芝源绘)

14. 滇南山蚂蝗 图 242

Desmodium megaphyllum Zoll. in Nat. en Geneesk. Arch. Neerl. Ind. 3: 58. 77. 1846.

灌木,高1-4米。幼枝被白色柔毛。叶具3小叶;叶柄长3-7厘米;小叶卵形或宽卵形,稀菱形或近圆形,长8-15厘米,宽6-9厘米,先端渐尖,基部偏斜,上面被微柔毛,下面密被丝状毛,全缘或浅圆齿状,侧脉4-7对。顶生花序多为大圆锥花序,腋生者为总状或圆锥花序,长10-40厘米;花序梗被柔毛和钩状毛;花2-3生于每节上。花梗长0.4-1厘米;花萼长约4毫米,裂片全缘或先端微2裂;花冠紫色,长1-1.3厘米,旗瓣椭圆形或宽椭圆形,具瓣柄,翼瓣、龙骨瓣具长瓣柄,龙骨瓣具耳,常有钩状毛。荚果扁平,腹背缝线浅缢缩,有6-8荚节;荚节长6-7毫米,宽5-7毫米,被小钩状毛,有时混有直毛,成熟时近无毛。

产云南,生于海拔740-1850米山坡林缘或杂木林下。印度、缅甸、泰国及马来西亚有分布。

15. 长波叶山蚂蝗 图 243 彩片 81

Desmodium sequax Wall. Pl. Asiat. Rar. 2: 46. t. 157. 1831.

Desmodium sinuatum (Miq.) Bl. ex Baker.; 中国高等植物图鉴 2: 447. 1972.

灌木,高1-2米。幼枝和叶柄被锈色柔毛,有时混有小钩状毛。叶具3

小叶;叶柄长2-3.5厘米;托叶线形,宽约1毫米;顶生小叶卵状椭圆形或圆菱形,长4-10厘米,先端急尖,基部楔形,边缘自中部以上呈波状,上面密被贴伏小柔毛,下面被贴伏柔毛并混有小钩状毛,侧脉4-7对。总状或圆锥花序,长达12厘米;花序梗密被开展或向上

图 243 长波叶山蚂蝗 (引自《图鉴》)

硬毛和小绒毛；花常2朵生于每节上。花梗长3-5毫米；花萼长约3毫米；花冠紫色，长约8毫米，旗瓣椭圆形或宽椭圆形，翼瓣窄椭圆形，具瓣柄和耳，龙骨瓣具长瓣柄，龙骨瓣与翼瓣等长；雄蕊单体。荚果两缝线缢缩呈念珠状，长3-4.5厘米，宽3毫米，有6-10荚节，密被锈或褐色小钩状毛。

产台湾、湖北、湖南、广东、广西、云南、贵州、四川及西藏，生于海拔1000-2800米山坡草地或林缘。印度、尼泊尔、锡金、缅甸、印度尼西亚及新几内亚有分布。全株有止血、消炎、清热解毒、收敛消食的功效。

30. 长柄山蚂蝗属 **Hylodesmum** H. Ohashi et R. R. Mill.

（黄普华）

多年生草本或亚灌木状，根茎多少木质。叶互生，羽状复叶，小叶3-7；具托叶和小托叶。总状花序，少为稀疏圆锥花序，顶生或腋生；具苞片，通常无小苞片；花2-3朵着生于每节上。花梗通常有钩状毛和短柔毛；花萼宽钟形，5裂，上部2裂片完全合生而成4裂或先端2裂；旗瓣宽椭圆形或倒卵形，具短瓣柄，翼瓣、龙骨瓣通常窄椭圆形，有瓣柄或无；雄蕊单体，少有近单体；子房具细长或稍短的子房柄，胚珠2-5。荚果有荚节2-5；荚节通常为斜三角形或略呈宽的半倒卵形，背缝线于荚节间深凹入几达腹缝线而成一深缺口，腹缝线在每一荚节中部不缢缩或微缢缩。种子通常较大，种脐周围无边状假种皮。子叶不出土，留土萌发。染色体2n=22。

约11种，主产亚洲，少数产美洲。我国9种、4变种。

1. 花萼裂片较萼筒短；苞片窄卵形或窄三角形，宽不超过2毫米，花较小，花冠长4-7毫米。
    2. 小叶7，稀3-5；荚节斜三角形，长1-1.5厘米；果柄长0.6-1.1厘米 ·········· 1. 羽叶长柄山蚂蝗 **H. oldhami**
    2. 小叶全为3。
        3. 翼瓣、龙骨瓣有明显的瓣柄；托叶三角状披针形、披针形或卵状披针形，基部宽2-4毫米。
            4. 荚果的荚节斜三角形，较大，长1.2-1.4厘米，宽4-6毫米；果柄长1.1-1.3厘米；果颈长1-1.2厘米 ···
            ·· 2. 细长柄山蚂蝗 **H. leptopus**
            4. 荚果的荚节略呈宽的半倒卵形，较小，长6-9毫米，宽约4毫米；果柄长0.4-1厘米；果颈长4-9毫米。
                5. 顶生小叶卵形，宽5-5.5厘米；荚节长0.9-1厘米；果柄长约1厘米 ··· 3. 疏花长柄山蚂蝗 **H. laxum**
                5. 顶生小叶披针形，宽1.1-3厘米；荚节长6-7毫米；果柄长4-6毫米 ·········
                ·· 3(附). 侧序长柄山蚂蝗 **H. laxum** var. **laterale**
        3. 翼瓣、龙骨瓣无瓣柄；托叶线状披针形，基部宽0.5-1毫米。
            6. 顶生小叶非窄披针形，长为宽的1-3倍。
                7. 顶生小叶宽倒卵形，最宽处在叶片中上部，先端突尖 ················ 4. 长柄山蚂蝗 **H. podocarpum**
                7. 顶生小叶非上述形状，最宽处在叶片中部或中下部。
                    8. 顶生小叶宽卵形，先端渐尖，基部圆或宽楔形；茎被短柔毛 ·············
                    ·· 4(附). 宽卵叶长柄山蚂蝗 **H. podocarpum** subsp. **fallax**
                    8. 顶生小叶卵形、菱状卵形、椭圆状菱形或披针状菱形，茎无毛或近无毛。
                        9. 顶生小叶椭圆状菱形或披针状菱形；茎无毛
                        ·· 4(附). 尖叶长柄山蚂蝗 **H. podocarpum** subsp. **oxyphyllum**
                        9. 顶生小叶卵形或菱状卵形；茎近无毛
                        ·· 4(附). 东北长柄山蚂蝗 **H. podocarpum** var. **mandshuricum**
            6. 顶生小叶窄披针形，长为宽的4-6倍 ········ 4(附). 四川长柄山蚂蝗 **H. podocarpum** subsp. **szechuenene**
1. 花萼裂片较萼筒长或等长；苞片卵形或宽卵形，较大；花较大。
    10. 小叶膜质，较薄，顶生小叶菱形或菱状宽卵形，边缘浅波状，基部楔形 ·············
    ·· 5. 浅波叶长柄山蚂蝗 **H. repandum**

10. 小叶纸质，较厚，顶生小叶宽卵形或卵形，全缘，基部近圆 ………… 5(附). **大苞长柄山蚂蟥 H. williamsii**

1. 羽叶长柄山蚂蟥 羽叶山蚂蟥　　　　　图 244

Hylodesmum oldhami (Oliv.) H. Ohashi et R. R. Mill. in Edinb. Journ. Bot. 57(2): 180. 2000.

Desmodium oldhami Oliv. in Journ. Linn. Soc. Bot. 9: 165. 1926; 中国高等植物图鉴 2: 452. 1972.

Podocarpium oldhami (Oliv.) Yang et Huang; 中国植物志 40: 49. 1995.

图 244 羽叶长柄山蚂蟥 （引自《图鉴》）

多年生草本, 高0.5-1.5米。茎几无毛。小叶7, 稀3-5, 叶柄长约6厘米, 被短柔毛; 小叶披针形、长圆形或卵状椭圆形, 长6-15厘米, 先端渐尖, 基部楔形或钝, 两面疏被短柔毛。总状花序单一或有短分枝, 长达40厘米, 被黄色短柔毛; 花疏散; 苞片窄三角形, 长5-8毫米, 宽约1毫米。花萼长2.5-3毫米, 上部裂片先端明显2裂; 花冠紫红色, 长约7毫米, 旗瓣宽椭圆形, 翼瓣、龙骨瓣窄椭圆形, 均具短瓣柄; 子房具1-1.5厘米长的子房柄。荚果有荚节2, 稀1-3; 荚节斜三角形, 长1-1.5厘米; 果柄长0.6-1.1厘米。

产黑龙江、吉林、辽宁、河北、陕西、江苏、浙江、安徽、福建、江西、河南、湖北、湖南、贵州及四川, 生于海拔100-1650米山坡杂木林下、溪边、灌丛中及多石砾地。朝鲜及日本有分布。全株入药, 有祛风活血、利尿、杀虫之效。

2. 细长柄山蚂蟥　　　　　图 245: 1-8

Hylodesmum leptopus (A. Gray ex Benth.) H. Ohashi et R. R. Mill. in Edinb. Journ. Bot. 57(2): 179. 2000.

Desmodium leptopus A. Gray ex Benth. in Miq. Pl. Jungh 1: 226. 1852. in nota.

Podocarpium leptopus (A. Gray ex Benth.) Yang; 中国植物志 40: 49. 1995.

亚灌木, 高30-70厘米。茎直立, 幼时被毛, 后无毛, 羽状复叶, 具3小叶。托叶披针形, 长0.8-1.3厘米; 叶柄5-10厘米, 几无毛; 小叶卵形或卵状披针形, 顶生小叶长10-15厘米, 先端长渐尖, 基部楔形或圆, 侧生小叶较小, 基部极偏斜, 上面仅中脉被小钩状毛, 下面干时有苍白色小块状斑痕, 疏被短柔毛, 基出脉3, 侧脉2-4对; 小

图 245: 1-8.细长柄山蚂蟥
9-10.疏花长柄山蚂蟥 （邓盈丰绘）

叶柄长3-4毫米，被糙伏毛。总状花序通常具少数分枝呈圆锥花序式，顶生，有时从茎基部抽出；花序梗与花序轴疏被钩状毛和长柔毛；花甚稀疏；苞片椭圆形，长3-5毫米。花梗长3-4毫米，密被钩状毛；花萼长2-3毫米，裂片短于萼筒，花冠粉红色，长约5毫米，旗瓣宽椭圆形，具短瓣柄，翼瓣、龙骨瓣均具瓣柄；雄蕊单体；子房具长柄。荚果扁平，稍弯曲，长3-4.5厘米，腹缝线直，背缝线于荚节间深凹入几近腹缝线，有荚节2-3，荚节斜三角形，长1.2-1.4厘米，宽4-6毫米，被小钩状毛；果

柄长1.1-1.3厘米。

产台湾、福建、江西、湖南、广东、香港、海南、广西及云南，生于海拔700-1000米山谷密林中或溪边。泰国、越南、菲律宾及日本有分布。

3. 疏花长柄山蚂蝗 图245：9-10

Hylodesmum laxum (DC.) H. Ohashi et R. R. Mill. in Edinb. Journ. Bot. 57(2)：178. 2000.

Desmodium laxum DC. in Ann. Sci. Nat. 4: 102. 1852.

Podocarpium laxum (DC.) Yang et Huang；中国植物志 40: 50. 1995.

直立草本，高0.3-1米。茎基部木质化，被毛，叶为三出复叶，簇生枝顶，叶柄长3-9厘米，被毛；顶生小叶卵形，长5-12厘米，宽5-5.5厘米，先端渐尖，基部圆，两面几无毛，侧脉4-6对；侧生小叶略小，偏斜。总状花序顶生和腋生，长达30厘米，通常有分枝；花序梗被钩状毛和细柔毛。花梗长3-4毫米；花疏生，2-3簇生序轴节上；花萼宽钟状，长约2毫米，裂片短于萼筒；

花冠粉红色，长4-6毫米，旗瓣椭圆形，具瓣柄，翼瓣长椭圆形，具耳和短瓣柄，龙骨瓣无耳，具瓣柄，雄蕊单体；子房具柄。荚果有2-4荚节，背缝线于节间凹入几达腹缝线而成一深缺口；荚节半宽倒卵形，长0.9-1厘米，先端凹入，基部斜截形，被钩状毛；果柄长约1厘米。

产福建、海南、云南及西藏，生于海拔730-1100米山坡阔叶林中。印

度、尼泊尔、锡金、不丹、泰国、越南及日本有分布。

[附] **侧序长柄山蚂蝗 Hylodesmum laterale** (Schindl.) H. Ohashi et R. R. Mill. in Edinb. Journ. Bot. 57(2)：177. 2000. —— *Desmodium laterale* Schindl. in Fedde, Repert. Sp. Nov. 22: 258. 1926. —— *Podocarpium laxum* (DC) Yang et Huang var. *laterale* (Schindl.) Yang et P. H. Huang；中国植物志 40: 52. 1995. 与疏花长柄山蚂蝗的区别：顶生小叶披针形，宽1.1-3厘米；荚节长6-7毫米，果柄长4-6毫米。产广东、海南、广西、福建及台湾，生于海拔1400米以下河边草地或林中溪旁。

4. 长柄山蚂蝗 图246：1-2

Hylodesmum podocarpum (DC.) H. Ohashi et R. R. Mill. in Edinb. Journ. Bot. 57(2)：181. 2000.

Desmodium podocarpum DC. in Ann. Sci. Nat. 4: 102. 1825.

Podocarpium podocarpum (DC.) Yang et Huang；中国植物志 40: 52. 1995.

直立草本，高0.5-1米。茎被开展短柔毛。叶具3小叶；叶柄长2-12厘米，疏被开展短柔毛；顶生小叶宽倒卵形，长4-7厘米，宽3.5-6厘米，最宽处在叶片中上部，先端突尖，基部楔形或宽楔形，两面疏被短柔毛或几无毛，侧脉约4对；侧生小叶斜卵形，较小。总状花序或圆锥花序，长20-30厘米，结果时延长至40厘米；花序梗被柔毛和钩状毛；通常每节生2花。花梗结果时长5-6毫米；花萼长约2毫米，裂片极短，较萼筒短；花

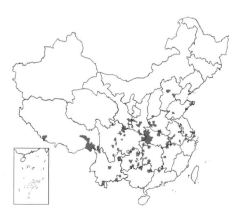

冠紫红色，长约4厘米，旗瓣宽倒卵形，翼瓣窄椭圆形，龙骨瓣与翼瓣相连，均无瓣柄；子房具子房柄。荚果长约1.6厘米，有2荚节，背缝线弯曲节间深凹入达腹缝线；荚节略呈宽半倒卵形，先端平截，基部楔形，被钩状毛和小直毛。

产河北、山西、陕西、甘肃、山东、江苏、浙江、安徽、江西、河南、湖北、湖南、广东北部、广西、贵州、四川、云南及西藏，生于海拔120-2100米山地路边、草坡、次生阔叶林下和高山草甸。印度、朝鲜及日本有分布。根叶有发表散寒、止血的功效。

[附] **宽卵叶长柄山蚂蝗** 图 246: 3 **Hylodesmum podocarpum** subsp. **fallax** (Schneidl.) H. Ohashi et R. R. Mill. in Edinb. Journ. Bot. 57(2): 182. 2000. —— *Desmodium fallax* Schindl. in Engl. Bot. Jahrb. 54: 55. 1916; 中国高等植物图鉴 2: 453. 1972. —— *Podocarpium podocarpum* var. *fallax* (Schindl.) Yang et Huang; 中国植物志 40: 54. 1995. 与模式亚种的区别：顶生小叶宽卵形，先端渐尖，基部圆或宽楔形，最宽处在叶片中下部。产山西、陕西、甘肃、江苏、安徽、浙江、福建、江西、湖北、湖南、广东、广西、云南、贵州及四川，生于海拔300-1350米山坡路旁、灌丛中、疏林中或林缘。朝鲜及日本有分布。全草供药用，可祛风、活血、止痢，亦可作家畜饲料。

[附] **尖叶长柄山蚂蝗** 图 246: 4 **Hylodesmum podocarpum** subsp. **oxyphyllm** (DC.) H. Ohashi et R. R. Mill. in Edinb. Journ. Bot. 57(2): 182. 2000. —— *Desmodium oxyphyllum* DC. Prodr. 2: 337. 1825. —— *Desmodium racemosum* (Thunb.) DC.; 中国高等植物图鉴 2: 452. 1972. —— *Podocarpium podocarpum* DC. Yang et Huang var. *oxyphyllum* (DC.) Yang et Huang; 中国植物志 40: 55. 1995. 与模式亚种的区别：顶生小叶椭圆状菱形或披针状菱形，先端渐尖，基部楔形，最宽处在叶片中部；茎无毛。产江苏、安徽、浙江、福建、江西、广东、广西、云南、贵州、四川及陕西，生于海拔400-2190米山坡路边、沟旁、林缘或阔叶林中。印度、尼泊尔、缅甸、朝鲜及日本有分布。全草供药用，能解表散寒、祛风解毒，治风湿骨痛、吐血。

[附] **东北长柄山蚂蝗** **Hylodesmum podocarpum** var. **mandshuricum** (Maxim.) H. Ohashi et R. R. Mill. in Edinb. Journ. Bot. 57(2): 183. 2000. —— *Desmodium podocarpum* DC. var. *mandshuricum* Maxim. in Acad. Imp. Sci. Sait. Pétersb. 31: 28. 1886. —— *Podocarpium podocarpum* (DC.) Yang et Huang var. *mandshuricum* (Maxim.) P. H. Huang; 中国植物志40: 54. 1995. 与模式变种的区别：顶生小叶卵形或菱状卵形，先端渐尖，基部宽楔形或近圆，最宽处在叶片中下部。产黑龙江东部、吉林、辽宁、河北、河南，生于海拔300-1300米疏林、林缘、灌丛中。朝鲜、日本有分布。

[附] **四川长柄山蚂蝗** 图 246: 5 **Hylodesmum podocarpum** var.

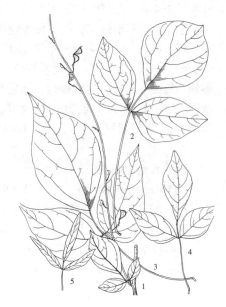

图 246: 1-2. 长柄山蚂蝗 3. 宽卵叶长柄山蚂蝗 4. 尖叶长柄山蚂蝗 5. 四川长柄山蚂蝗 （邓盈丰绘）

szechuenense (Craib) H. Ohashi et R. R. Mill. in Edinb. Journ. Bot. 57(2): 185. 2000. —— *Desmodium podocarpum* DC. var. *szechuenense* Craib in Sarg. Pl. Wilson. 2: 104. 1914. —— *Desmodium szechuenense* (Craib) Schindl.; 中国高等植物图鉴 2: 453. 1972. —— *Podocarpium podocarpum* (DC.) Yang et Huang var. *szeshuenense* (Craib) Yang et P. H. Huang; 中国植物志 40: 55. 1995. 本变种与模式亚种的区别：顶生小叶披针形或窄披针形，长为宽的4-6倍，先端尖，基部楔形。产甘肃、陕西、湖北、湖南、广东北部、云南、贵州及四川，生于海拔300-2000米沟边、路旁、灌丛、疏林中。根皮及全株供药用，能清热解毒，可治疟疾等。

5. 浅波叶长柄山蚂蝗 图 247

Hylodesmum repandum (Vahl) H. Ohashi et R. R. Mill. in Edinb. Journ. Bot. 57(2): 185. 2000.

Hedysarum repandum Vahl, Symb. Bot. 2: 82. 1791.

Podocarpium repandum（Vahl）Yang et Huang；中国植物志 40：57. 1995.

亚灌木，高0.5-1.5米。茎被开展短柔毛。具3小叶，叶柄长3-9厘米，被开展短柔毛；小叶菱形至卵形，长5-8厘米，先端急尖或短渐尖，基部楔形，边缘浅波状，两面被疏至密的贴伏毛。总状花序或有时为圆锥花序，长15-30厘米，花序梗密被开展钩状毛和柔毛；苞片宽卵形，长6-9毫米。花梗长1.5-3厘米，被钩状毛和直毛；花萼长2.5-3.5毫米；花冠桔红或红色，旗瓣宽椭圆形，长0.8-1厘米，翼瓣窄椭圆形，长约7毫米，龙骨瓣长约1厘米，均具瓣柄；子房具长约5毫米的子房柄。荚果有3-4荚节，背缝线深凹入至腹缝线，腹缝线直，荚节略呈宽的半倒卵形，密被钩状毛。

产云南及西藏东南部，生于海拔1300-2100米沟边或混交林下。印度、不丹、斯里兰卡、缅甸、泰国、老挝、越南及马来西亚有分布。

[附] **大苞长柄山蚂蝗 Hylodesmum williamii**（H. Ohashi）H. Ohashi et R. R. Mill. in Edinb. Journ. Bot. 57（2）：186. 2000.—— *Desmodium williamsii* Ohashi in Ginkgoana 1：163. 1973. —— *Podocarpium williamsii*（Ohashi）Yang et Huang；中国植物志 40：58. 1995. 与浅波状长柄山蚂蝗的区别：小叶纸质，较厚，顶生小叶宽卵形或卵形，全缘，基部近圆。产

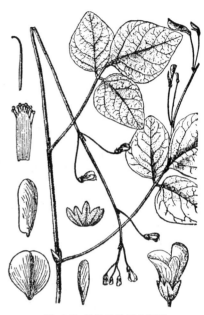

图 247 浅波叶长柄山蚂蝗
（引自《豆科图说》）

四川、云南及西藏，生于海拔1400-2700米沟边草丛中、常绿林下、石灰岩山谷谷底林下或灌丛中。印度东北部、尼泊尔及不丹有分布。

31. 舞草属 **Codariocalyx** Hassk.

（黄普华）

直立灌木。叶互生，羽状复叶，小叶3，侧生小叶很小或缺而仅为1小叶；具托叶和小托叶。圆锥状或总状花序，顶生或腋生；苞片宽卵形，密集，小苞片缺。花萼宽钟形，5裂，上部2裂合生但先端明显2裂；花冠紫或紫红色，较花萼长，旗瓣近圆形，通常偏斜，基部具小瓣柄，翼瓣近半三角形，先端圆，基部有耳，龙骨瓣镰刀形，较翼瓣长；雄蕊二体（9+1）；雌蕊有胚珠6-13；荚果，有不明显或稍明显的荚节5-9，腹缝线直，背缝线稍缢缩，成熟时沿背缝线开裂，被毛，无网脉。种子具假种皮；子叶出土萌发。染色体2n=20，22。

2种，分布东南亚和热带大洋洲，我国2种均产。

1. 顶生小叶长椭圆形或披针形，长5.5-10厘米，宽1-2.5厘米；荚果疏被钩状柔毛 ·········· **1. 舞草 C. motorius**
1. 顶生小叶倒卵形或椭圆形，长3.5-5厘米，宽2.5-3厘米；荚果密被黄色短钩状毛和长柔毛 ·················
··· **2. 圆叶舞草 C. gyroides**

1. 舞草 图 248

Codariocalyx motorius（Houtt.）Ohashi in Journ. Jap. Bot. 40：367. 1965.

Hedysarum motorius Houtt. in Nat. Hist. 2（10）：246. 1779.

Desmodium gyrans（Linn. f.）DC.；中国高等植物图鉴 2：454. 1972.

灌木，高达1.5米。茎无毛。叶具3小叶，侧生小叶很小或缺而仅具1

小叶；叶柄长1.1-2厘米，疏被开展柔毛；顶生小叶长椭圆形或披针形，长5.5-10厘米，宽1-2.5厘米，先端圆或急尖，有细尖，基部钝或圆，上面无毛，下面被贴伏短柔毛，侧脉8-

14对，不达叶缘。圆锥花序或总状花序顶生或腋生，花序轴具钩状毛。花萼长2-2.5毫米，上裂片先端2裂；花冠紫红色，旗瓣长宽各0.8-1厘米，翼瓣长6.5-9.5毫米，宽4-5毫米，龙骨瓣长约10厘米，宽约3毫米，具长瓣柄；子房被微毛。荚果镰刀形或直，长2.5-4厘米，宽约5毫米，腹缝线直，背缝线稍

图 248 舞草 （引自《图鉴》）

缢缩，成熟时沿背缝线开裂，疏被钩状短毛，有荚节5-9。种子长4-4.5毫米，宽2.5-3毫米。

产福建、台湾、江西南部、湖南西南部、广东、广西、贵州、四川及云南等省区，生于海拔200-1500米丘陵山坡或山沟灌丛中。印度、尼泊尔、不丹、斯里兰卡、泰国、缅甸、老挝、印度尼西亚及马来西亚有分布。全株供药用，有舒筋活络、祛瘀之效。

2. 圆叶舞草　　　　　　　　　　图 249 彩片 82

Codariocalyx gyroides (Roxb. ex Link) Hassk. in Flora 25. Beibl. 2: 49. 1842. pro. parte.

Hedysarum gyroides Roxb. ex Link. Enum. alt. 2: 247. 1822.

Desmodium gyroides (Roxb. ex Link) DC.; 中国高等植物图鉴 2: 454. 1972.

灌木，高1-3米。茎幼时被柔毛。叶具3小叶；叶柄长2-2.5厘米，疏被柔毛；顶生小叶倒卵形或椭圆形，长3.5-5厘米，宽2.5-3厘米，侧生小叶较小，长1.5-2厘米，先端圆钝，基部钝，上面被稀疏柔毛，下面毛被较密，侧脉7-9对，不达叶缘。总状花序顶生或腋生，长6-9厘米。花萼长2-2.5毫米，上部裂片2裂；花冠紫色，旗瓣长0.9-1.1厘米，宽与长几相等，翼瓣长7-9毫米，宽4-6毫米，基部具耳，瓣柄极短，龙骨瓣长0.9-1.2厘米，瓣柄长约5毫米，子房被毛。荚果呈镰

图 249 圆叶舞草 （引自《图鉴》）

刀状弯曲，长2.5-5厘米，宽4-6毫米，腹缝线直，背缝线稍缢缩为波状，成熟时沿背缝线开裂，有荚节5-9，密被黄色短钩状毛和长柔毛。种子长4毫米，宽2.5毫米。

产福建西南部、广东、海南、广西、贵州及云南，生于海拔100-

1500米平原、河边草地及山坡疏林中。印度、锡金、尼泊尔及东南亚有分布。

32. 密子豆属 Pycnospora R. Br. ex Wight et Arn.

（黄普华）

亚灌木状草本。茎直立或平卧。叶互生，羽状复叶，小叶3或有时仅具1小叶；叶柄长约1厘米，被灰色短柔毛；小叶近革质，倒卵形或倒卵状长圆形，顶生小叶长1.2-3.5厘米，宽1-2.5厘米，先端圆或微凹，基部楔形或微心形，侧生小叶常较小，两面密被贴伏柔毛。总状花序顶生，长3-6厘米，被灰色柔毛；花小，每2朵排列于疏离的节上；苞片早落。花萼长约2毫米，深裂，上部2裂片几合生；花冠淡紫色，长约4毫米，各瓣近等长，旗瓣近圆形，基部渐窄，龙骨瓣钝，与翼瓣粘连；雄蕊二体（9+1）；子房无柄，有柔毛，胚珠多数。荚果长圆形，长0.6-1厘米，膨胀，有横脉纹，成熟时黑色，沿腹缝线开裂，背缝线明显突起。种子8-10，肾状椭圆形。染色体2n=20。

单种属。

密子豆

图 250

Pycnospora lutescens （Poir.） Schindl. in Journ. Bot. 64: 145. 1926.

Hedysarum lutescens Poir. in Lam. Encycl. 6: 417. 1804.

形态特征同属。

产台湾、福建、江西南部、广东、海南、广西、贵州西南部及云南，生于海拔50-1300米山野草坡及平原。印度、缅甸、越南、菲律宾、印度尼西亚、新几内亚及澳大利亚东部有分布。为保土和绿肥植物。全株有消肿解毒、清热利水的功效。

图 250 密子豆 （引自《图鉴》）

33. 葫芦茶属 Tadehagi Ohashi

（黄普华）

灌木或亚灌木。叶具单小叶，叶柄有宽翅，翅顶有小托叶2。总状花序顶生或腋生，通常每节生2-3花。花萼钟状，5裂，上部2裂完全合生而成4裂或有时先端微2裂；花瓣具脉，旗瓣圆形，宽椭圆形或倒卵形，翼瓣椭圆形、长圆形，较龙骨瓣长，基部具耳和瓣柄，先端圆，龙骨瓣先端急尖或钝；雄蕊二体（9+1）；雌蕊无柄，子房基部具明显花盘，子房被柔毛，胚珠5-8，花柱无毛。荚果通常有荚节5-8，腹缝线直或稍呈波状，背缝线稍缢缩至深缢缩。种子脐周围具带边假种皮；子叶出土萌发。染色体2n=22。

约6种，分布亚洲热带、太平洋群岛和澳大利亚北部。我国2种。

葫芦茶

图 251 彩片 83

Tadehagi triquetrum （Linn.） Ohashi in Ginkgoana 1: 290. 1973.

Hedysarum triquetrum Linn. Sp. Pl. 746. 1753.

Desmodium triquetrum （Linn.） DC.; 中国高等植物图鉴 2: 446. 1972.

茎直立，高1-2米。幼枝三棱形，棱上被疏短硬毛。仅具单小叶；叶柄长1-3厘米，两侧有宽翅，翅宽4-8毫米；小叶窄披针形或卵状披针形，长5.8-13厘米，先端急尖，基部圆或浅心形，上面无毛，下面中脉或侧脉疏被短柔毛，侧脉8-14对，不达叶缘。总状花序长15-30厘米，被贴伏丝状毛和小钩状毛；花2-3朵簇生于每节上。花萼长约3毫米，上部裂片先端微2裂或有时全缘；花冠淡紫或蓝紫色，长5-6毫米，旗瓣近圆形，翼瓣倒卵形，基部具耳，龙骨瓣镰刀形，弯曲，瓣柄与瓣片近等长；子房被毛，胚珠5-8。荚果长2-5厘米，宽约5毫米，全部密被黄或白色糙伏毛，腹缝线直，背缝线稍缢缩，有近方形荚节5-8。

产台湾、福建、江西南部、广东、香港、海南、广西、贵州西南部及云南，生于海拔1400米以下荒地或山地林缘、路边。印度、斯里兰卡、缅甸、泰国、越南、老挝、柬埔寨、马来西亚、太平洋群岛、新喀里多尼亚及澳大利亚北部有分布。全株药用，能清热解毒、健脾消食和利尿。

34. 长柄荚属 Mecopus Benn.

（黄普华）

草本。根茎木质。茎和枝纤细，无毛。叶互生，具单小叶；叶柄纤细，长约1厘米，无毛；小叶膜质，宽倒卵状肾形，长0.9-2厘米，宽1-2.5厘米，先端平截或微凹，基部圆或近心形，两面无毛。总状花序顶生，长2.5-3厘米，花小，成对着生于花序轴上；苞片锥形，长约7毫米。花梗长1-1.5厘米，先端钩状，被黄色短柔毛；花萼长1毫米，5裂，上面2裂合生；花冠白色，旗瓣倒卵形，基部渐窄，翼瓣镰刀形，龙骨瓣内向弯曲，先端钝；雄蕊二体（9+1）；子房具柄，胚珠2，花柱内弯。荚果椭圆形，扁，两面稍凸，长2-2.5厘米，有短柔毛，先端具喙，柄长约5毫米；果柄长，先端旋扭，使荚果下垂靠近果序轴，藏于窄长的苞片中。种子1，肾形。

单种属。

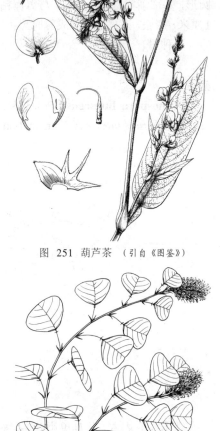

图 251 葫芦茶 （引自《图鉴》）

长柄荚 图 252

Mecopus nidulans Benn. Pl. Jav. Rar. 154. t. 32. 1838.

形态特征同属。

产海南，生于海拔100-1000米阳坡草地或灌丛中。印度、中南半岛及印度尼西亚有分布。

图 252 长柄荚 （引自《图鉴》）

35. 狸尾豆属 Uraria Desv.

（黄普华）

多年生草本、亚灌木或灌木。叶互生，羽状复叶，小叶1-9；具托叶和小托叶。总状花序或再组成圆锥花序，顶生或腋生；花细小，极多；苞片覆瓦状排列，每苞片内有2花。花梗花后增长且顶端常呈钩状，稀不弯曲；花萼5裂，上部2裂片有时部分合生，下部3裂片多呈刺毛状，较长；旗瓣圆形或倒卵形，无瓣柄，具耳，翼瓣与龙骨瓣粘合，具耳，无瓣柄，龙骨瓣钝，稍内弯，多少具耳；雄蕊二体（9+1）；子房几无柄，有胚珠2-10枚。荚果小；荚节2-8，反复折叠，每节的连接点在各节的边缘（沿腹缝线连接），亦有个别在成熟时伸直，荚节不裂，每节具1种子。染色体2n=20，22。

约20种，主要分布热带非洲、亚洲和澳大利亚。我国9种。

1. 总状花序或圆锥花序顶生或腋生，花密集；花萼裂片刺毛状或窄三角形，下部裂片较萼筒长。
  2. 总状花序。
    3. 小叶3-7（9）；总状花序长10-30厘米；萼下部裂片仅略长于上部裂片；荚果有荚节2-5，无毛或微被短柔毛。
      4. 小叶5-7（9），线状长圆形或窄披针形，宽1-2厘米；荚节无毛 ·················· 1. **美花狸尾豆 U. picta**
      4. 茎下部小叶3，上部为5（7），长椭圆形、卵状披针形或卵形，宽3-8厘米；荚节微被短柔毛 ············
      ··· 2. **猫尾草 U. crinita**
    3. 小叶3，稀兼有1；总状花序较短，长3-6厘米；萼下部裂片较上部裂片长3倍以上；荚果有荚节1-2，无毛 ··· 3. **狸尾豆 U. lagopodioides**
  2. 圆锥花序。
    5. 荚果有毛；花梗较短，长3-4毫米（果时可增至0.5-1厘米）；小叶椭圆形或卵状椭圆形；苞片圆形或扁圆形，具缘毛 ··· 4. **钩柄狸尾豆 U. rufescens**
    5. 荚果无毛；花梗长，长1-1.2厘米；小叶卵形、近圆形或长圆形；苞片长卵形，被灰色柔毛和缘毛 ········
    ··· 5. **长苞狸尾豆 U. longibracteata**
1. 圆锥花序顶生，花稀疏；花萼裂片宽三角形或宽卵形，下部裂片与萼筒相等或较短；小叶3，长圆形、倒卵状长圆形或宽卵形 ····································· 6. **中华狸尾豆 U. sinensis**

1. 美花狸尾豆 图253

Uraria picta (Jacq.) Desv. ex DC. Prodr. 2: 324. 1825.

Hedysarum pictum Jacq. Coll. Bot. 2: 262. 1788.

亚灌木或灌木，高1-2米。茎直立，被灰色短糙毛。叶具小叶5-7，少为9；叶柄长4-7厘米；小叶硬纸质，线状长圆形或窄披针形，长6-10厘米，宽1-2厘米，先端窄而尖，基部圆，上面中脉及基部边缘被短柔毛，下面脉上毛较密，网脉细密。总状花序顶生，长10-30厘米，具密集的花；苞片长披针形，长约2.5厘米，被长毛。花梗长5-6毫米，花后增至8毫米，先端弯曲；花萼5深裂，裂片长于萼筒，刺毛

图 253 美花狸尾豆 （引自《图鉴》）

状，下部裂片略长于上部裂片；花冠蓝紫色，旗瓣圆形，长6-8毫米，翼瓣耳形，长4-7毫米，龙骨瓣约与翼瓣等长，上部弯曲；子房无毛，胚珠3-5。荚果铅色，有光泽，无毛，有3-5荚节；荚节长约3毫米，宽约2毫米。

产台湾南部、广西南部及西部、四川南部及西部、贵州西南部、云南中部及西北部，生于海拔400-1500米草坡。印度、越南、泰国、马来西亚、菲律宾及非洲有分布。全株供药用，有平肝补胃、除湿散寒之效。

2. 猫尾草 图254 彩片 84

Uraria crinita (Linn.) Desv. ex DC. Prodr. 2: 324. 1825.

Hedysarum crinitum Linn. Mant. 1: 102. 1767.

亚灌木。茎直立，高1-1.5米，分枝被灰色短毛。茎下部叶为3小叶，上部的为5（7）小叶；叶柄长5.5-15厘米，被灰白色短柔毛；小叶近革质，长椭圆形、卵状披针形或卵形，顶生小叶长6-15厘米，宽3-8厘米，侧生小叶略小，先端略急尖，钝或圆，基部圆或微心形，上面近无毛，下面沿脉被短柔毛，侧脉6-9对。总状花序顶生，长15-30厘米或更长；花序梗和花序轴密被灰白色长硬毛；苞片卵形或披针形，长达2厘米，被白色缘毛。花梗长约4毫米，花后延伸至1-1.5厘米，弯曲，被短钩状毛和白色长毛；花萼浅杯状，被白色长硬毛，5裂；花冠紫色，长约6毫米。荚果有反复折荚节2-4；荚节椭圆形，微被短毛。

产福建、台湾、江西、广东、海南、广西及云南，生于海拔850米以下

3. 狸尾豆 图 255

Uraria lagopodioides (Linn.) Desv. ex DC. Prodr. 2: 324. 1825.

Hedysarum lagopodioides Linn. Sp. Pl. 1198. 1753.

多年生草本。茎平卧或斜展，长达60厘米，被短柔毛。叶多为3小叶，有时兼有单小叶；叶柄长1-2厘米；小叶纸质，顶生小叶近圆形、椭圆形或卵形，长2-6厘米，先端圆或微凹，有细尖，基部圆或心形，侧生小叶较小，上面粗糙，下面被灰黄色短柔毛，侧脉5-7对。总状花序顶生，长3-6厘米，花排列紧密；苞片宽卵形，长0.8-1厘米，顶端锥尖，密被灰色毛和缘毛。花萼5裂，上部2裂片三角形，长约2毫米，下部3裂刺毛状，较下部裂片长3倍以上，被白色长柔毛；花冠长约6毫米，浅紫色，旗瓣倒卵形，基部渐窄；子房无毛，胚珠1-2。荚果小，包藏于萼内，有荚节1-2；荚节椭圆形，长约2.5毫米，黑褐色，膨胀，无毛，有光泽。

产福建、台湾、江西南部、湖南南部、广东、香港、海南、广西、贵

4. 钩柄狸尾豆 图 256

Uraria rufescens (DC.) Schindl. in Fedde, Repert. Sp. Nov. 21: 14. 1925.

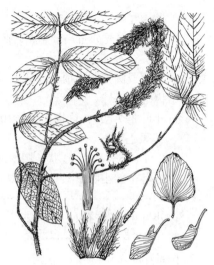

图 254 猫尾草 （引自《Fl. Taiwan》）

干旱旷野坡地、路旁或灌丛中。印度、斯里兰卡、中南半岛、马来半岛至澳大利亚北部有分布。全株药用，有清热解毒、止血消肿之效。

图 255 狸尾豆 （引自《图鉴》）

州、云南南部及东南部，生于海拔1000米以下旷野坡地灌丛中。印度、缅甸、越南、马来西亚、菲律宾及澳大利亚有分布。全草药用，有清热解毒、散结消肿之效。

Desmodium rufescens DC. in Ann. Sci. Nat. 4: 101. 1825.

亚灌木,高40-70厘米。小枝被稀疏灰白色短柔毛和褐色短钩状毛。叶具3小叶或单小叶;叶柄长1-2.5厘米,被毛;小叶纸质,椭圆形或卵状椭圆形,长3-8厘米,先端圆或有时微凹,基部圆或稍心形,上面无毛,下面被稀疏短柔毛,侧脉11-13对。总状花序或再组成圆锥花序,顶生,长10-20厘米,密被钩状毛和柔毛;苞片圆形或扁圆形,具缘毛。花梗短,初时长3-4毫米,结果时长0.5-1厘米,先端弯曲;花萼长3毫米,裂片窄三角形;花冠紫色,较花萼长1-2倍。荚果有反复折叠的荚节4-7;荚节扁平,灰褐色,略有网纹,有毛。

产海南、云南南部及西藏东南部,生于海拔900米以下山坡。印度、斯里兰卡及马来半岛北部有分布。

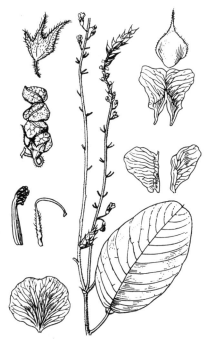

图 256 钩柄狸尾豆 (许芝源绘)

5. 长苞狸尾豆 图 257

Uraria longibracteata Yang et Huang in Bull. Bot. Res. (Harbin) 1: 14. 1981.

直立灌木,分枝密被灰黄色开展粗硬毛。叶具3小叶;叶柄长1.5-1.7厘米,密被灰黄色粗硬毛;小叶卵形、近圆形或长圆形,顶生小叶长3-6厘米,侧生小叶较小,先端圆或微凹,具细尖,基部圆或宽楔形,上面被灰色粗伏毛,下面密被柔毛,侧脉9-11对。圆锥花序顶生,长10-25厘米;花序梗及花序轴密被灰黄色长柔毛;花密,常2朵簇生。花梗长1-1.2厘米,先端弯曲,被开展的灰黄色长柔毛;苞片长卵形,被柔毛和缘毛。花萼裂片5,刺毛状,长2.5毫米,被长柔毛;花冠紫色,长约5毫米;子房无毛。荚果长5-6毫米,有反复折叠的荚节5-7;荚节无毛。

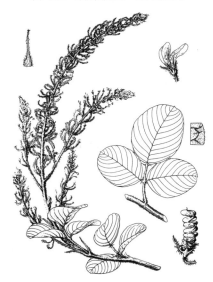

图 257 长苞狸尾豆 (张桂芝绘)

产福建、湖南南部、广东北部及广西北部,生于海拔500米以下山坡、路旁或田边。

6. 中华狸尾豆 图 258

Uraria sinensis (Hemsl.) Franch. Pl. Delav. 172. 1890.

Uraria hamosa Wall. var. *sinensis* Hemsl. in Journ. Linn. Soc. Bot. 23: 177. 1887.

亚灌木,高约1米。茎被灰黄色粗硬毛。叶具3小叶;叶柄长2-4厘米,被灰黄色柔毛;小叶坚纸质,长圆形、倒卵状长圆形或宽卵形,长4-7厘米,侧生小叶略小,上面沿脉上有极短疏柔毛,下面有灰黄色长柔毛,侧脉6-8对。圆锥花序顶生,长20-30厘米,分枝呈毛帚状,花序轴具灰黄色毛;苞片圆锥形;花稀疏。

花梗纤细,丝状,长0.8-1厘米,结果时增长至1.3厘米,具极短柔毛和散生无柄褐色腺体;花萼长约3毫米,裂片宽三角形或宽卵形,下部裂片与萼筒相等或较短;花冠紫色,较花萼长4倍;子房疏被柔毛。荚果与果柄几等长,具荚节4-5,近无毛。

图 258 中华狸尾豆 (许芝源绘)

产云南、贵州、湖北西部及西南部、四川、陕西西南部、甘肃南部,生于海拔500-2300米干旱河谷、山坡、疏林下、灌丛中或高山草地。全株入药,有清血化痰、凉血止血之效。

36. 算珠豆属 Urariopsis Schindl.

（黄普华）

灌木或亚灌木。叶仅有单小叶;总叶柄长;具托叶和小托叶。总状花序顶生或腋生,稀具极少分枝而成圆锥花序;苞片大,早落,每一苞片具2花;小苞片缺。花萼5深裂,上部2裂片合生至先端或中部以上;旗瓣倒卵形,翼瓣具耳,几无瓣柄,龙骨瓣钝,具瓣柄,无耳;雄蕊二体(9+1),与子房着生于圆柱状的花盘上;子房具短柄,胚珠2-3,花柱成直角向上弯曲,柱头小。荚果常3-4节,各节扁,连接点在各节的中央,呈算珠状,成熟时各节极易脱离,背腹缝线在各节的半径位置。

2种、1变种,分布印度、缅甸、泰国、越南、柬埔寨及老挝。我国2种。

算珠豆   图 259

Urariopsis cordifolia (Wall.) Schindl. in Engl. Bot. Jahrb. 54: 51. 1916.

Uraria cordifolia Wall. Pl. Asiat. Rar. 1: 33. t. 37. 1830. pro parte.

灌木,高0.4-1米。小枝密被黄色茸毛。叶具单小叶;叶柄长4-5厘米,被黄色茸毛;小叶纸质,卵形或宽卵形,长6-12厘米,先端钝,基部浅心形,两面被短绒毛,侧脉10-12对,伸延至波状叶缘的凹处。总状花序顶生,长13-20厘米,密被黄色短茸毛;苞片披针形,长0.5-1厘米。花梗结果

图 259 算珠豆 (引自《图鉴》)

时长达10-12厘米,被灰黄色开展毛;花萼被柔毛,5裂,裂片线形,上部2裂片合生至中部以上;花冠淡红或白色,长5-6毫米,旗瓣倒卵形,翼瓣宽1-2毫米,具耳,龙骨瓣钝,有瓣柄;子房有胚珠2-3,花柱较子房长8-10倍,荚果褐色,被短毛,有荚节2-3,每节具1种子。种子肾形,长约2毫米,宽1.5毫米。

产广西西部、贵州西南部及云南,生于海拔1000米以下的山地阳坡、路旁杂草中。印度、缅甸、老挝、柬埔寨、泰国及越南有分布。

37. 蝙蝠草属 Christia Moench.

（黄普华）

直立或披散草本或亚灌木。叶互生，三出复叶或仅具单小叶；具托叶和小托叶。花小，组成顶生总状或圆锥花序，稀腋生。花萼膜质，结果时增大，具网脉，5深裂，裂片卵状披针形，与萼筒等长而略宽；花冠与花萼等长或较长，旗瓣宽，基部渐窄成瓣柄，翼瓣与龙骨瓣贴生，龙骨瓣钝；雄蕊二体（9+1）；子房有胚珠数颗，花柱内弯。荚果由数个具1种子的荚节组成；荚节明显，有脉纹，彼此重叠，藏于萼内。染色体2n=22。

约13种，分布于热带亚洲和大洋洲。我国5种。

1. 顶生小叶长圆形或椭圆形；侧脉10-15对；花萼上部2裂片合生；荚节疏被短柔毛 ·· 1. 台湾蝙蝠草 Ch. campanulata
1. 顶生小叶非上述形状；侧脉2-5对；花萼上部2裂片离生或稍合生；荚节无毛。
  2. 顶生小叶菱形、长菱形或元宝形，宽为长的4-6倍；直立草本 ················ 2. 蝙蝠草 Ch. vespertilionis
  2. 顶生小叶肾形、圆三角形或倒卵形，宽稍超过长；植株平卧 ················ 3. 铺地蝙蝠草 Ch. obcordata

1. 台湾蝙蝠草

图 260

Christia campanulata (Wall. ex Benth.) Thoth. in Cur. Sci. 32: 178. 1963.

Uraria campanulata Wall. Cat. 5685. 1832. nom. nud.

Lourea campanulata Wall. ex Benth. in Miq. Pl. Jongh. 1: 215. 1852.

灌木或亚灌木。茎密被长硬毛或长柔毛。叶具3小叶，稀单小叶；叶柄长1.5-3厘米，密被褐色钩状毛；小叶近革质，顶生小叶长圆形或椭圆形，长5-8厘米，宽3-5厘米，侧生小叶长4-6厘米，宽2-2.5厘米，先端钝，基部楔形或稍偏斜，上面被灰色贴伏柔毛，下面毛较密，侧脉10-15对。总状花序顶生或腋生，有时组成圆锥花序，长15-20厘米，密被锈色钩状毛。花梗长3毫

图 260 台湾蝙蝠草 （引自《Fl. Taiwan》）

米；花萼5裂至中部以下，上部2裂片合生；花瓣等长或近等长，长4-6毫米，旗瓣宽圆形或倒卵形，翼瓣长圆形，龙骨瓣船形。荚果有荚节2-4；荚节椭圆形，长3毫米，宽2毫米，疏被短柔毛，全部藏于宿存萼内。

产台湾南部、福建、广西、贵州西南部及云南南部，生于海拔400-1100米的荒草坡地、路旁。缅甸及越南有分布。

2. 蝙蝠草

图 261

Christia vespertilionis (Linn. f.) Bahn. f. in Reiwardtia 6: 90. 1961.

Hedysarum vespertilionis Linn. f. Suppl. Sp. Pl. 331. 1781.

多年生直立草本，高0.6-1.2米，常基部分枝。叶通常为单小叶，稀有3小叶；叶柄长2-2.5厘米，疏被短柔毛；小叶近革质，顶生小叶菱状、长菱形或元宝形，长0.8-1.5厘米，宽5-9厘米，先端宽而平截，近中央处稍

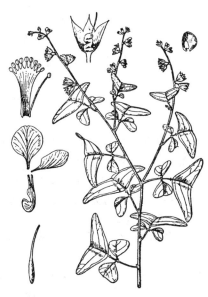

图 261 蝙蝠草 （引自《图鉴》）

凹，基部略呈心形，侧生小叶倒心形或倒三角形，两侧常不对称，长0.8-1.5厘米，宽1.5-2厘米，先端平截，基部楔形或近圆，上面无毛，下面稍被短柔毛，侧脉3-4对。总状花序顶生或腋生，有时组成圆锥花序，长5-15厘米，被短柔毛。花梗长2-4毫米；花萼半透明，花后增大，长0.8-1.2厘米，网脉明显，裂片与萼筒等长，上部2裂片离生或稍合生；花冠黄白色，不伸出萼外。荚果有荚节4-5，椭圆形；荚节长3毫米，宽2毫米，无毛，完全藏于萼内。

产广东、海南及广西，生于旷野草地、灌丛中、路旁及海边地区。全世界热带地区有分布。全草入药，有活血祛风、散瘀消肿、止痛、解毒的功效。

3. 铺地蝙蝠草
Christia obcordata (Poir.) Bahn. f. ex van Meeuwen f. in Reinwardtia 6: 91. 1961.

Hedysarum obcordatum Poir. in Lam. Encycl. 6: 425. 1804.

图 262

多年生平卧草本，长15-60厘米。茎与枝极纤细，被灰色短柔毛。叶通常具3小叶，稀单小叶；叶柄长0.8-1厘米，丝状；顶生小叶多肾形、圆三角形或倒卵形，长0.5-1.5厘米，宽1-2厘米，先端平截而微凹，基部宽楔形，侧生小叶较小，倒卵形、心形或近圆形，长6-7毫米，宽约5毫米，上面无毛，下面疏被毛，侧脉3-5对。总状花序多顶生，长3-18厘米，每节生1花。花

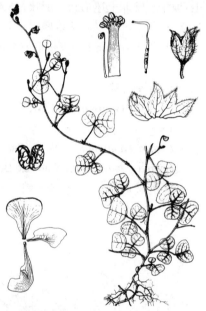

图 262 铺地蝙蝠草 （引自《图鉴》）

小，花梗长2-3毫米；花萼半透明，被灰色柔毛，结果时长6-8毫米，裂片与萼筒等长，上部2裂片稍合生；花冠蓝紫或玫瑰红色，略长于花萼。荚果有荚节4-5，完全藏于萼内；荚节圆形，无毛。

产台湾、福建、广东、香港、海南及广西，生于海拔500米以下旷野草地、荒坡及丛林中。印度、缅甸、菲律宾、印度尼西亚及澳大利亚北部有分布。全草入药，有清热利尿的功效。

38. 链荚豆属 Alysicarpus Neck. ex Desv.
（黄普华）

多年生草本。茎直立、披散或平卧。叶互生，单小叶，稀羽状3小叶，叶柄具沟槽；托叶和小托叶干膜质或半革质，离生或合生。花小，通常成对排列成腋生或顶生的总状花序；苞片干膜质，早落。花萼颖状，深裂，裂片干硬，近等长，上部2裂片常合生；花冠不伸出或稍伸出萼外，旗瓣倒卵形或近圆形，龙骨瓣钝，与翼瓣贴生；雄蕊二体（9+1）；子房无柄或近无柄，胚珠多数，花柱内弯。荚果圆柱形，膨胀；荚果数个，不裂，每荚节具1种子。染色体2n=16, 22。

约30种，分布于热带非洲、亚洲、大洋洲和热带美洲。我国4种。

1. 花萼较荚果的第一个荚节短或稍长；花冠紫蓝或玫瑰紫色；荚果有毛。
  2. 叶形变异大，茎上部小叶卵状长圆形、长圆状披针形或线状披针形，下部小叶为心形、近圆形或卵形；荚果

扁圆柱形,荚节间不收缩,但分界处有稍隆起线环 ················· 1. 链荚豆 **A. vaginalis**

2. 小叶长圆形或近圆形;荚果圆柱形,荚节间收缩呈念珠状,分界处无隆起线环 ·················
················· 1(附). 云南链荚豆 **A. yunnanensis**

1. 花萼较荚果的第一个荚节长得多;花冠淡黄或黄绿色;荚果无毛;小叶线形至线状披针形 ·················
················· 2. 柴胡叶链荚豆 **A. bupleurifolius**

1. 链荚豆
图 263:1-2

Alysicarpus vaginalis (Linn.) DC. Prodr. 2: 353. 1825.

Hedysarum vaginale Linn. Sp. Pl. 746. 1753.

多年生草本。茎平卧或上部直立,高30-90厘米。叶仅有单小叶;叶柄长0.5-1.4厘米,无毛;茎上部小叶通常为卵状长圆形、长圆状披针形或线状披针形,长3-6.5厘米,下部小叶为心形、近圆形或卵形,长1-3厘米,上面无毛,下面稍被短柔毛,侧脉4-5对。总状花序腋生或顶生,长1.5-7厘米,有花6-12条,成对排列于节上;苞片膜质,卵状披针形。花梗长3-4毫米;花萼长5-6毫米,比荚果的第一个荚节稍长;花冠紫蓝色,旗瓣倒卵形;子房被短柔毛,胚珠4-7。荚果扁圆柱形,长1.5-2.5厘米,被短柔毛;荚节4-7,节间不收缩,但分界处有稍隆起的线环。

图 263: 1-2.链荚豆 3-4.柴胡叶链荚豆
(许芝源绘)

产台湾、福建、广东、海南、广西及云南等省区,多生于海拔100-700米空旷草坡、旱田边、路边或海边沙地。广布于东半球热带地区。全草入药,有活血通络、驳骨消肿、去腐生肌的功效。

[附] **云南链荚豆 Alysicarpus yunnanensis** Yang et Huang in Bull.

Bot. Lab. North-East Forest. Inst. 8: 8. 1980. 与链荚豆的区别:小叶长圆形或近圆形;荚果圆柱形,节间收缩呈念珠状,分界处无隆起线环。产云南西北部,生于海拔约1300米河边石砾堆。

2. 柴胡叶链荚豆
图 263:3-4

Alysicarpus bupleurifolius (Linn.) DC. Prodr. 2: 352. 1825.

Hedysarum bupleurifolium Linn. Sp. Pl. 745. 1752.

多年生草本;茎直立或披散,多分枝,高0.25-1.2米,几无毛。叶具单小叶;叶柄长2毫米或几无柄,无毛;小叶线形或线状披针形,长(2-)4-7(-9)厘米,宽(2-)4-5(-8)毫米,先端急尖,基部圆或楔形,生于茎上部的叶较宽短,上面无毛,下面沿中脉疏被毛,侧脉10-13对。总状花序顶生,柔弱,长3-18厘米;花成对生于节上,稀疏。花梗极短或几无梗;花萼长6-8毫米,5深裂,裂片披针形,干而硬;花冠淡黄或黄绿色,稍短。荚果长0.6-1.5厘米,宽1.8毫米,有荚节3-6,下部每一荚节远较花萼短,节间收缩,无毛。

产台湾南部、广东、广西及云南南部,生于海拔150-950米荒地草丛中、稻田边及山谷阳处。缅甸、印度、斯里兰卡、菲律宾、毛里求斯及波利尼西亚有分布。全草有驳骨消肿、去腐生肌的功能。

39. 苞护豆属 Phylacium Benn.

（黄普华）

缠绕草本。叶互生，羽状复叶，小叶3，全缘；托叶窄。花单生或数朵簇生于每节上，排成腋生总状花序，有时花序有1-2分枝；苞片膜质，花后增大成叶状，向下面成兜状摺叠。花萼膜质，5裂，上部2裂完全合生；花瓣具瓣柄，旗瓣近圆形，翼瓣长圆形，龙骨瓣内弯，各瓣均具耳；雄蕊二体（9+1）；子房近无柄，为环状花盘所围绕，有1胚珠，花柱向顶部稍增大。荚果宽椭圆形，扁平，具网纹，不裂；种子1颗，肾形或圆形。

3种，分布印度、缅甸、泰国、老挝、马来西亚、菲律宾等地。我国1种。

苞护豆 图 264

Phylacium majus Coll. et Hemsl. in Journ. Linn. Soc. Bot. 28: 44. t. 7. 1890.

缠绕草本；茎基部稍木质。幼茎被贴伏柔毛。叶具3小叶；叶柄长7-10厘米，基部膨大，被贴伏柔毛；小叶纸质，卵状长圆形，顶生小叶长（5-）8-13厘米，侧生小叶略小，先端极钝，基部圆或稍心形，上面无毛，下面密被灰黄色短毛，侧脉8-10对。总状花序长10-15厘米，被倒向糙伏毛；苞片兜状折叠，花后增大，长2.5-3.8厘米，外面无毛，内面被糙伏毛，每苞内有1-4花。花萼外面被粗伏毛，5裂，上部2裂全合生；花冠白色，长约1厘米，旗瓣近圆形，瓣柄短，翼瓣长圆形，具长耳，龙骨瓣近挺直，具短耳；子房具短柄，基部有环状花盘，上部被短柔毛。荚果卵形，长8毫米，先端急尖，被倒向贴伏毛，有网脉。种子肾形，棕色。

图 264 苞护豆 （许芝源绘）

产云南及广西西北部，生于海拔220-900米山地阳处，混交林或丛林中。缅甸、泰国及老挝有分布。

40. 菧子梢属 Campylotropis Bunge

（黄普华）

灌木或亚灌木。羽状复叶、互生，具3小叶；托叶常窄三角形至钻形；具小托叶。总状花序单一腋生或有时数个腋生并顶生，常于顶部排成圆锥花序；苞片宿存或早落，每苞内生1花；小苞片生于花的基部。花梗在花萼下具关节；花萼5裂，上部2裂片通常大部分合生，下部裂片一般较上方与侧方裂片窄而长；旗瓣椭圆形、近圆形、卵形或近长圆形，基部具短瓣柄，翼瓣近长圆形、半圆形或半椭圆形，基部常有耳及细瓣柄，龙骨瓣上部内弯成直角，有时成钝角或锐角，先端锐尖，基部有耳或细瓣柄；雄蕊二体（9+1）；子房1室1胚珠。荚果双凸镜状，不裂；种子1颗。染色体2n=22。

约45种，分布于亚洲温带地区。我国29种、6变种。

1. 全株（枝、叶、花序、苞片、花梗、花萼、果）被黄褐色长硬毛和短硬毛；叶柄极短或近无柄 ························
·· **1. 毛菧子梢 C. hirtella**
1. 非全株被黄褐色长硬毛与小硬毛。

2. 花梗丝状。

  3. 荚果长 1-1.6 厘米，宽 5-7 毫米；花萼宽钟形，长约 3（4）毫米，浅裂 ·········· **2. 草山莸子梢 C. prainii**

  3. 荚果长 0.8-1 厘米，宽 3.5-4.5（-5）毫米；花萼窄钟形或筒状钟形，长 4-5 毫米，中裂或微深裂 ··············
··· **3. 细花梗莸子梢 C. capillipes**

2. 花梗不为丝状。

  4. 叶下面密被银白色丝状毛，小叶宽椭圆形、宽倒卵形或倒心形，长 2.5-6 厘米，宽 2-4 厘米 ·············
··· **4. 西南莸子梢 C. delavayi**

  4. 叶下面无密生银白色丝状毛。

    5. 叶有 2 型，茎上部叶无柄或近无柄，小叶宽心状肾形，茎下部叶具长达 2（1）厘米的叶柄，小叶椭圆形或
    近椭圆状披针形 ·· **5. 异叶莸子梢 C. diversifolia**

    5. 叶非如上述。

      6. 叶柄三棱形，有较宽或较窄的翅。

        7. 小枝不为三棱形，无翅；叶柄三棱形或有时略扁平，有窄翅或微有翅 ····· **6. 元江莸子梢 C. henryi**

        7. 小枝为锐三棱形，有翅；叶柄三棱形，有较宽的翅。

          8. 花黄或淡黄色；花序梗长达 7 厘米 ·························· **7. 三棱枝莸子梢 C. trigonoclada**

          8. 花红紫色；花序梗长 0.8-3 厘米 ······························ **7（附）. 马尿藤 C. bonatiana**

      6. 叶柄不为三棱形，无翅。

        9. 荚果无毛，边缘被纤毛；小叶长 3-7 厘米 ······················ **8. 莸子梢 C. macrocarpa**

        9. 荚果被白或棕色长柔毛或短柔毛，边缘密被纤毛；小叶长 0.8-3 厘米 ····· **9. 小雀花 C. polyantha**

1. 毛莸子梢 图 265

Campylotropis hirtella (Franch.) Schindl. in Fedde, Repert. Sp. Nov. 11: 428. 1912.

Lespedeza hirtella Franch. Pl. Delav. 167. 1890.

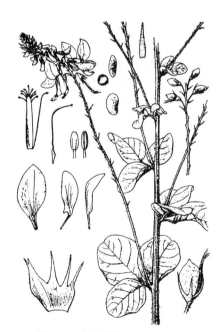

图 265 毛莸子梢 （引自《图鉴》）

灌木，高 0.7-1 米；全株被黄褐色长硬毛和短硬毛。叶具 3 小叶；叶柄短或近于无柄；小叶三角形状卵形或宽卵形，长 2.5-8.5 厘米，宽 1.8-6 厘米，先端钝圆，有时微凹，基部微心形或近圆，两面稍密生小硬毛和长硬毛。总状花序每 1-2 腋生和顶生，长达 10 厘米，通常于顶部形成无叶的大圆锥花序；花序梗长 1.5-6 厘米。花梗长 2.5-6 毫米；花萼长 4.5-7 毫米，上部裂片近 1/2 或 1/2 以上合生；花冠红紫或紫红色，长 1.2-1.5 厘米，龙骨瓣呈直角内弯，瓣片上部比瓣片下部

（连瓣柄）短 3-5 毫米。荚果宽椭圆形，长 4.5-6 毫米，宽 3-4 毫米，密被长硬毛和短硬毛。

产贵州西北部、四川、云南及西藏东南部，生于海拔 900-4100 米灌丛中、林缘、疏林、林下、溪边及阳坡草地。印度有分布。根药用，有祛痰、活血、调经、消炎解毒之效。

2. 草山菔子梢 图 266

Campylotropis prainii (Coll. et Hemsl.) Schindl. in Fedde, Repert. Sp. Nov. 11: 341. 1912.

Lespedeza prainii Coll. et Hemsl. in Journ. Linn. Soc. Bot. 28: 46. 1890.

图 266 草山菔子梢 （张桂芝绘）

灌木, 高1-2米。小枝被贴伏短柔毛和微柔毛。叶具3小叶；叶柄长1-4厘米；小叶倒卵形、近椭圆形或倒卵状楔形, 长1.5-4厘米, 宽0.8-2.3厘米, 先端圆或微凹, 具小刺尖, 基部宽楔形或圆, 上面无毛或疏被微柔毛, 下面被贴伏微柔毛。总状花序常单一腋生和顶生, 有时在顶部形成圆锥花序, 长1.5-12厘米；花序梗长0.5-5厘米。花梗丝状, 长0.8-2厘米；花萼宽钟形, 长约3(4)毫米, 浅

裂, 裂片三角形或三角状钻形, 上部裂片几全合生或先端稍分离；花冠红紫或蓝紫色, 长1-1.3厘米, 龙骨瓣稍大于直角或略成直角内弯, 瓣片上部较下部（连瓣柄）短2-4.5毫米。荚果近椭圆形或长圆状椭圆形, 长1-1.6厘米, 宽5-7毫米, 无毛。

产四川西南部及云南, 生于海拔1000-3000米灌丛中、林缘、林下、沟谷及溪边。缅甸有分布。

3. 细花梗菔子梢 图 267

Campylotropis capillipes (Franch.) Schindl. in Fedde, Repert. Sp. Nov. 11: 341. 1912.

Lespedeza capillipes Franch. Pl. Delav. 165. 1890.

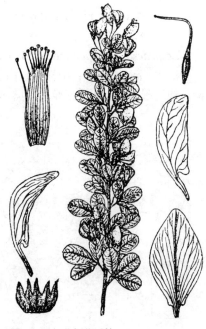

图 267 细花梗菔子梢 （引自《豆科图说》）

灌木, 高1-2米。嫩枝被贴伏短柔毛。叶具3小叶；叶柄长0.5-2厘米；小叶倒卵形或近椭圆形, 长1-3厘米, 宽0.7-2厘米, 先端圆或微凹, 具小刺尖, 基部宽楔形或圆, 两面被贴伏微柔毛。总状花序单一或有时2个腋生和顶生, 长1.5-5厘米, 花序梗长0.5-2.5厘米。花梗丝状, 长0.8-2.5厘米；花萼窄钟形或筒状钟形, 长4-5毫米, 中裂或稍深裂, 裂片披针形, 上部裂片大部合生；花冠紫或紫红色, 长1.1-

1.4厘米, 旗瓣近倒卵形, 翼瓣近半圆形, 基部具耳及细瓣柄, 龙骨瓣稍大于直角或近直角内弯, 瓣片上部较下部（连瓣柄）短2-4毫米。荚果近长圆形, 长0.8-1厘米, 宽3.5-4.5(-5)毫米, 无毛或疏被微柔毛。

产广西西部、四川西南部及云南, 生于海拔1000-3000米山坡、灌丛及林中。

4. 西南莸子梢 图 268 彩片 85

Campylotropis delavayi (Franch.) Schindl. in Fedde, Repert. Sp. Nov. 11：426. 1912.

Lespedeza delavayi Franch. Pl. Delav. 165. 1890.

灌木，高1-3米。全株除小叶上面及花冠外均密被灰白色丝状毛。叶具3小叶；叶柄长1-4厘米；小叶宽倒卵形、宽椭圆形或倒心形，长2.5-6厘米，宽2-4厘米，先端微凹或圆，具小刺尖，基部圆或近宽楔形，上面无毛，下面密生银白或灰白色短丝状毛。总状花序长达10厘米，或于顶部形成无叶的较大圆锥花序；花序梗长1.5-4厘米。花梗不为丝状；花萼长6.3-7.5毫米，裂片条状披针形，上部裂片大部分合生；花冠深堇色或红紫色，长1-1.2厘米，旗瓣宽卵状椭圆形，翼瓣略呈半椭圆形，均具细瓣柄，龙骨瓣略成直角或锐角内弯，瓣片上部较下部（连瓣柄）短约2毫米。荚果长6-7毫米，宽4-5毫米，被短丝状毛。

图 268 西南莸子梢 （冯金环绘）

产湖北西部、贵州、四川及云南，生于海拔400-2200米山坡、灌丛中及向阳草地。根有清热解毒的功能。

5. 异叶莸子梢 图 269：1-2

Campylotropis diversifolia (Hemsl.) Schindl. in Fedde, Repert. Sp. Nov. 11：342. 1912.

Lespedeza diversifolia Hemsl. in Hook. Icon. Pl. t. 2625. 1899.

灌木，高1-2（4）米。幼枝被小糙伏毛。叶具3小叶，二型：下部叶具长1-2厘米叶柄，小叶椭圆形，长1.5-4厘米，先端圆钝，基部宽楔形；上部叶无柄或有极短的柄，小叶宽心状肾形，长1-2.5厘米，上面无毛或稍有小糙伏毛，下面被小糙伏毛，具长达2厘米的叶柄。总状花序长2-5厘米，密花，或于顶部形成无叶的圆锥花序。

图 269：1-2.异叶莸子梢 3-9.元江莸子梢 （张桂芝绘）

花梗长0.6-1厘米；花萼长4-5毫米，中裂或微浅裂，裂片窄三角状披针形，上部裂片几全部合生；花冠紫色，长0.9-1.2厘米，旗瓣卵形，翼瓣略呈长圆形，龙骨瓣成直角或稍大于直角内弯，瓣片上部比下部（连瓣柄）短2-3毫米。荚果椭圆形，长1.1-1.2厘米，被贴生短柔毛。

产云南，生于海拔800-1700米的山坡、灌丛或疏林中或干热峡谷。

6. 元江莸子梢 图 269：3-9

Campylotropis henryi (Schindl.) Schindl. in Fedde, Repert. Sp. Nov. 11：347. 1912.

Lespedeza henryi Schindl. in

Fedde, Repert. Sp. Nov. 9: 517. 1911.

灌木，高达2米。枝圆柱形，无翅，被贴伏短柔毛。叶具3小叶；叶柄三棱形或略扁平，长达5厘米，具窄翅或微有翅；小叶椭圆形、卵状椭圆形或倒卵状椭圆形，长3-8.5厘米，宽2-5厘米，先端微凹，稀近圆，基部圆或有时宽楔形，上面无毛，下面被白色或锈色长柔毛或短柔毛。总状花序常1-2枚腋生，长达12厘米，花序梗长1-3.5（7）厘米。花梗长3-8毫米；花萼长4-7毫米，深裂达全萼的3/5-2/3，上部裂片大部分合生，裂片窄披针形或条状披针形；花冠紫红色，长0.9-1.5厘米，龙骨瓣略成直角内弯，瓣片上部较下部（连瓣柄）短2-3毫米。荚果近半卵形或斜卵形，长达8毫米，宽达4.5毫米，被贴伏长柔毛。

产广西西部、贵州西部及云南，生于海拔650-1600米山坡、灌丛中或林下。泰国及老挝有分布。

7. 三棱枝秬子梢　　图270：1-9 彩片 86

Campylotropis trigonoclada (Franch.) Schindl. in Fedde, Repert. Sp. Nov. 11：430. 1912.

Lespedeza trigonoclada Franch. Pl. Delav. 167. pl. 42. 1890.

灌木，高1-3米。小枝三棱形，有窄翅，通常无毛。叶具3小叶；叶柄长1-7厘米，三棱形，通常具较宽的翅；小叶椭圆形、倒卵状椭圆形、长圆形或条形，长4-11厘米，宽0.6-5厘米，先端钝圆或微凹，具小刺尖，基部圆或宽楔形，两面无毛或下面有时疏被贴伏短柔毛。总状花序长达20厘米，或常于顶部形成无叶的大圆锥花序；花序梗长达7厘米。花梗长0.3-1厘米；花萼长3.5-5毫米，中裂至稍深裂，上部裂片大部分合生，下部裂片披针状钻形；花冠黄或淡黄色，长0.9-1.2厘米，旗瓣略呈卵形，基部渐窄具短瓣柄，龙骨瓣略成直角内弯，瓣片上部较下部（连瓣柄）短1-1.5毫米。荚果椭圆形，长5.5-8毫米，宽约4毫米，被贴伏短柔毛。

产广西、贵州、四川及云南，生于海拔500-2800米山坡灌丛、林缘、路旁、草地、林内。根入药，有清热利湿、活血止血的功效。

[附] **马尿藤** 图 270: 10-11 **Campylotropis bonatiana** (Pampan.) Schindl. in Fedde, Repert. Sp. Nov. 11: 429. 1912.——*Lespedeza bona-tiana* Pampan. in Nuov. Giorn. Bot. Ital. 17: 19. 1910. 与三棱枝杭子梢的区别：花红紫色；花序梗长0.8-3厘米。产云南，生于海拔1200-3000米山坡、灌丛中、干旱坡地、林缘、林内或路边草地。全株入药，治跌打、皮肤病、感冒、肾炎。

图 270: 1-9. 三棱枝秬子梢　10-11. 马尿藤
（冯金环绘）

8. 秬子梢　　图 271 彩片 87

Campylotropis macrocarpa (Bunge) Rehd. in Sarg. Pl. Wilson. 2: 113. 1914.

Lespedeza macrocarpa Bunge in Mém. Acad. Sci. St. Pétersb. Sav. Etrang. 2: 92. 1833.

灌木，高1-2米。嫩枝被贴伏柔毛。叶具3小叶；叶柄长1-3.5厘米，

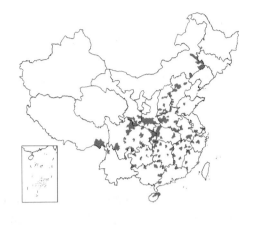

被柔毛；小叶椭圆形或宽椭圆形，长2-7厘米，先端圆钝或微凹，具小刺尖，基部圆，上面通常无毛，下面被贴伏短柔毛或长柔毛。总状花序长4-10厘米或更长；花序梗长1-4厘米。花梗长0.4-1.2厘米，被开展微柔毛或短柔毛；花萼长3-5毫米，稍浅裂或近中裂，稀深裂，裂片窄三角形或三角形，上部裂片几乎全部合生；花冠紫红或近粉红色，长1-1.2厘米，旗瓣椭圆形、倒卵形或长圆形，具瓣柄，翼瓣微短于旗瓣或等长，龙骨瓣呈直角或微钝角内弯，瓣片上部比下部（连瓣柄）短1-3.5毫米。荚果长圆形或椭圆形，长1-1.4（-1.6）厘米，宽3.5-5.5毫米，无毛，具网纹，边缘具纤毛。

产辽宁、内蒙古、河北、山西、陕西、宁夏南部、甘肃、山东、江苏、浙江、安徽、福建、江西、河南、湖北、湖南、广东、海南、广西、贵州、四川、云南及西藏东南部，生于海拔150-1900米山坡、灌丛、林缘、山谷沟边及林中。朝鲜有分布。根有舒筋活血的功能。

图 271 杭子梢 （引自《图鉴》）

9. 小雀花 多花杭子梢 图 272

Campylotropis polyantha (Franch.) Schindl. in Fedde, Repert. Sp. Nov. 11: 340. 1912, excl. syn. f. leiocarpa Pampan.

Lespedeza eriocarpa DC. var. *polyantha* Franch. Pl. Delav. 168. 1890.

灌木，高1-2米。嫩枝被短柔毛。叶具3小叶；叶柄长0.6-3.5毫米，通常被柔毛；小叶椭圆形、长圆形、长圆状倒卵形或楔状倒卵形，长0.8-3（-4）厘米，宽0.4-2厘米，先端圆钝，微凹，具小刺尖，基部圆或近楔形，上面常无毛，下面被贴伏柔毛。总状花序长2-13厘米，常顶生形成圆锥花序，有时短缩密集；花序梗长0.2-5厘米。花梗长4-7毫米；花萼长3-5毫米，中裂

图 272 小雀花 （引自《图鉴》）

片微深裂或微浅裂，上部裂片大部分合生；花冠粉红、淡红紫或近白色，长0.9-1.2厘米，龙骨瓣呈直角或钝角内弯，瓣片上部较下部（连瓣柄）短1-2毫米。荚果椭圆形或斜卵形，两端渐窄，长7-9毫米，宽3-5毫米，被白或棕色短柔毛，边缘密被纤毛。

产甘肃南部、贵州、四川、云南及西藏，生于海拔400-3000米石质山地、林缘、沟旁或干旱地。根入药，有活血调经、止血、止痛的功效。

41. 胡枝子属 Lespedeza Michx.

（黄普华）

多年生草本、亚灌木或灌木。羽状复叶，互生，具3小叶；托叶小，钻形或条形；无小托叶。花2-多数组成

腋生的总状花序或花束；苞片宿存，内具2花；小苞片2，着生于花的基部。花常二型：一种有花冠，结实或不结实，另一种为闭锁花，花冠退化，结实；花梗在花萼下无关节；花萼5裂，裂片披针形或条形，上部2裂片通常上部分离，下部合生；花冠超出花萼，花瓣具瓣柄，旗瓣倒卵形或长圆形，与龙骨瓣稍附着或分离，龙骨瓣直，先端钝头；雄蕊二体（9+1）；子房1室，具1胚珠，花柱内弯，柱头顶生。荚果卵形、倒卵形或椭圆形，稀稍球形，双凸镜状；种子1颗，不裂。染色体2n=18，20，22，（36）。

约60余种，分布东亚至澳大利亚东北部及北美。我国26种。

1. 无闭锁花；花冠通常紫红色（仅绿叶胡枝子花冠为淡黄绿色）。
  2. 花序较叶短，近无花序梗。
    3. 小叶宽卵形、卵状椭圆形或倒卵形；果长不及1厘米 ·················· 1. **短梗胡枝子 L. cyrtobotrya**
    3. 小叶卵状长圆形、倒卵状长圆形或长圆形；荚果长1.3-1.5厘米 ·············· 2. **广东胡枝子 L. fordii**
  2. 花序较叶长或与叶近等长。
    4. 小叶顶端急尖、渐尖或长渐尖。
      5. 花淡黄绿色；小叶先端急尖，上面无毛，下面密被贴伏毛 ·············· 3. **绿叶胡枝子 L. buergeri**
      5. 花红紫色。
        6. 花萼深裂；裂片长圆状披针形或披针形，长为萼筒的2-4倍；花长1-1.5厘米 ··············
        ·················· 4. **美丽胡枝子 L. formosa**
        6. 花萼裂至中部。
          7. 小叶先端急尖至长渐尖，上面疏被短毛；花序梗长3-5厘米，几无毛 ·············· 5. **宽叶胡枝子 L. maximowiczii**
          7. 小叶先端渐尖，稀稍钝，上面无毛；花序梗长7-8厘米，密被短柔毛 ··············
          ·················· 6. **柔毛胡枝子 L. pubescens**
    4. 小叶先端通常钝圆或微凹。
      8. 小叶较大，长3.5-7（-13）厘米，宽2.5-5（-8）厘米，两面密被黄白色丝状毛；花萼深裂，裂片披针形或线状披针形 ·················· 7. **大叶胡枝子 L. davidii**
      8. 小叶较小，最长不超过5厘米，宽不超过3.5厘米，上面疏被毛，下面被短柔毛；花萼裂至中部或中部以上。
        9. 小叶近革质或厚纸质；花萼裂片与萼筒近等长或稍长；总状花序通常不组成圆锥花序。
          10. 小叶宽倒卵形或宽倒心形，长1.5-4厘米，宽1-3厘米；荚果长0.8-1厘米 ··············
          ·················· 8. **路生胡枝子 L. viatorum**
          10. 小叶长圆状椭圆形，长4-5厘米，宽2.5-3.5厘米；荚果长1-1.2厘米 ··············
          ·················· 9. **南胡枝子 L. wilfordii**
        9. 小叶草质；花萼裂片通常比萼筒短；总状花序常组成大型、疏散的圆锥花序 ·············· 10. **胡枝子 L. bicolor**
1. 有闭锁花。
  11. 多年生草本；茎平卧或斜升，全株密被长柔毛或长硬毛。
    12. 花黄白或白色；小叶宽倒卵形或倒卵圆形，两面密被长柔毛，基部圆或近平截；全株密被长柔毛 ·············· 11. **铁马鞭 L. pilosa**
    12. 花紫、粉红或淡紫红色；小叶倒心形，上面几无毛，下面密被长硬毛，基部楔形；全株密被长硬毛 ··············
    ·················· 12. **束花铁马鞭 L. fasciculiflora**
  11. 小灌木或灌木；茎直立。
    13. 花序梗纤细柔弱。
      14. 花冠紫、紫红或蓝紫色；花序梗纤细，但不呈毛发状，花序具多数花；小叶上面疏被贴伏毛 ··············
      ·················· 13. **多花胡枝子 L. floribunda**

14. 花冠黄白或白色；花序梗纤细呈毛发状，花序通常具3朵稀疏的花；小叶上面无毛 ⋯⋯⋯⋯⋯
⋯⋯⋯⋯⋯⋯⋯⋯⋯⋯⋯⋯⋯⋯⋯⋯⋯⋯ **14. 细梗胡枝子 L. virgata**
13. 花序梗粗壮、坚挺；花黄、淡黄、黄白或白色。
  15. 花萼长为花冠的1/2以上，裂片窄披针形。
    16. 植株密被黄褐色茸毛；小叶椭圆形或卵状长圆形，上面被短伏毛，下面密被黄褐色茸毛 ⋯⋯⋯⋯
⋯⋯⋯⋯⋯⋯⋯⋯⋯⋯⋯⋯⋯⋯⋯ **15. 绒毛胡枝子 L. tomentosa**
    16. 植株被粗硬毛或柔毛。
      17. 花序较叶短或与叶近等长；茎单一或基部有少数分枝，无毛或被短柔毛。
        18. 叶柄长1-2厘米；小叶长圆形或窄长圆形，长2-5厘米，宽0.5-1.6厘米，上面无毛，下面被贴伏短柔毛 ⋯⋯⋯⋯⋯⋯⋯⋯⋯⋯⋯⋯⋯⋯ **16. 兴安胡枝子 L. daurica**
        18. 叶柄长5-6毫米；小叶倒卵形或倒心形，长1-1.5（2）厘米，宽1-1.3厘米，上面疏被毛，下面密被长硬毛 ⋯⋯⋯⋯⋯⋯⋯⋯⋯⋯⋯⋯⋯ **17. 短叶胡枝子 L. mucronata**
      17. 花序明显超出叶；茎基部有多数分枝，被粗硬毛；小叶窄长圆形，稀椭圆形至宽椭圆形，长8-1.5厘米，宽3-5毫米，下面密被灰白色粗硬毛 ⋯⋯⋯⋯⋯⋯ **18. 牛枝子 L. potaninii**
  15. 花萼长不及花冠的1/2，裂片披针形或三角形。
    19. 小叶倒卵状长圆形、长圆形、卵形或倒卵形；荚果卵圆形 ⋯⋯⋯⋯⋯⋯ **19. 中华胡枝子 L. chinensis**
    19. 小叶倒披针形、披针形、线状长圆形、楔形或线状楔形，稀长圆形或倒卵状长圆形。
      20. 小叶线状长圆形，长约为宽的10倍；荚果长圆状卵形 ⋯⋯⋯⋯⋯⋯ **20. 长叶胡枝子 L. caraganae**
      20. 小叶其它形状，长为宽的5倍以下；荚果宽卵形、球形或倒卵形。
        21. 小叶楔形或线状楔形，先端平截或近平截；荚果宽卵形或近球形 ⋯⋯⋯ **21. 截叶胡枝子 L. cuneata**
        21. 小叶非上述形状，先端稍尖、钝圆或微凹；荚果宽卵形或倒卵形。
          22. 小叶倒披针形、线状披针形，先端稍尖或钝圆，有小刺尖；旗瓣通常不反卷；荚果宽卵形，稍长于宿存萼 ⋯⋯⋯⋯⋯⋯⋯⋯⋯⋯⋯⋯⋯ **22. 尖叶铁扫帚 L. juncea**
          22. 小叶长圆形或倒卵状长圆形，先端钝圆或微凹；旗瓣通常反卷；荚果倒卵形，短于宿存萼 ⋯⋯⋯⋯
⋯⋯⋯⋯⋯⋯⋯⋯⋯⋯⋯⋯⋯⋯⋯ **23. 阴山胡枝子 L. inschanica**

1. 短梗胡枝子   图 273

Lespedeza cyrtobotrya Miq. in Ann. Mus. Bot. Lugd.-Bat. 3: 47. 1867.

灌木，高1-3米。小枝疏被贴伏柔毛。叶具3小叶；叶柄长1-2.5厘米；小叶宽卵形、卵状椭圆形或倒卵形，长1.5-4.5厘米，先端圆或微凹，具小刺尖，上面无毛，下面被贴伏疏柔毛。总状花序比叶短，稀与叶近等长；花序梗短缩或近无花序梗，密被白毛。花梗短，被白毛；花萼长2-2.5毫米，5裂至中部，裂片披针形；花冠红紫色，长约1.1厘米，旗瓣倒卵形，基部具短瓣柄，翼瓣长圆形，较旗瓣和龙骨瓣短约1/3，基部具耳和瓣柄，龙骨瓣与旗瓣近等长，具耳和瓣柄。荚果斜卵形，长6-7毫米，稍扁，密被毛，具网纹。

图 273 短梗胡枝子 （引自《图鉴》）

产吉林、辽宁、河北、河南、山西、陕西、甘肃、山东、安徽、浙江及江西，生于海拔1500米以下山坡、灌丛中或杂木林下。朝鲜、日本及俄罗斯有分布。枝条可供编织，叶可作饲料。

2. 广东胡枝子　　　　　　图 274

Lespedeza fordii Schindl. in Engl. Bot. Jahrb. 49: 586. 1913.

灌木，高约40厘米。小枝无毛。叶具3小叶；叶柄长约1厘米，无毛。

小叶卵状长圆形、倒卵状长圆形或长圆形，长2.5-5厘米，先端圆或微凹，基部圆，上面无毛，下面被贴伏短柔毛，有时近无毛。总状花序比叶短，几无花序梗。花梗长3.5毫米；花萼长4-5毫米，5裂至中部以下，上部2裂片合生至中部，裂片窄披针形；花冠紫红色，长7-8毫米，旗瓣宽倒卵形，基部具耳和短瓣柄，翼瓣窄长圆形，较旗瓣、龙骨瓣短，具耳和细瓣柄，龙骨瓣呈稍斜的倒卵形，具细长瓣柄。荚果长圆状椭圆形，长1.3-1.5厘米，扁平，具短柄和刺尖，被贴伏短毛。

产河南、安徽、江苏、浙江、福建、江西、湖北、湖南、广东、广西及贵州，生于海拔800米以下山地、路旁、山谷、瘠土和沙壤土上。

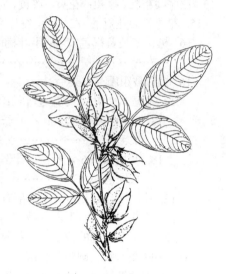

图 274　广东胡枝子　（张桂芝绘）

3. 绿叶胡枝子　　　　　　图 275

Lespedeza buergeri Miq. in Ann. Mus. Bot. Lugd.–Bat. 3: 47. 1867.

灌木，高1-3米。小枝疏被柔毛。叶具3小叶；叶柄长2-5厘米；小叶卵状椭圆形，长3-7厘米，先端急尖，基部稍尖或钝圆，上面鲜绿色，无毛，下面灰绿色，密被贴伏柔毛。总状花序长于叶或与叶近等长，近枝顶者常分枝呈圆锥状；花序梗短或几无花序梗。花萼长4毫米，5裂至中部，裂片卵形或卵状披针形；花冠淡黄绿色，长约1厘米，旗瓣近圆形，具耳和

短瓣柄，翼瓣椭圆状长圆形，具耳和瓣柄，龙骨瓣倒卵状长圆形，较旗瓣稍长，具耳和长瓣柄。荚果长圆状卵形，长约1.5厘米，具网纹和长柔毛。

图 275　绿叶胡枝子　（引自《图鉴》）

产河北、山西、河南、山东、江苏、安徽、浙江、江西、湖北、湖南、广西、贵州、四川、陕西及甘肃，生于海拔1500米以下山坡、林下、山沟和路旁。朝鲜及日本有分布。根入药，有解表化痰、利湿、活血之效。

4. 美丽胡枝子　　　　　图 276 彩片 88

Lespedeza formosa（Vog.）Koehne, Deutsche Dendrol. 343. 1893.

Desmodium formosum Vog. in Nov. Acta Acad. Leop.–Carol. 19.

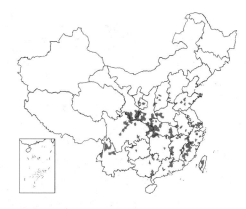

Suppl. 29. 1842.

灌木，高1-2米。小枝被疏柔毛。叶具3小叶；叶柄长1-5厘米，被短柔毛；小叶椭圆形、长圆状椭圆形或卵形，稀倒卵形，两端稍尖或稍钝，长2.5-6厘米，上面疏被短柔毛，下面被贴伏短柔毛。总状花序比叶长，或组成顶生圆锥花序；花序梗长达10厘米。花梗短，被毛；花萼长5-7毫米，5深裂，裂片长圆状披针形或披针形，长为萼筒的2-4倍；花冠红紫色，长1-1.5厘米，旗瓣近圆形，基部具耳和瓣柄，翼瓣倒卵状长圆形，较旗瓣、龙骨瓣短，基部具耳和细长瓣柄，龙骨瓣较旗瓣长，具耳和细长瓣柄。荚果倒卵形或倒卵状长圆形，长8毫米，宽4毫米，具网纹，疏被柔毛。

产河北、山西、河南、山东、江苏、浙江、福建、台湾、江西、湖北、湖南、广东、广西、云南、贵州、四川、陕西、甘肃及宁夏，生于海拔2800米以下山坡、路旁及林缘灌丛中。朝鲜、日本及印度有分布。

5. 宽叶胡枝子　　　　　　　　　　　图 277

Lespedeza maximowiczii Schneid. Ill. Handb. Laubh. 2: 113. f. 70i, 71h-i. 1907.

图 276 美丽胡枝子 （引自《图鉴》）

直立灌木，多分枝。枝具棱，疏被白色柔毛。羽状复叶具3小叶；叶柄长1-4.5厘米，疏被柔毛；小叶宽椭圆形或卵状椭圆形，长3-6（-9）厘米，顶端长渐尖或急尖，具短刺尖，基部圆或圆楔形，上面疏被毛，下面被贴伏短柔毛。总状花序腋生或构成顶生圆锥花序，长于叶；花序梗长3-5厘米，几无毛。花萼钟状，长4-5毫米，5裂至中部，裂片卵状披针形，上方2部大部分合生，被短柔毛；花冠紫红色，长0.8-1厘米，旗瓣倒卵形，先端微凹，具短瓣柄，翼瓣短于旗瓣和龙骨瓣，具耳和细长瓣柄，龙骨瓣瓣呈弯刀形，基部亦具耳和细长瓣柄；子房被毛，具短柄。荚果卵状椭圆形，长约9毫米，宽约1厘米，有网纹，被短柔毛。

产江苏、浙江、安徽及河南，生于海拔1000米以下山坡或杂木林下。朝鲜及日本有分布。

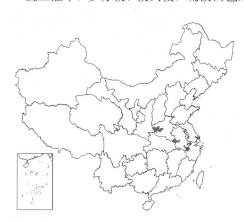

图 277 宽叶胡枝子 （孙英宝绘）

6. 柔毛胡枝子　　　　　　　　　　　图 278

Lespedeza pubescens Hayata in Journ. Coll. Sci. Univ. Tokyo 30: 80.

1911.

直立灌木，高1-2米；分枝被微

柔毛。羽状复叶具3小叶；叶柄长3-5厘米，被短柔毛；小叶椭圆状长圆形，长3-5厘米，先端渐尖或稍钝，上面无毛，下面被贴伏短柔毛。总状花序腋生，常于分枝顶端组成圆锥花序，长于叶；花序梗长7-8厘米，密被短柔毛。花萼钟状，长约4毫米，5裂至中部，裂片长圆形或卵状披针形，上方2裂合生至中部或较高，密被短柔毛；花冠紫红色，旗瓣长1.1-1.2厘米，有短瓣柄，翼瓣长圆形，具细长瓣柄，龙骨瓣稍长于翼瓣，亦具细长瓣柄。

产台湾，生于山坡、溪边、耕地附近及草丛中。

图 278 柔毛胡枝子 （引自《Fl. Taiwan》）

7. 大叶胡枝子　　　　　　　　　　　　图 279

Lespedeza davidii Franch. Pl. David. 94. t. 13. 1884.

灌木，高1-3米。小枝密被长柔毛。叶具3小叶；叶柄长1-4厘米，密被短硬毛；小叶宽卵圆形或宽倒卵形，长3.5-7(-13)厘米，宽2.5-5(-8)厘米，先端圆或微凹，基部圆或宽楔形，两面密被黄白色丝状毛。总状花序比叶长或于枝顶组成圆锥花序，花序梗长4-7厘米，密被长柔毛。花萼长6毫米，5深裂，裂片披针形或线状披针形，被长柔毛；花冠红紫色，长1-1.1厘米，旗瓣倒卵状长圆形，基部具耳和短瓣柄，翼瓣窄长圆形，具弯钩形耳和细长瓣柄，龙骨瓣略呈弯刀形，具耳和瓣柄；子房密被毛。荚果卵形，长0.8-1厘米，稍歪斜，先端具短尖，具网纹和稍密丝状毛。

产河南、安徽、江苏、浙江、福建、江西、湖南、广东、广西、贵州

图 279 大叶胡枝子 （引自《图鉴》）

及四川，生于海拔约800米干旱山坡、路旁或灌丛中。耐干旱，可作水土保持植物。根及叶入药，有通经活络的功效。

8. 路生胡枝子　　　　　　　　　　　　图 280：8

Lespedeza viatorum Champ. ex Benth. in Journ. Bot. Kew Misc. 4: 46. 1852.

直立灌木，高1-2米；分枝有棱，被贴生灰白色柔毛。羽状复叶有3小叶；叶柄长0.5-3厘米，贴生柔毛；小叶宽倒卵形或宽倒心形，近革质，长1.5-4厘米，宽1-3厘米，先端凹或深凹，基部圆楔形或近圆，上面疏被柔毛，下面被平伏短柔毛。总状花序腋生，长于叶；花序梗长2.5-5厘米，密被短柔毛。花萼钟状，长4-5毫米，5裂至中部，裂片与萼筒近等长，卵形或卵状披针形，上方2裂片合生至中部以上；花冠紫红色，长1.2-1.4厘

米，旗瓣倒卵形，长达1.4厘米，先端微凹，基部具耳及瓣柄，翼瓣长约1厘米，基部具弯耳及细长瓣柄，龙骨瓣倒卵状长圆形，长约1.3厘米，基部具近圆形的耳和细长瓣柄；子房疏被毛，有柄。荚果斜卵形或斜倒卵形，长0.8-1厘米，宽5-6毫米，先端锐尖。

产江苏、浙江、福建、江西、广东、香港及广西，生于海拔1300米以下山坡、山谷、林下或灌丛中。

图 280: 1-7.南胡枝子 8.路生胡枝子
（张桂芝绘）

9. 南胡枝子

图 280: 1-7

Lespedeza wilfordii Rick. in Lingnan Sci. Journ. 20: 203. 1942.

直立灌木，高1-1.5米；分枝被短柔毛。叶具3小叶；小叶近革质，长圆状椭圆形，长4.5-6厘米，宽2.5-3.5厘米，先端圆或微凹，基部圆，上面无毛，下面疏被柔毛。总状花序顶生或腋生，与叶几等长；花序梗长2-9厘米，密被短柔毛。花萼5裂至中部或微深裂，长4-5毫米，裂片卵状披针形或卵状长圆形，密被短柔毛，上方2部大部分合生；花冠红紫色，旗瓣宽倒卵形，长1.2-1.4厘米，基部具

耳和较宽的瓣柄，翼瓣窄倒卵形，长约8毫米，具耳和细长瓣柄，龙骨前与旗瓣近等长；子房被毛。荚果长卵形，长1-1.2厘米，宽5-6毫米，具网纹，被疏柔毛。

产安徽、浙江、福建、江西、广东、香港、广西及甘肃，生于海拔100米以下山坡、山谷、沟边和路旁。

10. 胡枝子

图 281 彩片 89

Lespedeza bicolor Turcz. in Bull. Soc. Nat. Mosc. 13: 69. 1840.

灌木，高1-3米。小枝疏被短毛。叶具3小叶；叶柄长2-7（-9）厘米；小叶草质，卵形、倒卵形或卵状长圆形，长1.5-6厘米，先端圆钝或微凹，具短刺尖，基部近圆或宽楔形，上面无毛，下面被疏柔毛。总状花序比叶长，常构成大型、较疏散的圆锥花序；花序梗长4-10厘米。花梗长约2毫米，密被毛；花萼长约5毫米，5浅裂，裂片常短于萼筒；花冠红紫色，长约1厘米，旗瓣倒卵形，翼瓣近长

圆形，具耳和瓣柄，龙骨瓣与旗瓣近等长，基部具长瓣柄。荚果斜倒卵形，稍扁，长约1厘米，宽约5毫米，具网纹，密被短柔毛。

产黑龙江、吉林、辽宁、内蒙古、河北、山西、河南、山东、江苏、安徽、浙江、福建、江西、湖北、湖南、广东、广西、贵州、四川、陕西、甘

图 281 胡枝子 （引自《图鉴》）

肃、青海及宁夏，生于海拔150-1000米山坡、林缘、路旁灌丛中及杂木林间。朝鲜、日本及俄罗斯西伯利亚有

分布。耐旱，是防风、固沙及水土保持植物，为防护林及混交林的伴生树种。枝可编筐；叶可代茶。茎、叶有清热润肺、利水通淋的功能。

11. 铁马鞭 图 282

Lespedeza pilosa (Thunb.) Sieb. et Zucc. Fl. Jap. Fam. Nat. 1: 121. 1846.

Hedysarum pilosa Thunb. Fl. Jap. 288. 1784.

多年生草本，茎平卧，长0.6-0.8（1）米。全株密被长柔毛。叶具3小叶；叶柄长0.6-1.5厘米，小叶宽倒卵形或倒卵圆形，长1.5-2厘米，先端圆，近平截或微凹，具小刺尖，基部圆或近平截，两面密被长柔毛。总状花序比叶短；花序梗极短。花萼5深裂，上部2裂片基部合生，上部分离；花冠黄白或白色，长7-8毫米，旗瓣椭圆形，具瓣柄，翼瓣较旗瓣、龙骨瓣短；闭锁花常1-3集生于茎上部叶腋，无梗或几无梗，结实。荚果宽卵形，长3-4毫米，先端具喙，两面密被长柔毛。

产江苏、安徽、浙江、福建、江西、湖北、湖南、广东、广西、贵

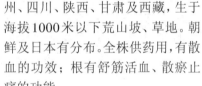

图 282 铁马鞭 （引自《图鉴》）

州、四川、陕西、甘肃及西藏，生于海拔1000米以下荒山坡、草地。朝鲜及日本有分布。全株供药用，有散血的功效；根有舒筋活血、散瘀止痛的功能。

12. 束花铁马鞭 图 283

Lespedeza fasciculiflora Franch. Pl. Dalav. 168. 1889.

多年生草本，全株密被白色长硬毛，茎基部多分枝，分枝平卧或斜升。羽状复叶具3小叶；叶柄短或近无柄；小叶倒心形，长4-9毫米，先端微凹或近平截，基部楔形，侧脉约15对，极明显，上面几无毛，下面密被长毛。总状花序腋生，明显超出叶；花序梗密被硬毛。花萼长约7毫米，密被长硬毛，5深裂，裂片线状披针形，长约5毫米；花冠紫、粉红或淡紫红色，稍长于花萼，旗瓣倒卵形，长约1.3厘米，先端微凹或圆，瓣柄上部有耳状附属物，翼瓣长圆形，长约5毫米，龙骨瓣与旗瓣近等长；闭锁花簇生叶腋，无梗，结实。荚果长卵形，与宿萼近等长，密被长硬毛，具长喙。

产云南西北部、贵州东北部、四川及西藏东南部，生于海拔1600-3000米高山沙质土草地。

图 283 束花铁马鞭 （引自《豆科图说》）

13. 多花胡枝子 图 284

Lespedeza floribunda Bunge, Pl. Mongh.–Chin. 1：13. 1835.

小灌木，高0.3-0.6（-1）米。小枝被灰白色茸毛。叶具3小叶；叶柄长3-6毫米；顶生小叶倒卵形、宽倒卵形或长圆形，长1-1.5厘米，先端钝圆

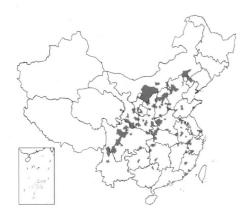

或近平截，具小刺尖，基部楔形，上面疏被贴伏毛，下面密被白色贴伏毛，侧生小叶较小。总状花序长于叶，花序梗纤细而长；花多数。花萼长4-5毫米，5裂，上部2裂片下部合生，先端分离；花冠紫、紫红或蓝紫色，长约8毫米，旗瓣椭圆形，先端圆，基部具瓣柄，翼瓣稍短，龙骨瓣长于旗瓣；闭锁花簇生叶

腋。荚果宽卵形，长约7毫米，超出宿存萼，有网纹，密被柔毛。

产辽宁西部及南部、内蒙古、河北、山西、河南、山东、江苏、安徽、浙江、福建、江西、湖北、湖南、广东、广西、贵州、云南、四川、陕西、甘肃、青海及宁夏，生于海拔1300米以下石质山坡、路旁、灌丛中或疏林下。根有消积散瘀的功能。

图 284 多花胡枝子 （引自《图鉴》）

14. 细梗胡枝子 图 285

Lespedeza virgata （Thunb.）DC. Prodr. 2：350. 1825.

Hedysarum virgatum Thunb. Fl. Jap. 288. 1784.

小灌木，高25-50厘米。小枝纤细，被白色贴伏柔毛。叶具3小叶；叶柄长0.3-1.5厘米；顶生小叶椭圆形、长圆形或卵状长圆形，长0.4-2厘米，

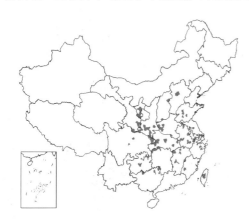

先端圆钝，有小刺尖，基部圆，上面无毛，下面密被贴伏毛，侧生小叶较小。总状花序通常具3朵稀疏花；花序梗纤细呈毛发状，被白色贴伏柔毛。花梗短；花萼长4-6毫米，5深裂达中部以下，裂片窄披针形；花冠白或黄白色，旗瓣长约6毫米，基部有紫斑，翼瓣较短，龙骨瓣长于旗瓣或近等长；闭锁

花簇生叶腋，无梗，结实。荚果近圆形，长约4毫米，通常不超出宿萼，疏被短柔毛或近无毛，具网纹。

产辽宁南部、河北、河南、山西、山东、江苏、安徽、浙江、福建、台湾、江西、湖北、湖南、广西、贵州、四川、陕西、甘肃及宁夏，生于海拔800米以下石山山坡、路旁。朝鲜及日本有分布。全株用于疟疾、中暑，有镇咳之效。

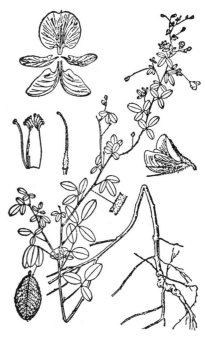

图 285 细梗胡枝子 （引自《图鉴》）

15. 绒毛胡枝子 山豆花 图 286

Lespedeza tomentosa（Thunb.）Sieb. ex Maxim. in Acta Hort. Petrop. 2: 376. 1873.

Hedysarum tomentosum Thunb. Fl. Jap. 286. 1784.

灌木,高达1米。全株密被黄褐色茸毛。叶具3小叶;叶柄长2-3厘米。小叶质厚,椭圆形或卵状长圆形,长3-6厘米,先端钝,有时微凹,有短尖头,上面被短伏毛,下面密被黄褐色茸毛,边缘稍反卷。总状花序在茎上部腋生或在枝顶成圆锥状花序,显著长于叶,花密集;花序梗粗壮,长4-8(-12)厘米。花萼长约6毫米,5深裂,裂片窄披针形;花冠黄或黄白色,长约

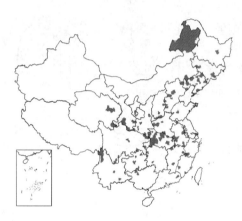

1厘米,旗瓣椭圆形,龙骨瓣与旗瓣近等长,翼瓣较短,长圆形;闭锁花生于茎上部叶腋,簇生。荚果倒卵形,长3-4毫米,宽2-3毫米,密被贴伏柔毛,具明显网纹。

产黑龙江、吉林、辽宁、内蒙古、宁夏、甘肃、陕西、山西、河北、山东、河南、安徽、江苏、浙江、福建、江西、湖北、湖南、广东、广西、贵

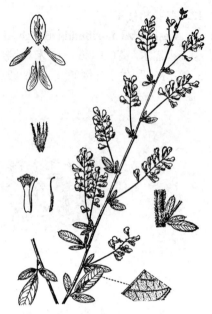

图 286 绒毛胡枝子 （引自《图鉴》）

州、云南、四川及青海,生于海拔1000米以下山坡草地、林缘、路旁及灌丛中。朝鲜、日本及俄罗斯有分布。根药用,有健脾补虚之效。可作饲料及绿肥。

16. 兴安胡枝子 达呼里胡枝子 图 287 彩片 90

Lespedeza daurica（Laxm.）Schindl. in Fedde, Repert. Sp. Nov. 22: 274. 1926.

Trifolium dauricum Laxm. in Nov. Comm. Acad. Petrop. 15: 560. t. 30. f. 5. 1771.

小灌木,高达1米;分枝稀少。幼枝被白色短柔毛。叶具3小叶;叶柄长1-2厘米;小叶长圆形或窄长圆形,长2-5厘米,宽0.5-1.6厘米,先端圆或微凹,有小刺尖,基部圆,上面无毛,下面被贴伏短柔毛。总状花序较叶短或与叶等长;花序梗密被短柔毛。花萼5深裂,裂片披针形,与花冠近等长;花冠白或黄白色,旗瓣长圆形,长约1厘米,中部稍带紫色,具瓣柄,翼瓣长

圆形,较短,龙骨瓣较翼瓣长,先端圆;闭锁花生于叶腋,结实。荚果小,倒卵形或长倒卵形,长3-4毫米,先端有刺尖,被柔毛,藏于宿存花萼内。

产黑龙江、吉林、辽宁、内蒙古、宁夏、甘肃、陕西、山西、河北、河北、山东、江苏、安徽、浙江、台湾、江西、湖北、湖南、四川、云南及

图 287 兴安胡枝子 （引自《图鉴》）

西藏,生于山坡、草地、路旁及沙质地上。朝鲜、日本、俄罗斯有分布。为优良饲料植物,亦可作绿肥。全株有解表散寒的功能。

17. 短叶胡枝子 图 288

Lespedeza mucronata Rick. in Amer. Journ. Bot. 33: 257. 1946.

半灌木，高约60厘米。茎直立，基部有分枝，分枝上部被毛。羽状复叶具3小叶；叶柄长5-6毫米；小叶倒卵形或倒心形，长1-1.5（-2）厘米，宽1-1.3厘米，先端平截或微凹，基部宽楔形，上面疏生伏毛，下面密被长硬毛。总状花序腋生，较叶短，具少数花。花萼长约4毫米，密被灰白色毛，5深裂，裂片线状披针形，先端呈刺芒状；花冠黄或白色，长6-7毫米，旗瓣具短瓣柄，翼瓣稍长于旗瓣，具细长瓣柄，龙骨瓣与翼瓣近等长；闭锁花簇生于茎下部叶腋，结实。荚果卵形或宽卵形，长3-4毫米，顶端具刺尖，稍超出宿萼。

产浙江、江西、福建及广东，生于干旱沙质地。

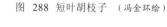
图 288 短叶胡枝子 （冯金环绘）

18. 牛枝子 图 289

Lespedeza potaninii Vass. in Not. Syst. Herb. Inst. Bot. Acad. Sci. USSR 9: 202. 1964.

亚灌木，高20-60厘米。茎基部多分枝，被粗硬毛。叶具3小叶；叶柄长1-2厘米；小叶窄长圆形，稀椭圆形或宽椭圆形，长0.8-1.5（-2.2）厘米，宽3-5（-7）毫米，先端圆钝或微凹，具小刺尖，基部稍偏斜，上面无毛，下面被灰白色粗硬毛。总状花序明显超出叶；花序梗长；花疏生。花萼5深裂，裂片披针形，长5-8毫米，密被长柔毛；花冠黄白色，稍超出萼裂片，旗瓣中部及龙骨瓣先端带紫色，翼瓣较短；闭锁花腋生，无梗或近无梗。荚果倒卵形，长3-4毫米，双凸镜状，密被粗硬毛，藏于宿存萼内。

产内蒙古、河北、河南、山西、陕西、宁夏、甘肃、四川、云南及西藏，生于荒漠草原、草原带的沙质地、砾石地、石质山坡及山麓。

图 289 牛枝子 （冯金环绘）

19. 中华胡枝子 图 290

Lespedeza chinensis G. Don. Gen. Syst. 2: 307. 1832.

小灌木，高达1米。全株被白色贴伏柔毛。叶具3小叶；叶柄长约1厘米；小叶倒卵状长圆形、长圆形、卵形或倒卵形，长1.5-4厘米，先端平

截、微凹或钝头，具小刺尖，边缘稍反卷，上面无毛或疏生短柔毛，下面密被白色贴伏柔毛。总状花序不超出叶，花序梗极短；少花。花梗长1-2毫米；花萼长为花冠之半，5深裂，裂片披针形，长约3毫米；花冠白或黄色，旗瓣椭圆形，长约7毫米，基部具2耳状物及瓣柄，翼瓣窄长圆形，长约6毫米，具长瓣柄，龙骨瓣长约8毫米，闭锁花簇生于茎下部叶腋。荚果卵圆形，长约4毫米，先端具喙，基部稍偏斜，密被白色贴伏柔毛，具网纹。

产江苏、安徽、浙江、福建、台湾、江西、河南、湖北、湖南、广东、澳门、广西、贵州及四川，生于海拔2500米以下灌木丛中、林缘、路旁、山坡、林下草丛中。全株有祛风除湿、消肿活络的功能。

图 290 中华胡枝子 （引自《图鉴》）

20. 长叶胡枝子

图 291 彩片 91

Lespedeza caraganae Bunge Pl. Mongh.–Chin. 11. 1935.

灌木，高约50厘米。茎直立，基部有分枝；分枝斜升，有棱，棱上被短伏毛。羽状复叶具3小叶；叶柄长3-5毫米，被短伏毛；小叶线状长圆形，长2-4厘米，宽2-4毫米，先端钝或微凹，基部楔形，上面几无毛，下面被伏毛。总状花序腋生，花序梗长0.5-1厘米，密生白色伏毛，具3-4（5）朵花。花萼窄钟形，长约5毫米，密被伏毛，5深裂，裂片披针形；花冠白或黄色，显著超出花萼，旗瓣宽椭圆

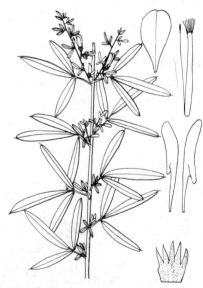

图 291 长叶胡枝子 （孙英宝绘）

形，长约8毫米，翼瓣稍短于旗瓣，龙骨瓣与旗瓣近等长，基部具长瓣柄。有瓣花的荚果长圆状卵形，长4.5-5毫米；闭锁花的荚果宽卵形，长约3毫米；均疏被白色伏毛。

产内蒙古、辽宁、河北、山东、河南、陕西及甘肃，生于海拔1400米以下山坡。

21. 截叶胡枝子 截叶铁扫帚 铁扫帚

图 292

Lespedeza cuneata (Dum.–Cours.) G. Don. Gen. Syst. 2: 307. 1832.

Anthyllis cuneata Dum.–Cours. Bot. Cult. 6: 100. 1811.

小灌木，高达1米。茎被柔毛。叶具3小叶，密集；叶柄短；小叶楔形或线状楔形，长1-3厘米，宽2-7毫米，先端平截或近平截，具小刺尖，

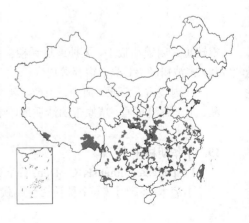

基部楔形，上面近无毛，下面密被贴伏毛。总状花序具2-4花；花序梗极短。花萼5深裂，裂片披针形，密被贴伏柔毛；花冠淡黄或白色，旗瓣基部有紫斑，翼瓣与旗瓣近等长，龙骨瓣稍长，先端带紫色；闭锁花簇生于叶腋。荚果宽卵形或近球形，长2.5-3.5毫米，宽约2.5毫米，被贴伏柔毛。

产山西、山东、河南、安徽、江苏、浙江、福建、台湾、江西、湖北、湖南、广东、广西、贵州、云南、西藏、四川、陕西及甘肃，生于海拔2500米以下山坡路旁。朝鲜、日本、印度、巴基斯坦、阿富汗及澳大利亚有分布。

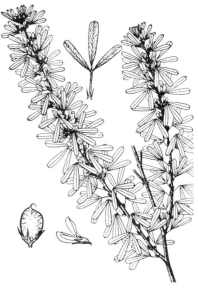

图 292 截叶胡枝子 （引自《图鉴》）

22. 尖叶铁扫帚　　　　　　　　图 293

Lespedeza juncea (Linn. f.) Pers. Syn. 2: 318. 1807.

Hedysarum juncea Linn. f. Dec. 1: 7. t. 4. 1762.

小灌木，高达1米。全株被贴伏柔毛。叶具3小叶；叶柄长0.5-1厘米；小叶倒披针形、线状长圆形或窄长圆形，长1.5-3.5厘米，宽2-7毫米，先端稍尖或钝圆，有小刺尖，基部楔形，边缘稍反卷，上面近无毛，下面密被贴伏柔毛。总状花序稍超出叶，花3-7朵排列较密集，近似伞形花序；花序梗长。花萼长3-4毫米，5深裂，裂片披针形，被白色贴伏毛，花开后具明显3脉；花冠白或淡黄色，旗瓣基部带紫斑，龙骨瓣先端带紫色，旗瓣、翼瓣与龙骨

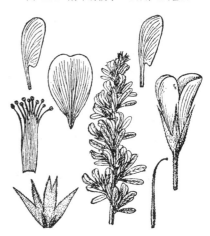

图 293 尖叶铁扫帚 （引自《豆科图说》）

瓣近等长，有时旗瓣较短；闭锁花簇生叶腋，近无梗。荚果宽卵形，两面被白色贴伏柔毛，稍超出宿萼。

产黑龙江、吉林、辽宁、内蒙古、宁夏、青海、甘肃、陕西、山西、河北、山东、河南及湖北，生于海拔1500米以下山坡灌丛中。朝鲜、日本、蒙古及俄罗斯有分布。

23. 阴山胡枝子　　白指甲花　　　　图 294

Lespedeza inschanica (Maxim.) Schindl. in Engl. Bot. Jahrb. 49: 603. 1913.

Lespedeza juncea (Linn. f.) Pers. var. *inschanica* Maxim. in Acta Hort. Petrop. 2: 371. 1873.

小灌木，高达80厘米。茎上部被短柔毛，下部近无毛。叶具3小叶；叶柄长0.3-1厘米；小叶长圆形或倒卵状长圆形，长1-2.5厘米，先

图 294 阴山胡枝子 （引自《图鉴》）

端钝圆或微凹，基部宽楔形或圆，上面近无毛，下面密被贴伏毛。总状花序与叶近等长，有2-6花。花萼长5-6毫米，5深裂，上部2裂片分裂较浅，裂片披针形，具明显3脉；花冠白色，旗瓣近圆形，长7毫米，宽5.5毫米，基部带大紫斑，花期反卷，翼瓣长圆形，长5-6毫米，宽1-1.5毫米，龙骨瓣长6.5毫米，通常先端带紫色。荚果倒卵形，长4毫米，密被贴伏柔毛，短于宿萼。

产辽宁、内蒙古、河北、山西、河南、陕西、甘肃、四川、湖北、河南、山东、江苏及安徽，生于干旱山坡。朝鲜及日本有分布。

42. 鸡眼草属 Kummerowia Schindl.

（黄普华）

一年生草本，常多分枝。叶互生，羽状复叶，小叶3，侧脉直；托叶膜质，大而宿存，通常较叶柄长。花通常1-2朵簇生于叶腋，稀3朵或更多；小苞片4枚生于花萼下方，其中1枚较小。花小，旗瓣与翼瓣近等长，通常均较龙骨瓣短，正常花的花冠和雄蕊管在果时脱落，闭锁花或不发达的花的花冠、雄蕊管和花柱在果时与花托分离连在荚果上，至后期才脱落；雄蕊二体（9+1）；子房有1胚珠。荚果扁平，具1荚节和1种子，不裂；子叶出土萌发。染色体2n=20, 22。

2种，产俄罗斯远东地区、朝鲜、日本及我国。

1. 小枝被倒生的毛；小叶长圆形、长倒卵形或倒卵形，先端通常圆；托叶被长缘毛；花梗无毛荚果略长于萼或长达1倍 ···················· 1. **鸡眼草 K. striata**
1. 小枝被向上的毛；小叶常为倒卵形、宽倒卵形或倒卵状楔形，先端渐凹；托叶被短缘毛；花梗有毛；荚果较萼长1.5-3倍 ···················· 2. **长萼鸡眼草 K. stipulacea**

1. 鸡眼草　　　　　　　　　　图 295

Kummerowia striata （Thunb.） Schindl. in Fedde, Repert. Sp. Nov. 10: 403. 1912.

Hedysarum striatum Thunb. Fl. Jap. 289. 1784.

高（5-）10-45厘米，披散或平卧。茎和枝上被倒生的白色细毛。叶具3小叶；托叶长3-4毫米，较叶柄长，被长缘毛；叶柄极短；小叶纸质，倒卵形、长倒卵形或长圆形，长0.6-2.2厘米，先端圆，基部近圆或宽楔形，两面沿中脉及边缘有白色粗毛，侧脉多而密。花小，单生或2-3簇生于叶腋；花梗无毛，下端具2枚大小不等的苞片；花萼5裂，具网状脉，基部具4枚小苞片，其中1枚极小，位于花梗关节处；花冠粉红或紫色，长5-6毫米，旗瓣椭圆形，下部渐窄成瓣柄，具耳，龙骨瓣比旗瓣稍长或近等长，翼瓣较龙骨瓣稍短。荚果圆形或倒卵圆形，稍侧扁，长于宿萼，长3.5-5毫米，顶端具短尖，被小柔毛。

图 295 鸡眼草 （引自《图鉴》）

产黑龙江、吉林、辽宁、内蒙古、河北、山西、陕西、甘肃、宁夏、新疆、青海、西藏、云南、四川、贵州、湖南、湖北、河南、山东、江苏、安徽、浙江、江西、福建、台湾、广东、香港及广西，生于海拔500米以下田边、溪旁、砂质地或缓坡草地。朝鲜、日本及俄罗斯远东地区有分布。全草药用，有清热利湿、健脾利尿、消积通淋的功效；又可作饲料和绿肥。

2. 长萼鸡眼草 图 296

Kummerowia stipulacea (Maxim.) Makino in Bot. Mag. Tokyo 28: 107. 1914.

Lespedeza stipulacea Maxim. Prim. Fl. Amur. 58. 1859.

高7-15厘米,茎平伏、上升或直立。茎和枝上被疏生向上的白毛,有时仅节上有毛。叶具3小叶;托叶长3-8毫米,较叶柄长或有时近等长,被短缘毛;叶柄短,小叶倒卵形、宽倒卵形或倒卵状楔形,长0.5-1.8厘米,先端微凹或近平截,基部楔形,下面中脉及边缘有毛,侧脉多而密。花常1-2朵腋生;花梗下端具2枚苞片;花萼5裂,有缘毛,基部具4枚小苞片,其中小的1枚生于花梗关节之下;花冠上部暗紫色,长5.5-7毫米,旗瓣椭圆形,先端微凹,下部渐窄成瓣柄,较龙骨瓣短,翼瓣窄披针形,与旗瓣近等长,龙骨瓣钝,上面有暗紫色斑点。荚果椭圆形或卵形,较宿萼长1.5-3倍,长约3毫米,稍侧扁。

产黑龙江、吉林、辽宁、内蒙古、河北、山西、陕西、甘肃、宁夏、新疆、青海、四川、云南、贵州、广西、广东、湖南、湖北、河南、山东、江苏、安徽、浙江、江西、福建及台湾,生于海拔100-1200米路旁、草地、山

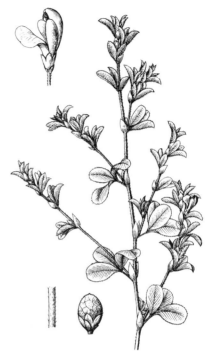

图 296 长萼鸡眼草 （引自《图鉴》）

坡、固定或半固定沙丘等处。朝鲜、日本及俄罗斯远东地区有分布。全草药用。能清热解毒、健脾利湿;又可作饲料及绿肥。

43. 刺桐属 **Erythrina** Linn.

（李沛琼）

乔木或灌木。茎及枝常有皮刺。羽状复叶互生,具3小叶;托叶小;小托叶肿胀呈腺体状。总状花序顶生或腋生;花多数,数朵簇生或成对着生于序轴的节上;苞片与小苞片细小或不存在。花萼佛焰苞状或钟状,顶端斜,平截或2裂成二唇形;花冠美丽,各瓣大小不相等,旗瓣最大,直立或开展,具瓣柄或瓣柄不明显,无附属物,翼瓣短,有时很小或不存在,龙骨瓣明显短于旗瓣;雄蕊10,单体或二体(9+1),如为后者,对旗瓣的1枚分离或仅基部与其它雄蕊合生,其余的花丝合生至中部,花药一式;子房具柄,有多数胚珠,无柱内弯,无髯毛,柱头顶生。荚果通常为圆柱形或镰形,在种子间微缢缩,2瓣裂或仅沿腹缝线开裂,稀不裂。种子卵球形,种脐侧生,无种阜。

约200种,产全球热带和亚热带地区。我国5种,引进栽培5种。

1. 花萼钟状,先端平截或2裂。
  2. 顶生小叶肾状扁圆形,基部近平截;叶柄与小叶下面的中脉上无刺;花密集,下垂;种子黑色 ………………………………………………………………………… 1. **鹦哥花 E. arborescens**
  2. 顶生小叶菱状卵形、卵形、卵状长圆形或长圆状披针形,基部宽楔形或近圆;叶柄与小叶下面中脉上有刺;花较疏生,开展或微下垂;种子洋红或褐色。
    3. 小叶菱状卵形,基部宽楔形;花萼先端仅下面的1枚萼齿明显,其余的均不明显;种子深红色,有黑斑 ………………………………………………………………… 2. **龙牙花 E. corallodendron**
    3. 小叶卵形、卵状长圆形或长圆状披针形;花萼先端2浅裂;种子褐色 … 2(附). **鸡冠刺桐 E. crista-galli**

1. 花萼佛焰苞状。

　　4. 龙骨瓣与翼瓣近等长；小叶宽卵形或菱状卵形；荚果具1-8粒种子；种子暗红色；皮刺黑色 ··················
　　················· 3. **刺桐 E. variegata**

　　4. 龙骨瓣长为翼瓣的2.5倍或更多；小叶宽三角形或近菱形；荚果具1-3粒种子；种子淡棕色；皮刺浅褐色或带灰白色 ················· 4. **劲直刺桐 E. stricta**

1. 鹦哥花　刺木通　　　　　　　　　图 297　彩片 92

Erythrina arborescens Roxb. Fl. Ind. 3: 256. 1832.

乔木或小乔木，高7-8米；树干和枝条具皮刺。羽状复叶具3小叶；叶柄无毛，通常不具刺；顶生小叶肾状扁圆形，侧生小叶斜宽卵形，长宽均8-20(-25)厘米，先端急尖，基部平截或微心形，全缘。下面稍带灰白色，中脉上无刺，两面无毛。总状花序生于上部叶腋，长于叶，具多数密集而下垂的花；花序梗与序轴均无毛；苞片卵形，内有3花。花萼钟状，先端平截或具不等的2裂；花冠红色，旗

图 297 鹦哥花 （引自《图鉴》）

瓣长卵形，舟状，长3-3.5厘米，翼瓣斜卵形，长仅为旗瓣的1/4，龙骨瓣菱形，长于翼瓣，均具短瓣柄；雄蕊10，5长5短，花丝基部连合为一体；子房疏被毛，具长柄。荚果镰形，长12-19厘米，宽约3厘米，有喙与果柄，无毛，具5-10粒种子。种子黑色，光亮，肾形，长约2厘米。

产湖北、贵州、四川、云南及西藏，生于海拔450-2100米山沟或草坡。印度、尼泊尔及缅甸有分布。花大而美丽，为良好的庭园观赏树和行道树，

华南地区多有栽培。树皮、叶有清热驱风、利湿的功能；根皮外用治牛皮癣、神经性皮炎及各种顽癣。

2. 龙牙花　象牙红　　　　　　　　图 298　彩片 93

Erythrina corallodendron Linn. Sp. Pl. 706. 1753.

小乔木或灌木，高3-5米；树干和分枝散生皮刺。羽状复叶具3小叶；叶柄无毛，有时有下弯的刺；小叶菱状卵形，长0.4-1厘米，先端渐尖而钝或长渐尖，基部宽楔形，两面无毛，下面中脉上有时有下弯的刺。总状花序腋生，长达30厘米或更长，具多数较疏生的花。花具短梗，开展或微下弯，长4-6厘米；花萼钟状，无毛，除下面1枚萼齿外，其余的均不明显；花冠红色，窄长而近于闭合状，旗瓣窄长圆形，长4-4.5厘米，先端微凹，基部具甚短的瓣柄或几无瓣柄，翼瓣短，长约为旗瓣的1/3，无明显瓣柄，龙骨瓣稍长于翼瓣，约为旗瓣的1/2，具短瓣柄；雄蕊长短不一，二体(9+1)；子房被短柔毛，有长柄。荚果圆柱形，长10-12厘米，具喙和果柄，在种子间微缢缩。种子深红色，有黑斑。

原产南美洲。台湾、福建、广东、广西、云南南部亦有栽培。为热带地区美丽的观赏树。树皮有收缩中枢神经的作用，用于麻醉剂和镇痛剂。

　　[附] **鸡冠刺桐 Erythrina crista-galli** Linn. Mant. Pl. 1: 99. 1767.

图 298 龙牙花 （引自《图鉴》）

与龙牙花的区别：小叶卵形、卵状长圆形或长圆状披针形；花萼先端2浅裂；种子褐色。原产巴西。台湾、福建、广东、香港、广西及云南南部多有栽培。为美丽的观赏树。

3. 刺桐　　　　　　　　　　图 299：1-4 彩片 94

Erythrina variegata Linn. Herb. Amb. 10: 1754.

乔木，高可达20米；树皮灰褐色；分枝有圆锥形黑色皮刺。羽状复叶具3小叶；叶柄无毛，无刺；小叶宽卵形或菱状卵形，长15-20厘米，先端渐尖而钝，基部宽楔形或平截，两面无毛。总状花序顶生，长10-16厘米；花序梗粗壮，长7-10厘米；花密集，成对着生。花梗被茸毛；花萼佛焰苞状，长2-3厘米，口部斜，一侧开裂，无毛或疏被茸毛；花冠红色，长6-7厘米；旗瓣椭圆形，长5-6厘米，宽2-2.5厘米，翼瓣短于旗瓣，龙骨瓣与翼瓣近等长，各瓣均具短瓣柄；雄蕊10，花丝连合成单体；子房被柔毛，具柄。荚果圆柱形，长15-30厘米，径2-3厘米，微弯曲，种子间微缢缩，无毛。种子1-8，肾形，暗红色。

原产印度至大洋洲海岸。台湾、福建、广东、广西及云南南部有栽培。为热带地区美丽的观赏树；树皮及根皮入药，有祛风湿、舒筋活络的功效，用于治风湿麻木及跌打损伤。

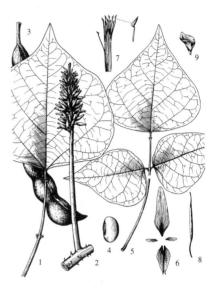

图 299：1-4.刺桐　5-9.劲直刺桐
（邓盈丰绘）

4. 劲直刺桐　　　　　　　　图 299：5-9 彩片 95

Erythrina stricta Roxb. Fl. Ind. 3: 251. 1832.

乔木，高达15米。分枝具浅褐色或带灰白色圆锥形皮刺。羽状复叶具3小叶；叶柄无刺，稀具刺；顶生小叶宽三角形或近菱形，长宽均7-12厘米，侧生小叶略偏斜，先端急尖，基部平截或微心形，全缘，两面无毛。总状花序顶生，长约15厘米；花多数，密集，每3朵一束。花萼佛焰苞状，口部斜，一侧开裂，先端钝或微2裂；花冠鲜红色，旗瓣椭圆状披针形，直立，长4-5厘米，先端微凹，基部具短瓣柄，翼瓣长圆形，细小，长仅及旗瓣的1/5，龙骨瓣大于翼瓣，长及旗瓣的1/2；雄蕊10，长短交错，花丝中部以下连合；子房被毛，有柄。荚果圆柱形，长7-15厘米，径0.7-1.5厘米，无毛，具1-3粒种子，种子间微缢缩。种子浅棕色，光亮。

产广西南部、云南及西藏东南部，生于村旁或河边疏林中。印度、尼泊尔、缅甸、泰国、柬埔寨、老挝及越南有分布。

44. 黎豆属 Mucuna Adanson.

（李沛琼）

一年生或多年生缠绕藤本。茎木质或草质。羽状复叶；托叶通常脱落；小叶3枚，侧生小叶两侧不对称，有小托叶。花序为总状花序或为紧缩的圆锥花序和伞房状总状花序，腋生或生于老茎上；花多数，大而美丽。花萼钟状，5裂，因上方2齿不同程度合生而呈二唇形；花冠伸出萼外，深紫、红、黄绿或白色，干后多为黑色；旗瓣远比翼瓣和龙骨瓣短，瓣片基部两侧具耳，有瓣柄，翼瓣内弯，常附着于龙骨瓣上，龙骨瓣比翼瓣长或与之等长，先端内弯呈喙状；雄蕊二体（9+1），花药二式，5枚较长的基部着生，5枚较短的背部着生，均具髯毛；子房无柄，胚珠1-10余粒，花柱丝状，内弯。荚果膨胀或略扁，边缘常具翅，外面通常被褐黄色刺毛、刚毛或螫毛，2瓣裂，有的种类具隆起的斜向的片状褶襞,有多粒种子,种子间具横隔或无,具或不具螫毛。种子肾形、圆形或椭圆形,种脐或短或长,长者可超过种子周长的1/2,无种阜。

约160种,分布于热带和亚热带地区,我国15种、1变种。

1. 多年生木质藤本;荚果宽2厘米以上;顶生小叶卵形、长椭圆形、卵状长椭圆形、椭圆形或长披针形;种子较大,盘状或长圆形,种脐占种子周长的1/2-3/4,无假种皮。
    2. 荚果革质,长18厘米以下;种子间不缢缩。
        3. 荚果具隆起的、斜向的片状褶襞,不对称长圆形;种脐长约为种子周长的1/2;花冠暗紫、淡紫或红色。
            4. 荚果长16-17厘米,宽约4.5厘米,上边缘的翅较下边缘的宽2倍或以上;旗瓣长3.7-4.5厘米,翼瓣长6-7厘米,约为龙骨瓣长的2/3;顶生小叶长披针形或椭圆形,长11-13厘米,宽3-4厘米;花冠暗紫色 ·· 1. **大球油麻藤 M. macrobotrys**
            4. 荚果6.5-10厘米,宽2-2.3厘米,上、下边缘的翅近等宽;旗瓣长2-2.5厘米,翼瓣长3.2-4厘米,与龙骨瓣近等长;顶生小叶菱状卵形,长6-13厘米,宽4-9.5厘米;花冠深紫或红色 ·· 2. **褶皮黧豆 M. lamellata**
        3. 荚果无褶襞,长椭圆形,长7-14厘米,宽3-5.5厘米;种脐长约为种子周长的2/3-3/4;花冠粉红或绿白色 ·· 3. **巨黧豆 M. gigantea**
    2. 荚果木质,带形,无褶襞,成熟时长达30厘米以上;种子间缢缩。
        5. 荚果背腹缝线各具3-5毫米宽的木质翅;花冠白或绿白色 ·············· 4. **白花油麻藤 M. birdwoodiana**
        5. 荚果背腹缝线无翅;花冠紫色。
            6. 小叶幼时两面被灰白或褐色茸毛,以后仅下面有毛,先端急尖或圆,具短尖头;种子盘状,两面平,长2.2-3厘米,宽1.8-2.8厘米,厚0.5-1厘米;荚果被褐色茸毛 ·············· 5. **大果油麻藤 M. macrocarpa**
            6. 小叶无毛,先端渐尖;种子扁长圆形,长2.2-3厘米,宽2-2.2厘米,厚约1厘米;荚果被红褐色短伏毛和长刚毛 ·································· 6. **常春油麻藤 M. sempervirens**
1. 一年生草质或半木质藤本;荚果宽1-2厘米;顶生小叶卵菱形或宽卵形;种子圆形或长圆形,扁,种脐短,约占种子周长的1/8,并有假种皮围绕。
    7. 苞片和小苞片在开花后脱落;花序轴下部的无花部分无苞片;花萼被绢毛、短柔毛或混生稀疏的刺毛;顶生小叶通常小于侧生小叶。
        8. 小叶上面几无毛,下面疏被灰白色绢毛;小叶柄被淡黄色绢毛;花萼密被淡黄色绢毛;荚果密被深褐或黄褐色长刺毛 ·· 7. **刺毛黧豆 M. pruriens**
        8. 小叶两面疏被灰白色柔毛;小叶柄密被长硬毛;花萼密被灰白色短柔毛和稀疏的刺毛;荚果密被灰白或黄褐色短柔毛 ······························ 7(附). **黧豆 M. pruriens var. utilis**
    7. 苞片和小苞片在开花后宿存;花序轴下部的无花部分常有苞片存在;花萼密被黑褐色刺毛;荚果密被黑褐色刺毛;顶生小叶与侧生小叶近等大 ·················· 8. **黄毛黧豆 M. bracteata**

1. 大球油麻藤   图 300

Mucuna macrobotrys Hance in Walp. Ann. 2: 422. 1851.

大型攀援木质藤本。茎具红褐色短柔毛或无毛。羽状复叶具3小叶,长29-33厘米;叶柄长6-10厘米;顶生小叶椭圆形或长披针形,长11-13厘米,宽3-4厘米,先端尾状渐尖,基部圆,两面无毛,侧生小叶偏斜;小叶柄长0.7-1厘米。总状花序长约15厘米,每节生2-3朵花。花梗长约1厘米,被暗褐色短伏毛;花萼杯状,长约1厘米,被暗褐色短伏毛和长刺毛,萼齿披针形,下方最长的1齿长约1厘米;花冠暗紫色,旗瓣长3.7-4.5厘米,翼瓣长6-7厘米,长约为龙骨瓣的2/3,龙骨瓣最长,长7.5-9厘米;

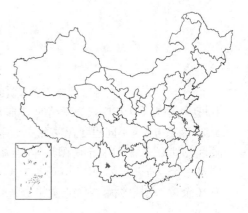

子房及花柱下部被毛。荚果不对称长圆形,长16-17厘米,宽约4.5厘米,革质,被短伏毛和红褐色稀疏的刺毛,有12-16片斜向薄片状的褶襞,沿两侧缝线边缘具翅,上缘翅宽6毫米,下缘翅宽1.5厘米。种子2-3,种脐长为种子周长的1/2以上,无假种皮。

产云南,常攀援于林中树上。

2. 褶皮鲡豆   图 301: 1-3

Mucuna lamellata Wilmot-Dear in Kew Bull. 39: 53. 1984.

攀援木质藤本。茎无毛或疏被毛。羽状复叶具3小叶,长17-27厘米;叶柄长7-11厘米;顶生小叶菱状卵形,长6-13厘米,宽4-9.5厘米,先端渐尖,基部圆或略楔形,两面无毛,侧生小叶明显偏斜。总状花序腋生,长7-27厘米,通常每节有3朵花。花梗长7-8毫米,密被锈色柔毛和淡黄色短伏毛;花萼杯状,萼筒长5-6毫米,密被绢质柔毛;花冠深紫或红色,旗瓣宽椭圆形,长2-2.5厘米,翼瓣长圆形,长3.2-4毫米,宽0.9-1.2厘米,瓣柄长约6毫米,龙骨瓣较纤细,与翼瓣近等长,先端弯曲;子房被毛,具5胚珠。荚果为不对称长圆形,长6.5-10厘米,宽2-2.3厘米,革质,幼时密被锈色刺毛,后被柔毛和锈色螫毛,具12-16片薄的斜向褶襞,背腹两侧缝具等宽的翅,翅宽2-4毫米。种子3-5,种脐长为种子周长的1/2,无假种皮。

产江苏、浙江及安徽,生于海拔400-1500米山坡灌丛中。

3. 巨鲡豆   图 301: 4-10

Mucuna gigantea (Willd.) DC. Prodr. 2: 405. 1825.

Dolichos gigantea Willd. Sp. Pl. 3: 1041. 1803.

大型攀援木质藤本。茎无毛或疏被毛。羽毛状复叶具3小叶,长12-27厘米;叶柄长3.2-12厘米;顶生小叶卵状椭圆形、椭圆形、菱形或卵形,长7-16厘米,宽4-8.5厘米,先端骤急尖,基部圆,两面无毛或沿脉疏被短伏毛,侧生小叶两侧不对称。总状花序生于老茎上,长8-25厘米,每3朵或多朵花聚生于花序轴上部1/4左右的节上,序轴下部无毛。花梗长短不一,花序呈

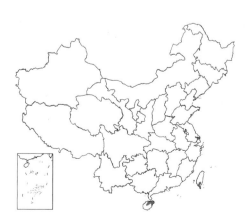

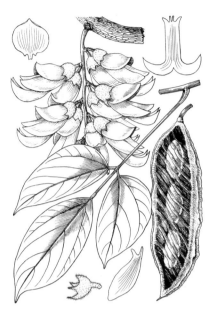

图 300 大球油麻藤 (余汉平绘)

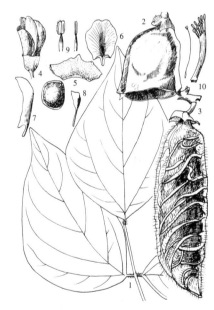

图 301: 1-3.褶皮鲡豆 4-10.巨鲡豆
(孙英宝绘)

伞房状。花萼杯状,萼筒长0.8-1厘米,密被红褐色刺毛;花冠粉红或绿白色,旗瓣长2-2.8厘米,翼瓣长2.8-4.4厘米,龙骨瓣与翼瓣近等长;子房与花柱下部有毛。荚果长椭圆形,长7-14厘米,宽3-5.5厘米,被黄褐色短伏毛,老时无毛,无褶襞。种子1-3,种脐长为种子周长的2/3至3/4。无假种皮。

产台湾及海南，生于山边或海边灌丛中。印度、马来西亚、澳大利亚、波利尼西亚及日本（琉球群岛和小笠原群岛）有分布。

4. 白花油麻藤

图 302　彩片 96

Mucuna birdwoodiana Tutch. in Journ. Linn. Soc. Bot. 37: 65. 1904.

常绿大型木质藤本。茎断面先流出白色汁液，2-3分钟后汁液变为血红色，无毛。羽状复叶具3小叶，长17-30厘米；叶柄长8-20厘米；小叶近革质，顶生小叶椭圆形、卵形或近倒卵形，长9-16厘米，宽2-6厘米，先端尾状渐尖，基部圆或近楔形，两面无毛或疏生短毛，侧生小叶偏斜。总状花序生于老茎上或腋生，长20-38厘米，有多花，花成束生于节上。花萼杯状，萼

筒长1-1.5厘米，内面与外面均密被黄褐色伏毛，外面兼有粗刺毛；花冠白或绿白色，旗瓣长3.5-4.5厘米，瓣片基部的耳长4毫米，翼瓣长6.2-7.5厘米，与龙骨瓣、子房均密被淡褐色短毛，龙骨瓣长7.5-8.7厘米，密被褐色短毛。荚果带形，木质，长30-45厘米，幼时被红褐色脱落性刚毛，成熟后被红褐色茸毛，种子间缢缩，沿背腹缝线各具3-5毫米宽的木质翅。种子5-13，种脐为种子周长的1/2-3/4。

图 302　白花油麻藤　（引自《图鉴》）

产浙江、福建、江西、广东、香港、广西、贵州及湖南，生于海拔800-2500米山坡阳处或林中。藤药用，有通经络、强筋骨之效；种子有毒；花美丽，可在庭园中栽培于棚架供观赏。

5. 大果油麻藤　褐毛黎豆

图 303　彩片 97

Mucuna macrocarpa Wall. Pl. Asiat. Rar. 1: 41. t. 47. 1830.

Mucuna castanea Merr.；中国高等植物图鉴 2: 498. 1972.

大型木质藤本。茎被灰白或红褐色短伏毛，老时无毛。羽状复叶具3小叶，长25-33厘米；叶柄长8-13厘米；顶生小叶椭圆形、卵状椭圆形、卵形或近倒卵形，长10-69厘米，宽5-10厘米，先端急尖或圆，具短尖头，基部圆或近楔形，幼时两面被灰白色或褐色茸毛，后仅下面被毛，侧生小叶偏斜。总状花序生于老茎上，长5-23厘米；花多数，每2-3朵生于花序轴上部的节上，有恶臭。花梗长0.8-

1厘米，密被短伏毛和稀疏的刺毛；花萼杯状，长0.8-1.2厘米；花冠暗紫色，旗瓣带绿白色，旗瓣长3-3.5厘米，翼瓣长4-5.2厘米，龙骨瓣长5-6.3厘米，各瓣均具瓣柄和耳。荚果带形，木质，长26-45厘米，宽3-5厘米，

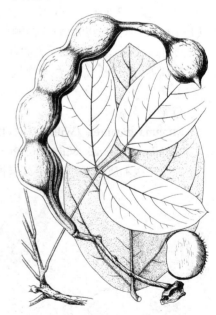

图 303　大果油麻藤　（引自《图鉴》）

厚0.7-1厘米，直或微弯，密被褐色茸毛，具不规则的脊和皱纹，种子间缢缩，背腹缝线边缘无翅；种子盘状，

稍不对称，两面平，长2.2-3厘米，宽1.8-2.8厘米，厚0.5-1厘米，种脐约占种子周长的3/4或更多。

产云南、贵州、广西、广东、海南及台湾，生于海拔800-2500米山坡

林中或灌丛中。印度、锡金、尼泊尔、缅甸、泰国、越南及日本有分布。茎藤有舒筋活络、调经的功能。

6. 常春油麻藤 图 304 彩片 98

Mucuna sempervirens Hemsl. in Journ. Linn. Soc. Bot. 23: 190. 1887.

常绿木质藤本。老茎直径达30厘米。羽状复叶具3小叶，长21-39厘米；叶柄长7-17厘米，无毛；顶生小叶椭圆形、长圆形或卵状椭圆形，长8-15厘米，先端渐尖，基部近楔形，两面无毛，侧生小叶极偏斜；小叶柄膨大。总状花序生于老茎上，长10-36厘米，每节具3花，有臭味。花萼杯状，萼筒长0.8-1.2厘米，外面密被褐色短伏毛和稀疏长硬毛，内面被绢质绒毛；花冠深紫色，长约6.5厘米，旗

瓣长3.2-4厘米，圆形，先端深凹，翼瓣长4.8-6厘米，龙骨瓣长6-7厘米，各瓣均具瓣柄和耳，子房被锈色毛；无柄。荚果带形，木质，长30-60厘米，宽3-3.5厘米，厚1-1.3厘米，边缘加厚为一圆形的脊，无翅，被红褐色短伏毛和长刚毛，种子间缢缩。种子扁长圆形，长2.2-3厘米，宽2-2.2厘米，厚约1厘米，种脐约占种子周长的3/4。

图 304 常春油麻藤 （引自《图鉴》）

产浙江、福建、江西、湖北、湖南、广东、广西、贵州、云南、四川及陕西南部，生于海拔300-3000米山坡林中或灌丛中。日本有分布。茎藤药用，有活血化瘀、舒筋通络的功效。

7. 刺毛黧豆 图 305: 1-2

Mucuna pruriens (Linn.) DC. Prodr. 2: 405. 1825.

Dolichos pruriens Linn. in Stickm. Diss. Herb. Amb. 23. 1754.

一年生半木质缠绕藤本。枝纤细，被伏贴柔毛，老时无毛。羽状复叶具3小叶，顶生小叶宽卵形或菱卵形，长14-16厘米，先端圆或急尖，基部宽楔形或圆，上面仅幼时被毛，下面疏被灰白色绢毛，侧生小叶较大，极偏斜，小叶柄被淡黄色绢毛。总状花序腋生，长15-30厘米，每节生2-3花，花生于序轴上部2/3处，其余的无毛。花萼宽杯状，萼筒长约5毫米，宽约1厘米，密被淡黄色绢毛；花冠暗紫

色，旗瓣长1.6-2.5厘米，翼瓣长2-4厘米，龙骨瓣长2.8-4.2厘米，各瓣均具瓣柄及耳。荚果长圆形，长5-9厘米，宽1-2厘米，厚5毫米，略作"S"

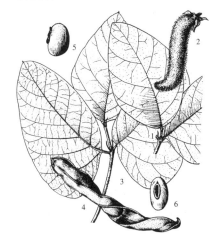

图 305: 1-2.刺毛黧豆 3-6.黧豆
（邹贤桂绘）

形弯曲，密被深褐色或淡褐色长刺毛。种子长圆形，扁，种脐长约为种子周长的1/8，周围有假种皮。

产云南南部及西南部、贵州西南部、广西西北部及海南，生于疏林或

灌丛中。亚洲、美洲及非洲的热带地区广布。

[附] **黧豆** 图 305: 3-6 **Mucuna pruriens** var. **utilis** (Wall. et Wight) Baker ex Burck in Ann. Jard. Buitenzorg 11: 187. 1893. —— *Mucuna utilis* Wall. ex Wight, Icon. Pl. Ind. Or. 1: 280. 1840. 本变种与模式变种的区别: 小叶两面疏被灰白色柔毛; 小叶柄密被长硬毛; 花萼密

8. 黄毛黧豆   图 306
Mucuna bracteata DC. Prodr. 2: 406. 1825.

一年生缠绕藤本。羽状复叶具3小叶, 长14-31厘米; 叶柄长6-11厘米; 顶生小叶不等边菱形、倒卵状菱形或宽卵形, 长7-14厘米, 先端渐尖, 基部钝, 上面几无毛, 下面沿脉被毛, 侧生小叶与顶生小叶近等大, 不对称。总状花序腋生, 长18-41厘米, 花集生在花序轴上部2/3处。苞片和小苞片在花后宿存, 在花序轴下部有多数苞片或其痕迹。花萼密被柔毛和散生黄褐色刺毛, 萼筒宽杯状, 长4-7毫米, 密被柔毛和散生黑褐色刺毛; 花冠深紫色, 旗瓣长1.6-2.3厘米, 翼瓣长2.5-3.3厘米, 龙骨瓣长约为旗瓣的2倍; 子房密被毛。荚果长6-9厘米, 宽1.2-1.6厘米, 被黑褐色刺毛。种子3-6, 褐黑色, 具斑点, 种脐小, 具侧种皮。

被灰白色短柔毛和稀疏的刺毛; 荚果密被灰白色或黄褐色短柔毛。原产亚洲热带。台湾、广东、海南、广西、贵州及四川等地有栽培或已野生。嫩荚和种子有毒, 但经水煮和浸泡24小时后, 便可作蔬菜食用。

图 306 黄毛黧豆 (邹贤桂绘)

产海南, 生于海拔600-2000米林中或草地。缅甸、泰国、老挝及越南有分布。

45. 紫矿属 (紫铆属) **Butea** K. Koen ex Roxb.
(卫兆芬)

乔木或木质大藤本。羽状复叶具3小叶; 托叶小, 早落; 小托叶钻状, 宿存或脱落。花大而密集, 组成腋生或顶生的总状花序或圆锥花序; 苞片和小苞片小, 早落。花萼钟状, 裂齿短, 钝三角形, 上面2齿合生成一宽而全缘或微缺的唇; 花冠大而伸出于萼外, 桔红或鲜红色, 长1.5-8厘米, 各瓣近等长, 旗瓣卵形或披针形, 先端急尖, 外弯; 翼瓣镰形, 与龙骨瓣紧贴; 龙骨瓣最长, 内弯, 先端尖, 背部合生成一脊; 雄蕊10, 二体, 花药一式; 子房无柄或具极短的柄, 胚珠2颗; 花柱长而内弯, 无毛, 柱头小。荚果长圆形, 扁平, 先端钝圆, 基部常具果颈, 熟时仅于荚果顶部开裂。种子通常1颗, 生于荚果顶部; 种脐小, 无种阜。

约6种, 分布于印度、斯里兰卡、印度尼西亚、越南、泰国、缅甸及我国。我国2种。

紫矿 紫铆   图 307 彩片 99
Butea monosperma (Lam.) Kuntze Rev. Gen. Pl. 1: 202. 1891.
Erythrina monosperma Lam. Encycl. 2: 391. 1786.

乔木, 高10-20米; 树皮灰黑色。叶柄粗, 长约10厘米; 小叶3, 厚革质, 顶生的宽卵形或近圆形, 长14-17厘米, 宽12-15厘米, 先端圆, 基部楔形, 侧生的长卵形或长圆形, 长11-16厘米, 两侧不对称, 先端钝, 基部圆, 上面无毛, 下面沿脉被短柔毛; 侧脉6-7对; 小叶柄长约8毫米, 粗壮。花序腋生或生于无叶枝的节上, 序轴、花梗、花萼、花冠与荚果均密被褐色或银灰色茸毛或柔毛。花萼长1-1.2厘米; 花冠橘红色, 后渐为黄色, 旗瓣长卵形, 长4.5-5厘米, 外弯; 翼瓣窄镰形, 长约4厘米, 与龙

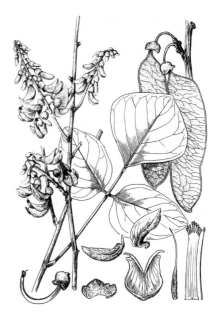

骨瓣基部均具圆耳；龙骨瓣宽镰形，长5-5.5厘米，雄蕊内藏，花药长圆形；子房被茸毛。荚果长圆形，长12-15厘米，扁平。种子肾形或肾状圆形，扁，褐红色。

产云南，生于林中潮湿处。印度、斯里兰卡、越南及缅甸有分布。可放养紫胶虫，紫胶品质优良，是航空制造业重要粘合剂；树皮中流出的液汁，干后称赤胶，可作收敛剂；花可作染料；种子驱虫、止痒、收黄水。

图 307 紫矿 （邓盈丰绘）

46. 密花豆属 **Spatholobus** Hassk.

（卫兆芬）

木质攀援藤本。羽状复叶具3小叶；托叶小，早落；小托叶宿存或脱落。圆锥花序腋生或顶生；花小而多，数朵密生于花序轴的节上。花萼钟状或筒状，裂齿短，二唇形，上唇2齿多少合生，先端全缘或微凹，下唇具3齿，齿卵形、三角形或披针形；花冠突出于萼外，各瓣具柄，旗瓣卵形或近圆形，先端微凹或浅裂，基部无耳；翼瓣长圆形、倒卵状长圆形、近匙形或楔形，先端钝或圆，基部具耳或无耳；龙骨瓣短或长于翼瓣或旗瓣，几劲直，先端钝，基部无耳或有耳；雄蕊二体，与旗瓣相对的1枚完全离生，花药椭圆形或近圆形，大小均一或5大5小；子房具短柄或无柄，胚珠2颗，花柱微弯，无毛或被毛，柱头小，头状。荚果刀状，具果颈或无，具网纹，密被短柔毛或茸毛，顶部稍厚，成熟时仅于顶部开裂。种子1颗，扁平，生于荚果顶部。

约40种，分布于中南半岛、马来西亚和非洲热带地区。我国10种、1变种。

1. 顶生小叶与侧生小叶同形或近同形，侧生小叶两侧对称或近对称；花冠紫红色 ………… 1. **红血藤 S. sinensis**
1. 顶生小叶与侧生小叶不同形，侧生小叶两侧不对称；花冠白色 …………………… 2. **密花豆 S. suberectus**

1. 红血藤

图 308

Spatholobus sinensis Chun et T. Chen in Acta Phytotax. Sin. 7: 31. 1958.

攀援藤本。幼枝紫褐色，疏被短柔毛，后变无毛。小叶革质，顶生小叶与侧生的同形或近同形，长圆状椭圆形，顶生的长5-9.5厘米，侧生的稍小，先端骤缩成短钝尖头，基部钝圆，两侧对称或近对称，上面光亮，无毛，下面疏被微柔毛；小叶柄膨大，密被棕褐色糙伏毛；小托叶钻状，宿存。圆锥花序

图 308 红血藤 （余汉平绘）

腋生，长5-10厘米，密被棕褐色糙伏毛。花萼钟状，长约4毫米，两面密被糙伏毛，裂齿卵形，约与萼筒等长，长1.5-2毫米，上面2齿多少合生；花冠紫红色，旗瓣扁圆形，长5-5.5毫米，先端深凹；翼瓣倒卵状长圆形，长约5毫米，基部一侧具短耳；龙骨瓣镰状长圆形，长约3.5毫米，基部平截，无耳；花药近球形，大小均一；子房无柄，沿腹缝线密被糙伏毛。荚

果刀状，长6-9厘米，被棕色长柔毛。种子长圆形，长约1.5厘米，黑色。

　　产广东、海南及广西，生于低海拔山谷密林下较潮湿处。

2.　密花豆　　　　　　　　　　　　　　　图309

Spatholobus suberectus Dunn in Journ. Linn. Soc. Bot. 35: 489. 1900.

攀援藤本。小叶纸质或近革质，不同形，顶生的两侧对称，宽椭圆形、宽倒卵形或近圆形，长9-19厘米，先端骤缩成短钝尖头，基部宽楔形或圆，

侧生的两侧不对称，与顶生小叶等大或稍窄，两面近无毛或下面脉腋间有髯毛，侧脉6-8对，微弯；小叶柄长5-8毫米；小托叶钻状，长3-6毫米。圆锥花序腋生或生于小枝顶端，长达50厘米，序轴、花梗被黄褐色短柔毛。花萼长3.5-4毫米，萼齿远比萼筒为短，上面2齿稍长，多少合生，下面3齿先端钝圆，密被黄褐色短柔毛，内面的毛长而银灰色；花冠白色，旗瓣扁圆形，长4-4.5毫米，先端微凹，基部具爪；翼瓣长3.5-4毫米，稍长于龙骨瓣，两者均具爪及耳；花药球形，大小均一；子房无柄，被糙伏毛。荚果刀状，长8-11厘米，密被棕色短茸毛，具果颈。种子长圆形，扁平，长约2厘米。

　　产福建南部、广东、广西及云南，生于海拔800-1700米山坡、沟谷密

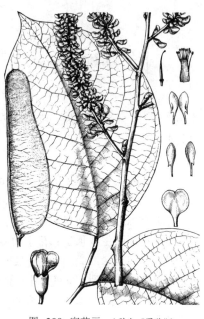

图309 密花豆 （引自《图鉴》）

林或疏林下或灌丛中。茎入药，中药称鸡血藤，有祛风活血、舒筋活络之功效，主治腰膝酸痛、麻木瘫痪和月经不调等症。

47. 土圞儿属 Apios Fabr.
（李沛琼）

　　缠绕草本，有块根。羽状复叶，有小叶（3）5-7（9）；小叶全缘，干后绿色。花序为顶生圆锥花序或腋生总状花序；花生于花序轴膨大的节上；苞片和小苞片早落。花萼钟形，2唇形，上部的2萼齿合生，下面的3萼齿分离，最下面的1萼齿线形；旗瓣卵形或圆形，开花后反折，翼瓣短于旗瓣，龙骨瓣最长，内弯，卷曲或螺旋状卷曲；雄蕊二体（9+1），花药一式；子房近无柄，胚珠多数，花柱丝状，上部反折，无毛，柱头顶生。荚果线形，呈镰状弯，扁，2瓣裂。种子无种阜。

　　约10种，分布于亚洲东部、中南半岛、印度及北美洲。我国6种、1变种。

1. 小叶长不及8厘米，宽不及4厘米；花冠淡绿、淡黄、黄绿、淡紫或紫色。
　2. 小叶卵形或菱状卵形，长3-7.5厘米，宽1.5-4厘米；花黄绿或淡绿色 ⋯⋯⋯⋯⋯⋯⋯⋯ **1. 土圞儿 A. fortunei**
　2. 小叶披针形、窄披针形或卵状披针形。
　　3. 小叶5-7片，披针形至卵状披针形；花序每节有花2朵；花冠长约2厘米，淡绿色 ⋯⋯⋯⋯⋯
　　　⋯⋯⋯⋯⋯⋯⋯⋯⋯⋯⋯⋯⋯⋯⋯⋯⋯⋯⋯⋯⋯⋯⋯⋯⋯⋯ **2. 大花土圞儿 A. macrantha**

3. 小叶5片，窄卵状披针形；花序每节有花1-3朵；花冠长约2厘米，淡黄色 ··········· ··········· ······················ 2 (附). **云南土圉儿 A. delavayi**

1. 小叶长6-12厘米，宽4-5厘米；花冠淡红、淡紫红或橙红色 ··········· 3. **肉色土圉儿 A. carna**

1. 土圉儿 图 310: 4

Apios fortunei Maxim. in Bull. Acad. Sci. St. Pétersb. 18: 396. 1873.

缠绕草本。有球状块根。茎细长，疏被白色短硬毛。奇数羽状复叶有小叶3-7；小叶卵形或菱状卵形，长3-7.5厘米，宽1.5-4厘米，先端急尖，基部宽楔形或圆，上面疏被短柔毛，下面仅沿脉疏被毛。总状花序腋生，长6-26厘米；苞片与小苞片线形，被短毛。花萼近二唇形，无毛；花冠黄绿或淡绿色，长约1.1厘米；旗瓣近圆形，长约1厘米，基部两侧具耳，瓣柄甚短，翼

图 310: 1-3. 肉色土圉儿 4. 土圉儿 5. 大花土圉儿 （引自《图鉴》）

瓣长圆形，长约7毫米，瓣柄短，略内弯，龙骨瓣最长，卷曲成半圆圈；子房疏被短柔毛，无柄，花柱随龙瓣卷曲为半圆圈。荚果带形，长约8厘米，宽约6毫米，疏被短柔毛。花期6-8月，果期9-10月。

产山东、山西、河南、安徽、浙江、福建、江西、湖北、湖南、广东、广西、贵州、四川、甘肃及陕西，生于海拔300-1000米山坡灌丛中。日本有分布。块根可食并供药用，有散积理气、消热镇咳之效。

2. 大花土圉儿 图 310: 5

Apios macrantha Oliv. in Hook. Icon. Pl. 20: t. 1946. 1890.

缠绕藤本。茎细长，有条纹，仅节上被毛，余无毛。羽状复叶长15-20厘米；叶柄长3-4厘米，无毛；小叶5-7，纸质，披针形或卵状披针形，长5-6厘米，宽2.2-3.2厘米，先端渐尖，有小尖头，基部宽楔形或圆，两面无毛，侧脉5对，纤细；小叶柄长约2毫米，疏被短硬毛；总状花序腋生，长于叶，花疏生，通常每2朵花生于序轴的节上；花序梗几无毛。花萼二唇形，上方2萼齿合生，呈卵圆形，顶端

凸尖，下方侧生2齿斜披针形，渐尖，中间1萼齿宽卵形，具凸尖；花冠淡绿色，旗瓣长约2厘米，翼瓣长圆形，短于旗瓣，龙骨瓣卷曲成半圈；

子房被柔毛，有短柄，花柱卷曲。荚果带形，长约15厘米，宽约7毫米，疏被短柔毛。花期8-9月，果期9-10月。

产四川西南部、贵州北部、云南及西藏东南部，生于海拔1800-2400米河谷山坡灌丛中。

[附] **云南土圉儿 Apios delavayi** Franch. Pl. Delav. 180. 1890. 与大花土圉儿的区别：小叶5片，窄卵状披针形，长2-5厘米，宽1.1-1.9厘米；花序每节生1-3花；花冠长约2厘米，淡绿色。产云南西北部、四川西部及西南部、西藏东部，生于海拔1300-3500米灌丛中。

3. 肉色土圞儿

图 310: 1-3 彩片 100

Apios carnea（Wall.）Benth. ex Baker in Hook. f. Fl. Brit. Ind. 2: 188. 1876.

Cyrtotropis carnea Wall. Pl. Asiat. Rar. 1: 50. t. 62. 1830.

缠绕藤本。茎细长，幼时被毛，后变无毛。羽状复叶通常具小叶5；叶柄长5-8（-12）厘米；小叶长椭圆形，长6-12厘米，宽4-5厘米，先端渐尖或短尾状，基部楔形或近圆，两面近无毛，侧生小叶略偏斜。总状花序腋生，长15-24厘米；每1-3花生于序轴节上，苞片和小苞片早落。花萼钟状，二唇形，萼齿三角形，短于萼筒，长为萼筒的2-2.5倍，花冠淡红、淡紫或橙红色，旗瓣倒卵状椭圆

形，翼瓣长及旗瓣的2/3，龙骨瓣长于翼瓣，略短于旗瓣，先端弯曲成半圆圈；子房无毛，几无柄。荚果线形，直，长16-19厘米，宽约7毫米，疏被短柔毛。种子12-21，肾形，黑褐色，光亮。花期7-9月，果期8-11月。

产福建北部、湖南、广西东北部、贵州西南部、云南、四川及西藏东南部，生于海拔800-2600米杂木林中。尼泊尔、锡金、印度北部、越南及泰国有分布。根有清热、消肿的功能，用治咽喉肿痛。

48. 旋花豆属 Cochlianthus Benth.

（卫兆芬）

草质缠绕藤本。羽状复叶具3小叶；小叶干后变黑色。总状花序腋生，具少数花；花序轴纤细，具结节；苞片和小苞片小钻状，早落或近宿存。花中等大，花萼钟状，裂齿5，二唇形，上唇较大，由2齿合生而成，先端2浅裂或全缘，下唇3齿，中间1齿较长；花瓣近等长或旗瓣较短，具长或短的瓣柄，旗瓣宽卵形，基部具内弯的耳；翼瓣长圆形或近匙形，稍长于旗瓣，基部具长耳；龙骨瓣条形，与翼瓣近等长或较长，弯拱且顶部常呈环状旋卷；雄蕊二体，对着旗瓣的1枚完全离生，花药一式；子房具短柄，有胚珠数颗，花柱无毛，伸长且上部旋卷成1-2圈，柱头较大，盾状。荚果线形，内弯，2瓣裂，种子间无明显隔膜。种子数颗，种脐小，种阜不明显。

2种，分布于尼泊尔至我国。

细茎旋花豆

图 311

Cochlianthus gracilis Benth. in Miq. Pl. Jungh. 1: 234. 1852.

草质缠绕藤本；茎初时被毛，后无毛。叶柄长6-9厘米，疏被硬毛，干后与小叶柄均黑色；小叶3，膜质，两面疏被伏毛，顶生小叶宽卵状菱形或近扁圆形，长5.8-7.5厘米，两侧对称，先端尾状渐尖，基部宽楔形或钝，侧生小叶稍窄，斜卵形，先端具尾状尖头，基部圆或近平截；托叶和小托叶早落。总状花序腋生。花萼被短硬毛，上面2裂齿合生，先端钝圆，下面3裂齿先端尖，中间1齿长6-7毫米；花冠新鲜时淡紫色，干后黑色，旗瓣倒卵形或近

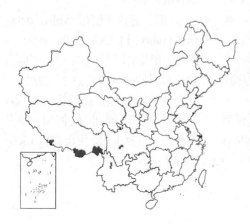

图 311 细颈旋花豆 （引自《图鉴》）

圆形，长约2厘米；翼瓣的耳与瓣柄近等长；龙骨瓣长于翼瓣，上部旋卷成1圈，基部具长柄和短耳；花药宽卵形，基着；子房被毛，具长约4毫米的细柄及杯状花盘；花柱细长，上部旋卷成1圈。荚果线形，密被棕黑色长硬毛。

产云南、四川及西藏，生于海拔约1400米山地疏林中。根有止痛、止泻的功能。

49. 刀豆属 Canavalia DC.

（吴德邻）

一年生或多年生草本，茎缠绕。平卧或近直立。羽状复叶具3小叶。托叶小，有时为疣状或不显著，有小托叶。总状花序腋生；花稍大，紫堇、红或白色，单生或2-6花簇生于花序轴上的肉质、隆起的节上；苞片和小苞片微小，早落。花梗极短；花萼钟状或筒状，二唇形，上唇大，平截或具2裂齿，下唇短小，全缘或具3裂齿；花冠伸出萼外，旗瓣大，近圆形，基部具2痂状体，翼瓣窄，镰刀状或稍扭曲，比旗瓣略短，离生，龙骨瓣较宽，顶端钝或具旋卷的喙尖；雄蕊单体，对旗瓣的1枚花丝基部离生，中部与其他的花丝雄蕊合生，花药同形；子房具短柄，有胚珠多颗，花柱内弯，无髯毛。荚果大，带形或长椭圆形，扁平或稍膨胀，近腹缝线的两侧通常有隆起的纵脊和窄翅，2瓣裂，果瓣革质，内果皮纸质。种子椭圆形或长圆形，种脐线形。

约50种，产热带及亚热带地区。我国4种，引入栽培2种。

1. 叶先端通常渐尖；荚果大，长20-35厘米，宽3.5-6厘米；种子长2-3.5厘米。
  2. 荚果宽3.5厘米以上，离背缝线6毫米处有纵棱；种子长2.5厘米以上 ·················· 1. **刀豆 C. gladiata**
  2. 荚果宽不逾3.5厘米，离背缝线约2毫米处有纵棱；种子长不及2厘米 ········ 1(附). **尖萼刀豆 C. gladiolata**
1. 叶先端通常急尖，平截或圆；荚果较小，长6-12厘米，宽2-4.5厘米；种子长1.3-1.8厘米。
  3. 花萼的上唇裂齿先端背面具小尖头 ····························· 3. **狭刀豆 C. lineata**
  3. 花萼的上唇裂齿先端背面无小尖头。
    4. 叶先端急尖或圆，但不微凹；荚果长圆形，长7-9厘米，宽3.5-4.5厘米；种皮褐黑色，长1.8厘米 ········
    ················· 2. **小刀豆 C. cathartica**
    4. 叶先端圆或平截，常微凹，稀渐尖；荚果线状长圆形，长8-12厘米，宽2-2.5厘米；种子褐色，长1.3-1.5厘米 ···························· 3(附). **海刀豆 C. maritima**

1. 刀豆

图 312: 1-9 彩片 101

Canavalia gladiata (Jacq.) DC. Prodr. 2: 404. 1825.

Dolichos gladiatus Jacq. Coll. Bot. 2: 276. 1788.

缠绕草本，长达数米，无毛或稍被毛。羽状复叶具3小叶，小叶卵形，长8-15厘米，先端渐尖或具急尖的尖头，基部宽楔形，两面薄被微柔毛或近无毛，侧生小叶偏斜；叶柄常较小叶片为短；小叶柄长约7毫米，被毛。总状花序，花序梗长，有花数朵生于总轴中部以上。花梗极短，生于花序轴隆起的节上；小苞片卵形，长约1毫米，早落；花萼长1.5-1.6厘米，稍被毛，上唇约为萼筒长的1/3，具2枚宽而圆的裂齿，下唇3裂，齿小，长约2-3毫米，急尖，花冠白或粉红色，长3-3.5厘米，旗瓣宽椭圆形，顶端凹入，基部具不明显的耳及宽瓣柄，翼瓣和龙骨瓣均弯曲，具向下的耳；子房线形，被毛。荚果带状，略弯曲，长20-35厘米，宽4-5厘米，离缝线约6毫米处有纵棱；种子椭圆形或长椭圆形，长约3.5厘米，厚约1.5毫米，红或褐色，种脐约为种子周长的3/4。花期7-9月，果期10月。

热带亚热带及非洲广布。长江以南各省区有栽培。嫩荚和种子供食用，

须先用盐水煮熟，然后换清水煮，方可食用。亦可作绿肥，覆盖作物及饲料。根有祛瘀止痛、疏气活血、消肿的功能。

[附] 尖萼刀豆 **Canavalia gladiolata** Sauer in Brittonia 16: 148. 1964. 与刀豆的区别：荚果宽不及3.5厘米，离背缝线约2毫米处有纵棱；种子长约2厘米。花期夏至秋季。产云南、广西及江西，生于河岸及山坡、攀援于灌丛或树上。印度至泰国有分布。

2. 小刀豆　　　　　图 312: 10-18 彩片 102

Canavalia cathartica Thou. in Journ. de Bot. 1: 81. 1813.

二年生，粗壮，草质藤本。茎、枝被稀疏短柔毛。羽状复叶具 3 小叶；托叶小，胼胝体状；小托叶微小，极早落；小叶纸质，卵形，长 6-10 厘米，宽 4-9 厘米，先端急尖或圆，基部宽楔形，平截或圆，两面脉上被极疏的白色短柔毛；叶柄长 3-8 厘米；小叶柄长 5-6 毫米，被茸毛。花 1-3 朵生于花序轴的每一节上。花梗长 1-2 毫米；萼近钟状，长约 1.2 厘米，被短柔毛，上唇 2 裂齿宽而圆，远较萼管为短，下唇 3 裂齿较小；花冠粉红或近紫色，长 2-2.5 厘米，旗瓣圆形，长约

2 厘米，宽约 2.5 厘米，顶端凹入，近基部有 2 枚痂状附属体，无耳，具瓣柄，翼瓣与龙骨瓣弯曲，长约 2 厘米；子房被茸毛，花柱无毛。荚果长圆形，长 7-9 厘米，宽 3.5-4.5 厘米，膨胀，顶端具喙尖。种子椭圆形，长约 1.8 厘米，褐黑色，硬而光滑，种脐长 1.3-1.4 厘米。花果期 3-10 月。

产台湾、广东、海南及贵州南部，生于海滨或河滨，攀援于石壁或灌木上。热带亚洲广布，大洋洲及非洲的局部地区有分布。

3. 狭刀豆　　　　　图 313 彩片 103

Canavalia lineata (Thunb.) DC. Prodr. 2: 404. 1825.

Dolichos lineatus Thunb. Fl. Jap. 280. 1784.

多年生缠绕草本。茎具线条，被极疏的短柔毛，后无毛。羽状复叶具 3 小叶；托叶、小托叶小，早落。小叶硬纸质，卵形或倒卵形，先端圆或具小尖头，基部平截或楔形，长 6-14 厘米，宽 4-10 厘米，两面薄被短柔毛；叶柄较小叶略短；小叶柄长 0.8-1 厘米。总状花序腋生；苞片及小苞片卵形，早落。花萼长约 1.2 厘米，被短柔毛，上唇较萼筒为短，2 裂，裂齿顶端的背部具小尖头，下唇具 3 齿，齿长约 2 毫米；花冠淡紫红色；旗瓣宽卵形，

长约 2.5 厘米，顶端凹，基部具 2 痂状附属体及 2 耳，翼瓣线状长圆形，稍呈镰状，上缘具痂状体，龙骨瓣倒卵状长圆形，基部平截。荚果长椭圆形，扁平，长 6-10 厘米，宽 2.5-3.5 厘米，厚约 1 厘米，缝线增厚，离背缝线约 3 毫米处具纵棱。种子 2-3，卵形，长约 1.7 厘米，宽约 7 毫米，棕色，

图 312: 1-9. 刀豆　10-18. 小刀豆
（邓盈丰绘）

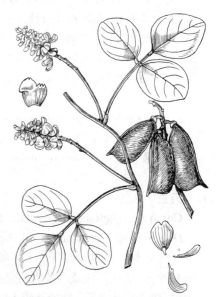

图 313　狭刀豆　（余汉平绘）

有斑点，种脐的长度约为种子周长的 1/3。花期秋季。

产浙江、台湾、福建、广东及广西，生于海滩、河岸及旷地。日本、朝鲜、菲律宾、越南及印度尼西亚有分布。

[附] **海刀豆** 彩片 104 **Canavalia maritima** (Aubl.) Thou. in Journ. de Bot. 1: 80. 1813. ——

Dolichos maritimus Aubl. Hist. Pl. Guiane Franc. 765. 1775. 本种与狭刀豆的区别：花萼的上唇裂齿先端背面无小尖头。产浙江、台湾、福建、广东、香港、海南及广西，蔓生于海边沙滩上。热带海岸地区广布。

50. 豆薯属 **Pachyrhizus** Rich. ex DC.

（吴德邻）

多年生缠绕或直立草本，具肉质块根。羽状复叶具3小叶，有托叶及小托叶；小叶常有角或波状裂片，花排成腋生的总状花序，常簇生于肿胀的节上；花序梗长；苞片及小苞片刚毛状，脱落性。花萼二唇形，上唇微缺，下唇3齿裂；花冠青紫或白色，伸出萼外，旗瓣宽倒卵形，基部有2个内折的耳，翼瓣长圆形，镰状，龙骨瓣钝而内弯，与翼瓣等长；雄蕊二体，对旗瓣的1枚离生，余合生，花药一式；子房被疏柔毛，无柄，柱头侧生或近顶生，胚乳多数。花柱顶端内弯，扁平，沿内弯面有毛，荚果带形，种子间有下压的隘痕。种子卵形或扁圆形，种脐小。

6种，原产热带美洲。我国引入栽培1种。

豆薯　地瓜　凉薯　　　　　　　　　图 314 彩片 105

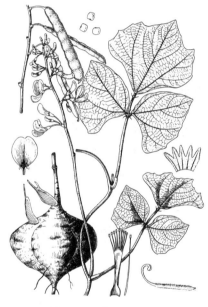

Pachyrhizus erosus (Linn.) Urb. Symb. Antill. 4: 311. 1905.

Dolichos erosus Linn. Sp. Pl. 726. 1753.

粗壮，缠绕，草质藤本，稍被毛，有时基部稍木质。根块状，纺锤形或扁球形，肉质。羽状复叶具3小叶；小叶菱形或卵形，长4-18厘米，中部以上不规则浅裂，侧生小叶的两侧极不等，仅下面微被毛。总状花序长15-30厘米，每节有花3-5朵。萼长0.9-1.1厘米，被紧贴的长硬毛；花冠浅紫或淡红色，旗瓣近圆形，长1.5-2厘米，中央近基部处有一黄色斑块及2枚胼胝状附属物，瓣柄以上有2枚半圆形、直立的耳，翼瓣镰刀形，基部具线形、向下的长耳，龙骨瓣近镰刀形，长1.5-2厘米；雄蕊二体，对旗瓣的1枚离生；子房被浅黄色长硬毛，花柱弯曲，柱头位于顶端以下的腹面。荚果带形，长7.5-13厘米，宽1.2-1.5厘米，扁平，被细长糙伏毛。种子每荚8-10颗，近方形，长和宽0.5-1厘米，扁平。花期8月，果期11月。

原产热带美洲，热带地区均有种植。台湾、福建、广东、海南、广西、云南、四川、贵州、湖南及湖北等地有栽培。块根可生食或熟食；种子含鱼藤酮可作杀虫剂，防治蚜虫有效。块根有止渴、解酒毒的功能。

图 314 豆薯 （余汉平绘）

51. 乳豆属 **Galactia** P. Br.

（卫兆芬）

平卧或缠绕草本或亚灌木。羽状复叶有小叶3，稀1片或多至7片；托叶小，早落或宿存；小托叶宿存。总状花序腋生，花序轴具节；苞片针状，小苞片微小；花单生、孪生或簇生于花序轴节上。花萼4深裂，裂片线形或披针形，上唇1片较宽，由2裂片合生而成，下唇中间1片最长，两侧的2片稍短小；花冠稍伸出萼外，各瓣近等长，旗瓣圆形、卵形或倒卵圆形，近基部边缘稍内弯或有附属体；翼瓣窄，倒长卵形，与龙骨瓣贴生；龙骨瓣钝而稍直，与翼瓣等长或略过之；雄蕊10枚，二体，对着旗瓣的1枚与雄蕊管完全离生或仅中部以下合生，花药一式；子房近无柄，有胚珠多颗，花柱丝状，无毛，柱头头状。荚果线形，扁平，2瓣裂，种子间常有隔膜。种子小，两侧扁，无种阜。

约140种，分布于美洲、亚洲热带和亚热带地区。我国3种。

1. 小叶较薄，纸质，椭圆形，上面疏被柔毛，两面侧脉微凸起；花冠淡蓝色 ················· 1. **乳豆 G. tenuiflora**
1. 小叶较厚，近革质，宽倒卵形或近圆形，上面无毛，上面侧脉凹入，下面凸起；花冠红色 ·························
···························· 2. **琉球乳豆 G. tashiroi**

1. 乳豆　　　　　　　　　　　　　　图 315

Galactia tenuiflora (Klein ex Willd.) Wight et Arn. Prodr. 206. 1834.

Glycine tenuiflora Klein et Willd. Sp. Pl. 3: 1059. 1802.

多年生草质藤本。茎密被灰白色或灰黄色长柔毛。小叶纸质,椭圆形,长2-4.5厘米,两端钝圆,先端微凹入,具小凸尖,上面疏被短柔毛,下面密被灰白或黄绿色长柔毛;侧脉4-7对,纤细,两面微凸起;小叶柄长约2毫米;小托叶针状,长1-1.5毫米。总状花序腋生,长2-10厘米。花具短梗,单生或孪生;小苞片卵状披针形,被毛;花萼长约7毫米,被短柔毛或近无毛,萼筒长约3毫米,裂片窄披

针形;花冠淡蓝色,旗瓣倒卵形,长约1.1厘米,基部渐窄并具小耳;翼瓣长圆形,长约9毫米,基部具尖长耳;龙骨瓣稍长于翼瓣并与之同形,背部弯拱,基部具短耳;对着旗瓣的1枚雄蕊与雄蕊管完全离生,花药长圆形;子房无柄,密被长柔毛,花柱长而突出。荚果线形,长2-4厘米。种子肾形,棕褐色。

图 315 乳豆　(邓盈丰绘)

产台湾、江西、湖南南部、广东、海南及广西东南部,生于低海拔丘陵灌丛中。印度、斯里兰卡、马来亚、泰国、越南、菲律宾有分布。

2. 琉球乳豆　　　　　　　　　　　图 316

Galactia tashiroi Maxim. in Bull. Acad. Sci. St. Pétersb. 31: 34. 1886.

多年生蔓生草本或藤本。茎密被白色长柔毛。叶具3小叶;叶柄长1-2.7厘米,密被长柔毛;小叶较厚,近革质,宽倒卵形或近圆形,长1.3-2.7厘米,先端圆或微凹,基部钝圆,上面无毛,下面被白色紧贴长柔毛,侧脉3-5对,与中脉在上面凹入,下面凸起;小叶柄长1.5-2毫米,被毛。总状

花序腋生,较短小,长1-4厘米,被毛。花红色;花萼长4-5毫米,密被长柔毛。荚果线形,长约3厘米,宽6-7毫米。

产台湾,生于低海拔山地疏林中或海边岩石旁。日本琉球群岛有分布。可作牧草,也是很好的保持水土植物。

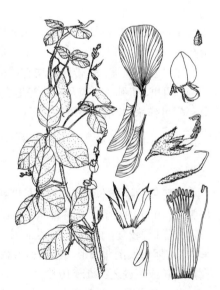

图 316 琉球乳豆　(引自《Fl. Taiwan》)

52. 毛蔓豆属 **Calopogonium** Desv.

（李沛琼）

缠绕或平卧草本。茎基部木质。羽状复叶具3小叶;有托叶和小托叶。总状花序腋生;花簇生在花序轴的节

上；苞片和小苞片早落。花萼钟状或筒状，萼齿5，上方2齿微裂至大部分合生；花冠蓝或紫色，旗瓣倒卵形，基部有2枚内弯的耳，翼瓣贴生在龙骨瓣上，龙骨瓣短于翼瓣；雄蕊二体（9+1），花药一式；子房无柄，胚珠多数，花柱无毛，柱头头状，顶生。荚果线形或长椭圆形，开裂，略扁或两面凸起，种子间有横缢纹而稍压入，种子间有隔膜。种子圆形，稍扁，无种阜。

约10种，产热带北部和亚热带、拉丁美洲和安德列斯群岛。我国引入1种，栽培或野化。

毛蔓豆 图 317

Calopogonium mucunoides Desv. in Ann. Sci. Nat. ser. 1, 9: 423. 1826.

缠绕或平卧草本，全株被黄褐色长硬毛。羽状复叶具3小叶；托叶三角状披针形，长4-5毫米；叶柄长4-12厘米；顶生小叶卵状菱形，侧生小叶卵形，偏斜，长4-10厘米，先端急尖或钝，基部宽楔形或圆。总状花序长短不一，苞片和小苞片线状披针形，长约5毫米；花簇生于花序轴的节上。萼筒近无毛，萼齿线状披针形，长于萼筒，密被长硬毛；花冠淡紫色，旗瓣卵形，翼瓣倒卵状长圆形，龙骨瓣劲直；花药圆形；子房密被长硬毛，胚珠5-6颗。荚果线状长椭圆形，长2-4厘米，宽约4毫米，直或稍弯，被褐色长刚毛，种子5-6颗。

原产热带地区北部。台湾、广东南部、海南、广西南部及云南南部有栽培或野化。为优良覆盖植物和绿肥，常用于橡胶园早期的覆盖植物。

图 317 毛蔓豆 （引自《Fl. Taiwan》）

53. 葛属 **Pueraria** DC.

（吴德邻）

缠绕藤本，茎草质或基部木质。叶为3小叶羽状复叶；托叶基部着生或盾状着生，有小托叶；小叶大，卵形或菱形，全裂或具波状3裂片。总状花序腋生而具延长的花序梗或数个总状花序簇生于枝顶；花序轴上通常具稍凸起的节；苞片小或窄，极早落；小苞片小而近宿存或微小而早落；花通常2-3花生于花序轴的每一节上。花萼钟状，上部2裂齿仅部分或完全合生；花冠伸出萼外，天蓝或紫色，旗瓣基部有附属体及内向的耳，翼瓣窄，长圆形或倒卵状镰刀形，通常与龙骨瓣中部贴生，龙骨瓣与翼瓣近等大，稍直或顶端弯曲，或呈喙状，对旗瓣的1枚雄蕊仅中部与雄蕊管合生，基部分离，稀完全分离，花药一式；子房无柄或近无柄，胚珠多颗，花柱丝状，上部内弯，柱头小，头状。荚果线形，稍扁或圆柱形，2瓣裂；果瓣薄革质；种子间有或无隔膜，或充满软组织。种子扁，近圆形或长圆形。

约35种，分布于印度至日本，南至马来西亚。我国8种及2变种。

1. 托叶基着。
  2. 荚果圆柱形，径约4毫米；花冠浅蓝或淡紫色，旗瓣近圆形 ·········· 1. **三裂叶野葛 P. phaseoloides**
  2. 荚果线形，宽6-8毫米；花冠白色，旗瓣倒卵形 ·········· 2. **苦葛 P. peduncularis**
1. 托叶背着。
  3. 托叶基部不裂；花萼裂片先端渐尖。
    4. 苞片不比小苞片长；花萼长7-8毫米，旗瓣径8毫米；荚果长4-9厘米，宽6-8毫米 ·········· 3（附）. **葛麻姆 P. lobata** var. **montana**
    4. 苞片比小苞片长；花萼长0.8-2厘米，旗瓣长1-1.8厘米；荚果长5-9厘米，宽0.8-1.1厘米。
      5. 花萼长0.8-1厘米，旗瓣倒卵形，长1-1.2厘米；翼瓣和龙骨瓣近等长；荚果长5-9厘米，宽0.8-1.1厘米 ·········· 3. **葛 P. lobata**

5. 花萼长达2厘米（连最下1枚）；旗瓣近圆形，长0.1-1.8厘米，翼瓣稍短于龙骨瓣；荚果10-14厘米，宽1-
1.3厘米 ·· 3(附). **粉葛 P. lobata var. thomsonii**

3. 托叶基部2裂呈箭头形；苞片较花蕾短，无毛或具缘毛；萼裂片长4-7毫米；顶生小叶卵形，侧生小叶斜宽卵
形，明显3裂或侧生小叶2裂 ··· 4. **食用葛 P. edulis**

1. 三裂叶野葛　　　　　　　　　　　　图 318

Pueraria phaseoloides (Roxb.) Benth. in Journ. Linn. Soc. Bot. 9: 125. 1865.

Dolichos phaseoloides Roxb. Fl Ind. 3: 316. 1832.

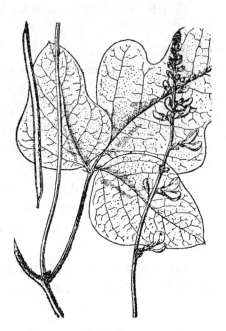

草质藤本。茎纤细，长2-4米，被黄色开展长硬毛。托叶基着，卵状披针形，长3-5毫米；小叶宽卵形、菱形或卵状菱形，顶生小叶长6-10厘米，侧生的较小，基部偏斜，全缘或3裂，上面被紧贴的长硬毛，下面灰绿色，密被白色长硬毛。总状花序单生，长8-15厘米或更长，中部以上着花；花聚生节上。花萼钟状，长约6毫米，被紧贴长硬毛，下部的萼齿先端呈刚毛状，其余的三角形，较短；花冠浅蓝或淡紫色，旗瓣近圆形，长0.8-1.2厘米，翼瓣倒卵状长椭圆形，基部的一侧有宽而圆的耳，龙骨瓣镰毛状，顶端具短喙，基部平截，稍短于翼瓣；子房线形，疏被毛。荚果近圆柱形，长5-8厘米，径约4毫米，仅幼时被紧贴的长硬毛。种子长圆形，长约4毫米，两端平截。花期8-9月，果期10-11月。

图 318 三裂叶野葛　（引自《图鉴》）

产浙江、台湾、海南、广东、广西、湖南及贵州，生于山地、丘陵灌丛中。印度、中南半岛及马来半岛有分布。可作覆盖植物、饲料和绿肥作物。根有解表退热、生津止咳、止泻的功能。

2. 苦葛　　　　　　　　　　　　　图 319

Pueraria peduncularis (Grah. ex Benth.) Benth. in Journ. Linn. Soc. Bot. 9: 124. 1865.

Neustanthus peduncularis Grah. ex Benth. in Miq. Pl. Jough. 2: 232. 1852.

缠绕草本，各部被疏或密的粗硬毛。羽状复叶具3小叶；托叶基着，披针形，早落；小托叶小，刚毛状；小叶卵形或斜卵形，长5-12厘米，全缘，先端渐尖，基部急尖或平截，两面均被粗硬毛，稀上面无毛；叶柄长4-12厘米。总状花序长20-40

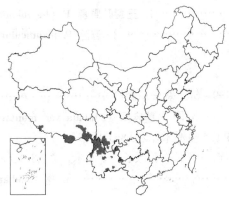

图 319 苦葛　（余汉平绘）

厘米，纤细，苞片和小苞片早落；花白色，3-5簇生花序轴的节上。花梗纤细，长2-6毫米；花萼钟状，长5毫米，被长柔毛，上方的裂片极宽，下方的稍急尖，较筒为短；花冠长约1.4厘米，旗瓣倒卵形，基部渐窄，具2个窄耳，无痂状体，翼瓣稍比龙骨瓣长，龙骨瓣顶端内弯扩大，无喙，颜色较深；对旗瓣的1枚雄蕊稍宽，和其他的雄蕊紧贴但不连合。荚果线形，长5-8厘米，宽6-8厘米，直，光亮，果瓣近纸质。近无毛或疏被柔毛。花

期8月，果期10月。

产湖南西南部、贵州、广西北部及西北部、云南、四川、西藏，生于荒地、杂木林中。锡金、尼泊尔、克什米尔地区、印度及缅甸有分布。根有解热透湿、生津止咳的功能。

3. 葛 野葛 葛藤 图 320 彩片 106

Pueraria lobata (Willd.) Ohwi in Bull. Tokyo Sci. Mus. 18: 16. 1947.

Dolichos lobatus Willd. Sp. Pl. ed. 3, 2: 1047. 1802.

粗壮藤本，长达8米，全体被黄色长硬毛。茎基部木质，有粗厚的块状根。托叶背着，卵状长圆形，具线条；小叶3裂，稀全缘，顶生小叶宽卵形或斜卵形，长7-15(-19)厘米，先端长渐尖，侧生小叶斜卵形，稍小，上面被淡黄色、平伏的疏柔毛，下面较密；小叶柄被黄褐色茸毛。总状花序长15-30厘米，中部以上有较密集的花；花序轴的节上聚生2-3花；苞片线形至披针形，远长于小苞片。花萼钟形，长0.8-1厘米，被黄褐色柔毛，裂片披针形，渐尖，比萼筒略长；花冠长1-

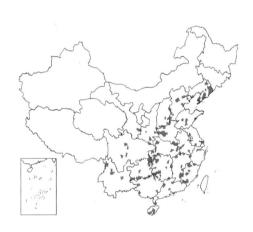

1.2厘米；紫色，旗瓣倒卵形，基部有2耳及一黄色硬痂状附属体，具短瓣柄，翼瓣镰状，较龙骨瓣为窄，基部有线形、向下的耳，龙骨瓣镰状长圆形，与翼瓣近等长，基部有极小、急尖的耳；对旗瓣的1枚雄蕊仅上部离生；子房线形，被毛。荚果长椭圆形，长5-9厘米，宽0.8-1.1厘米，扁平，被褐色长硬毛。花期9-10月，果期11-12月。

产辽宁、河北、山西、河南、山东、江苏、安徽、浙江、福建、江西、湖北、湖南、广东、香港、海南、广西、贵州、云南、四川、甘肃及陕西，生于山地疏林或密林中。东南亚至澳大利亚有分布。葛根供药用，有解表退热，生津止渴，止泻功能。也是一种良好的水土保持植物。

[附] **葛麻姆 Pueraria lobata** var. **montana** (Lour.) van der Maesen in Agr. Univ. Wageningen Papers 85(1): 53. 1985. —— *Dolichos montana* Lour. Fl. Cochinchin 440. 1790.; 2: 501. 1972. —— *Pueraria montana* (Lour.) Merr.; 中国高等植物图鉴 2: 501. 1972. 与模式变种的区别：顶生小叶宽卵形，长大于宽，长9-18厘米，宽6-12厘米，先端渐尖，基部近圆，通常全缘，侧生小叶稍小而偏斜，两面均被长柔毛，下面毛较密；苞片与小苞片近等长；花冠长1.2-1.5厘米，旗瓣圆形；荚果长4-9厘米，宽6-8毫米。花期7-9月，果期10-12月。产云南、四川、贵州、湖北、浙江、江西、湖南、福建、广西、广东、海南及台湾，生于旷野灌丛中或山地疏林下。日本、越南、老挝、泰国及菲律宾有分布。

图 320 葛 （余汉平绘）

[附] **粉葛 Pueraria lobata** var. **thomsonii** (Benth.) van der Maesen in Agr. Univ. Wageningen Papers 85 (1): 58. 1985. —— *Pueraria thomsoni* Benth. in Journ. Linn. Soc. Bot. 9: 122. 1867.; 中国高等植物图鉴 2: 502. 1972. 与模式变种的区别：顶生小叶菱状卵形或宽卵形，侧生的斜卵形，长和宽10-13厘米，先端急尖或具长小尖头，基部截平或急尖，全缘或具2-3裂片，两面均被黄色粗伏毛；苞片与小苞片近等长，花冠长1.6-1.8厘米；旗瓣近圆形。荚果长10-14厘米，宽1-1.3厘米。花期9月，果期11月。产云南、四川、西藏、江西、广西、广东及海南，生于山野灌丛或疏林中或栽培。老挝、泰国、缅甸、不丹、印度及菲律宾有分布。块

根含淀粉，供食用，所提取的淀粉称葛粉。根有解热发汗、生津止咳、止泻的功能。

4. 食用葛 食用葛藤　　　　　图321

Pueraria edulis Pampan. in Nuov. Giorn. Bot. Ital. n.s. 17: 28. 1910.

藤本，具块根。茎被稀疏棕色长硬毛。托叶背着，箭头形，上部裂片长0.5-1.1厘米，基部2裂片长3-8毫米，具条纹及长缘毛；顶生小叶卵形，

图321 食用葛 （余汉平绘）

长9-15厘米，宽6-10厘米，3裂，侧生的斜宽卵形，稍小，多少2裂，先端短渐尖，基部平截或圆，两面被短柔毛；总叶柄长3.5-16厘米，密被长硬毛。总状花序腋生，长达30厘米；苞片短于花蕾，无毛或具缘毛；花序轴节上生3花。花梗纤细，长达7毫米，无毛；花紫或粉红色；花萼钟状，两面被毛或外面无毛，萼筒长3-5毫

米，萼裂片4，披针形，长4-7毫米，上方一片较宽；旗瓣近圆形，长1.4-1.8厘米，顶端微缺，基部有2耳及痂状体，翼瓣倒卵形，长约1.6厘米，龙骨瓣偏斜；雄蕊单体，花药同型；子房被短硬毛，几无柄。荚果带形，长5.5-6.5（-9）厘米，宽约1厘米，被极稀疏的黄色长硬毛，缝线增粗，被稍密的毛，具9-12粒种子。种子卵形扁平，长约4毫米，宽约2.5毫米，红

棕色。花期9月，果期10月。

产广西东北部、贵州东北部及北部、云南、四川西南部，生于海拔1000-3200米山沟林中。根有解表退热、生津止泻、升阳散郁、透发癌疹的功能。

54. 土黄芪属 Nogra Merr.
（卫兆芬）

平卧或缠绕草质藤本。叶具单小叶；托叶早落；小托叶宿存。总状花序腋生，不分枝或具少数分枝；苞片1，脱落或宿存；小苞片2，宿存；花单一或2至数朵簇生于花序轴的节上。花萼钟状，5齿裂；花冠突出，各瓣近等长，具瓣柄，旗瓣倒卵形、椭圆形或近圆形，基部有2个内弯短耳；翼瓣镰形或倒卵状长圆形，基部与龙骨瓣贴生，具耳；龙骨瓣镰形或窄长圆形，内弯，基部无耳或近无耳；雄蕊10，二体，对着旗瓣的1枚完全离生，花药一式，等大，背着；子房无柄或近无柄，胚珠多颗；花柱内弯，无毛，柱头小，头状。荚果窄长圆形或线形，扁，2瓣裂，种子间具隔膜。种子多粒，圆形或长圆形，种脐小，具种阜。

约4种，分布于印度、泰国至我国。我国1种。

广西土黄芪　　　　　图322

Nogra guangxiensis Wei in Guihaia 5: 351. 1985.

缠绕草质藤本，全体疏被粗长毛。叶具单小叶；叶柄长1.5-3.5厘米；小叶纸质，窄长圆形或窄披针形，长12-19厘米，先端渐尖或钝，基部圆或微心形，边缘略反卷，两面粗糙，侧脉9-15对，与中脉于两面凸起；小叶柄长3-4毫米。总状花序长0.5-1.5厘米，有时具1-2条分枝；花单生或成对着生。花萼长约7毫米，裂齿披针形，上面2齿稍短，下面3齿稍长；花冠淡黄色，旗瓣宽椭圆形，长约1.1厘米；翼瓣倒卵状长圆形，长约9毫

米，先端钝圆；龙骨瓣镰形，长约8毫米，背部弯拱且多少合生，先端略尖，基部无耳；子房窄长圆形，被粗长毛。荚果线形，长4.5-5厘米，被粗长毛。种子6-8，圆形，长约3毫米，黑褐色。

产广西及贵州西南部，生于山地丘陵路旁草丛中。

55. 华扁豆属 Sinodolichos Verdc.

（吴德邻）

多年生缠绕草本。羽状复叶具3小叶；托叶三角形，基部不延伸，迟落，小托叶线形，宿存；小叶纸质，羽脉凸起。花排成总状花序，花序每节仅1花；花序梗短或近簇生；苞片卵形，具尾尖，脉显露；小苞片2，迟落。花萼比花冠短，被白或黄色粗毛；萼筒钟状，裂片4，窄披针形，上方的2裂片连成极短、2齿裂、极窄的唇；花冠无毛，花瓣具瓣柄，干后黑色，旗瓣圆形或长圆形，基部具短耳，无附属体，翼瓣及龙骨瓣倒卵状长圆形，具窄长、向下的距，龙骨瓣顶端无弯卷的喙尖；雄蕊2体，花丝不等长，花药近一式；花盘环状，短裂，子房线形，近无柄。胚珠约10颗，花柱劲直或弯曲，不增粗，柱头漏斗状。荚果线状长圆形，扁平，开裂，无隔膜，密被黄色刚毛状长柔毛。种子3-10，长圆形，无假种皮，种脐居中，具纸质种阜。

2种，分布于缅甸及我国云南、广西及海南。我国1种。

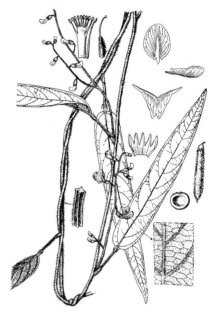

图 322 广西土黄芪 （邓盈丰绘）

华扁豆 图 323

Sinodolichos lagopus (Dunn) Verdc. in Kew Bull. 24: 398. 1970.

Dolichos lagopus Dunn in Journ. Linn. Soc. Bot. 35: 490. 1903.

缠绕草本。茎及叶柄密被黄色短毛。托叶基着，三角形，长约3毫米；

小托叶线形，宿存；小叶纸质，卵形或菱形，长4-10厘米，两面被粗柔毛，先端渐尖，基部钝；叶脉在下面凸起；叶柄长4-10厘米；叶轴长约1厘米；小叶柄长2-3毫米。总状花序腋生，比叶柄短。花萼长约1厘米，被灰或黄色粗柔毛，裂片4，线状披针形，长约6毫米；花冠紫色，旗瓣近圆形，长约1.3厘米（连瓣柄），基部具极短的耳；翼瓣及龙骨瓣倒卵状长圆形，约与旗瓣近等长，基部均有耳及瓣柄，龙骨瓣顶端无喙状附属体；雄蕊筒长约1厘米；花柱线形，柱头顶生。荚果线形，长5.5-6.5厘米，宽约6毫米，被黄色粗长毛。种子长圆形，

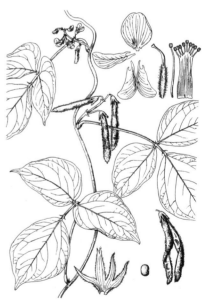

图 323 华扁豆 （邓盈丰绘）

黑色，长4毫米。花期11月。

产云南南部、广西西北部及海南，生于海拔100-1700米山地林中或灌丛中。

56. 大豆属 Glycine Willd.

（李沛琼）

一年生或多年生草本。根草质或木质，具根瘤。茎直立、匍匐、缠绕或攀援。羽状复叶通常具3小叶，稀5或7小叶；托叶与叶柄离生，脱落；小托叶存在。花排列为腋生总状花序，花序每节仅1花，在植株下部的花单生或

簇生。苞片小，生于花梗基部；小苞片成对，生于花萼基部；花萼钟状，5深裂，上方2裂不同程度的合生，下方3裂分离；花冠伸出花萼之外，紫、淡紫或白色，无毛，旗瓣近圆形或倒卵形，无明显的耳，翼瓣与龙骨瓣稍贴连，各瓣均具长瓣柄；雄蕊10枚，单体或二体（9+1）；子房具柄，胚珠数枚。荚果长圆形或线形，扁或稍肿胀，直或微弯，具果柄，种子间有隔膜，果瓣开裂后扭曲，具1-5粒种子。种子卵状长圆形、扁圆状长圆形、扁圆形或球形。

约10种，分布于东半球温带、亚热带至热带地区。我国6种。

1. 一年生草本；根草质，侧根密生于主根上部。
   2. 茎直立；栽培植物 ·· 1. **大豆 G. max**
   2. 茎缠绕或匍匐；野生。
      3. 茎纤细，缠绕；荚果长1.7-2.3厘米，宽4-5毫米；种子小，长2.5-4毫米，宽1.8-2.5毫米，褐色或黑色 ······
         ·· 2. **野大豆 G. soja**
      3. 茎粗壮，缠绕或匍匐；荚果长3-6厘米，宽5-7毫米；种子长5-6毫米，宽4-4.5毫米，褐色、黑色或黑黄双间 ·· 3. **宽叶蔓豆 G. gracilis**
1. 多年生草本；根近木质，侧根稀疏地生于主根上部至下部；全株被黄褐色茸毛；总状花序的花密集于花序轴顶端 ·· 3（附）. **短绒野大豆 G. tomentella**

1. 大豆 黄豆　　　　　　　　　图 324 彩片 107

Glycine max（Linn.）Merr. Interpr. Rumph. Herb. Amb. 274. 1917.

Phaseolus max Linn. Sp. Pl. 725. 1753.

一年生草本，高达90厘米。根草质，侧根密生于主根上部。茎直立，粗壮，有时上部近缠绕状，密被褐色长硬毛。叶具3小叶；托叶宽卵形，长3-7毫米，被黄色柔毛；小叶宽卵形、近圆形或椭圆状披针形，长5-12厘米，宽2.5-8厘米，先端渐尖或近圆，基部宽楔形或近圆，两面疏生糙毛，侧生小叶偏斜。总状花序腋生，通常具5-8朵几无柄而密生的花，在植株下部的花单生或成对生于叶腋。花萼钟状，长4-6毫米，密被长硬毛，裂片披针形，上方2裂合生至中部以下，其余的分离；花冠紫、淡紫或白色，长4.5-8（-10）毫米，旗瓣倒卵圆形，反折，翼瓣长圆形，短于旗瓣，龙骨瓣斜倒卵形，短于翼瓣；子房被毛，基部具明显的腺体。荚果长圆形，长4-7.5厘米，宽0.8-1.5厘米，密被黄褐色长毛。种子椭圆形或近卵球形，光滑，淡绿、黄、褐和黑色等，因品种而异。

原产我国，世界各地广泛栽培。为重要粮食和油料作物之一，在我国已有5000多年栽培历史，栽培品种近1000个。种子有活血利水、祛风解毒的功能。

图 324 大豆　（辛茂芳绘）

2. 野大豆 劳豆　　　　　　　　图 325

Glycine soja Sieb. et Zucc. in Abh. Akad. Wiss. Mien, Math.–Phys. 4(2): 119. 1843.

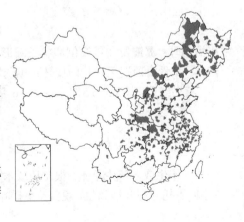

一年生缠绕草本。根草质，侧根密生于主根上部。全株疏被褐色长硬毛。茎纤细，长1-4米。叶具3小叶，长达14厘米；顶生小叶卵圆形或卵状披针形，长3.5-6厘米，先端急尖或钝，基部圆，两面均密被绢质糙伏毛，侧生小叶偏斜。总状花序长约10厘米；花小，长约5毫米；苞片披针形。花萼钟状，裂片三角状披针形，上方2裂片1/3以下合生；花冠淡紫红或白色，旗瓣近倒卵圆形，基部具短瓣，翼瓣斜半倒卵圆形，短于旗瓣，瓣片基部具耳，瓣柄与瓣片近等长，龙骨瓣斜长圆形，短于翼瓣，密被长柔毛。荚果长圆形，长1.7-2.3厘米，宽4-5毫米，稍弯，两侧扁，种子间稍缢缩，干后易裂，有种子2-3。种子椭圆形，稍扁，长2.5-4毫米，宽1.8-2.5毫米，褐色或黑色。

产黑龙江、吉林、辽宁、内蒙古、宁夏、甘肃、陕西、山西、河北、山东、江苏、浙江、安徽、福建、江西、河南、湖北、湖南、贵州、四川及云南，生于海拔150-2650米田边、沟边、沼泽、草甸、沿海岛屿向阳灌丛中。可作饲料、绿肥和水土保持植物；药用有补气血、强壮利尿的功效。

图 325 野大豆 （引自《图鉴》）

3. 宽叶蔓豆 图 326

Glycine gracilis Skv. Soy Bean-Wild & Cult. East. Asiat. 8. 1927.

一年生草本。根草质，侧根密生于主根上部。茎粗壮，缠绕或匍匐，密被淡黄色长硬毛。叶具3小叶；叶柄长3-13厘米，被黄色柔毛；顶生小叶卵状披针形或椭圆状披针形，长5-8厘米，先端渐尖、急尖或钝，基部圆，两面被毛，下面的毛较密，小叶柄长约5厘米，侧生小叶偏斜，小叶柄长约1厘米。总状花序长1-3厘米；花序梗长约1厘米。花小，长约7毫米；花萼钟状，有纵条纹，密被毛；花冠紫、淡紫或白色，旗瓣近圆形，基部具短瓣柄，翼瓣倒卵形，短于旗瓣，先端

略尖，具短瓣柄，龙骨瓣短于翼瓣；雄蕊二体（9+1）；子房被毛。荚果长3-6厘米，宽5-7毫米，略肿胀；种子椭圆形、近球形、卵圆形或长圆形，长5-6毫米，径4-4.5毫米，黄、淡绿、褐或黑色等，无光泽。

产黑龙江、吉林及辽宁，生于田边、村边、路旁或湿地。

[附] **短绒野大豆 Glycine tomentella** Hayata Ic. Pl. Formos. 9：29. 1920. 与宽叶蔓豆的区别：多年生草本；根近木质，侧根疏生于主根的上部至下部。全株均密被黄褐色茸毛；总状花序的花密集于花序轴顶端；花冠淡红、深红或紫色；荚果扁。产台湾、福建湄州岛及广东东南部陆丰，生于沿海及其附近岛屿的干旱坡地或荒草地。澳大利亚、菲律宾及巴布亚新几内亚有分布。

图 326 宽叶蔓豆 （引自《东北草本植物志》）

57. 软荚豆属 Teramnus P. Br.

（李沛琼）

缠绕草本。茎纤细。羽状复叶具3小叶；托叶和小托叶脱落。花小，数朵簇生于叶腋或排成腋生的总状花序；苞片线形，宿存；小苞片具纵纹。花萼钟状，裂片5，长于萼筒；花冠稍伸出萼外，旗瓣倒卵形，具短瓣柄，无耳，翼瓣长圆形，与龙骨瓣贴生，龙骨瓣直，且较短；雄蕊10，单体，其中5枚发育，较长，另5枚较短的不育；子房无柄，胚珠多数。荚果线形，稍扁，宿存花柱呈喙状，具多粒种子，种子间有隔膜。

约8种。分布于热带地区。我国1种。

软荚豆 图 327

Teramnus labialis (Linn. f.) Spreng. Syst. Veg. 3: 235. 1826.

Glycine labialis Linn. f. Suppl. Sp. Pl. 325. 1781.

一年生草本。茎缠绕,纤细,有棱,密被黄色开展的茸毛。叶具3小叶;

叶柄长1.5-4厘米;小叶膜质,顶生小叶长椭圆形或长卵形,长2.5-6厘米,先端急尖,基部圆,上面光亮,疏被黄色的平伏柔毛,下面密被毛,侧生小叶略偏斜。总状花序腋生,长2.5-4厘米;花序梗长约2厘米,被柔毛;苞片披针形。花萼钟状,长3-4毫米,被平伏柔毛,萼齿5,卵状披针形,与萼筒近等长

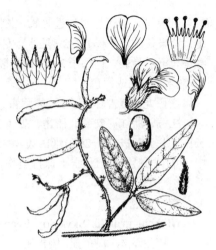

图 327 软荚豆 (辛茂芳绘)

或稍短;小苞片着生于花萼基部,与苞片同形;花冠初白色,后玫瑰红或紫色,旗瓣倒卵形,长约4毫米,具短瓣柄,翼瓣长圆形,短于旗瓣,龙骨瓣短于翼瓣;子房被毛。荚果线形,扁平,长约4厘米,宽3.5-4毫米,下垂,被短柔毛,宿存花柱呈弯钩状。种子5-9,黑褐色,长圆形,长约4毫米。

产台湾南部及海南南部,生于低海拔至中海拔灌丛中。印度及东南亚有分布。

58. 琼豆属 Teyleria Backer

（李沛琼）

多年生缠绕草本,茎四棱柱形;枝棱上密被倒生长硬毛。羽状复叶具3小叶,叶柄长4-6厘米,初被糙伏毛,托叶卵形,宿存;顶生小叶卵形,长6-14厘米,侧生小叶偏卵形,长6-9厘米,先端渐尖或急尖,基部圆,两面无毛或被极疏的伏贴长硬毛,侧脉3-4对;小叶柄长3-4毫米,小托叶针状。花排成腋生总状花序,下部常有不规则分枝;花序梗长0.5-1.8厘米,与轴具棱,棱上有倒向糙伏毛,有5-20朵密集的花;苞片宿存。花梗具节,小苞片散生糙伏毛;花萼钟状,5裂,裂片披针形,与萼筒等长或稍长,无毛;花冠白色,稍伸出萼外,翼瓣与龙骨瓣具瓣柄,先端稍显紫色,无耳;雄蕊单体,对旗瓣的1枚雄蕊与雄蕊管稍合生;子房无柄,胚珠6-8,花柱短而弯曲。荚果线形,扁平,长3-3.5厘米,果瓣内种子间有隔膜,种子间有横缢纹。种子4-8,近方形,长约3毫米,成熟时褐色,种阜短,舌状。

单种属。

琼豆 图 328

Teyleria koordersii (Backer) Baker in Bull. Jard. Bot. Buitenzorg ser. 3, 16: 108. 1939.

Glycine koordersii Backer, Schoolfl. Java. 358. 1911.

形态特征同属。花期11-12月,果期翌年春夏。

产海南,常生于旷野灌木丛内或疏林中。印度尼西亚（爪哇）有分布。

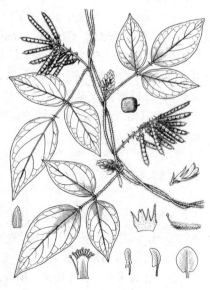

图 328 琼豆 (余汉平绘)

59. 宿苞豆属 **Shuteria** Wight. et Arn.

（李沛琼）

多年生草质藤本。茎缠绕。羽状复叶具3小叶；托叶和小托叶具纵纹，脱落或宿存。小叶具柄，生于花序轴基部的小叶因缩小或退化而几无小叶柄。总状花序腋生；花小，成对着生、密集簇生或疏生；苞片与小苞片各2枚，宿存。花萼钟状，具条纹，萼齿5，三角形，通常短于萼筒，上方2齿合生；花冠伸出萼外，红、淡紫或紫色，旗瓣卵圆形或宽卵形，几直立，无耳，长于翼瓣和龙骨瓣，翼瓣与龙骨瓣贴生，各瓣均具瓣柄；雄蕊二体（9+1），花药一式；子房无柄或具短柄，无花盘，花柱无毛。荚果线形，扁，稍弯曲，具短果柄或无，种子间有隔膜；种子无种阜，种脐小。

约6种，分布于亚洲热带和亚热带。我国2种、2变种。

1. 花序轴下部具缩小的三出复叶，其小叶圆形或肾形，无柄；荚果无毛 ························· 宿苞豆 **S. involucrata**
1. 花序轴下部无缩小的叶；荚果被毛 ··························· （附）. 光宿苞豆 **S. involucrata** var. **glabrata**

宿苞豆 中国宿苞豆 图329

Shuteria involucrata (Wall.) Wight et Arn. Prodr. 207. 1834.

Glycine involucrata Wall. Pl. Asiat. Rar. 3: 22. t. 241. 1832.

Shuteria sinensis Hemsl.；中国高等植物图鉴 2: 491. 1972.

草质缠绕藤本。茎纤细，初时密被毛，后无毛。羽状复叶具3小叶；叶柄长2.5-4.5厘米；小叶膜质或薄纸质，宽卵形、卵圆形或近圆形，长2.8-3.5厘米，先端圆，微缺，基部圆，上面黄褐或海蓝色，下面灰或灰绿色，两面几无毛。总状花序腋生；花序轴长约10厘米，在下部的2-3节上，具缩小的三出复叶，其小叶圆形或肾形，无柄；苞片和小苞片披针形，宿存。花长约1厘米；花萼筒状，萼齿5枚，

披针形，上方2齿合生；花冠红、淡紫或紫色，旗瓣大，椭圆状倒卵形，翼瓣与龙骨瓣近相等，均短于旗瓣，各瓣均具瓣柄；子房无毛，无柄。荚果线形，长3-5厘米，宽2-6毫米，无毛，扁，先端具喙，无柄。种子5-6，褐色，光亮。花期11月至翌年3月，果期12月至翌年3月。

产广西西部、贵州西南部、四川及云南，生于海拔900-2200米山坡灌丛中或林缘。印度西北部、尼泊尔、越南、柬埔寨、泰国及印度尼西亚（爪哇）有分布。根药用，有清热解毒、祛风止痛之效。

[附] **光宿苞豆 Shuteria involucrata** var. **glabrata** (Wight et Arn.) Ohashi in Journ. Jap. Bot. 50: 305. 1975. —— *Shuteria glabrata* Wight

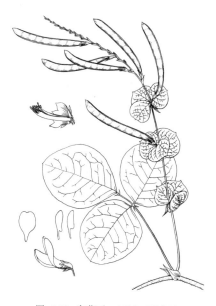

图 329 宿苞豆 （引自《图鉴》）

et Arn. Prodr. 207. 1834. —— *Shuteria vestita* (Grah.) Wight et Arn.；中国高等植物图鉴 2: 492. 1972. 本变种与模式变种的区别：花序轴下部无缩小的复叶；荚果被毛。产云南、广西及海南，生于海拔500-2000米山坡疏林或草丛中。印度、斯里兰卡、尼泊尔、不丹、缅甸、泰国、越南、菲律宾及印度尼西亚有分布。

60. 山黑豆属 **Dumasia** DC.

（李沛琼 韦裕宗）

缠绕草本或攀援状亚灌木。羽状复叶具3小叶，具托叶和小托叶。总状花序腋生。花萼圆筒状，筒口斜截形，

萼齿不明显；基部一侧肿胀；花冠伸出萼外，旗瓣倒卵形，稀长圆形或宽椭圆形，具耳，翼瓣镰状长椭圆形、长圆形、长圆状椭圆形或椭圆形，龙骨瓣较翼瓣短，各瓣均具长瓣柄；雄蕊二体（9+1），花药一式；子房线形，具短柄，胚珠数颗，花柱长，上部扁平，弯曲，柱头顶生，头状，荚果线形，扁平或近念珠状，基部有宿萼。种子多黑色或蓝色。

约10种，分布于非洲南部、亚洲东部及南部。我国9种1变种。

1. 小叶近心形或肾形，长1-3厘米，宽1.2-2.8厘米，两面几无毛，叶柄长1-3（-5.5）厘米 ·················
··· 1. **心叶山黑豆 D. cordifolia**
1. 小叶非上述形状。
　　2. 茎和叶柄密被褐色、基部分叉的长硬毛；小叶卵形或宽卵形，长4-6厘米，宽2.7-4.5厘米 ·················
··· 2. **硬毛山黑豆 D. hirsuta**
　　2. 茎及叶柄无毛或疏被伏毛，但毛绝不分叉。
　　　3. 苞片和小苞片披针形，长6-8毫米，具纵脉，宿存；小叶卵形、宽卵形或近圆形，近无毛，先端圆、平截，
　　　　常微凹 ··· 3. **小鸡藤 D. forrestii**
　　　3. 苞片和小苞片呈刚毛状，宿存或脱落。
　　　　4. 全株密被黄或黄褐色柔毛；花萼长约1厘米，旗瓣瓣片倒卵形，花柱有毛 ·················
·· 4. **柔毛山黑豆 D. villosa**
　　　　4. 全株几无毛；花萼长约6毫米，旗瓣瓣片椭圆形或椭圆状倒卵形，花柱无毛
·· 4（附）. **山黑豆 D. truncata**

1.　心叶山黑豆　　　　　　　　　　　图 330 彩片 108

Dumasia cordifolia Benth. ex Baker in Hook. f. Fl. Brit. Ind. 2: 183. 1876.

缠绕藤本。茎纤细，长1-3米，幼时密被淡黄色短柔毛。羽状复叶具3叶，生于上部的具短柄或近无柄，生于下部的叶柄较长，长1-3（-5.5）厘米，几无毛；小叶近心形或肾形，长1-3厘米，宽1.2-2.8厘米，先端圆，常微凹并具小尖头，基部平截或微心形，两面无毛；总状花序腋生，长2-7厘米，有花2至数朵；花序梗纤细，无毛或疏被毛。花萼斜钟状，长5-7毫米，无毛，先端斜平截，基部一侧肿胀；花冠淡黄色，长1.2-1.5厘米，旗瓣倒卵形，瓣片基部具2耳，内面基部有2胼胝体，翼瓣与龙骨瓣等长，各瓣均具瓣柄；子房无毛，具柄，花柱上部增大，扁平。荚果倒披针形或长椭圆形，略弯，长约3厘米，宽4-6毫米，具短柄，具3-5粒种子。种子肾形，棕黑色。

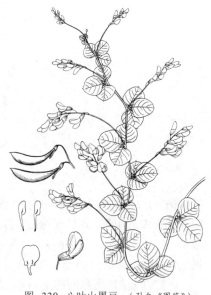

图 330 心叶山黑豆 （引自《图鉴》）

产云南、西藏东南部及四川西南部，生于海拔1200-2800米山坡阳处灌丛中。印度有分布。根有止咳的功能。

2.　硬毛山黑豆　　　　　　　　　　　图 331

Dumasia hirsuta Craib in Sarg. Pl. Wilson. 2: 116. 1914.

缠绕草质藤本。茎长1-3米，密被褐色、基部分叉的长硬毛。羽状复

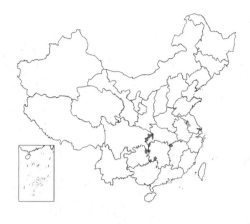

叶具3小叶；叶柄长4-9厘米，被褐色、分叉的长硬毛；小叶近卵形或宽卵形，长4-6厘米，宽2.7-4.7厘米，先端钝，基部近楔形、宽楔形或近圆，边缘微波状，上面无毛或下面偶有粗伏毛，侧生小叶微偏斜。总状花序腋生，长5-7厘米；2-4花生于花序轴的顶部。花序梗与花序轴几无毛；苞片刚毛状。花长1.4-1.8厘米；花萼筒状，长5-7毫米，几无毛或疏被伏毛，先端斜平截；花冠黄或淡黄色，旗瓣长约1.1厘米，翼瓣长约7毫米，龙骨瓣短于翼瓣，各瓣均具长瓣柄；子房无毛。荚果线形，扁平，长约6厘米，宽约1厘米，无毛，先端具喙，果柄与宿萼近等长。

产江西西北部、湖南、湖北西部、四川东部及贵州东北部，生于海拔750-1700米山坡和山谷湿润坡地。

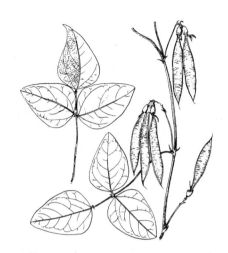

图 331 硬毛山黑豆 （辛茂芳绘）

3. 小鸡藤 雀舌豆   图 332

Dumasia forrestii Diels in Notes Roy. Bot. Gard. Edinb. 5: 247. 1912.

缠绕草本，茎纤细，有棱角，疏被短粗毛或几无毛。羽状复叶具3小叶；托叶线状披针形，长4-7毫米；叶柄长2-11厘米，几无毛；小叶卵形、宽卵形或近圆形，长2-5厘米，先端圆或平截，微凹，基部平截、宽楔形或圆，两面几无毛，或下面疏被短粗毛。总状花序腋生，长3-6厘米，有3-6朵密生的花，花序梗长2-3厘米，疏被短粗毛；苞片和小苞片各2枚，披针形，长6-8毫米，具纵脉，宿存。花长1.5-1.8厘米；花萼筒状，长5-8毫米，基部一侧略膨胀，先端斜平截；花冠黄色，旗瓣倒卵形或椭圆形，长1.4-1.6厘米，瓣片基部两侧各具1耳，翼瓣与龙骨瓣均短于旗瓣，各瓣均具长瓣柄；子房无毛，具柄，花柱上部扩大，无毛。荚果线状长圆形，长3-4厘米，宽约6毫米，微弯，无毛，先

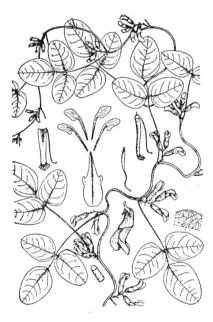

图 332 小鸡藤 （引自《图鉴》）

端渐尖，果柄不伸出宿萼之外。

产云南东部及西北部、西藏东部、四川中部及西南部，生于海拔1800-3200米山坡灌丛中。果药用，有舒筋活络、止痛之效。

4. 柔毛山黑豆   图 333

Dumasia villosa DC. in Ann. Sci. Nat. Bot. 4: 97. 1825.

缠绕藤本；全株被黄色或黄褐色柔毛。羽状复叶具3小叶；托叶披针形或刚毛状，长2-3毫米；叶柄长3-5厘米；顶生小叶卵形或宽卵形，长3.5-5厘米，宽2-3厘米，先端钝或微凹，基部圆、平截或宽楔形，侧生小叶略小和微偏斜。总状花序腋生，长4-11厘米；具稍密生的花；苞片和小苞片刚毛状，宿存或脱落。花长1.5-

2厘米；花萼筒状，长约1厘米，基部一侧偏斜，先端斜平截；花冠黄色，各瓣近等长，均具长瓣柄，旗瓣倒卵形，基部两侧各具1耳，翼瓣与龙骨瓣几无耳；子房被毛，花柱被毛，近顶端扁平。荚果长椭圆形，长2-3厘米，宽约5毫米，具3-4粒种子，在种间微缢缩。

产安徽西部、河南、湖北、湖南北部、贵州北部、广西西部、云南、西藏东南部、四川、甘肃南部及陕西西南部，生于海拔400-2500米山谷溪边灌丛中。印度、尼泊尔、斯里兰卡、泰国、老挝、越南、印度尼西亚（爪哇）及菲律宾有分布。

[附] 山黑豆 **Dumasia truncata** Sieb. et Zucc. in Abh. Akad. Wiss. Wien, Math.-Phys. 4(2)：119. 1843. 与柔毛山黑豆的区别：全株几无毛；花萼长约6厘米，旗瓣瓣片椭圆状倒卵形，花柱无毛。产浙江、安徽及湖北，生于海拔3800-1000米山地路旁潮湿地。日本有分布。

图 333 柔毛山黑豆 （引自《图鉴》）

61. 两型豆属 Amphicarpaea Elliot

（李沛琼）

缠绕草本。羽状复叶互生，3小叶；托叶和小托叶有脉纹。花两型，一种类型为闭锁花（闭花受精）式，无花瓣，生于茎的下部，于地下结实；另一种类型为正常花，生于茎的上部，通常3-7排成腋生的短总状花序；苞片宿存或脱落；小苞片存在或无。花萼筒状，5裂，裂齿三角形；花冠伸出萼外，各瓣近等长，旗瓣倒卵形或倒卵状椭圆形，具瓣柄和耳，龙骨瓣呈镰状弯；雄蕊二体（9+1），花药一式；子房无柄或近无柄，基部具鞘状花盘，花柱无毛，柱头顶生。荚果线状长圆形、扁平、微弯，种子间无隔膜，在地下结实的果通常圆形或椭圆形，不裂，具1种子。

约10种，分布于东亚、北美及非洲东南部。我国3种。

1. 苞片卵形、椭圆形或宽椭圆形。
　2. 顶生小叶菱状卵形或扁卵形，长2.5-5.5厘米，宽2-5厘米，两面被白色伏贴柔毛；苞片宿存；茎上部的荚果长2-3.5厘米，宽约6毫米 ·· 1. 两型豆 **A. edgeworthii**
　2. 顶生小叶卵形、卵状椭圆形至宽椭圆形，长3.5-8.5厘米，宽2-4厘米，两面密被黄褐色伏贴柔毛；苞片脱落；茎上部的荚果长2-3厘米，宽6-9毫米 ·· 1(附). 锈毛两型豆 **A. rufescens**
1. 苞片线形或线状披针形；顶生小叶卵形或宽卵形，先端骤窄短渐尖 ·················· 2. 线苞两型豆 **A. linearis**

1. 两型豆

Amphicarpaea edgeworthii Benth. in Miq. Pl. Jongh. 231. 1851.

图 334

一年生缠绕草本。茎纤细，被淡褐色柔毛。羽状复叶具3小叶；叶柄长2-5.5厘米；顶生小叶菱状卵形或扁卵形，长2.5-5.5厘米，宽2-5厘米，先端钝或急尖，基部圆、宽楔形或平截，两面被白色伏贴柔毛，有3条基出脉，侧生小叶常偏斜。花二型，生于茎上部的为正常花，2-7朵排成腋生的总状花序，除花冠外，各部均被淡褐色长柔毛；苞片膜质，卵形或椭圆形，长3-5毫米，腋内具花1朵，宿存。花萼筒状，5裂；花冠淡紫或白色，长1-1.7厘米，各瓣近等长，旗瓣倒卵形，瓣片基部两侧具耳，翼瓣与龙骨瓣近相等；子房被毛；生于茎

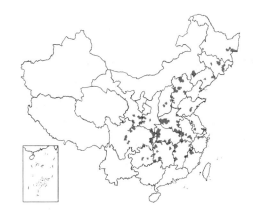

下部的为闭锁花,无花瓣,柱头弯曲与花药接触;子房伸入地下结实。果二型,生于茎上部的为长圆形或倒卵状长圆形,长2-3.5厘米,宽约6毫米,被淡褐色毛,有种子2-3颗;生于茎下部的椭圆形或近球形,有种子1颗。

产黑龙江、吉林、辽宁、内蒙古、河北、山西、山东、河南、安徽、江苏、浙江、福建、江西、湖北、湖南、贵州、四川、陕西及甘肃,生于海拔300-1800米山坡路旁及旷野草地。俄罗斯西伯利亚、朝鲜、日本、越南及印度有分布。块根有止痛的功能。

[附] **锈毛两型豆 Amphicarpaea rufescens** (Franch.) Y. T. Wei et S. Lee in Guihain 5: 174. 1985. —— *Amphicarpaea edgeworthii* Benth. var. *rufescens* Franch. Pl. Delav. 178. 1889. 与两型豆的区别:顶生小叶卵形、卵状椭圆形或宽椭圆形,长3.5-8.5厘米,宽2-4厘米,两面密被黄褐色伏贴柔毛;苞片脱落;茎上部的荚果长2-3厘米,宽6-9毫米。产云南及四川,生于海拔2300-3000米山坡林下。

图 334 两型豆 (张桂芝绘)

2. 线苞两型豆   图 335

Amphicarpaea linearis Chun et T. Chen in Acta Phytotax. Sin. 7: 23. pl. 8. f. 1. 1958.

缠绕草质藤本。茎纤细,略具棱,幼嫩时密被黄褐色倒生长硬毛,后渐脱落。羽状复叶具3小叶;托叶线形或线状披针形,长4-5毫米,具脉纹;叶柄长4.5-8厘米;顶生小叶卵形或宽卵形,长4.5-6厘米,侧生小叶斜卵形,较小,先端骤窄短渐尖,基部圆或近平截,稀宽楔形,两面被紧贴疏糙伏毛,早落,基出脉3,侧脉4-5对;小托叶锥状;小叶柄长2-3毫米,被粗毛。总状花序腋生,长3-7.5厘米;

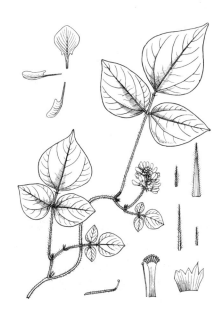

图 335 线苞两型豆 (余汉平绘)

花序梗长1.5-3厘米,花在花序轴上部较密集;苞片线形,长约4-5毫米,被毛。花梗长约1毫米;小苞片长约1.5毫米;萼筒状钟形,近无毛,长5-6毫米,5裂,裂片不相等,下面1枚最长;花冠蓝色,旗瓣长约1厘米,翼瓣及龙骨瓣均具细长瓣柄;雄蕊二体,长约1.2厘米,花药小,近球形;子房线状,胚珠9颗。花期1月。

产海南保亭、白沙及云南景东,常生于路边及空旷地上。

62. 拟大豆属 Ophrestia H. M. L. Forbes

（李沛琼）

多年生缠绕或稀为直立草本、亚灌木或灌木。奇数羽状复叶具小叶3-7，稀单叶；托叶线形或披针形，小托叶微小或缺。总状花序单生、成对或成束生于叶腋；苞片针状、披针形或线形，脱落；小苞片针状或线形。花萼膜质，钟状或圆筒状钟形，裂片5，近相等，短于萼筒，上面的1对多少合生；花冠伸出萼外，比萼（至少旗瓣）长1倍，旗瓣提琴形、肾形、卵状长圆形或近圆形，基部渐窄成宽短的瓣柄，长于其他花瓣，被绢毛，翼瓣通常窄长椭圆形，具瓣柄，有耳，龙骨瓣长椭圆形或倒卵形，与翼瓣等长或较短；雄蕊二体，花药一式；子房近无柄，胚珠2-8，花柱粗，柱头小。荚果长圆形或线状长椭圆形，扁平，边缘略增厚，2瓣裂，具2-5粒种子。种子长圆状卵圆形，种脐短，边缘假种皮展开，柔软，具种阜。

约12种，分布热带非洲和亚洲。我国1种。

羽叶拟大豆

图 336

Ophrestia pinnata (Merr.) H. M. L. Forbes in Bohalia 4: 1003. 1948.

Glycine pinnata Merr. in Lingnan Sci. Journ. 14: 15. 1935.

缠绕藤本，植株几全部被黄褐色、倒向长硬毛。羽状复叶具小叶5-7，长10-15厘米；托叶披针形，叶柄长3-6厘米；小叶长椭圆形或椭圆形，长2.5-7（-9）厘米，先端钝或渐尖，基部圆，上面无毛或被极稀疏糙伏毛，下面密被白色糙毛，脉上较密；侧脉5-6对；小托叶针状；小叶柄长1-2毫米。总状花序腋生，长4-10厘米；花序梗长0.6-1厘米；苞片针状。花小，单朵或成对，长约6毫米；小苞片针

状或线形，花萼具纵脉纹，长2.5-3.5毫米，裂齿5，上面2裂齿合生而呈宽三角形，下面裂齿披针形，短于萼筒；花冠紫红或桃红色，旗瓣长5.5-6毫米，上面或至少先端被丝毛，翼瓣具耳，有瓣柄，龙骨瓣长椭圆形，与翼瓣等长，有耳和瓣柄；雄蕊对旗瓣的1枚离生。胚珠2-8。荚果长圆形，长2.5-4厘米，扁平，具短喙，果瓣于种子间有不明显缢纹，开裂后旋卷。

图 336 羽叶拟大豆 （引自《海南植物志》）

种子近圆形，扁平，径约4.5毫米，成熟后褐色或黑色，种阜隆起，干膜质，鳞片状。花期7-8月，果期8-9月。

产海南，常生于旷野灌木丛中。

63. 距瓣豆属 Centrosema Benth.

（李沛琼）

灌木或草本，匍匐或攀援。叶具柄，羽状复叶具3小叶，稀5-7小叶；托叶宿存，基部着生，具线纹；小托叶小。花单生或2至多朵组成腋生总状花序；苞片形状与托叶相仿；小苞片2枚，宿存而具条纹，与萼贴生，常比苞片大。花萼短钟状，5裂，裂片不等大；花常下垂，花冠白、紫、红或蓝色，伸出萼外，常被毛；旗瓣背面近基部具一短距；雄蕊二体（9+1），对旗瓣的1枚离生，其余的多少合生；花药一式；子房无柄，花柱常被髯毛，胚珠多数。荚果线形，扁平，果瓣内种子间有假隔膜。

约50种，分布于美洲。我国引入栽培1种。

距瓣豆   图 337 彩片 109

Centrosema pubescens Benth. in Ann. Wien. Mus. 2: 118. 1838.

多年生草质藤本，各部稍被柔毛；茎纤细。叶具羽状3小叶；托叶卵形或卵状披针形，长2-3毫米，宿存；叶柄长2.5-6厘米；顶生小叶椭圆形、长圆形或近卵形，长4-7厘米，先端急尖或短渐尖，基部钝或圆，两面薄被柔毛，侧脉5-6对，近边缘处连结；侧生小叶稍小，微偏斜；小托叶刚毛状；小叶柄长约1-2毫米，顶生者较长。总状花序腋生；花序顶部常密集2-4花，花序梗长2.5-7厘米；苞片与托叶相似。花萼5裂齿，上部2齿多少合生，下部1齿最长，线形；小苞片具明显线纹，与萼贴生，长于苞片；花冠淡紫红色，长2-3厘米，旗瓣背面密被柔毛，近基部具一短距，翼瓣一侧具下弯的耳，龙骨瓣宽而内弯，各瓣均具短瓣柄。荚果线形，长7-13厘米，扁平，先端渐尖，具直细的长喙，喙长1-1.5厘米，果瓣近背腹两缝线均凸起呈脊状。种子7-15，长椭圆形，无种阜，种脐小。花期11-12月。

图 337 距瓣豆 （引自《Fl. Taiwan》）

原产热带美洲。广东、海南、台湾、江苏、云南有引种栽培。为优良绿肥和覆盖植物；茎叶可作饲料。

64. 蝶豆属 **Clitoria** Linn.

（李沛琼）

多年生缠绕草本或亚灌木。奇数羽状复叶，小叶3-9；托叶和小托叶宿存。花大而美丽，单朵或成双腋生或2朵以上排成总状花序；苞片2轮，宿存；小苞片与苞片同形或较大，有时呈叶状。花萼筒状，5裂，裂片披针形或三角形，与萼筒等长，或较短；花常下垂，花冠伸出萼外，常被毛，旗瓣大，平展或有时呈兜状，瓣片基部无耳，具瓣柄，翼瓣与龙骨瓣甚小；雄蕊二体(9+1)，或花丝多少联合为一体，花药一式；子房具柄，基部常为鞘状花盘所包围，花柱常被髯毛，胚珠多数，花柱扁，长而弯曲，内侧有髯毛。荚果线形、线状长圆形，扁平或膨胀，具果柄。

约70种，分布于热带亚热带地区。我国3种，引入栽培1种。

1. 小叶5-7，两面疏被伏贴短柔毛或有时无毛；小苞片近圆形，膜质；花单生叶腋；攀援草质藤本 ……………………………………………………………………………………………………… 1. **蝶豆** C. ternatea
1. 小叶3，上面无毛，下面被毛；小苞片卵状披针形或椭圆形，革质；亚灌木。
  2. 叶柄长不及3厘米；小叶下面密被灰白色贴伏柔毛；花冠淡紫、白或淡黄色；花2朵以上排成总状花序。
    3. 小叶侧脉5-7对；荚果两侧靠近缝线处各具1纵棱；花冠淡紫色 ………… 1(附). **棱荚蝶豆** C. laurifolia
    3. 小叶侧脉9-12对；荚果无棱；花冠白或淡黄色 ……………………………… 2. **广东蝶豆** C. hanceana
  2. 叶柄长4厘米以上；小叶下面疏被毛或近无毛；花单生叶腋，花冠淡紫或紫红色；攀援状亚灌木 …………
    ………………………………………………………………………………………………… 2(附). **三叶蝶豆** C. mariana

1.   蝶豆   蝴蝶花豆   图 338 彩片 110

Clitoria ternatea Linn. Sp. Pl. 753. 1753.

攀援草质藤本。茎被伏贴短柔毛。羽状复叶长2.5-5厘米；叶柄长1.5-3厘米；小叶5-7，宽椭圆形或近卵形，长2.5-5厘米，两端钝，两面疏被贴伏短柔毛或有时近无毛。花大，单朵腋生；苞片2枚，披针形。花萼长1.5-2厘米，5裂，裂片披针形，长不及萼管的1/2；小苞片大，膜质，近圆形，长5-8毫米；花冠蓝、粉红或白色，长5-5.5厘米，旗瓣宽倒卵形，

径约3厘米，中间有一白色或橙黄色斑，翼瓣倒卵状长圆形，龙骨瓣椭圆形，均远较旗瓣小，各瓣均具瓣柄；子房被短柔毛。荚果线状长圆形，长5-11厘米，宽约1厘米，扁平，具长

喙，种子6-11颗。种子长圆形，长约6毫米，黑色，具种阜。

原产印度。浙江、福建、台湾、广东、海南、香港、广西及云南南部有栽培。世界热带地区广为栽培。为美丽的观赏植物，有重瓣品种；全株可作绿肥，根和种子有毒。

[附] **棱荚蝶豆 Clitoria laurifolia** Poir. Encycl. Meth. Bot. Suppl. 2: 301. 1811. 与蝶豆的区别：亚灌木；小叶3，上面无毛，下面密被灰白色贴伏柔毛，侧脉每边5-7，叶柄长2-7毫米；小苞片革质，卵状披针形；花2朵以上，排成总状花序；花冠淡紫色；荚果两侧靠近缝线处各具1纵棱。原产亚洲及美洲热带。广东、海南及香港有栽培。为橡胶园或咖啡园的覆盖植物，可防止水土流失，亦可作绿肥。

图 338 蝶豆 （引自《图鉴》）

2. 广东蝶豆

图 339: 1-2

Clitoria hanceana Hemsl. in Journ. Linn. Soc. Bot. 23: 187. 1887.

亚灌木。有数枚呈纺锤形的肉质根。茎略呈"之"字形弯曲，被灰色短柔毛。羽状复叶具3小叶；托叶卵形，长约1厘米，被短柔毛；叶柄长0.5-2.5厘米；小叶长圆形，长6.5-14厘米，先端急尖，有时圆，基部钝或近楔形，上面无毛，下面被灰白色伏贴柔毛或无毛，侧脉9-12对。总状花序腋生，有（1）2-3朵花；花序梗长0.5-2.5厘米；苞片卵形。花萼钟状，长约2厘米，裂片5，披针形，与萼筒近等长，被毛；小苞片革质，卵状披针形，大于苞片，长4-5毫米；花冠白或淡黄色，长约3厘米，旗瓣有脉纹，外面密被短柔毛，翼瓣与龙骨瓣远较旗瓣小，各瓣均具瓣柄；子房被毛，具短柄，胚珠多数。荚果线状长圆形，长3.5-6厘米，宽约6毫米，无毛或疏被短柔毛，具长喙，果柄短，有2-7粒种子。

产广东及广西南部，生于荒地或灌丛中。越南、柬埔寨及泰国有分布。块根有镇咳祛痰、排脓消肿的功能。

[附] **三叶蝶豆** 图 339:3 **Clitoria mariana** Linn. Sp. Pl. 753. 1753. 与广东蝶豆的区别：攀援状亚灌木；叶柄长4厘米以上；小叶下面疏被毛或近无毛；花单生叶腋；花冠淡紫或紫红色。产云南及广西，生于海拔1000-

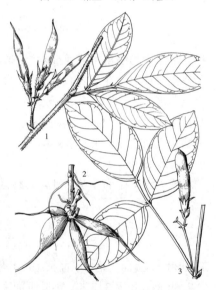

图 339: 1-2.广东蝶豆 3.三叶蝶豆
（邓盈丰绘）

2000米山坡路旁灌丛或疏林中。印度、缅甸、老挝、越南及北美洲有分布。根、叶、花有补肾、止血、舒筋活络的功能。

65. 镰瓣豆属 Dysolobium （Benth.） Prain
（李沛琼）

草本或木质攀援植物。羽状复叶上具3小叶，具托叶。花生于腋生总状花序上；小苞片脱落。花萼钟状，5裂，下方中裂齿披针形，长于其他裂片，但短于萼筒，上方2裂齿合生；花冠通常紫色，带红或蓝色；旗瓣伸出，通常圆形，有短瓣柄；翼瓣约与龙骨瓣平展部分等长，瓣片倒卵形或椭圆形，上方瓣耳较长，下方的较短，瓣柄纤细；龙骨瓣有时明显上弯，有喙；雄蕊与旗瓣对生的1枚离生，其余9枚部分合生；子房无柄，有绢毛，花柱纤细，向上弯，柱头顶生，在其下方环生须毛。荚果带形，木质，稍扁，被短绒毛，沿两侧缝线开裂，隔膜歪斜，1层或通常3层。种子长圆形或球形，无毛或有短柔毛，种脐长圆形，假种皮为两片不等大的裂片组成。

4种，产印度至马来西亚地区。我国1种。

镰瓣豆

Dysolobium grande（Wall. ex Benth.）Prain. in Journ. Asiat. Soc. Bengal 66(2): 427. 1897.

Phaseolus grandis Wall. ex Benth. in Miq. Pl. Jungh. 1: 239. 1852, in nota.

木质缠绕藤本，茎长达5米。羽状复叶具3小叶；叶柄长9-12厘米，托叶披针形，密被柔毛。小叶近等大，两面疏生微小柔毛；顶生小叶近圆形或菱状，长12-19.5厘米，先端急尖，基部圆或钝；侧生小叶两边不等大，先端短渐尖，基部近平截，侧脉4-6对；小叶柄长约7毫米，密被白色柔毛。总状花序长达40厘米，被短柔毛，上端具多花。花单生或2-3簇生；小苞片近三角形；花萼钟状，外面密被短柔毛，萼筒长约8毫米，裂片5，下方中央裂片长约6毫米，两侧的较短；花冠紫蓝色；旗瓣宽卵形，长约3厘米，瓣柄短；翼瓣倒卵形，长约2厘米；龙骨瓣镰刀形，瓣片近卵形，先端形成长约1.5厘米、上弯成反弓形的窄筒，瓣柄长约1.5厘米。荚果肥厚，长12-16厘米，宽约2厘米，密被褐色短柔毛，先端有短喙，在种子间稍微缢缩。种子2-10，长圆形，长约1厘米，成熟时褐黑色，种脐长圆形。花期7-10月，果期8-11月。

产云南及贵州南部，在贵州生于低海拔（约300-450米）山坡、山谷林中湖潮湿处或林缘、河边等地。印度东部、尼泊尔、缅甸及泰国西北部有分布。

66. 四棱豆属 Psophocarpus Neck. ex DC.

（吴德邻）

草本或亚灌木，通常攀援或平卧，稀直立。具块根。单小叶或羽状复叶具3小叶；托叶在着生点以下延长，小托叶存在。花单生或排成总状花序，腋生；花序轴上小花梗着生处肿胀。萼5裂，上方1对裂片完整或2裂；花冠蓝色或微紫。伸出萼外；旗瓣近圆形，基部具耳及附属体，无毛，翼瓣斜倒卵形，龙骨瓣弯成直角；对旗瓣的1枚雄蕊分离或连合至中部，花药中5个背着的与5个基着的互生；子房具3-21胚珠，有翅。花柱弯曲，具纵列的髯毛或柱头下具一圈毛，柱头顶生或内向，画笔状。荚果长圆形，沿棱角有明显或不明显的4翅，开裂，种子间多少具隔膜；种子卵形或长圆状椭圆形，有或无假种皮。

9种，产东半球热带地区。我国引入栽培1种。

四棱豆

图 340 彩片 111

Psophocarpus tetragonolobus（Linn.）DC. Prodr. 2: 403. 1825.

Dolichos tetragonolobus Linn. Syst. Nat. 10: 1162. 1759.

一年生或多年生攀援草本。茎长2-3米或更长，具块根。羽状复叶具3小叶；叶柄长，上有深槽，基部有叶枕；小叶卵状三角形，长4-15厘米，全缘，先端急尖或渐尖，基部平截或圆；托叶卵形或披针形，着生点以下延长成形状相似的距，长0.8-1.2厘米。总状花序腋生，长1-10厘米，有2-10花；花序梗长5-15厘米。花萼绿色，钟状，长约1.5厘米；小苞片近圆形，径2.5-4.5毫米；旗瓣圆形，宽约3.5厘米，外淡绿，内浅蓝，先端内凹，基部具附属体，翼瓣倒卵形，长约3厘米，浅蓝色，瓣柄中部具丁字着生的耳，龙骨瓣稍内弯，基部具圆形的耳，白色而略染浅蓝；对旗瓣的1枚雄蕊基部离生，中部以上和其他雄蕊合生成筒，花柱长，弯曲，柱头顶生，柱头周围及下面被毛。荚果四棱状，长10-25(-40)厘米，宽2-3.5厘米，黄绿或绿色，有时具红色斑点，翅宽0.3-1厘米，边缘具锯齿。种子8-17，白、棕、黑或杂以各种颜色，近球形，径0.6-1厘米，光亮，边缘具假种皮。果期10-11月。

原产地可能是亚洲热带地区，现亚洲南部、大洋洲、非洲等地均有栽培。云南、广西、广东、海南及台湾有栽培。嫩叶、嫩荚可作蔬菜，块根可食；种子富含蛋白质。根有清热、消炎、止痛的功能。

67. 毒扁豆属 Physostigma Balf.

（吴德邻）

直立或攀援草本，或基部木质。羽状复叶具3小叶；托叶基着，宿存；小叶有时具裂片。花白或紫色，排成总状花序，生于花序轴上肉质的节上；苞片小，早落。萼钟状，齿短，二唇形，上方2齿合生；旗瓣卵圆形，基部具2内折的耳，无附属体，翼瓣短于旗瓣，卵状长圆形，内弯，离生，龙骨瓣倒卵形，先端延长成一旋卷的喙尖，基部内侧具短耳；对旗瓣的1枚雄蕊离生，花药中5枚背着的与5枚基着的互生；子房具柄，胚珠2-12，花柱长，包在龙骨瓣的旋卷的喙尖内，上部增粗，内侧被长毛，在柱头的上部弯成钩状。荚果线形或线状长圆形，弯曲。种子椭圆形或近圆柱形，种脐长，围绕种子的一半。

4-5种，产热带非洲。我国引入栽培1种。

图 340 四棱豆 （邓盈丰绘）

毒扁豆 图 341

Physostigma venenosum Balf. in Trans. Roy. Soc. Edinb. 22: 310. t. 16. 1861.

攀援草本。茎基部木质，分枝缠绕，无毛。羽状复叶具3小叶，顶生小叶宽卵形，长19厘米，侧生的斜卵形，两侧不等，先端渐尖，基部圆，具3条基出脉。总状花序腋生，下垂，花序轴粗壮，呈"之"字形，具肿胀的节。花紫色，壳状。荚果长圆形，长约19厘米，宽约5厘米，黄棕色，无毛，边凸起，脉纹显露。种子少数，椭圆形，长2.5-3厘米，种脐长，下陷。花期8月。

原产西非，现世界热带地区均有栽培。药用植物研究部门有栽培。种子含毒扁豆碱(Physostigmine)，药用，有缩小瞳孔作用。

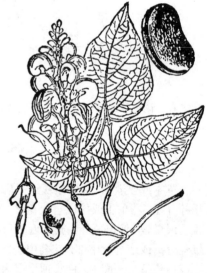

图 341 毒扁豆 （引自《中国植物图鉴》）

68. 扁豆属 Lablab Adans.

（吴德邻）

多年生缠绕藤本或近直立。羽状复叶具3小叶；托叶反折，宿存；小托叶披针形。总状花序腋生，花序轴上有肿胀的节。花萼钟状，裂片2唇形，上唇全缘或微凹，下唇3裂；花冠紫或白色，旗瓣圆形，常反折，具附属体及耳，龙骨瓣弯成直角；对旗瓣的1枚雄蕊离生或贴生，花药一式；子房具多数胚珠；花柱弯曲不逾90°，一侧扁平，基部无变细部分，近顶部内缘被毛，柱头顶生。荚果长圆形或长圆状镰形，顶冠以宿存花柱，有时上部边缘具疣状体，具海绵质隔膜。种子卵形，扁，种脐线形，具线形或半圆形假种皮。

1种，3亚种，原产非洲，全世界热带、亚热带地区均有栽培。本属常和Macrotyloma属一起被归入Dolichos属，但本属染色体基数x=10，11和12，花的构造及花粉粒三者都不同。

扁豆 图 342 彩片 112

Lablab purpureus（Linn.）Sweet Hort. Brit. ed. I, 481. 1827.

Dolichos purpureus Linn. Sp. Pl. ed. 2, 1021. 1763.

Dolichos lablab Linn.；中国高等植物图鉴 2：516. 1972.

多年生、缠绕藤本。全株几无毛，茎长达3米，常呈淡紫色。羽状复叶具3小叶；托叶基着，披针形；小托叶线形，长3-4毫米；小叶宽三角状卵形，长宽均约6-10厘米，侧生小叶两边不等大，偏斜，先端急尖或渐尖，基部近平截。总状花序直立，15-25厘米，花序轴粗壮，花2至多朵簇生节上；花序梗长8-14厘米；花萼钟状，长约6毫米，上方2裂齿几完全合生，下方的3枚近相等；小苞片2，近圆形，长3毫米，脱落；花冠白或紫色，旗瓣圆形，基部两侧具2枚长而直立的小附属体，附属体下有2耳，翼瓣宽倒卵形，具平截的耳，龙骨瓣呈直角弯曲，基部渐窄。种子3-5，扁平，长椭圆形，在白花品种中为白色，在紫花品种中为紫黑色，种脐线形，长约占种子周围的2/5。花期4-12月。

可能原产印度，世界热带、亚热带地区均有栽培。我国各地广泛栽培。南北朝时名医陶弘景所撰《名医别录》中已记载有扁豆栽培。本种花有红白两种，有绿白、浅绿、粉红或紫红等色。嫩荚作蔬食，白花和白色种子入药，有消暑除湿、健脾止泻之效。根有祛风除湿的功能。

图 342 扁豆 （余汉平绘）

69. 镰扁豆属 Dolichos Linn.

（吴德邻）

攀援、匍匐、直立草本或灌木。根茎大而木质。羽状复叶具3小叶或近指状复叶，或具单小叶，常在开花时始发叶；有托叶及小托叶。花排成腋生或顶生的总状花序或伞形花序。花萼具5齿，上方两枚裂齿有时合生；花冠白、黄或紫色；旗瓣近圆形，通常具耳及附属体；翼瓣倒卵形或长圆形，龙骨瓣具喙，但不旋卷；对旗瓣的1枚雄蕊离生，花药一式；子房具3-12胚珠，花柱上部增粗，常向基部弯曲，柱头画笔状，其下常有一圈毛。荚果直或弯曲、扁平。种子扁，种脐短，常居中。

约60种，产亚洲及非洲。我国5种。

1. 叶两面均无毛 ·· 1. 镰扁豆 **D. trilobus**
1. 叶两面，至少下面被毛。
  2. 小叶卵状菱形，长6-7厘米，宽4-6厘米，先端渐尖而具小芒尖；花冠白色而有紫纹 ··············
  ·· 2. 海南镰扁豆 **D. thorelii**
  2. 小叶宽菱状卵形或卵形，长10-11厘米，宽9-9.5厘米，先端急尖或稍钝；花冠紫色 ··············
  ·· 2(附). 滇南镰扁豆 **D. junghuhnianus**

1. 镰扁豆

图 343

Dolichos trilobus Linn. Sp. Pl. 726. 1753, pro parte

缠绕草质藤本。茎纤细，无毛或近无毛。羽状复叶具3小叶；托叶卵形，基着，长约3毫米，脉纹显露；小托叶线形；小叶菱形或卵状菱形，长2-6厘米，先端急尖或渐尖，基部宽而钝，两面均无毛；叶柄长2-3厘米；小叶柄长2-3毫米，被毛。总状花序腋生，纤细，有1-4花；花序梗和叶柄等长或较长；苞片与小苞片脉纹显露。花萼宽钟状，长3毫米，无毛，裂齿三角形；花冠白色，长1-1.2厘米，旗瓣圆形，基部有2枚三角形附属体，无耳，翼瓣倒卵形，比旗瓣略长，龙骨瓣基部平截，具瓣柄；雄蕊2体；

子房无柄。荚果线状长椭圆形，稍弯，长6厘米，宽8毫米，扁平，无毛；种子6-7颗。花期10月至翌年3月。

产台湾及海南，生于旷野灌丛中。非洲及亚洲热带地区有分布。

2. 海南镰扁豆　　　　　　　　　　　　　　　　　　图 344

Dolichos thorelii Gagnep. in Lecomte, Not. Syst. 3: 191. 1914.

缠绕藤本。枝有棱和槽，被短柔毛。羽状复叶具3小叶；托叶卵状披针形，具脉纹；小托叶线形，长3-5毫米；小叶卵状菱形，长6-7厘米，宽4-6厘米，先端渐尖而具小芒尖，基部圆或宽楔形，两面被伏贴柔毛，基出脉3条。总状花序腋生，长7-14厘米，密被短柔毛，仅于顶端2-3厘米处有花；花序梗长5-11厘米；苞片卵形，具脉纹，早落。花萼长约5毫米，裂齿极短，上方2齿几全部合生；小苞片卵形，与萼近等长；花冠白色而有紫色条纹，长1.6-1.8厘米，旗瓣内面中部

以下有2枚长附属体，翼瓣倒卵状长椭圆形，瓣柄以上有1枚圆形的耳，龙骨瓣镰刀状，顶端钝，稍弯曲；子房线形，略被柔毛，花柱无毛，柱头画笔状。荚果线形，扁平，长6厘米，被短柔毛，种子7颗。花期10月。

产海南，生于旷野灌丛中或疏林下。越南有分布。

　[附] **滇南镰扁豆 Dolichos junghuhnianus** Benth. in Miq. Pl. Jungh. 240. 1852. 与海南镰扁豆的区别：小叶宽菱状卵形或卵形，长10-11厘米，宽9-9.5厘米，顶端急尖或稍钝；花冠紫色。产云南南部。泰国及印度尼西亚有分布。

图 343 镰扁豆 （余汉平绘）

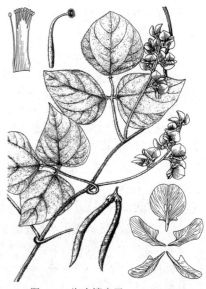

图 344 海南镰扁豆 （邓晶发绘）

70. 硬皮豆属 Macrotyloma （Wight et Arn.） Verdc.
（卫兆芬）

多年生攀援、匍匐或直立草本。羽状复叶具3小叶或有时为1小叶；小托叶宿存。花通常数朵簇生于叶腋组成假总状花序。花萼钟状，4-5裂，上面2裂片合生；花冠伸出萼外，无毛，黄色、微白或淡黄绿色，稀红色；旗瓣圆形或椭圆形，基部具2耳及2枚长线形的片状附属体；翼瓣窄；龙骨瓣不旋卷；雄蕊10，二体，花药一式；子房有胚珠3-13颗，花柱细长，线状，柱头顶生，头状，其下常有一圈毛。荚果直或弯曲，线形或线状长圆形，扁平，种子间无隔膜。种子扁平，种脐短，居中。

约25种，分布于亚洲和非洲。我国1种。

硬皮豆　　　　　　　　　　　　　　　　　　图 345

Macrotyloma uniflorum （Lam.） Verdc. in Kew Bull. 24: 322. 1970.

Dolichos uniflorum Lam. Encycl. Meth. 2: 299. 1786.

多年生或一年生攀援草本。茎被白色短柔毛。托叶披针形，长4-8毫

米；叶柄长0.8-7.8厘米；小叶3枚，质薄，卵状菱形、倒卵形或椭圆形，一侧偏斜，长1-8厘米，先端圆或稍急

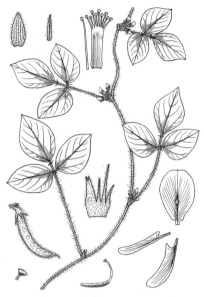

尖，基部圆，无毛或被短柔毛，稀有两面被微柔毛。花通常2-3朵，有时1朵或多至5朵簇生于叶腋；花序梗及花序轴长1.5厘米或不明显；苞片线形，长约2毫米。花梗长1-7毫米；萼筒长约2毫米，裂片三角状披针形，长3-8毫米；旗瓣黄或淡黄绿色，中央有一紫色小斑，倒卵状长圆形，长0.6-1.2厘米，翼瓣和龙骨瓣淡黄绿色。荚果线状长圆形，长3-5.5厘米，宽4-8毫米，被短柔毛或几无毛。种子红棕色，长圆形或肾形，长3-4.2毫米。

产台湾南部（屏东），生于干旱灌丛中，可能为野化。印度和非洲有分布。为良好的覆盖植物、绿肥及饲料。

图 345 硬皮豆 （余汉平绘）

71. 豇豆属 Vigna Savi
（吴德邻）

缠绕或直立草本，稀亚灌木。羽状复叶具3小叶；托叶盾状着生或基着。总状花序或1至多花的花簇生于叶腋或顶生，花序轴上花梗着生处常增厚并有腺体；苞片及小苞片早落。花萼5裂，二唇形，下唇3裂，中裂片最长，上唇的2裂片完全或部分合生；花冠小或中等大，白、黄、蓝或紫色，旗瓣圆形，基部具附属体，翼瓣远较旗瓣为短，龙骨瓣与翼瓣近等长，无喙或有一内弯、稍旋卷的喙（但不超过360°）；雄蕊二体，对旗瓣的一枚离生，其余合生，花药一式；子房无柄，胚珠3至多数，花柱线形，上部增厚，内侧具髯毛或粗毛，下部喙状，柱头侧生。荚果线形或线状长圆形、圆柱形或扁平，直或稍弯曲，2瓣裂，通常多少具隔膜。种子肾形或近四方形；种脐小或延长，有假种皮或无。

约150种，分布于热带地区。我国16种、3亚种、3变种。本属中有许多常见栽培作物，如豇豆、绿豆和赤豆等，种子富含淀粉，作粮食、蔬菜等用。

1. 托叶基部着生。
  2. 托叶基部非2裂。
    3. 多年生匍匐或攀援草本；托叶卵形，长3-5毫米；小叶卵圆形或倒卵形，先端浑圆、钝或微凹，两面被极稀疏的短刚毛至近无毛；花冠黄色；荚果线状长圆形，长3.5-6厘米，老时无毛 ⋯ 1. **滨豇豆 V. marina**
    3. 一年生缠绕草本；托叶长三角形，长约2毫米；小叶卵状圆形，先端渐尖，两面被粗伏毛；花冠紫色；荚果线状圆柱形，长7-8厘米，密被锈色长柔毛 ⋯⋯⋯⋯⋯ 1(附). **毛豇豆 V. pilosa**
  2. 托叶基部2裂，龙骨瓣先部具弯曲成180°的喙 ⋯⋯⋯⋯⋯⋯⋯⋯ 2. **野豇豆 V. vexillata**
1. 托叶盾状着生。
  4. 荚果被毛；直立草本；小叶卵形，长5-16厘米，被疏长毛；荚果长4-9厘米，宽5-6毫米，两面被散生长硬毛；种子淡绿色或黄褐色，短圆柱形 ⋯⋯⋯⋯⋯⋯⋯⋯⋯ 3. **绿豆 V. radiata**
  4. 荚果无毛。
    5. 托叶箭头形，长1-1.7厘米 ⋯⋯⋯⋯⋯⋯⋯⋯⋯⋯⋯⋯⋯⋯ 5. **赤豆 V. angularis**
    5. 托叶披针形或卵状披针形。

6. 托叶较小，披针形，长约4毫米；小叶卵形、圆形、披针形至线形，无毛或被极稀疏的粗伏毛；种子深灰色 ⋯⋯⋯⋯⋯⋯⋯⋯⋯⋯⋯⋯⋯⋯⋯⋯⋯⋯⋯⋯⋯⋯⋯⋯⋯⋯⋯⋯ 4. **山绿豆 V. minima**

6. 托叶较大，长1-1.5厘米。

  7. 托叶长1-1.5厘米；荚果长6-10厘米，宽5-6毫米；茎幼时被黄色长柔毛，老时无毛 ⋯⋯⋯⋯⋯⋯ ⋯⋯⋯⋯⋯⋯⋯⋯⋯⋯⋯⋯⋯⋯⋯⋯⋯⋯⋯⋯⋯⋯⋯⋯⋯⋯⋯ 6. **赤小豆 V. umbellata**

  7. 托叶长近1厘米；荚果长7.5-70（-90）厘米，宽0.6-1厘米。

    8. 一年生缠绕或直立草本，高20-80厘米；荚果长不超过30厘米，嫩时稍肉质而膨胀或较坚实；种子长6-9毫米。

      9. 荚果长20-30厘米，下垂，直立或斜展；一年生缠绕或近直立草本 ⋯⋯ 7. **豇豆 V. unguiculata**

      9. 荚果长10-16厘米，直立或开展；一年生直立草本 ⋯⋯⋯⋯⋯⋯⋯⋯⋯⋯⋯⋯⋯⋯⋯⋯⋯⋯⋯⋯⋯⋯⋯⋯⋯⋯⋯⋯ 7（附）. **短豇豆 V. unguiculata** subsp. **cylindrica**

    8. 一年缠绕藤本，长2-4米；荚果长30-70（90）厘米，下垂，嫩时稍肉质，膨胀；种子长0.8-1.2厘米 ⋯⋯⋯⋯⋯⋯⋯⋯⋯⋯⋯⋯⋯⋯⋯⋯⋯ 7（附）. **长豇豆 V. unguiculata** subsp. **sesquipedalis**

1. 滨豇豆

图 346

Vigna marina (Burm.) Merr. Interpr. Rumph. Herb. Amb. 285. 1917.

Phaseolus marinus Burm. Ind. Alter. Univ. Herb. Amb. 18. 1769.

多年生匍匐或攀援草本，长可达数米；茎幼时被毛，老时无毛或被疏毛。羽状复叶具3小叶；托叶基着，卵形，长3-5毫米；小叶近革质，卵圆形或倒卵形，长3.5-9.5厘米，先端浑圆，钝或微凹，基部宽楔形或近圆形，两面被极稀疏的短刚毛至近无毛；叶柄长1.5-11.5厘米，叶轴长0.5-3厘米；小叶柄长2-6毫米。总状花序长2-4厘米，被短柔毛；花序梗长3-13厘米，有时增粗；花梗长4.5-6厘米；小苞片披针形，长1.5毫米，早落。花萼管长2.5-3毫米，无毛，裂片三角形，长1-1.5毫米，上方的一对连合成全缘的上唇，具缘毛；花冠黄色，旗瓣倒卵形，长1.2-1.3厘米，翼瓣及龙骨瓣长约1厘米。荚果线状长圆形，微弯，肿胀，长3.5-6厘米，嫩时被稀疏微柔毛，老时无毛，种子间稍收缩。种子2-6，长圆形，长5-7毫米，黄褐色或红褐色，种脐长圆形，一端稍窄，种脐周围种皮稍隆起。

产台湾、广东及海南（西沙群岛），生于海边沙地。热带地区广布。

[附] **毛豇豆 Vigna pilosa** (Klein ex Willd.) Baker in Hook. f. Fl. Brit. Ind. 2: 207. 1876. —— *Dolichos pilosus* Klein ex Willd. in Willd. Sp.

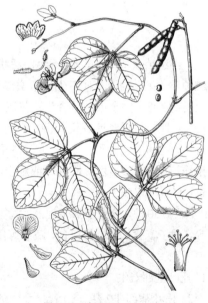

图 346 滨豇豆 （余汉平绘）

Pl. 9: 1043. 1800. 与滨豇豆的区别：一年生缠绕草本；托叶长三角形，长约2毫米；小叶卵状长圆形，先端渐尖，两面被粗伏毛；花冠紫色；荚果线状圆柱形，长7-8厘米，密被锈色长柔毛。产台湾南部，生于干旱灌丛中。印度、马来西亚及菲律宾有分布。

2. 野豇豆

图 347

Vigna vexillata (Linn.) Rich. Hist. Fis. Polit. Nat. I. Cuba (Spanish ed.) 11: 191. 1845.

Phaseolus vexillata Linn. Sp. Pl. 724. 1753.

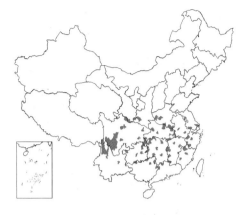

多年生攀援或蔓生草本。茎被开展的棕色刚毛，老时渐变为无毛。羽状复叶具3小叶；托叶基着，卵形或卵状披针形，长3-5毫米，基部2裂呈心形或耳状，被缘毛；小叶膜质，形状变化较大，卵形至披针形，长4-9(-15)厘米，先端急尖或渐尖，基部圆或楔形，通常全缘，稀微具3裂片，两面被棕或灰色柔毛；叶柄长1-11厘米；叶轴长0.4-3厘米。花序腋生，近伞形，有2-4朵生于花序轴顶部的花；花序梗长5-20厘米；花萼被棕或白色刚毛，萼管长5-7毫米，裂片线形或线状披针形，长2-5毫米，上方2枚基部合生；旗瓣黄、粉红或紫色，有时在基部内面具黄或紫红色斑点，长2-3.5厘米，宽2-4厘米，先端凹缺，无毛，翼瓣紫色，基部稍淡，龙骨瓣白或淡紫色，镰状，先端的喙呈180°弯曲，左侧具明显的袋状附属物。荚果直立，线状圆柱形，长4-14厘米，宽2.5-4毫米，被刚毛。种子10-18，长圆形或长圆状肾形，长2-4.5毫米，浅黄至黑色，无斑点，或棕至深红色而有黑色溅点。花期7-9月。

产江苏、浙江、安徽、福建、江西、河南、湖北、湖南、广东北部、广

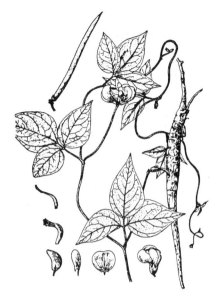

图 347 野豇豆 （引自《图鉴》）

西北部、贵州、云南、四川、陕西南部及甘肃南部，生于旷野、灌丛或疏林中。全球热带、亚热带地区广布。根有通经活络、消炎解毒、滋补强壮的功能。

3. 绿豆　　图 348

Vigna radiata (Linn.) Wilczek in Fl. Congo Belge 6: 386. 1954.
Phaseolus radiatus Linn. Sp. Pl. 725. 1753；中国高等植物图鉴 2: 513. 1972.

一年生直立草本，高达60厘米。茎被褐色长硬毛。羽状复叶具3小叶；托叶盾状着生，卵形，长0.8-1.2厘米，具缘毛；小托叶显著，披针形；小叶卵形，长5-16厘米，侧生的多少偏斜，全缘，先端渐尖，基部宽楔形或圆，两面被疏长毛，基部3脉明显；叶柄长5-21厘米；叶轴长1.5-4厘米。总状花序腋生，有花4至数朵，最多可达25朵；花序梗长2.5-9.5厘米；小苞片近宿存。花萼管无毛，长3-4毫米，裂片窄三角形，长1.5-4毫米，上方的一对合生；旗瓣近方形，长1.2厘米，外面黄绿色，里面带粉红，先端微凹，内弯，无毛，翼瓣卵形，黄色，龙骨瓣镰刀状，绿色而染粉红，右侧有显著的囊。荚果线状圆柱形，平展，长4-9厘米，宽5-6毫米，被淡褐色散生长硬毛，种子间多少收缩。种子8-14，短圆柱形，2.5-4毫米，淡绿色或黄褐色，种脐白色而不凹陷。花期初夏，果期6-8月。

我国南北各地均有栽培。世界各热带、亚热带地区广泛栽培。种子供食用，亦可提取淀粉，制作豆沙、粉丝等。洗净置流水中，遮光发芽，可制成芽菜，供蔬食。种子有清凉解毒、消暑利水之效。全株是很好的夏季绿肥。

图 348 绿豆 （引自《东北草本植物志》）

4. 山绿豆　贼小豆　　　　　　　　　图 349

Vigna minima (Roxb.) Ohwi et Ohashi in Journ. Jap. Bot. 44: 30. 1969.

Phaseolus minimus Roxb. Fl. Ind. ed. Carey, 3: 290. 1832.；中国高等植物图鉴 2：512. 1972.

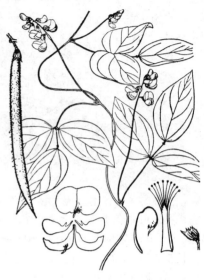

图 349　山绿豆　（引自《图鉴》）

一年生缠绕草本。茎纤细，无毛或被疏毛。羽状复叶具3小叶；托叶盾状着生，披针形，长约4毫米，被疏硬毛；小叶的形状和大小变化颇大，卵形、圆形、卵状披针形、披针形或线形，长2.5-7厘米，先端急尖或钝，基部圆或宽楔形，两面近无毛或被极稀疏的糙伏毛。总状花序柔弱；花序梗远长于叶柄，常有3-4花；小苞片线形或线状披针形。花萼钟状，长约3毫米，具不等大的5齿，裂齿被硬缘毛；花冠黄色，旗瓣极外弯，近圆形，长约1厘米，龙骨瓣具长而尖的耳。荚果圆柱形，长3.5-6.5厘米，宽4毫米，无毛，开裂后旋卷。种子4-8，长圆形，长约4毫米，深灰色，种脐线形，凸起，长3毫米。花果期8-10月。

产辽宁、河北、山西、山东、江苏、浙江、台湾、福建、江西、湖南、广东、海南、广西、贵州及云南，生于旷野、草丛或灌丛中。日本及菲律宾有分布。

5. 赤豆　　　　　　　　　　　　　　图 350

Vigna angularis (Willd.) Ohwi et Ohashi in Journ. Jap. Bot. 44: 29. 1969.

Dolichos angularis Willd. Sp. Pl. 3: 1051. 1800.

Phaseolus angularis W. F. Wight.；中国高等植物图鉴 2：513. 1972.

一年生、直立或缠绕草本，高30-90厘米，植株被疏长毛。羽状复叶具3小叶；托叶盾状着生，箭头形，长0.9-1.7厘米；小叶卵形至菱状卵形，长5-10厘米，先端宽三角形或近圆，侧生的偏斜，全缘或浅3裂，两面均稍被疏长毛。花黄色，约5或6朵生于短的总花梗顶端；花梗极短；小苞片披针形，长6-8毫米；花萼钟状，长3-4毫米；花冠长约9毫米，旗瓣扁圆形或近肾形，常稍歪斜，先端凹，翼瓣比龙骨瓣宽，具短瓣柄及耳，龙骨瓣先端弯曲近半圆，其中一片的中下部有一角状凸起，基部有瓣柄；子房线形，花柱弯曲，近先端有毛。荚果圆柱状，长5-8厘米，宽5-6毫米，平展或下弯，无毛。种子长圆形，长5-6毫米，两端平截或近圆，通常暗红色或其他颜色，种脐不凹陷。花期夏季，果期9-10月。

图 350　赤豆　（引自《东北草本植物志》）

我国南北均有栽培。美洲及非洲刚果、乌干达亦有引种。种子供食用，煮粥、制豆沙均可。红色赤豆入药制水肿脚气、泻痢、痈肿，并为缓和的清热解毒药及利尿药；浸水后捣烂治各种肿毒。

6. 赤小豆

图 351

Vigna umbellata (Thunb.) Ohwi et Ohashi in Journ. Jap. Bot. 44: 31. 1969.

Dolichos umbellata Thunb. Linn. Soc. 2: 339. 1794.

Phaseolus calcaratus Roxb.; 中国高等植物图鉴 2: 514. 1972.

一年生草本。茎纤细，长达1米或过之，幼时被黄色长柔毛，老时无毛。羽状复叶具3小叶；托叶盾状着生，披针形或卵状披针形，长1-1.5厘米，两端渐尖；小托叶钻形；小叶纸质，卵形或披针形，长10-13厘米，先端急尖，基部宽楔形或钝，全缘或微3裂，沿两面脉上薄被疏毛，基出脉3。总状花序腋生，短，有2-3花；苞片披针形。花梗短，着生处有腺体；花黄色，长约1.8厘米，宽约1.2厘米，龙骨瓣右侧具长角状附属体。荚果线状圆柱形，下垂，长6-10厘米，宽约5-6毫米，无毛。种子6-10，长椭圆形，通常暗红色，有时为褐、黑或草黄色，径3-3.5毫米，种脐凹陷。花期5-8月。

原产亚洲热带地区。我国南部野生或栽培。朝鲜、日本、菲律宾及其化东南亚国家亦有栽培。种子供食用；入药，有行血补血、健脾去湿、利尿消肿之效。

图 351 赤小豆 （引自《图鉴》）

7. 豇豆

图 352 彩片 113

Vigna unguiculata (Linn.) Walp. Rep. 1: 779. 1842.

Dolichos unguiculata Linn. Sp. Pl. 725. 1753.

Vigna sinensis (Linn.) Hassk.; 中国高等植物图鉴 2: 515. 1972.

一年生缠绕、草质藤本或近直立草本，有时顶端缠绕状。茎近无毛，高达80厘米。羽状复叶具3小叶；托叶披针形，长约1厘米，着生处下延成一短距，有线纹；小叶卵状菱形，长5-15厘米，先端急尖，全缘或近全缘，有时淡紫色，无毛。总状花序腋生，具长梗；花2-6朵聚生于花序顶端。花梗间常有肉质蜜腺；花萼浅绿色，钟状，长0.6-1厘米，裂齿披针形；花冠黄白色而微带青紫色，长约2厘米，各瓣均具瓣柄，旗瓣扁圆形，宽约2厘米，先端微凹，基部稍有耳，翼瓣稍呈三角形，龙骨瓣稍弯；子房线形，被毛。荚果下垂、直立或斜展，线形，长20-30厘米，宽0.6-1厘米，稍肉质而膨胀或坚实，具多粒种子；种子长椭圆形或圆柱形或稍肾形，长6-9毫米，黄白或暗红色，或其他颜色。花期5-8月。

原产地可能是热带非洲和热带亚洲，现世界各地广为栽培。嫩荚作蔬菜食用。

[附] **长豇豆** Vigna unguiculata subsp. **sesquipedalis** (Linn.) Verdc. in Davies, Fl. Turkey 3: 266. 1970. —— *Dolichos sesquipedalis* Linn. Sp. Pl. ed. 2, 1019. 1763. —— *Vigna sesquipedalis* (Linn.) Fruwirth.; 中国高等植物图鉴 2: 515. 1972. 与模式亚种的区别：一年生攀援植物，长2-4米。荚果长30-70(-90)厘米，下垂，嫩时稍肉质，膨胀；种子肾形，长0.8-1.2厘米。花果期夏季。我国各地常见栽培。非洲及亚洲热带及温带地区均有栽培。嫩荚作蔬菜，品种依荚的色泽可大致为白皮种（淡绿色）、青皮种、红皮种及斑纹种4个品种。

[附] **短豇豆** Vigna unguiculata subsp. **cylindrica** (Linn.) Verdc. in

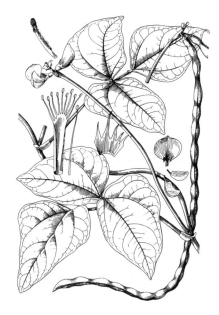

图 352 豇豆 （余汉平绘）

Kew Bull. 24: 544. 1970. —— *Phaseolus cylindricus* Linn. Herb. Amb. 23. 1754. —— *Vigna cylindrica* (Linn.) Skeels; 中国高等植物图鉴 2: 515. 1972. 与模式亚种的区别：一年生直立草本，高达40厘米；荚果长10-16厘米，直立或开展。花期7-8月，果期9月。我国各省都有栽培。日本、朝鲜及美国亦有栽培。种子供食用，可掺入米中做豆饭、煮汤、煮粥或磨粉用。

72. 大翼豆属 Macroptilium（Benth.）Urban

（吴德邻）

直立、攀援或匍匐草本。羽状复叶具3小叶或稀可仅具1小叶，托叶具明显脉纹，着生点以下不延伸。花序长，花通常成对或数朵生于花序轴上；苞片有时宿存；花萼钟状或圆柱形，裂齿5，等大或不等大；花冠白色、紫色、深红或黑色，旗瓣反折，翼瓣圆形，大，较旗瓣及龙骨瓣为长，翼瓣及龙骨瓣均具长瓣柄，部分与雄蕊管连合，龙骨瓣旋卷；雄蕊二体，对旗瓣的1枚离生，其余的连合成管，药室单一，花柱的增厚部分骤2次作90°弯曲，以至轮廓近方形。荚果细长。种子小。

约20种，分布于美洲。我国引入栽培2种。

本属的种类以前曾置于 Phaseolus 属，但本属花柱的增厚部分2次作90°弯曲，形成正方形轮廓，翼瓣圆形，大，较旗瓣及龙骨瓣为长，故现多将其分开。

1. 一年生或二年生直立草本，有时蔓生或攀援；托叶披针形，长0.5-1厘米，小叶窄椭圆形至卵状披针形，下面密被短柔毛或薄被长柔毛；花紫红色 ·························· **大翼豆 M. lathyroides**
1. 多年生蔓生草本；托叶卵形，长4-5毫米，小叶卵形至菱形，上面被短柔毛，下面被银色茸毛；花深紫色 ······
··· （附）．**紫花大翼豆 M. atropurpureum**

大翼豆 图 353

Macroptilium lathyroides（Linn.）Urban, Symb. Antill. 9: 457. 1928.

Phaseolus lathyroides Linn. Sp. Pl. ed. 2, 1018. 1763.

一年生或二年生直立草本，高0.6-1.5米，有时蔓生或缠绕，茎密被短柔毛。羽状复叶具3小叶；托叶披针形，长0.5-1厘米，脉纹显露；小叶窄椭圆形至卵状披针形，长3-8厘米，先端急尖，基部楔形，上面无毛，下面密被短柔毛或薄被长柔毛，无裂片或微具裂片；叶柄长1.5厘米。花序长3.5-15厘米，花序梗长15-40厘米；花成对稀疏地生于花序轴上部。花萼管状钟形，萼齿短三角形；花冠紫红色，旗瓣近圆形，长1.5厘米，有时染绿，翼瓣长约2厘米，具白色瓣柄，龙骨瓣先端旋卷。荚果线形，长5.5-10厘米，宽2-3毫米，密被短柔毛，内含种子18-30。种子斜长圆形，棕色或具棕色及黑色斑，长约3毫米，具凹痕。花期7月，果期9-11月。

原产热带美洲，现广泛栽培于热带、亚热带地区。广东及福建有栽培。本种可覆盖作物，适宜于年雨量750-2000毫米的地区种植，耐瘦瘠的酸性土，可作混合饲料。

[附] **紫花大翼豆 Macroptilium atropurpureum**（DC.）Urban, Symb. Antill. 9: 457. 1928. —— *Phaseolus atropurpureus* DC. Prodr. 2: 395. 1825. 与大翼豆的区别：多年生蔓生草本；托叶卵形，长4-5毫米，小叶卵形至菱形，上面被短柔毛，下面被银色茸毛；花冠深紫色。原产热带美洲，现世界热带、亚热带许多地区均有栽培或野化。我国广东及广东沿海岛屿有栽培。本种是年降雨量在750-1800毫米的热带地区的高产牧草，抗旱、耐

图 353 大翼豆 （余汉平绘）

放牧，有良好的固氮作用，适应土壤的范围广，产种子多；叶含丰富的蛋白质，适口性好。

73. 菜豆属 Phaseolus Linn.

（吴德邻）

缠绕或直立草本，常被钩状毛。羽状复叶具3小叶；托叶基着，宿存，基部不延长；有小托叶。总状花序腋生，花梗着生处肿胀；苞片及小苞片宿存或早落。花小，黄、白、红或紫色，生于花序的中上部；花萼5裂，2唇形，上唇微凹或2裂，下唇3裂；旗瓣圆形，反折，瓣柄上部常有一横向的槽，附属体有或无，翼瓣宽，倒卵形，

稀长圆形，顶端兜状，龙骨瓣窄长，无耳，顶端喙状，并形成一个1-5圈的螺旋；雄蕊二体，对旗瓣的1枚离生，其余的部分合生，花药一式或5枚基着的互生；子房长圆形或线形，具2至多胚珠，花柱下部纤细，顶部增粗，通常与龙骨瓣同作360°以上的旋卷，柱头偏斜，不呈画笔状。荚果线形或长圆形，有时镰状，压扁或圆柱形，有时具喙，2瓣裂。种子2至多颗，长圆形或肾形，种脐短小居中。

约50种，分布于全世界温暖地区，尤以热带美洲为多。我国3种，为栽培种。

本属过去有150-200种，现已将其中托叶着生点以下延伸，龙骨瓣及花柱增厚部分旋卷不逾360°、龙骨瓣具囊、花粉粒具粗网纹的种类转入Vigna属。

1. 小苞片通常与花等长或稍较长，宿存。
  2. 花序较叶为短；荚果带形，稍弯曲，顶端不变宽 ·················· 1. 菜豆 **P. vulgaris**
  2. 花序较叶为长；荚果镰状长圆形，向顶端逐渐变宽 ·············· 2. 荷包豆 **P. coccineus**
1. 小苞片远较花萼为短，脱落 ···································· 3. 棉豆 **P. lunatus**

1. 菜豆 四季豆   图 354 彩片 114

Phaseolus vulgaris Linn. Sp. Pl. 723. 1753.

一年生、缠绕或近直立草本。茎被短柔毛或老时无毛。羽状复叶具3小叶；托叶披针形，长约4毫米，基着。小叶宽卵形或卵状菱形，侧生的偏斜，长4-16厘米，先端长渐尖，有细尖，基部圆形或宽楔形，全缘，被短柔毛。总状花序比叶短，有数朵生于花序顶部的花；花梗长5-8毫米；小苞片卵形，有数条隆起的脉，约与花萼等长或稍较其为长，宿存。花萼杯状，长3-4毫米，上方的2枚裂片连合成一微凹的裂片；花冠白色、黄色、紫堇色或红色；旗瓣近方形，宽0.9-1.2厘米，翼瓣倒卵形，龙骨瓣长约1厘米，先端旋卷；子房被短柔毛，花柱压扁。荚果带状，稍弯曲，长10-15厘米，稍肿胀，通常无毛，顶有喙。种子4-6，长椭圆形或肾形，长0.9-2厘米，宽0.3-1.2厘米，白色、褐色、蓝色或有花斑，种脐通常白色。花期春夏。

原产美洲，现广植于各热带至温带地区。我国各地栽培。种子有滋养、解热、利尿、消肿的功能。本种为本属栽培最广的一种作物，嫩荚供蔬食。品种逾500个，故植株的形态，花的颜色和大小，荚果及种子的形状和颜色均有较大的变异，风味也不同。常见栽培的龙牙豆即为本种的一个变种(var. humilis Alef.)。新鲜的豆含水分82.5%，蛋白质6.1%，脂肪0.2%，碳水化合物6.3%，纤维1.4%，灰分0.8%。

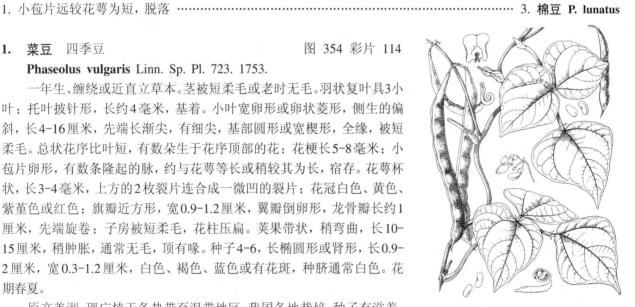

图 354 菜豆 （余汉平绘）

2. 荷包豆 多花菜豆   图 355 彩片 115

Phaseolus coccineus Linn. Sp. Pl. 724. 1753.

多年生缠绕草本。在温带地区通常作一年生作物栽培，具块根；茎长2-4米或过之被毛或无毛。羽状复叶具3小叶；托叶小，不显著；小叶卵形或卵状菱形，长7.5-12.5厘米，宽有时过于长，先端渐尖或稍钝，两面被柔毛或无毛。花多朵生于较叶为长的花序梗上，排成总状花序；苞片长圆状披针形，通常和花梗等长，宿存，小苞片长圆状披针形，与花萼等长或较萼为长。花萼宽钟形，无毛或疏被长柔毛，萼齿远较萼管为短；花冠通常鲜红色，偶为白色，长1.5-2厘米。荚果镰状长圆形，长（5-）16（-30）厘米，向顶端逐渐变宽。种子宽长圆形，长1.8-2.5厘米，顶端钝，深紫色

图 355 荷包豆 （引自《图鉴》）

而具红斑，或黑或红色，稀白色。

　　原产中美洲，现各温带地区广泛栽培。黑龙江、吉林、辽宁、内蒙古、河北、山西、河南、陕西、四川、贵州及云南有栽培。本植物常栽培供观赏，但在中美洲其嫩荚或块根亦供食用。

3. 棉豆 金甲豆 　　　　　　　　　　　　　　　　　　图 356

Phaseolus lunatus Linn. Sp. Pl. 724. 1753.

　　一年生或多年生缠绕草本。茎无毛或被微柔毛。羽状复叶具3小叶；托叶三角形，长2-3.5毫米，基着；小叶卵形，长5-12厘米，先端渐尖或急尖，基部圆形或宽楔形，沿脉上被疏柔毛或无毛，侧生小叶常偏斜。总状花序腋生，长8-20厘米；花梗长5-8毫米；小苞片较花萼短，椭圆形，有3条粗脉，脱落。花萼钟状，长2-3毫米，外被短柔毛；花冠白、淡黄色或淡红色，旗瓣圆形或扁长圆形，长0.7-1厘米，先端微缺，翼瓣倒卵形，龙骨瓣先端旋卷1-2圈；子房被短柔毛，柱头偏斜。荚果镰状长圆形，长5-10厘米，扁平，顶端有喙，内有种子2-4。种子近菱形或肾形，长1.2-1.3厘米，白紫色或其他颜色，种脐白色，凸起。花期春夏间。

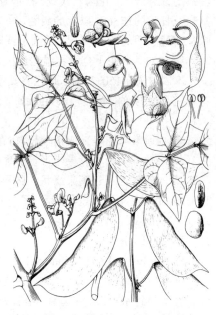

图 356 棉豆 （引自《图鉴》）

　　原产热带美洲，现广植于热带及温带地区。云南、广东、海南、广西、湖南、福建、江西、山东及河北等地有栽培。种子供蔬食，荚不堪食。有的品种的种子含氢氰酸，食前应先用水煮沸，然后换清水浸过。

74. 木豆属 Cajanus DC.
（李沛琼）

　　直立灌木、亚灌木、木质或草质藤本。叶为羽状或掌状3小叶；小叶下面有腺点；托叶和小托叶存在或否。总状花序腋生或顶生；苞片早落，无小苞片。花萼钟状，5裂，上方2裂片合生；花冠宿存或脱落，旗瓣近圆形、倒卵形或倒卵状椭圆形，基部内侧具耳，有瓣柄，翼瓣窄椭圆形至宽椭圆形，龙骨柄偏斜圆形；雄蕊2体（9+1），花药一式；子房近无柄，胚珠2至多数，花柱无毛或疏被毛，柱头无髯毛。荚果线状长圆形，扁，种子间有横槽。种子肾形或近圆形，光亮，种阜明显或残缺。

　　约32种，主要分布于热带亚洲、大洋洲和非洲的马达加斯加。我国7种1变种，引入栽培1种。

1. 直立灌木；小叶披针形或椭圆形，长5-10厘米；荚果线状长圆形，长4-7厘米 ⋯⋯⋯⋯⋯ 1. **木豆 C. cajan**
1. 木质藤本或缠绕草质藤本。
　2. 木质藤本，茎粗壮；荚果长3-5厘米。
　　3. 花冠长约1.5厘米；总状花序长3.5-6厘米；荚果长3-5.5厘米 ⋯⋯⋯⋯⋯⋯⋯⋯⋯ 2. **虫豆 C. crassus**
　　3. 花冠长达2.5厘米；总状花序长达20厘米；荚果长1.5-2.5厘米 ⋯⋯⋯⋯⋯⋯ 3. **大花虫豆 C. grandiflorus**
　2. 缠绕草质藤本，茎柔弱；荚果长1.5-2.5厘米 ⋯⋯⋯⋯⋯⋯⋯⋯⋯⋯ 4. **蔓草虫豆 C. scarabaeoides**

1. 木豆 　　　　　　　　　　　　　　　　　　图 357

Cajanus cajan (Linn.) Millsp. Field Columb. Mus. Bot. 2(1): 53. 1900.

Cytisus cajan Linn. Sp. Pl. 739. 1753.

　　直立灌木，高1-3米；茎多分枝。小枝被灰色短柔毛。羽状复叶具3小叶；叶柄长1.5-5厘米，疏被短柔毛；小叶披针形至椭圆形，长5-10厘米，先端渐尖或急尖，基部渐窄，上面被灰白色短柔毛，下面毛较密，呈

灰白色，有黄色腺点。总状花序腋生，长3-7厘米；花序梗长2-4厘米，被灰黄色短柔毛；花数朵簇生于花序轴的顶部或近顶部。花萼钟状，长约7毫米，萼齿5，三角状披针形，内外均被短柔毛并有腺点；花冠黄色，长

1.8-2厘米,旗瓣近圆形,背面有紫褐色条纹,基部有附属体及耳,翼瓣稍短于旗瓣,龙骨瓣短于翼瓣,均具瓣柄;子房被毛。荚果线状长圆形,长4-7厘米,宽0.6-1.1厘米,密被灰色短柔毛,具3-6粒种子。种子间有凹陷的斜槽。

可能原产印度。江苏、浙江、台湾、江西、湖南、福建、广东、香港、海南、广西、四川及云南有栽培或逸生。世界热带和亚热带地区多有栽培,在印度栽培尤盛。种子可作豆蓉,叶可作饲料及绿肥,根入药有清热解毒、补中益气、利水消食、消痈肿、止血止痢、杀虫之效;亦为紫胶虫优良寄主之一。

图 357 木豆 (引自《图鉴》)

2. 虫豆　　　　　　　　　　　　　　　　　图 358

Cajanus crassus (Prain ex King) van der Maesen in Agr. Univ. Wageningen Papers 85(4): 105. 1985.

Atylosia crassa Prain ex King in Journ. Asiat. Soc. Bengal 66: 45. 1897.

Atylosia mollis Benth.;中国高等植物图鉴 2:506. 1972.

木质藤本。全株被黄色柔毛。茎粗壮,具纵棱。羽状复叶具3小叶;叶柄长2.5-4厘米;小叶革质;顶生小叶菱状卵形或菱形,长2.5-8厘米,先端钝或急尖,基部圆,稀浅心形,下面有腺点;侧生小叶较小,斜卵形。总状花序腋生,长3.5-6厘米,稀更长,每节有1-2花;苞片大,卵形,长1.5-1.7厘米,早落。花萼钟状,5裂,裂片三角形,上方2裂片近合生;花冠黄色,长约1.5厘米,旗瓣倒卵状圆形,瓣柄基部两侧具耳,瓣柄甚短,翼瓣长圆形,稍短于旗瓣,

龙骨瓣与翼瓣近等长,均具瓣柄及耳;子房密被毛,花柱长而弯曲,上部被毛。荚果长圆形,膨胀,长3-5厘米,种子间有明显的横缢纹。种子4-6,近圆形。

产广东西南部、海南、广西西南部及云南东南部,生于疏林中。尼泊尔、印度、缅甸、泰国、马来西亚、老挝、越南、菲律宾、印度尼西亚及巴布亚新几内亚有分布。

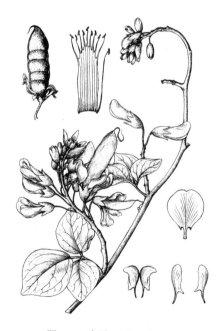

图 358 虫豆 (引自《图鉴》)

3. 大花虫豆　　　　　　　图 359 彩片 116

Cajanus grandiflorus (Benth. ex Baker) van der Maesen in Agr. Univ. Wageningen Papers 85(4): 125. 1985.

Atylosia grandiflora Benth. ex Baker in Hook. f. Fl. Brit. Ind. 2: 214. 1876.

木质藤本。茎圆柱,被短柔毛。羽状复叶具3小叶;叶柄长3-8厘米,

被灰色短柔毛;顶生小叶卵状菱形、菱形,长6-10厘米,先端渐尖或急尖,基部圆形、宽楔形至微心形,两面被灰色短柔毛,下面具腺点,侧生小叶偏斜。总状花序腋生,长达20厘米;

花序梗与序轴粗壮，被灰色短柔毛；苞片大，卵状椭圆形，长约2厘米，宽约1厘米，早落。花萼钟状，裂片披针形，与萼筒近等长；花冠黄色，旗瓣倒卵形或近圆形，长约2.5厘米，瓣片基部两侧各具1耳及1胼胝体，翼瓣短于旗瓣，龙骨瓣稍短于翼瓣或近等长，各瓣均具瓣柄；子房密被黄褐色长柔毛。荚果长圆形，长3.5-5厘米，密被黄褐色长柔毛，有4-7粒种子，种子间具明显的横缢线。

产云南东南部，生于海拔1000-1300米林缘或灌丛中。缅甸、不丹及印度有分布。

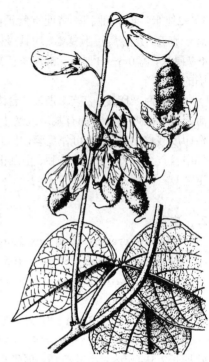

图 359　大花虫豆 （邹贤桂绘）

4. 蔓草虫豆　　　　　　　　图 360 彩片 117

Cajanus scarabaeoides (Linn.) Thouars in Dict. Sc. Nat. 6: 617. 1817.

Dolichos scarabaeoides Linn. Sp. Pl. 720. 1753.

Atylosia scarabaeoides (Linn.) Benth.; 中国高等植物图鉴 2: 507. 1972.

缠绕草质藤本。茎细弱，全株被红褐色或灰褐色短柔毛。羽状复叶具3小叶；叶柄长1-3厘米；顶生小叶椭圆形或倒卵状椭圆形，长1.5-4厘米，先端钝或圆，基部近圆形，基出脉3；侧生小叶稍小，偏斜。总状花序腋生，长约2厘米，有1-5花；花序梗长2-5毫米。花萼钟状，萼齿5，线状披针形，上方2齿完全或不完全合生；花冠黄色，长约1厘米，旗瓣倒卵形，有暗紫色条纹，瓣片基部两侧各具1耳，翼瓣短于旗瓣，龙骨瓣略长于翼瓣，均具瓣柄及耳。荚果长圆形，长1.5-2.5厘米，种子间有横缢线。

产台湾、福建、海南、香港、广东、广西、贵州、云南及四川，生于海拔150-1500米的山坡草丛中。日本（琉球）、越南、泰国、缅甸、不丹、

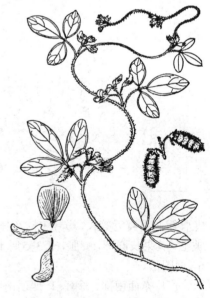

图 360　蔓草虫豆 （引自《图鉴》）

尼泊尔、孟加拉、印度、巴基斯坦、斯里兰卡、马来西亚、印度尼西亚、大洋洲及非洲有分布。

75. 野扁豆属 Dunbaria Wight. et Arn.

（李沛琼）

平卧或缠绕草质或木质藤本。叶具羽状3小叶；小叶下面有腺点；托叶早落，小托叶不存在。花单生或为总状花序；苞片早落，无小苞片。花萼钟状，裂片披针形或三角形，下面1枚最长；花冠多少伸出萼外，宿存或脱落，旗瓣近圆形、倒卵形或宽椭圆形，瓣片基部两侧具耳，翼瓣与龙骨瓣均具耳及瓣柄；雄蕊2体（9+1），花药一式；子房有柄或无柄，胚珠数颗，花柱无毛，柱头头状，顶生。荚果线形或线状长圆形。种脐或长或短，种阜细小。

约25种，分布于热带亚洲及大洋洲。我国8种。

1. 一年生缠绕藤本；顶生小叶卵形、卵状披针形或披针形，长为宽约2倍；花冠紫红色 ·· 1. **黄毛野扁豆 D. fusca**
1. 多年生缠绕藤本；顶生小叶非上述形状，长与宽近相等；花冠黄色。
  2. 子房无柄；荚果无果柄或果柄甚短。
    3. 顶生小叶菱状圆形，先端钝或圆，两面有黑褐色腺点；花1-2朵腋生 ····· 2. **圆叶野扁豆 D. rotundifolia**
    3. 顶生小叶菱叶或近三角形，先端渐尖或急尖，两面有锈色腺点；花2-7朵排成总状花序 ·· 3. **野扁豆 D. villosa**
  2. 子房有明显的柄；荚果柄长0.7-1.7厘米。
    4. 顶生小叶近菱形或宽卵状菱形；小叶两面及荚果均密被灰色短柔毛；果柄长1.5-1.7厘米 ·· 4. **长柄野扁豆 D. podocarpa**
    4. 顶生小叶宽三角形或宽卵形；小叶两面及荚果均疏被短柔毛；果柄长0.7-1厘米 ·· 4（附）. **鸽仔豆 D. henryi**

1. 黄毛野扁豆　　　　　　　图 361

Dunbaria fusca (Wall.) Kurz. in Journ. Asiat. Soc. Bengal 45 (2): 225. 1876.

Phaseolus fusca Wall. Pl. Asiat. Rar. 1: 6. t. 6. 1830.

一年生缠绕藤本。茎密被灰色短柔毛，具纵棱。叶为羽状3小叶；叶柄长3-6.5厘米，具棱和密被灰色短毛；顶生小叶卵形、卵状披针形或披针形，长5-9.5厘米，宽2.5-4厘米，先端急尖、短渐尖至渐尖，基部圆形或近楔形，上面几无毛，下面密被灰色至灰褐色短柔毛及深红色腺点；侧生小叶略小，基部微偏斜。总状花序腋生，长4-15厘米，有花数朵至10余朵。花萼钟状，长4-7毫米，裂片三角

图 361 黄毛野扁豆 （辛茂芳绘）

形，上方2裂片合生，最下方的1枚裂片较长，线状披针形，被淡褐色、基部膨大、易脱落的长硬毛和红色腺点；花冠紫红色，长约1.3厘米，旗瓣横椭圆形，瓣柄基部两侧具耳，翼瓣长圆形，龙骨瓣呈直角弯曲；子房被金黄色长硬毛，无柄。荚果线状长圆形，长4-6厘米，宽4-7毫米，被淡褐

色、基部膨大的长硬毛。

产云南、广西、广东及海南，生于海拔200-1200米山谷或山坡草地。印度、缅甸、泰国、老挝及越南有分布。根有健胃利尿的功能。

2. 圆叶野扁豆　　　　　　　图 362

Dunbaria rotundifolia (Lour.) Merr. in Philipp. Journ. Sci. Bot. 15: 242. 1919.

Indigofera rotundifolia Lour. Fl. Cochinch. 458. 1790.

多年生缠绕藤本。茎柔弱，疏被短柔毛。羽状复叶具3小叶；叶柄长0.8-2.5厘米；顶生小叶菱状圆形，长1.5-2.7厘米，宽稍大于长，先端钝或圆，基部圆，两面疏被短柔毛或近无毛，被黑褐色腺点，尤以下面较密；侧生小叶稍小，偏斜，边缘微波状。花1-2朵生于叶腋；花萼钟状，长2-5毫米，萼齿5，卵状披针形，密被红褐色腺点和短柔毛；花冠黄色，长1-1.5厘米，旗瓣倒卵圆形，瓣片基部两侧各具1耳，翼瓣倒卵形，微弯，龙骨瓣镰形，先端呈钝喙状；子房疏被短柔毛，无柄。荚果线状长椭圆形，扁平，微弯，长3-5厘米，宽约8毫米，疏被短柔毛或近无毛，先端针状短尖，无果柄。种子6-8，近圆形，黑褐色。

产江苏、台湾、福建、江西、湖南、广东、海南、广西、贵州及四川，生于山坡灌丛中或旷野草地上。印度、印度尼西亚及菲律宾有分布。全草有清热解毒、止血生肌、消肿利胆的功能。

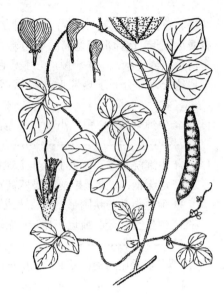

图 362 圆叶野扁豆 （引自《图鉴》）

3. 野扁豆 毛野扁豆 　　　　　　　　　　　图 363

Dunbaria villosa (Thunb.) Makino in Bot. Mag. Tokyo 16: 35. 1902.

Glycine villosa Thunb. Fl. Jap. 283. 1783.

多年生缠绕藤本。茎细弱，疏被短柔毛。羽状复叶具3小叶；叶柄长0.8-2.5厘米，被短柔毛；顶生小叶菱形或近三角形，长1.5-3.5厘米，先端渐尖或急尖，基部圆、宽楔形或近截形，两面疏被短柔毛或几无毛，有锈色腺点；侧生小叶略小而偏斜。总状花序或复总状花序腋生，长1.5-5厘米，有2-7花；花序梗及序轴密被短柔毛。萼钟状，长5-9毫米，被短柔毛和锈色腺点，萼齿5，披针形或线状披针形，上方2齿合生，下方1齿最长；花冠黄色，旗瓣近圆形或横椭圆形，长1.3-1.4厘米，具短瓣柄，翼瓣短于旗瓣，微弯，龙骨瓣与翼瓣等长，上部弯呈喙状，均具瓣柄和耳；子房密被短柔毛和锈色腺点，近无柄。荚果

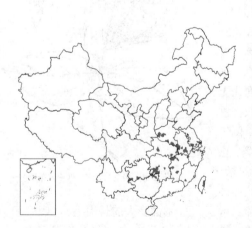

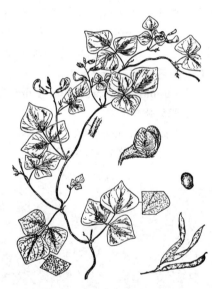

图 363 野扁豆 （引自《图鉴》）

线状长圆形，长3-5厘米，宽约8毫米，扁平，微弯，疏被短柔毛或几无毛，近无果柄，有6-7粒种子。

产江苏、安徽、浙江、台湾、福建、江西、河南、湖北、湖南、香港、广西及贵州，生于旷野或山谷灌丛中。日本、朝鲜、老挝、越南及柬埔寨有分布。全草洗无名肿毒。

4. 长柄野扁豆 　　　　　　　　　　　图 364

Dunbaria podocarpa Kurz. in Journ. Asiat. Soc. Bengal 43: 185. 1874.

多年生缠绕藤本。茎密被灰色短柔毛，具纵棱。羽状复叶具3小叶；

叶柄长1.5-4厘米；顶生小叶菱形或宽卵状菱形，长和宽均为3-4厘米，先

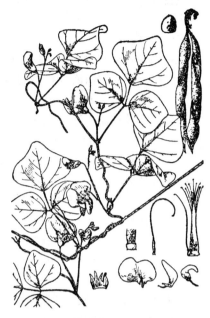

端急尖，基部钝、圆或近平截，两面均密被灰色短柔毛，下面有红色腺点；侧生小叶较小，呈斜卵形。总状花序腋生，有1-2花，稀3-4朵；花序梗长0.5-1厘米，与花梗均密被灰色短柔毛。花长约1.5-2厘米；花萼钟状，萼齿卵状披针形，被短柔毛及橙黄色腺点；花冠黄色，旗瓣横椭圆形，宽略大于长，瓣片基部具2耳，翼瓣窄椭圆形，具耳，龙骨瓣弯曲，上部呈长喙状，无耳；子房密被丝质长柔毛及橙黄色腺点，具柄。荚果线状长圆形，长5-8厘米，密被灰色短柔毛及橙黄色腺点，先端具长喙，果柄长1.5-1.7厘米，有7-11粒种子。

产安徽南部、福建、广东、海南、广西及云南东南部，生于海拔40-800米山坡灌丛中。印度、缅甸、老挝、越南及柬埔寨有分布。全株解毒消肿，用于咽喉炎。

[附] **鸽仔豆 Dunbaria henryi** Y. C. Wu in Engl. Bot. Jahrb. 71: 183. 1941. 与长柄野扁豆的区别：顶生小叶宽三角形或宽卵形，两面疏被短柔毛；荚果疏被短柔毛，果柄长0.7-1厘米。产广东西南部、海南及广西（北

图 364 长柄野扁豆 （引自《图鉴》）

海），生于海拔100-800米的灌丛中。越南有分布。

76. 千斤拔属 **Flemingia** Roxb. ex W. T. Ait.

（李沛琼）

灌木或亚灌木，稀草本。茎直立或蔓生。叶为掌状3小叶或单叶；小叶下面常有腺点；托叶宿存或早落，无小托叶。花序为总状或复总状花序，如为小聚伞花序则常见包于贝状的苞片内，多数小聚伞花序再排成总状或复总状花序式，稀为圆锥花序或头状花序；苞片2列，无小苞片。花萼钟状，5裂，裂片窄长，下方的1枚最长；花冠伸出萼外或内藏；雄蕊2体（9+1），花药一式；子房近无柄，胚珠2，花柱无毛或基部被毛，柱头头状。荚果椭圆形、膨胀，种子间无隔膜，有1-2粒种子。种子无种阜。

约40种，分布于热带亚洲、非洲和大洋洲。我国16种、1变种。

1. 叶为单叶；花排列为小聚伞花序，包藏于贝状苞片内。
  2. 小叶卵形、卵状椭圆形、宽椭圆状卵形或长圆形，长6-15厘米，宽3-7厘米，基部圆或微心形，两面近无毛；贝状苞片长1.2-3厘米，宽2-4.4厘米，先端截形或圆，微凹，两面疏被长硬毛 ·················· ··································· 1. **球穗千斤拔 F. strobilifera**
  2. 小叶窄长圆形或披针形，长5-9厘米，宽1.5-2.5厘米，基部楔形，两面被短柔毛；贝状苞片长1-1.5厘米，宽1.8-2.2厘米，先端明显凹缺，两面被短柔毛 ··············· 2. **河边千斤拔 F. fluminata**
1. 叶为掌状3小叶。花排列为总状花序、复总状花序或圆锥花序。
  3. 花排成圆锥花序，花序梗明显，花序轴纤细；花较小，长4-7毫米，疏生或密集于分枝上端；托叶宿存。
    4. 小枝被灰色短伏毛；花序轴被灰色绒毛及腺毛；顶生小叶倒卵形至倒卵状长椭圆形，侧生小叶斜椭圆形，侧脉在叶上面明显凹陷，在下面凸起，密被黑色腺点；苞片线形 ·············· 3. **细叶千斤拔 F. lineata**
    4. 小枝和花序轴均密被金黄色、基部膨大的长腺毛和灰色茸毛；顶生小叶椭圆形，侧生小叶斜椭圆形，侧脉在叶上面不下陷，下面密被短柔毛及红褐色腺点；苞片卵形 ·············· 4. **腺毛千斤拔 F. glutinosa**

3. 花排成总状花序或复总状花序，花序梗不明显，花序轴粗壮；花较大，长8毫米以上，排列紧密而均匀；托叶早落。

　5. 直立灌木。

　　6. 小叶长8-15厘米，宽4-7厘米，侧脉在叶上面不下陷。

　　　7. 幼枝密被锈色柔毛；苞片椭圆形至椭圆状披针形，长0.7-1厘米，先端钝；小叶两面被锈色柔毛；花长1.2-1.4厘米 ⋯⋯⋯⋯⋯⋯⋯⋯⋯⋯⋯⋯⋯⋯⋯⋯⋯⋯⋯⋯⋯⋯⋯⋯⋯⋯⋯ 5. **宽叶千斤拔 F. latifolia**

　　　7. 幼枝密被灰色或灰褐色丝质柔毛；苞片三角状卵形，长4-5毫米，先端渐尖；小叶沿脉被灰褐色丝质柔毛；花长0.8-1厘米 ⋯⋯⋯⋯⋯⋯⋯⋯⋯⋯⋯⋯⋯⋯⋯⋯⋯⋯⋯⋯⋯ 6. **大叶千斤拔 F. macrophylla**

　　6. 小叶长6.5-10厘米，宽2-3厘米，侧脉在叶上面微下陷 ⋯⋯⋯⋯⋯ 7. **贵州千斤拔 F. kweichowensis**

　5. 蔓性亚灌木。

　　8. 顶生小叶椭圆形或卵状披针形，长4-7厘米，宽1.7-3厘米，上面疏被毛，下面密被灰褐色柔毛；托叶线状披针形 ⋯⋯⋯⋯⋯⋯⋯⋯⋯⋯⋯⋯⋯⋯⋯⋯⋯⋯⋯⋯⋯⋯ 8. **千斤拔 F. philippinensis**

　　8. 顶生小叶长圆形或近倒卵形，长1-5厘米，宽0.5-2.5厘米，两面疏被短柔毛或近无毛；托叶卵形 ⋯⋯⋯⋯⋯⋯⋯⋯⋯⋯⋯⋯⋯⋯⋯⋯⋯⋯⋯⋯⋯⋯ 8（附）. **矮千斤拔 F. procumbens**

1. 球穗千斤拔 球穗花千斤拔　　　　　　图 365

Flemingia strobilifera (Linn.) Ait. Hort. Kew ed. 2, 4: 349. 1812.

Hedysarum strobilifera Linn. Sp. Pl. 1053. 1753.

Moghania strobilifera (Linn.) St.-Hil.; 中国高等植物图鉴 2: 509. 1972.

直立或近蔓性灌木，高达3米。小枝密被灰色至灰褐色柔毛。单叶互生，卵形、卵状椭圆形、宽椭圆状卵形或长圆形，长6-15厘米，宽3-7厘米，先端渐尖、钝或急尖，基部圆或微心形，两面近无毛或仅沿脉被毛；托叶线状披针形，长0.8-1.8厘米，宿存或脱落。小聚伞花序包藏于贝状苞片内，上述苞片排列为长5-11厘米的总状或复总状花序；贝状苞片长1.2-3厘米，宽2-4.4厘米，先端截形或圆，微凹或有细尖，两面疏被长硬毛。花小；花梗长1.5-3毫米；花萼杯状，长约5毫米，萼齿5，披针形，最下面1枚较长，被灰白色柔毛及腺点；花冠白色，长约7毫米；子房疏被柔毛及腺点。荚果椭圆形，膨胀，长0.6-1厘米，疏被短柔毛，有2粒种子。

图 365 球穗千斤拔 （引自《图鉴》）

产台湾、福建、湖南西南部、广东、海南、广西、贵州及云南，生于海拔200-1580米山坡草地或灌丛中。印度、孟加拉、缅甸、斯里兰卡、印度尼西亚、菲律宾及马来西亚有分布。全草药用，有止咳祛痰、清热除湿、壮筋骨之效。

2. 河边千斤拔　　　　　　　图 366

Flemingia fluminata C. B. Clarke ex Prain in Journ. Asiat. Soc. Bengal 66(2): 438. 1897.

小灌木，高约50米。小枝密被灰色短柔毛和茸毛。单叶互生，狭长圆形或披针形，长5-9厘米，宽1.5-2.5厘米，先端钝或急尖，基部楔形，两面被短柔毛；托叶披针形，长1-2厘米，宿存或脱落。小聚伞花序包藏于贝状苞片内，复排成长5-10厘米的总状花序或复总状花序；贝状苞片纸

质，长1-1.5厘米，宽1.8-2.2厘米，先端明显凹缺，两面被短柔毛。花萼钟状，长约2-3毫米，被短柔毛或散生黑褐色小腺点，萼齿5，卵形，与萼管近等长；花冠黄色，长约6毫米，旗瓣横椭圆形，具短瓣柄，瓣片两侧基部各具1耳，翼瓣与旗瓣等长，龙骨瓣短于翼瓣，弯曲；子房密被毛。荚果长圆形，长约7毫米，密被短柔毛。

产广西、云南及四川，生于草丛或山坡灌丛中。印度、孟加拉、缅甸、老挝及越南有分布。全草药用，治风湿关节痛。

图 366 河边千斤拔 （引自《豆科图说》）

3. 细叶千斤拔 图 367

Flemingia lineata (Linn.) Roxb. ex Ait. Hort. Kew ed. 2, 4: 350. 1812.

Hedysarum lineatum Linn. Sp. Pl. 1054. 1753.

直立小灌木。小枝被灰色短伏毛，后渐变无毛。叶为掌状3小叶；叶柄长0.7-3厘米，无翅，托叶披针形，长0.6-1厘米，宿存；小叶近革质，顶生小叶倒卵形至倒卵状长椭圆形，长2.5-5.5厘米，先端钝或急尖，基部楔形，幼时两面被灰白色短伏毛，后渐变无毛，侧脉在叶上面明显凹陷，在下面凸起，被黑褐色腺点；侧生小叶较小，斜椭圆形，几无柄。圆锥花序顶生或腋生；花序梗长约1厘米；花序轴长2.5-6.5厘米，与花序梗均被灰色茸毛和腺毛；苞片甚小，线形，宿存。花小，长4-7毫米，疏生；花萼钟状，被短柔毛，裂片披针形，长于萼管；花冠黄色，伸出萼外，旗瓣近圆形，瓣片基部具短瓣柄，两侧各具1耳，翼瓣长圆形，龙骨瓣半圆形，先端尖，均具瓣和耳；子房被短柔毛。荚果

图 367 细叶千斤拔 （辛茂芳绘）

椭圆形，长约9毫米，宽约6毫米，被短柔毛，有2粒种子。种子近圆形，黑色。

产云南南部及台湾南部。斯里兰卡、缅甸、泰国、印度尼西亚、马来西亚及澳大利亚北部有分布。

4. 腺毛千斤拔 图 368

Flemingia glutinosa (Prain) Y. T. Wei et S. Lee in Guihaia 5: 169. 1985.

Flemingia lineata Roxb. var. *glutinosa* Prain in Journ. Asiat. Soc. Bengal 66(2): 438. 1897.

直立亚灌木，高0.4-1米。小枝密被基部膨大的金黄色长腺毛和灰色茸毛。叶为掌状3小叶；托叶披针形至卵状披针形，长0.6-1厘米，宿存；叶柄长1.5-4厘米，无翅，被腺毛及茸毛；顶生小叶椭圆形，长4-9厘米，先端渐尖，基部楔形或宽楔形，上面

被短柔毛，下面被短柔毛及红褐色腺点，侧脉在叶上面通常不下陷，侧生小叶略小，斜椭圆形。圆锥花序顶生或腋生，长1.5-5厘米，花序梗长1-数厘米，与序轴初时密被腺毛及茸毛，后渐变无毛。花小，长5-7毫米，常密集于分枝上端；苞片小，卵形至卵状披针形，密被灰色茸毛；花萼钟状，长约5毫米，密被灰色茸毛，萼齿5，披针形，稍长于萼管；花冠黄色，与花萼近等长或稍伸出，旗瓣长圆形，长5-5.5毫米，瓣片基部具短瓣柄，两侧各具1耳，翼瓣倒卵状长圆形至长圆形，龙骨瓣近半圆形，先端尖。荚果斜椭圆形，长1-1.4厘米，宽5-7毫米，被淡黄色腺毛，有2粒种子。

图 368 腺毛千斤拔 （辛茂芳绘）

产云南南部及广西西南部，生于山坡灌丛中。缅甸、泰国、老挝及越南有分布。

5. 宽叶千斤拔 图 369

Flemingia latifolia Benth. in Miq. Pl. Jungh. 246. 1852.

直立灌木，高1-2米。幼枝密被锈色茸毛。叶具指状3小叶；托叶披针形，长1-2厘米，早落；叶柄粗壮，长3-10厘米，具窄翅，被灰色短柔毛；顶生小叶椭圆形或椭圆状披针形，长8-14厘米，宽4-6厘米，先端渐尖或急尖，基部宽楔形或圆，两面被短柔毛，下面密被黑色腺点，侧生小叶偏斜。总状花序腋生或顶生，1-3聚生于叶腋，长3-11厘米；花序梗甚短，与序轴均密被锈色茸毛。花长

1.2-1.4厘米，排列甚紧密；苞片椭圆形或椭圆状披针形，长0.7-1厘米，先端钝，外面密被锈色茸毛；花萼筒状，长约1厘米，裂片5，上方2裂片合生，最下方的1枚较长；花冠紫红色或粉红色。荚果椭圆形，膨胀，长1.2-1.5厘米，宽7-8毫米，被锈色茸毛，有2粒种子。

图 369 宽叶千斤拔 （林文宏绘）

产云南及广西，生于海拔560-2100米山坡或疏林中。印度及缅甸有分布。

6. 大叶千斤拔 图 370 彩片 118

Flemingia macrophylla （Willd.） Prain in Journ. Asiat. Soc. Bengal 66 （2）: 440. 1897.

Crotalaria macrophylla Willd. Sp. Pl. 3: 982. 1800.

Moghania macrophylla （Willd.） Kuntze; 中国高等植物图鉴 2: 510. 1972.

直立灌木，高0.8-2.5米。幼枝密被灰色或灰褐色丝质柔毛。叶具掌状3小叶；托叶披针形，长达2厘米，早落；叶柄长3-6厘米，具窄翅，被丝质柔毛；顶生小叶宽披针形至椭圆形，长8-15厘米，宽4-7厘米，先端渐尖，基部楔形，两面除沿脉被灰褐色丝质柔毛外，其余无毛，下面被黑

褐色腺点；侧生小叶略小，偏斜。总状花序常数枚簇生于叶腋，长3-8厘米；花序梗不明显，花序轴密被灰褐色柔毛；苞片三角状卵形，长4-5毫米，先端渐尖。花多而密；花萼钟状，长6-8毫米，密被丝质短柔毛，裂片5，线状披针形，较萼管长1倍，最下方的1枚最长；花冠紫红色，长0.8-1厘米，旗瓣长椭圆形，瓣片基部具短瓣柄，两侧各具1耳，翼瓣窄椭圆形，龙骨瓣稍长于翼瓣；子房被丝质毛。荚果椭圆形，长1-1.6厘米，宽7-9毫米，疏被短柔毛，具1-2粒种子。

产台湾、福建、江西南部、湖南西南部、广东、海南、广西、贵州、云南及四川，生于海拔200-1500米的旷野草地或灌丛中及疏林阳处。印度、孟加拉、缅甸、老挝、越南、柬埔寨、马来西亚及印度尼西亚有分布。根有舒筋活络、强腰壮骨、除湿活血的功能。

7. 贵州千斤拔　　　　　　　　　　图 371

Flemingia kweichowensis Tang et Wang ex Y. T. Wei et S. Lee in Guihaia 5：165. 1985.

直立灌木。小枝密被灰色伏毛。叶具指状3小叶；托叶卵状披针形，长约2厘米，早落；叶柄长2.5-4.5厘米，具窄翅。顶生小叶长椭圆形至长椭圆状披针形，长6.5-10厘米，两面除脉上被长毛外，余无毛，侧脉在上面微下陷，在下面微突起，被黑色腺点；侧生小叶稍小，稍偏斜。总状花序腋生，长3-5.5厘米；苞片披针形，长6-8毫米，脱落。花萼密被灰色柔毛，5裂，裂片线状披针形，长为萼筒的2.5倍；花冠黄绿色，旗瓣长椭圆形，长约8毫米，基部具短瓣柄，瓣片两侧各具1耳，翼瓣椭圆形，与旗瓣近等长，龙骨瓣稍短于翼瓣，均具长瓣柄和不甚明显的耳。荚果椭圆形，长约8毫米，膨胀，密被黑色腺和疏柔毛，有1-2粒种子。种子近圆形，径约1.5毫米，黑色。

产云南及贵州，生于山坡草丛中。

8. 千斤拔　蔓性千斤拔　　　　　　图 372

Flemingia philippinensis Merr. et Rolfe in Philipp. Journ. Sci. Bot. 31：103. 1908.

Moghania philippinensis（Merr. et Rolfe）H. L. Li；中国高等植物图

图 370　大叶千斤拔　（辛茂芳绘）

图 371　贵州千斤拔　（何顺清绘）

图 372　千斤拔　（引自《图鉴》）

鉴 2: 510. 1972.

蔓性半灌木。幼枝密被灰褐色短柔毛。叶具掌状3小叶；托叶线状披针形，长0.6-1厘米，被毛，宿存；叶柄长2-2.5厘米；顶生小叶长椭圆形或卵状披针形，长4-8厘米，宽1.7-3厘米，先端钝，基部圆，上面疏被短柔毛，下面毛较密；侧生小叶稍小，微偏斜。总状花序腋生，长2-2.5厘米，除花冠外，各部均密被灰白色柔毛；花序梗短于叶柄；苞片卵状披针形。花密生；花萼裂片披针形，下面1枚裂片最长，密生腺点；花冠紫红色，稍长于萼或与萼近等长，旗瓣长圆形，具短瓣柄，瓣片基部两侧各具1短耳，翼瓣短于旗瓣，龙骨瓣与旗瓣近等长，均具瓣柄及耳。子房被毛。荚果椭圆形，长7-8毫米，被短柔毛，有2粒种子。

产台湾、福建、江西南部、广东、海南、广西、湖北、湖南、贵州、四川及云南，生于海拔50-300米山坡草丛中或旷野草地上。菲律宾有分布。根有祛风利湿、祛痰解毒的功能。

[附] **矮千斤拔 Flemingia procumbens** Roxb. Fl Ind. 5: 338. 1832. 与千斤拔的区别:顶生小叶长圆形或近倒卵形，长1-5厘米，宽0.5-2.5厘米，两面疏被短柔毛或近无毛；托叶卵形。产云南及四川，生于山坡草地或灌丛中。印度、老挝及越南有分布。

77. 鹿霍属 Rhynchosia Linn.

（李沛琼）

攀援、匍匐或缠绕草本，稀灌木或亚灌木。叶为羽状3小叶；小叶下面通常有腺点；托叶早落；小托叶存在或无。花组成腋生的总状花序或复总状花序，稀单生于叶腋；苞片通常脱落，稀宿存。花萼钟状，5裂，上方2裂多少合生，下方1齿较长；花冠不伸出萼外或微伸出，旗瓣圆形或倒卵形，瓣片基部两侧具内弯的耳，有或无附属物，翼瓣与龙骨瓣近等长；雄蕊二体（9+1），花药一式；子房无柄或几无柄，胚珠2，稀1，花柱常于中部以上弯曲，下被被毛，柱头顶生。荚果扁或膨胀，先端有喙。种子2，稀1，近圆形或肾形，种阜小或无。

约200种，分布于热带和亚热带地区，以亚洲及非洲最多。我国13种、1变种。

1. 荚果长圆形或斜圆形。
　　2. 荚果斜卵形，膨胀，与宿存花萼近等长，成熟时暗褐色，有1粒种子；顶生小叶卵形或卵状椭圆形 ………………………………………………………………… 1. **淡红鹿霍 R. rufescens**
　　2. 荚果长圆形，稍扁，比宿存花萼长得多，成熟时红紫色，有2粒种子。
　　　3. 顶生小叶菱形或倒卵状菱形，先端钝，稀急尖，下面及茎均密被灰色至淡黄色柔毛；总状花序长1.5-4厘米 ………………………………………………………… 2. **鹿霍 R. volubilis**
　　　3. 顶生小叶卵形、宽椭圆形、卵状披针形、披针形或卵菱形，先端渐尖、长渐尖或尾状渐尖。
　　　　4. 花序纤细，长1-3厘米；茎纤细，疏被短柔毛；小叶卵形或宽椭圆形 ……………………………………………………………………… 3. **渐尖叶鹿霍 R. acuminatifolia**
　　　　4. 花序粗壮，长5-27厘米。
　　　　　5. 茎密被灰色短柔毛和长柔毛；顶生小叶披针形或卵状披针形，长10-15厘米，宽4.5-8厘米，两面疏被短柔毛，先端长尾状渐尖；花常组成复总状花序；宿存花萼和荚果均几无毛 …………………………………………………………………… 4. **中华鹿霍 R. chinensis**
　　　　　5. 茎密被黄褐色长柔毛并混生短柔毛；顶生小叶卵形、卵状披针形、宽椭圆形或菱状卵形，长5-9厘米，宽2.5-5厘米，两面密被短柔毛；花组成简单的总状花序，宿存花萼和荚果被短柔毛 ……………………………………………………… 5. **菱叶鹿霍 R. dielsii**
1. 荚果倒披针形、椭圆形或倒卵状椭圆形。
　　6. 茎纤细，与小叶和花序轴均疏被短柔毛；顶生小叶菱状圆形，长宽均约1.5-3厘米，先端钝或圆；花冠黄色，长7-8毫米；荚果长1-1.7厘米 …………………… 6. **小鹿霍 R. minima**

6. 茎较粗壮，与小叶和花序轴均密被褐色短柔毛并混生腺毛；顶生小叶宽卵形或圆卵形，长3-6厘米，宽2.5-4.5厘米，先端渐尖；花冠黄色，长1.3-1.8厘米，旗瓣外面具紫色脉纹；荚果长2.5-3厘米。

7. 顶生小叶宽卵形，长3-6厘米，宽2.5-4.5厘米；总状花序长7-20厘米，具5-10余花；最下方的1枚萼齿与花冠等长 ·················· 7. **喜马拉雅鹿霍 R. himalensis**

7. 顶生小叶圆卵形，长与宽均为2.5-4.5厘米；总状花序长6-9厘米，有3-5花；最下方的1枚萼齿短于花冠 ·················· 7(附). **紫脉花鹿霍 R. himalensis** var. **craibiana**

1. 淡红鹿霍   图 373

Rhynchosia rufescens（Willd.）DC. Prodr. 2: 387. 1825.

Glycine rufescens Willd. Naturf. Freunde Berlin Neue Schr. 4: 222. 1803.

匍匐、攀援或近直立灌木。全株被灰色或淡黄色短柔毛。茎略呈"之"

图 373 淡红鹿霍 （引自《豆科图说》）

字形弯曲。羽状复叶具3小叶；托叶早落；叶柄长2-4.5厘米；顶生小叶卵形至卵状椭圆形，长2.5-5.5厘米，先端钝或急尖，基部圆，两面均被毛；侧生小叶稍小，斜卵形。总状花序腋生，纤细，长2-4厘米，有2-6花，疏生；苞片早落；花长约1厘米。花梗长2-5毫米；花萼钟状，长约1厘米，萼齿5，

深裂几至基部，裂片长圆形，具纵脉；花冠紫或黄色，不伸出萼外，旗瓣近圆形，翼瓣与龙骨瓣均与旗瓣近等长，各瓣均具短瓣柄。荚果斜圆形，膨胀，与宿存花萼近等长，先端急尖，微弯，熟时暗褐色，有1粒种子。种子横椭圆形，长约3.5毫米，黑色，有肉质种阜。

产云南南部及广西西部，生于河谷山坡灌丛中。印度、斯里兰卡、柬埔寨、马来西亚及印度尼西亚有分布。

2. 鹿霍   图 374 彩片 119

Rhynchosia volubilis Lour. Fl. Cochinch. 460. 1790.

缠绕草质藤本。茎疏被灰或淡黄色柔毛。羽状或近掌状复叶具3小叶；

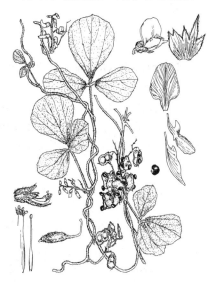

图 374 鹿霍 （引自《Fl. Taiwan》）

托叶披针形，长3-5毫米；叶柄长2-5.5厘米；顶生小叶菱形或倒卵状菱形，长3-8厘米，先端钝，稀急尖，基部圆或宽楔形，两面均被毛；侧生小叶较小，常偏斜。总状花序长1.5-4厘米，常1-3枚簇生叶腋。花密生，长0.8-1厘米；花萼钟状，长约5毫米，除被毛外，并有腺点，

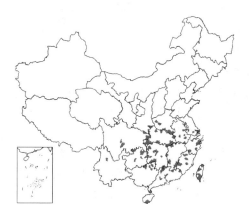

裂片5，披针形，短于萼筒；花冠黄色，旗瓣近圆形，瓣片基部两侧各具1枚内弯的耳，有短瓣柄，翼瓣倒卵

状长圆形，龙骨瓣顶端具喙；子房被密腺点。荚果长圆形，红紫色，长1-1.5厘米，远较宿存花萼长，扁，疏被毛或几无毛，在种子间微缢缩，先端有小喙，常有2粒种子。种子椭圆形或近肾形，黑色，光亮。

产山西、山东、河南、安徽、江苏、浙江、福建、台湾、江西、湖南、湖北、广东、香港、海南、广西、贵州、云南、四川及陕西，生于海拔200-1000米山坡草丛中。朝鲜、日本及越南有分布。根药用，有祛风和血、镇咳祛痰之效；叶外用治疮疖。

3. 渐尖叶鹿藿 黑药豆

图 375

Rhynchosia acuminatifolia Makino in Journ. Jap. Bot. 2: 4. 1920.

缠绕草本。茎纤细，被短柔毛。叶为羽状3小叶；托叶卵形，早落；叶柄长2.5-7厘米，被短柔毛；顶生小叶卵形、宽椭圆形，长4-8厘米，先端渐尖或长渐尖，基部圆，两面均疏被柔毛，下面具树脂状腺点；侧生小叶斜卵形，稍小，总状花序腋生，纤细，长1-3厘米，花序梗与序轴均被短柔毛。花密生，长约1厘米；花萼钟状，长3-5毫米；花瓣近等长；均具瓣柄，旗瓣近圆形，瓣片基部两侧各具1内弯的耳，翼瓣窄椭圆形，龙骨瓣顶端具长喙；子房线形，疏被毛。荚果长圆形，扁平，长约1.5厘米，疏被毛或近无毛，于种子间微缢缩，有2粒种子，成熟时红紫色。种子肾状圆形，径约5毫米，黑色。

产安徽、江苏及浙江，生于林下草丛中。日本有分布。根或茎叶有祛风清热的功能。

图 375 渐尖叶鹿藿 （何顺清绘）

4. 中华鹿藿

图 376

Rhynchosia chinensis H. T. Chang ex Y. F. Wei et S. Lee in Guihaia 5: 171. 1985.

缠绕或攀援状草本。茎密被灰色短柔毛和混生疏长柔毛。叶具羽状3小叶；托叶卵形，早落；叶柄长4-10厘米，密被短柔毛；顶生小叶披针形至卵状披针形，长1-1.5厘米，宽4.5-8厘米，先端长尾状渐尖，基部圆楔形或圆，边缘微波状，两面疏被短柔毛，下面有黄褐色腺点；侧生小叶较小，斜卵形。复总状花序腋生，长达27厘米；花序梗长1-3厘米，与花序轴均被灰褐色短柔毛；苞片卵形，长约4毫米，早落。花长约1厘米，疏生；花萼钟状，长约5毫米，疏被短柔毛或几无毛，萼齿三角形，短于萼管；花冠黄色，各瓣近等长，旗瓣卵状圆形或近圆形，长约1厘米，瓣片基部两侧各具1耳和附属体，翼瓣具2耳，龙骨瓣先端呈喙状；子房被毛，有2胚珠。荚果长圆形，长约1.5厘米，扁，红紫色，与宿存花萼均几无毛，种子间微缢缩。

图 376 中华鹿藿 （黄门生绘）

产广西,生于山坡草丛中。

5. 菱叶鹿霍 图 377

Rhynchosia dielsii Harms in Engl. Bot. Jahrb. 29: 418. 1900.

缠绕草本。茎纤细,密被黄褐色长柔毛并混生短柔毛。叶为羽状3小叶;托叶披针形,长3-4毫米,脱落;叶柄长3.5-8厘米,被短柔毛;顶生小叶卵形、卵状披针形、宽椭圆形或菱状卵形,长5-9厘米,宽2.5-5厘米,先端渐尖或尾状渐尖,基部圆,两面密被短柔毛,下面有树脂状腺点;侧生小叶稍小,斜卵形。总状花序腋生,长7-13厘米,被短柔毛;苞片披针形,长0.5-1厘米,脱落。花疏生,

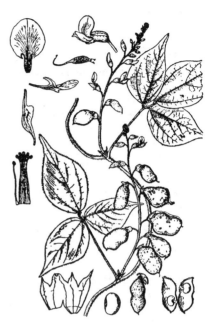

图 377 菱叶鹿霍 (引自《豆科图说》)

长0.8-1厘米;花萼杯状,裂片三角形,下方的1裂片较长,密被短柔毛;花冠黄色,旗瓣倒卵状圆形,瓣片基部两侧具内弯的耳,翼瓣具2耳,龙骨瓣先端呈长喙状。荚果长圆形或倒卵形,长1.2-2.2厘米,扁平,成熟时红紫色,被短柔毛,有2粒种子。

产河南、安徽、浙江、江西、湖北、湖南、广东、广西、贵州、云南、四川及陕西,生于海拔600-2100米山坡灌丛中。根、茎和叶供药用,有祛风解热之效。

6. 小鹿霍 图 378

Rhynchosia minima (Linn.) DC. Prodr. 2: 385. 1825.

Dolichos minima Linn. Sp. Pl. 726. 1753.

一年生缠绕草本。茎纤细,疏被短柔毛。叶为羽状3小叶;叶柄长1-4厘米,无毛或疏被短柔毛;顶生小叶菱状圆形,长宽均为1.5-3厘米,先端圆或钝,稀急尖,两面疏被微柔毛,下面被腺点;侧生小叶与顶生小叶近等大或稍小,斜圆形。总状花序腋生,长5-11厘米,花序梗与花序轴均疏被短柔毛。花小,长约8毫米,疏生,微下弯;花萼钟状,长约5毫米,疏被短柔毛,裂片披针形,稍长于萼管,其中最下方的1裂片较长;花冠黄色,长约7毫米,各瓣近等长,旗瓣倒卵圆形,具短瓣柄,瓣片基部具2尖耳,翼瓣椭圆形,龙骨瓣稍弯,先端钝。荚果倒披针形或椭圆形,长1-1.7厘米,宽约5毫米,被短柔毛,有1-2粒种子。

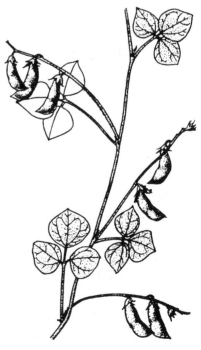

图 378 小鹿霍 (邹贤桂绘)

产台湾、海南、云南及四川。印度、缅甸、越南、马来西亚及东非热

带地区有分布。

7. 喜马拉雅鹿霍

图 379

Rhynchosia himalensis Benth. ex Baker in Hook. f. Fl. Brit. Ind. 2: 225. 1876.

攀援状藤本。茎密被淡褐色短柔毛并混生腺毛。叶为羽状3小叶；托叶窄卵形，长4-8毫米；叶柄长2-6厘米；顶生小叶宽卵形，长3-6厘米，宽2.5-4.5厘米，先端渐尖，基部圆楔形，两面密被短柔毛并混生腺毛，下面有腺点；侧生小叶稍小，偏斜。总状花序腋生，长7-20厘米，具5-10余朵疏生的花；花序梗和序轴密被腺毛和柔毛；苞片椭圆形，长4-8毫米。花长1.3-1.8厘米；花萼杯状，密被柔毛和腺点，萼齿窄三角形，上方2枚基部合生，最下方的1枚与花冠近等长；花冠黄色，旗瓣宽倒卵形，长约1.8厘米，外面有紫色脉纹，瓣片基部具胼胝体，翼瓣长1.2-1.3厘米，先端微凹，龙骨瓣内弯，长1.5-1.6厘米，先端钝；子房密被柔毛，具长柄。荚果长圆形，长2.5-3厘米，密被柔毛和白色软毛并有腺点，有2粒种子。

产贵州西南部、云南、四川及西藏东南部。印度及尼泊尔有分布。

[附] **紫脉花鹿霍 Rhynchosia himalensis** var. **craibiana**（Rehd.）

图 379 喜马拉雅鹿霍 （引自《豆科图说》）

Peter-Stibal in Acta Hort. Gothob. 13: 448. 1940. —— *Rhynchosia craibiana* Rehd. in Sarg. Pl. Wilson. 2: 118. 1940；中国高等植物图鉴 2: 508. 1972. 与喜马拉雅鹿霍的区别：顶生小叶圆卵形，长与宽均为2.5-4.5厘米；总状花序长6-9厘米，有3-5朵疏生的花；最下方的1枚萼齿短于花冠。产四川西部、云南及西藏东南部，生于海拔1300-2650米山坡灌丛中、林下或地边。

78. 鸡头薯属 Eriosema（DC.）G. Don

（李沛琼）

草本或亚灌木。通常有纺锤形或圆球形的块根。叶具单叶或3小叶；小叶下面有腺点，托叶线形或线状披针形，无小托叶。花1-2朵簇生叶腋或排列为总状花序；花萼钟状，5裂；花冠伸出萼外，旗瓣倒卵形，瓣片基部有耳和瓣柄，背面被丝质柔毛，翼瓣与龙骨瓣较短；雄蕊10，二体（9+1），花药一式；子房无柄，胚珠2，花柱丝状，无毛，柱头头状。荚果荚状椭圆形或长圆形，膨胀，有1-2粒种子。种子偏斜，种脐线形，长几等于种子的周长，珠柄生于种脐的一端。

约130种，产热带和亚热带地区，以热带美洲和非洲东部的种类最多。我国2种。

1. 茎直立，通常无分枝；小叶披针形，长3-7厘米，宽0.5-1.5厘米，下面密被灰白色短茸毛 ························· ·· 鸡头薯 **E. chinensis**
1. 茎直立或下部平卧，有分枝；小叶长圆形或倒卵状披针形，长1.5-4厘米，宽0.4-1厘米，下面密被锈褐色短柔毛 ··· （附）. 绵三七 **E. himalaicum**

鸡头薯 猪仔笠

图 380

Eriosema chinensis Vog. in Nov. Act. Acad. Coes. Leop.-Carol. 19, suppl. 1: 31. 1843.

多年生直立草本。块根纺锤形或球形，肉质。茎高达50厘米，不分枝，

密被棕色长柔毛并混生短柔毛。叶具单小叶；托叶线形至线状披针形，长4-8毫米，被毛，宿存；小叶披针形，长3-7厘米，宽0.5-1.5厘米，先端钝或急尖，基部圆或微心形，上面及边缘疏生棕色长柔毛，下面密被灰白色短茸毛，沿主脉密被棕色长柔毛；无明显小叶柄。总状花序腋生，甚短，有1-2花；苞片线形，被棕色柔毛。花萼钟状，长约3毫米，密被棕色丝质柔毛，萼齿5，三角状披针形，短于萼管；花冠淡黄色，旗瓣倒卵形，长约7毫米，背面疏被丝质柔毛，具短瓣柄，瓣片基部两侧各具1长圆形的耳，翼瓣与旗瓣近等长，龙骨瓣稍短；子房密被白色长硬毛。荚果菱状椭圆形，长0.8-1厘米，成熟时黑色，被褐色长硬毛，有2粒种子。

产台湾、福建、江西、湖南、广东、海南、广西、贵州及云南，生于海拔300-1300米山野及干旱贫瘠的草坡上。印度、缅甸、泰国、越南及印度尼西亚有分布。块根可食，药用有清热解毒、清肺化痰、止咳消肿之效。

[附] **绵三七 Eeiosema himalaicum** Ohashi in Journ. Jap. Bot. 41: 96. 1966. 与鸡头薯的区别：茎直立或基部平卧，有分枝；小叶长圆形或倒卵状披针形，长1.5-4厘米，宽0.4-1厘米，下面密被锈褐色短柔

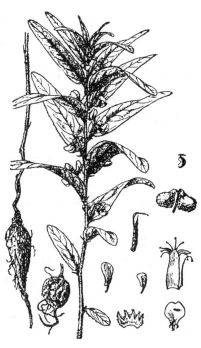

图 380 鸡头薯 （引自《图鉴》）

毛。产云南及西藏，生于海拔1300-2000米的山坡草丛中或林下。印度有分布。块根药用，有健胃、止痛、解毒之效。

79. 补骨脂属 Psoralea Linn.

（李沛琼）

灌木或半灌木。全株有黑色或红色透明的腺点。叶为奇数羽状复叶、掌状3小叶或单叶；小叶全缘或有锯齿；托叶基部抱茎。花排列为腋生的近头状花序、总状花序、穗状花序，少有单花；花序单生，稀丛生；苞片膜质，每苞片腋内有2-3花；无小苞片。花萼钟状或管状，5裂，上方2裂片常合生，最下方的1裂片较大或各裂片相等；花冠紫、蓝、粉或白色，稍伸出萼外，各瓣均具瓣柄，旗瓣瓣片基部两侧各具1耳，翼瓣长于龙骨瓣，龙骨瓣瓣片中部以下连合；雄蕊10，单体或二体(9+1)，花药同型或稍异型，基部着生和丁字着生相交互；子房有柄或无柄，胚珠1，花柱丝状，柱头膨大具髯毛。荚果卵圆形，不开裂，基部具宿存花萼，果皮与种皮粘连。种子1，无种阜。

约120种，主要分布于美洲、非洲南部至澳大利亚。我国1种。

补骨脂 图 381 彩片 120

Psoralea corylifolia Linn. Sp. Pl. 764. 1753.

一年生草本。全株被白色柔毛和黑褐色腺点。茎直立，高达1.5米。叶为单叶，有时具1枚细小的侧生小叶；托叶线形，长7-8毫米；叶柄长2-4.5厘米；小叶柄短，长仅2-3毫米；叶片近革质，宽卵形，长4.5-9厘米，先端钝或圆，基部圆或微心形，边缘有不规则的疏齿，疏被毛或几无毛。花密生，排成腋生的近头状总状花序，有10余朵花；花序梗长3-7厘米；苞片膜质，披针形，长约3厘米。花萼钟状，长4-5毫米，萼齿披针形，上方的2齿中部以下合生，最下方的1齿较其余的长而宽；花冠淡紫或白色，旗瓣倒卵形，长约6毫米，翼瓣和龙骨瓣近等长，均短于旗瓣；雄蕊10，花

丝下部连合；子房被毛，无柄。荚果卵圆形，长约5毫米，不开裂，成熟时黑色，有不规则网纹，不开裂，有1粒种子。

产陕西南部、台湾、湖北、广西、云南及四川，生于山坡、溪边或田边。印度、缅甸、斯里兰卡有分布。种子药用，有补肾壮阳、补脾健胃之效，外用可治牛皮癣等皮肤病。山西、河北、安徽、河南、江西、广东、广西及贵州等省区有栽培。

图 381 补骨脂 （引自《中国植物志》）

80. 紫穗槐属 **Amorpha** Linn.

（李沛琼）

落叶灌木或亚灌木，稀草本。叶为奇数羽状复叶，互生；小叶多数，对生或近对生，全缘；托叶针形，早落；小托叶线形至刚毛状，脱落或宿存。花小，组成顶生或腋生的穗状花序；苞片钻形，早落。花萼钟状，5裂，裂片近等长或下方1齿较长，有腺点；花冠蓝、紫或带白色，翼瓣和龙骨瓣退化，仅存旗瓣，内卷包被着雄蕊和子房；雄蕊10，单体，花丝下部合生，成熟时伸出旗瓣之外，花药一式；子房无柄，胚珠2，花柱外弯，无毛或有毛，柱头头状，顶生。荚果长圆形，直或微弯，密生腺点，成熟时不开裂，有1（2）粒种子。种子长圆形或肾形，光亮。

约25种，主要分布于北美洲至墨西哥。我国引入栽培1种。

紫穗槐 图 382 彩片 121

Amorpha fruticosa Linn. Sp. Pl. 713. 1753.

落叶灌木。茎丛生，高1-4米。小枝幼时密被短柔毛，后渐变无毛。奇数羽状复叶长10-15厘米；叶柄长1-2厘米；托叶线形，脱落；小叶11-25片，卵形或椭圆形，长1-4厘米，先端圆、急尖或微凹，有短尖，基部宽楔形或圆，上面无毛或疏被毛，下面被白色短柔毛和黑色腺点。穗状花序顶生或生于枝条上部叶腋，长7-15厘米，花序梗与序轴均密被短柔毛。花多数，密生；花萼钟状，长2-3毫米，疏被毛或近无毛，萼齿5，三角形，近等长，长约为萼筒的1/3；花冠紫色，旗瓣心形，长6-7毫米，先端裂至瓣片的1/3，基部具短瓣柄，翼瓣与龙骨瓣均缺如；雄蕊10，花丝基部合生，与子房同包于旗瓣之中，成熟伸出花冠之外；子房无柄，花柱被毛。荚果长圆形，下垂，长0.6-1厘米，微弯曲，具小突尖，成熟时棕褐色，有疣状腺点。

图 382 紫穗槐 （引自《图鉴》）

原产美国。黑龙江、吉林、辽宁、内蒙古、河北、山西、陕西、甘肃、宁夏、新疆、青海、云南、四川、湖北、河南、安徽、江苏等省区有栽培，为优良的绿肥、蜜源植物和饲料，又为良好的防风固沙和护堤植物。叶有祛湿消肿之效。

81. 链荚木属 **Ormocarpum** Beauv.

（李沛琼）

灌木。奇数羽状复叶具小叶9-17；托叶三角状披针形，无小托叶。花黄色，单朵或成对腋生，或数朵排成疏松的总状花序；苞片成对，宿存；小苞片与苞片同形；花萼钟状，裂片5，上方2裂片三角形，下方3裂片披针形，与萼管等长；花冠伸出萼外，旗瓣近圆形，有瓣柄，无耳，龙骨瓣内弯，先端不呈喙状；雄蕊10，二体（5+5），花药一式；子房线形，隔膜形成较迟，有多数胚珠，花柱丝状，内折，柱头小，顶生。荚果线形或长圆形，膨胀，两侧具纵脉，有节，不开裂，有皱纹，无毛或有软刺，具果柄。

约20种，分布于东半球热带地区。我国引入栽培1种。

链荚木
图 383

Ormocarpum cochinchinense (Lour.) Merr. in Philipp. Journ. Sci. Bot. 5: 76. 1910.

Diphaea cochinchinense Lour. Fl. Cochinch. 454. 1790.

Ormocarpum sennoides DC.；中国高等植物图鉴 2：441. 1972.

常绿矮灌木，高约1米。小枝和叶轴有粘质，干后呈亮黑褐色。叶为奇数羽状复叶，有9-17小叶；托叶小，披针形；叶柄长1.5-2厘米；小叶互生，椭圆形、倒卵形或长圆形，长1.5-2.5厘米，先端钝并有小突尖，基部圆，下面网脉明显，侧脉3-4对。总状花序腋生，长约3厘米，有2-6花；花序梗长约2厘米；花大，长约1.5厘米；苞片三角形，开展，细小；花梗长约7-8毫米，有粘质，干后为亮黑褐色；小苞片披针形，长约1毫米。花萼杯状，长约1厘米，上方两萼齿合生几至顶部，下方3齿分离，与萼筒近等长，无毛；花冠黄色，旗瓣近圆形，长约1.4厘米，瓣柄甚短，翼瓣椭圆形，与旗瓣近等长，龙骨瓣明显内弯；雄蕊10，花丝连合成5枚一束的2组。子房被毛，有短柄。荚果微膨胀，线形，长10-12厘米，宽5-6毫米，有4-5荚节；荚节线形或长圆形，无毛。

原产亚洲和非洲热带地区。台湾、广东及海南等地有引种。

图 383 链荚木 （引自《图鉴》）

82. 合萌属 Aeschynomene Linn.

（李沛琼）

草本或小灌木。茎直立或匍匐。奇数羽状复叶具多对小叶；小叶互相紧接，易闭合，无腺点；托叶早落。花小，数朵组成腋生的总状花序；苞片成对，边缘有小齿，宿存；小苞片卵状披针形，宿存。花萼膜质，呈二唇形，上唇2裂，下唇3裂；花易脱落，旗瓣大，圆形，具瓣柄，翼瓣无耳，龙骨瓣弯曲，先端略呈喙状；雄蕊二体（5+5）或花丝基部连合为一体，花药一式，肾形；子房具柄，胚珠多数，花柱丝状，内弯，柱头顶生。荚果扁平，具4-5荚节，每节有种子1颗，具果柄。

约250种，分布于全球热带和亚热带地区。我国1种。

合萌　田皂角
图 384

Aeschynomene indica Linn. Sp. Pl. 713. 1753.

一年生亚灌木状草本。茎直立，高0.3-1米，多分枝，无毛，稍粗糙。羽状复叶具21-41小叶或更多；托叶卵形或披针形，长约1厘米，基部下延边缘有缺刻；叶柄长约3毫米；小叶线状长圆形，长0.5-1厘米，上面密生腺点，下面被白粉，先端钝或微凹，具细尖，基部歪斜，全缘。总状花序短于叶，腋生，长1.5-2厘米；花序梗长0.8-1.2厘米；小苞片宿存。花萼钟状，长约4毫米，无毛，二唇形，上唇2裂，下唇3裂；花冠黄色，具紫色条纹，早落，旗瓣近圆形，长8-9毫米，几无瓣柄，翼瓣短于旗瓣，龙骨瓣长于翼瓣，呈半月形；雄蕊二体；子房扁平，线形。荚果线状长圆形，直或微弯，长3-4厘米，腹缝线直，背缝线微波状，有4-8荚节，无毛，不开裂，成熟时逐节脱落。种子肾形，黑棕色。

产吉林、辽宁、河北、山西、河南、山东、江苏、安徽、浙江、福建、

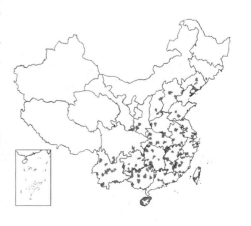

台湾、江西、湖北、湖南、广东、香港、海南、广西、贵州、云南、四川及陕西，生于灌丛或林缘。非洲、大洋洲、亚洲热带地区及朝鲜和日本有分布。全草入药，有清热利湿、祛风消肿、解毒功能；种子有毒；茎、叶为优良的绿肥。

图 384 合萌 （引自《图鉴》）

83. 坡油甘属 Smithia Ait.

（李沛琼）

平卧或披散草本或矮小灌木。偶数羽状复叶具小叶5-9对；托叶干膜质，基部下延，宿存，无小托叶。总状花序顶生或腋生；花小，单生或2至数朵簇生；苞片干膜质，具条纹，脱落；小苞片亦为干膜质，宿存。花萼二唇形；花冠伸出萼外，黄、蓝或紫色，旗瓣圆形或长椭圆形，翼瓣和龙骨瓣与旗瓣等长，龙骨瓣内弯，先端钝；雄蕊10，初时花丝全部合生，后渐分为二体（5+5），花药一式；子房线形，胚珠多数，花柱向内弯，柱头小，头状，顶生。荚果具数扁平或膨胀的荚节，荚节褶叠，包藏于宿存花萼内。

约35种，分布于亚洲和非洲热带地区。我国5种。

1. 花萼硬纸质，具纵脉；小叶长圆形；一年生灌木状草本 ························· **1. 坡油甘 S. sensitiva**
1. 花萼膜质，具网状脉；小叶倒披针形、线状长圆形，稀长圆形；一年生草本或多年生亚灌木。
　2. 荚果有6-12荚节；托叶、叶柄和叶轴均无毛；小苞片披针形，长约5毫米；一年生草本 ·················
　　·· **2. 缘毛合叶豆 S. ciliata**
　2. 荚果有5-6荚节；茎、托叶、叶柄和叶轴均被刺毛；小苞片近圆形，长2.5-3.5毫米；多年生亚灌木 ·········
　　·· **3. 黄花合叶豆 S. blanda**

1. 坡油甘　　　　　　　　　　图 385

Smithia sensitiva Ait. Hort. Kew. 3: 496. t. 13. 1789.

一年生灌木状草本，披散或伏地，高0.15-1米。茎纤细，多分枝，无毛。偶数羽状复叶具小叶3-10对；托叶干膜质，基部下延，无毛；叶柄长约1毫米；叶轴长1-3厘米，上面有小刺毛；小叶长圆形，长0.4-1厘米，先端钝或圆，具刚毛状短尖，边缘与下面中脉被刚毛。总状花序腋生，花序梗长2-3厘米；花1-6或更多密集于上部；小苞片2，卵形，具纵脉，长及萼的1/3，紧贴花萼，宿存。花萼硬纸质，具纵纹，长5-8毫米，疏被刚毛；花冠稍长于萼，黄色，旗瓣倒卵形，具短瓣柄，翼瓣短于旗瓣，龙骨瓣与翼瓣近等长；子房线形，胚珠多数。荚果有4-5荚节，荚节褶叠，密生乳头状突起，包藏于宿存花萼内。

产福建、台湾、江西、湖南、广东、海南、广西、贵州、云南及四川，

图 385 坡油甘 （引自《图鉴》）

生于海拔50-1000米田边或低湿处。全草药用，有祛风、消肿、止咳的功能，亦可作牧草。

2. 缘毛合叶豆 图 386

Smithia ciliata Royle, Illustr. Bot. Himal. 201. t. 35. f. 2. 1839.

一年生草本，高15-60厘米。茎和分枝纤细，无毛。偶数羽状复叶具小叶5对；托叶干膜质，披针形，长约8毫米，基部下延，无毛；叶柄长1.5-2毫米，无毛；叶轴长1.5-3厘米，无毛；小叶倒披针形或线状长圆形，长0.6-1.2厘米，先端钝或圆，边缘与下面中脉被刚毛。总状花序顶生或腋生，花单生或数朵簇生；苞片披针形，长约6毫米；小苞片2，披针形，长约5毫米，具纵纹，被毛。花萼膜质，具网纹脉，长6-8毫米，边缘密生刺毛；花冠黄或白色，稍长于萼，旗

瓣倒卵形，瓣柄短而宽，翼瓣略短于旗瓣，龙骨瓣略短于翼瓣，均具瓣柄和耳；雄蕊二体；子房被毛，具短柄，胚珠多数。荚果有6-8荚节，荚节近圆形，褶叠，有乳头状突起，包藏于宿存花萼内。

产浙江、福建、台湾、江西南部、湖南、广东北部、广西北部、贵州

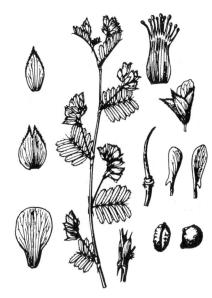

图 386 缘毛合叶豆 （林文宏绘）

西南部、云南及四川，生于海拔100-2800米的村边湿润草地上。印度北部、尼泊尔、锡金、日本及东南亚地区有分布。

3. 黄花合叶豆 图 387

Smithia blanda Wall. in Wight et Arn. Prodr. 221. 1834.

多年生亚灌木；全株被金黄色、开展的刺毛。茎高40-60厘米。偶数羽状复叶具小叶2-5对；托叶披针形，有纵纹，基部下延；叶柄长约3毫米；叶轴长约3厘米；小叶长圆形或倒卵状披针形，长0.6-1.2厘米，先端钝，有刺状短尖，基部歪斜，一侧近圆，一侧楔形，边缘和中脉上面有刺毛。花排列成紧密的伞房式的总状花序；苞片卵圆形，具纵纹；小苞片近圆形，长2.5-3.5毫米，具纵纹。花长约1

厘米；花萼长约5毫米，具网脉；花冠黄色，旗瓣圆形，先端截形或微凹，具短瓣柄，翼瓣略短于旗瓣，龙骨瓣与旗瓣近等长，均具瓣柄和耳；雄蕊二体；子房被毛，胚珠多数。荚果有5-6荚节，荚节具网纹，褶叠，包藏于宿存花萼内。

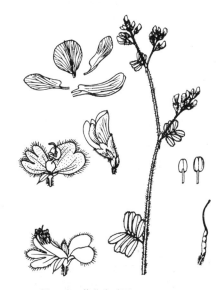

图 387 黄花合叶豆 （林文宏绘）

产云南、贵州中西部及四川西南部，生于海拔1000-2100米的山坡或湿润草地上。尼泊尔及锡金有分布。

84. 睫苞豆属 **Geissaspis** Wight. et Arn.

（李沛琼）

一年生草本。偶数羽状复叶有小叶2对；托叶膜质，无小托叶；总状花序顶生或腋生，具长的花序梗；苞片大，膜质，紧密复瓦状排列，有脉纹和缘毛。花小；花萼2深裂呈二唇形，上唇全缘，下唇有不明显的萼齿；花冠紫色，比萼长2-3倍，旗瓣近宽圆形，平展，具瓣柄，无耳，翼瓣斜倒卵形，龙骨瓣先端钝，均具瓣柄和不甚明显的耳；雄蕊10，单体，花药一式；子房无柄，胚珠1-2，花柱内弯，柱头小，头状。荚果小，有1-2荚节，荚节中部膨胀，具网状纹，有明显而扁平的边缘，不开裂，有1-2粒种子，具果柄。

约3种，分布于亚洲和非洲热带。我国1种。

睫苞豆 图388

Geissaspis cristata Wight et Arn. Prodr. 217. 1834.

一年生草本。茎匍匐，长达60厘米，基部多分枝，有不定根；小枝纤细，有条纹，无毛。羽状复叶具小叶2对；托叶膜质，披针形，长约4毫米，边缘具细密的齿；叶柄长约4毫米，无毛；叶轴与叶柄近等长；小叶薄纸质，倒心形或倒卵形，长5-7毫米，先端截形或微凹，有小刺尖，基部楔形，偏斜，侧脉3-5对；小叶柄不明显。总状花序顶生或腋生，长1.5-1.6厘米；花序梗长1.2厘米；苞片6-12，

近圆形或斜肾形，长0.7-1厘米，宽约1.5厘米，紧密覆瓦状排列，具黄色刚毛状睫毛；花萼长1.2-1.5毫米；花冠紫色，长为萼的2-3倍，旗瓣卵圆形，具短瓣柄，翼瓣与龙骨瓣均与旗瓣近等长，具瓣柄，但无明显的耳；荚果有1-2荚节，荚节肾形，长约4毫米，扁，具网状脉，有明显的扁平的边缘，具1-2粒种子。

图 388 睫苞豆 （林文宏绘）

产香港，生于海拔50米左右的海滨或村旁湿润草地。尼泊尔、印度西南部、斯里兰卡、缅甸、泰国及越南有分布。

85. 丁癸草属 **Zornia** J. F. Gmel.

（李沛琼）

一年生或多年生草本。叶为掌状复叶，有2-4小叶；托叶叶状，基部下延呈盾状；小叶通常有透明腺点；花黄色，排列成疏松的顶生总状花序或穗状花序，每一花的下部有1对大型小苞片，将花萼甚至花冠遮盖；花萼二唇形，上唇二齿连合几至顶部，下方的3齿以中间的1齿较长；花瓣近等长，伸出萼外，旗瓣近肾形，龙骨瓣内弯；雄蕊单体，花药二型，（5长5短）；子房有多数胚珠，无柄或几无柄，柱头小，头状。荚果线形，扁平，有数枚荚节，背缝波状，腹缝直，表面有刺或无刺，每荚节有种子1枚。

约80种，分布于世界的热带至温带地区。我国2种。

丁癸草 图389

Zornia gibbosa Spanog. in Linnaea 15：192. 1841.

Zornia diphylla auct. non（Linn.）Pers.：中国高等植物图鉴 2：443. 1972.

多年生矮小草本。有肥厚的根状茎。茎多分枝，高达50厘米，无毛。托叶披针形，基部下延，长约1毫米，

有脉纹，无毛；小叶2，卵状长圆形、倒卵形或披针形，长0.8-1.5（2.5）厘米，先端急尖，有短尖，基部偏斜，两面无毛，下面有褐色或黑色腺点。总状花序腋生，长2-6厘米，有2-6（10）朵疏生的花；小苞片2，卵形，长0.6-0.7（1）厘米，盾状着生，具缘，有纵脉，大部或几全部将花遮盖。花萼钟状，长约3毫米，二唇形，被短柔毛；花冠黄色，长约1.2厘米，旗瓣肾形，瓣片的宽稍大于长，具短瓣柄，翼瓣与龙骨瓣均与旗瓣近等长，瓣柄均甚缺，龙骨瓣无明显的耳；雄蕊10枚成1组；子房无柄，被柔毛。荚果有2-6荚节，通常长于宿存苞片，荚节近圆形，长约2毫米，不开裂，有网纹及针刺。

产江苏、浙江、台湾、福建、江西、广东、海南、广西、四川及云南，生于海拔田边或旷野草地。日本、缅甸、尼泊尔、印度及斯里兰卡有分布。全草药用，有清热解毒、祛瘀消肿、除湿利尿之效。

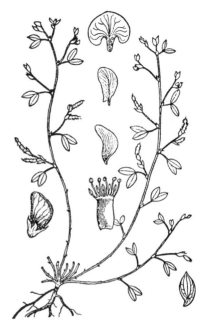

图 389 丁葵草 （引自《图鉴》）

86. 笔花豆属 Stylosanthes Sw.

（李沛琼）

多年生草本或亚灌木，稍具腺毛。羽状复叶具3小叶；托叶与叶柄贴生成鞘状，宿存；无小托叶。花多朵组成密集短穗状花序，腋生或顶生；苞片膜质，宿存；小苞片披针形，膜质，宿存。花萼筒状，5裂，上面4裂片合生，下面1裂片狭窄，分离；花冠黄或橙黄色，旗瓣先端微凹，基部渐窄，具瓣柄，无耳，翼瓣短于旗瓣，分离，上部弯弓，具瓣柄和耳，龙骨瓣形似翼瓣，有瓣柄和耳；雄蕊10，单体，下部闭合成筒状；花药二型，其中5枚较长的近基着，与5枚较短而背着的互生；子房线形，无柄，胚珠2-3，花柱细长，柱头极小，顶生，帽状。荚果扁平，长圆形或椭圆形，顶端具喙，具1-2荚节，果瓣具粗网脉或小疣凸。种子近卵圆形，种脐常偏位，具种阜。

约25种，分布于美洲、非洲和亚洲的热带和亚热带地区。我国引入栽培1种。

圭亚那笔花豆
图 390

Stylosanthes guianensis （Aubl.）Sw. in Svenska Vet. Akad. Handl. 10: 301. 1789.

Trifolium guianense Aubl. in Pl. Guian. 776. t. 309. 1775.

直立草本或亚灌木，稀攀援，高达1米。叶具3小叶；托叶鞘状，长0.4-2.5厘米；叶柄和叶轴长0.2-1.2厘米；小叶卵形、椭圆形或披针形，长0.5-3（-4.5）厘米，先端常急尖，基部楔形，无毛或被疏柔毛或刚毛，边缘有时具小刺状齿；无小托叶，小叶柄长1毫米。花序长1-1.5厘米，具花2-40，常密集，初生苞片长1-2.2厘米，密被伸展长刚毛，次生苞片长2.5-5.5毫米，小苞片长2-4.5毫米。花托长4-8毫米；花萼管椭圆形或长圆形，长3-5毫米；旗瓣橙黄色，具红色细脉纹，长4-8毫米，宽3-5毫米。荚果具

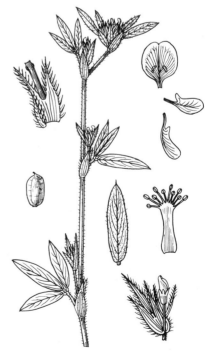

图 390 圭亚那笔花豆 （余汉平绘）

1荚节，卵形，长2-3毫米，无毛或近顶端被短柔毛，喙长0.1-0.5毫米，内弯。种子扁椭圆形，灰褐色，近种脐具喙或尖头，长2.2毫米。

原产南美洲北部。广东引种栽培。为优良牧草，可作绿肥、覆盖植物。

87. 落花生属 Arachis Linn.

（李沛琼）

一年生草本。偶数羽状复叶有小叶2-3对；托叶大部分与叶柄贴生；无小托叶。花单生或数朵簇生叶腋；无花梗；花萼膜质，萼管纤细，随花的发育而伸长，裂片5，上部4裂片合生，下部1裂片与其余的分离；花冠黄色，旗瓣近圆形，具瓣柄，无耳，翼瓣长圆形，具瓣柄和耳，龙骨瓣内弯，先端呈喙状；雄蕊10，单体，常有1枚缺如，花药二型，长短互生，长者为长圆形，背着，短者球形，基着；子房近无柄，胚珠2-3，稀4-5，花柱细长，胚珠受精后子房柄逐渐延长，下弯成一坚实的柄，将子房插入土中，子房则在土中发育成熟。荚果长椭圆形，有凸出的网状脉，不开裂，于种子间缢缩，有1-4粒种子。

约22种，分布于热带美洲。我国引入栽培1种。

落花生　花生　　　　　　　　图 391 彩片 122

Arachis hypogaea Linn. Sp. Pl. 741. 1753.

一年生草本。根部具根瘤。茎直立或匍匐，长30-80厘米，有棱，密被黄色长柔毛，后渐变无毛。羽状复叶有小叶2对；托叶长2-4厘米，被毛；叶柄长5-10厘米，被毛，基部抱茎；小叶卵形长圆形或倒卵形，长2-4厘米，先端钝，基部近圆，全缘，两面被，侧脉约10对。花长约8毫米；苞片2，与小苞片均为披针形；萼管细，长4-6厘米；花冠黄或金黄色，径约1.7厘米，旗瓣近圆形，开展，先端凹，翼瓣长圆形或斜卵形，细长，龙骨瓣长卵圆形，短于翼瓣，内弯，先端渐窄成喙状；花柱伸出萼管外，柱头顶生，疏被柔毛。荚果长2-5厘米，径1-1.3厘米，膨胀，果皮厚。

原产巴西。我国南北各地均有栽培，世界各地亦广为栽培。为重要的油料作物之一，种子含油量达45%，除供食用外，还是制皂、生发油和化妆品的重要原料；油麸为肥料和饲料；茎、叶为良好的绿肥。种子有润肺补脾、养胃调气、强壮的功能。

图 391 落花生　（引自《图鉴》）

88. 鱼鳔槐属 Colutea Linn.

（傅坤俊 张继敏）

灌木。奇数羽状复叶，稀羽状3小叶；托叶小；小叶对生，全缘，无小托叶。总状花序腋生，具长花序梗；苞片及小苞片很小或缺。花萼钟状，萼齿5，近相等或上部2齿较短小，外面被毛；花冠多为黄或淡褐红色，旗瓣近圆形，在瓣柄上方具2折或胼胝体，翼瓣窄镰状长圆形，具短瓣柄，龙骨瓣宽，多内弯，先端钝，具长而合生的瓣柄；雄蕊二体（9+1），花药同形；子房具柄，胚珠多数，花柱内卷或钩曲，腹面上部有髯毛，柱头内卷或钩曲。荚果膨胀如膀胱状，先端尖或渐尖，不开裂或仅在顶端2瓣裂，基部具长果柄，果瓣膜质。种子多数，肾形，无种阜，具丝状珠柄。染色体基数x=8。

约28种，分布于欧洲南部、非洲东北部及亚洲西部至中部。我国2种，引入栽培2种。

1. 小叶7-13；总状花序具3-8花。
　　2. 小枝除嫩梢外，几无毛；枝皮薄纸质，长条状纵裂；花长达2.4厘米；子房密被白色柔毛 ……………………………………………………………………… 1. 尼泊尔鱼鳔槐 **C. nepalensis**
　　2. 小枝被伏贴细柔毛；枝皮不开裂；花长1.8厘米以下，子房密被短柔毛 ………… 2. 鱼鳔槐 **C. arborescens**
1. 小叶9-25；总状花序具8-14(-31)花 ………………………………………………………… 3. 膀胱豆 **C. delavayi**

1. 尼泊尔鱼鳔槐 图 392

Colutea nepalensis Sims in Curtis's Bot. Mag. 53: pl. 2627. 1826.

灌木,高达3米。小枝除嫩梢外,几无毛;枝皮薄纸质,呈条片状纵裂。羽状复叶有小叶7-13;小叶常对生,椭圆形或倒卵形,长1-3厘米,先端圆或近截形,基部圆,上面无毛,下面疏被短柔毛或几无毛。总状花序与叶近等长,具3-10花。花黄色,长达2.4厘米,旗瓣外折,瓣片长2-2.2厘米,宽约1.9厘米,胼胝体长圆形,翼瓣瓣片长1.5厘米,瓣柄长6毫米,龙骨瓣全部合生,瓣片近半圆形,长1-1.1厘米,宽7-8毫米,先端具喙,瓣柄长0.9-1厘米;子房扁平,长圆状披针形,密被白色柔毛,花柱长1厘米,弯曲,先端钩曲,近轴面具纵列须毛。荚果长圆形,长4-5.5厘米,沿腹缝具凹沟,顶端尖或圆,基部具弯曲的果柄,被白色伏毛。种子光滑。

产青海及西藏(阿里地区),生于海拔3000-3500米的山坡、河边石砾地灌丛中。印度、巴基斯坦及阿富汗有分布。

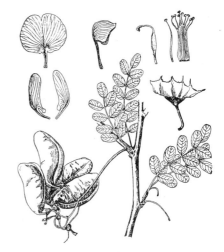

图 392 尼泊尔鱼鳔槐 (葛克俭绘)

2. 鱼鳔槐 图 393

Colutea arborescens Linn. Sp. Pl. 723. 1753.

灌木,高达4米,小枝被伏贴细柔毛,枝皮不开裂。羽状复叶有小叶7-13;托叶三角形至披针状镰形。小叶长圆形至倒卵形,长1-3厘米,先端微凹或圆钝,基部近圆,上面无毛,下面疏被短伏毛。总状花序着花6-8。花萼长约5毫米,外被黑褐及白色伏毛;花冠鲜黄色,长约1.7厘米,旗瓣宽稍大于长,长1.5-1.7厘米,先端微凹,胼胝体新月形,翼瓣长1.1-1.4厘米,基部宽达4毫米,上部渐窄,基部一侧具耳,瓣柄长4毫米,龙骨瓣半圆形,瓣柄长8-9毫米,耳近三角状半圆形;子房密被短柔毛,花柱弯曲,几与子房成直角,顶端内卷,近轴面被白色纵列髯毛。荚果长卵圆形,长6-8厘米,宽2-3厘米,两端尖,带绿色或近基部稍带红色。种子扁,近黑或绿褐色。

原产欧洲。辽宁、山东、陕西及江苏有引种栽培,供观赏。

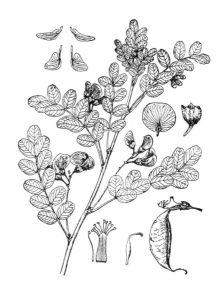

图 393 鱼鳔槐 (葛克俭绘)

3. 膀胱豆 图 394

Colutea delavayi Franch. Pl. Delav. 158. t. 38. 1889.

灌木,高达4米。羽状复叶有小叶19-25;托叶线状披针形,两面密被毛;小叶椭圆形、卵状椭圆形或长倒卵形,长1-2厘米,先端圆或微凹,基部圆或宽楔形,上面几无毛,下面疏被毛。总状花序长于叶或与叶等长,具8-14(-31)花。萼筒长约3毫米,萼齿三角形,长1-1.5毫米,密被毛;花冠淡黄色,旗瓣反折,先端微凹,基部心形,胼胝体半圆形,翼瓣长8毫

米，具耳及瓣柄，龙骨瓣半圆形，瓣片长6.5-8毫米，瓣柄长7毫米，具耳；子房扁，密被毛，具柄，花柱与子房近成直角，顶端内卷，近轴面具纵列髯毛。荚果卵状纺锤形，长3.5-4厘米，绿白或黄绿色，顶端锐尖，基部渐窄，疏被黑褐色毛或无毛。种子褐色，无光泽，柄长2毫米。

产四川西南部及云南西北部，生于海拔1800-3000米山坡阳处、河沟边灌丛中。

图 394 膀胱豆 （引自《图鉴》）

89. 苦马豆属 Sphaerophysa DC.

（傅坤俊 张继敏）

小灌木或多年生草本，无毛或被灰白色毛。奇数羽状复叶；托叶小；小叶3至多数，全缘，无小托叶。总状花序腋生。花萼具5齿，萼齿近等大或上边2齿靠拢；花冠红或紫色，旗瓣圆形，边缘反折，无附属物，翼瓣镰状长圆形，龙骨瓣先端内弯而钝；雄蕊二体（9+1），花药同形；子房具长柄；胚珠多数，花柱内弯，近轴面具纵列髯毛，柱头顶生，头状或偏斜。荚果膨胀，近无毛，几不开裂，基部具长果柄，腹缝线稍内凹，果瓣膜质或革质。种子多数，肾形，珠柄丝状。染色体基数x=8。

2种，主要分布于西亚、中亚、东亚及俄罗斯（西伯利亚）。我国1种。

苦马豆　　　　　　　　　　　　图 395 彩片 123

Sphaerophysa salsula (Pall.) DC. Prodr. 2: 271. 1825.

Phaca salsula Pall. Itin. 3: 216. 245. Append. 747. 1776.

Swainsona salsula (Pall.) Taub.；中国高等植物图鉴 2: 402. 1972.

半灌木或多年生草本；茎直立或下部匍匐，高达60厘米，被或疏或密的白色丁字毛。羽状复叶有11-21小叶；小叶倒卵形或倒卵状长圆形，长0.5-1.5（2.5）厘米，先端圆或微凹，基部圆或宽楔形，上面几无毛，下面被白色丁字毛。总状花序长于叶，有6-16花。花萼钟状，萼齿三角形，被白色柔毛；花冠初时鲜红色，后变紫红色，旗瓣瓣片近圆形，反折，长1.2-1.3厘米，基部具短瓣柄，翼瓣长约1.2厘米，基部具微弯的短柄，龙骨瓣与翼瓣近等长；子房密被白色柔毛，花柱弯曲，内侧疏被纵裂髯毛。荚果椭圆形或卵圆形，长1.7-3.5厘米，膜质，膨胀，疏被白色柔毛。

图 395 苦马豆 （引自《图鉴》）

产吉林、辽宁、内蒙古、河北、山西、陕西、甘肃、宁夏、新疆及青海，生于海拔960-3180米山坡、草原、荒地、沙滩、戈壁绿州、沟渠旁及盐池周围。蒙古、俄罗斯及中亚有分布。

90. 无叶豆属 Eremosparton Fisch. et Mey.

（刘瑛心）

灌木或小乔木。叶退化成鳞片状。总状花序细长，花多数。花萼钟状，齿5裂，上边2齿比下边3齿宽，长为龙骨瓣的1/2；旗瓣圆形或圆肾形，先端微缺，具短爪，龙骨瓣较翼瓣短；雄蕊二体，花药同形；子房无柄，花柱内弯，上部背面被纵髯毛，柱头顶生。荚果圆形或圆卵形，扁平，稍膨胀，2瓣，不开裂，具1-2（3）种子，果瓣膜质。种子肾形，无种阜。

约3种，分布于中亚及欧洲。我国1种。

准噶尔无叶豆

图 396

Eremosparton songoricum（Litv.）Vass. in Kom. Fl. USSR 11: 311. t. 21（8）: 1945.

Eremosparton aphyllum（Pall.）Fisch. et Mey. var. *songoricum* Litv. Tp. Бот. Муз. AH. 11: 74. 1913.

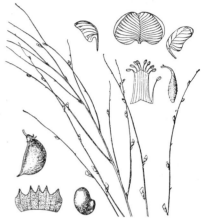

图 396 准噶尔无叶豆 （李志民绘）

灌木，高达80厘米；茎基部多分枝，向上直伸。老枝黄褐色，皮剥落，嫩枝绿色，疏被短柔毛，纤细，稍有棱。叶退化，鳞片状，披针形，长1-2.5毫米。花单生叶腋，在嫩枝上形成长10-15厘米的总状花序。花梗长1-1.5毫米；花萼筒长约2毫米，萼齿三角状；花紫色，旗瓣宽肾形，先端凹入，具短瓣柄，翼瓣长圆形，瓣柄长为瓣片的1/2，龙骨瓣较翼瓣短。荚果卵圆形，稍膨胀，长0.6-1.3厘米，具尖喙，被伏贴短柔毛。种子1（-3），肾形。

产新疆，生于流动及半固定沙地。中亚有分布。根茎沿沙地浅层伸长可达20余米，根茎上萌发多数新株，为优良固沙植物，耐干旱；家畜不吃。

91. 铃铛刺属 Halimodendron Fisch. ex DC.

（李沛琼）

落叶灌木，高达2米，分枝密，具短枝，长枝褐色，无毛当年生小枝密被白色柔毛。偶数羽状复叶，小叶2-4，倒披针形，长1.2-3厘米，先端圆或微凹，基部楔形，幼时两面密被银白色绢毛，小叶柄短；叶轴宿存针刺状，托叶宿存，针刺状。总状花序生于短枝，具2-5花，花序梗长1.5-3厘米，密被绢毛。花梗细，长5-7毫米；花萼钟状，基部偏斜，萼齿极短；花长1-1.6厘米，花冠淡紫或紫红色，稀白色，旗瓣圆形，边缘微卷。翼瓣的瓣柄与耳等长，龙骨瓣半圆形，稍短于翼瓣；雄蕊二体；子房无毛，1室，有长柄，胚珠多数，花柱内弯。荚果长圆形，膨胀，厚革质，长1.5-2.5厘米，背腹稍扁，基部偏斜，顶端有喙，具多数种子。

单种属。

铃铛刺 盐豆木

图 397 彩片 124

Halimodendron halodendron（Pall.）Voss in Vilm. Ill. Blumeng. 3. Aufl. 215. 1896.

图 397 铃铛刺 （仿《图鉴》）

Robinia halodendron Pall. Reise Russ. Reich. 2. Auh. 741. 1770. 形态特征同属。花期7月，果期8月。

产甘肃河西走廊、内蒙古西部及新疆，生于荒漠盐化沙土、河岸盐渍土与胡杨林下。格鲁吉亚高加索山脉、俄罗斯西西伯利亚、塔吉克斯坦、哈萨克斯坦、乌兹别克斯坦和吉尔吉斯斯坦有分布。

92. 锦鸡儿属 Caragana Fabr.
（刘瑛心）

灌木，稀小乔木。偶数羽状复叶或假掌状复叶，有小叶2-10对；叶轴顶端常硬化成针刺；托叶宿存并硬化成针刺，稀脱落；小叶全缘，先端常具小尖头。花梗单生、并生或簇生于叶腋，具关节；苞片1或2，着生在关节处，有时退化成刚毛状或不存在；小苞片缺或1至多片生于花萼下方；花萼管状或钟状，基部偏斜，呈囊状凸起或不为囊状，5萼齿常不相等；花冠黄色，稀淡紫或淡红色，有时旗瓣带橘红或土黄色，各瓣均具瓣柄，翼瓣和龙骨瓣常具耳；二体雄蕊为9与1两组；子房无柄，稀有柄，胚珠多数。荚果无颈，稀有颈，常呈筒状或稍扁，内外有毛或无毛。

100余种，分布于亚洲及欧洲的干旱区和半干旱区。我国62种9变种。本属植物有根瘤，能提高土壤肥力，大多数种可绿化荒山，保持水土。有些种耐干旱、耐贫瘠，根系发达，为固沙植物。有些种花繁叶密，可绿化庭院和做绿篱。有些种的枝叶可做饲料和绿肥。有些种是良好的蜜源植物。

1. 小叶2-10对，全部为羽状排列，或在长枝上的羽状排列，在短枝上的为假掌状排列。
  2. 小叶2对。
    3. 小叶在长枝上的为羽状排列，在腋生短枝上的因无叶轴而呈簇生状；翼瓣瓣柄长为瓣片的1/3，耳与瓣柄近等长 ··· 1. 粗毛锦鸡儿 C. dasyphylla
    3. 小叶既有羽状排列亦有假掌状排列；翼瓣瓣柄长为瓣片的1/2或近等长，耳短于瓣柄。
      4. 花冠长2.8-3厘米；花萼长1.2-1.4厘米；上部的一对小叶通常较大；翼瓣瓣柄与瓣片近等长 ··· 2. 锦鸡儿 C. sinica
      4. 花冠长2.2-2.5米；花萼长6-8毫米；上下部的小叶近等大；翼瓣的瓣柄长为瓣片的1/2 ··· 2(附). 乌苏里锦鸡儿 C. ussuriensis
  2. 小叶2-10对。
    5. 短枝上的小叶2对，假掌状排列，叶轴脱落，稀宿存；长枝上的小叶2-4对，羽状排列；叶轴宿存。
      6. 长枝上的叶轴长0.5-1厘米；小叶长圆形或长圆状披针形，长0.5-1厘米，宽1-3毫米 ··· 3. 西藏锦鸡儿 C. spinifera
      6. 长枝上的叶轴长1-5厘米。
        7. 小叶窄倒披针形或线形，长1.5-2（-3）厘米，宽1-3（-5）毫米 ····· 3(附). 多刺锦鸡儿 C. spinosa
        7. 小叶线形、倒披针形、倒卵状长圆形，长仅0.5-1.2厘米，宽1-3毫米。
          8. 花1-4朵簇生；花萼长0.8-1厘米；旗瓣卵形或长圆状倒卵形；荚果圆筒形 ··· 4. 川西锦鸡儿 C. erinacea
          8. 花单生；花萼萼筒长1-1.3厘米；旗瓣近圆形；荚果线形，扁 ··· 4(附). 粉刺锦鸡儿 C. pruinosa
    5. 长枝与短枝上的小叶均为2-9对，全部为羽状排列。
      9. 叶轴全部硬化宿存，或长枝上的硬化宿存，短枝上的脱落。
        10. 长枝上的叶轴硬化宿存，短枝上的脱落。
          11. 羽状复叶有小叶（2）3-4（5）对 ··············· 5. 刺叶锦鸡儿 C. acanthophylla
          11. 羽状复叶有小叶4-9对。
            12. 每梗具1花；旗瓣先端不凹，翼瓣瓣柄稍短于瓣片，具2耳，下耳与瓣柄近等长 ··· 6. 云南锦鸡儿 C. franchetiana
            12. 每梗具2花；旗瓣先端微凹，翼瓣瓣柄长及瓣片的1/2，具1耳，耳短于瓣柄 ··· 7. 二色锦鸡儿 C. bicolor
        10. 长枝与短枝的叶轴均硬化宿存。

13. 花冠玫瑰、紫红、粉红或白色；小叶4-6对；花萼萼筒长1.4-1.7厘米。

14. 翼瓣的耳生于瓣片基部；花冠玫瑰、淡紫、粉红或白色。

15. 翼瓣具单耳 ··· 8. 鬼箭锦鸡儿 **C. jubata**

15. 翼瓣具双耳。

16. 翼瓣的上耳钻形或三角形，长1-2毫米 ·········· 8(附). 浪麻鬼箭 **C. jubata** var. **czetyrkininii**

16. 翼瓣的上耳线形，长2-6毫米 ·········· 8(附). 两耳鬼箭 **C. jubata** var. **biaurita**

14. 翼瓣的耳生于瓣柄的上部，花冠紫红色 ·········· 8(附). 弯耳鬼箭 **C. jubata** var. **recurva**

13. 花冠黄色；小叶3对或3对以上；花萼萼筒短于1.4厘米。

17. 子房无毛；小叶3对，稀2或4对，披针形或倒披针形，长0.8-1.5厘米，宽3-6毫米 ·········
··· 9. 沧江锦鸡儿 **C. kozlowii**

17. 子房被毛；小叶3-7对。

18. 小叶3-4对，线形，长0.8-1.2厘米，宽0.5-1.5毫米；垫状矮灌木 ·········· 10. 毛刺锦鸡儿 **C. tibetica**

18. 小叶3-7对，非线形；灌木。

19. 小叶3对，互相疏远，顶部1对小叶较大；大灌木，高达4米 ·········· 11. 青甘锦鸡儿 **C. tangutica**

19. 小叶3-7对，互相靠近，大小几相等；小灌木，高1米以下。

20. 子房密被茸毛；小叶3-4对，两面密被茸毛 ·········· 12. 印度锦鸡儿 **C. gerardiana**

20. 子房被柔毛；小叶3-7对，两面被柔毛。

21. 旗瓣常带紫色，翼瓣的瓣柄长为瓣片的1/2，耳线形，稍短于瓣柄；小叶3-6对 ·········
··· 13. 荒漠锦鸡儿 **C. roborovskyi**

21. 旗瓣不带紫色，翼瓣的瓣柄长超过瓣片的1/2，耳齿状；小叶5-7对 ·········
··· 14. 昌都锦鸡儿 **C. changduensis**

9. 长枝和短枝上的叶轴全部脱落。

22. 花萼钟形，长宽近相等，萼齿先端钝；小叶长通常1厘米以上。

23. 每梗常具2花，稀1花；小叶2-4对，倒卵形；子房无柄；荚果无柄 ·········
··· 15(附). 准噶尔锦鸡儿 **C. soongorica**

23. 每梗常具1花；小叶（3）4-10对。

24. 子房具柄；荚果具柄 ·········· 15. 柄荚锦鸡儿 **C. stipitata**

24. 子房无柄；荚果无柄。

25. 花梗长0.8-1.5厘米。

26. 小叶5-9对，倒卵状长圆形、倒披针形或窄倒披针形；一年生枝红褐色；花冠长2.3-2.5厘米，翼
瓣瓣柄比瓣片稍长或近等长 ·········· 16. 南口锦鸡儿 **C. zahlbruckneri**

26. 小叶4-6对，长圆形；一年生枝灰绿褐色；花冠长1.6-1.9厘米，翼瓣瓣柄长为瓣片的1/2 ·········
··· 16(附). 极东锦鸡儿 **C. fruticosa**

25. 花梗长1-5厘米。

27. 花梗常单生。

28. 小叶3-5对；萼齿三角形；龙骨瓣的瓣柄长为瓣片的2/3 ····· 17. 新疆锦鸡儿 **C. turkestanica**

28. 小叶5-10对；萼齿不明显；龙骨瓣的瓣柄较瓣片稍长 ··· 17(附). 东北锦鸡儿 **C. manshurica**

27. 花梗2-5簇生，稀单生。

29. 花冠长1.6-2厘米，翼瓣的瓣柄长为瓣片的3/4，耳长及瓣柄的1/4；针刺状托叶长0.5-1厘米 ···
··· 18. 树锦鸡儿 **C. sibirica**

29. 花冠长2-2.5厘米，翼瓣的瓣柄与瓣片几等长，耳长为瓣片的2/5；针刺状托叶长0.8-1.5毫米，
宽扁 ··· 19. 扁刺锦鸡儿 **C. boisi**

22. 花萼管状钟形或管形，长明显大于宽，萼齿尖；小叶长通常在1厘米以下。

30. 子房与荚果均具柄。

31. 荚果直；老枝深灰绿色或褐色；小叶、花梗、嫩枝初时被柔毛，后变无毛 ·········

　　　　　　　　　　　　　　　　　　　　　　　　　　　　　　　　　······ 20. 秦晋锦鸡儿 C. purdomii

　　31. 荚果呈镰刀状弯曲；老枝淡黄色；小叶、花梗、嫩枝均密被柔毛 ······························
　　　　　　　　　　　　　　　　　　　　　　　　　　　　　　　20(附). 沙地锦鸡儿 C. davazamcii

30. 子房与荚果均无柄。

　　32. 荚果圆筒形，长4-5厘米，宽4-5毫米；小叶幼时被短柔毛；翼瓣之柄长为瓣片的1/2 ······························
　　　　　　　　　　　　　　　　　　　　　　　　　　　　　　　21. 小叶锦鸡儿 C. microphylla

　　32. 荚果披针形或长圆状披针形，长2-3.5厘米，宽5-7毫米；小叶两面密被毛，翼瓣瓣柄与瓣片近等长或稍短。

　　　33. 荚果长2.5-3.5厘米，宽5-6毫米；小叶两面密被长柔毛；翼瓣瓣柄与瓣片近等长 ······························
　　　　　　　　　　　　　　　　　　　　　　　　　　　　　22. 中间锦鸡儿 C. intermedia

　　　33. 荚果长2-2.5厘米，宽6-7毫米；小叶两面密被白色平伏的绢毛；翼瓣瓣柄稍短于瓣片 ······························
　　　　　　　　　　　　　　　　　　　　　　　　　　　　　23. 柠条锦鸡儿 C. korshinskii

1. 小叶2对，全部假掌状排列。

34. 短枝上的羽状复叶无明显的叶轴，小叶呈簇生状；花萼萼筒长4-6毫米，基部通常不膨大。

　　35. 老枝黄白或金黄色，有光泽；花冠黄色。

　　　36. 子房与荚果均无毛；植株高达1.5米；老枝黄白色；翼瓣瓣柄长为瓣片的1/2，耳长约3毫米 ······························
　　　　　　　　　　　　　　　　　　　　　　　　　　　　24. 白皮锦鸡儿 C. leucophloea

　　　36. 子房与荚果均密被柔毛；植株高达50厘米；老枝金黄色；翼瓣的瓣柄稍短于瓣片，耳长约1.5毫米 ···
　　　　　　　　　　　　　　　　　　　　　　　　　　　　24(附). 矮锦鸡儿 C. pygmaea

　　35. 老枝褐、深褐、黄褐或灰绿色；花冠橘黄色，旗瓣背面红褐色或中部带橙褐色。

　　　37. 花冠长1.4-2厘米，旗瓣中部带橙褐色，花梗长0.5-1厘米；老枝褐或深褐色 ······························
　　　　　　　　　　　　　　　　　　　　　　　　　　　　25. 狭叶锦鸡儿 C. stenophylla

　　　37. 花冠长1.1-1.2厘米，旗瓣背面红褐色，花梗长约5毫米；老枝黄褐、灰绿或深褐色 ······························
　　　　　　　　　　　　　　　　　　　　　　　　　　　　26. 变色锦鸡儿 C. versicolor

34. 短枝上的羽状复叶具明显的叶轴，小叶生于叶轴顶部（仅短脚锦鸡儿的小叶呈簇生状）；花萼萼筒长0.6-1.3厘米。

　　38. 花萼萼筒基部膨大呈囊状。

　　　39. 小叶先端锐尖。

　　　　40. 花梗长仅2-5毫米；小叶倒披针形，长0.2-1厘米，两面被短柔毛 ··· 27. 短脚锦鸡儿 C. brachypoda

　　　　40. 花梗长0.5-1.2厘米；小叶线状倒披针形，长0.5-1.2厘米，几无毛或疏被短柔毛 ······························
　　　　　　　　　　　　　　　　　　　　　　　　　　　　28. 甘肃锦鸡儿 C. kansuensis

　　　39. 小叶先端圆、截形或微凹。

　　　　41. 荚果密被长柔毛；花冠长2.5-2.8厘米，旗瓣倒卵状长圆形 ······ 29. 毛掌叶锦鸡儿 C. leveillei

　　　　41. 荚果无毛；花冠长2-2.5厘米，旗瓣宽倒卵形 ················ 30. 甘蒙锦鸡儿 C. opulens

　　38. 花萼萼筒基部不膨大呈囊状，或下部扩大。

　　　42. 旗瓣长圆状倒卵形；花冠紫红或淡红色；子房、荚果均无毛 ············ 31. 红花锦鸡儿 C. rosea

　　　42. 旗瓣倒卵形、卵圆形或近圆形；花冠黄色。

　　　　43. 子房被毛；荚果至少在幼时被灰白色毛。

　　　　　44. 花长2.8-3.1厘米；旗瓣近圆形或卵圆形，翼瓣瓣柄长为瓣片的1/3，耳长及柄的1/2；花萼萼筒基部扩大 ········· 32. 北疆锦鸡儿 C. camilli-schnederi

　　　　　44. 花长约2厘米；旗瓣宽卵形，翼瓣瓣柄稍短于瓣片，耳短，长及瓣柄的1/4；花萼萼筒基部不扩大 ········· 33. 昆仑锦鸡儿 C. polourensis

　　　　43. 子房及荚果均无毛。

　　　　　45. 旗瓣宽倒卵形、倒卵形或宽卵形，翼瓣的瓣柄长为瓣片的2/3以上，花梗长2-8毫米。

　　　　　　46. 荚果短小，长1-2.5厘米，宽2-2.5毫米；花冠长1.4-1.6厘米，旗瓣宽倒卵形，翼瓣的瓣柄与瓣片近等长 ······························ 34. 短叶锦鸡儿 C. brevifolia

46. 荚果稍大,长2-4.5厘米,宽3-4毫米;花冠长1.8-2.3厘米。

    47. 小叶长0.6-1.3厘米;荚果长3-3.5厘米,宽3-4毫米;旗瓣宽卵形,翼瓣瓣柄稍长于瓣片,耳线形,长

        为瓣柄的1/3 ·· 35. **密叶锦鸡儿 C. densa**

    47. 小叶长4-6毫米;荚果长3-4.5厘米,宽4-6毫米;旗瓣倒卵形,翼瓣的瓣柄稍短于瓣片,耳长及瓣柄的

        1/4 或 1/5 ·· 35(附). **吐鲁番锦鸡儿 C. turfanensis**

45. 旗瓣近圆形,翼瓣瓣柄长为瓣片的1/3,花梗0.9-2厘米 ·························· 36. **黄刺条 C. frutex**

1. 粗毛锦鸡儿   图 398

Caragana dasyphylla Pojark. in Kom. Fl. USSR 11: 350. t. 24(2).
1945.

矮灌木,高达30厘米。长枝粗壮,有灰白色条棱。托叶在长枝上为针刺状,宿存,长2-3毫米;羽状复叶在长枝上的具叶轴,叶轴长0.8-2.5厘米,硬化成针刺,在短枝上的无叶轴;小叶2对,在长枝上的羽状着生,在腋生短枝上的近簇生,倒披针形或倒卵形,长0.3-1.2厘米,先端圆或截形,基部楔形,两面被伏贴柔毛。花单生,花梗长2-4毫米,密被柔毛,关节在基部;花萼管状针形,长6-7毫米,

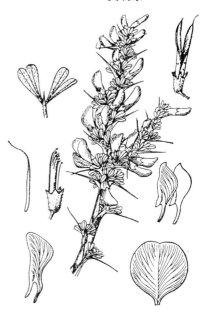

图 398 粗毛锦鸡儿 (蔡淑琴绘)

萼齿长为萼筒1/4;花冠黄色,长1.6-1.8厘米,旗瓣近圆形或宽卵形,翼瓣上部较宽,瓣柄长为瓣片的1/3,耳与瓣柄近等长,龙骨瓣先端具短喙;子房无毛。荚果圆筒状,长2-3.5厘米,宽2.5-2.8毫米,无毛。

    产新疆,生于海拔1700-2500米山坡、河边或沟谷。吉尔吉斯斯坦(天山)有分布。

2. 锦鸡儿 金雀花 黄雀花 白心皮   图 399 彩片 125

Caragana sinica (Buc'hoz) Rehd. in Journ. Arn. Arb. 22: 576. 1941.

Robinia sinica Buc'hoz, Pl. Nouv. Decoul. 24. t. 22. 1779.

    灌木,高达2米。小枝无毛。羽状复叶有小叶2对;托叶三角形,长5-7毫米,硬化成针刺。叶轴脱落或硬化成针刺而宿存,后者长0.7-1.5(2.5)厘米;小叶羽状排列,在短枝上的有时为假掌状排列,倒卵形或长圆状倒卵形,长1-3.5厘米,上部1对通常较大,革质,先端圆或微缺,具刺尖或无,基部楔形或宽楔形。花单生,花梗长约1厘米,中部具关节;花萼钟状,长1.2-1.4厘米,基部偏斜;花冠黄色,常带红色,长2.8-3厘米,旗瓣窄倒卵形,翼瓣稍长于旗瓣,瓣柄与瓣片近等长,耳短于瓣

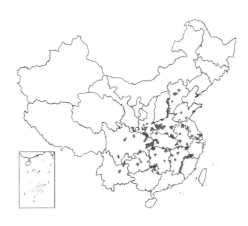

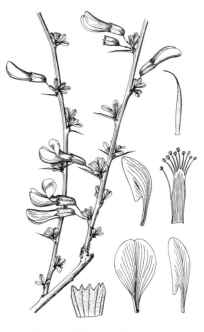

图 399 锦鸡儿 (引自《图鉴》)

柄,龙骨瓣稍短于翼瓣;子房无毛。荚果圆筒形,长3-3.5厘米,宽约5毫米,无毛。

产辽宁、河北、陕西、甘肃南部、山东、江苏、浙江、安徽、福建、江西、湖北、湖南、广西、贵州、四川、云南及陕西,生于山坡或灌丛中。根补血、活血、祛风、清肺益脾的功能;花有滋阴活血、健脾、祛风止咳的功效。

[附] **乌苏里锦鸡儿 Caragana ussuriensis** (Regel) Pojark. in Kom. Fl. USSR 11: 385. t. 23(1). 1945. —— *Caragana frutescens* Linn. var. *ussuriensis* Regel in Mém. Acad. Sci. St. Pétersb. ser. 7, 4(1): 44. 1862. 本种与锦鸡儿的区别:羽状复叶的小叶近等大;花萼长6-8毫米;花冠长2.2-2.5厘米,翼瓣的瓣柄长为瓣片的1/2。产黑龙江东南部,生于山坡,哈尔滨地区有栽培。俄罗斯(乌苏里江流域)有分布。

3. 西藏锦鸡儿 白心皮 黄雀花 金雀花 图 400: 1-6 彩片 126
Caragana spinifera Kom. in Acta Hort. Petrop. 29: 267. 1909.

灌木,高达1米。托叶窄三角形,长1-3毫米,硬化,宿存;叶轴在长枝上的硬化成针刺并宿存,长0.5-1厘米,下弯,较粗壮,在短枝上的脱落,稀宿存,长4-5毫米,细瘦。小叶在长枝上为2-4对,羽状着生,在短枝上为2对,假掌状着生,长圆形或长圆状披针形,长0.5-1厘米,宽1-3毫米,先端锐尖,基部楔形,无毛或疏被短柔毛。花单生,花梗长1-2毫米;花萼管状,长约1厘米,宽约4毫米,萼齿三角形;花冠黄色,旗瓣常带紫红色,菱状倒卵形,长2-2.3厘米,翼瓣稍长于旗瓣,瓣柄与瓣片近等长,耳短小,龙骨瓣稍短于翼瓣,先端具弯喙,瓣柄稍长于瓣片;子房无毛。荚果长约3厘米,无毛。

图 400: 1-6. 西藏锦鸡儿 7-13. 多刺锦鸡儿
(邓盈丰绘)

产西藏中部及青海,生于山坡灌丛中。

[附] **多刺锦鸡儿** 图 400: 7-13 **Caragana spinosa** (Linn.) DC. Prodr. 3: 269. 1825. —— *Robinia spinosa* Linn. Mant. 269. 1771. 与西藏锦鸡儿的区别:长枝上的叶轴长1-5厘米;小叶窄倒披针形或线形,长1.5-2(-3)厘米,宽1-3(-5)毫米;旗瓣倒卵形,龙骨瓣先端无弯喙。产新疆,生于山坡和滩地。蒙古及俄罗斯西伯利亚有分布。

4. 川西锦鸡儿 图 401
Caragana erinacea Kom. in Acta Hort. Petrop. 29: 268. t. 9(B). 1909.

灌木,高达60厘米。老枝绿褐或褐色,具黑色条棱,有光泽。托叶褐红色,长2-3毫米,脱落或宿存;长枝上的叶轴长1.5-2厘米,硬化,宿存;短枝上的叶轴稍硬化,宿存或脱落;小叶2-4对,在短枝上的通常2对,羽状排列,线形、倒披针形或倒卵状长圆形,长0.5-1.2厘米,宽1-2.5毫米,先端锐尖,上面无毛,下面疏被短柔毛。花1-4朵簇生叶腋;花梗极短,被短伏毛或无毛;花萼管状,长0.8-1厘米,花冠黄色,长1.8-2.5厘米,旗瓣卵形至长圆状倒卵形,有时中部及顶部呈紫红色,翼瓣稍长于旗瓣,瓣柄稍长于瓣片,耳小,龙骨瓣与旗瓣近等长;子房密被毛;荚果圆筒形,

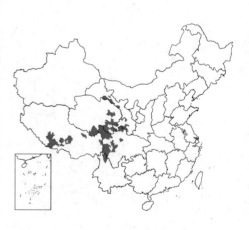

长1.5-2厘米，被短柔毛或无毛。

产甘肃、青海、四川、云南西北部及西藏，生于海拔2750-3000米的山坡草地、林缘、灌丛、河岸及沙丘间。

[附] **粉刺锦鸡儿 Caragana pruinosa** Kom. in Acta Hort. Petrop. 29: 265. 1909. 与川西锦鸡儿的区别：花单生，花萼萼筒长1-1.3厘米，旗瓣近圆形；荚果线形，扁，长约2厘米。产新疆（昭苏、喀什、准噶尔阿拉套山、天山、昆仑山），生于干山坡或河谷。哈萨克斯坦、吉尔吉斯斯坦有分布。

5. 刺叶锦鸡儿
图 402

Caragana acanthophylla Kom. in Acta Hort. Petrop. 29: 311. t. 14(B). 1909.

灌木，高达1.5米，基部多分枝。老枝灰褐色。长枝与短枝上的羽状复叶均有小叶（2）3-4（5）对；托叶在长枝上的硬化成针刺，长2-5毫米，宿存，在短枝上的脱落；叶轴在长枝上的硬化成针刺，长1.5-4厘米，粗壮，宿存，在短枝上的纤细，脱落；小叶全部羽状着生，倒卵形、窄倒卵形或长圆形，长0.4-1.2厘米，先端钝，有刺尖，两面几无毛或疏被短伏毛。花单生，花梗长1-2.5厘米，中上部具关节；花萼钟状管形，长0.6-1厘米，几无毛；花冠黄色，长2.6-3厘米，旗瓣宽卵形，翼瓣瓣柄长为瓣片的1/2或1/3，耳齿状，龙骨瓣的瓣柄长为瓣片的3/4，耳短小；子房几无毛。荚果长2-3厘米，宽约4毫米，无毛。

产新疆，生于干山坡、山前平原、河谷或沙地，常成片生长，构成群落中的优势种。哈萨克斯坦有分布。

6. 云南锦鸡儿
图 403

Caragana franchetiana Kom. in Acta Hort. Petrop. 29: 300. t. 13(A). 1909.

灌木，高1-3米。老枝灰褐色，小枝褐色。长枝与短枝的羽状复叶均有小叶5-9对；托叶膜质，脱落；叶轴在长枝上的硬化成粗针刺，长2-5厘米，宿存，在短枝上的脱落；小叶倒卵状长圆形或长圆形，长5-9毫米，仅幼时被短柔毛，下面灰绿色。花单生，花梗长0.5-2厘米，被柔毛，中下部具关节；花萼短管状，长0.8-1.2厘米，基部囊状，初时疏被柔毛，萼齿披针状三角形，长2-5毫米；花冠黄色，有时旗瓣带紫色，长约2.3厘米，旗瓣近圆形，先端不凹，具长瓣柄，翼瓣的瓣柄稍短于瓣片，具2耳，下耳线形，与瓣柄近等长，上耳齿状，龙骨瓣与翼瓣近等长；子房密被柔毛。荚果圆筒状，长2-4.5厘米，外面密被伏贴柔毛，里面被褐色柔毛。

图 401 川西锦鸡儿 （张泰利绘）

图 402 刺叶锦鸡儿 （蔡淑琴绘）

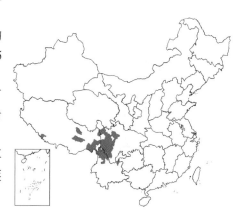

产四川、云南及西藏,生于海拔3300-4000米的山坡灌丛、林下或林缘。根有活血调经、祛风利湿的功能。

7. 二色锦鸡儿

图 404

Caragana bicolor Kom. in Acta Hort. Petrop. 29: 299. t. 9 (A). 1909.

图 403 云南锦鸡儿 (张泰利绘)

灌木,高达3米。老枝灰褐色或深灰色,小枝褐色,被短柔毛。羽状复叶有小叶4-8对;托叶三角形,膜质,脱落;长枝上的叶轴硬化成粗针刺,长1.5-5厘米,短枝上的叶轴脱落;小叶倒卵状长圆形、长圆形或椭圆形,长3-8毫米,先端钝或急尖,基部楔形,仅下面疏被柔毛。花梗单生,长1-2厘米,密被短柔毛,中部具关节,在关节处具2枚苞片并由此分叉为2枚小花梗,每小花梗生1朵花,每花下具3枚线形小苞片;花萼钟状,长约1厘米,萼齿披针形,长2-4毫米,先端尖,被丝质柔毛;花冠黄色,长2-2.2厘米,旗瓣倒卵形,先端微凹,翼瓣的瓣柄长为瓣片的1/2,耳细长,稍短于瓣柄,龙骨瓣稍短于旗瓣;子房密被柔毛。荚果圆筒状,长3-4厘米,宽约3毫米,外面疏被白色柔毛,里面密被褐色柔毛。

产四川、云南西北部及西藏,生于海拔2400-3500米的山坡灌丛或杂木林内。

8. 鬼箭锦鸡儿 鬼见愁

图 405 彩片 127

Caragana jubata (Pall.) Poir. in Lam. Encycl. Suppl. 2: 89. 1811.

Robinia jubata Pall. in Acta Acad. Sci. Imp. Petrop. 10: 370. 1799.

图 404 二色锦鸡儿 (蔡淑琴绘)

灌木,直立或伏地,高达2米,基部多分枝。羽状复叶有小叶4-6对;叶轴长5-7厘米,疏被柔毛,长枝与短枝上的均硬化成针刺状,宿存;小叶长圆形,长1.1-1.5厘米,宽4-6毫米,先端圆,具刺尖,两面被长柔毛。花单生,花梗极短,长不及1毫米,基部具关节;花萼钟状管形,长1.4-1.7厘米,被长柔毛,萼齿披针形,长为萼筒的1/2;花冠玫瑰、淡紫、粉红或近白色,长2.7-3.2厘米,旗瓣宽卵形,基部渐窄成长柄,翼瓣的瓣柄长为瓣片的2/3至3/4,耳线形,生于瓣片基部,长为瓣柄的3/4,龙骨瓣先端斜截形而稍凹;子房被长柔毛。荚果长椭圆形,长约3厘米,宽6-7毫米,密被丝状长柔毛。

产内蒙古、河北、山西、

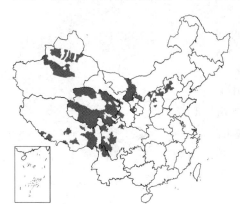

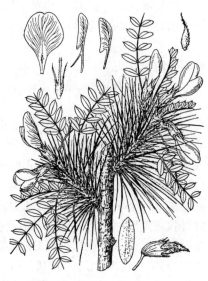

图 405 鬼箭锦鸡儿 (引自《图鉴》)

陕西北部、宁夏、甘肃、青海、新疆、四川、云南西北部及西藏,生于海拔2400-3000米的山坡、林缘。俄罗斯西伯利亚及蒙古有分布。茎纤维可制绳索和编织麻袋。根有清热消肿、生肌止痛的功能。

　　[附] **浪麻鬼箭** Caragana jubata var. **czetyrkininii** (Sancz.) Liou f. Fl. Reipub. Popul. Sin. 42(1): 28. 1993. —— *Caragana czetyrkininii* Sancz. in Бот. Мун. 59(2): 232. 1974. 与鬼箭锦鸡儿的区别:翼瓣具2耳,下耳线形,稍短于瓣柄,上耳钻形或三角形,长1-2毫米。产青海、西藏及云南西北部,生于海拔3800-4400米的高山灌丛中。用途与鬼箭锦鸡儿相同。

　　[附] **两耳鬼箭** Caragana jubata var. **biaurita** Liou f. in Acta Phytotax. Sin. 22: 214. 1984. 与鬼箭锦鸡儿的区别:翼瓣具2耳,上耳线形,长2-6毫米。与浪麻鬼箭的区别:小叶宽5-7毫米;花萼长1.4-1.5厘

米;花冠长3.6-3.9厘米。产河北(涿鹿)、宁夏北部及新疆南部,生于海拔约3000米的高山灌丛中。用途与鬼箭锦鸡儿相同。

　　[附] **弯耳鬼箭** Caragana jubata var. **recurva** Liou f. in Acta Phytotax. Sin. 22: 214. 1984. 与鬼箭锦鸡儿的区别:花冠紫红色,长约2.5厘米;翼瓣的耳生于瓣柄上。产宁夏贺兰山、甘肃南部及四川北部,生于海拔2700-3000米的山坡。用途与鬼箭锦鸡儿相同。

9. 沧江锦鸡儿　　　　　　图 406

Caragana kozlowii Kom. in Acta Hort. Petrop. 29: 283. t. 11(A). 1909.

灌木,高达1.5米。老枝灰褐色或褐色;嫩枝褐色或淡褐色,疏被柔毛。羽状复叶通常具小叶3对,稀2或4对;托叶窄卵形或卵形,边缘膜质,不硬化成针刺;叶轴长2-4厘米,稍硬化,宿存;小叶披针形或倒披针形,长0.8-1.5厘米,宽3-6毫米,先端锐尖,基部楔形,无毛。花单生,花梗长1-5毫米;花萼钟状管形,长0.9-1.3厘米,萼齿三角形,长为萼筒1/4;花冠黄色,长1.5-1.7厘米,旗瓣宽卵形,瓣片基部近平截,瓣柄极短。子房无毛。荚果披针形或线形,长2.5-3.5厘米,宽4-7毫米,带黄色,顶端短渐尖,无毛,有光泽或无。

图 406 沧江锦鸡儿 (蔡淑琴绘)

　　产青海南部、四川西北部及西藏东部,生于海拔3600-4000米的河岸。

10. 毛刺锦鸡儿　　　　　　图 407

Caragana tibetica Kom. in Acta Hort. Petrop. 29: 282. t. 10. 1909.

垫状矮灌木,高20-30厘米,密丛生,常呈垫状。老枝灰黄色或灰褐色,小枝密被长柔毛。羽状复叶有小叶3-4对;托叶卵形或近圆形,膜质;叶轴密生,长2-3.5厘米,全部硬化成针刺状,宿存,淡褐色,嫩时密被长柔毛;小叶线形,长0.8-1.2厘米,宽0.5-1.5毫米,先端尖,有刺尖,基部窄,两面密被银白色伏贴长柔毛。花单生,近无梗;花萼管状,长0.8-1.5厘米,宽约5毫米;花冠黄色,长2.2-2.5厘米,旗瓣倒卵形,基部渐窄成瓣柄,翼瓣瓣柄与瓣片近等长,龙骨瓣瓣柄稍长于瓣片,耳均短小,齿状;

子房密被柔毛。荚果椭圆形，长7-8毫米，外面密被柔毛，里面密被绒毛。

产内蒙古、陕西北部、宁夏、甘肃、青海、四川西部及西藏，生于干旱山坡或沙地。根有祛风、活血、利尿、止痛的功能。

11. 青甘锦鸡儿 甘青锦鸡儿 图 408

Caragana tangutica Maxim. ex Kom. in Acta Hort. Petrop. 29: 286. t. 12. 1909.

大灌木，高1-4米。老枝绿褐色，枝皮片状剥落。羽状复叶通常有小叶3对，极少2对；托叶膜质，褐色；叶轴硬化成细针刺，斜伸或下弯，长

1.5-4厘米；小叶各对间较疏远，倒披针形或长圆状卵形，长0.8-1.5厘米，通常最顶部的1对稍大，先端锐尖，具软刺尖，基部楔形，近无毛或下面疏被长柔毛。花单生，花梗长0.8-2.5厘米，密被白色长柔毛，近基部具关节；花萼钟状管形，长0.8-1.3厘米，被白色柔毛，萼齿三角形，长2-3毫米；花冠黄色，长2.3-2.7厘米，旗瓣宽倒卵形，翼瓣的瓣柄稍短于瓣片，耳线形，长为瓣柄的1/2，龙骨瓣稍短于翼瓣；子房密被短柔毛。荚果线形，长3-4厘米，宽约7毫米，密被伏贴长柔毛。

产宁夏南部、甘肃、青海、四川西部及西藏东北部，生于山坡灌丛中或阳坡林内。

12. 印度锦鸡儿 图 409 彩片 128

Caragana gerardiana Royle, Illustr. Bot. Himal. 198. t. 34(1). 1839.

灌木，高0.4-1米。老枝黄褐色或灰色；嫩枝褐色，被长柔毛。羽状复

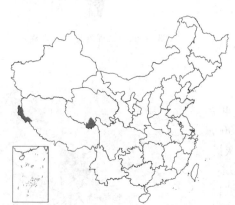

叶有小叶（2）3-4（5）对；托叶三角形或宽卵状三角形，膜质，红褐或淡褐色；叶轴长1.5-3.5厘米，硬化成刺状，宿存，密被茸毛；小叶之间互相靠近，椭圆形或倒卵形，长0.5-1厘米，先端圆，具刺尖，基部楔形，两面密被茸毛。花单生，有时2花并生，花梗长2-4毫米，被茸毛，基部具关节；花萼

管状，长1-1.3厘米，密被短柔毛，萼齿三角形；花冠黄色，长2.3-2.5厘米，旗瓣宽倒卵形，瓣柄长为瓣片1/3，翼瓣上部较宽，瓣柄稍短于瓣片，龙骨瓣先端具弯喙；子房密被茸毛。荚果披针形或窄卵形，长1.5-2厘米，

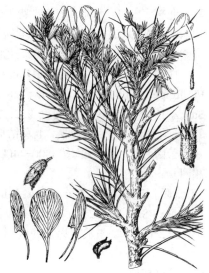

图 407 毛刺锦鸡儿 （张泰利绘）

图 408 青甘锦鸡儿 （张泰利绘）

图 409 印度锦鸡儿 （蔡淑琴绘）

宽5-6毫米，膨胀，内外均被茸毛。

产西藏西部及青海南部，生于海拔3700-4100米的山坡灌丛中。印度有分布。

13. 荒漠锦鸡儿 图 410

Caragana roborovskyi Kom. in Acta Hort. Petrop. 29：280. t. 8（B）. 1909.

灌木，高达1米，直立或斜升，基部多分枝。老枝黄褐色，枝皮剥裂；幼枝密被白色柔毛。羽状复叶有小叶3-6对；托叶膜质，被柔毛，具刺尖；叶轴硬化成针刺，宿存，长1-2.5厘米，密被柔毛；小叶宽倒卵形或长圆形，长0.4-1厘米，先端圆或锐尖，具刺尖，基部楔形，两面密被白色丝质柔毛。花单生，花梗长约4毫米，关节在中部到基部，密被柔毛；花萼管状，长1.1-1.2厘米，密被白色柔毛，萼齿披针形，长约4毫米；花冠黄色，旗瓣常带紫色，瓣片倒卵形，长2.3-

图 410 荒漠锦鸡儿 （蔡淑琴绘）

2.7厘米，翼瓣瓣柄长为瓣片的1/2，耳线形，略短于瓣柄，龙骨瓣先端尖；子房密被柔毛。荚果圆筒形，长2.5-3厘米，被白色柔毛。

产内蒙古、甘肃、宁夏、新疆及青海东部，生于山坡、山沟、黄土丘陵及沙地，吉尔吉斯斯坦有分布。

14. 昌都锦鸡儿 图 411

Caragana changduensis Liou f. in Acta Phytotax. Sin. 22：212. 1984.

灌木，高达2米。老枝黄褐或灰褐色，枝皮剥落；具密集的短枝。羽状复叶有小叶5-7对；托叶红褐色，革质，密被长柔毛；叶轴细，长2-3（-6.5）厘米，密生在短枝上，被柔毛，宿存；小叶卵状长圆形或长圆形，长5-7毫米，先端锐尖，两面被柔毛。花单生，花梗长2-3毫米，关节在基部；花萼管状，长0.7-1厘米，带红褐色，被柔毛；花冠黄色，长2.2-2.3厘米，旗瓣宽倒卵

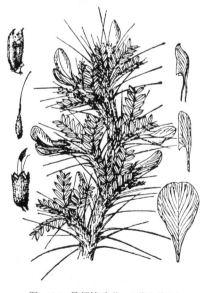

图 411 昌都锦鸡儿 （蔡淑琴绘）

形，翼瓣的瓣柄稍短于瓣片，耳短小，齿状，长约1毫米，龙骨瓣先端尖；瓣片基部截形，耳不明显；子房密被毛。荚果披针形，两侧扁，长约2.5厘米，宽约5毫米，外面被柔毛，内面无毛。

产青海南部、四川西北部及西藏，生于海拔3150-4300米山坡灌丛或河岸。

15. 柄荚锦鸡儿 图 412

Caragana stipitata Kom. in Acta Hort. Petrop. 29：343. t. 15（D）. 1909.

灌木，高达2米。老枝深灰褐或

淡褐色,有光泽;幼枝被短柔毛。羽状复叶有小叶4-6对;托叶针刺状,长0.4-1.1厘米,脱落或宿存;叶轴长3-7厘米,长枝与短枝上的均脱落;小叶长圆形、椭圆形或卵状披针形,长1.5-2(-2.8)厘米,宽0.7-1(-1.5)厘米,两端锐尖或近圆,具刺尖,幼时密被绢毛。花单生,花梗长0.6-1.5厘米,关节在上部,被毛;花萼钟状,长5-7毫米,宽4-5毫米,密被绢毛,后渐脱落,萼齿三角形,先端钝;花冠黄色,长1.3-1.5厘米,旗瓣菱状宽卵形,瓣柄长为瓣片的1/3,龙骨瓣的瓣柄稍长于瓣片;子房密被绢毛,具柄。荚果披针形,长2.5-3厘米,扁,基部具柄,柄与宿萼近等长或稍长。

产河北西南部、山西南部、陕西、甘肃东部、河南西部及四川东北部,生于海拔1000-1700米山坡、沟谷、灌丛或林缘。

[附] **准噶尔锦鸡儿 Caragana soongorica** Grub. in Not. Syst. Herb. Inst. Bot. Acad. Sci. USSR 19: 543. f. 2. 1959. 与柄荚锦鸡儿的

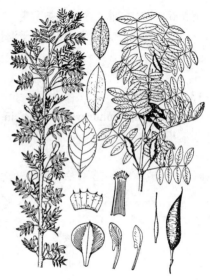

图 412 柄荚锦鸡儿 (引自《秦岭植物志》)

区别:小叶2-4对,倒卵形;花梗在关节以上2分叉,每分叉上长1花,稀无分叉;子房与荚果均无柄。产新疆,生于海拔1200-1800米河流阶地或山坡灌丛中。

16. 南口锦鸡儿　　　　　图 413

Caragana zahlbruckneri Schneid. Ill. Handb. Laubh. 2: 96. 1907.

灌木,高达1.5米,多分枝。老枝黑褐或绿褐色,光滑;一年生枝红褐色,被短柔毛。羽状复叶有小叶5-9对;托叶硬化成针刺,长0.5-1.6厘米;叶轴细瘦,长3-8厘米,被柔毛,全部脱落;小叶倒卵状长圆形、倒披针形或窄倒披针形,长0.6-1.8厘米,先端钝或圆,基部楔形,两面被伏贴柔毛或几无毛。花单生,稀2花并生,花梗长0.8-1.5厘米,被短柔毛,关节在中

部以上或上部;花萼钟状管形,长7-8毫米,宽6-7毫米,被短柔毛,萼齿长约1毫米,先端钝;花冠黄色,旗瓣倒卵形或近圆形,长2.3-2.5厘米,具短瓣柄,翼瓣的瓣柄与瓣片近等长或稍长,耳短,齿状,龙骨瓣的瓣柄稍长于瓣片,无明显的耳;子房无毛,无柄。荚果长4-4.5厘米,宽4-5毫米,扁,无毛,无柄。

产黑龙江南部、河北北部及山西西北部,生于灌丛中。

[附] **极东锦鸡儿 Caragana fruticosa** (Pall.) Bess. Cat. Pl. Hort. Cremen. 116. 1816. —— *Robinia altagana* Pall. var. *fruticosa* Pall. Fl.

图 413 南口锦鸡儿 (蔡淑琴绘)

Ross. 1: 69. 1784. 与南口锦鸡儿的区别:一年生枝灰绿褐色;小叶4-6对,长圆形;花冠长1.6-1.9厘米,翼瓣瓣柄长为瓣片的1/2。产黑龙江,生于山坡灌丛中。俄罗斯远东地区及朝鲜有分布。

17. 新疆锦鸡儿 图 414

Caragana turkestanica Kom. in Acta Hort. Petrop. 29: 314. t. 14(C). 1909.

灌木，高达2米，多分枝。老枝灰色或灰绿色；小枝细长，淡褐或绿褐色，几无毛或嫩时被伏毛。羽状复叶有小叶3-5对；托叶硬化成针刺，长2.5-1厘米，水平开展，脱落或宿存。叶轴硬化成细瘦或粗壮的针刺，长3-6厘米，大部分脱落，少数宿存；小叶宽倒卵形或椭圆形，长1-2厘米，宽0.5-1厘米，先端圆或楔形，具刺尖，基部楔形，稀圆，无毛或疏被伏贴柔毛。花单生，花梗与叶近等长，长2-5厘米，无毛，关节在中部以上；花萼钟状，长与宽均为6-8毫米，无毛，

萼齿三角形，先端钝；花冠黄色，旗瓣宽卵形，长2.4-2.7厘米，基部窄成短柄，翼瓣稍长于旗瓣，先端较宽，瓣柄长为瓣片的2/5，耳线形，长及瓣柄的1/3，龙骨瓣与旗瓣近等长，瓣柄长为瓣片的2/3；子房无毛。荚果圆筒状，长3-5厘米，宽6-6.5毫米，无毛。

产新疆，生于干旱灌丛或向阳山坡。吉尔吉斯斯坦有分布。

[附] **东北锦鸡儿 Caragana manshurica** Kom. in Acta Hort. Petrop.

图 414 新疆锦鸡儿 （蔡淑琴绘）

29: 336. t. 16.(A). 1909. 与新疆锦鸡儿的区别：小叶5-10对；花萼萼齿不明显；龙骨瓣的瓣柄稍长于瓣片。产黑龙江、吉林、辽宁、内蒙古、河北及山西，生于山坡及林缘。

18. 树锦鸡儿 图 415

Caragana sibirica Fabr. Enum. Meth. Pl. 2. ed. 921. 1763.

Caragana arborescens（Amm.）Lam.；中国高等植物图鉴 2: 411. 1972；中国植物志 42（1）: 40. 1993.

小乔木或大灌木，高达6米。老枝深灰色，平滑；小枝绿色或黄褐色，幼时被毛。羽状复叶有小叶4-8对；托叶针刺状，长0.5-1厘米，在长枝上通常脱落；叶轴细瘦，长3-7厘米，幼时被柔毛，全部脱落；小叶长圆状倒卵形、窄倒卵形或椭圆形，长1-2（2.5）厘米，先端圆钝，具刺尖，基部宽楔形，幼时被毛。花2-5簇生，花梗长2-5厘米，关节在上部；花萼钟状，长6-8

毫米，萼齿短宽，先端钝；花冠黄色，长1.6-2厘米，旗瓣菱状宽卵形，长与宽近相等，具短瓣柄，翼瓣稍长于旗瓣，瓣柄长为瓣片的3/4，耳距状，长及瓣柄的1/4，龙骨瓣稍短于旗瓣；子房无毛或疏被短柔毛。荚果圆筒形，

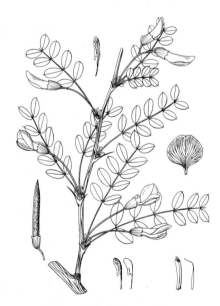

图 415 树锦鸡儿 （张泰利绘）

长3.5-6厘米，粗3-6.5毫米，无毛。

产黑龙江、吉林、内蒙古东北部、河北、山西、陕西、甘肃、新疆及河

南，生于林间或林缘。俄罗斯西伯利亚有分布。可作防风固沙植物，及庭园观赏植物。

19. 扁刺锦鸡儿
图 416

Caragana boisi Schneid. Ill. Handb. Laubh. 2: 96. 1907.

灌木，高达2.5米。老枝深褐色，一年生枝紫褐色，幼时疏被短柔毛。

羽状复叶有小叶4-10对；托叶硬化成针刺，长0.8-1.5厘米，宽而扁，开展，红褐色，宿存；叶轴几全部脱落，无毛；小叶椭圆形，长圆形或倒卵状椭圆形，长0.5-1.8厘米，宽0.4-1.2厘米，先端圆，具刺尖，基部宽楔形或近圆，幼时两面或仅下面沿脉被绢毛，后变无毛，下面灰白色。花单生或2花并生，稀3花簇生；花梗长1.5-2.8厘米，中部以上或近顶部具关节，初时被毛；花萼钟状，长0.6-1.1厘米，宽5-6毫米，无毛或疏被短柔毛，萼齿三角形，先端钝；花冠黄色，长2-2.5厘米，旗瓣宽卵形，瓣柄长约为瓣片的1/2，翼瓣的瓣柄与瓣片近等长，耳长为瓣柄的2/5，龙骨瓣稍短于翼瓣；子房被

图 416 扁刺锦鸡儿 （蔡淑琴绘）

毛。荚果直，长3-4厘米，宽4-5毫米，扁，无毛。

产陕西、甘肃南部及四川，生于山坡杂木林、山谷与河岸。

20. 秦晋锦鸡儿
图 417

Caragana purdomii Rehd. in Journ. Arn. Arb. 7: 168. 1926.

灌木，高达3米。老枝深灰绿或褐色；幼枝被伏贴柔毛，后变无毛。羽状复叶有5-8对小叶；托叶硬化成针刺，长0.5-1.2厘米，开展或反曲；叶轴长2-4厘米，脱落；小叶倒卵形、椭圆形或长圆形，长3-8毫米，先端圆、微凹或锐尖，具刺尖，基部楔形或稍圆，幼时两面疏被柔毛，后变无毛。花单生或2-4簇生，花梗长1-2厘米，关节在上部；花萼管状钟形，长0.8-1厘米，宽5-6毫米，被短柔毛或几无毛，萼齿宽三角形，顶端尖；花冠黄色，

长2.5-2.8厘米，旗瓣宽倒卵形，长约2.7厘米，具短瓣柄，翼瓣瓣柄长为瓣片的2/3，耳距状，长为瓣柄的1/3，龙骨瓣稍短于翼瓣；子房疏被毛或仅基部被毛，稍无毛，具柄。荚果直，长4-5厘米，宽6-7毫米，基部具柄，柄与宿萼近等长或稍长。

产内蒙古（伊克昭盟）、山西、陕西及甘肃，生于海拔1700米左右的黄土丘陵或阳坡。

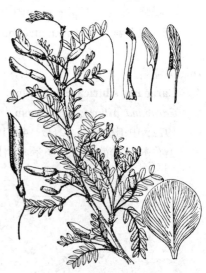

图 417 秦晋锦鸡儿 （蔡淑琴绘）

［附］ 沙地锦鸡儿 **Caragana davazamcii** Sancz. in Бот. Мүн. 59(2): 233. 1974. 与秦晋锦鸡儿的区别：老枝深黄色；小叶、花梗、嫩枝均密被柔毛，荚果呈镰刀状弯曲。产内蒙古，生于荒漠化草原带的沙地或沙丘。蒙古有分布。

21. 小叶锦鸡儿 图 418

Caragana microphylla Lam. Encycl. 1: 615. 1783.

灌木，高达2-3米。老枝深灰色或黑绿色，幼枝被毛。羽状复叶有5-10对小叶；托叶长1.5-5厘米，脱落；小叶倒卵形或倒卵状长圆形，长0.3-1厘米，宽2-8毫米，先端圆或钝，具短刺尖，幼时被短柔毛。花单生，花梗长约1厘米，近中部具关节，被柔毛；花萼管状钟形，长0.9-1.2厘米，宽5-7毫米，萼齿宽三角形，先端尖；花冠黄色，长约2.5厘米，旗瓣宽倒卵形，基部具短瓣柄，翼瓣的瓣柄长为瓣片的1/2，耳齿状，龙骨瓣的瓣柄与瓣片近等长，瓣片基部无明显的耳；子房无毛，无柄。荚果圆筒形，长4-5厘米，宽4-5毫米，稍扁，无毛，具锐尖尖头，无柄。

图 418 小叶锦鸡儿 （张泰利绘）

产吉林、辽宁、内蒙古、河北、山西、山东、陕西、宁夏、甘肃及河南，生于固定、半固定沙地。蒙古及俄罗斯西伯利亚有分布。

22. 中间锦鸡儿 图 419

Caragana intermedia Kuang et H. C. Fu in Fl. Intramong. 3: 287. 178. 1977.

灌木，高达1.5-2米。老枝黄灰色或灰绿色；幼枝被毛。羽状复叶有3-8对小叶；托叶在长枝上者硬化针刺，长4-7毫米，宿存；叶轴长1-5厘米，密被白色长柔毛，脱落；小叶椭圆形或倒卵状椭圆形，长0.3-1厘米，先端圆或锐尖，稀截形，有短刺尖，基部宽楔形，两面密被长柔毛。花单生，花梗长1-1.6厘米，关节在中部以上；花萼管状钟形，长0.7-1.2厘米，宽5-6毫米，密被短柔毛，萼齿三角形；花冠黄色，长2-2.5厘米，旗瓣宽卵形或近圆形，具短瓣柄，翼瓣顶端稍尖，瓣柄与瓣片近等长，耳齿状；子房无毛，无柄。荚果披针形或长圆状披针形，长2.5-3.5厘米，宽5-6毫米，扁，

图 419 中间锦鸡儿 （蔡淑琴绘）

先端短渐尖，无柄。

产内蒙古、河北、山西西部、陕西、宁夏及甘肃，生于半固定和固定沙地或黄土丘陵。可作为黄土山坡的绿化植物。

23. 柠条锦鸡儿 图 420

Caragana korshinskii Kom. in Acta Hort. Petrop. 29: 351. t. 13. 1909.

灌木，稀小乔木状，高达4米。老枝金黄色，有光泽；嫩枝被白色柔毛。羽状复叶有6-8对小叶；托叶在长枝上者硬化成针刺，长3-7毫米，宿存；叶轴长3-5厘米，脱落；小叶披

针形或窄长圆形,长7-8毫米,宽2-7毫米,先端锐尖或钝,有刺尖,基部宽楔形,灰绿色,两面密被白色伏贴绢毛;花单生,花梗长0.6-1.5厘米,密被柔毛,关节在中上部;花萼管状钟形,长8-9毫米,宽4-6毫米,旗瓣宽卵形或近圆形,先端近截形或稍凹,具短瓣柄,翼瓣瓣柄稍短瓣片,先端稍尖,耳齿状,龙骨瓣稍短于翼瓣,先端稍尖;子房无毛,无柄。荚果披针形,长2-2.5厘米,宽6-7毫米,扁,几无毛或疏被毛。

产内蒙古、山西西部及北部、陕西、宁夏、甘肃,生于半固定和固定沙地,常为群落中的优势种。为优良的固沙及水土保持植物。

图 420 柠条锦鸡儿 （张泰利绘）

24. 白皮锦鸡儿　　　　　　　　　图 421

Caragana leucophloea Pojark. in Kom. Fl. USSR 11: 399. t. 24(1). 1945.

灌木,高1-1.5米。老枝黄白色,有光泽;嫩枝被短柔毛,常带紫红色。假掌状复叶有小叶2对;托叶在长枝上者硬化成针刺,长2-5毫米,宿存,在短枝上者脱落;叶轴在长枝上者硬化成针刺,长5-8毫米,宿存,短枝上的叶轴不明显,小叶在长枝上的假掌状排列,在短枝上的簇生,窄倒披针形,长0.4-1.2厘米,宽1-3毫米,先端钝尖或钝,有短刺尖,无毛或疏被伏贴短柔毛。花单生或并生;花梗长0.3-1.5厘米,无毛,关节在中部以上或以下;花萼钟状,长5-6毫米,宽3-5毫米,萼齿三角形;花冠黄色,旗瓣宽倒卵形,长1.3-1.8厘米,具短瓣柄,翼瓣向上渐宽,瓣柄长为瓣片的1/2,耳长约3毫米,龙骨瓣与翼瓣近等长,耳不明显;子房无毛。荚果圆筒形,长3-3.5厘米,宽5-6毫米,内外均无毛。

产内蒙古、甘肃及新疆,生于干山坡、山前平原、山谷及戈壁滩。蒙古及哈萨克斯坦有分布。

[附] 矮锦鸡儿 **Caragana pygmaea** (Linn.) DC. Prodr. 2: 268. 1825.

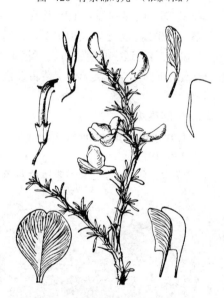

图 421 白皮锦鸡儿 （蔡淑琴绘）

—— *Robinia pygmaea* Linn. Sp. Pl. 723. 1753. 与白皮锦鸡儿的区别:植株矮,高仅30-50厘米,老枝金黄色;翼瓣的瓣柄稍短于瓣片,耳长约1.5毫米;子房与荚果均密被柔毛。产内蒙古,生于沙地。蒙古有分布。

25. 狭叶锦鸡儿　　　　　　　　　图 422

Caragana stenophylla Pojark. in Kom. USSR 11: 397. 344. 1955.

矮灌木,高30-80厘米。老枝褐或深褐色;嫩枝被短柔毛。假掌状复叶有小叶2对;托叶在长枝上者硬化成针刺,长2-3毫米,宿存;叶轴在长枝上的硬化成针刺,长4-7毫米,直伸或下弯,宿存,短枝上的叶轴不明

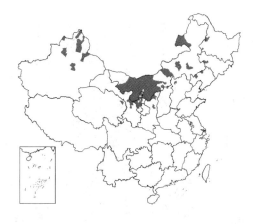

显；小叶在长枝上的假掌状排列，在短枝上的簇生，线状披针形或线形，长0.4-1.1厘米，常内折。花单生，花梗长0.5-1厘米，关节在中部稍下；花萼钟状管形，长4-6毫米，宽约3毫米，无毛或疏被毛，萼齿三角形，长约1毫米；花冠橘黄色，旗瓣圆形或宽倒卵形，长1.4-1.7（2）厘米，中部常常橙褐色，瓣柄短而宽，翼瓣上部较宽，瓣柄长约为瓣片的1/2，龙骨瓣与翼瓣近等长；子房无毛。荚果圆筒形，长2-2.5厘米，无毛。

产黑龙江、吉林、辽宁、内蒙古、河北、山西北部、陕西、宁夏、甘肃、青海东部及新疆，生于沙地、黄土丘陵、低山阳坡。俄罗斯（西伯利亚、远东地区）以及蒙古有分布。性耐干旱，为良好的固沙和水土保持植物。

26. 变色锦鸡儿　　　图 423 彩片 129

Caragana versicolor Benth. in Royle, Illustr. Bot. Himal. 198. t. 34 (2). 1839.

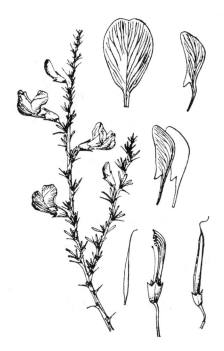

图 422 狭叶锦鸡儿 （蔡淑琴绘）

矮灌木，高达80厘米。老枝黄褐、灰绿或深褐色，有条棱；幼枝疏被毛。假掌状复叶有小叶2对；托叶披针状三角形或卵状三角形，具刺尖，在长枝上者长1-4毫米，宿存，在短枝上者脱落；叶轴在长枝上的长0.5-1厘米，宿存，在短枝上的几不明显；小叶在长枝上假掌状着生，在短枝上簇生，窄披针形、倒卵状披针形或线形，长5-7毫米，无毛。花单生，花梗长约5毫米，关节在基部；花萼长管状，长5-6毫米，宽约4毫米，萼齿三角形；花冠橘黄色，长1.1-1.2厘米，旗瓣近圆形，背面红褐色，瓣柄长为瓣片的1/2，翼瓣瓣柄稍短于瓣片，耳长及瓣柄的1/3，龙骨瓣柄与瓣片近等长；子房无毛。荚果长2-2.5厘米，宽3-4毫米，先端尖，无毛。

产四川西南部、西藏及青海，生于海拔4500-4800米砾石山坡、石砾河滩或灌丛中。阿富汗及印度有分布。

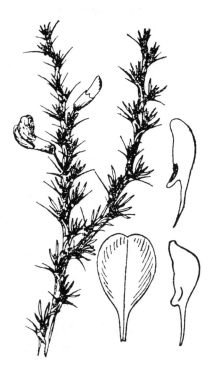

图 423 变色锦鸡儿 （蔡淑琴绘）

27. 短脚锦鸡儿　　　图 424

Caragana brachypoda Pojark. in Not. Syst. Herb. Inst. Acad. Sci. USSR 13: 138. 1950.

矮灌木，高达30厘米。老枝黄褐色或灰褐色，剥裂；小枝褐色或黄褐色；短枝密生。假掌状小叶有小叶2对；托叶在长枝上的硬化成针刺，长2-4毫米，宿存；长枝上的叶轴硬化

成针刺,长0.4-1厘米,稍弯,宿存,短枝上无明显叶轴;小叶在长枝上假掌状排列,在短枝上簇生,倒披针形,长0.2-1厘米,宽1-3毫米,先端锐尖,有短刺尖,基部楔形,两面被短柔毛。花单生,花梗长仅2-5毫米,关节在中部以下或基部,被短柔毛;花萼管状,基部一侧成囊状凸起,长0.9-1.1厘米,宽约4毫米,红紫色或带绿褐色,被粉霜或疏生短柔毛;花冠黄色,旗瓣中部橙黄色或带紫色,长2-2.5厘米,倒卵形,翼瓣短于旗瓣,龙骨瓣与翼瓣近等长;子房无毛或被毛。荚果披针形,长2-2.7厘米,宽约5毫米,扁,先端渐尖,无毛。

产内蒙古、宁夏及甘肃,生于半荒漠地带的山前平原、低山坡和固定沙地。蒙古有分布。

图 424 短脚锦鸡儿 (蔡淑琴绘)

28. 甘肃锦鸡儿 图 425

Caragana kansuensis Pojark. in Not. Syst. Herb. Bot. Inst. Acad. Sci. USSR 13: 139. 1950.

矮灌木,高达60厘米,基部多分枝,开展。枝条细长,灰褐色,疏被伏柔毛,具条棱。假掌状复叶有小叶2对;托叶在长枝上的硬化成针刺,长1-3毫米,宿存;长枝上的叶轴硬化成针刺,长0.4-1厘米,宿存,短枝上的长仅1-2毫米,脱落;小叶在长枝的假掌状排列,短枝上的近簇生,线状倒披针形,长0.5-1.2厘米,宽1-2毫米,先端锐尖,有针刺,基部渐窄,两面几无毛或疏被短柔毛。花单生,花梗长0.5-1.2厘米,关节在中部以上,无毛或疏被柔毛;花萼管状,长6-9毫米,宽3-5毫米,基部一侧呈囊状凸起,萼齿三角形;花冠黄色,旗瓣卵形或宽卵形,长2-2.5厘米,中央有土黄色斑点,翼瓣与龙骨瓣均与旗瓣近等长;子房无毛。荚果圆筒形,长2.5-3.5厘

图 425 甘肃锦鸡儿 (蔡淑琴绘)

米,宽3-4毫米,无毛。

产内蒙古(乌兰察布盟)、山西北部、陕西北部、甘肃东部及宁夏,生于黄土丘陵和低山。

29. 毛掌叶锦鸡儿 图 426

Caragana leveillei Kom. in Acta Hort. Petrop. 29: 207. t. 5(A). 1909.

灌木,高约1米,多分枝。老枝深褐色;小枝淡褐色,有条棱,幼时密被灰白色柔毛。假掌状复叶有小叶2对;托叶硬化成针刺,长2-6毫米,宿存;叶轴长0.4-1.2厘米,被灰白色毛,脱落或宿存;小叶倒卵形,长0.5-2(3)厘米,宽0.2-1(1.5)厘米,先端圆、近截形或具浅凹,有刺尖,基部楔形,上面绿色,下面灰绿色,两面密被柔毛。花单生,花梗长0.8-1.2厘米,关节在下部;花萼长约1厘米,基部呈囊状,被柔毛,萼齿三角形;

花冠长2.5-2.8厘米，黄或浅红色，旗瓣倒卵状长圆形，瓣片先端圆钝或稍凹，基部楔形，翼瓣与旗瓣近等长，瓣柄等长于瓣片，龙骨瓣稍短于翼瓣；子房密被长柔毛。荚果圆筒状，长2-3（-4）厘米，宽约3毫米，具短尖头，密被长柔毛。

产河北、山西、陕西、山东、江苏西北部、河南及湖北北部，生于干旱山坡。

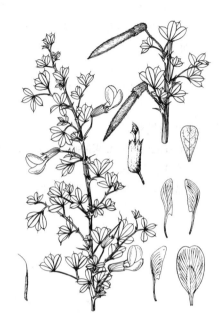

图 426 毛掌叶锦鸡儿 （张泰利绘）

30. 甘蒙锦鸡儿 图 427

Caragana opulens Kom. in Acta Hort. Petrop. 29: 209. 1909.

灌木，高达60厘米。老枝灰褐色，有光泽；小枝细长，带灰白色。假掌状复叶有小叶2对；托叶在长枝上者硬化成针刺，长2-5毫米，宿存，在短枝上者脱落；小叶倒卵状披针形，长0.3-1.2厘米，宽1-4毫米，先端圆或截形，有短刺尖，几无毛或疏被毛。花单生；花梗长0.7-2.5厘米，关节在中部以上或顶部；花萼管状钟形，长0.8-1厘米，宽约6毫米，无毛或疏被毛，基部一侧呈囊状，萼齿三角形，边缘有短毛；花冠黄色，旗瓣宽卵形，长2-2.5厘米，有时稍带红色，翼瓣顶端钝，耳长圆形，瓣柄稍短于瓣片，龙骨瓣略短于旗瓣；子房无毛或疏被短柔毛。荚果圆筒形，长2.5-4厘米，先端短渐尖，无毛。

产内蒙古、山西、陕西、宁夏、甘肃、青海、四川及西藏，生于海拔约3400米的干旱山坡、沟谷及丘陵。

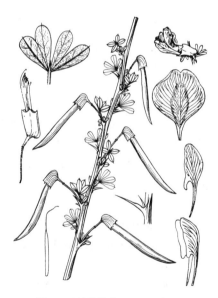

图 427 甘蒙锦鸡儿 （张泰利绘）

31. 红花锦鸡儿 图 428

Caragana rosea Turcz. ex Maxim. in Prim. Fl. Amur. 470. 1859.

灌木，高达1米。老枝绿褐色或灰褐色，小枝细长。假掌状复叶有小叶2对；托叶在长枝上的呈细针刺状，长3-4毫米，宿存，在短枝上的脱落；叶轴呈针刺状，长0.5-1厘米，脱落或宿存；小叶倒卵形，长1-2.5厘米，近革质，先端圆钝或微凹，具刺尖，基部楔形，无毛或有时下面沿脉疏被柔毛。花单生；花梗长0.8-1.8厘米，关节在中部以上，无毛；花萼管状钟形，长7-9毫米，宽约4毫米，常带紫红色，基部不膨大，或下部稍膨大，萼齿三角形，内面密被短柔毛；花冠淡红或紫红色，长2-2.2厘米，旗瓣长圆状倒卵形，先端凹，基部渐窄成宽瓣柄，翼瓣与旗瓣近等长，瓣柄

稍短于瓣片，耳短齿状，龙骨瓣略短于翼瓣；子房无毛。荚果圆筒形，长3-6厘米，无毛。

产黑龙江、吉林、辽宁、内蒙古、河北、山西、陕西、甘肃、山东及河南，生于山坡及沟谷。根有健脾胃、活血、催乳、利尿、通经的功能。

32. 北疆锦鸡儿 新疆锦鸡儿 图 429
Caragana camilli–schneideri Kom. in Acta Hort. Petrop. 29: 217. t. 6(A). 1909.

灌木，高达2米。老枝粗壮，褐色，有条棱。假掌状复叶有小叶2对；

托叶硬化呈针刺状，长2-5毫米，宿存；叶轴在长枝上的硬化成针刺，长0.2-1厘米，宿存，在短枝上的细瘦，脱落；小叶倒卵形至宽披针形，长1-2厘米，先端钝或锐尖，有短刺尖，基部渐窄，近无毛。花单生或2枚并生；花梗长1-1.5（2）厘米，关节在上部；花萼长0.9-1厘米，宽5-6毫米，密被短柔毛，萼筒基部扩大，萼齿三角形；花冠黄色，长2.8-3.1厘米，旗瓣近圆形或卵圆形，瓣柄长约为瓣片的1/4，翼瓣与旗瓣近等长，瓣柄长约为瓣片的1/3，耳长及瓣柄的1/2，龙骨瓣短于翼瓣，耳不明显；子房密被柔毛。荚果圆筒形，被柔毛。

产新疆，生于石质山坡、山前平原及山沟。俄罗斯西伯利亚及哈萨克斯坦有分布。

33. 昆仑锦鸡儿 图 430
Caragana polourensis Franch. in Bull. Mus. Hist. Nat. Paris 3: 321. 1897.

小灌木，高达50厘米，多分枝。老枝褐色或淡褐色，具不规则灰白色或褐色条纹，嫩枝密被短柔毛。假掌状复叶具小叶2对；托叶硬化成针刺状，长5-7毫米，宿存；叶轴硬化成针刺，长0.8-1厘米，宿存；小叶

倒卵形，长0.6-1厘米，先端锐尖或圆钝，有刺尖，基部楔形，两面被伏贴短柔毛。花单生，花梗长2-6毫米，被柔毛，关节在中上部；花萼管状，长0.8-1厘米，萼齿三角形，萼筒基部不扩大，密被短柔毛；花冠黄色，长约2厘米，旗瓣宽卵形，间或有橙色斑，翼瓣稍短于旗瓣，

图 428 红花锦鸡儿 （王利生绘）

图 429 北疆锦鸡儿 （引自《图鉴》）

图 430 昆仑锦鸡儿 （蔡淑琴绘）

瓣片略长于瓣柄，耳小，长及瓣柄的1/4，龙骨瓣与翼瓣近等长；子房被毛。荚果圆筒状，长2.5-3.5厘米，粗3-4毫米，幼时被毛，先端短渐尖。

34. 短叶锦鸡儿 图 431

Caragana brevifolia Kom. in Acta Hort. Petrop. 29: 211. t. 17: 1909.

灌木，高达2米，全株无毛。老枝深灰褐色，龟裂，小枝有棱。假掌状复叶有小叶2对；托叶硬化成针刺，长3-6毫米，宿存；长枝上的叶轴

硬化，长3-8毫米，宿存，短枝上的极短或几不明显；小叶披针形或倒卵状披针形，长2-8毫米，先端钝尖，基部楔形。花单生，花梗长5-8毫米，关节在中部或下部；花萼管状钟形，长5-6毫米，带褐色，常被白粉，萼齿三角形，锐尖，长约1毫米，萼筒基部不扩大，花冠黄色，长1.4-1.6厘米，旗瓣宽倒卵形，长1.4-1.6厘米，先端几截形，瓣柄长约4毫米，翼瓣稍长于旗瓣，瓣柄与瓣片近等长，耳短小，齿状，龙骨瓣与翼瓣近等长，耳齿状；子房无毛。荚果圆筒形，长1-2.5（3.5）厘米，粗2-2.5毫米，成熟时黑褐色，无毛。

产宁夏、甘肃、青海、四川、云南西北部及西藏东南部，生于海拔2000-3000米的河岸、山谷和山坡杂木林间。根有清热消肿、生肌止痛的功能。

35. 密叶锦鸡儿 图 432

Caragana densa Kom. in Acta Hort. Petrop. 29: 258. t. 7. 1909.

灌木，高达1.5米。老枝暗褐色，有光泽或无，片状剥落；小枝常弯曲。假掌状复叶有小叶2对；托叶在长枝上的常硬化成针刺，长2-4毫米，

宿存，在短枝上的脱落；叶轴在长枝上的长1-1.2厘米，宿存，在短枝上较细，长0.5-1厘米，脱落；小叶倒披针形或楔形，长0.6-1.3厘米，宽2-3毫米，先端锐尖，有刺尖，基部窄楔形，上面无毛，下面疏被短柔毛。花单生，花梗长3-4毫米，被柔毛，关节在基部；花萼钟状，长0.7-1厘米，宽4-5毫米，萼齿三角形状卵形，长2-3毫米，基部不扩大；花冠黄色，长1.8-2.3厘米，旗瓣宽卵形，瓣柄长约为瓣片的1/2，翼瓣与旗瓣近等长，瓣柄稍长于瓣片，耳线形，长为瓣柄的1/3，龙骨瓣与翼瓣近等长，瓣柄与瓣片近等长；子房近无毛。荚果圆筒形，稍扁，长3-3.5厘米，宽3-4毫米，无毛。

产甘肃中部、青海及新疆（昆仑山北坡），生于低山及山前平原。

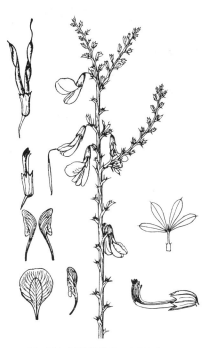

图 431 短叶锦鸡儿 （蔡淑琴绘）

图 432 密叶锦鸡儿 （蔡淑琴绘）

产甘肃、青海、新疆、四川及云南西北部，生于海拔2300-3400米的山坡林中或干山坡。

［附］**吐鲁番锦鸡儿** Caragana

turfanensis (Krassn.) Kom. in Acta Hort. Petrop. 29: 213. t. 14(C). 1909. —— *Caragana turfanensis* Krassn. in Men. Soc. Russ. Geogr. 19: 336. 1888. 与密叶锦鸡儿的区别：小叶长4-6毫米；旗瓣倒卵形，翼瓣

36. 黄刺条
图 433

Caragana frutex (Linn.) C. Koch, Deutsch. Dendr. 1: 48. 1869.
Robinia frutex Linn. Sp. Pl. 1. 1753.

灌木，高达2米。枝条细长，褐、黄灰或暗灰绿色，无毛。假掌状复叶有小叶2对；托叶三角形，长1-3毫米，脱落或硬化成针刺状宿存；叶轴长0.2-1厘米，在长枝上的硬化成针刺，宿存，在短枝上的脱落；小叶倒卵状披针形，长0.6-1厘米，先端圆或微凹，基部楔形，两面绿色，无毛或疏被毛；花单生或并生，花梗长0.9-2厘米，关节在上部，无毛；花萼管状钟形，长6-8毫米，基部不膨大，萼齿很短，具刺尖；花冠黄色，长2-2.2厘米，旗瓣近圆形，宽约1.6厘米，瓣柄长约为瓣片的1/3，翼瓣等长于旗瓣，顶端微凹，瓣柄长为瓣片的1/3，耳长约为瓣柄的1/3，龙骨瓣与翼瓣近等长，耳不明显；子房无毛。荚果圆筒状，长2-3厘米，无毛。

产宁夏北部、河北、新疆及山东，生于干山坡或林间。蒙古、俄罗斯及欧洲其他国家有分布。

的瓣柄稍短于瓣片，耳长及瓣柄的1/4或1/5。产新疆伊犁地区、塔里木盆地、吐鲁番盆地，生于山坡、河流阶地或峭壁。

图 433 黄刺条 （蔡淑琴绘）

93. 丽豆属 Calophaca Fisch.
（傅坤俊 张继敏）

灌木。奇数羽状复叶；小叶5-27；叶轴常脱落；托叶大，膜质或革质，披针形或宽披针形。总状花序有花4至多数；苞片和小苞片通常脱落；花萼管状，斜生于花梗上，萼齿5，近等长，上边2齿合生；花冠黄色，旗瓣卵形或近圆形，边缘反折，翼瓣倒卵状长圆形或近镰形，龙骨瓣内弯，与翼瓣近等长，先端钝；雄蕊二体（9+1），花药同型；子房无柄，被柔毛或有柄腺毛；花柱丝状，下部被白色长柔毛，上部无毛，胚珠多数。荚果圆筒状或线形，被柔毛及腺毛，顶端尖，1室，2瓣裂，具宿存的花萼。种子近肾形，光滑，无种阜。染色体基数x=8。

约10种，分布于中国、俄罗斯（顿河和伏尔加河）、格鲁吉亚（高加索）至中亚山地。我国3种。

1. 托叶长约1.5厘米；花序梗被腺毛和白色长柔毛，花萼长1.5-2厘米，外面被褐色腺毛和白色柔毛 ·················· ·· 1. 丽豆 C. sinica
1. 托叶长5-8毫米；花序梗密被绵毛，花萼长1厘米，外面疏被腺毛及短柔毛 ········· 2. **新疆丽豆 C. soongorica**

1. 丽豆
图 434

Calophaca sinica Rehd. in Journ. Arn. Arb. 14: 210. 1933.

灌木，高2-2.5米，全株密被白色长柔毛。枝皮淡棕白色，剥落。羽状复叶有7-9（11）小叶；托叶披针形，长约1.5厘米，与叶柄基部贴生，宿存；小叶坚纸质，宽椭圆形或倒卵状宽椭圆形，长1.2-1.5厘米，先端圆或

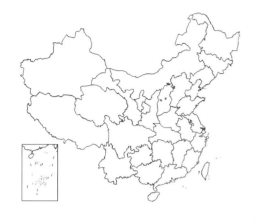

近截形，基部圆或近心形，上面无毛，下面苍白色，疏被长柔毛。总状花序有5-7花；花序梗长5-10厘米。花萼钟状，长1.5-2厘米，被白色柔毛和褐色腺毛，萼齿披针形；花冠黄色，旗瓣近圆形，长2-2.5厘米，先端微缺，外面疏被短柔毛，翼瓣长约2厘米，先端微缺，龙骨瓣与翼瓣等长，微弯，先端粘合；子房密被白色长柔毛，花柱扁平，弯曲，上部有白色长柔毛。荚果窄长圆形，长3-5厘米，宽约6毫米，先端喙状，外面密被褐色腺毛和白色柔毛。种子椭圆形，绿色。

产内蒙古（丰镇）、河北西部及山西，生于海拔900-1800米的山谷阴坡和山地灌丛中。

图 434 丽豆 （引自《图鉴》）

2. 新疆丽豆 图 435

Calophaca soongorica Kar. et Kir. in Bull. Soc. Nat. Moscou 14 (3) : 401. 2, VII, 1841.

灌木或小灌木，高达1米。茎自基部分枝。枝皮淡灰黄色。幼枝被短绵毛。羽状复叶长3-7厘米，有7-11小叶；叶柄与叶轴均被短柔毛；托叶线状披针形，长5-8毫米，与叶柄基部贴生；小叶圆形或长圆状宽椭圆形，长0.4-1.4厘米，蓝灰色，先端钝，基部圆，两面疏被伏贴短柔毛。总状花序有5-8花；花序梗长7-10厘米，密被绵毛。花长约2.5厘米；花梗长2-4毫米；小苞片生于花萼基部；花萼钟状，长约1厘米，基部偏斜，外面疏被绢毛，内面的毛较密，萼齿三角形，长及萼筒的1/2；花冠黄色，旗瓣长圆形，龙骨瓣短于翼瓣。荚果圆柱状，长2-3厘米，宽6-8毫米，被腺毛，背部被短柔毛，开裂后果瓣卷曲。种子肾形，棕褐色，光滑。

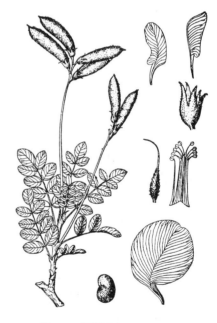

图 435 新疆丽豆 （李志民绘）

产新疆（塔城），生于海拔1300-1400米的山沟阳坡草丛中。中亚有分布。

94. 旱雀豆属 Chesniella Boriss.

（李沛琼）

多年生草本。根粗壮，木质。茎平卧，基部木质化。奇数羽状复叶有3-11小叶；小叶全缘；托叶膜质，与叶柄分离。花单生叶腋；花萼钟状；花冠淡黄、粉红或紫色，旗瓣圆形，与翼瓣、龙骨瓣近等长，或龙骨瓣短于翼瓣，各瓣的瓣柄均较瓣片短4-6倍；雄蕊二体；子房无柄，柱头头状，顶生。荚果卵圆形或长圆形，膨胀。

约6种，分布于中亚与我国北部及西北部。我国2种。

蒙古旱雀豆   蒙古雀儿豆   图 436

Chesniella mongolica（Maxim.）P. C. Li, Fl. Reipub. Popul. Sin. 42
（1）: 71. 1993.

Chesneya mongolica Maxim. in Bull. Acad. Sci. St. Pétersb. 27: 462.
1882; 中国高等植物图鉴 2: 416. 1972.

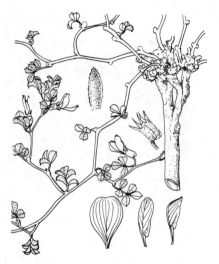

多年生草本。茎丛生，
纤细，平卧，长达25厘米，
密被白色平伏的长柔毛。羽
状复叶长1.5-2厘米，有5-
7小叶；托叶具小腺体；小
叶倒卵形，长6-8毫米，基
部楔形，先端钝，具短尖头，
上面密生褐绿色腺点，疏被
毛，下面密被白色平伏的长
柔毛。花单生叶腋；花萼管
状，长约7毫米，密被白色

图 436 蒙古旱雀豆 （马平绘）

短柔毛，基部一侧膨大，萼齿披针形，上部2齿大部分连合，先端均具褐
色腺体；花冠紫色，旗瓣宽圆形，长约1.3厘米，背面密被白色短柔毛，翼

瓣、龙骨瓣与旗瓣近等长；子房密被
长柔毛。荚果长圆形，长约1.3厘米，
密被白色长柔毛。花期7月，果期8月。

产内蒙古，生于砾石地。

95. 雀儿豆属 Chesneya Lindl. ex Endl.

（李沛琼）

多年生草本；根粗壮，木质。茎短缩呈无茎状。叶为奇数羽状复叶，仅具3小叶；小叶全缘；托叶革质，下
部与叶柄基部连合；叶柄宿存或脱落。花单生叶腋，稀2-4花组成总状花序；花梗上部具关节，在关节处生1苞
片；小苞片2，生于花萼基部。花萼管状，基部一侧膨大，萼齿5枚，下部3齿分离，上部2齿不同程度地连合，先
端通常具褐色腺体；花冠紫或黄色，旗瓣近圆形或长圆形，背面密被短柔毛，较翼瓣与龙骨瓣略长；雄蕊二体；
子房无柄。荚果长圆形至线形，扁平，1室。

约21种，分布于地中海区域、西亚至中亚。我国8种。

1. 小叶19-41，无毛，基部明显偏斜，下面灰白色；旗瓣瓣片长圆形；子房无毛 ┄┄┄┄┄┄┄┄┄┄┄┄┄┄┄┄┄┄┄
┄┄┄┄┄┄┄┄┄┄┄┄┄┄┄┄┄┄┄┄┄┄┄┄┄┄┄┄┄┄┄┄┄┄ **1. 川滇雀儿豆 C. polystichoides**
1. 小叶15-21，两面密被开展的长柔毛，基部不偏斜或微偏斜，下面淡绿色；旗瓣瓣片宽卵形或近圆形；子房密
被毛 ┄┄┄┄┄┄┄┄┄┄┄┄┄┄┄┄┄┄┄┄┄┄┄┄┄┄┄┄┄┄┄┄┄┄┄ **2. 云雾雀儿豆 C. nubigena**

1.   川滇雀儿豆   图 437

Chesneya polystichoides（Hand.-Mazz.）Ali in Scientist（Karachi）
3: 10. 1959.

Calophaca polystichoides Hand.-Mazz. Symb. Sin. 7: 552. 1933.

Chesneya polystichoides（Hand.-Mazz.）Cheng f.; 中国高等植物图
鉴 2: 416. 1972.

垫状草本，植丛高达20厘米。茎基部木质，长而匍匐，粗壮而多分枝，
分枝上部具密集的宿存叶柄与托叶。羽状复叶长8-14厘米，密集，具小叶
19-41；托叶线形，长约1.5厘米，中部以下与叶柄基部贴生，疏被短柔毛，
宿存；叶柄与叶轴干后卷曲，宿存；小叶密生，长圆形、卵形或近圆形，

长0.3-1.1厘米，基部显著偏斜，先端圆，两面无毛，下面灰白色。花单生，花梗长1-2厘米，密被白色开展的长柔毛；花萼管状，长1.2-1.5厘米，疏被长柔毛；花冠黄色，旗瓣长2-2.2厘米，瓣片长圆形，背面密被白色短柔毛，翼瓣长1.5-1.7厘米，具耳，龙骨瓣与翼瓣近等长，无耳；子房无毛。荚果长椭圆形，长2.5-3.5厘米，革质，微扁，无毛。花期7月，果期8月。

产四川西南部、云南西北部及西藏东南部，生于海拔3400-4200米的山坡灌丛中或石质山坡石缝中。

2. 云雾雀儿豆 图 438 彩片 130

Chesneya nubigena (D. Don) Ali in Scientist (Karachi) 3: 4. 1959.

垫状草本。茎极短缩，基部木质，多分枝，上部为覆瓦状排列的宿存叶柄和托叶所包。羽状复叶长3-6厘米，有5-21小叶；托叶线形，密被长柔毛，1/2以下与叶柄基部连合，上部全缘或2-3深裂，宿存；叶柄与叶轴密被开展的长柔毛，宿存；小叶长圆形，长0.5-1厘米，基部圆，不偏斜或微偏斜，两面密被开展的长柔毛，下面淡绿色。花单生，花梗长1-4厘米，密被开展的白色长柔毛；花萼管状，长1-1.5厘米，疏被长柔毛，基部一侧膨大；花冠黄色，旗瓣长2-3厘米，瓣片宽卵形或近圆形，背面密被白色短柔毛，翼瓣长1.8-2.8厘米，龙骨瓣与翼瓣近等长；子房密被毛。荚果长椭圆形，长2-3厘米，疏被长柔毛。花期7月，果期8月。

产云南西北部及西藏，生于海拔3600-5300米的碎石山坡或山坡灌丛中。印度北部、尼泊尔及锡金有分布。

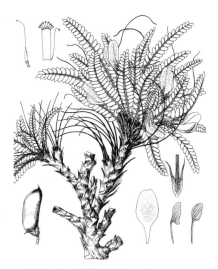
图 437 川滇雀儿豆 （引自《图鉴》）

图 438 云雾雀儿豆 （冀朝祯绘）

96. 黄芪属 Astragalus Linn.
（傅坤俊 何善宝 张继敏）

草本，稀灌木或亚灌木，通常被单毛或丁字毛，稀无毛。茎发达或短缩，稀无茎或不明显。羽状复叶，稀三出复叶或单叶；托叶离生或贴生；小叶全缘，小托叶无。总状花序密集呈穗状、头状与伞形花序式，稀单花；苞片小，膜质。花萼管状或钟状，萼筒基部近偏斜，或花期呈肿胀囊状，具5齿；花瓣近等长或翼瓣和龙骨瓣较旗瓣短，旗瓣直立，翼瓣全缘，龙骨瓣内弯；雄蕊二体(9+1)，稀单体，花药同型；子房柄有或无，花柱丝状，柱头小，头状，无毛，稀具髯毛。荚果形状多样，肿胀，具喙，1室，有时因背缝隔膜凹入而形成不完全假2室或假2室，果柄有或无。种子肾形，无种阜。染色体基数x=8，11，12。

约2000多种，分布于欧洲、亚洲、南美洲及非洲，稀见于北美洲和大洋洲。我国278种、2亚种、35变种、2变型。本属植物主要用于牲畜饲料，药用和绿肥。有些种含生物碱或皂苷，有些种为水土保持和治沙的优良草种，少数种为有毒植物。

1. 茎和叶被单毛。
  2. 多年生草本，稀为小灌木，极稀为一年生草本（其花序必为伞形）；根或地下茎粗壮，常多分歧；花稀疏或为紧密的总状花序。

3. 柱头被画笔状簇毛。

  4. 茎直立，稀外倾（其小叶不超过19）；花12-15，稀少数（如多数则茎必外倾）组成稀疏的总状花序；荚果两侧扁，长约6厘米；小叶17-25 ·· 1. **乌拉特黄蓍 A. hoantchy**

  4. 茎平卧或直立（如直立则体形多矮化）；花通常数朵组成头状或伞房状总状花序；荚果多少膨胀，圆柱形或背腹扁。

    5. 茎平卧；荚果膨胀，圆柱形或背腹微压扁；小叶间距离不密集。

      6. 荚果近圆柱形，非背腹压扁。

        7. 花冠淡绿黄色；子房无毛。

          8. 小叶长0.4-1厘米，宽2.5-5毫米；花萼散生白色短伏毛，萼齿长4-5毫米 ·· 2. **弯齿黄蓍 A. camptodontus**

          8. 小叶长0.6-1.2厘米，宽3.5-6.5毫米；花萼被黑褐色短伏毛，萼齿长6-8毫米 ················· 2(附). **丽江黄蓍 A. camptodontus** var. **lichiangensis**

        7. 花冠青紫或紫红色；子房被毛。

         9. 茎无毛或疏被短柔毛；花序有7-9花；花冠青紫色。

          10. 茎无毛；小叶7-11，长1.2-2.5厘米；花序有7-9花。

           11. 苞片卵状椭圆形或卵状披针形，两面近无毛 ·············· 3. **牧场黄蓍 A. pastorius**

           11. 苞片线状披针形或线形，下面被柔毛 ··· 3(附). **线苞黄蓍 A. pastorius** var. **linearibracteatus**

          10. 茎疏被短柔毛；小叶15-19，长7-1.2厘米；花序有3-5花 ····· 4. **乡城黄蓍 A. sanbilingensis**

        9. 茎被伏毛或开展的短柔毛。

         12. 茎被伏毛；叶下面被伏毛；荚果长1.5-3.5厘米。

          13. 羽状复叶具7-15小叶；荚果长1.5-2.5厘米，旗瓣长1.4-1.5厘米。

           14. 子房柄长4-4.5毫米；荚果倒卵状长圆形，长约2.5厘米；羽状复叶具9-13小叶 ·· 5. **长小苞黄蓍 A. balfourianus**

           14. 子房柄长2.5-3毫米；荚果披针形，长1.5-2厘米；羽状复叶具7-15小叶 ·· 5(附). **小苞黄蓍 A. prattii**

          13. 羽状复叶具15-21小叶；荚果长3-3.5厘米，旗瓣长1.6-1.9厘米 ·· 6. **膨果黄蓍 A. turgidocarpus**

         12. 茎被开展的长柔毛；叶下面被半开展的长柔毛；荚果长仅7-8毫米 ·· 7. **甘青黄蓍 A. tanguticus**

      6. 荚果窄长圆形、椭圆形或倒卵形，背腹微压扁，稍膨胀。

        15. 羽状复叶具9-25小叶；小叶下面疏被粗伏毛 ·············· 8. **背扁黄蓍 A. complanatus**

        15. 羽状复叶具5-13小叶；小叶下面被长密而开展的柔毛或伏毛 ················· 8(附). **真毛黄蓍 A. complanatus** var. **eutrichus**

    5. 茎直立，低矮，高仅3-5厘米；荚果呈囊状，背腹扁；小叶间距离密集或重叠。

      16. 花柱无毛；植株全体被白色绒毛；荚果被弯曲柔毛 ·············· 9. **绒毛黄蓍 A. hendersonii**

      16. 花柱内侧上部具纵列的柔毛；植株疏被银白色的硬毛；荚果被稀疏褐色短伏毛 ·· 10. **毛柱黄蓍 A. heydei**

3. 柱头无毛。

  17. 花冠脱落，翼瓣和龙骨瓣基部不与花丝鞘连合；花萼在花期不膨胀；荚果通常伸出花萼外。

    18. 托叶相互分离，或仅基部连合；花有明显的花梗，组成疏松的总状花序，或排列呈紧密的近伞形花序。

      19. 茎发达；荚果果瓣较薄，膜质或纸质；多年生草本。

        20. 翼瓣先端全缘，稀2裂（马衔山黄蓍）或微凹（紫花黄蓍）。

          21. 荚果1室。

           22. 植株具明显的地上茎；花向上生，组成圆柱形的总状花序。

            23. 龙骨瓣较旗瓣、翼瓣短或与之等长；荚果膜质，果柄短于荚果。

24. 花萼萼筒内面无毛或仅萼齿内面被毛。

  25. 子房无毛；羽状复叶具5-13小叶；花冠黄色，稀淡紫色；花萼外面疏被白色短柔毛；小灌木 ……………………………………………………………………………… 11. **秦岭黄耆** A. henryi

  25. 子房被柔毛。

    26. 托叶卵形、长圆状卵形或椭圆状卵形。

      27. 雄蕊二体（9+1）。

        28. 花序梗较叶长；苞片长圆形或倒卵形；小叶两面无毛；荚果梭形，长2-2.2厘米，宽约5毫米 ……………………………………………………………… 12. **棱果黄耆** A. ernestii

        28. 花序梗与叶近等长或稍长；苞片披针形或卵状披针形；小叶下面被白色长柔毛；荚果椭圆形，长1.5-2厘米，宽0.5-1厘米 …………………………… 13. **广布黄耆** A. frigidus

      27. 雄蕊单体；花冠黄色；多年生草本 ………………………… 14. **单蕊黄耆** A. monadelphus

    26. 托叶披针形或线状披针形。

      29. 萼筒外面无毛，萼齿两面被黑毛；小叶7-11；花序梗与叶近等长；花冠黄色 ……………………………………………………………………… 15. **光萼筒黄耆** A. levitubus

      29. 萼筒外面被毛。

        30. 羽状复叶有7-17小叶。

          31. 萼齿与萼筒近等长；小叶5-11 ………… 16. **长萼裂黄耆** A. longilobus

          31. 萼齿长为萼筒的1/2或更短。

            32. 旗瓣长1.8-2厘米 ………………… 17. **天山黄耆** A. lepsensis

            32. 旗瓣长1-1.3厘米。

              33. 花冠黄色 ……………………………… 18. **黄花黄耆** A. luteolus

              33. 花冠青紫或黑紫色。

                34. 花冠青紫色，多数，组成稍疏松的总状花序 ………… 19. **木里黄耆** A. muliensis

                34. 花冠黑紫色，10余朵组成稍密集的总状花序 ……… 20. **黑紫花黄耆** A. przewalskii

        30. 羽状复叶有13-41小叶。

          35. 萼齿长仅为萼筒的1/4或1/5；花冠黄色，稀淡紫红色，翼瓣瓣片长圆形，宽2.5毫米以上。

            36. 花冠黄色。

              37. 小叶长0.7-3厘米，宽0.3-1.2厘米；荚果被白色或黑色细短柔毛 ……………………………………………………………………… 21. **黄耆** A. membranaceus

              37. 小叶长5-10毫米，宽3-5毫米；荚果无毛 ……………………………………………………… 21（附）. **蒙古黄耆** A. membranaceus var. mongholicus

            36. 花冠淡紫红色 ………… 21（附）. **淡紫花黄耆** A. membranaceus f. purpurinus

          35. 萼齿与萼筒近等长；花白、淡黄或淡紫色，翼瓣瓣片线形，宽1-1.5毫米。

            38. 花白或淡黄色 ……………………………… 22. **多花黄耆** A. floridus

             38. 花淡紫色 …………………………………… 23. **窄翼黄耆** A. degensis

24. 花萼萼筒内面被毛。

  39. 萼齿三角形或三角状披针形，长1-2毫米。

    40. 小叶下面被柔毛；花萼外面疏被黑色柔毛；花冠黄色 ………………… 24. **东俄洛黄耆** A. tongolensis

    40. 小叶下面无毛；花萼外面无毛；花冠黄色，有时为紫红色 ………………………………………………… 24（附）. **光东俄洛黄耆** A. tongolensis var. glaber

  39. 萼齿窄披针形，长2-3毫米，花萼外面无毛 ………………………………………………… 24（附）. **长齿黄耆** A. tongolensis var. lanceolato-dentatus

23. 龙骨瓣较旗瓣、翼瓣长；荚果纸质，果柄远较荚果长 ………… 25. **金翼黄耆** A. chrysopterus

22. 植株的茎短缩或不明显；花常下垂，组成一边向的总状花序。

  41. 羽状复叶具3-9小叶；小叶无毛或仅边缘被毛 ………… 26. **无毛叶黄耆** A. smithianus

41. 羽状复叶具11-33小叶；小叶被或疏或密的毛。

  42. 花冠红或紫红色。

    43. 小叶上面几无毛；龙骨瓣较翼瓣稍长或近等长 ························· 27. **肾形子黄蓍 A. skythropos**

    43. 小叶两面密被白色长柔毛；龙骨瓣较翼瓣短或近等长 ············· 28. **甘肃黄蓍 A. licentianus**

  42. 花冠黄色。

    44. 龙骨瓣较旗瓣、翼瓣长；旗瓣宽卵形，长1.8-2厘米 ············· 29. **西北黄蓍 A. fenzelianus**

    44. 龙骨瓣较旗瓣、翼瓣短或几等长；旗瓣匙形或倒卵形，长2-2.2厘米。

      45. 小叶上面无毛，下面被白色长柔毛；旗瓣匙形 ·············· 30. **云南黄蓍 A. yunnanensis**

      45. 小叶两面密被白色伏贴柔毛；旗瓣倒卵形 ················· 31. **康定黄蓍 A. tatsienensis**

21. 荚果假2室或近假2室。

  46. 花少数，排列为疏松的总状花序；荚果窄卵形。

    47. 花长0.8-1厘米；旗瓣先端微凹；荚果密被黑色短柔毛。

      48. 小叶长圆形或长圆状披针形，长0.8-2.2厘米，宽3-8毫米；子房被黑色柔毛 ·········
      ····················· 32. **蓝花黄蓍 A. caeruleopetalinus**

      48. 小叶卵形、长圆形或线形，长0.5-1.5厘米，宽2-5毫米；子房无毛 ·········
      32(附). **光果蓝花黄蓍 A. caeruleopetalinus var. glabricarpus**

    47. 花长1.3-1.4厘米；旗瓣先端深凹；荚果被褐色伏贴短柔毛 ········· 33. **川青黄蓍 A. peterae**

  46. 花多数，排列为密的头状或圆柱状的总状花序；荚果近球形或卵球形。

    49. 翼瓣先端2裂或微凹，总状花序圆柱状。

      50. 翼瓣先端2裂；花冠黄色 ·················· 34. **马衔山黄蓍 A. mahoschanicus**

      50. 翼瓣先端微凹；花冠淡紫色 ·················· 35. **紫萼黄蓍 A. porphyrocalyx**

    49. 翼瓣先端全缘。

      51. 苞片长1-2毫米；萼齿不等长，长约为萼筒的1/2；总状花序呈头状 ···················
      ····················· 36. **异齿黄蓍 A. heterodontus**

      51. 苞片长3-6毫米；萼齿近等长，长与萼筒几相等；总状花序椭圆状 ··· 37. **密花黄蓍 A. densiflorus**

20. 翼瓣先端2裂或凹入。

  52. 花10余朵或多数,排列呈紧密头状的或稍疏松的总状花序。

    53. 荚果顶端具喙。

      54. 花多数，排列呈疏松的总状花序；荚果1室；花冠淡紫或近白色 ···················
      ····················· 38. **类变色黄蓍 A. pseudoversicolor**

      54. 花多数，排列呈紧密头状或长圆状的总状花序；荚果假2室；花冠黄色 ··· 39. **头序黄蓍 A. handelii**

    53. 荚果顶端无喙；子房无毛；花10余朵或多数组成近头状的或疏松的总状花序。

      55. 花10余朵。排列呈近头状的总状花序；花冠近白色 ············· 40. **阿拉善黄蓍 A. alaschanus**

      55. 花多数，排列呈疏松的总状花序。

        56. 花冠紫或紫红色；小叶长圆形或线状长圆形 ············· 41. **悬垂黄蓍 A. dependens**

        56. 花冠橙黄色；小叶卵形或倒卵形 ············· 41(附). **橙黄花黄蓍 A. dependens var. aurantiacus**

  52. 花多数,排列呈稀疏而细长的总状花序。

    57. 荚果长4-6毫米 ·· 42. **草珠黄蓍 A. capilipes**

    57. 荚果长2.5-3.5毫米。

      58. 羽状复叶具7-15小叶；小叶近无毛 ··················· 43. **小米黄蓍 A. satoi**

      58. 羽状复叶具3-7小叶；小叶两面被白色伏贴细柔毛。

        59. 小叶5-7，长圆形或线状长圆形，长0.7-2厘米，宽1.5-3毫米；植株不呈扫帚状 ············
        ····················· 44. **草木樨状黄蓍 A. melilotoides**

        59. 小叶3（5），线形或丝形，长1-1.5（-1.7）厘米，宽约0.5毫米；植株呈扫帚状 ·············

…………………………………………………………………………………… 44（附）. **细叶黄芪** A. **melilotoides** var. **tenuis**

19. 茎短缩；荚果瓣革质。

　60. 小灌木；叶为偶数羽状复叶；叶柄和叶轴宿存并硬化为针刺 ………………………… 45. **刺叶柄黄芪** A. **oplites**

　60. 多年生草本，稀为2年生草本、亚灌木或小灌木；叶为奇数羽状复叶。

　　61. 茎短缩；花少数，排列呈极短的总状花序，若干总状花序密集呈簇生状；托叶基部与叶柄贴生；叶柄和叶轴脱落，不硬化呈针刺状；植株高3-5厘米 ……………………… 46. **无茎黄芪** A. **acaulis**

　　61. 茎长而明显；花多数，排成总状花序；托叶与叶柄分离。

　　　62. 花萼萼筒下部具2小苞片。

　　　　63. 小苞片脱落。

　　　　　64. 果柄明显伸出宿萼之外。

　　　　　　65. 翼瓣与旗瓣近等长；羽状复叶有19-23小叶 …………… 47. **长果颈黄芪** A. **englerianus**

　　　　　　65. 翼瓣明显短于旗瓣，羽状复叶有17-25小叶 ……………… 48. **华黄芪** A. **chinensis**

　　　　　64. 果柄与宿萼近等长；羽状复叶有25-33小叶 ……… 48（附）. **灌丛黄芪** A. **dumetorum**

　　　　63. 小苞片宿存。

　　　　　66. 花萼外面无毛，仅萼齿内面被黑色柔毛 ………………… 49. **光萼黄芪** A. **lucidus**

　　　　　66. 花萼外面及萼齿内面均被黑色伏贴短柔毛 ……………… 50. **苦黄芪** A. **kialensis**

　　　62. 花萼萼筒下部无小苞片。

　　　　67. 花组成或疏或密的总状花序；多年生丛生草本。

　　　　　68. 翼瓣通常较龙骨瓣长。

　　　　　　69. 花序梗通常较叶短；植株高5-15厘米 ………………… 51. **丛生黄芪** A. **confertus**

　　　　　　69. 花序梗通常较叶长。

　　　　　　　70. 花长6-8毫米。

　　　　　　　　71. 果柄较萼筒长或近等长 ……………………………… 52. **小果黄芪** A. **tataricus**

　　　　　　　　71. 果柄较萼筒短。

　　　　　　　　　72. 茎、花序、苞片、花萼、子房及荚果均被白色或混有黑色的平伏短柔毛 ………………………………………………………………………… 53. **多枝黄芪** A. **polycladus**

　　　　　　　　　72. 茎、花序、苞片、花萼、子房及荚果均被黑色平伏短柔毛 …………………………………………………………… 53（附）. **黑毛多枝黄芪** A. **polycladus** var. **nigrescens**

　　　　　　　70. 花长0.8-1.3厘米。

　　　　　　　　73. 萼齿钻形，通常较萼筒长；茎高达25厘米 ………… 54. **异长齿黄芪** A. **monbeigii**

　　　　　　　　73. 萼齿披针形，通常较萼筒短；茎高达60厘米 …… 54（附）. **黑毛黄芪** A. **pullus**

　　　　　68. 翼瓣通常较龙骨瓣短。

　　　　　　74. 茎短缩，呈密丛状，高5-15厘米；花冠青紫色 ………… 55. **帕米尔黄芪** A. **kuschakevitschii**

　　　　　　74. 茎伸展，高10厘米以上。花冠紫红、淡紫或白色。

　　　　　　　75. 花长0.7-1.1厘米；花冠紫红或淡紫色。

　　　　　　　　76. 叶被平伏柔毛；子房近无柄；荚果有2-4种子；花冠紫红色 ……………………………………………………………………… 56. **巴塘黄芪** A. **batangensis**

　　　　　　　　76. 叶被粗毛；子房柄明显；荚果有8-10种子；花冠淡紫色 … 57. **石生黄芪** A. **saxorum**

　　　　　　　75. 花长1-1.3厘米；花冠白色 ………………………… 58. **高山黄芪** A. **alpinus**

　　　　67. 花组成伞形总状花序。

　　　　　77. 子房无毛或疏被毛。

　　　　　　78. 花冠紫红色，稀橙黄色；二年生草本 ………………… 59. **紫云英** A. **sinicus**

　　　　　　78. 花冠白或淡黄色；多年生草本 …………………… 59（附）**文县黄芪** A. **wenxianensis**

　　　　　77. 子房密被白色柔毛 ……………………………………… 60. **四川黄芪** A. **sutchuenensis**

18. 托叶相互之间至少在中部以下合生，与叶柄分离或贴生。

79. 托叶相互间合生，与叶柄分离；茎明显。

　　80. 子房1室；花萼钟状或短钟状。

　　　　81. 茎直立；花序梗通常较叶短或稀稍长于叶；苞片长不超过花萼。

　　　　　　82. 子房无柄或近无柄；总状花序生多数花，花序轴长2-3厘米；羽状复叶有19-31小叶；茎高15-
28厘米 ·· 61. **笔直黄蓍 A. strictus**

　　　　　　82. 子房有柄；总状花序生花6-12，花序轴长约1厘米；羽状复叶有17-21小叶；茎高7.5-15厘米
·· 62. **坚硬黄蓍 A. rigidulus**

　　　　81. 茎短缩，但较明显；花序梗比叶长很多；苞片较花萼长 ·············· 63. **黑穗黄蓍 A. melanostachys**

　　80. 子房假2室；花萼管状或管状钟形。

　　　　83. 苞片披针状卵形；旗瓣倒卵状披针形；荚果长圆形或线状长圆形，长1.3-1.7厘米，果柄长3-4毫米
·· 64. **藏新黄蓍 A. tibetanus**

　　　　83. 苞片长卵形；旗瓣窄倒卵形；荚果长圆状卵形，长7-8毫米，果柄长约1毫米 ······················
·· 64(附). **丹麦黄蓍 A. danicus**

79. 托叶相互分离，与叶柄贴生；茎不明显；小叶9-11，椭圆形或近圆形 ··································
··· 65. **圆叶黄蓍 A. orbicularifolius**

17. 花冠宿存，翼瓣和龙骨瓣基部与花丝鞘连合，花萼在花期后膨胀；荚果包于花萼内。

　　84. 羽状复叶有31-55小叶；总状花序呈圆锥状、圆柱状或卵状；长5-15厘米，花序梗很短或几不明显；旗
瓣长不超过2厘米，龙骨瓣1.4-1.7厘米。

　　　　85. 植株全体密被白色长柔毛；小叶长不及2厘米，中部以上最宽，花萼长1.5-1.8厘米，萼齿与萼筒近等
长；旗瓣宽倒卵形 ··· 66. **长尾黄蓍 A. alopecias**

　　　　85. 植株全体密被金黄色长柔毛；小叶长2-4.5厘米，中部以下最宽；花萼长1.2-1.8厘米，萼齿比萼筒短；
旗瓣窄倒卵状匙形 ·· 67. **狐尾黄蓍 A. alopecurus**

　　84. 羽状复叶有25-31小叶；总状花序呈头状或卵状，长4-6厘米，花序梗长4-6厘米；旗瓣长2.5-3厘米，龙
骨瓣与旗瓣近等长 ··· 68. **拟狐尾黄蓍 A. vulpinus**

2. 一年生、稀二年生草本；根纤细，通常无分歧；花序为头状或疏松的总状花序。

86. 总状花序的花较稀疏或稍密集，但不排列成头状。

　　87. 龙骨瓣较翼瓣短稀等长，旗瓣长0.5-1厘米；花序有1-7花；植株高不超过30厘米，一般在18厘米以下。

　　　　88. 花萼钟状，萼筒较短，长与宽近相等；子房具短柄；旗瓣先端渐窄 ········· 69. **镰荚黄蓍 A. arpilobus**

　　　　88. 花萼管状，萼筒较长，长为宽的2倍或3倍；子房几无柄或无柄；旗瓣先端骤然收窄呈舌状。

　　　　　　89. 荚果长约1厘米，具7-8种子；花序梗较叶短很多；花冠淡紫红色 ······ 70. **矮型黄蓍 A. stalinskyi**

　　　　　　89. 荚果长2-4厘米，具14-16种子；花序梗与叶近等长，但在果期远较叶长；花冠青紫或乳白色 ······
·· 71. **混合黄蓍 A. commixtus**

　　87. 龙骨瓣远较翼瓣长，旗瓣长1.2-1.4厘米；花序有10-20花；植株高达80厘米 ···························
··· 72. **达乌里黄蓍 A. dahuricus**

86. 总状花序的花密生呈头状。

　　90. 龙骨瓣较翼瓣长；羽状复叶具13-21小叶，长5-15厘米；荚果密集，弯镰状或环形 ···················
··· 73. **环荚黄蓍 A. contortuplicatus**

　　90. 龙骨瓣较翼瓣短；羽状复叶具9-17小叶，长2.5-8厘米；荚果成簇，直、微弯或弧形弯曲。

　　　　91. 花序无花序梗或具短花序梗；荚果放射状开展再上弯；旗瓣上部较宽 ··· 74. **蒺藜黄蓍 A. tribuloides**

　　　　91. 花序具明显的花序梗（长2-5厘米）；荚果直、稍内弯或镰刀状，直立、上升或放射状开展再上弯；旗
瓣中部或下部较宽。

　　　　　　92. 小叶窄长圆形或窄倒卵状，先端微缺；苞片卵形；花序有3-10花。

　　　　　　　　93. 小叶窄倒卵形；萼齿长为萼筒的1/5-1/3，旗瓣倒卵形，子房无毛；荚果披针状长圆形，长1-1.2
厘米，无毛 ·· 75. **尖舌黄蓍 A. oxyglottis**

　　　　　　　　93. 小叶窄长圆形；萼齿长为萼筒的1/2，旗瓣长圆状卵形，子房被毛；荚果卵形，无棱，长7-9毫

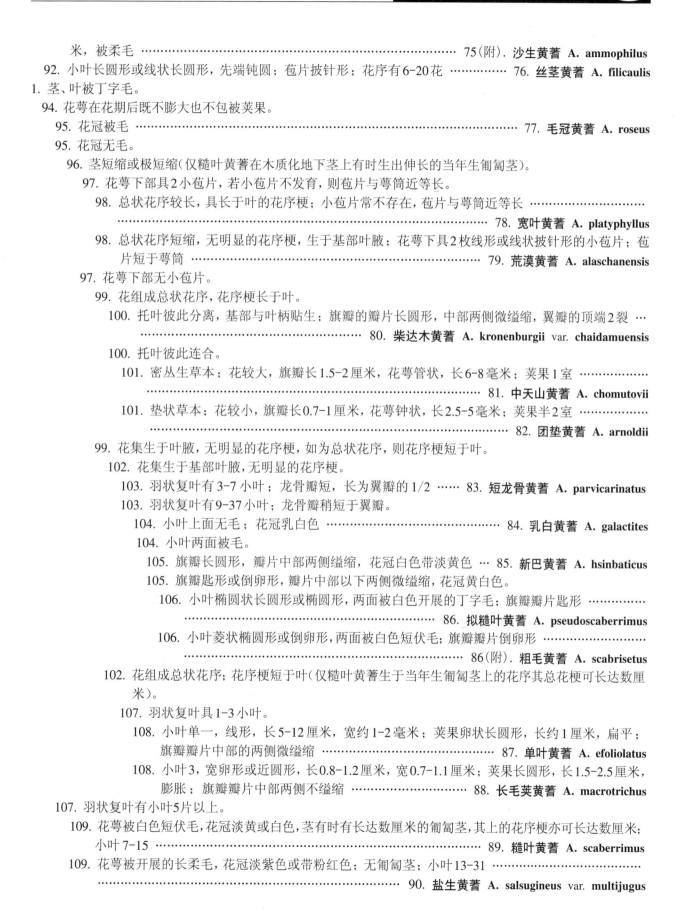

米，被柔毛 ··· 75(附). 沙生黄耆 A. ammophilus

　92. 小叶长圆形或线状长圆形，先端钝圆；苞片披针形；花序有6-20花 ·············· 76. 丝茎黄耆 A. filicaulis

1. 茎、叶被丁字毛。

　94. 花萼在花期后既不膨大也不包被荚果。

　　95. 花冠被毛 ··· 77. 毛冠黄耆 A. roseus

　　95. 花冠无毛。

　　　96. 茎短缩或极短缩(仅糙叶黄耆在木质化地下茎上有时生出伸长的当年生匍匐茎)。

　　　　97. 花萼下部具2小苞片，若小苞片不发育，则苞片与萼筒近等长。

　　　　　98. 总状花序较长，具长于叶的花序梗；小苞片常不存在，苞片与萼筒近等长 ···········

　　　　　　　··· 78. 宽叶黄耆 A. platyphyllus

　　　　　98. 总状花序短缩，无明显的花序梗，生于基部叶腋；花萼下具2枚线形或线状披针形的小苞片；苞

　　　　　　　片短于萼筒 ······································· 79. 荒漠黄耆 A. alaschanensis

　　　　97. 花萼下部无小苞片。

　　　　　99. 花组成总状花序，花序梗长于叶。

　　　　　　100. 托叶彼此分离，基部与叶柄贴生；旗瓣的瓣片长圆形，中部两侧微缢缩，翼瓣的顶端2裂 ···

　　　　　　　··· 80. 柴达木黄耆 A. kronenburgii var. chaidamuensis

　　　　　　100. 托叶彼此连合。

　　　　　　　101. 密丛生草本；花较大，旗瓣长1.5-2厘米，花萼管状，长6-8毫米；荚果1室 ············

　　　　　　　　··· 81. 中天山黄耆 A. chomutovii

　　　　　　　101. 垫状草本；花较小，旗瓣长0.7-1厘米，花萼钟状，长2.5-5毫米；荚果半2室 ···········

　　　　　　　　··· 82. 团垫黄耆 A. arnoldii

　　　　　99. 花集生于叶腋，无明显的花序梗，如为总状花序，则花序梗短于叶。

　　　　　　102. 花集生于基部叶腋，无明显的花序梗。

　　　　　　　103. 羽状复叶有3-7小叶；龙骨瓣短，长为翼瓣的1/2 ······ 83. 短龙骨黄耆 A. parvicarinatus

　　　　　　　103. 羽状复叶有9-37小叶；龙骨瓣稍短于翼瓣。

　　　　　　　　104. 小叶上面无毛；花冠乳白色 ······················· 84. 乳白黄耆 A. galactites

　　　　　　　　104. 小叶两面被毛。

　　　　　　　　　105. 旗瓣长圆形，瓣片中部两侧缢缩，花冠白色带淡黄色 ··· 85. 新巴黄耆 A. hsinbaticus

　　　　　　　　　105. 旗瓣匙形或倒卵形，瓣片中部以下两侧微缢缩，花冠黄白色。

　　　　　　　　　　106. 小叶椭圆状长圆形或椭圆形，两面被白色开展的丁字毛；旗瓣瓣片匙形 ············

　　　　　　　　　　　··· 86. 拟糙叶黄耆 A. pseudoscaberrimus

　　　　　　　　　　106. 小叶菱状椭圆形或倒卵形，两面被白色短伏毛；旗瓣瓣片倒卵形 ················

　　　　　　　　　　　··· 86(附). 粗毛黄耆 A. scabrisetus

　　　　　　102. 花组成总状花序；花序梗短于叶(仅糙叶黄耆生于当年生匍匐茎上的花序其总花梗可长达数厘

　　　　　　　米)。

　　　　　　　107. 羽状复叶具1-3小叶。

　　　　　　　　108. 小叶单一，线形，长5-12厘米，宽约1-2毫米；荚果卵状长圆形，长约1厘米，扁平；

　　　　　　　　　旗瓣瓣片中部的两侧微缢缩 ······························· 87. 单叶黄耆 A. efoliolatus

　　　　　　　　108. 小叶3，宽卵形或近圆形，长0.8-1.2厘米，宽0.7-1.1厘米；荚果长圆形，长1.5-2.5厘米，

　　　　　　　　　膨胀；旗瓣瓣片中部两侧不缢缩 ····················· 88. 长毛荚黄耆 A. macrotrichus

　　　　　　107. 羽状复叶有小叶5片以上。

　　　　　　　109. 花萼被白色短伏毛，花冠淡黄或白色，茎有时有长达数厘米的匍匐茎，其上的花序梗亦可长达数厘米；

　　　　　　　　小叶7-15 ··· 89. 糙叶黄耆 A. scaberrimus

　　　　　　　109. 花萼被开展的长柔毛，花冠淡紫色或带粉红色；无匍匐茎；小叶13-31 ···············

　　　　　　　　··· 90. 盐生黄耆 A. salsugineus var. multijugus

96. 茎发达,如茎短缩,则有横走的地下茎。

  110. 总状花序的花密生呈头状或伞房花序式。

    111. 荚果肿胀呈膀胱状,被白色柔毛 ·· 91. **亮白黄蓍** **A. candidissimus**

    111. 荚果不肿胀,无毛或疏被白色柔毛。

      112. 花萼下具两枚小苞片;茎直立或斜升,高0.3-1米。

        113. 小叶下面被白色伏贴的丁字毛;子房无柄;总状花序具多数花;荚果近圆柱形,劲直,多枚集生排成球形的果序 ·· 92. **地八角** **A. bhotanensis**

        113. 小叶仅幼时疏被毛;子房有长柄;总状花序具5-8花;荚果弯曲呈镰刀形,不排成球形果序 ······ ··· 92(附). **地花黄蓍** **A. basiflorus**

      112. 花萼下无小苞片;茎平卧,密丛生呈垫状 ················ 93. **喜沙黄蓍** **A. ammodytes**

  110. 总状花序的花排列疏松或稍密,如花密生呈头状或伞房花序式则荚果为线形或线状钻形。

    114. 花密生呈头状或伞房花序式;荚果线形或线状钻形;花萼管状。

      115. 灌木,高0.5-1.2米 ··· 94. **木黄蓍** **A. arbuscula**

      115. 多年生草本或亚灌木,高不超过50厘米。

        116. 花冠灰绿、淡黄、白或粉红色。

          117. 花冠灰绿色,翼瓣先端全缘;小叶线状剑形,长0.3-1.5厘米,宽0.5-1.5毫米 ···················· ··· 95. **歧枝黄蓍** **A. gladiatus**

          117. 花冠淡黄、白或粉红色,翼瓣先端2浅裂或微凹;小叶披针形至窄披针形。

            118. 花冠淡黄色,翼瓣先端2浅裂,瓣片较瓣柄稍长或等长;小叶披针形,长1-2厘米,宽3-4毫米。

              119. 羽状复叶有7-11小叶;小叶披针形 ············· 96. **托木尔黄蓍** **A. dsharkenticus**

              119. 羽状复叶有13-27小叶;小叶长圆形 ··· 96(附). **巩留黄蓍** **A. dsharkenticus** var. **gongliuensis**

            118. 花冠白色或粉红色,翼瓣先端微凹,瓣片长为瓣柄的1/3;小叶线状长圆形或窄披针形,长5-1.2厘米,宽1-3毫米 ·················· 96(附). **直荚草黄蓍** **A. ortholobiformis**

        116. 花冠蓝紫、淡紫、紫红或淡红色,稀白色。

          120. 羽状复叶有11-21小叶。

            121. 茎和叶疏被伏贴的丁字毛,呈淡绿色;花冠蓝紫色,旗瓣瓣片菱状长圆形,翼瓣瓣片长为瓣柄的1/2 ·· 97. **角黄蓍** **A. ceratoides**

            121. 茎和叶密被灰白色伏贴毛,呈灰绿色;花冠淡紫或紫红色,旗瓣瓣片倒卵状长圆形,翼瓣瓣片与瓣柄近等长 ························· 97(附). **狭荚黄蓍** **A. stenoceras**

          120. 羽状复叶有3-9小叶。

            122. 小叶披针形,长1-4厘米,宽0.3-1厘米;花冠淡红或白色,旗瓣瓣片长圆形,两侧不缢缩,翼瓣和龙骨瓣的瓣片稍短于瓣柄 ················· 98. **鸡峰山黄蓍** **A. kifonsanicus**

            122. 小叶线形,长0.4-1.1厘米,宽1-1.5毫米;花冠紫红色,旗瓣瓣片窄倒卵形,中部偏下两侧微缢缩,翼瓣和龙骨瓣的瓣片长为瓣柄的2/3 ········· 99. **扁序黄蓍** **A. compressus**

    114. 花疏生或稍密生,但不排列呈头状或伞房花序式(仅细弱黄蓍的花密生成伞房花序式,但其荚果为线状长圆形);花萼钟状。

      123. 荚果卵圆形、椭圆形或长圆形。

        124. 花冠淡白绿或黄白色;花下垂。

          125. 总状花序的花稍密生,花冠白绿色;荚果长9-1.3厘米,无毛;小叶椭圆形至长圆形,长2-3厘米 ·· 100. **湿地黄蓍** **A. uliginosus**

          125. 总状花序的花稍疏生,花冠黄白色;荚果长1.1-2厘米,被细软毛;小叶椭圆状长圆形,长0.7-1.9厘米 ····························· 100(附). **青藏黄蓍** **A. peduncularis**

        124. 花冠淡蓝紫、红紫、蓝或乳白色;花不下垂。

          126. 花冠淡蓝或乳白色;托叶彼此于中部以下合生;植株矮小,高15-20厘米 ·········

　　　　　　　　　　　　　　　　　　　　　　　　　　　101. 漠北黄耆 **A. austrosibiricus**

　126. 花冠红紫或蓝色；托叶彼此仅基部合生或分离；植株高0.2-1米 ·········· 102. **斜茎黄耆 A. adsurgens**

123. 荚果线状长圆形、圆柱形至线形。

　127. 荚果圆柱形至线形，长3-4厘米。

　　128. 羽状复叶有9-17小叶；小叶窄披针形或窄椭圆形，长0.5-1厘米，宽1.5-4毫米；翼瓣先端微凹 ······

　　　　　　　　　　　　　　　　　　　　　　　　　　　　103. **莲山黄耆 A. leansanicus**

　　128. 羽状复叶有7-9小叶；小叶椭圆形、卵圆形或披针形，长1-2厘米，宽0.5-1厘米；翼瓣先端全缘 ···

　　　　　　　　　　　　　　　　　　　　　　　　　　　　104. **哈密黄耆 A. hamiensis**

　127. 荚果线状长圆形或线形，长0.7-3厘米。

　　129. 翼瓣顶端全缘，稀微凹。

　　　130. 荚果之果柄显著伸出宿萼之外；花冠蓝紫色 ······················ 105. **灰叶黄耆 A.discolor**

　　　130. 荚果近无柄，基部包于宿萼之内。

　　　　131. 荚果线状长圆形，长0.9-1.1厘米，直；花冠淡紫色，翼瓣之瓣柄长为瓣片的1/3，龙骨瓣长及翼瓣的2/3　　　　　　　　　　　　　　　　　106. **纹茎黄耆 A. sulcatus**

　　　　131. 荚果线形，长达3厘米，微弯；花冠淡紫红色，翼瓣之瓣柄与瓣片近等长，龙骨瓣与翼瓣几等长

　　　　　　　　　　　　　　　　　　　　　　　106（附）. **长管萼黄耆 A. limprichtii**

　　129. 翼瓣先端微凹或2浅裂。

　　　132. 花萼长2-3毫米；羽状复叶具5-11小叶；翼瓣瓣柄长为瓣片的1/2。

　　　　133. 小叶倒卵形或倒卵状椭圆形，长0.7-1.2厘米，宽3-8毫米；翼瓣先端微凹，花冠淡紫色 ··········

　　　　　　　　　　　　　　　　　　　　　　　　　　　　107. **了墩黄耆 A. lioui**

　　　　133. 小叶丝状或线形，长0.7-1.4厘米，宽0.2-0.8毫米；翼瓣先端2浅裂，花冠粉红色 ···············

　　　　　　　　　　　　　　　　　　　　　　　　　　　　108. **细弱黄耆 A. miniatus**

　　　132. 花萼长5-6毫米；羽状复叶具11-19小叶；翼瓣瓣柄稍短于瓣片；花冠淡紫红或淡蓝紫色 ·········

　　　　　　　　　　　　　　　　　　　　　　　　　　　　109. **变异黄耆 A. variabilis**

94. 花萼在花期后膨大，部分或全部包被荚果。

　134. 托叶彼此分离，基部与叶柄贴生；总状花序长圆状塔形或长圆状圆柱形。

　　135. 灌木或亚灌木。

　　　136. 灌木，高0.25-1米；总状花序长圆状塔形，花不下垂。

　　　　137. 小叶卵形或椭圆形，长0.8-1.7厘米，宽3.5-6毫米；当年生枝密被白色和黑色贴伏丁字毛；花冠淡蓝紫色，旗瓣中部两侧缢缩；植株高达1米 ··········· 110. **树黄耆 A. dendroides**

　　　　137. 小叶线形或线状披针形，长1.2-2厘米，宽2-4毫米；当年生枝被灰白色丁字毛，在节上生黑色柔毛；花冠污黄色，旗瓣中部两侧不明显缢缩；植株高25-47厘米 ·········

　　　　　　　　　　　　　　　　　　　110（附）. **细果黄耆 A. tyttocarpus**

　　　136. 亚灌木，高0.5-1米；总状花序长圆状圆柱形；花下垂，花冠黄白色；小叶窄椭圆形至长圆形，长7-20厘米，宽0.3-1厘米 ································ 111. **富蕴黄耆 A. majevskianus**

　　135. 多年生草本。

　　　138. 小叶窄椭圆形或倒披针形，长0.7-1.5厘米；茎较明显，长5-12厘米；翼瓣的瓣片长为瓣柄的1/2；荚果具下弯的短喙 ································ 112. **水定黄耆 A. suidenensis**

　　　138. 小叶椭圆形，长0.5-1.1厘米；茎短缩，长1-3厘米；翼瓣的瓣片与瓣柄近等长；荚果无喙

　　　　　　　　　　　　　　　　　　　　　　　　112（附）. **袋萼黄耆 A. saccocalyx**

　134. 托叶彼此合生或仅基部合生；总状花序近球形或卵圆形。

　　139. 托叶彼此于中部或中部以下合生；茎发达，斜上。

　　　140. 小叶圆形或宽卵形，两面被灰白色平伏丁字毛；花萼被白色并混生较少的黑色毛；花冠淡蓝紫色；茎高8-25厘米 ····························· 113. **雪地黄耆 A. nivalis**

　　　140. 小叶椭圆形，上面近无毛或疏被丁字毛；花萼被金黄色短毛并混生白色毛，花冠淡蓝或淡红色，龙骨

1. 乌拉特黄芪　　　　　　　　　　图 439

Astragalus hoantchy Franch. in Nouv. Arch. Mus. Hist. Nat. Paris 5: 236. 1883.

茎直立,高达50厘米,多分枝,有细棱,几无毛。羽状复叶有17-25小叶；托叶三角状披针形,长6-8毫米；小叶宽卵形或近圆形,长0.5-2厘米,先端平截或微凹,基部宽楔形或近圆,两面近无毛或沿主脉疏生柔毛。总状花序疏生花12-15；花序梗长10-20厘米,几无毛,花序轴被黑色或混生白色长柔毛。苞片线状披针形,被黑和白色长柔毛；花萼钟状,长1.1-1.2厘米,疏被褐色或混生白色长柔毛,萼齿线状披针形,被黑色长毛；花冠粉

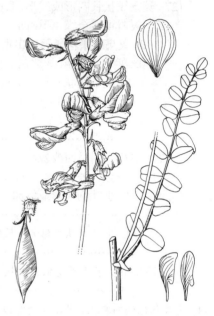

图 439 乌拉特黄芪 (孙英宝绘)

红或紫白色,旗瓣宽倒卵形,长2.2-2.7厘米,先端微凹,翼瓣长2.4-2.7厘米,瓣片窄长圆形,龙骨瓣长2-2.2厘米,瓣片弯月形；子房无毛,柱头被画笔状簇毛。荚果长圆形,两侧扁,长约6厘米,顶端喙状,基部渐窄,无毛,具网脉,假2室；果柄长达2厘米。种子褐色,近肾形,具凹窝。

产内蒙古、甘肃、宁夏及青海东部,生于海拔1500-2250米的山谷、水旁、滩地或山坡。根有补气固表、止汗、托疮生肌、利尿消肿的功能。

2. 弯齿黄芪　　　　　　　　　　图 440

Astragalus camptodontus Franch. Pl. Delav. 160. t. 39. 1889. pro max. parte.

多年生草本；根粗长,径4-4.5毫米。茎多条,外倾或平卧,长20-50厘米,几无毛或疏被白色平伏短柔毛。羽状复叶有15-21小叶；叶柄长3-5毫米；小叶窄长圆状倒卵形,长0.4-1厘米,宽2.5-5毫米,先端圆,基部钝,仅下面疏被白色伏毛。总状花序有 1-7 朵密生的花；花序梗长3-7.5厘米；花萼钟状,长7-8毫米,散生白色短伏毛,萼齿钻形,长4-5毫米；花冠淡绿黄色,旗瓣长1.4-1.6厘米,瓣片近圆形,基部骤缩,瓣柄长及瓣片的1/3,翼瓣长约1.3厘米,龙骨瓣稍长于翼瓣,先端有紫色斑；子房无毛,柄长3-3.5毫米,柱头被画笔状簇毛。荚果卵状长圆形,长约2厘米,膨胀,无毛；果柄不露出萼外。

产四川西南部及云南西北部,生于海拔2500-3500米的石灰岩山坡或高山草地。

[附] **丽江黄蓍** Astragalus camptodontus var. **lichiangensis**(Simps.) K. T. Fu in Acta Bot. Bor.-Occ. Sinica 6: 57. 1986. ——Astragalus lichiangensis Simps. in Notes Roy. Bot. Gard. Edinb. 8: 125. 1913. 与模式变种的区别:小叶长0.6-1.2厘米,宽3.5-6.5毫米;花萼被黑褐色短伏毛,萼齿长6-8毫米。产四川西南部(木里)及云南西北部(丽江),生于海拔3000-3300米林间草地、林缘、林下及草丛中。

3. 牧场黄蓍　　　　　　　　　　　图 441:1-8

Astragalus pastorius Tsai et Yu in Bull. Fan. Mem. Inst. Biol. Bot. 9: 264. 1940.

多年生草本。茎外倾或平铺,长15-30厘米,近无毛。羽状复叶有7-11小叶;小叶椭圆状长圆形,长1.2-2.5(3.5)厘米,先端钝,基部宽楔形,下面被白色伏毛。总状花序有7-9花,排列呈伞形花序式;花序梗长于叶,长10-12厘米,疏被黑色毛或近无毛;苞片卵状椭圆形或卵状披针形,两面近无毛。花萼钟状,被褐色毛,萼筒长3-4毫米,萼齿三角状披针形,长2-3毫米;花冠青紫色,旗瓣瓣片近圆形,长1.5-1.6厘米,瓣柄长约3毫米,翼瓣窄长圆形,长1.1-1.2厘米,龙骨瓣近倒卵形,长1.3-1.35厘米;子房有柄,被短柔毛,柱头被画笔状簇毛。荚果椭圆形,长2-2.5厘米,膨胀,顶端尖喙状,疏被褐色短毛,假2室;果柄很短。

产四川西南部、云南西北部及西藏,生于海拔3000-3400米江岸、草坡和路旁开阔牧场上。

[附] **线苞黄蓍** 图 441: 9-18 Astragalus pastorius var. **linearibracteatus** K. T. Fu in Bull. Bot. Res.(Harbin)2(1): 129. 1982. 与模式变种的区别:苞片线形或披针状线形,近膜质,下面被毛并具缘毛。产西藏东部及四川西南部,生于海拔2800-4200米的草地、林缘、林下和阴湿场所。

4. 乡城黄蓍　　　　　　　　　　　图 442

Astragalus sanbilingensis Tsai et Yu in Bull. Fan Mem. Inst. Biol. Bot. 9: 265. f. 9. 1940.

多年生草本。茎丛生,平卧或上升,长20-30厘米,疏被白色短柔毛。羽状复叶有15-19小叶;小叶椭圆状长圆形或倒卵状长圆形,长0.7-1.2厘米,宽1.5-5毫米,先端圆或截形,基部宽楔形,仅下面疏被白色伏毛。总状花序有3-5花;花序梗长3.5-5.5厘米,疏被白色短伏毛。花萼钟状,疏

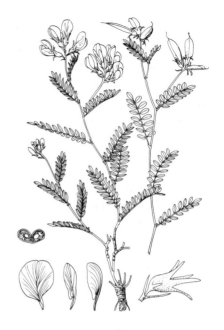

图 440 弯齿黄蓍 (引自《豆科图说》)

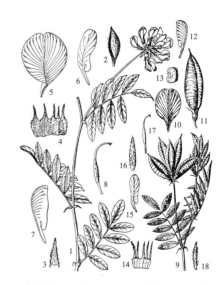

图 441: 1-8.牧场黄蓍 9-18.线苞黄蓍
（李志民绘）

被毛；萼筒长2-2.5毫米，萼齿线状披针形，与萼筒近等长；花冠紫红色，旗瓣瓣片近圆形，长约8毫米，瓣柄长约2毫米，翼瓣长约8毫米，龙骨瓣与翼瓣近等长；子房有柄，被短伏毛或近无毛，柄长约1毫米，柱头被画笔状簇毛。荚果椭圆状长圆形，长1-1.2厘米，宽3.5-4毫米，疏被毛或几无毛，假2室；果柄不露出萼外。

产四川西部及西藏东部，生于海拔3000-4000米河谷灌丛边缘或松林下空地。

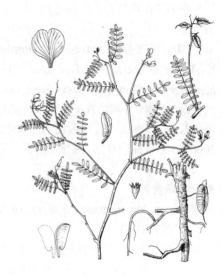

图 442 乡城黄耆 （孙英宝绘）

5. 长小苞黄耆　　　　　　　　　　　　图 443

Astragalus balfourianus Simps. in Notes Roy. Bot. Gard. Edinb. 8: 123. 1913.

多年生草本。根状茎细圆锥形。茎平铺或外倾，长20-60厘米，被白色伏毛。羽状复叶有9-13小叶；小叶互生，长圆形或倒卵形，长0.7-1厘米，先端平截，微凹，下面被白色伏毛。伞形总状花序有2-7花；花序梗长于叶，长3.5厘米。花萼钟状，被黑色或杂有白色伏毛，萼筒长约4毫米，萼齿线形，长2-3毫米；花冠紫色，顶部色较深，旗瓣瓣片圆形，长1.4-1.5厘米，瓣柄长4-5毫米，翼瓣长圆形，长1.2-1.4厘米，龙骨瓣近倒卵状长圆形，长8.5-9毫米；子房柄长4-4.5毫米，被黑色伏毛，柱头被画笔状簇毛。荚果倒卵状长圆形，长约2.5厘米，被短伏毛；果柄不露出宿萼外。

产云南西北部及四川，生于海拔2650-4000米的开阔多石牧场、林下、林缘和草坡上。

图 443 长小苞黄耆 （李志民绘）

［附］**小苞黄耆 Astragalus prattii** Simps. in Notes Roy. Bot. Gard. Edinb. 8: 244. 253. 1915. 与长小苞黄耆的区别：羽状复叶有7-15小叶；子房柄长2.5-3毫米；荚果披针形，长1.5-2厘米。产甘肃南部、四川西部至西北部，生于海拔2700-4250米松林下和高山草地。

6. 膨果黄耆　　　　　　　　　　　　图 444

Astragalus turgidocarpus K. T. Fu in Bull. Bot. Res. (Harbin) 2(1): 127. f. 6. 1982.

多年生草本。根状茎肥厚。茎外倾或平卧，长20-40厘米，被伏毛。羽状复叶有15-21小叶，长约5.5厘米；小叶长圆形或倒卵状长圆形。长5-7厘米，先端钝或微凹，基部圆形，仅下面疏被伏毛。总状花序有2-4花，排列呈伞形花序式；花序梗长达7厘米。花萼钟状，疏被白伏毛，萼筒长4.5-5.5毫米，萼齿芒状，与萼筒近等长；花冠青紫或紫色，旗瓣瓣片近圆形，长1.6-1.9厘米，瓣柄长3-4毫米，翼瓣瓣片长1-1.1厘米，瓣柄长4.5-5毫米，龙骨瓣倒卵状长圆形，瓣片长1.1-1.2厘米，瓣柄长5-6毫米；子房柄

长2.5-3毫米，被短伏毛，柱头被画笔状簇毛。荚果极膨胀，长圆形，长3-3.5厘米，两端尖，疏被白色短伏毛，背腹缝线均内陷，假2室；果柄不伸出宿萼之外。种子近肾形，深褐色，有黑色斑点。

产甘肃南部及四川，生于海拔1050-2100米河岸、沟边、河滩草地或山坡桦木和松树林下。

图 444 膨果黄耆 （李志民绘）

7. 甘青黄耆 图 445

Astragalus tanguticus Batalin in Acta Hort. Peterop. 11: 485. 1891.

多年生草本。茎平卧或上升，长20-40厘米，多分枝，密被白色开展的长柔毛。羽状复叶具11-12小叶；小叶近对生，椭圆状长圆形或倒卵状长圆形，长0.4-1.1厘米，先端圆或截形，基部圆，上面几无毛，下面被白色开展的长柔毛。总状花序有4-10花，排列呈伞形花序式；花序梗疏被白色或混有黑色柔毛。花萼钟状，疏被白色及黑色柔毛，萼筒钟状，长2-2.5毫米，萼齿线状披针形，长2.5-3毫米；花冠青紫色，旗瓣瓣片近圆形，长8-9毫米，瓣柄长1.7-2毫米，翼瓣瓣片近长圆形，长7-8毫米，瓣柄长2.5-2.8毫米，龙骨瓣瓣片倒卵形，长7-8毫米，瓣柄很短；子房柄长约1毫米，密被白色柔毛，柱头被画笔状簇毛。荚果近圆球或长圆形，长7-8毫米，疏被白色短柔毛，假2室；果柄不露出宿萼外。种子棕色，圆肾形，长约2毫米，平滑。

产甘肃、青海、西藏及四川，生于海拔2500-4300米的山谷、山坡、干草地、草滩。

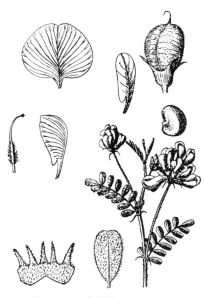

图 445 甘青黄耆 （李志民绘）

8. 背扁黄耆 图 446

Astragalus complanatus Bunge in Mém. Acad. Sci. St. Pétersb. VII. 11(16): 4. 1868.

多年生草本。主根圆柱状，长达1米。茎平卧，单一至多数，有棱，无毛或疏被粗短硬毛。羽状复叶具9-25小叶；小叶椭圆形或倒卵状长圆形，长5-18厘米，先端钝或微缺，基部圆形，上面无毛，下面疏被粗伏毛。总状花序具3-7花，较叶长。花萼钟状，长5-6毫米，被灰色短伏毛，萼齿披针形，与萼筒近等长；花冠乳白或紫红色，旗瓣瓣片近圆形，长7.5-8毫米，瓣柄长2.7-3毫米，翼瓣长圆形，长8-9毫米，龙骨瓣近

图 446 背扁黄耆 （引自《图鉴》）

倒卵形，长约1厘米；子房密被白色粗伏毛，柄长1.2-1.5毫米，柱头被画笔状簇毛。荚果稍膨胀，窄长圆形，长达3.5厘米，宽5-7毫米，背腹压扁，微被褐色短粗伏毛；果柄不露出宿萼之外。种子淡棕色，肾形。

产黑龙江、吉林、辽宁、内蒙古、河北、山西、陕西、宁夏、甘肃、青海东部、河南、湖北、云南及四川，生于海拔1000-1700米的路边、沟岸、草坡及干草场。种子入药，有补肾固精、清肝明目之效。全株可作绿肥和饲料，又是水土保持优良草种。

[附] **真毛黄耆** Astragalus complanatus var. eutrichus Hand.-Mazz.

9. 绒毛黄耆 图 447

Astragalus hendersonii Baker in Hook. f. Fl. Brit. Ind. 2: 120. 1876.

多年生草本；全株密被白色绒毛。茎直立，单一或2枝生于根状茎顶端，高3-5厘米。羽状复叶长1.5-2厘米，具11-17小叶；托叶仅基部合生。小叶密集，长圆状倒卵形或椭圆形，长1.5-2毫米，先端尖或钝，基部楔形。花单一顶生或2朵孪生；花梗长2-3毫米；花萼钟状，萼筒长2-4毫米，萼齿三角状披针形，长1.5-2.5毫米；花冠紫红色，旗瓣瓣片扁圆形，长7-7.5毫米，瓣柄长3-3.5毫米，翼瓣长9-9.5毫米，龙骨瓣与翼瓣近等长；子房柄长1.5-1.8毫米，柱头被画笔状簇毛，花柱无毛。荚果呈囊状，椭圆形或倒卵圆形，背腹扁，淡紫色，长1.5-2.2厘米，被弯曲柔毛；果柄不伸出宿萼之外。

in Osterr. Bot. Zeitschr. 82: 248. 1933. 与模式变种的区别：羽状复叶具5-13小叶；小叶下面被密而开展的长柔毛或伏毛。产四川西部（雅江）和西南部（木里）以及云南东北部，生于海拔2100-2400米的河谷灌丛或河岸草地。

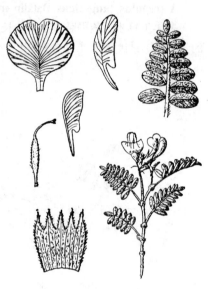

图 447 绒毛黄耆 （李志民绘）

产青海、新疆西南部及西藏，生于海拔4700-5000米的砾石山坡或半固定沙丘。克什米尔地区有分布。

10. 毛柱黄耆 图 448

Astragalus heydei Baker in Hook. f. Fl. Brit. Ind. 2: 118. 1876.

多年生矮小草本。茎单一或2-3枝生于根状茎顶端，高2.5-6厘米，疏被银白色硬毛。羽状复叶长10-30厘米，具13-19小叶；托叶卵形，合生；小叶密集或重叠，长圆形或倒卵状长圆形，长3-5毫米，先端圆或近楔形，基部圆，上面近无毛或疏被毛，下面被白色硬毛。总状花序呈伞形，有2-4花。花萼紫色，钟状，被褐色和白色硬毛，萼筒长3.5-4毫米，萼齿披针状三角形，长1.5-2.5毫米；花冠紫红色，旗瓣瓣片圆形，长8-9毫米，瓣柄长2.5-3毫米，翼瓣长圆形，长8.5-9毫米，龙骨瓣近

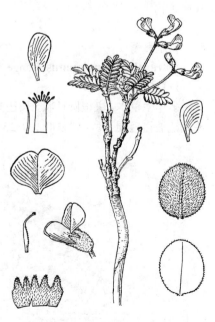

图 448 毛柱黄耆 （冯晋庸绘）

倒卵形，长8-8.5毫米；子房有柄，密被黑褐色粗伏毛，花柱内侧的上部具纵裂的柔毛，柱头被画笔状簇毛。荚果膨胀，长圆形或椭圆形，紫色，长1.2-2.2厘米，疏被褐色短伏毛，1室；果柄不露出宿萼处。种子褐色，圆肾形，平滑。

产青海南部及西藏，生于海拔4572-5300米高山沙砾地。巴基斯坦西部有分布。

11. 秦岭黄蓍

图 449：1-8

Astragalus henryi Oliv. in Hook. Icon. Pl. 10: t. 1959. 1891.

图 449: 1-8. 秦岭黄蓍 9-10. 棱果黄蓍
（钱存源绘）

小灌木。主根长而多分枝。茎高达1米，具条棱，疏被白色柔毛。羽状复叶长1-1.5厘米，具5-7小叶；托叶彼此离生，膜质，披针形或卵状披针形；小叶卵圆形或近长圆状卵形，长2-5厘米，先端钝，基部宽楔形或近圆，上面无毛，下面疏被白色柔毛。总状花序疏松，有数花。花萼钟状，长4-5毫米，外面疏被白色短柔毛，萼齿不明显；花冠黄或淡紫色，旗瓣倒卵状长圆形，长0.8-1.1厘米，翼瓣较旗瓣稍短，先端全缘，龙骨瓣较翼瓣稍短，半卵形；子房披针形，无毛，具长柄，柱头无毛。荚果膜质，椭圆形，长1-1.8厘米，顶端锐尖，无毛，1室，有1-2种子；具长果柄。

产陕西、甘肃南部及湖北西部，生于海拔2500米左右山坡、水沟旁或杂木林内。在湖北西部以其根作黄蓍的代用品。根有活血补血的功能。

12. 棱果黄蓍

图 449：9-10

Astragalus ernestii Comb. in Notes Roy. Bot. Gard. Edinb. 12: 230. 1934.

多年生草本。根粗壮，暗褐色。茎直立，高0.3-1米，具条棱，无毛。羽状复叶长7-12厘米，有9-17小叶；托叶近膜质，彼此离生，卵形或长圆状卵形，基部具膨大的腺体；小叶长圆形，长1-2.4厘米，顶端钝，基部宽楔形或近圆形，两面无毛。总状花序有多数花；花序梗较叶长；苞片膜质，长圆形或

倒卵形，边缘具黑色毛。花萼钟状，长0.9-1厘米，外面无毛，萼齿披针形，长2.5-3.5毫米，内面被黑色伏毛；花冠黄色，旗瓣倒卵形，长约1.5厘米，翼瓣较旗瓣稍短，长圆形，龙骨瓣较翼瓣稍短，半卵形；雄蕊二体(9+1)；子房被柔毛，具柄，柱头无毛。荚果梭形，膨胀，纸质，长2-2.2厘米，宽约5毫米，1室，密被黑色柔毛；果柄稍长于萼筒。

产西藏东部、云南西北部及四川，生于海拔3900-4500米山坡草地或灌丛中。根在四川康定地区代黄蓍入药。

13. 广布黄蓍

图 450

Astragalus frigidus (Linn.) A. Gray. in Proc. Am. Acad. 6: 219. 1864.

Phaca frigida Linn. Syst. ed. 10, 1143. 1759.

多年生草本。茎直立，高20-60厘米，无毛或疏被柔毛。羽状复叶有9-13小叶；托叶叶状，彼此离生，大

而显著；小叶长卵形至长圆形，长1.5-4厘米，先端钝，基部近圆形，下面疏生白色长柔毛。总状花序长3-5厘米，有多数稍疏生的花；花序梗与叶近等长；苞片披针形或卵状披针形，具黑色缘毛。花萼管状钟形，长6-7毫米，外面散生黑色短柔毛，萼齿短，长不及1毫米；花

图 450 广布黄蓍 （孙英宝绘）

冠淡黄色，旗瓣长圆状倒卵形，长1.4-1.6厘米，翼瓣较旗瓣略短，龙骨瓣与翼瓣近等长或稍短；子房被白色柔毛或混生黑色毛，具长柄，雄蕊二体（9+1）；荚果膜质，膨胀，椭圆形，长1.5-2厘米，宽0.5-1厘米，外面被黑色柔毛，1室。种子多数，深褐色。

产新疆、云南及四川，生于海拔2000米左右山坡。北美、中欧、俄罗斯、哈萨克斯坦、巴基斯坦及印度有分布。

14. 单蕊黄蓍
图 451

Astragalus monadelphus Bunge ex Maxim. in Bull. Acad. Sci. St. Petersb. 24: 32. 1878.

多年生草本；根圆锥形，径5-7毫米，黄褐色。茎丛生，高达70厘米，无毛，有条棱。羽状复叶有9-15小叶；托叶彼此离生，长圆状披针形，干膜质，有缘毛；小叶对生，长圆状披针形或长圆状椭圆形，长0.6-2.4厘米，先端圆，基部圆或钝，上面无毛，下面疏生柔毛。总状花序有10-16花，花序梗较叶长，几无毛；苞片线形或窄椭圆形，长0.8-1厘米，具缘毛。花萼钟

状，长7-7.5毫米，散生伏毛，萼筒长5-6毫米，萼齿披针形，长约2.5毫米，内面被褐色毛；花冠黄色，旗瓣圆匙形，长1.2-1.3厘米，翼瓣与旗瓣近等长，长圆形，龙骨瓣近半圆形，长1-1.1厘米；雄蕊单体；子房密被白色半开展的柔毛。荚果稍膨胀，纸质，披针形，长约2厘米，被白色柔

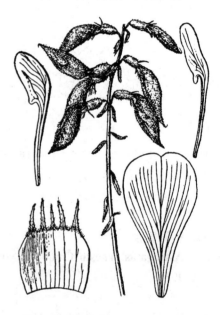

图 451 单蕊黄蓍 （引自《豆科图说》）

毛，1室；果柄露出宿萼之外。种子深褐色，宽肾形，平滑。

产陕西、甘肃、青海及四川，生于海拔3000-4000米山谷、山坡和山顶湿处或灌丛下。根入药，功效同黄蓍。

15. 光萼筒黄蓍
图 452

Astragalus levitubus Tsai et Yu in Bull. Fan Mem. Inst. Biol. Bot. 9: 261. 1939.

多年生草本。茎直立，高达30厘米，具条纹，散生白色或混有黑色柔毛。羽状复叶有7-11小叶；托叶披针形，彼此离生，具白色缘毛；小叶长圆状卵形，长1.5-2.5厘米，先端钝，基部宽楔形或近圆，幼时疏被长柔毛。

总状花序有10余花；花序梗与叶等长或稍长；苞片披针形，长6-8毫米，背面被黑色柔毛。花萼钟状，长6-7毫米，萼筒无毛，萼齿披针形，长2-3毫米，两面均被黑色柔毛；花冠黄

色，旗瓣倒卵形，长1.2-1.3厘米，翼瓣与旗瓣近等长，龙骨瓣与翼瓣近等长，瓣柄长约为瓣片的2倍；子房窄卵圆形，被黑色或白色柔毛，1室，具柄。未见成熟荚果。

产云南西北部及四川西部，生于海拔4000米以上山坡或溪边。

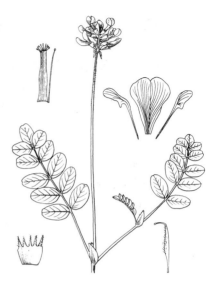

图 452 光萼筒黄蓍 （钱存源绘）

16. 长萼裂黄蓍 图 453

Astragalus longilobus Pet.-Stib. in Acta Hort. Gotnob. 12: 47. 1937-1938.

多年生草本。根粗壮，木质。茎单一或数枝丛生，高达60厘米，带紫色，具棱，被或疏或密的白色柔毛，上部并混有黑色毛。羽状复叶有5-11小叶；托叶披针形，彼此离生，膜质，基部常有褐色腺体；小叶长2-3厘米，先端渐尖，基部圆或宽楔形，上面无毛或有短伏毛，下面密被毛。总状花序有多数花，花序梗与叶近等长；苞片膜质，反折，基部常有腺体。花萼钟状，长约1.2厘米，被稍密的白色柔毛，萼齿线形，与萼筒近等长；花冠黄或淡黄色，旗瓣倒卵形，长约1.5厘米，翼瓣较旗瓣略短，龙骨瓣略短于翼瓣；子房密被绢毛，有长柄。荚果纸质，披针形，长2-2.2厘米，顶端具短喙，密生黑色毛，1室；果柄与萼筒近等长。

产甘肃及四川北部，生于海拔2700-4300米山坡或溪旁草地。

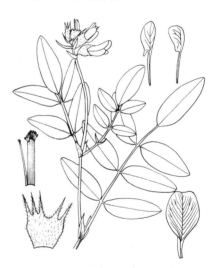

图 453 长萼裂黄蓍 （孙英宝绘）

17. 天山黄蓍 图 454

Astragalus lepsensis Bunge in Mém. Acad. Sci. St. Pétersb. VII. 15 (1): 29. 1869.

多年生草本，高达45厘米。茎直立，疏被白色柔毛。羽状复叶有11-15小叶，长6-15厘米；托叶膜质，彼此离生，卵状披针形，长1-1.5厘米，几无毛；小叶长圆形或长圆状卵形，长1.5-4厘米，先端钝，基部宽楔形或近圆，上面无毛，下面疏被

图 454 天山黄蓍 （钱存源绘）

白色长柔毛。总状花序有10-15稍疏生的花；花序梗通常较叶短。花萼管状钟形，长0.8-1厘米，外面疏被黑色柔毛或近无毛，萼齿窄三角形，长约1毫米，被稍密的毛，下部2小齿间深裂；花冠黄色，旗瓣倒卵形，长1.8-2厘米，翼瓣长约1.8厘米，瓣片基部具内弯的短耳，瓣柄长约为瓣片的2倍，龙骨瓣与翼瓣近等长，均具长瓣柄；子房密被白色柔毛，具长柄。荚果膜质，膨胀，椭圆形，长1.5-2.5厘米，疏生黑色短毛，1室；果柄超出

萼筒之外。

产新疆，生于海拔2100-2600米山坡林缘。哈萨克斯坦、吉尔吉斯斯坦及塔吉克斯斯坦有分布。根有补气固表、止汗、托疮生肌、利尿消肿的功能。

18. 黄花黄耆 图 455

Astragalus luteolus Tsai et Yu in Bull. Fan Mem. Inst. Biol. Bot. 7: 23. 1936.

多年生草本。茎直立，高0.5-1米，疏被白色柔毛，上部混有黑色毛。

羽状复叶长5-13厘米，有5-15小叶；托叶膜质，褐色，彼此离生；小叶长圆状披针形，长20-30厘米，先端钝或微凹，基部宽楔形，上面几无毛，下面毛较密。总状花序有近20朵稍密生的花；花序梗较叶长或与叶近等长。花萼钟状，长约7毫米，外面密生褐色或混生黑色柔毛，萼齿三角状披针形，长约1.5毫米，两面有毛；花冠黄或带紫色，旗瓣倒卵形，长1.2-1.3厘米，翼瓣与旗瓣近等长，龙骨瓣稍短于翼瓣；子房密被毛，有柄。荚果纸质，梭形，两侧压扁，长约2.5厘米，被棕和黑色短柔毛，1室；果柄与宿萼近等长。

19. 木里黄耆 图 456: 1-7

Astragalus muliensis Hand.-Mazz. Symb. Sin. 7: 554. 1933.

多年生草本。茎多分枝，高达60厘米，疏被白色和黑色短柔毛。羽状

复叶长5-10厘米，有小叶11-17；托叶披针形，长5-8毫米，彼此离生；小叶椭圆形或长圆状卵形，长0.5-2.5厘米，先端钝或微凹，基部宽楔形或近圆，上面无毛或疏被白色短柔毛。总状花序有多数稍密生的花；花序梗与叶近等长。花萼钟状，长约6毫米，外面密被褐色柔毛，萼齿披针形，长约为萼筒的

1/2，两面均被褐色柔毛；花冠青紫色，旗瓣长圆状倒卵形，长1-1.3厘米，翼瓣稍短于旗瓣，龙骨瓣稍短于翼瓣；子房被褐色的短柔毛，有柄。荚果纸质，椭圆形，1室；果柄与宿萼近等长。

图 455 黄花黄耆 （钱存源绘）

产四川及青海（兴海），生于海拔3000米左右山坡和路旁。

图 456: 1-7.木里黄耆 8-9.黑紫花黄耆 （李志民绘）

产四川西南部、云南西北部及西藏东部，生于海拔2700-4000米山坡林下或灌丛中。

20. 黑紫花黄蓍

图 456: 8-9

Astragalus przewalskii Bunge in Mel. Biol. 10: 52. 1877.

多年生草本。块根纺锤状。茎直立,高达1米,中部以下无叶。羽状复叶长5-12厘米,有9-17小叶;托叶彼此离生,披针形,长5-8毫米;小叶线状披针形,长1.5-3.5厘米,宽2-8毫米,先端渐尖,基部钝圆,上面无毛,下面疏被短柔毛。总状花序有10余朵稍密集的花,花序梗与叶近等长或稍长。花萼钟状,长5-7毫米,外面被黑色柔毛,萼齿三角状披针形,短于萼筒;花冠黑紫色,旗瓣倒卵形,长1-1.2厘米,翼瓣较旗瓣稍短,龙骨瓣较翼瓣稍短;子房被黑色短柔毛,具长柄。荚果膜质,膨大,梭形或披针形,两侧压扁,长1.8-3厘米,被黑色短柔毛,网脉明显,1室;果柄与宿萼近等长。种子圆肾形,棕褐色。

产甘肃、青海及四川,生于海拔2500-4100米阴坡或沟旁湿处。

21. 黄蓍 膜美黄蓍

图 457 彩片 131

Astragalus membranaceus (Fisch.) Bunge in Mém. Acad. Sci. St. Pétersb. VII. 11(16): 25. 1868.

Phaca membranacea Fisch. in DC. Prodr. 2: 273. 1825.

多年生草本。根肥厚,木质,灰白色。茎直立,高达1米,有细棱,被白色柔毛。羽状复叶长5-10厘米,有13-27小叶;托叶彼此离生,卵形、披针形或线状披针形;小叶椭圆形或长圆状卵形,长0.7-3厘米,宽0.3-1.2厘米,先端钝或微凹,基部圆,上面几无毛,下面被平伏短柔毛。总状花序有10-20稍密生的花;花序梗与叶近等长或较长,果期显著伸长;苞片线状披针形。花萼钟状,长5-7毫米,

外面被白色或黑色柔毛,有时萼筒几无毛,萼齿有毛,萼齿短,三角形或钻形,长为萼筒的1/4或1/5;花冠黄或淡黄色,旗瓣倒卵形,长1.2-2厘米,翼瓣较旗瓣稍短,瓣片长圆形,宽约3毫米,龙骨瓣与翼瓣近等长;子房有柄,被细柔毛。荚果膜质,稍膨胀,半椭圆形,长2-3厘米,顶端具刺尖,被白色或黑色细柔毛,1室;果柄超出萼外。种子3-8。

产黑龙江、吉林、辽宁、内蒙古、河北、山西、陕西、宁夏、甘肃、青海、新疆、山东及四川,生于林缘或灌丛疏林下;全国各地多有栽培,为常用中药材之一。俄罗斯(西伯利亚)有分布。根有补气固表、利尿、托毒排脓、生肌的功能。

[附] **蒙古黄蓍** 彩片 132 **Astragalus membranaceus** var. **mongholicus** (Bunge) P. X. Hsiao in Acta Pharmac. Sin. 11: 117. 1964. ——

图 457 黄蓍 (引自《图鉴》)

Astragalus mongholicus Bunge in Mém. Acad. Sci. St. Pétersb. VII. 11(16): 25. 1868. 与模式变种的区别:植株矮小,小叶亦较小,长0.5-1厘米,宽3-5毫米,荚果无毛。产黑龙江、内蒙古、河北及山西,生于向阳草坡或山坡上。根的功效同黄蓍。

[附] **淡紫花黄蓍 Astragalus membranaceus f. purpurinus** (Y. C. Ho) Y. C. Ho, Fl. Reipubl. Popul. Sin. 42(1): 133. 1993. —— *Astragalus membranaceus* var.

purpurinus Y. C. Ho in Bull. Bot. Lab. North.-East. For. Inst. 8（8）: 54. 1980. 与模式变型的区别:花淡紫红色。产甘肃、宁夏、青海及四川西北部, 生于海拔2500-4000米山坡、沟旁或灌丛中。根的功效同黄蓍。

22. 多花黄蓍 图 458

Astragalus floridus Benth. ex Bunge in Mém. Acad. Sci. St. Pétersb. VII. 15（1）: 28. 1869.

多年生草本。根粗壮,暗褐色。茎直立,高达0.6（-1)米,被黑或白色长柔毛。羽状复叶长4-12厘米,有13-14小叶;托叶彼此离生,披针形或窄三角形;小叶线状披针形或长圆形,长0.8-2.2厘米,上面几无毛,下面灰白色、被近平伏的白色柔毛。总状花序腋生,有13-40偏向一侧的花;花序梗比叶长;苞片膜质,披针形或钻形。花萼钟状,长5-7毫米,外面及萼齿里面被黑色伏贴柔毛,萼齿钻形,与萼筒近等长;花冠白或淡黄色;旗瓣匙形,长1.1-1.3厘米,翼瓣比旗瓣略短,瓣片线形,宽1-1.5毫米,龙骨瓣与旗瓣近等长,半卵形;子房

图 458 多花黄蓍 （李志民绘）

线形,密被黑色或混生白色柔毛,具柄。荚果膜质,纺锤形,长1.2-1.5厘米,被棕色或黑色半开展或倒伏柔毛,1室;果柄与萼筒近等长。

产甘肃、青海、西藏及四川,生于海拔2600-4300米高山草坡或灌丛中。锡金有分布。根有补气固表、托疮生肌的功能。

23. 窄翼黄蓍 图 459

Astragalus degensis Ulbr. in Fedde, Repert. Sp. Nov. Beih. 12: 418. 1922.

多年生草本。茎直立,高达1米,被半开展的白色柔毛或混生黑色柔毛。羽状复叶长5-12厘米,有17-25小叶;托叶线状披针形,彼此离生;小叶长圆形或长圆状披针形,长0.5-1.8厘米,先端钝,基部圆或宽楔形,上面被平伏柔毛,下面毛较密。总状花序腋生,有多数稍稀疏的花;花序梗比叶长。花萼钟状,长4-5毫米,外面被黑色平伏柔毛,萼齿钻形,长1-2毫米;花冠淡紫色,旗瓣窄倒卵形,反折,长1-1.2厘米,翼瓣长0.8-1厘米,宽约1-1.5毫米,龙骨瓣与旗瓣近等长;子房被黑色或混生白色柔毛,具柄。荚果膜质,梭状卵圆形,长1.5-1.8厘米,两端尖,被黑色或混生白色柔毛,1室;果柄长4-6毫米。

图 459 窄翼黄蓍 （李志民绘）

产青海南部、四川西部及西藏东部,生于海拔3700-4200米高山栎林和冷杉林下或草坡上。

24. 东俄洛黄蓍 图 460

Astragalus tongolensis Ulbr. in Engl. Bot. Jahrb. 1(Beibl. 110): 12. 1913.

多年生草本。根粗壮，直伸。茎直立，高达70厘米。羽状复叶长10-15厘米，有9-13小叶；托叶卵形，长1.5-4厘米，彼此离生，宿存；小叶卵形或长圆状卵形，长1.5-4厘米，先端钝，基部近圆，上面近无毛，下面被白色柔毛。总状花序腋生，有10-20稍密生的花；花序梗远较叶为长。花萼钟状，长约7毫米，外面疏生黑色柔毛或近无毛，内面中部以上被黑色伏毛，萼齿三角形或三角状披针形，长1-2毫米；花冠黄色，旗瓣匙形，长约1.8厘米，翼瓣和龙骨瓣与旗瓣近等长，瓣柄较瓣片长约1倍；子房密被黑色柔毛，具长柄。荚果纸质，披针形，长约2.5厘米，密被黑色柔毛，1室；果柄长于萼筒。

产青海、四川及西藏，生于海拔3000米以上山坡草地。

[附] **光东俄洛黄蓍 Astragalus tongolensis** var. **glaber** Pet.-Stib. in Acta Hort. Gothob. 12: 49. 1937-1939. 与模式变种的区别：小叶除边缘疏生缘毛外，余无毛；花萼外面无毛；花冠黄色或紫红色。产四川北部、西藏（类乌齐、察隅）、甘肃东南部及青海，生于海拔2900-4000米山坡草地。

[附] **长齿黄蓍 Astragalus tongolensis** var. **lanceolato-dentatus**

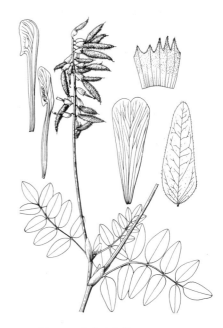

图 460 东俄洛黄蓍 （孙英宝绘）

Pet.-Stib. in Acta Hort. Gothob. 12: 49. 1937-1938. 与模式变种的区别：小叶下面与花萼外面均无毛；萼齿窄披针形，长2-3毫米。产云南西北部及四川西南部，生于海拔4000米以上高山草地。

25. 金翼黄蓍 图 461

Astragalus chrysopterus Bunge in Mel. Biol. 10: 51. 1877.

多年生草本；根茎粗壮，径达2厘米。茎细弱，高达70厘米，多少被伏贴柔毛。羽状复叶长4-8.5厘米，有12-19小叶；托叶窄披针形，彼此离生；小叶宽卵形或长圆形，长0.7-2厘米，宽3-8毫米，先端钝，基部楔形，上面无毛，下面疏被白色伏贴柔毛。总状花序腋生，疏生3-13花；花序梗较叶长。花萼钟状，长约4.5毫米，被稀疏白色柔毛，萼齿窄披针形，长为萼筒的1/2；花冠黄色，旗瓣倒卵形，长0.85-1.2厘米，翼瓣与旗瓣近等长，瓣柄稍短于瓣片，龙骨瓣长于旗瓣和翼瓣，长达1.5厘米；子房无毛，具长柄。荚果纸质，倒卵圆形，长约

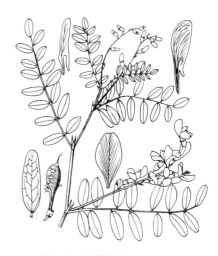

图 461 金翼黄蓍 （孙英宝绘）

9毫米，有尖喙，无毛，具网纹，1室；果柄远较荚果长。

产河北、山西、陕西、甘肃、宁夏、青海、四川及西藏东南部，生于

海拔1600-3700米山坡、灌丛、林下及沟谷中。

26. 无毛叶黄耆　　　　　　　　　　　图 462

Astragalus smithianus Pet.-Stib. in Acta Hort. Gothob. 12: 52. 1937-1938.

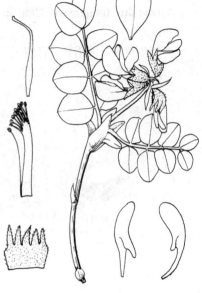

图 462　无毛叶黄耆　（孙英宝绘）

多年生草本。茎短缩，围以褐色、膜质的鳞片。羽状复叶近基生，长3-6厘米，有3-9小叶，托叶披针形，彼此离生；小叶疏生，卵形或近圆形，长0.8-2厘米，两端钝圆，无毛或仅边缘被毛。总状花序腋生，有1-4疏生下垂、一边向的花；花序梗与叶近等长或稍短。花萼钟状，长7-8毫米，外面密被褐色柔毛，萼齿线状披针形，与萼筒近等长；花冠淡黄色，旗瓣近圆形，长约1.2厘米，翼瓣长1.4-1.5厘米，瓣柄长为瓣片的1/2，龙骨瓣与翼瓣近等长，瓣片宽斧形，长为瓣柄的2倍；子房窄卵形，密被锈色长柔毛，具柄。荚果纸质，倒卵圆形，长

约1.5厘米，被黑色柔毛，1室。

产四川北部及青海南部，生于海拔4800-5000米山坡砾石地。

27. 肾形子黄耆　　　　　　　　　　　图 463

Astragalus skythropos Bunge in Bull. Acad. Sci. St. Petersb. 24: 31. 1887.

图 463　肾形子黄耆　（钱存源绘）

多年生草本；根纺锤形，暗褐色。茎短缩或不明显。羽状复叶丛生呈假莲座状，长4-20厘米，有13-31小叶；托叶膜质，彼此离生，披针形；小叶宽卵形或长圆形，长0.5-1.8厘米，先端钝，基部宽楔形或近圆，上面近无毛，下面沿脉疏被白色长柔毛。总状花序有下垂、偏向一边的花；花序梗长5-25厘米，散生白毛或上部混生褐色长柔毛。花萼窄钟状，长7-8毫米，外被褐色细柔毛，萼齿披针形

至钻形，长约3毫米；花冠红或紫红色，旗瓣倒卵形，长1.5-2厘米，基部渐窄成短柄，翼瓣与旗瓣近等长，基部具3毫米长的耳，龙骨瓣较翼瓣稍长或近等长；子房被白色和棕色伏贴长柔毛，具柄。荚果纸质，披针状卵形，长约2厘米，密被白色和棕色长柔毛，1室；果柄稍长于萼筒。种子肾形。

产甘肃、新疆、青海、云南西北部及四川，生于海拔3200-3800米高山草甸。

28. 甘肃黄蓍

图 464

Astragalus licentianus Hand.-Mazz. in Oesterr. Bot. Zeischr. 82: 247. 1933.

多年生草本。茎短缩。羽状复叶长4-11厘米，有15-33小叶；托叶彼此离生。三角状披针形；小叶卵形，长3-9毫米，先端钝，基部圆或微心形，两面密被白色长柔毛。总状花序有8-18稍密生、偏向一边的花；花序梗与叶近等长或较长，散生白色长柔毛，上部混有黑色柔毛；苞片膜质，长圆形或披针形。花萼管状，长7-9毫米，密生黑色柔毛，萼齿披针形或钻形，长2-3毫米；花冠青紫色，旗瓣倒卵形，长1.4-1.5厘米，基部渐窄成短柄，翼瓣与旗瓣近等长，瓣片基部具长约2毫米的耳，龙骨瓣较翼瓣短或近等长；子房具短柄，被白色和混生黑色长柔毛。荚果纸质，窄椭圆状长圆形，长1.3-1.4厘米，稍膨胀，1室；果柄与萼筒近等长。种子褐色，卵形。

产甘肃及青海，生于海拔3000-4500米高山沼泽草地。

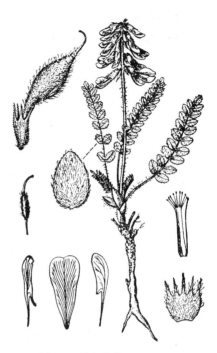

图 464 甘肃黄蓍 （钱存源绘）

29. 西北黄蓍

图 465

Astragalus fenzelianus Pet.-Stib. in Acta Hort. Gothob. 12: 54. 1937-1938.

多年生草本，高8-25厘米。根粗壮，颈部具数个短缩而有分枝的茎。茎常不露出地面。羽状复叶生成莲座状，长5-12厘米，有17-29小叶；托叶卵状披针形，长1-1.2厘米，彼此离生，下面疏被长柔毛；小叶卵形或近圆形，长0.4-1厘米，先端钝，基部近圆，上面无毛，下面沿脉被柔毛。总状花序生于基部叶腋，有10-20稍密集而下垂的花；花序梗与叶近等长或稍长，被白色或上部混生黑色伏贴柔毛。花萼筒状，长1-1.2厘米，密被白和黑色长柔毛，萼齿披针形，长为萼筒的1/2；花冠黄色，旗瓣宽卵形，长1.8-2厘米，基部窄成柄，边缘白色，中部具褐色脉纹，翼瓣与旗瓣近等长，瓣柄丝状，与瓣片近等长，龙骨瓣稍长于旗瓣和翼瓣；子房密被白和黑色长柔毛，具柄。荚果纸质，卵圆形或长圆状卵圆形，长1-1.5厘米，稍膨胀，密被白色和黑色长柔毛，1室；

图 465 西北黄蓍 （钱存源绘）

果柄不伸出萼外。

产四川西北部、甘肃、青海及西藏东北部，生于海拔3000-4500米高山草甸或山坡灌丛中。

30. 云南黄耆

图 466

Astragalus yunnanensis Franch. Pl. Delav. 162. 1889.

多年生草本；根粗壮。茎短缩。羽状复叶近基生呈莲座状，长6-15厘米，有11-17小叶；托叶彼此离生，卵状披针形，长0.8-1.1厘米；小叶卵形或近圆形，长0.4-1厘米，先端钝，基部圆，上面无毛，下面被长柔毛。总状花序有5-12稍密、下垂、偏向一边的花；花序梗与叶近等长或较长，散生白色细柔毛，上部混生棕色毛；苞片膜质，线状披针形，长5-8毫米，下面被毛。花萼窄钟状，长约1.4厘米，被褐色毛或混生少数白色长柔毛，萼齿窄披针形，与萼筒近等长；花冠黄色，旗瓣匙形，长2-2.2厘米，基部渐窄成瓣柄，翼瓣与旗瓣近等长，瓣柄与瓣片近等长，龙骨瓣较旗瓣和翼瓣短或近等长；子房被长柔毛，有柄。荚果膜质，窄卵圆形，长约2厘米，被暗褐色毛，1室；果柄与萼筒近等长。

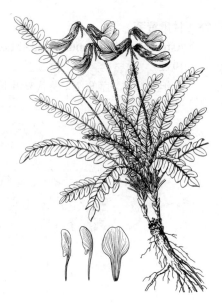

图 466 云南黄耆 （引自《图鉴》）

产青海、西藏、云南西北部及四川西部，生于海拔3000-4300米山坡或草原上。根有益气固表、利尿消肿的功能。

31. 康定黄耆

图 467

Astragalus tatsienensis Bur. et Franch. in Journ. de Bot. 5：23. 1891.

多年生草本，高5-10厘米；根粗壮，暗褐色。茎短缩。羽状复叶基生，呈莲座状，长4-7厘米，有11-25小叶；托叶膜质，彼此离生，卵状披针形；小叶宽卵形或长圆状卵形，长4-8毫米，先端钝或近圆，基部近圆，两面均密被白色伏贴毛。总状花序腋生，有2-12下垂的花，排列呈近伞形花序式；花序梗长5-8厘米，散生白色和黑色长柔毛。花萼管状，长达1.5厘米，紫褐色，密被黑色并混生白色长柔毛，萼齿披针形，长及萼筒的1/2；花冠淡黄色，旗瓣倒卵形，长2-2.2厘米，基部渐窄成柄，瓣柄长及瓣片的1/3，翼瓣较旗瓣稍短，龙骨瓣较旗瓣短或几近等长；子房窄卵圆形，密被黑色混生白色长柔毛，1室，具

图 467 康定黄耆 （钱存源绘）

柄。果未见。

产甘肃（舟曲）、青海、四川及西藏东北部，生于海拔3600-5000米山脊草坡上。

32. 蓝花黄耆

图 468

Astragalus caeruleopetalinus Y. C. Ho in Bull. Bot. Lab. North.-East. For. Inst. 8（8）：59. 1980.

多年生草本。茎直立或多少平卧，高达60厘米，暗紫色。羽状复叶

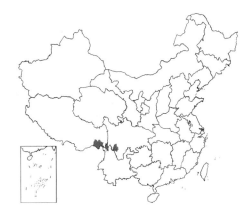

长3-11厘米,有11-19小叶;托叶披针形,彼此离生或仅基部合生;小叶长圆形或长圆状披针形,长0.8-2.2厘米,宽3-8毫米,上面无毛,下面被白色短伏贴柔毛。总状花序疏生8-10花;花序梗黑紫色,与叶近等长。花萼钟状,长约5毫米,密被黑色短柔毛,萼齿钻形,长约1毫米;花冠蓝色,旗瓣倒卵形,

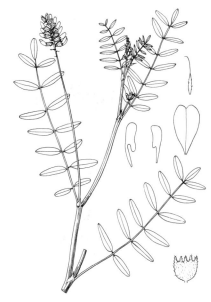

图 468 蓝花黄耆 (孙英宝绘)

长0.8-1厘米,先端微凹,翼瓣长7-9毫米,龙骨瓣比翼瓣短,瓣柄与瓣片近等长;子房具短柄,被黑色柔毛。荚果纸质,窄卵圆形,长约7毫米,两端尖,密被黑色短柔毛,假2室,具窄的膜质隔膜,有短果柄。

产云南西北部、四川西南部及西藏东南部,生于海拔3000-3200米林缘草地。

[附] **光果蓝花黄耆 Astragalus caeruleopetalinus** Y. C. Ho var. **glabricarpus** Y. C. Ho in Bull. Bot. Lab. North.-East. For. Inst. 8(8): 60. 1980. 与模式变种的区别:植株稍矮小,高15-25厘米;叶卵形、长圆形或

线形,长0.5-1.5厘米,宽2-5毫米;子房无毛。产西藏东南部及四川西部,生于海拔3300-3800米河边沙地。

33. 川青黄耆   图 469

Astragalus peterae Tsai et Yu in Bull. Fan Mem. Inst. Biol. Bot. 7 (10): 21. f. 6. 1936.

多年生草本。茎直立,高达50厘米,疏被黑和白色柔毛或几无毛。羽状复叶长7-9厘米,有11-19

小叶;托叶卵状披针形,彼此离生或仅基部合生,长0.6-1厘米;小叶长圆状披针形或线状披针形,长0.8-2厘米,先端钝,基部宽楔形或近圆,上面几无毛,下面被白色平伏柔毛。总状花序腋生,有20-30稍密生的花;花序梗比叶长。花萼钟状,长7-9毫米,被黑色或混生白色伏毛,萼齿不等长,披针形,

图 469 川青黄耆 (孙英宝绘)

短柄,荚果纸质,窄卵圆形,长0.8-1厘米,被褐色短伏毛,假2室。

产四川、青海及甘肃中部,生于海拔2700-4100米高山草丛中。

长约为萼筒的1/2;花冠深紫色,旗瓣倒卵形,长1.3-1.4厘米,先端深凹,基部渐窄成短柄,翼瓣稍短于旗瓣,龙骨瓣短于翼瓣。子房被短伏毛,具

34. 马衔山黄耆   图 470

Astragalus mahoschanicus Hand.-Mazz. in Oesterr. Bot. Zeitschr. 82: 247. 1933.

多年生草本;根粗壮,灰白色。茎细弱,高达40厘米,被白和黑色伏

贴柔毛。羽状复叶长5-8厘米,有9-19小叶;托叶彼此离生,宽三角形,长3-5毫米;小叶卵形至长圆状披针

形，长1-2厘米，先端钝或短渐尖，基部近圆，上面无毛，下面被白色伏毛。总状花序有15-40花，花密生呈圆柱状；花序梗长于叶，被黑色或混有白色伏贴柔毛。花萼钟状，长4-5毫米，被较密的黑色伏贴柔毛，萼齿钻状，与萼筒近等长；花冠黄色，旗瓣长圆形，长约7毫米，基部渐窄成柄，翼瓣较旗瓣稍短，先端不等的2裂，龙骨瓣稍短于翼瓣；子房球形，密被白色或混生黑色长柔毛，具短柄。荚果纸质，球形，径约3毫米，假2室。种子肾形，栗褐色。

产内蒙古、甘肃、宁夏、新疆、青海及四川，生于海拔1800-4500米山顶或沟边。

图 470 马衔山黄蓍 （引自《图鉴》）

35. 紫萼黄蓍

图 471

Astragalus porphyrocalyx Y. C. Ho in Bull. Bot. Lab. North.-East. For. Inst. 8(8)：67. f. 8. 1980.

多年生草本；根粗壮，淡黄色。茎细弱，基部分枝，高15-20厘米，被白色短伏毛。羽状复叶长2-4厘米，有9-15小叶；托叶宽三角形，长1-3毫米，彼此离生；小叶卵状披针形，长4-7毫米，先端钝，基部楔形，上面无毛，下面被白色伏毛。总状花序生于上部叶腋，有多数密生的花，花排列呈圆柱形；花序梗长于叶，被白色伏毛，上部混生密的黑色柔毛。花萼钟状，带紫色，长约4毫米，被黑

图 471 紫萼黄蓍 （钱存源绘）

色柔毛，萼齿披针形，长为萼筒的1/2；花冠淡紫色，旗瓣倒卵形，长约7毫米，基部渐窄成短柄，翼瓣长约6毫米，先端微凹，瓣柄长约2毫米，龙骨瓣长约4.5毫米，具2毫米长的瓣柄；子房卵圆形，被白色短伏毛，具短柄。荚果纸质，卵圆形，长3-4毫米，疏被白色短柔毛，具横纹，假2室。果未见。

产四川西部、西藏东部及青海，生于海拔3800-4200米山坡。

36. 异齿黄蓍

图 472

Astragalus heterodontus Boriss. in Тр. Тaлжик. Бaзы Акaя Науκ 2: 161. 1936.

多年生草本。根粗壮。茎基部分枝，高10-25厘米，被白色短伏毛。羽状复叶长2-4厘米，有9-17小叶；托叶革质，彼此仅于基部合生，三角形，长2-4毫米，下面被毛；小叶椭圆形或长圆形，长0.5-1.2厘米，先端钝，基部宽楔形，上面无毛，下面疏被短伏毛。总状花序有多数花，花密生呈头状；花序梗比叶长；苞片白色，膜质，披针形，长1-2毫米。花萼钟状，长约3毫米，疏生黑色柔毛，萼齿形

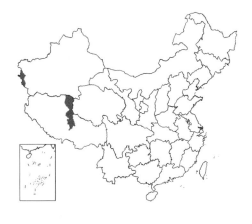

状不一,下面3齿锥形,上面2齿窄三角形,长约为萼筒的1/2;花冠青紫色,旗瓣倒卵状长圆形,长7-8毫米,基部渐窄成短柄,翼瓣长5-6毫米,瓣片顶端全缘,瓣柄比瓣片短2-2.5倍,龙骨瓣长4-5毫米,瓣柄长约1.5毫米;子房具短柄,被平伏柔毛。荚果纸质,近球形,径约3毫米,具横纹,密被白色和混有黑色平伏柔毛。

产新疆帕米尔高原及西藏,生于海拔3500-4900米河滩沙砾地。

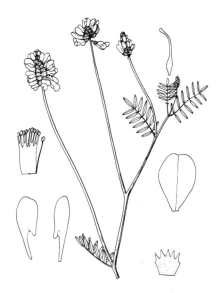

图 472 异齿黄耆 (孙英宝绘)

37. 密花黄耆 图 473

Astragalus densiflorus Kar. et Kir. in Bull. Soc. Nat. Moscou 15: 329. 1842.

多年生草本。茎直立,高达30厘米,被白色短伏贴柔毛,有时混生少数黑色毛。羽状复叶长2.5-6厘米,有9-15小叶;托叶草质,彼此离生,宽三角形至三角状披针形;小叶卵状长圆形至长圆形,长0.4-1.4厘米,先端钝,基部宽楔形或近圆,上面无毛或疏被毛,下面被白色平伏柔毛。总状花序椭圆状,有多数花;花序梗较叶长;苞片披针形,长3-6毫米。花萼钟状,长3-5毫米,密生黑色开展柔毛,萼齿线状披针形,与萼筒近等长;花冠青紫色,旗瓣宽卵形,长约7毫

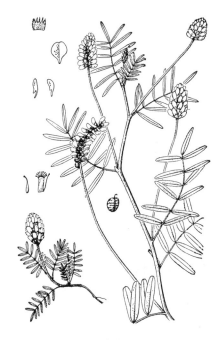

米,基部渐窄,翼瓣较旗瓣短,长约5毫米,先端全缘,瓣柄长约2毫米,龙骨瓣较翼瓣短;子房卵圆形,被白色或混生黑色长伏毛,具短柄。荚果纸质,近球形,径2-4毫米,具短而弯曲的喙,具凸起的横纹,被白色或混生黑色柔毛,1室。种子1,肾形,长约2毫米。

产新疆、青海、西藏及四川,生于海拔2600-5000米山坡或河边砂砾地。哈萨克斯坦有分布。

图 473 密花黄耆 (吴彰桦绘)

38. 类变色黄耆 图 474

Astragalus pseudoversicolor Y. C. Ho in Bull. Bot. Lab. North.-East. For. Inst. 8(8): 71. f. 10. 1980.

多年生草本。茎基部分枝,直立或上升,高达40厘米,疏被白色短的平伏柔毛。羽状复叶长4-8厘米,有9-15小叶;托叶彼此离生,卵状披针

形，长4-5毫米；小叶线形或长圆形，长1-2厘米，先端钝，基部宽楔形，上面几无毛，下面被白色短伏毛。总状花序有多数稍疏生的花；花序梗较叶长。花萼钟状，长约4毫米，被白和黑色短伏贴柔毛，萼齿线形，稍短于萼筒；花冠淡紫或近白色，旗瓣倒卵形，长7-8毫米，翼瓣长5-6毫米，先端具不等的2裂，瓣片较瓣柄长近3倍，龙骨瓣长3-4毫米，瓣片比瓣柄稍长；子房卵圆形，无毛，近无柄，1室。荚果纸质，卵圆形，长约3毫米，具喙。

产青海、四川西部及西藏东部，生于海拔3100-3800米山坡灌丛或林下。

39. 头序黄芪 图 475

Astragalus handelii Tsai et Yu in Bull. Fan Mem. Inst. Biol. Bot. 7 (1)：20. 1936.

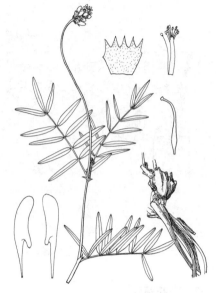

图 474 类变色黄芪 （孙英宝绘）

多年生草本；根粗壮，灰白色。茎直立或平卧，高达35厘米，被白色伏贴柔毛。羽状复叶有11-19小叶，下部叶的叶柄长1-2厘米，上部的叶近于无柄；托叶三角状卵形，长5-9毫米，彼此于基部合生；小叶长圆状披针形，长1.5-3厘米，先端钝，基部宽楔形或近圆，上面无毛，下面被白色平伏柔毛。花多数，密生呈头状或长圆状的总状花序；花序梗较叶长，被白和黑色平伏柔毛；苞片线状披针形，长约1厘米，下面疏被黑色柔毛。花萼钟状，长约5毫米，疏被黑色毛，萼齿线形，与萼筒近等长；花冠黄色，旗瓣长圆状倒卵形，长8-9毫米，基部渐窄，翼瓣长约8毫米，瓣柄长仅2毫米，龙骨瓣短于翼瓣；子房无毛，几无柄，假2室。

产宁夏中部、甘肃中部、四川西北部及青海，生于海拔1600-3500米湖滨湿润处。

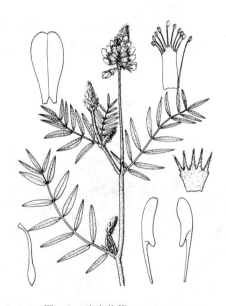

图 475 头序黄芪 （孙英宝绘）

40. 阿拉善黄芪 图 476

Astragalus alaschanus Bunge ex Maxim. in Bull. Acad. Sci. St. Petersb. 24: 31. 1878.

多年生草本。茎多数，细弱，匍匐，长8-20厘米，被白色短伏贴柔毛。羽状复叶长2-5厘米，有11-15小叶；托叶彼此离生，膜质，三角状卵形，长2-3毫米；小叶卵形或倒卵形，稍肥厚，长3-7毫米，先端钝，基部宽楔形或近圆，上面几无毛，下面被白色伏毛。总状花序有10-15花，花密生呈头状；花序梗与叶近等长或稍长，被白色短伏毛；苞片膜质，披针形，长2-3毫米。花萼钟状，长约3毫米，被黑色伏贴柔毛，萼齿披针形或三角状披针形，长不及萼筒的1/2；花冠近白色，旗瓣倒卵形，长6-7毫米，基部渐窄成瓣柄，翼瓣与旗瓣近等长，先端具不等2裂或微凹，基部具长耳，瓣

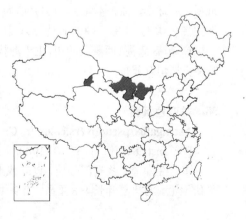

柄长为瓣片的1/3，龙骨瓣先端带青紫色，长约4毫米；子房无毛，具短柄，假2室。果未见。

产内蒙古、宁夏贺兰山及甘肃，生于海拔约2000米山坡。

41. 悬垂黄蓍

图 477

Astragalus dependens Bunge in Bull. Acad. Sci. St. Petersb. 26: 471. 1880.

多年生草本；根粗壮，灰白色。茎基部多分枝，高达40厘米，疏被白色短柔毛。羽状复叶长3-5厘米，有11-19小叶；托叶披针形，长0.7-1.3厘米，彼此离生；小叶长圆形或线状长圆形，长5-7毫米，先端钝，基部圆，上面无毛，下面被短柔毛。总状花序有多数排列较疏的花；花序梗长7-13厘米，被白色短柔毛。花萼钟状，长约3毫米，被黑色或混生白色短柔毛，萼齿窄三角形，长约为萼筒的1/3；花冠淡紫或紫红色，有时为淡黄白色，旗瓣倒卵形，长6-7毫米，基部渐窄，瓣柄不明显，翼瓣长5-6毫米，瓣片窄长圆形，先端不等2裂，瓣柄长仅1.5毫米，龙骨瓣稍短于翼瓣；子房无毛，几无柄。荚果纸质，椭圆形，长3-4毫米，顶端具细弯长喙，有横纹，假2室。

产宁夏南部、甘肃南部及青海东北部，生于海拔1000-2000米向阳山坡、砂石田中或碎石滩上。

[附] **橙黄花黄蓍 Astragalus dependens** var. **aurantiacus**（Hand.-Mazz.）Y. C. Ho in Bull. Bot. Lab. North.-East. For. Inst. 8（8）: 71. 1980.
—— *Astragalus aurantiacus* Hand.-Mazz. Symb. Sin. 7: 557. 1933. 与模式变种的区别：小叶卵形或倒卵形，长0.6-1.3厘米；花冠橙黄色。产甘肃东南部及四川北部。

42. 草珠黄蓍

图 478

Astragalus capilipes Fisch. ex Bunge in Mém. Acad. Sci. St. Pétersb. sér. 7, 15（1）: 21. 1869.

多年生草本。茎上升或近直立，高达80厘米，无毛。羽状复叶长2-5厘米，有5-9小叶；托叶膜质，三角形，基部多少合生；小叶椭圆形或长圆形，长0.3-2.2厘米，先端钝，基部圆或宽楔形，上面无毛，下面被短伏毛。花多数，排列成稀疏的总状花序；花序梗与叶近等长；苞片三角形，长仅1毫米。花萼斜钟状，长2-3毫米，被白色伏贴的短柔毛或近无毛，萼齿短，三角形或披针形，长为萼筒的1/4-1/3；花冠白色或带粉红色，旗瓣倒心形或宽倒卵形，长约7毫米，基部具短的瓣柄，翼瓣长圆形，长约6毫米，先端微凹，瓣柄长为瓣片的1/2，龙骨瓣稍短于翼瓣；子房无毛，具

图 476 阿拉善黄蓍 （李志民绘）

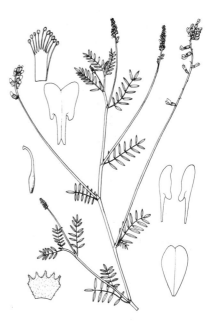

图 477 悬垂黄蓍 （孙英宝绘）

短柄。荚果纸质，卵圆形，长4-6毫米，无毛，具隆起的横纹，假2室。

产辽宁、内蒙古、河北、山西、陕西北部、宁夏及河南北部，生于河谷沙地、向阳山坡或路旁草地。俄罗斯西伯利亚有分布。

43. 小米黄蓍
图 479

Astragalus satoi Kitagawa in Bot. Mag. Tokyo 48: 99. f. 12. 1934.

图 478 草珠黄蓍 （引自《图鉴》）

多年生草本。茎直立，高达80厘米，多分枝，多少呈扫帚状，全株无毛。羽状复叶长2-5厘米，有7-15小叶；托叶窄三角形，先端针状，基部合生；小叶线状倒披针形或长圆形，长1.2-1.5厘米，先端圆或近截形，有小刺尖，基部稍变窄，两面近无毛。总状花序有多数稀疏的花；苞片窄三角形，长1.5-2毫米，远较萼筒短。花冠淡紫色，旗瓣宽倒卵形，长约5毫米，基部具短瓣柄，翼瓣较旗瓣稍短，

瓣片窄长圆形，弯曲，先端不等2裂，中部多少缢缩，具圆形的耳及细长瓣柄，龙骨瓣较翼瓣短，斜卵形。荚果纸质，宽倒卵圆形，长宽约3毫米，具不明显的横脉纹，假2室。

产内蒙古、河北北部、陕西北部、甘肃、宁夏及青海，生于海拔1000-2500米山坡阴处或草地。

44. 草木樨状黄蓍
图 480

Astragalus melilotoides Pall. It. III. App. 748. t. d(1-2). 1776.

多年生草本；根粗壮。茎直立或斜生，高达50厘米，被白色短柔毛或近无毛。羽状复叶长1-3厘米，有5-7小叶；托叶彼此离生，三角形或披针形，长1-1.5毫米；小叶长圆状楔形或线状长圆形，长0.7-2厘米，宽1.5-3毫米，先端截形，基部渐窄，两面均被白色细伏贴毛。总状花序有多数稀疏的花；花序梗远较叶长；苞片小，披针形，长约1毫米。花萼短钟状，长约1.5毫米，被白色短伏贴毛，萼齿

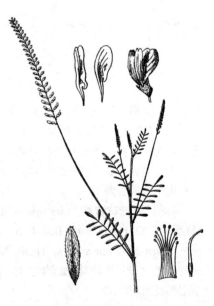

图 479 小米黄蓍 （钱存源绘）

卵状球形或椭圆形，长2.5-3.5毫米，顶端具短喙，假2室，具横纹。

产黑龙江、辽宁、吉林、内蒙古、山西、河北、河南、山东、陕西、甘肃、宁夏、青海及四川，生于向阳山坡、路旁草地或草甸草地。俄罗斯（西伯利亚、远东地区）及蒙古有分布。全株有祛风除湿、活血通络的功能。

三角形；花冠白色或带粉红色，旗瓣近圆形或宽椭圆形，长约5毫米，具短瓣柄，翼瓣较旗瓣稍短，先端具不等的2裂或微凹，瓣柄长仅1毫米，龙骨瓣较翼瓣短，半月形，先端带紫色；子房近无柄，无毛。荚果纸质，宽倒

[附] **细叶黄蓍** 彩片 133
Astragalus melilotoides var. **tenuis**

Ledeb. Fl. Ross. 1: 618. 1842. 与模式变种的区别:植株多分枝,呈扫帚状;小叶3,稀5,线形或丝状,长1-1.5(1.7)厘米,宽约0.5毫米。分布、生境同草木樨状黄蓍。

45. 刺叶柄黄蓍　　　　　　　　　　　　　　图481

Astragalus oplites Benth. ex Parker in Kew Bull. 1921: 270. 1921.

小灌木。茎稍短缩,高达30厘米,基部具多数坚硬针刺状宿存的叶柄和叶轴簇生呈帚状。偶数羽状复叶长6-12厘米,有16-24小叶;叶柄与叶轴均硬化成针刺状,托叶膜质,基部与叶柄贴生,三角状披针形,长0.8-1.2厘米;小叶卵圆形或长圆形,长5-8毫米,先端钝,基部圆,幼时两面被白色柔毛。总状花序疏生2-5花;花序梗较叶短;苞片膜质,三角状披针形,长2-3毫米。花萼管状,长1-1.6厘米,散生白色长柔毛,萼齿线状披针形,长2-4毫米;花冠金黄色,旗瓣长圆状倒卵形,长1.8-2.5厘米,基部渐窄成瓣柄,翼瓣长1.6-2.3厘米,瓣柄与瓣片近等长,龙骨瓣长1.3-2厘米;子房密被白色长柔毛,近无柄。荚果膨胀,革质,长圆形,长1.5-1.8厘米,具短喙,疏被白色长柔毛,假2室。种子肾形,长约3毫米,具黑色花斑。

产新疆西部及西藏西南部,生于海拔3700-4400米高山崖旁或山坡灌丛中。印度、尼泊尔及巴基斯坦有分布。

46. 无茎黄蓍　　　　　　　　　　　　　　图482

Astragalus acaulis Baker in Hook. f. Fl. Brit. Ind. 2: 132. 1876.

多年生矮小草本;根粗壮,径约1厘米。茎短缩,多分枝呈垫状,高3-5厘米,基部密被残存的托叶。羽状复叶长5-7厘米,有21-27小叶,叶柄和叶轴脱落,不硬化呈针刺状;托叶膜质,基部与叶柄贴生,卵形或宽卵形;长1-1.2厘米;小叶披针形或卵状披针形,长7-9毫米,先端渐尖,基部圆,几无毛。总状花序有2-4花,若干枚花序密集呈簇生状;花序梗极短,长2-3毫米。花萼管状,长0.8-1.5厘米,散生白色长柔毛或近无毛,萼齿窄三角形,长为萼筒的1/2;花冠淡黄色,旗瓣长2-2.5厘米,宽卵形或近圆

图480 草木樨状黄蓍 （引自《图鉴》）

图481 刺叶柄黄蓍 （张泰利绘）

图482 无茎黄蓍 （钱存源绘）

形,瓣柄与瓣片近等长,翼瓣稍短于旗瓣,龙骨瓣与翼瓣近等长;子房线形,无毛,具短柄。荚果膨胀,革质,半卵形,长3.5-4.5厘米,无毛,假2室。

产西藏、云南西北部及四川,生于海拔4000米左右高山草地或沙石滩中。锡金有分布。

47. 长果颈黄耆 图 483

Astragalus englerianus Ulbr. in Engl. Bot. Jahrb. 36(Beibl. 82): 60. 1905.

多年生草本。茎多少木质化,高达1米,被白色或褐色短伏毛。羽状复叶长10-17厘米,有19-23

小叶;托叶草质,与叶柄离生,卵状披针形,长0.5-1.5厘米;小叶长圆状卵形,长1-2.5厘米,先端钝,具短尖头,基部近圆,上面疏被毛,下面沿脉密被柔毛。总状花序疏生多数花;花序梗较叶长;小苞片2,生于萼筒基部,脱落。花萼钟状或管状钟形,长5-7毫米,外面密

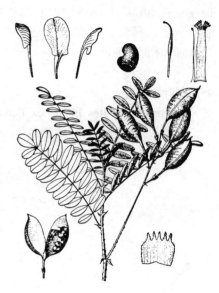

图 483 长果颈黄耆 (李志民绘)

被褐色柔毛,萼齿三角状披针形,长1.5-2毫米;花冠黄色,旗瓣倒卵形,长约1.3厘米,基部渐窄成瓣柄,翼瓣与旗瓣近等长,龙骨瓣与翼瓣近等长;子房窄卵圆形,无毛,具柄。荚果带红色,革质,长2-2.7厘米,顶端渐尖,假2室;果柄长1-1.3厘米,明显伸出宿萼之外。

产西藏东南部及云南,生于海拔2000-3700米山坡林缘。

48. 华黄耆 图 484 彩片 134

Astragalus chinensis Linn. f. Decas Pl. Rar. Hort. Ups. 1: t. 3. 1762.

多年生草本。茎直立,高达90厘米,具沟槽,无毛。羽状复叶长5-12厘米,有17-25小叶;托叶彼此离生,基部与叶柄鞘贴生,小叶椭圆形或长

圆形,长1.5-2.5厘米,先端钝,基部宽楔形或近圆,上面无毛,下面疏被白色伏毛。总状花序密生多数花;花序梗较叶短;小苞片2,生于萼筒基部,脱落。花萼管状钟形,长6-7毫米,外面疏被白色伏毛,萼齿三角状披针形,长约2毫米,内面被伏贴的白色短柔毛;花冠黄色,旗瓣宽椭圆形或近圆形,长1.2-1.6厘米,基部渐

图 484 华黄耆 (引自《图鉴》)

窄成瓣柄,翼瓣小,长0.9-1.2厘米,龙骨瓣与旗瓣近等长;子房无毛,具长柄。荚果膨胀,厚革质,椭圆形,长1-1.5厘米,具弯喙,无毛,密布横皱纹,假2室;果柄长6-9毫米,明显伸出花萼之外。种子肾形,褐色。

产黑龙江、吉林、辽宁、内蒙古、河北、山西、山东及河南北部,生于向阳山坡、路旁砂地或草地上。种子有强壮补肾、清肝明目的功能。

[附] **灌丛黄耆 Astragalus**

dumetorum Hand.–Mazz. Symb. Sin. 7: 55. 1933. 与华黄蓍的区别: 羽状复叶具小叶25-33; 翼瓣稍短于旗瓣; 荚果之果瓣革质; 果柄长仅2毫米, 不伸出宿萼之外。产四川西部与云南西北部, 生于海拔3900米左右山坡草地。

49. 光萼黄蓍

图 485

Astragalus lucidus Tsai et Yu in Bull. Fan. Mem. Inst. Biol. Bot. 9: 962. f. 6. 1940.

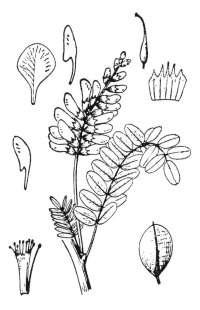

图 485 光萼黄蓍 （吴彰桦绘）

多年生草本; 根粗壮。茎高约40厘米, 近无毛。羽状复叶长9-12厘米, 有21-23小叶; 托叶斜卵形, 长1.2-1.4厘米, 彼此离生; 小叶长圆形或窄长圆形, 长0.8-1.5厘米, 先端钝, 基部近圆或宽楔形, 上面无毛, 下面沿中脉疏被毛。总状花序密生多数花; 花序梗较叶短, 散生白色和黑色短柔毛; 苞片膜质, 匙形或披针形, 长3-5厘米; 小苞片2, 生于萼筒基部, 宿存。花萼钟状, 长约6毫米, 外面无毛, 萼齿在下部的线形, 长约3毫米, 上部的卵形, 长约1.5毫米, 内面密被黑色柔毛; 花冠淡黄色, 旗瓣倒卵形, 长约1.1厘米, 基部渐窄, 翼瓣较旗瓣稍短, 龙骨瓣与翼瓣近等长; 子房无毛, 具短柄。荚果未见。

产西藏东部、四川西南部及云南西北部, 生于海拔2700-3500米山坡林缘。

50. 苦黄蓍

图 486

Astragalus kialensis Simps. in Notes Roy. Bot. Gard. Edinb. 8: 242. 1915.

多年生草本; 根粗壮, 暗褐色, 味苦。茎直立或多少呈蔓生状, 高达0.6 (-1) 米, 散生白色短柔毛。羽状复叶长5-12厘米, 有21-33小叶; 托叶膜质, 彼此离生, 三角状卵形, 长0.8-1.2厘米, 小叶卵状长圆形, 长0.5-1.1厘米, 先端钝, 基部圆, 上面无毛, 下面被白色短伏毛, 总状花序密生多数花; 花序梗与叶近等长, 被短柔毛; 苞片线形, 被黑色毛; 小苞片2, 生于萼筒基部, 宿存。花萼钟状, 长4-5毫米, 外面被黑色伏贴柔毛, 萼齿披针形, 长1-1.5毫米, 内面亦被黑色伏贴短柔毛; 花冠黄色, 旗瓣倒卵形, 长约9毫米, 基部渐窄成瓣柄, 翼瓣较旗瓣稍短, 龙骨瓣较翼瓣稍短; 子房具柄, 无毛。荚果膨胀, 半卵形, 长

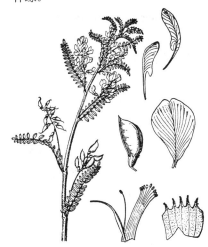

图 486 苦黄蓍 （李志民绘）

1-1.2厘米, 具网纹, 假2室; 果柄与宿萼近等长。

产西藏东部、云南西北部及四川, 生于海拔3000-4000米山坡松栎林内。

51. 丛生黄蓍

图 487

Astragalus confertus Benth. ex Bunge in Mém. Acad. Sci. St. Pétersb. sér. 7, 15(1): 27. 1869.

多年生矮小草本；根木质，粗壮。茎多数丛生，高5-15厘米。羽状复叶长1.5-3厘米，有11-19小叶；托叶膜质，披针形，长1-1.5毫米，彼此于基部合生；小叶卵形或长圆状卵形，长2-5毫米，先端钝，基部宽楔形，两面被白色伏贴柔毛，具短柄。总状花序有6-8花，花密集呈头状；花序梗较叶短，被白色或混有黑色伏贴柔毛；苞片膜质，披针形，长约1.5毫米；无小苞片。花萼钟状，长约3毫米，外面散生黑色或混有白色柔毛，萼齿披针形，长约1毫米；花冠青紫色，旗瓣宽倒卵形，长约7毫米，基部渐窄成瓣柄，翼瓣与旗瓣近等长或稍短，龙骨瓣较翼瓣稍短，先端深蓝色；子房线形，被伏贴短柔毛，具短柄。荚果长圆形，稍弯曲，长5-8毫米，两端尖，被伏贴短柔毛，1室；果柄较宿萼稍短。

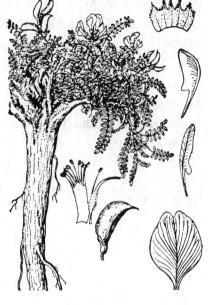

图 487 丛生黄蓍 （李志民绘）

产青海、西藏及四川，生于海拔4000-5300米高山草地、河边砂地或砾石坡。印度及巴基斯坦有分布。

52. 小果黄蓍

图 488

Astragalus tataricus Franch. in Nouv. Arch. Mus. Paris 5: 239. 1883.

多年生草本；根粗壮。茎多数，基部分枝，平卧或上升，高达45厘米，被灰白色伏贴柔毛。羽状复叶长2-7厘米，有13-25小叶；托叶彼此离生，三角状披针形，长2-3毫米；小叶披针形或长圆形，长3-8毫米，先端钝，基部宽楔形，两面散生白色柔毛，具短柄。总状花序有8-12花，花密集呈头状；花序梗较叶长；苞片线状披针形，长1-2毫米；无小苞片。花萼钟状，长3-4毫米，外面被黑色或混有白色伏贴短柔毛，萼齿线状，稍短于萼筒；花冠淡红或近白色，旗瓣近圆形或倒卵形，长6-7毫米，基部具短柄，翼瓣较旗瓣略短，窄长圆形，龙骨瓣与翼瓣近等长；子房线形，散生白色柔毛，具柄。荚果近椭圆形，长5-8毫米，被白色短柔毛，1室；果柄与宿萼等长或稍长。

图 488 小果黄蓍 （引自《图鉴》）

产辽宁西部、内蒙古、河北、山西、宁夏、甘肃、青海、新疆、河南及西藏，生于海拔1000-1500米山坡草地或沙地上。

53. 多枝黄蓍

图 489

Astragalus polycladus Bur. et Franch. in Journ. de Bot. 5: 23. 1891.

Astragalus sunpanensis Pet.–Stib.; 中国植物志 42(1): 185. 1993.

多年生草本，茎、花序、苞片、花萼、子房、其果均被白色或混有黑色平伏短柔毛。茎多数，纤细，丛生，平卧或上升，高达35厘米，羽状复叶长2-8厘米，有11-29小叶；托叶彼此离生，披针形，长2-4毫米；小叶披针形或近卵形，长2-8毫米，先端钝，基部宽楔形，两面被白色伏贴柔毛，具短柄。总状花序有多数花，花密集呈头状；花序梗较叶长，苞片膜质，线形，长1-2厘米；无小苞片。花萼钟状，长2-3毫米，萼齿线形，与萼齿近等长；花冠红色或青紫色，旗瓣宽倒卵形，长7-8毫米，基部渐窄成瓣柄，翼瓣与旗瓣近等长或稍短，龙骨瓣短于翼瓣；子房线形，具短柄。荚果长圆形，微弯曲，长5-8毫米，顶端尖，1室；果柄较宿萼短。

产宁夏、甘肃、新疆西部、青海、西藏、云南及四川，生于海拔2000-3500米山坡草地、路旁或河边砾石地。

图 489 多枝黄蓍 （李志民绘）

[附] **黑毛多枝黄蓍 Astragalus polycladus** var. **nigrescens** (Franch.) Pet.–Stib. in Acta Hort. Gothob. 12: 34. 1937. —— *Astragalus nigrescens* Franch. Pl. Delav. 162. 1890. 与多枝黄蓍的区别：茎、花序、苞片、花萼、子房及荚果均被黑色短柔毛。产云南西北部及四川西南部。

54. 异长齿黄蓍

图 490

Astragalus monbeigii Simps. in Notes Roy. Bot. Gard. Edinb. 8: 243. 1915.

多年生草本。茎多数，斜升，长达25厘米，被白色或混有黑色柔毛。羽状复叶长7-15厘米，具15-27小叶；托叶彼此于基部合生，三角状披针形，长4-6毫米；小叶长圆形或宽披针形，长0.5-1.4厘米，先端尖，基部近圆，上面疏生柔毛或几无毛，下面毛较密。总状花序呈头状或长圆状，有多数密生的花；花序梗与叶近等长或稍长；苞片披针形，白色，膜质，长3-5厘米；无小苞片。花萼钟状，长7-8毫米，被黑色或混有白色短柔毛，萼齿钻状，较萼筒长；花冠青紫色，旗瓣倒卵形，长1-1.2厘米，基部渐窄，翼瓣长0.8-1厘米，龙骨瓣与翼瓣近等长或稍短；子房被白色或混有黑色短柔毛，具短柄。荚果长圆形，长0.8-1厘米，微弯曲，假2室；果柄短，不伸出宿萼之外。

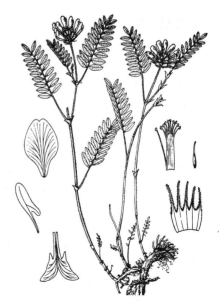

图 490 异长齿黄蓍 （王金凤绘）

产青海南部、西藏东部、云南西北部及四川西北部，生于海拔3500-4500米高山河漫滩地。

[附] **黑毛黄蓍 Astragalus**

pullus Simps. in Notes Roy. Bot. Gard. Edinb. 8: 125. 1915. 与异长齿黄
蓍的区别：茎高达60厘米；萼齿披针形，通常较萼筒短。产云南西北部及

四川西南部，生于海拔3000-3700米
高山草地。

55. 帕米尔黄蓍 图 491

Astragalus kuschakevitschii B. Fedtsch. ex O. Fedtsch. in O. et B.
Fedtsch. Fl. Pamir. 78. 1903.

多年生草本。茎短缩，基部多分枝，呈密丛状，匍匐或上升，高5-15
厘米，密被白色平伏短柔
毛，羽状复叶长1-3厘米，有
13-19小叶；托叶三角形，长
1-2毫米，彼此离生；小叶
椭圆形或长圆形，长1-3毫
米，先端钝，基部宽楔形，两
面被白色平伏短柔毛，下面
的毛较密。总状花序有3-10
稍密集的花；花序梗与叶近
等长或较叶长；苞片线形，
长1-1.5毫米；无小苞片。花
萼钟状，长3-4毫米，被白

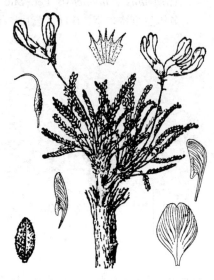

图 491 帕米尔黄蓍 （引自《西藏植物志》）

萼筒近等长。

产新疆西部及西藏西部，生于海
拔2500-4000米山坡草地。塔吉克斯
坦有分布。

或黑色伏毛，萼齿钻形，长约为萼筒的1/2；花冠青紫色，旗瓣近圆形，长
0.7-1厘米，具短瓣柄，翼瓣长6-8毫米，龙骨瓣与旗瓣近等长；子房被白
色或混有黑色短伏毛，具短柄。荚果窄卵圆形，长5-7毫米，1室；果柄与

56. 巴塘黄蓍 图 492

Astragalus batangensis Pet.-Stib. in Acta Hort. Gothob. 12: 35.
1937-1938.

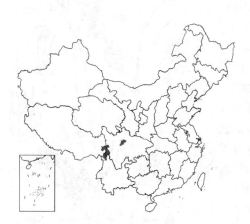

多年生草本。茎基部多分枝，常匍匐，长20-40厘米，被白色柔毛。羽
状复叶长4-8厘米，有13-17
小叶；托叶彼此离生，三角
状披针形，长3-4毫米；小
叶宽椭圆形，长4-8毫米，先
端钝，基部宽楔形或近圆，
上面疏被平伏柔毛，下面毛
较密。总状花序疏生10余
花；花序梗与叶近等长；苞
片膜质，极小，披针形；无
小苞片。花萼钟状，长约4毫
米，被白色柔毛，萼齿钻形，
与萼筒近等长；花冠紫红

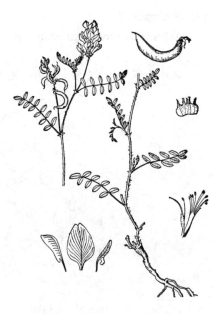

图 492 巴塘黄蓍 （李志民绘）

产西藏东部、四川及云南西北
部，生于海拔2500-3600米干旱河谷
或山坡上。

色，旗瓣宽卵形，长0.9-1.1厘米，基部渐窄，翼瓣较旗瓣、龙骨瓣短，披
针形，龙骨瓣半卵形，长0.8-1厘米，先端深紫色；子房卵圆形，密被白色
柔毛，近无柄。荚果窄卵圆形，长0.8-1.1厘米，密被白色柔毛，1室，有
2-4种子；果柄极短。

57. 石生黄蓍

图 493

Astragalus saxorum Simps. in Notes Roy. Bot. Gard. Edinb. 8: 245. 1915.

多年生草本。茎基部多分枝，高达40厘米，密丛生，有时可形成垫状，密被白色粗毛，全株呈灰白色。羽状复叶长4-6厘米，有15-21小叶；托叶三角形，长2-3毫米，彼此离生；小叶长圆形或倒卵形，长5-8毫米，先端钝，基部宽楔形或近圆，两面被白色粗毛；有时上面几无毛。总状花序呈头状，有6-16花；花序梗与叶近等长，被白色粗毛；苞片披针形，长约1毫米，无小苞片。花萼钟状，长约3-4毫米，被白色伏贴粗毛，萼齿钻形，与萼筒近等长；花冠淡紫色，旗瓣近圆形，长约1厘米，基部渐窄成瓣柄，翼瓣长约8.5毫米，龙骨瓣长于翼瓣；子房密被白色柔毛，具柄。荚果窄卵圆形，长0.8-1厘米，被白色或混有黑色短柔毛，有8-10种子；果柄伸出宿萼之外。

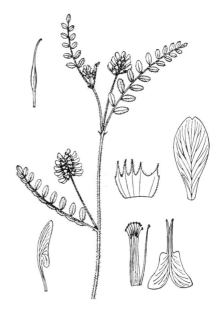

图 493 石生黄蓍 （张泰利绘）

产云南西北部、四川、西藏及青海，生于海拔900-1500米干旱石质山坡。

58. 高山黄蓍

图 494

Astragalus alpinus Linn. Sp. Pl. 760. 1753.

多年生草本。茎直立或斜升，高达50厘米，被白色柔毛，上部混生黑色柔毛。羽状复叶长5-15厘米，具15-23小叶；托叶草质，彼此离生，三角状披针形，长3-5厘米；小叶长卵形，顶端钝，具短尖头，基部圆，上面疏被白色柔毛或近无毛，下面毛较密。总状花序密生7-15花；花序梗较叶长或近等长；苞片膜质，线状披针形，长2-3毫米，无小苞片。花萼钟状，长5-6毫米，被黑色伏贴柔毛，萼齿线形，稍长于萼筒；花冠白色，旗瓣长圆状倒卵形，长1-1.3厘米，基部具短瓣柄，翼瓣长7-9毫米，瓣柄长约2毫米，龙骨瓣与旗瓣近等长，瓣片宽斧形，先端带紫色；子房窄卵圆形，密生黑色柔毛，具柄。荚果窄卵圆形，微弯曲，长0.8-1厘米，被黑色伏贴柔毛，具短喙，近假2室；果柄较宿萼稍长。

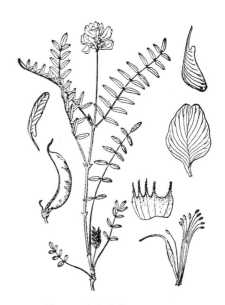

图 494 高山黄蓍 （李志民绘）

产新疆天山，生于海拔1800-2200米山坡草地。吉尔吉斯斯坦、哈萨克斯坦、俄罗斯及欧洲其他国家以及北美洲有分布。

59. 紫云英

图 495 彩片 135

Astragalus sinicus Linn. Mant. 1: 103. 1767.

二年生草本。茎匍匐，多分枝，长10-30厘米，疏被白色柔毛。羽状复叶长5-15厘米，有7-13小叶；托叶彼此离生，卵形，长3-6毫米；小叶倒卵形或椭圆形，长1-1.5厘米，先端钝，基部宽楔形，上面近无毛，下面疏被柔毛。总状花序有5-10花，花密集呈伞形；花序梗较叶长；苞片三角状卵形，长不及1毫米，无小苞片。花萼钟状，长约4毫米，被白色柔毛，萼齿披针形，长为萼筒的1/2；花冠紫红色，稀橙黄色，旗瓣倒卵形，长1-1.1厘米，基部渐窄成瓣柄，翼瓣较旗瓣短，龙骨瓣与旗瓣近等长；子房无毛或疏被白色短柔毛，具短柄。荚果线状长圆形，稍弯曲，长1.2-2厘米，具短喙，成熟时黑色，具隆起的网纹；果柄不伸出宿萼外。

产台湾、福建、江西、湖北、湖南、广东、广西、贵州、四川、云南及陕西，生于海拔400-3000米山坡、溪边或潮湿处。我国各地多栽培，为重要的绿肥和饲料。

图 495 紫云英 （引自《图鉴》）

[附] **文县黄蓍 Astragalus wenxianensis** Y. C. Ho in Bull. Bot. Res.（Harbin）1（3）: 118. f. 15. 1981. 与紫云英的区别：多年生草本；小叶长圆状倒卵形；花冠白或淡黄色。产甘肃东南部及四川北部。

60. 四川黄蓍

图 496

Astragalus sutchuenensis Franch. Pl. Delav. 160. 1889.

多年生草本。茎丛生，散生白色短柔毛，高10-20厘米。羽状复叶长3-7厘米，有7-13小叶；托叶膜质，彼此离生，卵形或三角状卵形，长2-3厘米；小叶卵形或倒卵形，长0.3-1厘米，宽2-5毫米，先端圆，基部宽楔形或几圆形，两面被白色短伏毛。总状花序具5-7花，花排成伞形；花序梗与叶近等长；苞片小，线形或线状披针形，长仅1毫米；无小苞片。花萼钟状，长约4毫米，被白色短伏毛，萼齿披针形，较萼筒短；花冠粉红色，旗瓣倒卵形，长0.7-1厘米，具短瓣柄，翼瓣长圆形，长6-8毫米，瓣柄长约为瓣片的1/2，龙骨瓣较翼瓣长，瓣片宽斧形；子房线形，密被白色柔毛，具柄。荚果线状长圆形，红褐色，直立，稍内弯，长2.5-3.5厘米，假2室；果柄与宿萼近等长。

产甘肃南部及四川，生于海拔2000-3200米山坡林下。

图 496 四川黄蓍 （钱存源绘）

61. 笔直黄耆 图 497 彩片 136

Astragalus strictus R. Grah. ex Benth. in Royle Ill. 198. 1839.

多年生草本。茎直立或斜上升，高达28厘米，疏被白色伏毛。羽状复叶长6（-10）厘米，有19-31小叶；托叶彼此于中部以下合生，与叶柄分离，三角状卵形，长6-8毫米，先端尾尖；小叶长圆形至披针状长圆形，长0.6-0.9（-1.5）厘米，先端钝或尖，基部钝，上面几无毛，下面疏被柔毛。总状花序密生多数花；花序梗较叶短或稍长于叶，密被白色柔毛，花序轴长2-3厘米，

苞片线状钻形，长4-5毫米，膜质。花萼钟状，长4-5毫米，被褐或白色伏毛，萼齿钻形，与萼筒近等长；花冠紫红色，旗瓣宽倒卵形，长8-9毫米，中部以下渐窄；翼瓣长6-7毫米，瓣柄长及瓣片的1/3，龙骨瓣长约6毫米；子房几无柄，被白色柔毛。荚果窄卵圆形或窄椭圆形，长0.6-0.7（-1.2）厘米，微弯，疏被褐色短柔毛，1室；果柄短于宿萼。

产青海、西藏、云南西北部及四川西北部，生于海拔2900-4800米山坡

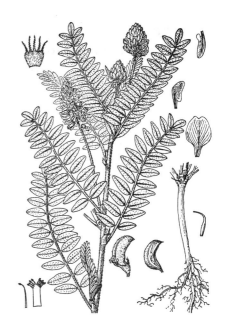

图 497 笔直黄耆 （冯晋庸绘）

草地、河边湿地、石砾地及村旁、路旁或田边。锡金、尼泊尔、印度、克什米尔地区及巴基斯坦有分布。

62. 坚硬黄耆 图 498

Astragalus rigidulus Benth. ex Bunge in Mém. Acad. Sci. St. Pétersb. sér. 7, 15（1）: 25. 1869.

多年生草本。茎纤细，直立或斜升，高7.5-15厘米，无毛。羽状复叶长2-5厘米，有17-21小叶；托叶膜质，三角状披针形，长2-4厘米，彼此于中部以下合生；小叶卵形或线状长圆形，长2-7毫米，先端钝，基部宽楔形或近圆，上面无毛，下面疏被短柔毛。几无柄。总状花序密生6-12花；花序梗较叶短，近无毛，花序轴长约1厘米；苞片线形，长2-3毫米。花萼钟状，长3.5-4毫米，散生黑色或混有白色

伏毛，萼齿披针状钻形，与萼筒近等长，被黑色毛；花冠淡紫色，旗瓣宽倒卵形，长6-7毫米，基部渐窄，翼瓣较旗瓣稍短，龙骨瓣较翼瓣稍短；子房具短柄，无毛。荚果长圆形，常弯成新月形，长1-1.1厘米，无毛，1室；果柄不露出宿萼外。

产四川西部及西藏，生于海拔3800-5200米山坡草地或河滩砂砾地。不丹、锡金及尼泊尔有分布。

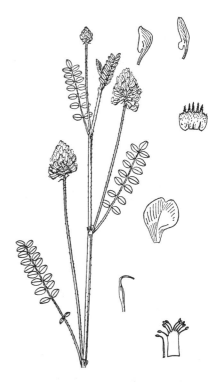

图 498 坚硬黄耆 （冯晋庸绘）

63. 黑穗黄蓍

图 499

Astragalus melanostachys Benth. ex Bunge in Mém. Acad. Sci. St. Pétersb. VII. 15(1): 22. 1869.

多年生矮小草本。茎斜升，短缩，高1-3厘米，无毛。羽状复叶长4-8厘米，有13-17小叶；托叶宽卵形或长圆形至圆形，长3-5毫米，中部以下合生，具黑色缘毛；小叶彼此疏远，宽倒卵形或近心形，长3-8毫米，先端圆或截形，基部楔形，上面无毛，下面疏被白色伏毛。总状花序密生多数花；花序梗比花葶状，比叶长，被黑褐色开展的柔毛；苞片窄披针形或窄椭圆形，长4-8毫米，被黑褐色长柔毛。花萼钟状，长5-6毫米，被黑褐色柔毛，萼齿钻形，与萼筒近等长；花冠紫红色，旗瓣宽倒卵形，长6-7毫米，基部渐窄，瓣柄不明显，翼瓣窄长圆形或近窄倒卵形，长5-5.5毫米，龙骨瓣长4-5毫米；子房卵圆形，无柄，被黑褐色柔毛。荚果圆形或卵圆形，长4-5毫米，被黑褐色长柔毛，1室。

产新疆西南部及西藏南部，生于海拔4580米左右山坡草地。哈萨克斯

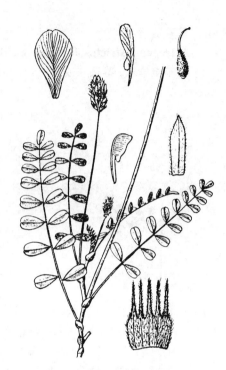

图 499 黑穗黄蓍 （李志民绘）

坦、吉尔吉斯斯坦、塔吉克斯坦、阿富汗、克什米尔地区、巴基斯坦及印度有分布。

64. 藏新黄蓍

图 500

Astragalus tibetanus Benth. ex Bunge in Mém. Acad. Sci. St. Pétersb. sér. 7, 15(1): 85. 1869.

多年生草本。茎纤细，斜升，高达35厘米，被白色或黑色伏贴毛。羽状复叶长4-11厘米，有21-41小叶；托叶中部以下合生，具长缘毛，三角状披针形，小叶窄长圆形或长圆状披针形，长0.5-1.8厘米，先端圆，基部钝，两面或仅下面疏被白色伏贴毛。总状花序密生5-15花；花序梗与叶等长或稍长，疏生黑、白两色伏贴柔毛；苞片披针状卵形，长2-3毫米。花萼管状，长7-8毫米，被稍密的黑色伏毛，萼齿线状披针形，与萼齿近等长，内外均被黑色柔毛；苞片披针形，长2-3毫米；花冠蓝紫色，旗瓣倒卵状披针形，长1.4-2厘米，中部以下渐窄，瓣柄不明显，翼瓣长1.1-1.8厘米，龙骨瓣长1-1.5厘米；子房具短柄，被黑、白两色柔毛。荚果长圆形或线状长圆形，长1.3-1.7厘米，具

图 500 藏新黄蓍 （引自《沙漠植物志》）

尖喙，稍弯，被黑毛混有白色半开展的单毛，假2室；果柄长3-4毫米。

产新疆及西藏西部，生于海拔830-2450米山谷低洼湿地、地埂或山坡草地。蒙古、俄罗斯（西伯利亚）、阿富汗、克什米尔地区及巴基斯坦有分布。根有补气固表、托里排脓、消

肿生肌的功能。

[附] **丹麦黄蓍 Astragalus danicus** Retz. Obs. Bot. 3: 41. 1781. 与藏新黄蓍的区别:苞片长卵形; 旗瓣窄倒卵形; 荚果长圆状卵形, 长7-8毫

米, 果柄长约1毫米。产内蒙古东北部(呼伦贝尔盟), 生于草地或向阳山坡。蒙古、俄罗斯、欧洲其它国家及北美洲有分布。

65. 圆叶黄蓍 图 501

Astragalus orbicularifolius P. C. Li et Ni in Acta Phytotax. Sin. 17: 112. t. 11. f. 8-16. 1979.

多年生垫状草本; 根粗壮, 圆锥形, 径6-8毫米, 根颈多歧。茎极短缩, 多数, 下部为残存的叶柄和托叶所包。羽状复叶长1.5-4厘米, 有9-11小叶; 托叶披针形, 彼此分离, 中部以下与叶柄贴生; 小叶椭圆形或近圆形, 长2.5-6毫米, 先端钝, 基部近圆, 上面无毛, 下面疏被白色短伏毛。总状花序呈伞形花伞式, 有5-8花; 花序梗长于叶, 疏被白色短伏毛。花萼钟状, 长约3.5毫米, 被黑和白色短柔

图 501 圆叶黄蓍 (引自《西藏植物志》)

毛, 萼齿三角状披针形, 长为萼筒的1/2; 花冠紫红、蓝紫或淡红色, 旗瓣宽倒卵形, 长6-7毫米, 基部楔形, 无明显瓣柄, 翼瓣与旗瓣近等长, 瓣片倒卵状长圆形, 龙骨瓣略短于翼瓣; 子房被白色短伏毛, 几无柄。荚果膨胀, 半圆形, 长0.8-1厘米, 微弯成镰状, 疏被白和黑色短伏毛。

产西藏, 生于海拔4650-5500米山坡砾石地或草地。

66. 长尾黄蓍 图 502

Astragalus alopecias Pall. Spec. Astrag. 12. t. 9. 1800.

多年生草本。茎直立, 高达90厘米, 茎、叶下面、花萼、子房及荚果均被开展白色长柔毛。羽状复叶长15-25厘米, 有31-45小叶; 托叶三角状披针形, 膜质, 基部与叶柄合生; 小叶宽椭圆状倒卵形或倒卵形, 长0.5-2厘米, 先端钝, 基部近圆, 上面疏被毛或几无毛。总状花序呈圆柱状, 长5-15厘米, 有多数花; 花序梗长不及1厘米。花萼钟状, 长1.5-1.8厘米, 微膨胀, 萼齿披针形或宽钻形, 与萼筒

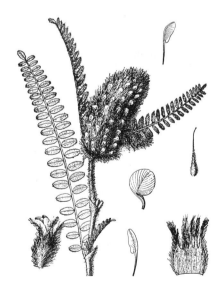

图 502 长尾黄蓍 (李志民绘)

无柄。荚果卵圆形, 包于宿萼内, 侧扁, 膨胀, 长0.7-1厘米, 假2室。

产新疆, 生于路旁或山坡草地。俄罗斯西伯利亚、哈萨克斯坦、吉尔吉斯斯坦、塔吉克斯坦、阿富汗及伊朗有分布。

近等长; 花冠淡紫色, 宿存, 旗瓣宽倒卵形, 长1.5-1.9厘米, 瓣柄稍短于瓣片, 翼瓣较旗瓣稍短, 龙骨瓣较翼瓣稍短, 基部均与花丝鞘连合; 子房

67. 狐尾黄蓍

图 503: 1-8

Astragalus alopecurus Pall. Spec. Astrag. 11. t. B. 1800.

多年生草本。茎直立，高达80厘米，全体被开展的金黄色长柔毛。羽状复叶长20-35厘米，有35-45小叶；托叶三角状披针形，长1-1.5厘米，膜质；小叶长圆状披针形、披针形或卵状披针形，长2-4.5毫米，先端钝，基部近圆或宽楔形，上面无毛，下面疏被金黄色柔毛。总状花序呈圆柱状，长5-10厘米，密生多数花；花序梗极短或不明显。花萼钟状，长1.2-1.8厘米，微膨胀，被白色柔毛，萼齿窄线形或钻形，长为萼筒的1/2；花冠宿存，淡黄色，旗瓣窄倒卵状匙形，长1.7-2厘米，瓣柄长为瓣片的1/2，翼瓣长1.6-1.9厘米，龙骨瓣长1.5-1.6厘米，与翼瓣基均与花丝鞘连合；子房无柄，被白色柔毛。荚果包于宿萼内，膨胀，卵圆形，长7-8毫米，被白色长柔毛，假2室。

产新疆北部，生于海拔1200-1700米河岸或沟坡上。哈萨克斯坦及俄罗斯西伯利亚有分布。

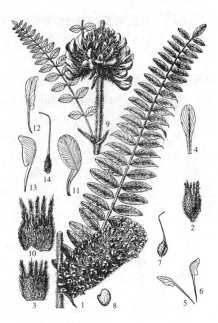

图 503: 1-8.狐尾黄蓍 9-14.拟狐尾黄蓍
（李志民绘）

68. 拟狐尾黄蓍

图 503: 9-14

Astragalus vulpinus Willd. Sp. Pl. III. 2: 1259.

多年生草本。茎直立，高达50厘米，疏被开展的白色柔毛。羽状复叶长10-25厘米，有25-31小叶；托叶卵状披针形或披针形，长1-2厘米，基部与叶柄合生；小叶宽卵形或窄卵形，长1-2.5厘米，先端钝，基部宽楔形，两面近无毛。总状花序呈头状或卵状，长4-6厘米，密生多花；花序梗较叶短，长4-6厘米；疏被白色长柔毛。花萼钟状，长2.3-2.6厘米，密被淡褐色长柔毛，微膨胀，萼齿线形，与萼筒近等长；花冠宿存，黄色，旗瓣长2.5-3厘米，长圆形，翼瓣长2.6-2.8厘米，龙骨瓣长2.4-2.8厘米；子房无柄，被淡褐色长柔毛。荚果卵圆形，长约1.2厘米，密被白色长柔毛，假2室。

产新疆北部，生于海拔600-1200米沙丘湿地、戈壁或石块与土壤混合的阳坡上。俄罗斯西伯利亚有分布。

69. 镰荚黄蓍

图 504

Astragalus arpilobus Kar. et Kir. in Bull. Soc. Nat. Moscou 15: 336. 1842.

一年生矮小草本。茎平卧或斜升，高3-18厘米，被开展的白色短柔毛。羽状复叶长3-6厘米，有7-9小叶；托叶三角形，长1-2毫米，具白色缘毛；小叶宽椭圆形或倒卵形，顶生的长0.6-1厘米，侧生的长3-8毫米，上面疏被毛，下面密被灰白色伏毛，先端微缺。总状花序疏生3-7花；花序梗较叶长或等长。花萼钟状，长与宽均为2-3毫米；被白色毛，萼齿线状钻形，稍短于萼筒；花冠乳白色，顶

端常带淡紫色,旗瓣卵形,长6-9毫米,先端渐窄,基部具长仅1毫米的短瓣柄,翼瓣长5-7毫米,龙骨瓣与翼瓣等长;子房具短柄,被白色短柔毛。荚果线形,呈镰刀状,长1.5-1.8厘米,具喙,被开展的白色短柔毛,半2室。

产新疆,生于沙地上。哈萨克斯坦、吉尔吉斯斯坦、塔吉克斯坦、阿富汗及欧洲东部有分布。

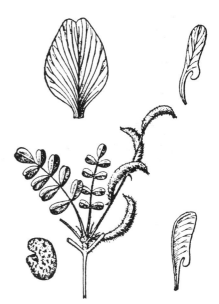

图 504 镰荚黄芪 （李志民绘）

70. 矮型黄芪　　　　　　　　　　　图 505

Astragalus stalinskyi Sirj. in Fedde, Repert. Sp. Nov. 53: 75. 1944.

一年生矮小草本。茎直立,高4-5厘米,被半开展的白色长柔毛。羽状复叶长2.5-5厘米,有9-13小叶;托叶卵状披针形,彼此分离;小叶长圆形,长3.5-8毫米,先端钝圆,基部宽楔形或近圆,两面密被白色开展的长柔毛。总状花序密生2-5花;花序梗较叶短很多,密被白色长柔毛。花萼管状,长4.5-5毫米,萼齿线形,长及萼筒的1/3;花冠浅紫红色,旗瓣长7-8毫米,瓣片上部1/3处突然收缩呈舌状,瓣柄不明显,翼瓣长6-7毫米,窄长圆形,先端2裂,龙骨瓣短于翼瓣;子房几无柄,密被白色长柔毛。荚果窄长圆形或窄卵圆形,镰状弯曲,长约1厘米,具尖喙,密被白色长柔毛和短柔毛,半假2室,有7-8种子。

产新疆及西藏西部,生于海拔750米和3000米河岸洪积阶地沙砾上或沙地。哈萨克斯坦、俄罗斯西伯利亚有分布。

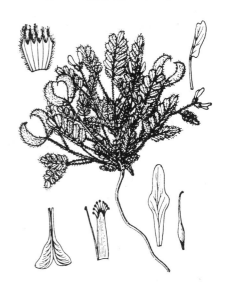

图 505 矮型黄芪 （王金凤绘）

71. 混合黄芪　　　　　　　　　　　图 506

Astragalus commixtus Bunge in Arb. Nat. Ver. Riga 1: 246. 1847.

一年生矮小草本。茎直立,高4-8厘米,被半开展的白色长柔毛。羽状复叶长4-7厘米,有11-15小叶;托叶三角状披针形,彼此离生,长3-4毫米;小叶长圆状椭圆形、长圆形或线状长圆形,长0.6-1厘米,先端钝,两面被白色长柔毛。总状花序疏生2-5花,稀单花;花序梗与叶等长,果期延伸,长于叶。花萼管状,长4-5毫米,被长柔毛,萼齿线状钻形,长及萼筒的1/2;花冠青紫或乳白色,旗瓣长约8.5毫米,上部1/3处收缩呈舌状,翼瓣长约6.5毫米,龙骨瓣较翼瓣稍短;子房无柄,被白色毛。荚果线形,长2-4厘米,先端尖,弧状弯曲,被白色长柔毛,假2室,有14-16

种子。

产新疆北部,生于海拔500-750米山坡或田边干旱沙地上。土耳其、伊朗、阿富汗、哈萨克斯坦、吉尔吉斯斯坦、塔吉克斯坦及欧洲东部有分布。

72. 达乌里黄芪 图 507

Astragalus dahuricus (Pall.) DC. Prodr. 2: 285. 1825.

Galega dahurica Pall. Beise 3: 742. n. 107. t(w). 1776.

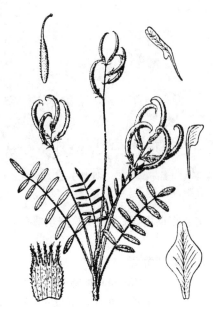

图 506 混合黄芪 （李志民绘）

一年或二年生草本,植物体被白色开展的长柔毛。茎直立,高达80厘米。羽状复叶长4-8厘米,有11-19(-23)小叶;托叶彼此离生,窄披针形或钻形,长4-8毫米;小叶长圆形、倒卵状长圆形或长圆状椭圆形,长0.5-2厘米,先端圆,基部近楔形,总状花序密生10-20花,长3.5-10厘米;花序梗较叶短;苞片线形或刚毛状。花萼斜钟状,长5-5.5毫米,萼齿线形或刚毛状,上部3齿长于萼筒,下部2齿较短;花冠紫色,旗瓣近倒卵形,长1.2-1.4厘米,翼瓣长约1厘米,弯长圆形,龙骨瓣长约1.3厘米,近倒卵形;子房有柄,被毛。荚果线形,长1.5-2.5厘米,具尖喙,内弯,直立,具横脉,假2室;果柄短。种子肾形,淡褐色或褐色,具斑点,平滑。

产黑龙江、吉林、辽宁、内蒙古、河北、山东、河南、山西、陕西、甘肃、宁夏、新疆及四川,生于海拔400-2500米的山坡和河滩草地。蒙古、朝鲜及俄罗斯西伯利亚有分布。

73. 环荚黄芪 图 508

Astragalus contortuplicatus Linn. Sp. Pl. 758. 1753.

一年生草本,植物体被开展或半开展的白色长柔毛。茎平卧或斜升,长达45厘米。羽状复叶长5-15厘米,有13-21小叶;托叶彼此分离,基部与叶柄合生,卵形或长圆状披针形;小叶长圆状卵形或宽椭圆形,长0.5-1.2厘米,先端微缺或浅2裂,基部宽楔形。总状花序呈头状,密生5-10花;花序梗较叶短;花萼钟状,长4.5-5.5毫米,萼齿窄线形,长于萼筒,内面有毛;花冠黄色,旗瓣倒卵状椭圆形,长5.5-7.5毫米,

图 507 达乌里黄芪 （引自《图鉴》）

基部渐窄,瓣柄不明显,翼瓣长4.5-6.5毫米,龙骨瓣长5.5-7毫米;子房近无柄,被开展白色长柔毛。荚果线状长圆形,密集,长1-2厘米,环形或镰刀状,稍扁,半2室。种子肾形,红棕色,具淡黄色花纹,平滑。

产新疆,生于海拔550米农田中。巴基斯坦、哈萨克斯坦、吉尔吉斯斯坦、塔吉克斯坦及欧洲中部有

分布。

74. 蒺藜黄芪 图 509

Astragalus tribuloides Del. Fl. Aegypt. Illustr. 70. 1813.

一年生矮小草本,全株被白色半开展的长柔毛。茎平卧或上升,高5-10厘米。羽状复叶长3-6厘米,有9-15小叶;小叶椭圆形或卵状椭圆形,长0.5-1厘米,先端钝,基部宽楔形,总状花序呈头状花序式,有2-6花;花序梗极短或不明显。花萼管状,长约5毫米,萼齿披针形,长约2毫米,内面无毛;花冠淡紫色,旗瓣长圆状倒披针形,长6-8毫米,上部较宽,基部楔形,翼瓣长5-7毫米,窄长圆形,龙骨瓣长4.5-5毫米,近倒卵形;子房具短柄。荚果长圆形,3-4枚成簇,长0.6-1厘米,内弯,放射状开展或上弯,被白色短毛并混有半开展白色长柔毛,假2室。种子褐色,菱状肾形,平滑。

图 508 环荚黄芪 (李志民绘)

产新疆,生于沟边。西亚、南亚、中亚和非洲北部有分布。

75. 尖舌黄芪 图 510

Astragalus oxyglottis Stev. in Bieb. Fl. Taur.–Cauc. 2: 192. 1808.

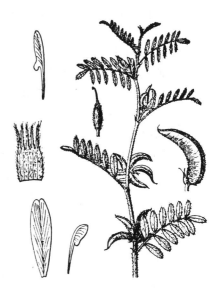

一年生矮小草本,植物体被白色短伏毛。茎上升或直立,高3-5厘米。羽状复叶长2-8厘米,有9-17小叶;托叶彼此分离,披针形,具缘毛;小叶窄倒卵形,长0.5-1.3厘米,先端微凹,基部楔形,几无柄。总状花序呈头状,有3-6花;花序梗较叶短,长2-5厘米;苞片卵形,长约1毫米。花萼钟状,长2.5-3毫米,萼齿钻形,长仅0.5毫米;花冠淡紫色,旗瓣倒卵形,长5-8毫米,中部最宽,基部楔形,瓣柄不明显,翼瓣长4-6毫米,龙骨瓣长3-4毫米;子房无柄,无毛。荚果4-5成簇,披针状长圆形,长1-1.2厘米,稍内弯,具棱,无毛,背部有深沟,假2室。

图 509 蒺藜黄芪 (李志民绘)

产新疆,生于半荒漠地。土耳其、伊朗、巴基斯坦、叙利亚、格鲁吉亚及中亚有分布。

[附] 沙生黄芪 **Astragalus ammophilus** Kar. et Kir. Enum. Song. n. 361. 1842. 本种与尖舌黄芪的区别:茎长达20厘米;小叶窄长圆形,长3-8毫米。旗瓣长圆状卵形;子房被白色毛。荚果扁,卵形或长圆形,长7-9毫米,无棱,被短毛,1室。产新疆北部,生于开垦地上。中亚、格鲁吉亚、巴基斯坦、阿富汗及伊朗有分布。

76. 丝茎黄蓍　　　　　　　　　　　图 511

Astragalus filicaulis Fisch. et Mey. ex Ledeb. Fl. Ross. 1: 637. 1842.

一年生矮小草本，植物体疏被白色柔毛。茎直立，高8-12厘米。羽状复叶长4-5厘米，有13-15小叶；托叶彼此分离，基部与叶柄贴生，披针状钻形；小叶长圆形或线状长圆形，长0.6-1厘米，先端钝，柄极短。总状花序呈头状，有6-20花；花序梗比叶短，果期延伸；苞片披针形，膜质，长1.5-3.5厘米，被白色和黑色柔毛。花萼钟状，长约3毫米，被白和黑色开展的柔毛，萼齿线状钻形，与萼筒近等长；花冠淡青紫色，旗瓣近椭圆形，长6-6.3毫米，基部渐窄，翼瓣长4-5毫米，倒卵状窄长圆形，龙骨瓣长约4毫米，近倒卵形；子房无柄，被白色柔毛。荚果长圆形或窄卵状长圆形，长0.7-1厘米，稍内弯，平展至斜上，具细脉，被半开展白色柔毛，1室。种子卵形，淡褐色，平滑。

产新疆，生于水渠边。原苏联、巴基斯坦、阿富汗及伊朗有分布。

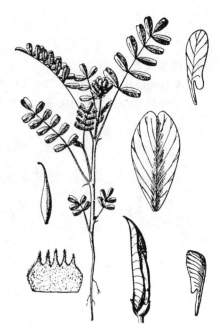

图 510 尖舌黄蓍　（李志民绘）

77. 毛冠黄蓍　　　　　　　　　　　图 512

Astragalus roseus Ledeb. Fl. Alt. 3: 330. 1831.

多年生草本，植物体被半开展的灰白色丁字毛。茎匍匐或斜上，高达40厘米。羽状复叶长7-13厘米，有11-27小叶；托叶长5-8毫米，下部的三角状披针形，上部的线形；小叶卵圆形或椭圆形，稀宽披针形，长0.6-1.5厘米，两面密被白色半开展的丁字毛。总状花序短缩成头状，长2-2.5厘米，有10余花；花序梗较叶短。花萼管状，长1.1-1.4厘米，密被白色开展丁字毛，萼齿丝状，与萼筒等长或较长，花后期不膨大；花冠粉红色，外面被稀疏开展绵毛，旗瓣长1.3-1.7厘米，瓣片宽线状长圆形，翼瓣长1.1-1.5厘米，先端不等的2裂，龙骨瓣长0.9-1.1厘米；子房密被绵毛。荚果卵圆形，长7-9毫米，被开展绵毛，

图 511 丝茎黄蓍　（李志民绘）

假2室。花期5-6月，果期6-7月。

产新疆北部，生于海拔600米左右泛滥河滩或较固定的砂土上。蒙古及俄罗斯西伯利亚有分布。

78. 宽叶黄蓍　　　　　　　　　　　图 513

Astragalus platyphyllus Kar. et Kir. in Bull. Soc. Nat. Moscou 15: 345. 1842.

多年生草本，高达40厘米。茎短缩，不明显，疏被丁字毛。羽状复叶

长10-25厘米,有9-19小叶;托叶与叶柄贴生,长1-1.4厘米,分离部分长线形;小叶宽椭圆形或近圆形,长0.5-1.7厘米,嫩时两面被丁字毛。总状花序具紧密排列的花 花序梗长为叶的1.5倍或等长;苞片与萼筒等长,膜质;小苞片通常不存在。萼钟状管形,长0.8-1.3厘米,散生黑色伏贴毛,萼齿长约为萼筒1/2;花冠淡紫色,旗瓣长2-2.7厘米,瓣片窄菱形,中部以下两侧稍缢缩,翼瓣长1.5-2厘米,先端浅2裂,龙骨瓣长1-1.7厘米;子房无柄,密被短柔毛。荚果宽卵圆形,长0.9-1.3厘米,直立,伸展,被伏贴毛,假2室。花期5-6月,果期7-8月。

产新疆西北部,生于海拔1200米左右的山坡阳处。哈萨克斯坦、乌兹别克斯坦、土库曼斯坦、吉尔吉斯斯坦及塔吉克斯坦有分布。据记载,本种含大量对牲畜有害的生物碱,不宜作饲料。

图 512 毛冠黄耆 (钱存源绘)

79. 荒漠黄耆

图 514

Astragalus alaschanensis H. C. Fu, Fl. Intramong. 3: 288. pl. 102. 1977.

多年生草本,高达20厘米。茎极短缩,丛生,被毡毛状半开展的白色毛。羽状复叶有11-27小叶;托叶基部与叶柄贴生,分离部分卵状披针形,被浓密的白色长柔毛;小叶宽椭圆形、倒卵形或近圆形,长0.5-1.5厘米,先端钝,基部圆或宽楔形,两面密被长柔毛。总状花序生于基部叶腋,密生多数花;花序梗短缩;苞片长圆形或宽披针形,短于萼筒;小苞片2,线形或线状披针形,长为萼筒的1/2或1/3。花萼管状,长0.9-1.8厘米,被毡毛状白色毛,萼齿线形,长为萼筒的1/2或近等长;花冠粉红或紫红色,旗瓣长1.7-2.2厘米,瓣片长圆形或匙形,翼瓣较旗瓣短,瓣片短于瓣柄;子房被毛。荚果卵圆形或卵状长圆形,微膨胀,顶端渐尖成喙,密被白色长硬毛,

图 513 宽叶黄耆 (钱存源绘)

假2室。花期5-6月,果期7-8月。

产内蒙古、宁夏及甘肃,生于荒漠区的沙漠地带。

80. 柴达木黄耆

图 515

Astragalus kronenburgii B. Fedtsch. ex Kneuck. var. **chaidamuensis** S. B. Ho in Bull. Bot. Res. (Harbin) 3(1): 42. f. 1. 1983.

多年生草本,植物体被灰白色伏贴丁字毛,高达20厘米。茎短缩,长

约1厘米,木质化,疏丛生。羽状复叶长3-8厘米,有7-11小叶;托叶彼此分离,基部与叶柄贴生,草质,被

白色长毛；小叶窄披针形，长0.7-1.5厘米，先端尖，两面被灰白或近银白色伏贴毛。总状花序有3-8稍密生的花，花排列成伞房状；花序梗比叶长1.5-2倍；苞片披针形，被黑白混生毛。花萼管状，长0.3-1厘米，有时仅萼齿上有黑色毛，萼齿窄线形，长为萼筒的1/3；花冠蓝紫色，旗瓣长1.6-2厘米，瓣片菱状长圆形，中端两侧稍缢缩，翼瓣长1.3-1.7厘米，长圆形，先端2裂，龙骨瓣较翼瓣短，先端微尖；子房近无柄，被微毛。荚果未见。花期7月。

产甘肃西部及青海，生于海拔3000米冲积扇及河滩石隙地。

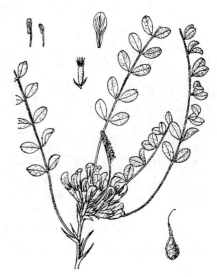

图 514 荒漠黄蓍 （引自《沙漠植物志》）

81. 中天山黄蓍 图 516

Astragalus chomutovii B. Fedtsch. in Bull. Herb. Boiss. 7: 826. 1899.

多年生低矮小草本，高2-8厘米。茎短缩，具多数粗短分枝，密丛生。羽状复叶，有3-5小叶；托叶小，彼此合生，膜质，被白色毛和缘毛；小叶长圆形或倒披针形，长0.5-1.5厘米，两面被白色伏贴丁字毛。总状花序有5-15密生的花；苞片线状披针形，膜质。花萼管状，长6-8毫米，密被黑白两色混生的伏贴毛，萼齿长为萼筒的1/4-1/3；花冠浅蓝紫色，旗瓣长1.5-2厘米，瓣片长圆状椭圆形，翼

瓣长1.2-1.8厘米，先端微凹或近全缘，龙骨瓣长1-1.4厘米。荚果长圆形，微弯，长0.6-1厘米，膨大，被白色短柔毛，1室。花期6-8月，果期7-8月。

产青海柴达木及新疆，生于海拔2000-3700米河谷阶地及水边砂砾地。哈萨克斯坦及塔吉克斯坦有分布。

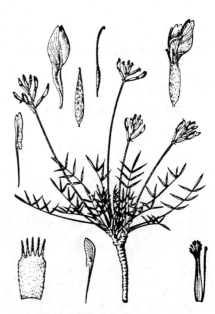

图 515 柴达木黄蓍 （钱存源绘）

82. 团垫黄蓍 图 517

Astragalus arnoldii Hemsl. et Pears. in Journ. Linn. Soc. Bot. 35: 172. 1902.

垫状草本，植丛高3-10厘米。茎短缩，被灰白色丁字毛。羽状复叶长0.5-1.5厘米，有3-7小叶；托叶彼此连合；小叶长圆形，长3-6毫米，两面密被灰白色毛。总状花序有2-6花；花序梗与叶近等长。花萼钟状，长2.5-5毫米，萼齿钻形，长为萼筒的1/2或与之等长；花冠蓝色，旗瓣长0.7-1厘米，瓣片近圆形，翼瓣长5-8毫米，瓣片先端微凹，龙骨瓣长4-5毫米；

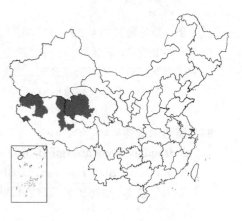

子房密被毛，具短柄。荚果长圆形，长5-7毫米，微弯，密被白色与黑色毛，半2室。

产青海及西藏，生于海拔4500-5100米砾石山坡或河滩砾石地。

83. 短龙骨黄耆
图 518

Astragalus parvicarinatus S. B. Ho in Bull. Bot. Res. (Harbin) 3(1): 55. f. 10. 1983.

多年生丛生小草本，高5-10厘米。茎极短缩。羽状复叶长3-8厘米，有3-7小叶；托叶彼此于中部以下合生，被白色长丁字毛；小叶长圆形，长4-7毫米，两面被白色伏贴丁字毛，先端钝圆，近无柄。花簇生叶腋，无明显花序梗；花萼管状，长0.8-1厘米，被白色开展的毛，萼齿丝状，长为筒部的1/2；花冠白色，旗瓣倒披针形，长1.6-2.3厘米，翼瓣较旗瓣稍短，先端微缺，瓣片长为瓣柄的1.5-2倍，龙骨瓣特短小，长仅为翼瓣的1/2，瓣片稍长于瓣柄，子房有柄，被短毛。荚果未见。花期5-6月。

产内蒙古及宁夏，生于海拔约1500米沙滩上。

84. 乳白黄耆
图 519

Astragalus galactites Pall. Spec. Astrag. 85. t. 69. 1800.

多年生草本，高5-15厘米。茎极短缩。羽状复叶有9-37小叶；托叶膜质，密被丁字毛，下部与叶柄贴生；小叶长圆形或窄长圆形，长0.8-1.8厘米，上面无毛，下面被白色伏贴丁字毛。花通常2朵簇生于基部叶腋；花萼管状钟形，长0.8-1厘米，萼齿线状披针形或近丝状，与萼筒等长或稍短，密被白色长绵毛；花冠乳白色，旗瓣窄长圆形，长2-2.8厘米，中部两侧稍缢缩，翼瓣较旗瓣稍短，瓣片长为瓣柄的1.5倍，先端2浅裂，龙骨瓣长1.7-2厘米，瓣片长约为瓣柄的1/2。荚果卵圆形或倒卵圆形，长4-5毫米，幼时密被白色柔毛，常包于宿萼内，

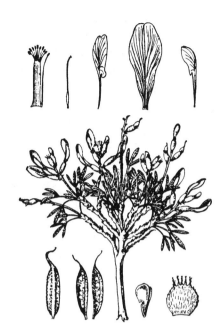

图 516 中天山黄耆 （钱存源绘）

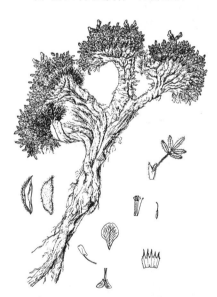

图 517 团垫黄耆 （路桂兰绘）

后期宿萼脱落。花期5-6月，果期6-8月。

产黑龙江、吉林、辽宁、内蒙古、河北北部、山西、陕西、甘肃、宁夏、青海、新疆及河南，生于海拔1000-3500米草原砂质土及向阳山坡。蒙古及俄罗斯西伯利亚有分布。

85. 新巴黄蓍 图 520

Astragalus hsinbaticus P. Y. Fu et Y. A. Chen in Fl. Pl. Herb. Chin. Bor.-Or. 5: 103. 175. pl. 46. 1976.

多年生密丛生草本，高4-15厘米，植物体被开展的白色丁字毛。茎极短缩。羽状复叶长4-15厘米，有15-31小叶；托叶卵状披针形，基部与叶柄贴生，被白色长柔毛；小叶椭圆形或倒卵形，长0.7-1.5厘米，两面被开展的白色长丁字毛。花簇生基部叶腋；花序梗不明显；花萼管状，长1.1-1.5厘米，被白色开展长毛，萼齿线形，长为萼筒的1/4-1/3；花冠白色带淡黄色，旗瓣长圆形，长2-2.8厘米，中部两侧缢缩，先端微凹或钝圆，翼瓣较旗瓣稍短，瓣片窄长圆形，与瓣柄几等长，龙骨瓣较翼瓣短，瓣柄较瓣片长1倍。荚果卵圆形或卵状长圆形，长1-1.4厘米，顶端锐尖或渐尖，密被白色长柔毛，假2室或近假2室。花期6-7月，果期7-8月。

产黑龙江、内蒙古及宁夏北部，多生于干草原沙质土上。可作牧草。

86. 拟糙叶黄蓍 图 521

Astragalus pseudoscaberrimus Wang et Tang ex S. B. Ho in Bull. Bot. Res. (Harbin) 3(1): 57. f. 12. 1983.

多年生矮小草本，高5-10厘米，密被灰白色开展的丁字毛。茎极短缩，基部多分枝。羽状复叶长3-6厘米，有9-15小叶；托叶下部与叶柄贴生，被开展的白毛；小叶椭圆状长椭圆形或椭圆形，长3-5毫米，先端钝圆，两面被开展的灰白色丁字毛。花簇生叶腋，几无花序梗。花萼管状，长1-1.5厘米，被半开展的毛，萼齿长为萼筒的1/5；花冠黄白色，旗瓣长1.8-2.4厘米，瓣片匙形，翼瓣稍短于旗瓣，瓣柄长为瓣柄的1.5倍，龙骨瓣长1.4-1.6厘米；子房几无毛。荚果长圆形，长约1.5厘米，顶端有长喙，被开展的白毛，假2室。花期5-6月，果期6-7月。

产内蒙古、甘肃、宁夏及新疆，生于海拔1500米戈壁滩上。

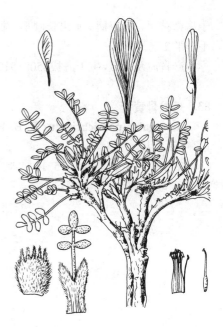

图 518 短龙骨黄蓍 （钱存源绘）

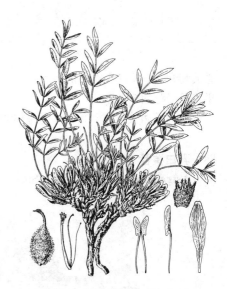

图 519 乳白黄蓍 （钱存源绘）

〔附〕 **粗毛黄蓍 Astragalus scabrisetus** Bong. Verz. Pfl. Saisang-Nor. 26. 1841. 本种与拟糙叶黄蓍的区别：植物体被伏贴粗毛；小叶菱状椭圆形或倒卵形，两面被白色平伏丁字毛；旗瓣瓣片倒卵形，龙骨瓣先端渐紫色。产新疆北部，生于海拔600-2400米的干旱山坡。哈萨克斯坦有分布。

87. 单叶黄芪

图 522

Astragalus efoliolatus Hand.–Mazz. in Oester. Bot. Zéitschr. 85: 215. 1936.

多年生低矮草本，高5-10厘米。茎短缩，密丛状。叶仅具1小叶；托叶卵形或披针形，长5-6毫米，膜质，先端渐尖或撕裂状，疏被伏贴丁字毛；小叶线形，长5-12厘米，宽1-2毫米，先端渐尖，两面疏被白色伏贴毛。总状花序有2-5花；花序梗短于叶。花萼钟状管形，长5-7毫米，密被白色伏贴毛，萼齿线状钻形，较萼筒稍短；花冠淡紫或粉红色，旗瓣长圆形，长0.8-1.1厘米，中部两侧微缢缩，翼瓣长0.7-1厘米，瓣片窄长圆形，长为瓣柄的1.5倍，龙骨瓣较翼瓣短。荚果卵状长圆形，长约1厘米，扁平，顶端有短喙，被白色伏贴毛。花期6-9月，果期9-10月。

产内蒙古、陕西、宁夏及甘肃，生于海拔1400-2200米砂质冲积土上。蒙古有分布。

88. 长毛荚黄芪

图 523

Astragalus macrotrichus Pet.–Stib. in Acta. Hort. Gothob. 12: 67. 1937-1938.

多年生低矮草本，高3-6厘米，植物体被白色伏贴丁字粗毛。茎极短缩。羽状复叶有3小叶，密集覆盖于地表；托叶膜质，彼此离生或下部与叶柄贴生；小叶宽卵形或近圆形，长0.8-1.2厘米，宽0.7-1.1厘米，两面被白色伏贴粗毛。总状花序有1-2花，腋生；花序梗长约1厘米。花萼钟状管形，长0.8-1厘米，被白色开展的毛，萼齿长为筒部长的1/3；花冠淡黄色（干时），旗瓣倒披针形，长1.5-2厘米，翼瓣较旗瓣稍短，龙骨瓣长1.2-1.5厘米；子房密被白色长毛。荚果长圆形，膨胀，长1.5-2厘米，密被白色长柔毛，假2室。花期4-5月，果期5-6月。

产内蒙古、山西北部、宁夏、甘肃、青海及新疆，生于海拔1100-3200米干旱草原针茅群丛中或戈壁滩上。

图 520 新巴黄芪 （引自《东北草本植物志》）

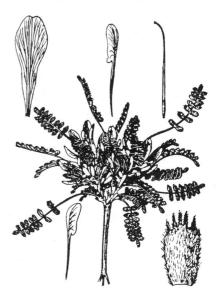

图 521 拟糙叶黄芪 （钱存源绘）

图 522 单叶黄芪 （李志民绘）

89. 糙叶黄耆

图 524

Astragalus scaberrimus Bunge in Mém. Acad. Sci. St. Pétersb. Sav. Etrang. 2: 91. 1883.

多年生低矮草本，密被白色伏贴毛。茎不明显或极短，但常有伸长的匍匐枝。羽状复叶长5-17厘米，有7-15小叶；托叶下部与叶柄贴生；小叶椭圆形或近圆形，有时披针形，长0.7-1厘米，两面密被伏贴毛。先端锐尖、渐尖或钝，基部宽楔形。总状花序腋生，有3-5花；花序梗极短，但在匍匐茎上者可长达数厘米。花萼管状，长7-9毫米，被白色短伏毛，萼齿与萼筒近等长；花冠淡黄或白色，旗瓣倒卵状椭圆形，瓣片中部两侧稍缢缩，翼瓣较旗瓣短，瓣片长圆形，先端微缺，龙骨瓣短于翼瓣；子房被短毛。荚果披针状长圆形，微弯，长0.8-1.3厘米，革质，密被白色伏贴毛，假2室。花期4-8月，果期5-9月。

产黑龙江、吉林、辽宁、内蒙古、河北、山西、河南、陕西、甘肃、宁夏、青海、新疆、山东、湖北及四川，生于海拔400-1500米山坡石砾质草地、草原、沙丘或沿河流两岸的砂地。俄罗斯西伯利亚及蒙古有分布。牛羊喜食可作牧草。本种分布广，形态变化大，茎极短缩或长达数厘米；花序梗极短亦有长达数厘米者。根有健脾利尿的功能。

图 523　长毛荚黄耆 （李志民绘）

90. 盐生黄耆

图 525

Astragalus salsugineus Kar. et Kir. var. **multijugus** S. B. Ho in Bull. Bot. Res. (Harbin) 3(1): 52. f. 7. 1983.

多年生草本，高达20厘米。茎极短缩，有时长2-4厘米，密被长硬毛。羽状复叶长8-15厘米，有13-31小叶；托叶基部与叶柄贴生；小叶椭圆形，长0.3-1厘米，两面疏被灰白色丁字毛。总状花序有6-9朵密生的花；花序梗不明显或长仅1厘米。花萼管状，长8-9毫米，密被开展的白色长柔毛，萼齿线形，长为萼筒的1/4；花冠淡紫色或带粉红色，旗瓣倒卵状长圆形，长1.6-2.2厘米，基部渐窄，翼瓣披针状长圆形，长1.4-1.7厘米，先端全缘或微凹，瓣柄稍长于瓣片，龙骨

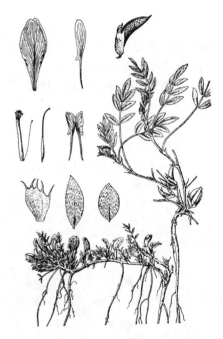

图 524　糙叶黄耆 （引自《东北草本植物志》）

瓣长1.2-1.6厘米，瓣柄长为瓣片的1.5倍；子房无毛，几无柄。荚果长圆形，长约1.3厘米（未成熟），假2室。花期5-6月，果期8-9月。

产内蒙古、宁夏及甘肃，生于海拔1000-1500米沙滩或戈壁中的盐碱草地。

91. 亮白黄蓍

图 526

Astragalus candidissimus Ledeb. Fl. Alt. 3: 309. 1839.

多年生草本,高达30厘米。茎地下部分木质化,地上部分直立或斜上,草质,被白色丁字毛。羽状复叶长4-8厘米,有11-25小叶;托叶三角形、渐尖,被白色柔毛;小叶椭圆形,宽椭圆形或近圆形,稀倒卵形,长3-8毫米,先端锐尖,两面被灰白色丁字毛。总状花序有7-15花,花密生成头状;苞片披针形,长4-5毫米,被白色长柔毛。花萼管状,长1-1.2厘米,密被开展白毛,萼齿钻形,长3-4毫

米;花冠紫红色,旗瓣长1.6-2厘米,瓣片倒卵形状长圆形,中部偏下两侧稍缢缩,翼瓣长1.4-1.6厘米,瓣片与瓣柄近等长,龙骨瓣长1.3-1.4厘米。荚果肿胀呈膀胱状,长圆状球形,长1.2-1.7厘米,被白色柔毛,顶端渐尖,具长4-7毫米的喙。花期5-6月,果期6-7月。

产新疆,生于海拔300-550米荒漠草原沙土地带。俄罗斯西伯利亚及蒙古有分布。

92. 地八角

图 527

Astragalus bhotanensis Baker in Hook. f. Fl. Brit. Ind. 2: 126. 1876.

多年生草本。茎直立、匍匐或斜上,长达1米,疏被白色丁字毛或无毛。羽状复叶长8-26厘米,有19-29小叶;托叶卵状披针形,基部与叶柄贴生,长4-5毫米;小叶倒卵形或倒卵状椭圆形,长0.6-2.3厘米,先端钝,下面被白色贴伏丁字毛。总状花序有多数花,花密集成头状;花序梗粗壮,短于叶,疏被白毛;苞片宽披针形;小苞片2,花萼管状,长约1厘米,萼齿与萼筒等长,疏被白色毛;花冠

红紫、紫、灰蓝、白或淡黄色,旗瓣倒披针形,长约1.1厘米,翼长约9毫米,龙骨瓣长约8-9毫米;子房无柄。荚果圆柱形,长2-2.5厘米,劲直,多数聚生排成球形果序,无毛,成熟时黑或褐色,假2室;无柄。花期3-8月,果期8-10月。

产贵州、云南、西藏、四川、陕西及甘肃,生于海拔600-2800米山坡、山沟、河漫滩、田边、阴湿处或灌丛下。不丹及印度有分布。全草药用,有

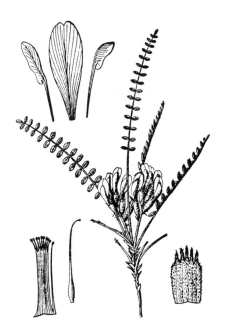

图 525 盐生黄蓍 (李志民绘)

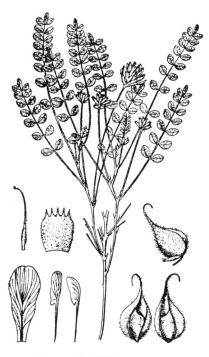

图 526 亮白黄蓍 (钱存源绘)

清热解毒、利尿的功效。

[附] **地花黄蓍 Astragalus basiflorus** Pet.-Stib. in Acta Hort. Gothob. 12: 65. 1938. 与地八角的区别:小叶仅幼时疏被丁字毛;子房有长柄;总状花序有5-8花;荚果弯曲呈镰刀状,不排成球形果序。产甘肃

及青海，生于海拔约2300米草原。

93. 喜沙黄蓍　　　　　　　　图 528

Astragalus ammodytes Pall. Spec. Astrag. 7. t. 5. 1800.

多年生低矮草本，高3-6厘米。根颈部多分枝，茎平卧，密丛生呈垫状，密被白色丁字毛。羽状复叶长1.5-3厘米，有5-9小叶；叶柄长为叶轴的1-2倍；托叶彼此合生，密被白色丁字毛；小叶倒卵状长圆形，长4-6毫米，先端钝，基部楔形。花单生或2-3花排成短的总状花序，腋生；苞片披针形或线状披针形；无小苞片；花萼管状，长0.8-1.5厘米，密被白色短毛，萼齿钻状，长1-2毫米；花冠粉红或白色，旗瓣长1.8-2.4厘米，窄倒卵状长圆形，中部两侧缢缩，翼瓣长1.2-1.5厘米，先端微凹，瓣柄长为瓣片的1.5倍，龙骨瓣短于翼瓣；子房无柄，密被白毛。荚果长4-5毫米，密被短柔毛。花期5月，果期6-7月。

产甘肃西部及新疆北部，生于海拔3000米左右沙丘或砂质土上。俄罗斯西伯利亚及哈萨克斯坦有分布。

94. 木黄蓍　　　　　　　　　图 529

Astragalus arbuscula Pall. Spec. Astrag. 19. t. 17. 1800.

灌木，高达1.2米。老枝直立，当年生枝粗壮，被黄灰色伏贴丁字毛。羽状复叶长3-5厘米，有5-13小叶；托叶下部与叶柄贴生，被黑白两色混生毛；小叶线形，稀线状披针形，长0.8-2厘米，两面被伏贴丁字毛。总状花序呈头状，有8-20花；花序梗比叶长2-3倍，被伏贴丁字毛；苞片卵圆形或披针形，长2-3毫米。花萼管状，密被黑白两色混生柔毛，萼齿长为萼筒1/3-1/4；花冠淡紫红色，旗瓣菱形，长1.5-1.9厘米，翼瓣长1.4-1.7厘米，瓣片长为瓣柄的1.4倍，龙

95. 歧枝黄蓍　　　　　　　　图 530

Astragalus gladiatus Boiss. Diagn. Pl. Orient. Nov. Ser. 1. 2: 45. 1843.

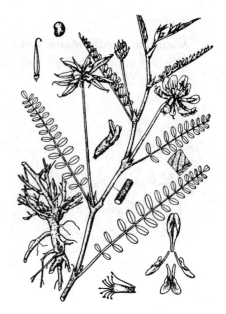

图 527　地八角　（引自《图鉴》）

图 528　喜沙黄蓍　（钱存源绘）

骨瓣短于翼瓣。荚果平展或下垂，线状，劲直，长1.7-3厘米，革质，被白和黑色柔毛，假2室。花期4-6月，果期6-7月。

产新疆北部，生于海拔1400-1600米山坡。俄罗斯西伯利亚、哈萨克斯坦及吉尔吉斯斯坦有分布。

多年生草本，高达30厘米。茎纤细，多分枝，被白色伏贴毛，灰绿色。

羽状复叶长3-6厘米,有5-13小叶;托叶彼此于基部连合,被白色或混生黑色毛;小叶窄线状剑形,长0.3-1.5厘米,宽0.5-1.5毫米,上面疏被白色毛,下面毛较密。总状花序有6-9花,花密生呈头状;花序梗长为叶的1-2倍,被白色伏贴毛。花萼管状,长0.8-1厘米,被黑白两色混生毛,萼齿长约为筒部的1/6;花冠灰绿色,干时变黄,旗瓣长1.8-2厘米,倒卵状菱形,翼瓣长1.4-1.8厘米,先端全缘,龙骨瓣较翼瓣稍长;子房线形,有短柄。荚果线状钻形,斜展,长2.5-3厘米,密被白色柔毛,微呈弧形弯曲。花期6-7月,果期7-8月。

产新疆西南部及西藏扎达,生于海拔3400米左右山坡砾石地。哈萨克斯坦、巴基斯坦及印度有分布。

图 529 木黄蓍 (钱存源绘)

96. 托木尔黄蓍 图 531

Astragalus dsharkenticus Popov in Not. Syst. Inst. Bot. Acad. Sci. USSR 10: 11. 1947.

多年生草本;根颈部生多数蔓状细茎。茎细弱蔓状,长13-40厘米,具伏贴细毛。羽状复叶长4-7厘米,有7-11小叶;托叶彼此于基部合生,具白和黑色混生毛;小叶通常披针形,稀长圆形,长1-2厘米,宽3-4毫米,两面被白色伏贴毛。总状花序有4-10花,花排为伞房花序式。花萼管状,长1-1.2厘米,被白和黑色半伏贴毛,萼齿长为筒部的1/4-1/5;花冠淡黄色,旗瓣长1.7-2.2厘米,倒卵形,中部两侧缢缩,翼瓣长1.6-2厘米,瓣片与瓣柄近等长,先端2浅裂,龙骨瓣较翼瓣短;子房无柄。荚果长2-3厘米,呈弧曲弯曲,被黑和白混生半开展或卷曲的毛,假2室。花期5-6月,果期6-7月。

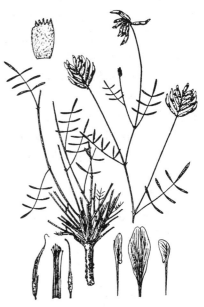

图 530 歧枝黄蓍 (钱存源绘)

产新疆西北部,生于海拔约1800米山坡草地。哈萨克斯坦有分布。

[附] **巩留黄蓍 Astragalus dsharkenticus** var. **gongliuensis** S. B. Ho in Bull. Bot. Res. (Harbin) 3(1): 63. f. 16. 1983. 与托木尔黄蓍的区别:羽状复叶有13-27小叶,小叶长圆形,上面无毛或仅边缘被稀疏的毛。产新疆(巩留、特克斯、昭苏),生于海拔1000米左右的沙荒地上。

[附] **直荚草黄蓍 Astragalus ortholobiformis** Sumn. Animadv. Herb. Univ. Tomsk. no. 9-10. 8. 1936. 与托木尔黄蓍的区别:小叶线状长圆形或窄披针形,长0.5-1.2厘米;花冠白色或粉红色;翼瓣先端微凹,瓣片长为瓣柄的1/3。产甘肃西部(敦煌至阿克塞)及新疆(昭苏、尼勒克),生于海拔3000米左右的山坡。哈萨克斯坦及蒙古有分布。

97. 角黄芪

图 532

Astragalus ceratoides Beib. Fl. Taur.-Cauc. 3: 429. 1819.

多年生草本，高达30厘米。茎短缩，当年生枝直立，疏被灰白色伏贴丁字毛，呈淡绿色。羽状复叶有13-19小叶；托叶彼此离生，卵状三角形，

基部被白和黑色伏贴毛；小叶长圆形或窄披针形，长0.5-1.5厘米，淡绿色，上面近无毛或疏被伏贴毛，下面毛较密。总状花序呈头状或伞花序式，有6-10花；花序梗长为叶的1.5倍，被伏贴毛。花萼管状，长6-9毫米，被黑色和少量白色的伏贴毛，萼齿长短不等，长约为萼筒的1/5；花冠蓝紫色，旗瓣长1.8-2厘米，瓣片菱状长圆形，翼瓣较旗瓣稍短或等长，瓣柄长为瓣片的2倍，先端有时微凹，龙骨瓣短于翼瓣。荚果线形，平展或向下微弯，假2室，被黑和白混生伏贴毛。花期5-7月，果期6-8月。

产新疆北部，生于砾石山坡阳处、草原或牧场等地。哈萨克斯坦、俄罗斯西伯利亚及阿尔泰有分布。

[附] **狭荚黄芪 Astragalus stenoceras** C. A. Mey. Verz. Pfl. Saisang-Nor. 24. 1841. 与角黄芪的区别：茎和叶密被灰白色伏贴丁字毛，呈灰绿色；花冠淡紫或紫红色，旗瓣瓣片倒卵状长圆形，翼瓣瓣片与瓣柄近等长。产甘肃及新疆，生于海拔1500-2600米的干旱沙漠、多石山坡、山谷及草原牧场。哈萨克斯坦及俄罗斯西伯利亚有分布。可作牧草。

图 531 托木尔黄芪 （钱存源绘）

98. 鸡峰山黄芪　鸡峰黄芪

图 533

Astragalus kifonsanicus Ulbr. in Engl. Bot. Jahrb. 36 (Beibl. 82): 64. 1905.

多年生草本，高达40厘米。茎匍匐斜上，被白色伏贴毛。羽状复叶有3-9小叶；托叶膜质，彼此离生，疏被白色柔毛；小叶披针形，长1-4厘米，宽0.3-1厘米，顶生的1片通常较长，两面被白色伏贴丁字毛。总状花序疏生5-15花；花序梗长于叶；苞片小，窄披针形，被长刚毛。花萼管状，长1-1.5厘米，被伏贴毛，萼齿披针形，长为萼筒的1/3-1/2；花冠淡红或白色，旗瓣长圆形，长约2.5厘米，翼瓣较旗瓣稍短，瓣片稍短于瓣柄，龙骨瓣短于翼瓣，瓣柄稍长于瓣片；

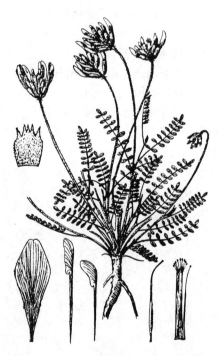

图 532 角黄芪 （钱存源绘）

子房被伏贴毛，有长约1毫米的短柄。荚果圆柱形，长3-5厘米，微弯，被白色伏贴毛，假2室。花期4-5月，果期8-10月。

产河北、山西、陕西、甘肃、河南及山东，生于海拔500-1500米山坡、灌丛或河滩等地。可作牧草、饲料及保持水土之用。

99. 扁序黄芪 图534

Astragalus compressus Ledeb. Fl. Alt. 3: 304. 1831.

多年生草本或亚灌木，高达30厘米。茎丛生，基部近木质化。枝被灰色伏贴毛。羽状复叶长1-6厘米，有7（9）小叶；托叶卵状披针形，彼此

离生；小叶线形，长0.4-1.1厘米，宽1-1.5毫米，两面被灰白色伏贴丁字毛，下面毛较密。总状花序呈头状，有5-12花；花序梗长为叶的1.5-4倍，被白色伏贴毛；苞片披针形，被黑白色毛。花萼管状，长0.8-1厘米，被黑色伏贴毛并混生较长的白毛，萼齿长仅1-1.5毫米；花冠紫红色，旗瓣瓣片窄倒卵形，长1.6-2.2厘米，中部偏

下两侧微缢缩，翼瓣长1.7-1.8厘米，顶端微凹，瓣片长为瓣柄的2/3，龙骨瓣短于翼瓣，瓣片长亦为瓣柄的2/3；子房线形，几无柄，被伏贴毛。荚果线形，长2-2.8厘米，先端渐尖，被黑和白色伏贴毛，假2室。花期5月，果期6月。

产甘肃、青海北部及新疆北部，哈萨克斯坦及俄罗斯西伯利亚有分布。

100. 湿地黄芪 图535

Astragalus uliginosus Linn. Sp. Pl. 757. 1753.

多年生草本，高达1米。茎直立，被白色伏贴毛。羽状复叶长10-18厘米，有15-33小叶；托叶下部连合；小叶椭圆形至长圆形，长2-3厘米，常

具刺状小尖头，上面无毛，下面被白色伏贴毛。总状花序有多数排列紧密而下垂的花。花萼管状，长0.7-1.1厘米，被较密黑色和混生白色的伏贴毛，萼齿线状披针形，长约为萼筒的1/2；花冠白绿色或稍带黄白色，旗瓣宽椭圆形，长1.3-1.5厘米，翼瓣较旗瓣短，线状长圆形，龙骨瓣较翼瓣短，瓣柄较瓣片稍短；子房无毛。荚果膨胀，

长圆形，长0.9-1.3厘米，背缝线凹入，无毛，具细横纹，革质，假2室。花期6-7月，果期8-9月。

产黑龙江、吉林、辽宁及内蒙古，生于海拔1500米左右林下湿草地及沼泽地带。朝鲜、蒙古及俄罗斯西伯利亚有分布。

图533 鸡峰山黄芪 （引自《图鉴》）

图534 扁序黄芪 （李志民绘）

[附] **青藏黄芪 Astragalus peduncularis** Royle Illustr. Bot. Himal. 199. 1839. 与湿地黄芪的区别：小叶椭圆状长圆形，长0.7-1.9厘米；总状花序的花稍疏生；花冠黄白色；荚果长1.1-2厘米，被细软毛。产青海及西藏，生于海拔3500米以上河谷两岸。吉尔吉斯斯坦、哈萨克斯坦、印度西北部、克什米尔地区及巴基斯坦有分布。

101. 漠北黄蓍

图 536

Astragalus austrosibiricus Schischk. in Krylov. Fl. Sibir. Occ. 7: 1678.

多年生草本, 高达20厘米。茎直立或斜升, 近无毛或疏被伏毛。羽状复叶长3-15厘米, 有19-29小叶; 托叶白色, 膜质, 彼此于中部以下合生; 小叶长圆状椭圆形, 长0.5-2.5厘米, 先端钝或锐尖, 两面疏被伏毛。总状花序有多数稍密生的花; 花序梗长于叶; 花萼钟状, 长7-8毫米, 密被黑和白色伏毛, 萼齿线形, 长为萼筒的1/2; 花冠直立, 淡蓝紫或乳白色, 旗瓣菱状倒披针形, 长1.4-1.6厘米, 瓣片和中部以上稍窄, 先端钝而微凹, 下部渐窄成瓣柄, 翼瓣短于旗瓣, 瓣片与瓣柄近等长, 龙骨瓣短于翼瓣; 子房被毛, 无柄。荚果长圆形, 长6-7毫米, 被黑和白色混生的毛。花期7-8月, 果期8-9月。

产新疆北部及青海东北部, 生于海拔2000-2500米山坡潮湿地。俄罗斯西伯利亚有分布。

102. 斜茎黄蓍

图 537

Astragalus adsurgens Pall. Spec. Astrag. 40. t. 31. 1800.

多年生草本, 高达1米。茎丛生, 直立或斜上。羽状复叶有9-25小叶; 托叶三角形, 基部合生或分离; 小叶长圆形、近椭圆形或窄长圆形, 长1-2.5 (-3.5) 厘米, 上面疏被贴伏毛, 下面毛较密。总状花序长圆柱状, 稀近头状, 有多数花。花萼钟状, 长5-6毫米, 被黑或白色毛, 有时被黑白混生的毛, 萼齿长为筒部的1/3; 花冠近蓝或红紫色, 旗瓣长1.1-1.5厘米, 倒卵状长圆形, 翼瓣稍短于旗瓣, 瓣片稍长于瓣柄, 龙骨瓣长0.7-1厘米; 子房密被毛, 有短柄。荚果长圆形, 长0.7-1.8厘米, 顶端具下弯短喙, 被黑或褐或与混生的白色毛, 假2室。花期6-8月, 果期8-10月。

产黑龙江、吉林、辽宁、内蒙古、河北、山西、陕西、甘肃、宁夏、新疆、青海、西藏、云南、四川、河南北部、江苏西北部及山东, 生于向阳

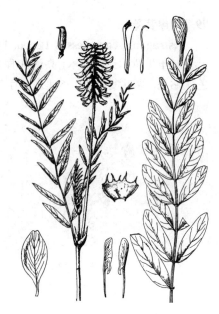

图 535 湿地黄蓍 (引自《东北草本植物志》)

图 536 漠北黄蓍 (李志民绘)

山坡灌丛或林缘地带。俄罗斯西伯利亚、蒙古、日本、朝鲜及北美洲温带地区有分布。种子入药, 为强壮剂, 治神经衰弱; 又为优良牧草和治沙保土植物。本种分布广泛, 对环境适应性强, 形态变异大。经过引种栽培, 出现了一些栽培变型, 如"沙打旺"。

103. 莲山黄蓍 图 538：1-8

Astragalus leansanicus Ulbr. in Engl. Bot. Jahrb. 36（Beibl. 82）：62. 1905.

多年生草本，高达40厘米。茎丛生，疏被白色毛。羽状复叶长4-5厘米，有9-17小叶；托叶基部合生，膜质；小叶窄椭圆形或窄披针形，长0.5-1厘米，宽1.5-4毫米，上面无毛或疏被毛，下面疏被白色粗毛。总状花序有6-15密生的花。花萼钟状管形，长7-8毫米，疏被白色或黑色毛，萼齿钻形，长为萼筒的1/3；花冠淡红或蓝紫色，旗瓣长1.2-1.5厘米，宽椭圆形，基部渐窄，无明显的瓣柄，翼瓣较旗瓣短，先端微凹，龙骨瓣较翼瓣短；子房疏被毛，几无柄。荚果线状圆柱形，长约3厘米，稍弯曲，假2室，疏被粗毛或近无毛。花期5-6月，果期6-9月。

图 537 斜茎黄蓍 （引自《图鉴》）

产内蒙古中南部、山西西部、陕西、宁夏、甘肃南部、四川北部及东部，生于海拔1000-2200米河滩地及田埂上。

104. 哈密黄蓍 图 538：9-16

Astragalus hamiensis S. B. Ho in Bull. Bot. Res. （Harbin） 3（1）：43. f. 2. 1983.

多年生草本，高20-40厘米，植物体疏被灰白色贴伏丁字毛。茎直立，多分枝。羽状复叶长4-5厘米，有5-9小叶；托叶三角形，下部多少合生；小叶椭圆形、披针形或卵圆形，长1-2厘米，宽0.5-1厘米，先端钝圆或急尖，基部近圆或宽楔形。总状花序有6-15花，花排列较紧密。花萼钟状管形，长7-8毫米，萼齿钻形，长为筒部的1/3或1/2；花冠白或淡红色，旗瓣倒卵形，长1.3-1.5厘米，翼瓣较旗瓣稍短，先端全缘，龙骨瓣与翼瓣等长或稍短，长圆形；子房无柄。荚果线状圆柱形，微弯，长3-4厘米，被白色伏贴毛或半开展毛，2室。花期4-5月，果期6-8月。

图 538：1-8.莲山黄蓍 9-16.哈密黄蓍 （李志民绘）

产内蒙古、甘肃西北部及新疆东部，生于戈壁滩或砂地近水处。

105. 灰叶黄蓍 图 539：1-8

Astragalus discolor Bunge ex Maxim. in Bull. Acad. Sci. St. Pétersb. 24：33. 1878.

多年生草本，高达50厘米，全株灰绿色。茎直立或斜上，上部有分枝，

密被灰白色伏贴丁字毛。羽状复叶有9-25小叶；托叶三角形，彼此离生；小叶椭圆形或窄椭圆形，长0.4-1.3厘米，先端钝或微凹，上面疏被白色贴伏丁字毛或近无毛，下面毛较密，呈灰绿色。总状花序较叶长。花萼管状钟形，长4-5毫米，被白或黑色伏贴毛，萼齿长不及1毫米；花冠蓝紫色，旗瓣匙

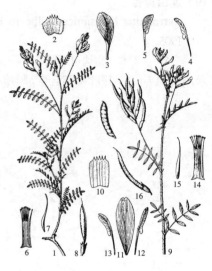

图 539: 1-8. 灰叶黄耆 9-16. 长管萼黄耆
（李志民绘）

形，长1.2-1.4厘米，翼瓣较旗瓣稍短，瓣片窄长圆形，龙骨瓣较翼瓣短，瓣片半圆形。荚果扁平，线状长圆形，长1.7-3厘米，被黑和白色混生伏贴毛，果柄稍伸出宿萼外。花果期7-9月。

产内蒙古、河北、山西、陕西北部、宁夏及甘肃，生于荒漠草原的砂质土上。蒙古有分布。

106. 纹茎黄耆　　　　　　　　　　　图 540

Astragalus sulcatus Linn. Sp. Pl. 756. 1753.

多年生草本，高达80厘米。茎丛生，直立，无毛或疏生贴伏毛。羽状

复叶长4-8厘米，有15-23小叶；托叶彼此于基部合生；小叶线状长圆形，长0.7-1.5厘米，先端钝，上面无毛或近边缘处被疏贴伏毛，下面毛较密。总状花序有疏生的花。花萼钟状，被白或黑色伏贴毛；花冠淡紫色，旗瓣宽倒卵形，长6-9毫米，翼瓣长5-8毫米，瓣片先端全缘少，有微凹，龙骨瓣长及翼瓣的2/3；子房具短柄。荚

果斜展，线状长圆形，长0.9-1.1厘米，顶端锐尖，膜质，疏生白或黑色混生伏贴毛，半2室或近1室，基部包于宿萼之内；近无柄。花期5-6月，果期6-7月。

产甘肃北部及新疆，生于海拔550-1000米山沟、农田边缘等处。哈萨克斯坦及俄罗斯有分布。

　　[附] **长管萼黄耆** 图539: 9-16 **Astragalus limprichtii** Ulbr. in Fedde, Repert. Sp. Nov. 12: 422. 1922. 与纹茎黄耆的区别：花冠淡紫红

107. 了墩黄耆　　　　　　　　　　　图 541

Astragalus lioui Tsai et Yu in Bull. Fan Mem. Inst. Biol. Bot. 7 (1): 21. 1936.

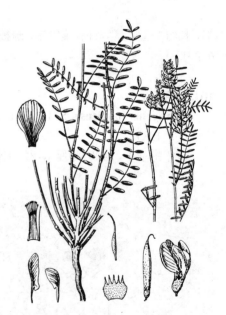

图 540 纹茎黄耆 （钱存源绘）

色，翼瓣瓣柄与瓣片近等长，龙骨瓣与翼瓣近等长；荚果线形，长达3厘米，宽约3毫米，微弯。产山西西南部及陕西东部，生于海拔300-800米山坡或沙质土上。

多年生草本，植物体被灰色伏贴短毛。主根长，颈部多分枝。茎直立，

高15-20厘米。羽状复叶长2-5厘米,有5-7小叶;托叶彼此离生或仅基部连合;小叶倒卵形或倒卵状椭圆形,长0.7-1.2厘米,宽3-8毫米,先端微凹、圆钝或平截,基部楔形。上面疏被丁字毛或几无毛,下面密生丁字毛。总状花序有15-25花。花萼钟状,长2-3毫米,被灰白色短毛;花冠淡紫色,旗瓣倒卵状长圆形,长7-8毫米,翼瓣较旗瓣稍短,瓣片长为瓣柄的2倍,先端微凹,龙骨瓣长约5毫米,瓣片先端微尖;子房无毛,无柄。荚果线状长圆形,长0.7-1厘米,成熟时淡栗褐色,光亮,假2室。花果期5-6月。

产内蒙古、宁夏、甘肃及新疆,生于海拔1500-1800米戈壁荒漠。

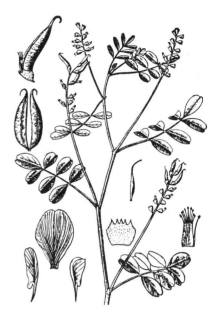

图 541 了墩黄耆 (钱存源绘)

108. 细弱黄耆　　　　　　　　　　　　图 542

Astragalus miniatus Bunge in Mém. Acad. Sci. St. Pétersb. sér. 7, 11:(16):98. 1868.

多年生草本,高7-15厘米。茎自基部分枝,细弱。羽状复叶有5-11小叶;托叶彼此于基部合生;小叶丝状或线形,长0.7-1.4厘米,宽0.2-0.8毫米,两面被白色伏贴丁字毛。总状花序有4-10花,花密生呈伞房状;花序梗较叶长或与叶等长。花萼钟状,长2.5-3毫米,被白色粗伏毛,萼齿披针形,长为萼筒的1/3;花冠粉红色,旗瓣椭圆形或菱状宽椭圆形,长约7毫米,翼瓣稍短于旗瓣,瓣片长为瓣柄的

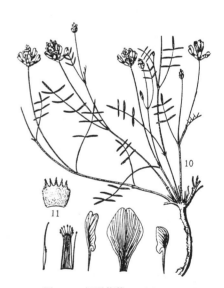

图 542 细弱黄耆 (钱存源绘)

2倍,先端2浅裂,龙骨瓣长为翼瓣的3/4;子房具短柄,疏被毛。荚果线状圆柱形,长0.9-1.4厘米,被白色伏毛,假2室。

产黑龙江、内蒙古及宁夏,生于向阳山坡草地或草原。俄罗斯远东地区及蒙古有分布。

109. 变异黄耆　　　　　　　　　　　　图 543

Astragalus variabilis Bunge ex Maxim. in Bull. Acad. Sci. St. Pétersb. 24:33. 1878.

多年生草本,高10-20厘米,全株被灰白色伏贴毛。茎丛生,直立或斜升。羽状复叶有11-19小叶;托叶彼此离生;小叶窄长圆形、倒卵状长圆形或线状长圆形,长0.3-1厘米,宽1-3毫米,上面疏被毛,下面密被毛

而呈灰绿色。总状花序疏生7-9花。花萼管状钟形,长5-6毫米,被黑和白色混生伏贴毛,萼齿线状钻形,长1-2毫米;花冠淡紫红或淡蓝紫色,旗瓣倒卵状椭圆形,长约1厘米,翼瓣稍短于旗瓣,瓣柄稍短于瓣片,先端微缺,龙骨瓣较翼瓣短。荚果线状长圆形,稍弯,两侧扁平,长1-2厘米,被白色伏贴毛,假2室。花期5-6月,果期6-8月。

产内蒙古、宁夏、甘肃及青海,生于900-3100米荒漠地区干涸河床或戈壁砂质土上。蒙古有分布。有毒植物,花期毒性最强,牲畜误食后,当地群众常用灌酸奶、肉汤或醋解之。

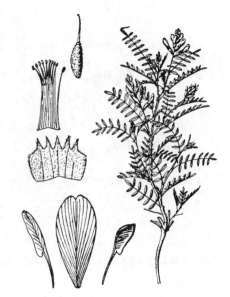

图 543 变异黄蓍 (李志民绘)

110. 树黄蓍　　　　　图 544

Astragalus dendroides Kar. et Kir. in Bull. Soc. Nat. Moscou 15: 339. 1842.

灌木,高达1米。当年生枝密被白和黑色伏贴丁字毛。羽状复叶长3-7厘米,有9-15小叶;托叶披针形,长5-7毫米,彼此分离仅下部与叶柄贴生;小叶倒卵形或椭圆形,长0.8-1.7(-2.5)厘米,宽3.5-5毫米,先端钝圆具短芒尖,两面疏被伏贴丁字毛或上面近无毛。总状花序长圆状塔形,有稍密生的花;花序梗长于叶,被黑白色伏贴毛。花萼管状,花后膨大成卵圆形,喉部收缩,长1-1.3厘米,被白和黑色毛,萼齿长2-2.5毫米;花冠淡蓝紫色,旗瓣长1.7-2.5厘米,

瓣片长圆形,中部两侧缢缩,翼瓣长1.5-2厘米,瓣片长为瓣柄的2/3,龙骨瓣长1.4-1.5厘米。荚果长圆形,长0.9-1.1厘米,革质,被黑色短毛和较密的白色长毛,假2室。花期6-7月,果期7-8月。

产新疆,生于海拔1100米左右山坡阳处草地中。哈萨克斯坦、吉尔吉斯斯坦及塔吉克斯坦有分布。

[附] **细果黄蓍** 图545: 13-22 **Astragalus tyttocarpus** Gontsch. in Not. Syst. Herb. Inst. Bot. Acad. Sci. USSR 9: 148. 1946. 与树黄蓍的区别:植株高25-47厘米;当年生枝被灰白色丁字毛,在节上生黑色毛;小叶线形或披针形,长1.2-2厘米,宽2-4毫米;花冠污黄色,旗瓣中部两侧不明显缢缩。产新疆北部,生于海拔1800米左右草坡。吉尔吉斯斯坦有分布。

图 544 树黄蓍 (钱存源绘)

111. 富蕴黄蓍　　　　　图 545: 1-12

Astragalus majevskianus Kryl. in Animadv. Syst. Herb. Univ. Tomsk. 3: 1. 1932.

亚灌木,高达1米。幼枝被白和黑色伏贴丁字毛。羽状复叶长3-7厘米,有11-17小叶;托叶披针形,长3-5毫米,基部与叶柄贴生,被黑和白色伏贴丁字毛;小叶窄椭圆形至长圆形,长0.7-2厘米,宽0.3-1厘米,两

面或仅下面散生白色丁字毛。总状花序长圆状圆柱形,有密生的花,花下垂;花序梗长于叶或与叶近等长,被黑和白色伏贴毛;花萼在花后期膨胀为卵球形,长1-1.3厘米,密被黑色和少量白色伏贴毛,萼齿长为萼筒的1/4-1/3;花冠黄白色,旗瓣长1.5-1.7厘米,倒卵状长圆形,瓣片中部缢缩,翼瓣长1.4-1.5厘米,瓣片先端微凹,长为瓣柄的2/3,龙骨瓣较翼瓣稍短。荚果长圆形,长约8毫米,革质,被黑色半开展短毛和少量的白毛。花期7月,果期8月。

产新疆北部,生于海拔1600米的山坡。哈萨克斯坦及俄罗斯西伯利亚有分布。

112. 水定黄耆
图 546: 1-10

Astragalus suidenensis Bunge in Acta Hort. Petrop. 8: 378. 1880.

多年生草本,高10-17厘米。茎较细弱,长5-12厘米,被灰白色伏贴毛和半开展的毛。羽状复叶长5-8厘米,有7-19小叶;托叶基部与叶柄贴生;小叶窄椭圆形或倒披针形,长0.7-1.5厘米,上面疏被白色丁字毛,下面毛较密。总状花序短卵圆形或近头状,有多数密生的花。花萼果期膨胀为球形,长1.8-2.2厘米,膜质,不开裂,疏被开展的白和黑色长柔毛;花冠浅紫红色,旗瓣长2-2.6厘米,瓣片中部两侧缢缩,翼瓣与旗瓣等长或稍短,瓣片长为瓣柄的1/2,龙骨瓣稍短于翼瓣。荚果窄长圆形,长1.1-1.3厘米,薄革质,先端具下弯的短喙,被开展的白色长柔毛,假2室。花期5-6月,果期6-7月。

产新疆,生于海拔500-1300米砾石山坡或河谷砂质土上。哈萨克斯坦有分布。

[附] **袋萼黄耆** 图 546: 11-19 **Astragalus saccocalyx** Schrenk ex Fisch. et Mey. Enum. Pl. Nov. 1: 83. 1841. 与水定黄耆的区别:茎短缩,高不过3厘米;小叶椭圆形,长0.5-1.1厘米;翼瓣的瓣片与瓣柄近等长;荚果无喙。产新疆,生于海拔1400-2350米山坡阳处及山前台地。哈萨克斯坦有分布。

113. 雪地黄耆
图 547

Astragalus nivalis Kar. et Kir. in Bull. Soc. Nat. Moscou 15: 341. 1842.

多年生草本,密丛状,植物体被灰白色伏贴丁字毛。茎斜上,稀匍匐,高8-25厘米。羽状复叶长2-5厘米,有9-17小叶;托叶彼此于中部至中部以下合生,被白毛及少量黑色毛;小叶宽卵形或圆形,长2-5毫米,两面被灰白色伏贴丁字毛。总状花序球形,有数朵花。花萼管状,长0.8-1.1厘

图 545: 1-12.富蕴黄耆 13-22.细果黄耆（钱存源绘）

图 546: 1-10.水定黄耆 11-19.袋萼黄耆（钱存源绘）

米，果期膨大成卵球形，被黑和白色伏贴柔毛，萼齿长约1毫米，被黑色粗毛；花冠淡蓝紫色，旗瓣长1.5-2.2厘米，中部缢缩，翼瓣较旗瓣稍短，先端2裂，龙骨瓣较翼瓣短。荚果卵状椭圆形，长5-6毫米，薄革质，被开展的白和黑柔毛，假2室。花期6-7月，果期7-8月。

产青海、甘肃、新疆及西藏，生于2500-4000米高原、河滩或山顶。中亚地区有分布。

[附] 黄萼雪地黄耆 **Astragalus nivalis** var. **aureocalycatus** S. B. Ho in Bull. Bot. Res. (Harbin) 3(4): 54. f. 3. 1983. 与模式变种的区别：植株高达35厘米；小叶椭圆形，上面近无毛或被稀疏的丁字毛；花萼被金黄色短毛和白色柔毛；花冠淡蓝或淡红色，龙骨瓣深蓝色。产甘肃（肃北、祁连山）、青海、新疆及西藏，生于海拔2000-3700米山地。

114. 太原黄耆

图 548

Astragalus taiyuanensis S. B. Ho in Bull. Bot. Res. (Harbin) 3(4): 60. f. 9. 1983.

多年生草本，高15-20厘米。茎极短缩。羽状复叶长7-11厘米，有7-15小叶；托叶下部与叶柄贴生，被白色开展柔毛；小叶椭圆形，长0.7-1.2厘米，两面被白色伏贴丁字毛。总状花序有5-7花。花萼膨大，长0.9-1厘米，被白色伏贴毛，萼齿长为萼筒的1/5-1/4；花冠淡黄色，旗瓣长2-2.2厘米，窄长圆形，翼瓣稍短于旗瓣，先端全缘，龙骨瓣稍短于翼瓣；子房被白色长毛。荚果长圆形，长8-9毫米，被白色绵毛，不完全的假2室。花期4-5月，果期5-6月。

产山西及陕西，生于海拔1000米左右山坡。

115. 胀萼黄耆

图 549: 1-7

Astragalus ellipsoideus Ledeb. Fl. Alt. 3: 319. 1831.

多年生丛生草本，高13-20厘米。茎极短缩。羽状复叶长7-15厘米，有9-21小叶；托叶下部与叶柄贴生，被白色伏贴毛；小叶椭圆形或倒卵形，长0.5-1厘米，两面被银白色伏贴丁字毛。总状花序卵球形，有8-30花；花序梗通常短于叶，被白色伏贴毛。花萼管状，长约1厘米，果期膨大，长达1.6厘米，萼齿长约为筒部的1/3-1/2，被黑和白色混生短柔毛；花冠黄色，旗瓣长2-2.4厘米，倒卵状长圆形，中部两侧微缢缩，翼瓣短于旗瓣，先端2浅裂，瓣片短于瓣柄，龙骨瓣较翼瓣短。荚果卵状长圆形，长1.2-1.5厘米，革质，假2室，密被白色开展毛。花果期5-6月。

产内蒙古、宁夏、甘肃、青海及新疆，生于海拔1400-1700米山地草原砂质土上。中亚、俄罗斯阿尔泰及西伯利亚有分布。

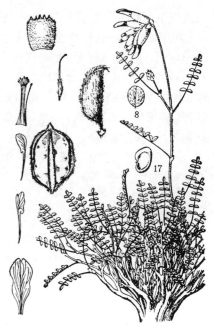

图 547 雪地黄耆 （钱存源绘）

图 548 太原黄耆 （钱存源绘）

[附] **浅黄耆** 图549: 8-14 **Astragalus dilutus** Bunge in Del. Sem. Hort. Dropat. 7. 1840. 与胀萼黄耆的区别:植株低矮,高不过10厘米;花冠淡紫或淡黄色(如为淡黄色则龙骨瓣先端带紫色),翼瓣瓣片与瓣柄等长。产新疆北部,生于海拔700米左右砾石山坡或荒漠草原等地。哈萨克斯坦、俄罗斯阿尔泰及西伯利亚、蒙古、吉尔吉斯、阿尔泰山有分布。

116. 边塞黄耆

图 550

Astragalus arkalycensis Bunge in Mém Acad. Sci. St. Pétersb. sér. 7, 15(1): 238. 1869.

多年生草本,高6-15厘米。茎极短缩,丛生。羽状复叶长5-10厘米,有11-23小叶;托叶基部合生,密被白色毛;小叶长圆形、椭圆形或倒卵形,长4-8毫米,两面密被灰白色伏贴丁字毛。总状花序圆球形或球状宽椭圆形;花序梗为叶长的1.5-2倍,密被白色伏贴毛。花萼管状,长约1厘米,果期膨大,卵球形,长达1.5厘米,被开展的白与黑色毛,萼齿长为筒部的1/4-1/3;花冠淡黄白色,旗瓣长1.8-2.2厘米,窄倒卵形,中部微缢缩,翼瓣长1.7-2厘米,先端微凹,龙骨瓣稍短于翼瓣。荚果卵圆形,长0.9-1厘米,密被开展的白色毛,革质,假2室。花期5-6月,果期6-7月。

产内蒙古、宁夏及新疆北部,生于海拔1500-2350米山顶或山地草原。俄罗斯西伯利亚及哈萨克斯坦西部有分布。

图 549: 1-7.胀萼黄耆 8-14.浅黄耆
(李志民绘)

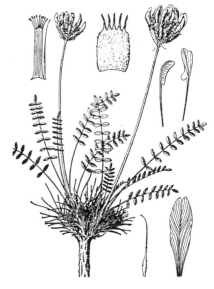

图 550 边塞黄耆 (李志民绘)

97. 棘豆属 Oxytropis DC.

(朱相云)

多年生草本、矮小垫状亚灌木。茎发达或缩短,被腺毛或腺体。叶常奇数羽状复叶,稀偶数或单叶,有时叶轴先端具刺;小叶全缘,基部多少偏斜,或较窄呈镰状内弯,互生、近对生、对生、近轮生或轮生;无小托叶。托叶显著,合生或离生,与叶柄贴生或分离,常宿存。腋生或基生总状花序、穗状花序或密头状总状花序,具多花或少花,苞片小,膜质,小苞片常无。花萼钟状或管状,具5不等的萼齿;花冠颜色多样,旗瓣先尖端圆、凹陷或2裂,常具较长的瓣柄;翼瓣先端圆或凹陷;龙骨瓣与翼瓣近等长或稍短,先端具喙,瓣中微管束到达顶端,常具较长的瓣柄;二体雄蕊(9+1),花粉3孔沟;子房无柄或有柄,被毛或无毛,花柱长于子房,具多数胚珠。荚果具柄或无柄,膜质或革质,常伸出萼外,稀藏于萼内;隔膜由窄到宽,或无,1室或由近轴缝线侵入成隔膜,呈不完全2室,稀2室;染色体基数x=8,常具多倍体。

约300余种,主要分布于欧亚和北美。我国125种、4变种及4变型。

1. 矮小亚灌木,垫状。叶轴硬化呈针刺状,宿存。

  2. 偶数羽状复叶,叶轴顶端刺状;荚果硬革质,核果状 ·················· **1. 猫头刺 O. aciphylla**

2. 奇数羽状复叶，叶轴顶端不为刺状；荚果膜质，膨胀 ⋯⋯⋯⋯⋯⋯⋯⋯⋯⋯ 2. **胶黄芪状棘豆 O. tragacanthoides**

1. 多年生草本，有茎或茎短缩。叶轴不为针刺状。

　　3. 单叶 ⋯⋯⋯⋯⋯⋯⋯⋯⋯⋯⋯⋯⋯⋯⋯⋯⋯⋯⋯⋯⋯⋯⋯⋯⋯⋯⋯⋯⋯ 3. **内蒙古棘豆 O. neimonggolica**

　　3. 奇数羽状复叶。

　　　4. 小叶轮生，或轮生与对生。

　　　　5. 植株具腺体 ⋯⋯⋯⋯⋯⋯⋯⋯⋯⋯⋯⋯⋯⋯⋯⋯⋯⋯⋯⋯⋯⋯⋯⋯ 4. **小叶棘豆 O. microphylla**

　　　　5. 植株无腺体。

　　　　　6. 小叶轮生与对生。

　　　　　　7. 托叶膜质；荚果革质。

　　　　　　　8. 龙骨瓣喙长5-7 毫米 ⋯⋯⋯⋯⋯⋯⋯⋯⋯⋯⋯⋯⋯⋯⋯⋯⋯ 5. **多叶棘豆 O. myriophylla**

　　　　　　　8. 龙骨瓣喙长1.5-2.5毫米。

　　　　　　　　9. 花萼长 1.2-1.7 厘米；苞片卵形，密被长柔毛；小叶长 2-8 毫米 ⋯⋯⋯⋯⋯⋯

　　　　　　　　⋯⋯⋯⋯⋯⋯⋯⋯⋯⋯⋯⋯⋯⋯⋯⋯⋯⋯⋯⋯⋯⋯⋯⋯ 6. **毛序棘豆 O. trichophora**

　　　　　　　　9. 花萼长 0.9-1 厘米；苞片披针形，疏被白色柔毛；小叶长达3.3厘米 ⋯⋯⋯⋯⋯

　　　　　　　　⋯⋯⋯⋯⋯⋯⋯⋯⋯⋯⋯⋯⋯⋯⋯⋯⋯⋯⋯⋯⋯⋯⋯⋯ 7. **地角儿苗 O. bicolor**

　　　　　　7. 托叶草质；荚果膜质。

　　　　　　　10. 植株高大，高于40 厘米；苞片长于花萼；托叶草质，与叶柄离生；龙骨瓣喙长约1毫米 ⋯⋯

　　　　　　　⋯⋯⋯⋯⋯⋯⋯⋯⋯⋯⋯⋯⋯⋯⋯⋯⋯⋯ 8. **长苞黄花棘豆 O. ochrolongibracteata**

　　　　　　　10. 植株矮小，低于20厘米；苞片等于或短于花萼；托叶膜质，中下部与叶柄贴生；龙骨瓣喙长

　　　　　　　　1.5-3 毫米 ⋯⋯⋯⋯⋯⋯⋯⋯⋯⋯⋯⋯⋯⋯⋯⋯⋯⋯⋯⋯ 9. **黄毛棘豆 O. ochrantha**

　　　　　6. 小叶轮生。

　　　　　　11. 荚果具腺体或腺毛 ⋯⋯⋯⋯⋯⋯⋯⋯⋯⋯⋯⋯⋯⋯⋯⋯ 10. **拟多叶棘豆 O. pseudomyriophylla**

　　　　　　11. 荚果无腺体或腺毛。

　　　　　　　12. 荚果卵圆状，革质或薄革质 ⋯⋯⋯⋯⋯⋯⋯⋯⋯⋯⋯⋯⋯⋯ 11. **多枝棘豆 O. ramosissima**

　　　　　　　12. 荚果球状，膜质。

　　　　　　　　13. 花长0.8-1.2厘米；龙骨瓣喙长1.5-2.5 毫米；子房密被伏贴柔毛 ⋯⋯⋯⋯⋯⋯

　　　　　　　　⋯⋯⋯⋯⋯⋯⋯⋯⋯⋯⋯⋯⋯⋯⋯⋯⋯⋯⋯⋯⋯⋯ 12. **尖叶棘豆 O. oxyphylla**

　　　　　　　　13. 花长约1.8厘米；龙骨瓣喙长约1 毫米；子房微被柔毛或无毛 ⋯⋯⋯⋯⋯⋯⋯⋯

　　　　　　　　⋯⋯⋯⋯⋯⋯⋯⋯⋯⋯⋯⋯⋯⋯⋯⋯⋯⋯⋯⋯⋯ 13. **砂珍棘豆 O. racemosa**

　　　4. 小叶对生，有时互生或近对生。

　　　　14. 植株具腺体。

　　　　　15. 花萼具鳞片状腺体 ⋯⋯⋯⋯⋯⋯⋯⋯⋯⋯⋯⋯⋯⋯⋯⋯⋯⋯ 14. **鳞萼棘豆 O. squammulosa**

　　　　　15. 花萼无鳞片状腺体。

　　　　　　16. 托叶草质；旗瓣长约8.6毫米，先端凹陷 ⋯⋯⋯⋯⋯⋯⋯⋯⋯ 15. **土丹棘豆 O. tudanensis**

　　　　　　16. 托叶膜质；旗瓣长1.8-2.5厘米，先端圆 ⋯⋯⋯⋯⋯⋯⋯⋯⋯ 16. **镰荚棘豆 O. falcata**

　　　　14. 植株无腺体。

　　　　　17. 茎发达，具显著的茎节。

　　　　　　18. 小叶41-61 ⋯⋯⋯⋯⋯⋯⋯⋯⋯⋯⋯⋯⋯⋯⋯⋯⋯⋯⋯ 17. **蓝垂花棘豆 O. penduliflora**

　　　　　　18. 小叶少于41。

　　　　　　　19. 茎匍匐状或纤细近散生。

　　　　　　　　20. 茎匍匐状 ⋯⋯⋯⋯⋯⋯⋯⋯⋯⋯⋯⋯⋯⋯⋯⋯⋯⋯ 18. **天山棘豆 O. tianschanica**

　　　　　　　　20. 茎纤细，近散生。

21. 茎与荚果均被开展长柔毛；小叶21-31；苞片线形，与花萼近等长；多花组成密穗形总状花序 ……………
…………………………………………………………………………… 19. **急弯棘豆 O. deflexa**

21. 茎与荚果被平伏短硬毛或短柔毛；小叶19以下；苞片短于花萼；花多数或少数组成头形总状花序或短总状花序。

  22. 茎被平伏短柔毛；花3-8排成短总状花序；花长1-1.4厘米；翼瓣先端2浅裂；荚果被平伏短柔毛，圆柱形，长2-3厘米，径约5毫米，喙长约5毫米 …………………… 20. **洮河棘豆 O. taochensis**

  22. 茎被平伏短硬毛；多花排成头形总状花序；花长约9毫米，翼瓣先端全缘；荚果被黑色平伏短柔毛，椭圆状长圆形，长1-1.5厘米，径3-5毫米，喙长1-2毫米 … 20(附). **短硬毛棘豆 O. hirsutiuscula**

19. 茎直立。

23. 花冠黄色。

  24. 植株密被白色短柔毛和黄色长柔毛；花萼萼齿长为萼筒的1/3-1/4；萼筒在果期膨大呈囊状；托叶长约1.5厘米；荚果革质，长圆形，长1.2-1.5厘米 ………………………… 21. **黄花棘豆 O. ochrocephala**

  24. 植株被黑色短柔毛、白色平伏短粗毛或开展的长柔毛；花萼萼齿与萼筒近等长，萼筒在果期不膨大；托叶长在1.1厘米以下；荚果纸质。

    25. 植株疏被白色开展长柔毛；托叶长约1.1厘米；荚果革质，卵状长圆形，长2-3厘米，径5-6毫米，不完全2室 ………………………………………………… 22. **萨拉套棘豆 O. meinshausenii**

    25. 植株疏被黑色短柔毛和白色平伏短粗毛；托叶长约5毫米；荚果膜质，长圆形，长0.8-1.2厘米，径约4毫米，1室 …………………………………………………… 23. **甘肃棘豆 O. kansuensis**

23. 花冠蓝色、蓝紫或紫色。

  26. 荚果具柄。

    27. 果柄与萼筒近等长。

      28. 小叶13-21，两面疏被白色平伏柔毛；8-12花组成卵形总状花序；荚果披针状长圆形，长1.5-2厘米，径3-4毫米；旗瓣长0.8-1厘米，翼瓣与旗瓣等长，先端全缘 ……………………
………………………………………………………………………… 24. **长柄棘豆 O. podoloba**

      28. 小叶21-31，两面被黄色平伏柔毛；多花组成头形总状花序；荚果长圆形或椭圆形，长2-2.5厘米，径0.8-1厘米；旗瓣长1.2-1.5厘米，翼瓣短于旗瓣，先端2浅裂 …… 25. **华西棘豆 O. giraldii**

    27. 果柄短于萼筒。

      29. 小叶上面无毛，下面疏被平伏短柔毛；多花排列为稀疏的总状花序；花长6-8毫米；荚果膜质；植株高30-80厘米 …………………………………………………… 26. **小花棘豆 O. glabra**

      29. 小叶两面密被毛；多花排列为紧密的总状花序或头形总状花序；花长1厘米以上；荚果革质或纸质；植株高不超过20厘米。

        30. 小叶11-19，两面密被白色开展长柔毛；花序为密总状花序；荚果革质，长圆状圆柱形，长1.5-2厘米，密被白色开展长柔毛，不完全2室，喙长约3毫米 …… 27. **长硬毛棘豆 O. hirsuta**

        30. 小叶19-29，两面疏被平伏短柔毛；花序为头形总状花序；荚果纸质，卵状长圆形，长0.8-1.2厘米，密被黑色短柔毛，1室，喙甚短 ……………………… 28. **拉普兰棘豆 O. lapponica**

  26. 荚果无柄；翼瓣先端2浅裂，花萼密被黑色短柔毛并混有黄或白色长柔毛；小叶两面疏被黄色长柔毛；荚果长椭圆形，长1.5-2厘米，密被黑和白色长柔毛 …………… 29. **黑萼棘豆 O. melanocalyx**

17. 茎不发达，通常短缩，无显著的茎节。

31. 花冠淡黄或白色；小叶除边缘疏被长纤毛外，其余部分及荚果均无毛 ………… 30. **缘毛棘豆 O. ciliata**

31. 花冠蓝、紫蓝、紫红或紫色。

  32. 荚果被膨大的宿存花萼所包。

33. 花序为长穗形总状花序；植株被长硬毛；苞片线形，长于花萼 ………………… 31. **硬毛棘豆 O. hirta**
33. 花序为头形总状花序；植株被开展柔毛；苞片短于花萼 ………………… 31(附). **美丽棘豆 O. bella**
32. 荚果大部分伸出花萼之外。
　34. 花序为穗形总状花序。
　　35. 荚果膜质或纸质。
　　　36. 旗瓣和龙骨瓣背面均密被绢质长柔毛；植株各部均密被绢质长柔毛 … 32. **毛瓣棘豆 O. sericopetala**
　　　36. 旗瓣和龙骨瓣无毛；植株的毛被非上述情况。
　　　　37. 荚果膜质。
　　　　　38. 花序具2-7花；果卵圆形，直立或斜展。
　　　　　　39. 小叶线形，长1.3-3.5厘米，宽1-2毫米，上面无毛，下面被伏贴长硬毛；旗瓣长2-2.3厘米，瓣片近圆形；荚果卵圆形，长1.4-1.8厘米 ………………… 33. **山泡泡 O. leptophylla**
　　　　　　39. 小叶卵形或披针形，长5-8毫米，宽2-3毫米，两面被平伏柔毛；旗瓣长2.2-2.6厘米，瓣片长圆状匙形；荚果卵圆球形，长2-2.7厘米 ………………… 34. **阿西棘豆 O. assiensis**
　　　　　38. 花序具多数密生的花；果椭圆形或长卵圆形，下垂；小叶披针形或长圆形，两面被银白色绢质柔毛；荚果宽椭圆形或长卵圆形，长1-1.2厘米 ………………… 35. **球花棘豆 O. globiflora**
　　　　37. 荚果纸质。
　　　　　40. 荚果宽椭圆形，长1-1.2厘米，果柄与花萼近等长，喙长约1毫米；小叶两面疏被柔毛；多花组成疏总状花序 ………………… 36. **米尔克棘豆 O. merkensis**
　　　　　40. 荚果宽卵圆形、近圆形或长圆状卵圆形，果柄短于花萼，喙长2毫米以上。
　　　　　　41. 荚果宽卵圆形或近圆形，长5-6毫米，喙钩状，长约2毫米；小叶15-23，两面被伏贴柔毛；多花排成密总状花序；萼齿披针形，与萼筒近等长 ………………… 37. **密花棘豆 O. imbricata**
　　　　　　41. 荚果长圆状卵圆形，长1-2.5厘米，喙长7-9毫米；小叶25-41，上面无毛，下面疏被平伏短柔毛，10-20花排成疏总状花序；萼齿三角形，长为萼筒的1/3 …… 38. **蓝花棘豆 O. caerulea**
　　35. 荚果革质或近革质。
　　　42. 花长7-8毫米，5-14花排成密总状花序；小叶19-29，两面密被贴伏淡黄和白色柔毛；萼齿长于萼筒；荚果圆柱形，长约1.3厘米，径约4毫米，1室 ………………… 39. **祁连山棘豆 O. qilianshanica**
　　　42. 花长2厘米以上；小叶两面被白色绢质柔毛；萼齿长为萼筒的1/5；荚果长圆形或卵状长圆形，长1.3-1.8厘米，径6-7毫米，不完全2室。
　　　　43. 花长2.3-3厘米，多花排成密的短总状花序；旗瓣瓣片宽卵形，翼瓣瓣片斜倒三角形，龙骨瓣短于翼瓣；荚果顶端具细长喙 ………………… 40. **大花棘豆 O. grandiflora**
　　　　43. 花长2-2.2厘米，旗瓣瓣片长椭圆形或长卵形，翼瓣瓣片上部不扩大或微扩大，龙骨瓣与翼瓣等长。
　　　　　44. 花长约2厘米，多花排成长总状花序；旗瓣瓣片长卵形，翼瓣瓣片上部微扩大；荚果的喙长5-7毫米 ………………… 41. **准噶尔棘豆 O. soongorica**
　　　　　44. 花长约2.2厘米，5-9花排成密的短总状花序；旗瓣瓣片长椭圆形，翼瓣瓣片上部不扩大；荚果的喙细长，呈钩状 ………………… 42. **宽苞棘豆 O. latibracteata**
34. 花序为头形或伞形总状花序。
　45. 花黄色；3小叶；小叶二型，初生叶椭圆形或椭圆状披针形，成长叶线形，两面密被绢毛；荚果近革质，卵圆形，长1-1.5厘米，几无柄，不完全2室 ………………… 43. **二型叶棘豆 O. diversifolia**
　45. 花蓝、蓝紫、紫或紫红色，稀粉红色；小叶非上述情况。
　　46. 小叶两面无毛或仅下面疏被长柔毛。
　　　47. 小叶3-19，排列密，卵形或卵状披针形，长0.3-0.6（-1）厘米，两面无毛；花长约1.1厘米，旗瓣瓣

片宽卵圆形，龙骨瓣的喙长约1毫米 ⋯⋯⋯⋯⋯⋯⋯⋯⋯⋯⋯⋯⋯ 44. **宽瓣棘豆 O. platysema**

47. 小叶7-13，排列疏，披针形或线状披针形，长0.5-1厘米，两面无毛，有时下面疏被长柔毛；花长约7毫米，旗瓣瓣片长圆形，龙骨瓣的喙长仅0.3毫米 ⋯⋯⋯⋯⋯⋯⋯⋯⋯⋯ 45. **细小棘豆 O. pusilla**

46. 小叶两面被毛。

48. 小叶两面被短硬毛或柔毛；翼瓣先端2浅裂。

49. 小叶两面被短硬毛；花长1.8-2厘米；荚果密被黑色硬毛和白色疏柔毛，顶端具8毫米的长喙，不完全2室 ⋯⋯⋯⋯⋯⋯⋯⋯⋯⋯⋯⋯ 46. **窄膜棘豆 O. moellendorffii**

49. 小叶两面被白色短柔毛；花长约1.1厘米；荚果密被黑色平伏短柔毛，具短喙，1室 ⋯⋯⋯⋯⋯⋯⋯⋯⋯⋯⋯⋯⋯⋯⋯⋯⋯⋯⋯⋯⋯⋯⋯ 47. **云南棘豆 O. yunnanensis**

48. 小叶两面被绢质柔毛；翼瓣先端全缘或微凹。

50. 垫状草本，植株高2-5厘米。

51. 小叶5-9，长圆形，长3-7毫米，花序有2-6花；花长约2.5厘米，龙骨瓣之喙长约2毫米；荚果卵圆形，长约1.2厘米，径约1厘米 ⋯⋯⋯⋯⋯⋯⋯ 48. **胀果棘豆 O. stracheyana**

51. 小叶11-13，卵状长圆形或长圆状披针形，长2-4毫米，花序有6-10花；花长5-7毫米，龙骨瓣之喙长仅0.5毫米；荚果长圆状圆柱形，长0.9-1.2厘米，径2-3毫米 ⋯⋯⋯⋯ 49. **密丛棘豆 O. densa**

50. 丛生草本，植株高3-40厘米。

52. 花长8-9毫米，旗瓣瓣片近圆形，翼瓣瓣片斜倒卵状长圆形，先端全缘或微凹，龙骨瓣的喙长约1毫米，三角形，微外弯呈钩状；荚果卵球形或长圆状球形，长5-7毫米，径4-6毫米；小叶排列紧密 ⋯⋯⋯⋯⋯⋯⋯⋯⋯⋯⋯⋯⋯⋯⋯⋯⋯⋯⋯ 50. **冰川棘豆 O. proboscidea**

52. 花长1.2-2厘米，旗瓣瓣片宽卵形或卵形，翼瓣瓣片长圆形，先端圆，有时微凹，龙骨瓣的喙长1.5-2.5毫米，不呈钩状；荚果长1厘米以上；小叶排列稍疏。

53. 托叶合生至中部，仅基部与叶柄贴生；小叶17-25，长4-8毫米；旗瓣长约1.2厘米；荚果长圆状卵圆形，长1-1.4厘米，径约4毫米 ⋯⋯⋯⋯⋯⋯⋯⋯⋯ 51. **色花棘豆 O. dicroantha**

53. 托叶彼此分离，与叶柄贴生至中部以上；小叶13-17，长0.8-1厘米；旗瓣长约2厘米；荚果卵状球形，长2.5-3厘米，径1.5-2厘米 ⋯⋯⋯⋯⋯ 51(附). **阿拉套棘豆 O. pseudofrigida**

1. 猫头刺 刺叶柄棘豆   图 551

Oxytropis aciphylla Ledeb. in Fl. Alt. 3: 279. 1831.

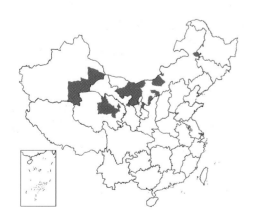

矮小垫状亚灌木，高达20厘米；茎多分枝。偶数羽状复叶，叶轴顶端针刺状，宿存，长2-6厘米，密被柔毛；小叶5-7，线形，长0.5-1.8厘米，先端渐尖，基部楔形，边缘常内卷，两面密被贴伏白色柔毛；托叶膜质，彼此合生，下部与叶柄贴生，先端截形，被柔毛或光滑，边缘有白色长柔毛。总状花序腋生，具1-2花；苞片膜质，钻状披针形。花萼筒状，花后稍膨胀，密被长柔毛；花冠红紫、蓝紫或白色；旗瓣倒卵形，长1.2-2.4厘米，基部渐窄成瓣柄，翼瓣长1.2-2厘米，龙

图 551 猫头刺 （马 平绘）

骨瓣长1.1-1.3厘米，喙长1-1.5毫米；子房圆柱形，花柱顶端弯曲，无毛。荚果硬革质，长圆形，长1-2厘米，腹缝线深陷，密被白色贴伏柔毛，不完全2室。花期5-6月，果期6-7月。染色体2n=16。

产内蒙古、宁夏、甘肃、青海及新疆，生于海拔100-4400米砾石质高山河谷沙地、丘陵坡地或砂质荒地上。俄罗斯及蒙古南部有分布。

2. 胶黄蓍状棘豆　　　　　　　　　图552

Oxytropis tragacanthoides Fisch. in DC. Prodr. 2: 280. 1825.

球形垫状矮小亚灌木，高达30厘米；茎分枝多。奇数羽状复叶，长3-7厘米，叶轴顶端不成针刺状，宿存；小叶7-13，椭圆形、长圆形、卵形或线形，长6-9毫米，先端钝或急尖，无小刺尖，两面密被贴伏绢状毛；托叶膜质，锈色，无毛，上部边缘具纤毛，与叶柄贴生。2-5花组成总状花序；花序梗较叶短，密被白色绢状柔毛；苞片线状披针形。花萼筒状，长1-1.4厘米，密被白色长柔毛，稀兼生黑色短毛；花冠紫或紫红色，旗瓣长1.9-2.3厘米，瓣片宽椭圆形

或宽卵形，翼瓣上部极扩展，龙骨瓣长1.4-1.6厘米，喙长约2毫米；子房几无柄，密被绢状毛。荚果膜质，膨胀，球状卵圆形，长2-2.2厘米，疏被柔毛，不完全2室。花期6-8月，果期7-8月。染色体2n=32。

产内蒙古、宁夏、甘肃、青海及新疆，生于海拔2000-4100米干旱石质

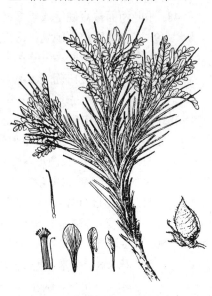

图 552 胶黄蓍状棘豆　（引自《图鉴》）

山地、高山河谷、砾石沙土地或冲积扇上。哈萨克斯坦东北部、俄罗斯阿尔泰山区及西西伯利亚、蒙古西北部有分布。

3. 内蒙古棘豆　　　　　　　　　图553

Oxytropis neimonggolica C. W. Chang et Y. Z. Zhao in Acta Phytotax. Sin. 19(4)：523. 1981.

多年生矮小草本，高达7厘米；茎缩短。叶具1小叶；叶柄长2-5厘米，密被贴伏白色绢状柔毛，宿存；小叶椭圆形或椭圆状披针形，长1-3厘米，先端锐尖或近锐尖，基部楔形，全缘或边缘加厚，上面被贴伏白色疏柔毛或无毛；托叶膜质，卵形，长约4毫米，上部分离，被白色长柔毛。常具1-2花；苞片线形，长约3毫米，密被白色长柔毛。花萼筒状，长1-1.4厘米，密被贴伏白色长柔毛，并混生黑

色短毛；花冠淡黄色（干花），密被白色长柔毛，旗瓣匙形或近匙形，长约2厘米，常反折，先端近圆、微凹或2浅裂，基部渐窄成瓣柄，翼瓣长约1.6

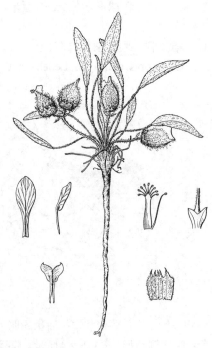

图 553 内蒙古棘豆　（引自《图鉴》）

厘米,长圆形,具短耳,瓣柄线形,长约9毫米,龙骨瓣较旗瓣短,长约1.4厘米,先端具喙。荚果卵圆形,长1.5-2厘米,顶端尖,具喙,密被白色长柔毛。花期5月,果期6月。

产内蒙古及宁夏,生于海拔约2100米草原、山坡沙地或山沟岩缝中。

4. 小叶棘豆　　　　　　　　　　图 554 彩片 137

Oxytropis microphylla (Pall.) DC. Astrag. 83. 1802.

Phaca microphylla Pall. in Reise Russ. Reich. 3: 744. 1776.

多年生草本,高达30厘米,植株具腺体;茎缩短,丛生。奇数羽状复叶长5-20厘米;小叶7-12轮,每轮4-6,椭圆形、宽椭圆形、长圆形或近圆形,长2-8毫米,边缘内卷,两面被开展白色长柔毛,或上面无毛,有时被腺点;托叶膜质,长0.6-1.2厘米,先端尖,密被白色绵毛。多花组成头形总状花序;苞片草质,线状披针形,长约6毫米,疏被白色长柔毛和腺点。花萼薄膜质,筒状,长约1.2厘米,

图 554 小叶棘豆　(引自《西藏植物志》)

疏被白色绵毛和黑色短柔毛,密生具柄腺体,萼齿线状披针形;花冠蓝或紫红色,旗瓣长1.6-2厘米,宽0.6-1厘米,瓣片宽椭圆形,先端微凹、2浅裂或圆,翼瓣长1.4-1.9厘米,瓣片两侧不等的三角状匙形,先端斜截形而微凹,基部具长圆形的耳,龙骨瓣长1.3-1.6厘米,瓣片两侧不等的宽椭圆形,喙长约2毫米;子房线形,无毛。荚果硬革质,线状长圆形,稍呈镰状

弯曲,长1.5-2.5厘米,无毛,被瘤状腺点。花期5-9月,果期7-9月。染色体2n=16。

产内蒙古、甘肃、青海、新疆及西藏,生于海拔2800-5200米沟边沙地上。阿富汗、克什米尔地区、印度西北部、尼泊尔、锡金、蒙古及俄罗斯有分布。

5. 多叶棘豆　狐尾藻棘豆　　　　图 555

Oxytropis myriophylla (Pall.) DC. Astrag. 87. 1802.

Phaca myriophylla Pall. in Itin. 3: 745. 1776.

多年生草本,高达30厘米,全株被白或黄色长柔毛。茎缩短,丛生。羽状复叶轮生,长10-30厘米;小叶12-16轮,每轮4-8,线形、长圆形或披针形,长0.3-1.5厘米,先端渐尖,基部圆,两面密被长柔毛;托叶膜质,卵状披针形,密被黄色长柔毛。多花组成紧密或较疏松的总状花序,疏被长柔毛;苞片披针形,长0.8-1.5厘米,被长柔毛。花萼筒状,长约1.1厘米,被长柔毛,萼齿披针形,长约4毫米,两面被长柔毛;花冠淡红紫色,长2-2.5厘米,旗瓣长椭圆形,长约1.8厘

图 555 多叶棘豆　(引自《图鉴》)

米，先端圆或微凹，基部下延成瓣柄，翼瓣长约1.5厘米，先端急尖，耳长约2毫米，瓣柄长约8毫米，龙骨瓣长约1.2厘米，耳长约1.5厘米，喙长5-7毫米；子房线形，被毛。荚果披针状椭圆形，革质，长约1.5厘米，顶端喙长5-7毫米，密被长柔毛。花期5-6月，果期7-8月。染色体2n=16。

产黑龙江、吉林、辽宁、内蒙古、河北、山西南部及甘肃，生于海拔600-2600米砂地、草原、丘陵地、轻度盐渍化沙地或石质山坡。俄罗斯及蒙古有分布。全草有清热解毒、祛湿消肿、止血的功能。

6. 毛序棘豆　　　　　　　　　　图 556

Oxytropis trichophora Franch. in Journ. Bot. 4: 303. 1809.

多年生草本，高达20厘米；茎缩短，微被白色长硬毛。羽状复叶轮生，长2.5-6厘米；托叶于中部与叶柄贴生，分离部分披针形，膜质；小叶7-12轮，常每轮3-4，卵形或窄披针形，长2-8毫米。头形总状花序，花序梗长1-2厘米，直立；苞片卵形，长4-5毫米，先端尖，密被长柔毛。花萼筒状，长1.2-1.7厘米，被白色长柔毛，萼齿披针状线形，长4-5毫米；花冠上部蓝色，下部淡白色，旗瓣长1.5-2厘米，瓣

片宽卵形，宽7-9毫米，先端圆或微凹，瓣柄长8毫米，翼瓣长约1.7厘米，瓣柄长约9毫米，龙骨瓣长约1.4厘米，先端具蓝紫色斑块，瓣柄长约9毫米，喙长1.5-2.5毫米；子房密被白色长柔毛，具较长柄，胚珠多数。荚果革质。花期5-8月。

产河北中部、山西北部、陕西西北部、甘肃中部及河南东北部，生于海拔810-2000米山坡或路旁草地。

图 556 毛序棘豆 （李志民绘）

7. 地角儿苗　　　　　　　　　　图 557

Oxytropis bicolor Bunge in Mém. Acad. Sci. St. Pétersb. 2: 91. 1833.

多年生草本，高达20厘米；茎缩短，植株各部密被开展白色绢状长柔毛，淡灰色。奇数羽状复叶长4-20厘米；小叶7-17轮（对），对生或4片轮生，线形、线状披针形或披针形，长0.3-2.3厘米，先端急尖，基部圆，边缘常反卷，两面密被绢状长柔毛，上面毛较疏；托叶膜质，卵状披针形，密被白色绢状长柔毛。10-15花组成或疏或密的总状花序；苞片披针形，长0.4-1厘

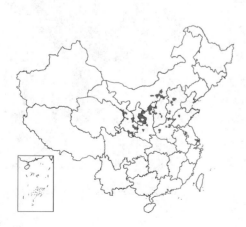

图 557 地角儿苗 （李志民绘）

米，疏被白色柔毛。花萼筒状，长0.9-1厘米，密被长柔毛，萼齿线状披针形，长3-5毫米；花冠紫红或蓝紫色，旗瓣菱状卵形，长1.4-2厘米，先端圆或微凹，翼瓣长圆形，长1.5-1.8厘米，先端斜宽，微凹，龙骨瓣长1.1-1.5厘米，喙长2-2.5毫米；子房被白色长柔毛或无毛，花柱下部有毛，上部无毛。荚果近革质，卵状长圆形，膨胀，腹背稍扁，长1.7-2.2厘米。花

果期4-9月。

产内蒙古、河北、山西、陕西、甘肃、山东及河南，生于海拔100-2500米山坡、砂地、路旁或荒地。蒙古东部有分布。

8. 长苞黄花棘豆 图 558

Oxytropis ochrolongibracteata X. Y. Zhu et H. Ohashi in Cathaya 11-12: 75. 2000.

Oxytropis ochrocephala Bunge var. *longibracteata* P. C. Li; 中国植物志42（2）：22. 1998.

多年生草本，高于40厘米；茎粗壮，直立，基部多分枝。奇数羽状复叶长10-19厘米。托叶草质，卵形，与叶柄离生，于基部彼此合生，分离部分三角形，密被长柔毛；小叶17-20，草质，卵状披针形，长1-3厘米，两面疏被短柔毛；叶柄与小叶间有淡褐色腺点，密被白色长柔毛。多花组成密总状花序；花序梗长10-25厘米，直立，密被卷曲长柔毛，花序下部具短柔毛；苞片线状披针形，长于

图 558 长苞黄花棘豆 （孙英宝绘）

花萼。花梗长约1毫米；花萼膜质，筒状，密被柔毛，萼齿线状披针形，长约6毫米；花冠黄色，旗瓣长1.1-1.7厘米，瓣片宽倒卵形，外展，瓣柄与瓣片近等长，翼瓣长圆形，瓣柄长约7毫米，龙骨瓣喙长约1毫米或稍长；子房具短柄。荚果膜质，长圆形，膨胀，长1.2-1.5厘米，顶端具弯曲的喙，

密被黑色短柔毛，1室。花期6-8月，果期7-9月。

产宁夏、青海及西藏，生于海拔2600-4000米山坡或路旁。

9. 黄毛棘豆 图 559

Oxytropis ochrantha Turcz. in Bull. Soc. Nat. Mosc. 5: 188. 1832.

多年生草本，高不及20厘米；茎极缩短，多分枝，被丝状黄色长柔毛。奇数复叶长8-20厘米；小叶6-9轮（对），对生或4片轮生，卵形、长椭圆形、披针形或线形，长6-25毫米，先端渐尖或急尖，基部圆，上面后变无毛，下面被长柔毛；叶柄密被黄色长柔毛；托叶膜质，宽卵形，中下部与叶柄贴生，先端急尖，密被黄色长柔毛。多花组成密集圆筒形总状花序；苞片披

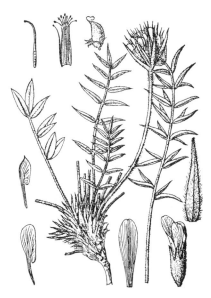

图 559 黄毛棘豆 （引自《图鉴》）

针形，等于或短于花萼，密被黄色长柔毛。花萼筒状，长0.8-1.2厘米，密被黄色长柔毛，萼齿披针状线形，与萼筒几等长或稍短；花冠白或淡黄色，旗瓣倒卵状长椭圆形，长约1.4-2.1厘米，先端圆，基部渐窄成瓣柄，翼瓣匙状长椭圆形，长约1.7厘米，先端圆，基部具较长的耳和细长的瓣柄，龙骨瓣近长圆形，长约1.2厘米，喙长1.5-3厘米，基部有耳和瓣柄；子房密被黄色长柔毛。荚果膜质，卵圆形，膨胀成囊状而稍扁，长约17.5毫米，宽约7.5毫米，1室。花期6-7月，果期7-8月。染色体2n=16。

产内蒙古、河北、山西、陕西、宁夏、甘肃、青海、新疆、西藏及四川，生于海拔500-4500米山坡草地或林下。蒙古有分布。

10. 拟多叶棘豆 图 560

Oxytropis pseudomyriophylla Cheng f. ex X. Y. Zhu, H. Ohashi et Y. B. Deng in Journ. Japan. Bot. 74: 127. 1999.

多年生草本，高达25厘米，全株被腺体或黄棕色腺毛；茎缩短，基部分枝明显。奇数羽状复叶长12-15厘米，被黄棕色毛；小叶少于20轮，每轮4，窄长圆形或窄倒卵形，长6-9毫米，两面密被腺毛；托叶干膜质，窄三角形，脉显著，具硬毛。总状花序长约25厘米；苞片卵状，长约6.5毫米，被黄棕色毛。花萼筒状，长约7.5毫米，被黄棕色毛，萼齿5，披针形，长约1毫米；花冠紫色，旗瓣窄倒卵形，长约1.7厘米，翼瓣长约3.5毫米，瓣柄长6毫米，龙骨瓣长约1.2厘米，喙长约1.2毫米，耳长约1毫米；子房管状。荚果具腺体或腺毛。花期6-7月，果期6-7月。

产山西、宁夏及甘肃，生于海拔1450-2400米山坡。

11. 多枝棘豆 图 561

Oxytropis ramosissima Kom. in Fedde, Repert. Sp. Nov. 13: 227. 1914.

多年生草本，高达20厘米，密被白色长柔毛；茎分枝多，细弱，铺散。奇数羽状复叶长3-5厘米；小叶（2-）4（5）轮，稀对生，线形或线状披针长圆形，长0.5-1厘米，先端尖，基部楔形，边缘常内卷，两面密被白色长柔毛；托叶草质，线状披针形或披针形，与叶柄分离，彼此于基部合生，长3-6毫米，密被开展白色长柔毛。1-2（-3）花组成腋生短总状花序；花序梗长5-8毫米，密被贴伏白色柔毛；苞片线状披针

图 560 拟多叶棘豆 （孙英宝绘）

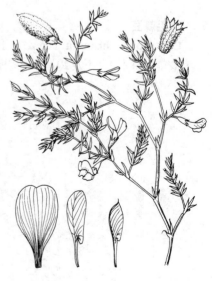

图 561 多枝棘豆 （马 平绘）

形，长2-3毫米，被白色柔毛。花萼筒状，长约5毫米，蓝紫色，被贴伏白色柔毛，萼齿披针状钻形；花冠蓝紫色，旗瓣长1.1-1.3厘米，瓣片倒卵形，宽约5毫米，先端微凹，基部渐窄成瓣柄，翼瓣长1.1-1.2厘米，瓣片长圆形，宽2-3毫米，先端斜，微凹，瓣柄细，与瓣片等长，龙骨瓣长0.9-1厘米，喙长约1毫米；子房疏被短柔毛。荚果革质或薄革质，卵状，扁平，长

0.8-1厘米，密被短柔毛。花期5-8月，果期8-9月。

产内蒙古及陕西，生于海拔980-1400米流动沙丘、沙质坡地或砂地上。

12. 尖叶棘豆　　　　　　　　　　图 562

Oxytropis oxyphylla（Pall.）DC. in Astrag. 84. 1802.

Astragalus oxyphylla Pall. in Astrag. 90. 1800.

多年生草本，高达20厘米。茎短，密被几贴伏绢状柔毛。奇数羽状复叶长2.5-14厘米；小叶轮生或近轮生，3-9轮，每轮3-4，线状披针形、长圆状披针形或线形，长1-2厘米，两面密被绢状长柔毛；托叶膜质，宽卵形或三角状卵形，长5-9毫米，密被白或黄色绢状柔毛。多花组成近头形总状花序；苞片膜质，披针形或窄披针形，长2.5-6厘米，密被白色绢状长柔毛。花萼筒状，长6-8毫米，基部斜圆，

图 562 尖叶棘豆　（引自《东北草本植物志》）

密被黑和白色长柔毛，萼齿线状披针形，先端稍钝；花冠红紫或淡紫色，稀白色，旗瓣长1.4-1.8厘米，瓣片椭圆状卵形，先端圆，基部渐窄成瓣柄，瓣柄长约7毫米，翼瓣斜宽倒卵形，长1.3-1.5厘米，先端斜截形，耳椭圆形，长2毫米，瓣柄窄，长6.5米，龙骨瓣近窄倒卵形，长1-1.4厘米，喙长1.5-2.5毫米，耳圆形，长1毫米，瓣柄长约6.5毫米；子房长圆形，密被贴伏柔毛。荚果膜质，膨胀，球状，长1-1.8（-2）厘米，被白色或有时混生黑

色短柔毛。花期6-7月，果期7-8月。

产黑龙江、内蒙古及甘肃，生于海拔500-2700米石砾地或草原。蒙古及朝鲜有分布。全株有清热解毒的功能。

13. 砂珍棘豆　　　　　　　　　　图 563

Oxytropis racemosa Turcz. in Bull. Soc. Nat. Mosc. 5: 187. 1832.

Oxytropis psammocharis Hance；中国高等植物图鉴 2: 430. 1972.

多年生草本，高达15（-30）厘米；茎缩短，多头。奇数羽状复叶长5-14厘米；托叶膜质，卵形，被柔毛；叶柄密被长柔毛；小叶6-12轮，每轮4-6，长圆形、线形或披针形，长0.5-1厘米，先端尖，基部楔形，边缘有时内卷，两面密被贴伏长柔毛。顶生头形总状花序，被微卷曲柔毛；苞片披针形，短于花萼，

图 563 砂珍棘豆　（引自《图鉴》）

宿存。花萼管状钟形，长5-7毫米，萼齿线形，长1.5-3毫米，被短柔毛；花冠红紫或淡紫红色，旗瓣匙形，长约1.2厘米，先端圆或微凹，基部渐窄成瓣柄，翼瓣卵状长圆形，长1.1厘米，龙骨瓣长9.5毫米，喙长约1毫米；子房微被毛或无毛，花柱顶端弯曲。荚果膜质，球状，膨胀，长约1厘米，顶端具钩状短喙，腹缝线内凹，被短柔毛，隔膜宽约0.5毫米。花期5-7月，果期6-10月。染色体2n=16。

产辽宁、内蒙古、河北、山西、陕西、宁夏及甘肃，生于海拔200-1900米沙滩、沙荒地、沙丘、沙质坡地或丘陵。蒙古及朝鲜有分布。

14. 鳞萼棘豆 图 564

Oxytropis squammulosa DC. Astrag. 79. 1802.

多年生矮小草本，高3-5厘米；茎极缩短，丛生。奇数羽状复叶长5-12厘米；小叶7-15，线形，长0.7-1.5厘米，边缘常上卷，无毛或先端疏被白毛；托叶膜质，线状披针形，边缘具白色纤毛，宿存。通常2-3花组成总状花序；苞片膜质，披针形，长约5毫米，先端长渐尖，边缘具白色纤毛，密生圆形黄色腺体。花萼筒状，长1.1-1.4厘米，无毛，密被鳞片状腺体，萼齿近三角形或披针状钻形，长2-4毫米，边缘疏生白色纤毛；花冠乳白色，旗瓣长2.5-2.9厘米，瓣片宽椭圆形，先端圆或钝，翼瓣椭圆形，长1.9-2.2厘米，瓣柄长1-1.2厘米，龙骨瓣长1.7-1.9厘米，先端凹陷，喙长1-2毫米；子房和花柱无毛，无子房柄。荚果硬革质，坚果状，卵球形，膨胀，长1.1-1.5厘米，无毛。花期4-9月，果期7-10月。染色体2n=16。

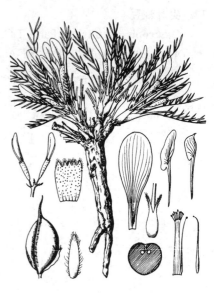

图 564 鳞萼棘豆 （李志民绘）

产内蒙古、陕西、宁夏、甘肃、青海及新疆，生于海拔1300-1730米石质坡地、沟底、山顶阳处或平坦沙质地上。俄罗斯及蒙古有分布。

15. 土丹棘豆 图 565

Oxytropis tudanensis X. Y. Zhu, H. Ohashi et S. F. Li in Journ. Japan. Bot. 74: 130. 1999.

多年生矮小草本，茎基具多分枝；茎高约5厘米，具明显节间，具腺毛或黄棕色毛。奇数羽状复叶叶长2-3.5厘米；叶柄密被白色长柔毛；托叶草质，长卵形，密被长柔毛和腺点；小叶3-17，椭圆形或卵形，长3.6-4.7毫米，两面密被腺毛或黄棕色毛，下面密被淡褐色腺点。6-10花组成头形总状花序，花序梗与叶近等长或较短，直立，疏被白色长柔毛，稀有腺点；苞片草质，长圆状披针形，长0.8-1.2厘米，密被褐色腺点和白或黑色长柔毛，边缘具纤毛。花萼筒状，长1.1-1.8厘米，密被白

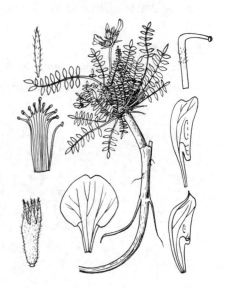

图 565 土丹棘豆 （孙英宝绘）

色长柔毛和黑色柔毛,密生腺点,萼齿披针形或长圆状披针形,长3-4.5毫米;花冠蓝紫或紫红色,旗瓣瓣片长约8.6毫米,先端凹陷,瓣柄长1厘米,翼瓣长1.5-2.2厘米,瓣片斜倒卵状长圆形,先端斜,微凹2裂,背部圆,龙骨瓣长1.6-1.8厘米,喙长约0.4毫米;子房披针形,被贴伏白色短柔毛,具

短柄,胚珠38-46。花期5-8月,果期7-9月。

产甘肃及西藏,生于海拔2800-4900米山坡。

16. 镰荚棘豆 镰形棘豆 图 566 彩片 138

Oxytropis falcata Bunge in Mém. Acad. Sci. St. Pétersb. sér. 7, 22(1): 156. 1874.

多年生草本,具腺体,高达35厘米;茎缩短。奇数羽状复叶叶长5-12(-20)厘米;小叶25-45,对生或互生,线状披针形或线形,长0.5-1.5(-2)厘米,上面疏被白色长柔毛,下面密被淡褐色腺点;托叶膜质,长卵形,密被长柔毛和腺点。6-10花组成头形总状花序,花序梗与叶近等长或较短;苞片草质,长圆状披针形,长0.8-1.2厘米,密被褐色腺点和白或黑色长柔毛,边缘具纤毛。花萼筒状,长1.1-1.6厘米,密被白色长柔毛和黑色柔毛,密生

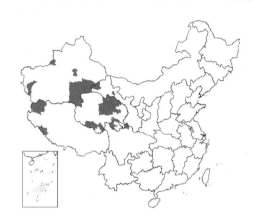

图 566 镰荚棘豆 （引自《图鉴》）

腺点,萼齿披针形或长圆状披针形,长3-4.5厘米;花冠蓝紫或紫红色,旗瓣长1.8-2.5厘米,瓣片倒卵形,先端圆,瓣柄长约1厘米,翼瓣长1.5-2.2厘米,瓣片斜倒卵状长圆形,先端斜,微凹2裂,背部圆形,龙骨瓣长1.6-1.8厘米,喙长2-2.5毫米;子房披针形,被贴伏白色短柔毛,具短柄。荚果革质,宽线形,稍膨胀,稍成镰刀状弯曲,长2.5-4厘米。花期5-8月,果期7-9月。

产甘肃、青海、新疆、四川西北部及西藏,生于海拔2700-5200米山坡、沙丘、河谷、河漫滩草甸、高山草甸、高山灌丛草地、山坡砂砾地或河岸阶地。蒙古有分布。全草有清热解毒、生肌疗疮的功能。

17. 蓝垂花棘豆 图 567

Oxytropis penduliflora Gontsch. in Not. Syst. Herb. Inst. Bot. Acad. Sci. URSS 8: 186. 1940.

多年生草本,高达33厘米。奇数羽状复叶长5-16厘米;小叶41-61,披针形或卵状披针形,长(0.3-)0.6-1.4厘米,先端尖,两面被贴伏长柔毛,边缘具纤毛;托叶草质,绿色,长1-1.2厘米,被长柔毛,边缘密被长纤毛。多花组成总状花序,长6-17厘米;花序梗较叶长,被开展长柔毛,上部常混生开展暗棕色短柔毛和白色长柔毛;苞片草质,线状披针形,长3-4(-7)毫

米,外面被长柔毛,边缘密生纤毛。花开展,下垂;花萼筒状钟形,长0.8-1厘米,被红黄色或白色长柔毛和黑色短柔毛,萼齿线状锥形,长约4毫米;花冠蓝色,旗瓣长1.4-1.5厘米,瓣片圆卵形,先端微缺,基部宽楔形,翼瓣长约1.2厘米,瓣片长圆形,上部扩展,先端全缘或微凹,龙骨瓣长约1.1厘米,喙长约1毫米;子房具短柄,被疏柔毛,胚珠7-8。荚果膜质,长圆形,下垂,长1-1.2(-1.5)厘米,被开展黑、白或红黑色短柔毛。花期

6-7月，果期7-8月。

产青海及新疆，生于海拔2100-4050米亚高山草甸、林下或河谷。哈萨克斯坦、乌兹别克斯坦、土库曼斯坦、吉尔吉斯斯坦及塔吉克斯坦有分布。

18. 天山棘豆

图 568

Oxytropis tianschanica Bunge in Rupr. Sert. Tiansch. 43. 1869.

多年生草本；茎匍匐状，密被开展白色短柔毛。奇数羽状复叶长1-3厘米；叶柄与叶轴被开展白色柔毛；托叶草质，卵状披针形，长3-5毫米，

于高处与叶柄贴生，于基部被此合生，密被白色柔毛；小叶9-15，宽椭圆形或披针形，密集，对折，边缘上卷，长2-4（-5）毫米，两面密被白色柔毛。5-10花组成头形总状花序；花序梗长于叶或与叶等长，被白色柔毛；苞片披针形，长3-5毫米，较花梗长，被白色柔毛。花萼筒状钟形，长0.6-1厘米，密被开展白色长绵毛和黑色短

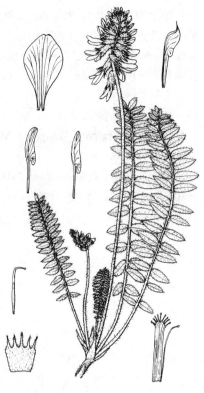

图 567 蓝垂花棘豆 （孙英宝绘）

柔毛，萼齿锥状，与萼筒等长，或有时较长；花冠紫色，旗瓣长0.8-1.2厘米，瓣片圆形，宽约6毫米，先端微缺，翼瓣长圆形，长8-9毫米，龙骨瓣长约6毫米，喙长1-1.5毫米。荚果硬膜质，广椭圆状长圆形，长1-1.5厘米，腹面具深沟，被白色短柔毛和稀疏的黑色短毛，隔膜宽0.3毫米，不完全2室；果柄长1-2毫米。果期7-8月。

产西藏，生于海拔2600-4150米山坡草地、石质山坡或高山河谷。吉尔吉斯斯坦及塔吉克斯坦有分布。

19. 急弯棘豆

图 569

Oxytropis deflexa (Pall.) DC. Astrag. 96. 1802.

Astragalus deflexus Pall. in Acta Acad. Petrop. 2: 268. 1779.

多年生草本，高达12厘米或更高；茎纤细近散生，被开展长柔毛。奇

数羽状复叶长5-20厘米；小叶21-31，下部者向下弯曲，卵状长圆形、卵形或长圆状披针形，长（5-）1-2（-2.5）厘米，先端急尖，基部近圆，两面被贴伏柔毛；托叶草质，披针形，基部与叶柄贴生，被长柔毛。多花组成穗形总状花序，花排列较密；花序梗与叶等长或较叶长，被开展长柔毛；苞片膜质，

图 568 天山棘豆 （李志民绘）

线形，与花萼近等长。花下垂；花萼钟状，长6-7毫米，被白和黑色长柔毛，萼齿披针形，较萼筒短或近等长；

花冠淡蓝紫色,旗瓣卵圆形,长8-9毫米,先端微凹,翼瓣与旗瓣近等长,龙骨瓣较翼瓣短,喙长约1毫米。荚果膜质,下垂,长圆状椭圆形,微凹陷,长1-2厘米,顶端具喙,被展开长柔毛,1室;果柄长2-4毫米。花果期6-7月。染色体2n=16。

产内蒙古、青海及新疆,生于海拔1600-3730米山地河谷至草原灌丛的砾石生境中。俄罗斯及蒙古有分布。

20. 洮河棘豆   图 570

Oxytropis taochensis Kom. in Fedde, Repert. Sp. Nov. 13: 232. 1914.

多年生草本,高达30厘米;茎细弱近散生,被短柔毛。奇数羽状复叶长5-8厘米;小叶13-17,长椭圆形、卵形、宽卵形、近圆形或披针状卵形,长0.5-1厘米,先端急尖或圆,基部圆,两面被贴伏硬毛;托叶卵状披针形,长约3毫米,基部合生,被短柔毛。3-8花组成较疏的短总状花序;花序梗较叶长,被短柔毛;苞片膜质,披针形,长约1.5毫米,与花梗几等长。花萼钟状,长6-7毫米,外面被黑和白色柔毛,萼齿线形,长2-2.5毫米;花冠紫或蓝紫色,旗瓣倒卵形或卵形,长1-1.5厘米,先端圆,微缺,中下部以下渐窄成瓣柄;翼瓣长椭圆形,长1-1.3厘米,先端2浅裂,基部有耳和瓣柄,瓣柄长5-6毫米,龙骨瓣长约1.3厘米,喙钻状,长2.5-3.5毫米;子房长椭圆披针形,被毛或无毛,花柱与柱头无毛,有柄。荚果圆柱形,膨大,直或微弯,长2-3厘米,径约5毫米,被贴伏的短柔毛,1室,喙长5毫米,果柄与花萼几等长。花期6-7月,果期7-8月。

产陕西西南部、甘肃西南部、青海东部及四川北部,生于海拔2000-3400米山顶草地、山谷沙地、山坡或路旁。

[附] **短硬毛棘豆 Oxytropis hirsutiuscula** Freyn in Bull. Herb. Boiss. sér. 5(11): 1021. 1905. 与洮河棘豆的区别:茎被平伏短硬毛;多花排成头形总状花序;花长约9毫米,翼瓣先端全缘;荚果椭圆状长圆形,长1-1.5厘米,径3-5毫米,喙长1-2毫米。产新疆阿克陶及塔什库尔干,生于沿河草甸或中高山湖岸边。哈萨克斯坦、乌兹别克斯坦、土库曼斯坦、吉尔吉斯斯坦和塔吉克斯坦有分布。

21. 黄花棘豆   图 571

Oxytropis ochrocephala Bunge in Mém. Acad. Sci. St. Pétersb. sér. 7, 22(1): 57. 1874.

多年生草本,高达50厘米;茎粗壮,直立,被白色短柔毛和黄色长柔毛。奇数羽状复叶长10-19厘米。托叶草质,卵形,基部与叶柄合生,分离

图 569 急弯棘豆 (马 平绘)

图 570 洮河棘豆 (钱存源绘)

部分三角形,密被长柔毛;叶柄与小叶间有淡褐色腺点,密被黄色长柔毛;小叶17-21,草质,卵状披针形,长1-3厘米,两面疏被白和黄色短柔毛。多花组成密总状花序;花序梗长10-25厘米,直立,密被卷曲长柔毛,花序下部具短柔毛;苞片线状披针形,密被柔毛。花梗长约1毫米;花萼膜质,筒状(果期膨大呈囊状),密被柔毛,长约6毫米,萼齿线状披针形,与萼筒等长,果期膨大呈囊状;花冠黄色,旗瓣长1.1-1.7厘米,瓣片宽倒卵形,外展,瓣柄与瓣片近等长,翼瓣长圆形,瓣柄长约7毫米,龙骨瓣喙长约1毫米或稍长;子房具短柄。荚果革质,长圆形,膨胀,长1.2-1.5厘米,顶端具弯曲的喙,密被黑色短柔毛,1室。花期6-8月,果期7-9月。

产内蒙古、甘肃、青海、新疆、四川及西藏,生于海拔1800-5200米草地。

22. 萨拉套棘豆　　　　　　　　　　　　图 572

Oxytropis meinshausenii Schrenk. in Bull. Acad. Sci. St. Pétersb. 10: 254. 1842.

多年生草本,高约30厘米。茎直立,被开展白色柔毛。奇数羽状复叶长7-15厘米;托叶草状膜质,长三角形,长约1.1厘米,疏被开展白色长柔毛;叶柄与叶轴被开展长柔毛;小叶21-31,长圆状披针形或宽椭圆状披针形,长1-3厘米,两面疏被开展长柔毛。短总状花序后期伸长;花序梗较叶长,疏被暗色开展长柔毛,花序下部毛较密;苞片膜质,披针形,长5-8毫米,被白和暗色长柔毛。花萼钟形,长0.8-1厘米,被黑和白色短柔毛,萼齿线形,与萼筒等长;花冠黄色,

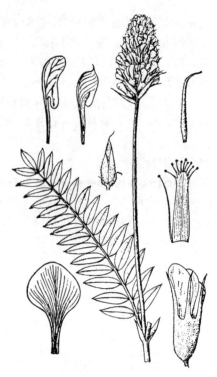

图 571 黄花棘豆 (引自《图鉴》)

旗瓣长1.3-1.5(-1.7)厘米,宽0.8-1(-1.2)厘米,瓣片圆形,先端深缺,瓣柄长约4毫米,翼瓣比旗瓣短,龙骨瓣与翼瓣几等长,喙长0.5-1毫米;子房线形,无毛。荚果革质,长圆状卵圆形,直立,长2-3厘米,被开展黑色和白色柔毛,不完全2室;果柄长1.5-2毫米。花果期6-8月。

产甘肃、新疆及四川,生于海拔500-3500米林缘、草原、高山草甸、山谷冲积平原。哈萨克斯坦、乌兹别克斯坦、土库曼斯坦、吉尔吉斯斯坦及塔吉克斯坦有分布。

23. 甘肃棘豆　　　　　　　　　　　　图 573

Oxytropis kansuensis Bunge in Mém Acad. Sci. St. Pétersb. sér. 7, 22(1): 38. 1874.

多年生草本,高达20厘米。茎直立,疏被黑糙伏毛。奇数羽状复叶长4-13厘米;小叶17-29,卵状长圆形或披针形,长0.5-1.3厘米,两面疏被贴伏短柔毛,幼时毛较密;叶柄被淡褐色腺点,疏被糙伏毛;托叶草质,卵

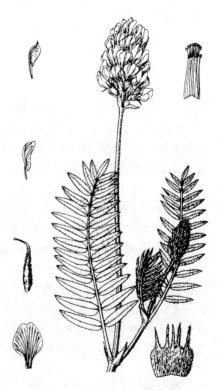

图 572 萨拉套棘豆 (李志民绘)

状披针形,与叶柄合生至中部,疏被糙伏毛。多花组成头形总状花序;花序梗长0.7-1.5厘米,疏被短柔毛,下

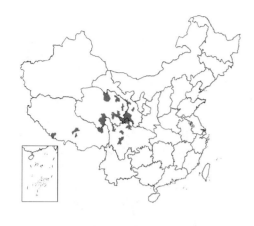

部密被卷曲黑色柔毛；苞片膜质，线形，长约6毫米。花萼筒状，密被贴伏长柔毛，萼齿线形，较萼筒短或等长；花冠黄色，旗瓣长约1.2厘米，瓣片宽卵形，基部下延成短柄，翼瓣长圆形，瓣柄长约5毫米，龙骨瓣长约1厘米，喙短三角形，长不及1毫米；子房疏被黑色短柔毛，具短柄。荚果膜质，长圆形或长圆状卵形，膨胀，密被贴伏黑色短柔毛，1室；果柄长约1毫米。花期6-9月，果期8-10月。

产甘肃、青海、四川及西藏，生于海拔2200-5300米路旁、高山或山坡草地。全草有解毒疗疮、止血、利尿的功能。

图 573 甘肃棘豆 （引自《图鉴》）

24. 长柄棘豆 图 574

Oxytropis podoloba Kar. et Kir. in Bull. Soc. Nat. Mosc. 15：327. 1842.

多年生草本，高达30厘米。茎直立，绿或灰绿色，被贴伏和开展柔毛。奇数羽状复叶长3-7厘米；小叶13-21，长圆形，长0.5-1厘米，两面疏被贴伏柔毛；托叶草质，披针形，长4-7毫米，基部彼此合生。8-12花组成卵形总状花序，后期伸长；花序梗比叶长，上部被弯曲柔毛；苞片线形，被白和黑色柔毛。花萼钟形，长约5毫米，被黑色和白色柔毛，萼齿披针形，与萼筒等长；花冠蓝紫色，旗瓣长0.8-1厘米，瓣片圆形，先端圆，翼瓣几与旗瓣等长，龙骨瓣长7-8毫米，喙长1.5-2毫米。荚果薄革质，披针状长圆形，下垂，长1.5-2厘米，腹面具深槽，被长柔毛；果柄长5毫米。花期5-6月，果期6-7月。

图 574 长柄棘豆 （孙英宝绘）

产西藏东北部，生于海拔3900米山地河谷或石质山坡。哈萨克斯坦、乌兹别克斯坦、土库曼斯坦、吉尔吉斯斯坦及塔吉克斯坦有分布。

25. 华西棘豆 图 575

Oxytropis giraldii Ulbr. in Engl. Bot. Jahrb. 36（Beibl. 82）：66. 1905.

多年生草本，高达45厘米。茎直立，基部多分枝，无毛、疏被柔毛或密被贴伏黄色粗毛。羽状复叶长5-10厘米；托叶卵状三角形，长6-8毫米，分离；叶柄与叶轴通常疏被开展的黄色短柔毛，稀无毛；小叶21-31，卵状

披针形或椭圆形,长0.5-1厘米,先端尖,基部圆,两面疏被黄色平伏柔毛。多花组成头形的密总状花序;花序梗长5-14厘米。花萼钟状,长7-8毫米,密被开展的黑色长柔毛,萼齿披针形,长3-4毫米;花冠蓝色,旗瓣长1.2-1.5厘米,瓣片近圆形,翼瓣长1-1.2厘米,龙骨瓣长0.9-1.2厘米,喙长1-1.5毫米;子房线形,被细刚毛,具长柄。荚果近革质,长圆形,长2-2.5厘米,膨胀,被开展疏柔毛,喙甚短,1室,果柄长约5毫米。

产陕西、甘肃、青海东北部、四川北部及西藏东部,生于海拔2100-3600米山坡草地、沟谷林中或林间空地。

图 575 华西棘豆 (钱存源绘)

26. 小花棘豆   图 576

Oxytropis glabra (Lam.) DC. Astrag. 95. 1802.

Astragalus glaber Lam. in Encycl. 1: 525. 1783.

多年生草本,高20-80厘米。茎分枝多,直立,无毛或疏被短柔毛。奇数羽状复叶长5-15厘米;小叶11-19,披针形或卵状披针形,长0.5-2.5厘米,先端尖或钝,基部宽楔形或圆,上面无毛,下面微被贴伏柔毛;托叶草质,卵形或披针状卵形,彼此分离或基部合生,长0.5-1厘米。多花组成稀疏总状花序,长4-7厘米;花序梗长;苞片膜质,窄披针形,长约2毫米,疏被柔毛。花萼钟形,长4-5毫米,被贴伏白色短柔毛,萼齿披针状锥形,长1.5-2毫米;花冠紫或蓝紫色,旗

瓣长7-8毫米,瓣片圆形,先端微缺,翼瓣长6-7毫米,先端全缘,龙骨瓣长5-6毫米,喙长0.25-0.5毫米;子房疏被长柔毛。荚果膜质,长圆形,膨胀,下垂,长1-2厘米,喙长1-1.5毫米,疏被伏贴白色短柔毛或兼被黑、白柔毛,后期无毛,1室;果柄长1-2.5毫米。花期6-9月,果期7-9月。染色体2n=16。

产吉林、内蒙古、河北、陕西、宁夏、甘肃、青海、新疆、河南及西藏,生于海拔400-4400米山坡草地、石质山坡、河谷阶地、沼泽草甸或盐土草滩上。巴基斯坦、蒙古、哈萨克斯坦、乌兹别克斯坦、土库曼斯坦、吉尔吉斯斯坦、塔吉克斯坦及俄罗斯有分布。全草有麻醉、镇静、止痛的功能。

图 576 小花棘豆 (引自《图鉴》)

27. 长硬毛棘豆   图 577

Oxytropis hirsuta Bunge in Mém. Acad. Sci. St. Pétersb. sér. 7, 22(1): 55. 1874.

多年生矮小草本,高达7厘米。茎直立或斜伸,密被开展白色长柔毛。羽状复叶长5-8厘米;托叶披针形,长约6毫米,彼此分离;叶柄与叶轴被开展卷曲长柔毛;小叶11-19,披针形,长圆形或卵状长圆形,长0.7-1.5

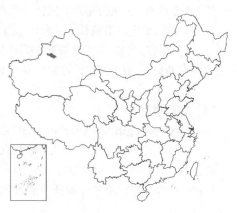

厘米，先端尖，基部宽楔形或圆，两面密被开展的白色长柔毛，多花排成密总状花序；花序梗短于叶或与叶等长，被开展白色长柔毛。花萼钟状，长7-9毫米，密被白色长柔毛，萼齿线形，与萼筒近等长；花冠紫或蓝紫色，旗瓣长1.2-1.3毫米，瓣片圆卵形，翼瓣斜倒三角形，与旗瓣等长，先端微凹，龙骨瓣长约1.1厘米，喙长约3毫米；子房密被短柔毛。荚果革质，长圆状圆柱形，长1.5-2厘米，疏被开展白色长柔毛，不完全2室，果柄长约1.5毫米。

产新疆，生于海拔500-1350米山坡草地、砂质地、荒漠、山前草原或石质山坡。哈萨克斯坦、乌兹别克斯坦、土库曼斯坦、吉尔吉斯斯坦、塔吉克斯坦、俄罗斯西西伯利亚及蒙古西北部有分布。

图 577 长硬毛棘豆 （李志民绘）

28. 拉普兰棘豆 图 578

Oxytropis lapponica (Wahlenb.) J. Gay. in Flora 10(2)：30. 1827.

Phaca lapponica Wahlenb. Veg. Clim. Helvet. 131. in adnot. 1831.

多年生草本，高达30厘米。茎长1-9厘米，被淡黄或黑色贴伏短柔毛。羽状复叶长7-16厘米；托叶卵状披针形，彼此合生至中部，疏被毛；叶柄与叶轴被白色贴伏柔毛；小叶19-29，披针形或椭圆披针形，长0.3-1.7厘米，两面疏被伏贴的疏柔毛。多花组成头形总状花序；花序梗长5-22厘米，疏被白和黑色短柔毛。花萼钟状，长5-7毫米，密被白和黑色短柔毛，萼齿线形披针状，长1.5-3毫米；花冠淡紫色，旗瓣长0.8-1.2厘米，瓣片近圆形，翼瓣斜倒三角状披针形，长0.7-1厘米，上部扩大，先端斜截形，龙骨瓣长7-8毫米，喙长2-2.5毫米。荚果纸质，卵状长圆形，膨胀，长0.8-1.2厘米，下垂，具短喙，1室，果柄长2-3毫米。

产陕西太白山、新疆及西藏，生于海拔3300-4200米高山草甸、河岸或石质山坡。印度、尼泊尔、巴基斯坦、哈萨克斯坦、乌兹别克斯坦、土库曼斯坦、吉尔吉斯斯坦、塔吉克斯坦、俄罗斯西伯利亚、西班牙、匈牙利、奥地利、瑞士、瑞典及挪威有分布。

29. 黑萼棘豆 图 579

Oxytropis melanocalyx Bunge in Mém. Acad. Sci. St. Pétersb. sér. 7, 22(1)：8. 1874.

多年生草本，高达15厘米。奇数羽状复叶长5-7(-15)厘米，被白和黑色短硬毛，叶轴细，疏被黄色长柔毛；托叶草质，卵状三角形，基部合生而与叶柄分离，下部托叶宿存；小叶9-25，卵形或卵状披针形，长0.5-1.1厘米，先端急尖，基部圆，两面疏被黄色长柔毛。3-10花组成腋生伞形

图 578 拉普兰棘豆 （李志民绘）

总状花序；花序梗长约5厘米，花后伸长至8-14厘米，细弱，下部被白色柔毛，上部被黑和白色柔毛；苞片较花梗长，干膜质。花萼钟状，长4-6

毫米，密被黑色短柔毛，并混有黄或白色长柔毛，萼齿披针状线形，较萼筒短，长不及5毫米；花冠蓝色，旗瓣宽卵形，长约1.2厘米，先端2浅裂，基部有长瓣柄，翼瓣长约1厘米，先端微凹，基部具极细瓣柄，龙骨瓣长约7.5毫米，喙长约0.5毫米。荚果纸质，宽长椭圆形，膨胀，被黑和白色长柔毛，下垂，长1.5-2厘米，1室，无柄或具短柄。花期7-8月，果期8-9月。

产内蒙古、陕西、甘肃、青海、新疆、四川、云南及西藏，生于海拔2600-5040米山坡草地或灌丛下。全草有排毒疗疮、利尿消肿的功能。

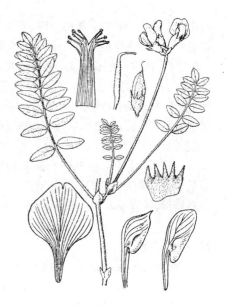

图 579 黑萼棘豆 （引自《图鉴》）

30. 缘毛棘豆   图 580

Oxytropis ciliata Turcz. in Bull. Soc. Nat. Mosc. 5：186. 1832.

多年生草本，高达20厘米；茎缩短。奇数羽状复叶长15厘米，叶柄稍扁；托叶膜质，宽卵形，基部与叶柄贴生，中脉明显，背面及边缘密被白或黄色长柔毛；小叶8-13，线状长圆形、长圆形、线状披针形或倒披针形，长0.5-2厘米，先端锐尖或钝，基部楔形，两面无毛，叶缘疏被长柔毛。3-7花组成短总状花序；花序梗弯曲或直立，短于叶或与叶近等长。花萼筒状，长约1.3厘米，被疏柔毛，萼齿披针形，长约为萼筒的1/3；花冠淡黄色，旗瓣椭圆形，长2-2.5厘米，先端圆形，基部渐窄，翼瓣先端凹陷，瓣柄细长，耳短，龙骨瓣短于翼瓣，喙长约2毫米；子房被短柔毛，花柱顶端弯曲。荚果膜质，卵圆形，紫褐或黄褐色，膨胀，长2-2.5厘米，顶端具喙，无毛。花期5-6月，果期6-7月。

产内蒙古及河北，生于海拔1800-1900米干旱山坡或丘陵石质坡地。蒙古有分布。

图 580 缘毛棘豆 （马 平绘）

31. 硬毛棘豆   图 581

Oxytropis hirta Bunge in Mém. Acad. Sci. St. Pétersb. Sav. Etrang. 2：91. 1839.

多年生草本，高达55厘米，被长硬刚毛。茎极缩短。奇数羽状复叶长15-30厘米，叶柄与叶轴粗壮，密被长硬刚毛，与小叶间有时密生小腺点；小叶3-23，对生，稀互生，卵状披针形或长椭圆形，长1.2-3（-6）厘米，

两面疏被长硬毛，有时上面无毛或近无毛，边缘具纤毛；托叶膜质，与叶柄贴生至2/3处，基部合生，被长硬毛。多花组成密长穗形总状花序，长于叶，密被长硬毛或无毛；苞片草质，线形或线状披针形，比花萼长，疏被长硬毛。花萼筒形或钟形，密被白色长硬毛；花冠蓝紫、紫红或黄白色，旗瓣匙形，长1.5-1.8厘米，翼瓣倒卵状长圆形，龙骨瓣斜长圆形，喙长1-3毫米；子房密被白色柔毛。荚果长卵圆形，密被长硬刚毛，喙长3-4毫米，不完全2室。花期5-8月，果期7-10月。染色体2n=16。

产黑龙江、吉林、辽宁、内蒙古、河北、山西、陕西、山东及河南，生于海拔800-2000米干旱草原、山坡路旁或林下。俄罗斯及蒙古有分布。

[附] **美丽棘豆** 毛序棘豆 **Oxytropis bella** B. Fedtsch. in O. Fedtsch. Fl. Pamir. 21. 1903. —— *Oxytropis trichosphaera* Preyn.；中国植物志 42（2）：4. 1998. 与硬毛棘豆的区别：植株被开展柔毛；花序为头形总状花序；苞片短于花萼。产新疆塔什库尔干西部，生于海拔3000-4300米砾石山坡。哈萨克斯坦、乌兹别克斯坦、土库曼斯坦、吉尔吉斯斯坦及塔吉克斯坦有分布。

图 581 硬毛棘豆 （引自《图鉴》）

32. 毛瓣棘豆
图 582 彩片 139

Oxytropis sericopetala Prain ex C. E. C. Fisch. in Kew Bull. 1937: 95. 1937.

多年生草本，高达40厘米，植株各部均密被白色绢质长柔毛。茎短，长仅2厘米，有2-4分枝。羽状复叶长7-15（-20）厘米；托叶披针形，彼此合生至上部，与叶柄分离；小叶13-21，线状长圆形或长圆状披针形，长0.6-3厘米。多花组成密穗形总状花序；花序梗长于叶；苞片线形，长约3毫米。花萼钟状，长0.8-1厘米，萼齿线形，与萼筒近等长；花冠紫红或蓝紫色，稀白色，旗瓣长1-1.2厘米，瓣片宽卵形，背面密被绢质短柔毛，翼瓣无毛，短于旗瓣，龙骨瓣短于翼瓣，喙长0.5-1毫米，背面被绢质短柔毛。荚果卵状椭圆形，微膨胀，长6-7毫米，几无梗。

产西藏，生于海拔2900-4500米高山草地、沙丘、河滩或冲积扇沙砾地。在雅鲁藏布江流域及其支流两岸的卵石滩上自成优势群落。据调查，本种花有毒，牲畜食后即中毒晕倒。

图 582 毛瓣棘豆 （李志民绘）

33. 山泡泡
图 583

Oxytropis leptophylla （Pall.） DC. Astrag. 77. 1802.
Astragalus leptophyllus Pall. in Itin. 3: 749. 1776.

多年生矮小草本，高达8厘米，全株近无毛。茎缩短。奇数羽状复叶长7-10厘米；小叶9-13，线形，长1.3-3.5厘米，宽1-2毫米，先端渐尖，基部近圆，边缘向上面反卷，上面无

毛，下面被贴伏长硬毛；托叶膜质，三角形，与叶柄贴生，先端钝，密被长柔毛。2-5花组成短总状花序；花序梗纤细，与叶等长或稍短，微被开展短柔毛；苞片披针形或卵状长圆形，长于花梗，密被长柔毛。花萼膜质，筒状，长0.8-1.1厘米，密被白色长柔毛，萼齿锥形，长为萼筒的1/3；花冠紫红或

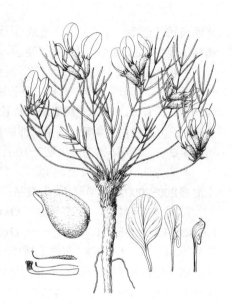

图 583 山泡泡 （引自《图鉴》）

紫色，旗瓣近圆形，长2-2.3厘米，先端圆或微凹，基部渐窄成瓣柄，翼瓣先端全缘，长1.9-2厘米，耳短，瓣柄细长，龙骨瓣长1.5-1.7厘米，喙长约1.5毫米；子房密被毛，花柱顶端弯曲。荚果膜质，卵状球形，膨胀，长1.4-1.8厘米，顶端具喙，腹面具沟，被白或黑白混生短柔毛，隔膜窄，不完全1室。花期5-6月，果期6-7月。染色体2n=16。

产吉林、内蒙古及河北，生于海拔887-1800米石质丘陵坡地或干旱山坡。俄罗斯及蒙古有分布。

34. 阿西棘豆　　　　　　　　　　　　　　图 584

Oxytropis assiensis Vass. in Not. Syst. Herb. Inst. Bot. Acad. Sci. URSS 20: 246. 1960.

多年生垫状草本，高3-6厘米。茎短缩，被白色绢质柔毛。羽状复叶长2-5厘米；托叶膜质，与叶柄贴生至中部并彼此合生；叶柄与叶轴被伏贴柔毛；小叶9-15，卵形或披针形，长5-8毫米，宽2-3毫米，两面被贴伏柔毛。5-7花组成疏总状花序；花序梗与叶等长，被白色和黑色柔毛；苞片长圆状卵形，长1-1.4厘米。花萼筒状，长1.2-1.6厘米，花后膨大，呈紫色，被白和黑色绵毛，萼齿线形，长及萼筒的1/4；花冠紫色，旗瓣长2.2-2.6厘米，瓣片长圆状匙形，翼瓣长1.9-2.1毫米，先端微凹，龙骨瓣稍短于翼瓣，喙长1.5-2毫米。荚果

图 584 阿西棘豆 （李志民绘）

膜质，卵状球形，长2-2.7厘米，喙长5-7毫米，被白色绵毛，不完全2室。

产新疆东北部及西藏西部，生于海拔2200-4800米高山草地、石质山坡或河谷。哈萨克斯坦、乌兹别克斯坦、土库曼斯坦、吉尔吉斯斯坦及塔吉克斯坦有分布。

35. 球花棘豆　　　　　　　　　　　　　　图 585

Oxytropis globiflora Bunge in Mém. Acad. Sci. St. Pétersb. sér. 7, 14(4): 43. 1869.

多年生低矮草本。茎短缩，匍匐，被银白色绢毛。羽状复叶长5-12厘米；托叶披针形，彼此分离，仅基部与叶柄贴生，被绢质柔毛；叶柄与叶轴被贴伏柔毛；小叶11-21，披针形、长圆形或长圆状披针形，长0.5-1.7厘米，两面被银白色绢质柔毛。多花组成卵形或长圆形总状花序；花序梗

长于叶，被伏贴柔毛；苞片线形与萼筒等长，被白色长柔毛和硬毛。花萼钟状，长约5毫米，被伏贴黑和白色柔毛，萼齿线状锥形，短于萼筒；花冠蓝紫色，旗瓣长8-9毫米，瓣片宽卵形，先端圆，翼瓣短于旗瓣，龙骨瓣与翼瓣近等长，喙长约2.5毫米，密被贴伏白色短柔毛。荚果长卵状宽椭圆形或长卵圆形，下垂，长1-1.2厘米，顶端具喙，密被贴伏白色短柔毛；果柄长1.5-2毫米。

产新疆及西藏，生于海拔3500-4500米高山石质山坡、冲积沟、草原或河谷。哈萨克斯坦、乌兹别克斯坦、土库曼斯坦、吉尔吉斯斯坦及塔吉克斯坦有分布。

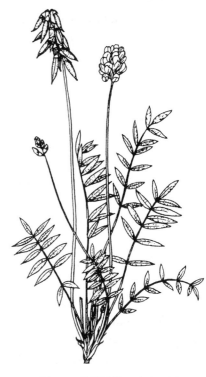

图 585 球花棘豆 （李志民绘）

36. 米尔克棘豆 图 586

Oxytropis merkensis Bunge in Bull. Soc. Nat. Mosc. 39(2): 65. 1866.

多年生草本；茎多分枝。奇数羽状复叶长5-15厘米；托叶与叶柄贴生很高，分离部分披针状钻形，基部三角形，被贴伏疏柔毛，边缘具刺纤毛；小叶13-25，长圆形、宽椭圆状披针形或披针形，长0.5-0.7（-2）厘米，两面被疏柔毛，边缘微卷。多花组成疏散总状花序，盛花期和果期伸长达10-20厘米；花序梗比叶长1-2倍，被贴伏白色疏柔毛，通常在上部混生白色柔毛；苞片锥形，被疏柔毛。花萼钟状，长4-5毫米，被贴伏黑色短柔毛和黑色疏柔毛，萼齿钻形，短于萼筒；

花冠紫或淡白色，旗瓣长0.7-1厘米，瓣片近圆形，先端微缺，瓣柄比瓣片短1-1.5倍，翼瓣与旗瓣等长或稍短，龙骨瓣等于或长于翼瓣，先端具暗紫色斑点，喙长0.5-1毫米。荚果宽椭圆状长圆形，纸质，下垂，长1-1.2（-1.6）厘米，顶端短渐尖，被贴伏白色疏柔毛；果柄与花萼等长。花期6-7月，果期7-8月。染色体2n=16，32。

产内蒙古、宁夏、甘肃、青海、新疆及西藏，生于海拔1800-4000米高山或草原。哈萨克斯坦、乌兹别克斯坦、土库曼斯坦、吉尔吉斯斯坦及塔吉克斯坦有分布。

图 586 米尔克棘豆 （马 平绘）

37. 密花棘豆　　　　　　　　　　图 587

Oxytropis imbricata Kom. in Fedde, Repert. Sp. Nov. 13: 232. 1914.

多年生草本，高达15厘米；茎缩短，基部多分枝。奇数羽状复叶长约10厘米；叶柄被贴伏疏柔毛；托叶膜质，线状披针形，与叶柄贴生，密被长柔毛；小叶15-29，长椭圆形或卵状披针形，长0.5-1.1厘米，先端急尖或钝，基部圆，两面疏被贴伏绢状灰或白色柔毛。多花组成紧密总状花序，果时花序延伸而稀疏，常偏向一侧；花序梗细弱，长于叶，被贴伏疏柔毛；苞片卵形，小。花萼钟状，长约5毫米，被黑和白色疏柔毛，萼齿披针状线形，与萼筒几等长；花冠红紫色，旗瓣长圆形，长约8毫米，先端圆，翼瓣与旗瓣等长，先端钝，龙骨瓣与翼瓣近等长，喙长约2毫米；子房披针形，密被柔毛，具钩状喙和短柄。荚果宽卵圆形或近圆形，纸质，长5-6毫米，喙短，钩状，被贴伏白色短

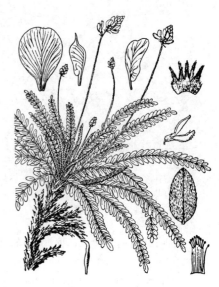

图 587　密花棘豆　（仿《图鉴》）

疏柔毛。花期5-7月，果期7-8月。

产甘肃及新疆，生于海拔1800-2500米山地阳坡。

38. 蓝花棘豆　　　　　　　　　　图 588

Oxytropis caerulea (Pall.) DC. Astrag. 68. 1802.

Astragalus caeruleus Pall. in Reise 3: 293. 1776.

多年生草本，高达20厘米。茎缩短，分枝不明显。奇数羽状复叶长5-15厘米；托叶披针形，被绢状毛，中部与叶柄贴生，彼此分离；小叶23-41，长圆状披针形，长0.7-1.5厘米，上面无毛或几无毛，下面疏被贴伏柔毛。12-20花组成稀疏总状花序，花序梗比叶长1倍，稀近等长，无毛或疏被贴伏白色短柔毛；苞片较花梗长，长2-5毫米。花萼钟状，长4-5毫米，疏被黑和白色短柔毛，萼齿三角状披针形，比萼筒短1倍；花冠天蓝或蓝紫色，旗瓣长0.8-1.5厘米，瓣片长椭圆状圆形，先端微凹、圆形、钝或具小尖，瓣柄长约3毫米，翼瓣长约7毫米，瓣柄线形，龙骨瓣长约7毫米，喙长1.5-2毫米；子房几无柄，无毛。荚果长圆状卵圆形，纸质，长1-2.5厘米，喙长7-9毫米，疏被白和黑色短柔毛，

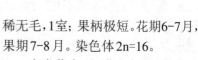

图 588　蓝花棘豆　（仿《图鉴》）

稀无毛，1室；果柄极短。花期6-7月，果期7-8月。染色体2n=16。

产内蒙古、河北、山西、甘肃及河南，生于海拔1000-3000米山坡或林下。俄罗斯及蒙古有分布。

39. 祁连山棘豆　　　　　　　　　图 589

Oxytropis qilianshanica C. W. Chang et C. L. Zhang in Acta Bot. Bor.-Occ. Sin. 13(3): 246. 1993.

多年生草本，高达22厘米。茎较

短，具分枝。奇数羽状复叶长6-15厘米；小叶19-25，长卵形，长0.5-1厘米，先端急尖，基部圆，边缘有毛，两面密被贴伏淡黄和白色柔毛；托叶膜质，三角形，长约1.3厘米，于1/3处与叶柄贴生，彼此分离，疏被开展白色长柔毛。5-14花组成密总状花序，花后伸长；花序梗长11-19厘米，被白色柔毛，上面混生黑色短柔毛；苞片草质，窄披针形，长约4毫米，疏被柔毛。花萼钟状，长5-6毫米，被白色长柔毛，并混生黑色短柔毛，萼齿钻形，长3-4毫米；花冠蓝色，旗瓣长7-8毫米，瓣片卵圆形，长约5毫米，先端微凹，瓣柄长约2毫米，龙骨瓣长7-8毫米，瓣片椭圆形，长5-6毫米，瓣柄长约2毫米，龙骨瓣长5-6毫米，喙长约0.5毫米，瓣柄长2.5毫米；子房长椭圆形，被疏柔毛或几无毛。荚果革质，圆柱状，褐色，下垂，长约1.3厘米，1室。花期6-7月，果期7-8月。

产甘肃及青海，生于海拔2300-2650米山坡或山顶草地。

图589 祁连山棘豆 （李志民绘）

40. 大花棘豆　　　　　　　　　　图590

Oxytropis grandiflora (Pall.) DC. Astrag. 71. 1802.

Astragalus grandiflorus Pall. Astrag 57. 1800.

多年生草本，高达40厘米。茎缩短，丛生，被贴伏白色柔毛。奇数羽状复叶长5-25厘米；小叶15-29，长圆状披针形，稀长圆状卵形，长1-2.5厘米，全缘，两面被白色绢状柔毛；托叶宽卵形，密被白色柔毛。多花组成穗形或头形总状花序；花序梗比叶长；苞片披针形或长圆状倒卵形，长0.7-1.3厘米。花萼筒状，长1-1.4厘米，微显紫色，被毛，萼齿三角状披针形，长1-3毫米；花冠红紫或蓝紫色，旗瓣长约2.3厘米，瓣片宽卵形，长约1.4厘米，瓣柄长，翼瓣比旗瓣短，

图590 大花棘豆 （引自《大花草本植物志》）

比龙骨瓣长，长约2厘米，瓣片斜倒三角状，先部微凹，瓣柄细长，长约1厘米，耳稍弯，龙骨瓣长约1.7厘米，瓣片前部具蓝紫色斑块，喙长2-3毫米，瓣柄长；子房密被柔毛。荚果革质，长圆形或长圆状卵形，长2-3厘米，顶端渐窄成细长的喙，腹缝线深凹，被贴伏白色柔毛，并混生黑色柔毛，隔膜宽，不完全2室。种子多数。花期6-7月，果期7-8月。

产河北及内蒙古，生于海拔750-1700米山坡、丘顶、草原、草甸草原或山地林缘草甸。俄罗斯及蒙古有分布。

41. 准噶尔棘豆　　　　　　　　图591

Oxytropis soongorica (Pall.) DC. Astrag. 73. 1802.

Astragalus soongoricus Pall. Astrag. 63. t. 51. 1800.

多年生草本，高达38厘米；茎短缩，被绢质绵毛，基部覆盖枯萎的叶柄和托叶。羽状复叶长10-20厘米；托叶膜质，宽卵形，下部彼此合生并与叶柄贴生，被贴伏的白色柔毛；叶柄与叶轴被开展的柔毛；小叶21-37，长圆状卵形，两面密被平伏的白色绢质柔毛。多花组成长总状花序；花序梗长于叶，

被白色柔毛；苞片卵状披针形，长0.7-1.2厘米，被白色柔毛。花萼钟状，长0.9-1.2厘米，被开展的白与黑色短柔毛，萼齿披针形，长为萼筒的1/4-1/5；花冠红紫色，旗瓣长1.7-2厘米，瓣片长卵形，翼瓣稍短于旗瓣，瓣片倒卵状披针形，上部稍扩大，先端2浅裂，龙骨瓣与翼瓣近等长，喙长约1.5毫米。荚果纸质，长卵圆形，膨胀，长1.3-1.8厘米，喙长5-7毫米，被开展白色长柔毛并混生黑色短柔毛，不完全2室。

产新疆，生于海拔1450-2800米石质山坡或亚高山草甸。俄罗斯西伯利亚、哈萨克斯坦、乌兹别克斯坦、土库曼斯坦、吉尔吉斯斯坦及塔吉克斯坦有分布。

图 591 准噶尔棘豆 （李志民绘）

42. 宽苞棘豆 球花棘豆　　　　　图 592

Oxytropis latibracteata Jurtz. in Not. Syst. Herb. Inst. Bot. Kom. Acad. Sci. URSS 19: 269. 1959.

Oxytropis strobilacea Bunge；中国高等植物图鉴 2: 432. 1972.

多年生草本，高达25厘米；茎缩短，多分枝。奇数羽状复叶长10-15厘米；小叶15-23，对生或互生，椭圆形、长卵形或披针形，长0.6-1.7厘米，两面密被贴伏绢毛；托叶膜质，卵形或宽披针形，长约1.1厘米，先端渐尖，被开展长柔毛。5-9花组成头形或长总状花序，花序下部混生密的黑色短柔毛；花序梗较叶长或与叶等长，密被短柔毛，苞片椭圆形，长0.8-1.1厘米，密被贴伏绢毛，并混生贴伏

短黑毛。花萼筒状，长约1.1厘米，密被黑和白色短柔毛，萼齿锥状三角形，长约2毫米；花冠紫、蓝、蓝紫或淡蓝色，旗瓣约2.1厘米，瓣片长椭圆形，长约1.2米，瓣柄约9毫米，翼瓣约长1.7厘米，瓣片两侧不等的倒三角形，长约8毫米，先端斜截而微凹，耳短，瓣柄细，长约9毫米，龙骨

图 592 宽苞棘豆 （引自《图鉴》）

瓣长约1.6厘米，喙长约1.5毫米；子房椭圆形，密被贴伏绢毛。荚果革质，长约1.5厘米。 花果期7-8月。染色体2n=16。

产内蒙古、河北、陕西、甘肃、青海及四川，生于海拔1700-4200米洪积滩地、河漫滩、干旱山坡、山坡柏树林下或亚高山草甸。

43. 二型叶棘豆

图 593

Oxytropis diversifolia Pet.-Stib. in Acta Hort. Gothob. 12: 78. 1937-38.

多年生矮小草本,近无毛,高3-5厘米。茎缩短。奇数羽状三出复叶;小叶3,两型:幼叶披针状倒卵形或椭圆形,长0.5-1厘米,先端锐尖,基部楔形,上面多少密被柔毛,下面密被白色柔毛,叶柄长7毫米;成熟叶线形,长1.7-4.5厘米,宽2-4毫米;叶柄长1.5-4厘米,密被贴伏绢状毛,宿存;托叶膜质,与叶柄贴生,卵形,长约4毫米,先端尖,被白色长柔毛。总状花序具1-2花,花序轴与叶近等长;花序梗长2-8毫米,密被柔毛;苞片膜质,线形,长约3毫米,密被绢状柔毛。花萼筒状,长0.9-1.2厘米,密被紧贴白色长柔毛,萼齿披针形,长2-3毫米;花冠淡黄色,旗瓣倒卵形,长1.1-2.2厘米,常反折,基部渐窄成瓣柄,翼瓣长1-1.8厘米,耳短圆,瓣柄线形,龙骨瓣长0.9-1.6厘米,喙长约1毫米。荚果膜质,近球形,膨胀,长1-1.5厘米,顶端具喙,腹缝具

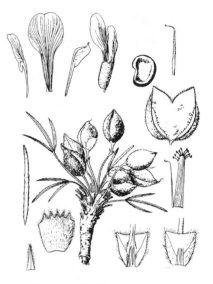

图 593 二型叶棘豆 (李志民绘)

沟,密被白色长柔毛,隔膜宽3毫米,不完全2室。花期4-5月,果期5-6月。染色体2n=16。

产内蒙古,生于海拔1000-2200米沙质平原、低丘、干河滩或山沟岩缝中。蒙古有分布。

44. 宽瓣棘豆

图 594

Oxytropis platysema Schrenk in Bull. Phys.-Math. Acad. Sci. St. Pétersb. 10(14-16): 254. 1841.

多年生矮小草本,高达8厘米。茎缩短,几无毛。奇数羽状复叶长2-5(-6)厘米;小叶13-19,卵状披针形、卵状长圆形或卵形,长0.3-0.6(-1)厘米,两面无毛,有时密被短柔毛,或幼时边缘有疏毛;托叶膜质,无毛或仅具纤毛,与叶柄分离或微贴生,彼此合生很高。3-5花组成头形总状花序,于花序下部杂生黑色长柔毛;花序梗与叶近等长或稍长,被白色长柔毛;苞片长圆形,长5-6毫米,被黑色柔毛和硬毛。花萼钟状,长6-9毫米,密被黑和白色长柔毛,萼齿线状披针形,与萼筒近等长,被黑色绵毛;花冠紫色,旗瓣长0.9-1.1厘米,瓣片宽卵圆形,先端微凹,翼瓣稍短于旗瓣,瓣片斜倒卵状长圆形,先端全缘,龙骨瓣短于翼瓣,喙长约1毫米;子房长圆形,长约1毫米,无毛,有短柄。荚果长圆形,膜质,长1-1.5厘米,喙内弯,腹缝具沟,背缝圆,被

图 594 宽瓣棘豆 (李志民绘)

贴伏黑色柔毛。花期6-7月,果期8月。

产新疆及西藏,生于海拔5000-5200米高山草甸或河边砾石地。哈萨克斯坦、乌兹别克斯坦、土库曼斯坦、吉尔吉斯斯坦及塔吉克斯坦有分布。

45. 细小棘豆

图 595

Oxytropis pusilla Bunge in Mém. Acad. Sci. St. Pétersb. sér. 7, 22(1): 27. 1874.

多年生矮小草本，高达5厘米。茎短缩，疏丛生。羽状复叶长2-7厘米；托叶草质，近卵形，长约6毫米，与叶柄贴生至中部，彼此分离，被白和黑色短糙毛；叶柄与叶轴疏被白和黑色短柔毛；小叶7-13，排列较疏，披针形至线状披针形，长0.5-1厘米，两面近无毛，有时下面疏被白色长柔毛，具缘毛。2-5花组成伞形总状花序；花序梗与叶近等长，下部无毛，上部疏被黑色短糙毛；苞片披针形，被黑色刚毛；与萼筒近等长；花萼钟状，长5-6毫米，密被贴伏的黑与白色长柔毛，萼齿线形，稍短于萼筒；花冠紫红色，旗瓣长5-7毫米，瓣片长圆形，翼瓣短于旗瓣，先端全缘，龙骨瓣短于翼瓣，喙长约0.3毫米。荚果长圆状圆柱形，长1-1.2厘米，被贴伏的黑色短柔毛，果柄甚短。

图 595 细小棘豆 （李志民绘）

产新疆西南部及西藏，生于海拔3800-5100米高山草甸、河滩及湖边草地或石质山坡草甸。

46. 窄膜棘豆

图 596

Oxytropis moellendorffii Maxim. in Bull. Acad. Sci. St. Pétersb. 26: 469. 1880.

多年生矮小草本，高约10厘米。茎缩短，丛生。奇数羽状复叶长5-10厘米；小叶13-21，披针形或窄披针形，长0.5-1.1厘米，先端渐尖或急尖，基部圆，边缘内卷，两面疏被短硬毛，后变无毛；托叶膜质，披针形，基部与叶柄贴生，于基部彼此合生，被长柔毛。3-5花组成近伞形总状花序；花序梗长5-8厘米，直立，疏被开展白色长柔毛，上部混生黑色短柔毛；苞片披针形，长约8毫米，密被长柔毛。花萼筒状，长0.9-1.2厘米，密被开展白色长柔毛和贴伏黑色短柔毛，萼齿钻形，长约4毫米；花冠紫色，旗瓣长1.7-2.6厘米，瓣片宽卵形，宽8毫米，先端凹，翼瓣约长1.5厘米，瓣片长圆形，先端2裂，龙骨瓣长约1.3厘米，喙长约1毫米；子房被硬毛，无柄。荚果长圆形，膜质，长约2厘米，密被黑色硬毛和白色疏柔毛。花期6-7月，果期7-8月。

图 596 窄膜棘豆 （仿《图鉴》）

产河北，生于海拔2400-3000米山坡、路旁或山顶岩石上。

47. 云南棘豆　　　　　　　　　　　　　　图 597

Oxytropis yunnanensis Franch. Fl. Delav. 1: 163. 1890.

多年生草本, 高达15厘米。茎缩短, 基部有分枝, 疏丛生。奇数羽状复叶长3-5厘米, 叶柄与叶轴细, 与小叶间有腺点, 被疏柔毛, 宿存; 小叶9-23, 披针形, 长5-7毫米, 先端渐尖或急尖, 基部圆, 两面疏被白色短柔毛; 托叶纸质, 长卵形, 与叶柄分离, 彼此于中部合生, 疏被白和黑色长柔毛。5-12花组成头形总状花序; 花序梗长于叶或与叶等长, 疏被短柔毛; 苞片膜质, 被白和黑色毛。花萼

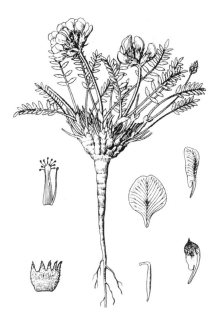

图 597 云南棘豆　（李志民绘）

钟状, 长6-9毫米, 疏被黑和白色长柔毛, 萼齿锥形, 稍短于萼筒; 花冠蓝紫或紫红色, 旗瓣长1-1.3厘米, 瓣片宽椭圆形或宽倒卵形, 先端2浅裂, 翼瓣稍短, 先端2裂; 龙骨瓣比翼瓣短, 喙长约1毫米; 子房疏被白和黑色短柔毛。荚果膜质, 椭圆形、长圆形或卵圆形, 长2-3厘米, 密被黑色贴伏短柔毛; 果柄长5-7毫米。花果期7-9月。

产青海、四川、云南及西藏, 生于海拔3500-4600米山坡灌丛、草地、冲积地或石质山坡岩缝中。

48. 胀果棘豆　　　　　　　　　　　　　　图 598

Oxytropis stracheyana Bunge in Mém. Acad. Sci. St. Pétersb. sér. 7, 22 (1): 62. 1874.

多年生矮小草本, 密被毛, 高达3厘米。茎短缩。奇数羽状复叶长2-3厘米; 小叶3-9, 长圆形, 长3-7毫米, 先端钝, 两面密被灰黄或灰白色柔毛; 托叶薄膜质, 白色, 基部与叶柄贴生, 与叶柄背面的一侧彼此合生, 分离部分三角形, 边缘被疏柔毛。3-6花组成伞形总状花序; 花序梗长约4.5厘米, 密被绢状柔毛; 苞片卵形, 长4-5毫米, 密被绢状柔毛。花萼筒状, 长1.2-1.4厘米, 密被白色绢状柔毛, 萼齿三角形, 长约4毫米; 花冠粉红、淡蓝或紫红色, 旗瓣长2.3-2.5厘

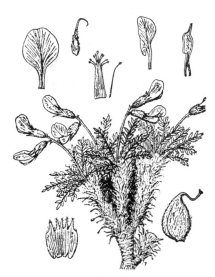

图 598 胀果棘豆　（李志民绘）

米, 瓣片宽卵状长圆形, 翼瓣长2-2.3厘米, 瓣片倒卵状长圆形, 龙骨瓣长1.7-1.9厘米, 喙长约2毫米; 子房密被白色绢状长柔毛, 具短柄。荚果卵圆形, 膜质, 膨胀, 长约1.2厘米, 径约1厘米, 密被白色绢状长柔毛, 隔膜窄。花果期7-9月。

产甘肃、青海、新疆及西藏, 生于海拔2900-5200米山坡草地、石灰岩山坡、河滩砾石草地或灌丛下。巴基斯坦、印度、哈萨克斯坦、乌兹别克斯坦、土库曼斯坦、吉尔吉斯斯坦及塔吉克斯坦有分布。

49. 密丛棘豆　　　　　　　　　　　　　　图 599

Oxytropis densa Benth. ex Bunge in Mém. Acad. Sci. St. Pétersb. sér. 7, 22(1)：24. 1874.

矮小垫状草本，高达5厘米。茎短缩，多分枝，密被长柔毛。羽状复叶长1-25厘米；托叶长5-7毫米，于中部与叶柄贴生，彼此分离；叶柄与叶轴密被开展长柔毛。小叶11-13（-19），卵形、长圆形或长圆状披针形，长2-4毫米，先端钝、圆或尖，基部圆，两面密被白色绢状长柔毛。6-10花组成头形总状花序；花序梗长于或稍短于叶，密被白色长柔毛；苞片线形，长圆状，长3-4毫米。花萼钟形，

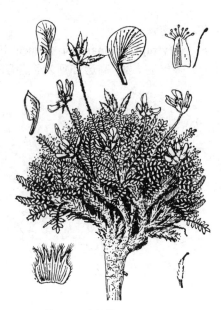

图 599　密丛棘豆　（冀朝祯绘）

长4-6毫米，密被白和黑色短柔毛，萼齿线形，长为萼筒1/3；花冠紫红或蓝紫色，基部淡黄色，旗瓣长5-7毫米，瓣片近圆形，先端圆，翼瓣与旗瓣近等长，先端圆或微凹，龙骨瓣与翼瓣近等长，喙长约0.5毫米。荚果长圆状圆柱形，膨胀，长0.9-1.2厘米，径2-3毫米，密被白色短柔毛，1室。

产甘肃、青海、新疆及西藏，生于海拔2500-5300米高山草地、河滩或砾石山坡。克什米尔地区及巴基斯坦有分布。

50. 冰川棘豆　　　　　　　　　　　　　　图 600

Oxytropis proboscidea Bunge in Mém. Acad. Sci. St. Pétersb. sér. 7, 22(1)：17. 1874.

Oxytropis glacialis Benth. ex Bunge；中国植物志 42(2)：42. 1998.

多年生草本，高达17厘米。茎短缩，丛生。羽状复叶长2-12厘米；托叶卵形，彼此合生，与叶柄分离，密被绢质柔毛；叶轴具小腺点；小叶9-19，长圆形或长圆状披针形，长0.3-1厘米，两面被开展的绢质长柔毛。多花组成球形或长圆形总状花序；花序梗紧被白和黑色卷曲长柔毛；苞片线形，比萼筒稍短。花萼钟状，长4-6毫米，密被黑色或黑和白色混杂的长柔毛，萼齿披针形，短于萼筒；花

图 600　冰川棘豆　（李志民绘）

冠紫红色、蓝色，偶有白色，旗瓣长5-9毫米，瓣片近圆形，翼瓣倒卵状长圆形，先端全缘或微凹，龙骨瓣短于翼瓣，喙长约1毫米，三角形，微外弯呈钩状。荚果纸质，卵状球形或长圆状球形，长5-7毫米，膨胀，密被开展白色长柔毛和黑色短柔毛，1室，具短柄。

产甘肃、新疆、云南西北部及西藏，生于海拔3100-5300米高山草甸、砾石山坡、河滩砾石地或沙质地。

51. 色花棘豆   图 601

Oxytropis dicroantha Schrenk in Fisch. et Mey. Enum. Pl. Nov. 1: 78. 1841.

多年生矮小草本，高达10厘米。茎短缩，密丛生。羽状复叶长3-6厘米；托叶卵状披针形，长6-7毫米，彼此合生至中部，基部与叶柄贴生，被灰白色绵毛；叶柄与叶轴被开展短绵毛；小叶17-25，卵形或长圆状卵形，长4-8毫米，两面被绢质柔毛。多花组成头形总状花序；花序梗与叶近等长，被贴伏白色短柔毛；苞片线形，长3-4毫米，被毛。花萼钟状，长5-7毫米，被黑色短柔毛和白色绵毛，萼齿线形，长2-3毫米；花冠紫色，旗瓣长约1.2厘米，瓣片宽卵形，翼瓣稍短于旗瓣，龙骨瓣短于翼瓣，喙长1.5-2毫米。荚果近革质，长圆状卵圆形，膨胀，长1-1.4厘米，径约4毫米，喙长1-1.5毫米，被开展长绵毛，不完全2室。

产西藏，生于石质山坡或河谷。哈萨克斯坦、乌兹别克斯坦、土库曼斯坦、吉尔吉斯斯坦及塔吉克斯坦有分布。

[附] **阿拉套棘豆 Oxytropis pseudofrigida** Saposhn. in Not. Syst. Herb. Hort. Bot. Petrop. 4(17-18)：136. 1923. 与色花棘豆的区别：托叶彼此分离，与叶柄贴生至中部以上；小叶13-17，长0.8-1厘米；旗瓣长达2厘米；荚果卵状球形，长2.5-3厘米，径1.5-2厘米。产新疆，生于高山草

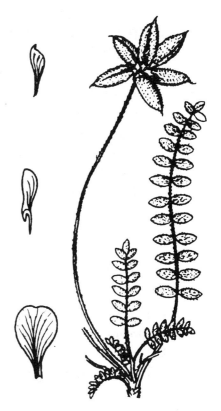

图 601 色花棘豆 （李志民绘）

地或石质山坡。哈萨克斯坦、乌兹别克斯坦、土库曼斯坦、吉尔吉斯斯坦及塔吉克斯坦有分布。

98. 米口袋属 Gueldenstaedtia Fisch.
（包伯坚）

多年生草本；主根圆锥状；主茎极缩短而成根颈，自根颈发出多数缩短的分茎。奇数羽状复叶具多对全缘的小叶，生于缩短的分茎上而呈莲座丛状，稀退化为一小叶；托叶分离，与叶柄基部贴生，常成膜质宿存于分茎基部；小叶具短叶柄或几无柄，卵形、披针形、椭圆形、长圆形和线形，稀近圆形。伞形花序具3-8(-12)花。花紫堇色、淡红及黄色；花萼钟状，密被贴伏白色长柔毛，间有或多或少的黑色柔毛，稀无毛，萼齿5，上方2齿较长而宽，分离；旗瓣卵形或近圆形，基部渐窄成瓣柄，先端微凹，翼瓣斜倒卵形，离生，稍短于旗瓣，龙骨瓣卵形，钝头，长约为翼瓣1/2；雄蕊二体(9+1)；子房圆筒状，花柱短于子房或等长，内卷，柱头钝，圆形。荚果圆筒形，1室，无假隔膜，具多数种子。种子三角状肾形，具凹点。

约12种，分布于亚洲大陆。我国10种，1亚种。

1. 植株被毛。
  2. 伞形花序有2-6花。
    3. 分茎较伸长，通常长可达5厘米，木质化；旗瓣先端渐尖，翼瓣椭圆状半月形 ┅┅┅┅┅┅┅┅┅┅┅┅┅
    ┅┅┅┅┅┅┅┅┅┅┅┅┅┅┅┅┅┅┅┅┅┅┅┅┅┅┅┅┅┅┅┅┅ 1. 川鄂米口袋 **G. henryi**
    3. 分茎较短，通常长不及5厘米，不木质化；旗瓣先端圆，翼瓣斜倒卵形。

4. 小叶在果期披针形或长圆形；旗瓣卵形或倒卵形。

  5. 植株高通常超过6厘米；旗瓣长达1.3厘米。

    6. 花冠红紫色，旗瓣瓣片卵形，翼瓣瓣片先端斜截；花序有2-4花 ·················
·················· **2. 少花米口袋 G. verna**

    6. 花冠紫堇色，旗瓣瓣片倒卵形，翼瓣瓣片先端非斜截；花序有2-6花 ·········
·················· **2(附). 米口袋 G. verna** subsp. **multiflora**

  5. 植株高通常在6厘米以下；旗瓣长0.9-1.1厘米。

    7. 花序梗与叶等长，果期短于叶，较叶柄粗壮；荚果圆柱状，长1-1.2厘米 ·········
·················· **4. 川滇米口袋 G. delavayi**

    7. 花序梗长于叶1倍，果期长于叶，较叶柄细；荚果窄长卵圆形或圆棒状，长约1.5厘米 ·······
·················· **4(附). 甘肃米口袋 G. gansuensis**

  4. 小叶在果期线形或长圆形；旗瓣椭圆形或近圆形 ·············· **6. 狭叶米口袋 G. stenophylla**

2. 伞形花序有8花，花序梗长于叶1/3至1倍 ·············· **3. 长柄米口袋 G. harmsii**

1. 植株全体无毛 ·············· **5. 光滑米口袋 G. maritima**

1. 川鄂米口袋 图 602

Gueldenstaedtia henryi Ulbr. in Engl. Bot. Jahrb. 36. Biebl. 82: 59. 1905.

多年生草本。分茎长达5厘米，木质化，有分枝。叶于分枝先端丛生。羽状复叶长2-9厘米，被疏柔毛或近无毛；托叶窄三角形，基部分离；小叶11-15，长圆形或倒卵形，长0.3-1厘米，先端圆常微缺，具明显细尖，上面无毛，下面被微柔毛；小叶柄很短或几无。伞形花序具4-5花；花序梗长约10厘米，被极稀疏柔毛或无毛；苞片窄披针形，长3.5毫米。花梗长3毫米；小苞片线形；花萼钟状，长6毫米，被贴伏疏柔毛，上方2萼齿明显较长而宽，窄三角形，下方3萼齿披针形；旗瓣宽卵形，长1.4厘米，先端渐尖，微缺，基部渐窄成瓣柄。翼瓣椭圆状半月形，长1.15厘米，瓣柄短。仅长1.8毫米，楔形，龙骨瓣长5.5毫米，瓣柄长2毫米；子房长圆形，被长柔毛；荚果长1.5厘米，被疏柔毛。

图 602 川鄂米口袋 （引自《豆科图说》）

种子肾形，具凹点。

    产四川、湖北、河南东南部及安徽西南部。根有接筋骨的功能。

2. 少花米口袋 图 603

Gueldenstaedtia verna (Georgi) Boriss. in Sched. Herb. Fl. URSS 12. Fasc. 75: 122. 1953.

Astragalus vernus Georgi, Bemerk. Reis URSS Reich. 1: 226. 1775.

多年生草本。分茎短，长2-3厘米，具宿存托叶。羽状复叶长2-20厘米；托叶三角形，基部合生；叶柄被白色疏柔毛；小叶7-19，长圆形或披针形，长0.5-2.5厘米，先端钝头或急尖，具细尖，两面被疏柔毛，有时上面无毛。伞形花序有花2-4；花序梗约与叶等长；苞片长三角形，长2-3毫米。花梗长0.5-1毫米；小苞片线形，长约为萼筒的1/2；花萼钟状，长5-7毫米，被白色疏柔毛，萼齿披针形，上方2齿约与萼筒等长，下方3

齿较短小；花冠红紫色，旗瓣瓣片卵形，长1.3厘米，先端圆，微缺，基部渐窄成瓣柄，翼瓣瓣片斜倒卵形，先端斜截，长1.1厘米，具短耳，瓣柄长3毫米，龙骨瓣瓣片倒卵形，长5.5毫米，瓣柄长2.5毫米；子房椭圆状，密被柔毛，花柱无毛，内卷。荚果长圆筒状，长1.5-2厘米，被长柔毛，成熟后毛稀疏，开裂。种子圆肾形，径约1.5毫米，具浅凹点。花期5月，果期6-7月。

产黑龙江、吉林、辽宁、内蒙古东部及河北北部。俄罗斯西伯利亚地区有分布。全草有清热解毒、消痈肿的功能。

[附] **米口袋 Gueldenstaedtia verna** subsp. **multiflora** (Bunge) Tsui, Fl. Reipub. Popul. Sin. 42(2)：150. t. 39. f. 1-6. 1998. —— *Gueldenstaedtia multiflora* Bunge in Mém. Acad. St. Pétersb. Sav. Etrang. 2: 98. 1883；中国高等植物图鉴 2: 414. 1972. 与模式变种的区别：花冠紫堇色，旗瓣瓣片倒卵形，翼瓣瓣片先端非斜截形；花序有2-6花。产黑龙江、吉林、辽宁、内蒙古、河北、山西、陕西中南部、甘肃东部、河南、山东、江苏、安徽、浙

图 603 少花米口袋 （张桂芝绘）

江及江西，生于海拔1300米以下的山坡、路旁、田边等。俄罗斯中、东西伯利亚及朝鲜北部有分布。药用功效同少花米口袋。

3. 长柄米口袋 图 604

Gueldenstaedtia harmsii Ulbr. in Engl. Bot. Jahrb. 36. Biebl. 82: 58. 1905.

多年生草本。分茎极缩短。托叶卵形或窄三角形，先端渐尖，外面被稀疏白色长疏毛，内面无毛；羽状复叶通常长10-13厘米；小叶9-13，卵

形或椭圆形，长0.2-1.3厘米，两面被稀疏白色长柔毛，有时上面近无毛。伞形花序有8花；花序梗长10-23厘米；苞片窄三角形。花梗长2-3毫米；小苞片线形；花萼钟状，绿色，被白色疏柔毛，具5不等萼齿，上方2萼齿较宽大，下方3萼齿较短、窄于上方2萼齿一半。花冠紫色，旗瓣宽卵形或近圆形，长1.2厘米，翼瓣长倒卵形，先端斜截，长1.1厘米，最宽处3.5毫米，具耳，瓣柄长2毫米，龙骨瓣斜倒卵形，具耳，柄长2.5毫米；子房圆棒状，密被长柔毛，花柱向上卷曲。荚果圆柱形，长1.7厘米，径4毫米，被白色疏柔毛。种子肾形，具凹点。花期3月，果期5月。

产安徽、湖北、河南西部、山西南部及陕西南部，生于海拔700-1000米的山地。

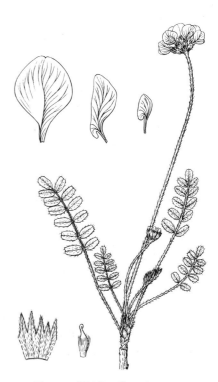

图 604 长柄米口袋 （蔡淑琴绘）

4. 川滇米口袋 图 605

Gueldenstaedtia delavayi Franch. in Bull. Soc. Bot. France 32: 5. 1885.

多年生草本。分茎较缩短。托叶窄三角形，基部贴生于叶柄，被长柔毛，边缘具齿状腺体。羽状复叶长2-9厘米；小叶5-11，椭圆形或长圆形，长0.3-1.4厘米，先端钝，具细尖，两面被长柔毛，上面较稀疏。伞形花序有2-4花；花序梗花期与叶等长，果期较叶短几达1倍，且较叶柄粗壮。苞片披针形。花梗长约3毫米；小苞片线形，长2.5毫米；花萼钟状，长6.5毫米，上方2萼齿长3毫米，下方3萼齿较上方2萼齿稍短；花冠紫色，旗瓣宽卵形，长1.1厘米，先端微缺，基部渐窄成瓣柄，翼瓣长倒卵状，先端斜截，长1厘米，瓣柄线形，长2毫米，龙骨瓣长5毫米，瓣柄长2毫米；子房被长柔毛，花柱向上卷曲。荚果圆柱状，长约1-1.2厘米，径3.5毫米，初被长柔毛，成熟时几无毛。种子肾形，具凹点。花期3-5月，果期7-8月。

产云南北部及西北部、四川西南部，生于海拔2500-2600米的山区。

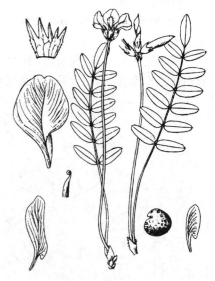

图 605 川滇米口袋 （引自《豆科图说》）

[附] **甘肃米口袋 Gueldenstaedtia gansuensis** Tsui in Bull. Bot. Lab. North-East. Forest. Inst. 5: 44. 1979. 与川滇米口袋的区别：花序梗纤细，长于叶1倍；荚果窄长卵形或圆棒状，长1.5厘米，被稀疏柔毛；总果柄较叶长，较叶柄纤细。花期3月，果期5月。产陕西及甘肃。

5. 光滑米口袋 图 606

Gueldenstaedtia maritima Maxim. in Bull. Soc. Nat. Moscou 54: 7. 1879.

多年生草本。分茎较短，被宿存托叶，全体光滑无毛。托叶三角形或长三角形，边缘常具锯齿状腺体；羽状复叶长6-7厘米；小叶9-17，长椭圆形或长倒卵形，先端钝，具明显细尖。伞形花序具2-5花；花序梗与叶等长或稍超出；苞片钻形。小苞片线形，贴生于萼筒；花萼钟状，上方2萼齿最大而宽。下方3萼齿较短窄；旗瓣卵形，长1.35厘米，基部渐窄成瓣柄，翼瓣长倒卵形，先端斜截，长1厘米，具耳及线形短瓣柄，龙骨长卵形，长7毫米，瓣柄长2.5毫米；子房长椭圆形，花柱顶端内卷。荚果圆棒状。种子肾形，具凹点。花期3月，果期5月。

图 606 光滑米口袋 （张泰利绘）

产辽宁、河北、山西及山东，生于山坡、草地或田边等处。全草有清热解毒、消肿止痛的功能。

6. 狭叶米口袋 图 607

Gueldenstaedtia stenophylla Bunge in Mém. Acad. Sci. St. Pétersb. Sav. Etrang. 2: 98. 1833.

多年生草本，主根细长。分茎较

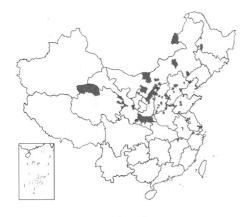

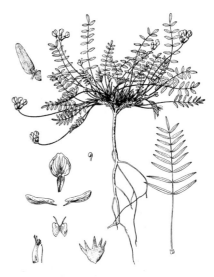

缩短，具宿存托叶。羽状复叶长1.5-15厘米，被疏柔毛；叶柄约为叶长的2/5；托叶宽三角形至三角形，被稀疏长柔毛，基部合生；小叶7-19，早春生的小叶卵形，夏秋的线形或长圆形，长0.2-3.5厘米，先端急尖，钝头或截形，先端具细尖，两面被疏柔毛。伞形花序具2-3(4)花；花序梗纤细，较叶为长，被白色疏柔毛；花梗极短或近无梗；苞片及小苞片披针形，密被长柔毛；花萼筒钟状，长4-5毫米，上方2萼齿较大，长1.5-2.5毫米，下方3萼齿较窄小；花冠粉红色，旗瓣椭圆形或近圆形，长6-8毫米，先端微缺，基部渐窄成瓣柄，翼瓣窄楔形，先端斜截，长7毫米，瓣柄长2毫米，龙骨瓣长4.5毫米；子房被疏柔毛。荚果圆筒形，长1.4-1.8厘米，被疏柔毛。种子肾形，径1.5毫米，具凹点。花期4月，果期5-6月。

产黑龙江、辽宁、内蒙古、宁夏、青海、甘肃、陕西、山西、河北、山

图 607 狭叶米口袋 (引自《东北草本植物志》)

东、河南、安徽、江苏、浙江西北部及江西北部，生于向阳山坡或草地。全草有清热解毒、消痈肿的功能。

99. 高山豆属 **Tibetia** (Ali) Tsui
(包伯坚)

多年生草本；主根圆锥状或纺锤状，强大直下，根颈上发出多数纤长分茎，分茎具分枝，伏地生，有时具不定根。奇数羽状复叶；托叶棕褐色，膜质，先端以下合生抱茎并与叶对生，分离或自基部以上合生：小叶先端圆或微缺，有时近2裂。伞形花序腋生，有1-4花。花萼棕褐色，上方2萼齿较大并合生至中部以上；花冠通常深紫色，稀黄色；旗瓣具柄；翼瓣与旗瓣近等长；龙骨瓣长约及翼瓣之半；雄蕊二体 (9+1)，花粉3-4沟3-4孔；子房通常圆筒形，被长柔毛或无毛，花柱短于子房或等长，内弯与子房成直角。荚果圆筒状，1室，具多数种子。种子肾形，平滑。

约5种，主要分布于喜马拉雅山区及青藏高原，我国5种均产。

1. 子房无毛；托叶先端圆；花粉4沟4孔。
  2. 花冠蓝紫色；花萼窄钟状，上方2萼齿几全部合生 ·················· 1. 蓝花高山豆 **T. coelestis**
  2. 花冠黄色；花萼钟状或宽钟状，上方2萼齿先端分离 ·················· 1(附). 黄花高山豆 **T. tongolensis**
1. 子房被毛；托叶先端急尖；花粉3沟3孔。
  3. 小叶9-12(-19)，椭圆形、圆形、卵形或宽倒卵形，先端圆或微缺，有时深缺至2裂状；根圆锥状 ·················
  ·················· 2. 高山豆 **T. himalaica**
  3. 小叶3-7(-9)，圆形或扁圆形，先端截形或微缺；根纺锤状 ·················· 3. 云南高山豆 **T. yunnanensis**

1. 蓝花高山豆   图 608

Tibetia coelestis (Diels) Tsui, Fl. Reipubl. Popul. Sin. 42(2)：159. 1998.

Astragalus coelestis Diels in Notes Roy Bot. Gard. Edinb. 5：244. 1912.

多年生草本。分茎纤细。羽状复叶长6-9厘米；托叶大，膜质，分离，宽椭圆形，长5-6毫米，先端圆。小叶5-7(-9)，倒卵形、宽椭圆形或宽

卵形，长1.8厘米，先端截形或微缺，上面无毛，下面被疏柔毛。伞形花序具2-3花，稀4-5；花序梗约与叶等长或超过叶长的1/3，被稀疏细柔毛；苞片长三角形，长2-2.5毫米。花梗长4-6.5厘米；小苞片长卵形，先端

渐尖，边缘有齿状腺体，长约1.5毫米；花萼窄钟状，长6毫米，被棕褐色贴伏长硬毛，上方2萼齿大而宽，几全部合生，下方3萼齿长三角形；花冠蓝色，旗瓣卵状圆形，长1.1厘米，先端深缺，基部具瓣柄，翼瓣近椭圆形，长1厘米，龙骨瓣倒卵形，长4.5毫米，雄蕊稍短于龙骨瓣；子房圆柱状，无毛。荚果种子肾形，平滑。花期6-7月，果期9月。

产四川中西部及西南部、云南西北部及西藏东南部，生于海拔约3000米以上的高山干草地.

[附] **黄花高山豆 Tibetia tongolensis** (Ulbr.) Tsui in Bull. Bot. Lab. North-East. Forest. Inst. 5: 50. pl. 4(4). 1979. —— *Gueldenstaedtia tongolensis* Ulbr. in Engl. Bot. Jahrb. 5: 50(Biebl. 110): 11. 15 Apr. 1913. 与蓝花高山豆的区别：花萼钟状或宽钟状，上方2萼齿先端分离；花冠黄色。

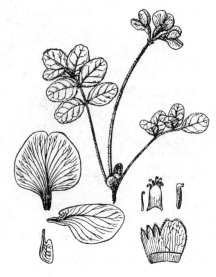

图 608 蓝花高山豆 （引自《豆科图说》）

产四川及云南，生于海拔3000米以上的山区。

2. 高山豆 异叶米口袋 图 609

Tibetia himalaica (Baker) Tsui in Bull. Bot. Lab. North-East. Forest. Inst. 5: 51. Pl. 4(1). 1979.

Gueldenstaedtia himalaica Baker in Hook. f. Fl. Brit. Ind. 2: 117. 1879.

Gueldenstaedtia diversifolia Maxim.；中国高等植物图鉴 2: 414. 1972.

多年生草本；主根直下，圆锥状。分茎明显。羽状复叶长2-7厘米；叶柄被稀疏长柔毛；托叶卵形，长约7毫米，密被贴伏长柔毛，先端急尖；

小叶9-12（-19），圆形、椭圆形、宽倒卵形或卵形，长达9毫米，先端圆、微缺，有时深缺至2裂状，被贴伏长柔毛。伞形花序具1-3（4）花；花序梗与叶等长或较叶长，具稀疏长柔毛；苞片长三角形。花萼钟状，长3.5-5毫米，被长柔毛，上方2萼齿较大，长1.5-2毫米，基部合生至1/2处，下方3萼齿

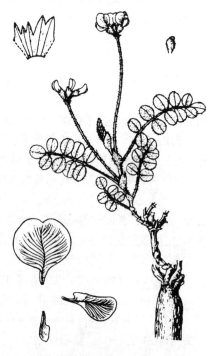

图 609 高山豆 （张泰利绘）

较窄而短；花冠深蓝紫色，旗瓣卵状扁圆形，长6.5-8毫米，先端微缺或深缺，瓣柄长2毫米，翼瓣宽楔形具斜截头，长6-7毫米，瓣柄线形，长1.5毫米，龙骨瓣近长方形，长3-4毫米，瓣柄长约1.5毫米；子房被长柔毛，花柱折曲成直角。荚果圆筒形，有时稍扁，被稀疏柔毛或近无毛。种子肾形，光滑。花期5-6月，果期7-8月。

产甘肃、青海、四川、云南及西藏，生于海拔3000-5000米的山区。印度北部、不丹、锡金、尼泊尔及孟加拉有分布。全草有清热解毒、利尿的功能。

3. 云南高山豆 云南米口袋 图 610

Tibetia yunnanensis (Franch.) Tsui in Bull. Bot. Lab. North-East. Forest. Inst. 5: 54. pl. 4(3). 1979.

Gueldenstaedtia yunnanensis Franch. Pl. Delav. 164. 1880; 中国高等植物图鉴 2: 413. 1972.

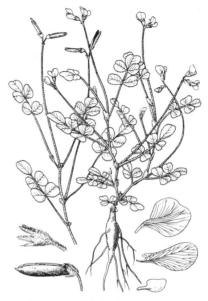

多年生草本; 根上部增粗呈纺锤形; 分茎发达, 纤细, 节间明显。托叶与叶对生, 抱茎, 倒卵形, 长约6毫米, 基部连合, 先端渐尖, 边缘具齿状腺体。小叶3-7(-9), 圆形或扁圆形, 长0.5-1厘米, 先端截形或微缺, 被贴伏疏柔毛。伞形花序有1-2花; 花序梗长5-10厘米, 超过叶长的1倍, 被疏柔毛; 苞片披针形, 长约2毫米。花萼钟状, 长4-5毫米, 萼齿披针形, 上方2萼齿较大, 合生至基部以上2/3处, 被贴伏长柔毛; 花冠紫色, 旗瓣倒心形, 长约1厘米, 先端微缺, 基部渐窄成瓣柄, 翼瓣稍短于旗瓣, 先端斜截形, 龙骨瓣倒卵形, 长及宽均不及翼瓣的1/2; 子房被长柔毛, 柱头折曲成直角。

图 610 云南高山豆 (孙英宝绘)

荚果圆筒形, 长约1.2厘米, 被疏柔毛。种子肾形, 平滑。

产云南、四川及西藏东南部, 生于海拔2500米以上山区。

100. 骆驼刺属 Alhagi Gagnep.

(包伯坚)

多年生草本或亚灌木。单叶, 全缘, 具钻状托叶。花序总状, 腋生, 花序轴针刺状。花冠红或紫红色; 每花具1苞片和2钻状小苞片; 花萼钟状, 5裂, 萼齿近同形; 旗瓣与龙骨瓣约等长, 翼瓣较短, 其与龙骨瓣皆具长瓣柄和短耳; 雄蕊二体(9+1), 雄蕊管前端弯曲, 花药同型; 子房线形, 无毛, 胚珠多数, 花柱丝状, 与雄蕊共同弯曲, 柱头头状。荚果为不太明显的串珠状, 平直或弯曲, 节间椭圆形, 不开裂。种子肾形或近正方形, 彼此被横隔膜分开。染色体2n = 16, 28。

约5种。主要分布于北非、地中海、中亚至西亚。我国1种。

骆驼刺 图 611 彩片 140

Alhagi sparsifolia Shap. in Sovetsk. Bot. 3-4: 167. 1933.

亚灌木, 高达40厘米。茎直立, 具细条纹, 无毛或幼茎具短柔毛, 从基部分枝; 枝条平行上升。叶互生, 卵形、倒卵形或倒圆卵形, 长0.8-1.5厘米, 先端圆, 具短硬尖, 基部楔形, 全缘, 无毛, 具短柄。总状花序腋生, 花序轴变成坚硬的锐刺, 刺长为叶的2-3倍, 无毛, 刺上具3-6(-8)花。花长0.8-1厘米; 苞片钻状, 长约1毫米; 花梗长1-3毫米; 花萼钟状, 长4-5毫米, 被短柔毛, 萼齿三角状或钻状三角形, 长为萼筒的1/3至1/4; 花冠深紫红色, 旗瓣倒长卵形, 长8-9毫米, 先端钝圆或截平, 基部楔形, 具短瓣柄, 翼瓣长圆形, 长为旗瓣的3/4, 龙骨瓣与旗瓣约等长; 子房线形, 无毛。荚果线形, 常弯曲, 几无毛。

产内蒙古西部、甘肃中部、青海东北部及新疆东部, 生于荒漠地区的沙地、河岸、农田边。哈萨克斯坦、乌兹别克斯坦、土库曼斯坦、吉尔吉

斯斯坦及塔吉克斯坦有分布。全株有滋补强壮、涩肠止痛的功能。

101. 山羊豆属 Galega Linn.
（包伯坚）

多年生草本。茎直立，多分枝。奇数羽状复叶，互生，具柄；托叶分离，戟形，草质；小叶多对，全缘，侧脉伸至叶缘；无小托叶。总状花序，腋生与顶生；苞片小，线形，通常宿存。花多数；花梗细，无小苞片；花萼钟形，脉纹明显，萼齿5，尖刺形，近等长；花冠白、蓝紫及红色，花瓣几等长，龙骨瓣无耳；雄蕊单体，药室分离；子房无柄，胚珠多数，花柱细，内弯，无毛，柱头小，顶生。荚果圆锥状线形，具密而平行的斜向脉，顶端有宿存花柱，2瓣裂，果瓣具斜向条痕，缝线不增粗，种子间无隔膜；有多数种子。种子横长圆形，无种阜。

约8种。分布欧洲南部、亚洲西南部及东非热带山地。我国引入栽培1种。

山羊豆 图 612

Galega officinalis Linn. Sp. Pl. 714. 1753.

多年生草本，高0.4-1米。茎直立，节间作之字形曲折，中空，无毛或疏被贴伏毛。羽状复叶长5-20厘米，托叶宽披针状形，长0.5-1厘米，先端锐尖，基部箭形，脉纹清晰；具柄；小叶5-10对，近对生，长卵形或线状披针形，长1-5厘米，先端钝，具细尖，基部宽楔形，小叶柄长约0.5毫米，被毛。总状花序生于茎上部叶腋和顶端，长8-25厘米；苞片针刺状，长4-5毫米，基部卵状三角形。花多数；花梗细，短于苞片；花萼筒状，长4.5毫米，萼齿锥刺形，与萼筒等长或稍短；花冠翠蓝、白或桃红色，花瓣几等长，先端均圆钝，旗瓣倒卵状长圆形，基部渐窄至短瓣柄，翼瓣长圆形，多少与龙骨瓣相连，龙骨瓣稍弯曲。荚果窄圆锥状线形，长2-4厘米，顶端喙状，具种子多数。种子肾形，长3毫米，褐色。花期6-8月，果期7-10月。

原产欧洲南部及亚洲西南部。甘肃及陕西有栽培，作家畜饲料；花美丽供观赏，晒干后供药用，为温性收敛剂，有强壮、发汗、催乳等效能；种子有降低血糖的作用。

102. 甘草属 Glycyrrhiza Linn.
（李沛琼）

多年生草本；根和根状茎甚发达，部分种类含甘草甜素。茎直立，多分枝，基部木质化，全体被鳞片状腺点、刺毛状腺体或柔毛。奇数羽状复叶，有叶枕；托叶2，早落或宿存；小叶（3）5-17，对生，全缘或具刺毛状或钩状细齿。总状花序腋生；苞片早落。花萼钟状或筒状，膨胀或否，基部偏斜，萼齿5，上方2齿部分连合；花冠白、黄、紫或紫红色，旗瓣具短爪，翼瓣短于旗瓣，龙骨瓣连合；雄蕊（9+1）二体，花丝长短交错，花药2型，药室顶端连合；子房1室，无柄，胚珠2-10。荚果圆形、卵形、圆肾形、长圆形或线形，稀念珠状，直、弯曲呈镰刀状或环状，扁或膨胀，被腺点、刺毛状腺体、瘤状突起或硬刺，稀有光滑。种子肾形。

约20种，遍及全球各大洲。我国8种。

1. 荚果线形、椭圆形、长圆形或圆形，如为线形，常弯曲呈镰刀状至环状，外面有鳞片状腺点、刺毛状腺体、瘤

图 611 骆驼刺 （傅季平绘）

图 612 山羊豆 （何冬泉绘）

状突起或光滑；小叶近圆形、卵形、长卵形、倒卵形、长圆形、椭圆形或披针形；根和根状茎含甘草甜素。

2. 荚果不为念珠状，外面被鳞片状腺点、刺毛状腺体或瘤状突起；植株较粗状，高30厘米以上。

3. 荚果扁、直、微弯或弯曲呈镰刀状至环状。

4. 小叶卵形、长卵形或近圆形；子房密被刺毛状腺体；荚果线形，弯曲成镰刀状至环状，并密集成球形果穗，有刺毛状腺体和瘤状突起 ················· 1. **甘草 G. uralensis**

4. 小叶卵状披针形或长圆状披针形；子房无毛；荚果长圆形，直或微弯，密生成圆柱形果序，光滑或有刺毛状腺体 ················· 2. **洋甘草 G. glabra**

3. 荚果椭圆形或长圆形，膨胀，直，外面被褐色腺点和刺毛状腺体 ················· 3. **胀果甘草 G. inflata**

2. 荚果念珠状，无毛；植株较矮小，高10-30厘米 ················· 4. **粗毛甘草 G. aspera**

1. 荚果近圆形、圆肾形或卵圆形，有瘤状突起、鳞片状腺体或硬刺；小叶长圆形、长圆状倒卵形或披针形；根和根状茎不含甘草甜素。

5. 荚果圆形或圆肾形，外面有瘤状突起和密生鳞片状腺点；总状花序圆柱形；小叶长圆形或长圆状倒卵形，先端微凹或钝 ················· 5. **圆果甘草 G. squamulosa**

5. 荚果卵圆形，有硬刺；总状花序长圆形；小叶披针形，先端渐尖 ················· 6. **刺果甘草 G. pallidiflora**

1. 甘草

图 613

Glycyrrhiza uralensis Fisch. in DC. Prodr. 2: 248. 1825.

多年生草本；根与根状茎粗壮，外皮褐色，里面淡黄色，含甘草甜素。茎高0.3-1.2米，密被鳞片状腺点、刺毛状腺体和柔毛。羽状复叶长5-20厘米，叶柄密被褐色腺点和短柔毛；小叶5-17，卵形、长卵形或近圆形，长1.5-5厘米，两面均密被黄褐色腺点和短柔毛，基部圆，先端钝，全缘或微呈波状。总状花序腋生；花序梗密被鳞片状腺点和短柔毛。花萼钟状，长0.7-1.4厘米，密被黄色腺点和短柔毛，基部一侧膨大，萼齿5，上方2枚大部分连合；

花冠紫、白或黄色，长1-2.4厘米；子房密被刺毛状腺体。荚果线形，弯曲呈镰刀状或环状，外面有瘤状突起和刺毛状腺体，密集成球状。种子3-11，圆形或肾形。花期6-8月，果期7-10月。

产黑龙江、吉林、辽宁、内蒙古、河北、山东、河南、山西、陕西、甘肃、宁夏、新疆及青海，生于干旱沙地、河岸沙质地、山坡草地或盐渍化

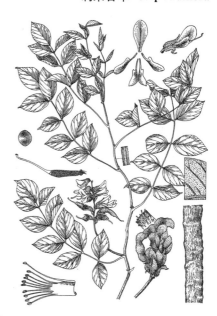

图 613 甘草 （引自《中国植物志》）

土壤中。蒙古及俄罗斯西伯利亚有分布。根和根状茎供药用。有补脾益气、止咳祛痰、清热解毒、缓急定痛、调和药性的功能。

2. 洋甘草 光果甘草

图 614

Glycyrrhiza glabra Linn. Sp. Pl. 742. 1753.

多年生草本；根与根状茎粗壮，含甘草甜素。茎直立，高0.5-1.5米，基部木质化，密被鳞片状腺体和长柔毛。羽状复叶长5-14厘米，有小叶11-17，叶柄密被黄褐色腺毛及长柔毛；小叶长圆状披针形或卵状披针形，长1.7-4厘米，上面近无毛，下面密被淡黄色鳞片状腺点，沿脉疏被短柔毛，基部近圆，先端圆或微凹，全缘。总状花序腋生；花序梗密生鳞片状腺点、长柔毛和绒毛。花萼钟状，长5-7毫米，疏被黄色腺点和短柔毛，萼齿5，

上方的2枚大部分连合；花冠紫或淡紫色，长0.9-1.2厘米；子房无毛。荚果密生成长圆形果序，果长圆形，扁，长1.7-3.5厘米，直或微弯，无毛或疏被毛，有时有刺毛状腺体。种子2-8，肾形。花期5-6月，果期7-9月。

产陕西、甘肃、宁夏、新疆及青海,生于河岸阶地、沟边、田边或干旱盐渍化土壤上。欧洲地中海区域、哈萨克斯坦、乌兹别克斯坦、吉尔吉斯斯坦、塔吉克斯坦及俄罗斯西伯利亚有分布。根和根状茎供药用。

图 614 洋甘草 （引自《植物分类学报》）

3. 胀果甘草　　　　　　　　　　　图 615

Glycyrrhiza inflata Batal. in Acta Hort. Petrop. 11: 484. 1891.

多年生草本;根与根状茎粗壮,含甘草甜素。茎直立,高0.5-1.5米,基部木质化。羽状复叶长4-20厘米,有小叶3-7(-9),叶柄和叶轴均密被褐色鳞片状腺点;小叶卵形、椭圆形或长圆形,长2-6厘米,基部近圆,先端锐尖或钝,边缘微波状,两面被黄褐色腺点,沿脉疏被短柔毛。总状花序腋生;花序梗密生鳞片状腺点。花萼钟状,长5-7毫米,密被橙黄色腺点和柔毛,萼齿5,上方2枚1/2以下连合;花冠紫或淡紫色,长0.6-1厘米。荚果椭圆形或长圆形,长0.8-3厘米,直,膨胀,被褐色腺点和刺毛状腺体,疏被长柔毛。种子1-4,圆形。花期5-7月,果期6-10月。

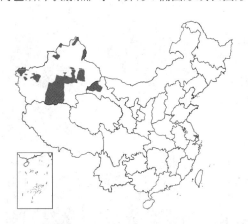

产甘肃及新疆,生于河岸阶地、水边、田边或荒地。哈萨克斯坦、乌兹别克斯坦、土库曼斯坦、吉尔吉斯斯坦及塔吉克斯坦有分布。根和根状茎供药用,功效同甘草。

图 615 胀果甘草 （引自《植物分类学报》）

4. 粗毛甘草　　　　　　　　　　　图 616

Glycyrrhiza aspera Pall. Reise Russ. Reich. 1: 499. 1771.

多年生草本;根和根状茎较细瘦,含甘草甜素。茎直立或铺散,高10-30厘米,疏被短柔毛和刺毛状腺体。羽状复叶长2.5-10厘米,叶柄疏被短柔毛和刺毛状腺体;小叶(5)7-9,卵形、倒卵形或椭圆形,长1-3厘米,上面无毛,下面灰绿色,沿脉疏生短柔毛和刺毛状腺体,基部宽楔形,先端圆,有时微凹。总状花序腋生;花序梗疏被短柔毛和刺毛状腺体。花萼筒状,长0.7-1.2厘米,疏被短柔毛,萼齿5,上方2枚稍连合;花冠淡紫或紫色,基部带绿色,长1.3-1.5厘米;子房几无毛。荚果念珠状,长1.5-2.5厘米,常弯曲成环状或镰刀状,无毛,成熟时褐色。种子2-10,近圆形。花期5-6月,果期7-8月。

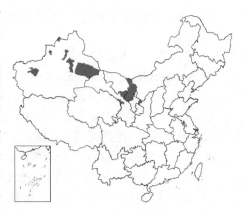

产内蒙古、陕西、甘肃、宁夏、青海及新疆,生于田边、沟边或荒地

中。俄罗斯、哈萨克斯坦、乌兹别克斯坦、土库曼斯坦、吉尔吉斯斯坦、塔吉克斯坦、伊朗及阿富汗有分布。根和根状茎可药用，功效同甘草。

5. 圆果甘草 图 617

Glycyrrhiza squamulosa Franch. Pl. David. 1：93. t. 11. 1884.

多年生草本；根与根状茎细长，不含甘草甜素。茎直立，高30-60厘米，密被黄色鳞片状腺点，几无毛。羽状复叶长5-15厘米，有小叶9-13，叶柄具密的鳞片状腺点和疏柔毛；小叶长圆形或长圆状倒卵形，长1-1.5厘米，基部楔形，先端圆，微凹或钝，边缘具微小的刺毛状细齿，两面均密被鳞片状腺点。总状花序腋生，圆柱形；花序梗与花萼均密被鳞片状腺点和疏生短柔毛；花萼钟状，长2.5-3.5毫米，萼齿5，上方2齿稍连合；花冠白色，长5-7毫米，背面密被黄色腺点。荚果近圆形或圆肾形，长0.5-1厘米，背面突，腹面平，顶端具小尖，具瘤状突起和密生鳞片状腺点。种子2，肾形。花期5-7月，果期6-9月。

产内蒙古、宁夏、陕西、山西、河北及河南，生于河岸阶地、路边荒地或盐碱地等。蒙古有分布。茎叶可作绿肥。根茎有解毒、镇咳、健脾胃、调和诸药的功能。

6. 刺果甘草 图 618

Glycyrrhiza pallidiflora Maxim. Prim. Fl. Amur. 79. 1859.

多年生草本；根和根状茎不含甘草甜素。茎直立，高1-1.5米，密被黄褐色鳞片状腺点，几无毛。羽状复叶长6-20厘米，叶柄无毛，密生腺点；小叶9-15，披针形，长2-6厘米，两面均密被鳞片状腺点，无毛，基部楔形，先端渐尖，边缘具钩状细齿。总状花序长圆形，腋生，花密集成球；花序梗密生短柔毛和鳞片状腺点。花萼钟状，长4-5毫米，密被腺点，萼齿5，披针形；花冠淡紫、紫或淡紫红色。荚果卵圆形，长1-1.7厘米，被长约5毫米刚硬的刺，顶端具突尖。种子2，圆肾形，黑色。花期6-7月，果期7-9月。

产黑龙江、吉林、辽宁、内蒙古、陕西、山西、河北、河南、山东及江苏，生于河滩地、岸边、田野或路旁。俄罗斯远东地区有分布。茎叶作绿肥。根茎有催乳的功能。

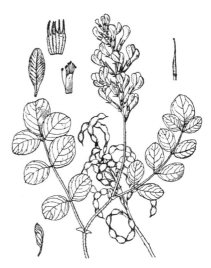

图 616 粗毛甘草 （引自《沙漠植物志》）

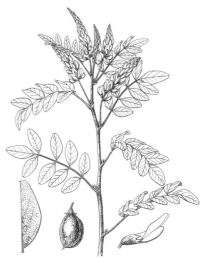

图 617 圆果甘草 （引自《图鉴》）

图 618 刺果甘草 （引自《图鉴》）

103. 岩黄蓍属 **Hedysarum** Linn.
（包伯坚）

一年生或多年生草本，稀为亚灌木或灌木。叶为奇数羽状复叶；托叶2，干膜质，与叶对生，基部合生或分离；小叶全缘，上面通常具亮点；无小托叶。花序总状，稀为头状，腋生；苞片干膜质。小苞片2，刚毛状，生于花萼基部；花萼钟状或斜钟状，萼齿5，近等长或下萼齿明显长于上萼齿；花冠紫红色、玫瑰红色、黄色或淡黄白色；旗瓣通常基部收缩为瓣柄，翼瓣短于旗瓣或近等长，稀长于旗瓣，龙骨瓣通常长于旗瓣，稀等于或短于旗瓣；雄蕊二体（9+1），雄蕊管上部膝曲，近旗瓣的1枚雄蕊分离，稍短，稀中部与雄蕊管粘着，花药同型；子房线形，胚珠少数，花柱丝状，包于雄蕊管内，上部与雄蕊管共同膝曲，柱头小。荚果具节荚，两侧扁平或双凸透镜形，脉纹明显隆起，无刺或有时具刺、刚毛或瘤状突起，不开裂，边缘具或有时不具齿或翅。染色体2n=14，16，28，（48）。

约150种，主要分布于北温带的欧洲、亚洲、北美和北非。我国41种。

1. 亚灌木；龙骨瓣前下角呈弓形弯曲。
  2. 茎最上部叶通常无小叶或仅具1枚顶生小叶；翼瓣长为旗瓣的2/3，荚果具白色密毡状毛 ……………………………………………………………………………………… 1. **细枝岩黄蓍 H. scoparium**
  2. 叶具正常发育的小叶；翼瓣长不超过旗瓣的1/2，荚果无毛或具疏柔毛。
    3. 萼齿长为萼筒的1/3-1/4，上方萼齿间分裂深达萼筒中部以下；荚果疏生针刺；小叶卵形或宽圆形 …………………………………………………………………………… 2. **红花岩黄蓍 H. multijugum**
    3. 萼齿长为萼筒的1/2，上方萼齿间不分裂；荚果有或无针刺；小叶长圆形、窄椭圆形或窄卵形。
      4. 花序与叶近等长；子房被短柔毛。
        5. 荚果具细长的刺 ……………………………………………… 3. **山竹岩黄蓍 H. fruticosum**
        5. 荚果无刺 ……………………………………… 3(附). **蒙古岩黄蓍 H. fruticosum** var. **mogolicum**
      4. 花序通常长过于叶；子房无毛；荚果无毛，无刺 …… 3(附). **木岩黄蓍 H. fruticosum** var. **lignosum**
1. 多年生草本；龙骨瓣前下角呈钝角弯曲。
  6. 萼齿等于或短于萼筒，稀稍长于萼筒；翼瓣的瓣柄与耳近等长；荚果扁平，无刚毛、刺或瘤状突起；植株呈绿色。
  7. 花黄花。
    8. 萼齿近相等或下方萼齿稍长于上方萼齿，或最多为上萼齿的1.5-2倍。
      9. 小叶13-27，长卵形或卵状披针形；托叶宽披针形；总状花序与叶等长或稍长于叶；花长1.6-2厘米 ………………………………………………………………………… 4. **滇岩黄蓍 H. limitaneum**
      9. 小叶27-47，卵状长圆形；托叶三角状披针形；总状花序明显长于叶；花长1.4-1.5厘米 ……………………………………………………………………… 4(附). **中甸岩黄蓍 H. thiochroum**
    8. 下方萼齿长为上方萼齿的2-3倍。
      10. 荚果被毛。
        11. 小叶卵状披针形或卵状长圆形，长1.8-2.4厘米，宽4-6毫米；枝无毛；花序一般不长于叶 …………………………………………………………………………………… 5. **多序岩黄蓍 H. polybotrys**
        11. 小叶卵形，长1.5-3厘米，宽0.6-1.5厘米；枝被短柔毛；花序明显长于叶 ……………………………………………………………… 5(附). **宽叶岩黄蓍 H. polybotrys** var. **alaschanicum**
      10. 荚果无毛。
        12. 荚果具窄翅；茎被灰白色短柔毛；托叶合生至中部以上 …… 6. **太白岩黄蓍 H. taipeicum**
        12. 荚果无翅或具窄边；茎几无毛；托叶合生近顶部 …… 6(附). **黄花岩黄蓍 H. citrium**
  7. 花紫红色。

13. 旗瓣明显长于翼瓣和龙骨瓣；荚果节荚间微缢缩 ·················· 7. 湿地岩黄耆 **H. inundatum**

13. 旗瓣短于或有时与翼瓣和龙骨瓣近等长；荚果于节间明显缢缩。

 14. 子房和荚果无毛，荚果无翅或无窄边 ·················· 8. 山岩黄耆 **H. alpinum**

 14. 子房和荚果被毛，荚果具翅或具窄边 ·················· 9. 中国岩黄耆 **H. chinense**

  15. 植株高不超过10厘米；小叶5-17。

   16. 萼齿被长1毫米的柔毛；根颈节部不膨大 ·········· 10. 紫云英岩黄耆 **H. pseudoastragalus**

   16. 萼齿被短柔毛；根颈节部通常膨大成小球状 ·········· 11. 块茎岩黄耆 **H. algidum**

  15. 植株高10厘米以上；小叶9-25。

   17. 花长2.1-2.5厘米，深玫瑰紫色，翼瓣无毛 ·········· 12. 唐古特岩黄耆 **H. tanguticum**

   17. 花长不超过2厘米，紫红色，翼瓣被短柔毛 ·········· 13. 锡金岩黄耆 **H. sikkimense**

6. 萼齿长为萼筒的1.5-3倍；翼瓣的瓣柄明显长于耳；荚果两侧膨胀，通常具刚毛、刺或瘤状突起；植株常呈灰绿色。

 18. 植株具正常发育的茎；叶非丛生。

  19. 翼瓣长不超过旗瓣的1/3 ·················· 14. 短翼岩黄耆 **H. brachypterum**

  19. 翼瓣长为旗瓣的2/3或3/4。

   20. 花长1.8-2.2厘米；荚果通常具乳突，有时具弯曲的刺 ·········· 15. 华北岩黄耆 **H. gmelinii**

   20. 花长1.6-1.8厘米；荚果有细刺，稀无细刺 ·········· 15(附). 山地岩黄耆 **H. montanum**

 18. 茎短缩，高仅1-2厘米；叶丛生 ·················· 16. 贺兰山岩黄耆 **H. petrovii**

1. 细枝岩黄耆   图 619

Hedysarum scoparium Fisch. et Mey. in Schrenk. Enum. Pl. Nov. 1: 87. 1841.

亚灌木，高0.8-3米。茎直立，多分枝，茎皮亮黄色，呈纤维状剥落。茎下部叶具7-11小叶，上部叶具3-5小叶，最上部的叶轴无小叶或仅具1枚顶生小叶；小叶线状长圆形或窄披针形，长1.5-3厘米，无柄或近无柄，上面被短柔毛或无毛，下面被较密的长柔毛。总状花序腋生，上部的明显长于叶；花序梗被短柔毛。花少数，疏散排列；花萼钟状，被短柔毛，萼齿长为萼筒的2/3，上萼齿宽三角形，稍短于下萼齿；花冠紫红色，旗瓣倒卵形或倒卵圆形，长1.4-1.9厘米，先端钝圆，微凹，翼瓣线形，长为旗瓣的2/3，龙骨瓣前下角呈弓形弯曲，通常稍短于旗瓣；子房被短柔毛。荚果2-4节，节荚宽卵形，长5-6毫米，两侧膨大，具明显细网纹和白色密毡状毛。花期6-9月，果期8-10月。染色体2n=16。

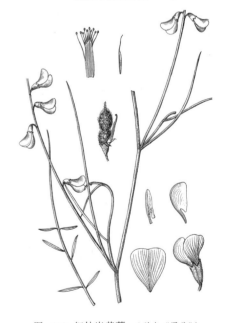

图 619 细枝岩黄耆 （引自《图鉴》）

产新疆北部、青海柴达木东部、宁夏、甘肃河西走廊、内蒙古及陕西北部，生于半荒漠的沙丘或沙地，荒漠前山冲沟中的沙地。哈萨克斯坦及蒙古南部有分布。为优良固沙植物。

2. 红花岩黄耆   图 620

Hedysarum multijugum Maxim. in Bull. Acad. Imp. Sci. St. Pétersb.

17: 464. 1881.

亚灌木或仅基部木质化而呈草本

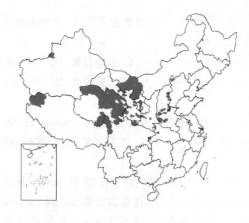

状。茎直立，高40-80厘米，多分枝，密被灰白色短柔毛。叶长6-18厘米；小叶15-29，卵形或椭圆形，长5-8(-15)毫米，上面无毛，下面被贴伏短柔毛。总状花序腋生，花序梗被短柔毛。花9-25，长1.6-2.1厘米，疏散排列，果期下垂。花萼斜钟状，长5-6毫米，萼齿钻状或锐尖，短于萼筒3-4倍，下萼齿稍长于上萼齿或为其2倍，通常上萼齿间分裂深达萼筒中部以下，两侧萼齿与上萼间有时分裂较深；花冠紫红或玫瑰红色，旗瓣倒宽卵形，翼瓣长为旗瓣的1/2，耳与瓣柄近等长，龙骨瓣稍短于旗瓣，前下角呈弓形弯曲；子房线形，被短柔毛。荚果具2-3节荚，节荚椭圆形或半圆形，疏被短柔毛，具细网纹，疏生小刺。花期6-8月。果期8-9月。

产内蒙古、河北、山西、河南、湖北、陕西、甘肃、宁夏、青海、新疆、西藏及四川，生于荒漠地区的砾石质洪积扇、河滩，草原地区的砾石质山坡以及落叶阔叶林地区的干燥山披和砾石河滩。根有补气固表、利尿、托毒排脓、生肌的功能。

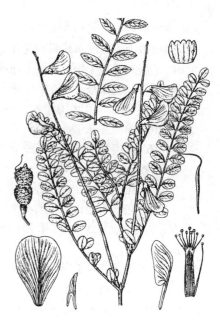

图 620 红花岩黄蓍 （引自《图鉴》）

3. 山竹岩黄蓍

Hedysarum fruticosum Pall. Reise Ross. Reich. 3：752. 1776.

亚灌木，高40-80厘米；根系发达，主根深长。茎直立，多分枝，枝皮灰白色，幼枝被柔毛。叶长8-14厘米，叶轴被短柔毛；小叶11-19，椭圆形或长圆，长1.4-2.2厘米，先端钝圆或急尖，基部楔形，上面疏被短柔毛，下面的毛较密。总状花序腋生，与叶近等长，具4-14疏生的花。花长1.5-2.1厘米；花萼钟状，长5-6毫米，被短柔毛，萼齿三角形，近等长，长及萼筒的1/2，侧萼齿与上萼齿之间分裂较深，上萼之间不分裂；花冠紫红色，旗瓣倒卵圆形，长1.4-2厘米，翼瓣三角状披针形，与龙骨瓣的瓣柄等长或稍短，龙骨瓣等长于旗瓣，前下角呈弓形弯曲；子房被短柔毛。荚果有2-3节，节荚椭圆形，长5-7毫米，两侧膨胀，幼时密被短柔毛，具细长的刺。

产黑龙江、吉林、辽宁及内蒙古，生于草原带的河边或湖边沙地及沙丘。俄罗斯远东地区及蒙古北部有分布。为优良的饲料植物和固沙植物。根入药，功效与红花岩黄蓍同。

图 621：1-7.蒙古岩黄蓍 8.木岩黄蓍
（引自《辽宁志（上）》）

［附］**蒙古岩黄蓍** 图 621：1-7
Hedysarum fruticosum var. **mongolicum**（Turcz.）Turcz. ex B. Fedtsch. in Acta. Hort. Petrop. 19：211. 1902. —— *Hedysarum mongolicum* Turcz. in Bull. Soc. Nat. Mosc. 15：781. 1842；2：437. 1972.

与模式变种的区别:荚果无刺。产辽宁、内蒙古东部及东北西部,生于草原地区的沿河或古河道沙地。为优良的饲料和固沙植物。

[附] 木岩黄芪 图 621:8 **Hedysarum fruticosum** var. **lignosum** (Trautv.) Kitagava in Rep. First. Sci. Eexped. Manch. Sect. IV. 4: 89. 1936. —— *Hedysarum lignosum* Trautv in Acta Hort. Petrop. 1: 176. 1872. 与模式变种的区别:小叶较窄;花序通常长于叶;子房无毛;荚果

无毛、无刺。产辽宁、内蒙古东部及东北西部,生于草原地区的固定或半固定沙丘和沙地。为良好的饲料植物和固沙植物。

4. 滇岩黄芪
图 622

Hedysarum limitaneum Hand.-Mazz. Symb. Sin. 3: 564. 1933.

多年生草本,高20-40厘米,植株呈绿色。茎直立,不分枝,具细条纹,被疏柔毛或有时老茎无毛。叶长8-14厘米,无明显的叶柄;托叶宽披针形,合生至上部;小叶13-27,对生或互生,长卵形或卵状披针形,长1.5-2厘米,上面无毛,下面沿中脉被长柔毛。总状花序腋生,等长于或稍长于叶,具6-15花;花序梗被短柔毛。花长1.6-2厘米,外展;花梗长2-3毫米;苞片钻状披针形,稍长于花梗;花萼钟状,被短柔毛,萼齿披针状三角形,与萼筒近等长,下萼齿较窄,稍

长于其余萼齿;花冠淡黄色,旗瓣倒长卵形,长1.4-1.6厘米,翼瓣与旗瓣近等长,瓣柄与耳等长,龙骨瓣长于旗瓣,前下角呈钝角弯曲;子房密被短柔毛。荚果通常2-3节,节荚扁平,椭圆形或紧连花梗的节荚为长卵形,被短柔毛,全缘或呈不规则疏牙齿。花期7-8月,果期8-9月。

产四川西南部、云南西北部、西藏东南部及青海南部,生于山地针叶林带的林缘、灌丛和杂类草山坡。根有固表止汗、益气补虚、排脓生肌的功能。

图 622 滇岩黄芪 (引自《豆科图说》)

[附] 中甸岩黄芪 **Hedysarum thiochroum** Hand.-Mazz. Symb. Sin. 3: 563. 1933. 与滇岩黄芪的区别:小叶27-47;托叶三角状披针形;总状花序明显长于叶;花长1.4-1.5厘米。分布于云南西北部及四川西南部,生于山地针叶林下。

5. 多序岩黄芪
图 623 彩片 141

Hedysarum polybotrys Hand.-Mazz. Symb. Sin. 3: 563. 1933.

多年生草本,高1-1.2米,植株呈绿色。茎直立,丛生,多分枝。枝条坚硬、无毛,稍曲折。叶长5-9厘米,无明显叶柄;托叶披针形,合生至上部;小叶11-19,卵状披针形或卵状长圆形,长1.8-2.4厘米,宽4-6毫米,上面无毛,下面被贴伏柔毛。总状花序腋生,长度一般不长过叶。花多数,长1.2-1.4厘米;花梗长3-4毫米;苞片钻状披针形,等于或稍短于花梗,被柔毛,常早落;花萼斜宽钟状,被短柔毛,萼齿三角状钻形,与萼筒近等长,齿间呈宽的微凹,上萼齿长约1毫米,下萼齿长为上萼齿的1倍;花冠淡黄色,长1.1-1.2厘米,旗瓣倒长卵形,先端圆或微凹,翼瓣等于或稍长于旗瓣,瓣柄与耳近等长,龙骨瓣长于旗瓣2-3毫米,前下角呈钝角弯曲;子房被短柔毛。荚果具2-4节,被短柔毛,节荚近圆形或宽卵

形，长3-5毫米，具明显网纹和窄翅。花期7-8月，果期8-9月。

产宁夏、甘肃南部、四川及湖北，生于山地石质山坡、灌丛及林缘。根为著名中药材，名曰"红芪"，作黄芪入药并远销东南亚各地。

[附] **宽叶岩黄蓍** Hedysarum polybotrys var. *alaschanicum*（B. Fedtsch.）H. C. Fu et Z. Y. Chu, Fl. Intramong. ed. 2. 3: 341. 1989. —— *Hedysarum semenovii* Regel. et Herd. var. *alaschanicum* B. Fedtsch. in Act. Hort. Petrop. 19: 250. 1902. 与模式变种的区别：枝被短柔毛；小叶卵形，长1.5-3厘米，宽0.6-1.5厘米；花序明显长于叶。产甘肃东部、宁夏、山西北部、内蒙南部及河北北部，生于山地灌丛或林缘的砾石质山坡。

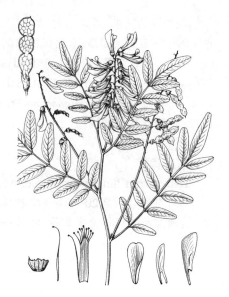

图 623 多序岩黄蓍 （引自《图鉴》）

6. 太白岩黄蓍　　　　　　　　　　　　图 624

Hedysarum taipeicum（Hand.-Mazz）K. T. Fu, Fl. Tsinling. 1（3）: 72. 1981.

Hedysarum esculentum Ledeb. var. *taipeicum* Hand.-Mazz. Symb. Sin. 3: 562. 1933.

多年生草本，高30-40厘米，植株呈绿色。茎直立，被灰白色短柔毛，上部分枝。叶长10-13厘米，无明显的叶柄；托叶披针形，合生至中部以上；小叶15-27，长卵形、卵状长圆形或椭圆形，长1.2-2厘米，先端圆，具短尖头，基部圆，上面无毛，下面被短柔毛。总状花序腋生，等于或稍超出叶，花序轴被灰白色短柔毛。花多数，长1.5-1.6厘米，平展或外倾；花梗长3-4毫米；苞片窄披针形，与花梗近等长；花萼钟状，长6-8毫米，密被灰白色短柔毛，萼齿披针形，侧萼齿

和上萼齿与萼筒近等长，下萼齿长为上萼齿的1.5-2倍；花冠淡黄色，长1.2-1.4厘米，旗瓣倒长卵形，先端平截状圆形或微凹，翼瓣等于或稍长于旗瓣，瓣柄与耳近等长，龙骨瓣长于旗瓣约2毫米，前下角呈钝角弯曲。荚果具2-5节，节荚倒卵形或圆形，两侧扁平，无毛，具细网纹，边缘具窄翅。花期6-7月，果期7-8月。

产陕西秦岭山地及湖北西部，生于海拔1500-3300米砾石质山坡或分水岭草地。

[附] **黄花岩黄蓍** Hedysarum citrinum E. Baker in Journ. Bot. 73: 296. 1935. 与太白岩黄蓍的区别：茎几无毛；托叶合生近顶部；荚果边缘

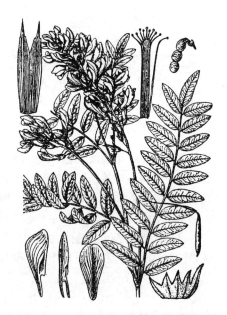

图 624 太白岩黄蓍 （引自《豆科图说》）

无翅或具窄边。花期7-8月，果期9月。产西藏东部及四川西部，生于海拔3200-4200米山地针叶林下及其针叶林带的砾石质山坡或灌丛中。

7. 湿地岩黄蓍　　　　　　图 625 彩片 142

Hedysarum inundatum Turcz. in Bull. Soc. Nat. Mosc. 15: 781. 1842.

多年生草本，高10-20厘米，植株呈绿色。茎直立或基部偃卧，被短

柔毛和细沟纹，下部茎节具大的褐色的托叶，无叶片，上部的托叶披针形，合生至上部。小叶11-17，卵形或长

卵形，长1.2-1.7厘米，上面无毛，下面被疏柔毛，沿脉和边缘毛较密。总状花序腋生，稍长于叶；具多花，外展，密集排列成塔形花序。花长1.4-1.8厘米，具被柔毛的短花梗；苞片披针形，暗棕褐色，与花萼近等长，背面被柔毛；花萼宽钟状，被柔毛，萼齿三角状，近等长，长为萼筒的一半，齿间呈宽的凹陷；花冠紫红色，旗瓣倒长卵形，长约1.4-1.6厘米，先端圆或微凹，基部楔形，翼瓣稍短于旗瓣，瓣柄与耳近等长，龙骨瓣稍短于或等于翼瓣，前下角钝角弯曲；子房无毛。荚果3-4节，下垂，节荚间微缢缩，椭圆形，两侧具明显网纹，边缘具窄翅。花期6-7月，果期7-8月。染色体2n=28。

产河北及山西北部，常生于海拔2500-3000米山坡。俄罗斯西伯利亚地区有分布。

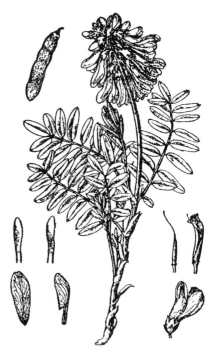

图 625 湿地岩黄蓍 （引自《豆科图说》）

8. 山岩黄蓍 图 626

Hedysarum alpinum Linn. Sp. Pl. 750. 1753.

多年生草本，高0.5-1.2米，植株呈绿色。茎多数，直立，具细条纹，无毛或上部枝条被疏柔毛，基部无叶，具托叶。叶长8-12厘米；托叶三角状披针形，棕褐色，干膜质，合生至上部；叶轴无毛；小叶9-17，卵状长圆形或窄椭圆形，长1.5-3米，上面无毛，下面被灰白色贴伏短柔毛，主脉和侧脉明显隆起。总状花序腋生，长16-24厘米；花序梗和花序轴被短柔毛。花多数，长1.2-1.6厘米；苞片钻状披针形，等于或稍长于花梗，外被短柔毛；花萼钟状，被短柔毛，萼齿三角状钻形，长为萼筒的1/4或1/3，下萼齿较长；花冠紫红色，旗瓣倒长卵形，翼瓣等于或稍长于旗瓣，瓣柄与耳近等长，龙骨瓣长于旗瓣，前下角呈钝角弯曲；子房无毛。荚果3-4节，节荚间明显缢缩，椭圆形或倒卵形，长6-8毫米，无毛，两侧扁平，边缘无翅或窄边。花期7-8月，果期8-9月。

产黑龙江、吉林、内蒙古、河北及山西，生于河谷草甸和泛滥地林下，

图 626 山岩黄蓍 （引自《图鉴》）

沼泽化的针、阔叶林下。俄罗斯、蒙古北部、朝鲜北部及北美洲有分布。根入药，功效同红花岩黄蓍。

9. 中国岩黄蓍 图 627

Hedysarum chinense（B. Fedtsch.）Hand.-Mazz. Symb. Sin. 3: 562. 1933.

Hedysarum alpinum Linn. var. *chinense* B. Fedtsch. in Acta Hort.

Petrop. 9：257. 1902.

图 627 中国岩黄蓍 （傅季平绘）

多年生草本，高0.4-1米，植株呈绿色。茎直立，上部分枝，被疏柔毛或几无毛。叶长10-12厘米，无明显叶柄；托叶宽披针形，长0.6-1.8厘米，合生至中部，外面和边缘被星散长柔毛或无毛；叶轴被短柔毛。小叶11-21，长圆状披针形，长1.5-2.5米，上面无毛，下面被疏柔毛或仅沿脉和边缘被疏柔毛。总状花序腋生，等于或稍长于叶，花序轴被短柔毛。花多数，长1.5-1.7厘米，花梗长2-3毫米；苞片钻状披针形，与花梗近等长，背面具疏长柔毛；花萼斜钟状，外被贴伏柔毛，萼齿长约为萼筒的1/2，上萼齿较短宽，下萼齿先端钻状，长为上萼齿的1.5倍；花冠淡粉红或紫红色，旗瓣倒长卵形，翼瓣线形，与旗瓣约等长，瓣柄与耳近等长，龙骨瓣长于旗瓣，前下角呈钝角弯曲；子房线形，密被贴伏短柔毛；荚果3-5节，节荚间明显缢缩，扁平，具细网纹，被毛，边缘具稍明显的窄翅。花期6-7月，果期7-8月。

产河北西南部、河南北部、山西中南部、陕西南部、甘肃南部及四川，生于海拔约1600-3000米砾石质山坡草地或灌丛中。

10. 紫云英岩黄蓍   图 628

Hedysarum pseudoastragalus Ulbr. in Fedde, Repert. Sp. Nov. Beih. 2：427. 1902.

多年生矮小草本；根茎节部不膨大。茎低矮，高3-5厘米，被贴伏疏柔毛，植株呈绿色。叶长4-8厘米；托叶长圆形，长0.9-1.5厘米，合生至中部上，外被疏长柔毛。小叶11-17，无柄；圆卵形或椭圆状卵形，长0.6-1厘米，两面被绢毛或有时仅沿边缘和下面叶脉被柔毛。总状花序腋生，花序长过于叶近1倍，序轴被伏贴长柔毛。花5-8朵，长1.8-2.2厘米，集生于花序梗顶端或上部；苞片窄椭圆形，长为花梗4-5倍，被长约1毫米的柔毛；萼钟状，长1.2-1.4厘米，被长柔毛，萼齿窄披针形，近等长，长为萼筒3-3.5倍；旗瓣倒宽卵形，先端圆形，微凹，翼瓣长于旗瓣，瓣柄与耳近等长，龙骨瓣长于旗瓣，前下角呈钝角弯曲；子房被柔毛。荚果1-2节，节荚倒卵形或近椭圆形，扁平，长6-7毫

图 628 紫云英岩黄蓍 （引自《豆科图说》）

米，被灰白色柔毛。花期7-8月，果期8-9月。

产四川西部、云南西北部及西藏东南部，生于海拔4500-5000米高山原始风化物坡地。

11. 块茎岩黄蓍   图 629

Hedysarum algidum L. Z. Shue, Fl. Reipubl. Popul. Sin. 42（2）：198.

1998.

Hedysarum tuberosum B. Fedtsch. in Bot. Centraibl. 84: 274. 1900（non Roxb. ex Willd. 1825）.

多年生低矮草本，高5-10厘米；根茎节部通常膨大呈小球状。茎细弱，偃卧，有1-2分枝，被柔毛，植株呈绿色；托叶披针形，长0.6-1厘米，合生至上部，外被短柔毛。小叶5-11，椭圆形或卵形，长0.8-1厘米，上面无毛，下面被贴伏短柔毛。总状花序腋生，高于叶近1倍。花6-12，长1.2-1.5厘米，外展，疏散排列；花萼钟状，长4-6毫米，萼筒淡污紫红色，萼齿三角状披针形，与萼筒近等长，被短柔毛，下萼齿稍长于其余萼齿，齿间呈锐角分裂；花冠紫红色，下部色较淡或近白色，旗瓣倒卵形，长1.3-1.4厘米，翼瓣与旗瓣近等长，瓣柄与耳近等长，龙骨瓣稍长于旗瓣，前下角呈钝角弯曲；子房沿腹缝线被柔毛，其余部分几无毛。荚果有2-3荚节；荚节近圆形，宽3-5毫米，疏被柔毛，有极窄的齿状边缘。

产青海、甘肃及四川，生于亚高山草甸、林缘或森林阳坡的草甸草原。

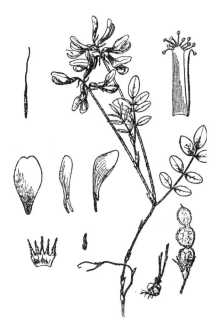

图 629 块茎岩黄蓍 （引自《豆科图说》）

12. 唐古特岩黄蓍

图 630

Hedysarum tanguticum B. Fedtsch. in Bot. Centraibl. 84（9）: 274. 1900.

多年生草本，高15-20厘米；植株呈绿色。茎直立，2-3节，被疏柔毛，托叶披针形，长0.8-1.2厘米，合生至上部，外被长柔毛。小叶15-25，卵状长圆形、椭圆形或窄椭圆形，长0.8-1.5厘米，上面无毛，下面被长柔毛。总状花序腋生，具多数排列较疏散的花。花长2.1-2.5厘米，外展；花萼钟状，被长柔毛，萼齿披针形，近等长至稍长于萼筒，果期常延伸；花冠深玫瑰紫色，旗瓣倒心状卵形，长约为龙骨瓣的3/4，翼瓣长于旗瓣，瓣柄与耳近等长，龙骨瓣明显长于旗瓣和翼瓣；子

图 630 唐古特岩黄蓍 （傅季平绘）

房密被长柔毛。荚果2-4节，下垂，被长柔毛，节荚近圆形或椭圆形，长4-5毫米，膨胀，具细网纹和不明显的窄边。种子肾形，淡土黄色，光亮。花期7-9月，果期8-9月。

产甘肃南部、青海东部、西藏东部、四川及云南，生于高山草甸或灌丛草甸或沙质河滩。

13. 锡金岩黄蓍

图 631

Hedysarum sikkimense Benth. ex Baker in Hook. f. Fl. Brit. Ind. 2: 145. 1879.

多年生草本，高5-15厘米，植株呈绿色。茎被短柔毛，无分枝；托叶

宽披针形，长6-8毫米，合生至上部，外被疏柔毛。小叶17-23，长圆形或卵状长圆形，长0.7-1.2厘米，上面无

毛,下面沿主脉和边缘被疏柔毛。总状花序腋生,明显长于叶。花7-15,常偏于一侧,长1.2-1.4厘米,外展;花萼钟状,萼齿窄披针形,近等长或下萼齿稍长,等于或稍长于萼筒,外被柔毛;花冠紫红色,后期变为蓝紫色,旗瓣倒长卵形,长约1.2-1.3厘米,翼瓣被短柔毛,瓣柄与耳近等长,龙骨瓣稍长于旗瓣或几相等,偶被短柔毛;子房疏被毛。荚果1-2节,节荚近圆形、椭圆形或倒卵形,长8-9毫米,被短柔毛,边缘常具不规则齿。花期7-8月,果期8-9月。染色体2n=14。

产甘肃南部、青海、西藏东部、四川及云南西北部,生于干燥阳坡的高山草甸和高寒草原、疏灌丛以及各种砂砾质干燥山坡。锡金有分布。

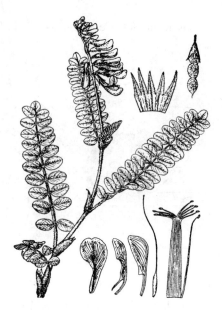

图 631 锡金岩黄蓍 (引自《豆科图说》)

14. 短翼岩黄蓍

图 632

Hedysarum brachypterum Bunge in Mém. Acad. Sci. St. Pétersb. Sav. Etrang. 11: 92. 1935.

多年生草本,高20-30厘米,植株呈灰绿色。茎偃卧,基部木质化,被贴伏的短柔毛。叶长3-5厘米,具短柄。小叶11-19,卵形、椭圆形或窄长圆形,长0.4-0.6(-1)厘米,上面无毛,下面被伏贴柔毛,顶生小叶通常较宽大。总状花序腋生,稍长于叶,花后期常延伸;花序梗长3-4厘米,被短柔毛;花序卵球形,长2-3厘米,具12-18花。花长1-1.5厘米,果期下垂;苞片钻状披针形,与花梗近等长,外被短柔毛;花萼钟状,被短柔毛,萼齿披针状钻形,长约为萼筒的2

倍,上萼齿稍短;花冠紫红色,旗瓣倒宽卵形,长7-9毫米,翼瓣短小,长为旗瓣的2/5,瓣柄明显长于耳,龙骨瓣稍长于旗瓣;子房几无毛,仅沿缝线被毛,花柱上部常呈紫红色。荚果2-4节,节荚圆形或椭圆形,两侧稍隆起,具针刺和密柔毛,无明显的边。花期5-6月,果期7-8月。

图 632 短翼岩黄蓍 (引自《图鉴》)

产河北西北部、山西北部、内蒙古中部、宁夏及甘肃中东部,生于砾石质山坡或平原地区砂砾质草原,为草原旱生种。蒙古南部有分布。

15. 华北岩黄蓍

图 633 彩片 143

Hedysarum gmelinii Ledeb. in Mém. Acad. St. Pétersb. 5: 551. 1812.

多年生草本,高20-30厘米,植株呈灰绿色。茎2-3节,基部偃卧,被短柔毛。叶长6-10厘米;托叶披针形,长7-9毫米,合生至上部,外被短

柔毛。小叶11-13,长卵形、卵状长椭圆形或卵状长圆形,长0.8-2厘米,上面无毛,下面沿脉被贴伏短柔毛。

总状花序腋生，明显长于叶；花序梗和花序轴被短柔毛。花10-25，长1.8-2厘米，具短花梗；花萼钟状，萼齿钻状披针形，长为萼筒的1.5-2.5倍；花冠玫瑰紫色，旗瓣倒卵形，长1.5-1.7厘米，翼瓣长为旗瓣的2/3或3/4，瓣柄明显长于耳，龙骨瓣等于或稍短于旗瓣；子房被短柔毛。荚果2-3节，节荚圆形或宽卵形，被短柔毛，两侧膨胀，具隆起的脉纹和乳头状突起。有时具弯曲刺。花期7-8月，果期8-9月。

产内蒙、河北北部、河南、山西、宁夏、甘肃中部及新疆北部，生于草原、山地草原砾石质山坡或砂砾质干河滩。哈萨克斯坦、乌兹别克斯坦、土库曼斯坦、吉尔吉斯斯坦、塔吉克斯坦、俄罗斯西伯利亚地区及蒙古有分布。

[附] **山地岩黄芪** Hedysarum montanum B. Fedtsch. in Kom. Fl. URSS 13: 292. 1948. 与华北岩黄芪的区别：花长1.6-1.8厘米；荚果被短柔毛和细刺，边缘具厚边。产新疆北部，生于山地草原砂砾质山坡或干旱草原。中亚及哈萨克斯坦有分布。

图 633 华北岩黄芪 （引自《豆科图说》）

16. 贺兰山岩黄芪

图 634

Hedysarum petrovii Yakovl. in Novit. Syst. Vasc. 19: 116. 1982.

多年生草本，高8-15厘米，植株呈灰绿色。茎短缩，长1-2厘米，被贴伏和开展的柔毛。叶长4-8厘米，具约等长于叶轴的长柄；托叶三角状披针形，长3-5毫米，合生至上部，被贴伏柔毛。叶丛生；小叶7-11，长卵形或椭圆形，长4-7(-9)毫米，上面几无毛或具星散柔毛，下面密被贴伏柔毛。总状花序腋生，上部的明显长于叶，具12-16花，紧密排成长2-3厘米的卵球状或

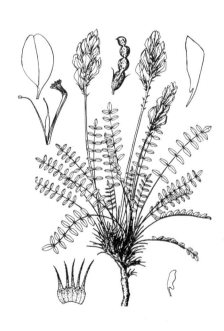

图 634 贺兰山岩黄芪 （李志民绘）

长球状，花后期延；花序梗被伏贴柔毛。花长1.3-1.5厘米；萼钟状，被绢状毛，萼齿披针状钻形，长为萼筒的2-3倍；花冠玫瑰紫色，旗瓣倒卵形，长1.2-1.4厘米，翼瓣长为旗瓣的1/4-1/3，瓣柄明显长于耳，龙骨瓣稍长于或等于旗瓣；子房被短柔毛。荚果2-3节，节荚卵圆形，径约3毫米，两侧凸起，具刺和密柔毛。花期6-8月，果期8-9月。

产甘肃中部、宁夏、内蒙古西部及陕西北部，生于砂砾质山坡、干河滩或黄土坡。

104. 藏豆属 Stracheya Benth.
（包伯坚）

多年生草木，高达5厘米。茎短，被宿存托叶所包。奇数羽状复叶，长4-8厘米，簇生，叶轴被长柔毛，托叶卵形，长0.7-1厘米，近合生抱茎，被贴伏长柔毛；小叶11-15，长卵形或椭圆形，长0.8-1厘米，两面被长柔毛。总状花序腋生，长4-8厘米，花序轴和梗被柔毛；花3-6，近伞房状排列，长1.7-2厘米；苞片披针形，小苞片2。花萼斜钟状，萼齿5，披针形，稍不等长；花冠玫瑰紫或深红色，旗瓣倒长卵形，长1.6-1.8厘米，翼瓣窄长圆形，龙骨瓣与旗瓣近等长；雄蕊二体（9+1），花药同型；子房线形，胚珠少数，花柱丝状。上部曲折，柱头头状。荚果两侧稍膨胀，开裂，被柔毛，边缘和两侧具刺，刺长1-1.5毫米，刺基扁平。种子半圆形或近肾形。

单种属。

藏豆
图 635

Stracheya tibetica Benth. in Journ. Bot. Kew Misc. 5: 307. 1853.

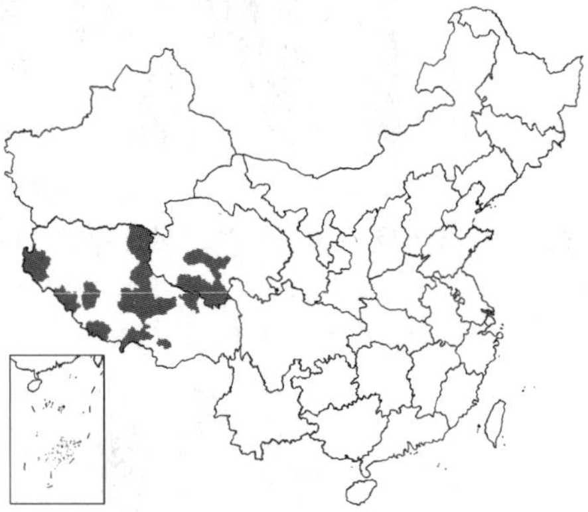

形态特征同属。花期7-8月，果期8-9月。

产西藏及青海南部，生于高寒草原的沙质河滩、阶地、洪积扇冲沟或其他低凹湿润处。印度、克什米尔地区及巴基斯坦北部有分布。

图 635 藏豆 （傅季平绘）

105. 驴食草属 Onobrychis Mill.
（包伯坚）

一年生或多年生草本，稀为具刺的小灌木。叶为奇数羽状复叶；托叶干膜质，离生或合生；小叶全缘，无小托叶。总状花序或有时为穗状花序；苞片暗棕色，干膜质；具长的花序梗。小苞片2，钻状，着生萼筒基部或无小苞片；花萼钟状，5裂，萼齿披针状线形，近等长或下萼齿较窄小，上萼齿之间的距离较宽大；花冠紫红、玫瑰紫或淡黄色，旗瓣倒卵形或倒心形，翼瓣短小，龙骨瓣等于、长于或短于旗瓣；雄蕊二体（9+1），分离的1枚雄蕊在中部与雄蕊管粘着，花药同型；子房无柄，胚珠1-2，花柱丝状，上部与雄蕊同时内弯，柱头头状，顶生。荚果通常1节，节荚半圆形或鸡冠状，两侧膨胀，不开裂，脉纹隆起，通常具刺。种子宽肾形或长圆形。

约120种，主要分布于北非、西亚、中亚及欧洲。我国2种及1栽培种。

1. 总状花序在开花前无丛生毛；荚果脉上疏生乳突和短刺；羽状复叶具小叶9-13 ········ **顿河红豆草 O. taneitica**
1. 总状花序在开花前具丛生毛；荚果上部边缘具疏刺；羽状复叶具小叶13-19 ······（附）. **驴食草 O. viciifolia**

顿河红豆草
图 636

Onobrychis taneitica Spreng. Neue Entdeck. 2: 162. 1821.

多年生草本，高40-80厘米。茎多数，直立，中空，具细棱角，被贴伏短柔毛。叶长10-15（-22）厘米；托叶三角状卵形，长6-8毫米，合生至上部，外被柔毛；小叶9-13，窄长椭圆形或长圆状线形，长1.2-2.5厘米，先端急尖，基部楔形，上面无毛，下面被伏贴短柔毛。总状花序腋生，在开花前无丛生毛，长20-30厘米，明显长于叶；苞片披针形，长约2毫米，边缘具长睫毛。花多数，紧密排列，长0.9-1.1厘米；花冠玫瑰紫色，旗瓣倒

卵形，长0.8-1厘米，翼瓣短小，长仅为旗瓣的1/4，龙骨瓣与旗瓣近等长；子房被毛。荚果半圆形，长5-6毫米，被短柔毛和隆起的脉纹，脉上疏生乳突和短刺。花期6-7月，果期7-8月。

产新疆天山和沙乌尔山，生于山地草甸、林间空地或林缘。俄罗斯西伯利亚、哈萨克斯坦、吉尔吉斯斯坦及欧洲东南部有分布。本种为各种家畜均喜食的优良牧草，可广泛栽培。

[附] **驴食草 Onobrychis viciifolia** Scop. Fl. Carn. 2: 76. 1772. 与顿河红豆草的区别：羽状复叶具小叶13-19；总状花序在开花前具丛生毛；荚果上部边缘具疏刺。原产法国。内蒙古、河北、山西、陕西、甘肃及青海等地有栽培。欧洲、非洲北部及亚洲西部等地多有栽培。为各种家畜喜食的优良牧草。

图 636 顿河红豆草 （傅季平绘）

106. 百脉根属 Lotus Linn.
（包伯坚）

一年生或多年生草本。羽状复叶通常具5小叶；托叶退化成黑色腺点；小叶全缘，下方2枚常和上方3枚不同形，基部的1对呈托叶状，不贴生于叶柄。花序具1至多花，多少呈伞形，稀单生于叶腋，基部有1-3枚叶状苞片，无小苞片；萼钟形，萼齿5，等长或下方1齿稍长，稀呈二唇形；花冠黄、玫瑰红或紫色，稀白色，龙骨瓣具喙，多少弧曲，瓣柄不与雄蕊管连生；雄蕊二体（1+9），花丝顶端膨大；子房无柄，胚珠多数，花柱渐窄或上部增厚，无毛，内侧有细齿状突起，柱头顶生或侧生。荚果圆柱形或长圆形，直或略弯曲，开裂。种子通常多数，圆球形或凸镜形，种皮光滑，稀粗糙。

约100种，分布地中海区域，欧亚大陆，南北美洲和大洋洲温带。我国8种、1变种。

1. 花长1-1.5厘米；小叶斜卵形或倒披针状卵形，长0.5-1.5厘米，宽4-8毫米；茎实心 ……………………………………………………………………………………………………… 1. **百脉根 L. corniculatus**
1. 花长0.5-1.3厘米；小叶线形、长圆状线形、斜卵形、斜心形、倒卵形至倒卵状椭圆形，长1.3厘米以下，宽6毫米以下；茎中空。
  2. 小叶线形或线状披针形，先端短尖；花干后变蓝色 …………………… 2. **细叶百脉根 L. tenuis**
  2. 茎顶小叶斜卵形或倒卵形，下部小叶斜心形或斜卵形，先端钝圆。
    3. 植株高不到20厘米，被伸展白色长柔毛；茎顶小叶斜卵形，下部小叶斜心形；花序梗长1-2厘米；苞片短于萼 …………………………………………………………………… 3. **高原百脉根 L. alpinus**
    3. 植株高10-35厘米，无毛或上部茎叶微被柔毛；茎顶小叶倒卵形，下部小叶斜卵形；花序梗长2-5厘米；苞片与萼等长 …………………………………………………… 3(附). **新疆百脉根 L. frondosus**

1. 百脉根 　　　　　　　　　　　　图 637

Lotus corniculatus Linn. Sp. Pl. 775. 1753.

多年生草本，高15-50厘米，全株散生稀疏白色柔毛或无毛。茎丛生，实心，近四棱形。羽状复叶，叶轴长4-8毫米，疏被柔毛；小叶5，基部2

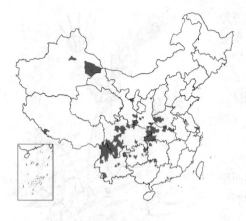

小叶呈托叶状，纸质，斜卵形或倒披针状卵形，长0.5-1.5厘米，宽4-8毫米；小叶柄长约1毫米，密被黄色长柔毛。伞形花序；花序梗长3-10厘米。花3-7，集生于花序梗顶端，长（0.7）0.9-1.5厘米；花梗短，基部有3苞片；苞片叶状，与萼等长，宿存；花萼钟形，萼齿近相等，与萼筒等长；花冠黄或金黄色，干后常变蓝色，旗瓣扁圆形，瓣片和瓣柄几等长，翼瓣和龙骨瓣等长，均稍短于旗瓣，龙骨瓣呈直角三角形弯曲，喙部窄尖；花丝分离部稍短于雄蕊筒；子房线形，花柱直，等长于子房成直角上指，柱头点状。无毛。荚果直，线状圆柱形，长2-2.5厘米，褐色，二瓣裂，扭曲，有多数种子。花期5-9月，果期7-10月。

产陕西、宁夏、甘肃、青海、新疆、西藏、云南、四川、贵州、湖南、湖北及河南，生于湿润而呈弱碱性的山坡、草地、田野或河滩地。亚洲、欧洲、北美洲及大洋洲均有分布。全草有清热解毒、止咳平喘、解毒的功能。

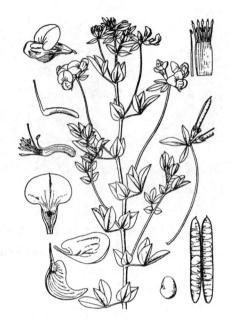

图 637 百脉根 （引自《图鉴》）

2. 细叶百脉根 图 638

Lotus tenuis Waldst. et Kit. ex Willd. Enum. Pl. Hort. Bot. Reg. Berol. 2: 797. 1809.

多年生草本，高0.2-1米，无毛或微被疏柔毛。茎细柔，直立，节间较长，中空。羽状复叶具小叶5，叶轴长2-3毫米；小叶线形或线状披针形，长1.2-2.5厘米，先端短尖，中脉不清晰；小叶柄短，几无毛。伞形花序；花序梗纤细，长3-8厘米。花1-3（-5），顶生，长0.8-1.3厘米；苞片1-3，叶状，比萼长1.5-2倍；花梗短；萼钟形，长5-6毫米，几无毛，萼齿窄三角形，渐尖，与萼筒等长；花冠黄色带细红脉纹，干后变为蓝色，旗瓣圆形，稍长于翼瓣和龙骨瓣，翼瓣稍短；雄蕊二体，上方离生1枚较短，其余9枚5长4短，分列成二组；子房线形，花柱直，无毛，直角上指，胚珠多数。荚果直，圆柱形，长2-4厘米，径2毫

图 638 细叶百脉根 （引自《图鉴》）

米。花期5-8月，果期7-9月。

产陕西、宁夏、甘肃、新疆、青海及四川，生于潮湿的沼泽地边缘或湖旁草地。欧洲南部和东部、中东及俄罗斯西伯利亚有分布。

3. 高原百脉根 图 639

Lotus alpinus (Ser.) Schleich. ex Ramond in Mém. Mus. Hist. Nat. Paris 13: 275. 1825.

Lotus corniculatus Linn. var.

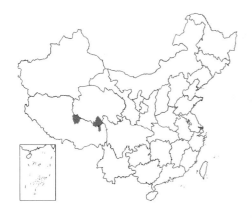

alpinus Ser. in DC. Prodr. 2: 214. 1825.

多年生草本,高不及20厘米,全株被伸展白色长柔毛;茎丛生,直立或上升,四棱形,中空。羽状复叶具小叶5枚,顶端3枚斜倒卵形,长6毫米,先端钝圆,基部楔形,下端2枚斜心形,两侧明显不等大,一侧呈耳状,两面被长柔毛,上面多皱,叶脉不明显;小叶柄短,几无毛。伞形花序;花序梗长约为小叶的2倍,长1-2厘米。花2-4,长0.8-1.1厘米;花梗甚短,基部有3枚叶状苞片;苞片长为花萼的1/4至1/3;花萼钟形,长约6毫米,被长柔毛,萼齿三角形,微尖,稍长于萼筒;花冠黄色,旗瓣圆形,长于翼瓣和龙骨瓣,瓣片渐窄成瓣柄,翼瓣宽长圆形,龙骨瓣稍长于翼瓣,喙窄尖;雄蕊二体,花丝分离部约占1/3;子房线形,无毛,花柱直,上指。花期6-8月。

产青海南部及西藏,生于海拔3000-3500米高原草地。欧洲中部有分布。

[附] **新疆百脉根 Lotus frondosus** (Freyn) Kupr. in Kom. Fl. URSS 11: 295. 1941. —— *Lotus corniculatus* Linn. subsp. *frondosus* Freyn in Bull. Herb. Boiss. ser. 2, 4: 44. 1904. 与高原百脉根的区别:植株高10-35厘米,无毛或上部茎叶微被柔毛;茎顶小叶倒卵形,下部小叶斜卵形;花

图 639 高原百脉根 (何冬泉绘)

序梗长2-5厘米;苞片与萼等长。花期5-8月,果期7-10月。产新疆,生于湿润盐碱草滩和沼泽边缘。欧洲东南部、中亚、蒙古西部、伊朗、印度及巴基斯坦有分布。

107. 小冠花属 Coronilla Linn.
（包伯坚）

一年生,多年生草本或矮小灌木。奇数羽状复叶,具3-5至多数小叶;托叶宿存;伞形花序腋生;花多朵集生于长花序梗的顶端,下垂,明显有淡紫红色脉纹。苞片小,生于花梗的基部,披针形,宿存;小苞片生于花萼的基部,披针状,宿存;花萼膜质,短钟状,偏斜,多少为二唇形,萼齿5,披针形或三角形,近相等,短于或等于萼管;花冠伸出萼外,旗瓣近圆形或扁圆形,有瓣柄,无耳,翼瓣倒卵形或长圆形,有瓣柄和耳,雄蕊二体(9+1),花丝全部或部分顶端膨大;子房具柄,线形,胚珠多数,花柱丝状,向内弯曲,柱头顶生。荚果细瘦,近圆柱形有4条纵脊或棱,不开裂,有节,荚节长圆形而稍扁,内具1种子。种子黄褐色,种脐明显。

约55种,多分布于加那利群岛、欧洲、非洲东北部及亚洲西部。我国引入栽培2种。

绣球小冠花　　　　　　　　　图 640

Coronilla varia Linn. Sp. Pl. 743. 1753.

多年生草本。茎直立,粗壮,多分枝,疏展,高0.5-1米。奇数羽状复叶具小叶11-17 (-25),托叶小,膜质,披针形,长3毫米,分离,无毛,叶柄短,长约5毫米,无毛;小叶薄纸质,椭圆形或长圆形,长1.5-2.5厘

图 640 绣球小冠花 (辛茂芳绘)

米,两面无毛,侧脉每边4-5;小托叶小,小叶柄长约1毫米,无毛。伞形花序腋生,长5-6厘米,比叶短;花序梗长约5厘米,疏生小刺。花5-10(-20),密集排列成绣球状;苞片2,披针形,宿存;花梗短;小苞片2,披针形,宿存。花萼膜质,萼齿短于萼管;花冠紫、淡红或白色,有明显紫色条纹,长0.8-1.2厘米,旗瓣近圆形,翼瓣近长圆形;龙骨瓣先端成喙状,喙紫黑色,向内弯曲。荚果细长,圆柱形,稍扁,具4棱,顶端有宿存的喙状花柱,荚节长约1.5厘米,各荚节有1种子。种子长圆状倒卵形,

光滑,黄褐色。花期6-7月,果期8-9月。

原产欧洲地中海地区。辽宁有栽培。国外民间有作强心药和利尿药,并曾作为抗肿癌药。

108. 野豌豆属 Vicia Linn.

（包伯坚　夏振岱）

一、二年生或多年生草本。茎细长,具棱、不呈翅状,多分枝,攀援、蔓生或匍匐,稀直立;多年生种类根部常膨大呈木质化块状,具根瘤。偶数羽状复叶,叶轴先端具卷须或短尖头;托叶通常半箭头形,少数种类具腺点,无小托叶;小叶1-12对,长圆形、卵形、披针形或线形,全缘。花序腋生,总状或复总状。花多数,在长花序轴上部密集,稀单生或2-4簇生叶腋;苞片甚小,通常早落,大多数无小苞片;花萼近钟状,多少被柔毛;花冠淡蓝、蓝紫或紫红色,稀黄或白色;旗瓣倒卵形、长圆形或提琴形,翼瓣与龙骨瓣耳部相互嵌合,二体雄蕊,雄蕊管上部偏斜,花药同型;子房近无柄,胚珠2-7,花柱圆柱形,顶端四周被毛,或侧向压扁,于远轴端具一束髯毛。荚果扁(除蚕豆外),两端渐尖,无种隔膜,腹缝开裂。种子2-7,种脐相当于种子周长1/3-1/6,胚乳微量。

约200种,分布于北半球温带至南美洲温带和东非。我国43种5变种。世界各国广为栽培,作为牧草或绿肥,早春蜜源植物或水土保持植物;有些种类嫩时可食,有些为民间草药;少数种类的花果期有毒。

1. 花序梗明显。
　2. 总状花序具多数花,通常约5朵以上。
　　3. 叶轴顶端具发达的卷须。
　　　4. 叶长为宽的5-10倍;花序有10-40花;小叶线形、长圆形或线状披针形,网纹不明显,叶脉呈基生三出脉状,不甚清晰。
　　　　5. 小叶线形、长圆形或线状披针形,叶脉稀疏;多年生草本 ················ 1. **广布野豌豆 V. cracca**
　　　　5. 小叶长圆形或披针形,稀线形,叶脉密;1-2年生草本。
　　　　　6. 植株被长柔毛;花冠紫色、淡蓝色或紫蓝色 ············ 2. **长柔毛野豌豆 V. villosa**
　　　　　6. 植株无或微被细柔毛;花冠紫红色 ············ 2(附). **大龙骨野豌豆 V. megalotropis**
　　　4. 叶长为宽的2.5-5倍;花序有5-30花;小叶椭圆形卵形或披针形,叶脉和网脉通常清晰。
　　　　7. 托叶较大,长1厘米以上。
　　　　　8. 小叶较大,长3-6(-10)厘米,纸质,先端圆或渐尖,侧脉直达叶缘呈波形或齿状相联合 ········
　　　　　　 ················ 3. **大叶野豌豆 V. pseudo-orobus**
　　　　　8. 小叶较小,长1.3-4厘米,革质,先端圆或微凹,侧脉扇状展开,直达叶缘,不连成网状。
　　　　　　9. 全株疏被柔毛。
　　　　　　　10. 小叶椭圆形或卵状披针形 ················ 4. **山野豌豆 V. amoena**
　　　　　　　10. 小叶长圆形或窄披针形 ················ 4(附). **狭叶山野豌豆 V. amoena var. oblongifolia**
　　　　　　9. 全株密被灰白色贴伏绢毛 ················ 4(附). **绢毛山野豌豆 V. amoena var. sericea**
　　　　7. 托叶较小,长不及1厘米。
　　　　　11. 花紫、蓝紫或红色,稀白色。
　　　　　　12. 花较大,长1-2厘米。

13. 小叶脉间较密而清晰,侧脉呈直角横展。

  14. 小叶长圆形、窄长圆形或卵状长椭圆形,宽不及6毫米;花4-15,疏松排列。

    15. 小叶窄长圆形或卵状长椭圆形,托叶先端2深裂;花序与叶近等长;花长1-1.1厘米 ·············

      ···················· 5. **精致野豌豆 V. perelegans**

    15. 小叶长圆形,托叶先端具数齿;花序长于叶;花长1-2厘米 ··· 5(附). **西藏野豌豆 V. tibetica**

  14. 小叶椭圆形或卵状长圆形,宽1-1.6厘米;花15-30,密集排列。

    16. 花冠蓝紫色 ··················· 6. **黑龙江野豌豆 V. amurensis**

    16. 花冠白色 ··················· 6(附). **三河野豌豆 V. amoensis f. alba**

13. 小叶侧脉间较疏,侧脉呈锐角向上伸展。

  17. 花具小苞片;花序短于叶;托叶半箭头形,菱形或披针形,2裂 ·············

    ·············· 7. **宽苞野豌豆 V. latibracteolata**

  17. 花无小苞片;花序与叶等长或稍长;托叶2裂,裂片锥状。

    18. 小叶线状长圆形,宽1.5-3毫米;花序长于叶;花长1.3-1.8厘米 ·············

      ···················· 8. **多茎野豌豆 V. multicaulis**

    18. 小叶椭圆形、宽椭圆形、长卵形或卵披针形,宽0.4-1.4厘米;花序与叶等长;花长1-1.4厘米。

      19. 小叶卵状披针形,长1-2(3)厘米,宽4-7毫米 ·············· 9. **华野豌豆 V. chinensis**

      19. 小叶椭圆形、宽椭圆形或长卵圆形,长1-3厘米,宽0.6-1.4厘米 ·············

      ··················· 9(附). **东方野豌豆 V. japonica**

12. 花较小,长0.7-1.4厘米;小叶长圆形或线形,侧脉呈锐角上展 ······ 10. **确山野豌豆 V. kioshanica**

11. 花黄或白色(仅大野豌豆的花有时为粉红、紫或淡紫色)。

  20. 小叶较大,长1.5-4.9厘米,宽0.6-1.7厘米。

    21. 花6-16,白色,有时为粉红、紫或淡紫色,旗瓣长约7毫米 ············ 11. **大野豌豆 V. gigantea**

    21. 花20-25,黄或橙黄色,旗瓣长0.7-1.2厘米 ·············· 11(附). **二色野豌豆 V. dichroantha**

  20. 小叶较小,长0.6-1.5厘米,宽2-5毫米。

    22. 花黄色;花序与叶等长或稍长,具6-9(-12)花;小叶椭圆形 ······ 12. **西南野豌豆 V. nummularia**

    22. 花白色、黄色或淡黄色;花序长于叶,具3-11花;小叶长圆状披针形或椭圆形 ·············

    ··················· 13. **新疆野豌豆 V. costata**

3. 叶轴顶端无卷须。

  23. 小叶2-4对。

    24. 总状花序单一,不分枝。

      25. 花萼基部具叶状小苞片;小苞片长约6毫米,宿存;茎不呈"之"字形弯曲 ·············

      ··················· 14. **牯岭野豌豆 V. kulingiana**

      25. 花萼基部无小苞片;茎呈"之"字形弯曲 ········· 14(附). **弯折巢菜 V. deflexa**

    24. 总状花序有分枝。

      26. 小叶线形或线状披针形,宽0.4-1(-1.3)厘米 ·············· 15. **柳叶野豌豆 V. venosa**

      26. 小叶卵形或椭圆形,宽1.3-3厘米 ·············· 15(附). **北野豌豆 V. ramuliflora**

  23. 小叶1对。

    27. 总状花序不短缩,长于叶;花萼近无毛,萼齿长仅为萼筒的1/5;小叶卵状披针形或近菱形,先端尾状渐尖,托叶边缘具尖齿 ·············· 16. **歪头菜 V. unijuga**

    27. 总状花序缩短,呈头状或簇生于叶腋;花萼被长柔毛;萼齿与萼筒近等长;小叶宽卵形或菱形;托叶

　　全缘 ··· 16(附). **头序歪头菜 V. ohwiana**

2. 总状花序具少数花，通常具1-4(-7)花。

　　28. 花较大，长1.6-2.5厘米。

　　　　29. 小叶长圆形或窄倒卵状长圆形，长1-2.5厘米，宽达8毫米；卷须有分枝 ············

　　　　　　·· 17. **大花野豌豆 V. bungei**

　　　　29. 小叶线形，长2.5-3厘米，宽2-3毫米；卷须单一 ············ 17(附). **索伦野豌豆 V. geminiflora**

　　28. 花小，长不及7毫米。

　　　　30. 花淡蓝或带蓝紫白色，长约0.3厘米；荚果无毛 ················ 18. **四籽野豌豆 V. tetrasperma**

　　　　30. 花白、淡蓝青或紫白色，长3-5毫米，荚果被棕褐色长硬毛 ············ 19. **小巢菜 V. hirsuta**

1. 花序梗几不明显。

　　31. 花较小，长约1.5厘米；叶轴顶端具卷须；荚果扁。

　　　　32. 多年生草本；花2-4(-6) ··· 20. **野豌豆 V. sepium**

　　　　32. 一年生或二年生草本；花1-2(-4)。

　　　　　　33. 小叶长椭圆形或心形；花冠长1.8-3厘米；荚果成熟后呈黄色，种子间稍缢缩 ·················

　　　　　　·· 21. **救荒野豌豆 V. sativa**

　　　　　　33. 小叶线形或线状长圆形；花冠长1-1.8厘米；荚果成熟后黑色，种子间不缢缩 ·················

　　　　　　··· 22. **窄叶野豌豆 V. angustifolia**

　　31. 花较大，长2.5-3.3厘米；卷须短，呈短尖状；荚果肥厚 ······················ 23. **蚕豆 V. faba**

1. 广布野豌豆   图 641

Vicia cracca Linn. Sp. Pl. 735. 1753.

多年生草本，高0.4-1.5米。茎攀援或蔓生，有棱，被柔毛。偶数羽状复叶，叶轴顶端卷须2-3分支；托叶半箭头形或戟形，上部2深裂；小叶5-12对，互生，线形、长圆形或线状披针形，长1.1-3厘米，全缘，叶脉稀疏，呈基生三出脉，不甚清晰。总状花序与叶轴近等长。花10-40密集；花萼钟状，萼齿5；花冠紫、蓝紫或紫红色，长0.8-1.5厘米，旗瓣长圆形，中部两侧缢缩呈提琴形，瓣柄与瓣片近等长，翼瓣与旗瓣近等长，明显长于龙骨瓣；子房有柄，胚珠4-7，花柱弯曲

图 641 广布野豌豆 （引自《图鉴》）

与子房呈大于90°夹角，上部四周被毛。荚果长圆形或长圆菱形，长2-2.5厘米，顶端有喙；果柄长约3毫米。种子3-6，扁圆球形，种皮黑褐色。花果期5-9月。染色体2n = 14, 28。

产黑龙江、吉林、辽宁、内蒙古、河北、山西、河南、陕西、甘肃、青海、新疆、西藏、云南、四川、贵州、湖南、湖北、江西、安徽、浙江及台湾，生于草甸、林缘、山坡、河滩草地或灌丛。欧洲、亚洲及北

美洲有分布。嫩时为牛羊等牲畜喜食的饲料，又为早春蜜源植物之一。茎叶有散风除湿、活血、消肿止痛的功能。

2. 长柔毛野豌豆 图 642

Vicia villosa Roth in Tent. Fl. Germ. 2(2)：182. 1793.

一年生草本，攀援或蔓生，长0.3-1.5米，植株被长柔毛。茎有棱，多分枝。偶数羽状复叶，叶轴顶端卷须有2-3分支；托叶披针形或2深裂，呈半边箭头形；小叶5-10对，长圆形或披针形，稀线形，长1-3厘米，先端渐尖，基部楔形，叶脉密，不甚明显。总状花序腋生，与叶近等长或稍长于叶。花10-20，一面向着生；花萼斜钟形，长约0.7厘米，萼齿5，长约0.4厘米，下面3齿较长；花冠紫、淡紫或紫蓝色，旗瓣长圆形，中部缢缩，长约0.5厘米，翼瓣短于旗瓣，龙骨瓣短于翼瓣。荚果长圆状菱形，长2.5-4厘米，扁，顶端具喙。种子2-8，球形，黄褐或黑褐色，种脐长相等于种子圆周1/7。花果期4-10月。染色体2n=14。

原产欧洲、中亚及伊朗。黑龙江、吉林、辽宁、内蒙古、河北、山西、陕西、甘肃、宁夏、新疆、青海、西藏、云南、四川及贵州等地有栽培。为优良牧草及绿肥作物。种子可提取植物凝血素。

　　[附] **大龙骨野豌豆 Vicia megalotropis** Lédeb. Fl. Alt. 3：334. 1831. 与长柔毛野豌豆的区别：植株无毛或微被细柔毛；花冠紫红色。产内蒙古、河北、山西、陕西、甘肃、宁夏、新疆、青海及四川，生于海拔600-1000米的岩缝中和砂地中。俄罗斯西伯利亚地区有分布。

图 642 长柔毛野豌豆 （引自《图鉴》）

3. 大叶野豌豆 图 643

Vicia pseudo-orobus Fisch. et C. A. Mey in Index Sem. Hort. Bot. Petrop. 1：41. 1835.

多年生草本，高0.5-2米；根茎粗壮、木质化，须根发达。茎直立或攀援，有棱，被微柔毛。偶数羽状复叶长2-17厘米，卷须发达，有2-3分支；托叶戟形，长1-1.5厘米，边缘齿裂；小叶2-5对，卵形，椭圆形或长圆披针形，长（2-）3-6（-10）厘米，纸质，先端圆或渐尖，基部圆或宽楔形，叶脉清晰，直达叶缘呈波形或齿状相联合，下面被疏柔毛。总状花序长于叶，常有15-30花。花萼斜钟状，萼齿短三角形，长1毫米；花长1-2厘米，紫色或蓝紫色，翼瓣、龙骨瓣与旗瓣近等长；子房无毛，胚珠2-6，花柱上部四周被毛。荚果长圆形，扁平，长2-3厘米。花期6-9月，果期8-10月。染色体2n=12。

图 643 大叶野豌豆 （引自《图鉴》）

产黑龙江、吉林、辽宁、内蒙古、河北、山西、河南、陕西、甘肃、宁夏、新疆、青海、西藏、云南、四川、贵州、湖南、湖北、江西南部及安徽东部，生于海拔800-2000米山地、灌丛或林中。俄罗斯、蒙古、朝鲜及日本有分布。本种抗寒力强，蛋白质等营养成分高，牲畜喜食。全草药用，功效同广布野豌豆，亦为透骨草药源之一。

4. 山野豌豆 图 644

Vicia amoena Fisch. ex DC. Prodr. 2：355. 1825.

多年生草本，高0.3-1米，全株疏被柔毛，稀近无毛。茎具棱，多分枝，斜升或攀援。偶数羽状复叶长5-12厘米，几无柄，卷须有2-3分支；托叶半

箭头形,边缘有3-4裂齿,长1-2厘米;小叶4-7对,互生或近对生,革质,椭圆形或卵状披针形,长1.3-4厘米;上面被贴伏长柔毛,下面粉白色,沿中脉毛被较密,先端圆或微凹,侧脉羽状开展,直达叶缘。总状花序通常长于叶;具10-20(-30)朵密生的花。花冠红紫、蓝紫或蓝色;花萼斜钟状,萼齿近三角形,上萼齿明显短于下萼齿;旗瓣倒卵圆形,长1-1.6厘米,瓣柄较宽,翼瓣与旗瓣近等长,瓣片斜倒卵形,龙骨瓣短于翼瓣;子房无毛,花柱上部四周被毛,子房柄长约0.4厘米。荚果长圆形,长1.8-2.8厘米,两端渐尖,无毛。种子1-6,圆形,深褐色,具花斑;花期4-6月,果期7-10月。染色体2n=12。

产黑龙江、吉林、辽宁、内蒙古、河北、山东、河南、山西、陕西、甘肃、宁夏、青海、西藏、云南、四川、湖北、安徽及江苏,生于海拔80-1500米草甸、山坡、灌丛或杂木林中。俄罗斯西伯利亚及远东、朝鲜、日本、蒙古有分布。为优良牧草,蛋白质可达10.2%。全草药用有舒筋活血、除湿止痛之效。

[附] **狭叶山野豌豆** Vicia amoena var. **oblongifolia** Regel Tent. Fl. Ussur. n. 192. 1961. 与模式变种的区别:小叶长圆形或窄披针形。产黑龙江、吉林、辽宁、内蒙古、河北、山西、陕西、甘肃、宁夏、新疆及青海,生于河滩、岸边、山坡、林缘或灌丛湿地。

5. 精致野豌豆　　　　　图 645

Vicia perelegans K. T. Fu, Fl. Tsingling. 1(3): 93. f. 73. 1981.

多年生草本,高20-40厘米,全株被微柔毛。茎具棱,多分支。偶数羽状复叶长2-6厘米,卷须有2-3分支;托叶2深裂,裂片披针形,长0.25-3毫米;小叶5-8对,近革质,窄长圆形或卵状长椭圆形,长0.5-1.7厘米,宽0.3-0.5厘米,先端平截或近圆,具短尖头,基部圆,侧脉8-15对,脉间较密,侧脉呈直角横展,两面凸出,下面沿中脉被短柔毛。总状花序与叶近等长,长4-7厘米,具7-10花。花萼斜钟状,外面被疏柔毛,萼齿三角状锥形;花冠紫或蓝色,旗瓣长圆形或窄倒卵形,长约1厘米,先端圆,微凹,中上部微缢缩,翼瓣稍短于旗瓣,龙骨瓣长于旗瓣;子房无毛,具长柄,花柱上部四周密被白柔毛。荚

图 644 山野豌豆 (引自《东北草本植物志》)

[附] **绢毛山野豌豆** Vicia amoena var. **sericea** Kitagawa in Rep. Inst. Res. Mansh. 4: 83. t. 3: 1, 1940. 与模式变种的区别:植株密被灰白色贴伏绢毛;叶较小。产吉林、辽宁、内蒙古、河北、山西、陕西、甘肃及河南,生于海拔600-1650米丘陵、山坡、田埂及灌丛。

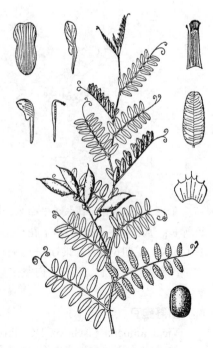

图 645 精致野豌豆 (引自《秦岭植物志》)

果长圆形，长约2.5厘米，两端急尖。花期4-5月，果期7-10月。

产陕西南部、甘肃南部及四川北部，生于海拔850-1200米坡地、山谷或草丛。

[附] **西藏野豌豆 Vicia tibetica** Prain ex C. A. C. Fisch. in Kew Bull. 1938: 285. 1938. 与精致野豌豆的区别: 托叶先端具数齿; 小叶长圆形; 花序长于叶; 花长1-2厘米。产西藏及四川西部, 生于海拔2000-4000米高山松林下、林缘、山坡草地或灌丛中。

6. 黑龙江野豌豆

图 646

Vicia amuransis Oett. in Acta Hort. Bot. Univ. Jurjev. 6: 143. 1905.

多年生草本，高0.5-1米，全株近无毛; 根粗壮, 木质化。茎斜升攀援, 具棱。偶数羽状复叶长5-15厘米, 近无柄, 卷须有2-3分支; 托叶半箭头形, 2深裂, 有3-5齿; 小叶3-6对, 椭圆形或卵状长圆形, 长1.6-3厘米, 宽0.9-1.6厘米, 先端微凹, 基部宽楔形, 微被柔毛, 侧脉较密, 直达边缘呈波形相连。总状花序与叶近等长; 具15-30朵密生的花。花萼斜钟状, 萼齿三角形或披针状三角形, 下面2齿较长; 花冠蓝紫色, 稀紫色, 旗瓣长圆形或近倒卵形, 长约1厘米, 宽约0.6厘米, 先端微凹, 翼瓣与旗瓣近等长, 龙骨瓣较短; 子房无毛, 子房柄短。荚果菱形或近长圆形, 长1.5-2.5厘米。花期6-8月, 果期8-9月。

图 646 黑龙江野豌豆 （引自《中国植物志》）

产黑龙江、吉林、辽宁、内蒙古、河北及山西, 生于海拔450米湖滨、林缘、山坡、草地或灌丛。俄罗斯西伯利亚及远东地区、朝鲜、日本及蒙古有分布。可作饲料。茎叶有散风祛湿、活血止痛的功能, 东北民间用本种代替透骨草供药用。

[附] **三河野豌豆 Vicia amuransis** f. **alba** Ohasi et Tateish in Journ. Jap. Bot. 52(1): 106. 1977. 与黑龙江野豌豆的区别: 花冠白色。产黑龙江及内蒙古, 生于森林和草原的石质山坡或林缘。

7. 宽苞野豌豆

图 647

Vicia latibracteolata K. T. Fu, Fl. Tsingling. 1(3): 449 (Add.). 92. f. 72. 1981.

多年生草本，高0.6-1.2米。茎直立、少分枝, 被疏柔毛。羽状复叶长9-11厘米, 卷须有2-3分支; 托叶半箭头形、菱形或披针形, 2裂; 小叶通常9对, 线状披针形、卵圆披针形或长圆形, 长1.2-2.7厘米, 侧脉9-13对, 脉间较疏, 侧脉呈锐角伸至叶缘连接。总状花序明显短于叶, 长6-10厘米。花10-

图 647 宽苞野豌豆 （引自《秦岭植物志》）

20，密集，长1.1-1.6厘米；小苞片线形、窄长披针形或菱形；萼近钟状，外面被疏柔毛，下萼齿锥形；花冠紫、紫红或淡紫色，或带粉红色，旗瓣长圆形，长约1.4厘米，中上部两侧微缢缩，翼瓣与旗瓣近等长，瓣柄微弯，龙骨瓣稍短于翼瓣；子房无毛，胚珠6，子房柄长0.6厘米，花柱与子房弯联处呈大于90°夹角，上部四周疏被柔毛。荚果窄长圆形，长2-2.5厘米，

顶端有喙。花果期6-8月。

产山西、河南、陕西、四川、甘肃、宁夏及新疆，生于海拔900-2800米山坡或草地。

8. 多茎野豌豆　　　　　　　图648

Vicia multicaulis Ledeb. Fl. Alt. 3: 345. 1831.

多年生草本，高10-50厘米；根茎粗壮。茎多分枝，具棱，被微柔毛或近无毛。偶数羽状复叶，卷须分支或单一；托叶半戟形，长3-6毫米，脉纹明显；小叶4-8对，线状长圆形，长1-2厘米，宽1.5-3毫米，具短尖头，基部圆，全缘，叶脉羽状，明显，下面被疏柔毛。总状花序长于叶，具花14-15。花长1.3-1.8厘米，无小苞片；花萼钟状，萼齿5，窄三角形，下萼齿较长；花冠紫或紫蓝色，旗瓣长圆状

倒卵形，中部两侧缢缩，瓣片短于瓣柄，翼瓣及龙骨瓣短于旗瓣；子房线形，具细柄，花柱上部四周被毛。荚果长3-3.5厘米，顶端具喙，棕黄色。种子扁圆，径0.3厘米，深褐色，种脐长相当于周长的1/4。花果期6-9月。染色体2n=24。

产黑龙江、吉林、辽宁、内蒙古、河北、山西、陕西、宁夏、甘肃、青

图648　多茎野豌豆　（马平绘）

海、新疆、西藏及四川，生于石砾、沙地、草甸、丘陵或灌丛。蒙古、日本及俄罗斯西伯利亚地区有分布。全草有散风祛湿、活血、消肿止痛的功能。

9. 华野豌豆　　　　　　　图649

Vicia chinensis Franch. Pl. Delav. 1: 177. 1980.

多年生缠绕草本，高1.5-2米；茎纤细，自基部分支，具棱，疏被长柔毛或近无毛。偶数羽状复叶长12-16厘米，近无柄，卷须有2-3分支；托叶小，半戟形，2裂，裂片锥形；小叶4-6对，互生，革质，卵状披针形，长1-2(-3)厘米，宽4-7毫米，先端钝或微凹，具短尖头，上面叶脉不甚清晰，下面侧脉隆起，脉间较疏，疏被长柔

毛。总状花序稍长于叶或与叶近等长，长约10厘米，稀达17厘米，花序轴微被柔毛。花6-18，长约2厘米；无小苞片；花萼近钟形，萼齿甚短，宽

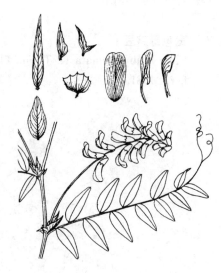

图649　华野豌豆　（蔡淑琴绘）

三角锥形，下萼齿较长；花冠蓝紫或紫红色，或具紫色脉纹，旗瓣稍长于龙骨瓣，瓣片长为瓣柄的1/2；子房柄长约4毫米，胚珠3-6。荚果纺锤形，长2.8-3.7厘米，黄或棕黄色，无毛，有2-3种子。花果期6-8月。

产山西南部、陕西南部、甘肃东南部、青海东南部、四川东北部及西南部、云南、湖北，生于海拔1400-2000米山谷或灌丛。

[附] **东方野豌豆** Vicia japonica A. Gray in Mem. Amer. Acad. Sci. 385. 1859. 与华野豌豆的区别：小叶椭圆形、宽椭圆形或长卵圆形，长1-3厘米，宽0.6-1.4厘米。产黑龙江、吉林、辽宁、内蒙古、河北、山西、陕西、甘肃、宁夏、新疆及青海，生于海拔600-3700米山崖、河谷或山坡林下。俄罗斯西伯利亚及远东地区、朝鲜、日本有分布。为优良牧草，牛羊均喜食，亦可作绿肥。

10. 确山野豌豆　　　　　　　　　图 650

Vicia kioshanica Bailey Gentes Herb. 1: 32. 1920.

多年生草本，高20-80厘米；根茎粗壮，多分支。偶数羽状复叶，卷须单一或有分支；托叶半箭头形，2裂，有锯齿；小叶3-7对，近互生，革质，长圆形或线形，长1.2-4厘米，先端圆或渐尖，具短尖头，叶脉密集而清晰，侧脉10对，侧脉呈锐角上展，下面密被长柔毛并具极细微可见的白边。总状花序长可达20厘米，明显长于叶，具6-16(-20)朵疏松排列的花。花萼钟状，长约4毫米，萼齿披针形，外面疏被柔毛；花冠紫或紫红色，稀近黄或

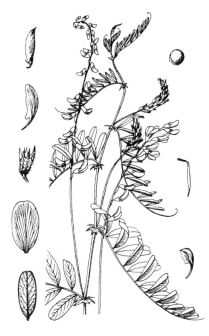

图 650　确山野豌豆　（蔡淑琴绘）

红色，长0.7-1.4厘米，旗瓣长圆形，长1-1.1厘米，翼瓣与旗瓣近等长，龙骨瓣最短；子房线形，有柄，胚珠3-4，花柱上部四周被毛。荚果菱形或长圆形，长2-2.5厘米，深褐色。花期4-6月，果期6-9月。

产河北、山东、江苏、浙江、安徽、湖北、河南、山西、陕西及甘肃，生于海拔100-1000米山坡、谷地、田边、路旁灌丛或湿草地。茎、叶嫩时可食，亦为饲料。药用有清热、消炎之效。

11. 大野豌豆　　　　　　　　　图 651

Vicia gigantea Bunge in Mém. Acad. Sci. St. Pétersb. Sav. Etrang. 2: 93. 1835.

多年生草本，高 0.4-1 米，基部木质化，全株被白色柔毛；根茎粗壮。茎有棱，多分支。偶数羽状复叶，卷须有2-3分支或单一；托叶2深裂，裂片披针形，长约6毫米；小叶3-6对，近互生，椭圆形或卵圆形，长1.5-3厘米，宽0.7-1.7厘米，两面被疏柔毛，叶脉7-8对，下

图 651　大野豌豆　（引自《图鉴》）

面中脉凸出。总状花序长于叶，具6-16花，长约6毫米；花萼钟状，萼齿窄披针形或锥形，外面被柔毛；花冠白色，有时为粉红、紫或淡紫色，旗瓣倒卵形，长约7毫米，先端微凹，翼瓣与旗瓣近等长，龙骨瓣最短；子房无毛，具长柄，胚珠2-3，柱头上部四周被毛。荚果长圆形或菱形，长1-2厘米，棕色。花期6-7月，果期8-10月。染色体2n=14。

产内蒙古、河北、山西、河南、湖北、陕西、甘肃、四川及云南，生于海拔600-2900米林下、河滩、草丛及灌丛。本种在花期有毒。

　　[附] **二色野豌豆 Vicia dichroantha** Diels in Notes Roy. Bot.

Gard. Edinb. 5: 246. 1913. 与大野豌豆的区别：小叶窄长圆披针形或披针形，长2.5-9厘米；花序有20-25花；花冠黄或橙黄色，旗瓣长0.7-1.2厘米。产云南西北部及四川西南部，生于海拔1600-3600米高山灌丛、溪边或谷地。

12. 西南野豌豆　　　　图652

Vicia nummularia Hand.-Mazz. Symb. Sin. 557. t. 9: 4. 1933.

　　多年生草本，高15-50(-80)厘米，植株被疏柔毛。茎有棱、多分枝。羽状复叶长3.5-8厘米，卷须细长或有分支；托叶半箭头形，长1-4毫米，有锯齿2-4；小叶2-7对，近互生，稀对生，纸质，椭圆形，长0.6-1.3(-2)厘米，宽2-6毫米，上面无毛，疏生乳头状突起，下面沿中脉疏被柔毛，侧脉7-12对，斜升延展达边缘波状联结，两面凸出，密被柔毛。总状花序长于叶，有花6-9(12)。花萼钟状，长约2毫米，萼齿三角披针形；花冠黄色，旗瓣长约9毫米，翼瓣、龙骨瓣均与旗瓣近等长；子房无毛，胚珠2-6，花柱上部四周被毛，子房柄短。荚果长圆状菱形，长2-2.5厘米，草黄色，两端锐尖。花期6-9月，果期7-10月。

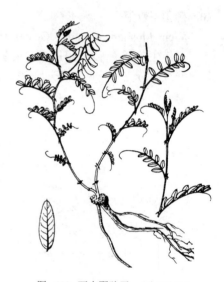

图 652　西南野豌豆　（蔡淑琴绘）

产西藏、云南西北部、四川、青海、甘肃及陕西，生于海拔2000-2300米河岸沙地。

13. 新疆野豌豆　　　　图653

Vicia costata Ledeb. Icon. Pl. Fl. Ross. 2: 7. 108. 1830.

　　多年生攀援草本，高20-80厘米。茎多分枝，具棱，被微柔毛或近无毛。偶数羽状复叶，卷须分支；托叶半箭头形；小叶3-8对，长圆披针形或椭圆形，长0.6-1.8(-3.4)厘米，宽1-5毫米，上面无毛，下面被疏柔毛，叶脉明显凸出。总状花序明显长于叶，有3-11花。花一边向着生，微下垂；花萼钟状，被疏柔毛或近无毛，中萼齿近三角形或披针形，较长；花冠长1-2厘米，黄、淡黄或白色，具蓝紫色脉纹，旗瓣倒卵圆形，先端凹，中部两

图 653　新疆野豌豆　（蔡淑琴绘）

侧缢缩，翼瓣与旗瓣近等长，龙骨瓣稍短；子房线形，胚珠1-5，花柱上部四周被毛，柱头头状。荚果扁，线形，长2.6-3.5厘米。种子1-4，扁圆形，棕黑色。花果期6-8月。

产黑龙江、内蒙古、山西北部、陕西北部、甘肃、宁夏、新疆、青海及西藏南部，生于海拔550-3700米干旱荒漠、砾坡或沙滩。

14. 牯岭野豌豆

图 654

Vicia kulingiana Bailey in Gentes Herb. 1: 33. 1920.

多年生直立草本，高50-90厘米。茎基部近紫褐色，常数茎丛生。偶数羽状复叶长2-3.5厘米，叶轴顶端无卷须，具短尖头；托叶半箭头形或披针形，边缘齿裂；小叶2-3对，卵圆状披针形或长圆披针形，长4-8厘米，两面微被绒毛，侧脉5-8对，直达叶缘呈波形相连，全缘或齿蚀状。总状花序无分枝，长于叶或近等长，长2-5厘米，具5-18花。花萼近斜钟状，长约6毫米，基部有宿存的叶状小苞片，萼齿长仅1毫米；花冠紫、紫红或蓝色，旗瓣提琴形或近长圆形，长

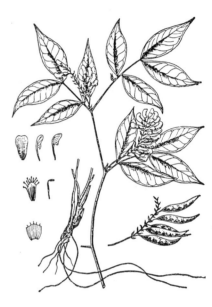

图 654 牯岭野豌豆 （引自《图鉴》）

1.3-1.5厘米，翼瓣与旗瓣近等长，龙骨瓣稍短于翼瓣；子房线形，胚珠5，子房柄细长，花柱上部四周被毛。荚果长圆形，长4-5厘米，两端渐尖，黄色，网脉清晰。花期4-6月，果期6-9月。

产河南、山东、江苏、安徽、浙江、福建、江西及湖南，生于海拔200-1200米山谷竹林、湿地、草丛或沙地。全草药用，有清热解毒、活血之效。

［附］**弯折巢菜 Vicia deflexa** Nakai in Bot. Mag. Tokyo 37: 12.

1923. 与牯岭野豌豆的区别：茎呈"之"字形弯曲；花萼基部无宿存小苞片。产安徽、江苏、浙江、湖北及湖南，生于海拔200-1400米山谷、溪边及竹林下。日本有分布。

15. 柳叶野豌豆

图 655

Vicia venosa (Willd. ex Link) Maxim. in Bull. Acad. Sci. St. Pétersb. 18: 395. 1873.

Orobus venosus Willd. ex Link, Enum. Pl. Hort. Bot. Berol. 2: 236. 1822.

多年生草本，高40-80厘米，常数茎丛生。茎具棱，被疏柔毛，后变无毛。偶数羽状复叶，叶轴顶端仅有长约1-2毫米的短尖头；托叶半箭头形，长1-1.5厘米，先端长渐尖，全缘或下部蚀状齿；小叶通常3对，线形或线状披针形，长4-6.5（-9）厘米，宽0.4-1（-1.3）厘米，下面中脉突出，叶缘具细齿，

图 655 柳叶野豌豆 （引自《东北草本植物志》）

微被细毛，总状花序有分枝，长于叶或与叶近等长，长3.5-7厘米，有2-3分支，呈复总状花序，有4-9花，稀疏着生。花萼钟状，萼齿短三角形；花冠红、紫红或蓝色，旗瓣倒卵状长圆形，长1.2厘米，翼瓣、龙骨瓣均短于旗瓣；子房无毛，胚珠5-6，柱头上部四周被柔毛。荚果长圆形，扁平，长2.5-3.3厘米，两端渐尖，黄棕或棕色，革质。花果期7-9月。染色体2n=12。

产黑龙江、吉林、辽宁、内蒙古及河北，生于海拔600-1800米山脚、针阔叶混交林下湿草地。朝鲜、日本、蒙古及俄罗斯西伯利亚地区有分布。牛羊喜食，亦可作绿肥。

[附] **北野豌豆 Vicia ramuliflora** (Maxim.) Ohwi in Jour. Jap. Bot. 12: 331. 1936. —— *Orobus ramuliflorus* Maxim. Prim. Fl. Amur. 83. 1859. 与柳叶野豌豆的区别：小叶卵形或椭圆形，长3-8厘米，宽1.3-3厘米。产黑龙江、吉林、辽宁及内蒙古，生于海拔700-1500米亚高山草甸、林下、林缘草地或山坡。日本、俄罗斯西伯利亚及远东地区有分布。

16. 歪头菜　　　　　　　图 656 彩片 144

Vicia unijuga A. Br. in Ind. Sem. Hort. Berol. 12. 1853.

多年生草本，高0.4-1 (-1.8) 米。茎常丛生，具棱，疏被柔毛，老时无毛。叶轴顶端具细刺尖，偶见卷须；托叶戟形或近披针形，边缘有不规则齿；小叶1对，卵状披针形或近菱形，先端尾状渐尖，基部楔形，边缘具小齿状，两面均疏被微柔毛。总状花序单一，稀有分支呈复总状花序，明显长于叶，长4.5-7厘米，有8-20朵密集的花。花萼紫色，斜钟状或钟状，无毛或近无毛，萼齿长为萼筒的1/5；花冠蓝紫、紫红或淡蓝色，长1-1.6厘米，旗瓣中部两侧缢缩呈倒提琴形，

长1.1-1.5厘米，龙骨瓣短于翼瓣；子房无毛，胚珠2-8，具子房柄，花柱上部四周被毛。荚果扁，长圆形，长2-3.5厘米，无毛，棕黄色，近革质。花期6-7月，果期8-9月。染色体2n=12。

产黑龙江、吉林、辽宁、内蒙古、河北、山东、山西、河南、陕西、甘肃、宁夏、新疆、青海、西藏、云南、四川、贵州、湖南、湖北、江西、安徽及江苏，生于海拔0-4000米山地、林缘、草地、沟边或灌丛。朝鲜、日本、蒙古、俄罗斯西伯利亚及远东地区有分布。优良牧草。嫩时亦可为蔬菜。全草药用，有补虚、调肝、理气、止痛等功效，青海民间用于治疗高血压及肝病。为早春蜜源植物之一。

[附] **头序歪头菜 Vicia ohwiana** Hosokawa in Contr. Herb. Taihoku

图 656 歪头菜 （蔡淑琴绘）

Univ. 288. 1933. 与歪头菜的区别：托叶全缘；小叶宽卵形或菱形；总状花序缩短呈头状或花梗不明显而呈簇生状；花萼被长柔毛，萼齿与萼筒近等长。产黑龙江、吉林、辽宁、陕西、甘肃、宁夏、新疆及青海，生于向阳山坡、灌丛草地或林缘。朝鲜、日本、俄罗斯西伯利亚及远东地区有分布。

17. 大花野豌豆　　　　　　图 657

Vicia bungei Ohwi in Journ. Jap. Bot. 12: 330. 1936.

一或二年生缠绕或匍匐草本，高15-50厘米。茎有棱，多分枝，近无毛。偶数羽状复叶，卷须有分枝；托叶半箭头形，长3-7毫米，有锯齿；小叶3-5对，长圆形或窄倒卵状长圆形，长1-2.5厘米，宽2-8毫米，先端平截，微凹，稀齿状，上面叶脉不甚清晰，下面叶脉明显，被疏柔毛。总状花序长于叶或与叶近等长，具2-4 (-5) 花。萼钟形，被疏柔毛，萼齿披针形；花冠红紫或金蓝紫色，旗瓣倒卵披针形，长2-2.5厘米，先端微缺，

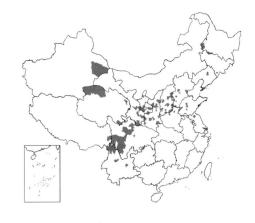

翼瓣短于旗瓣，龙骨瓣短于翼瓣；子房柄细长，沿腹缝线被金色绢毛，花柱上部被长柔毛。荚果扁长圆形，长2.5-3.5厘米。花期4-5月，果期6-7月。

产黑龙江、吉林、辽宁、内蒙古、河北、山东、山西、江苏、安徽、河南、山西、陕西、宁夏、甘肃、新疆、青海、西藏、云南、四川及贵州，生于海拔200-3800米山坡、谷地、草丛、田边或路旁。

[附] **索伦野豌豆 Vicia geminiflora** Trautv. in Acta Hort. Petrop 3: 42. 1875. 与大花野豌豆的区别：小叶线形，长2.5-3厘米，宽2-3毫米；卷须单一。产黑龙江、吉林、辽宁及内蒙古，生于河岸草丛中。俄罗斯西伯利亚地区有分布。

图 657 大花野豌豆 （引自《图鉴》）

18. 四籽野豌豆
图 658

Vicia tetrasperma (Linn.) Schreber, Spicil. Fl. Lips. 26. 1771.

Ervum tetraspermum Linn. Sp. Pl. 738. 1753.

一年生缠绕草本，高20-60厘米。茎纤细柔软，有棱，多分枝，被微柔毛。偶数羽状复叶长2-4厘米，卷须通常无分枝；托叶箭头形或半三角形，长2-3毫米；小叶2-6对，长圆形或线形，长6-7毫米，先端圆，具短尖头，基部楔形。总状花序长约3厘米，有1-2花。花甚小，长约6毫米；花萼斜钟状，长约0.3厘米，萼齿圆三角形；花冠淡蓝色，或带蓝或紫白色，旗瓣长圆倒卵形，翼瓣与龙骨瓣近等长；子房长圆形，有柄，胚珠4，花柱上部四周被毛。荚果长圆形，长0.8-1.2厘米，棕黄色，近革质，具网纹。种子4，扁圆形，褐色。花期3-6月，果期6-8月。染色体2n=14，28。

产河北、山东、河南、陕西、甘肃、新疆、西藏、云南、四川、贵州、广西、湖南、湖北、江西、安徽、江苏、浙江及台湾，生于海拔50-2000米

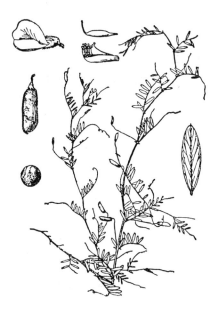

图 658 四籽野豌豆 （引自《图鉴》）

山谷或阳坡草地。欧洲、亚洲其它各国、北美及北非有分布。为优良牧草，嫩叶可食。全草药用，有活血、健脾、利五脏、明耳目之功效。

19. 小巢菜 薇
图 659

Vicia hirsuta (Linn.) S. F. Gray. in Nat. Arr. Brit. Pl. 2: 614, 1821.

Ervum hirsutum Linn. Sp. Pl. 738. 1753.

一年生草本，高0.15-0.9（-1.2）米，攀援或蔓生。茎细柔，有棱，近

无毛。偶数羽状复叶，卷须分枝；托叶线形，基部有2-3裂齿；小叶4-8对，线形或窄长圆形，长0.5-1.5厘米，

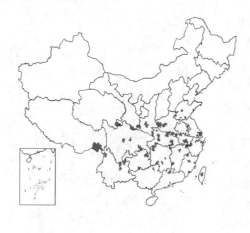

先端平截，具短尖头，基部渐窄，无毛。总状花序明显短于叶，有2-4(-7)花。花萼钟形，萼齿披针形，长约2毫米；花冠长3-5毫米，白、淡蓝青或紫白色，稀粉红色，旗瓣椭圆形，长约5毫米，先端平截或微凹，翼瓣近匀形，与旗瓣近等长，龙骨瓣较短；子房无柄，密被褐色长硬毛，胚珠2，花柱上部四周被毛。荚果长圆状菱形，长0.5-1厘米，密被棕褐色长硬毛。种子2，扁圆形，两面凸出。花果期2-7月。

产河南、山东、江苏、安徽、浙江、福建、台湾、江西、湖北、湖南、广东、广西、贵州、云南、西藏、四川、青海、甘肃及陕西，生于海拔200-1900米山沟、河滩、田边或路旁草丛。北美、北欧、俄罗斯、日本及朝鲜有分布。绿肥及饲料，牲畜喜食。全草入药，有活血、平胃、明目、消炎等功效。

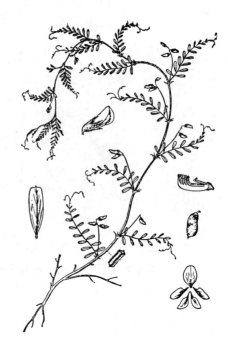

图 659 小巢菜 （引自《图鉴》）

20. 野豌豆 图 660

Vicia sepium Linn. Sp. Pl. 137. 1753.

多年生草本，高0.3-1米；根茎匍匐。茎细弱，斜升或攀援，具棱，疏被柔毛。偶数羽状复叶长7-12厘米，卷须发达；托叶半戟形，有2-4裂齿；

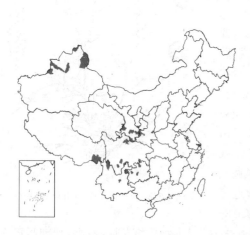

小叶5-7对，长卵圆形或长圆披针形，长0.6-3厘米，先端钝或平截，微凹，有短尖头，基部圆，两面被疏柔毛，下面毛较密。总状花序有2-4(-6)花；花序梗几不明显。花萼钟状，萼齿披针形或锥形，短于萼筒；花冠长1.8-3厘米，红、紫或浅粉红色，稀白色，旗瓣近提琴形，先端凹，翼瓣短于旗瓣，龙骨瓣内弯，短于翼瓣；子房线形，无毛，胚珠5，子房柄短，花柱与子房联接处呈近90°夹角，柱头远轴面有一束黄髯毛。荚果扁，长圆形，长2-4厘米，成熟时亮黑色，顶端具喙，微弯。花期6月，果期7-8月。染色体2n=12，14，16-18。

产陕西、甘肃、宁夏、新疆、青海、西藏、云南、四川及贵州，生于

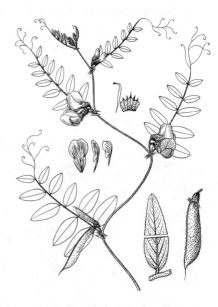

图 660 野豌豆 （引自《图鉴》）

海拔1000-2200米山坡或林缘草丛。俄罗斯、朝鲜及日本有分布。为牧草，可用作蔬菜。叶及花果药用，有清热、消炎解毒之效。可作观赏花卉。

21. 救荒野豌豆 图 661

Vicia sativa Linn. Sp. Pl. 736. 1753.

一年生或二年生草本，高0.15-1米。茎斜升或攀援，单一或多分枝，具棱，被微柔毛。偶数羽状复叶长2-10厘米，卷须有2-3分支；托叶戟形，通

常有2-4裂齿，长3-4毫米，小叶2-7对，长椭圆形或近心形，长0.9-2.5厘米，先端圆或平截，有凹，具短尖头，基部楔形，侧脉不甚明显，两面被贴伏黄柔毛。花1-2（-4），腋生，近无梗；萼钟形，外面被柔毛，萼齿披针形或锥形；花冠长1.8-3厘米，紫红或红色，旗瓣长倒卵圆形，先端圆，微凹，中部两侧缢缩，翼瓣短于旗瓣，龙骨瓣短于翼瓣；子房线形，微被柔毛，胚珠4-8，具短柄，花柱上部被淡黄白色髯毛。荚果线状长圆形，长4-6厘米，成熟后呈黄色，种子间稍缢缩，有毛。花期4-7月，果期7-9月。染色体2n=10，12，14。

原产欧洲南部及亚洲西部，现已广为栽培。我国各地有栽培或野化，生于海拔50-3000米荒山、田边草丛或林中。为绿肥及优良牧草。全草药用，有清热利湿、活血祛痰的功效。

图 661 救荒野豌豆 （引自《图鉴》）

22. 窄叶野豌豆　　　　　　图 662

Vicia angustifolia Linn. ex Reichard in Fl. Moeno-Francof. 2: 44. 1778.

一年生或二年生草本，高20-50（-80）厘米。茎斜升、蔓生或攀援，多分枝，被疏柔毛。偶数羽状复叶长2-6厘米，卷须发达，托叶半箭头形或披针形，长约1.5毫米，有2-5齿，被微柔毛；小叶4-6对，线形或线状长圆形，长1-2.5厘米，先端平截或微凹，具短尖头，基部近楔形，叶脉不甚明显，两面被浅黄色疏柔毛。花1-2（3-4），腋生，有小苞叶；花萼钟形，萼齿5，三角形，被黄色疏柔毛；花冠长1-1.8厘米，红或紫红色，旗瓣倒卵形，先端圆，微凹，有瓣柄，翼瓣与旗瓣近

等长，龙骨瓣短于翼瓣；子房纺锤形，被毛，胚珠5-8，子房柄短，花柱顶端具一束髯毛。荚果长线形，微弯，长2.5-5厘米，成熟后黑色，革质，种子间不缢缩。花期3-6月，果期5-9月。染色体2n=12，14。

产河北、山东、河南、江苏、安徽、浙江、福建、江西、湖北、湖南、广东、广西、贵州、云南、西藏、四川、陕西、宁夏、甘肃、青海及新疆，

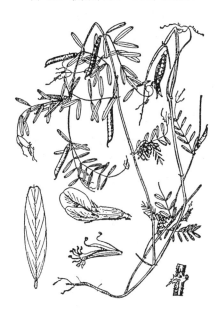

图 662 窄叶野豌豆 （引自《图鉴》）

生于海拔0-3000米河滩、山沟、谷地或田边草丛。欧洲、北非及亚洲有分布。现已广为栽培作绿肥及牧草。

23. 蚕豆　　　　　　图 663

Vicia faba Linn. Sp. Pl. 737. 1753.

一年生草本，高0.3-1.2米；主根短粗，根瘤密集。茎粗壮，直立，具4棱，中空，无毛。偶数羽状复叶，卷须短，为短尖头状；托叶戟头形或近三角状卵形，微有锯齿，具深紫色密腺点；小叶通常1-3对，互生，上部小叶可达4-5对，椭圆形、长圆形或倒卵形，稀圆形，长4-6（-10）厘米，全缘，无毛。总状花序腋生，花序梗几不明显；花2-4（-6）朵簇生于叶腋；花萼钟形，萼齿披针形，下萼齿较长；花冠白色，具紫色脉纹及黑色

斑晕，长2-3.5厘米，旗瓣中部两侧缢缩，翼瓣短于旗瓣，龙骨瓣短于翼瓣；子房线形，无柄，胚珠2-4（-6），花柱密被柔毛，顶端远轴面有一束髯毛。荚果肥厚，长5-10厘米，宽2-3厘米，绿色，被柔毛，成熟后变为黑

色。种子2-4（-6），长方圆形，种皮革质，青绿、灰绿或棕褐色，稀紫色或黑色。花期4-5月，果期5-6月。染色体2n=12。

原产欧洲地中海沿岸、亚洲西南部至北非。全国各地均有栽培。种子食用，嫩时茎叶可作为蔬菜或饲料，民间作药用，用于治疗高血压和浮肿，茎用于止血、止泻，叶用于肺结核咯血、消化道出血，花有凉血、止血的功能，果有利尿渗湿，种子健脾利湿、驱风止血。

图 663 蚕豆 （引自《图鉴》）

109. 山黧豆属 Lathyrus Linn.
（包伯坚）

一年生或多年生草本，具根状茎或块根。茎直立、上升或攀缘，有翅或无翅。偶数羽状复叶具1至数小叶，稀无小叶而叶轴增宽叶化或托叶叶状，叶轴末端具卷须或针刺；小叶具羽状脉或平行脉；托叶半箭形、箭形、斜卵形或线形，稀叶状。总状花序腋生，具1至多花。花紫、粉红、黄或白色；花萼钟状，短于花冠，萼齿不等长或稀近相等；雄蕊二体（9+1），雄蕊管顶端通常平截，稀偏斜；花柱先端通常扁平，线形或增宽成匙形，近轴一面被刷毛。荚果通常压扁，开裂，有2至多数种子。

约130种，分布于欧、亚及北美的北温带地区，南美及非洲也有少量分布。我国18种。

1. 叶轴末端具卷须。
  2. 茎具翅。
    3. 叶仅具1对小叶；花柱扭转。
      4. 小叶椭圆形或卵状长圆形；花极香，长2-3厘米；荚果无翅 ················ 8. 香豌豆 **L. odoratus**
      4. 小叶线形或披针形；花长1.2-1.5（-2.4）厘米；荚果背缝线具2窄翅 ········ 8(附). 家山黧豆 **L. sativa**
    3. 叶具1对以上小叶；花柱不扭转。
      5. 小叶草质，叶脉通常在下面凸起。
        6. 叶具小叶2-4对；卷须发达并有分枝；托叶半箭形；总状花序通常具3-4花 ·················
          ················ 9. 毛山黧豆 **L. palustris** subsp. **pilosus**
        6. 叶具小叶1-2对；卷须不发达，通常无分枝；托叶线形；总状花序通常具1-2花 ·················
          ················ 9(附). 线叶山黧豆 **L. palustris** subsp. **pilosus** var. **linearifolius**
      5. 小叶坚纸质，叶脉通常两面凸起 ················ 6. 山黧豆 **L. quinquenervius**
  2. 茎无翅。
    7. 叶仅具1对小叶；花冠黄色 ················ 7. 牧地香豌豆 **L. pratensis**
    7. 叶具1对以上小叶。
      8. 托叶大，下部的托叶与小叶近相等；小叶卵形或宽卵形，具羽状脉 ·········· 1. 大山黧豆 **L. davidii**
      8. 托叶明显小于小叶。
        9. 小叶椭圆形、卵形、长圆形、窄椭圆形或窄卵形，具羽状脉。
          10. 托叶半箭形；茎直立。
            11. 植株矮小，高20-30厘米；萼齿较长，最下部的1枚长及萼筒的1/2；总状花序有2-4花 ·······
              ················ 2. 矮山黧豆 **L. humilis**
            11. 植株较高大，高0.8-1米；萼齿较短，最下部的1枚长不及萼筒的1/3；总状花序具9-11（-13）
              花 ················ 3. 中华山黧豆 **L. dielsianus**
          10. 托叶箭形；茎平卧或仅先端斜升 ················ 4. 海滨山黧豆 **L. maritimus**

9. 小叶长圆状披针形, 具近平行的脉 ·················· 9(附). **无翅山黧豆 L. palustris** subsp. **exalatus**

1. 叶轴末端无卷须。

    12. 茎无翅; 小叶二型, 茎下方的披针形或线状披针形, 茎中上方的卵形、长卵形或长圆形, 具羽状脉 ········

·················· 5. **东北山黧豆 L. vaniotii**

    12. 茎具窄翅; 小叶非二型, 具3-5条平行脉 ·················· 5(附). **三脉山黧豆 L. komarovii**

1. 大山黧豆

图 664

Lathyrus davidii Hance in Journ. Bot. Brit. & For. 9: 130. 1871.

多年生草本, 具块根, 高1-1.8米。茎圆柱状, 直立或斜升, 无毛。托叶半箭形, 下部的与小叶近等大, 全缘或下面稍有锯齿; 叶长4-6厘米, 叶轴末端具分枝的卷须; 小叶2-5对, 通常为卵形或宽卵形, 长4-6厘米, 先端具细尖, 基部宽楔形或楔形, 全缘, 两面无毛, 具羽状脉。总状花序腋生, 约与叶等长, 有花10余朵。萼钟状, 长约5毫米, 无毛, 萼齿短小, 最下的萼齿长约2毫米, 最上的萼齿长1毫米; 花冠深黄色, 长1.5-2厘米, 旗瓣长1.6-1.8厘米, 瓣片扁圆形, 瓣柄窄倒卵形, 与瓣片等长, 翼瓣与旗瓣瓣片等长, 具耳及线形长瓣柄, 龙骨瓣约与翼瓣等长, 瓣片卵形, 基部具耳及线形瓣柄; 子房线形, 无毛。荚果线形, 长8-15厘米, 具长网纹。种子紫褐色, 宽长圆形, 光滑。 花期5-7月, 果期8-9月。

产黑龙江、吉林、辽宁、内蒙古、河北、山东、安徽、河南、山西、陕西、甘肃、四川及湖北, 生于山坡、林缘、灌丛等海拔1800米以下地区。朝鲜、日本及俄罗斯远东地区有分布。种子有镇静的作用。

图 664 大山黧豆 (引自《图鉴》)

2. 矮山黧豆

图 665

Lathyrus humilis (Ser.) Spreng. Syst. Veg. 3: 363. 1826.

Orobus humilis Ser. in DC. Prodr. 2: 378. 1825.

多年生草本, 高20-30厘米。茎及根状茎纤细, 根状茎横走, 茎直立, 稍分枝, 被微柔毛。托叶半箭形, 通常长1-1.6厘米, 下缘常具齿; 叶轴末端具单一或稍分枝的卷须; 小叶3-4对, 卵形或椭圆形, 长1.5-3(-5)厘米, 全缘, 上面无毛, 下面被微柔毛或无毛, 具羽状脉。总状花序腋生, 具2-4花; 花序梗短于叶。花梗与花萼近等长; 花萼钟状, 最下面1萼齿长约为萼筒长

图 665 矮山黧豆 (引自《图鉴》)

之半，稀近等长；花冠紫红色，长1.5-2毫米，旗瓣长1.3-1.8厘米，瓣片近圆形，先端裂缺，瓣柄约长于瓣片之半，翼瓣长1.1-1.4厘米，具耳及线形瓣柄，龙骨瓣长1-1.2厘米，具耳及线形瓣柄；子房线形，无毛。荚果线形，长4-5厘米。种子椭圆形，红褐色，平滑。 花期5-7月，果期8-9月。

产黑龙江、吉林、辽宁、内蒙古、河北、河南、山西、陕西、甘肃、宁夏、新疆及青海，生于草甸、灌丛或林缘，海拔达2500米。朝鲜、蒙古及俄罗斯远东地区有分布。

3. 中华山黧豆　　　　　　　　　图 666

Lathyrus dielsianus Harms in Engl. Bot. Jahrb. 29: 417. 1901.

多年生草本，高0.8-1米；根状茎纤细，直下或横走。茎圆柱状，直立，无毛。托叶斜卵形，下缘常具齿，无毛；叶轴末端有具分枝的卷须；小叶2-5对，卵形或卵状披针形，稍不对称，长3.4-6.5厘米，两面无毛，具羽状脉。总状花序腋生，较叶短，有9-11（-13）花。花萼钟状，无毛，长7-8毫米，萼齿短，最下1齿长不及萼筒的1/3，最上2齿针刺状；花冠粉红或紫色，长1.8-1.9厘米，旗瓣长1.6-1.9

厘米，瓣片扁圆形或近圆形，先端微凹，瓣柄长1.1厘米，翼瓣长倒卵形，先端圆形，长7-8毫米，宽约3毫米，具耳，瓣柄长0.9-1.2厘米，龙骨瓣瓣片长卵形，先端渐尖，长7-8毫米，具耳，瓣柄长8毫米；子房线形，无毛。荚果线形，长5.5-8厘米，柄长6-7毫米，褐色。种子椭圆形，长5毫米，平滑。花期5-6月。果期7-8月。

图 666 中华山黧豆 （孙英宝绘）

产山西南部、河南西北部、陕西南部、湖北西部、四川东部及西部、西藏东北部，生于水边、山坡、沟内等阴湿处或疏林下。

4. 海滨山黧豆　　海边香豌豆　　　图 667

Lathyrus maritimus (Linn.) Bigelow, Fl. Boston. ed. 2, 268. 1824.

Pisum maritimum Linn. Sp. Pl. 727. 1753.

Lathyrus japonicus Willd.；中国植物志 42(2)：275. 1998.

多年生草本；根状茎长，横走。茎长15-50厘米，常匍匐，上升，无毛。托叶箭形，长1-2.9厘米，网脉明显凸出，无毛；叶轴末端具卷须，卷须单一或分枝；小叶3-5对，长椭圆形或长倒卵形，长2.5-3.3厘米，先端圆或急尖，基部宽楔形，两面无毛，具羽状脉，网脉两面显著隆起。总状花序比

叶短，有2-5花。花梗长3-5毫米；萼钟状，长0.9-1厘米，最下的萼齿长5-8毫米，最上面2齿长约3毫米，无毛；花冠紫色，长约2.1厘米，旗

图 667 海滨山黧豆 （引自《图鉴》）

瓣长1.8-2厘米,瓣片近圆形,宽约1.3厘米,翼瓣长1.7-2厘米,瓣片窄倒卵形,宽约5毫米,具耳,瓣柄长8-9毫米,龙骨瓣长1.7厘米,窄卵形,具耳,瓣柄长约7毫米;子房线形,无毛或极少疏被毛。荚果长约5厘米,棕褐或紫褐色,压扁,无毛或被稀疏柔毛。种子近球状。 花期5-

7月,果期7-8月。

产辽宁、河北、山东、江苏及浙江沿海地区,生于沙滩上。广布于欧、亚、北美三洲的北部沿海地区。

图 668 东北山黧豆 （引自《豆科图说》）

5. 东北山黧豆　　　　　　　　　　图 668

Lathyrus vaniotii Lévl. in Fedde, Repert. Sp. Nov. 7: 230. 1909.

多年生草本,具根状茎。茎直立,高40-70厘米,无毛。托叶窄半箭形,长0.5-1.5厘米;叶具2-5对小叶,叶轴末端无卷须,呈针刺状;小叶二型,茎最下部小叶通常披针形或窄披针形,两端渐尖,长2.5-4.5厘米,中上部小叶卵形或窄卵形,稀长圆形,先端渐尖、钝尖或钝,基部楔形或圆,长3.5-7厘米,下面苍白色,两面无毛,具羽状脉。总状花序腋生,具4-8花。花梗长约8毫米;花萼钟状,长约1.1厘米,无毛,最下1萼齿长4毫米,最上2齿长1毫米;花冠紫红色,长1.8-2.5厘米,旗瓣长约2.1厘米,瓣片扁圆形,长约8毫米,宽约1.3厘米,先端微缺,瓣柄近等腰三角形,上面最宽处为8毫米,翼瓣与旗瓣等长,瓣片倒卵形,长约1厘米,瓣柄长约1.3厘米,龙骨瓣长约1.8厘米,瓣片倒卵形,长约1厘米,先端成斜尖头,瓣柄长约1.2厘米;子房线形。 花期5-6月。

产黑龙江、吉林及辽宁,多生于林下。朝鲜有分布。

[附] **三脉山黧豆 Lathyrus komarovii** Ohwi in Journ. Jap. Bot. 12: 329. 1936. 与东北山黧豆的区别:茎具窄翅;小叶非二型,下面不为苍白色,具3-5平行脉。产黑龙江、吉林及辽宁,生于林下或草地。朝鲜及俄罗斯东西伯利亚有分布。

6. 山黧豆　　　　　　　　　　图 669

Lathyrius quinquenervius (Miq.) Litv. in Kom. et Alis. Opred. Rast. Dalnje.-Vost. Kraja 2: 683. 1932.

Vicia quinquenervia Miq. in Ann. Mus. Lugd.-Bat. 3: 50. 1867.

多年生草本;根状茎横走。茎直立,单一,高20-50厘米,具棱及翅,有毛,后变无毛。偶数羽状复叶,叶轴末端具不分枝的卷须,下部叶的卷须呈针刺状;托叶披针形至线形,长7-2.3厘米,小叶1-3对,质坚硬,椭圆状披针形或线状披针形,长3.5-8厘米,两面被短柔毛,上面的毛较稀疏,老时毛渐脱落,5条平行脉在两面明显凸出。总状花序腋

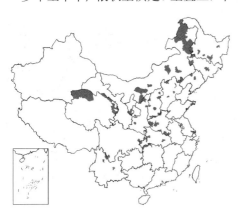

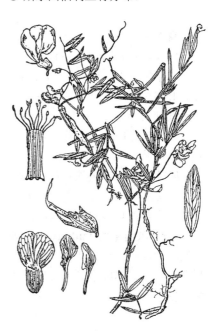

图 669 山黧豆 （引自《图鉴》）

生，具5-8花。花梗长3-5毫米；花萼钟状，被短柔毛，最下1萼齿约与萼筒等长；花冠紫蓝色或紫色，长1.2-2厘米，旗瓣近圆形，先端微缺，瓣柄与瓣片约等长，翼瓣窄倒卵形，与旗瓣等长或稍短，具耳及线形瓣柄，龙骨瓣卵形，具耳及线形瓣柄；子房密被柔毛。荚果线形，长3-5厘米。花期5-7月，果期8-9月。

7. 牧地山黧豆　　　　　　　　　　　图 670
Lathyrus pratensis Linn. Sp. Pl. 733. 1753.

多年生草本，高0.3-1.2米。茎斜升、平卧或攀缘，无翅。叶具1对小叶，叶轴末端的卷须单一或分枝；托叶箭形，基部两侧不对称，长(0.5)1-4.5厘米；小叶椭圆形、披针形或线状披针形，长1-3(-5)厘米，先端渐尖，基部宽楔形或近圆，西面或多或少被毛，具平行脉。总状花序腋生，长于叶数倍，具5-12花。花萼钟状，被短柔毛，最下1萼齿长于萼筒；花冠黄色，长1.2-1.8厘米，旗瓣长约1.4厘米，瓣片近圆形，宽7-9毫米，下部变窄为瓣柄，翼瓣稍短于旗瓣，瓣片近倒卵形，基部具耳及线形瓣柄，龙骨瓣稍短于翼瓣，瓣片近半月形，基部具耳及线形瓣柄。荚果线形，长2.3-4.4厘米，宽5-6毫米，黑色，具网纹。种子近圆形，平滑，黄或棕色。 花期6-8月，果期8-10月。

产黑龙江、陕西、甘肃、宁夏、新疆、青海、四川、云南、贵州及湖

图 670 牧地山黧豆 （引自《图鉴》）

产黑龙江、吉林、辽宁、内蒙古、河北、山东、河南、山西、陕西、甘肃、宁夏、青海、四川、云南及湖北，生于山坡、林缘、路旁或草甸。最高可到海拔2500米。朝鲜、日本及俄罗斯远东地区有分布。

北，生于海拔1000-3000米山坡草地、疏林下或路旁阴处。广布于欧洲及亚洲温带地区。可作牧草。叶煎作祛痰止咳药。

8. 香豌豆　　　　　　　　　　　图 671
Lathyrus odoratus Linn. Sp. Pl. 732. 1753.

一年生草本，高0.5-2米，全株或多或少被毛。茎攀援，多分枝，具翅。叶具1对小叶，叶轴具翅，末端具分枝的卷须；托叶半箭形；小叶卵状长圆形或椭圆形，长2-6厘米，全缘，具羽状脉，有时具近平行脉。总状花序长于叶，具1-3(-4)花。花下垂，极香，长2-3厘米；萼钟状，萼齿近相等，长于萼筒；花冠紫色，也有白、粉红、红紫、紫堇或蓝色；子房线形，花柱弯，扭转，内侧具髯毛。荚果线状长圆形，有时稍弯曲，长5-7厘米，棕黄色，被短柔毛。种子平滑，种脐为周圆长的1/4。花果期6-9月。

原产意大利，各地广泛栽培。为著名观赏植物。植株及种子有毒。

[附] **家山黧豆 Lathyrus sativa** Linn. Sp. Pl. 730. 1753. 与香豌豆的区别：小叶线形或披针形，长1.8-2.5厘米；花长1.2-1.5(-2.4)厘米；荚果背缝线具2窄翅。我国北方广为栽培作猪、牛饲料。但在花期植株有毒，种子也有毒。

图 671 香豌豆 （引自《图鉴》）

9. 毛山黧豆 图 672

Lathyrus palustris Linn. subsp. **pilosa** (Cham.) Hulten, Fl. Aleut. Isl. 236. 1937.

Lathyrus pilosus Cham. in Linnaea 6: 548. 1831.

多年生草本,高0.15-1米。茎攀援,常呈"之"字形弯曲,具翅,有分枝,被短柔毛。叶具小叶2-4对,叶轴顶端具分枝的卷须;托叶半箭形,长1.2-1.5厘米;小叶线形或线状披针形,草质,长3.5-4厘米,两面被毛,叶脉通常在下面凸起。总状花序腋生,长为叶的1.5倍,有(2)3-4(5)花。花长1.3-1.5(-2)厘米;花萼钟状,萼筒长3.5-5毫米,萼齿不等大,最下1齿较长,短于萼筒;花冠紫色,旗瓣倒卵形,先端微凹,中部以下渐窄成瓣柄,翼瓣倒卵形,短于旗瓣,基部具弯曲的线形的瓣柄,龙骨瓣半圆形,先端尖,基部具线形瓣柄;子房线形,无毛。荚果线形,长3-4厘米,无毛。

产黑龙江、吉林、辽宁、内蒙古、河北北部、山西北部、陕西北部、甘肃南部、青海东部、四川、云南西北部及浙江东北部。俄罗斯、日本、朝鲜及蒙古有分布。

[附] 线叶山黧豆 Lathyrus palustris subsp. **pilosa** (Cham) Hulten var. **linearifolius** Ser. in DC. Prodr. 2: 371. 1825. 与毛山黧豆的区别:叶具小叶1-2对;托叶线形;卷须不发达并通常无分枝;总状花序具1-2花。产

图 672 毛山黧豆 (蔡淑琴绘)

四川西部、云南中部及西北部。

[附] 无翅山黧豆 Lathyrus palustris subsp. **exalatus** Tsui in Bull. Bot. Res. (Harbin) 4(1): 54. 1984. 与毛山黧豆的区别:植株无毛;茎无翅;小叶长圆状披针形,长3-6厘米,坚纸质。产山西、新疆、四川、云南及西藏。

110. 兵豆属 Lens Mill.

(包伯坚 李娇兰)

直立或披散的一年生草本或半藤本状植物。偶数羽状复叶;小叶4至多片,全缘,顶端1枚变为卷须、刺毛或缺,倒卵形、倒卵状长圆形或倒卵状披针形。托叶斜披针形。花小,单生或数朵排成总状花序;花萼稍短于花冠,萼片窄长;花冠白色或颜色多样,旗瓣倒卵形,翼瓣、龙骨瓣有瓣柄和耳;雄蕊二体(9+1);子房几无柄,花柱近轴面具疏髯毛。荚果短,扁平,具1-2种子。种子双凸镜形,褐色。

约5-6种,分布于地中海地区和亚洲西部。我国引入栽培1种。

兵豆 图 673

Lens culinaris Medic. Vorles Churbf. Phys. Oes. 2: 361. 1787.

一年生草本,高10-50厘米。茎方形,基部分枝,被短柔毛。叶具小叶4-12对,叶轴被柔毛,顶端小叶变为卷须或刺毛;托叶斜披针形,长3-7毫米,被白色长柔毛;小叶倒卵形、倒卵状长圆形或倒卵状披针形,长0.6-2厘米,全缘,两面被白色长柔毛,先端圆或微缺,基部楔形;几无柄。总状花序腋生,短于叶,有1-3花,花序轴及花序梗密被白色柔毛。花萼浅杯状,5裂,裂片线状披针形,长为萼筒2-3倍,密被白色长柔毛;花冠白或蓝紫色,长4.5-6.5毫米;旗瓣倒卵形,翼瓣、龙骨瓣有瓣柄和耳;子房无毛,具短柄,花柱顶端扁平,近轴面有髯毛。荚果长圆形,长1-1.5厘米,膨胀,黄色,无毛,有1-2种子。种子褐色,双凸镜形。花期5-8月,果

期8-9月。

栽培于甘肃、内蒙、河北、山西、河南、陕西、江苏、四川及云南等省区。种子可食用,茎、叶和种子可作饲料和绿肥。

111. 豌豆属 Pisum Linn

(包伯坚 李娇兰)

一年生或多年生柔软草本。茎方形,空心,无毛。叶具小叶2-6,叶轴顶端具羽状分枝的卷须;小叶卵形或椭圆形,全缘或多少有锯齿,下面被粉霜;托叶叶状,大于小叶。花白色或颜色多样,单生或数朵排成总状花序,腋生,具柄。花萼钟状,偏斜或在基部为浅囊状,5裂,裂片近相等或上部2片较宽;花冠白、紫或红色,旗瓣扁倒卵形,翼瓣稍与龙骨瓣连生,雄蕊二体(9+1);子房近无柄,胚珠多数,花柱向远轴面纵折,内弯,压扁,内侧面有纵列的髯毛。荚果肿胀,长椭圆形,顶端斜急尖。种子数颗,球形。

约6种,产欧洲、地中海区域和西亚。我国引入栽培1种。

豌豆　　　　　　　　　图 674 彩片 145

Pisum sativum Linn. Sp. Pl. 727, 1753.

一年生攀援草本,高0.5-2米;全株绿色,无毛,被粉霜。叶具小叶4-6;托叶比小叶大,叶状,心形,下缘具细牙齿。小叶长圆形或宽椭圆形,长2-5厘米,先端急尖,基部偏斜;叶轴顶端具羽状分裂的卷须;花单生叶腋或数朵组成总状花序;花萼钟状,5深裂,裂片披针形;花冠颜色多样,随品种而异,但多为白色和紫色,雄蕊(9+1)二体;子房无毛,花柱扁,内面侧髯毛。荚果肿胀,长椭圆形,长2.5-10厘米,先端斜急尖,背部近于伸直,内侧有坚硬纸质的内皮。种子2-10,圆形,青绿色,有皱纹或无,干后变为黄色。 花期6-7月,果期7-9月。

我国各地广为栽培,世界各地亦多有栽培。种子及嫩荚、嫩苗均供食用;种子含淀粉和油脂,作药用有强壮、利尿、止泻之效;茎叶作绿肥和饲料。

112. 鹰嘴豆属 Cicer Linn.

(包伯坚 李娇兰)

多年生或一年生草本,通常有刺;具长柄腺毛,兼有单细胞毛和具单细胞柄的腺毛。奇数羽状复叶;叶无叶枕,无托叶,互生,2列,有时叶轴末端成卷须或刺;小叶3至多数,具锯齿,侧脉直伸至锯齿尖。花单生或具2-5花组成腋生总状花序。翼瓣与龙骨瓣分离;雄蕊二体(9+1),全部或大部花丝先端膨大,花药等大,全部丁字着生或丁字着生与底着生交互;花柱圆柱形,无毛,弯曲,柱头顶生。荚果膨胀大,有1-10种子,被腺毛。种子具喙,近球形,种皮平滑、具疣状突起或具刺;维管束延伸过合点,有分枝;无胚乳。

约40种,主要分布于中亚。我国1种,引入栽培1种。

1. 小叶窄椭圆形,边缘具密锯齿 ································ 鹰嘴豆 **C. arietinum**
1. 小叶倒卵形,上半部边缘具深锯齿 ······················ (附). 小叶鹰嘴豆 **C. microphyllum**

图 673 兵豆 (引自《图鉴》)

图 674 豌豆 (引自《图鉴》)

鹰嘴豆 图 675

Cicer arietinum Linn. Sp. Pl. 738. 1753.

一年生草或多年生攀缘草本，高1-2米。茎直立，多分枝，被白色腺毛。托叶呈叶状，具3-5个不整齐的锯齿或下缘有疏锯齿；叶具小叶7-17；小叶对生或互生，窄椭圆形，长0.7-1.7厘米，边缘具密锯齿，两面被白色腺毛。花单生或双生叶腋；花梗长0.5-2.5厘米；花冠白、淡蓝或紫红色，长0.8-1厘米，有腺毛；萼浅钟状，5裂，裂片披针形，长6-9毫米，被白色腺毛。荚果卵圆形，膨胀，下垂，长约2厘米，成熟后淡黄色，被白色短柔毛和腺毛，有1-4种子。种子被白色短柔毛，黑色或褐色，具皱纹，一端具细尖。花期6-7月，果期8-9月。

原产地中海、亚洲、非洲、美洲等地。甘肃、青海、新疆、内蒙古、陕西、山西、河北、山东及台湾等地引种栽培。种子、嫩荚、嫩苗均可供食用。

[附] **小叶鹰嘴豆 Cicer microphyllum** Benth. in Royle, Ill. Bot. Himal. 200. 1835. 与鹰嘴豆的区别：小叶倒卵形，上半部边缘具深锯齿。产西藏及新疆，生于海拔1600-4600米的阳坡草地，河滩砂砾地或山坡砂砾地。土耳其、克什米尔地区、巴基斯坦及阿富汗有分布。

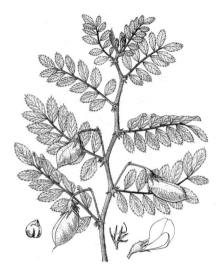

图 675 鹰嘴豆 （引自《图鉴》）

113. 芒柄花属 Ononis Linn.

（包伯坚）

多年生草本或灌木，有时具针刺，通常被柔毛和腺毛。羽状三出复叶，侧小叶甚不发达，有时成为1枚小叶；托叶叶片状，草质，大部分贴生叶柄，茎上部的托叶仅在基部环绕抱茎合生，先端呈2短尖；无小托叶；小叶通常具锯齿，侧脉直伸达齿尖。花腋生，单生或2-3朵组成短总状花序，基部带有叶片；花序轴常成尖刺；有时叶片呈苞状，形成假顶生佛焰苞状花序，真正的苞片与小苞片甚小或不存在。花萼筒短，钟形，萼齿5，近等长，窄披针形；花冠黄、粉红或紫色，稀白色，旗瓣近圆形或倒卵形，具短瓣柄，翼瓣倒卵状长圆形，龙骨瓣弯曲，具喙；雄蕊单体，花丝顶端膨大，余部连合成闭合的雄蕊筒，其基部与瓣柄均分离，花药二型，背着和基着，长短交互；花柱细长，无毛，上弯，柱头小，子房具短柄，胚珠2至多数。荚果长圆形，膨胀，或为圆形，包于宿萼中，或伸出萼外2-3倍，2瓣裂，有少数种子。种子肾形或圆形，无种阜，种皮光滑、粗糙或具细疣点。

70-80种，分布以地中海西岸为中心的北非、欧洲、西亚及中亚。我国4种。

1. 小枝不呈针刺状；叶柄长0.6-1厘米；萼齿长为萼筒的3-4倍 ·········· 芒柄花 **O. arvensis**
1. 小枝呈针刺状；叶柄长2-3毫米；萼齿长为萼筒的2倍 ·········· （附）**伊犁芒柄花 O. antiquorum**

芒柄花 图 676

Ononis arvensis Linn. Syst. Nat. ed. 10(2)：1159. 1759.

多年生草本，亚灌木状，高30-80厘米，全株被单柔毛和长短交杂的腺毛。茎直立，圆柱形，具纵棱，分枝多。小枝不呈针刺状。中下部为羽状三出叶，上部常为单叶；托叶大，叶状，宽卵形，长0.6-1厘米，脉纹清晰，抱茎并与叶柄合生；叶柄与托叶近等长；顶生小叶大，长1.5-3厘米，几无小叶柄，侧小叶长约为顶生小叶之半，边缘具尖锯齿，两面被柔毛和腺毛，下面较密。花长1.5-2厘米，1-2朵着生叶腋，在枝梢组成稠密、带叶片的轮状花序。花梗短；花萼钟形，密被腺毛，萼齿深裂，线状披针形，比萼筒长3-4倍；花冠淡红色，有时带紫色斑纹，稀白色，旗瓣宽卵形，先

端钝圆,基部渐窄至瓣柄,稍长于翼瓣和龙骨瓣。荚果宽长圆形或卵圆形,长约7毫米,被腺毛和柔毛,顶端有横向弯折的宿存花柱,有2-4种子。种子有细疣状突起。花果期6-8月。

产新疆及西藏西北部,生于山坡草地、砂质湿润的土壤。欧洲中部和北部、中亚、西南亚、克什米尔及阿富汗有分布。全草用治痔疮。

[附] **伊犁芒柄花 Ononis antiquorum** Linn. Sp. Pl. ed. 2, 1006. 1763. 与芒柄花的区别:小枝直硬呈针刺状;叶柄细短,长2-3毫米;萼齿长约为萼筒的2倍,旗瓣与翼瓣和龙骨瓣近等长。产新疆,生于砂质草地或针叶林旁。欧洲南部、北非、黑海沿岸、中亚、中东及西南亚有分布。

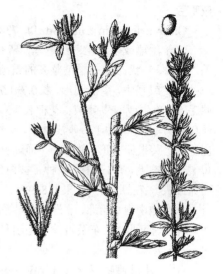

图 676 芒柄花 (何冬泉绘)

114. 紫雀花属 Parochetus Buch.-Ham. ex D. Don
(包伯坚)

多年生匍匐草本,高10-20厘米,被稀疏柔毛。掌状三出复叶;托叶基部与叶柄稍连合,宽披针状卵形,长4-5毫米;叶柄细长,长8-15厘米;小叶倒心形,长0.8-2厘米,全缘,或有时具波状浅圆齿,上面无毛,下面被贴伏柔毛,侧脉4-5对,小叶柄长约1毫米。花单生或2-3组成伞形花序,生于叶腋;花序梗与叶柄等长;苞片2-4,托叶状,分离。花长约2厘米;花梗长0.5-1厘米,被柔毛;无小苞片;花萼钟形,具15-20条脉纹,密被褐色细毛,萼齿与萼筒等长或稍短;花冠淡蓝或蓝紫色,稀白或淡红色,旗瓣宽倒卵形,基部窄至瓣柄,脉纹明显,翼瓣长圆状镰形,基部有耳,稍短于旗瓣,龙骨瓣比翼瓣稍短,三角状镰形,基部具长瓣柄;雄蕊二体,上方1枚分离,在中部与雄蕊筒连合,其余9枚合生,连合部位达4/5以上,花丝先端不膨大,花药同型;子房线状披针形,无毛,胚珠多数,花柱向上弯曲,稍短于子房,无柄。荚果线形,膨胀,稍压扁,顶端斜截无毛,2瓣裂,具8-12种子,种子间无隔膜。种子肾形,棕色,种脐侧生,无种阜,具1丝状珠柄。

单种属。

紫雀花   图 677

Parochetus communis Buch.-Ham. ex D. Don Prodr. Fl. Nepal. 240. 1825.

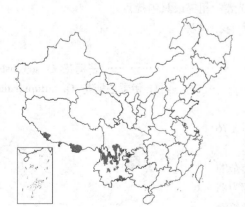

形态特征同属。花果期4-11月。

产四川、贵州西北部、云南及西藏南部,生于海拔2000-3000米的林缘草地、山坡或路旁荒地。印度、尼泊尔、不丹、斯里兰卡、缅甸、泰国、马来西亚及非洲东部有分布。全草有补肾、壮阳的功能。

图 677 紫雀花 (何冬泉绘)

115. 草木樨属 Melilotus Miller
(包伯坚)

一、二年生或短期多年生草本;主根直。茎直立,多分枝。叶互生,羽状三出复叶;托叶全缘或具齿裂,先端锥尖,基部与叶柄合生;顶生小叶具较长小叶柄,侧生小叶几无柄,边缘具锯齿或锯齿不明显;无小托叶。总状花序细长,生于叶腋,花序轴伸长,多花疏列,果期常延续伸展;苞片针刺状。花小;花萼钟形,无毛或被毛,萼齿5,近等长;无小苞片;具短梗;花冠黄或白色,偶带淡紫色晕斑,花瓣分离,旗瓣先端钝或微凹,基部几无瓣柄,翼瓣等长或稍短于旗瓣,龙骨瓣通常最短;雄蕊二体,上方1枚完全离生或中部连合于雄蕊筒,其余9枚花丝合生成雄蕊筒,花丝顶端不膨大,花药同型;子房具胚珠2-8,花柱细长,顶端上弯,果时常宿存,柱头点状。荚果伸出萼外;果柄在果熟时与荚果一起脱落,有1-2种子。

　　20余种,分布欧洲地中海区域、东欧及亚洲。其中可作饲料或药用的种类,世界各地均有引种。我国4种、1亚种。

1. 托叶基部全缘或有1-3细齿;小叶边缘每侧各具不明显锯齿15枚以下;荚果的腹缝无龙骨状增厚。
　　2. 托叶尖刺状锥形或镰状线形,基部边缘非膜质,稀具1细齿,中央有脉纹1条;花长3.5-7毫米;荚果卵圆形、椭圆形或长圆形,长3毫米以上。
　　　　3. 花白色;托叶尖刺状锥形;荚果顶端具尖喙 ･･････････････････････ 1. **白花草木樨 M. albus**
　　　　3. 花黄色;托叶镰状线形;荚果顶端钝圆 ･･････････････････････ 2. **草木樨 M. officinalis**
　　2. 托叶披针形,基部边缘膜质,扩大成耳状,稀具2-3细齿;花长2-2.8毫米,黄色,花梗甚短,长约1毫米;荚果球形,长约2毫米 ･･････････････････････････ 4. **印度草木樨 M. indica**
1. 托叶基部半戟形,具2-3尖齿或缺刻,披针形或窄三角形;小叶每边具15-20锐齿;荚果的腹缝呈龙骨状增厚
　　･･ 3. **细齿草木樨 M. dentatus**

1. 白花草木樨　　　　　　　　　　　　　图 678

Melilotus albus Medic. ex Desr. in Lam. Encycl. Meth. 4: 63. 1797.

　　一、二年生草本,高0.7-2米。茎直立,圆柱形,中空,多分枝,几无毛。羽状三出复叶;托叶尖刺状锥形,长0.6-1厘米,全缘,稀具1细齿,中央具1脉;叶柄比小叶短,纤细;小叶长圆形或倒披针状长圆形,长15-30厘米,上面无毛,下面被细柔毛,侧脉12-15对,平行直达叶缘齿尖,在两面均不隆起,边缘具不明显的锯齿,顶生小叶稍大,具较长叶柄,侧生小叶的叶柄短。总状花序长0.8-2厘米,腋生,具40-100花,排列疏松;苞片线形,长1.5-2毫米。花长4-5毫米;

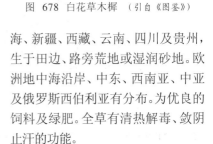

图 678 白花草木樨 (引自《图鉴》)

花梗短,长1-1.5毫米;花萼钟形,长约2.5毫米,微被柔毛,萼齿三角状披针形,短于萼筒;花冠白色,旗瓣椭圆形,稍长于翼瓣,龙骨瓣与翼瓣等长或稍短;子房卵状披针形,上部渐窄至花柱,无毛,胚珠3-4。荚果椭圆形或长圆形,长3-3.5毫米,具尖喙,表面脉纹细,网状,棕褐色,老熟后变黑褐色。种子1-2,卵圆形。 花期5-7月,果期7-9月。

　　产黑龙江、吉林、辽宁、内蒙古、河北、山西、陕西、甘肃、宁夏、青海、新疆、西藏、云南、四川及贵州,生于田边、路旁荒地或湿润砂地。欧洲地中海沿岸、中东、西南亚、中亚及俄罗斯西伯利亚有分布。为优良的饲料及绿肥。全草有清热解毒、敛阴止汗的功能。

2. 草木樨 黄香草木樨　　　　　　图 679

Melilotus officinalis (Linn.) Pall. Reise 3: 537. 1776.

Trifolium officinalis Linn. Sp. Pl. 765. 1753.

Melilotus suaveolens Ledeb.; 中国高等植物图鉴 2: 377. 1972.

二年生草本，高 0.4-1 (2.5) 米。茎直立，粗壮，多分枝，微被柔毛。羽状三出复叶；托叶镰状线形；叶柄细长；小叶倒卵形、宽卵形、倒披针形或线形，长 1.5-2.5 (-3) 厘米，边缘具不整齐疏浅齿，上面无毛，粗糙，下面散生短柔毛，侧脉 8-12 对，在两面均不隆起，顶生小叶稍大，具较长的小叶柄，侧生小叶的叶柄短。总状花序长 6-15 (-20) 厘米，腋生，具花 30-70，花序轴在花期中显著伸展；苞片刺毛状，长约 1 毫米。花长 3.5-7 毫米；花萼钟形，萼齿三角状披针形，稍不等长，短于萼筒；花冠黄色，旗瓣倒卵形，与翼瓣近等长，龙骨瓣稍短或三者均近等长；雄蕊筒在花后常宿存包于果外；子房卵状披针形，胚珠 4-8，花柱长于子房。荚果卵圆形，长 3-5 毫米，顶端钝圆，具宿存花柱，具凹凸不平的横向细网纹，棕黑色，有 1-2 种子。种子卵圆形，平滑。花期 5-9 月。果期 6-10 月。

产黑龙江、吉林、辽宁、内蒙古、河北、山西、河南、山东、江苏、浙江、安徽、江西、湖南、湖北、贵州、四川、云南、西藏、新疆、青海、宁

图 679 草木樨 （引自《图鉴》）

夏、甘肃及陕西，生于山坡、河岸、路旁、砂质草地或林缘。各地常见栽培。欧洲地中海东岸、中东、中亚及东亚有分布。为常见牧草。全草有清热解毒、化湿止痛的功能。

3. 细齿草木樨 图 680

Melilotus dentata (Waldst. et Kit.) Pers. Syn. Pl. 2: 348. 1807.

Trifolium dentatum Waldst. et Kit. Pl. Rar. Hung. 1: 14. 1802.

二年生草本，高 20-50 (-80) 厘米。茎直立，圆柱形，无毛。羽状三出复叶；托叶较大，披针形至窄三角形，长 0.6-1.2 厘米，先端长锥尖，基部半戟形，具 2-3 尖齿或缺裂；叶柄通常比小叶短；小叶长椭圆形或长圆状披针形，长 2-3 厘米，上面无毛，下面稀被细柔毛，侧脉 15-20 对，在两面均隆起，尤在近边缘处更明显，每边具 15-20 锐齿，顶生小叶稍大，具较长的叶柄。总状花序腋生，长 3-5 厘

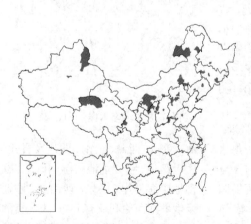

米，果期伸展到 8-10 厘米，具 20-50 花，排列疏松；苞片刺毛状，被细柔毛。花长 3-4 毫米；花梗长约 1.5 毫米；花萼钟形，萼齿三角形，比萼筒短或等长；花冠黄色，旗瓣长圆形，稍长于翼瓣和龙骨瓣；子房卵状长圆形，无毛，上部渐窄至花柱，花柱稍短于子房，胚珠 2。荚果近圆形或卵圆形，

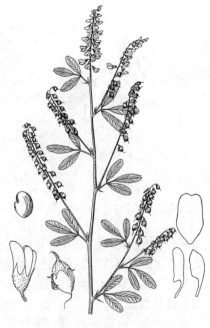

图 680 细齿草木樨 （引自《图鉴》）

长 4-5 毫米，顶端圆，具网状细脉纹，腹缝呈龙骨状增厚，褐色。种子 1-2，圆形。花期 7-9 月。

产黑龙江、吉林、辽宁、内蒙古、河北、山东、河南、山西、陕西、宁夏、甘肃、青海及新疆，生于草地、林缘或盐碱草甸。欧洲、俄罗斯及蒙古有分布。为优良的牧草。枝叶有和中健胃、清热化湿、利尿的功能。

4. 印度草木樨　　　　　　　　　　　　　　　　图 681

Melilotus indicus (Linn.) All. Fl. Pedem. 1: 308. 1785.

Trifolium indica Linn. Sp. Pl. 765. 1753.

图 681 印度草木樨 （何冬泉绘）

一年生草本，高20-50厘米。茎直立，作之字形曲折，自基部分枝，初被细柔毛。羽状三出复叶；托叶披针形，长4-6毫米，基部边缘膜质，扩大成耳状，稀具2-3细齿；叶柄细，与小叶近等长；小叶倒卵状楔形或窄长圆形，近等大，长1-3厘米，边缘2/3以上具细锯齿，上面无毛，下面被贴伏柔毛，侧脉7-9对，平行直达齿尖，在两面不隆起。总状花序细，长1.5-4厘米，具15-25花；花序梗较长，被柔毛；苞片刺毛状。花长约2-2.8毫米；花梗短，长约1毫米；花萼杯状，长约1.5毫米，5条脉纹，明显隆起，萼齿三角形，稍长于萼筒；花冠黄色，旗瓣宽卵形，先端微凹，与翼瓣、龙骨瓣近等长，或龙骨瓣稍长；子房卵状长圆形，无毛，花柱比子房短，胚珠2。荚果球形，长约2毫米，稍伸出萼外，具网状脉纹，有1种子。种子宽卵圆形。花期3-5月，果期5-6月。

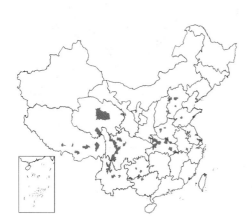

产河北、山西、河南、山东、江苏、安徽、福建、台湾、江西、湖北、湖南、广西、贵州、云南、四川、西藏、青海、宁夏、甘肃及陕西，生于旷地、路旁或盐碱性土壤。印度、巴基斯坦、孟加拉、中东及欧洲有分布。为水土保持植物。全草有清热解毒、化湿杀虫的功能。

116. 胡卢巴属 Trigonella Linn.

（包伯坚）

一年生或多年生草本，有特殊香气。茎多分枝。羽状三出复叶，顶生小叶通常稍大，具柄；小叶边缘多少具锯齿或缺刻状；托叶具明显脉纹。花序腋生，呈短总状、伞形、头状或卵状，稀1-2花生于叶腋；花序梗在果期与花序轴同时伸长；花梗短，纤细，花后增粗，萼钟形，偶为筒形，萼齿5，近等长，稀上下近二唇形；花冠普通型或"苜蓿型"，（指翼瓣与龙骨瓣象苜蓿属那样有齿突互相钩住，昆虫授粉后脱开）；雄蕊二体，与花瓣分离，花丝顶端不膨大，花药同型。荚果直或弧形弯曲，不作螺旋状转曲，膨胀或稍扁平，有时缝线具啮蚀状窄翅，两端窄尖或钝，有横向或斜向网纹，顶端具直喙，有1至多数种子。种子具皱纹或细疣点。

70余种，分布地中海沿岸、中欧、南北非洲、西南亚、中亚及大洋洲。我国9种。

1. 多年生草本；荚果稍扁平，线状长圆形；花柱长于子房或与之等长。
　2. 翼瓣长于龙骨瓣。
　　3. 荚果的脉纹斜向；旗瓣近圆形，与翼瓣近等长；小叶宽倒披针形，边缘具较疏的单锯齿 ……………………………………………………………………… **1. 喜马拉雅胡卢巴 T. emodi**
　　3. 荚果的脉纹横向；旗瓣长倒卵形，稍长于翼瓣；小叶宽倒卵形，边缘具较密的不整齐的重锯齿 ……………………………………………………………… 1(附). **重齿胡卢巴 T. fimbriata**
　2. 翼瓣短于龙骨瓣 ………………………………………………… 1(附). **克什米尔胡卢巴 T. cachemiriana**

1. 一年生草本；荚果线状圆筒形或卵圆形。

  4. 荚果线状圆筒形，长7-12厘米，常1-2个生于叶腋，几无柄 ···················· 2. 胡卢巴 **T. foenum-graecum**

  4. 荚果卵圆形，长2.5-5毫米，若干个密生成头状，具长的总柄 ···················· 2(附). 蓝胡卢巴 **T. coerulea**

1. 喜马拉雅胡卢巴   图 682

Trigonella emodi Benth. in Royle, Illustr. Bot. Himal. Mount. 197. 1835.

  多年生草本，高20-80厘米；茎平卧或直立，基部分枝，枝叶疏松。羽状三出复叶；下部托叶宽披针形，具齿裂，上部托叶窄披针形，几全缘；叶柄比小叶短，纤细；小叶宽倒披针形，长（0.7）1-2.5厘米，边缘具疏的单锯齿，上面无毛，下面被稀疏毛，侧脉在近边缘处分叉直达齿尖，明显隆起；顶生小叶有时具1-3毫米长的小叶柄。花序短总状，腋生，具5-10花；花序梗长1-2厘米，被柔毛；苞片细小。花长6-9毫米；花梗短，长1.5-2.5毫米；花萼钟形，被疏柔毛或无毛，萼齿披针形，短于萼筒；花冠黄色，旗瓣近圆形，翼瓣与旗瓣等长，龙骨瓣短于翼瓣，长约为旗瓣或翼瓣之半；子房线形，被细柔毛，花柱几与子房近等长，胚珠8-10。荚果稍扁，线状长圆形，长1.4-2厘米，具宿存花柱，基部钝圆，脉纹斜向，明显隆起，无毛，有4-6种子。种子椭圆形，平滑。花期7-9月，果期9月。

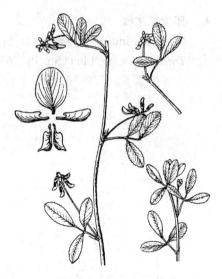

图 682 喜马拉雅胡卢巴 （何冬泉绘）

  产西藏南部及四川北部，生于喜马拉雅山脉海拔2700-3800米沟谷、河滩边或林缘草地。克什米尔、印度及巴基斯坦有分布。

  [附] **重齿胡卢巴 Trigonella fimbriata** Royle ex Benth. in Royle, Illustr. Bot. Himal. Mount. 197. 1835. 与喜马拉雅胡卢巴的区别：小叶宽倒卵形，长0.6-1.2厘米，边缘具密生的不整齐的重锯齿；旗瓣长倒卵形，稍

2. 胡卢巴   图 683: 1-2 彩片 146

Trigonella foenum-graecum Linn. Sp. Pl. 777. 1753.

  一年生草本，高30-80厘米。茎直立，圆柱形，多分枝，微被柔毛。羽状三出复叶；托叶全缘，膜质，基部与叶柄相连，先端渐尖，被毛；叶柄平展，长0.6-1.2厘米；小叶长倒卵形、卵形或长圆状披针形，近等大，长1.5-4厘米，边缘上半部具三角形尖齿，上面无毛，下面疏被柔毛或无毛，侧脉5-6对，不明显；顶生小叶具较长的小叶柄。花无梗，1-2朵着生叶腋，长1.3-1.8厘米；花萼筒状，长7-8毫米，被长柔毛，萼齿披针形，锥尖，与萼筒等长；花冠黄白或淡黄色，基部稍呈堇青色，旗瓣长倒卵形，先端深凹，明显长于翼瓣和龙骨瓣；子房线形，微被柔毛，花柱短，柱头头状，胚珠多数。荚果几无柄，常1-2个生于叶腋，线状圆筒形，长7-12厘

长于翼瓣；荚果脉纹横向，细而清晰。产西藏，生于喜马拉雅山脉海拔3800-4300米草甸或河滩上。克什米尔、尼泊尔及印度有分布。

  [附] **克什米尔胡卢巴 Trigonella cachemiriana** Camb. in Jacq. Voy. Bot. Ind. 4: 36. 1843. 与喜马拉雅胡卢巴的区别：翼瓣明显短于龙骨瓣。产新疆及西藏，生于海拔2400-3800米山谷砾滩、草甸或路旁。克什米尔、巴基斯坦、阿富汗及印度有分布。

米，直或稍弯曲，无毛或微被柔毛，先端具细长喙，背缝增厚，有明显的纵长网纹，有10-20种子。种子长圆状卵圆形，凹凸不平。花期4-7月，果期7-9月。

  我国南北各地均有栽培，在西南、西北各省区呈半野生状态，生于田间、路旁。分布于地中海东岸、中东、伊朗高原以至喜马拉雅地区。茎、

叶可食用亦可作饲料。种子有补肾阳、祛寒湿、止痛的功能。

[附] **蓝胡卢巴** 图 683：3-4 **Trigonella coerulea** (Linn.) Ser. in DC. Prodr. 2：181. 1825. —— *Trifolium coeruleum* Linn. Sp. Pl. 764. 1753. 与胡卢巴的区别：荚果卵圆形，长2.5-5毫米，若干个密集成头状，具甚长的总柄。黑龙江、吉林、辽宁、内蒙古、河北、山西、陕西、甘肃、青海、宁夏及新疆有栽培或逸生于荒地。分布于欧洲中部、南部及非洲北部。

117. 苜蓿属 Medicago Linn.
（包伯坚）

一年生或多年生草本，稀灌木。羽状三出复叶，互生；托叶部分与叶柄合生，全缘或齿裂；小叶先端或基部以上具锯齿，侧脉直伸至齿尖。总状花序腋生，有时呈头状或单生。花小，一般具花梗，苞片小或无；花萼钟形或筒形，萼齿5，等长；花冠黄色，紫苜蓿及其它杂交种常为紫、堇青或褐色等，旗瓣倒卵形或长圆形，基部窄，常反折，翼瓣长圆形，一侧有齿尖突起与龙骨瓣的耳状体互相钩住，授粉后脱开，龙骨瓣钝头；雄蕊二体，花丝顶端不膨大，花药同型；子房线形，花柱短，锥形或线形，两侧稍扁，无毛，柱头顶生，无柄或具短柄，胚珠1至多数。荚果螺旋形转曲、肾形、镰形或近于劲直，长于宿萼，背缝常具棱或刺，顶端具内贴短喙，有1至多数种子。种子小，通常平滑，多少呈肾形，无种阜；幼苗出土子叶基部不膨大，无关节。

图 683：1-2.胡卢巴 3-4.蓝胡卢巴
（引自《东北草本植物志》）

70余种，分布地中海区域，西南亚，中亚和非洲。我国13种，1变种。

1. 荚果不作螺旋转曲；多年生草本。
  2. 荚果长不到3毫米，肾形；种子1粒；花长不及2-2.2毫米 ·················· 1. **天蓝苜蓿 M. lupulina**
  2. 荚果长8毫米以上。
    3. 荚果长圆形、卵状长圆形或半月形，宽4毫米以上。
      4. 荚果和植株均密被毛；花冠黄色，长约5毫米 ·················· 4. **毛荚苜蓿 M. edgeworthii**
      4. 荚果几无毛，植株被微毛或无毛；花冠黄、橙黄或黄褐色，中央带紫或深红色条纹或带紫红色晕纹，长6毫米以上。
        5. 荚果宽7-9毫米；小叶长2-3厘米，宽1.5-2.5厘米；茎无毛；花冠黄色，带紫色条纹 ·················
            ·················· 4(附). **阔荚苜蓿 M. platycarpos**
        5. 荚果宽3.5-7毫米以下，小叶长0.6-1.8厘米以下，宽0.3-1.2厘米；茎多少被柔毛。
          6. 花序松散，具4-5花；花冠橙黄色，中央带紫红色晕纹；小叶倒卵形或圆形，宽0.6-1.2厘米；托叶戟形 ·················· 2. **青海苜蓿 M. archiducis-nicolai**
          6. 花序紧密，具6-9(-15)花；花冠黄褐色，中央有深红或紫色条纹；小叶倒披针形、楔形或线形，宽3-7毫米；托叶披针形 ·················· 3. **花苜蓿 M. ruthenica**
    3. 荚果镰形或线形，直或弧形弯曲达半圈左右，宽2.5-3.5毫米 ·················· 5. **野苜蓿 M. falcata**
1. 荚果呈螺旋形转曲；一、二年生或多年生草本。
  7. 多年生草本 ·················· 6. **紫苜蓿 M. sativa**
  7. 一、二年生草本。
    8. 叶两面被毛；荚果球形，径2.5-4.5毫米，旋转3-5圈 ·················· 7. **小苜蓿 M. minima**
    8. 叶上面无毛，下面疏被毛；荚果盘形，径0.4-1厘米，旋转1.5-2.5圈 ·················· 8. **南苜蓿 M. polymorpha**

1.　天蓝苜蓿

Medicago lupulina Linn. Sp. Pl. 779. 1753.

图 684

一、二年生或多年生草本，高15-60厘米，全株被柔毛或有腺毛；茎平

卧或上升，多分枝，叶茂盛。羽状三出复叶；托叶卵状披针形，长达1厘米，常齿裂；下部叶柄较长，长1-2厘米，上部叶柄比小叶短；小叶倒卵形、宽倒卵形或倒心形，长0.5-2厘米，上半部边缘具不明显尖齿，两面被毛，侧脉近10对；顶生小叶较大，小叶柄长2-6毫米，侧生小叶柄甚短。花序小，头状，具10-20花；花序梗细，比叶长，密被贴伏柔毛；苞片刺毛状，甚小。花长2-2.2毫米；花梗长不及1毫米；花萼钟形，密被毛，萼齿线状披针形，稍不等长，比萼筒稍长或等长；花冠黄色，旗瓣近圆形，翼瓣和龙骨瓣近等长，均比旗瓣短；子房宽卵圆形，被毛，花柱弯曲，胚珠1粒。荚果肾形，长3约毫米，具同心弧形脉纹，被疏毛，有1种子。种子卵圆形，平滑。 花期7-9月，果期8-10月。

图 684 天蓝苜蓿 （引自《图鉴》）

产黑龙江、吉林、辽宁、内蒙古、河北、山西、河南、山东、江苏、安徽、浙江、福建、台湾、江西、湖北、湖南、广西、贵州、四川、云南、西藏、新疆、青海、宁夏、甘肃及陕西，适于凉爽气候及水份良好土壤，但在各种条件下都有野生，常见于河岸、路边、田野或林缘。欧亚大陆广布。

世界各地都有归化。可作牧草和饲料。全草药用，有舒筋活络、清热利尿的功能，亦治毒虫咬伤。

2. 青海苜蓿 短镰荚苜蓿　　　　　图 685

Medicago archiducis–nicolai Sirj. in Kew. Bull. Misc. Inform. 7: 270. 1928.

多年生草本，高8-20厘米。茎平卧或上升，微被柔毛，纤细，具棱，多分枝。羽状三出复叶；托叶戟形，长4-7毫米，先端尖三角形，具尖齿，脉纹清晰；叶柄细，长0.4-1.2厘米；小叶宽卵形至圆形，长0.6-1.8厘米，宽0.6-1.2厘米，边缘具不整齐尖齿，有时不明显，上面近无毛，下面微被毛，侧脉6-10对，稍隆起；顶生小叶较大，小叶柄长2-5毫米，侧生小叶柄甚短。花序伞形，具4-5朵疏松的花；花序梗比叶稍长，腋生；苞片刺毛状，长约1毫米。花长0.7-1厘米；花梗纤细，长2-

图 685 青海苜蓿 （引自《图鉴》）

7毫米，被毛；花萼钟形，被柔毛，萼齿与萼筒近等长；花冠橙黄色，中央带紫红色晕纹，旗瓣倒卵状椭圆形，与翼瓣近等长，龙骨瓣长圆形，具长瓣柄，明显短于旗瓣和翼瓣；子房线形，花柱短，上指。荚果长圆状半圆形，扁平，长1-1.8厘米，宽4-6毫米，缝线清晰，脉纹横向，顶端具短喙，有

5-7种子。种子宽卵圆形，光滑。 花期6-8月，果期7-9月。

产陕西、宁夏、甘肃、青海、四川及西藏，生于海拔2500-4000米高原坡地、谷地或草原。可作牧草。全草有清热消炎、强心利尿的功能。

3. 花苜蓿   图 686: 1-9

Medicago ruthenica (Linn.) Trautv. in Bull. Acad. Sci. Pétersb. 8: 270. 1841.

Trigonella ruthenica Linn. Sp. Pl. 776. 1753; 中国高等植物图鉴 2: 372. 1972.

多年生草本, 高0.2-1米。茎直立或上升, 四棱形, 基部分枝, 丛生, 多少被毛。羽状三出复叶; 托叶披针形, 锥尖, 耳状, 具1-3浅齿; 小叶倒披针形、楔形或线形, 长1-1.5厘米, 宽3-7毫米, 边缘1/4以上具尖齿, 上面近无毛, 下面被贴伏柔毛, 侧脉8-18对; 顶生小叶稍大, 小叶柄长2-6毫米, 侧生小叶柄甚短, 被毛。花序伞形, 腋生, 有时长达2厘米, 具6-9朵密生的花; 花序梗通常比叶长; 苞片刺毛状。花长5-9毫米; 花梗长1.5-4毫米, 被柔毛; 花萼钟形; 花冠黄褐色, 中央有深红或紫色条纹, 旗瓣倒卵状长圆形、倒心形或匙形, 翼瓣稍短, 龙骨瓣明显短, 均具长瓣柄; 子房线形, 无毛, 花柱短。荚果长圆形或卵状长圆形, 扁平, 长0.8-2厘米, 宽3.5-5(-7)毫米, 顶端具短喙, 基部窄尖并稍弯曲, 具短柄, 脉纹横向倾斜, 分叉, 腹缝有时具流苏状的窄翅, 有2-6种子。种子椭圆状卵圆形, 平滑。 花期6-9月, 果期8-10月。

图 686: 1-9.花苜蓿　10-20.毛荚苜蓿
（何冬泉绘）

产黑龙江、吉林、辽宁、内蒙古、河北、山东、河南、山西、陕西、宁夏、甘肃及四川, 生于草原、砂地、河岸或砂砾质土壤的山坡旷野。蒙古、俄罗斯西伯利亚及远东地区有分布。

4. 毛荚苜蓿   图 686: 10-20

Medicago edgeworthii Sirj. ex Hand.-Mazz. in Oesterr. Bot. Zeitschr. 87: 123. 1938.

多年生草本, 高30-40厘米。茎直立或上升, 基部分枝, 圆柱形, 密被柔毛。羽状三出复叶; 托叶卵状披针形, 长0.5-1厘米; 叶柄比小叶短, 长2-6毫米, 被柔毛; 小叶长倒卵形或倒卵形, 长0.6-1.5厘米, 边缘1/2以上具锯齿, 两面散生柔毛, 后渐变无毛, 侧脉8-13对; 顶生小叶稍大, 小叶柄长达2毫米, 侧生小叶柄甚短。花序腋生, 头状, 具2-6花; 花序梗比叶稍长; 苞片卵状锥尖, 长达1.5毫米。

花长约5毫米; 花梗长不到2毫米; 花萼钟形, 密被柔毛, 萼齿长为萼筒的2倍; 花冠鲜黄色, 旗瓣倒卵状圆形, 翼瓣比旗瓣短, 龙骨瓣卵形, 明显短于翼瓣, 具长瓣柄; 子房长圆形, 密被绒毛, 花柱短。荚果长圆形, 扁平, 长1.2-1.6厘米, 宽4-5毫米, 密被贴伏毛, 顶端锐尖, 具短喙, 无果柄, 脉纹细密横向, 稍有分叉, 缝线清晰, 有10-12种子。种子椭圆状卵圆形, 平滑。花期6-8月, 果期7-8月。

产青海南部、四川西南部、云南西北部及西藏东南部, 生于海拔2500-3200米草坡、旷野或路旁。印度、巴基斯坦及阿富汗有分布。

[附] **阔荚苜蓿 Medicago platycarpos** (Linn.) Trautv. in Bull. Acad. Sci. Pétersb. 8: 271. 1841. — — *Trigonella platycarpos* Linn. Sp.

Pl. 776. 1753. 与毛荚苜蓿的区别:植株疏被毛或几无毛;花冠黄色带紫色条纹;小叶长2-3厘米,宽1.5-2.5厘米;荚果宽7-9毫米,几无毛。产新疆,生于海拔1200-2000米林缘、草地或河谷。哈萨克斯坦、乌兹别克斯坦、土库曼斯坦、吉尔吉斯斯坦、塔吉克斯坦、俄罗斯西西伯利亚地区及蒙古有分布。

5. 野苜蓿 图 687

Medicago falcata Linn. Sp. Pl. 779. 1753.

多年生草本,高0.2-1.2米。茎平卧或上升,圆柱形,多分枝。羽状三出复叶;托叶披针形或线状披针形;叶柄比小叶短;小叶倒卵形或线状倒披针形,长0.5-2厘米,先端具刺尖,边缘1/4具锐锯齿,上面无毛,下面被贴伏毛,侧脉12-15对,与中脉成锐角平行达叶边,不分叉;顶生小叶稍大。花序短总状,腋生,长1-4厘米,具6-25稠密的花;花序梗与叶等长或稍长;苞片针刺状,长约1毫米。花长0.6-1.1厘米;花梗长2-3毫米,被毛;花萼钟形,被贴伏毛,萼齿线状锥形,比萼筒长;花冠黄色,旗瓣长倒卵形,翼瓣和龙骨瓣等长,均比旗瓣短;子房线形,被柔毛,花柱短,稍弯,胚珠2-5。荚果镰形或线形,直或弧曲至半圆,长0.8-1.5厘米,宽2.5-3.5毫米,脉纹细,斜向,被贴伏毛,有2-4种子。种子卵状椭圆形。 花期6-8月,果期7-9月。

产黑龙江、内蒙古、河北、山东、河南、山西、陕西、宁夏、甘肃、新疆及西藏,生于砂质偏旱耕地、山坡、草原及河岸杂草丛中。欧洲盛产,俄罗斯、哈萨克斯坦、乌兹别克斯坦、土库曼斯坦、吉尔吉斯斯坦、塔吉克斯坦、蒙古及伊朗的分布也很广泛。全草有宽中下气、健脾补虚的功能。

图 687 野苜蓿 (引自《图鉴》)

6. 紫苜蓿 图 688

Medicago sativa Linn. Sp. Pl. 778. 1753.

多年生草本,高0.3-1米。茎直立、丛生以至平卧,四棱形,无毛或微被柔毛。羽状三出复叶;托叶大,卵状披针形;叶柄比小叶短;小叶长卵形、倒长卵形或线状卵形,等大,或顶生小叶稍大,长1-4厘米,边缘1/3以上具锯齿,上面无毛,下面被贴伏柔毛,侧脉8-10对;顶生小叶柄比侧生小叶柄稍长。花序总状或头状,长1-2.5厘米,具5-10花;花序梗比叶长;苞片线状锥形,比花梗长或等长。花长0.6-1.2厘米;花梗长约2毫米;花萼钟形,萼齿比萼筒长;花冠淡黄、深蓝或暗紫色,花瓣均具长瓣柄,旗瓣长圆形,明显长于翼瓣和龙骨瓣,龙骨瓣稍短于翼瓣;子房线形,具柔毛,花柱短宽,柱头点状,胚珠多数。荚果螺旋状,紧卷2-6圈,中央无孔或近无孔,径5-9毫米,脉纹细,不清晰,有10-20种子。种子卵圆形,平滑。花期5-7月,果期6-8月。

全国各地都有栽培或呈半野生状态,生于田边、路旁、旷野、草原、河岸或沟谷。欧亚大陆和世界各国广泛种植为饲料与绿肥。全草有清热利尿、凉血通淋的功能。

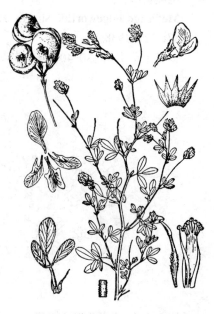

图 688 紫苜蓿 (引自《图鉴》)

7. 小苜蓿　　　　　　　　　　　　　图 689

Medicago minima (Linn.) Grufb. in Linn. Amoen. 4: 105. 1759.

Medicago polymorpha Linn. var. *minima* Linn. Sp. Pl. 780. 1753.

一年生草本，高5-30厘米，全株被伸展柔毛，偶杂有腺毛。茎铺散，平卧并上升，基部多分枝。羽状三出复叶；托叶卵形，先端锐尖，基部圆，全缘或具不明显的浅齿；叶柄细柔，长0.5-2厘米；小叶倒卵形，几等大，长0.5-1.2厘米，先端圆或凹缺，具细尖，基部楔形，边缘1/3以上具锯齿，两面被毛。花序头状，腋生，具3-8朵疏松的花；花序梗通常比叶长，有时甚短；苞片刺毛状。花长3-4毫米；花梗甚短或无梗；花萼钟形，密被柔毛，萼齿披针形，不等长，与萼筒等长或稍长；花冠淡黄色，旗瓣宽卵形，显著长于翼瓣和龙骨瓣。荚果球形，旋转3-5圈，径2.5-4.5毫米，边缝具3条棱，被长棘刺，通常长等于半径，水平伸展，尖端钩状，每圈有1-2种子。种子长肾形，长1.5-2毫米，棕色，平滑。花期3-4月，果期4-5月.

图 689 小苜蓿 （引自《图鉴》）

产河北、山西、河南、山东、江苏、浙江、安徽、湖北、陕西、甘肃及四川，生于荒坡、砂地或河岸。欧亚大陆及非洲广泛分布并传播到美洲。为良好的牧草和绿肥。

8. 南苜蓿　　　　　　　　　　　　　图 690

Medicago polymorpha Linn. Sp. Pl. 779. 1753.

Medicago hispida Gaertn.; 中国高等植物图鉴 2: 375. 1972.

一、二年生草本，高20-90厘米。茎平卧、上升或直立，近四棱形，基部分枝，无毛或微被毛。羽状三出复叶；托叶大，卵状长圆形，长4-7毫米；叶柄细柔，长1-5厘米；小叶倒卵形或三角状倒卵形，几等大，长0.7-2厘米，边缘1/3以上具浅锯齿，上面无毛，下面被疏柔毛。花序头状伞形，腋生，具1-10花；花序梗通常比叶短，花序轴先端不呈芒状尖；苞片甚小。花长3-4毫米；花梗长不及1毫米；花萼钟形，萼齿披针形，与萼筒近等长；花冠黄色，旗瓣倒卵形，比翼瓣和龙骨瓣长，翼瓣长圆形，基部具耳和稍宽的瓣柄，齿突甚发达，龙骨瓣比翼瓣稍短；子房长圆形，镰状上弯，微被毛。荚果盘形，暗绿褐色，紧旋1.5-2.5圈，径0.4-1厘米，有辐射状脉纹，近边缘处环结，每圈外具棘刺或瘤突15，内具1-2种子。种子长肾形，平滑。花期3-5月，果期5-6月。

图 690 南苜蓿 （引自《图鉴》）

产江苏、浙江、台湾、安徽、河南、湖北、贵州、广西、云南、四川、陕西及山西。欧洲南部，西南亚，以及整个旧大陆均有分布。美洲及大洋洲亦有引种。可作绿肥和饲料，嫩叶可食用。

118. 车轴草属 Trifolium Linn.
（包伯坚）

一年生或多年生草本；有时具横出的根茎。掌状复叶，小叶通常3，偶为5-9；托叶显著，通常全缘，部分合生于叶柄上；小叶具锯齿，侧脉直伸至齿尖。花具梗或近无梗，集合成头状或短总状花序，稀单生，花序腋生或假顶生，基部常具总苞或无；花萼筒形或钟形，或花后增大，肿胀或膨大，具脉纹，萼喉开张，或具二唇状胼底体而闭合，或具一圈环毛，萼齿等长或不等长；花冠宿存，旗瓣离生或基部和翼瓣、龙骨瓣连合，后二者相互贴生，全部或部分瓣柄与雄蕊管连生；雄蕊10，二体，上方1枚离生，全部或5枚花丝顶端膨大，花药同型；子房无柄或具柄，胚珠2-8。荚果不开裂，包藏于宿存花萼和花冠中，稀伸出；果瓣多为膜质，宽卵形、长圆形或线形；通常有种子1-2，稀4-8。

250种，分布欧亚大陆，非洲，南、北美洲温带，以地中海区域为中心。我国包括常见于引种栽培的有13种、1变种。

1. 野火球　　　　　　　　　　　　　　　　图 691

Trifolium lupinaster Linn. Sp. Pl. 776. 1753.

多年生草本，高30-60厘米。茎直立，单生，基部无叶，上部分枝被柔毛。掌状复叶，通常具小叶5，稀3或7；托叶大部分抱茎呈鞘状；叶柄几全部与托叶合生；小叶披针形或线状长圆形，长2.5-5厘米，中脉在下面隆起，被柔毛，侧脉多达50对以上，在两面隆起，分叉直伸出叶边成细锯齿；小叶柄不及1毫米。头状花序生于顶端和上部叶腋，具20-35花；花序梗长1-5厘米；花序下端具1早落的膜质总苞。花长1-1.7厘米；花萼钟形，被长柔毛，萼齿丝状锥尖，比萼筒长2倍；花冠淡红或紫红色，旗瓣椭圆形，先端钝圆，基部稍窄，几无瓣柄，翼瓣长圆形，下方有1钩状耳，龙骨瓣长圆形，比翼瓣短，先端具小尖喙，基部具长瓣柄；子房窄椭圆形，无毛，具柄，花柱丝状，上部弯成钩状。荚果长圆形，长6毫米，膜质，有2-6种子。种子宽卵圆形，平滑。花果期6-10月。

产黑龙江、吉林、辽宁、内蒙古、河北、山西及新疆,生于低湿草地、林缘或山坡。朝鲜、日本、蒙古及俄罗斯有分布。可作饲料和绿肥。全草有镇静、止咳、止血的功能。

[附] **白花野火球 Trifolium lupinaster** var. **albiflorum** Ser. in DC. Prodr. 2: 204. 1825. 与模式变种的区别:花冠乳白或黄色;萼齿较短,与萼筒近等长。产黑龙江、吉林、辽宁、内蒙古、河北、山西及新疆。

2. 白车轴草

图 692

Trifolium repens Linn. Sp. Pl. 767. 1753.

多年生草本,生长期达5年,高10-30厘米,全株无毛。茎匍匐蔓生,上部稍上升,节上生根,掌状三出复叶;托叶卵状披针形,基部抱茎成鞘状,离生部分锐尖;叶柄长10-30厘米;小叶倒卵形或近圆形,长0.8-3厘米,中脉在下面隆起,侧脉约13对,在两面隆起,近叶边分叉并伸达齿尖;小叶柄长1.5毫米,微被柔毛。花序球形,顶生,径1.5-4厘米,具20-50密集的花;花序梗甚长,比叶柄长近1倍;无总苞;苞片披针形;花长0.7-1.2厘米;花梗比花萼稍长或等长,开花立即下垂;花萼钟形,具10条脉纹,萼齿5,披针形,稍不等长,短于萼筒,萼喉开张,无毛;花冠白、乳黄或淡红色,具香气,旗瓣椭圆形,比翼瓣和龙骨瓣长近1倍,龙骨瓣稍短于翼瓣;子房线状长圆形,花柱稍长于子房。荚果长圆形,常具3种子。种子宽卵圆形。花果期5-10月。

原产欧洲及北非,世界各地均有栽培。我国亦常见于种植,并在湿润草地、河岸、路边呈半自生状态。为优良牧草和绿肥;全草药用,有清热、凉血之效。

3. 杂种车轴草

图 693

Trifolium hybridum Linn. Sp. Pl. 766. 1753.

多年生草本,生长期3-5年,高30-60厘米。茎直立或上升,具纵棱,疏被柔毛或近无毛。掌状三出复叶;托叶卵形或卵状披针形;小叶宽椭圆形,有时卵状椭圆形或倒卵形,长1.5-3厘米,先端钝,有时微凹,基部宽楔形,边缘具不整齐细锯齿,近叶片基部的锯齿呈尖刺状,无毛或下面被疏毛,侧脉约20对;小叶柄长约1毫米。花序球形,径1-2厘米,生于上部叶腋,具12-30密集的花;花序梗长4-7毫米,比叶长;无总苞,苞片锥刺状,长约0.5毫米。花长7-9毫米;花梗比萼短,花后下垂;花萼钟形,无毛,具5条脉纹,萼齿与萼筒近等长或稍长,披针状三角形,近等长,萼喉开张,无毛;花冠淡红或白色,旗瓣椭圆形,比翼瓣和龙骨瓣长;子房线形,花柱几与子房等长,上部弯曲,胚珠2。荚果椭圆形,常有2种子。种子甚小,橄榄绿或褐色。花果期6-10月。

原产欧洲,世界各温带地区广泛栽培。我国东北有引种,也野化生于林缘或河旁草地等处。可作牧草,也为重要的蜜源植物。

4. 草莓车轴草

图 694

Trifolium fragiferum Linn. Sp. Pl. 772. 1753.

多年生草本,长10-30厘米,全株除花萼外几无毛。茎平卧或匍匐,节

图 691 野火球 (引自《图鉴》)

图 692 白车轴草 (引自《图鉴》)

图 693 杂种车轴草 (引自《图鉴》)

上生根，掌状三出复叶；托叶卵状披针形，抱茎呈鞘状；叶柄长5-10厘米；小叶倒卵形或倒卵状椭圆形，长1-2.5厘米，先端钝圆，微凹，基部宽楔形，两面近无毛，下面苍白色，侧脉10-15对，在近叶边处隆起，伸达齿尖。花序半球形或卵圆形，径约1厘米，花后增大，果期径达2-3厘米，具10-30密生的花；花序梗比叶柄长近1倍；总苞由基部花的较发育苞片合生而成，先端离生部分披针形；花长6-8毫米；花萼钟形，具10条脉纹，萼齿丝状，锥形，下方3齿几无毛，上方2齿稍长，连萼筒上半部均密被绢状硬毛，被毛部分在果期间强烈膨大成囊泡状；花冠淡红或黄色，旗瓣长圆形，明显长于翼瓣和龙骨瓣；子房宽卵圆形，花柱比子房稍长。荚果长圆状卵圆形，位于囊状宿存花萼的底部，有1-2种子。种子扁圆形。花果期5-8月。

原产欧洲和中亚。黑龙江、吉林、辽宁、内蒙古、河北、山西、陕西、甘肃、宁夏、青海及新疆均有引种，在新疆已野化，生于盐碱性土壤、沼泽或水沟边。

图 694 草莓车轴草 （引自《图鉴》）

5. 绛车轴草   图 695

Trifolium incarnatum Linn. Sp. Pl. 769. 1753

一年生草本，高0.3-1米。茎直立或上升，粗壮，被长柔毛，具纵棱。掌状三出复叶；托叶椭圆形，大部分与叶柄合生，离生部分三角形；茎下部的叶柄甚长，上部的较短，被长柔毛；小叶宽倒卵形或近圆形，长1.5-3.5厘米，先端钝，有时微凹，基部宽楔形，渐窄至小叶柄，边缘具波状钝齿，两面疏生长柔毛，侧脉5-10对，中部分叉，不明显。花序圆筒状，长3-5厘米，顶生，具50-80(-120)朵甚密集的花，花期中继续伸长；花序梗长2.5-7厘米；无总苞。花长1-1.5厘米；几无花梗；花萼筒形，密被长硬毛，具10条脉纹，萼齿窄三角状锥形，近等长，萼筒较短，萼喉具1多毛的加厚环，果期缢缩闭合；花冠深红、朱红或橙色，旗瓣窄椭圆形，锐尖头，明显长于翼瓣和龙骨瓣；子房宽卵圆形，花柱细长，胚珠1。荚果卵圆形；有1粒褐色种子。花果期5-7月。

原产欧洲地中海沿岸。我国引种栽培，为一适应性强的优良牧草，有推广前途。

图 695 绛车轴草 （引自《图鉴》）

6. 红车轴草   图 696 彩片 147

Trifolium pratense Linn. Sp. Pl. 768. 1753.

短期多年生草本，生长期2-9年。茎粗壮，具纵棱，直立或平卧上升，疏生柔毛或无毛。掌状三出复叶；托叶近卵形，每侧具脉纹8-9条，基部抱茎，离生部分线形，先端渐尖，具刺状；叶柄较长，茎上部的叶柄短，被伸展毛或无毛；小叶卵状椭圆形或倒卵形，长1.5-5厘米，两面疏生褐色长柔毛，上面常有V字形白斑，侧脉约15对，伸出叶缘，形成不明显的钝齿；小叶柄长约1.5毫米。花序球状或卵圆形，长1.5-2.5厘米，具30-70密集的花；花序梗无或甚短，包于顶生叶的托叶内，托叶扩展成佛焰苞状。花长1.2-1.8厘米；几无花梗；花萼钟形，被长柔毛，萼齿丝状，比萼筒长，最下方1齿比其余萼齿长1倍，萼喉开张，具1多毛的加厚环；花冠紫红或淡红色，旗瓣匙形，明显长于翼瓣和龙骨瓣，龙骨瓣稍短于翼瓣；子房椭

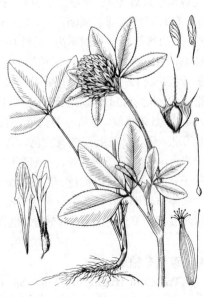

图 696 红车轴草 （引自《图鉴》）

圆形，花柱丝状，细长，胚珠1-2。荚果卵圆形；通常有1粒扁圆形种子。花果期5-9月。

原产欧洲中部，引种至世界各国。我国南北各省区均有种植，并已野化，生于林缘、路边或草地等湿润处。为优良的饲料和绿肥，全株有镇静、止咳、平喘之功效。

119. 猪屎豆属 Crotalaria Linn.

（包伯坚）

草本，亚灌木或灌木。茎枝圆或四棱形。单叶或三出复叶；托叶有或无。总状花序顶生、腋生、与叶对生或密集枝顶形似头状。花萼二唇形或近钟形，二唇形时，上唇2萼齿宽大，合生或稍合生，下唇3萼齿较窄小，近钟形时，5裂，萼齿近等长；花冠黄或深紫蓝色，旗瓣通常为圆形或长圆形，基部具2枚胼胝体或无，翼瓣长圆形或长椭圆形，龙骨瓣中部以上通常弯曲，具喙；雄蕊连合成单体，花药二型，一为长圆形，以底部附着花丝，一为卵圆形，以背部附着花丝；子房有柄或无柄，有毛或无毛，胚珠2至多数，花柱长，基部弯曲，柱头小，斜生。荚果膨胀，有果颈或无，有2至多数种子。

约550种，分布于美洲、非洲、大洋洲及亚洲热带、亚热带地区。我国40种、3变种。

1. 龙骨瓣喙部不扭转；荚果长圆柱形或长圆形，具20-30种子；花萼近钟形。
    2. 荚果长圆形，密被锈色柔毛，成熟后毛不脱落；花冠稍长于花萼。
        3. 小叶近圆形或椭圆状倒卵形，长2-4厘米，宽1-2厘米；茎被开展的长柔毛 … 1. **圆叶猪屎豆 C. incana**
        3. 小叶椭圆形或长椭圆形，长4-7（-10）厘米，宽2-3厘米；茎被贴伏的短柔毛 ……………………
        …………………………………………………………………………… 1(附). **三尖叶猪屎豆 C. micans**
    2. 荚果长圆柱形，稀长圆形，幼时微被短柔毛，成熟后毛全部脱落；花冠长于花萼1倍。
        4. 花萼无毛 ……………………………………………………………… 3. **光萼猪屎豆 C. zanzibarica**
        4. 花萼密被短柔毛 …………………………………………………………………… 2. **猪屎豆 C. pallida**
1. 龙骨瓣喙部扭转；荚果长圆形、圆柱形或卵圆形，具6-15（稀30-40）种子；花萼近钟形或二唇形。
    5. 单叶；花萼近钟形或二唇形；荚果有6-30种子。
        6. 花萼近钟形；荚果长圆形或长椭圆形，伸出萼外，有10-12种子；托叶披针状新月形 ……………
        ………………………………………………………………………………… 4. **多疣猪屎豆 C. verrucosa**
        6. 花萼二唇形；荚果长圆形、圆柱形或卵状球形，伸出萼外或内藏，有6-30种子；托叶基部下延至茎成翅
        ………………………………………………………………………………………… 5. **翅托叶猪屎豆 C. alata**
            7. 直立草本或亚灌木；托叶叶状、卵状三角形、线形、线状披针形或有时不存在；花冠通常长1-2.5厘米；荚果长圆形，长2-4（-6）厘米，有20-30（稀10-15）种子。
                8. 茎四棱形 ………………………………………………………………… 9. **四棱猪屎豆 C. tetragona**
                8. 茎圆柱形。
                    9. 托叶长达5毫米以上。
                        10. 托叶线形或卵状三角形，长0.5-1厘米。
                            11. 托叶卵状三角形，长约1厘米 ……………………… 6. **大托叶猪屎豆 C. spectabilis**
                            11. 托叶披针形或三角状披针形，长5-8毫米 ……………… 11. **假地蓝 C. ferruginea**
                        10. 托叶宽披针形，长1-3厘米 ……………………… 11(附). **褐毛猪屎豆 C. mysorensis**
                    9. 托叶长1-3毫米。
                        12. 花冠长1.5-2.5厘米，伸出花萼外。
                            13. 小叶倒披针形或长椭圆形，宽2-4厘米。
                                14. 小叶长5-15厘米，宽2-4厘米，先端圆或渐尖，具短尖头；荚果长4-6厘米 ……………
                                ………………………………………………………………… 7. **大猪屎豆 C. assamica**
                                14. 小叶长3-8厘米，宽1-3.5厘米，先端凹，不具短尖头；荚果长3-4厘米 ……………………
                                ………………………………………………………………………… 7(附). **吊裙草 C. retusa**

　　13. 小叶线状披针形或长圆状线形，宽0.5-2厘米 ················· 8. 菽麻 **C. juncea**

　　12. 花冠长0.8-1.2厘米，包被于花萼内或与之等长 ··········· 10. 薄叶猪屎豆 **C. peguana**

7. 直立或铺地披散草本；托叶针形、刚毛状或不存在；花冠通常长0.1-1厘米。

　　15. 荚果圆柱形，长1-1.5厘米，有10-15（稀20-30）种子。

　　　16. 花萼长2-3厘米，成熟后呈黑色 ··············· 12. 长萼猪屎豆 **C. calycina**

　　　16. 花萼长在1.5厘米以下，成熟后呈黄褐色。

　　　　17. 头状花序或花密集而生，形似头状 ··········· 13（附）. 头花猪屎豆 **C. mairei**

　　　　17. 总状花序长圆状圆柱形，或密生枝顶呈头状，有时为单花。

　　　　　18. 托叶线形或刚毛状，长1-6毫米。

　　　　　　19. 托叶线形，长2-6毫米。

　　　　　　　20. 小叶线形、线状披针形、椭圆状倒披针形或线状长椭圆形；花冠长0.8-1.2厘米 ···········

　　　　　　　　··· 13. 野百合 **C. sessiliflora**

　　　　　　　20. 小叶圆形或长圆形；花冠长4-6毫米 ········· 14. 针状猪屎豆 **C. acicularis**

　　　　　　19. 托叶刚毛状，长约1毫米，宿存或早落 ··········· 16. 响铃豆 **C. albida**

　　　　　18. 无托叶。

　　　　　　21. 小叶长圆状线形、线形、披针形或线状披针形；总状花序有1-5花 ···········

　　　　　　　　··· 15. 中国猪屎豆 **C. chinensis**

　　　　　　21. 小叶长圆形或椭圆形；总状花序有5-20花 ······· 15（附）. 云南猪屎豆 **C. yunnanensis**

　　15. 荚果四角菱形，长5-6毫米，有8-10种子 ··········· 17. 线叶猪屎豆 **C. linifolia**

5. 3小叶；花萼近钟形；荚果有2种子。

　　22. 小叶倒卵形或倒披针形，宽3-8毫米 ··············· 18. 假苜蓿 **C. medicaginea**

　　22. 小叶椭圆形，宽1-1.5厘米 ··················· 19. 球果猪屎豆 **C. uncinella**

1. 圆叶猪屎豆　　　　　　　　　　　　　图 697

Crotalaria incana Linn. Sp. Pl. 716. 1753.

　　草本或亚灌木，高达1米。茎枝被棕黄色开展的短柔毛。托叶针形，长2-3毫米，早落；叶三出，柄长3-5厘米；小叶椭圆状倒卵形、倒卵形或近圆形，长2-4厘米，宽1-2厘米，上面近无毛，下面被短柔毛或近无毛，叶脉在上面不明显，在下面清晰，侧脉6-10对，顶生小叶通常比侧生小叶大；小叶柄长1-3毫米。总状花序顶生或腋生，长10-20厘米，有5-15花；苞片很小，早落。花梗长3-4毫米；花萼近钟形，5裂，萼齿长于萼筒，被柔毛；小苞片长2-3毫米，生萼筒基部；花冠黄色，伸出萼外，旗瓣椭圆形，长0.8-1.4厘米，先端具束状柔毛，基部胼胝体明显，翼瓣长圆形，长0.8-1厘米，龙骨瓣约与翼瓣等长，中部以上变窄，形成长喙。荚果长圆形，密被锈色柔毛，上部稍偏斜，长2-3厘米，具20-30种子；果柄长约2毫米。花果期10至翌年2月。

　　原产美洲。江苏、安徽、浙江、台湾、广东、广西及云南等省区有栽培或野化。生于海拔60-2000米旷野荒地及田园路旁。非洲及亚洲热带、亚热带地区也有栽培或野化。

　　[附] **三尖叶猪屎豆 Crotalaria micans** Link, Enum. Pl. Hort. Berol. 2: 228. 1822. 与圆叶猪屎豆的区别：茎被贴伏短柔毛；小叶椭圆形或长椭圆形，长4-7（-10）厘米，宽2-3厘米。原产美洲。福建、台湾、广东、广

图 697 圆叶猪屎豆 （何冬泉绘）

西及云南等省区有栽培或野化,生于海拔50-1000米的路边草地或山坡草丛中。非洲、亚洲热带及亚热带地区亦有栽培或野化。

2. 猪屎豆 图 698 彩片 148

Crotalaria pallida Ait. Hort. Kew 3: 20. 1789.

Crotalaria mucronata Desv.; 中国高等植物图鉴 2: 371. 1972.

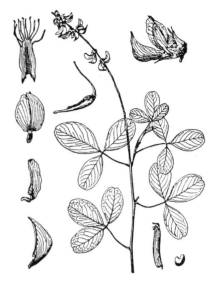

图 698 猪屎豆 (引自《图鉴》)

多年生草本或呈灌木状。茎枝圆柱形,具小沟纹,密被紧贴的短柔毛。托叶极细小,刚毛状,早落;叶三出,柄长2-4厘米;小叶长圆形或椭圆形,长3-6厘米,上面无毛,下面稍被丝光质短柔毛,两面叶脉清晰,小叶柄长1-2毫米。总状花序顶生,长达25厘米,有10-40花;苞片线形,长约4毫米,早落。花梗长3-5毫米;花萼近钟形,长4-6毫米,5裂,萼齿三角形,约与萼筒等长,密被短柔毛;小苞片长1-2毫米,生萼筒中部或基部;花冠黄色,伸出萼外,长0.7-1.1厘米,旗瓣圆形或椭圆形,长约1厘米,翼瓣长圆形,长约8毫米,下部边缘具柔毛,龙骨瓣长约1.2厘米,具长喙,基部边缘具柔毛;子房无柄。荚果长圆形,长3-4厘米,幼时疏被毛,后变无毛,果瓣开裂后扭转,具20-30种子。花果期9-12月。

产台湾、福建、江西、湖南、广东、香港、海南、广西、云南及四川,生于海拔100-1000米的荒山草地及沙质土壤之中。美洲、非洲、亚洲热带、亚热带地区有分布。全草药用,有解毒除湿之效;茎叶可作绿肥和饲料。根有解毒散结、消积的功能,茎叶能清热祛湿,种子有补肝肾、明目、固精的功效。

3. 光萼猪屎豆 图 699 彩片 149

Crotalaria zanzibarica Benth. in London Journ. Bot. 2: 584. 1843.

Crotalaria usaramensis Baker. f.; 中国高等植物图鉴 2: 371. 1972.

草本或亚灌木,高达2米。茎枝圆柱形,被短柔毛。托叶极细小,钻状;叶三出,叶柄长3-5厘米;小叶长椭圆形,两端渐尖,长6-10厘米,下面被短柔毛,小叶柄长约2毫米。总状花序顶生,有10-20花,花序长达20厘米;苞片线形,长2-3毫米。花梗长3-6毫米,屈曲向下,结果时下垂;小苞片与苞片同形,生花梗中部以上;花萼近钟形,长4-5毫米,5裂,约与萼筒等长,无毛;花冠黄色,伸出萼外,长0.8-1厘米,旗瓣圆形,长约1.2厘米,先端具芒尖,翼瓣长圆形,约与旗瓣等长,龙骨瓣长约1.5厘米,稍弯曲,中部以上变窄,形成长喙,基部边缘具微柔毛;子房无柄。荚果长圆柱形,长3-4厘米,幼时被毛,成熟后无毛,果皮常呈黑色,基部残存宿存花丝及花萼,具20-30种子。种子肾形,成熟时朱红色。花果期4-12月。

原产南美洲。现栽培于福建、台湾、湖南、广东、海南、广西、四川、云南等省,或野化,生于海拔100-1000米的田园路边及荒山草地。非洲、亚洲、大洋洲、美洲热带及亚热带地区有栽培或野化。为良好的改良土壤植物及地被植物。

图 699 光萼猪屎豆 (引自《图鉴》)

4. 多疣猪屎豆

图 700 彩片 150

Crotalaria verrucosa Linn. Sp. Pl. 715. 1753.

直立草本,高0.5-1米。茎四棱形,幼时被短柔毛,老时近无毛。托叶叶状,披针状新月形,长5-8毫米;单叶,菱状长卵形或卵状长圆形,先端渐尖,基部宽楔形,长10-15厘米,上面近无毛,下面密被锈色短柔毛,叶柄长3-5毫米。总状花序顶生或腋生,有10-20花;苞片细小,线形,长约1毫米。花梗长3-4毫米;小苞片与苞片相似,生花梗中部以上;花萼近钟形,长0.8-1厘米,5裂,萼齿披针形,

图 700 多疣猪屎豆 (引自《Fl. Taiwan》)

稍长于萼筒;花冠淡黄或白色,有时紫蓝色,旗瓣圆形或倒卵圆形,长1-1.8厘米,基部具胼胝体2枚,翼瓣长圆形,长1-1.6厘米,龙骨瓣与翼瓣等长,伸出萼外;子房无柄,沿上侧有毛。荚果长圆形或长椭圆形,被短柔毛,长2-4厘米,伸出萼外。具10-12种子。花期8-12月。

产台湾、福建、广东及海南,生于海拔100-2000米荒山草地或山坡疏林下。非洲、亚洲热带及亚热带地区有分布。

5. 翅托叶猪屎豆

图 701

Crotalaria alata Buch.-Ham. ex D. Don, Fl. Nepal. 241. 1825.

直立草本或亚灌木,高0.5-1米。茎枝呈之字形曲折,除荚果外全体被丝状锈色柔毛。托叶基部下延至茎节而成翅状;单叶,椭圆形或倒卵状椭圆形,长3-8厘米,先端钝或圆,具细小的短尖头,基部渐窄或近楔形,两面被毛,下面毛较密,近无柄。总状花序顶生或腋生,有2-3花;苞片卵状披针形,长约3毫米。花梗长3-5毫米;小苞片和苞片相似,生萼筒基部;花萼二唇形,长0.6-1厘米,萼齿披针形,先端渐尖;花冠黄色,旗瓣倒卵状圆形,长5-8毫米,背部上方

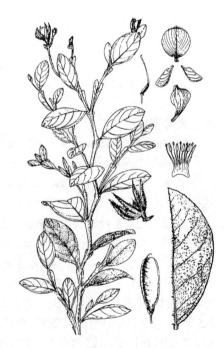

图 701 翅托叶猪屎豆 (何冬泉绘)

有束状柔毛,翼瓣长圆形,稍短于旗瓣,龙骨瓣卵形,具长喙,喙部扭转;子房无毛。荚果长圆形,长2-4(-6)厘米,无毛或被稀疏的短柔毛,顶端具稍弯曲的喙,具6-30种子;果柄长约3毫米。花果期6-12月。

产福建、广东、海南、广西西北部、贵州西南部、四川南部及云南南部,生于海拔100-2000米荒山草地。亚洲、非洲热带及亚热带地区有分布。

本种含吡咯烷类生物碱,可供药用,抗肿瘤。

6. 大托叶猪屎豆

图 702

Crotalaria spectabilis Roth, Nov. Pl. Sp. 341. 1821.

直立高大草本，高0.6-1.5米。茎枝圆柱形，近于无毛。托叶叶状，卵状三角形，长约1厘米；单叶，倒披针形或长椭圆形，长7-15厘米，先端钝或具短尖，基部宽楔形，上面无毛，下面被贴伏的丝质短柔毛，具短柄。总状花序顶生或腋生，有20-30花，苞片卵状三角形，长0.7-1厘米。花梗长1-1.5厘米；小苞片线形，长约1毫米，生花梗中部或中部以下；花萼二唇形，长1.2-1.5厘米，无毛，萼齿宽披针状三角形，稍长于萼筒；花冠淡黄色或有时为紫红色，旗瓣圆形或长圆形，长1-2厘米，先端钝或微凹，基部具胼胝体2枚，翼瓣倒卵形，长约2厘米，龙骨瓣极弯曲，中部以上变窄形成扭转的长喙，下部边缘具白色柔毛，伸出花萼之外；子房无柄。荚果长圆形，长2.5-3厘米，径1.5-2厘米，无毛，有20-30种子。花果期8-12月。

产台湾、福建、江西、湖南东南部、广东南部、海南、广西南部及云南南部，生于海拔100-1500米田园路旁或荒山草地。印度、尼泊尔、菲律

图 702 大托叶猪屎豆 （何冬泉绘）

宾、马来西亚有分布，非洲及美洲热带地区广泛栽培。全株药用；种子含半乳甘露聚糖胶，在石油、矿山、纺织及食品工业中有应用价值。

7. 大猪屎豆

图 703 彩片 151

Crotalaria assamica Benth. in London Journ. Bot. 2: 481. 1843.

直立大草本，高达1.5米。茎枝粗状，圆柱形，被锈色柔毛。托叶细小，线形，贴伏于叶柄两侧；单叶，倒披针形或长椭圆形，先端圆或渐尖，具细小短尖，基部楔形，长5-15厘米，宽2-4厘米，上面无毛，下面被锈色短柔毛，叶柄长2-3毫米。总状花序顶生或腋生，有20-30花；苞片线形，长2-3毫米。小苞片与苞片的形状相似，通常稍短。花萼二唇形，长1-1.5厘米，萼齿披针状三角形，约与萼筒等长，被短柔毛；花冠黄色，旗瓣圆形或椭圆形，

长1.5-2厘米，基部具胼胝体2枚，先端微凹或圆，翼瓣长圆形，长1.5-1.8厘米，龙骨瓣弯曲几达90°，中部以上变窄形成扭转的长喙，伸出萼外；子房无柄。荚果长圆形，长4-6厘米，径约1.5厘米，有20-30种子；果柄长约5毫米。花果期5-12月。

产广东、海南、广西、贵州西南部及云南，生于海拔50-3000米山坡路边或山谷草丛中。中南半岛及南亚等地区有分布。可作绿肥。根、茎、叶

图 703 大猪屎豆 （引自《图鉴》）

有清热解毒、凉血降压的功能。

[附] **吊裙草 Crotalaria retusa** Linn. Sp. Pl. 715. 1753. 与大猪屎豆的区别：小叶长3-8厘米，宽1-3.5厘米，先端凹，基部楔形；荚果长圆形，长3-4厘米，无毛，果柄长约2毫米。产

广东及海南，生于荒山草地或沙滩海滨。美洲、非洲、大洋洲的热带、亚热带地区，亚洲的马来亚、斯里兰卡、缅甸、越南及印度均有分布。全株药用。

8. 菽麻　　　　　　　　　　　　　　　　　图 704

Crotalaria juncea Linn. Sp. Pl. 714. 1753.

直立草本，高0.5-1米。茎枝圆柱形，具浅小沟纹，密被丝质短柔毛。托叶细小，线形，长约2毫米，易脱落；单叶，长圆状线形或线状披针形，长6-12厘米，宽0.5-2厘米，两端渐尖，先端具短尖头，两面均被毛，下面毛密而长，具短柄。总状花序顶生或腋生，有10-20花；苞片细小，披针形，长3-4毫米。花梗长5-8毫米；小苞片线形，比苞片稍短，生萼筒基部，密被短柔毛；花萼二唇形，长1-1.5厘米，被锈色长柔毛，深裂几达基部，萼齿披针形，弧形弯曲；花冠黄色，旗瓣长圆形，长1.5-2.5厘米，基部具胼胝2枚，翼瓣倒卵状长圆形，长1.5-2厘米，龙骨瓣与翼瓣近等长，中部以上变窄形成扭转的长喙，伸出萼外；子房无柄。荚果长圆形，长2-4厘米，被锈色柔毛，有10-15种子。花果期8月至翌年5月。

原产印度。福建、台湾、广东、广西、四川、云南，江苏及山东有栽培或野化，生于海拔50-2000米荒地、路旁或山坡疏林中。亚洲、非洲、大洋洲及美洲的热带、亚热带地区亦广为栽培或逸生。根治跌打、白浊、尿结石、膀胱炎；种子有清热解毒的功效；茎纤维可造纸或编绳索；枝、叶为良好绿肥。

图 704 菽麻　（引自《图鉴》）

9. 四棱猪屎豆　　　　　图 705 彩片 152

Crotalaria tetragona Roxb. ex Andr. Bot. Rep. 9. t. 593. 1810.

多年生草本，高达2米。茎四棱形，被丝质短柔毛。托叶叶状，线形或线状披针形，长4-5毫米；单叶，长圆状线形或线状披针形，长10-20（-25）厘米，先端渐尖，基部钝或圆，两面被毛，下面毛更密，叶柄短。总状花序顶生或腋生，有6-10花；苞片披针形，长4-6毫米，先端渐尖。花梗长1-1.5厘米；小苞片线形，长3-4毫米，生花梗中部以上；花萼深裂达基部，二唇形，长1.5-2.5厘米，萼齿披针形，弯曲成半月形，先端渐尖；花冠黄色，旗瓣圆形或长圆形，长1-2.5厘米，基部具2枚胼胝体，翼瓣长椭圆形或披针状椭圆形，长约2厘米，龙骨瓣与旗瓣等长，具扭转的喙，伸出萼外；子房无柄。荚果长圆形，长4-5厘米，密被棕黄色柔毛，有10-20种子。花果期9月至翌年2月。

图 705 四棱猪屎豆　（引自《豆科图说》）

产广东雷州半岛、广西西北部、贵州西南部、云南、四川南部及西藏东南部，生于海拔500-1600米山坡路旁或疏林中。印度、尼泊尔、不丹、缅甸、越南及印度尼西亚有分布。全草有化滞、止痛的功能。

10. 薄叶猪屎豆　　　　　　　　　　图 706

Crotalaria peguana Benth. ex Baker in Hook. f. Fl. Brit. Ind. 2: 77. 1876.

灌木状直立草本，高0.8-1.5米。

茎枝圆柱形，被贴伏的短柔毛。托叶刚毛状；单叶，长椭圆形，长6-12厘米，两端渐尖，上面近无毛，下面披丝质短柔毛，叶脉在上面不明显，在下面凸起，叶柄长1-2毫米。总状花序顶生或腋生，有多花，花序长达20厘米；苞片线形，长3-4毫米。花梗长3-5毫米；小苞片与苞片同形，成双生于萼筒基部或花梗中部以上；花萼深裂几达基部，二唇形，长0.8-1.2厘米，萼齿线形或线状披针形，先端渐尖，被短柔毛；花冠黄色，包被萼内或与之等长，旗瓣长圆形或卵状长圆形，长0.8-1.2厘米，先端和上面靠上方有束状柔毛，基部具胼胝体2枚，翼瓣长圆形，先端圆，长0.8-1厘米，龙骨瓣通常比旗瓣稍短，长约9毫米，弯曲，具扭转的长喙；子房无柄。荚果长圆形，无毛，长1-2.5厘米，有8-15种子。花果期6-12月。

产广西西北部及云南南部，生于海拔900-1500米灌丛或山坡疏林。印度、缅甸及越南有分布。

图 706 薄叶猪屎豆 （引自《豆科图说》）

11. 假地蓝 假地蓝猪屎豆　　　　　　　图 707 彩片 153

Crotalaria ferruginea Grah. ex Benth. in London Journ. Bot. 2: 476. 1843.

草本，基部常木质，高0.6-1.2米。茎直立或铺地蔓延，多分枝，被棕黄色伸展长柔毛。托叶叶状，披针形或三角状披针形，长5-8毫米；单叶，椭圆形，长2-6厘米，宽1-3厘米，两面被毛，下面叶脉的毛更密，先端钝或渐尖，基部近楔形，侧脉隐见。总状花序顶生或腋生，有2-6花；苞片披针形，长2-4毫米。花梗长3-5毫米；小苞片与苞片同型，生萼筒基部；花萼深裂几达基部，二唇形，长1-1.2厘米，密被粗糙的长柔毛，萼齿披针形；花冠黄色，旗瓣长椭圆形，长0.8-1厘米，翼瓣长圆形，长约8毫米，龙骨瓣与翼瓣等长，中部以上变窄成扭转的长喙，包被萼内或与之等长；子房无柄。荚果长圆形，无毛，长2-3厘米，有20-30种子。花果期6-12月。

产河南、安徽、浙江、福建、台湾、江西、湖北、湖南、广东、海南、广西、贵州、云南、四川及西藏东南部，生于海拔400-1000米山坡疏林或荒山草地。印度、尼泊尔、斯里兰卡、缅甸、泰国、老挝、越南及马来西

图 707 假地蓝 （引自《图鉴》）

亚有分布。全草药用，有养肝滋肾、止咳平喘、调经的功能，外敷能消肿解毒；茎叶可作绿肥和饲料。

〔附〕**褐毛猪屎豆 Crotalaria mysorensis** Roth Nov. Pl. Sp. 338. 1821. 与假地蓝的区别：托叶宽披针形，长1-3厘米；叶披针形或宽披针形，长5-7（-8）厘米，宽0.5-1.5厘

米；总状花序有6-9花。产广东及香港。印度、尼泊尔、巴基斯坦、菲律宾及马来西亚有分布。

12. 长萼猪屎豆　　　　　　　　　　　　　　　图 708

Crotalaria calycina Schrank. Pl. Rar. Hort. Monac, t. 12. 1819.

图 708 长萼猪屎豆　（冯晋庸绘）

多年生直立草本，高30-80厘米。茎圆柱形，密被粗糙的褐色长柔毛。托叶针状，长约1毫米，宿存或早落；单叶，长圆状线形或线状披针形，长3-12厘米，先端急尖，基部渐窄，上面沿中脉有毛，下面密被褐色长柔毛，近无柄。总状花序顶生，稀腋生，通常缩短或近头状，有3-12花；苞片披针形，长1-2厘米，稍弯曲成镰刀状。花梗粗壮，长2-4毫米；小苞片和苞片同形，稍短，生于花萼基部或花梗中部以上；花萼深裂几达基部，二唇形，长2-3厘米，萼齿披针形，外

面密被棕褐色长柔毛，成熟后变为黑色；花冠黄色，包被萼内，旗瓣倒卵圆形或圆形，长1.5-2.5厘米，先端或上面靠上方有微柔毛，基部具胼胝体2枚，翼瓣长椭圆形，与旗瓣近等长，龙骨瓣近直生，具扭转的长喙；子房无柄。荚果圆形，成熟后黑色，长1-1.5厘米，无毛，有20-30种子。花果期6-12月。

产台湾、福建、广东、香港、海南、广西、贵州西南部、云南、四川西南部及西藏东南部，生于海拔50-2200米山坡疏林或荒地路旁。非洲、大洋洲及亚洲热带、亚热带地区有分布。全草用于小儿疳积。

13. 野百合　　　　　　　　　　　　　图 709 彩片 154

Crotalaria sessiliflora Linn. Sp. Pl. ed. 2, 1004. 1763.

直立草本，高0.3-1米，基部常木质。茎单一或分枝，被紧贴粗糙的长柔毛。托叶线形，长2-3毫米，宿存或早落；单叶，形状变异较大，通常为线形、线状披针形、椭圆状披针形或线状长圆形，两端渐尖，长3-8厘米，上面近无毛，下面密被丝质短柔毛，叶柄近无。总状花序长圆状圆柱形，顶生、腋生或密生枝顶形似头状，亦有单花腋生，花1至多数；苞片线状披针形，长4-6毫米。花梗短，长约2毫米；小苞片与苞片同形，成对生萼筒部基部；花萼二唇形，长1-1.5

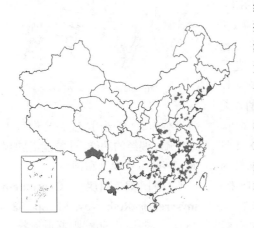

厘米，密被棕褐色长柔毛，成熟后呈黄褐色，萼齿宽披针形，先端渐尖；花冠蓝或紫蓝色，包被萼内，旗瓣长圆形，长0.8-1.2厘米，先端钝或凹，基

图 709 野百合　（引自《图鉴》）

部具胼胝体2枚,翼瓣长圆形或披针状长圆形,约与旗瓣等长,龙骨瓣中部以上变窄成扭转的长喙;子房无柄。荚果短圆柱形,长约1厘米,包被萼内,下垂紧贴于枝,无毛,有10-15种子。花果期5月至翌年2月。

产辽宁、河北、山东、江苏、安徽、浙江、福建、台湾、江西、湖北、湖南、广东、香港、海南、广西、贵州、云南、四川西南部及西藏东南部,生于海拔70-1500米荒地路旁或山谷草地,中南半岛、南亚、太平洋诸岛及朝鲜、日本有分布。全草有解毒、抗癌的功能。

14. 针状猪屎豆

图 710

Crotalaria acicularis Buch.-Ham. ex Benth. in London Journ. Bot. 2: 476. 1843.

草本,高20-80厘米。茎多分枝,铺地散生或直立,被褐色伸展的丝质毛。托叶针形,长2-4毫米;单叶,圆形或长圆形,长1-2(-3)厘米,先端圆或渐尖,基部渐窄或近心形,有时偏斜,两面被稀疏伸展的白色丝质毛,叶柄短。总状花序顶生或腋生,幼时紧缩呈头状,后渐伸长,有5-30花;苞片披针形或针形,长2-3毫米。花梗长3-5毫米;小苞片针形,生萼筒基部或花梗上部;花萼深裂几达基部,二唇形,长4-6毫米,萼齿披针形,密被棕褐色丝质柔毛;花冠黄色,旗

瓣圆形或倒卵圆形,长4-5毫米,翼瓣长椭圆形,比旗瓣稍短,龙骨瓣圆形,具长喙;子房无柄。荚果短圆柱形,近无毛,长约1厘米,有10-12种子。花果期8月至翌年2月。

产海南、云南及四川西南部,生于海拔100-1100米荒地路边或山坡灌丛中。中南半岛、东南亚及太平洋诸岛有分布。

15. 中国猪屎豆

图 711

Crotalaria chinensis Linn. Syst. ed 10, 1158. 1759.

草本,高5-16厘米,除荚果外全部密被棕黄色长柔毛。茎圆柱形,常呈木质,基部多分枝,无托叶;单叶,形状变异较大,通常为披针形、线状披针形、线形或长圆状线形,有时为长椭圆形或卵圆形,长2-3.5厘米,两端渐尖,上面近无毛或被稀疏柔毛,下面密被褐色粗糙的长

[附] **头花猪屎豆 Crotalaria mairei** Lévl. in Bull. Acad. Geog. Bot. 25: 49. 1915. 与野百合的区别:花序呈头状,有10-20花。产广西、四川、贵州及云南,生于海拔300-2500米山坡草地。印度、尼泊尔及不丹有分布。

图 710 针状猪屎豆 (引自《豆科图说》)

图 711 中国猪屎豆 (引自《豆科图说》)

柔毛，尤以叶脉及叶片边缘的毛更稠密，干时叶边缘外卷，叶柄不明显。总状花序密集枝顶，有1-5花，或1-2花生叶腋或单花生枝顶；苞片与小苞片相似，披针形，长3-5毫米。花梗短，长2-4毫米；小苞片生萼筒基部；花萼深裂几达基部，二唇形，花后增大；花冠淡黄色，包被萼内或与之等长，旗瓣卵形或圆形，长7-9毫米，基部胼胝体明显，垫状，翼瓣长圆形，龙骨瓣近直生，中部以上变窄，形成扭转的长喙；子房无柄。荚果卵圆形，长0.8-1.2厘米，包被萼内或稍外露，有15-20种子。种子马蹄形。花果期6-12月。

产安徽、浙江、福建、台湾、江西、湖南、广东、海南、广西、贵州及云南。生于海拔50-1000米荒山草地。中南半岛及南亚有分布。

[附] **云南猪屎豆 Crotalaria yunnanensis** Franch. Pl. Delav. 151. 1890. 与中国猪屎豆的区别：叶长圆形或椭圆形，长2-3厘米；总状花序有5-10花。产四川及云南，生于海拔100-3000米山坡薄土中。

16. 响铃豆　　图 712 彩片 155

Crotalaria albida Heyne ex Roth Nov. Pl. Sp. 333. 1821.

多年生直立草本，基部常木质，高30-80厘米。茎上部分枝，被紧贴的短柔毛。托叶刚毛状，花长约1毫米，宿存或早落；单叶，倒卵形、长圆状椭圆形或倒披针形，长1-2.5厘米，先端钝或圆，具细小的短尖头，基部楔形，上面绿色，近无毛，下面暗灰色，微被短柔毛，叶柄几不明显。总状花序顶生或腋生，有20-30花，长达20厘米；苞片丝状，长约1毫米。花梗长3-5毫米；小苞片丝状，生萼筒基部；花萼深裂，二唇形，长6-8毫米，上唇2萼齿宽大，先端稍钝圆，下唇3萼齿披针形，先端渐尖；花冠淡黄色，旗瓣椭圆形，长6-8毫米，先端具束状柔毛，基部胼胝体可见，翼瓣长圆形，约与旗瓣等长，龙骨瓣弯曲几达90°，中部以上变窄形成扭转的长喙；子房无柄。荚果短圆柱形，长约1厘米，无毛，稍伸出宿萼外，有6-12种子。花果期5-12月。

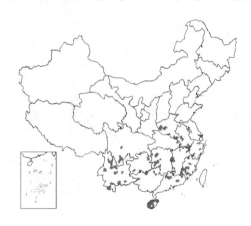

产河南、安徽、浙江、福建、江西、湖北、湖南、广东、香港、海南、广西、贵州、四川及云南，生于海拔200-2800米荒地路旁或山坡疏林下。中南半岛、南亚及太平洋诸岛有分布。全草药用，有清热解毒、利尿之效。

图 712 响铃豆 （引自《图鉴》）

17. 线叶猪屎豆　条叶猪屎豆　　图 713

Crotalaria linifolia Linn. f. Suppl. Sp. Pl. 332. 1781.

多年生草本，基部常木质，高0.5-1米。茎圆柱形，密被丝质短柔毛。托叶小，早落；单叶，倒披针形或长圆形，长2-5厘米，先端渐尖或钝尖，具细小的短尖头，基部渐窄，但非为楔形，两面被丝质柔毛，叶柄短。总状花序长10-20厘米，顶生或腋生，有多花；苞片披针形，长2-3毫米。小苞片披针形，生萼筒基部；花萼深裂，二唇形，长6-7毫米，上唇2萼齿宽披针形或宽楔形，合生，下唇3萼齿披针形，密被锈色柔毛；花冠黄色，旗瓣圆形或长圆形，先端圆或凹，长5-7毫米，基部边缘被毛，胼胝体垫状，翼瓣长圆形，长6-7毫米，龙骨瓣长约8毫米，近直生，中部以上变窄，具

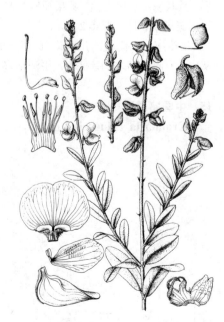

图 713 线叶猪屎豆 （引自《图鉴》）

扭转的长喙；子房无柄。荚果四角菱形，长5-6毫米，无毛，成熟后黑色，有6-10种子。花期5-10月，果期8-12月。

产台湾、福建、广东、海南、广西、湖南、贵州、四川及云南，生于海拔500-2500米山坡路旁。印度、马来西亚及大洋洲南部有分布。根有清热解毒、理气消积的功能。

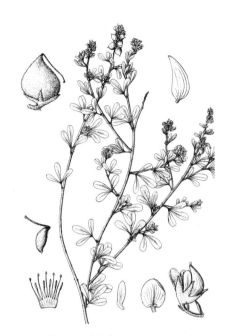

图 714 假苜蓿 （引自《图鉴》）

18. 假苜蓿　　　　图 714

Crotalaria medicaginea Lamk. Encycl. Meth, 2: 201. 1786.

直立或铺地披散草本，基部常木质。茎及分枝细弱，被紧贴的丝光质短柔毛。托叶丝状，长2-3毫米；叶三出；柄长2-5毫米；小叶倒披针形或倒卵形，先端钝、截形或凹，基部楔形，长1-2厘米，宽3-8毫米，上面无毛，下面密被丝光质短柔毛，小叶柄长不及1毫米。总状花序顶生或腋生，有花数朵。花梗长2-3毫米；花萼近钟形，长2-3毫米，微被短柔毛，5裂，萼齿宽披针形；花冠黄色，旗瓣椭圆形或卵状长圆形，长4-5毫米，先端被微柔毛，基部具胼胝体2枚，翼瓣长圆

形，长3-4毫米，龙骨瓣约与旗瓣等长，弯曲，中部以上变窄成长喙，扭转；子房无柄。荚果圆球形，顶端具短喙，径3-4毫米，包被萼内或略外露，被微柔毛，有2种子。花果期8-12月。

产台湾、广东、广西、云南及四川，生于海拔50-1400米荒地路边及沙滩海滨干旱处。马来西亚、印度、缅甸、泰国、尼泊尔及越南有分布。

19. 球果猪屎豆　　　　图 715

Crotalaria uncinella Lamk. Encycl. Meth. 2: 200. 1786.

草本或亚灌木，高达1米。茎枝圆柱形，幼时被毛，后渐无毛。托叶卵状三角形，长1-1.5毫米；叶三出；叶柄长1-2厘米；小叶椭圆形，长1-2厘米，宽1-1.5厘米，先端钝，具短尖头或有时凹，基部近楔形，两面叶脉清晰，中脉在下面凸起，上面无毛，下面被短柔毛，顶生小叶较侧生小叶大，小叶柄长约1毫米。总状花序顶生、腋生或与叶对生，有

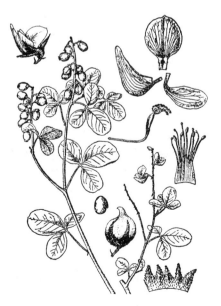

图 715 球果猪屎豆 （引自《豆科图说》）

10-30花；苞片小，卵状三角形，长约1毫米。花梗长2-3毫米；小苞片与苞片相似，生萼筒基部；花萼近钟形，长3-4毫米，5裂，萼齿宽披针形，约与萼筒等长，密被短柔毛；花冠黄色，旗瓣圆形或椭圆形，长约5毫米，翼瓣长圆形，约与旗瓣等长，龙骨瓣长于旗瓣，弯曲，具长喙，扭转；子房无柄。荚果卵圆形，长约5毫米，被短柔毛。种子2，成熟后朱红色。花

果期8-12月。

　　产广东西南部、香港、海南及广西东部，生于海拔50-1100米山地路旁。非洲、亚洲热带及亚热带地区有分布。

120. 黄雀儿属 Priotropis Wight et Arn.
（包伯坚）

　　灌木或亚灌木。叶三出，中间小叶通常较侧生小叶大；托叶有或无。总状花序顶生或腋生；花萼近钟形，5裂，萼齿近等长；花冠黄或淡黄色，伸出萼外，旗瓣通常椭圆形或长圆形，基部具胼胝体2枚，翼瓣约与旗瓣等长，龙骨瓣基部宽阔，中部以上变窄，弯曲几达90°，不扭转；雄蕊联合成单体，花药二型，一为圆形，背着，一为长圆形，基着；花柱长，柱头头状；子房具柄。荚果长圆形或椭圆状长圆形，扁平，有2-10种子。

　　约2种，主要分布在亚洲、非洲热带、亚热带地区。我国1种。

黄雀儿

图 716

Priotropis cytisoides （Roxb. ex DC.）Wight et Arn. Prodr. Fl. Ind. Or. 1: 180. 1834.

Crotalaria cytisoides Roxb. ex DC. Prodr. 2: 131. 1825.

　　亚灌木，高0.5-1米。茎枝圆柱形，幼嫩时被棕褐色短柔毛，后渐无毛。托叶钻状，通常早落；叶三出，叶柄长2-4厘米；小叶圆形或长椭圆形，长5-7厘米，先端渐尖，具短尖头，基部渐窄，中间小叶较侧生小叶大，上面无毛，下面微被短柔毛，小叶柄长不及1毫米。总状花序顶生、腋生或与叶对生，有10-30花；苞片线形，长2-4毫米。花梗长6-8毫米；小苞片披针状三角形，生萼筒下部或花梗中部以上；花萼近钟形，长5-7毫米，被短柔毛，5裂，萼齿披针形，约与萼筒等长；花冠黄色，旗瓣长圆形，长0.7-1厘米，翼瓣倒卵状长圆形，基部宽阔，中部以上变窄，弯曲，不扭转。荚果椭圆形，扁平，长约3厘米，幼时被毛，成熟时脱落，有4-8种子，果柄长4-5毫米。马蹄形，光滑。花果期4-12月。

图 716 黄雀儿 （引自《图鉴》）

　　产云南及西藏东南部，生于海拔800-1500米山坡路旁。印度及尼泊尔有分布。根有滋补、利咽、止痛的功能。

121. 山豆根属 Euchresta J. Benn.
（包伯坚）

　　灌木。叶互生，小叶3-7，全缘，下面通常被柔毛，侧脉常不明显。总状花序；花萼膜质，杯状、钟状或管状，基部稍呈囊状，通常5浅裂，萼齿短；花冠伸出萼外，通常白色，翼瓣和龙骨瓣具瓣柄；雄蕊二体（9+1），花药背着；子房有长柄，胚珠1-2，花柱线形。荚果核果状，肿胀，不裂，椭圆形，果壳薄，通常亮黑色，有1种子；具果柄。种子无种阜，无胚乳，种皮白色，膜质。

约4种3变种，分布于爪哇、日本、菲律宾、中国东南部至喜马拉雅。我国4种2变种。

1. 花萼杯状或钟状，长不及1厘米。

  2. 小叶通常3（5）；花萼杯状，长2-5毫米，旗瓣先端圆钝，不凹；总状花序长6-10厘米 ……………………………………………………………………………… 1. 山豆根 **E. japonica**

  2. 小叶（3）5-7；花萼宽钟状，长约5-6毫米；旗瓣先端钝，微凹；总状花序长13-21厘米 ……………………………………………………………… 1（附）. 伏毛山豆根 **E. horsfieldii**

1. 花萼管状，长1厘米 ……………………………………………………… 2. 管萼山豆根 **E. tubulosa**

1. 山豆根　　　　　　　　　　图 717: 1-6　彩片 156

Euchresta japonica Hook. f. ex Regel in Gartenflora 40: 321. t. 487. 1865.

Euchresta trifoliolata Merr.；中国高等植物图鉴 2：475. 1972.

图 717: 1-6. 山豆根　7-13. 管萼山豆根
（何顺清绘）

藤状灌木，几不分枝。茎上常生不定根。叶具小叶3（5），叶柄长4-5.5厘米，被短柔毛；小叶椭圆形，长8-9.5厘米，上面无毛，下面被短柔毛，侧脉不明显，顶生小叶柄长0.5-1.3厘米,侧生小叶柄几不明显。总状花序长6-10厘米；花序梗长3-5.5厘米。花梗长0.5-0.7厘米，被短柔毛；小苞片细小，钻形；花萼杯状，长2-5毫米，内外均被短柔毛；花冠白色，旗瓣瓣片长圆形，长1厘米，先端钝圆，不凹，基部外面疏被短柔毛，瓣柄线形，稍后折，长约2毫米，翼瓣椭圆形，瓣片长9毫米，瓣柄卷曲，线形，长约2.5毫米，龙骨瓣上半部粘合，基部有小耳，瓣柄长约2毫米；子房扁长圆形或线形，长5毫米，子房柄长约4毫米，花柱长3毫米。荚果椭圆形，长1.2-1.7厘米，顶端具细尖，黑色，光滑；果柄长4厘米，无毛。

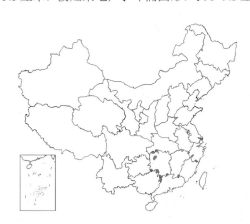

产浙江南部及西南部、江西南部、湖南西北部及西南部、广东北部、广西东北部，生于海拔800-1400米山谷或山坡密林中。日本有分布。

［附］**伏毛山豆根 Euchresta horsfieldii**（Lesch.）Benn. Pl. Jav. Rar. 148. t. 31. 1838. —— *Andira horsfieldii* Lesch. in Ann. Mus. Paris 16: 418. t. 12. 1810. 与山豆根的区别:叶具小叶（3）5-7；总状花序长13-21厘米；花萼宽钟形，长约5-6毫米；旗瓣瓣片先端钝，微凹，基部两侧有小耳。产云南，生于海拔1000-1400米石灰岩山地常绿阔叶林中。印度尼西亚、泰国、越南、不丹及尼泊尔有分布。根药用，有清热解毒和止痛之效。

2. 管萼山豆根　　　　　　　图 717: 7-13

Euchresta tubulosa Dunn in Journ. Linn. Soc. Bot. 35: 492. 1903.

灌木。叶具小叶3-7，叶柄长6-7厘米；小叶椭圆形或卵状椭圆形，上面无毛，下面被黄褐色短柔毛，顶生小叶和侧生小叶近等大，长8-11厘米，中脉在上面平或稍凹，下面稍凸起，侧脉5-6对，不明显，侧生小叶柄长2毫米，顶生小叶柄长0.6-1厘米。总状花序顶生，长约8厘米；花序梗长4厘米。花长2-2.5厘米；花梗长4毫米，均被黄褐色短柔毛；花萼管状，长

约1厘米,裂片钝三角形;旗瓣向背后弯曲,长1.5厘米,先端钝而微凹,向下渐窄成瓣柄,最基部宽2毫米,翼瓣瓣片长圆形,长约8.5毫米,先端钝圆,无耳,龙骨瓣长圆形,下部分离,上部粘合,瓣片基部有小耳;雄蕊管长1.2厘米;子房线形,长5.5毫米,子房柄长1.3厘米,花柱线形,长4毫米。果椭圆形,长1.5-1.8厘米;果柄长约1.4厘米。花期5-7月,果期7-9月。

产湖北西南部、湖南西北部及四川,生于海拔300-1700米山坡。根药用,有解热毒、利咽、驱虫之效。

122. 落地豆属 Rothia Pers.

(陈 涛)

一年生匍匐或披散草本,被毛。叶为掌状3小叶。托叶小或叶状,单一或成对。花序总状,顶生或与叶对生,具1-5花;苞片和小苞片不显著。花萼管状,裂片5,近等长,上部2裂片近镰形。旗瓣瓣片卵形或长圆形,瓣柄线形,翼瓣和龙骨瓣与旗瓣近等长,龙骨瓣先端圆;雄蕊10,单体,花丝连合成管,花药同型;子房无柄,胚珠多数;花柱稍直。荚果近长圆形或线形,顶端急尖,肿胀或偶而肿胀,开裂,具多数种子。

2种,分布于非洲、亚洲及澳洲北部的热带亚热带地区。我国1种。

落地豆   图 718

Rothia indica (Linn.) Thuan, Fl. Cambodge, Laos & Vietnam, 23: 195. pl. 36. f. 1-11. 1987.

一年生草本。茎多分枝,披散,长达40厘米,被毛。叶为掌状3小叶;小叶倒卵形,长0.35-1.5厘米,全缘,基部楔形,先端圆钝,具细短尖头,两面被绢毛,叶脉不明显,侧生小叶较小,叶柄长3.5-8厘米;托叶极小,倒披针形,被绢毛。总状花序与叶对生,具1-2(-3)花;花序梗短;苞片和小苞片极小。花梗长1-3毫米。花萼管状钟形,密被绢毛,裂片5,先端渐尖,近等长,上部2枚较宽呈近镰形;花冠粉红、紫或黄色,长约8毫米;花瓣直,近等长,具长瓣柄;

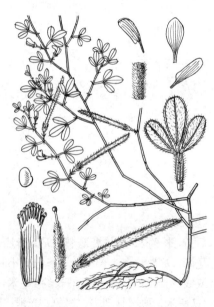

图 718 落地豆 (余汉平绘)

旗瓣长6-8毫米,背面上部中央被微柔毛,翼瓣窄匙形,龙骨瓣微弯;雄蕊10,花丝连合成管状,花药基着;子房无柄,被绢毛,胚珠多数;花柱短直,柱头头状。荚果线形,长3.5-5厘米,宽2-2.5毫米,密被绢毛,有10-20种子,种子间无隔膜。种子近肾形,长1.5-2毫米,光滑,有浅色斑纹。花果期3-6月。

产广东西南部(徐闻)及海南,生于海拔20-40米海边草地。越南、老挝、斯里兰卡、印度尼西亚及澳大利亚有分布。

123. 黄花木属 Piptanthus D. Don ex Sweet.

(包伯坚)

灌木,高1-4米。掌状三出复叶,互生,有叶柄;托叶大,2枚合生,与叶柄相对,先端分离呈2尖头,脱落后留有环茎叶痕。总状花序顶生;花大,具花梗,2-3朵轮生;苞片托叶状,基部连合呈鞘状,脱落;无小苞片;花萼钟形,萼齿5,近等长,上方2齿合生,老熟时花萼在近基部位于子房同位线作环状关节性脱落;花冠黄色,花瓣近等长,均具长瓣柄,旗瓣近圆形,先端凹缺,翼瓣和龙骨瓣先端圆,基部具耳;雄蕊10,分离,花药同型;子房线形，具柄，胚珠2-10，花柱细，柱头点状。荚果线形，扁平，薄革质，内无隔膜，具细长果柄。种子扁，斜椭圆形，具种阜。

3种，分布喜马拉雅山南北坡至尼泊尔、不丹和印度。我国3种均产。

1. 花长约3厘米；荚果宽1.6-1.8厘米；小枝和萼被白色绵毛；小叶下面初被黄色丝状柔毛和白色贴伏柔毛，后渐变无毛，呈粉白色 ·· 1. 尼泊尔黄花木 P. nepalensis
1. 花长2-2.5厘米；荚果宽0.8-1.2(-1.4)厘米；小枝和萼被柔毛；小叶下面被伏贴短柔毛 ·· 2. 黄花木 P. concolor

1. 尼泊尔黄花木　金链叶黄花木　　　　　图 719 彩片 157

Piptanthus nepalensis (Hook.) D. Don in Sweet, Brit. Flow. Gard. 3: t. 264. 1828.

Baptisia nepalensis Hook. Exotic. Flor. 2: 131. 1824.

Piptanthus laburnifolia (D. Don) Stapf；中国高等植物图鉴 2: 364. 1972.

灌木，高1.5-3米。小枝被白色绵毛。叶柄长1-3厘米，密被毛；托叶长0.7-1.4厘米，被毛；小叶披针形、长圆状椭圆形或线状卵形，长6-14厘米，上面无毛，下面初被黄色丝状毛和白色贴伏柔毛，后毛渐脱落，呈粉白色。总状花序顶生，长5-8厘米，具花2-4轮，花序轴密被白色绵毛；苞片宽卵形，长约1.2厘米，先端锐尖，密被毛。花长约3厘米；花梗长2-2.5厘米；萼钟形，长1.2-1.6厘米，被白色绵毛，萼齿5，上方2齿合生，三角形，下方3齿披针形，与萼筒近等长；花冠黄色，旗瓣宽心形，瓣片长约2.5厘米，先端凹，瓣柄长约6毫米，翼瓣稍短于旗瓣，龙骨瓣长约3厘米；子房线形，具短柄，密被黄色绢毛。荚果宽线形，扁平，长8-15厘米，宽1.6-1.8厘米，顶端具尖喙，有4-8种子，

图 719 尼泊尔黄花木　（何冬泉绘）

果柄长1.6厘米，被毛。种子肾形，压扁。花期4-6月，果期6-7月。

产西藏、云南西北部、四川及甘肃南部，生于海拔3000米左右山坡针叶林缘、草地灌丛或河流旁。尼泊尔、不丹及克什米尔地区有分布。

2. 黄花木　　　　　　　　　图 720 彩片 158

Piptanthus concolor Harrow ex Craib in Gard. Chron. ser. 3, 60: 289. 1916.

灌木，高1-4米。小枝幼时被白色短柔毛。叶柄长1.5-2.5厘米，多少被毛；托叶长0.7-1.1厘米，被细柔毛；小叶椭圆形、长圆状披针形或倒披针形，两侧不等大，长4-10厘米，上面无毛或中脉两侧有疏柔毛，下面被贴伏短柔毛，边缘具睫毛，侧脉6-8对，至近边缘弧曲。总状花序顶生，具花3-7轮；序轴在花期伸长；苞片倒卵形或卵形，长0.7-1.2厘米，密被长柔毛，早落。花长2-2.5厘米；花梗长1.5-1.8厘米，被毛；花萼长1-1.4厘米，密被贴伏长柔毛，萼齿5，上方2齿合生，三角形，下方3齿披针形，

与萼筒近等长；花冠黄色，瓣片圆形，长1.8-2厘米，先端凹缺，瓣柄长4毫米，翼瓣稍短，龙骨瓣与旗瓣等长或稍长；子房具短柄，密被柔毛。荚果线形，长7-12厘米，宽0.8-1.2（1.4）厘米，疏被短柔毛，顶端渐尖。种子肾形，稍扁。花期4-7月，果期7-9月。

产陕西南部、甘肃南部、四川、云南、西藏东南部及南部，生于海拔1600-4000米山坡林缘或灌丛中。种子有清肝明目、利尿的功能。

图 720 黄花木 （何冬泉绘）

124. 沙冬青属 Ammopiptanthus Cheng f.
（包伯坚）

常绿灌木。小枝叉分。单叶或掌状三出复叶，革质；托叶小，钻形或线形，着生叶柄基部两侧，与叶柄合生，先端分离；小叶全缘，被银白色绒毛。总状花序短，顶生于短枝上；苞片小，脱落。小苞片2，生于花萼下端；花萼钟形，近无毛，萼齿5，短三角形，上方2齿合生；花冠黄色，旗瓣和翼瓣近等长，龙骨瓣背部分离；雄蕊10，花丝分离，花药同型，近基部背着；子房具柄，胚珠少数，花柱细长，柱头小，点状顶生。荚果扁平，长圆形，瓣裂，具果颈。种子圆肾形，无光泽，有种阜。

2种，分布于中国、蒙古及中亚地区。我国均产。

1. 小叶菱状椭圆形或宽披针形，先端急尖或钝，微凹，羽状脉，侧脉几不明显；通常3小叶，偶为单叶 ·················· 1. **沙冬青 A. mongolicus**
1. 小叶卵形或宽椭圆形，先端钝，具渐尖头，离基三出脉，脉纹清晰；通常单叶，偶为3小叶 ··················
·················· 2. **小沙冬青 A. nanus**

1. 沙冬青 图 721 彩片 159

Ammopiptanthus mongolicus (Maxim. ex Kom.) Cheng f. in Бот. Журн. 44: 1381. 1959.

Piptanthus mongolicus Maxim. ex Kom. in Бот. Журн. 18: 56. 1933.

常绿灌木，高1.5-2米，多叉状分枝；枝皮黄绿色，幼时被灰白色短柔毛。3小叶，稀单叶，叶柄长0.5-1.5厘米，密被灰白色短柔毛；托叶小，三角形或三角状披针形，与叶柄连合并抱茎，被银白色绒毛；小叶或叶菱状椭圆形或宽披针形，长2-3.5厘米，先端急尖或钝，微凹，基部楔形或宽楔形，两面密被银白色绒毛，全缘，羽状脉，侧脉几不明显。总状花序顶生，有8-12朵密集的花；苞片卵形，密被短柔毛，脱落。花互生；花梗长约1厘米，近无毛，中部有2枚小苞片；花萼钟形，萼齿5，上方2齿合生为较大的齿；花冠黄色，花瓣均具长瓣柄，旗瓣倒卵形，长约2厘米，翼瓣比龙骨瓣短，长圆形，长1.7厘米，龙骨瓣分离，基部有长2毫米的耳；子房具

图 721 沙冬青 （何冬泉绘）

柄，线形，无毛。荚果扁平，线形，长5-8厘米，无毛，有2-5种子；果柄长0.8-1厘米。种子圆肾形。花期4-

5月，果期5-6月。

产内蒙古、宁夏及甘肃，生于沙丘或河滩边台地。蒙古南部有分布。为良好的固沙植物。枝叶有祛湿镇痛的功能。

2. 小沙冬青 矮沙冬青 图 722 彩片 160

Ammopiptanthus nanus （M. Pop.）Cheng f. in Бот. Журн. 44: 1384. 1959.

Piptanthus nanus M. Pop. in Bull. Appl. Bot. Genet. Pl. Breed. 26: 1. 1931.

图 722 小沙冬青 （张荣生绘）

常绿灌木。分枝多；枝皮黄色，幼时密被灰色绒毛。单叶，稀3小叶，叶柄粗壮，长4-7毫米；托叶甚细小，锥形；叶宽椭圆形或卵形，长1.5-4厘米，先端钝或具短尖头，基部宽楔形或圆钝，全缘，两面密被银白色短柔毛；3小叶时，则叶片明显较窄，具离基三出脉，脉纹清晰。总状花序短，有4-15花，苞片早落。花梗稍长于花萼，几无毛；小苞片2枚生于花梗中部；花萼钟形，萼齿5，三角形，几无毛。花冠黄色，旗瓣近圆形，翼瓣长于旗瓣，龙骨瓣与翼瓣近等长。荚果线形，长3-5厘米，顶端钝，种子着生处隆起，缝线被细柔毛，有2-4种子；具果柄。

产新疆西部，生于砾质山坡。吉尔吉斯斯坦有分布。为荒漠地带的绿化植物。

125. 黄华属（野决明属）**Thermopsis** R. Br.

（李沛琼）

多年生草本；根状茎粗壮，木质，冬季自根茎关节处枯死；茎通常在基部有分枝。叶互生，掌状三出复叶，具柄；托叶在茎下部的连合成鞘，膜质，茎上部的呈叶状，仅基部连合或分离；小叶具柄，全缘，无小托叶。总状花序顶生，单一，稀2-3分枝；苞片大，叶状，轮生花的苞片通常基部连合，宿存或脱落。花大，少数或多数，互生或轮生，具梗；花萼筒状，5浅裂，上方2萼齿通常合生；花冠黄色，稀蓝紫色，旗瓣于开花后反折，翼瓣的耳通常有皱折，龙骨瓣于背缝连合；雄蕊10，花丝扁平，分离，花药同型；子房具短柄，胚珠4-22，花柱有毛或无毛。荚果长圆形或带形，两侧扁，稀膨胀，开裂或不裂。种子长圆形、肾形或近圆形，顶端的一侧稍突出。

约21种，分布于亚洲温带地区和北美洲。我国10种2变种。

1. 花互生；花萼上方2萼齿连合几至顶部，其分离部分长不足1毫米；叶柄长几等于托叶。

  2. 小叶长2-5.5厘米，宽0.6-2.2厘米；托叶披针形或线形；种子凸镜状 ·············· **1. 小叶黄华 Th. chinensis**

  2. 小叶长4-8厘米，宽2-5.2厘米；托叶卵形或长圆形；种子扁或稍凸 ······ **1(附). 东北亚黄华 Th. fabacea**

1. 花轮生；花萼上方2萼齿部分连合，其分离部分长超过2毫米；叶柄通常短于托叶。

  3. 花冠黄色；荚果两侧扁，稀膨胀；托叶2，基部合生，2枚侧生小叶的基部不下延至叶柄。

    4. 荚果扁，革质；翼瓣先端全缘。

      5. 叶具明显的叶柄；托叶比小叶小，小叶长2厘米以上。

        6. 植株（除托叶和小叶上面及花冠外）密被平伏的绢质短柔毛；小叶长圆状倒披针形或倒披针形；龙骨

瓣片半圆形，短于翼瓣；荚果带形 ······················ 2. **披针叶黄华 Th. lupinoides**

  6. 植株（除花冠外）密被开展长柔毛，或除花萼外全体无毛；小叶倒卵状披针形或倒披针形；龙骨瓣长圆形或半倒卵形，与翼瓣近等长或稍长；荚果长圆形或窄长圆形。

    7. 植株（除花冠外）密被开展长柔毛。

      8. 小叶先端急尖；花梗长0.8-1.5厘米，花萼上方的2萼齿三角形，先端渐尖；荚果长圆形 ······················ 3. **高山黄华 T. alpina**

      8. 小叶先端圆或具小突尖；花梗长仅4-5毫米，花萼上方的2萼齿几圆形，先端圆钝，具小突尖；荚果窄长圆形 ······················ 3(附). **云南黄华 Th. yunnanensis**

    7. 植株（除花萼外）无毛 ······················ 4. **光叶黄华 Th. licentiana**

   5. 叶柄甚短或几不明显，托叶与小叶近等长，小叶较小，长不及2厘米 ······················ 5. **矮生黄华 Th. smithiana**

  4. 荚果膨胀，纸质；翼瓣先端微凹 ······················ 6. **胀果黄华 Th. inflata**

3. 花冠紫红或淡紫色；荚果膨胀；托叶2-6，基部连合或鞘状抱茎，2枚侧生小叶外缘基下延至叶柄，形成叶柄两侧之窄翅 ······················ 7. **紫花黄华 Th. barbata**

---

1. 小叶黄华 霍州油菜 小叶野决明   图 723

Thermopsis chinensis Benth. ex S. Moore in Journ. Bot. 16: 131. 1878.

多年生草本。高约50厘米。茎直立，具棱，有分枝，幼时疏被开展长柔毛，后变无毛，基部具宿存的托叶鞘。托叶2，分离，线形或披针形，长几等于叶柄；叶柄长1-3厘米，被或疏或密的长柔毛；小叶3，倒卵状长圆形、椭圆形或倒卵形，长2-5.5厘米，宽0.6-2.2厘米，先端圆钝，基部楔形，上面无毛，下面疏被长柔毛。总状花序顶生，长10-30厘米；花互生；苞片卵形、舟状，长1-2厘米，下面疏被长柔毛。花萼钟形，长0.8-1.3厘米，萼齿短，长约1毫米，上方2齿几连合至顶部，与萼筒均疏被短柔毛；花冠黄色，旗瓣瓣片近圆形，长1.5-2厘米，瓣柄长6-7毫米，翼瓣稍长于旗瓣，龙骨瓣与翼瓣近等长；子房密被长柔毛，具短柄或无柄。荚果直立，线状披针形或线形，长4-9厘米，宽5-9毫米，密被短柔毛，有6-20种子。种子肾形，凸镜状，有密树脂腺点。

产河北、河南、安徽、江苏、浙江及陕西，生于路旁、荒野或园圃内。日本有分布。根和种子有清热消肿的功能，治目赤肿痛。

[附] **东北亚黄华** 野决明 **Thermopsis fabacea** (Pall.) DC. Prodr. 2: 99. 1825. —— *Sophora fabacea* Pall. Sp. Astr. Descr. 122. 1800. —— *Thermopsis lupinoides* (Linn.) Link: 中国植物志 42(2): 399. 1998. 与小

图 723 小叶黄华 （引自《图鉴》）

叶黄华的区别：托叶卵形或长圆形；小叶长4-8厘米，宽2-5.2厘米；种子扁或稍凸。产黑龙江及吉林，生于海拔1500米以下的河岸及海岸沙地。俄罗斯远东地区、日本及韩国有分布。嫩茎、叶可作蔬菜食用。

---

2. 披针叶黄华 披针叶野决明 青海野决明   图 724 彩片 161

Thermopsis lanceolata R. Br. in Ait. Hort. Kew. ed. 2, III. 3. 1811.

Thermopsis przewalskii Czefr.; 中国植物志 42(2): 403. 1998.

多年生草本；高15-40厘米，具粗壮的地下根状茎；除托叶和小叶上面及花冠无毛外，全体密被绢质平伏短柔毛。茎直立或斜升，基部多分枝。托叶2，基部连合，披针形或卵状披针形，长1-4厘米；叶柄稍短于托叶；小叶倒披针形或长圆状倒披针形，长2.5-8厘米，先端钝或锐尖，基部楔形。总状花序顶生，长0.6-1.7厘米；花轮生，3花1轮；有花2-6轮；苞片长卵形，长1-1.8厘米，基部连合。花萼筒状，长约2厘米，萼齿披针形，上方2齿大部分合生；花冠黄色，旗瓣瓣片近圆形，长2-2.7厘米，翼瓣稍短于旗瓣，龙骨瓣短于翼瓣，瓣片半圆形；子房具柄。荚果扁带形，长3-8（-10）厘米，直或微弯曲。

产黑龙江、吉林、辽宁、内蒙古、河北、山西、陕西、甘肃、宁夏、新疆、青海、西藏、四川、湖北及河南，生于海拔2000-4700米山坡草地、河边砂砾地或草原沙丘。俄罗斯西伯利亚地区、蒙古、哈萨克斯坦、乌兹别克斯坦、土库曼斯坦、吉尔吉斯斯坦及塔吉克斯坦有分布。植株有毒，枝

图 724 披针叶黄华 （引自《图鉴》）

叶、种子有消肿、祛痰、催吐的功能，治恶疮、疥癣。

3. 高山黄华 高山野决明　　　　图 725 彩片 162

Thermopsis alpina Ledeb. Fl. Alt. 2: 112. 1830.

多年生草本，高12-30厘米；具粗壮的根状茎。茎基部多分枝，密被开展的长柔毛。托叶2，基部连合，卵形或长椭圆形，长1.5-3厘米，上面无毛，下面密被开展的长柔毛；叶柄与托叶近等长；小叶倒披针形，长3-4.5厘米，先端急尖，基部圆楔形，上面无毛或疏被毛，下面密被开展的长柔毛。总状花序顶生，长5-15厘米，花轮生，有花2-3轮，苞片3枚轮生，卵形或长卵形，基部合生，长1.5-3厘米，上面无毛，下面密被开展的长柔毛。花梗长0.8-1.5厘米；花萼筒状，长约1-1.7厘米，密被长柔毛，萼齿三角状披针形，上方2齿三角形，先端渐尖，大部分合生；花冠黄色，旗瓣瓣片宽卵形，长2-2.8厘米，翼瓣与旗瓣近等长，龙骨瓣长于翼瓣，瓣片长圆形；子房密被长柔毛，具短柄。荚果长圆形，长2-6厘米，直或微弯，密被短柔毛。

产河北、山西北部、甘肃、新疆、青海、西藏、云南西北部及四川，生于海拔2400-4800米山坡草地或湖边砾石地。俄罗斯西伯利亚、哈萨克斯坦、

图 725 高山黄华 （引自《图鉴》）

吉尔吉斯斯坦及塔吉克斯坦有分布。植株有毒，枝、花、果有截疟、清热祛痰、镇静、降压的功能。

［附］ **云南黄华 Thermopsis yunnanensis**（Franch.）P. C. Li in Vascul. Pl. Hengduan Mount. 1: 991.

1993. —— *Thermopsis alpina* Ledeb. var. *yunnanensis* Franch. Pl. Delav. 150. 1889. 与高山黄华的区别：小叶先端圆或具小突尖；花梗长4-5毫米；花萼上方的2萼齿几圆形，先端圆钝具小突尖；荚果窄长圆形。产青海东部、四川西南部及云南西北部，生于海拔2600-3600米林下或灌丛中。

4. 光叶黄华　　　　　　　　　　　　图 726

Thermopsis licentiana Pet.-Stib. in Acta Hort. Gothob. 13. 411. 1940.

多年生草本，高25-40厘米；根状茎发达。茎直立，分枝具棱，无毛。

托叶2，卵形，长2-3.6厘米，基部互相连合，先端渐尖，两面无毛；叶柄与托叶近等长；小叶倒卵形或倒披针形，长3-7厘米，先端圆，具短尖，基部楔形，两面无毛或下面沿中脉及叶缘疏被毛。总状花序顶生，疏松，长5-10厘米；花序梗与花序轴几无毛，苞片披针形，长1.5-2厘米，3枚轮生。花轮生，长约2厘米；花萼筒状，长1.3-1.5厘米，密被短柔毛，萼齿5，披针形，与萼筒近等长，上方2齿大部分连合，先端钝；花冠黄色，旗瓣瓣片近扁圆形，长1.8-2厘米，先端微凹，翼瓣和龙骨瓣与旗瓣近等长；子房密被毛，有短柄；荚果长圆形，长3-5.5厘米，直或稍弯，无毛。

产河北西部、山西北部、甘肃、青海、四川西部、云南西北部及西藏东北部，生于海拔2800-3600米山坡林下或灌丛中。

图 726 光叶黄华 （引自《豆科图说》）

5. 矮生黄华　矮生野决明　　　　　图 727

Thermopsis smithiana Pet.-Stib. in Acta Hort. Gothob. 13: 412. 1940.

多年生草本，高5-15厘米；根状茎木质，粗壮；茎基部有分枝，具棱，疏被白色长柔毛。托叶2，基部互相连合，长椭圆形，与小叶近等长；叶柄长约2-3毫米，疏被长柔毛；小叶长圆状倒披针形，长1.2-1.9厘米，上面无毛，下面疏被开展的长柔毛，先端急尖或钝，基部近楔形。总状花序顶生，长3-5厘米；花序梗与序轴近三棱形，疏被长柔毛；苞片卵形，每3枚成1轮，下面密被长柔毛。花2-3朵

图 727 矮生黄华 （何冬泉绘）

轮生；花萼筒状，长约1.5厘米，密被长柔毛，萼齿披针形，与萼管近等长，上方2齿2/3处以下合生；花冠黄色，旗瓣长2.5-2.7厘米，瓣片几圆形，翼瓣和龙骨瓣均与旗瓣近等长，龙骨瓣近长圆形；子房密被白色长柔毛，具短柄。荚果长圆形，两侧扁，长3-6

厘米,密被短柔毛。

产四川、甘肃、青海、西藏及新疆东部,生于海拔3500-4300米高山草地或灌丛中。

6. 胀果黄华 轮生叶野决明 图 728

Thermopsis inflata Camb. in Jacq. Voy. Ind. Bot. 4: 34. 1844.

图 728 胀果黄华 (引自《西藏植物志》)

多年生草本,高5-30厘米;根状茎发达。茎基部分枝较多,具棱,几无毛。托叶2,基部连合,卵形或近圆形,长0.8-3厘米,下面密被白色长柔毛;叶柄长2-3毫米;小叶倒卵形或近圆形,与托叶近等大,先端急尖,基部近楔形,上面无毛,下面密被白色长柔毛。总状花序顶生,长3-10厘米,有花2-3轮;苞片3枚1轮,卵形,长1-1.5厘米,下面密被长柔毛。花萼筒状,长1-1.5厘米,萼齿披针形,与

萼筒近等长,上方2齿1/2以下合生,均密被长柔毛;花冠黄色,长约2.5厘米,旗瓣瓣片略呈扁圆形,翼瓣略长于旗瓣,顶端微凹,龙骨瓣长圆形,与翼瓣近等长或稍长;子房密被长柔毛,具长柄。荚果膨胀,纸质,长圆形,长3-5厘米,顶端具喙,密被白色长柔毛;具短柄。

产四川、甘肃、青海、新疆东部及西藏,生于海拔4500-5400米高山草甸、河滩或山坡砾石地。印度北部、尼泊尔、不丹及克什米尔地区有分布。

7. 紫花黄华 紫花野决明 图 729 彩片 163

Thermopsis barbata Benth. in Royle, Illustr. Bot. Himal. 196. t. 32. f. 1. 1839.

多年生草本,高20-45厘米;根状茎木质化而粗壮。茎直立,有分枝,密被长柔毛;托叶2-6枚轮生,叶状,基部连合成鞘状,抱茎,下面密被长柔毛;小叶长圆状倒披针形、长椭圆形或倒披针形,长1.7-3.5厘米,先端急尖,基部楔形,上面近无毛,下面密被长柔毛,侧生小叶外侧基部下延至叶柄,形成窄翅。总状花序长5-18厘米,有花3-10余轮,每轮3-4花;苞片卵状披针形,3-4枚轮生,长1.5-2厘米。花萼筒状,长1.5-2厘米,密被长柔毛,萼齿披针形,上方的2齿1/2以

图 729 紫花黄华 (张泰利绘)

下连合;花冠紫红或淡紫色,旗瓣长2-2.5厘米,瓣片近圆形或近扁圆形,翼瓣稍短于旗瓣,龙骨瓣长于旗瓣;子房密被长柔毛,具长柄;荚果长圆

形或椭圆形,膨胀,长4-5厘米,密被毛;具长果柄。

产青海南部、四川、云南西北部

及西藏,生于海拔2700-4600米山坡草地、林缘或河边砂砾地。印度、尼泊尔、锡金、不丹及克什米尔地区有分布。植株有小毒,根、花、果有截疟、清热化痰、镇静降压的功能。

126. 羽扇豆属 Lupinus Linn.

(包伯坚)

一年生或多年生草本,稀为亚灌木。掌状复叶互生,具长柄;托叶通常线形,锥尖,基部与叶柄合生;小叶全缘,近无柄。总状花序常顶生,具多花;苞片通常早落。花轮生或互生;小苞片2,贴萼生;花萼二唇形,萼齿4-5,不等长,萼筒短,上侧常呈囊状隆起;旗瓣圆形或卵形,翼瓣先端常连生,包围龙骨瓣,龙骨瓣弯头,并具尖喙;雄蕊单体,形成闭合的雄蕊管,花药二型,长短交互;子房无柄或近无柄,被毛,胚珠2至多数,花柱上弯,无毛,柱头顶生,下侧常具1圈须毛。荚果线形,多少扁平,种子间呈斜向凹陷的分隔,稍缢缩,2瓣裂,果瓣革质,常密被毛,有2-6种子。种子大,扁平,珠柄短,无种阜;胚厚,并具长胚根。

约200种,主要分布北美洲、南美洲、地中海区域及非洲。我国引入栽培约7种。植株含鹰爪豆碱(无叶豆碱)、羽扇豆碱,前者的硫酸盐用于治心律不齐。

1. 花萼的上部2萼齿几全连合至先端;多年生、短期多年生或一年生草本。
　2. 多年生草本;掌状复叶具小叶9-15;茎几无毛;花互生,花梗长0.4-1厘米 ·········
　　··· 1. 多叶羽扇豆 L. polyphyllus
　2. 一年生或短期多年生草本;茎被毛;掌状复叶具小叶5-9;花互生或轮生,花梗长2-5毫米 ·········
　　··· 1(附). 白羽扇豆 L. albus
1. 花萼上部2萼齿分裂深达萼筒的大部或全部;一年生草本。
　3. 花冠蓝色,花互生;花序轴短于叶;小叶两面被硬毛 ·········· 2. 羽扇豆 L. micranthus
　3. 花冠黄色;花轮生或互生 ···················· 2(附). 黄羽扇豆 L. luteus

1. 多叶羽扇豆

图 730

Lupinus polyphyllus Lindl. Bot. Reg. 13: t. 1096. 1827.

多年生草本,高0.5-1米。茎直立,分枝成丛,无毛或上部被稀疏柔毛。掌状复叶具小叶(5)9-15(-18),叶柄远长于小叶;托叶披针形,下半部连生于叶柄,先端长锥尖;小叶椭圆状倒披针形,长(3)4-10(-15)厘米,先端钝圆或锐尖,基部窄楔形,上面无毛,下面多少被贴伏毛。总状花序远长于复叶,长15-40厘米;花多而稠密,互生,长1-1.5厘米;苞片卵状披针形,长5毫米,被毛,早落。花梗长0.4-1厘米;萼二唇形,密被贴伏绢毛,上唇较短,2萼齿几全部连合,具双齿尖,下唇全缘;花冠蓝或堇青色,无毛,旗瓣反折,龙骨瓣喙尖,先端呈蓝黑色。荚果长圆形,长3-5厘米,密被绢毛,有4-8种子。种子卵圆形,长4毫米,灰褐色,具深褐色斑纹,平滑。花期6-8月,果期7-10月。

原产美国西部。我国引进栽培供观赏。

[附] **白羽扇豆 Lupinus albus** Linn. Sp. Pl. 721. 1753. 与多叶羽扇豆的区别:一年生草本;被贴伏或伸展的绢状长柔毛。掌状复叶具小叶5-9;花互生或轮生;花梗长3-5毫米。原产地中海地区。我国栽培供观赏。

图 730 多叶羽扇豆 (何冬泉绘)

2. 羽扇豆 图 731

Lupinus micranthus Guss. Fl. Sic. Prodr. 2: 400. 1828.

一年生草本,高20-70厘米,全株被棕或锈色硬毛。茎上升或直立,基部分枝。掌状复叶具小叶5-8,叶柄远长于小叶;托叶钻形,长达1厘米,下半部与叶柄连生;小叶倒卵形、倒披针形至匙形,长1.5-7厘米,先端钝或锐尖,具短尖,基部渐窄。总状花序顶生,长5-12厘米,短于复叶,花序轴纤细,下方的花互生,上方的花不规则轮生;苞片钻形,长3-4毫米。被毛。花长1-1.4厘米;花梗长1-2毫米;花萼二唇形,被硬毛,下唇长于上唇,具3深裂片,上唇深裂至萼筒的大部,宿存;花冠蓝色,旗瓣和龙骨瓣具白色斑纹。荚果长圆状线形,长2.5-5厘米,顶端短喙,种子间节荚状,有3-4种子。种子卵圆形,扁平,光滑。花期3-5月,果期4-7月。

原产地中海区域。我国引入栽培供观赏。

[附] **黄羽扇豆 Lupinus luteus** Linn. Sp. Pl. 722. 1753. 与羽扇豆的区别:小叶倒披针形或窄倒卵形,长4-8厘米,两面被贴伏绢毛,下面尤密,中脉清晰,侧脉不明显;花冠黄色,芳香,花瓣近等长。原产地中海区域。我国引进栽培。

图 731 羽扇豆 (何冬泉绘)

127. 毒豆属 **Laburnum** Fabr.
(包伯坚)

落叶乔木或小乔木。具长枝与短枝。掌状三出复叶,具叶柄;小叶全缘;托叶小。总状花序顶生于无叶枝端,下垂;苞片和小苞片均小。花萼近二唇形或不对称的钟形,萼齿不明显;花冠黄色,旗瓣卵形或圆形,翼瓣倒卵形,龙骨瓣弯曲,短于翼瓣,瓣柄均分离;雄蕊单体,花丝合生成闭合的雄蕊管,花药二型,长短交互,基着和背着;子房具柄,胚珠多数,花柱无毛,上弯,柱头顶生。荚果线形,扁平,缝线增厚,2瓣裂;具柄。种子肾形,无种阜,珠柄甚短。

2种,产欧洲、北非、西亚。我国引入栽培1种。

毒豆 图 732

Laburnum anagyroides Medic. Vorles. Churpf. Phys.–Okon. Gen. 2: 363. 1787.

小乔木,高2-5米。嫩枝被黄色贴伏毛,枝条平展或下垂,老枝褐色,无毛。三出复叶,具长柄,长3-8厘米;托叶细小,早落;小叶椭圆形或长圆状椭圆形,长3-8厘米,上面近无毛,下面被贴伏细毛,脉上毛较密,侧脉6-7对。总状花序顶生,下垂,长10-30厘米,具多花;花序轴被银白色柔毛;苞片线形,早落。花长约2厘米;花梗细,长0.8-1.4厘米;小苞片线形;花萼歪钟形,稍呈二唇状,长约5毫米,上方2萼齿尖,下方3萼齿尖,均甚短,被贴伏细毛;花冠黄色,无毛,旗瓣宽卵形,先端微凹,基部心形,具短瓣柄,翼瓣几与旗瓣等长,长圆形,先端钝,基部具耳,龙骨瓣宽镰形,比前二者短1/3;雄蕊单体;子房线形,具柄,胚珠8粒。荚果线形,长4-8厘米,缝线增厚,被贴伏柔毛。种子黑色。 花期4-6月,果期8月。

原产欧洲南部。黑龙江、吉林、辽宁、陕西、甘肃、青海、宁夏及新疆有栽培。本种树冠整齐,花色美丽,可栽培作庭园观赏树。全株有毒,尤以果实和种子为甚。

图 732 毒豆 (何冬泉绘)

128. 金雀儿属 Cytisus Linn.

(包伯坚)

灌木或小乔木。叶为掌状三出复叶,有时单叶或无叶;托叶小,针刺状或不明显。总状花序顶生者甚长,叶腋者则短,几成簇生;苞片和小苞片均小,早落。花萼二唇形,萼齿短小,上方2齿连合或分离,下方3齿细尖;花冠黄色,稀紫或白色,旗瓣圆形或卵形,翼瓣倒卵形或长圆形,龙骨瓣弯曲,先端钝,稀渐尖,均无毛,瓣柄分离;雄蕊10,花丝连合成闭合的雄蕊管,花药二型,长短交互,背着和基着;子房无柄或具短柄,通常被毛,胚珠多数,花柱无毛,细长,旋曲,柱头顶生,头状或歪形。荚果扁平,长圆形或宽线形,2瓣裂。种子具种阜。

约50种,产欧洲、亚洲西部及非洲北部。我国引入栽培2种。

1. 花单生于枝梢叶腋呈总状花序状;花柱伸出花冠,并向内螺旋卷曲,比龙骨瓣长;枝具棱;植株干后呈暗绿色
   ·· 金雀儿 **C. scoparius**
1. 花集生枝顶,呈轮状生状;花柱上弯不伸出;枝无棱;植株干后呈黑色 ·········· (附). 变黑金雀儿 **C. nigricans**

金雀儿 图 733

Cytisus scoparius (Linn.) Link, Enum. Hort. Berol. 2: 241. 1822.

Spartium scoparium Linn. Sp. Pl. 709. 1753.

灌木,高0.8-2.5米。枝丛生,直立,分枝细长,无毛,具纵长的细棱。上部常为单叶,下部为掌状三出复叶,具短柄;托叶小,常不明显或无;小叶倒卵形或椭圆形,全缘,长0.5-1.5厘米,茎上部的单叶较小,先端钝圆,基部渐窄,上面无毛或近无毛,下面稀被贴伏短柔毛。花单生上部叶腋,于枝梢排成总状花序状,基部有苞片状叶。花梗细,长约1厘米;无小苞片;花萼二唇形,无毛,常粉白色,长约4毫米,萼齿甚细短,上唇2短尖,下唇3短尖;花冠鲜黄色,无毛,长1.5-2.5厘米,旗瓣卵形或圆形,先端微凹,翼瓣与旗瓣等长,钝头,龙骨瓣宽,先端微弯;雄蕊单体,花药二型;花柱细,伸出花冠并向内旋曲。荚果扁平,宽线形,长4-5厘米,宽1厘米,缝线上被长柔毛,有多数种子。种子椭圆形,长3毫米,灰黄色。花期5-7月。

原产欧洲。我国栽培供观赏。全株含鹰爪豆碱、金雀花碱,前者的硫酸盐,曾用治心律不齐。

[附] **变黑金雀儿 Cytisus nigricans** Linn. Sp. Pl. 739. 1753. 与金雀儿的区别:植株干后变黑;枝无棱;花集生于枝梢呈轮状生状,有15-30花;花柱不伸出花冠外。原产欧洲中部和东南部巴尔干半岛。我国栽培供观赏。

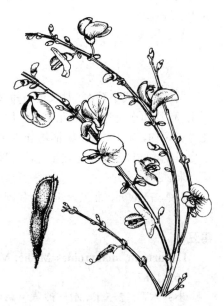

图 733. 金雀儿 (何冬泉绘)

129. 鹰爪豆属 Spartium Linn.

(包伯坚 李娇兰)

常绿灌木,高达3米,植丛密集,呈球形。茎圆柱形,无毛,分枝细长,多分叉,嫩枝绿色,老干灰色。单叶,窄椭圆形或线状披针形,长1-4厘米,上面无毛,下面疏被贴伏柔毛,侧脉不明显,中脉隆起;叶柄短,基部鞘状,无托叶。花单生叶腋,在茎近顶部有5-20花组成总状花序状;苞片卵状披针形,长约4毫米,早落。花长2-3厘米;花梗长2-3毫米;小苞片线形,着生花萼基部,早落;花萼鞘状佛焰苞形,长6-7.5毫米,上方开裂或全缘,萼齿短小;花冠金黄色,花瓣尖端边缘有绒毛,余无毛,旗瓣宽卵形或圆形,翼瓣椭圆形,瓣柄与雄蕊管贴生,龙骨瓣先端窄尖成2毫米长的喙,被绒毛;雄蕊10,花丝合生合生成雄蕊管,花药二型,长短交互,背着与基着;子房无柄,被柔毛,花柱无毛,细而上弯,柱头长圆形,歪斜。荚果线形,扁平,长6-9厘米,稀被毛或无毛,缝线厚,

2瓣裂，种子12-20。种子长圆形，红棕色，有光泽，基部有硬疣体。

单种属。

鹰爪豆 图734

Spartium junceum Linn. Sp. Pl. 708. 1753.

形态特征同属。花期4-7月。

原产欧洲西部、大西洋和地中海区域。我国常栽培供观赏。植株含鹰爪豆碱，其硫酸盐用治心律不齐。

130. 染料木属 Genista Linn.
（包伯坚）

具刺或无刺灌木。小枝互生或对生。单叶或叶退化，稀3小叶复叶，互生或对生；托叶钻形或无。总状花序簇生叶腋。花互生或对生；花萼钟形或筒形，萼齿三角形，呈二唇形，上唇双尖齿，下唇具3齿，均短于萼筒；花冠黄色，稀淡黄色，旗瓣宽卵形或卵形，先端急尖或三角形，与翼瓣等长，尤骨瓣窄长圆形，稍呈镰状，与旗瓣等长或稍长；雄蕊单体，花药二型，5长5短，基着与背着；子房线形，胚珠多数，花柱弯曲，柱头头状或斜形。荚果窄长圆形或宽卵形，扁平，2瓣裂，有子数粒。种子无种阜。

约80种，主要分布于地中海区域、非洲北部及亚洲西部。我国引入栽培1种。

图 734 鹰爪豆 （何冬泉绘）

染料木 图735

Genista tinctoria Linn. Sp. Pl. 710. 1753.

灌木，高达2米，植株无毛至密被绢毛。茎直立，具棱，无刺，分枝多而细。单叶，椭圆形、披针形、倒披针形或线形，长0.9-5厘米，先端急尖，基部渐窄呈楔形，花枝上的叶较小而窄，近无毛或脉上和叶缘被柔毛；托叶钻形，长1-3毫米。花密集排列于枝端成总状花序或复总状花序；苞片与叶同型。花梗长1-3毫米；小苞片长不及1毫米，着生花梗中部；花萼钟形，长3-7毫米，无毛或密被毛，萼齿三角形，几与萼筒等长；花冠黄色，无毛，旗瓣宽卵形，长0.8-1.5厘米，具短瓣柄，翼瓣和龙骨瓣均与旗瓣等长。荚果线形，稍弯曲，长1.5-2.5厘米，宽3-4毫米，无毛或被柔毛，有4-10种子。种子椭圆形，长2.5毫米，黑褐色，稍具光泽。 花期6-8月。

原产欧洲。我国栽培供观赏。

131. 荆豆属 Ulex Linn.
（包伯坚）

灌木。小枝成尖刺。叶退化成甚小的鳞片状，仅基部萌生的嫩枝上有三出小叶；无托叶；叶柄作尖刺状。花单生或2-3朵腋生；苞片小；有花梗；小苞片短而宽，贴生于萼的基部；花萼膜质，二唇形，深裂，上唇先端具2细尖，下唇3细尖；花冠黄色，花瓣近等长，均具瓣柄，龙骨瓣下缘被毛；雄蕊10，花丝连合成一闭合的雄蕊管，花药二型，长短交互，基着和背着；子房无柄，胚珠多数，花柱稍旋曲，无毛，柱头顶生，头状。荚果卵圆形或长圆形，扁平或膨大，被绒毛，通常包于宿存花萼中，2瓣裂，有2-4种子。种子具种阜。

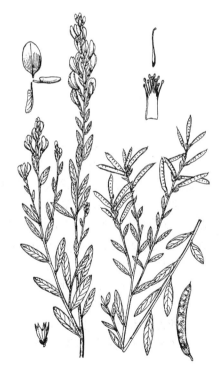

图 735 染料木 （何冬泉绘）

约20种，产欧洲西部和非洲。我国引入栽培1种。

荆豆   图 736

Ulex europaeus Linn. Sp. Pl. 741. 1753.

多刺灌木，高0.5-1.5米。茎圆柱形，具纵长直棱，密被疏散长柔毛，多分枝。小枝先端均变为尖刺。簇生的叶柄也变为较小的尖刺，长0.5-1.5厘米，密集，均具细棱。花1-3腋生，在茎上部形成复总状花序状；苞片小，卵圆形，长约2毫米。花长1.3-1.5厘米，稍长于花萼；花梗长3-9毫米；小苞片宽卵形，长约2毫米，与苞片、花梗均密被褐色绒毛；花萼膜质，黄褐色，长1.2-1.4厘米，密被褐色细绒毛，二唇形，深裂几达基部；花冠鲜黄色，旗瓣倒卵形，先端微凹，翼瓣椭圆形，均无毛，龙骨瓣长圆形，下侧边缘具绒毛；雄蕊单体，花药二型。荚果窄卵圆形，长1.1-2厘米，密被褐色绒毛，包藏于宿存花萼中，有2-4种子。种子卵圆形，长3毫米，黑褐色，具光泽，种阜淡黄色，围绕珠柄。

原产欧洲。四川有栽培并已野化。花芳香，可供观赏和作绿篱。

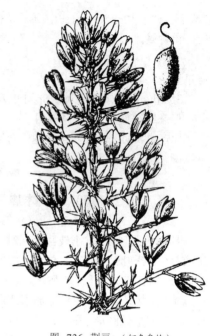

图 736 荆豆 （何冬泉绘）

112. 胡颓子科 ELAEAGNACEAE
（张泽荣）

常绿或落叶灌木或藤本，稀乔木；有刺或无刺；全株被银白、褐或锈色盾状鳞片或星状毛。单叶互生，稀对生或轮生，全缘，羽状脉；具柄，无托叶。花两性或单性，稀杂性，整齐，白或黄褐色，芳香，虫媒；单花或数花组成腋生伞形花序。花萼筒状，顶端4或2裂，在子房顶部常缢缩，花蕾时镊合状排列；无花瓣；雄蕊4，生于萼筒喉部或下部，与裂片互生，或生于基部，与裂片同数或为其倍数，花丝短或几无，花药内向，2室，背部着生，纵裂；子房上位，包于萼筒内，1心皮1室1胚珠，花柱单一，直立或弯曲，柱头棒状或一侧膨大，花盘不明显，稀成锥状。瘦果或坚果为增厚萼筒所包，呈核果状，成熟时红或黄色。种皮骨质或膜质；无胚乳或几无胚乳，胚直立，具2枚肉质子叶。

3属80余种，分布于亚洲、欧洲及北美洲。我国2属60种。

1. 花两性，稀杂性；萼筒上部4裂；雄蕊与花萼裂片互生 ·················· 1. 胡颓子属 Elaeagnus
1. 花单性，雌雄异株；萼筒上部2裂；雄蕊2枚与花萼裂片互生，2枚与花萼裂片对生 ····· 2. 沙棘属 Hippophae

1. 胡颓子属 Elaeagnus Linn.

常绿或落叶灌木、小乔木或藤本，被鳞片或星状毛。单叶互生，全缘，稀波状，上面鳞片或星状毛老时常脱落，下面密被鳞片或星状毛。花两性，稀杂性，单生或2-8花簇生叶腋或叶腋短枝上；具花梗；萼筒上部4裂；雄蕊4，生于萼筒喉部，与裂片互生，花丝短，花药长圆形或椭圆形，纵裂；花柱细长，顶端弯曲。坚果被肉质萼筒所包，果核椭圆形，具8肋，内面具白色丝毛。

约80种，主产亚洲、欧洲和北美有分布。我国55种。

1. 常绿灌木或木质藤本；叶革质或纸质，稀膜质；秋冬开花，稀早春开花；花单生或2-8花簇生叶腋短枝上成伞形总状花序；春夏果熟。
    2. 萼筒钟形，长1-1.1厘米，花柱无毛 ························· 1. 鸡柏柴藤 **E. loureirii**
    2. 萼筒圆筒形、漏斗形、四角形、杯状或钟状，长不及1厘米，花柱具星状柔毛或无毛。
        3. 萼筒四角形、短钟状、杯状或坛状钟形，裂片下面缢缩，裂片与萼筒等长或更长，稀稍短。
            4. 花梗长3-6毫米；花序比叶柄长；花萼裂片与萼筒等长或更长。
                5. 攀援灌木；叶椭圆形，上面网脉明显；萼筒四角形 ········· 2. 角花胡颓子 **E. gonyanthes**
                5. 直立灌木；叶倒卵形或倒卵状披针形，上面网脉不明显；萼筒杯状 ····· 3. 福建胡颓子 **E. oldhami**
            4. 花无梗或花梗长不及1毫米；花序比叶柄短；花萼裂片比萼筒短 ········· 4. 密花胡颓子 **E. conferta**
        3. 萼筒圆筒形、钟形或漏斗形，有时微具4肋，裂片下面不缢缩或不明显缢缩，裂片比萼筒短，稀等长。
            6. 花柱具星状毛。
                7. 叶宽卵形或近圆形；萼筒钟形或短长圆状钟形，长4-5（6）毫米 ····· 5. 大叶胡颓子 **E. macrophylla**
                7. 叶窄椭圆形、椭圆形或披针形；萼筒圆筒形或圆筒状漏斗形，长（0.4）0.5-1.1厘米。
                    8. 果长0.9-1厘米，密被银白色及疏生褐色鳞片；叶侧脉5-7对 ······ 6. 长叶胡颓子 **E. bockii**
                    8. 果长1.2-1.5厘米，密被褐色和银白色鳞片；叶侧脉8-12对 ······ 7. 披针叶胡颓子 **E. lanceolata**
            6. 花柱无毛。
                9. 攀援灌木或藤本。
                    10. 萼筒圆筒形，长8-9毫米，裂片长4-5毫米；花褐色；果长2.2-2.6厘米 ························
                        ·· 8. 攀援胡颓子 **E. sarmentosa**
                    10. 萼筒漏斗形，长4.5-5.5毫米，裂片长2.5-3毫米；花淡白色；果长1.4-1.9厘米 ·············
                        ·· 9. 蔓胡颓子 **E. glabra**
                9. 直立灌木，稀蔓状。
                    11. 网脉在上面明显。
                        12. 叶厚革质，椭圆形或宽椭圆形，两端钝或基部圆，侧脉7-9对；萼筒长5.5-7毫米；具刺 ·······
                            ·· 10. 胡颓子 **E. pungens**
                        12. 叶纸质或近革质，宽椭圆形或近圆形，先端钝圆，基部圆或钝，侧脉5-7对；萼筒长4-5毫米；
                            无刺 ··· 11. 香港胡颓子 **E. tutcheri**
                    11. 网脉在上面不明显。
                        13. 花淡白色，萼筒圆筒状漏斗形，长6-8毫米；叶革质，宽椭圆形或倒卵状椭圆形，下面银白色
                            ·· 12. 宜昌胡颓子 **E. henryi**
                        13. 花深褐色，萼筒钟形，长约5毫米；叶纸质，椭圆形或椭圆状披针形，下面灰褐色 ···············
                            ·· 13. 巴东胡颓子 **E. difficilis**
1. 落叶或半常绿灌木或乔木；叶膜质或纸质；春夏开花，稀冬季开花，花单生或2-3花簇生叶腋，稀至5花簇生叶腋短枝上成伞形总状花序；夏秋果熟。
    14. 乔木或大灌木；果肉粉质或干棉质；花单生或2-3花簇生新枝叶腋。
        15. 花盘发达，管状或圆锥状，包花柱下部；果粉质，卵圆形或椭圆形，微具肋，无翅；叶窄披针形或椭圆形。
            16. 叶披针形，宽1-1.3厘米，先端钝尖；花盘无毛；果长0.9-1.2厘米，粉红色 ·······················
                ·· 14. 沙枣 **E. angustifolia**
            16. 花枝下部的叶宽椭圆形，上部叶披针形或椭圆形，宽1.8-3.2厘米，先端钝圆；花盘无毛或有毛；果长
                1.5-2.5厘米，栗红或黄色 ····································· 14（附）. 东方沙枣 **E. angustifolia** var. **orientalis**

15. 花盘不明显；果肉棉质，近球形或宽椭圆形，具8翅状棱，内面具丝状绵毛；叶卵形或卵状椭圆形 ┄┄┄┄┄ ┄┄┄ 15. **翅果油树 E. mollis**

14. 小灌木；果多汁；1-2花生新枝基部叶腋或多至5花簇生叶腋短枝。

  17. 叶下面多少被星状柔毛，侧脉在上面常凹下。

    18. 半落叶或常绿灌木；果柄长0.5-10毫米。

      19. 幼枝和花部被星状绒毛；果柄长 0.5-2毫米 ┄┄┄┄┄┄┄┄ 16. **星毛羊奶子 E. stellipila**

      19. 幼枝和花部无毛；果柄长0.8-1厘米 ┄┄┄┄┄┄┄┄┄┄┄┄ 17. **佘山羊奶子 E. argyi**

    18. 落叶灌木；果柄长3-4厘米 ┄┄┄┄┄┄┄┄┄┄┄┄┄┄┄┄┄ 18. **毛木半夏 E. courtoisi**

  17. 叶无毛，侧脉在上面常不凹下。

    20. 果近球形或卵圆形，长5-7毫米；萼筒漏斗形 ┄┄┄┄┄┄┄┄ 19. **牛奶子 E. umbellata**

    20. 果椭圆形，长1.2-1.6厘米；萼筒圆筒形或筒状钟形。

      21. 果柄直立，长0.3-1.8毫米。

        22. 幼枝和果密被锈或黄褐色鳞片；萼筒长5-6毫米。

          23. 花梗长1-2毫米，花萼裂片宽卵形，长2-3毫米，花柱无毛；小枝较粗、平滑 ┄┄┄┄┄┄ ┄┄┄┄┄┄┄┄┄┄┄┄┄┄┄┄┄┄┄┄┄┄┄┄┄┄ 20. **南川牛奶子 E. nanchuanensis**

          23. 花梗长约3毫米，花萼裂片三角形，长3-4毫米，花柱疏生白色星状柔毛；枝细弱，粗糙 ┄┄┄┄ ┄┄┄┄┄┄┄┄┄┄┄┄┄┄┄┄┄┄┄┄ 20(附). **巫山牛奶子 E. wushanensis**

        22. 幼枝、花、果均密被银白色鳞片；萼筒长0.8-1厘米 ┄┄┄┄┄ 21. **银果牛奶子 E. magna**

      21. 果柄细弱，下弯，长1.5-4.5厘米。

        24. 果椭圆形，长1.2-1.4厘米；萼筒圆筒形 ┄┄┄┄┄┄┄┄┄ 22. **木半夏 E. multiflora**

        24. 果倒卵圆形，长0.6-1厘米；萼筒漏斗状圆筒形 ┄┄┄┄┄┄┄ ┄┄┄┄┄┄┄┄┄┄┄┄┄┄┄┄ 22(附). **倒果木半夏 E. multiflora** var. **obovoidea**

---

1. 鸡柏紫藤

图 737

Elaeagnus loureirii Champ. in Journ. Bot. Kew Gard. Misc. 196. 1853.

常绿直立或攀援灌木，无刺，幼枝密被锈色鳞片。叶纸质或薄革质，椭圆形或卵状椭圆形至披针形，长5-10厘米，先端渐尖，基部圆，稀宽楔形，边缘微波状，上面幼时具褐色鳞片，老后脱落，具凹下斑痕，下面棕红或褐黄色，密被鳞片，侧脉5-7对，两面略明显；叶柄长0.8-1.5厘米。花褐色或锈色，被鳞片，常数花簇生叶腋短枝；花梗锈色，长0.7-1厘米，顶端稍膨大；萼筒钟形，长1-1.1厘米，在裂片下面微缢缩，在子房之上缢缩，裂片长三角形，长5-7毫米，内面疏生白色柔毛和褐色鳞片；雄蕊4，花丝长1.6毫米，花药长2毫米；花柱无毛，柱头偏向一侧膨大，长3毫米，不超过雄蕊。果椭圆形，长1.5-2.2厘米，被褐色鳞片；果柄细，长0.7-1.1厘米，下弯。花期10-12月，果期翌年4-5月。

产江西、广东、香港、广西及云南，生于海拔500-2100米丘陵或山区。

图 737 鸡柏紫藤 （王金凤绘）

全株有止咳平喘、收敛止泻、祛风活血的功能。

2. 角花胡颓子

图 738

Elaeagnus gonyanthes Benth. in Journ. Bot. Kew Gard. Misc. 5: 196. 1853.

常绿攀援灌木。幼枝密被紫红或棕红色鳞片。叶革质，椭圆形，长5-9（-13）厘米，先端钝或钝尖，基部圆，稀窄，边缘微反卷，上面幼时被锈色鳞片，下面棕红色，稀灰绿色，具锈色或灰色鳞片，侧脉7-10对，上面网脉明显；叶柄锈色或褐色，长4-8毫米。花白色，被白色和散生褐色鳞片，常单生于新枝基部叶腋，每花有1苞片；花梗长4-6毫米；萼筒四角形或短钟状，长4-6毫米，在上面微缢缩，

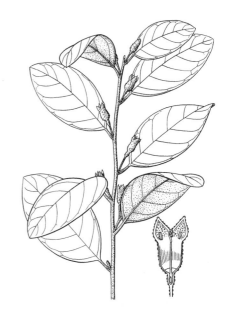

图 738 角花胡颓子 （王金凤绘）

基部在子房上缢缩，裂片卵状三角形，长3.5-4.5毫米，内面具白色星状鳞片；雄蕊4，花丝比花药短，花药长圆形，长1.1毫米；花柱无毛，柱头粗短。果宽椭圆形或倒卵状宽椭圆形，长1.5-2.2厘米，幼时被黄褐色鳞片，萼筒宿存；果柄长1.2-2.5厘米。花期10-11月，果期翌年2-3月。

产湖南、广东、香港、海南、广西及云南，生于海拔1000米以下山区。越南、老挝、柬埔寨及泰国有分布。全株药用，治肠炎、跌打损伤、瘀积、肺病、咳嗽。

3. 福建胡颓子

图 739

Elaeagnus oldhami Maxim. in Mél. Biol. 7: 558. 1870.

常绿直立灌木，高达2米。具粗壮棘刺，刺长1-4米或更长，基部生花和叶；小枝粗，当年生枝密被褐色或锈色鳞片。叶近革质，倒卵形或倒卵状披针形，长3-4.5厘米，先端圆，基部楔形，上面幼时密被银白色鳞片，下面密被银白色散生深褐色鳞片，上面网脉不明显，侧脉4-5对；叶柄长4-7毫米。花淡白色，被鳞片，数花簇生叶腋短枝成总状花序。花梗长3-4毫米；萼筒杯状，长约2毫米，在裂片

图 739 福建胡颓子 （王金凤绘）

之下略缢缩，在子房之上缢缩，裂片三角形，与萼筒等长或更长，顶端钝尖，两面无毛或疏生白色星状毛；雄蕊4，花丝极短，花药长圆形，长1.5毫米，达裂片1/2；花柱直立，无毛。果卵球形，长5-8毫米，幼时密被银白色鳞片，熟时红色，萼筒常宿存。花期11-12月，果期翌年2-3月。

产台湾、福建及广东，生于海拔500米以下旷地。全株有敛肺平喘、益肾固涩的功能。

4. 密花胡颓子

图 740

Elaeagnus conferta Roxb. Fl. Ind. ed. Carey 1: 460. 1820.

常绿攀援灌木。无刺；幼枝稍扁，密被银白或灰黄色鳞片；老枝灰

黑色。叶纸质，椭圆形或宽椭圆形，长6-16厘米，先端钝尖或骤渐尖，基部圆或楔形，全缘，上面幼时被银白色鳞片，下面密被银白色和散生淡褐色鳞片，侧脉5-7对，两面明显；叶柄长0.8-1厘米。花银白色，密被鳞片或鳞毛，多花簇生叶腋成伞形短总状花序，比叶柄短；每花基部具1小苞片；苞片

线形，黄色，长2-3毫米。花梗长不及1毫米；萼筒坛状钟形，长3-4毫米，在裂片之下缢缩，在子房之上缢缩，裂片卵形，长2.5-3毫米，内面散生白色星状柔毛；花丝与花药几等长；花柱疏生白色星状毛，稍超过雄蕊，达裂片中部。果长椭圆形或长圆形，长2-4厘米，直立，熟时红色；果柄粗短。花期10-11月，果期翌年2-3月。

产广西及云南，生于海拔1500米以下密林中。越南、老挝、柬埔寨、泰国、印度尼西亚、印度及尼泊尔有分布。

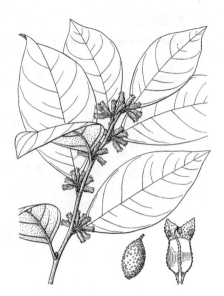

图 740 密花胡颓子 （王金凤绘）

5. 大叶胡颓子 图 741

Elaeagnus macrophylla Thunb. Fl. Jap. 67. 1784.

常绿直立灌木，高达3米。无刺；小枝45°角开展，幼枝密被淡黄白色鳞片，老枝黑色。叶厚纸质或薄革质，宽卵形、宽椭圆形或近圆形，长4-9厘米，先端钝，基部圆或几心形，上面幼时被银白色鳞片，下面被银白色鳞片，侧脉6-8对，成60-80°角；叶柄扁，银白色，长1.5-2.5厘米。花白色，被鳞片，1-8花生于叶腋短枝；花梗长3-4厘米；萼筒钟形或短长圆状钟形，长1-5(6)毫米，在裂片之下开

图 741 大叶胡颓子 （李 森绘）

展，在子房之上缢缩，裂片宽卵形，与萼筒等长，比萼筒宽，顶端钝，内面疏生白色星状柔毛；花丝极短；花柱被白色星状毛，超过雄蕊。果长椭圆形，被银白色鳞片，长1.4-1.8厘米，径5-6毫米，核具8肋，内面具丝毛；果柄长6-7毫米。花期9-10月，果期翌年3-4月。

产江苏、浙江及台湾。日本及朝鲜半岛有分布。山东等地庭园常栽培供观赏。

6. 长叶胡颓子 图 742 彩片 164

Elaeagnus bockii Diels in Engl. Bot. Jahrb. 29: 482. 1900.

常绿直立灌木，高达3米。具粗硬长棘刺；小枝开展成45°角，幼枝密被锈色或褐色鳞片。叶纸质或近革质，窄椭圆形，长5-11厘米，先端渐尖，基部楔形，上面幼时被褐色鳞片，下面密被银白色和散生少数褐色鳞片；侧脉5-7对，成30-45°角；叶柄长5-8毫米。花白色，密被鳞片，5-7花簇生叶腋短枝成伞形总状花序。花梗长

3-5毫米；萼筒在花蕾时四棱形，开放后圆筒形或漏斗状，长5-7（8-10）毫米，裂片卵状三角形，长2.5-3毫米，内面疏生白色星状毛；雄蕊4，花丝极短，花药长圆形，花柱顶端弯达萼裂片2/3，密被淡白色星状柔毛。果短长圆形，长0.9-1厘米，幼时密被银白色和少数褐色鳞片，熟时红色；果柄长4-6毫米，下垂。花期10-11月，果期翌年4月。

产陕西、甘肃、湖北、湖南、四川、贵州及广西，生于海拔600-2100米阳坡及灌丛中。果食用和酿酒；根、枝、叶药用，治哮喘及牙痛，叶化痰、治痔疮。

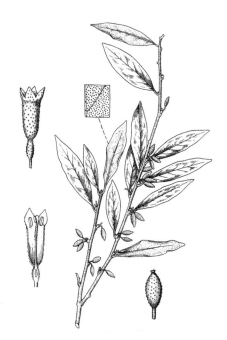

图 742 长叶胡颓子 （引自《图鉴》）

7. 披针叶胡颓子　　　　图 743

Elaeagnus lanceolata Warb. ex Diels in Engl. Bot. Jahrb. 29: 483. 1900.

常绿直立或蔓生灌木，高达4米。无刺或老枝具粗短刺；幼枝密被淡黄褐色或银白色鳞片。叶革质，披针形或长椭圆形，长5-14厘米，先端渐尖，基部圆，上面幼时被褐色鳞片，下面被银白色鳞片和鳞毛，侧脉8-12对，成45°角，下面不明显；叶柄长5-7毫米。花淡黄白色，下垂，密被银白色和少数褐色鳞片和鳞毛，常3-5花簇生叶腋成短总状花序。花梗长3-5毫米；萼筒圆筒形，长5-6毫米，在子房之上缢缩，裂片宽三角形，长2.5-3毫米，内面疏生白色星状毛；花丝极短或几

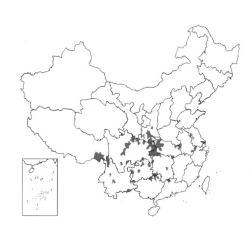

图 743 披针叶胡颓子 （王金凤绘）

无花丝，花药椭圆形；花柱直立，无毛或散生星状毛，柱头长2-3毫米，达萼裂片2/3。果椭圆形，长1.2-1.5厘米，径5-6毫米，密被褐色和银白色鳞片，熟时红黄色；果柄长3-6毫米。花期8-10月，果期翌年4-5月。

产陕西、甘肃、湖北、湖南、四川、西藏、云南、贵州、广西、广东

及安徽，生于海拔600-2500米山地和林缘。果药用，治痢疾；也有栽培供观赏。

8. 攀援胡颓子　　　　图 744

Elaeagnus sarmentosa Rehd. in Sarg. Pl. Wilson. 2: 417. 1915.

攀援灌木，长达10米。无刺；幼枝被锈色鳞片，老枝鳞片脱落，黑色。叶纸质或近革质，椭圆形或长圆形，长8-16厘米，先端渐尖，基部钝圆，下面密被银白色和褐色细鳞片，侧脉7-9对，成45-50°角，两面均凸起，叶

柄长1-1.6厘米。花褐色或褐绿色，被褐色鳞片，1-3花簇生叶腋短枝。花梗长3-6毫米；萼筒圆筒形，长8-9

毫米，向基部略窄，在子房之上缢缩，裂片宽三角形，长4-5毫米，顶端渐尖，内面疏生星状毛；花丝较短，基部膨大，花药长1.5-2毫米；花柱无毛，柱头与萼片平齐。果长椭圆形，长2.2-2.6厘米，径1厘米，被锈色鳞片；果核窄椭圆形，具8肋，内面具褐色丝状长绵毛。花期10-11月，果期翌年3月。

产广西及云南，生于海拔1100-1500米山区。根、叶、果有止咳平喘、舒筋止血的功能。

图 744 攀援胡颓子 （引自《图鉴》）

9. 蔓胡颓子 抱君子　　　　　图 745

Elaeagnus glabra Thunb. Fl. Jap. 67. 1784.

常绿蔓生或攀援灌木，长达5米。无刺；幼枝被锈色鳞片。叶革质或薄革质，卵形或卵状椭圆形，稀长椭圆形，长4-12厘米，先端渐尖或长渐尖，基部圆，稀宽楔形，上面深绿色，有光泽，幼时具褐色鳞片，下面铜绿或灰绿色，被褐色鳞片，侧脉6-8对，成50-60°角；叶柄长5-8毫米。花淡白色，下垂，密被银白色和少数褐色鳞片，常3-7花簇生叶腋短枝成伞形总状花序。花梗长2-4毫米；萼筒漏斗形，长4.5-5.5毫米，在裂片之下扩展，向基部渐窄，在子

图 745 蔓胡颓子 （王金凤绘）

房之上微缢缩，裂片宽卵形，长2.5-3毫米，内面具星状柔毛；花丝长不及1毫米，花药长1.8毫米；花柱无毛，顶端弯曲。果长圆形，长1.4-1.9厘米，被锈色鳞片，熟时红色；果柄长3-6毫米。花期9-11月，果期翌年4-5月。

产河南、安徽、江苏、浙江、福建、台湾、江西、湖北、湖南、广东、广西、贵州、云南、西藏及四川，生于海拔1000米以下向阳地方。日本有分布。果可食；全株有行气止痛、消肿止血、清热利湿的功能。

10. 胡颓子 阳青子 卢都子　　　　图 746

Elaeagnus pungens Thunb. Fl. Jap. 68. 1784.

常绿直立灌木，高达4米。棘刺顶生或腋生，长2-4厘米，密被锈色鳞片。叶革质，椭圆形或宽椭圆形，长5-10厘米，两端钝或基部圆，上面幼时被银白色和少数褐色鳞片，下面密被鳞片，侧脉7-8对，上面凸起，下面不明显；叶柄长5-8毫米。花白色，下垂，密被鳞片，1-3花生于叶腋锈色短枝；花梗长3-5毫米；萼筒圆筒形或近漏斗状圆筒形，长5-7毫米，在

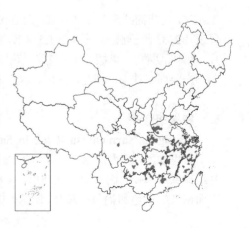

子房之上缢缩，裂片三角形或长圆状三角形，长约3毫米，内面疏生白色星状毛；花丝极短，花药长圆形，长约1.5毫米；花柱直立，无毛，上端微弯曲。果椭圆形，长1.2-1.4厘米，幼时被褐色鳞片，熟时红色；果核内面具白色丝状绵毛；果柄长4-6毫米。花期9-12月，果期翌年4-6月。

产江苏、浙江、福建、台湾、安徽、江西、湖北、陕西、河南、湖南、贵州、广东、广西及四川，生于海拔1000米以下阳坡。日本有分布。根有祛风利湿、散瘀解毒、止血的功能；种子药用，可止泻；叶止咳平喘；果消食止痢，味甜，可食。

图 746 胡颓子 （引自《图鉴》）

11. 香港胡颓子

图 747

Elaeagnus tutcheri Dunn in Journ. Bot. Brit. et For. 45: 404. 1907.

常绿直立灌木，无刺。幼枝锈色，被鳞片，老枝鳞片脱落。叶近革质或纸质，宽椭圆形或近圆形，长4-8厘米，先端钝圆，基部圆，边缘反卷

成波状，上面幼时被黄褐色鳞片，下面密被银白色和褐色鳞片，侧脉5-7对，上面凸起；叶柄长6-8毫米。花银白色，密被银白色和少数褐色鳞片，数花簇生叶腋短枝成短总状花序。花梗长2-3毫米；萼筒钟状，长4-5毫米，裂片下宽3毫米，向基部稍窄，在子房之上缢缩，裂片卵形，直立，长2-2.5毫

米，内面疏生白色星状毛；花丝极短，花药长圆形；花柱直立，稍弯，无毛。果长圆形或长圆状卵形，长1-1.2厘米，被锈色鳞片；果核椭圆形，内面具丝状绵毛；果柄长3-5毫米。花期11-12月，果期翌年3月。

产广东、香港及湖南南部，生于海拔500米以下向阳地方。

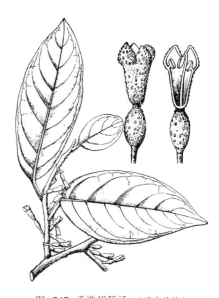

图 747 香港胡颓子 （冯先洁绘）

12. 宜昌胡颓子

图 748

Elaeagnus henryi Warb. ex Diels in Engl. Bot. Jahrb. 29: 483. 1900.

常绿直立灌木，高达5米。棘刺粗短，刺长0.8-2厘米，稍弯曲；幼枝

被鳞片。叶革质，宽椭圆形或倒卵状椭圆形，长6-15厘米，幼时被褐色鳞片，先端骤渐尖，基部圆钝，上面深绿色，下面银白色，密被白色和少数褐色鳞片，侧脉5-7对，网脉在上面不明显；叶柄粗，长0.8-1.5厘米。花淡白色，质厚，密被鳞片，1-5花生于叶腋短枝成总状花序。花梗长2-5毫米；萼筒

圆筒状漏斗形，长6-8毫米，在裂片之下扩展，向下渐窄，在子房之上略缢缩，裂片三角形，长1.2-3毫米，内面具白色星状柔毛和少数褐色鳞片；雄蕊4，花丝极短；花柱无毛，连柱头长7-8毫米，稍超过雄蕊。果长圆形，长1.8厘米，幼时被银白色和散生少数褐色鳞片，熟时红色；果核内面具丝状绵毛；果柄长5-8毫米。花

期10-11月，果期翌年4月。

产浙江、安徽、福建、江西、湖北、湖南、广东、广西、贵州、云南、西藏、四川及陕西，生于海拔450-2300米灌丛中。果可食；果、根、叶可药用。根有止咳止痛的功能；茎、叶有驳骨散结、消肿止痛的功效。

13. 巴东胡颓子　　　　　　　　　　图749

Elaeagnus difficilis Serv. in Bull. Herb. Boiss. ser. 2, 8: 386. 1908.

Elaeagnus cuprea Rehd.；中国高等植物图鉴 2：966. 1972.

常绿直立或蔓生灌木，高达3米。无刺或具短刺；幼枝褐色，密被鳞片，老枝无鳞片。叶纸质，椭圆形或椭圆状披针形，长7-13.5厘米，幼时散生鳞片，先端渐尖，基部圆或宽楔形，上面绿色，下面灰褐色，密被锈色和淡黄色鳞片，侧脉6-8对，两面明显；叶柄长0.8-1.2厘米，红褐色。花深褐色；密被鳞片，数花生于叶腋短枝成伞形总状花序。花梗长2-3毫米；萼筒钟状或圆筒状钟形，长约5毫米，在子房之上缢缩，裂片宽三角形，长2-3.5毫米，内面略具星状柔毛；花丝极短，花药长1.2毫米，达萼裂片2/3；花柱弯曲，无毛。果长椭圆形，长1.4-1.7厘米，径7-9毫米，熟时桔红色，被锈色鳞片；果柄长2-3毫米。花期11月至翌年3月，果期4-5月。

产浙江、安徽、福建、江西、湖北、湖南、广东、广西、贵州、四川及陕西，生于海拔600-1800米阳坡灌丛或林中。

图 748 宜昌胡颓子 （引自《图鉴》）

图 749 巴东胡颓子 （王金凤绘）

14. 沙枣　　　　　　　　　　　　图750

Elaeagnus angustifolia Linn. Sp. Pl. 176. 1753.

落叶乔木，高达10米。无刺或具刺，刺长3-4厘米，棕红色。叶薄纸质，披针形，长3-7厘米，宽1-1.3厘米，先端钝尖，基部宽楔形，上面幼时被银白色鳞片，下面密被银白色鳞片，侧脉不明显；叶柄长0.5-1厘米，银白色。花银白色，直立或近直立，芳香，1-3花生小枝下部叶腋；花梗长2-3毫米；萼筒钟形，长4-5毫米，在裂片之下不缢缩或微缢缩，在子房之上缢缩，裂片宽卵形或卵状长圆形，长3-4毫米，内面被白色星状毛；花柱无毛，上部弯曲；花盘圆锥形，无毛，包花柱基部。果椭圆形，长0.9-1.2厘米，径0.6-1厘米，粉红色，密被银白色鳞片；果肉乳白色，粉质；果柄长3-6毫米。花期5-6月，果期9月。

产内蒙古、河北、河南、山西、陕西、宁夏、青海、甘肃及新疆，常栽培于山地、平原、沙滩、荒漠或公园。欧洲及中东、近东有分布。果营养丰

富,可生食或熟食及作食品加工;花可提香精;木材可作家具;也是蜜源
植物和防风固沙植物。茎皮有收敛止痛、清热凉血、平肺泻火的功能;茎、
枝分泌的胶质治闭合性骨折;花、果止咳平喘;果有强壮、镇静、健骨、止
泻、调节器经的功效。

[附] **东方沙枣** Elaeagnus angustifolia var. orientalis (Linn.) Kuntze
in Acta Hort. Pétrop. 10: 235. 1877. —— *Elaeagnus orientalis* Linn.
Mant. Pl. 41. 1763. 与模式变种的区别:花枝下部叶宽椭圆形,宽1.8-3.2
厘米,先端钝圆,上部叶披针形或椭圆形;花盘无毛或有毛;果长1.5-2.5
厘米,栗红或黄色。产新疆、甘肃、宁夏及内蒙古,生于海拔300-1500米
荒坡、沙漠潮湿地方。伊朗及俄罗斯(西伯利亚)及哈萨克斯坦有分布。

图 750 沙枣 (引自《图鉴》)

15. 翅果油树

图 751 彩片 165

Elaeagnus mollis Diels in Engl. Bot. Jahrb. 36: Beibl. 82: 78. 1905.

落叶乔木或灌木状,高达10米。幼枝密被灰绿色星状绒毛和鳞片;芽
球形。叶纸质,稀膜质,卵形或卵状椭圆形,长6-9(-15)厘米,先端钝
尖,基部钝或圆,上面深绿色,散生星状柔毛,下面灰绿色,密被灰白色
星状柔毛,侧脉6-10对,在上面凹下,下面凸起;叶柄长0.6-1(-1.5)厘米。花灰绿色,下垂、芳香,密被灰白色星状绒毛,1-3(-5)花簇生幼枝叶腋;花梗长3-4毫米,被星状毛;萼筒钟状,长5毫米,在子房之上缢缩,裂片三角形或披针形,长3-4.5毫米,内面疏生白色星状毛;萼筒长圆形或近球形,被星状毛和鳞片,具8肋;雄蕊4,花药长1.6毫米,花柱直立,上部稍弯曲,下部密生绒毛。果近球形或宽椭圆形,长1.3厘米,具8条翅状棱,果肉绵质,果核纺锤形,栗褐色,内面具丝状绵毛;子叶肥厚,富含油脂。花期4-5月,果期8-9月。

产陕西南部及山西南部,生于海拔700-1300米阳坡。种子可榨油,出
油率30-35%,油可食用和药用;木材可作家具及薪材。也可作水土保持植
物,山西翼城有栽培。

图 751 翅果油树 (引自《野生木本油料植物》)

16. 星毛羊奶子 星毛胡颓子

图 752

Elaeagnus stellipila Rehd. in Sarg. Pl. Wilson. 2: 415. 1915.

落叶或半落叶灌木。无刺或老枝具刺;幼枝密被褐色或灰色星状绒毛;
芽具星状绒毛。叶厚纸质,宽卵形或卵状椭圆形,长2-5.5厘米,先端尖,
基部圆或近心形,上面幼时被白色星状毛,下面密被淡白色星状毛,有时
具鳞片或鳞毛,侧脉4-5对;叶柄具星状绒毛,长2-4毫米。花淡白色,被
银白色和散生褐色星状绒毛,1-3朵生于新枝基部叶腋;花梗极短;萼筒
圆筒形,微具4棱,长5-7毫米,在子房之上缢缩,裂片卵状三角形或披针

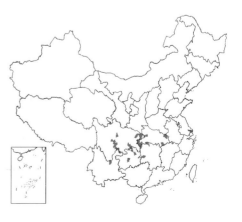

形,长3-4.5毫米;雄蕊4;花柱直立,几无毛或疏被星状毛,不超过雄蕊。果长椭圆形或长圆形,长1-1.6厘米,具褐色鳞片,熟时红色;果柄长0.5-2毫米。花期3-4月,果期7-8月。

产湖北、湖南、四川、贵州及云南,生于海拔500-1200米向阳丘陵山区。根、叶、果治跌打损伤、痢疾。

图 752 星毛羊奶子 (吴彰桦绘)

17. 佘山羊奶子

图 753

Elaeagnus argyi Lévl. in Fedde, Repert. Sp. Nov. 12: 101. 1913.

半落叶或常绿灌木,高达3米。具刺;小枝近90°角开展,幼枝被淡黄色鳞片。叶大小不等,发于春秋两季,薄纸质或膜质,春叶长1-4厘米,

宽0.8-2厘米,秋叶长6-10厘米,宽3-5厘米,两端钝圆,上面幼时被白色鳞毛,下面幼时被星状毛和鳞毛,老时仅被白色鳞片,侧脉8-10对,上面凹下,边缘网结;叶柄黄褐色,长5-7毫米。花无毛,淡黄或泥黄色,被银白或淡黄色鳞片,质厚,下垂或开展,常5-7花簇生新枝基部成伞形总状花序。花梗长3毫米;萼筒漏斗状圆

筒形,长5.5-6毫米,在裂片之下扩大,在子房之上缢缩,裂片卵形或卵状三角形,长2毫米,内面疏生柔毛;花丝极短;花柱直立,无毛。果倒卵状长圆形,长1.3-1.5厘米,径6毫米,幼时被银白色鳞片,熟时红色;果柄长0.8-1厘米。花期1-3月,果期4-5月。

产浙江、江苏、安徽、河南、江西、湖北及湖南,野生或栽培,生于海拔100-300米林下、路边及村旁。根有祛痰化湿、利疸的功能。

图 753 佘山羊奶子 (引自《图鉴》)

18. 毛木半夏

图 754

Elaeagnus courtoisi Belval in Bull. Soc. Bot. Paris 80: 97. 1933.

落叶灌木,高达3米。无刺;幼枝扁三角形,被淡黄色星状长柔毛。叶

纸质,基部1-2叶较小,长1-2厘米,宽0.5厘米,下面被星状柔毛和鳞片,新枝上部叶倒披针形或倒卵形,长4-9厘米,宽1-4厘米,先端骤渐尖或钝,基部斜圆或楔形,上面幼时被黄白色星状柔毛,老时脱落,下面密被灰黄色柔毛及白色鳞片,侧脉6-8对,上面凹下;叶柄长2-5毫米,被黄色柔毛。花

图 754 毛木半夏 (引自《图鉴》)

黄白色，被黄色长柔毛，单生新枝基部叶腋；花梗长3-5毫米；萼筒圆筒形，长5毫米，向基部渐窄，在子房之上缢缩，裂片卵状三角形，长3-4毫米，先端钝圆，内面疏生白色星状毛；雄蕊4，几无花丝；花柱直立，黄色，无毛，不超过雄蕊。果椭圆形，长1厘米，径2-3毫米，红色，被锈色或银白色鳞片和星状毛；果柄长3-4厘米，顶端膨大而稍扁，被白色鳞

片和黄色星状毛。花期2-3月，果期4-5月。

产浙江、福建、江西、安徽及湖北，生于海拔300-1100米向阳地方。

19. 牛奶子

图 755 彩片 166

Elaeagnus umbellata Thunb. Fl. Jap. 66. t. 14. 1784.

落叶灌木，高达4米。具刺，刺长1-4厘米；小枝甚开展，幼时密被银白色及黄褐色鳞片。叶纸质或膜质，椭圆形或倒卵状披针形，长3-8厘米，宽1-3.2厘米，先端钝尖，基部圆或楔形，上面幼时具白色星状毛或鳞片，下面密被银白色和少量褐色鳞片，侧脉5-7对；叶柄银白色，长5-7毫米。先叶开花，芳香，黄白色，密被银白色盾形鳞片，常1-7花簇生新枝基部，单生或成对生于幼叶叶腋；花梗长3-6毫米，白色；萼筒漏斗形，长5-7毫米，在裂片下扩展，向基部渐窄，在

子房之上略缢缩，裂片卵状三角形，长2-4毫米，内面几无毛或疏生星状毛；花丝极短；花柱直立，疏生白色星状毛和鳞片，柱头侧生。果近球形或卵圆形，长5-7毫米，幼时绿色，被银白色或褐色鳞片，熟时红色；果柄粗，长0.4-1厘米。花期4-5月，果期7-8月。

产辽宁、内蒙古、宁夏、甘肃、陕西、山西、河北、河南、山东、江苏、安徽、浙江、台湾、江西、湖北、湖南、贵州、云南、四川、西藏及

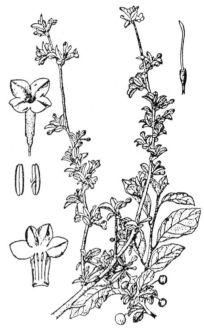

图 755 牛奶子 （引自《图鉴》）

青海。朝鲜半岛、日本、越南、老挝、柬埔寨、泰国、印度及意大利有分布。常栽培供观赏；果可食；果、根、叶均可药用，有清热利湿、收敛止血、止泻的功效。

20. 南川牛奶子

图 756

Elaeagnus nanchuanensis C. Y. Chang, Fl. Sichuan. 1: 464. 1981.

落叶直立灌木，高达5米。具短棘刺；小枝较粗，平滑，幼枝被锈色鳞片。叶纸质，宽椭圆形，长4-8厘米，先端钝尖，基部圆楔形，上面幼时被淡白色鳞片，老后鳞片脱落，常有凹下的斑点，下面被灰白色和褐色鳞片，侧脉6-8对，两面不明显；叶柄长4-8毫米，被褐色鳞片。花褐色或淡黄褐色，密被褐色鳞片，常5-7花簇生于短小枝或新枝基部；花梗长1-2毫米；萼筒

图 756 南川牛奶子 （冯先洁绘）

筒状钟形，长5-6毫米，在裂片之下不缢缩，在子房之上缢缩，内面除喉部疏生白色星状毛外，余无毛，裂片宽卵形，长2-3毫米，内面黄色，无毛；雄蕊贴生萼筒喉部；花柱直立，无毛，超过雄蕊。果椭圆形，长1.2-1.6厘米，被褐色鳞片，熟时红色；果柄粗，长3-9毫米。花期4-5月，果期6-7月。

产贵州及四川，生于海拔750-1750米阳坡或沟边。

［附］ 巫山牛奶子 Elaeagnus wushanensis C. Y. Chang, Fl. Sichuan. 1: 465. 1981. 与南川牛奶子的区别：小枝无刺或疏生小刺，细弱，粗糙；花淡白色，1-3花生于新枝基部，花梗长约3毫米，花萼裂片三角形，长3-4毫米，花柱疏生白色星状柔毛；果柄粗，直立，长0.8-1.6厘米。产湖北西部、四川南部及陕西南部，生于海拔1400-2300米向阳草坝或林缘。

21. 银果牛奶子　银果胡颓子　　　　图757

Elaeagnus magna Rehd. in Sarg. Pl. Wilson. 2: 411. 1915.

落叶直立散生灌木，高达3米。常有刺，稀无刺；幼枝被银白色鳞片，老枝鳞片脱落，灰黑色。叶膜质或纸质，倒卵状长圆形或倒卵状披针形，长4-10厘米，宽1.5-3.7厘米，先端钝尖，基部宽楔形，上面幼时被白色鳞片，老时部分鳞片脱落，下面灰白色，密被银白色及散生淡黄色鳞片，有光泽，侧脉7-10对不甚明显；叶柄长4-8毫米，密被白色鳞片。花银白色，密被鳞片，常1-3花着生新枝基部，单生叶腋；花梗长1-2毫米；萼筒圆筒形，长0.8-1厘米，在裂片下面

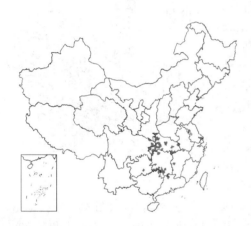

图 757 银果牛奶子 （王金凤绘）

稍扩展，在子房之上缢缩，裂片卵状三角形或卵形，长3-4毫米，内面无毛；花丝极短，花柱直立，无毛或具星状柔毛，柱头偏向一边膨大，长2-3毫米，超过雄蕊。果长圆形或长椭圆形，长1.2-1.6厘米，密被白色和少数褐色鳞片，熟时粉红色；果柄粗，直立，银白色，长4-6毫米。花期4-5月，果期6月。

产江西、湖北、湖南、四川、贵州、广东及广西，生于海拔100-1200米坡地、林缘、河边向阳沙质土壤。果可食及酿酒。

22. 木半夏　　　　　　　　　图758

Elaeagnus multiflora Thunb. Fl. Jap. 66. 1784.

落叶直立灌木，高达3米。常无刺，稀老枝具刺；幼枝密被褐锈色或深褐色鳞片，老枝无鳞片，黑色或黑褐色。叶膜质或纸质，椭圆形、卵形或倒卵状椭圆形，长3-7厘米，先端钝尖，基部楔形，上面幼时被白色鳞片或鳞毛，下面密被灰白色和散生褐色鳞片，侧脉5-7对，两面均不甚明显。叶柄锈色，长4-6毫米。花白色，被银白色和少数褐色鳞片，

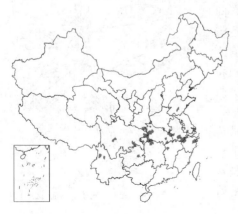

常单生新枝基部叶腋；花梗细弱，长4-8毫米；萼筒圆筒状，长5-6.5毫米，在裂片下面扩展，在子房之上缢缩，裂片宽卵形，长4-5毫米，内面疏被白色星状毛；雄蕊着生萼筒喉部稍下，花丝极短；花柱直立，稍弯曲，无毛，稍伸出萼筒喉部，不超过雄蕊。果椭圆形，长1.2-1.4厘米，被锈色鳞片，熟时红色；果柄细，长1.5-4厘米，下弯。花期5月，果期4-7月。

产辽宁、河北、山东、河南、安

徽、江苏、浙江、江西、湖北、湖南、贵州、云南、四川及陕西，野生或栽培。日本有分布。根有活血、行气、补虚的功能；叶用于跌打损伤、痢疾、哮喘；果有活血行气、消肿毒、止泻、平喘的功能。

〔附〕**倒果木半夏 Elaeagnus multiflora** var. **obovoidea** C. Y. Chang in Bull. Bot. Lab. Nor.-East. Forest. Inst. 6：119. 1980. 本变种与模式变种的区别：萼筒漏斗状圆筒形，向基部稍窄，花柱长不及萼筒1/2；果倒卵圆形，长0.6-1厘米。产河南、安徽、江苏、浙江、江西及湖北，生于海拔200米以下旷地或路边。

2. 沙棘属 Hippophae Linn.

落叶灌木或小乔木。具棘刺；幼枝密被鳞片或白色星状柔毛，老枝灰黑色。单叶互生、对生或3叶轮生，线形或线状披针形，两端钝，两面具鳞片或星状柔毛，老时上面无毛，侧脉不明显；叶柄长1-2毫米。花单性，雌雄异株，雄株花序轴花后脱落，雌株花序轴花后发育成小枝或棘刺；雄花先开，生于早落苞片腋内，无花梗，花萼2裂，雄蕊4，2枚与花萼裂片对生，2枚与之互生；雌花单生叶腋，具短梗，花萼囊状，顶端2齿裂，子房上位，1心皮1室1胚珠，花柱微伸出。坚果为肉质萼管包被，核果状，长0.5-1.2厘米。种子骨质。

5种5亚种，分布于亚洲和欧洲温带地区。我国5种4亚种。

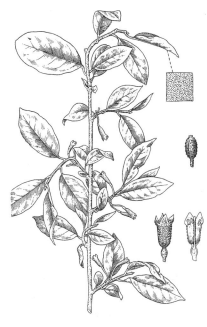

图 758 木半夏 （引自《图鉴》）

1. 果圆柱形，肉质，弯曲，褐色，密被银白或淡白色鳞片，具5-7纵肋，顶端凹下，长6-8毫米，径3-4毫米；种子圆柱形，弯曲，具5-7纵肋，黄褐色 ·················· 1. 肋果沙棘 H. neurocarpa
1. 果球形或宽椭圆形，多浆汁；种子卵形或椭圆形，长2-5毫米，种皮黑色，具光泽。
    2. 小灌木，高达0.6（-1）米；叶腋常无刺，枝顶刺状；叶对生或3枚轮生，线形或长圆状线形，长1-2.5厘米；果宽椭圆形或近球形，长0.8-1.2厘米，顶端具6条放射状黑色条纹 ·············· 2. 西藏沙棘 H. thibetana
    2. 灌木或小乔木，高达2（18）米；具腋生刺，枝顶刺状；叶近对生，窄披针形或长圆状披针形，长3-8（-10）厘米；果球形、卵球形或卵状椭圆形，长5-9毫米，顶端无放射状条纹。
        3. 叶近对生 ·················· 3. 中国沙棘 H. rhamnoides subsp. sinensis
        3. 叶互生。
            4. 叶下面被锈色鳞片，稀微带灰白色；果球形，径5-7毫米 ························
            ·················· 3（附）. 云南沙棘 H. rhamnoides subsp. yunnanensis
            4. 叶下面密被银白色鳞片；果宽椭圆形、倒卵形或近球形，径3-4毫米 ·············
            ·················· 3（附）. 中亚沙棘 H. rhamnoides subsp. turkestanica

1. 肋果沙棘
图 759

Hippophae neurocarpa S. W. Liu et T. N. He in Acta Phytotax. Sin. 16（2）：107. f. 2. 1978.

落叶灌木或小乔木，高达5米。幼枝黄褐色，密被银白或淡褐色鳞片和星状毛，老枝光滑，灰棕色，先端刺状，灰白色。叶互生，线形或线状披针形，长2-6（8）厘米，宽1.5-5毫米，先端尖，基部楔形或近圆，上面幼时密被银白色鳞片或灰绿色星状毛，后星状毛多脱落，下面密被银白色鳞片和星状毛，混生褐色鳞片。花序生于幼枝基部，密生成短总状花序。花

小，雌雄异株，先叶开放；雄花黄绿色，花萼2深裂，雄蕊4，2枚与花萼裂片对生，另2枚与之互生；雌花黄绿色，花萼上部2浅裂，裂片近圆形，长约1毫米，具银白色及褐色鳞片，花

柱圆，褐色，稍弯，伸出花萼。果圆柱形，弯曲，具5-7纵肋，长6-8（9）毫米，径3-4毫米，顶端凹下，熟时褐色，肉质，密被银白或淡白色鳞片。种子圆柱形，具5-7纵肋，黄褐色。

产甘肃、青海、西藏及四川，生于海拔3400-4300米河谷、阶地或河漫滩，常成片生长，形成灌木林。

图 759 肋果沙棘 （王秀明绘）

2. 西藏沙棘

图 760

Hippophae thibetana Schlechtend. in Linnaea 32: 296. 1863.

落叶小灌木，高达0.6（-1）米。常无刺，枝顶刺状。3叶轮生或2叶对生，线形或长圆状线形，长1-2.5厘米，宽2-3.5毫米，两端钝，全缘，不反卷，上面幼时散生白色鳞片，老后鳞片脱落，暗绿色，下面密被灰白色和褐色鳞片。雌雄异株；雄花黄绿色，花萼2裂，雄蕊4，2轮与花萼裂片对生，2枚与花萼裂片互生；雌花淡绿色，花萼囊状，顶端2齿裂。果宽椭圆形或近球形，长0.8-1.2厘米，径0.6-1厘米，多汁，熟时黄褐色，顶端具6条放射状黑色条纹；果柄纤细，褐色，长1-2毫米。花期5-6月，果期9月。

产甘肃、青海、四川及西藏，生于海拔1300-5200米草地河漫滩，在海拔5000米以上高寒地区，植株高7-8厘米。果可食用，藏北民间用治肝炎。

3. 中国沙棘

图 761: 1-2 彩片 167

Hippophae rhamnoides Linn. subsp. **sinensis** Rousi in Ann. Bot. Fennici 8: 212. f. 22. 1971.

落叶灌木或小乔木，高达5（-18）米。棘刺多，粗壮，顶生或侧生；幼枝密被银白色及褐色鳞片或有时具白色星状毛，老枝粗，灰黑色，粗糙。芽大，金黄色或锈色。叶近对生，纸质，披针形或长圆状披针形，长3-8厘米，宽0.4-1（-1.3）厘米，两端钝或基部近圆，上面绿色，初时被白色盾形毛或星状柔毛；下面银白色，被鳞片，无星状柔毛；叶柄无或长1-1.5毫米。果球形，径4-6毫米，熟时橙黄或桔红色；果柄长1-2.5毫米。种子宽椭圆形或卵圆形，有时稍扁，长3-4.2毫米，黑或紫黑色，具光泽。花期4-5月，果期9-10月。

图 760 西藏沙棘 （胡 涛绘）

产辽宁、内蒙古、河北、河南、山西、陕西、甘肃、青海、四川及西藏，生于海拔800-3600米向阳山脊、谷地、干涸河床、砾石沙质土或黄土。果富含维生素、有机酸及醋类，可食用及药用。子叶含油脂16%-18.8%，可榨油；枝皮可提取栲胶；木材坚硬，可

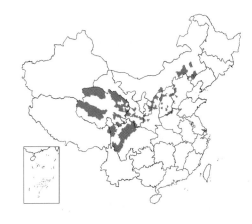

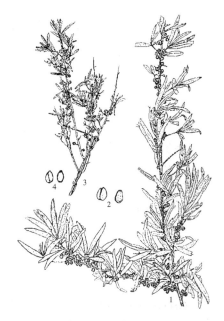

作工艺品；嫩枝叶可作牛羊饲料；根部有根瘤菌，可增加土壤肥力。果有活血散瘀、补脾健胃、化痰宽胸的功能。

［附］**云南沙棘** 彩片 168 **Hippophae rhamnoides** subsp. **yunnanensis** Rousi in Ann. Bot. Fennici 8: 213. f. 23. 1971. 与模式亚种的区别：叶互生，基部最宽，常为圆形或有时楔形，下面被锈色鳞片；果球形，径5-7毫米，果柄长1-2毫米；种子宽椭圆形，稍扁，长3-4毫米。产四川西部及西南部、云南西北部、西藏东部，生于海拔2200-3700米干涸河谷沙地、石砾地、山坡密林中及高山草地。用途同中国沙棘。

［附］**中亚沙棘** 图761:3-4 彩片 169 **Hippophae rhamnoides** subsp. **turkestanica** Rousi in Ann. Bot. Fennici 8: 208. f. 19. 1971. 与模式亚种的区别：一年生枝无鳞片，白色，刺多而短；叶互生，长1.5-4.5厘米，宽2-4毫米，两面银白色；果长5-7(-9)毫米，径3-4毫米，干时果肉较脆，果柄长3-4毫米。产新疆，生于海拔800-3000米河漫滩及河谷阶地；有栽培，栽培品种果较大，可食用。塔吉克斯坦、吉尔吉斯斯坦、乌兹别克斯坦、哈萨克斯坦、阿富汗及蒙古有分布。用途同中国沙棘。

图 761: 1-2. 中国沙棘 3-4. 中亚沙棘
（引自《Ann. Bot. Fenn.》）

113. 山龙眼科 PROTEACEAE

（覃海宁）

乔木或灌木，稀多年生草本。叶互生，稀对生或轮生，全缘或各式分裂；无托叶。花两性，稀单性，辐射对称或两侧对称，排成总状、穗状或头状花序，腋生或顶生，有时生于茎上；苞片小，通常早落，有时大，或花后增大呈木质，组成球果状。小苞片1-2或无，微小；花被片4，花蕾时花被筒细长，顶部球形、卵球形或椭圆状，开花时分离或花被筒一侧开裂或下半部不裂；雄蕊4，生于花被片上，花丝短，花药2室，纵裂，药隔常突出；腺体或腺鳞通常4，与花被片互生，或连生为各式的花盘，稀无；子房上位，心皮1，1室，侧膜胎座、基生胎座或顶生胎座，胚珠1-2或多颗，花柱细长，不裂，顶部增粗，柱头小，顶生或侧生。蓇葖果、坚果、核果或蒴果。种子1-2或多颗，有的具翅；胚直，子叶肉质，胚根短，无胚乳。

约60属，1300种，主产大洋洲及非洲南部，亚洲及南美洲有分布。我国4属，24种、2变种（含引种2属3种）。

1. 叶互生。
　　2. 叶二次羽状分裂；花两性；蓇葖果；种子盘状，边缘具翅 ·············· 1. **银桦属 Grevillea**
　　2. 叶不裂或具多裂至羽状分裂；坚果或核果；种子球形或半球形，无翅。
　　　　3. 叶不裂；花两性；坚果 ·············· 2. **山龙眼属 Helicia**

3. 叶全缘或具多裂至羽状分裂；花单性，雌雄异株；核果 ················· 3. 假山龙眼属 Heliciopsis
1. 叶轮生或近对生，不裂；花两性；坚果；种子球形或半球形 ················· 4. 澳洲坚果属 Macadamia

1. 银桦属 Grevillea R. Br. nom. conserv.

乔木或灌木。叶互生，不裂或羽状分裂。总状花序通常集成圆锥花序，顶生或腋生，被紧贴丁字毛，稀被叉状毛。花两性，花梗双生或单生；苞片小或仅具痕迹；花蕾时花被筒细长，直立或上半部下弯，顶部近球状，常偏斜，开花时花被筒下部先分裂，花被片分离，外卷；雄蕊4，生于花被片檐部，花丝几无，花药卵球形或椭圆状，药隔不突出；花盘半环状，侧生，肉质，稀环状或无；子房具柄或近无柄，花柱通常细长，开花时一部分先自花被筒裂缝拱出，上部后伸出，顶部稍膨大，圆盘状或呈偏斜圆盘状，柱头位于中央；侧膜胎座，胚珠2，并列、倒生。蓇葖果常偏斜，沿腹缝线开裂，稀分裂为2果爿。种子1-2，盘状或长盘状，边缘具膜质翅。

约160种，分布于新喀里多尼亚、澳大利亚、苏拉威西岛。我国栽培1种。

银桦

图 762

Grevillea robusta A. Cunn. ex R. Br. Prot. Nov. 24. 1830.

乔木，高达25米。嫩枝被锈色茸毛。叶长15-30厘米，二次羽状深裂，裂片7-15对，上面无毛或被稀疏丝状绢毛，下面被褐色绒毛和银灰色绢状毛，边缘背卷；叶柄被茸毛。总状花序长7-14厘米，腋生，或排成少分枝的顶生圆锥花序；花序梗被茸毛。花梗长1-1.4厘米；花橙或黄褐色，花被筒长约1厘米，顶部卵球形，下弯；花药卵球状；花盘半环状；子房具子房柄，花柱顶部圆盘状，稍偏于一侧，柱头锥状。果卵状椭圆形，稍偏斜，长约1.5厘米，果皮革质，黑色，宿存花柱弯。种子长盘状，边缘具窄薄翅。花期3-5月，果期6-8月。

原产澳大利亚东部，全世界热带、亚热带地区有栽种。云南、四川西南部、广西、广东、福建、江西南部、浙江、台湾等省区城镇常栽培作行道树或风景树。木材淡红或深红色，具光泽，富弹性，适于做家具。

图 762 银桦 （邓晶发绘）

2. 山龙眼属 Helicia Lour.

乔木或灌木。叶互生，稀近对生或近轮生，全缘或具齿；叶柄长或几无。总状花序腋生或生于枝上，稀近顶生；苞片小，宿存或早落。花两性，辐射对称；花梗通常双生，分离或下半部彼此贴生；小苞片微小；花被筒花蕾时直立，细长，顶端棒状或近球形，开花时花被片分离，外卷；雄蕊4，着生于花被片檐部，花丝短或几无，花药椭圆状，药隔稍突出，短尖；腺体4，离生或基部合生，或具环状或杯状花盘；子房无柄，花柱细长，顶部棒状，柱头小，基生胎座或侧膜胎座，胚珠2，倒生。坚果，不裂，稀沿腹缝线不规则开裂，果皮革质或树皮质，稀外层肉质、内层革质或木质。种子1-2，近球形或半球形，种皮膜质；子叶肉质，上半部具皱纹。

约90种，分布于亚洲、大洋洲热带和亚热带地区。我国18种2变种。

1. 子房被毛。
　2. 叶倒卵形或卵形，先端近圆或钝，具短尖；腺体分离 ················· 1. 倒卵叶山龙眼 H. obovatifolia
　2. 叶倒卵状长圆形或宽倒披针形，先端急尖或短渐尖；腺体合生成花盘 ················
　　················· 1(附). 枇杷叶山龙眼 H. obovatifolia var. mixta
1. 子房无毛。
　3. 嫩枝、嫩叶均被毛。

4. 叶幼时被锈色绒毛，后仅下面沿脉被毛；花序轴被绒毛。

　　5. 花序轴径2.5-3毫米；花被筒长2-2.8厘米；果皮革质，褐色；叶倒卵状长圆形或倒披针形，下面仅沿中脉疏被毛，叶柄长2.5-3厘米 ·································· **2. 焰序山龙眼 H. pyrrhobotrya**

　　5. 花序轴径1-2.5毫米；花被筒长1.5-2厘米；果皮树皮质，黄褐色；叶长椭圆形或卵状长圆形，下面沿中脉和侧脉被毛，叶柄长0.3-1厘米 ·································· **3. 山龙眼 H. formosana**

4. 叶幼时被短毛，后变无毛；花序轴幼时被短毛，后无毛。

　　6. 网脉在叶两面均明显。

　　　　7. 果皮树皮质，厚1-1.5毫米；叶边缘或上半部具疏细齿 ·················· **4. 西藏山龙眼 H. tibetensis**

　　　　7. 果皮革质，厚1-4毫米；叶全缘或基部以上具疏细齿。

　　　　　　8. 花梗长3-5毫米，具短毛或无毛；果黑色，径1.5-1.8厘米，果皮厚约1毫米 ·················· **5. 网脉山龙眼 H. reticulata**

　　　　　　8. 花梗长1.5-2（3）毫米，无毛；果绿色，径2.5-3.5厘米，果皮厚2-4毫米 ·················· **6. 深绿山龙眼 H. nilagirica**

　　6. 叶网脉不明显；花梗长约2毫米，密生短毛；果紫黑或黑色，径1.5-2.5厘米，果皮厚约1毫米 ·················· **7. 广东山龙眼 H. kwangtungensis**

3. 嫩枝、嫩叶无毛。

　9. 叶芽无毛；果椭圆状，果皮树皮质或薄革质。

　　10. 果长3.5-5厘米，径2.5-4厘米，顶端具喙，果皮树皮质，厚1.5毫米，淡褐色；花被筒长1.5-1.8（-2.2）厘米 ·················· **8. 海南山龙眼 H. hainanensis**

　　10. 果长1-1.5厘米，径0.8-1厘米，顶端无喙，果皮薄革质，厚不及0.5毫米，蓝黑或黑色；花被筒长1-1.2厘米 ·················· **9. 小果山龙眼 H. cochinchinensis**

　9. 叶芽被毛；果皮革质，厚约1毫米。

　　11. 叶柄长2.5-4.5厘米；花被筒长1.8-2.5厘米，腺体合生成花盘；果近球形，径2-2.5厘米 ·················· **10. 长柄山龙眼 H. longipetiolata**

　　11. 叶柄长0.5-2厘米；花被筒长1.2-1.6厘米，腺体离生；果椭圆形，径1.2-1.4厘米 ·················· **10（附）. 镰叶山龙眼 H. falcata**

1. 倒卵叶山龙眼　　　　　　　　　图 763

Helicia obovatifolia Merr. et Chun in Sunyatsenia 5: 45. 1940.

乔木，高达12米。幼枝、幼叶下面、叶柄、花序轴、花序梗、花被筒外面、子房及幼果均密被红褐色茸毛。叶卵形或倒卵形，长7-13厘米，先端近圆或钝，具短尖，基部楔形，成长叶仅背面中脉被毛，边缘仅上半部具疏齿，侧脉6-8对；叶柄长1.5-3.5厘米，被绒毛。总状花序腋生，长5-10厘米；苞片卵形，长约1.5毫米。花双生；花

图 763　倒卵叶山龙眼　（邓晶发绘）

梗长约1毫米；小苞片三角形，长约1毫米；花被筒黄褐色，长1-1.2厘米，密被绒毛；花药长约2毫米；腺体4枚，分离，卵圆形。果倒卵状球形或椭

圆状，长3-4厘米，径2-3厘米，两端均渐尖，成熟时果皮革质，厚约1.5毫米，紫黑色，光亮，无毛。

产广东西部、海南及广西南部，生于海拔300-600（-1000）米山地湿润常绿阔叶林中。越南北部有分布。

［附］**枇杷叶山龙眼 Helicia obovatifolia** Merr. et Chun var. **mixta** (Li) Sleum. in Blumea 8: 32. 1955. —— *Helicia vestita* W. W. Smith var. *mixta* Li in Journ. Arn. Arb. 24: 444. 1943, pro parte. 与倒卵状山龙眼的区别：叶

2. 焰序山龙眼 图 764

Helicia pyrrhobotrya Kurz in Journ. Asiat. Soc. Bengal 42(2): 103. 1873.

乔木，高达10米。嫩枝、幼叶下面和花序均密被锈色茸毛。小枝毛全脱落。叶坚纸质，互生或在枝顶部密集，倒卵状长圆形或倒披针形，长32-50厘米，先端短渐尖，基部楔形，稍下延，成长叶仅下面沿中脉被疏毛，边缘具疏锯齿，侧脉11-19对；叶柄长2.5-3厘米，被疏毛。总状花序生于小枝或已落叶的腋部，长20-30厘米；花序轴径2.5-3毫米；苞片窄三角形。花梗常双生，长4-5毫米，基部

彼此贴生；小苞片披针形；花被筒淡黄色，长2-2.8厘米，被疏毛；花药药隔突出呈细尖；花盘杯状，具浅圆齿；子房无毛。果近球形，径2.5-4厘米，顶端具细尖，果皮干后革质，褐色，稍粗糙。花期4-8月，果期9月至翌年3月。

3. 山龙眼 图 765 彩片 170

Helicia formosana Hemsl. in Journ. Linn. Soc. Bot. 26: 394. 1891.

乔木，高达10米。嫩枝和花序密被锈色短绒毛。叶长椭圆形或卵状长圆形，稀倒卵状披针形，长12-25厘米，先端渐尖或急尖，基部楔形，边缘具疏锯齿，上面无毛，下面沿中脉和侧脉被毛，后毛渐脱落，侧脉8-10（-12）对，在下面凸起；叶柄长0.3-1厘米。总状花序生于小枝已落叶的叶腋，长14-24厘米，花序轴径1-2.5毫米；苞片三角形。花梗常双生，长4-5毫米，基部彼此贴生；小苞片披针形；花被筒白或淡黄

倒卵状长圆形或宽倒披针形，先端急尖或短渐尖，腺体合生成花盘。产广西西南部及中部、广东西部及海南，生于海拔100-400（-1000）米山地常绿阔叶林中。越南北部有分布。

图 764 焰序山龙眼 （邓晶发绘）

产广西西部、云南南部及西南部，生于海拔700-1500（-1630）米山地或山谷湿润阔叶林中。缅甸及越南北部有分布。

图 765 山龙眼 （引自《Fl. Taiwan》）

色，长1.5-2厘米，被疏毛；花药药隔突出；腺体4，卵球形，稀基部合生；子房无毛。果球形，径2-3厘米，顶端具钝尖，果皮干后树皮质，厚1-1.5毫米，黄褐色，稍粗糙。花期4-6月，果期11月至翌年2月。

产台湾、海南及广西西南部，生于海拔（150-）340-1000米山地或沟

谷湿润常绿阔叶林中。越南北部有分布。木材淡红色，适宜做家具或装饰用。

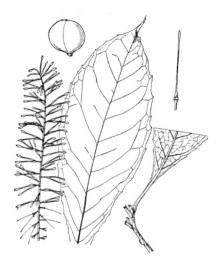

4. 西藏山龙眼　　　　　　　　　　图 766

Helicia tibetensis H. S. Kiu in Acta Phytotax. Sin. 18(4)：524. 1980.

乔木，高达20米。小枝无毛。叶长倒卵形或倒卵状长圆形，长22-25厘米，先端骤尖，基部楔形，上半部边缘具疏细齿，嫩时被毛，后无毛，中脉在下面隆起，侧脉7-9对，在下面凸起，网脉两面均明显；叶柄长1-2厘米。总状花序腋生或生于小枝已落叶的叶腋，长（15-）24-30厘米，花序轴和花梗嫩时均被疏柔毛；苞片披针形，被疏毛。花梗双生，长6-7毫米，下半部彼此贴生；小苞片线

图 766　西藏山龙眼　（引自《西藏植物志》）

形，长约1毫米；花被筒长1.6-1.8厘米，淡黄色；花药长约3毫米，腺体4，卵球形；子房无毛。果近球形，绿色，径约3厘米，顶端具短尖，基部骤窄呈短柄状，果皮干后树皮质，厚1-1.5毫米，灰色，具颗粒状体。花

果期5-9月。

产西藏东南部及云南西北部，生于海拔1720-2000米山地常绿阔叶林中。

5. 网脉山龙眼　　　图 767：1-3　彩片 171

Helicia reticulata W. T. Wang in Acta Phytotax. Sin. 5：300. pl. 56. 1956.

乔木或灌木状，高达10米。小枝无毛。叶长圆形、卵状长圆形、倒卵形或倒披针形，长（55-）7-27厘米，幼时被毛，后无毛，先端短渐尖、急尖或钝，基部楔形，边缘具疏生锯齿或细齿；侧脉6-10（-12）对，与中脉在两面均隆起，网脉两面凸起或明显；叶柄长0.5-1.5（-3）厘米。总状花序腋生或生于小枝已落叶的叶腋，长（7-）10-15厘米，花序轴和花梗初时被短毛，后无毛；苞片披针形，长1.5-

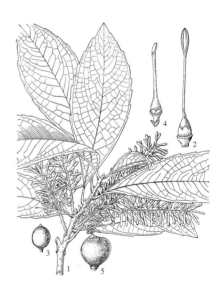

图 767：1-3. 网脉山龙眼　4-5. 深绿山龙眼　（邓晶发绘）

2毫米。花梗常双生，长（2）3-5毫米，具短毛或无毛，基部或下半部彼此贴生；小苞片长约0.5毫米；花被筒长1.3-1.6厘米，白或淡黄色，无毛；花盘4裂；子房无毛。果椭圆状，长1.5-1.8厘米，顶端具短尖，果皮干后

革质，厚约1毫米，黑色。花期5-7月，果期10-12月。

产福建南部、江西、湖南南部、广

东、广西、贵州及云南东南部,生于海拔300-1500(-2100)米山地湿润常绿阔叶林中。木材坚韧,淡黄色,宜做农具。为蜜源植物。

6. 深绿山龙眼

图 767: 4-5 彩片 172

Helicia nilagirica Bedd. in Madr. Journ. Lit. Sci. ser. 23; 3: 56. pl. 11. 1864.

乔木,高5-12米。小枝无毛。叶倒卵状长圆形、椭圆形或长圆状披针形,长(5-)10-20(-23)厘米,先端短渐尖、近急尖或钝,基部楔形,稍下延,全缘,有时边缘和上半部叶缘具疏生锯齿,幼时被毛,成长后两面无毛,中脉在上面稍凸起,侧脉(5)6-8对,在下面凸起,网脉在两面明显;叶柄长1-2(-3.5)厘米。总状花序腋生或生于小枝已落叶的叶腋,长10-18(-24)厘米,初密被锈色短毛;苞片披针形,长约1毫米,被柔毛。花梗常双生,长1.5-2(-3)毫米,基部彼此贴生;小苞片长约0.5毫米;花被筒长1.2-1.8厘米,白或淡黄色,无毛;花药长约2.5毫米;腺体4,卵球形或近球形,稀1-2延长成丝状附属物,在中下部呈螺旋状弯曲;子房无毛。果近扁球形,径(2-)2.5-3.5厘米,顶端具短尖,基部骤窄呈短柄状,果皮干后革质,厚2-4毫米,绿色。花期5-8月,果期11月至翌年7月。

产云南,生于海拔1000-2000米山地和山谷常绿阔叶林中。印度、锡金、不丹、缅甸、泰国、老挝及越南有分布。

7. 广东山龙眼

图 768

Helicia kwangtungensis W. T. Wang in Acta Phytotax. Sin. 5: 297. 1956.

乔木,高达10米。小枝和成长叶均无毛。叶长圆形、倒卵形或椭圆形,长10-26厘米,先端短渐尖,稀圆钝,基部楔形,边缘上半部具疏生浅锯齿或细齿,有时全缘,侧脉5-8对,在下面稍凸起,网脉不明显,有时上面网脉稍凹下;叶柄长1-2.5厘米。总状花序1-2枚腋生,长14-20厘米;花序轴和花梗密被褐色短毛;苞片窄三角形,长约2毫米,被柔毛。花梗常双生,长约

图 768 广东山龙眼 (引自《图鉴》)

2毫米,密被短毛,下半部彼此贴生;小苞片披针形,长约1毫米;花被筒长1.2-1.4厘米,淡黄色,具疏柔毛或近无毛;花药长3毫米;腺体4,卵球形;子房无毛。果近球形,径1.5-2.5厘米,顶端具短尖,果皮干后革质,厚约1毫米,紫黑或黑色。花期6-7月,果期10-12月。

产福建西南部、江西南部、湖南南部、广东及广西东南部,生于海拔400-800(-1200)米山地湿润常绿阔叶林中。

8. 海南山龙眼

图 769

Helicia hainanensis Hayata, Ic. Pl. Formos. 9: 87. 1920.

乔木或灌木状,高达10米;全株无毛。叶互生或3-4枚近轮生,倒宽

披针形或倒卵状长圆形，长11-20（-25）厘米，先端渐尖，基部楔形或圆，边缘上半部具疏生锯齿，有时全具疏锯齿；中脉在两面隆起，侧脉7-8（-10）对，在下面凸起，网脉两面明显；叶柄短，长1-3（-6）毫米。总状花序腋生，长12-23厘米；苞片三角形，长约1毫米。花梗常双生，长3-5毫米；小

图 769 海南山龙眼 （邓晶发绘）

苞片长不及0.5毫米；花被筒长1.5-1.8（-2.2）厘米，淡白色；花药长2毫米；花盘环状，4裂；子房无毛。果椭圆状，长3.5-5厘米，径2.5-4厘米，顶端具喙，基部骤窄呈短柄状，果皮干后树皮质，厚约1.5毫米，淡褐色。花期4-8月，果期11月至翌年3月。

产广东西部、海南、广西及云南东南部，生于海拔110-800（-1500）米溪畔或山地湿润常绿阔叶林中，在次生林中通常呈灌木状。越南有分布。

9. 小果山龙眼 图 770

Helicia cochinchinensis Lour. Fl. Cochinch. 83. 1790.

乔木或灌木，高20米。枝和叶均无毛。叶长圆形、倒卵状椭圆形、长椭圆形或披针形，长5-12（-15）厘米，先端短渐尖，基部楔形，稍下延，全缘或上半部具疏生浅锯齿；侧脉6-7对，在两面明显；叶柄长0.5-1.5厘米。总状花序腋生，长8-14（-20）厘米，花序轴和花梗无毛，或初时被白色短毛；苞片三角形，长约1毫米。花梗常双生，长3-4毫米；小苞片披针形，长约0.5

图 770 小果山龙眼 （引自《图鉴》）

毫米；花被筒长1-1.2厘米，白或淡黄色，无毛；腺体4，有时连生呈4深裂的花盘；子房无毛。果椭圆状，长1-1.5厘米，无喙；果皮干后薄革质，厚不及0.5毫米，蓝黑或黑色。花期6-10月，果期11月至翌年3月。

产浙江、安徽、台湾、福建、江西、湖北、湖南、广东、海南、广西、

贵州、云南及四川，生于海拔20-800（-1300）米丘陵或山地湿润常绿阔叶林中。越南北部及日本有分布。

10. 长柄山龙眼 图 771

Helicia longipetiolata Merr. et Chun in Sunyatsenia 2: 217. pl. 41. 1935.

乔木，高达15米。小枝无毛。叶芽时被毛，成长叶长椭圆形、长圆状披针形或宽披针形，长7-15厘米，无毛，先端急尖或渐尖，基部楔形，稍下延，全缘，中脉在两面隆起，侧脉6-8对，在两面稍凸起，网脉在上面

明显；叶柄长2.5-4.5厘米。总状花序腋生或生于小枝已落叶的叶腋，长15-20厘米；花序轴无毛；苞片钻状，长1-1.5毫米。花梗常双生，长3-4毫米，无毛；小苞片长0.5毫米；花被筒

长（1.5-）1.8-2.5厘米，白色，无毛；腺体合生成花盘；子房无毛。果近球形，径2-2.5厘米，顶端具短尖，果皮干后革质，厚约1毫米，绿黑色。花期6-8月，果期11月至翌年1月。

产广东西部、海南及广西南部，生于海拔400-950米湿润常绿阔叶林中。越南北部有分布。

[附] **镰叶山龙眼 Helicia falcata** C. Y. Wu, Fl. Yunnan. 1: 32. pl. 10. f. 2-3. 1977. 本种与长柄山龙眼的区别：叶柄长0.8-2厘米；花被筒长1.2-1.6厘米，腺体离生；果椭圆形，径1.2-1.4厘米。产云南南部及东南部，生于海拔1200-1900米山地湿润阔叶林中。越南北部有分布。

3. 假山龙眼属 Heliciopsis Sleum.

图 771 长柄山龙眼 （引自《Sunyatsenia》）

乔木。叶互生，全缘或多裂至羽状分裂；叶柄长或几无。总状花序，腋生或生于枝上。花单性，雌雄异株，辐射对称；花梗通常双生；苞片钻形或披针形，近宿存；小苞片小，常早落，花被筒在花蕾时直立，细长，顶部棒状或椭圆状；雌花花被筒基部稍膨胀，开花时花被片分离，外卷；雄花之雄蕊生于花被片檐部，花丝几无或极短，花药椭圆状，药隔稍突出，具不育雌蕊；雌花具不育雄蕊，腺体4，离生或紧靠，子房无柄，花柱细长，顶部棒状或稍扁平，柱头顶生或偏于一侧，顶生胎座，胚珠2，直生，悬垂。核果，外果皮革质，中果皮肉质，干后具残留辐射状排列软纤维或海绵状纤维，稀无残留纤维，内果皮木质，表面具小洼。种子1-2，球形或半球形，种皮膜质；子叶肉质。

约10种。分布于不丹、印度东北部、缅甸、泰国、老挝、柬埔寨、越南、中国、马来西亚、印度尼西亚、菲律宾。我国3种。

1. 叶薄革质；雌花序长15-22厘米，雌花梗长0.8-1厘米；果椭圆状，长3-4.5厘米，径2.5-3厘米，中果皮干后无残留纤维 ·· 1. **疟腮树 H. terminalis**
1. 叶革质；雌花序长2-5厘米，雌花梗长约3毫米；果椭圆状或卵状椭圆形，长7-9厘米，径5-6厘米，中果皮干后具残留密生软纤维 ·· 2. **调羹树 H. lobata**

1. 疟腮树　　　　　　　　　　　　　图 772

Heliciopsis terminalis (Kurz) Sleun. in Blumea 8: 80. 1955.

Heliciopsis terminalis Kurz, For. Fl. Brit. Burma 2: 312. 1877.

Heliciopsis henryi auct. non (Diels) W. T. Wang: 中国高等植物图鉴 1: 528. 1972.

乔木，高10米。幼枝、叶被锈色绒毛，成长叶无毛。叶薄革质，全缘叶倒披针形或长圆形，长15-35厘米，侧脉和网脉在两面均明显，叶柄长1-2.5厘米；分裂叶近椭圆形，长25-55厘米，通常3-5裂，有时具3-7对羽状深裂片，叶柄长4-5厘米。花序腋生或生于小枝已落叶的腋部，稀顶生于短侧枝上；雄花序长10-24厘米，被疏毛，花梗长5-7毫米，苞片线形或钻状，小苞片线形，花被筒长1.1-1.4厘米，白或淡黄色，腺体4；雌花序长15-22厘米，被疏毛，花梗长0.8-1厘米，花被筒长约1.2厘米，腺体4，子房卵状，花柱顶部稍扁平，柱头面偏于一侧。果椭圆状，长3-4.5厘米，顶端钝尖，基部钝，外果皮革质，黄褐色，中果皮肉质，干后无残留纤维，内果皮木质，外面具网纹及小洼。花期3-6月，果期8-11月。

产广东西部、海南、广西西南部及云南，生于海拔50-700(-1400)米山谷或山坡湿润常绿阔叶林中。不丹、印度东北部、缅甸、泰国、柬埔寨及越南北部有分布。根皮和叶药用，有清热解毒的功效，有小毒，广西民间用于治腮腺炎；叶外用治皮炎。

2. 调羹树 图 773

Heliciopsis lobata (Merr.) Sleum. in Blumea 8: 83. 1955, excl. Liang 65843

Helicia lobata Merr. in Lingnan Sci. Journ. 6: 276. 1928.

乔木，高达20米。幼枝被紧贴锈色绒毛。叶革质，全缘叶长圆形，长10-25厘米，先端短渐尖，基部楔形，侧脉在下面隆起，网脉明显，下面沿脉初时被绒毛，后毛渐脱落，叶柄长4-5厘米；分裂叶近椭圆形，长20-60厘米，具2-8对羽状深裂片，有时为3裂叶，叶柄长4-8厘米。花序生于小枝已落叶的腋部；雄花序长7-12厘米，被毛，花梗长1-2毫米，几无，苞片披针形，长约1毫米，花被筒长0.8-1.2厘米，淡黄色，被疏毛，花药长约2毫米，腺体4；不育子房不膨大；雌花序长2-5厘米，被毛，花梗长约3毫米，花被筒长约1厘米，被疏毛，不育花药长约1.5毫米，腺体4，子房卵状，花柱顶部增粗，柱头面偏于一侧。果椭圆状或卵状椭圆形，两侧稍扁，长7-9厘米，外果皮革质，黄绿色，中果皮肉质，干后残留密生的软纤维，紧附于木质内果皮。花期5-7月，果期11-12月。

产海南及广西，生于海拔50-750米山地、山谷、溪畔热带湿润阔叶林中。木材细致，心材红色，适宜做家具等。

图 772 痄腮树 （邓晶发绘）

图 773 调羹树 （邓晶发绘）

4. 澳洲坚果属 **Macadamia** F. Muell.

乔木或大灌木。叶轮生或近对生，全缘或具锯齿。总状花序腋生或顶生。花两性，辐射对称或近辐射对称；花梗通常双生，彼此离生或基部贴生；苞片小，早落；花蕾时花被筒直立或稍弯，细长，顶部棒状，开花时花被筒下半部先分裂，后花被片分离，外弯；雄蕊生于花被片中部或檐部，花丝短，花药长圆形，药隔突出成一腺体或短附属物；腺鳞或腺体4，离生或连生成环状；子房无柄，花柱细长，顶部棒状，柱头顶生，顶生胎座，胚珠2，直生，并列悬垂。坚果球形，果皮硬革质，不裂或沿腹缝线纵裂。种子1-2，球形或半球形，种皮膜质或骨质；子叶肉质。

约14种，分布于澳大利亚、新喀里多尼亚、苏拉威西岛及马达加斯加热带雨林中。我国引入栽培2种。

澳洲坚果　　　　　　　　　　　　　　　　　　　　图 774

Macadamia ternifolia F. Muell. Trans. Philos. Inst. Vict. 2: 72. 1858.

乔木，高15米。叶3枚轮生或近对生，长圆形或倒披针形，长5-15厘米，先端急尖或圆钝，有时微凹，基部渐窄，侧脉7-12对，疏生牙齿，成龄树的叶常近全缘；叶柄长0.4-1.5厘米。总状花序腋生或近顶生，长8-15（-20）厘米，花序梗、序轴和花梗均疏被短柔毛。花淡黄或白色；花梗长3-4毫米；苞片近卵形，小；花被筒长0.8-1.1厘米，直立，被短柔毛；花丝短，花药药隔稍突出；子房及花柱基部被黄褐色长柔毛；花盘环状，具齿缺。果球形，径约2.5厘米，顶端具短尖，果皮开裂。种子常球形，种皮骨质，光滑。花期4-5月（广州），果期7-8月。

原产澳大利亚东南部热带雨林中，世界热带地区有栽种。云南（西双版纳）、广东、海南及台湾有栽培。为著名干果，种子供食用；木材红色，适宜作细木工或家具等。

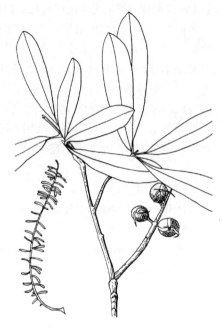

图 774 澳洲坚果 （孙英宝绘）

114. 川苔草科 PODOSTEMACEAE

（班 勤）

多年生沉水草本，形态似苔藓、藻类或地衣。根常呈扁平、分枝的叶状体状或丝状，贴生于岩石或木桩。茎单生或有分枝，或无茎。叶螺旋状排列，交互对生或排成2-3列，单叶，有时分裂，基部常有鞘，或无叶；托叶有或无。花两性，辐射对称或两侧对称，单生或成对，或组成穗状花序或聚伞花序，顶生或腋生，花蕾时常包藏于佛焰苞内。花被片2-5，分离或基部合生，或退化成鳞片状，生于花丝基部两侧；雄蕊1-4或多数，排成1-2轮或生于雌蕊的一侧，花丝分离或基部连合，花药2-4室，纵裂；子房上位，1-3室，中轴胎座，花柱1-3，胚珠多数，倒生。蒴果，室间开裂。种子多数，小，无胚乳。

45属约130种，广布于热带、亚热带地区，少数产北温带。我国3属，3种。

1. 花腋生，无佛焰苞；花被片3，基部连合成筒，雄蕊2-3，与花被片互生，花丝分离 …… 1. 川藻属 Terniopsis
1. 花顶生，有佛焰苞；花被片退化成2线形鳞片，生于花丝基部两侧，雄蕊1-2（如为2，则花丝部分连合），生于雌蕊基部一侧。
　　2. 蒴果裂为2个等大果瓣，果皮有纵脉纹 ……………………………………… 2. **水石衣属 Hydrobryum**
　　2. 蒴果裂为2个不等大果瓣，果皮平滑，无纵脉纹 ……………………………… 3. **飞瀑草属 Cladopus**

1. 川藻属 Terniopsis Chao

多年生小草本。根扁平窄长，长约12厘米，宽1-1.4毫米，肉质，粉红或紫红色，羽状分枝，具根毛状吸器，贴生于水底石块或木桩上。茎多数，生于根的两侧，单生或分枝，长7-9毫米，每枝有5-10叶片。单叶，扁平，无柄，全缘，3列，上面一列较大，直立，侧面两列较小，外展，常自顶端向基部渐小。花小，两性，无梗，单生或成对，着生于茎基部第一片叶的叶腋；无佛焰苞，苞片2，盔形，薄膜质，深紫色，长约1毫米。花被裂片3，紫或紫绿色，覆瓦状排列，基部合生成筒，雄蕊2-3，与花被裂片互生，花丝短，离生，花药卵形，4室，内向，基部箭形；子房椭圆形，3室。长0.7-0.8毫米，柱头3，垫状，中轴胎座肥厚。蒴果椭圆形，3瓣裂，瓣片大小相等。种子多数，卵圆形，长0.2-0.24毫米。

我国特有单种属。

川藻　　　　　　　　　　　　　　　图 775

Terniopsis sessilis Chao in Contr. Inst. Bot. Nat. Acad Peiping 6 (1)：4. 1948.

形态特征同属。花期冬季。

产福建，生于水流湍急的水底岩石或木桩上。

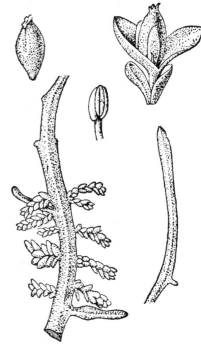

图 775 川藻 （余汉平绘）

2. 水石衣属 Hydrobryum Endl.

水生草本。根呈叶状体状，绿色，紧贴于流水中的岩石上，形似地衣。茎极短，不分枝或几无茎。叶鳞片状，2列，呈覆瓦状排列，基部叶有时呈丝状体或全为丝状体，不规则生于叶状体状的根上。花两性，单朵顶生，花蕾期包于佛焰苞内，开花时佛焰苞腹面纵裂，花伸出；具花梗；花被片2（稀1、3或4），线形，生于花丝基部两侧；雄蕊2，花丝大部合生，花药2室，内向，纵裂；子房椭圆形，2室，背腹扁，有（6-）12-22纵脉，基部有柄，花柱2；倒生胚珠多数，中轴胎座。蒴果室间开裂为等大的2果瓣，果瓣有纵脉纹。种子小，椭圆状，多数。

4种，产日本、中国、印度及越南。我国1种。

水石衣　　　　　　　　　　　　　　图 776

Hydrobryum griffithii（Wall. ex Griff.）Tulasne in Ann. Sci. Nat. ser. 3, 11：103. 1849.

Podostemon griffithii Wall. ex Griff. Asiat. Res. 19：105. pl. 17. 1838.

多年生小草本。根呈叶状体状，固着于石头上，外形似地衣，径达2.5厘米。叶鳞片状，2列，每4-6一簇，覆瓦状排列，有时基部叶为长3-6毫米的丝状体或有时全为丝状体，每2-6一簇，不规则散

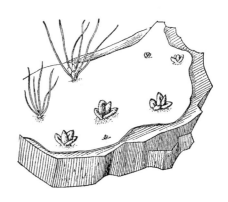

图 776 水石衣 （余汉平绘）

生于叶状体状的根上。佛焰苞长约2毫米，花被片2，线形，生于花丝基部两侧；雄蕊与子房近等长，花药长圆形；子房椭圆形；花柱极短，柱头2，楔形。蒴果椭圆形，长2.2毫米，果爿有纤细纵脉。种子椭圆形，种皮有颗粒。花期8-10月，果期翌年3-4月。

产云南，生于山麓溪流中石上。印度及越南有分布。

3. 飞瀑草属 Cladopus H. Moell.

水生小草本。根扁平，叶状体状，多分枝，紧贴于石上。茎极短，不分枝。生于不育枝上的叶部分线形，部分指状分裂，生于能育枝上的叶鳞片状，2裂成指状，覆瓦状排列。花葶长不及1厘米，花单朵顶生，两性，两侧对称，开花前藏于佛焰苞内；花被片2，线形或窄三角形，生于花丝基部两侧；雄蕊1-2，花药基着；子房平滑，斜椭圆形，2室，花柱2，线形。蒴果近球形，2裂，较大的1枚裂片宿存。

5种，分布于东亚及东南亚。我国1种。

飞瀑草　　　　　　　　　　　　　　　　图 777

Cladopus nymani H. Moell. in Ann. Jard. Bot. Buitenzorg ser. 2, 1: 115. 1899.

根窄长扁平，绿色常带红，宽0.5-3毫米，羽状分枝，借吸器紧贴石上。

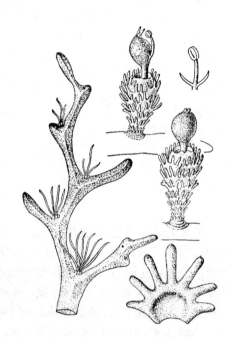

不育枝之叶簇生、线形、长3-4毫米，春季顶端常为紫色，夏季为黄绿色；能育枝上的叶常指状分裂，长1-2毫米，宽1-3毫米，覆瓦状排列，上部叶常较下部的为大，花后叶脱落。花单朵顶生，花葶长5毫米，佛焰苞斜球形，径约2毫米；花被片2，线形，长约1毫米，位于花丝基部二侧；雄蕊1，长1.8毫米，花药倒卵形或球形；子房长约1.5毫米，柱头2裂，偏斜。蒴果椭圆形，长1.5-2毫米，平滑；果柄长1.5-3毫米。种子多数，小。花期冬季。

图 777 飞瀑草 （余汉平绘）

产福建、广东及海南，生于水流湍急的河川及瀑布下。亚洲东南部及东部有分布。

115. 小二仙草科 HALORAGACEAE

（陈家瑞）

水生或陆生草本，稀亚灌木。叶互生、对生或轮生，沉水叶常篦齿状分裂；无托叶。花小，两性或单性，常具小苞片，腋生，单生或腋生，或成顶生穗状花序、圆锥花序、伞房花序。萼筒贴生于子房，萼片2-4或缺；花瓣2-4，早落，或缺；雄蕊2-8，2轮，外轮对萼离生，花药基着；子房下位，2-4室，柱头2-4裂，无柄或具短柄，每子室1倒生胚珠，垂悬于室顶。坚果或核果状，有时有翅，不裂，稀瓣裂。种子胚直伸，有胚乳。

8属，约100种，广布全世界，主产大洋洲。我国2属7种和1变种。

1. 水生草本；花单生或轮生叶腋，稀为顶生穗状花序；花瓣2-4（-0），雄蕊2-8；果裂成4（-2）小坚果，每小坚果含1种子；叶轮生或互生，无柄，常羽状分裂 ·········· 1. 狐尾藻属 Myriophyllum
1. 陆生草本；多为顶生或上部腋生的总状花序或圆锥花序；花瓣4-8，雄蕊8；果不裂，小坚果含1-4种子；叶常对生或在上部互生，具柄，多不裂 ·········· 2. 小二仙草属 Haloragis

1. 狐尾藻属 Myriophyllum Linn.

水生或半湿生柔软草本。根系发达，在水底泥中蔓生。叶互生或轮生，无柄或近无柄，线形或卵形，常篦齿状分裂，有时水上叶全缘或有锯齿。花水上生，很小，无柄，单生叶腋或轮生，稀成穗状花序；苞片2，全缘或分裂。花单性同株或两性，稀雌雄异株。雄花萼筒短，顶端2-4裂或全缘；花瓣2-4，早落，具退化雌蕊或缺；雄蕊2-8，离生，花丝丝状，花药线状长圆形，基着，纵裂。雌花萼筒贴生于子房，具4深槽，4裂或不裂；花瓣小，早落或缺；具退化雄蕊或缺；子房下位，（2）4室，每室具1倒生胚珠，花柱（2）4裂，常弯曲，柱头羽毛状。果熟后裂成（2）4小坚果的果瓣，果皮光滑或有瘤状物，每果瓣具1种子。种子圆柱形，种皮膜质，具胚乳。

约45种，广布于全世界。我国约5种1变种。

1. 雌雄异株；茎不分枝；沉水叶常3-4轮生，水上叶常不裂，细线状；雄蕊8；果具细疣 ··········
   ·········· 1. 乌苏里狐尾藻 M. propinquum
1. 雌雄同株；茎常分枝；叶常有水上叶和沉水叶，常5片轮生、互生或假轮生；雄蕊8或4；果平滑。
   2. 花常生于茎顶或叶腋，穗状花序；雌花无花瓣；苞片全缘或有齿；雄蕊8 ······ 2. 穗状狐尾藻 M. spicatum
   2. 花生于叶腋；雌花有小花瓣；苞片全缘或分裂；雄蕊8或4。
     3. 苞片篦齿状分裂；叶4片轮生；雄蕊8 ·········· 3. 狐尾藻 M. verticillatum
     3. 苞片全缘；叶互生或假轮生；雄蕊4 ·········· 4. 矮狐尾藻 M. humile

1. 乌苏里狐尾藻 乌苏里萍 图 778

Myriophyllum propinquum A. Chun Ann. Nat. Hist. ser. I, 3: 30. 1839.

Myriophyllum ussuriense（Regel）Maxim.；中国高等植物图鉴 2: 1023. 1972.

多年生水生草本。根状茎发达，生于水底泥中，节部生多数须根。茎圆柱形，长6-25厘米。沉水叶4片轮生，有时3片轮生，宽披针形，长0.5-1厘米，羽状深裂，裂片短，对生，线形，全缘；水上叶1-2片，极小，不裂，线形；无叶柄；茎叶中均具簇晶体。花单生叶腋，雌雄异株，无花梗；苞片小，全缘，较花短。雄花花萼钟状；花瓣4，倒卵状长圆形，长约2.5毫米；雄蕊8或6，花丝丝状，花药椭圆形、淡黄色。雌花花萼壶状，贴生

于子房，裂片极小；花瓣早落；子房4室，四棱形，柱头4裂，羽毛状。果圆 卵形，长约1毫米，有4条浅沟，具细疣，心皮之间沟槽明显。花期5-6月，果期6-8月。

产黑龙江、吉林、安徽及台湾，生于小池塘或沼泽地水中。俄罗斯、朝鲜及日本有分布。

2. 穗状狐尾藻 泥茜　　　　　　　　　　　　　图 779

Myriophyllum spicatum Linn. Sp. Pl. 992. 1753.

多年生沉水草本。根状茎发达。茎长1-2.5米，多分枝。叶（3-4）5（4-6）片轮生，长3.5厘米，丝状细裂，裂片约13对，线形，长1-1.5厘米；叶柄极短或缺。花两性。单性或杂性，雌雄同株，单生于水上枝苞片状叶腋，

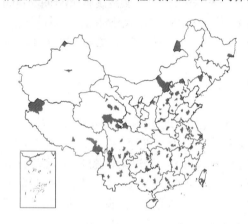

常4花轮生，由多花组成顶生或腋生穗状花序，长6-10厘米；如为单性花，则上部为雄花，下部为雌花，中部有时为两性花，基部有1对苞片，其中1片稍大，宽椭圆形，长1-3毫米，全缘或羽状齿裂。雄花萼筒宽钟状，顶端4深裂，平滑；花瓣4，宽匙形，凹入，长2.5毫米，顶端圆，粉红色；雄蕊8，花药长椭圆形，长2毫米，淡黄色；无花梗。雌花萼筒管状，4深裂；无花瓣，或不明显；子房4室，花柱4，很短、偏于一侧，柱头羽毛状，外反；大苞片长圆形，全缘或有细齿，较花瓣短，小苞片近圆形，有锯齿。果片宽卵形或卵状椭圆形，长2-3毫米，具4纵深沟，沟缘光滑或有时具小瘤。花期春至秋，果期4-9月。

世界广布种。我国南北各地池塘、河沟、沼泽中常有生长，在富含钙质的水域中常见。全草药用，清凉、解毒、止痢，治慢性下痢。亦可作养猪、养鱼、养鸭饲料。

3. 狐尾藻 轮叶狐尾藻　　　　　　　　　　　图 780

Myriophyllum verticillatum Linn. Sp. Pl. 992. 1753.

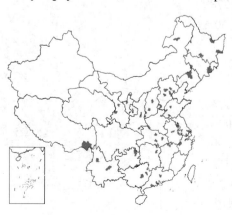

多年生粗壮沉水草本。根状茎发达，节部生根。茎长20-40厘米，多分枝。叶常4片轮生，或3或5片轮生，沉水叶长4-5厘米，丝状全裂，无叶柄，裂片8-13对，互生，长0.7-1.5厘米；水上叶互生，披针形，鲜绿色，长约1.5厘米，裂片较宽。秋季于叶腋中生于棍棒状冬芽而

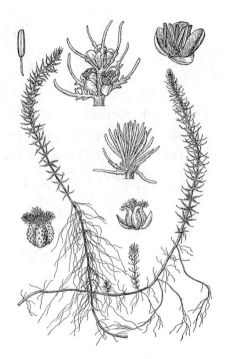

图 778 乌苏里狐尾藻
（引自《华东水生维管束植物》）

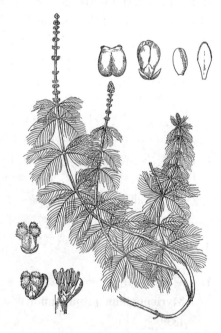

图 779 穗状狐尾藻
（引自《华东水生维管束植物》）

越冬。花单性，雌雄同株或杂性，单生于水上叶腋内，每轮具4花，花无梗，比叶片短；苞片羽状篦齿状分裂。雌花生于水上茎下部叶腋；萼片贴生于子房，顶端4裂，裂片卵状三角形，

长不及1毫米；花瓣4，舟状，早落；雌蕊1，子房宽卵形，4室，柱头裂片三角形；花瓣4，椭圆形，长2-3毫米，早落。雄花雄蕊8，花药椭圆形，长2毫米，淡黄色，花丝丝状，花后伸出花冠。果宽卵形，长3毫米，具4浅槽，顶端具残存萼片及花柱。

世界广布种。黑龙江、吉林、辽宁、内蒙古、河北、山西、陕西、宁夏、甘肃、山东、江苏、浙江、安徽、江西、河南、湖北、湖南、广东、广西、贵州、云南及西藏各地池塘、河沟、沼泽中常有生长，常与穗状狐尾藻混生。四季可采收，供养猪、养鱼、养鸭饲料。

4. 矮狐尾藻 图 781

Myriophyllum humile Morong in Bull. Torrey Bot. Club. 18: 242. 1894.

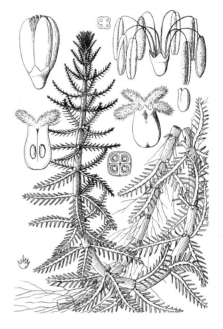

图 780 狐尾藻 （引自《图鉴》）

多年生水生草本。根状茎在水底泥中蔓延，节部生根。茎多分枝，顶部伸出水面。叶互生，有时假轮生，沉水叶羽状细裂，长3-3.5厘米，茎上部水上叶羽状裂，或尖锯齿状，或全缘（生于最顶部的）。花单生叶腋，常两性，无花梗；苞片2，卵形，全缘；萼筒四方形，长0.5毫米，裂片卵形，先端短尖；花瓣4，宽匙形，长1.2毫米；雄蕊4，花药窄长圆形。果爿四方角柱状，平滑，长不及1毫米。花果期夏秋季。

产广东、海南及福建，喜生于水田中。北美及印度东部有分布。

2. 小二仙草属 Haloragis J. R. et G. Forst.

陆生平卧或直立纤细草本，稀亚灌木。多数种类的茎沿叶柄下延成棱。叶小，下部和幼枝上的叶常对生，上部的有时互生，革质或薄革质。花小，生于苞腋内为短穗状花序、总状花序或圆锥花序，或单生或簇生于上部叶腋，成假二歧聚伞花序，具2小苞片。萼筒圆柱形，具棱，4裂，宿存；花瓣4-8或缺，兜状凹入，稀平；雄蕊4或8，花丝短，花药线形；子房下位，(1)2-4室，每室有1枚下垂胚珠，柱头2或4裂，裂片羽状半裂。果小，坚果状，不裂，具纵条纹。种子1-4，外种皮膜质，胚乳肉质。

约60种，主产大洋洲、南北美洲、亚洲、地中海沿岸和马达加斯加。我国2种。

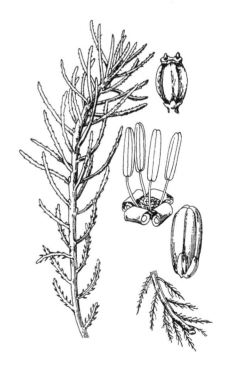

图 781 矮狐尾藻 （仿《广州植物志》）

1. 叶近无柄，线状披针形或长圆形，长1-2.8厘米，两面多少被粗毛；花萼边缘黄白色，花瓣黄色；苞片1 ⋯⋯
⋯⋯⋯⋯⋯⋯⋯⋯⋯⋯⋯⋯ 1. **黄花小二仙草 H. chinensis**
1. 叶具短柄，多为卵状或近卵圆形，长0.6-1.7厘米，常无毛；花萼绿色，花瓣红色；苞片1或2 ⋯⋯⋯⋯⋯
⋯⋯⋯⋯⋯⋯⋯⋯⋯⋯⋯⋯ 2. **小二仙草 H. micrantha**

1. 黄花小二仙草

图 782

Haloragis chinensis (Lour.) Merr. in Trans. Am. Phil. Soc. n. ser. 24 (2): 39. 1935.

Gaura chinensis Lour., Fl. Cochinch. 225. 1790.

多年生细弱陆生草本，高达60厘米。茎四棱形，近直立或披散，多分枝，多少被倒粗毛，节上常生不定根。叶对生，近无柄，常线状披针形或长圆形，长1-2.8厘米，宽1-9毫米，基部宽楔形，先端钝尖，具细锯齿，两面粗糙，多少被粗毛，淡绿色；茎上部的叶有时互生，成苞片状。花序为纤细总状花序及穗状花序组成顶生圆锥花序。花两性，极小，近无柄，长0.2-0.7毫米，基部具1苞片；萼筒圆柱形，4深裂，具棱，裂片披针状三角形，边缘黄白色硬骨质；花瓣4，窄长圆形，长0.5-0.9毫米，宽0.4-0.6毫米，黄色，背面疏生毛；雄蕊8，花丝短，花药窄长圆形，基着，纵裂；子房下位，卵状，4室，花柱长0.1-0.3毫米。坚果近球形，长约1毫米，具8纵棱，有瘤状物。花期春夏秋季，果期夏秋季。

图 782 黄花小二仙草 （引自《图鉴》）

产浙江、福建、江西、湖北、湖南、广东、海南、广西、贵州、四川及云南，生于潮湿荒山草丛中。澳大利亚东南部哈瓦利、密克罗尼西亚、马来西亚、越南、泰国及印度有分布。

2. 小二仙草 沙生草

图 783

Haloragis micrantha (Thunb.) R. Br. ex Sieb. et Zucc. in Flind. Vov. App. 550. 1814.

Gonocarpus micranthus Thunb. Nov. Gen. 55. 1783.

多年生陆生草本，高达45厘米。茎直立或下部平卧，具纵槽，多分枝，多少粗糙，带赤褐色。叶对生，卵形或卵圆形，长0.6-1.7厘米，宽4-8毫米，基部圆，先端短尖或钝，疏生锯齿，常两面无毛，淡绿色，背面带紫褐色，具短柄；茎上部的叶有时互生，渐成苞片状。顶生圆锥花序由纤细总状花序组成。花两性，径约1毫米，基部具1苞片与2小苞片；萼筒长0.8毫米，4深裂，宿存，绿色，裂片三角形，长0.5毫米；花瓣4，淡红色，比萼片长2倍；

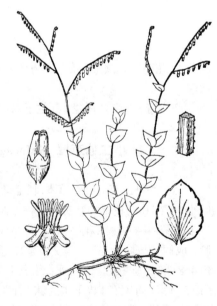

图 783 小二仙草 （引自《图鉴》）

雄蕊8，花丝长0.2毫米，花药线状椭圆形，长0.3-0.7毫米；子房2-4室。坚果近球形，长0.9-1毫米，有8纵钝棱，无毛。花期4-8月，果期5-10月。

产河北、山东、江苏、安徽、浙江、台湾、福建、湖北、湖南、广东、海南、广西、贵州、四川及云南，生于荒山草丛中。澳大利亚、新西兰、马来西亚、印度、越南、泰国、日本及朝鲜有分布。全草药用，可清热解毒、利尿除湿、散瘀消肿，治毒蛇咬伤。全草为羊的好饲料。

116. 海桑科 SONNERATIACEAE

（覃海宁）

乔木或灌木。单叶革质，对生，全缘，无托叶。花两性，辐射对称，具花梗，单生或2-3花聚生于小枝顶部或排列成伞房花序。花萼厚革质，4-8裂，裂片宿存，芽时镊合状排列，短尖，内面通常具颜色；花瓣4-8，与花萼裂片互生，或无花瓣；雄蕊多数，生萼筒上部，排列成1至多轮，花蕾时内折，花丝分离，线状锥形，花药肾形或长圆形，2室，纵裂；子房近上位，无柄，花时为花萼基部包围，4至多室，胚珠多数，生于粗厚的中轴胎座上，花柱单生，长而粗，柱头头状，全缘或微裂。果为浆果或蒴果。种子多数，细小，无胚乳。

2属，约10种，分布于非洲和亚洲热带。我国2属4种。

1. 树干基部周围有许多与水面成垂直而高出水面的呼吸根；花单生或2-3朵聚生于枝顶部；浆果；种子两端种皮不延长；海滩植物 ·· 1. 海桑属 Sonneratia
1. 树干基部常具板状根；顶生伞房花序；蒴果；种子两端种皮延伸成尖尾状；内陆植物 ··
··· 2. 八宝树属 Duabanga

1. 海桑属 Sonneratia Linn. f.

乔木或灌木，全部无毛，生于海岸泥滩上；树干基部周围很多与水面垂直而高出水面的呼吸根。花单生或2-3朵聚生于近下垂的小枝顶部。萼筒倒圆锥形、钟形或杯形，4-6（-8）裂，裂片卵状三角形，内面常有颜色；花瓣与花萼裂片同数，狭窄，或无花瓣；雄蕊极多数，花药肾形；花盘碟状；子房多室，花柱芽时弯曲。浆果扁球形，顶端有宿存的花柱基。种子藏于果肉内；种皮不延长。

约6种，分布于非洲东部热带海岸和邻近岛屿及马来西亚、密克罗尼西亚、澳大利亚及日本（琉球群岛南部）。我国3种。本属植物是组成红树林种类之一，其树干周围有很多与海面成垂直而又高出水面的呼吸根，这些根是埋藏于污泥中与地面平行、潮涨时淹没的根生出的，藉它在大气中进行气体交换以维持淹没水里的正常根的生理功能。

1. 萼筒无棱，在果实成熟时成浅碟状，裂片平展，内面绿或黄白色；花瓣线状披针形，暗红色，花丝粉红色或上部白色，下部红色 ·· 1. 海桑 S. caseolaris
1. 萼筒具棱，果实成熟时钟形或倒圆锥形，裂片外反，内面红色；花瓣线形，白色，有时下部淡红色，与花丝不易区别，花丝白色 ·· 2. 杯萼海桑 S. alba

1. 海桑　　　　　　　　图 784: 1-4 彩片 173

Sonneratia caseolaris（Linn.）Engl. in Engl. u. Prantl, Nachtr. 261. 1897.

Rhizophora caseolaris Linn. in Stickman, Herb. Amb. 13. 1754, pro part.

乔木，高达6米。小枝常下垂，有隆起的节，幼时具钝4棱，稀具锐4棱或具窄翅。叶形状变异大，宽椭圆形、长圆形或倒卵形，长4-7厘米，先端钝尖或圆，基部渐窄并下延至叶柄，中脉在两面稍凸起，侧脉纤细，不明显；叶柄极短，有时不明显。花具短而粗壮的梗；萼筒平滑无棱，浅杯状，在果熟时呈浅碟状，裂片平展，通常6，内面绿或黄白色，比萼筒长；花瓣线状披针形，暗红色，长1.8-2厘米，花丝粉红色或上部白色，下部红色，长2.5-3厘米；花柱长3-3.5厘米，柱头头状。浆果球形，基部为宿存

的萼筒包围，径4-5厘米；顶端具宿存花柱。染色体2n=24。花期冬季，果期春夏季。

产海南，生于海边泥滩。东南亚热带至澳大利亚北部有分布。呼吸根置水中煮沸后可作软木塞的次等代用品。嫩果味酸，可食。

2. 杯萼海桑 剪刀树　柳果　　　　　　　　　图 784: 5

Sonneratia alba J. Smith in Rees Cycl. n. 2, 33. 1819.

灌木或乔木，高达4米。枝和小枝均有隆起的节，近四棱形。叶倒卵形或宽椭圆形，长4.5-6.5(-8)厘米，先端圆，基部渐窄成楔形，中脉在上面平坦，在下面凸起而稍宽，侧脉纤细，不明显；叶柄扁，长0.5-1厘米。花具粗短的梗；萼筒钟形或倒圆锥形，有明显的棱，结实时形状不变，裂片外反，内面红色，长1.5厘米，宽约5毫米，常短于萼筒；花瓣线形，与花丝不易分别，长1.3-2厘米，宽0.5-1.2毫米，白色，有时下部淡红色；花丝白色。成熟果实长2-2.5厘米，径3-4厘米。染色体2n=24。花果期秋冬季。

图 784: 1-4. 海桑　5. 杯萼海桑　（黄少容绘）

产海南，生于滨海泥滩和河流两侧潮水到达的红树林群落中。分布于非洲马达加斯加北部和亚洲热带浅海泥滩，北达日本的琉球群岛南部。在马来西亚，本种木材是一种名贵的商品木材，多作建筑和造船用。树皮含单宁17.6%，可染鱼网；果实可食。

2. 八宝树属 Duabanga Buch.-Ham.

乔木，常具板状根，末级小枝常下垂。叶下面通常苍白色。花4-8基数，5至多花排列成顶生伞房花序。萼筒倒圆锥形或杯形，裂片三角状卵形；花瓣有短柄，边缘常皱褶；雄蕊12或多数，1轮或多轮排列，花丝基部宽，渐向上变窄成锥尖，花药长圆形，丁字着生；子房半下位，4-8室，胚珠多数，柱头厚，微裂。蒴果室背开裂。种子小，两端种皮延伸成尖尾状。

3种，分布中国、马来西亚、印度尼西亚至新西兰。我国1种，引入栽培1种。

1. 雄蕊极多，排成2轮；花5-6基数，稀8或4基数；果长3-4厘米，径3.2-3.5厘米；叶具侧脉20-24对，叶柄长4-8毫米 ························· **八宝树 D. grandiflora**

1. 雄蕊24-45，排成1轮；花4基数，稀5或6基数；果长1.5-2.5厘米，径1.7-2.5厘米；叶具侧脉15-18对，叶柄长1-1.2厘米 ························· （附）. **细花八宝树 D. taylorii**

八宝树　　　　　　　　　　图 785 彩片 174

Duabanga grandiflora (Roxb. ex DC.) Walp. Repert. 2: 114. 1843.

Lagerstroemia grandiflora Roxb. ex DC. in Mém. Soc. Hist. Nat. Genéve. 32: 84. 1826.

乔木，板状根不甚发达。枝螺旋状或轮生于树干上，小枝下垂，幼时具4棱。叶宽椭圆形、长圆形或卵状长圆形，长12-15厘米，先端短渐尖，基部心形，中脉在上面下陷，在下面凸起，侧脉20-24对；叶柄长4-8毫米；

带红色。花5-6基数，稀8或4基数；花梗长3-4厘米，有关节；花开放时长2.2-2.8厘米（不连花丝），径3-4厘米；萼筒宽杯形，裂片长约2厘米，宽约1厘米；花瓣近卵形，连柄长2.5-3厘米，宽1.5-2厘米；雄蕊极多，排

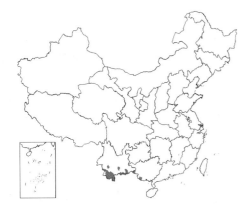

成2轮,花丝长4-5厘米,花药长1-1.2厘米;子房6或5室,花柱长3-4厘米,柱头微裂。蒴果长3-4厘米,径3.2-3.5厘米,成熟时从顶端向下开裂成6-9果片。种子长约4毫米。染色体2n=48。花期春季。

产云南南部及广西西南部,生于海拔900-1500米山谷或空旷地。印度、缅甸、泰国、老挝、柬埔寨、越南、马来西亚及印度尼西亚有分布。

[附] **细花八宝树 Duabanga taylorii** Jay. in Journ. Arn. Arb. 48: 93. f. 2-3. 1967. 本种与八宝树的区别:叶具侧脉15-18对,叶柄长1-1.2厘米;花4基数,稀5或8基数;雄蕊24-45,排成1轮;果长1.5-2.5厘米,径1.7-2.5厘米。原产印度尼西亚(爪哇)。海南引入栽培。木材纹理密细,多作建筑或家具用材。

图 785 八宝树 (黄少容绘)

117. 千屈菜科 LYTHRACEAE

(刘 寅　李树刚)

　　草本、灌木或乔木。枝常四棱形,有时具棘状短枝。叶对生,稀轮生或互生,全缘,叶下面有时具黑色腺点;托叶小或缺。花两性,常辐射对称,稀左右对称;单生或簇生,或组成顶生或腋生的穗状、总状或圆锥花序。花萼筒状或钟状,与子房分离而包子房,平滑或有棱,有时具距,顶部3-6裂,稀16裂,镊合状排列,裂片间有时具附属体;花瓣与萼裂片同数或无花瓣,如有花瓣,则着生萼筒边缘;雄蕊常为花瓣倍数,有时较多或较少,生于萼筒内,花丝长短不一,芽时常内折,花药2室,纵裂;子房上位,常无柄,2-6室,每室具倒生胚珠数颗,中轴胎座,中轴有时不达子房顶部,花柱单生,长短不一,柱头头状,稀2裂。蒴果(1)2-6室,横裂、瓣裂或不规则开裂,稀不裂。种子多数,形状不一,具翅或无翅,无胚乳,子叶平展,稀折叠。

　　约25属,550种,广布全世界,主产热带和亚热带地区。我国11属,约48种。

1. 草本或亚灌木。
　　2. 花常4-5(6)基数;花瓣不显著或无花瓣;萼筒钟形或球形,长宽近相等;蒴果突出萼筒之外。
　　　　3. 蒴果不规则开裂,果壁无横条纹;花单生或成腋生聚伞花序或稠密花束 ………… 1. 水苋菜属 Ammannia
　　　　3. 蒴果2-4瓣裂,果壁鲜时,用放大镜可见有密横纹;花单生或成穗状或总状花序 … 2. 节节菜属 Rotala
　　2. 花6基数;有花瓣,稀花瓣不明显;萼筒圆筒形,长为宽1/2倍以上;蒴果包于筒内。
　　　　4. 花辐射对称;萼筒直生,基部无距 ……………………………………… 3.千屈菜属 Lythrum
　　　　4. 花左右对称;萼筒斜生,基部背面有圆形距 ………………………… 4. 萼距花属 Cuphea
1. 乔木或灌木。
　　5. 叶下面具黑色小腺点;花瓣微小或缺,萼筒近基部缢缩状;种子无翅 …………… 5. 虾子花属 Woodfordia
　　5. 叶下面无黑色腺点。
　　　　6. 叶下面中脉顶端常有1腺体或小孔 ………………………………………… 6. 丽薇属 Lafoensia
　　　　6. 叶下面中脉顶端无腺体或小孔。

7. 花单生叶腋；花萼裂片间有明显附属体。

　　8. 萼筒具12棱，子房基部3室，上部1室；蒴果不规则开裂；种子周围有海绵质厚翅 … **7. 水芫花属 Pemphis**

　　8. 萼筒无棱，子房3-6室；蒴果室背开裂；种子无翅 ……………………………………… **8. 黄薇属 Heimia**

7. 花多数组成顶生圆锥花序；花萼裂片间无附属体。

　　9. 植株无刺；花瓣（5）6；雄蕊多数；蒴果常3-6裂；种子顶端具翅 ……………… **9. 紫薇属 Lagerstroemia**

　　9. 植株具刺；花瓣4，雄蕊8；果不规则开裂或不裂；种子无翅 ………………… **10. 散沫花属 Lawsonia**

1. 水苋菜属 Ammannia Linn.

　　一年生草本。茎直立，柔弱，分枝多，常具4棱。叶对生或互生，有时轮生；无托叶。花小，4基数，辐射对称，单生或组成腋生的聚伞花序或稠密花束；苞片常2枚。萼筒钟形或筒状钟形，花后成球形或半球形，4-6裂，裂片间有时具细小附属体，花瓣与萼裂片同数，细小，贴生于萼筒上部与萼裂片互生，或无花瓣；雄蕊（2-）4（-8）；子房包于萼筒内，长圆形或球形，2-4室，花柱细长或短，直立，柱头头状；胚珠多数，中轴胎座。蒴果膜质，球形或长椭圆形，下半部为宿存萼筒包被，熟时横裂或不规则周裂；果壁鲜时无横条纹。种子多数，细小，三角形，种皮革质。

　　约30种，广布于热带和亚热带，主产非洲和亚洲。我国4-5种。

1.湿生或陆生植物；叶生于下部的对生，生于上部的或侧枝上的有时略互生，稀轮生 …… **水苋菜 A. baccifera**

1.水生植物，植株大部沉于水中；叶二型，茎生叶毛状，密集轮生于节上，花序叶苞片状，5-8片轮生 ………………………………………………………… （附）. **泽水苋 A. myriophylloides**

水苋菜　　　　　　　　　　　　　　　　　　图 786

Ammannia baccifera Linn. Sp. Pl. 120. 1753.

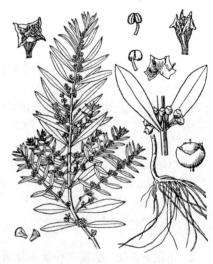

图 786 水苋菜 （何顺清绘）

　　一年生无毛草本，高达50厘米，无毛。茎直立，分枝多，带淡紫色，略呈4棱，具窄翅。茎下部叶对生，上部的或侧枝叶有时近对生，长椭圆形、长圆形或披针形，茎叶长达7厘米，侧枝叶长0.6-1.5厘米，宽3-5毫米，先端短尖或钝，基部渐窄，侧脉不明显。花密集，几无花序梗。花梗长1.5毫米；花长约1毫米，绿或淡紫色；花萼蕾期钟形，顶端平面呈四方形，裂片4，三角形，短于萼筒2-3倍，附属体褶叠状或小齿状；无花瓣；雄蕊4，贴生萼筒中部，与花萼裂片等长或较短；子房球形，花柱极短或无花柱。蒴果球形，成熟时紫红色，径1.2-2毫米，中部以上不规则周裂。种子极小，近三角形，黑褐色。花期8-10月，果期9-12月。

　　产河北、浙江、西藏、云南、四川、贵州、湖南、湖北、河南、广西、广东、香港及海南，常生于潮湿地方或水田中，冬春始见。越南、印度、阿富汗、菲律宾、马来西亚、澳大利亚、马达加斯加、赞比亚、坦桑尼亚、肯尼亚及埃塞俄比亚有分布。

　　[附] **泽水苋 Ammannia myriophylloides** Dunn in Journ. Bot. 47: 199. 1909. 与水苋菜的区别：水生草本，除花序外全部沉于水中；生于茎中部的叶密集轮生，毛状，长1.5-2.5厘米，花序叶长圆形或卵形，长2-3毫米，苞片状，每节5-8片，轮

生。花果期秋冬。产广东中部及南部，生于水塘中。

2. 节节菜属 **Rotala** Linn.

一年生草本，稀多年生，无毛或近无毛。叶对生或轮生，稀互生，无柄或近无柄。花细小，3-6基数，辐射对称，单生叶腋，或组成顶生或腋生穗状或总状花序。常无花梗；小苞片2枚。萼筒钟形、球形或壶形，干膜质，稀革质，3-6裂，裂片间无附属体，如有则为刚毛状；花瓣3-6，细小，宿存或早落，或无花瓣；雄蕊1-6；子房2-5室，花柱短或细长，柱头盘状。蒴果不完全为宿存萼筒所包，室间裂成2-5瓣，软骨质，果壁用放大镜可见密集横纹。种子细小，倒卵形或近圆形。

约50种，主产亚洲及非洲热带地区，少数产澳大利亚、欧洲及美洲。我国6-7种。

1. 叶对生。
  2. 花萼裂片间有附属体。
    3. 叶椭圆状长圆形、披针形或长椭圆形；花瓣有颜色，花柱长为子房1/2-2/3或更长 ·················
       ··· 1. **密花节节菜 R. densiflora**
    3. 叶窄长圆形或披针状长圆形；花瓣薄而透明或无花瓣，花柱极短，约与柱头等长 ·················
       ·· 1(附). **薄瓣节节菜 R. pentandra**
  2. 花萼裂片间无附属体。
    4. 叶倒卵状椭圆形或长圆状倒卵形；花序腋生，稀单生，小苞片线状披针形；花瓣长不及萼筒裂片1/2；蒴果裂成2-3瓣 ··· 2. **节节菜 R. indica**
    4. 叶近圆形、宽倒卵形或椭圆形，基部钝或近心形；花序顶生；小苞片披针形或钻形，花瓣长约为花萼裂片2倍；蒴果裂成3-4瓣 ······························ 3. **圆叶节节菜 R. rotundifolia**
1. 叶3-5片轮生；无花瓣，花萼裂片间无附属体，几无花柱 ··················· 4. **轮叶节节菜 R. mexicana**

1. 密花节节菜

图 787: 1-3

Rotala densiflora (Roth) Koehne in Engl. Bot. Jahrb. 1: 164. 1880.

Ammannia densiflora Roth in Roem et Schult. Syst. 3: 304. 1818.

一年生草本。茎基部常伏地，高达10（-20）厘米，分枝多或少。叶近交互对生，无柄，椭圆状长圆形、披针形或长椭圆形，长约1.2厘米，大叶长达3厘米，生于枝梢或分枝之叶长约5毫米，宽1.5-5毫米，先端钝尖或短尖，基部宽，下面叶脉极不明显。花无梗，单生叶腋，密集。小苞片毛状，约与花萼等长；萼筒钟形，果时半球

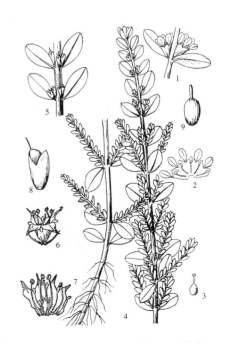

图 787: 1-3.密花节节菜 4-9.节节菜
（邓晶发绘）

形，长1-2毫米，裂片5，短齿状，稀3或4，裂片间有刚毛状附属体；花瓣5，倒卵形或近圆形，与花萼裂片等长或长2倍，有颜色，先端常微凹；雄蕊5，有时4或3，花柱长为子房1/2-2/3或过之。蒴果近球形，3瓣裂。花果期8月。

产台湾、广东北部及海南,生于湿地。印度、斯里兰卡、澳大利亚、马达加斯加、赞比亚、埃塞俄比亚及阿尔及利亚有分布。

[附] **薄瓣节节菜 Rotala pentandra** (Roxb.) Blatt. et Hallb. in Journ. Bomb. Nat. Hist. 25: 707. 1918, pro parte. —— *Ammannia pentandra* Roxb. Fl. Ind. 1: 448. 1820. 与密花节节菜的区别: 叶窄长圆形或披针状长圆形, 花瓣薄而透明或无花瓣; 花柱与柱头近等长; 蒴果裂为3-5瓣。产江苏东北部、福建、海南、广西、贵州及云南,生于湿地、田野或水田中。阿富汗、印度、印度尼西亚、菲律宾及日本有分布。

2. 节节菜

图 787: 4-9 彩片 175

Rotala indica (Willd.) Koehne in Engl. Bot. Jahrb. 1: 172. 1880.

Peplis indica Willd. Sp. Pl. 2: 244. 1799.

一年生草本。茎分枝多,节上生根,常略具4棱,基部匍匐,上部直立或稍披散。叶对生,倒卵状椭圆形或长圆状倒卵形,长0.4-1.7厘米,宽3-8毫米,侧枝之叶长约5毫米,先端近圆或钝而有小尖头,基部楔形或渐窄,下面叶脉明显,边缘软骨质。花长不及3毫米,常组成腋生长0.8-2.5厘米的穗状花序,稀单生;苞片叶状,长圆状倒卵形,长4-5毫米。小苞片2枚,线状披针形,长约为花萼之半

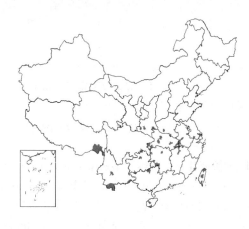

或稍过之;萼筒钟形,膜质,半透明,长2-2.5毫米,裂片4,窄三角形,先端渐尖,裂片间无附属体;花瓣4,淡红色,极小,倒卵形,长不及萼裂片之半,淡红色,宿存;雄蕊4;子房椭圆形,顶端窄,长约1毫米,花柱丝状,长为子房之半或相等。蒴果椭圆形,稍有棱,长约3.5毫米,成熟时常2瓣裂。花期9-10月,果期10月至翌年4月。

产河南、山东、江苏、安徽、浙江、福建、台湾、江西、湖北、湖南、广东、香港、海南、广西、贵州、云南、四川及西藏,常生于稻田中或湿地。印度、斯里兰卡,印度尼西亚、菲律宾、缅甸、泰国、越南、老挝、柬埔寨、日本及俄罗斯(远东地区)有分布。嫩苗可食。

3. 圆叶节节菜

图 788: 1-4 彩片 176

Rotala rotundifolia (Buch.-Ham. ex Roxb.) Koehne in Engl. Bot. Jahrb. 1: 175. 1880.

Ammannia rotundifolia Buch.-Ham. ex Roxb. Fl. Ind. ed. Carey et Wall. 1: 446. 1820.

一年生草本, 全株无毛。根茎细长,匍匐。茎单一或稍分枝,直立,丛生,高达30厘米,带紫红色。叶对生,无柄或具短柄,近圆形、宽倒卵形或椭圆形,长0.5-1厘米,宽0.4-1.5厘米,先端圆,基部钝,或无柄时近心形,侧脉4对,纤细。花单生于苞片内,组成顶生稠密穗状花序,长1-5厘米。花长约2毫米,几无梗;苞片叶状,卵形或卵状长圆形,约与花等长,小苞片2枚,披针形或钻形,与萼筒等长;萼筒宽钟形,膜质,半透明,长1-1.5毫米,裂片4,三角形,裂片间无附属体;花瓣4,倒卵形,淡紫红色,长约为花萼裂片2倍;雄蕊4;子房近梨形,长2毫米,花柱长为子房1/2,柱头盘状。蒴果椭圆形,成熟时3-4瓣裂。花果期12月至翌年6月。

产河南、山东、江苏、安徽、浙江、福建、台湾、江西、湖北、湖南、广东、香港、海南、广西、贵州、云南、四川及西藏,生于水田或湿地。印度、马来西亚、斯里兰卡、缅甸、泰国、越南及日本有分布。为南方稻田主要杂草,可作猪饲料。

4. 轮叶节节菜 图 788: 5

Rotala mexicana Cham. et Schlechtend. in Linnaea 5: 567. 1830.

一年生草本；全株无毛，带红色。茎高达10厘米，基部分枝，下部匍匐，上部直立。叶3-5轮生，窄披针形或线形，长0.6-1厘米，宽1.5-2毫米，先端平截，有凸尖，基部窄。花单生叶腋，无梗，长0.6-1毫米，略带红色。小苞片线形，薄膜质，与花萼近等长；花萼萼筒果时半球形，裂片4-5，三角形，裂片间无附属体；无花瓣；雄蕊2-3；子房卵形或近半球形。蒴果球形，长约1毫米，成熟时2-3瓣裂。花期9-11月。

产江苏、浙江、河南及陕西南部，常生于浅水或湿地。泰国、越南、菲律宾、日本及马达加斯加有分布。

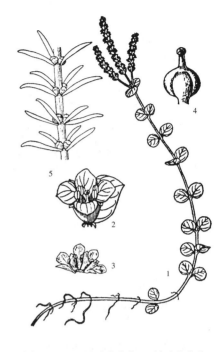

图 788: 1-4.圆叶节节菜 5.轮叶节节菜
（仿《图鉴》）

3. 千屈菜属 Lythrum Linn.

一年生或多年生草本，稀灌木。叶对生或轮生，稀互生。花单生叶腋或组成穗状花序或聚伞花序。花辐射对称或稍两侧对称，4-6基数，有二型或三型，萼筒长筒状，稀宽钟状，有8-12棱，裂片4-6，附属体明显，稀不明显；花瓣4-6，稀至8片或缺；雄蕊4-12，1-2轮，长、短各半或有长、中、短三类型；子房2室，无柄或几无柄，花柱线形，有长、中、短三类型。蒴果全包于宿萼内，常2瓣裂，每瓣或再2裂。种子8或多数，细小。

35种，广布全世界。我国4种。

本属多具大的花序和紫红色的花，常栽植于花坛或作切花供观赏；有些种类的根含单宁，可药用作收敛剂。

1. 叶基部圆或近心形，无柄，略抱茎。
　2. 全株被灰白色绒毛或粗毛，花序毛密 ································· **1. 千屈菜 L. salicaria**
　2. 全株无毛，或仅沿叶片和苞片边缘及萼筒棱上疏被柔毛 ·········· **1(附). 中型千屈菜 L. intermedium**
1. 叶基部楔形；植株各部无毛。
　3. 叶椭圆状披针形或披针形，长2-4厘米，全缘；花3-5朵组成聚伞花序，生于叶腋或轮生状 ·················· ································· **2. 光千屈菜 L. anceps**
　3. 叶线状披针形或披针形，长2-13厘米，具微小锯齿；花2-3朵组成聚伞花序，生于枝顶成穗状花序状 ·········· ································· **2(附). 帚枝千屈菜 L. virgatum**

1. 千屈菜 图 789: 1-6 彩片 177

Lythrum salicaria Linn. Sp. Pl. 446. 1753.

多年生草本。根茎粗壮。茎直立，多分枝，高达1米，全株青绿色，稍被粗毛或密被绒毛，枝常4棱。叶对生或3片轮生，披针形或宽披针形，长4-6（10）厘米，宽0.8-1.5厘米，先端钝或短尖，基部圆或心形，有时稍抱茎，无柄。聚伞花序，簇生，花梗及花序梗甚短，花枝似一大型穗状花序，苞片宽披针形或三角状卵形。萼筒有纵棱12条，稍被粗毛，裂片6，三角形，附属体针状；花瓣6，红紫或淡紫色，有短爪，稍皱缩；雄蕊12，6长6短，

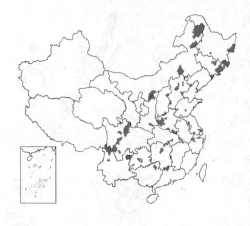

伸出萼筒；蒴果扁圆形。

产黑龙江、吉林、辽宁、内蒙古、河北、山西、陕西、甘肃、宁夏、新疆、青海、西藏、云南、四川、贵州、湖南、湖北、河南、山东、江苏、安徽、浙江、江西、福建、台湾、广西、广东、香港及海南,生于河岸、湖畔、溪沟边和湿润草地；有栽培。印度、马来西亚、缅甸、泰国、越南、日本、菲律宾、独联体、阿尔及利亚、美国、墨西哥及澳大利亚有分布。花美丽可作观赏植物；全草药用,治肠炎、痢疾等症；外用可止血。

[附] **中型千屈菜 Lythrum intermedium** Ledéb. ex Colla, Herb. Pedem. 2. 399. 1834. 与千屈菜的区别：全株无毛或仅沿叶片和苞片边缘及萼筒棱上疏被柔毛。产黑龙江、吉林、辽宁、河北及山东,生于潮湿草地。日本、朝鲜、俄罗斯、捷克、斯洛伐克及法国有分布。

2. 光千屈菜　　　　　　　　　　　图 789: 7-8

Lythrum anceps (Koehne) Makino in Bot. Mag. Tokyo 22: 169. 1908.

Lythrum salicaria Linn. var. *anceps* Koehne in Engl. Pflanzenr. 17 (IV-216): 76. 1903.

多年生草本,高约1米。茎直立,少分枝,无毛。叶对生,披针形或椭圆状披针形,长2-4厘米,宽5-7毫米,先端渐尖,基部宽楔形,不抱茎,全缘,两面无毛；几无叶柄。花紫红色,3-5朵组成聚伞花序,生于苞腋或轮生状；花序梗极短或几不明显。花梗长约2毫米,基部有2枚线状披针形小苞片；萼筒长约6毫米,无毛,有纵棱,裂片6,长约1.5毫米,附属体开展,稍长于萼裂片；花瓣6,长倒卵形；雄蕊12,长短不一,常有3型。

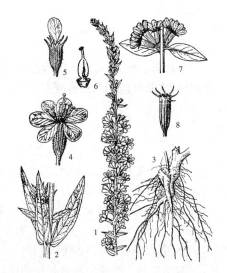

图 789: 1-6. 千屈菜　7-8. 光千屈菜
（何顺清绘）

千屈菜的区别：叶线状披针形或披针形,长2-13厘米,宽0.5-1.6厘米,边缘具微小锯齿；花2-3朵成聚伞花序,生于枝顶,再组成穗状花序状。产新疆及河北,生于湿地,栽培供观赏。欧洲东部、日本及朝鲜有分布。

产黑龙江、吉林、辽宁、内蒙古、山西及河南,常生于湿地或栽培供观赏。日本、朝鲜有分布。

[附] **帚枝千屈菜 Lythrum virgatum** Linn. Sp. Pl. 447. 1753. 与光

4. 萼距花属 Cuphea Adans. ex P. Br.

草本或灌木,全株多具粘质腺毛。叶对生或轮生,稀互生。花左右对称,单生或组成总状花序,生于叶柄之间,稀腋生或腋外生；小苞片2枚。萼筒呈花冠状,有颜色,有棱12条,基部有距或跎背状凸起,口部偏斜,有6齿或6裂片,具同数附属体；花瓣8,不相等,稀2枚或缺；雄蕊11,稀9、6或4枚,内藏或凸出,不等长,2枚较短,花药小,2裂或长圆形；子房上位,无柄,基部有腺体,具不等2室,每室有3至多数胚珠,花柱细长,柱头头状,2浅裂。蒴果长椭圆形,包于萼筒内,侧裂。

约300种，原产美洲和夏威夷群岛。我国引种栽培7种。

本属花美丽，多栽培供观赏。

1. 花萼细小，长1厘米以下，花瓣6，近等大 ·················· 1. **香膏萼距花 C. balsamona**
1. 花萼大，长1.6-2.4厘米，花瓣6，不等大 ·················· 2. **披针叶萼距花 C. lanceolata**

1. 香膏萼距花　　　　　　　　　　　　　　图 790

Cuphea balsamona Cham. et Schlechtend. in Linnaea 2: 363. 1827.

一年生草本，高达60厘米。小枝纤细，幼枝被短硬毛，后无毛而稍粗糙。叶对生，薄革质，卵状披针形或披针状长圆形，长1.5-5厘米，宽0.5-1厘米，先端渐尖或宽渐尖，基部渐窄或有时近圆，两面粗糙，幼时被粗伏毛，后无毛；叶柄极短，近无柄。花细小，单生枝顶或分枝叶腋，成带叶的总状花序。花梗极短，长约1毫米，顶部有苞片；花萼长4.5-6毫米，在纵棱上疏被硬毛；花瓣6，等大，倒卵状披针形，长约2毫米，蓝紫或紫色；雄蕊11或9，2轮，花丝基部有柔毛；子房长圆形，花柱无毛，不突出，胚珠4-8。

原产巴西、墨西哥等地。我国广东有栽培或野化。

2. 披针叶萼距花　　　　　　　　　　　　　图 791

Cuphea lanceolata Ait. Hort. Kew ed. 3, 150. 1789.

一年生草本。茎具粘质柔毛或硬毛，高达1米。叶对生，长圆形或披针形，稀近卵形，长2-4.5厘米，宽0.6-2厘米，先端渐尖，基部楔形，中脉在下面凸起；叶柄长约5毫米。花单生。花梗长2-6（-15）毫米；萼筒窄筒状，长1.6-2.4厘米，被紫色粘质柔毛或粗毛，基部有距裂片三角形，其中1枚较大；附属体细小；花瓣6，背面2枚较大，近圆形，淡紫红色，其余4枚较小，倒卵形或倒卵状圆形；雄蕊稍突出萼外，花丝被紫红色长柔毛；子房长约3毫米。蒴果长圆形。种子扁圆形，多数。花期7-9月，果期9-10月。

原产墨西哥。北京、广东、台湾、福建有引种。

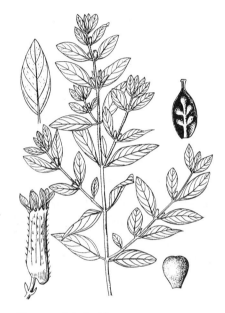

图 790 香膏萼距花 （引自《广东植物志》）

5. 虾仔花属 Woodfordia Salisb.

灌木。叶对生，全缘，下面有黑色斑点。花紫红色，组成腋生短聚伞状圆锥花序，稀单生，具花序梗。花梗基部有小苞片2枚；花6数，稀5数；萼长筒状，稍弯曲，近基部缢缩，口部偏斜，萼齿短，附属体微小；花瓣小或缺，着生于萼筒顶部；雄蕊12枚，着生在萼筒中部以下；子房生于萼筒基部；长椭圆形，2室，花柱线形，柱头小，胚珠多数。蒴果椭圆形，包于萼筒内，室背开裂。种子窄楔状倒卵形，平滑。

2种，1种产阿比西尼亚，另1种产我国、越南、印度、缅甸、斯里兰卡、印度尼西亚和马达加斯加。

虾仔花 吴福花　　　　　　　图 792 彩片 178

Woodfordia fruticosa（Linn.）Kurz in Journ. Asiat. Sci. Bengal 40:

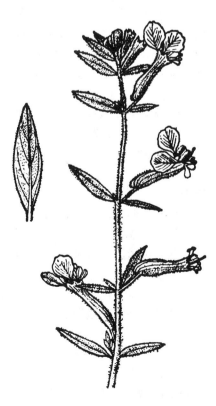

图 791 披针叶萼距花 （何顺清绘）

56. 1871.

Lythrum fruticosum Linn. Sp. pl. ed. 2, 641. 1762.

灌木，高达5米。分枝长而披散，幼枝被柔毛，后渐脱落。叶近革质，

披针形或卵状披针形，长3-14厘米，宽1-4厘米，先端渐尖，基部圆或心形，上面常无毛，下面被灰白色柔毛，具黑色腺点，有时无毛；无柄或近无柄。短聚伞状圆锥花序长约3厘米，具1-15花，被柔毛。花梗长3-5毫米；萼筒花瓶状，鲜红色，长0.9-1.5厘米，裂片长圆状卵形，长约2毫米；花瓣淡黄色，线状披针形，与萼裂片近等长；雄蕊12，突出萼外；子房长圆形，2室，花柱细长。蒴果膜质，线状长椭圆形，长约7毫米，裂成2果瓣。种子小，卵形或圆锥形，红棕色。花期春季。

产云南、贵州、广西西北部及广东西部，生于山坡路旁。越南、印度、缅甸、斯里兰卡、印度尼西亚和马达加斯加有分布。花药用，可收敛，治

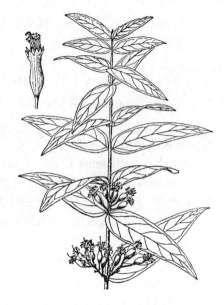

图 792 虾仔花 （引自《图鉴》）

痢疾、月经不调；花色泽鲜艳，常栽培供观赏。

6. 丽薇属 Lafoënsia Vand.

乔木或灌木状；全株无毛。枝圆柱形。叶交互对生，革质，光亮，下面中脉近顶部处常有1腺体或小孔。花美丽，腋生，单生或组成总状花序或圆锥花序状；苞片叶状而小于叶；小苞片2枚，早落。花8-16基数；萼筒钟形或半球形，革质，顶端10-12齿裂，裂片长三角形，膜质，花萼无附属体；花瓣8-12，着生于萼筒喉部，具爪及皱褶；雄蕊16-32，着生于萼筒内近中部，1轮，长而直立，花蕾时螺旋状旋转排列，花丝丝状，花药窄长圆形或线形，丁字着生；子房陀螺形或球形，具极短的柄或明显具柄，1室或不完全2室，胎座球形或碟形，胚珠多数，花柱极长，柱头头状。蒴果皮厚，坚硬，不完全室背开裂为2-4瓣，或顶端不规则破裂。种子扁，具宽翅。

约12种，产美洲热带地区。我国引入栽培1种。

丽薇
图 793

Lafoensia bandelliana Cham. et Schlechtend. in Linnaea 2: 346. 1827.

乔木状灌木，高达8米。枝圆柱形。叶交互对生，薄革质，倒卵形或倒卵状长圆形，长5-9厘米，宽3-4.5厘米，先端近圆或钝，顶部微凹，常反折，上面亮绿色，下面中脉近顶部有1腺体或小孔，侧脉15-18对，与中脉成90度角，在两面均凸起；叶柄长2-8毫米。花单生或数朵排成带叶的圆锥花序状。花梗长1.2-2.5厘米，稍扁；花8-13基数，常10基数；花萼半球形，长1.3-1.6厘米，10裂，裂片披针状三角形，长约7毫米，常反折；花瓣白色，长圆形或倒卵状长圆形，长2.5-3厘米，先端微缺或啮蚀状；雄蕊约22，花丝长6-7厘米；子房扁球形，具长1-2毫米的柄，花柱长6.5-7厘米。蒴果长3.5厘米，径2.5厘米。种子连翅长2.5-3厘米，宽1.2厘米。

图 793 丽薇 （邓晶发绘）

原产巴西及巴拉圭。台湾、福建、广东有栽培。花美丽，为观赏植物。

7. 水芫花属 Pemphis Forst.

灌木或小乔木。叶对生，全缘，肉质。花单生叶腋。花梗基部有2枚小苞片；花6基数，辐射对称；萼筒钟状或浅杯状，有12至多数棱，6裂，裂片短而直立，三角形，裂片间有6枚短小角状附属体；花瓣5，着生于萼筒顶部；雄蕊12，2轮，着生于萼筒近中部；子房小，基部3室，每室胚珠多数，花柱长，柱头头状。蒴果革质，球形或倒卵形，包于萼筒内或上半部伸出萼外，成不规则周裂。种子多数，楔状倒卵形，有棱或稍扁，种皮常成翅。

2种，1种产东半球热带海岸，另1种产马达加斯加。我国1种。

水芫花 图 794 彩片 179

Pemphis acidula J. R. et G. Forst. Char. Gen. Pl. 68. pl. 34. 1776.

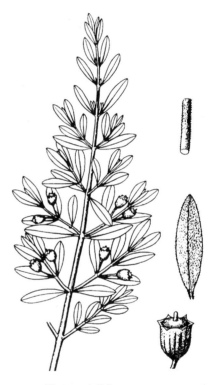

多分枝小灌木状，高约1米，有时成小乔木，高达11米。小枝、幼叶和花序均被灰色短柔毛。叶对生，肉质，椭圆形、倒卵状长圆形或线状披针形，长1-3厘米，宽0.5-1.5厘米；无叶柄或叶柄长2毫米。花腋生。花梗长0.5-1.3厘米，苞片长约4毫米；花二型，花萼长4-7毫米，有12棱，5浅裂，裂片直立；花瓣8，白或粉红色，倒卵形或近圆形，与萼等长或更长；雄蕊12，6长6短，长短相间排列，在长花柱的花中，最长的雄蕊长不及萼筒，较短的雄蕊约与子房等长，花柱长约为子房2倍，在短花柱的花中，最长的雄蕊超出花萼裂片之外，较短的雄蕊与萼筒近等长，花柱与子房等长或较短；子房球形，1室。蒴果革质，几全部被宿存萼筒包被，倒卵形，长约6毫米。种子多数，红色，光亮，长2毫米，有棱角，具厚翅。

图 794 水芫花 （邓晶发绘）

产台湾南部海岸及海南西沙群岛（金银岛）。印度尼西亚、新加坡、马来西亚、菲律宾、日本、越南、缅甸、印度有分布。木材坚硬，不易劈裂，常用作工具把柄，也可供制锚、木钉等；为优良护岸树种。

8. 黄薇属 Heimia Link

落叶灌木。有多数细而直的分枝。叶对生，部分互生或轮生；几无柄，无托叶。花单生叶腋，具短梗；苞片线形或倒卵形。花5-7数；花萼钟形或半球形，草质，萼筒无棱，裂片为筒长1/3或1/2，裂片间有角状附属体，开展；花瓣5-7，黄色；雄蕊10-18，等长，长约为花瓣之半；子房球形或倒卵形，3-6室，花柱细长，较雄蕊长。蒴果球形或近球形，近革质，3-6裂，室背开裂。种子细小，无翅。

3种，分布于墨西哥、美国得克萨斯洲西部及阿根廷。我国引入栽培1种。

黄薇 图 795

Heimia myrtifolia Cham. et Schlechtend. in Linnaea 2: 347. 1827.

灌木，植株无毛。枝圆柱形略有棱，分枝细长。叶椭圆形、披针形或线形，长1.5-5厘米，宽0.3-1.4厘米，先端渐尖，基部渐窄，叶脉不明显，侧脉在上面凸起，在叶缘连成边脉；几无叶柄。花单生，具短梗；花萼基部有2枚线状披针形苞片，长约4毫米，萼筒半球形，无棱，长3-5毫米，裂片宽三角形，果时包被蒴果，裂片间有角状附属体，长于花萼裂片；花瓣6，宽倒卵形，先端微凹，长宽均3-4毫米，早落；雄蕊12，伸出，花药圆形；子房球形，6室，花柱长5-6毫米，柱头头状。蒴果球形，径约4毫米。花果期7月。

　　原产巴西。上海、杭州、福建、台湾、桂林、广州有栽培。花黄，美丽，常栽培供观赏。

图 795 黄薇 （何顺清绘）

9. 紫薇属 Lagerstroemia Linn.

　　落叶或常绿灌木或乔木；植株无刺。叶对生、近对生或聚生于小枝上部，全缘；托叶极小，圆锥状，脱落。花两性，辐射对称；顶生或腋生的圆锥花序。花梗在小苞片着生处具关节；花萼半球形或陀螺形，革质，常具棱或翅，5-9裂；花瓣常6，或与花萼裂片同数，基部爪细长，边缘波状或有皱纹；雄蕊（8-）多数，着生萼筒近基部，花丝细长，长短不一；子房无柄，3-6室，每室有多数胚珠，花柱长，柱头头状。蒴果木质，花萼宿存，多少与萼粘合，室背开裂为3-6果瓣。种子多数，顶端有翅。

　　约55种，分布于亚洲东部、东南部、南部热带及亚热带地区，大洋洲也产。我国16种，引入栽培2种。本属一些种类的木材坚硬，纹理通直，结构细致，木材加工性质优良，切面光滑，易干燥，抗白蚁力较强，是珍贵的室内装修材，优良的造船材，也可作建筑、家具、箱板等用，可代核桃木作电工器材，其小材可作雕刻及农具柄；本属大多数种类都有美丽的花，常栽培作庭园观赏树；有的种类在石灰岩石山可生长成乔木，伐后萌蘖性强，是绿化石灰岩荒山的优良树种。

1. 花萼裂片内面密被柔毛；雄蕊25-30，其中有5-6枚较长 ·············· 1. **广东紫薇 L. fordii**
1. 花萼裂片内面无毛。
　2. 雄蕊6-40，其中有5-6枚花丝较粗较长；蒴果径不及1厘米。
　　3. 花萼外面密被柔毛，有棱12条，花萼裂片间有附属体；叶椭圆形或长椭圆形，长6-16厘米，下面沿脉密被柔毛，侧脉10-17对，叶柄长2-5毫米 ·············· 2. **福建紫薇 L. limii**
　　3. 花萼外面无毛或有微小柔毛，无棱或具不明显脉纹，萼裂片间无附属体或附属体不明显；叶无毛或下面稍被毛后脱落。
　　　4. 叶侧脉在叶缘处不互相连接。
　　　　5. 花萼无棱或脉纹，花萼长0.7-1厘米；蒴果长1-1.3厘米；小枝4棱，常有窄翅；叶椭圆形、宽长圆形或倒卵形，长2.5-7厘米，宽1.5-4厘米，无柄或柄很短 ·············· 3. **紫薇 L. indica**
　　　　5. 花萼具10-12条脉纹，花萼长不及5毫米；蒴果长6-8毫米；小枝圆柱形或具不明显4棱；叶柄长2-4毫米 ·············· 4. **南紫薇 L. subcostata**
　　　4. 叶侧脉在叶缘处分叉而连接。
　　　　6. 雄蕊18-28；叶宽椭圆形或长椭圆形，先端尾尖，侧脉5-7对 ·············· 5. **尾叶紫薇 L. caudata**
　　　　6. 雄蕊6；叶椭圆形或宽椭圆形，先端骤尖，侧脉7-9（-11）对 ·············· 6. **川黔紫薇 L. excelsa**
　2. 雄蕊常100枚以上，近等长，花较大，花瓣长2.5-3.5厘米；蒴果径达2厘米 ·············· 7. **大花紫薇 L. speciosa**

1. 广东紫薇　　　　　　　　　　　　　　　　图 796

Lagerstroemia fordii Oliv. et Koehne in Engl. Pflanzenr. 17(IV-216): 262. f. 56d. 1903.

乔木，高达8米。枝圆柱形，幼枝稍4棱。叶互生，纸质，宽披针形

或椭圆状披针形，长6-10厘米，宽2.5-3.5厘米，先端尾状渐尖，基部楔形，上面无毛，下面沿中脉被柔毛，后渐脱落，中脉及侧脉在两面均凸起，侧脉4-5对，网脉不明显；叶柄长0.3-1厘米。顶生圆锥花序长6-12厘米；花序梗及序轴被灰白色绒毛；花芽顶端圆，有细尖头。花梗长4-6毫米；花6基数；

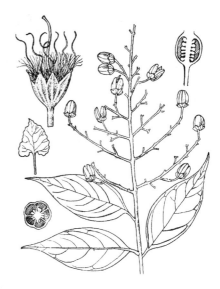

图 796 广东紫薇 （刘宗汉绘）

花萼长6毫米，有10-12条棱，被灰白色短柔毛，裂片6，三角形，先端尾尖，内面密被柔毛；花瓣近白色，圆心形，连爪长1-1.2厘米（爪长约5毫米）；雄蕊25-30，生于萼筒基部，其中有5-6枚较长，生于花萼上；子房无毛。蒴果卵球形，长1-1.2厘米，径7-9毫米，无毛，褐色。

产福建、广东及香港，生于低山疏林中。

2. 福建紫薇 图 797

Lagerstroemia limii Merr. in Philipp. Journ. Sci. Bot. 27: 165. 1925.

灌木或小乔木，高约4米。小枝圆柱形，密被灰黄色柔毛，后毛脱落而成褐色，光滑。叶互生至近对生，革质或近革质，椭圆形或长椭圆形，长6-16厘米，先端短渐尖或骤尖，基部楔形或圆，上面几无毛，或疏生短柔毛，下面沿脉密被柔毛，侧脉10-17对；叶柄长2-5毫米，密被柔毛。顶生圆锥花序，花轴及花梗密被柔毛。萼筒杯状，径约8毫米，有12条棱，外面密被柔毛，棱上尤甚，5-6裂，裂片

图 797 福建紫薇 （何顺清绘）

长圆状披针形或三角形，尾尖，长3-3.5毫米，内面无毛，附属体与花萼裂片同数，互生，生于萼筒之外，肾形，有时有2-6浅裂；花瓣淡红或紫色，圆卵形，有皱纹，爪长6毫米；雄蕊着生花萼，长约1厘米，较短的约有35枚，花丝长约7毫米；子房椭圆形，无毛，花柱长1.3-1.8厘米。蒴果卵形，顶端圆，长0.8-1.2厘米，径5-8毫米，褐色，光亮，有浅槽纹，约1/4

包于宿萼内，4-5裂片。种子连翅长8毫米。花期5-6月，果期7-8月。

产湖北东部及西部、浙江及福建东南部。

3. 紫薇 图 798 彩片 180

Lagerstroemia indica Linn. Sp. Pl. ed. 2, 734. 1762.

落叶灌木或小乔木，高达7米；树皮平滑，灰或灰褐色。枝干多扭曲，小枝纤细，具4棱，略成翅状。叶互生或有时对生，纸质，椭圆形、宽长圆形或倒卵形，长2.5-7厘米，先端短尖或钝，有时微凹，基部宽楔形或近圆，无毛或下面沿中脉有微柔毛，侧脉3-7对；无柄或叶柄很短。花淡红、紫色或白色，径3-4厘米，常组成顶

生圆锥花序。花梗长0.3-1.5厘米，被柔毛；花萼长0.7-1厘米，平滑无棱，鲜时萼筒有微突起短棱，两面无毛，裂片6，三角形，直立，无附属体；花瓣6，皱缩，长1.2-2厘米，具长爪；雄蕊38-42，外面6枚着生于花萼上，比其余的长得多，其余的生于萼筒基部；子房3-6室，无毛。蒴果椭圆状球形或宽椭圆形，长1-1.3厘米，幼时绿色至黄色，成熟时或干后呈紫黑色，室背开裂。种子翅长约8毫米。花期6-9月，果期9-12月。

原产朝鲜、日本、越南、菲律宾及澳大利亚。吉林、河北、山西、陕西、甘肃、宁夏、云南、四川、贵州、湖南、湖北、河南、山东、江苏、安徽、浙江、江西、福建、台湾、广西、广东、香港、海南栽培或野化。为优良观赏树，也可作盆景。

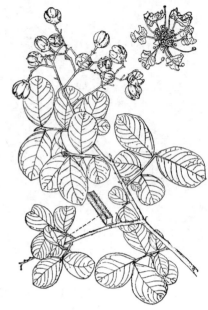

图 798 紫薇 （何顺清绘）

4.　南紫薇

图 799 彩片 181

Lagerstroemia subcostata Koehne in Engl. Bot. Jahrb. 4: 20. 1883.

落叶乔木或灌木，高达14米；树皮薄，灰白或茶褐色。小枝圆或具不明显4棱，无毛或稍被短硬毛。叶膜质，长圆形，长圆状披针形，稀卵形，长2-9(-11)厘米，宽1-4.4(-5)厘米，先端渐尖，基部宽楔形，上面常无毛或有时散生柔毛，下面无毛或微被柔毛或沿中脉被柔毛，有时脉腋间有丛毛，中脉在上面略凹下，侧脉3-10对，顶端连结；叶柄长2-4毫米。花密生，白或玫瑰色，径约1厘米，组成顶生圆锥花序，长5-15厘米；花序梗及序轴具灰褐色微柔毛。花萼有棱10-12条，长3.5-4.5毫米，5裂，裂片三角形，直立，内面无毛；花瓣6，长2-6毫米，皱缩，有爪；雄蕊15-30，约5-6枚较长，12-14枚较短，着生于萼片或花瓣上，花丝细长；子房无毛，5-6室。蒴果椭圆形，长6-8毫米，3-6瓣裂。种子有翅。花期6-8月，果期7-10月。

产四川、湖南、湖北、江西、江苏、安徽、浙江、福建、台湾、广东及广西，喜湿润肥沃土壤，常生于林缘、溪边。日本（琉球）有分布。木材坚硬，可作家具及建筑用；花药用，可去毒消瘀。

图 799 南紫薇 （何顺清绘）

5.　尾叶紫薇

图 800: 1

Lagerstroemia caudata Chun et How ex S. Lee et L. Lau in Bull. Bot. Res. (Harbin) 2(1): 144. 1982.

大乔木，高18(30)米，胸径约40厘米；树皮光滑，褐色，成片状剥落；全株无毛。小枝圆柱形，褐色，光滑。叶纸质或近革质，互生，稀近对生，宽椭圆形，稀卵状椭圆形或长椭圆形，长7-12厘米，先端尾尖，基部宽楔形或近圆，稍下延，侧脉5-7对，全缘或微波状；叶柄长0.6-1厘米。圆锥花序生于主枝及分枝顶端，长3.5-8厘米，花芽梨形，绿带红色，具小

尖头，有10-12条脉纹。花萼长约5毫米，5-6裂，裂片三角形，内面无毛，无附属体；花瓣5-6，白色，宽长圆形，连爪长约9毫米，爪长约2毫米；雄蕊18-28，花丝长3-4毫米，其中有3-6枚长达9毫米；子房无毛，花柱长达1厘米。蒴果长圆状球形，长0.8-1.1厘米，径6-9毫米，成熟时带红褐色，5-6裂。种子连翅长5-7毫米，宽2.5毫米。花期4-5月，果期7-

10月。

产江西北部、湖南西南部、贵州南部、广西、广东北部及西南部，生于林缘或疏林中。

6. 川黔紫薇 图 800: 2-7

Lagerstroemia excelsa (Dode) Chun ex S. Lee et L. Lau, Fl. Reipubl. Popul. Sin. 52 (2) : 104. 1983.

Orias excelsa Dode in Bull. Soc. Bot. France 56: 232. 1909.

落叶大乔木，高达30米，胸径1米；树皮灰褐色，成薄片状剥落。叶对生，膜质，椭圆形或宽椭圆形，长7-13厘米，先端骤尖，两侧不等大，边缘波状，上面无毛，下面被柔毛，侧脉7-9 (-11) 对，在两面均凸起；叶柄长4-8毫米，被柔毛。圆锥花序长11-30厘米，径3-8厘米，分枝具4棱，密被灰褐色星状柔毛；花多而密，细小，簇生状。花 (5) 6基数；花芽近球形，被柔毛；花萼长2毫米，有12条

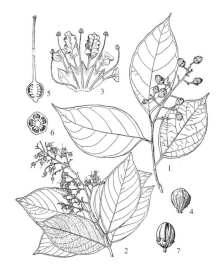

图 800: 1. 尾叶紫薇 2-7. 川黔紫薇
（邓盈丰绘）

不明显脉纹，初被星状柔毛，后无毛，裂片三角形，与萼筒等长；附属体细小，直立；花瓣黄白色，宽三角状长圆形，基部偏斜，爪长1-1.2毫米；雄蕊6，着生萼筒基部；子房球形，无毛，5-6室。蒴果球状卵形，长3.5-

5毫米，6裂。花期4月，果期7月。

产贵州东北及中部、四川东南部、湖北西部，生于海拔1200-2000米山谷密林中。

7. 大花紫薇 大叶紫薇 图 801 彩片 182

Lagerstroemia speciosa (Linn.) Pers. Synops 2: 72. 1807.

Munchausia speciosa Linn. in Munch. Hausv. 5. 357. 1770.

大乔木，高达25米；树皮灰色，平滑。小枝圆柱形，无毛或微被糠粃状毛。叶革质，长圆状椭圆形或卵状椭圆形，稀披针形，长10-25厘米，先端钝或短尖，基部宽楔形或圆，两面无毛，侧脉9-17对，在叶缘弯拱连接；叶柄粗，长0.6-1.5厘米。花淡红或紫色，径5厘米；顶生圆锥花序长15-25 (-46) 厘米。花梗长1-1.5厘米，花序轴、花梗及花萼外面均被黄褐色糠粃状密毡毛；花萼有棱12条，被糠粃状毛，长约1.3厘米，6裂，裂片三角形，反曲，内面无毛，附属体鳞片状；花瓣6，近圆形至长圆状倒卵形，长2.5-3.5厘米，几不皱缩，爪长约5毫米；雄蕊100-200，近等长；子房球形，4-6室，无毛，花柱长2-3厘米。蒴果球形或倒卵状长圆形，长2-3.8厘米，径约2厘米，褐灰色，6裂。种子多数，长1-1.5厘米。花期5-7月，果期10-11月。

原产斯里兰卡、印度、马来西亚、越南及菲律宾。云南、广西东南部、福建（厦门）、台湾、广东、香港及海南有栽培。花大美丽，为优良观赏树；木

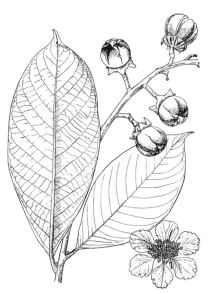

图 801 大花紫薇 （辛茂芳绘）

材坚硬，耐腐，色红亮，可用作家具、舟车、建筑等；树皮及叶可作泻药。

10. 散沫花属 Lawsonia Linn.

灌木,有时乔木状,高达6米;全株无毛。小枝稍四棱形,坚硬刺状。叶交互对生,稀稍互生,薄革质,椭圆形或椭圆状披针形,长1.5-5厘米,宽1-2厘米,先端短尖,基部楔形或渐窄成短柄,侧脉5对,纤细,在两面稍凸起。顶生圆锥花序长达40厘米。花芳香,白、玫瑰红或朱红色,径0.6-1厘米;萼筒极短或无,萼裂片4,宽卵状三角形,长2-5毫米;花瓣4,稍长于萼裂片,具短爪,皱缩;有齿;雄蕊常8,有时4-12,常成对,着生萼筒基部,伸出花冠之外;子房2-4室,花柱长,柱头钻状。蒴果扁球形,径6-7毫米,常有4条凹痕,不完全包于萼筒内,不规则开裂或不裂。种子多数,三角状尖塔形,平滑,无翅,顶端海绵质。

单种属。

散沫花 图 802

Lawsonia inermis Linn. Sp. Pl. 349. 1753.

形态特征同属。花期6-10月,果期11-12月。

分布于阿尔及利亚、印度尼西亚、新加坡、马来西亚、越南、菲律宾、澳大利亚等。云南、江苏、浙江、福建、广西西南部、广东南部、海南等省区常栽培于庭园供观赏,叶可提取红色染料,花可提取芳香油和浸制香膏。

图 802 散沫花 (引自《图鉴》)

118. 隐翼科 CRYPTERONIACEAE

(覃海宁)

乔木。叶对生,羽状脉,全缘。花单性,雌雄异株或杂性;总状花序很长,由数序集为圆锥花序。花小,无花瓣;苞片线形或锥形;萼齿4-5,宿存;雄花的雄蕊生于萼筒喉部,与萼齿互生,长于雌花,药室侧生;子房2室,密被柔毛,中央胎座胚珠多数。花柱长或短,柱头头状,近2裂。蒴果密被柔毛,成熟后裂为2瓣。种子多数,椭圆形,其先端一侧及基部有膜状翅;无胚乳,子叶柱状,胚根钝,达脐的基部。

1属、5种。产印度东北至越南、菲律宾、东南亚热带地区及中国。

隐翼属 Crypteronia Bl.

形态特征及地理分布同科。

5种,我国1种。

隐翼木 隐翼 图 803

Crypteronia paniculata Bl. Bijdr. 1151. 1826.

乔木,高达30米。枝条扁圆,有皮孔及纵纹,无毛。叶宽椭圆形或披针形,长7-17厘米,先端急尖或短尾尖,基部圆或楔形,边缘微波状,侧 脉6-8对,向叶缘弧形延展互相连接,下面叶脉凸出,细脉网状;叶柄长5-

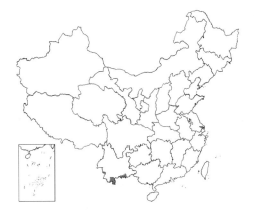

7毫米。总状花序腋生，细长而柔软，长20-25厘米；花白或乳白绿色，细小，多达150余朵，密集。萼筒短，被灰白色绒毛，径1-2毫米，萼齿5，三角形，长0.5-1毫米；雄花的雄蕊5，生于萼齿间凹处，与萼齿互生，花丝长于萼齿5倍，花药扁圆，片状，2裂，有药隔，退化子房短；雌花的退化雄蕊长不超过萼齿，子房密被灰白色绒毛，2室，柱头2裂。蒴果扁球形，径2毫米，顶端有喙，花柱宿存，果熟时室间开裂，花柱及柱头亦随之开裂；果柄长约1毫米。种子椭圆形，扁，微小而极多，沿一侧有半透明膜翅。花期7-8月，果期9-11月。

产云南东南部，生于海拔350-1300米山谷疏林中、潮湿沟谷雨林及季雨林。老挝、越南、马来西亚、印度、印度尼西亚及菲律宾为主产区。

图 803 隐翼木 （引自《图鉴》）

119. 瑞香科 THYMELAEACEAE

（张泽荣）

灌木或乔木，稀草本；树皮具韧皮纤维。单叶互生或对生，全缘，基部具关节，羽状脉；叶柄短，无托叶。花两性或单性，雌雄同株或异株，组成顶生或腋生总状、穗状或头状花序，稀花单生或簇生。花萼花瓣状，萼筒圆筒形、钟状、漏斗形或壶状，裂片4-5，覆瓦状排列；花瓣缺或为鳞片状，与花萼裂片同数；雄蕊与花萼裂片同数或为其2倍，稀2或1枚，花丝着生于萼筒中部或喉部，1轮或2轮，花药2室，内向，纵裂；花盘环状、鳞片状或缺；子房上位，1室，有胚珠1枚，稀2-3枚，悬垂，花柱短或丝状，柱头头状或棒状。浆果、核果或坚果，稀蒴果2瓣裂。种子下垂或倒生，胚乳丰富或无胚乳，胚直立，子叶厚而扁平。

约24属800种，分布于热带至温带，以南非、澳大利亚、地中海地区较常见，南美洲、太平洋诸岛有分布。我国9属约100种。

1. 乔木；萼筒喉部具鳞片状花瓣，子房2室，每室1胚珠；蒴果室背2瓣裂 ·················· 1. **沉香属 Aquilaria**
1. 灌木、亚灌木、小乔木或草本状；无花瓣，子房1室1胚珠；核果或坚果，不裂。
  2. 花萼在子房上部无关节；灌木或小乔木。
    3. 具花盘；花序头状、总状、穗状或圆锥状。
      4. 花盘膜质，裂成鳞片状 ···························· 2. **荛花属 Wikstroemia**
      4. 花盘盘状、杯状偏斜，顶端全缘、波状或浅裂。
        5. 花柱与花丝均极短，柱头头状。

6. 花萼裂片花时开展；头状花序或短穗状花序，无总苞片，无花序梗 ·················· 3. 瑞香属 Daphne
6. 花萼裂片花时直立，头状花序或头状圆锥花序，被早落的白色萼状总苞包被，花序梗长。
　　7. 头状花序具5-10花；花萼白色 ······························· 4. 毛花瑞香属 Eriosolena
　　7. 圆锥花序由具4(5-7)花的头状花序组成；花萼白或红色 ········ 5. 鼠皮树属 Rhamnoneuron
　　5. 花柱长，柱头棒状，被乳突 ······································ 6. 结香属 Edgeworthia
　3. 花盘缺或退化；花单生或簇生叶腋和枝顶 ······························ 7. 欧瑞香属 Thymelaea
2. 花萼在子房上部具关节或缢缩；草本或亚灌木。
　8. 穗状花序疏散；花细小，花萼在子房上部具关节；一年生草本，茎多分枝；根不肥大 ··········
　　　··· 8. 草瑞香属 Diarthron
　8. 头状花序紧密；花显著，花萼在子房上部缢缩；多年生草本或亚灌木，茎不分枝或极少分枝，根肥大，具
　　木质根茎状。
　　9. 花盘鳞片状，偏向一侧 ··· 9. 狼毒属 Stellera
　　9. 花盘盘状或环状 ··· 10. 假狼毒属 Stelleropsis

1. 沉香属 Aquilaria Lam.

常绿乔木。幼枝有柔毛。单叶互生，革质，有光泽，卵形或长椭圆形，无毛，全缘。花两性，黄绿色，芳香，组成顶生或腋生伞形花序。花萼筒状或钟状，两面均被柔毛，裂片5，近卵形；花瓣10，连成一环，鳞片状，位于萼筒喉部；雄蕊10，1轮，着生于萼筒喉部；无下位花盘；子房2室，每室1胚珠。蒴果木质，卵状球形或扁倒卵圆形，密被灰黄色柔毛，花萼宿存，室背2瓣裂。种子1-2，基部有长达2厘米的角状附属物。

15种，产印度、马来西亚及亚洲东部。我国2种。

土沉香 图 804 彩片 183

Aquilaria sinensis (Lour.) Spreng. Syst. 2: 356. 1825.

Ophiospermum sinense Lour. Fl. Cochinch. 1: 281. 1790.

乔木，高达15米。小枝具皱纹，幼时被疏柔毛。叶近革质，椭圆形、长圆形或倒卵形，长5-9厘米，先端骤尖，基部宽楔形，上面光亮，两面无毛，侧脉15-20对；叶柄长5-7毫米，被毛。花数朵组成伞形花序。花梗长5-6毫米，密被灰黄色柔毛；花萼钟状，萼筒长5-6毫米，裂片5，卵形，长4-5毫米，花瓣状，淡黄绿色，芳香，两面均密被短柔毛；花瓣10，鳞片状，生于萼筒喉部，密被毛；雄蕊10，花

丝长约1毫米；子房密被白色柔毛，花柱几不明显。蒴果卵状球形，长2-3厘米，绿色，密被黄色柔毛，2瓣裂，每瓣具1种子。种子褐色，卵球形，长约1厘米，疏被毛，基部附属体长约1.5厘米，先端具短尖头。花期春夏，果期夏秋。

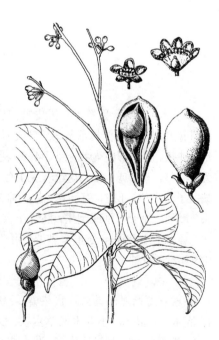

图 804 土沉香 （曾孝濂绘）

产福建、广东、香港、海南及广西，生于低海拔疏林中。为我国特有的珍贵药用植物，名贵中药沉香是本

种树干损伤后被真菌侵入寄生,木薄壁细胞内的淀粉在菌体酶的作用下,形成香脂,再经多年沉淀而得,有降气调中、暖肾止痛的功能。人们为取沉香,对该植物造成严重破坏。

2. 荛花属 **Wikstroemia** Endl.

灌木或小乔木。单叶对生,稀互生或轮生。总状或穗状花序,常组成圆锥花序。花梗短或无;无苞片;花萼筒状或漏斗状,喉部无鳞片,裂片4-5,开展;无花瓣;雄蕊为花萼裂片2倍,2轮,上轮生于萼筒喉部,下轮生于萼筒中、下部,花丝短;花盘膜质,裂成鳞片状,鳞片1-5,线形,常分离;子房1室,具1倒生胚珠,花柱短,柱头头状。核果球形,肉质或干燥,常包于萼筒基部。种皮薄壳质,胚乳少或无。

约70种,分布于亚洲热带和亚热带、澳大利亚至东、西太平洋群岛。我国39种。

1. 花5数。
  2. 花萼外面密被灰黄色绢状柔毛。
    3. 花萼外面具长绢状柔毛;总状花序具短花序梗;叶椭圆状卵形或椭圆形,侧脉3-5对 ………………………………………………………………………………… 1. 多毛荛花 **W. pilosa**
    3. 花萼外面具平伏绢状柔毛;穗状圆锥花序疏散;叶长圆形或倒披针状长圆形,侧脉7-9对 ………………………………………………………………………………… 2. 一把香 **W. dolichantha**
  2. 花萼外面无毛,稀微被毛。
    4. 总状花序顶生,稀腋生,花黄色;叶革质 ……………………… 3. 革叶荛花 **W. scytophylla**
    4. 圆锥花序,花白或黄绿色;叶纸质。
      5. 叶卵形或卵状披针形,长1.2-3.5厘米,宽1-2.2厘米,干后边缘不反卷;花白色 ………………………………………………………………………………… 4. 白色荛花 **W. trichotoma**
      5. 叶线形或线状披针形,长2-6厘米,宽3-6毫米,干后边缘反卷;花黄绿色 ……………………………………………………………………………… 5. 细叶荛花 **W. leptophylla**
1. 花4数。
  6. 花萼外面无毛,被散生柔毛。
    7. 叶对生,长圆形、卵状披针形、倒卵形、椭圆状长圆形或窄长圆状匙形。
      8. 总状花序、穗状花序顶生或腋生。
        9. 叶较小,窄长圆形、长圆状匙形、长圆形或长椭圆形,常反卷。
          10. 叶窄长圆形或长椭圆形,长1.5-4厘米,宽0.5-1.7厘米;花黄或黄绿色 ……………………………………………………………………… 6. 小黄构 **W. micrantha**
          10. 叶窄长圆状匙形,长0.8-2.5厘米,宽2-3毫米;花黄白、淡红或红色 ………………………………………………………………… 6(附). 岩杉树 **W. angustifolia**
        9. 叶较大,长2-8.5厘米,宽0.5-2.5(-4)厘米。
          11. 花序梗纤细,长0.5-2.5厘米;叶卵形、卵状椭圆形或卵状披针形,长2.5-8.5厘米,宽1.5-2.5(-4)厘米 …………………………………………………… 7. 细轴荛花 **W. nutans**
          11. 花序梗较粗,长不及1厘米。
            12. 叶较疏生,长圆形、倒卵形或披针形,长2-5厘米,无毛,侧脉细密;花序梗无毛;花萼近无毛 …………………………………………………… 8. 了哥王 **W. indica**
            12. 叶密集于枝条上部,倒卵状椭圆形或长圆状椭圆形,长2.5-7厘米,下面被细小鳞片,侧脉8-15对;花序梗疏被毛;花萼疏被毛 ……………………… 9. 粗轴荛花 **W. pachyrachis**

8. 圆锥花序长5-12厘米，径4-9厘米 ··· 10. 澜沧荛花 **W. delavayi**

  7. 叶互生，卵形或椭圆形，长2-3.5厘米，宽1-1.8厘米；二年生枝黑紫色，多少龟裂 ·············

    ··· 11. 光叶荛花 **W. glabra**

6. 花萼和花序被毛。

  13. 头状或穗状花序顶生，或总状花序或圆锥花序顶生或腋生。

    14. 头状或短总状花序顶生，花序梗纤细；兼有对生叶与互生叶。

      15. 头状花序；花萼黄色；叶椭圆形或椭圆状倒披针形，长1-2.5厘米，宽4-8毫米，两面无毛，侧脉成锐

        角开展 ··· 12. 头序荛花 **W. capitata**

      15. 总状或伞形花序；萼筒白色，顶端淡紫色；叶卵形、椭圆形或卵状椭圆形，长3-6厘米，宽1-2.8厘米，

        下面被疏毛，侧脉成弧形开展 ·································· 13. 北江荛花 **W. monnula**

    14. 总状或穗状圆锥花序顶生或腋生。

      16. 圆锥花序及花萼外面密被柔毛；叶革质，披针形或窄长圆状披针形，长2-5.5厘米，宽0.3-0.8厘米，无

        毛 ··· 14. 河朔荛花 **W. chamaedaphne**

      16. 圆锥花序及花萼外面疏被柔毛或平伏毛；叶卵形或长圆形，长1.5-4厘米，宽0.8-2厘米，两面疏被糙

        伏毛 ··· 15. 纤细荛花 **W. gracilis**

  13. 头状花序顶生或腋生，或盛花时成短总状花序。

    17. 子房无柄，花萼裂片花时大小极不整齐 ·················· 16. 短总序荛花 **W. capitato-racemosa**

    17. 子房具柄。

      18. 叶几无毛，长圆形或长圆状倒披针形，长1.5-4厘米，宽0.4-1.5厘米，侧脉4-8对，网脉不明显 ······

        ··· 17. 白蜡叶荛花 **W. ligustrina**

      18. 叶两面均被毛或仅中脉有毛，侧脉3-5对，网脉在下面极明显 ·········· 18. 丽江荛花 **W. lichiangensis**

1. 多花荛花 毛花荛花 图805

Wikstroemia pilosa Cheng in Contrib. Biol. Lab. Sci. Soc. China Bot. 8: 140. 1932.

灌木，高约1米。当年生枝纤细，圆柱形，被长柔毛，二年生枝黄色，无毛。单叶对生或近对生至互生，膜质，卵形、椭圆状卵形或椭圆形，长1.5-3.8厘米，宽0.7-1.8厘米，先端骤尖，基部宽楔形、圆或平截，上面暗绿色，下面粉绿色，两面均被长柔毛，侧脉3-5对，凸起，边缘微反卷。总状花序顶生或腋生，长于叶，花序梗较短，与花序轴均被疏柔毛。花黄色，具短梗；萼筒纺锤形，具10脉，外面密被长绢状柔毛，内面无毛，长约1厘米，裂片5，长圆形，先端圆，长1-1.2毫米；雄蕊10，2轮，上轮近喉部着生，下轮着生于萼筒中部以上，花药长圆形，长约1毫米；花盘鳞片1枚，线形，长约1毫米；子房纺锤形，被长柔毛，长约6毫米，柱头头状。果红色。花果期秋冬季。

产浙江、安徽南部、福建西北部、江西北部、湖北东部、湖南、广东北

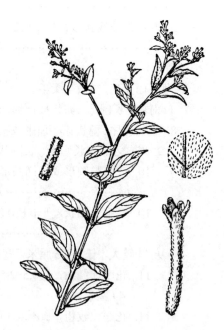

图 805 多花荛花 （引自《图鉴》）

部及贵州东北部，生于山坡路旁或灌丛中。

2. 一把香 图 806

Wikstroemia dolichantha Diels in Notes Roy. Bot. Gard. Edinb. 5: 286. 1912.

灌木，高达1米。幼枝被灰色丝状绒毛，老枝淡紫色，无毛。叶互生或兼有对生，革质，长圆形或倒披针状长圆形，长2.5-3厘米，宽0.8-1厘米，先端短渐尖，基部楔形，上面灰绿色，下面较苍白，疏生平伏灰色绒毛，侧脉7-9对，纤细；叶柄长1-2毫米。穗状圆锥花序疏散，长约3厘米，花序梗及花序轴被平伏绢状柔毛。花黄色，几无梗；萼筒长圆形，长8-9毫米，外面密被灰黄色平贴绢毛，裂片5，长圆形，长1.2-2毫米；雄蕊10，2轮，上轮5枚生于萼筒的喉部，下轮的5枚生于萼筒的中部以上；花盘鳞片1枚，线状长圆形，长1.5-2毫米，顶端2裂至2/5处；子房具长柄，棒状，长3-4毫米，被长柔毛，花柱短，柱头头状。果长纺锤形，为残存花萼所包。花期夏秋季，果期秋末。

图 806 一把香 （引自《图鉴》）

产四川西南部及云南，生于海拔1000-1500米山坡、路旁。缅甸有分布。根有宽中理气、活血化瘀的功能。

3. 革叶荛花 图 807 彩片 184

Wikstroemia scytophylla Diels in Notes Roy. Bot. Gard. Edinb. 5: 286. 1912.

常绿灌木，高达3米。幼枝无毛，当年生枝近四棱形。叶互生或近对生，革质，倒披针形或长圆状披针形，长1.8-3.5厘米，宽0.6-1厘米，先端骤尖，基部楔形或宽楔形，两面无毛，侧脉5-9对；叶柄长约1毫米，无毛。总状花序顶生，稀腋生，具多花；花序轴在花期延长，稍肉质，无毛；花序梗粗，长2-4厘米，无毛。花黄色，花梗长1-2毫米，具关节，花时常下弯；花黄色，萼筒细圆筒形，长0.8-1厘米，外面无毛，裂片5，宽卵形，长2毫米，先端钝尖或圆；雄蕊10，2轮，

图 807 革叶荛花 （杨建昆绘）

下轮5枚着生于萼筒中部稍上，上轮5枚着生于喉部，花药长圆形，长约1毫米，花丝短，花盘鳞片近长方形，顶端具不整齐缺刻；子房纺锤形，长3毫米，被灰色绢状柔毛，花柱短，柱头圆球形。果小，圆柱状，基部窄，被子宿存萼筒所包。花期夏秋，果期秋冬。

产贵州西北部、四川西南部、云南北部及西藏东部，生于海拔1000-3600米山坡、河谷、路旁灌丛中。

4. 白花荛花 图 808

Wikstroemia trichotoma (Thunb.) Makino in Bot. Mag. Tokyo 11: 71. 1897.

Queria trichotoma Thunb. in Trans. Linn. Soc. Bot. London 2: 329. 1794.

Wikstroemia alba Hand.–Mazz.；中国高等植物图鉴 2: 557. 1983.

图 808 白花荛花 （引自《图鉴》）

常绿灌木，高达2.5米；全株无毛。茎粗壮，多分枝，茎皮褐色，具皱纹，小枝细弱，光亮，直立开展，当年生枝微黄色，稍老紫红色。叶对生，卵形或卵状披针形，长1.2-3.5厘米，宽1-2.2厘米，纸质，全缘，侧脉6-8对，上面绿色，下面较苍白。穗状圆锥花序顶生，具花10余朵，花序梗长2.5厘米或不明显。花白或黄绿色，花梗无或长0.5毫米；萼筒肉质，白色，裂片5，宽椭圆形，边缘波状；雄蕊10，长约1毫米，2轮，下轮生于萼筒1/3以上，上轮生于萼筒喉部；花盘鳞片1枚，线形，膜质；子房顶端无毛或微被毛，具子房柄，花柱短，柱头球形。果卵形，果柄极短。花期夏季。

产安徽、浙江、福建、台湾、江西、湖南及广东，生于海拔约600米疏林下或路旁。日本有分布。

5. 细叶荛花 图 809

Wikstroemia leptophylla W. W. Smith in Notes Roy. Bot. Gard. Edinb. 12: 229. 1920.

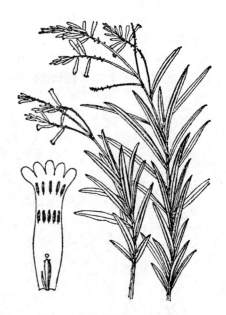

图 809 细叶荛花 （引自《图鉴》）

灌木，高达1.5米；全株无毛。幼枝四棱形，淡绿色，干后具皱纹，老后灰色。叶对生，线形或线状披针形，长2-6厘米，宽3-6毫米，先端骤尖，基部渐窄，边缘干后反卷，上面绿色，下面稍苍白，两面无毛，中脉在下面隆起，侧脉6-8对，成锐角开展；几无叶柄或柄长1-2毫米。花序顶生，常3个总状花序组成圆锥花序，长约6厘米，有10-20花；花序梗长1-3厘米。花梗长仅1毫米，具关节；花黄绿色，稀白色；萼筒长0.9-1.2厘米，窄圆柱形，裂片5，卵状长圆形或卵形，长1.2-1.8毫米；雄蕊10，2轮，上轮生于萼筒喉部稍下，下轮生于萼筒中部，花药长圆形，微伸出萼筒喉部；花盘鳞片1枚，线形；子房近长圆形，长3-4.5毫米，顶部疏生柔毛，柱头大，头状，花柱长0.5毫米。未熟果绿色。花果期秋冬。

产四川西南部及云南西北部，生于海拔1700-2850米石山林荫下及灌丛中。

6. 小黄构 野棉皮 图 810

Wikstroemia micrantha Hemsl. in Journ. Linn. Soc. Bot. 26: 399. 1894.

小灌木,高达1米。幼枝纤细,无毛,绿色;芽被黄色绒毛。叶对生或近对生,窄长圆形或长椭圆形,稀倒披针形或匙形,长1.5-4厘米,宽0.5-1.7厘米,先端钝或具细尖,基部楔形或圆,无毛,边缘反卷,下面灰绿色,侧脉5-7对,略明显;叶柄长0.2-2毫米。短总状花序长3厘米,单生、簇生或组成顶生圆锥花序。花黄或黄绿色;萼筒窄圆筒状,长5-6毫米,微被毛,裂片4,卵形,长1.2-1.5毫米;雄蕊8,2轮,下轮生于萼筒中部以上,上轮生于萼筒喉部,几无花丝;花盘鳞片1枚,长方形,长0.6毫米,顶端深凹或分离为2-3线形鳞片;子房倒卵形,长2毫米,顶端被淡黄色绒毛,花柱短。果紫黑色,卵形,长4毫米。花果期秋冬。

产甘肃、陕西、河南、湖北、湖南、广东、广西、贵州、云南及四川,生于海拔600-1050米地区。茎、根皮有清热止咳、化痰的功能。

[附] **岩杉树** 岩村荛花 **Wikstroemia angustifolia** Hemsl. in Journ.

图 810 小黄构 (冀朝祯绘)

Linn. Soc. Bot. 26: 396. 1891. 与小黄构的区别:叶窄长圆状匙形,长0.8-2.5厘米,宽2-3毫米;花黄白、淡红或红色。产四川东部、湖北西部及陕西南部,生于海拔150-200米河谷岩缝中。

7. 细轴荛花 野棉皮 图 811 彩片 185

Wikstroemia nutans Champ. ex Benth. in Hook. Kew. Journ. Bot. 5: 195. 1853.

灌木,高达2.5米。枝暗灰色,小枝纤细,红褐色,圆柱形,无毛。叶对生,纸质或膜质,卵形、卵状椭圆形或卵状披针形,长2.5-8.5厘米,宽1.5-3.5厘米,先端长渐尖,基部楔形或钝,两面均无毛,下面具白粉,侧脉7-14对,纤细;叶柄长约2毫米,无毛。花序为顶生或腋生短总状花序,有花3-8朵;花序梗纤细,长0.5-2.5厘米,弯垂,无毛。花黄绿色,几无梗;萼筒筒状,长1.2-1.3厘米,无毛,裂片4,椭圆形,长2.5-3毫米,脉纹明显;雄蕊8,2轮,上轮着生于萼筒喉部,下轮生于萼筒中部以上,花药3/4伸出萼筒喉部,花丝长0.5毫米;花盘鳞片2枚,四方形,每枚中间有1隔膜,长1.2毫米;子房无毛,具

图 811 细轴荛花 (冀朝祯绘)

柄,顶端具毛,柱头球形,径与子房几相等。果椭圆形或近球形,长约7毫米,熟时红色。花期春季至初夏,果期夏秋。

产台湾、福建、广东、香港、海

南、广西、湖南、贵州、云南及四川，生于海拔300-1650米常绿阔叶林或灌丛中。越南有分布。根、茎皮及花有消坚破瘀、止血、镇痛的功效。

8. 了哥王　　　　　　　　　　　图 812 彩片 186

Wikstroemia indica C. A. Mey. in Bull. Acad. Sci. St. Pétersb. ser. 1(2)：357. 1843.

灌木，高达2米。枝红褐色，无毛。叶对生，纸质或近革质，倒卵形、

长圆形或披针形，长2-5厘米，宽0.5-1.5厘米，先端钝或尖，基部宽楔形或楔形，侧脉细密，与中脉的夹角小于45°，无毛。顶生短总状花序；花数朵，黄绿色，花序梗长0.5-1厘米，无毛。花梗长1-2厘米；萼筒筒状，长6-8毫米，几无毛，裂片4，宽卵形或长圆形，长约3毫米；雄蕊8，2轮，着生于萼筒中部以上；花盘常深裂成

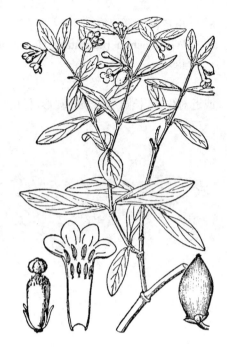

图 812 了哥王 （引自《图鉴》）

2或4鳞片；子房倒卵形或长椭圆形，无毛或顶端被淡黄色绒毛，花柱极短，柱头头状，果椭圆形，长7-8毫米，无毛，成熟时暗紫黑或鲜红色。花果期夏秋。

产浙江、福建、台湾、江西、湖南、广东、香港、海南、广西、贵州、云南、四川及西藏，生于海拔1500米以下林下或石山上。越南、印度、菲律宾有分布。茎皮可造纸；根叶药用，能破结散瘀，解毒；叶可敷治疮肿；种子有毒。

9. 粗轴荛花　　　　　　　　　　图 813

Wikstroemia pachyrachis S. L. Tsai in Acta Sci. Nat. Univ. Sunyatseni 5(2)：101. 1956.

灌木，高达4米。枝粗壮，暗褐色，几无毛，节间短而节膨大。叶对生，坚纸质，密集，倒卵状椭圆形或长圆状椭圆形，长2.5-7厘米，宽1-1.8

厘米，先端尖或钝，基部宽楔形，上面有光泽，下面粉绿色，被细小鳞片，全缘，略反卷，侧脉8-15对；叶柄长约2毫米。花黄绿色，15-26花组成顶生或腋生的头状总状花序；花序直立；花序梗粗，长0.8-1厘米，疏被毛。花萼长0.8-1厘米，疏被柔毛，顶端4裂，裂片卵形，长约2毫米；花盘鳞片2枚，膜质，长为子房1/3；雄蕊8，

图 813 粗轴荛花 （冀朝祯绘）

2轮，着生于花萼筒中部以上；子房无柄，顶端被毛，花柱短，柱头头状。果卵形，长约6毫米，径约4毫米，成熟时红色，果落后在果序轴上留有瘤状痕迹。花期9-10月，果期冬季。

产广东西南部、海南及广西南部，生于山地密林中、灌丛内或岩缝中。

10. 澜沧荛花   图 814

Wikstroemia delavayi Lecomte, Not. Syst. 3(6)：129. 1915.

Wikstroemia mekongensis W. W. Smith；中国高等植物图鉴 2：958. 1972.

灌木，高达2米，直立，多分枝。小枝无毛，黄绿色。叶对生，下部叶较大，近花序的较小，纸质，倒卵形、倒卵状披针形或倒披针形，长3-6厘米，宽0.5-2.5厘米，先端圆，具短尖头，基部圆或微心形，上面绿色，下面苍白色，边缘稍反卷，两面无毛，中脉在上面凹下，侧脉5-9对；叶柄长2毫米。圆锥花序顶生，稀腋生，长5-12厘米，径4-9厘米；具多数花；几无花序梗。花黄绿色，芽时顶端

图 814 澜沧荛花 （冀朝祯绘）

带紫色，花梗长1毫米，疏被柔毛；萼筒细瘦，长5-6毫米，无毛，裂片4，长圆形，长约1.8毫米；雄蕊8，2轮，花药长圆形，花丝极短；花盘鳞片1枚或1-2枚，线形，顶端2裂，长0.7毫米；子房卵状长圆形，顶端具黄色绒毛，柱头头状，有疣状突起。果圆柱形，长约4毫米，褐色，包于宿存的花萼筒基部。秋季开花，旋结果。

产四川西南部及云南西北部，生于海拔约2000米山地。

11. 光叶荛花 光洁荛花   图 815

Wikstroemia glabra Cheng in Contrib. Biol. Lab. Sci. Soc. China Bot. ser. 6：69. 1931.

落叶小灌木，高达1.5米。幼枝具棱角，无毛，淡紫色，2年生枝黑紫或淡褐色，枝皮多少龟裂；芽近球形，有绒毛。叶互生，膜质，卵形或椭圆形，长2-3.5厘米，宽1-1.8厘米，先端钝或短渐尖，基部楔形或宽楔形、圆或平截，上面无毛，下面初微被丝状绒毛，后无毛，侧脉5-10对，在下面明显；叶柄长约2毫米，无毛。花白色，通常2-7花组成顶生的头状花序，总花梗长5-12毫米，无毛；萼筒长

图 815 光叶荛花 （李锡畴绘）

8-11毫米，两面均无毛，裂片4，宽卵形，长和宽均为4-5毫米，水平开展，先端钝圆；雄蕊8，2轮，上轮生于萼筒喉部稍下处，下轮插生于萼筒中部；花盘鳞片1-2（3）枚，线形，长约为子房1/3，顶端不整齐齿裂或2裂；子房倒卵形，长约3毫米，无柄，上部有柔毛。花期夏季。

产安徽南部、浙江西北部、江西西部、广东北部、四川东北部及东南部，生于海拔1000米以下林下或开旷地。

12. 头序荛花

图 816

Wikstroemia capitata Rehd. in Sarg. Pl. Wilson. 2: 530. 1916.

小灌木，高达1.4米。幼枝纤细，圆柱形，无毛，绿色，一年生枝紫褐色。叶对生或近对生，膜质，椭圆形或椭圆状倒披针形，长1-2.5厘米，宽4-8毫米，先端钝圆，基部楔形，上面黄绿色，下面稍苍白色，两面无毛，侧脉5-7对，锐角开展；叶柄长0.5-1.5厘米。花3-7朵组成顶生头状花序或头状短穗状花序，花序梗丝状，长0.7-1.8厘米，被毛。花黄色；无梗，萼筒长5-7毫米，外面被丝状糙伏毛，裂片4，卵形或卵状长圆形，长1.5毫米；雄蕊8，2轮，上轮4枚着生

于萼筒喉部，下轮4枚生于萼筒中部稍上，花药卵状长圆形；花盘鳞片1枚，线形，长为子房1/3，顶端具2-3齿裂；子房长椭圆形，长3毫米，被粗伏毛，柱头紫色。果卵圆形，长4.5毫米，橙黄色；略被糙伏毛，为宿存花萼所包。种子黑色。花期夏秋。

产陕西南部、湖北西部、四川及贵州东北部，生于海拔300-900米地区。

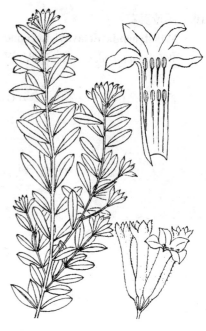

图 816 头序荛花 （吕发强绘）

13. 北江荛花

图 817 彩片 187

Wikstroemia monnula Hance in Journ. Bot. 7: 13. 1878.

落叶灌木，高达3米。幼枝被灰色柔毛；老枝紫红色，无毛。叶对生，稀互生，纸质，卵形、卵状椭圆形或椭圆形，长3-6厘米，宽1-2.8厘米，先端尖，基部宽楔形或近圆，上面绿色，无毛，下面暗绿色，有时呈紫红色，疏生灰色细柔毛，侧脉4-5对，成弧形开展；叶柄长1-1.5毫米。花3-8(-12)朵组成顶生总状或伞形花序；花序梗长0.3-1.5厘米，被灰色柔毛。萼筒白色，顶端淡紫色，外面被

绢状柔毛，长0.9-1.1厘米，裂片4，卵形；雄蕊8，2轮，上轮4枚生于萼筒喉部，下轮4枚生于萼筒中部；花盘鳞片1-2枚，线形或卵形；子房棒状，具长柄，顶端被黄色绒毛，花柱短，柱头头状，顶端扁。核果卵圆形，

图 817 北江荛花 （冀朝桢绘）

白色，基部为宿存花萼所包。花期4-8月，旋结果。

产安徽南部、浙江、福建、江西、湖北、湖南、广东、广西及贵州。根可供药用。

14. 河朔荛花 图 818

Wikstroemia chamaedaphne（Bunge）Meisn. in DC. Prodr. 14: 547. 1857.

Passerina chamaedaphne Bunge in Mém. Sav. Etr. Acad. Sci. St. Pétersb. 2: 32. 1833.

灌木，高达1.2米。分枝密，纤细，幼枝淡绿色，近四棱形，无毛，老枝深褐色。叶近革质，对生，披针形或长圆状披针形，长2-5.5厘米，宽3-8毫米，先端尖，基部楔形，两面无毛，侧脉7-8对，不明显；叶柄极短。穗状花序或圆锥花序具多花，顶生或腋生；花序梗长0.8-1.8厘米，被灰色柔毛。萼筒黄色，长0.6-1厘米，外面被丝状柔毛，裂片4，2大2小，卵形，先端钝圆；雄蕊8，2轮，生于萼筒中部以上，几无花丝；花盘鳞片1，长圆形或线形，长约1毫米；子房棒状，具柄，上部被淡黄色柔毛，花柱短，柱头球形，顶端稍扁，具乳突。果卵形，长约5毫米。花期6-8月，果期9月。

图 818 河朔荛花 （引自《图鉴》）

产山西、河北、山东、江苏、河南、陕西、甘肃及四川北部，根、叶有毒，作土农药，可杀虫；茎皮纤维可造纸及人造棉。花蕾有泻下逐水的功能。

15. 纤细荛花 图 819

Wikstroemia gracilis Hemsl. in Journ. Linn. Soc. Bot. 26: 397. 1894.

灌木，高1.5米。小枝纤细，幼时被黄色糙伏毛；芽腋生，近球形，被黄色绒毛。叶对生，膜质，卵形或长圆形，长1.5-4厘米，宽0.8-2厘米，幼时两面疏生淡黄色糙伏毛，后无毛，先端圆或钝，基部楔形，侧脉4-6对，明显；叶柄有毛，长1-2.5毫米。总状花序或组成圆锥花序；花序梗长1.2-2厘米。花黄色；萼筒长约1厘米，被平伏细毛，裂片4，宽卵形，长约2毫米，具明显皱纹；雄蕊8，2轮；花盘鳞片2，线形，1窄1宽，顶端具不规则浅齿；子房具柄，长2-3毫米，顶端被浅黄色丝状毛。果核果状，红色。花期秋季。

产四川中部、湖北西部及陕西，生于海拔1100-1200米山坡林荫下。

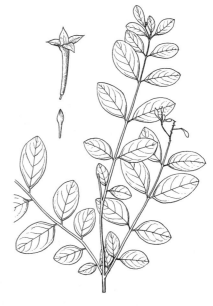

图 819 纤细荛花 （孙英宝绘）

16. 短总序荛花 图 820

Wikstroemia capitato-racemosa S. C. Huang in Acta Bot. Yunnan. 7(3): 287. 1985.

灌木，高达2米。多分枝，呈扫

帚状,当年生枝纤细,淡绿色,密被白色长绒毛,二年生枝灰褐至棕褐色,无毛;芽腋生,球形,密被白色绒毛。叶互生,坚纸质,披针形或长圆状椭圆形,长0.8-3.5厘米,宽0.5-1.5厘米,两面被白色绢毛,后毛少或近无毛,侧脉4-7对,网脉密集。头状或短总状花序,顶生或生于上部叶腋,有花5-10朵。萼筒黄色,长0.8-1厘米,被灰色柔毛,裂片4,裂片长圆形,大小极不整齐,长1-1.5毫米;雄蕊8,长约1毫米,2轮;上轮生于花萼筒喉部,下轮生于萼筒中部以上,花盘鳞片1枚,线状披针形、长方形或正方形,顶端具齿裂;子房无柄,长1.5-2毫米,密被丝状柔毛,花柱被毛,柱头具乳突。果浆果状。花期秋季。

产四川、云南西北部及西藏东部,生于海拔2200-3600米干热河谷及山坡灌丛中。

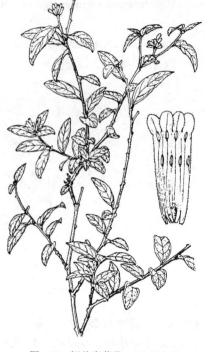

图 820 短总序荛花 (李锡畴绘)

17. 白蜡叶荛花 羊眼子   图 821

Wikstroemia ligustrina Rehd. in Sarg. Pl. Wilson. 2: 351. 1916.

灌木,高达1.5米。幼枝纤细,被黄色丝状糙伏毛;二年生枝近无毛;芽近球形,密被白色绒毛。叶互生,膜质,窄长圆形或长圆状倒披针形,长1.5-4厘米,宽0.4-1.5厘米,先端渐尖,基部宽楔形或近圆,上面绿色,下面苍白色,两面均被苍白色柔毛,后渐无毛,侧脉4-8对,网脉不明显;叶柄长1.5毫米,有糙伏毛。顶生或腋生头状花序,盛开时呈短总状或穗状花序;花序梗长2-8毫米。花黄色;萼筒长6-9毫米,被黄色丝状糙伏毛,裂片4,卵形,长2毫米,先端微呈啮蚀状;雄蕊8,2轮;上轮生于花冠筒喉部,下轮4枚生于萼筒中部,花盘鳞片1枚,长方形,顶端具不规则小齿;子房具柄,倒卵形,长2毫米,密被淡黄色长柔毛,花柱极短,柱头头状;核果,红色。花期秋季。

图 821 白蜡叶荛花 (冀朝祯绘)

产河北西部、河南西部、山西北部、陕西南部、甘肃南部、四川、云南西北部及西藏,生于海拔2000-2700米林缘或山坡灌丛中。

18. 丽江荛花   图 822

Wikstroemia lichiangensis W. W. Smith in Notes Roy. Bot. Gard. Edinb. 8: 136. 1913.

灌木,高达2.7米。分枝多,幼

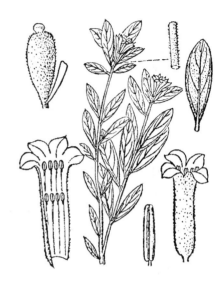

枝纤细，圆柱形，被贴生紧密灰色绒毛；芽球形，密被淡白色绒毛。叶互生，纸质，长圆形或倒卵状披针形，长1.5-3厘米，宽0.6-1厘米，先端钝尖或渐尖，基部楔形，两面被灰白色绒毛，侧脉3-5对，纤细，主脉、侧脉及网脉在下面明显突起。短总状花序或头状花序具5-15朵花，顶生或生于分枝顶端；花序梗长0.4-1厘米，被灰色绒毛。花淡黄绿色，芳香，花梗长1-2毫米，被毛，萼筒长0.6-1厘米，密被灰白色绒毛，裂片4，卵圆形，长1-1.5毫米，被绒毛，内面无毛；雄蕊8，上轮生于萼筒喉部，下轮生于花萼筒中部稍上。2轮；花盘鳞片1枚，线形，长1.5-2毫米，顶端钝，有时3裂；子房具柄，长3毫米，密被淡白色绒毛，花柱短，柱头头状，顶基扁。果窄卵形，包于宿存花萼内。花期夏秋。

图 822 丽江荛花 （吕发强绘）

产四川西部及云南西北部，生于海拔2700-3100米河谷地带林下及灌丛中。

3. 瑞香属 Daphne Linn.

落叶或常绿灌木或亚灌木。冬芽小。单叶互生，稀对生，具短柄。花两性或单性；常为头状花序或簇生，稀为圆锥、总状或穗状花序，顶生稀腋生，常具苞片。萼筒白、玫瑰、蓝、黄或淡绿色，裂片4-5，花瓣状，开展，覆瓦状排列；无花瓣；雄蕊8或10，2轮，花丝短，常不伸出喉部；花盘杯状、环状或偏向一侧成鳞片状；子房常无柄，具下垂胚珠1枚，花柱短或无，柱头头状。核果肉质或革质，裸露或为近干燥的萼筒包被。种皮薄壳质，胚肉质，无胚乳，子叶扁平隆起。

80种，分布于欧洲、中亚、东亚至中国和日本。我国43种。

茎韧皮纤维发达，可造纸；有的种类可药用及观赏。

1. 花序顶生或有时兼有顶生与腋生。
  2. 花5数；花盘1枚，鳞片状，偏向一侧，四方形，顶端有时深波状，稀2裂。
    3. 雄蕊着生于萼筒中部以下；萼筒外面及子房无毛；花数朵簇生于小枝顶端 ……………………
    …………………………………………………………… 1. **华瑞香 D. rosmarinifolia**
    3. 雄蕊着生于萼筒中部以上；子房顶端被毛或有乳头状突起。
      4. 叶线形或线状长圆形，长0.8-1.2厘米，宽1.5-2.5毫米，下面密被丝状绒毛。
        5. 叶两面幼时密被灰色丝状绒毛，后上面毛渐脱落，仅下面被毛；花盘不规则分裂，子房顶端被毛 …
        …………………………………………………………… 2. **丝毛瑞香 D. holosericea**
        5. 叶上面无毛，下面被淡黄色绵毛状绒毛；花盘有1-3枚裂片，裂片顶端多少分裂，子房顶端有乳头状突起
        …………………………………… 2(附). **五出瑞香 D. holosericea var. thibetensis**
      4. 叶卵形、倒卵形、宽椭圆形或长圆状披针形，长2.5-6厘米，宽1.4-3厘米。
        6. 花数朵至多朵于小枝顶端组成穗状花序；花序梗较粗，长1-3厘米；叶下面灰白或粉绿色，下面侧脉明显

　　隆起 ………………………………………………………………… 3. 穗花瑞香 **D. esquirolii**

6. 花数朵簇生枝顶或组成短总状花序；几无花序梗或具1.5毫米长的短梗。

　　7. 叶倒卵形或宽椭圆形，长1-3厘米，宽0.5-1.6厘米，上面无毛，下面幼时沿中脉疏生淡黄色长柔毛，侧脉3-5对；萼筒外面疏生淡黄色柔毛，花盘鳞片倒卵状三角形 ………… 4. 鸟饭瑞香 **D. myrtilloides**

　　7. 叶披针形或长圆状椭圆形，长2-5厘米，宽0.4-1.2厘米，侧脉5-8对；萼筒无毛，花盘鳞片长方形 …… ………………………………………………………………… 5. 细花瑞香 **D. tenuiflora**

2. 花4数；花盘杯状或环状，边缘全缘或分裂，稀一侧发达或无花盘。

　　8. 花序下面无苞片。

　　　　9. 落叶灌木；小枝无毛；叶倒披针形；花黄色，无花序梗或花序梗极短，萼筒长6-8毫米，无毛 ………… ………………………………………………………………………… 6. 黄瑞香 **D. giraldii**

　　　　9. 常绿灌木；幼枝被灰色柔毛；叶披针形或倒披针形；花白或淡黄绿色，花序梗长0.8-1厘米，萼筒长0.8- 1厘米，外面被淡色柔毛 ……………………………………… 7. 长瓣瑞香 **D. longlobata**

　　8. 花序具苞片。

　　　　10. 叶对生或近对生；花盘一侧发达，近四方形，常深裂为2鳞片状 ………… 8. 橙花瑞香 **D. aurantiaca**

　　　　10. 叶互生，稀近对生；花盘边缘流苏状、波状或全缘。

　　　　　　11. 花萼外面无毛。

　　　　　　　　12. 小枝无毛；花萼裂片基部心形 ………………………………………… 9. 瑞香 **D. odora**

　　　　　　　　12. 小枝被毛；花萼裂片基部非心形。

　　　　　　　　　　13. 花白色，花萼裂片先端渐尖或尖；叶先端渐尖或钝尖 ………… 10. 尖瓣瑞香 **D. acutiloba**

　　　　　　　　　　13. 花紫红或粉红色，花萼裂片先端钝圆；叶先端凹下或钝。

　　　　　　　　　　　　14. 一年生枝密被粗绒毛；叶先端凹下；花萼裂片卵形或长椭圆状卵形，与萼筒等长或更长 … ………………………………………………………… 11. 凹叶瑞香 **D. retusa**

　　　　　　　　　　　　14. 一年生枝无毛或微被柔毛；叶先端钝，稀微凹；花萼裂片比萼筒短 ……………… ………………………………………………………… 12. 唐古特瑞香 **D. tangutica**

　　　　　　11. 花萼外面被毛。

　　　　　　　　15. 花白或黄白色，稀淡紫色。

　　　　　　　　　　16. 花序的苞片外面疏生丝毛，苞片卵状披针形或卵状长圆形。

　　　　　　　　　　　　17. 小枝纤细，灰褐或灰黑色；叶膜质，长椭圆形或长圆状披针形 … 13. 白瑞香 **D. papyracea**

　　　　　　　　　　　　17. 小枝粗短，紫褐或暗紫色；叶革质，卵形 ……………………………… ………………………………………… 13(附). 山棘子皮 **D. papyracea** var. **crassiuscula**

　　　　　　　　　　16. 花序的苞片除边缘及先端被毛外，两面无毛，苞片披针形或长圆形。

　　　　　　　　　　　　18. 幼枝深紫或紫红色，无毛；叶薄革质，侧脉8-12对，叶柄长0.5-1.2厘米 …………… ………………………………………………… 14. 毛瑞香 **D. kiusiana** var. **atrocaulis**

　　　　　　　　　　　　18. 小枝灰黄色，顶端疏生绒毛；叶纸质，侧脉13-16对，叶柄长1-3毫米 ……………… ………………………………………………………………… 15. 滇瑞香 **D. feddei**

　　　　　　　　15. 花紫红或红色。

　　　　　　　　　　19. 常绿灌木；小枝幼时疏被硬毛；叶迹半圆形，侧脉11-16对；果无毛 …………………… ………………………………………………………………… 16. 藏东瑞香 **D. bholua**

　　　　　　　　　　19. 落叶平卧灌木；小枝无毛；叶迹近菱形，侧脉6-11对；果密被灰色或淡黄色丝状长柔毛 …… ………………………………………… 16(附). 落叶瑞香 **D. bholua** var. **glacialis**

1. 花序腋生，常3-7花成簇；花盘不甚发达，环状。

　　20. 落叶灌木；花紫或淡紫红色，先叶开花；叶卵形、卵状披针形或椭圆形，幼时密被黄色绢状柔毛 …………

1. 华瑞香 图 823

Daphne rosmarinifolia Rehd. in Sarg. Pl. Wilson. 2: 1916.

常绿矮小灌木，高达1米。分枝密，当年生枝灰色，有棱角，密被淡黄或灰色粗伏毛，后渐无毛，叶迹近圆形；芽小，腋生，卵形，密被絮状黄色绒毛。叶互生，纸质，线状长圆形或倒卵状披针形，长1-1.8厘米，宽2-4毫米，先端圆或近平截，基部楔形，全缘，两面无毛或幼时下在被粗伏毛，中脉在上面凹下，侧脉不甚明显；叶柄长约1毫米，无毛。花黄色，数花簇生于小枝顶端，不超出叶丛；苞片线状长圆形或卵状披针形，长4-6毫米，无毛，早落。萼筒长0.8-1厘米，外面无毛，裂片5，开展，卵形或卵状长圆形，长3-4.5毫米，先端圆；雄蕊10，2轮，均生于萼筒中部以下，花丝极短；花盘环状，一侧发达，长0.5-0.8毫米，2深裂或深波状；子房卵形或长圆形，具柄，无毛，花柱长0.5毫

图 823 华瑞香 （冯先洁绘）

米，柱头近头状。果幼时卵形，绿色，长5毫米，径约2.5毫米，无毛。花期4-5月，果期7月。

产甘肃、青海、四川及云南西北部，生于海拔2500-3800米山地灌丛中。

2. 丝毛瑞香 图 824

Daphne holosericea （Diels） Hamaya in Acta Hort. Gotoburg. 26: 85. 1963.

Wikstroemia holosericea Diels in Notes Roy. Bot. Gard. Edinb. 5: 286. 1912.

常绿直立灌木，高达1米。分枝多，幼枝圆柱形，密被灰黄色丝状绒毛，后渐无毛。叶密集于小枝顶端，互生、对生至轮生，近革质，线形或线状倒披针形，长0.8-1.2厘米，宽0.15-0.25厘米，先端钝圆，基部常下延，幼时两面密被灰色绢状绒毛，后上面渐无毛，中脉在上面凹下，侧脉两面不明显；叶柄极短或几无柄。花外面淡白色，内面深黄色；数花簇生于小枝顶端，无苞片。萼筒长4-5毫米，外面被白色绢状纤毛，内面无毛，裂片5，近卵形或三角状卵形，长2毫米，顶端渐尖或钝；雄蕊10，2轮，两轮相距很近，下轮花药与上轮花丝相接，

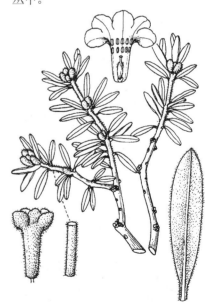

图 824 丝毛瑞香 （冯先洁绘）

均着生于萼筒中部以上，喉部以下；花盘浅盘状，一侧发达，不规则分裂；子房窄圆锥状卵形，长2.5毫米，

顶端被淡黄灰色绢状绒毛,花柱长0.5毫米,柱头球形。核果圆锥形,干燥,包于宿存萼筒基部。种皮深黑色。花期7-8月,果期9-10月。

产四川西部、云南西北部及西藏东南部,生于海拔2000-3900米沟谷密林中或石砾地。

[附] **五出瑞香 Daphne holosericea** var. **thibetensis**（Lecomte）Hamata in Acta Hort. Gotobrug. 26: 85. 1963. —— *Wikstroemia thibetensis* Lecomte in Not. Syst. 3: 214. 1916. 本变种与模式变种的区别: 叶上面无

毛,下面被淡黄色绵毛状绒毛;花盘有1-3个裂片,子房卵形,顶端具乳突;种子基部具旋转附属物。产四川西南部、云南西北部及西藏东南部,生于海拔3000-3400米干旱河谷灌丛中或草坡。

3. 穗花瑞香 白脉瑞香 图 825

Daphne esquirolii Lévl. in Bull. Géogr. Bot. 25: 42. 1915.

落叶灌木,高达1.2米。枝对生,无毛,当年生枝绿色,老时棕红、灰黄或淡白色;芽卵形,被淡黄色绒毛。叶互生,膜质,倒卵形或倒卵状长圆形,长2.5-6厘米,宽1.4-3厘米,先端圆,稀尖,基部楔形,全缘,上面黄绿色,下面灰白或粉绿色,两面无毛,下面灰白色,侧脉6-12对,两面显著;叶柄长1-3毫米,无毛。花黄色,数朵至多花排成顶生穗状花序,长达6厘

米;花序梗较粗壮,长1-3厘米,无毛。花萼筒窄圆筒状,长0.6-1.2厘米,外面无毛,裂片5,卵形或长圆形,长3-5毫米,先端钝,开展;雄蕊10,2轮,下轮着生于萼筒中部,上轮着生于萼筒喉部以下;花盘一侧发达,近四方形,顶端平截或2深裂;子房近棒状,长3-4毫米,上部散生伏贴黄

图 825 穗花瑞香 （冯先洁绘）

色绒毛,花柱极短,柱头头状,顶端凹下,边缘微裂。花期5月。

产四川西南部、云南东北部及西北部,生于海拔1000-2000米山坡或河谷草坡。

4. 鸟饭瑞香 图 826

Daphne myrtilloides Nitsche, Beitr. Kenntn. Daphne 29. 1909.

落叶矮小灌木,高达25厘米。主根近纺锤形,有2-3分枝。枝条常自基部发出,多而纤细,幼时圆柱形,具白色长粗毛,老枝枝皮淡褐色,无毛或疏被毛。叶互生,常生于分枝顶端,节间短,近轮生状,膜质或纸质,倒卵形或宽椭圆形,长1-3厘米,宽0.5-1.6厘米,先端钝,基部楔形,全缘,稍反卷,具纤毛,上面无毛,下面幼时

沿中脉疏生淡黄色长柔毛,侧脉3-5对;叶柄长1-2毫米,两侧具窄翅。花簇生枝顶;无苞片。花无梗;花萼筒细筒状,长6-7毫米,径约1毫米,外

图 826 鸟饭瑞香 （冯先洁绘）

面疏被淡黄色柔毛,裂片5,长圆形,长4-5毫米,先端钝或圆,无毛;雄蕊10,2轮,分别着生于萼筒中部和喉部,花丝短,花药线形,不伸出萼筒喉部;花盘一侧发达,鳞片倒卵状三角形;子房瓶状,顶端具黄色绒毛,花柱长约0.5毫米,柱头球形。花期5月。

产河南西部、山西南部、陕西南部、甘肃东南部及青海东部。

5. 细花瑞香 图 827

Daphne tenuiflora Bur. et Franch. in Journ. de Bot. 5: 151. 1891.

常绿灌木,高达70厘米。分枝细长,当年生枝黄绿色,疏被黄绿色长柔毛,后毛渐脱落,老枝灰或暗灰色,无毛,叶迹稀疏,显著。叶互生,膜质,披针形或长圆状椭圆形,长2-5厘米,宽0.4-1.2厘米,先端钝或圆,具短尖,基部楔形,全缘,微反卷,两面均无毛,侧脉5-8对,在两面均不显著;叶柄长1-1.5毫米。花淡黄色,芳香,数朵簇生于小枝顶端或成短总状花序;无苞片。花梗长1.5毫米,疏生灰色短柔毛;花萼筒长筒状,长1-1.2厘米,径约1.2毫米,无毛,脉纹明显,裂片5,卵形、卵状披针形或长圆形,长3-5毫米,先端钝或圆,边缘具缺刻;雄蕊10,2轮,下轮着生于萼部中部以上,上轮着生于萼筒喉部以下,花丝短;花盘一侧发达,鳞片长方形,深裂达1/2;子房窄卵形,具柄,顶端具淡黄色绒毛,花柱长约0.7毫米,柱头头状。花期5-6月。

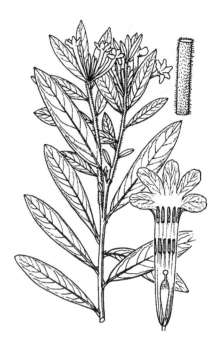

图 827 细花瑞香 （冯先洁绘）

产四川西南部及云南西北部,生于海拔2700-3500米灌丛中及林缘。

6. 黄瑞香 图 828

Daphne giraldii Nitsche, Dissert. 7. 1907.

落叶直立灌木。枝无毛,幼时橙黄色,老时灰褐色。叶互生,膜质,常密生于小枝上部,倒披针形,长3-6厘米,宽0.7-1.2厘米,先端钝或微突尖,基部楔形,全缘,下面带白霜,干后灰绿色,两面无毛,中脉在上面凹下,侧脉8-10对;几无叶柄。花3-8朵组成顶生头状花序;花序梗极短,无毛;无苞片。花黄色,微芳香;萼筒长6-8毫米,无毛,裂片4,卵状三角形,骤尖或渐尖,长3-4毫米;雄蕊8,2轮;花盘浅盘状,全缘;子房椭圆形,无毛,无花柱,柱头头状。果卵形,橙红或红色,长5-6毫米,径3-4毫米。花期6月,果期7-8月。

产山西、河南西部、陕西南部、宁夏、甘肃、新疆东南部、青海东部、

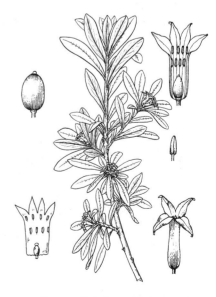

图 828 黄瑞香 （引自《图鉴》）

四川北部及湖北西部,生于海拔1600米山地林缘或疏林中。茎皮和根皮药用,能止血,有微毒。茎皮可造纸及人造棉。也可栽培供观赏。茎皮与根皮有祛风通络、祛瘀止痛的功能。

7. 长瓣瑞香 山地瑞香 图 829

Daphne longilobata（Lecomte）Turrill in Curtis's Bot. Mag. 172. t. 344. 1959.

Daphne altaica Pall. var. *longilobata* Lecomte；中国高等植物图鉴 2: 949. 1972.

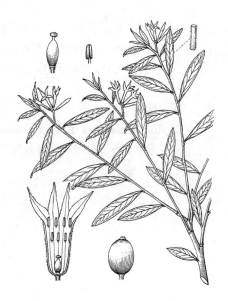

图 829 长瓣瑞香 （冯先洁绘）

常绿灌木,高约1米。幼枝淡褐色,被灰色柔毛,老枝无毛,微具纵棱。叶互生,纸质,披针形或倒披针形,长1.5-4.5厘米,宽0.6-1.1厘米,先端钝尖或钝圆,基部下延楔形,全缘,两面无毛,中脉在上面凹下,在下面隆起,侧脉6-9对,不明显;叶柄长0.5-2毫米。花3-6朵组成头状花序,顶生或侧生;无苞片;花序梗长0.8-1厘米,被淡黄色柔毛。花白或淡黄绿色;萼筒长0.8-1厘米,外面被淡黄色柔毛,裂片4,披针形,长5-7毫米,宽2-2.5毫米,先端长渐尖,外面无毛或疏被黄白色柔毛;雄蕊8,2轮;下轮着生于萼筒中部以下,上轮着生于萼筒中部至喉部之间;花盘盘状,边缘浅波状,无毛;子房卵球形,无毛,花柱短,柱头头状,具淡黄色毛状突起。幼果绿至褐色,成熟时红色,卵圆形,长约8毫米。花期6-7月,果期11-12月。

产四川北部及西南部、云南西北部、西藏东部,生于海拔2000-3500米密林下或灌丛中。茎皮纤维强韧,供造纸。

8. 橙花瑞香 橙黄瑞香 图 830

Daphne aurantiaca Diels in Notes Roy. Bot. Gard. Edinb. 5(25): 285. 1912.

小灌木,高达1.2米。多分枝,枝短,幼时红褐或褐色,无毛,先端被白粉,老枝棕褐或褐色。叶对生或近对生,常密生于枝顶,倒卵形、卵形或椭圆形,长0.8-2.3厘米,宽0.4-1.2厘米,先端钝或骤尖,具尖头,基部楔形或钝,边缘反卷,两面无毛,常具白粉,中脉在上面凹下,侧脉不明显;叶柄长1-2毫米。花2-5朵簇生枝顶或部分腋生,花序梗及序轴无毛;叶状苞片长卵形或卵状披针形,长2-5毫米,宽1-1.5毫米,无毛,有时被白粉;花橙黄色,芳香;萼筒漏斗

图 830 橙花瑞香 （引自《图鉴》）

状圆筒形,长0.8-1.1厘米,无毛,裂片4,大小不一,宽卵形或卵状椭圆形,长2.5-4毫米;雄蕊8,2轮,下轮生于萼筒中部,上轮生于萼筒喉部稍下;花盘一侧发达,近四方形,长1.2毫米,常深裂为2鳞片状;子房长卵状椭圆形,无毛,长2-3毫米。果球形。花期5-6月,果期8月。

产四川西南部、云南北部及西北部,生于海拔2600-3500米石灰岩阴坡林内或灌丛中。

9. 瑞香

图 831

Daphne odora Thunb. Fl. Jap. 159. 1784.

常绿直立灌木。枝粗壮,常二歧分枝;小枝无毛,紫红或紫褐色。叶互生,纸质,长卵形或长圆形,长7-13厘米,先端钝,基部楔形,全缘,两面无毛,上面中脉凹下,侧脉9-13对,两面均显著;叶柄长0.4-1厘米,疏被淡黄色丝状毛或无毛。头状花序顶生,多花;苞片披针形或卵状披针形,长5-8毫米,宽2-3毫米,无毛。花外面淡紫红色,内面肉红色,萼筒壶状,长0.6-1厘米,外面无毛;裂片4,卵形或卵状披针形,基部心形,与萼筒等长;雄蕊8,2轮,下轮着生于萼筒中部以上,上轮着生于萼筒喉部稍下,花药1/2伸出萼筒喉部;花盘环状,不裂;子房长圆形,无毛,顶端钝尖,花柱短,柱头头状。果红色。花期3-5月,果期7-8月。

各地庭园广泛种植,供观赏。日本及欧洲国家有栽培。根、茎、花有祛风除湿、活血止血的功能。

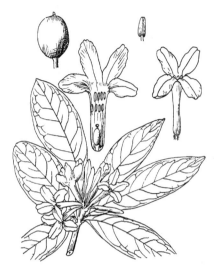

图 831 瑞香 (冯先洁绘)

10. 尖瓣瑞香

图 832

Daphne acutiloba Rehd. in Sarg. Pl. Wilson. 2: 539. 1916.

常绿灌木,高达2米。分枝密,幼枝被平伏淡黄色绒毛,老枝无毛,紫红或棕红色。叶互生,革质,披针形或长圆状披针形,长4-10厘米,宽1.5-3.5厘米,先端渐尖或钝尖,稀凹下,基部下延,楔形,两面无毛,下面中脉凹下,侧脉8-12对;叶柄长2-8毫米。花5-7朵组成顶生头状花序;苞片卵形或长圆状披针形,长6毫米,外面被柔毛,早落;叶状苞片数枚,长圆状披针形,长3-3.5厘米,无毛,宿存。花白色,芳香,具短梗;萼筒长0.9-1.2厘米,无毛,裂片4,长卵形,长5-6毫米,先端渐尖;雄蕊8,2轮,下轮着生于萼筒中部以上,上轮着生于萼筒喉部,花盘环状,边缘整齐,长约1毫米;子房无毛,绿色,花柱及柱头白色,柱头有乳突。果肉质,红色,椭圆形,具1粒种子。花期4-5月,果期7-9月。

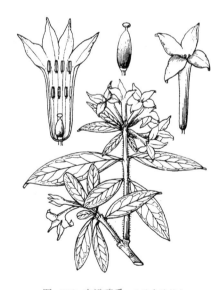

图 832 尖瓣瑞香 (冯先洁绘)

产陕西东南部、湖北、湖南西南部、贵州、四川及云南,生于海拔1400-3000米灌丛中。茎皮可造纸;花美丽,供观赏。

11. 凹叶瑞香

图 833 彩片 188

Daphne retusa Hemsl. in Journ. Linn. Soc. Bot. 29: 318. 1898.

常绿灌木,高达1.5米。分枝密而短,幼枝密被淡黄色粗伏毛;老枝

无毛,灰黑色,叶迹明显。叶互生,密集小枝上部,革质,长圆形、倒卵形

或长圆状披针形，长1.4-5厘米，宽0.5-1.5厘米，先端钝圆，常凹下，基部楔形，边缘全缘，微反卷，两面无毛，中脉在上面凹下，侧脉在两面均不明显；叶柄短或无。头状花序顶生，有花数朵；花序梗长约2毫米，被褐色粗伏毛，具总苞片；苞片早落，长圆形或倒卵形，长约

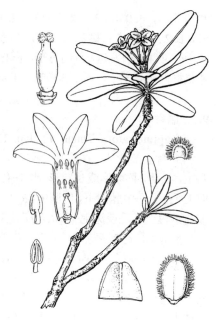

图 833 凹叶瑞香 （仿《图鉴》）

8毫米，宽5毫米，两面无毛，边缘具纤毛。花外面紫红色，内面白或粉红色，芳香；萼筒长0.8-1厘米，径2-2.5毫米，无毛，裂片4，卵形或长椭圆状卵形，先端钝圆，与萼筒等长；雄蕊8，2轮，下轮着生于萼筒中部，上轮着生于萼筒3/4或喉部稍下；花盘环状，微浅裂，无毛；子房无毛，花柱短，柱头密被黄褐色绒毛。果浆果状，卵形或近球形，径约7毫米，无毛，红色；果柄短，被绒毛。花期4-5月，果期6-7月。

产河南西部、湖北西部、陕西南部、甘肃南部、青海东部及南部、西藏、四川及云南西北部，生于海拔3000-3600米草坡或灌木林下。花美丽，可栽培供观赏。根皮有祛风的功能。

12. 唐古特瑞香 甘肃瑞香   图 834

Daphne tangutica Maxim. in Bull. Acad. Sci. St. Pétersb. 27: 531. 1882.

常绿灌木，高达2米。枝粗壮，幼时灰黄色，一年生枝无毛或微被柔毛，老枝淡灰至黄色。叶互生，革质或近革质，披针形、长圆状披针形或倒披针形，长2-8厘米，宽0.5-1.7厘米，先端钝，稀微凹，基部下延，楔形，两面无毛或幼时下面微被毛，上面中脉凹下，侧脉不甚明显；叶柄短或几无柄。头状花序顶生；花序梗长2-3毫米，被黄色柔毛；苞片早落，卵形或卵状披针形，长5-6毫米，边缘具丝状睫毛。花外面紫或紫红色，内面白色；花梗极短，被淡黄色柔毛；萼筒长0.9-1.3厘米，外面无毛，裂片4，开展，卵形或卵状披针形，长5-8毫米，宽4-5毫米，脉纹显著；雄蕊8，2轮，下轮着生花萼筒中部稍上，上轮着生萼筒喉部稍下，花丝极短，花药橙黄色；花盘环状，长不及1毫米，不规则浅裂；子房无毛，长2-3毫米。果卵形或近球形，长6-8毫米，径6-7毫米，先端微尖，成熟时红色。花期

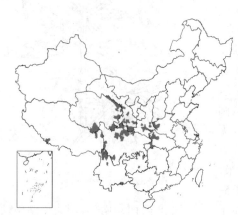

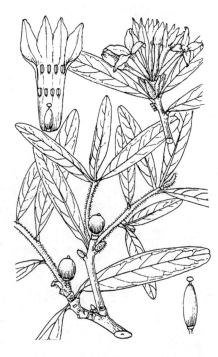

图 834 唐古特瑞香 （冯先洁绘）

4-5月，果期5-7月。

产山西南部、河南西部、陕西南部、甘肃、青海、西藏、云南、贵州、四川及湖北，生于海拔1500-3500米山地林中。

13. 白瑞香

图 835: 1-4 彩片 189

Daphne papyracea Wall. ex Steud. Nomencl. ed. 2. 1: 485. 1840.

常绿灌木，高达1.5米。当年生枝被粗绒毛，小枝纤细，灰褐或灰黑色，渐无毛，老枝灰色。叶互生，膜质或纸质，长椭圆形或长圆状披针形，长6-16厘米，宽1.5-4厘米，先端钝尖长渐尖至尾尖，基部楔形，两面无毛，上面中脉凹下，侧脉7-15对；叶柄长0.4-1.5厘米，几无毛。多花簇生小枝顶端成头状花序，花白色；花序梗长2毫米，被丝状柔毛，具叶状苞片；苞片早落，卵状披针形或卵状长圆形，长0.7-1.5厘米，被毛。花萼筒长0.7-1.2厘米，外面被淡黄色丝状柔毛，裂片4，卵状披针形或卵状长圆形，长5-7毫米，宽2-4厘米，先端渐尖，外面中部至顶部被柔毛；雄蕊8，2轮，下轮着生于萼筒中部，上轮着生于萼筒喉部；花盘杯状，边缘微波状；子房长圆形，无毛，具1毫米长的子房柄。花柱粗短，柱头头状，具乳突。果卵形或倒梨形，长0.7-1厘米，成熟时红色；果柄长6毫米，被丝状毛。花期11月至翌年1月，果期4-5月。

产福建、江西、湖北、湖南、广东、广西、贵州、云南及四川，生于海拔700-2000米密林下或灌丛中。克什米尔地区、尼泊尔、不丹、锡金、印度有分布。根皮、茎皮、花、果有祛风湿、活血、调经、止痛的功能。

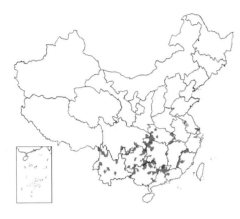

图 835: 1-4.白瑞香 5-8.滇瑞香 （冯先洁绘）

[附] **山棘子皮 Daphne papyracea** var. **crassiuscula** Rehd. in Sarg. Pl. Wilson. 2: 546. 1916. 本变种与模式变种的区别：小枝粗短，紫褐或暗紫色；叶革质，卵形。产四川、云南及贵州，生于海拔1000-3100米山坡灌丛中或草坡。

14. 毛瑞香

图 836

Daphne kiusiana Miq. var. **atrocaulis** (Rehd.) F. Mackawa in Journ. Jap. Bot. 21: 45. 1945.

Daphne odora Thunb. var. *atrocaulis* Rehd. in Sarg. Pl. Wilson. 2: 545. 1916.; 中国高等植物图鉴 2: 951. 1972.

常绿灌木，高达1米。幼枝深紫或紫红色，无毛，老枝紫褐或淡褐色。叶互生，稀对生，有时簇生枝顶，薄革质，长圆状披针形或椭圆形，长5-11厘米，宽1.5-3.5厘米，先端渐尖或尾尖，基部下延，楔形，全缘，两面无毛，上面中脉凹下，侧脉8-12对，明显；叶柄长0.5-1.2厘米，两侧具窄翅。花5-13组成顶生头状花序，无花序梗；苞片披针形或长圆形，长0.5-1.2厘米，先端尾状渐尖或尖，边缘具睫毛。花白、黄或淡紫色；萼筒长1-1.4毫米，外

图 836 毛瑞香 （引自《图鉴》）

面被丝状毛,裂片4,卵形或三角形,长3.5-6毫米;雄蕊8,2轮,分别生于花萼筒上部及中部;花盘环状,全缘或波状,外面被毛;子房椭圆形,顶端渐窄成花柱,无毛。果宽椭圆形或卵状椭圆形,径8-9毫米,成熟时红色;果柄长1-2毫米,被毛。花期11月至翌年2月,果期4-5月。

15. 滇瑞香

图 835: 5-8 彩片 190

Daphne feddei Lévl. in Fedde, Repert. Sp. Nov. 9: 326. 1911.

常绿灌木,高达7米。幼枝金黄色,顶端疏生绒毛;老枝棕色,无毛。叶互生,密生于新枝上部,纸质,倒披针形或长圆状披针形,长5-13厘米,

宽1.4-3.5厘米,先端渐尖或尾尖,基部楔形,两面无毛,上面中脉凹下,侧脉13-16对,边缘网结;叶柄长1-3毫米,具窄翅。头状花序顶生,具8-12朵花;花序梗长3毫米;苞片披针形或长圆形,边缘被灰色丝状毛,早落。萼筒白色,有芳香,长0.8-1.2厘米,径1.5-2.5毫米,外面密被绒毛,裂片4,卵形或卵状披针形,长4.5-5.5毫米,宽2.5毫米,外面几无毛;雄蕊8,2轮,分别着生于萼筒中部和喉部;花盘环状,边缘流苏状;子房长椭圆形,无毛,花柱粗短,柱头头状,具乳突。果球形,成熟时红色。花期2-4月,果期5-6月。

产云南、贵州及四川,生于海拔1800-2600米灌丛中或疏林下。茎皮可造纸;全株及根药用,有祛风除湿、舒筋活血的功能。

16. 藏东瑞香

图 837

Daphne bholua Buch.-Ham. ex D. Don, Prodr. Fl. Nepal. 68. 1825.

常绿灌木,高达2.6米,多分枝。小枝暗棕红色,幼枝顶部疏被硬毛,旋脱落;枝皮褐色,叶迹半圆形。叶互生,革质,窄椭圆形或长圆状披针

形,长5-17厘米,先端急尖,稀渐尖或钝,基部宽楔形,全缘,两面无毛,中脉在上面凹下,在下面隆起,侧脉11-16对;叶柄长1-5毫米,基部膨大,两侧具翅,无毛。花紫红或红色,芳香,7-12组成头状花序,顶生或生于小枝上部叶腋;苞片包围花序的基部,花期早落,宽披针形至长圆状卵形,长1.4-1.8厘米,先端尾状渐尖;花萼筒状,长约1厘米,外面密被丝状毛,内面无毛,裂片4,开展,卵形,长约6毫米,先端微凹,外面被毛;雄蕊8,2轮,生于萼筒中部以上,下轮与花萼裂片互生,上轮与花萼裂片对生,花丝长约0.5毫米;花盘环状,长约0.5毫米,全缘;子房无毛,卵圆形,具短柄,花柱短,长仅0.5毫米,柱头头状,上面有乳突,果卵圆形,无毛,长约7毫米,成熟时黑色。

产云南西北部及西藏南部,生于海拔2600-2800米针叶林下。孟加拉、

图 837 藏东瑞香 (李锡畴绘)

印度、尼泊尔、不丹及锡金有分布。

[附] 落叶瑞香 **Daphne bholua** var. **glacialis** (W. W. Smith et Cave) B. L. Burtt in Kew Bull. 1936: 438. 1936. —— *Daphne cannabina* Wall. var. *glacialis* W. W. Smith et Cave in Rec. Bot. Surv. Ind. 6: 52. 1913. 与模式变种的区别:落叶平卧灌木;小枝近无毛,叶迹近菱形,侧脉6-11对;果密被灰色或淡黄色丝状长柔毛。产西藏南部及云南西北部。印度及锡金有分布。

17. 芫花 图 838

Daphne genkwa Sieb. et Zucc. Fl. Jap. 1: 137. t. 75. 1836.

落叶灌木，高达1米。多分枝，幼枝纤细，黄绿色，密被淡黄色丝状毛，老枝褐色或带紫红色，无毛。叶对生，稀互生，纸质，卵形、卵状披针形或椭圆形，长3-4厘米，宽1-1.5厘米，上面无毛，幼时下面密被丝状黄色柔毛，老后仅叶脉基部疏被毛，侧脉5-7对；叶柄长约2毫米，被灰色柔毛。花3-7朵簇生叶腋，淡紫红或紫色，先叶开花。花梗短，被灰色柔毛；萼筒长0.6-1厘米，外面被丝状柔毛；裂片4，卵形或长圆形，长5毫米，宽4毫米，先端圆，外面疏被柔毛；雄蕊8，2轮；分别着生于萼筒中部和上部，花盘环状，不发达；子房倒卵形，长2毫米，密被淡黄色柔毛，花柱短或几无花柱，柱头桔红色。果肉质，白色，椭圆形，长约4毫米，包于宿存花萼下部，具种子1粒。花期3-5月，果期6-7月。

产甘肃、陕西、山西、河北、山东、河南、安徽、江苏、浙江、福建、台湾、江西、湖北、湖南、贵州及四川，生于海拔300-1000米山区。可栽

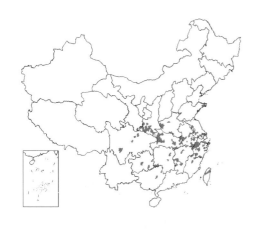

图 838 芫花 （引自《中国药用植物志》）

培作观赏植物。花蕾和根药用，有消水肿及祛痰之效；根可毒鱼，全株可作杀虫药。茎皮纤维柔韧，可供造纸和人造棉。

18. 长柱瑞香 图 839

Daphne championii Benth. Fl. Hongkong. 296. 1861.

常绿灌木，高约1米。小枝纤细，褐色，密被黄或灰白色丝状粗毛；老枝橄榄色，无毛，具明显叶迹。叶互生，近纸质或近膜质，椭圆形或卵状椭圆形，有时两边不相等，长2-4.5厘米，宽1-2厘米，先端尖，基部宽楔形，两面均被平伏丝状粗毛，侧脉5-6对，纤细；叶柄长1-2毫米，密被丝状长粗毛。花白或绿白色，常3-7朵组成头状花序，腋生或侧生，无花序梗及花梗；无苞片，稀具叶状苞片。萼筒长6-8毫米，外面密被黄或淡白色丝状绒毛，裂片4，卵形或圆形，长约2毫米；雄蕊8，2轮，着生于萼筒中部以上；花盘一侧发达，鳞片状，顶端多裂，子房无柄，长约1毫米，顶端或全部密被白色丝状粗毛，花柱长约4毫米，柱头头状。花期2月，果期春末夏初。

产福建、江西、湖南、广东、香港、广西及贵州，生于海拔300-800米山坡、草地、山谷疏林下或灌丛中。

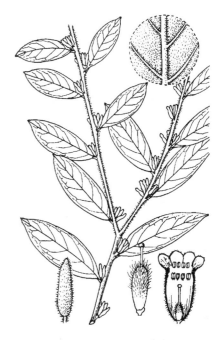

图 839 长柱瑞香 （冯先洁绘）

4. 毛花瑞香属 Eriosolena Bl.

乔木或灌木。叶互生。花两性；腋生或侧生头状花序，具5-10花，花序梗长；总苞片2-4枚包被花芽，早落。花无梗；花萼漏斗状，白色，外面被丝状毛，顶端4裂，裂片覆瓦状排列，多少不相等。雄蕊8，2轮着生于萼筒上。花药内向底着，线形，上轮4枚半伸出，花盘鳞片状，膜质，不对称地围绕子房基部，具齿或深裂，有时一侧发达；子房1室1胚珠，花柱短，柱头头状，内藏。核果浆果状。外种皮坚硬、胚乳少，子叶厚。

2-3种，分布于马来西亚、爪哇、中国、喜马拉雅一带。我国1种。

毛花瑞香 毛管花 图 840

Eriosolena composita (Linn. f.) Merr. in Contrib. Arn. Arb. 8: 3. 1934.

Scopolia composita Linn. f. Suppl. Sp. Pl. 60. 403. 1781.

Eriosolena involucrata (Wall.) Van Tiegh.；中国高等植物图鉴 2: 962. 1972.

图 840 毛花瑞香 （冀朝祯绘）

灌木，高约1米。小枝无毛。叶互生，革质，披针形或长圆状披针形，长7-10厘米，宽2-2.5厘米，先端渐尖，基部楔形，全缘，两面无毛，侧脉16-23对，下面显著；叶柄长约2毫米，无毛。头状花序腋生，具8-10朵花，外面被2-4枚圆形苞片所包；花序梗长1.4-4厘米，被柔毛；总苞片1轮，苞片2-4枚，膜质，顶端2裂，开花前闭合，开花后脱落。花萼白色，萼筒长1-1.3厘米，外面被丝状长柔毛，裂片4，卵状披针形，长约2毫米；雄蕊8，2轮，下轮着生于萼筒中部以上，上轮着生于喉部；花盘鳞片膜质，杯状，两侧不等；子房顶端被黄色丝状长柔毛，花柱长1.7毫米，柱头头状，无毛。果卵球形，长约7毫米，成熟时黑色。花期春季。

产云南，生于海拔1300-1750米山区林内或灌丛中。印度和马来西亚有分布。

5. 鼠皮树属 Rhamnoneuron Gilg

小乔木或灌木。叶互生。花两性，圆锥花序常由具4（5-7）花的头状花序组成，顶生或腋生，芽时为被绢毛的萼状苞片所包。花萼筒状，白或红色，密被丝状长柔毛，内面无毛，基部囊状，顶端4裂；无花瓣；雄蕊8，2轮，分别着生于萼筒的喉部及近喉部；花丝极短，花药纵裂；花盘膜质，杯状，不裂，环包子房基部；子房密被长柔毛，1室1胚珠，花柱短，柱头近球形。核果，外果皮干燥，密被淡黄色柔毛，被宿存萼筒包被。种皮坚硬，有或无胚乳，子叶肉质。

2种，越南和中国各产1种。

鼠皮树 图 841

Rhamnoneuron rubriflorum C. Y. Wu ex S. C. Huang in Acta Bot. Yunnan. 7(3): 278. 1985.

Rhamnoneuron balansae auct. non (Drake) Gilg: 中国植物志 52

(1): 389. 1999.

灌木，高达4米。小枝褐色，幼时被平伏粗毛，老时无毛。叶互生，卵

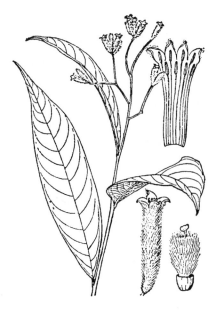

形、长圆形或披针形,长10-19厘米,宽2.5-5.5厘米,先端渐尖,基部楔形,稀近圆,上面几无毛,下面被平伏柔毛,侧脉19-24对,明显,网脉细,近平行;叶柄长1-3毫米,被疏柔毛。头状花序组成圆锥花序,顶生或腋生,头状花序常具4花,外被2枚近圆形两顶端下凹的苞片,苞片被绢毛;花序梗长1.5-2厘米,被绢毛。花红色,无梗;萼筒长1.2厘米,被绢毛,内面无毛,裂片4,直立,卵形,长2.5毫米;雄蕊8,2轮,上轮4枚着生花萼筒喉部与萼裂片对生,下轮4枚距上裂雄蕊约2毫米,与花萼裂片互生;花盘杯状,包子房基部,边缘波状;子房被白色长硬毛,花柱短,柱头近球形。果纺锤形,长约8毫米,被长硬毛,为宿存萼筒所包。花期3月。

图 841 鼠皮树 (引自《图鉴》)

产云南东南部,生于海拔900-1200米山地林中。

6. 结香属 Edgeworthia Meisn.

落叶或常绿灌木,树皮强韧;多分枝。叶互生或散生,常簇生于枝顶。花两性,头状花序,顶生或侧生;花多数,先于叶或与叶同时开放,花序梗长或短。苞片数枚组成1总苞;小苞片早落。花梗具关节;萼筒筒状,裂片4,向外展开,外面密被毛,内面无毛;无花瓣;雄蕊8,2轮,着生于萼筒喉部,花药箭状长圆形;花盘杯托,浅裂;子房卵形,1室,无柄,具丛生的小刚毛,花柱长,下部具丝状髯毛,柱头棒状,被乳突;花盘杯状,浅裂,基部为宿存萼筒所包。果干燥或稍肉质,果皮革质。种皮脆壳质。

5种,分布于亚洲,自喜马拉雅至缅甸、日本和美洲东南部。我国4种,其中1种为引进栽培的观赏植物。

1. 落叶灌木;先叶开花;子房顶端丛生白色丝状毛;果顶端被毛;叶柄长1-1.5厘米;花黄色 ·················· 1. **结香 E. chrysantha**
1. 常绿灌木或小乔木;花叶同放;子房及果全部密被灰白色丝状长柔毛;叶柄长4-8毫米;花白色带红晕 ·················· 2. **滇结香 E. gardneri**

1. 结香

图 842

Edgeworthia chrysantha Lindl. in Journ. Hort. Soc. Lond. 1: 148. 1846.

落叶灌木,高达2米。茎皮极强韧;小枝粗,常3叉分枝,棕红或褐色,幼时被绢状毛,叶迹大,径达5毫米。叶互生,纸质,椭圆状长圆形、披针形或倒披针形,长6-12厘米,宽1.8-5厘米,先端急尖,基部楔形,两面被灰白色丝状柔毛,侧脉10-20对;叶柄长1-1.5厘米,被毛。先叶开花,头状花序顶生或侧生,下垂,有花30-50朵,结成绒球状,花序梗长0.5-1.2厘米,被白色长硬毛;苞片披针形,长1-3毫米,渐尖,被毛,开花时脱落;花黄色,芳香;萼筒长1-2厘米,密被丝状毛,内面无毛;裂片4,近圆形,长约3.5毫米;雄蕊8,2轮,上轮4枚与花萼裂片对生,下轮与花

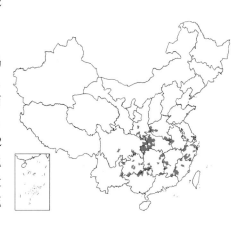

萼裂片互生，花丝短，花药近卵形；子房椭圆形，顶部丛生白色丝状毛，花柱线形，长约2毫米，柱头棒状，具乳突。花盘浅杯状，膜质，边缘不整齐。果卵形，长约8毫米，绿色，顶端有毛。花期冬末春初，果期春夏。

产河南、安徽、江苏、浙江、福建、江西、湖北、湖南、广东、广西、贵州、云南、四川及陕西，栽培或野生，生于湿润肥沃之地。日本及美国东南部有分布。花芳香美丽，供观赏；根药用，有舒筋活络、消肿止痛之效；花有祛风明目的作用。茎皮供制高级纸。

2. 滇结香　　　　　　　　　　　　　　　　　　图 843

Edgeworthia gardneri (Wall.) Meisn. in Denkschr. Regensb. Bot. Ges. 3: 208. t. 6. 1841.

Daphne gardneri Wall. in Asiat. Res. 13: 388. t. 9. 1820.

常绿灌木或小乔木；高达4米。茎褐红色，小枝无毛，或于顶端疏被绢毛。叶互生，窄椭圆形或椭圆状披针形，长6-10厘米，宽2.5-3.4厘米，先端尖，基部楔形，两面均被平伏柔毛，侧脉8-9对，明显；叶柄长4-8毫米，疏被柔毛。花叶同放，头状花序顶生或腋生，球形，径3.5-4厘米，具30-50花；总苞早落；苞片叶状，窄披针形；花序梗长2-2.5(-5)厘米，向下弯垂，开花时被白色绢毛，结果时毛全脱落。花无梗，白色带红晕；萼筒长约1.5厘米，密被白色丝状毛，顶端4裂，裂片卵形，长约3.5毫米，先端尖或圆；雄蕊8，2轮，着生于花萼筒喉部；子房椭圆形，全部密被灰白色丝状毛，花柱线形，长约2毫米，被毛，柱头棒状，长约3毫米，具乳突；花盘鳞片状，膜质，浅撕裂状。果卵形，全部被灰白色丝状长柔毛。花期冬末春初，果期夏季。

产云南西北部及西藏东南部，生于海拔1000-2500米江边、林缘及林下。尼泊尔、不丹、印度北部及缅甸北部有分布。

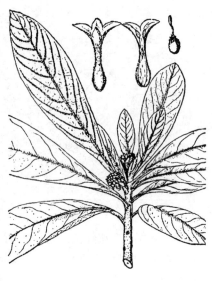

图 842 结香 （引自《图鉴》）

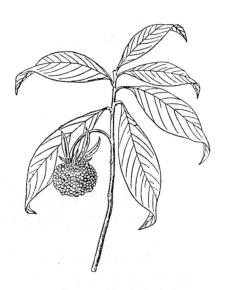

图 843 滇结香 （引自《图鉴》）

7. 欧瑞香属 Thymelaea Mill.

一年生草本、亚灌木或小灌木。小枝常具疣状痕迹。单叶互生，草质或革质，幼时紧密排列，全缘；无托叶，无叶柄或具短柄。花两性或单性，雌雄同株或异株，腋生或顶生，单生或簇生，有或无苞片。花萼圆筒状、漏斗状或壶状，在子房之上不缢缩，宿存，稀脱落，裂片4，花瓣状；雄蕊8（在雌花中退化），2轮，紧贴花萼筒，内藏或上轮1/2伸出喉部；花盘无或细小，子房（在雄花中退化）1室，花柱短，顶生或侧生，柱头头状或扁圆形，微具乳突状突起。果不裂，果皮膜质，具1种子。

20-30种，产欧洲地中海沿岸、亚洲西南部和非洲北部。我国1种。

欧瑞香 图 844

Thymelaea passerina (Linn.) Cosson et Germ. Syn. Fl. Paris ed. 2, 360. 1859.

Stellera passerina Linn. Sp. Pl. 559. 1753.

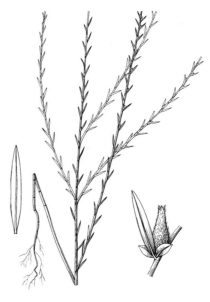

图 844 欧瑞香 (谭黎霞绘)

一年生草本,高达70厘米。主根少分枝,黄褐色,茎不分枝或少分枝,绿色,无毛或疏生柔毛。叶互生,草质,线状披针形或窄披针形,长0.6-2厘米,宽1-2.5毫米,先端渐尖,全缘,上面无毛,下面疏被柔毛;叶柄极短或几无柄。花两性,淡黄绿色,1-5花簇生叶腋;苞片2,披针形,长2-3毫米。花梗极短,被柔毛;花萼筒长2-3毫米,被平伏白色柔毛,基部被白色长纤毛,裂片卵形,长0.5-1毫米,先端钝,雄蕊8,2轮,贴生萼筒中部以上,花药不伸出喉部,花丝甚短;花盘缺或退化;子房卵形,1室1胚珠,顶端被短粗毛,花柱顶生,常偏向一侧,柱头头状,具乳突。果卵形,不裂,绿色,长2-3毫米,外果皮膜质,包于宿存萼筒内。花期5-8月,果期7-10月。

产新疆,生于海拔400-1000米河谷湿地、沟渠边、荒漠、农田附近、牧场、盐碱地山坡或干河床。广布于欧洲中部和南部、亚洲西南部至中亚。

8. 草瑞香属 Diarthron Turcz.

一年生细弱草本。根不肥大,茎直立,纤细,多分枝。叶互生,线形,细小。总状花序顶生,疏散,无苞片;花两性,极细小。萼筒纤细,壶状,在子房上部缢缩,果时不环裂,下部宿存,包被果实,裂片4,直立或稍开展;无花瓣,雄蕊4,1轮,着生于萼筒,喉部成裂片对生,如雄蕊8,则成2轮,下轮与萼裂片互生,花药长圆形,几无花丝;花盘细小,盘状或缺;子房1室,具1倒垂胚珠,无柄,花柱侧生或近顶生,短,柱头近棒状,粗厚。果干燥,包于萼筒基部,果皮薄。种子1粒,胚乳少或无。

2-3种,产中亚。我国2种。

草瑞香 图 845

Diarthron linifolium Turcz. in Bull. Soc. Nat. Mosc. 5: 204. 1832.

一年生草本。茎直立,细瘦,上部有分枝,无毛。叶疏生,线形或线状披针形,长0.8-2厘米,宽1.5-2毫米,两面无毛,全缘,先端钝圆,基部楔形,侧脉不明显;几无柄。总状花序顶生;无苞片。花梗极短,长约1毫米;花萼筒状,长2.5-5毫米,下端绿色,上端暗红色,外面无毛或疏被毛,裂片4,卵状椭圆形,长不及1毫米,先端渐尖,直立或微开展;雄蕊4,稀5,1轮,着生于萼筒中部以上,花丝极短,花药宽卵形;无花盘;子房椭圆形,无毛,有子房柄,花柱极细瘦,长0.8-1毫米,柱头稍膨大呈棒状。果卵状,黑色,有光泽,为宿存花萼筒所包。花期5-7月,果期6-8月。

产黑龙江、吉林、辽宁、内蒙古、河北、河南、山东、山西、陕西、甘

肃及宁夏,生于海拔500-1400米沙质荒地。俄罗斯西伯利亚有分布。

9. 狼毒属 Stellera Linn.

多年生草本或亚灌木。根状茎木质肥大。茎不分枝或极少分枝。叶互生或对生,全缘。花多数,组成顶生无梗的头状花序或穗状。花黄、白或淡红色;萼筒筒状或漏斗状,在子房上部缢缩,有关节,下部包子房,果时在子房上部横裂,下部宿存,裂片4,稀5-6,开展;无花瓣;雄蕊8,稀10或12,包于萼筒内,稀上轮花药部分伸出,2轮;花盘生于一侧,鳞片状,针形或线形,膜质,全缘或2裂;子房几无柄,花柱短,柱头头状或卵球形,具硬毛状突起。小坚果干燥,基部为宿存萼筒包被,果皮膜质。

约2-3种,产亚洲。我国2种。

狼毒 图 846 彩片 191

Stellera chamaejasme Linn. Sp. Pl. 559. 1753.

多年生草本,高达50厘米。根茎粗大,木质,圆柱形,不分枝或少分枝,棕色,内面淡红色;茎丛生,不分枝,绿色,有时带紫色,无毛,草质。叶互生,稀对生或近轮生,披针形或椭圆状披针形,长1.2-2.8厘米,宽3-9毫米,先端渐尖或尖,基部圆,两面无毛,全缘,侧脉4-6对;叶柄长约1毫米,基部具关节。头状花序顶生,具绿色叶状苞片。花黄、白色或下部带紫色,芳香;无花梗;萼筒纤细,长0.9-1.1厘米,具明显纵脉,基部稍膨大,无毛,裂片5,长圆形,

图 845 草瑞香 (张桂芝绘)

长2-4毫米,先端圆,常具紫红色网状脉纹;雄蕊10,2轮,下轮着生于花萼筒中部以上,上轮着生于花萼筒喉部,花药微伸出;子房被黄色丝状毛,几无柄,上部被丝状柔毛。果圆锥状,长约5毫米,顶端有灰白色柔毛,为萼筒基部包被;果皮淡紫色,膜质。花期4-6月,果期7-9月。

产黑龙江、吉林、辽宁、内蒙古、河北、河南、山西、陕西、宁夏、甘肃、青海、新疆、贵州、四川、云南及西藏,生于海拔2600-4200米向阳草坡。俄罗斯西伯利亚有分布。根茎毒性大,可作农药,外敷可治疥癣。

图 846 狼毒 (引自《中国药用植物志》)

10. 假狼毒属 Stelleropsis Pobed.

多年生草本或落叶亚灌木。具肥大木质根茎。茎不分枝,稀分枝,基部木质化。单叶互生、近对生或近轮生,叶柄极短。头状花序或短穗状花序,顶生,具多数排列紧密的花;无苞片。花梗短,与花萼之间具关节,花萼在子房之上缢缩成关节,果期在子房上部横裂,子房以下部分宿存,裂片4;雄蕊8,2轮,生于花萼关节之上,上轮与花萼裂片对生;下位花盘盘状或环状,包子房基部,边缘常不整齐;子房顶端有长毛,花柱丝状。果干燥,包被

于花萼筒内。

9种，分布于中亚地区。我国2种。

天山假狼毒

图 847

Stelleropsis tianschanica Pobed. in Not. Syst. Herb. Inst. Bot. Acad. Sci. URSS. 12: 153. 1949.

多年生草本，高达30厘米。主根木质，肥大，有1-3分枝，根皮淡棕褐色。茎8-20条丛生，直立，不分枝，草质或稍木质，无毛。叶椭圆形或长椭圆形，长约1.5-2厘米，宽3-5毫米，先端尖，基部渐窄，全缘，两面无毛，侧脉3-5对；叶柄极短。头状花序或短穗状花序，顶生，具15-20朵花。萼筒漏斗状，长0.9-1.2厘米，无毛，花蕾时红色，花后白色，无毛或微被白色柔毛，裂片4，2枚稍长，长4-5毫米，宽1-1.5毫米；雄蕊8，2轮；子房顶端有髯毛，花柱长0.5毫米，柱头球形，具乳突；花盘环状，包子房基部，边缘不整齐。果绿色，包于宿存萼筒基部。

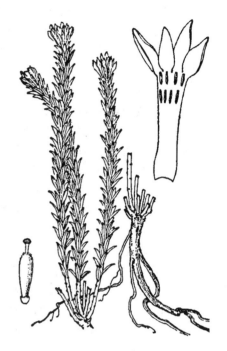

图 847 天山假狼毒 （引自《图鉴》）

产新疆西北部，生于海拔1700-2000米山坡草地。吉尔吉斯斯坦有分布。

120. 菱科 TRAPACEAE

（陈家瑞）

一年生浮水或半挺水草本。根二型：着泥根细长，黑色，生于泥中；同化根由托叶演生而来，对生或轮生，羽状丝裂，淡绿褐色，生于水中具有同化和吸收作用。茎常细长柔软，分枝，出水茎节间短。叶二型：沉水叶互生，生于幼苗，叶片小，有锯齿，叶柄半圆柱状、肉质、早落；浮水叶互生或轮生状，聚生于茎顶，呈旋叠莲座状，形成菱盘，叶菱形，中上部具缺刻状锯齿，基部宽楔形或近圆；叶柄上部膨大成海绵质气囊，托叶2枚，腋生，膜质，早落，生于水下的常演生成羽状丝裂的同化根。花小，两性，单生叶腋，自下而上发生，水上开花，具短梗；花萼与子房基部合生，裂片4，2轮，其中1-4片膨大成刺角，有时部分或全部退化；花瓣4，1轮，芽时覆瓦状排列，白色或带淡紫色，着生花盘上部边缘；花盘常鸡冠状分裂或全缘；雄蕊4，2轮，与花瓣交互对生，花丝纤细，花药背着，呈丁字形，内向；花柱细，柱头头状，子房半下位或稍周位，2室，每室1倒生胚珠，垂悬于室内顶部，仅1胚珠发育。果坚果状，革质或木质，在不中成熟，有刺状角1-4个，稀无角，不裂，具喙。种子1，无胚乳，子叶肥大，富含淀粉。

1属，约30种，分布于欧亚及非洲热带、亚热带和温带地区，北美和澳大利亚有引种栽培。我国15种和8变种。

菱属 Trapa Linn.

属的特征、种数、分布等与科同。

全国各地湖泊、河湾、积水沼泽、池塘等静水淡水水域中多有分布或引种栽培。种仁富含淀粉，可生食，也可供制菱粉，配制冰淇淋等食品，亦可酿酒或药用。菱壳可制活性炭。菱和新鲜茎叶为猪及家禽喜食，各产地多用作饲料。

1. 花萼宿存或少数脱落；果三角形、菱形、弓形右近锚形，多数有刺角。
　2. 坚果锚状三角形，具4刺角，少数种类二腰角略有变化。
　　3. 果冠发达，或不明显（四角菱）。
　　　4. 果高1.5-2厘米（果喙除外），果喙发达，果冠径0.8-1.5厘米，肩部突起 ……………………………………………………………………… 2. **四角大柄菱 T. macropoda**
　　　4. 果高2-2.5厘米（果喙除外），果喙不明显，果冠径0.5厘米，肩部略突起 …………………………………………………………………………………… 3. **四角菱 T. quadrispinosa**
　　3. 果冠缺或不明显。
　　　5. 刺角间具4个瘤状物，果高1.2厘米（果喙除外），萼脊被灰白色短毛 …… 1. **四瘤菱 T. mammillifera**
　　　5. 刺角间无瘤状物，果高1-2厘米（果喙除外），萼脊无毛、近无毛或只其中1对被短毛。
　　　　6. 二肩角尖锐细长，斜上伸，二腰角斜下伸；果高1-2厘米。
　　　　　7. 果高2厘米，刺角粗或细、扁或圆锥状。
　　　　　　8. 二腰角扁锥状；叶三角状菱形，基部宽楔形，锯齿缺刻状，多数锯齿先端2浅裂，下面绿色带紫；萼脊被短毛 …………………………………… 7. **四角矮菱 T. natans var. pumila**
　　　　　　8. 二腰角圆锥状；叶斜方形或三角状菱形，基部宽楔形或近圆形，锯齿缺刻状、多数齿端不裂，叶下面有棕色斑块；萼脊无毛或少毛 ……………… 6(附). **野菱 T. incisa var. qudricaudata**
　　　　　7. 果高1-2厘米，刺角细锥状。
　　　　　　9. 果高1.5-2厘米，凹凸不平；花盘为8个瘤状物；叶基部宽楔形，具缺刻状锐齿；萼脊无毛 …………………………………………………………… 6. **四角刻叶菱 T. incisa**
　　　　　　9. 果高1-1.2厘米，平滑；花盘全缘；叶基部近平截，有不整齐浅齿或牙齿；萼筒基部密被短毛，其中1对萼脊被毛 ………………………… 5. **细果野菱 T. maximowiczii**
　　　　6. 二肩角短细、平展或斜升，二腰角退化，无刺尖，细尖下垂，或钝而下垂；果高2-3厘米 ……………………………………………… 11(附). **越南菱 T. bicornis var. cochinchinensis**
　2. 坚果三角形、菱形、扁槠果形、弓形等各种，有4刺角、3刺角、2刺角，或很少无刺角。
　　10. 果高1-1.2厘米（不含果喙），具4刺角，刺角间有4个瘤状物；果喙不发达 …………………………………………………………………………………… 1. **四瘤菱 T. mammillifera**
　　10. 果高于1.5厘米（不含果喙），具2刺角或无刺角，刺角间无瘤状物；果喙发达或略明显。
　　　11. 果喙明显，果冠外卷，径0.8-1.3厘米 ………………………… 8. **冠菱 T. litwinowii**
　　　11. 果喙不明显或略明显，果冠不外卷，径3-5毫米。
　　　　12. 叶质厚，宽菱形或卵状菱形，宽（2-）4-6厘米；果刺角先端无倒刺（乌菱有时有倒刺）。
　　　　　13. 果菱形或三角形。
　　　　　　14. 果三角形或扁菱形，无腰角，常具小丘状突起；果喙径3-5毫米，果颈径3（-5）毫米；仅1对萼脊被毛 …………………………………………………… 9. **丘角菱 T. japonica**
　　　　　　14. 果三角状菱形或三角形，无腰角，丘状突起不明显；果喙不明显 ……… 10. **菱 T. bispinosa**
　　　　　13. 果弯牛角形或三角形。
　　　　　　15. 果具2角，2角先端向上直伸或下弯成牛角形。

16. 幼果皮紫红色，后紫黑色；1对萼裂片具毛 ⋯⋯⋯⋯⋯⋯⋯⋯⋯⋯⋯⋯⋯⋯ 11. **乌菱 T. bicornis**

16. 幼果皮青绿色，后黑色；萼4裂片均被毛 ⋯⋯⋯⋯⋯⋯⋯⋯ 11(附). **台湾菱 T. bicornis** var. **taiwanensis**

15. 果具2或4角，肩角短细、平展或斜升，腰角乳头状或不明显 ⋯⋯⋯⋯⋯⋯⋯⋯⋯⋯⋯⋯

⋯⋯⋯⋯⋯⋯⋯⋯⋯⋯⋯ 11(附). **越南菱 T. bicornis** var. **cochinchinensis**

12. 叶质薄，近三角状菱形或宽菱形，宽1.5-4厘米；果刺角先端有倒刺 ⋯⋯⋯⋯⋯⋯ 4. **格菱 T. pseudoincisa**

1. 花萼早落；果扁楮果状，无刺角 ⋯⋯⋯⋯⋯⋯⋯⋯⋯⋯⋯⋯⋯⋯⋯⋯ 12. **无角菱 T. acornis**

1. 四瘤菱

图 849: 4

Trapa mammillifera Miki in Jap. Journ. Limnol. 8: 413. f. 1(M-N). 1938.

一年生浮水水生草本。浮水叶互生，稍肉质，聚生于主茎及分枝茎顶端，莲座状，叶菱状或三角状菱圆形，长2-3厘米，宽2.5-3.5厘米，上面深亮绿色，无毛，下面绿色，密被淡灰色短毛和秕糠状物，脉间有棕色斑块，中上部具不整齐凹圆齿，基部宽楔形；叶柄中上部成海绵质气囊，长3-7厘米，被柔毛。花小，单生叶腋；萼筒4裂，裂片卵状三角形，萼脊被灰白色短毛，绿色，裂片先端稍带紫红色；花瓣4，白色；雄蕊4，花丝纤细，白色半透明；花药米黄色；子房半下

图 849: 1-3.四角菱　4.四瘤菱
（李爱莉绘）

位，花柱细钻形，基部渐膨大，淡黄色；柱头黄绿色；花盘鸡冠状。坚果菱形，果高1-1.2厘米，径2-2.5厘米，被淡灰色长伏毛，具4刺角，2肩角平伸或斜举，2腰角下伸或1-2角退化，肩角或腰角间常具4个瘤状物，果喙尖头帽状，高3-4毫米，径3-4毫米，不反卷；果柄稍粗，长2.5-3厘米，果柄有棕褐色毛。花期5-10月，果期7-11月。

产江苏及江西，生于湖泊。日本有分布。种仁供生食或提取淀粉。茎叶可作饲料。

2. 四角大柄菱

图 848

Trapa macropoda Miki in Journ. Inst. Polytech. Osaka City Univ. Ser. D. Biol. 3: 20. 24. f. 13. L. 1952.

Trapa manshurica Flerows；中国植物志 52(2): 11. 2000.

一年生浮水水生草本。茎肉质柔弱，分枝。浮水叶互生，聚生茎顶，成莲状菱盘，主茎上菱盘稍大，叶三角状菱圆形或宽菱形，长2.5-5厘米，宽3.5-6厘米，上面亮绿色，无毛，下面主侧脉隆起，密生淡褐色短毛，脉

图 848 四角大柄菱 （李爱莉　胡劲波仿）

间有淡棕色斑块,中上部具不整齐浅圆齿或牙齿,基部楔形或近半圆形;叶柄长2-10厘米,中上部成海绵质气囊,疏生灰白色长绢毛和短毛。花小,梗柄长2厘米,密被淡灰色短毛;萼筒4裂,萼片有短毛或无毛;花瓣4,白色;雄蕊4,花丝纤细;子房半下位;花柱细,柱头头状。坚果三角状菱形,近锚状,淡灰色,基部宽楔形,高1.5-2厘米,具4刺角,肩角与腰角近等长,肩角平伸或稍向上,刺角基部粗,先端缢缩成短尖,角间端宽4.5-6厘米,腰角稍向下或平展,基部稍粗,先端渐尖,具倒刺,果喙突出,

果冠外卷,径0.8-1.5厘米,果颈高5毫米;果柄长2厘米,密生灰色短毛,洼陷不明显。花期7-9月,果期8-11月。

产黑龙江、吉林及辽宁,生于湖泊。俄罗斯有分布。果种仁富含淀粉。

3. 四角菱 图 849: 1-3

Trapa quadrispinosa Roxb. in Carey, Fl. Ind. 1: 451. 1824.

一年生浮水水生草本。茎细长或粗短,多分枝。浮水叶互生,聚生于主茎及分枝茎顶部,成莲座状菱盘,叶菱状圆形,长约5厘米,上面亮绿色,下面主侧脉隆起,密生绒毛,中上部具浅凹细圆齿,基部宽楔形;叶柄中上部成海绵质,被短毛。花单生叶腋。萼筒4裂,萼脊有棕褐色毛;花瓣4,白色;雄蕊4,花丝纤细;子房半下位,花盘黄色,鸡冠状裂。坚果三角形,近锚状,具4刺角,肩角较腰角

为长,两肩角稍斜上或平伸,两腰角斜向下伸,果高2-2.5厘米(果喙除外),两刺角间端宽5-6厘米,刺角较细长,肩部稍突起,果喙小,周围洼陷,果冠不外卷,径0.5厘米,果颈高3毫米;果柄长1.6-2.1厘米。花期5-10月,果期6-11月。

产河北、江西、湖北、湖南及贵州,生于湖泊或池塘。印度东部、泰国、日本有分布。果实富含淀粉,供生食或提取淀粉。茎叶可作饲料。

4. 格菱 图 850

Trapa pseudoincisa Nakai in Journ. Jap. Bot. 18: 436. t. 3. f. g. t. 5. f. 8. 1942.

一年生浮水水生草本植物。茎细弱分枝。浮水叶互生,聚生茎顶,成莲座状菱盘,主茎和分枝茎的浮水叶极相似,叶质薄,近三角状菱形或宽菱形,长1.5-4.5厘米,上面深亮绿色,下面绿色,沿脉疏被灰褐色短毛,余近无毛或无毛,脉间有棕色斑块,中上部具缺刻状牙齿,基部楔形或宽楔形;叶柄中上部膨大。花小,单生叶腋。萼筒4裂,裂片长圆状披针形,长约5毫米,沿脊被毛;花瓣4,白色;

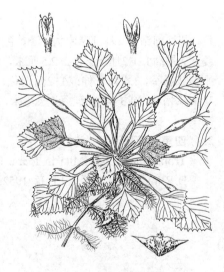

图 850 格菱 (万文豪绘)

高3-4毫米,径约3毫米,果冠不明显。花期5-8月,果期8-9月。

产黑龙江、吉林、辽宁、河北、山东、河南、湖北及江西,生于湖泊。俄罗斯、朝鲜、日本有分布。

雄蕊4,花丝纤细;子房半下位,花盘鸡冠状。坚果三角形,具2圆形肩刺角,高1.5厘米(果喙除外),被淡棕色短毛,角平伸或稍斜上举,角间端宽3-4.5厘米,刺角先端具倒刺,无腰角,有丘状突起物,果喙明显,果颈

5. 细果野菱 图 851

Trapa maximowiczii Korsh. in Acta Hort. Pertop. 7: 336, 1892.

一年生浮水水生草本。茎细柔弱,分枝,长0.8-1.5米。浮水叶互生,聚生主枝或分枝茎顶,成莲座状菱盘,叶三角状菱圆形,长1.9-2.5厘米,宽2-3厘米,上面深亮绿色,无毛或疏生短毛,下面绿色带紫,主侧脉稍明显,疏被黄褐色短毛,脉间有茶褐色斑块,有不整齐浅齿或牙齿,基部近平截。花小,单生叶腋。花梗长1-2厘米,疏被淡褐色短毛;萼筒4深裂,裂片长约4毫米,基部密被短毛,其中1对萼筒沿脊被毛,余无毛;花瓣4,白色,长约7毫米;花盘全缘;雄蕊4,花丝纤细;子房半下位,子房基部膨大,花柱钻状,柱头头状。果三角形,高1-1.2厘米,平滑,具4刺角,2肩角细刺状、斜向上,角间端宽2-2.5厘米,2腰角较细短,锐刺状,斜下伸;果喙尖头帽状或细圆锥状,果颈高约3毫米,无果冠;果柄长约2.5厘米,疏被褐色短毛。花期6-7月,果期8-

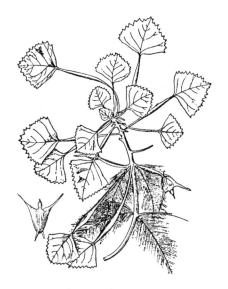

图 851 细果野菱 (引自《图鉴》)

9月。

产黑龙江、吉林、辽宁、河北、河南、山东、江苏、浙江、安徽、福建、湖北、湖南、广西、贵州、四川及云南,多生于边远湖沼中。俄罗斯、朝鲜及日本有分布。果小,种仁富含淀粉。

6. 四角刻叶菱 图 852: 1-4

Trapa incisa Sieb. et Zucc. in Abh. Akad. Wiss. Wien, Math. Phys. 4(2): 134. 1845.

一年生浮水水生草本。浮水叶互生,成莲座状菱盘,叶较小,斜方形或三角状菱形,上面深亮绿色,下面绿色,疏被短毛或无毛,有棕色马蹄形斑块,中上部有缺刻状锐齿,基部宽楔形;叶柄中上部稍膨大,绿色无毛。花小,单生叶腋。花梗细,无毛;萼筒4裂,绿色,无毛;花瓣4,白色,或带微紫红色;子房半下位,上位花盘,有8个瘤状物围着子房。坚果三角形,高1.5-2厘米,凹凸不平,4刺角细

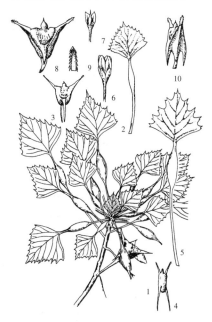

图 852: 1-4.四角刻叶菱 5-10.四角矮菱 (李爱莉仿)

长,2肩角刺斜上举,2腰角斜下伸,细锥状;果喙细圆锥形成尖头帽状,无果冠。花期5-10月,果期7-11月。

产江苏、浙江、安徽、江西、湖北及湖南,生于湖泊、池塘。日本、越南、泰国、老挝、马来西亚及印度尼西亚爪哇有分布。果小。种仁富含淀粉。

[附] **野菱** Trapa incisa Sieb. et Zucc. var. **quadricaudata** Clück. in

Hand.-Mazt. Symb. Sin, 7(2): 605. 1929. 本变种的鉴别特征:叶斜方形或三角状菱形,基部宽楔形或圆,锯齿缺刻状,多数齿端不裂,下面淡绿

带紫，有棕色斑块，叶柄长3.5-10厘米，被短毛；萼脊无毛或少毛；果高宽均2厘米，二腰角圆锥状，基部粗，果喙圆锥状。花期7-8月，果期8-

10月。产江苏、浙江、安徽、湖南、江西、福建及台湾，日本有分布。果小。种仁富含淀粉，供食用。

7.　四角矮菱

图 852: 5-10

Trapa natans Linn. var. **pumila** Nakano in Bot. Mag. Tokyo. 77: 166. 1964.

一年生浮水水生草本。浮水叶互生，聚生于主茎和分枝茎顶端，成莲座状菱盘，叶三角状菱形，上面深亮绿色，下面绿色带紫，疏生淡棕色短毛，主侧脉明显，脉间有棕色斑块，侧脉4(5)对，中上部具齿状缺刻，每齿先端2浅裂，叶长2-3厘米，宽2.5-4厘米，基部宽楔形；叶柄中上部膨大成海绵质气囊或不膨大、疏被淡褐色短毛。

花小，单生叶腋。花梗长2-2.5厘米，有短毛；萼筒4裂，密被淡褐色短毛；花瓣4，白色；子房半下位，花盘鸡冠状，包围子房。坚果三角状菱形，具4刺角，2肩角斜上伸，2腰角向下伸，刺角扁锥状，果高和宽约2厘米，刺角长1-1.5厘米；果喙圆锥状，无果冠。

产黑龙江、吉林、江苏、安徽、浙江、福建、江西、河南、湖北、陕西、四川、云南及广东，生于湖塘。日本、越南、老挝及泰国有分布。果小。种仁富含淀粉。

8.　冠菱

图 853: 3

Trapa litwinowii V. Vassil. Schischk. et Bobrov in Fl. URSS 15: 694. 32(7). 1949.

一年生浮水水生草本。浮水叶互生，聚生主枝和分枝茎顶，成莲座状菱盘，叶宽菱形或三角状菱形，长3-4.5厘米，宽3-5.5厘米，上面亮绿色，有时稍带紫红色，下面绿色微带紫色，密被棕黄色和淡灰色短毛，或无毛，脉间有棕色斑块，主侧脉在背面稍突起，中上部具不等浅圆齿，基部楔形或近圆；叶柄长3-15厘米。花小，单生叶腋。花梗长1-2厘米，密被棕色短毛；萼筒4裂，萼脊被褐色短毛；

图 853: 1-2.丘角菱　3.冠菱　（李爱莉仿）

花瓣4，白色；子房半下位，花柱细钻形。坚果近菱形，淡灰棕色，密生极短淡灰棕色短毛，高1.5-2厘米，具2刺状角，角平伸，稀干时向上弯曲，肩角角端宽5-6厘米，无腰角，呈半月形，中间凹陷，两面肩部中线突起，果冠外卷，径0.8-1.3厘米，果颈高3-4毫米或更低；果柄粗，长3.5-4厘米。花期7-9月，果期8-10月。

产黑龙江、吉林及内蒙古，生于湖泊。俄罗斯及日本有分布。种仁富含淀粉，可生食或加工制成淀粉。茎叶可作饲料。

9.　丘角菱

图 853: 1-2

Trapa japonica Flerow in Bull. Jard. Bot. Repub. Russe 24: 39, 1925.

一年生浮水水生草本。浮水叶互生，绿或带紫红色，聚生主茎和分枝

茎顶，成菱盘，叶宽菱形或卵状菱形，主茎的叶较大，分枝的叶较小，长2-4.5厘米，宽2-6厘米，上面深亮绿色，无毛，下面被淡褐色长柔毛，以主侧脉上较明显，中上部具浅凹锐齿（主菱盘上牙齿较浅），基部宽楔形或近平截（分枝上的叶近楔形）；叶柄中上部膨大成海绵质气囊，被淡褐色短毛。花小，花梗长2-3厘米，疏被淡褐色柔毛；萼4深裂，仅1对萼片沿脊被短毛，裂片披针形，绿色；花瓣4，长匙形，白色或微红；雄蕊4，花丝白色半透明；花盘鸡冠状。坚果三角形或扁菱形，高1.5-1.8厘米，具2刺角，角平伸或斜举，连接二肩角间的2线弯曲伸展在同一平面上，果面稍平，无腰角，常具小丘状突起，果喙稍明显，果颈高2-3毫米，果冠稍明显，径3-5毫米。花期5-10月，果期7-11月。

产黑龙江、吉林、辽宁、内蒙古、陕西、山西、河北、河南、山东、安徽、江苏、浙江、福建、江西、湖北、湖南、广东及广西，生湖塘。俄罗斯、朝鲜及日本有分布。种仁富含淀粉，可生食或提制淀粉。茎叶可作饲料。

10. 菱　　　　　　　　　　图 854

Trapa bispinosa Roxb. Corom. Pl. 234. 1789.

一年生浮水水生草本。浮水叶互生，叶菱圆形或三角状菱圆形，长3.5-4厘米，宽4.2-5厘米，上面深亮绿色，无毛，下面灰褐色或绿色，主侧脉在下面稍突起，密被淡灰或棕褐色短毛，脉间有棕色斑块，中上部具不整齐圆凹齿或锯齿，基部楔形或近圆；叶柄中上部不明显膨大，长5-17厘米，被棕色或淡灰色短毛。花小，萼筒4深裂，被淡黄色短毛；花瓣白色；花盘鸡冠状。坚果三角状菱形或三角形，高2厘米，径2.5厘米，具淡灰色长毛，2肩角直伸或斜举，长约1.5厘米，刺角基部稍增粗，无腰角，丘状突起不明显，果喙不明显，果颈高1毫米，径4-5毫米。花期5-10月，果期7-11月。

产黑龙江、吉林、辽宁、河北、河南、山东、江苏、浙江、安徽、江西、湖北、湖南、四川及陕西，全国广为栽培，生于湖湾、池塘及河湾。日

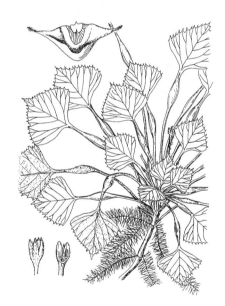

图 854 菱（万文豪　李爱莉仿）

本、朝鲜、印度及巴基斯坦有分布。种仁含淀粉50%以上，供食用及酿酒；全株可作饲料。

11. 乌菱　　　　　　　　　图 855: 1-4

Trapa bicornis Osbeck in Dagbok Ostind. Resa 191. 1757.

一年生浮水或半挺水草本。浮水叶宽菱形，长3-4.5厘米，宽4-6厘米，上面深亮绿色，无毛，下面绿或紫红色，密被淡黄褐色短毛（幼叶）或灰褐色短毛（老叶），中上部具凹形浅齿，基部宽楔形；叶柄长2-10.5厘米，中上部膨大成海绵质气囊，被短毛。花小，花梗长1-1.5厘米；萼筒4裂，1对萼裂片被毛，其中2裂片为角状；花瓣白色，着生于上位花盘边缘。坚果具水平开展的2肩角，无或有倒刺，先端下弯，两角间端宽7-8厘米，弯牛角形，果高2.5-3.6厘米，幼果皮紫红色，熟时紫黑色，微被极短毛，果喙不明显，果柄粗，有关节，长1.5-2.5厘米。种子白色，元宝形，两角钝，白色粉质。花期4-8月，果期7-9月。

江苏、浙江、江西、福建、湖北、

湖南、广东及台湾等省栽培。俄罗斯、日本、越南及老挝等有栽培。种仁白色脆嫩,含淀粉,供蔬菜或加工制成菱粉。

[附] **台湾菱** 图 855: 5-6 **Trapa bicornis** var. **taiwanensis** (Nakai) Z. T. Xiong in Wuhan Bot. Res. 3(2): 160. pl. 2. f. 11-12. 1985. —— *Trapa taiwanensis* Nakai in Journ. Jap. Bot. 18(8): 424. 1942. 本变种的鉴别特征:果2肩角平伸,弯曲成牛角形,幼果青绿色,熟时黑色;4萼裂片均被毛,花果期5-6月。产湖北、江西、福建、台湾及广东等省,生于水域。日本有分布。

[附] **越南菱** 图 855: 7 **Trapa bicornis** var. **cochinchinensis** (Lour.) H. Glück. ex Steenis in Osbeck. Dagb. Ostind. Resa 101. 1757. —— *Trapa cochinchinensis* Lour. Fl. Chinch. 1: 86. 1790. 本变种的鉴别特征:果三角形,绿褐色,2角或4角,肩角短细,平展或斜升,刺角先端有长毛,腰角乳头状,或不明显。我国南北各地栽培或野生。俄罗斯、越南、印度尼西亚爪哇、非洲有栽培或野生。

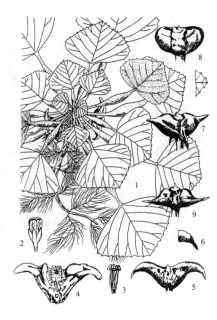

图 855: 1-4.乌菱 5-6.台湾菱 7.越南菱 8.无角菱 (李爱莉等绘)

12. 无角菱

图 855: 8

Trapa acornis Nakano in Bot. Mag. Tokyo 77: 165. 1964.

一年生浮水水生草本。浮水叶互生,聚生于主茎及分枝茎顶部,叶菱状圆形或三角状菱圆形,长4-6.5厘米,宽5.5-8.5厘米,侧脉在背面突起,上面绿色有光泽,无毛或有极少量的毛,下面密生灰白或淡灰褐色短毛,主脉上尤较明显,脉间常被淡棕色马蹄形斑块,边缘中上部具细浅不整齐凹形齿,中下部边缘为宽楔形,全缘;叶柄肥粗,长3-20厘米,中上部膨大成海绵质气囊,密生淡褐色短毛,花小,单生叶腋,花梗长约3厘米;花萼筒状,4深裂,萼脊生黑色短毛,花萼早落;花瓣4、白色;雄蕊4、花药丁字着生,背着药,内向;雌蕊2心皮,2室,子房半下位,花柱细,柱头头状,胚珠单生室内,由室之内上角下垂,仅一室的胚珠发育。果实坚果状,外果皮薄纸质,绿白色,刺角全退化,使果形成为扁楮果形,高2.5-2.8厘米,宽约4厘米,光滑绿白色,果喙小圆锥状,高约2厘米。花期7-10月,果期8-11月。

产浙江嘉兴南湖,江西南昌及抚州。坚果含淀粉,生食嫩甜可口。

121. 桃金娘科 MYRTACEAE

(张宏达)

乔木或灌木。单叶对生或互生,具羽状脉或基出脉,全缘,有油腺点;无托叶。花两性或杂性;单生或排成花序。萼筒与子房合生,萼片4-5裂或更多,有时粘合;花瓣4-5,或缺,分离或连成帽状;雄蕊多数,稀定数,生于花盘边缘,花丝分离或连成短筒或成束与花瓣对生,花药2室,背着或基生,纵裂或顶裂,药隔末端常有1腺体；子房下位或半下位，心皮2至多数，1室或多室，或有假隔膜，胚珠每室1至多个，花柱及柱头单一，稀2裂。
蒴果、浆果、核果或坚果，有时具分核，顶端或具萼檐。种子1至多个，无胚乳或有薄胚乳，胚直、弯、马蹄形或
螺旋形，种皮坚硬或薄膜质。

约100属，3000种，主产热带美洲、热带亚洲、非洲及大洋洲。我国原产及引入栽培9属126种。

1. 蒴果。
 2. 叶大，羽状脉，对生，稀互生；花有梗，排成各式花序，雄蕊多数，离生。
  3. 花瓣基部窄，分离，雄蕊基部连成5束，与花瓣对生 ·············· 1. 红胶木属 Tristania
  3. 花瓣基部宽，常连成帽状，花萼与花瓣连合或不连合，雄蕊分离 ·············· 2. 桉属 Eucalyptus
 2. 叶细小，具1-5条直脉，互生，稀对生；花无梗，单生，稀有短梗，排成歧伞花序，雄蕊多数或定数。
  4. 叶互生，稀对生；花无梗，单生苞腋，再排成穗状、总状或头状花序，花后花序轴能继续生长，稀单生，
   雄蕊多数。
   5. 雄蕊离生或基部稍连合，多列 ·············· 3. 红千层属 Callistemon
   5. 雄蕊基部连成5束，与花瓣对生 ·············· 4. 白千层属 Melaleuca
  4. 叶对生；花有短梗或无梗，单生叶腋或排成聚伞花序，雄蕊5-10或稍多 ·············· 5. 岗松属 Baeckea
1. 浆果或核果。
 6. 胚有丰富胚乳，球形或弯棒形，子叶藏于胚轴内；种皮膜质，角质或屑状。
  7. 胚不裂，子叶不裂或贴合。
   8. 种皮与果皮分离；花单生或数朵簇生叶腋；药室平行，纵裂 ·············· 6. 番樱桃属 Eugenia
   8. 种皮与果皮连生；花排成聚伞花序或圆锥花序；花药分叉，顶孔开裂 ·············· 7. 肖蒲桃属 Acmena
  7. 胚分化，子叶肉质；种皮粗糙；疏松或紧贴果皮；花药平行，纵裂。
   9. 萼片分离 ·············· 8. 蒲桃属 Syzygium
   9. 萼片连成帽状体，花开放时呈盖状脱落 ·············· 9. 水翁属 Cleistocalyx
 6. 胚无或仅有少量胚乳，肾形、马蹄形，稀直立，有简单或环形下胚轴。
  10. 子房2-13室，稀1室。
   11. 子房各室有或无假隔膜。
    12. 子房1-3室，每室有2列胚珠，被纵向或横向隔膜分形；叶具离基3-5出脉 ··············
    ·············· 10. 桃金娘属 Rhodomyrtus
    12. 子房4-5室，每室有2至多个胚珠，偶有假隔膜；叶羽状脉 ·············· 11. 子楝树属 Decaspermum
   11. 子房各室无假隔膜。
    13. 子房每室有胚珠多个；花蕾时萼片连结而闭合，开花时不规则开裂 ·············· 12. 番石榴属 Psidium
    13. 子房每室有1-2胚珠。
     14. 子房5室，每室有2胚珠；种皮与果皮分开 ·············· 11. 子楝树属 Decaspermum
     14. 子房11-13室，每室有1胚珠；内果皮包着种皮，形成多个分核 ····· 13. 多核果属 Pyrenocarpa
  10. 子房1室，有2个侧膜胎座及多数胚珠 ·············· 14. 玫瑰木属 Rhodamnia

1. 红胶木属 Tristania R. Br.

乔木或灌木。叶互生，聚生枝顶呈假轮生，具羽状脉。花两性，排成腋生聚伞花序；苞片脱落或缺。花有梗；
萼筒卵形或锥形，萼片5，宿存；花瓣5，基部狭窄，分离，白或黄色，与萼筒均被毛；雄蕊多数，花丝基部连成
5束，与花瓣对生，花药背部着生，药室平行，纵裂；子房半下位或下位，3室，花柱短于雄蕊，柱头稍扩大，胚

珠多数。蒴果半球形或杯形，顶端平截，果瓣藏于宿存萼筒内，3瓣裂。种子少数，带形，有时具翅。

20余种，分布于太平洋西南部及大洋洲。我国引入栽培1种。

红胶木　　　　　　　　　　　　　　　　　　　　图 856

Tristania conferta R. Br. in Ait. Hort. Kew ed. 2，4：417. 1812.

乔木，高约20米。幼枝扁而有棱，小枝圆，被毛。叶革质，聚生于枝顶，假轮生，长圆形或卵状披针形，长7-15厘米，先端渐尖，基部楔形，上面有突起的腺点，下面有时带灰色，侧脉12-18对；叶柄长1-2厘米，扁平。聚伞花序腋生，长2-3厘米，有3-7花，花序梗长0.6-1.5厘米。花梗长3-6毫米；萼筒倒锥形，长4-5毫米，被灰白色长丝毛，萼齿三角形，长4-5厘米；花瓣倒卵圆形，长约6毫米，外面被毛；雄蕊束长1-1.2厘米，花丝部分分离。蒴果半球形，径0.8-1厘米，顶端平截，果瓣藏于宿存萼筒内。花期5-7月。

原产澳大利亚。广东、广西及海南有栽培。木材可供制车轴及家具等。

图 856　红胶木　（引自《海南植物志》）

2. 桉属 Eucalyptus L'Herit.

乔木或灌木，含有鞣质树脂。叶多型性，幼态叶与成熟叶异型，幼态叶多为对生，3至多对，无柄或有短柄，有腺毛；成熟叶革质，互生，全缘，具柄，有透明腺点，具边脉。花两性，多花排成伞形花序或圆锥花序，顶生或腋生，单花或2-3花簇生叶腋。萼筒钟形或倒锥形；花瓣基部宽，与萼片合生成帽状体，或二者不结合而有两层帽状体，花开放时帽状体脱落；雄蕊多数，离生，多列，生于花盘，花药基着或背着，药室2，纵裂或孔裂，外围雄蕊常缺花药；子房与萼筒合生，顶端隆起，3-6室，胚珠多数，花柱不裂。蒴果全部或下部藏于萼筒内，上半部突出时常形成3-6果瓣，花盘有时扩大，突出萼筒形成果缘。种子多数，大多数不育，发育种子卵圆形或有角，种皮坚硬，有时扩大成翅。

约600种，主产澳大利亚及其附近岛屿，现全球热带亚热带地区广泛引种栽培。我国百年来先后引入近100种。

1. 花药卵圆形，全部能育，药室耳形开裂，腺体球形，位于药隔上半部。
 2. 花药长圆形或椭圆形，花丝着生在腺体以下的中部。
  3. 树皮光滑，薄片状脱落。
   4. 花排列成圆锥花序。
    5. 成熟叶窄披针形，稍弯，长10-15厘米，宽约1厘米，有强烈柠檬香气；树皮灰白色，大片剥落，无斑痕 ·· 1. **柠檬桉 E. citriodora**
    5. 成熟叶披针形，长10-30厘米，宽2-4厘米，香气微弱；树皮淡白色，片状剥落，留有灰黄色斑痕 ···
     ·· 1(附). **斑皮桉 E. maculata**
   4. 花排成伞形花序。
    6. 蒴果钟形，无柄；果缘内藏或稍突出萼筒；花蕾倒卵形，长8-9毫米；帽状体短三角状锥形，比萼筒稍短或等长；叶两面腺点不甚明显；树皮灰蓝色 ·················· 2. **柳叶桉 E. saligna**
    6. 蒴果半球形或钟状，有柄；果缘突出萼筒；花蕾长卵圆形或纺锤形，长1-1.3厘米；帽状体锥形，稍长于萼筒；叶两面有明显的黑色腺点；树皮灰色，有斑痕 ·················· 2(附). **斑叶桉 E. punctata**
  3. 树皮粗糙，不脱落。
   7. 蒴果长1-1.5厘米，总果柄扁平，有棱。

8. 萼筒有2棱，蒴果半球形，果片突出萼筒外；叶披针形 ⋯⋯⋯⋯⋯⋯⋯⋯ 3. **粗皮桉 E. pellida**

8. 萼筒无棱，蒴果卵状壶形，果瓣藏于萼筒内；叶披针状卵形或椭圆状卵形 ⋯⋯⋯ 4. **桉树 E. robusta**

7. 蒴果长0.8-1厘米，总果柄扁，无棱；帽状体与萼筒等长，果瓣突出萼筒 ⋯ 5. **斜脉胶桉 E. kirtoniana**

2. 花药倒卵圆形，花丝近腺体基部着生，腺体位于药隔上半部。

9. 花药药室缝裂，花丝着生药隔上半部。

10. 树皮光滑，脱落；蒴果球形。

11. 幼态叶卵形、圆形或宽披针形；帽状体长约萼筒3倍。

12. 果缘突出萼筒2-2.5毫米；蒴果径6-8毫米，总果柄圆柱形；成熟叶窄披针形，宽1.5-2厘米 ⋯
⋯⋯⋯⋯⋯⋯⋯⋯⋯⋯⋯⋯⋯⋯⋯⋯⋯⋯⋯⋯⋯⋯⋯⋯⋯⋯⋯⋯ 6. **细叶桉 E. tereticornis**

12. 果缘突出萼筒1-1.5毫米；蒴果径6-8毫米，总果柄扁，有棱；成熟叶披针形，宽2.5-3.5厘米 ⋯
⋯⋯⋯⋯⋯⋯⋯⋯⋯⋯⋯⋯⋯⋯⋯⋯⋯⋯⋯⋯⋯⋯⋯⋯⋯ 6(附). **广叶桉 E. amplifolia**

11. 幼态叶宽披针形；帽状体长为萼筒1倍 ⋯⋯⋯⋯⋯⋯⋯⋯⋯⋯⋯ 7. **赤桉 E. camaldulensis**

10. 树皮粗糙，不脱落。

13. 果球形，径5-7毫米，果缘突出萼筒；帽状体长锥形，长约萼筒1倍 ⋯⋯⋯⋯ 8. **窿缘桉 E. exserta**

13. 果碗形或倒圆锥形，径约1厘米，果缘与萼筒口平齐，果片突出萼筒；帽状体稍长于萼筒 ⋯⋯⋯⋯
⋯⋯⋯⋯⋯⋯⋯⋯⋯⋯⋯⋯⋯⋯⋯⋯⋯⋯⋯⋯⋯⋯⋯⋯⋯⋯⋯ 9. **野桉 E. rudis**

9. 花药药室宽耳状纵裂，花丝着生于花药中部。

14. 花单生或2-3簇生叶腋，无梗或具短梗；蒴果半球形，有4棱，宽2-2.5厘米；果片4，不突出萼筒 ⋯
⋯⋯⋯⋯⋯⋯⋯⋯⋯⋯⋯⋯⋯⋯⋯⋯⋯⋯⋯⋯⋯⋯⋯⋯⋯ 10. **蓝桉 E. globulus**

14. 花3-7朵排成伞形花序，有花序梗；蒴果钟形或倒圆锥形，无棱，宽1-1.2厘米；果瓣3-5，先端突出
萼筒 ⋯⋯⋯⋯⋯⋯⋯⋯⋯⋯⋯⋯⋯⋯⋯⋯⋯⋯⋯⋯ 10(附). **直杆蓝桉 E. maideni**

1. 花药球形或截头方形，全部或部分能育，药室纵裂或侧孔开裂；果缘不突出萼筒。

15. 花药球形，侧面孔裂，有腺体。

16. 花具梗；花序梗有棱；花蕾长5-7毫米；叶无明显腺点。

17. 成熟叶宽1-1.8厘米；幼态叶与成熟叶同色，被白粉；蒴果钟形，长4-6毫米，果瓣先端稍突出萼筒 ⋯
⋯⋯⋯⋯⋯⋯⋯⋯⋯⋯⋯⋯⋯⋯⋯⋯⋯⋯⋯⋯⋯⋯⋯⋯⋯ 11. **常桉 E. crebra**

17. 成熟叶宽不及1厘米；幼态叶灰白色，成熟叶淡绿色；蒴果截头状卵形，长约4毫米；果瓣藏于萼筒
内 ⋯⋯⋯⋯⋯⋯⋯⋯⋯⋯⋯⋯⋯⋯⋯⋯⋯⋯⋯⋯⋯⋯⋯⋯ 12. **二色桉 E. bicolor**

16. 花无梗；花序梗无棱；花蕾长约1厘米；叶两面均有腺点 ⋯⋯⋯ 12(附). **纤脉桉 E. leptophleba**

15. 花药截头状，顶孔开裂，无腺体。

18. 伞形花序腋生；花蕾长约5毫米，帽状体锥状半圆形；蒴果半球形；果瓣5-6，不突出萼筒 ⋯⋯⋯⋯
⋯⋯⋯⋯⋯⋯⋯⋯⋯⋯⋯⋯⋯⋯⋯⋯⋯⋯⋯⋯⋯⋯⋯⋯ 13. **蜜味桉 E. melliodora**

18. 圆锥花序顶生；花蕾长7-9毫米，帽状体三角状锥形；蒴果截头状梨形；果瓣4与萼的管口平齐或稍突
出 ⋯⋯⋯⋯⋯⋯⋯⋯⋯⋯⋯⋯⋯⋯⋯⋯⋯⋯⋯⋯ 13(附). **圆锥花桉 E. paniculata**

1. 柠檬桉 图 857

Eucalyptus citriodora Hook. f. in Mitch. Journ. Trop. Austral. 235. 1848.

乔木，高达28米；树皮光滑，灰白色，大片状剥落，剥落后无斑痕。幼态叶披针形，有腺毛，基部圆，叶柄盾状着生；成熟叶窄披针形，长10-15厘米，宽约1厘米，稍弯，两面均有黑色腺点，揉之有浓厚的柠檬香气；过渡型叶宽披针形，长15-18厘米，宽3-4厘米，叶柄长1.5-2厘米。圆锥花序腋生。花梗长3-4毫米，有2棱；花蕾倒卵圆形，长6-7毫米；萼筒长约5毫米，帽状体长约1.5毫米，比萼

筒稍宽，顶端圆，有1尖凸；雄蕊长6-7毫米，排成2裂，花药椭圆形，背着，药室平行。蒴果壶形，长1-1.2毫米；果瓣藏于萼筒。花期4-9月。

原产澳大利亚东部及东北部。广东、海南、广西、福建及台湾有栽培，不耐霜冻。木材经水浸渍后，耐虫菌腐蚀，用于造船，耐海水，并能防船蛆腐蚀；枝叶含油量0.8%，多含柠檬醛及少量酯和醇类。叶有消肿散毒功能，用治腹泻、皮肤病及风湿骨痛。

[附] 斑皮桉 Eucalyptus maculata Hook. Icon. Pl. t. 619. 1844. 与柠檬桉的区别：树皮白色，片状剥落，留下灰黄色斑痕；成熟叶披针形，长10-30厘米，宽2-4厘米，无明显的香味。原产澳大利亚。福建、广东、海南、广西等省区广为栽培。抗风力强，木材坚硬，适于造船，又可作园林绿化树种。

图 857 柠檬桉 （引自《图鉴》）

2. 柳叶桉　　　　　　　　　　　　　　　图 858

Eucalyptus saligna Smith in Trans. Linn. Soc. 3: 285. 1797.

乔木；树皮平滑，薄片状剥落，灰蓝色，基部稍粗糙。幼枝略有棱。幼态叶披针形或卵形，有短柄；成熟叶披针形，长10-20厘米，宽1.5-3厘米，腺点不甚明显，叶柄长2-2.5厘米。伞形花序腋生，有3-9花，花序梗有棱，扁，长0.8-1.2厘米；花蕾倒卵圆形，长8-9毫米；花梗短或缺；萼缘于芽时凸出，帽状体短三角锥形，稍短于萼筒或等长，先端微尖；花药长椭圆形，药室平行，纵裂，背部有腺体。蒴果钟形，5-6毫米；果缘窄，内藏或稍突出萼筒，果瓣3-4，先端稍突出呈锐尖，开展；无柄。花期5月。

原产澳大利亚东南沿海地区，喜肥沃冲积土壤。广东及广西有栽培，生长尚良好，但少结果实。木材灰红色，坚硬，纹理密；树胶含鞣酸28.4%，阿拉伯胶42%。

[附] 斑叶桉 Eucalyptus punctata DC. Prodr. 3: 217. 1828. 与柳叶桉的区别：树皮灰色，有斑痕；叶两面有明显的黑色腺点；花蕾长卵圆形或纺锤形，长1-1.3厘米；帽状体锥形，稍长于萼筒；蒴果半球形或钟形，有柄，果缘突出萼筒。原产澳大利亚。福建、广东、广西有栽培，生长迅速，木质坚硬，纹理直，易加工，可作矿山坑木等用材。

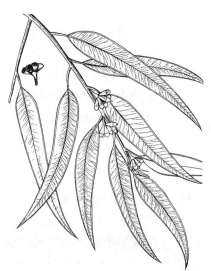

图 858 柳叶桉 （邓晶发绘）

3. 粗皮桉　　　　　　　　　　　　　　　图 859

Eucalyptus pellida F. Muell. in Fragm. 4: 159. 1858.

乔木，高15米以上；树皮不脱落，粗糙，暗褐色。幼枝有棱。幼态叶宽披针形或卵形，长3-9厘米；成熟叶披针形，稍弯曲，长10-14厘米；不等侧腺点不明显，侧脉极密，近横生；叶柄长1.5-2.5厘米。伞形花序腋生或顶生，有3-8花，花序梗粗壮而扁平，有棱，长1.5-2厘米。花蕾倒卵圆形，长约2毫米；花梗长3-5毫米，粗壮，有棱，萼筒倒锥形，长约1厘米，有2棱；帽状体三角锥形，与萼筒等长，先端尖，有时呈喙状；雄蕊1-1.2厘米，花药卵圆形，药室平行，纵裂。蒴果半球形，宽1.2-1.5厘米，果缘宽，突出萼筒外，稍隆起；果瓣3-4，全部突出萼筒；果序柄扁平，有棱。花期10-11月。

原产澳大利亚东北部沿海低地。广东及云南有栽培。

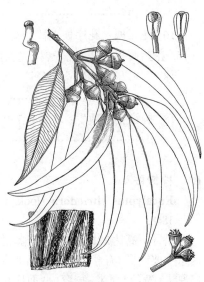

图 859 粗皮桉 （余汉平绘）

4. 桉树 大叶桉

图 860 彩片 192

Eucalyptus robusta Smith in Bot. Nov. Holl. 39. t. 13. 1793.

乔木，高达20米；树皮不剥落，深褐色，稍软松，有不规则斜裂沟。幼枝有棱。幼态叶卵形，长11厘米，有柄；成熟叶披针状卵形或椭圆状卵形，长8-17厘米，基部偏斜，两面均有腺点，侧脉多而明显，以80°角斜向上，叶柄长1.5-2.5厘米。伞形花序粗大，有4-8花，花序梗扁，长不及2.5厘米。花梗长不及4毫米，扁平；花蕾长1.4-2厘米，宽0.7-1厘米；萼筒半球形或倒圆锥形，无棱，长7-9毫米，无棱；帽状体约与萼筒等长，顶端收缩成喙；雄蕊长1-1.2厘米，花药椭圆形，药室纵裂。蒴果卵状壶形，长1-1.5厘米，上半部稍收缩，蒴口稍扩大；果瓣3-4，藏于萼筒内。花期4-9月。

原产澳大利亚。台湾、福建、广东、广西、四川及云南有栽培，在华南各地生长不良，常受白蚁危害。在四川、云南一带生长较好。木材红色，纹理扭曲，不易加工，耐腐性较强。叶有清热解毒、祛痰止咳、杀虫、收敛的功能。

图 860 桉树 （引自《图鉴》）

5. 斜脉胶桉

图 861

Eucalyptus kirtoniana F. Muell. Eucalyptogr. Dec. I. 1879. in obs.

乔木，高约20米；树皮不脱落，块裂。幼枝有棱。幼态叶卵形或宽披针形，宽达7厘米；成熟叶披针形，长10-15厘米，稍弯曲，两面均有黑色腺点，侧脉以45°角斜向上，叶柄长1.5-2厘米。伞形花序腋生，有5-9花；花序梗扁平，长2-2.5厘米。花梗长3-4毫米；花蕾纺锤形，两端尖，长1.4-2厘米；萼筒长0.7-1厘米；帽状体与萼筒等长，顶端渐尖；雄蕊长0.8-1厘米，花药椭圆形，药室纵裂。蒴果近球形或钟形，长0.8-1厘米，果缘与萼筒口齐平；果瓣4，先端钝，突出萼筒；总果柄扁，无棱。

原产澳大利亚东部沿海盐碱地带。福建、广东、广西、海南各地有栽培，生长迅速，萌生力强，耐瘠瘦土。木材坚韧，红色，纹理直，易加工，为良好用材树种。

图 861 斜脉胶桉 （邓晶发绘）

6. 细叶桉

图 862

Eucalyptus tereticornis Smith in Bot. Nov. Holl. 41. 1973.

乔木，高达25米；树皮平滑、灰白色，长片状剥落，干基有宿存树皮。幼枝圆。幼态叶卵形或宽披针形，宽达10厘米；过渡性叶宽披针形；成熟时窄披针形，长10-25厘米，稍弯曲，两面均有腺点，侧脉以45°角斜向上，叶柄长1.5-2.5厘米。伞形花序腋生，有5-8花，花序梗圆柱形，长1-1.5厘米。花梗长3-6毫米；花蕾长卵圆形，长1-1.3厘米；萼筒长2.5-3毫米；帽状体长0.7-1厘米，渐尖；雄蕊长6-9毫米，花丝着生药隔上半部，花药长倒卵形，药室纵裂。蒴果球形，径6-8毫米，果缘突出萼筒2-2.5毫米；果瓣4；果序柄圆柱形。

原产澳大利亚东部。福建、广东、海南、广西、贵州及云南有栽培。木材灰白，供建筑、车辆、船舶等用材。叶、果有消炎、杀菌、杀虫的功能。

[附] **广叶桉 Eucalyptus amplifolia** Naud. Descr. Emploi Eucalypt. 28. 1891. 与细叶桉的区别：成熟叶披针形，长10-25厘米，宽2.5-3.5厘

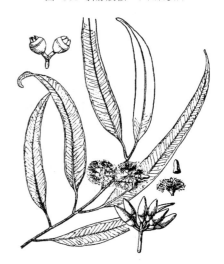

图 862 细叶桉 （引自《图鉴》）

米；总果序柄扁或有棱；果缘突出萼筒1-1.5毫米；蒴果径5-7毫米。原产澳大利亚东部沿海,喜生于冲积重粘土,从平地至海拔700米处有分布。广东及广西有栽培。木材红色,松软,不耐腐。

7. 赤桉

图 863

Eucalyptus camaldulensis Dehnh. Cat. Pl. Hort. Camld. ed. 2, 20. 1832.

乔木,高达25米;树皮平滑,暗灰色,片状脱落,树干基有宿存树皮。幼枝圆柱形,最嫩部分微具棱。幼态叶宽披针形,长6-9厘米;成熟叶薄革质,窄披针形或披针形,长6-30厘米,稍弯曲,两面有黑色腺点,侧脉以45°角斜向上,叶柄长1.5-2.5厘米,纤细。伞形花序腋生,有5-8花,花序梗圆柱形,纤细,长1-1.5厘米。花梗长5-7毫米;花蕾卵圆形,长约8毫米;萼筒半球形,长约3毫米;帽状体长约6毫米,先端收缩,尖锐;雄蕊长5-7毫米,花丝着生药隔上半部,花药椭圆形,药室纵裂。蒴果近球形,径5-6毫米,果缘突出萼筒2-3毫米;果瓣(3)4(5)。花期12-8月。

原产澳大利亚。台湾、福建、广东、广西、香港、海南、云南及贵州均有栽培,生长迅速。木材红色,抗腐性强,为良好用材树种。果用于小儿疳积。

图 863 赤桉 (引自《图鉴》)

8. 窿缘桉

图 864

Eucalyptus exserta F. Muell. in Journ. Linn. Soc. Bot. 3: 85. 1859.

乔木,高达18米;树皮不脱落,粗糙,有纵沟,灰褐色。幼枝有钝棱,常下垂。幼态叶窄披针形,宽0.8-1厘米,有短柄;成熟叶窄披针形,长8-15厘米,稍弯曲,两面有黑色腺点,侧脉以35°-40°角斜上,叶柄长约1.5厘米。伞形花序腋生,有3-8花,花序梗圆柱形,长0.6-1.2厘米。花梗长3-4毫米;花蕾长卵圆形,长0.8-1厘米;萼筒半球形,长2.5-3毫米;帽状体长5-7毫米,长锥形,顶端渐尖;雄蕊长6-7毫米,药室平行,纵裂。蒴果近球形,径6-7毫米,果缘突出萼筒2.5毫米;果瓣4,长1-1.5毫米。花期5-9月。

原产澳大利亚东部。台湾、福建、广东、海南、广西等省区广为栽培,是华南地区造林树种及用材树种。木材红色,坚硬耐腐。叶含油量0.82%。

图 864 窿缘桉 (邓晶发绘)

9. 野桉

图 865

Eucalyptus rudis Endl. in Hueq. Enum. 49. 1837.

乔木,高达15米;树皮不脱落,粗糙,黑色。幼态叶通常4对,宽披针形或卵形;成熟叶披针形至宽披针形,长10-15厘米,侧脉明显,以55°-65°角斜行;叶柄长1.5-3厘米。伞形花序腋生,有4-10花,花序梗圆柱形,长1-2.5厘米。花梗长3-5厘米;花蕾卵圆形,长0.9-1.1厘米;帽状体稍长于萼筒,长5-7毫米,先端尖;雄蕊长5-8毫米,花丝纤细,着生药隔上半部,花药卵圆形,药室纵裂,腺体小。蒴果碗形或倒圆锥形,径约1厘米,顶端宽约为长度的2倍,果缘与萼筒口平齐;果瓣4,全部突出萼筒。花期冬季。

原产澳大利亚。广东、广西及福建有栽培。

图 865 野桉 (邓晶发绘)

10. 蓝桉　　　　　　　　图 866: 1-3 彩片 193

Eucalyptus globulus Labill. Voy. 1: 151. t. 13. 1800.

乔木；树皮灰蓝色，片状剥落。幼枝微具棱。幼态叶卵形，基部心形，有短柄或无柄，蓝绿色，被白粉；成熟叶镰状披针形，长15-30厘米，宽1-2厘米，两面有腺点，侧脉不明显，以35°-40°角斜上；叶柄长1.5-3厘米，稍扁平。花4毫米，单生或2-3簇生叶腋，无梗或具短梗；萼筒倒圆锥形，长约1厘米，有4条棱和小瘤突，被白粉；帽状体稍扁平，中部呈圆锥状突起，短于萼筒，2层，外层平滑，早落，内层粗厚，有小瘤体；雄蕊长0.8-1.3厘米，多列，花丝着生药隔中部，花药椭圆形，室宽耳状纵裂；花柱长7-8毫米。蒴果半球形，有4棱，径2-2.5厘米，果缘平而宽，果瓣4，不突出萼筒。

原产澳洲塔斯马尼亚岛。广西、云南及四川有栽培。叶和小枝含芳香油；叶及精油供药用，有消炎杀菌、健胃之效；木材可作绝缘器材，并为良好的绿化树种。叶有清热解毒、杀虫的功能。

[附] **直杆蓝桉** 图 866: 4-5 彩片 194 **Eucalyptus maideni** F. Muell. in Proc. Linn. Soc. N. S. Wales ser. 3: 1020. t. 28-29. 1890. 与蓝桉的区别：3-7花排成伞形花序，有花序梗；蒴果钟形或倒圆锥形，无棱，径1-1.2厘米；果瓣3-5，先端突出萼筒。原产澳大利亚东南部。云南及四川有栽培，生长良好，是该地区的良好的绿化造林树种。

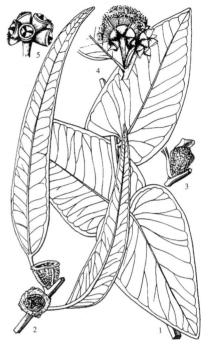

图 866: 1-3.蓝桉 4-5.直杆蓝桉
（孙英宝绘）

11. 常桉　　　　　　　　图 867

Eucalyptus crebra F. Muell. in Journ. Linn. Soc. Bot. 3: 87. 1859.

乔木，高达25米；树皮坚硬，厚达10-15厘米，有纵沟，不脱落，暗褐色或黑色。幼枝纤细，下垂，有棱。幼态叶窄披针形，被粉白，具短柄；成熟叶窄披针形或长椭圆状披针形，长8-15厘米，宽1-1.8厘米，两面有白粉，直或稍弯曲，腺点不明显，侧脉多数，广展，叶柄长1-2厘米。伞形花序聚成圆锥花序，生枝顶，每1伞形花序有2-6花，花序梗有钝棱或圆；长0.7-1厘米。花梗长2-3毫米；花蕾窄纺锤形，长约6毫米，帽状体圆锥形或半球形，几与萼筒等长，顶端稍尖；雄蕊长3毫米；帽状体与萼筒等长，顶端稍尖，雄蕊长3毫米，花药球形，药室纵裂，有腺体。蒴果钟形，长4-6毫米，果缘窄，果瓣4，先端稍突出或不突出萼筒。花期8-9月。

原产澳大利亚北部及东北部沿海地区。福建、广东、海南及广西等省区有栽培。能耐零下7-8℃低温。生长速，抗风力甚强。木材红色，坚硬耐腐，适于多种用途；树脂含鞣酸30%；可作园林绿化树种。

12. 二色桉　　　　　　　　图 868

Eucalyptus bicolor A. Cunn. ex Hook. in Mitch. Trop. Austr. 390. 1848.

乔木，高达18米；树皮暗褐色，坚硬，粗糙，有纵浅沟。幼枝圆柱形，纤细，下垂。幼态枝披针形或长圆形，长3-4厘米，灰白色，有短柄；成熟叶窄披针形，长8-13厘米，宽不及1厘米，稍弯曲，无明显腺点，淡绿色，侧脉以40°角斜上，叶柄长1厘米。伞形花序聚生于枝顶，排成腋生或

图 867 常桉 （黄锦添绘）

顶生的圆锥花序，每一伞形花序有3-8花，花序梗长5-8毫米，有棱。花梗长2-3毫米；花蕾纺锤形，长5-7毫米；花萼陀螺形，长不及3毫米；

帽状体半球形,约与萼筒等长;雄蕊长2-4毫米,花药小,侧孔开裂或短纵裂,有腺体。蒴果截头状卵圆形,长约4毫米,果缘薄,不突出萼筒,萼筒口部稍收窄;果瓣3-4,萼筒内藏。花期9月。

原产澳大利亚东南部内陆平原。广东及广西有栽培。木材坚硬,耐腐,易加工,适于制作齿轮、车辆等。枝叶含油量0.85%。

[附] **纤脉桉 Eucalyptus leptophleba** F. Muell. in Journ. Linn. Soc. Bot. 3:86. 1859. 与二色桉的区别:叶两面有明显的腺点;花序梗无棱;花无梗;花蕾长约1厘米;果瓣先端稍突出。原产澳大利亚东部。广东有栽培。木材红褐色,坚硬耐腐。

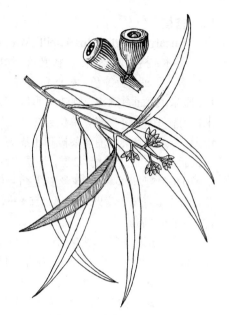

图 868 二色桉 (余汉平绘)

13. 蜜味桉 图 869

Eucalyptus melliodora A. Cunn. ex Schauer in Walp. Report. 2:924. 1842.

乔木;树皮褐灰色,粗糙或平滑,下部的不脱落,上部的呈片状脱落。幼枝圆柱形。幼态叶长圆形,长约5厘米;成熟叶窄披针形,长7-13厘米,宽1-1.5厘米,两面有明显腺体,叶柄长1-1.5厘米。伞形花序腋生,有4-8花,花序梗长4-9毫米。花梗长2-4毫米;花蕾卵圆形,长5毫米;萼筒钟形,长2.5毫米;帽状体锥状半圆形,与萼筒等长,顶端有尖突,雄蕊长4-6毫米,花药截头形,顶孔开裂,有腺体,外围的不育。蒴果半球形,径约5毫米,果缘不突出萼筒;果瓣5-6,萼筒内藏。花期8-9月。

原产澳大利亚东南部的森林草原地带。广东、云南等地引种,生长慢。木材坚硬,抗腐性强。叶含油0.87%。

[附] **圆锥花桉 Eucalyptus paniculata** Smith in Trans. Linn. Soc. 3:287. 1797. 与蜜味桉的区别:圆锥花序顶生;花蕾长7-9毫米;帽状体三角状锥形;蒴果截头状梨形;果爿4,与萼筒口平或稍突出。原产澳大利亚东南部。广东有栽培,生长尚良好。抗风力较差。材质坚硬。

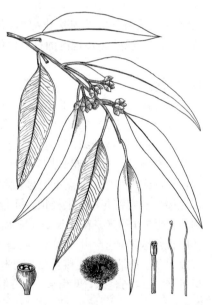

图 869 蜜味桉 (余汉平绘)

3. 红千层属 Callistemon R. Br.

乔木或灌木。叶互生,有油腺点,全缘,有柄或无柄。花单生苞腋,再排成顶生的总状或头状花序,花开后花序轴能继续生长;苞片脱落。花无梗;萼筒卵圆形,萼齿5,脱落;花瓣5,圆形;雄蕊多数,红或黄色,分离或基部稍连生,多列,长于花瓣数倍;花药背部着生,药室平行,纵裂;子房下位,与萼筒合生,3-4室,每室有多数胚珠,花柱线形,柱头不扩大。蒴果藏于宿萼筒内,球形或半球形,顶端平截,果瓣不伸出萼筒,顶部开裂。种子线状,种皮薄,胚直。

约20种,产澳大利亚。我国引入栽培约10余种。

1. 枝条及花序直立,较短而坚挺;灌木或小乔木 ·· **红千层 C. rigidus**
1. 枝条及花序柔软,长而下垂;乔木 ·· (附). **垂枝红千层 C. viminalis**

红千层 图 870 彩片 195

Callistemon rigidus R. Br. in Bot. Reg. t. 393. 1819.

灌木或小乔木;树皮坚实,灰褐色。幼枝有棱,被长丝毛,后无毛。

叶厚革质,线形,长5-9厘米,先端急尖,幼时被毛,油腺点明显,中脉在两面均突起,侧脉明显,边脉靠近边缘;叶柄极短。穗状花序生于枝顶,直立;萼筒多少被毛,萼齿半圆形,近膜质;花瓣绿色,卵形,长约6毫米,有油腺点;雄蕊长约2.5厘米,鲜红色,花药暗紫色,椭圆形;花柱长2.5-3厘米,顶端绿色,其余红色。蒴果半球形,长约5毫米,宽约7毫米,先端平截,萼筒口圆,果瓣稍下陷,3瓣裂开。种子线状,长1厘米。花期6-8月。

原产澳大利亚。台湾、福建、广东、香港、海南及广西普遍栽培,作园林及行道树用。

[附] **垂枝红千层** 彩片 196 **Callistemon viminalis** (Solander ex Gaertn.) G. Don ex Loudon, Hort. Brit. 197. 1830. —— *Metrosideros viminalis* Solander ex Gaertn. Fruct. 1: 171. t. 34. f. 4. 1788. 与红千层的区别:枝条及花序柔软,长而下垂;乔木。原产澳大利亚。台湾、福建、广东及香港栽培作园林风景树及行道树。

图 870 红千层 (黄锦添绘)

4. 白千层属 Melaleuca Linn.

乔木或灌木。叶互生,稀对生,具油腺点,有基出脉数条;叶柄短或缺。花无梗,排成穗状或头状花序,有时单生叶腋;花序轴在花开后继续生长;苞片脱落。萼筒近球形或钟形,萼片5,脱落或宿存;花瓣5;雄蕊多数,绿白色,花丝基部连成5束,与花瓣对生;花药背部着生,药室平行,纵裂;子房下位或半下位,与萼齿合生,先端突出,3室,花柱线形,柱头多少扩大,胚珠多数。蒴果球形或半球形,顶端开裂。种子三角形,胚直。

约100种,分布于大洋洲各地。我国引入栽培2种。

白千层 图 871

Melaleuca leucadendron Linn. Mant. 1: 105. 1767.

乔木,高达20米;树皮灰白色,厚而松软,呈薄层状剥落。幼枝灰白色。叶互生,革质,披针形或窄长圆形,长4-10厘米,两端尖,有基出脉3-7条及多数侧脉,有腺点;叶柄极短。花白色,无梗,密集于枝顶再排成长达15厘米的穗状花序,花序轴被毛,花后继续生长成一有叶的新枝。萼筒卵圆形,长约3毫米,外面被毛,萼齿5,圆形,长约1毫米;花瓣5,卵形,长2-3毫米;雄蕊长约1厘米,基部合生成5束与花瓣对生;花柱线形,长于雄蕊。蒴果顶部3裂,杯状或半球形,宽6-7毫米,顶端平截。花期每年3-4次。

原产澳大利亚。广东、台湾、福建、广西均有栽培,作行道树。叶含芳香油,可供日用卫生品和香料用,药用为兴奋、防腐和祛痰剂。树皮薄而多层,容易引起火灾,有安神镇静、祛风止痛的功能。

图 871 白千层 (李光辉绘)

5. 岗松属 Baeckea Linn.

小乔木或灌木。叶对生,全缘,有腺点。花小,白或红色,5数,有梗或无梗;花单生叶腋或数花排成聚伞花序;小苞片2,细小,早落。萼筒钟形或半球形,与子房合生,萼齿5,膜质,宿存;花瓣5,圆形;雄蕊5-10或稍多,短于花瓣,花丝短,花药背部着生;子房下位或半下位,稀上位,2-3室,每室有胚珠数个,花柱短,柱头稍扩大。蒴果开裂为2-3瓣,每室有种子1-3。种子肾形,有角,胚直,无胚乳,子叶短小。

约68种，主产澳大利亚。我国1种。

岗松　　　　　　　　　　　　　图 872 彩片 197

Baeckea frutescens Linn. Sp. Pl. 358. 1753.

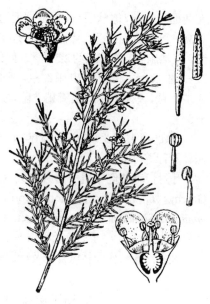

小乔木或灌木状，多分枝，高达1.5米；全株无毛。叶对生，无柄或有短柄，直立或斜展，线形，长0.5-1厘米，宽约1毫米，先端尖，中脉在上面凹陷，在下面突起，有透明腺点。花小，黄白色，单生叶腋，径2-3毫米。花梗长约1毫米，基部有2小苞片，苞片早落，花长1-1.5毫米；萼筒钟形，长约1.5毫米，萼齿5，膜质，细小，三角形，近宿存；花瓣5，近圆形，分离，长约1.5毫米，基部窄成短柄；雄蕊

图 872 岗松 （引自《图鉴》）

（8）10，成对与萼齿对生；短于花瓣；子房下位，3室，每室有2胚珠，花柱短，宿存。蒴果长1-2毫米。种子扁平，有角。花期夏秋。

产浙江、福建、江西、广东、香港、海南及广西，生于荒山酸性红壤，经常被砍伐或火烧，常呈灌木状。印度尼西亚及马来西亚有分布。叶含芳香油；全草药用，有清热利尿、祛风行气、解毒止痒的功效。

6. 番樱桃属 Eugenia Linn.

常绿乔木或灌木。叶对生，具羽状脉。花单生或数朵簇生叶腋。萼筒短，萼齿4；花瓣4；雄蕊多于花蕾时不很弯曲，药室平行，纵裂；子房下位，2-3室，每室有多数横列胚珠。浆果，顶部有宿存萼片；果皮薄，易碎与种皮分离。种皮平滑而亮，有时骨质，胚乳丰富，胚直，不裂，肉质，子叶不裂，藏于胚轴内。

约100种，主产南美洲，少数产东半球，我国引入栽培2种。

红果子　毕当茄　　　　　　　　　　图 873

Eugenia uniflora Linn. Sp. Pl. 470. 1753.

灌木或小乔木，高达5米，全株无毛。枝条纤细，稍下垂。叶对生，卵形或卵状披针形，长3.2-4.2厘米，先端渐尖或急尖，钝头，基部圆或微心形，上面绿色，有光泽，下面色淡，两面有腺点，侧脉5对，明显，以45°角斜上；叶柄长约1.5毫米。花白色，芳香，单生或数朵呈聚伞状生于叶腋。花梗短于叶，萼片4，长椭圆形，反卷。浆果球形，下垂，径1-2厘米，有3-8条棱。成熟时黄、橙黄或深红色，有种子1-2。冬季稍落叶，其余三季不断开花结果。

原产巴西。台湾、福建、广东、香港、海南及广西等地均有栽培。为美丽的园林观赏植物，也可作盆景；果肉多汁，带酸甜味，可食或制作软糖。

图 873 红果子 （余汉平绘）

7. 肖蒲桃属 Acmena DC.

灌木或小乔木。叶对生，全缘，具羽状脉，有油腺点，具叶柄。花小，两性，排成聚伞花序或圆锥花序。萼筒与子房合生，倒锥形或半球形，萼齿4-5，短小，在花芽时内卷；花瓣5，细小，离生或连成帽状体；雄蕊多数，离生，插生于花盘外围，花丝短；花药细小，分叉，顶孔开裂；子房下位，2-3室，胚珠少数，弯生，花柱短，基部较粗大。浆果近球形。种子1，种皮与果皮连生；胚乳丰富，胚直，不裂，子叶粘合，内面多裂。

约11种，分布于澳大利亚、东南亚、印度及中国南部。我国1种。

肖蒲桃　　　　　　　　　　　图 874 彩片 198

Acmena acuminatissima（Bl.）Merr. et Perry in Journ. Arn. Arb. 19: 205. 1938.

Myrtus acuminatissima Bl. Bijdr. 1088. 1827-1828.

图 874 肖蒲桃　（邓晶发绘）

乔木，高达20米。幼枝圆或有钝棱，无毛。叶对生，卵状披针形或披针形，长5-12厘米，先端尾状渐尖，尖头长达2厘米，基部楔形，两面无毛，上面多油腺点，侧脉15-20对，脉间距3毫米，离边缘1.5毫米有边脉；叶柄长5-8毫米。聚伞花序或圆锥花序长3-6厘米，顶生或腋生，总轴有棱，无毛；

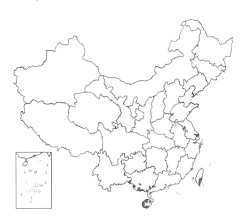

花3朵聚生。花梗短；花蕾倒卵圆形，长3-4毫米；萼筒倒锥形，长约1毫米，萼齿不明显，萼筒上缘内卷；花瓣4，近圆形，长约1毫米，白色；雄蕊多数，短于花瓣；浆果球形，径1.2-1.5厘米，成熟时黑紫色，有1种子。花果期5-10月。

产台湾、广东、海南及广西，生于海拔100-600米常绿阔叶林中。印度及东南亚有分布。

8. 蒲桃属 Syzygium Gaertn.

常绿乔木或灌木。幼枝无毛，常有2-4棱。叶对生，稀轮生，革质，羽状脉常较密，有透明腺点，有边脉，常有柄。花有梗或无梗，排成聚伞花序再组成圆锥花序，顶生或腋生；苞片小，脱落。萼筒倒圆锥形，有时棒状，萼片常4-5，分离，通常短而钝，脱落或宿存；花瓣常4-5，分离或连合成帽状，早落；雄蕊多数，离生，稀基部连生，生于花盘外围，在芽时卷曲，花丝细长，花药小，"丁"字着生，2室，纵裂，顶端有腺体；子房下位，2-3室，每室多数胚珠，花柱线形。浆果或核果状，顶部有宿存环状萼檐。种子1-2，种皮多少与果皮粘合，胚直，有时为多胚，子叶不结合，肉质。

约500余种，分布于亚洲热带及非洲。我国原产和引入栽培约72种。

1. 花大，花蕾顶部径8毫米以上；萼齿长0.3-1厘米，肉质，宿存；果长2厘米以上。
　　2. 花序顶生；叶基部楔形、圆或微心形。
　　　　3. 聚伞花序，有3-6花；萼筒长7毫米以上。
　　　　　　4. 叶基部宽楔形、披针形或长圆形，长12-25厘米 ························· 1. **蒲桃 S. jambos**
　　　　　　4. 叶基部圆或微心形。
　　　　　　　　5. 叶有明显腺点；萼筒长7-8毫米，具腺点；果梨形或倒圆锥形 ·········· 2. **洋蒲桃 S. samarangense**

     5. 叶无明显腺点；萼筒长 1.5-2 厘米，无腺点；果卵圆形 ································ 3. 阔叶蒲桃 **S. latilimbum**

  3. 圆锥花序。

     6. 花序有 3-11 花；萼筒长 8-9 毫米；花瓣长 7-8 毫米；雄蕊长 1-1.5 厘米；花柱长约 1.3 厘米 ·············
     ··· 4. 短药蒲桃 **S. brachyantherum**

     6. 花序具多花；萼筒长 6 毫米；花瓣长 4-5 毫米；雄蕊长 4-8 毫米；花柱长 4-7 毫米 ···············
     ··· 5. 桂南蒲桃 **S. imitans**

 2. 花序腋生或生于无叶老枝上；叶基部楔形。

    7. 花 4-8 朵簇生于无叶老枝上，红色；萼筒长约 1 厘米；叶椭圆形，长 16-24 厘米，宽 6-8 毫米 ···········
    ··· 6. 马六甲蒲桃 **S. malaccense**

    7. 花序腋生，具多花，白色；萼筒长约 5 毫米，叶长圆形，长 11-15 厘米，宽 3-4.5 厘米 ·············
    ··· 6(附). 华夏蒲桃 **S. cathayense**

1. 花小，花蕾顶部径 6 毫米以下；萼齿不明显或长仅 1-2 毫米；宿存或脱落；果长 1.5 厘米以下。

  8. 花蕾棒状，长 0.8-1.5 厘米；果长椭圆形或长壶形。

    9. 幼枝有 4 棱；花序顶生，稀腋生；萼筒长 0.8-1 厘米；叶长 3-6 厘米 ············· 7. 子凌蒲桃 **S. championii**

    9. 幼枝圆柱形，稍扁；花序生于无叶老枝上或腋生；萼筒长约 1.5 厘米；叶长 12-21 厘米 ·············
    ··· 8. 棒花蒲桃 **S. claviflorum**

  8. 花蕾倒圆锥状或短棒状，长不及 7 毫米；果球形、卵圆形或椭圆形。

    10. 圆锥花序多枝丛生，生于无叶老枝上或顶生；叶脉疏，脉间相距 0.6-1 厘米。

      11. 圆锥花序生于无叶的老枝上；幼枝四角形；叶椭圆形或倒卵形，长 12-18 厘米；果径约 1 厘米 ·········
      ··· 9. 四角蒲桃 **S. tetragonum**

      11. 圆锥花序顶生；幼枝圆柱形；叶倒卵形，长 7-10 厘米；果径 6-8 毫米 ···············
      ··· 9(附). 钝叶蒲桃 **S. cinereum**

  10. 圆锥花序单生，顶生或腋生；叶脉密。

    12. 幼枝有棱。

      13. 花瓣连成帽状体。

        14. 叶窄长圆形，长 4-8 厘米，宽 1.2-3.5 厘米；果球状壶形，径约 1 厘米 ···············
        ··· 10. 怒江蒲桃 **S. salwinense**

        14. 叶窄披针形，长 6-13 厘米，宽 1-1.8 厘米；果椭圆形，长 7-8 毫米，径 5-6 毫米 ···········
        ··· 11. 硬叶蒲桃 **S. sterrophyllum**

      13. 花瓣离生。

        15. 叶柄长 1-2 毫米。

          16. 叶线形，长 1.5-4.5 厘米，宽 0.4-1.2 厘米，基部圆或钝；圆锥花序长约 3 厘米 ···········
          ··· 12. 狭叶蒲桃 **S. tsoongii**

        16. 叶椭圆形或披针形；聚伞花序长 1-1.5 厘米。

          17. 叶对生，椭圆形，宽 1-2 厘米，先端圆或钝；花梗长 1-2 毫米 ······ 13. 赤楠 **S. buxifolium**

          17. 叶轮生，窄披针形，宽 5-7 毫米；花梗长约 4 毫米 ··········· 14. 轮叶蒲桃 **S. grijsii**

        15. 叶柄长 3-5 毫米。

          18. 叶披针形，宽 1-1.8 厘米；花序长 2-4 厘米；花梗几无 ············· 15. 贵州蒲桃 **S. handelii**

        18. 叶椭圆形或窄椭圆形，宽 1.7-4 厘米；花序长 1.5-2.5 厘米；花梗长 2-5 毫米。

          19. 圆锥花序，长约 1.5 厘米；花梗长仅 2 毫米；果椭圆状卵圆形，长 1-1.5 厘米，径 0.8-1 厘米
          ··· 16. 思茅蒲桃 **S. szemaoense**

          19. 聚伞花序，长约 1.5-2.5 厘米；花梗长 2-5 毫米；果球形，径 6-7 毫米 ···········
          ··· 17. 华南蒲桃 **S. austrosinense**

12. 幼枝无棱。

  20. 花瓣连成帽状体。

    21. 果球形。

      22. 叶卵状披针形或长圆形；揉之有香味；萼筒干后皱缩，萼齿4-5，短而宽 ⋯ 18. 香蒲桃 **S. odoratum**

      22. 叶椭圆形、倒卵状椭圆形；萼筒干后平滑，萼齿不明显。

        23. 叶薄革质，干后下面黄褐色，侧脉多而密，脉间相距不到1毫米；花梗长约1.5毫米；花蕾长约2.5毫米；果径6-7毫米 ⋯⋯⋯⋯⋯⋯⋯⋯⋯ 19. 密脉蒲桃 **S. chunianum**

        23. 叶厚革质，干后下面红褐色，侧脉较疏，脉间相距3-4毫米；花梗长2-3毫米；花蕾长约4毫米；果径7-9毫米 ⋯⋯⋯⋯⋯⋯ 20. 广东蒲桃 **S. kwangtungense**

    21. 果椭圆形或椭圆状卵圆形。

      24. 叶基部圆或微心形，几无柄；花序长2-4厘米；幼枝灰白色 ⋯⋯⋯⋯ 21. 黑咀蒲桃 **S. bullockii**

      24. 叶基部宽楔形，叶柄长7-9毫米；花序长1-2厘米；幼枝红色 ⋯⋯⋯⋯ 22. 红枝蒲桃 **S. rehderianum**

  20. 花瓣离生。

    25. 花序生于无叶老枝上，长4-7厘米；花几无梗，萼筒长2-2.5毫米 ⋯⋯⋯⋯ 23. 簇花蒲桃 **S. fruticosum**

    25. 花序腋生或顶生。

      26. 花序腋生。

        27. 花序长8-11厘米；萼筒长4-5毫米；叶宽椭圆形或窄椭圆形，长6-12厘米 ⋯⋯ 24. 乌墨 **S. cumini**

        27. 花序长1-2厘米；萼筒长1-3毫米。

          28. 叶线状披针形，长3-8厘米，宽0.7-1.4厘米；花梗长2-3毫米 ⋯⋯⋯ 25. 水竹蒲桃 **S. fluviatile**

          28. 叶宽椭圆形、窄椭圆形、长圆形或倒卵形。

            29. 叶宽椭圆形，长5-9厘米，宽3-4厘米；花梗长1-1.5毫米 ⋯ 26. 卫矛叶蒲桃 **S. euonymifolium**

            29. 叶窄椭圆形、长圆形或倒卵形，长3-7厘米，宽1.5-4厘米；花几无梗 ⋯⋯⋯⋯⋯⋯⋯⋯⋯⋯⋯⋯⋯⋯⋯⋯⋯⋯⋯⋯⋯⋯ 27. 红鳞蒲桃 **S. hancei**

      26. 花序顶生。

        30. 花序长约1.5厘米；花序轴无毛；花蕾短棒状，长7-8毫米。

          31. 叶卵状披针形，长3-5.5厘米，宽1-1.5厘米；萼筒被白粉，干后皱缩 ⋯⋯⋯⋯⋯⋯⋯⋯⋯⋯⋯⋯⋯⋯⋯⋯⋯⋯⋯⋯⋯⋯ 28. 线枝蒲桃 **S. araiocladum**

          31. 叶长卵形或卵状长圆形，长8-10.5厘米，宽3-4.5厘米；萼筒无白粉，干后平滑 ⋯⋯⋯⋯⋯⋯⋯⋯⋯⋯⋯⋯⋯⋯⋯⋯⋯⋯⋯⋯ 29. 锡兰蒲桃 **S. zeylanicum**

        30. 花序长4-10厘米；花序轴有糠秕状毛或乳状突；花蕾倒卵圆形，长4-5毫米；叶椭圆形或卵状椭圆形，长4-8厘米，宽1.5-3.5厘米，先端急尖；萼筒长约3毫米，干后不皱缩 ⋯ 30. 山蒲桃 **S. levinei**

1. 蒲桃   图 875 彩片 199

Syzygium jambos（Linn.）Alston in Trimen Fl. Ceyl. 6（Suppl.）: 115. 1931.

Eugenia jambos Linn. Sp. Pl. 470. 1753.

  乔木，高达10米，主干短，多分枝。幼枝圆柱形。叶披针形或长圆形，长12-25厘米，先端长渐尖，基部宽楔形，两面有透明腺点，侧脉12-16对，下面明显，脉间相距0.7-1厘米，离边缘2毫米处相结成边缘，网脉明显，叶柄长6-8毫米。聚伞花序顶生，有花数朵，花序梗长1-1.5厘米。花梗长1-2厘米；花蕾梨形，顶端圆；花绿白色，径3-4厘米；萼筒倒锥形，长0.8-1厘米，萼齿4，肉质，半圆形，宽8-9毫米，宿存；花瓣4，分离，倒卵形；长1.4厘米；雄蕊长2-2.8毫米，花药椭圆形，长1.5毫米；花柱与

雄蕊等长。果球形，径3-5厘米，果皮肉质，成熟时黄色，有腺点。种子1-2，多胚。花期3-4月，果期5-6月。

产福建、台湾、广东、香港、海南、广西、贵州及云南，常生于低海拔河谷湿地。东南亚有分布和栽培。果为热带水果之一，树形美丽，可作园林绿化树。根皮、叶、果有凉血、消肿、杀虫、收敛的功能。

图 875 蒲桃 （余汉平绘）

2. 洋蒲桃 图 876 彩片 200

Syzygium samarangense (Bl.) Merr. et Perry in Journ. Arn. Arb. 19: 115. 216. 1938.

Myrtus samarangensis Bl. Bijdr. 1084. 1829.

乔木，高达12米。幼枝圆柱形或微扁。叶椭圆形或长椭圆形，长10-22厘米，先端钝渐尖，基部微心形或圆，下面有腺点，侧脉14-19对，脉间相距0.6-1厘米，离叶缘5毫米处互相连结成边脉；叶柄长2-3毫米或不明显。聚伞花序顶生或腋生，长5-6厘米，有数花至多花。花蕾径约1.2厘米；花白色，径3-4厘米，花瓣圆形；花梗长约5毫米；萼筒倒锥形，长7-8毫米，密生腺点，萼齿4，半圆形，宽约8毫米，肉质边缘膜质，宿存；雄蕊多数，长约1.5厘米；花柱长2.5-3厘米。果梨形或倒锥形，果皮肉质，成熟时洋红色，有光泽，长4-5厘米，顶部凹陷呈脐状，具宿存肉质萼片；有1种子。花期3-4月，果期5-6月。

原产马来西亚及印度尼西亚。福建、台湾、广东、海南、广东及广西有栽培。果味香甜，为热带水果之一，又可为园林风景树、行道树和观果树。

图 876 洋蒲桃 （引自《图鉴》）

3. 阔叶蒲桃 图 877 彩片 201

Syzygium latilimba Merr. et Perry in Journ. Arn. Arb. 19: 216. 1938.

乔木，高达20米。幼枝稍扁。叶窄长圆形或椭圆形，长14-30厘米，先端短渐尖，基部圆或微心形，下面无明显腺点，侧脉15-22对，下面凸起，脉间相距1-1.3厘米，在离边缘4-5厘米处连结成边脉，在离边缘约1.5毫米处另有1条不明显的边脉，网脉明显；叶柄长0.5-1厘米。聚伞花序数枚生于小枝顶端，长0.5-7厘米，每一花序有2-6花；花序梗甚短。花蕾径2.5-3.5厘米；花大，径4-5厘米，白色；花梗长6-8毫米；萼筒长倒锥形，长1.5-

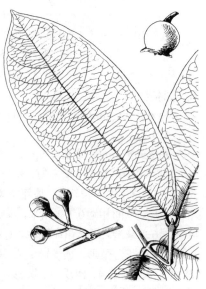

2厘米，上部宽1.5厘米，无腺齿，萼齿4，圆形，长6-7毫米，宿存；花瓣分离，圆肾形，长约2厘米；雄蕊多数，长2.5-3厘米；花柱长约4厘米。果卵圆形，径5-6厘米，成熟时红色。花期4月。

产广东、海南、广西及云南南部，生于低海拔湿润森林中。越南及泰国有分布。

图 877 阔叶蒲桃 （黄锦添绘）

4. 短药蒲桃 图 878

Syzygium brachyantherum Merr. et Perry in Journ. Arn. Arb. 19: 218. 1938.

灌木或小乔木，高3-12米。嫩枝圆形，稍扁。叶薄革质，椭圆形或窄椭圆形，长9-16厘米，先端骤短尖，基部宽楔形，上面干后暗绿色，不发亮，下面同色，多腺点，侧脉12-17对，以55°开角斜向上，离边缘1.5毫米处相结合成边脉，侧脉间相隔7-9毫米，有明显网脉；叶柄长1-1.3厘米。聚伞花序或圆锥花序，顶生，有花3-11朵，花序梗长1-1.5厘米。花梗长0.5-2毫米，花中等大；花蕾卵圆形，长1-1.2厘米；萼筒长8-9毫米，萼齿4，三角状卵形，长约5毫米；花瓣分离，宽卵形，长7-8毫米；雄蕊长短不一，长1-1.5厘米，花药极短；花柱长

图 878 短药蒲桃 （黄锦添绘）

约1.3厘米。果近球形，径约2.5厘米。

产海南、广西及云南，生于中海拔山谷林中。

5. 桂南蒲桃 图 879

Syzygium imitans Merr. et Perry in Journ. Arn. Arb. 19: 113. 1938.

乔木，高约8米。幼枝圆柱形。叶长圆形，长12-17厘米，先端骤尖，尖头长7-8毫米，末端钝，两面有明显腺点，侧脉10-14对，脉间相距0.8-1.2厘米，在离边缘2-4毫米处结成边脉，离边缘1.5毫米处另有1小边脉；叶柄长1毫米。圆锥花序顶生，长3-5厘米，基部分枝；具多花；花蕾倒卵圆形，长0.8-1.1厘米；花白色，3朵簇生。花梗长2-3毫米；萼筒长约6毫米，倒锥形，萼齿4，半圆形，宽约2.5厘米，宿存；花瓣离生，近圆形，长4-5毫米；雄蕊多数，长4-8毫米；

图 879 桂南蒲桃 （邓晶发绘）

花柱长4-7厘米。果球形，径约1.6厘米。花期9月。

产广西南部十万大山，常生于低海拔河谷及谷地林中。越南有分布。

6. 马六甲蒲桃 图 880

Syzygium malaccense (Linn.) Merr. et Perry in Journ. Arn. Arb. 19: 216. 1938.

Eugenia malaccensis Linn. Sp. Pl. 470. 1753.

乔木，高达15米。幼枝粗壮，圆柱形，灰褐色。叶椭圆形或窄椭圆形，长16-24厘米，宽6-8厘米，先端骤尖，基部楔形，侧脉10-14对，脉间相距1-1.5厘米，在离边缘3-5毫米处连合成边脉，另在离边缘1毫米处有1

条不明显的边脉；叶柄长约1厘米。聚伞花序生于无叶的老枝上，花4-9簇生，花序梗极短。花梗长5-8毫米，有棱；花红色，长约2.5厘米；萼筒宽倒锥形，长约1厘米，萼齿4，圆形，长5-8毫米，宿存；花瓣分离，

圆形，长约1厘米；雄蕊长1-1.3厘米，完全离生；花柱与雄蕊等长。果卵圆形或壶形，长约4厘米，有1种子。花期5月。

原产马来西亚、印度、老挝及越南。台湾及云南南部西双版纳有栽培或半野化。果供食用。

[附] **华夏蒲桃 Syzygium cathayense** Merr. et Perry in Journ. Arn. Arb. 19: 232. 1938. 与马六甲蒲桃的区别：叶长圆形，长11-15厘米，宽3-4.5厘米；圆锥花序腋生，具多花；花白色；萼筒长约5毫米。产云南南部西双版纳及广西南部，生于河谷湿润森林中。

7. 子凌蒲桃   图 881

Syzygium championii (Benth.) Merr. et Perry in Journ. Arn. Arb. 19: 219. 1938.

Aemena championii Benth. in Journ. Bot. Kew Gard. Misc. 4: 118. 1852.

乔木或灌木。幼枝有4棱，灰白色。叶窄长圆形或椭圆形，长3-6(-9)厘米，先端尾状渐尖，尖头长约1厘米，基部宽楔形，侧脉多而密，近水平斜出，脉间相距1毫米，边脉贴近边缘；叶柄长2-3毫米。聚伞花序顶生，稀腋生，有6-10花。花蕾棒状，长约1厘米，下部狭窄；花长约2厘米；花梗极短；萼筒棒状，长0.8-1厘米，萼齿4，浅波状；花瓣合生成帽状体；雄蕊长3-4毫米；花柱与雄蕊等长。果长椭圆形，长约1.2厘米，红色，干后有浅纵沟。种子1-2。花期8-11月。

产广东、香港、海南及广西，生于中海拔林中。越南有分布。

8. 棒花蒲桃   图 882

Syzygium claviflorum (Roxb.) Wall. ex Cowan et Cowan, Trees North Bengal 67. 1929.

Eugenia claviflora Roxb. Hort. Bengal 37. 1814.

灌木或小乔木。幼枝圆柱形，灰褐色。叶窄长圆形或椭圆形，长12-21厘米，先端微尖或钝，基部宽楔形或钝，侧脉15-28对，脉间相距5-7毫米，网脉明显，边脉离边缘1-1.5毫米；叶柄长5-7毫米。伞形花序或聚

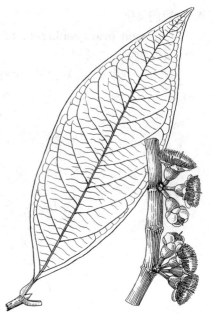

图 880 马六甲蒲桃 （余汉平绘）

图 881 子凌蒲桃 （黄锦添绘）

图 882 棒花蒲桃 （余汉平绘）

伞花序腋生,并生于无叶老叶上;有3-9花;花序梗长3-5毫米。花蕾棒状;花白色;花梗长2毫米,与萼筒相接;萼筒长1.5厘米,棒状,有多数浅纵沟;顶端稍扩大,萼齿短,半圆形;花瓣圆形,长约3厘米;雄蕊长4-7毫米;花柱长1.5-2毫米,先端尖。果长椭圆形或壶形,长1.5-2厘米。花期4月。

产海南,生于常绿林中。马来西亚、印度、缅甸、泰国及越南有分布。

9. 四角蒲桃 图 883

Syzygium tetragonum Wall. ex Walp. Report. 2: 179. 1845.

乔木,高可达20米。幼枝四角形,有棱。叶椭圆形或倒卵形,长12-18厘米,先端圆或微钝,有长达1厘米的尖突,基部宽楔形或圆,侧脉9-13对,脉间相距0.1-1厘米,边脉离边缘2-3毫米;叶柄长1-1.6厘米。聚伞花序组成圆锥花序,生于无叶老枝上,长3-5厘米。花无梗;花蕾长7-9毫米;萼筒短,倒圆锥形,萼齿短而钝;花瓣连合成帽状体;雄蕊长约3毫米。果球形,径约1厘米。花期7-8月。

图 883 四角蒲桃 (邓晶发绘)

产海南、广西及云南,生于中海拔山谷或溪边林中。锡金、不丹及印度有分布。

[附] **钝叶蒲桃 Syzygium cinereum** Wall. ex Merr. et Perry in Journ. Arn. Arb. 19: 106. 1938. 与四角蒲桃的区别:幼枝圆柱形;叶倒卵形,长7-10厘米,宽3-4.5厘米;圆锥花序顶生;果径6-8毫米。产广西(钦县至防城一带),生于丘陵灌丛中。越南、老挝、柬埔寨、泰国及马来西亚有分布。

10. 怒江蒲桃 图 884

Syzygium salwinense Merr. et Perry in Journ. Arn. Arb. 19. 237. 1938.

乔木,高达15米。幼枝四角形,有时有槽,干后灰色。叶窄长圆形,长4-8厘米,宽1.2-3.5厘米,先端渐尖,尖头钝,基部楔形,两面具腺体,侧脉约25对,干后下陷,在离边缘2毫米处结合成边脉;叶柄长0.3-1厘米。圆锥花序腋生或生于枝顶叶腋,长2-4厘米,花序中常有叶片。花无梗,常3花

图 884 怒江蒲桃 (引自《中国植物志》)

长0.5毫米,顶端有腺状突起。果球状壶形,径约1厘米。

产云南。

簇生花枝末端;花蕾长约5毫米;上部宽3毫米;萼筒梨形,萼齿极短,长约0.5毫米,宽约1.5毫米;花瓣合生成帽状体;雄蕊长约5毫米,花药

11. 硬叶蒲桃
图 885

Syzygium sterrophyllum Merr. et Perry in Journ. Arn. Arb. 19: 103. 232. 1938.

灌木或小乔木,高达5米。幼枝有4棱。叶披针形,长6-13厘米,宽1-1.4厘米,先端渐尖,基部楔形,下延,侧脉多而密,脉间相距1-1.5毫米,斜向上行,距边缘0.5毫米处结成边脉;叶柄长3-6毫米。聚伞花序腋生或生于枝顶叶腋,长1-1.5厘米,有花数朵。花白色,无梗或有短梗;花蕾长4.5厘米;萼筒倒圆锥形,长约3毫米,萼齿不明显;花瓣连生成帽状体;雄蕊长3-4毫米;花柱约与雄蕊等长。果椭圆形,长7-8毫米,顶端有长1.5毫米的宿存萼檐。花期6-9月。

图 885 硬叶蒲桃 (邓晶发绘)

产海南、广西及云南东南部,生于山谷及河边。越南有分布。

12. 狭叶蒲桃
图 886

Syzygium tsoongii (Merr.) Merr. et Perry in Journ. Arn. Arb. 19: 112. 1938.

Eugenia tsoongii Merr. in Philipp. Journ. Sci. Bot. 21: 504. 1922.

灌木或小乔木,高达6米。幼枝四棱形。叶线形或窄长圆形,长1.5-4.5厘米,宽4-8毫米,先端钝,基部窄而稍圆,上面多腺点,下面灰白色,中脉凹下,侧脉斜向上行,脉间相距1-1.5毫米,边脉靠近边缘;叶柄极短,长2毫米。圆锥花序顶生,长约3厘米,花序轴有4棱。花梗长1-2毫米;花白色,长约1.2厘米;花蕾圆锥形,长5-7毫米;萼筒倒锥形,长4毫米,有灰白粉,萼齿4-5,近圆形,长约1毫米,宿存;花瓣4-5,圆形,宽约2毫米;雄蕊长5-7毫米;花柱长约8毫米。果球形,径5-7毫米,成熟时白色。花期5-8月。

图 886 狭叶蒲桃 (邓晶发绘)

产湖南西南部、海南及广西,生于低海拔山谷林中。越南有分布。

13. 赤楠 牛金子
图 887 彩片 202

Syzygium buxifolium Hook. et Arn. Bot. Beechey Voy. 187. 1833.

灌木或小乔木,高达5米。幼枝有棱。叶椭圆形、倒卵形或宽倒卵形,长1.5-3厘米,宽1-2厘米,先端圆或钝,有时具钝尖头,基部钝,侧脉多

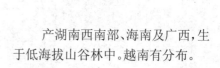

而密,在上面不明显,下面稍突起,脉间相距1-1.5毫米,距边缘1-1.5毫米

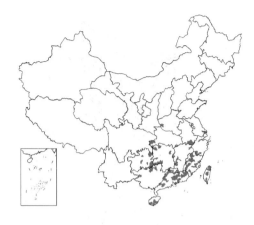

处汇合成边脉；叶柄长约2毫米。聚伞花序顶生，长约1厘米，有花数朵。花梗长1-2毫米；花蕾长约3毫米；萼筒倒圆锥形，长约2毫米，萼齿浅波状；花瓣4，白色，离生，长约2毫米；雄蕊长约2.5毫米；花柱与雄蕊等长。果球形，径5-7毫米，成熟时紫黑色。花期6-8月。

产浙江、安徽、台湾、福建、江西、河南、湖北、湖南、广东、海南、广西及贵州，生于低山疏林或灌丛中。越南及日本琉球群岛有分布。根有健脾利湿、清热消肿的功能；叶有解毒消肿之功效。

图 887 赤楠 （引自《图鉴》）

14. 轮叶蒲桃 图 888

Syzygium grijsii（Hance）Merr. et Perry in Journ. Arn. Arb. 19: 233. 1938.

Eugenia grijsii Hance in Journ. Bot. 9: 5. 1871.

灌木，高约1.5米。幼枝窄，有4棱。叶常3叶轮生，窄披针形或窄长圆形，长1.5-2厘米，宽5-7毫米，先端钝或微尖，基部楔形，多腺点，侧脉密，脉间相距1-1.5毫米，靠近边缘汇合成边脉；叶柄长1-2毫米。聚伞花序顶生，长1-1.5厘米，具少花。花梗长3-4毫米；花白色；萼筒长约2毫米，萼齿极短；花瓣4，分离，近

图 888 轮叶蒲桃 （冯钟元 邓晶发绘）

圆形，长约2毫米；雄蕊长约5毫米；花柱与雄蕊近等长。果球形，径4-5毫米。花期5-6月。

产浙江、安徽、福建、江西、湖北、湖南、广东、广西及贵州，生于林内或灌丛中。根、叶有祛风散寒、活血破瘀的功效。

15. 贵州蒲桃 图 889

Syzygium handelii Merr. et Perry in Journ. Arn. Arb. 19: 233. 1938.

灌木，高约2米。幼枝有4棱。叶披针形，长3-6.5厘米，宽1-1.8厘米，先端渐窄，先端钝，基部楔形，上面有光泽，下面有腺点，侧脉多而密，脉间相距约1毫米，在距边缘0.5毫米处合成边脉，脉在两面均明显；叶柄长3-4毫米。圆锥花序顶生，长2-4厘米；花序轴有棱；苞片短小。花梗长约1毫米或几不明显；花蕾长卵圆形，长3-4毫米；萼筒倒圆锥形，长

约3毫米；平滑，上部因萼齿不明显而近平截；花瓣4，白色，分离，宽倒卵形，长约3毫米；雄蕊长5-8毫米；花柱长约7毫米。果球形，径约6毫米。花期5-6月。

产湖北、湖南、广东北部、广西及贵州，生于常绿阔叶林或灌丛中。

16. 思茅蒲桃　　　　　　　　　　　　　　　　　图 890

Syzygium szemaoense Merr. et Perry in Journ. Arn. Arb. 19: 105. 1938.

灌木或小乔木，高达4米。幼枝有棱，老枝圆柱形，褐色。叶椭圆形或窄椭圆形，长4-10厘米，宽1.7-4厘米，先端渐尖，有一小尖突，基部楔形，上面干后有多数凹陷腺点，下面有凸起腺点，侧脉多而密，脉间相距2-3.5毫米，距边缘1毫米处连合成边缘；叶柄长3-5毫米。圆锥花序顶生或近顶生，长约1.5厘米，有3-9花，花序梗长2-5毫米。花梗长约2毫米；花蕾倒卵圆形，长约3.5毫米；萼齿不明显；花瓣分离，白色，长约3毫米；雄蕊长约4毫米。果椭圆状卵圆形，长1-1.5厘米，成熟时紫色。种子1，具多胚。花期7-8月。

产海南、广西及云南南部，生于中海拔山顶疏林中。

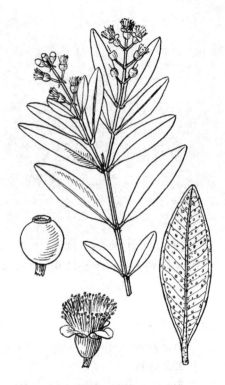

图 889 贵州蒲桃　（余汉平绘）

17. 华南蒲桃　　　　　　　　　　　　　　　　　图 891

Syzygium austrosinense （Merr. et Perry）Chang et Miau in Acta Bot. Yunnan. 4（1）: 24. 1982.

Syzygium buxifolium Hook. et Arn. var. *austro-sinense* Merr. et Perry in Journ. Arn. Arb. 19: 236. 1938.

灌木或小乔木，高达10米。幼枝有4棱。叶椭圆形，长4-7厘米，宽2-3厘米，先端急尖，稍钝，基部宽楔形，两面有腺点，腺点在下面突起，侧脉多而密，脉间相距1.5-2毫米，在上面不明显，下面稍明显，在距边缘约1毫米处连结成边脉；叶柄长3-6毫米。聚伞花序顶生或近顶生，长1.5-2.5厘米。花梗长2-5毫米；花蕾倒卵形，长约4毫米；萼筒倒圆锥形，长2.5-3毫米，萼片4，短三角形；花瓣白色，分离，倒卵圆形，长约2.5毫米；雄蕊长3-4毫米；花柱与雄蕊近等长。果球形，径6-7毫米。花期6-8月。

产浙江、福建、江西、湖北、湖南西南部、广东、海南、广西、贵州及四川，生于中海拔常绿阔叶林中。

图 890 思茅蒲桃　（邓晶发绘）

18. 香蒲桃　　　　　　　　　　　　　图 892

Syzygium odoratum (Lour.) DC. Prodr. 3: 260. 1828.

Opa odoratum Lour. Fl. Cochinch. 309. 1790.

乔木，高达20米。幼枝圆柱形或稍压扁。叶卵状披针形或卵状长圆形，长3-7厘米，先端尾状渐尖，基部钝或宽楔形，上面有光泽，具下陷的腺点，揉之有香味，侧脉多而密，脉间相距约2毫米，在上面不明显，下面稍突起，在靠近边缘1毫米处连结成边脉；叶柄3-5毫米。圆锥花序顶生或腋生，长2-4厘米。花梗长2-3毫米，有时几无梗；花蕾倒卵

圆形，长约4毫米；萼筒倒圆锥形，长约3毫米，有白粉，萼齿4-5，短而圆；花瓣白色，分离或连成帽状体；雄蕊长3-5毫米；花柱与雄蕊近等长。果球形，径6-7毫米。花期6-8月。

产广东、香港、海南及广西，生于丘陵或中山常绿阔叶林中。越南有分布。

19. 密脉蒲桃　　　　　　　　　　　　　图 893

Syzygium chunianum Merr. et Perry in Journ. Arn. Arb. 19: 240. 1938.

乔木，高达22米。叶椭圆形或倒卵状椭圆形，长4-10厘米，先端宽而急渐尖，尖头长1-1.5厘米，基部宽楔形或稍钝，两面有腺点，侧脉多而密，脉间相距不及1毫米，近水平伸向边缘，边脉靠近叶缘；叶柄长0.7-1.2厘米。圆锥花序顶生或近顶生，长1.5-3厘米，少分枝，具3-9花，常3朵簇生。花梗长1.5厘米，但中央1花无梗；花蕾长2.5毫米；萼筒长约2毫米，顶端平截，

萼齿不明显；花瓣连合成帽状；雄蕊与花柱极短。果球形，径6-7毫米。

产海南及广西，生于中海拔常绿阔叶林中。

20. 广东蒲桃　　　　　　　　　　　　　图 894: 1-2

Syzygium kwangtungense (Merr.) Merr. et Perry in Journ. Arn. Arb. 19: 241. 1938.

Eugenia kwangtungensis Merr. in Sunyatsenia 1: 202. 1934.

图 891 华南蒲桃 （黄锦添绘）

图 892 香蒲桃 （引自《中国植物志》）

图 893 密脉蒲桃 （邓晶发绘）

小乔木，高约5米。幼枝圆柱形或稍扁。叶椭圆形或窄椭圆形，先端钝或微尖，基部宽楔形或钝，长5-8厘米，上面有多数细小而下陷的腺点，下面褐色或红褐色，有腺点，侧脉多数，较疏，脉间相距3-4毫米，在两面均不甚明显，在距边缘1毫米处连结成边脉；叶柄长3-5毫米。圆锥花序顶生或近顶生，长2-4厘米；花序轴有不甚明显的棱。花梗长2-3毫米；花长不及1厘米，常3朵簇生，花蕾长约4毫米；萼筒倒圆锥形，长约4毫米，无明显的萼齿；花瓣连合成帽状体，径约3毫米；雄蕊长7-8毫米；花柱与雄蕊近等长。果球形，径7-9毫米。花期7月，果期10月。

图 894: 1-2.广东蒲桃 3-4.黑咀蒲桃
（邓晶发绘）

产广东及广西南部，生于低海拔常绿阔叶林中。

21. 黑咀蒲桃 图 894: 3-4 彩片 203

Syzygium bullockii (Hance) Merr. et Perry in Journ. Arn. Arb. 19: 107. 1938.

Eugenia bullockii Hance in Journ. Bot. 16: 238. 1938.

灌木或小乔木，高达5米。幼枝圆柱形或稍扁，干后灰白色。叶椭圆形、卵状长圆形或长圆状披针形，长4-12厘米，先端渐尖，尖头钝，基部圆或微心形，上面有光泽，侧脉多数，在两面明显，脉间相距1-2毫米，离边缘1毫米处连结成边脉；叶柄长约1毫米或近无柄。圆锥花序顶生，稀腋生，稠密，长2-4厘米，多分枝，具多花，花序梗长约1厘米。花梗长1-2毫米或几无梗；花蕾梨形，长约5毫米；萼筒倒圆锥形，长约4毫米，萼齿微波状；花瓣4，连成帽状体；花丝分离，长4-7毫米；花柱与雄蕊近等长。果椭圆形，长约1厘米，成熟时红色。花期3-8月。

产广东南部、海南及广西南部，生于平地次生林及灌丛中。越南有分布。果补虚寒。

22. 红枝蒲桃 图 895

Syzygium rehderianum Merr. et Perry in Journ. Arn. Arb. 19: 243. 1938.

灌木或小乔木。幼枝红色，圆柱形或稍扁。叶革质，椭圆形或长圆形，长4-7厘米，先端尾状渐尖，尖尾长达1厘米，基部宽楔形，两面腺点明显，侧脉密，脉间相距2-3.5毫米，在上面不明显，下面凸起，在离边缘1-1.5米处连结成边脉；叶柄长7-9毫米。聚伞花序腋生，或生枝顶叶腋，长1-2厘米，有5-6分枝，每一分枝顶端有3花簇生。花无梗；花蕾长3.5毫米；萼筒倒圆锥形，长3厘米，上部萼齿不明显，而呈平截；花白色，花瓣连

成帽状；雄蕊长3-4毫米；花柱与雄蕊等长。果椭圆状卵圆形，长1.5-2厘米。花期6-8月。

产福建、江西、湖南、广东、海南、广西及贵州，生于低海拔林中。

23. 簇花蒲桃
图 896

Syzygium fruticosum (Roxb.) DC. Prodr. 3: 260. 1828.

Eugenia fruticosa Roxb. Fl. Ind. ed. 2, 2: 487. 1832.

乔木，高达12米。幼枝扁或有槽，干后暗褐色，老枝灰白色。叶椭圆形或窄椭圆形，长9-13厘米，先端渐尖，基部宽楔形或近圆，上面有光泽，多腺点，下面红褐色，密生腺点，侧脉多而密，脉间相距2-3毫米，距边缘约1毫米处连合成边脉；叶柄长1-1.5厘米。圆锥花序生于无叶的老枝上，长4-7厘米；花5-7簇生花序轴分枝顶端。花无梗；萼筒倒圆锥形，长2-2.5毫米，萼齿不明显；花瓣4，分离，圆形，宽1-1.5毫米；雄蕊长1.5-2.5毫米；花柱与雄蕊近等长。果球形，径约6毫米，熟时红色，有1种子。花期5月。

产广西西部、贵州西南部及云南南部，常见于低海拔疏林中或荒地上。越南、老挝、柬埔寨、泰国、缅甸及印度有分布。树皮驱蛔虫。

24. 乌墨
图 897

Syzygium cumini (Linn.) Skeels in U. S. Dept. Agric. Bur. Pl. Ind. Bull. 248: 25. 1912.

Myrtus cumini Linn. Sp. Pl. 471. 1753.

乔木，高达15米。幼枝圆柱形或稍扁，干后灰白色。叶椭圆形或窄椭圆形，长6-1.2厘米，先端圆或钝或骤尖，有短尖头，基部钝，宽楔形或稍圆，上面有光泽，两面多腺点，侧脉多而密，脉间相距1-2毫米，两面均凸起或仅背面凸起，在距边缘1-2毫米处汇合成一边脉；叶柄长1-2厘米或更长。圆锥花序腋生或生于花枝顶端，长达11厘米；花蕾倒卵圆形，长约6毫米；花白色，3-5簇生花序轴分枝的顶端。花梗短；萼筒倒圆锥形，长4-5毫米，顶端平截或有不明显的4枚

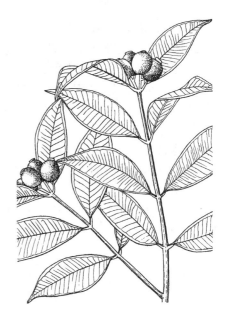

图 895 红枝蒲桃 （孙英宝绘）

图 896 簇花蒲桃 （邓晶发绘）

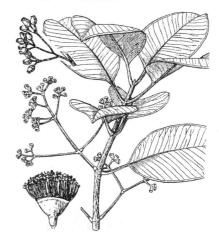

图 897 乌墨 （引自《中国植物志》）

宽萼齿；花瓣4，分离，卵圆形，长2-2.5毫米；雄蕊长3-6毫米；花柱与雄蕊近等长。果卵圆形、长圆形、橄榄形或球形，长1-2厘米，紫红至黑色，顶部有长1-1.5毫米的宿存萼筒，有1种子。花期2-3月。

产广东、香港、海南、广西、贵州及云南，常生于丘陵地次生林及灌丛中。越南、老挝、柬埔寨、泰国、马来西亚、印度尼西亚、印度及澳大

利亚有分布。木材白色，坚实致密；在华南地区常栽培作园林绿化树及行道树；果可食。有收敛定喘、健脾利尿的功能；树皮有收敛之功效。

25. 水竹蒲桃

图 898 彩片 204

Syzygium fluviatile（Hemsl.）Merr. et Perry in Journ. Arn. Arb. 19: 241. 1938.

Eugenia fluviatilis Hemsl. in Journ. Linn. Soc. Bot. 23: 296. 1887.

图 898 水竹蒲桃 （引自《中国植物志》）

灌木，高达3米。幼枝稍扁。叶线状披针形或线状长圆形，长3-9厘米，先端钝或圆，基部渐窄，腺点在上面凹陷，侧脉密，脉间相距1.5-2毫米，急斜向上行，距边缘约3厘米处连合成边脉；叶柄长约2毫米。聚伞花序腋生或顶生，长1-2厘米，有2-3分枝。花蕾倒卵圆形，长3-6毫米；花梗长2-3毫米，有时无梗；萼筒

倒圆锥形，长3.5-4毫米，萼齿4，极短，圆形或近无齿；花瓣分离或多少连合呈帽状，圆形，长约4毫米；雄蕊长4-5毫米；花柱与雄蕊近等长。果球形，径6-7毫米，顶端冠以长约1毫米的宿存萼筒，成熟时黑色。花期4-10月。

产海南及广西，生于海拔约1000米林中溪边。

26. 卫矛叶蒲桃

图 899

Syzygium euonymifolium（Metcalf）Merr. et Perry in Journ. Arn. Arb. 242. 1938.

Eugenia euonymifolia Metcalf in Lingnan Sci. Journ. 11: 22. 1932.

图 899 卫矛叶蒲桃 （邓晶发绘）

乔木，高达12米。幼枝圆柱形或扁，被微毛，干后灰色；老枝灰白色。叶宽椭圆形，长5-9厘米，宽3-4厘米，先端尾状渐尖，尖尾长1-1.5毫米，基部楔形，下延，两面多腺点，侧脉多而密，脉间相距2-3毫米，在上面明显，下面稍突起，距边缘1毫米处连结成边脉；叶柄长0.8-1厘米。聚伞花序腋生，长约1厘米，有6-11花。

花蕾长约2.5毫米；花梗长1-1.5毫米，萼筒倒圆锥形，长1.5-2毫米，萼齿4，短而钝；花瓣白色，分离，圆形，长约2毫米；雄蕊长2.5-3毫米；花柱长约3毫米。果球形，径6-7毫米。花期5-8月。

产福建、广东、香港、海南及广西，生于低海拔林中。

27. 红鳞蒲桃 图 900

Syzygium hancei Merr. et Perry in Journ. Arn. Arb. 19: 242. 1938.

灌木或乔木，高达10米。幼枝稍扁，干后暗褐色。叶长圆形、窄椭圆形或倒卵形，长3-7厘米，宽1.5-4厘米，先端骤尖或尖，末端钝或微凹，

基部楔形，边缘稍背卷，上面有光泽，具多数细小而下陷的腺点，侧脉密，不明显，或仅在下面明显，脉间相距约2毫米，在距边缘0.5毫米处连结成边脉；叶柄长3-6毫米。圆锥花序顶生和腋生，长1-2厘米；花白色，几无梗，通常3朵簇生于花序轴分枝的顶端。花蕾倒卵圆形，长约2毫米；萼筒倒圆锥形，长1.5毫米，有棱角，萼齿不明显；花瓣4，分离，圆形，长约1毫米；雄蕊稍短于花瓣；花柱与花瓣

图 900 红鳞蒲桃 （引自《图鉴》）

等长。果球形或椭圆形，径5-6毫米。花期7-9月。

产福建、广东、香港、海南及广西，生于低海拔林中。

28. 线枝蒲桃 图 901

Syzygium araiocladum Merr. et Perry in Journ. Arn. Arb. 19: 225. 1938.

灌木或中小乔木，高达10米。幼枝圆柱形或扁，干后褐或锈色。叶卵状披针形，长3-5.5厘米，宽1-1.5厘米，先端长尾状渐尖，尾长约2厘米，常弯斜，基部宽楔形，下面有小腺点，侧脉多而密，不明显或在下面稍明显，脉间相距约1.5毫米，在距边缘1毫米处连结成边脉；叶柄长2-3毫米。聚伞花序顶生或生于枝顶叶腋，长1.5-2厘米，有3-6花。花蕾短棒状，长7-8毫米，顶部宽2-2.5毫米，与花梗连

接；花梗长1-2毫米；萼筒粉白色，长约7厘米，萼齿4-5，三角形，长0.5-1厘米，先端尖；花瓣4-5，分离，卵形，长约2毫米；雄蕊长3-4毫米；

图 901 线枝蒲桃 （黄锦添绘）

花柱长约5毫米。果近球形，径4-6毫米，顶端冠以杯状的宿存萼筒。花期5-6月。

产海南及广西南部，在海南雨林中常见。越南有分布。

29. 锡兰蒲桃 图 902

Syzygium zeylanicum （Linn.） DC. Prodr. 3: 260. 1828.

Myrtus zeylanica Linn. Sp. Pl. 471. 1753.

乔木。嫩枝圆形，干后黄褐色。叶长卵形或卵状长圆形，长8-10.5厘米，先端渐尖或尾状渐尖，尾部长1-1.5厘米，基部近圆或钝，上面干后橄榄色，发亮，下面黄褐色，侧脉多而密，以80°-85°开角斜向边缘，侧脉间

相隔2-3毫米，在上面明显，在下面微突起，贴近边缘1毫米下结合成边脉；叶柄长4-7毫米。圆锥花序顶生

及近顶生，长2-3厘米；花梗长约2毫米；花蕾棒状，长约7毫米；萼筒长5-6毫米，萼齿4-5，肾圆形，长1毫米；花瓣分离，倒卵圆形，长3-4毫米；雄蕊长于花瓣。果实球形，径约7毫米，白色。花期4-5月。

产广东西部及广西。中南半岛、马来西亚、印度尼西亚、斯里兰卡及印度有分布。

图 902 锡兰蒲桃 （黄锦添绘）

30. 山蒲桃　　　　图 903

Syzygium levinei (Merr.) Merr. et Perry in Journ. Arn. Arb. 19: 110. 1938.

Eugenia levinei Merr. in Lingnan Sci. Journ. 13: 39. 1934.

乔木，高达25米。幼枝圆柱形或稍扁，有糠秕，干后灰白色。叶椭圆形或卵状椭圆形，长4-8厘米，宽1.5-3.5厘米，先端急锐尖，基部宽楔形，两面具腺点，干后呈灰褐色，侧脉12-15对，脉间相距2-3毫米，在距边缘1毫米处连结成边脉；叶柄长5-7毫米。圆锥花序顶生或生于上部叶腋，长4-7厘米，具多花，花序轴多糠秕或乳状突起。花蕾倒卵圆形，长4-5厘米；花

图 903 山蒲桃 （引自《中国植物志》）

白色，有短梗或几无梗，常3朵簇生于花序分枝的顶端；萼筒倒圆锥形，长约3毫米，萼齿极短，有1细尖头或微波状；花瓣4，离生，圆肾形，长约2-3毫米，有斑点；雄蕊长

5毫米；子房凹下，花柱长约4毫米。果近球形，径7-8毫米，有1种子。花期8-9月。

产广东、香港、海南及广西等地，生于低海拔疏林中。越南有分布。

9. 水翁属 Cleistocalyx Blume

乔木。叶对生，羽状脉较疏，腺点明显；有叶柄。圆锥花序由多数聚伞花序组成，花数朵，簇生成歧伞花序；苞片小，早落。萼筒倒圆锥形，萼片连合成帽状体，花开放时整块脱落；花瓣4-5，分离，覆瓦状排列，常附于帽状萼上一并脱落；雄蕊多数，分离，排成多列，花药卵圆形，背部着生，纵裂；花柱短于雄蕊，柱头稍扩大，子房下位，通常2室，胚珠少数。浆果，顶端有残存环状的萼檐。种子1，子叶厚，种皮薄，胚直。

约20余种，分布于亚洲热带地区及大洋洲。我国2种。

水翁　　　　图 904

Cleistocalyx operculatus (Roxb.) Merr. et Perry in Journ. Arn. Arb. 18: 337. 1937.

Eugenia operculata Roxb. Fl. Ind. ed. 2, 2: 486. 1832.

乔木，高15米；树皮灰褐色，树干多分枝。嫩枝扁，有沟。叶长圆形或椭圆形，长11-17厘米，先端急尖或渐尖，基部宽楔形或稍圆，两面多透明腺点，侧脉9-13对，脉间相隔8-9毫米，以45°-65°开角斜向上，网脉明显，边脉离边缘2毫米；叶柄长1-2厘米。圆锥花序生于无叶老枝上，长6-12厘米。花无梗，2-3簇生；花蕾卵圆形，长5毫米；萼筒半球形，长约3毫米，帽状体长2-3毫米，顶端有短喙；雄蕊长5-8毫米；花柱长3-5毫米。浆果宽卵圆形，长1-1.2厘米，成熟时紫黑色。花期5-6月。

产广东、香港、海南、广西南部及云南南部，喜生水边。中南半岛、印度、马来西亚、印度尼西亚及大洋洲有分布。花蕾、树皮、叶有清热解表、杀虫止痒、消滞的功能。

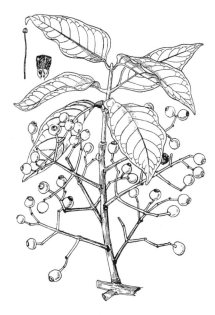

图 904 水翁 （引自《图鉴》）

10. 桃金娘属 **Rhodomyrtus** (DC.) Reich.

灌木或乔木。叶对生，具离基3-5出脉。花较大，1-3朵腋生。萼筒陀螺形、卵形或球形，萼齿4-5，宿存；花瓣4-5；雄蕊多数，分离，排成多列，花药丁字着生或基部着生，纵裂；子房下位，与萼筒合生，1-3室，每室有2列胚珠，或在2列胚珠之间出现假隔膜而成2-6室，有时假隔膜横列，把子房分割为上下叠置的多数假室，花柱线形，柱头扩大呈头状或盾状。浆果卵状、壶状或球形。种子多数，肾形或球形，多少压扁，种皮坚硬，胚弯曲或螺旋形，胚轴长，子叶小。

约18种，分布于热带亚洲及大洋洲。我国1种。

桃金娘 岗稔　　　　　　　　　　　　图 905 彩片 205

Rhodomyrtus tomentosa (Ait.) Hassk. Fl. Beihl. 2. 1842.

Myrtus tomentosa Ait. Hort Kew ed. 1, 2: 159. 1789.

灌木，高达2米。幼枝密被柔毛。叶对生，椭圆形或倒卵形，长3-8厘米，先端圆或钝，常微凹，基部宽楔形或楔形，上面无毛或仅幼时被毛，下面被灰白色绒毛，离基3（5）出脉直达叶尖，侧脉每边7-8，边脉离叶缘3-4毫米；叶柄长4-7毫米，被绒毛。花有长梗，常单生，紫红色，径2-4厘米；萼筒倒卵形，长约6毫米，有灰色绒毛，基部有2枚卵形小苞片，萼齿5，近圆形，长4-5毫米，宿存；花瓣5，倒卵形，长1.3-2厘米；外面被

图 905 桃金娘 （邓晶发绘）

灰色绒毛；雄蕊红色，长7-8毫米，花药圆形；子房下位，3室，花柱长1厘米，基部被绒毛，柱头头状。果为浆果，卵状壶形，长1.5-2厘米，熟时紫黑色，种子每室2列。花期4-5月，果实7-8月。

产浙江东南部、台湾、福建、江西南部、湖南南部、广东、香港、海南、广西、贵州南部及云南东南部，生丘陵坡地、性喜酸土，为酸土指示植物。越南、老挝、柬埔寨、泰国、菲律宾、日本南部、印度、斯里兰卡、马来西亚及印度尼西亚有分布。根含酚类，有治慢性痢疾、风湿、肝炎及降血脂功效。果可食。根、叶、花、果入药，果有补血、滋养、安胎的功能；叶有收敛止泻，根有通经活络、收敛止泻的功效。

11. 子楝树属 Decaspermum J. R. et G. Forst.

灌木或小乔木。叶对生，全缘，具羽状脉，有油腺点；具柄。花小，3-5数，通常两性花与雄花异株，排成腋生聚伞花序、总状花序或圆锥花序；苞片1，小苞片2。萼筒倒圆锥形，萼片3-5，宿存；花瓣与萼片同数，白色；雄蕊多数，排成多列，分离，花药2室，纵裂，背部着生；子房下位，4-5室，每室有2至多个胚珠，偶有假隔膜存在，将1个心皮分成假2室，花柱线形，柱头盾状。浆果球形，细小，顶端有宿存萼片。种子4-10，肾形或球形，种皮骨质，胚马蹄形或圆柱形，胚根长，子叶小。

约40种，分布于亚洲热带、西南太平洋岛屿及大洋洲。我国7种。

1. 花5数；浆果有宿存萼片5；花序有花10余朵 ·················· 1. **五瓣子楝树 D. fruticosum**
1. 花3-4数；浆果有宿存萼片3-4；花单生叶腋或4-6排成腋生聚伞花序。
  2. 花4数；叶干后灰褐或暗褐色。
    3. 嫩枝及叶被柔毛；叶卵状长圆形或椭圆形，有时为披针形，干后上面灰褐色，宽2-3厘米；灌木 ·········· ·················· 2. **华夏子楝树 D. esquirolii**
    3. 嫩枝及叶无毛；叶倒卵形或椭圆形，干后上面暗褐色，宽2.5-5厘米；乔木 ········· ·················· 2(附). **柬埔寨子楝树 D. cambodianum**
  2. 花3数；叶干后上面黑色 ················· 3. **子楝树 D. gracilentum**

1. 五瓣子楝树

图 906

Decaspermum fruticosum J. R. et G. Forst. Char. Gen. 74. t. 37. 1776.

灌木或小乔木。幼枝被灰白色柔毛。叶披针形或长圆状披针形，长4-9厘米，先端渐尖，基部楔形，幼叶两面被毛，老叶无毛，两面密生黑色腺点，侧脉12-15对，在两面均不明显，有边脉；叶柄长5-7厘米。聚伞花序排成圆锥花序，生枝顶叶腋，长3-7毫米，有花10余朵；花序轴被毛。花梗长0.6-1厘米；苞片线状披针形；小苞片细小，生花托基部；花5数；萼筒倒圆锥形，被柔毛，裂片5，宽卵形，长不及1毫米；花瓣5，白色，卵形，长约2.5毫米，有睫毛；雄蕊多数；花柱与雄蕊近等长。浆果球形，径3-4毫米。种子4-5，有纵沟。花期春夏间。

图 906 五瓣子楝树 （邓晶发绘）

产广东北部、海南、广西及云南。越南、老挝、柬埔寨、泰国、马来西亚及印度有分布。

2. 华夏子楝树

图 907 彩片 206

Decaspermum esquirolii (Lévl.) Chang et Miau in Acta Bot. Yunnan. 4(1): 25. 1982.

Eugenia esquirolii Lévl. in Fedde, Repert. Sp. Nov. 9: 459. 1911.

灌木。嫩枝被灰色柔毛, 老枝无毛。叶椭圆形或卵状长圆形, 稀披针

形, 长4-7厘米, 宽2-3厘米, 先端渐尖, 基部宽楔形或微圆, 幼时两面被柔毛, 后无毛, 两面均有多数小腺点, 干后上面灰褐色, 侧脉12对, 在两面均不明显; 叶柄长3-5毫米。花单生叶腋或4-6朵排成聚伞花序。花梗长0.7-1厘米, 被柔毛; 苞片长圆形, 长5-8毫米, 小苞片披针形, 长不及1毫米; 花白色, 4数, 径约1厘米; 萼筒被毛, 裂片4, 宽卵形, 被毛, 先端圆; 花瓣4, 卵形, 长约4毫米, 无毛; 雄蕊稍长于花瓣, 花丝红色, 无毛; 花柱短于雄蕊。浆果球形, 径约4毫米。

产广东北部、广西北部及贵州南部。

图 907 华夏子楝树 (陈兴中绘)

Mus. Hist. Nat. Paris 26: 73. 1920. 与华夏子楝树的区别: 乔木, 高约12米; 嫩枝及叶无毛; 叶倒卵形或椭圆形, 长5.5-8厘米, 宽2.5-5厘米, 干后上面暗褐色。产海南, 生于中海拔至高海拔林中。越南、老挝、柬埔寨、泰国及马来西亚有分布。

[附] **柬埔寨子楝树 Decaspermum cambodianum** Gagnep. in Bull.

3. 子楝树

图 908 彩片 207

Decaspermum gracilentum (Hance) Merr. et Perry in Journ. Arn. Arb. 19: 202. 1938.

Eugenia gracilenta Hance in Journ. Bot. 23: 7. 1885.

灌木或小乔木。幼枝被灰或灰褐色柔毛, 有钝棱。叶纸质或薄革质, 椭圆形、长圆形或披针形, 长4-9厘米, 先端急尖或渐尖, 基部楔形, 幼时两面被毛, 后无毛, 有多数细小腺点, 干后黑色, 侧脉10-13对, 不甚明显; 叶柄长4-6毫米。聚伞花序腋生, 长约2厘米, 有时为短小圆锥花序, 花序梗被伏贴柔毛; 小苞片细小, 锥状。花

图 908 子楝树 (引自《图鉴》)

梗长3-8毫米, 被毛; 花白色, 3数; 萼筒被灰白色毛, 萼片卵形, 长约1毫米, 先端圆, 有睫毛; 花瓣倒卵形, 长约2.5毫米, 外面有微毛; 雄蕊稍短于花瓣。浆果径4毫米, 被毛; 有3-5种子。花期3-5月。

产台湾、福建东南部、湖南西南部、广东、海南及广西, 生于低海拔至中海拔林中。越南有分布。叶治风湿、皮肤病、痢疾, 又能防腐、杀虫。

12. 番石榴属 **Psidium** Linn.

乔木。叶对生，羽状脉，全缘，具柄。花较大，单生或2-3排成聚伞花序；苞片2。萼筒钟形或壶形，花蕾时萼片连结而闭合，开花时萼片不规则裂为4-5；花瓣4-5，白色；雄蕊多数，离生，排成多列，着生于花盘上，花药椭圆形，基部着生，药室平行，纵裂；子房下位，与萼筒合生，4-5室，或更多，花柱线形，柱头扩大，每室具多数胚珠。浆果多肉，球形或梨形，顶端有宿存萼裂片，胎座发达，肉质。种子多数，胚弯曲，胚轴长，子叶短。

约150种，产热带美洲，我国引入栽培2种。

1. 幼枝四棱形；叶长圆形或椭圆形，下面有毛，侧脉明显 ·· 番石榴 **P. guajava**
1. 幼枝圆柱形；叶椭圆形或倒卵形，无毛，侧脉不明显 ······························· （附）. 草莓番石榴 **P. littorale**

番石榴　　　　　　　　　　　　　　　图 909　彩片 208

Psidium guajava Linn. Sp. Pl. 470. 1753.

灌木或小乔木，高达10米；树皮片状剥落。幼枝四棱形，被柔毛。叶长圆形或椭圆形，长6-12厘米，先端急尖，基部近圆，下面疏被毛，侧脉12-15对，在上面下陷，在下面凸起，网脉明显，全缘；叶柄长5毫米，疏被柔毛。花单生或2-3朵排成聚伞花序。萼筒钟形，长6毫米，绿色，被灰色柔毛，萼帽近圆形，长7-8毫米，不规则开裂；花瓣白色，长1-1.4厘米；雄蕊长6-9毫米；子房与萼筒合生，花柱与雄蕊近等长。浆果球形、卵圆形或梨形，长3-8厘米，顶端有宿存萼片；果肉白或淡黄色，胎座肉质，淡红色。种子多数。

原产南美洲。台湾、福建、广东、海南、香港、广西、云南南部及四川南部有栽培或已野化。为常见的热带水果之一；叶含挥发油及鞣酸，药用有止泻、止痢、止血、健胃等功效；叶经开水泡浸后晒干，可代茶叶作饮料。

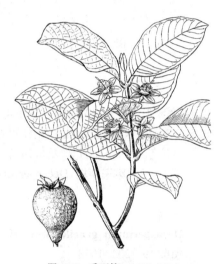

图 909　番石榴　（邓晶发绘）

[附] **草莓番石榴 Psidium littorale** Raddi in Opusc. Sc. 4: 254. t. 7. f. 2. 1820. 与番石榴的区别：嫩枝圆柱形；叶两面无毛，侧脉不明显；浆果成熟时紫红色。原产巴西。福建、台湾、广东、香港、海南及广西有栽培。果肉松软多汁，味美如草莓，为热带水果之一。

13. 多核果属 **Pyrenocarpa** Chang et Miau

常绿乔木。幼枝圆柱形或有棱。叶革质，对生，椭圆形，全缘，具羽状脉，有透明油腺点；具叶柄。花两性与单性异株；排成顶生聚伞花序。苞片小叶状，小苞片2，生萼筒基部；萼筒倒圆锥形，被毛，萼片5，覆瓦状排列；花瓣5，离生，有腺点；雄蕊多数，生于花盘上，多列，在花蕾时卷曲，花丝细长；花药球形，2室，直裂，背部着生；无腺体；子房下位，11-13室，花柱线形，柱头稍扩大，每室1胚珠，生于中轴胎座上。核果扁球形，有分核11-13；每1分核有1种子，种皮被内果皮所包，胚弯曲呈马蹄形。

我国特有属，2种。

1. 嫩枝四棱形；叶长圆形，侧脉约20对；花序梗与花梗均有棱 ····················· 多核果 **P. hainanensis**
1. 嫩枝圆柱形；叶椭圆形或倒卵形，侧脉12-15对；花序梗及花梗均无棱 ·········· （附）. 圆枝多核果 **P. teretis**

多核果 图 910

Pyrenocarpa hainanensis（Merr.）Chang et Miau in Acta Sci. Nat. Univ. Sunyatseni 1：63. 1975.

Eugenia hainanensis Merr. in Philipp. Journ. Sci. Bot. 23：255. 1923.

小乔木，高约10米。幼枝四棱形，被灰褐色柔毛。叶长圆形，长5-9厘米，初时两面有毛，后无毛，先端稍尖，尖头钝，基部楔形，侧脉约20对，不明显，以65°开角斜行，到达边缘结合成边脉；叶柄长0.5-1厘米。圆锥花序顶生及腋生，长4-8厘米，具多花，花序梗长2-3厘米。花梗长1-2.5厘米，均有棱，被灰白色柔毛；苞片倒卵形，长1-1.5厘米，小苞片披针形，长3毫

图 910 多核果 （引自《中国植物志》）

米，均被柔毛。花白色，径约2厘米；花萼长6-7毫米，被灰白色柔毛，萼片5，卵形或半圆形，长约2毫米；花瓣卵形或椭圆形，长7-8毫米，先端尖，有腺点；雄蕊长7-9毫米，花丝红色，被微毛；子房有11-13条纵沟，花柱长7-8毫米，柱头扩大。核果扁球形，径7-8毫米，被微柔毛，有11-13分核；分核扁平，有1种子。花期4月。

产海南东南部，生于常绿阔叶林中。

［附］**圆枝多核果 Pyranocarpa teretis** Chang et Misu in Acta Sci Nat. Univ. Sunytseni 1：64. 1975. 与多核果的区别：乔木，高达30米；幼枝无棱，圆柱形；叶椭圆形或倒卵形，侧脉12-15对；花径约1.5厘米；花序梗及花梗均无棱；核果近球形，径约1厘米。产海南南部。

14. 玫瑰木属 Rhodamnia Jack.

灌木或小乔木。叶对生，具三出脉或离基三出脉，全缘，下面常被粉白或被柔毛，有叶柄。花小，簇生叶腋，或排成总状及聚伞花序；小苞片细小，早落。萼筒卵形或近球形，与子房合生，萼片4，宿存；花瓣4，大于萼片；雄蕊多数，离生，排列成数列，在花蕾时卷曲，花药背部着生，药室纵裂；子房下位，1室，有2个侧膜胎座，花柱线形，柱头盾状，胚珠多数。浆果球形，顶端有宿存萼檐。种子球形、肾形或扁，种皮坚硬，胚马蹄形，胚轴长，子叶短。

约20种，分布于亚洲热带及大洋洲。我国1种1变种。

1. 叶窄椭圆形或窄卵形，长6-10厘米，先端渐尖，下面幼时被毛，后无毛 ·················· 玫瑰木 **R. dumetorum**
1. 叶卵形，长4-6.5厘米，先端急尖，下面被白色柔毛 ········· （附）. 海南玫瑰木 **R. dumetorum** var. **hainanensis**

玫瑰木

Rhodamnia dumetorum（Poir.）Merr. et Perry in Journ. Arn. Arb. 19：195. 1938.

Myrtus dumetora Poir. Encycl. Suppl. 4：52. 1816.

小乔木，高约6米。幼枝被灰色短柔毛，圆柱形。叶窄椭圆形或窄卵形，长6-10厘米，先端渐尖，基部钝或近圆，两面幼时被灰白色柔毛，后无毛，离基三出脉，离基部3-4毫米，向上直达叶尖，与纤细的平行小脉在两面均甚明显；叶柄长0.5-1厘米，被柔毛。花白色，常3朵排成聚伞花

序或有时为单花，花序梗长约1厘米。花梗长短不一；花蕾梨形，长约7毫米；萼筒卵圆形，长约4毫米，被白色柔毛，萼齿卵形，长约2毫米；花

瓣倒卵形，长约6毫米，外面被灰白色柔毛；花丝黄色，长4-5毫米；子房与萼筒合生。浆果卵球形，长约8毫米，顶端有宿存萼齿，被毛。花期6-7月。

产海南南部，生于低海拔森林中。越南、老挝、柬埔寨、泰国及马来西亚有分布。

[附] **海南玫瑰木** 图
911 **Rhodamnia dumetorum** var. **hainanensis** Merr. et Perry in Journ. Arn. Arb. 19：196. 1938. 本变种与模式变种的区别：叶卵形，长4-6.5厘米，先端急尖，下面被白色柔毛。产海南南部，生于海拔600米以上沟谷林中。

图 911 海南玫瑰木（引自《海南植物志》）

122. 石榴科 PUNICACEAE

（覃海宁）

落叶乔木或灌木。冬芽小，有2对鳞片。单叶，通常对生或簇生，有时呈螺旋状排列；无托叶。花顶生或近顶生，单生或几朵簇生或组成聚伞花序，两性，辐射对称。萼革质，萼管与子房贴生，且高于子房，近钟形，裂片5-9，镊合状排列，宿存；花瓣5-9，多皱褶，覆瓦状排列；雄蕊生萼筒内壁上部，多数，花丝分离，芽中内折，花药背部着生，2室，纵裂；子房下位或半下位，心皮多数，1轮或2-3轮，初呈同心环状排列，后渐成叠生（外轮移至内轮之上），最低一轮为中轴胎座，较高的1-2轮为侧膜胎座，胚珠多数。浆果球形，顶端有宿存花萼裂片，果皮厚。种子多数，种皮外层肉质，内层骨质；胚直，无胚乳，子叶旋卷。

1属2种，产地中海至亚洲西部。

石榴属 Punica Linn.

形态特征和地理分布与科相同。
2种，我国引入栽培1种。

石榴 安石榴 图 912 彩片 209

Punica granatum Linn. Sp. Pl. 472. 1753.

落叶灌木或乔木，高3-5米，稀达10米。枝顶常成尖锐长刺，幼枝具棱角，无毛，老枝近圆柱形。叶通常对生，长圆状披针形，长2-9厘米，先端短尖、钝尖或微凹，基部尖或稍钝，上面光亮；叶柄长5-7毫米。花大，1-5生于枝顶或腋生。萼筒长2-3厘米，通常红或淡黄色，顶端5-7裂，裂片稍外展，卵状三角形，长0.8-1.3厘米，外面近顶端有一黄绿色腺体，边缘有小乳突；花瓣与萼裂片同数，红、黄或白色，长1.5-3厘米，宽1-2厘

图 912 石榴（孙英宝绘）

米，先端圆；花丝无毛，长达1.3厘米；花柱长超过雄蕊。浆果近球形，径5-12厘米，通常淡黄褐或淡黄绿色，有时白色，稀暗紫色。种子多数，钝角形，肉质外种皮淡红色至乳白色。

原产巴尔干半岛至伊朗及其邻近地区，全世界温带和热带都有种植。我国栽培石榴的历史可上溯至汉代。外种皮供食用，是一种常见果树，南北都有栽培，并培育出一些较优质的品种。果皮入药，治慢性下痢及肠痔出血等症，根皮可驱绦虫和蛔虫。树皮、根皮和果皮均含多量鞣质(约20%-30%)，可提制栲胶。叶翠绿，花大而鲜艳，各地公园和风景区常有种植。

123. 柳叶菜科 ONAGRACEAE
（陈家瑞）

一年生或多年生草本，有时为亚灌木或灌木，稀为小乔木，有的为水生草本。叶互生或对生；托叶小或无。花两性，稀单性，辐射对称或两侧对称；单生叶腋或排成顶生的穗状花序、总状花序或圆锥花序。花常4数，稀2或5数；花筒（由花萼、花冠、有时还有花丝下部合生而成）存在或不存在；萼片（2-）4或5；花瓣（0-2-）4或5，在芽时常旋转或覆瓦状排列，脱落；雄蕊（2-）4，或8或10排成2轮；花药丁字着生，稀基部着生；花粉单一或为四分体，花粉粒间以粘丝连接；子房下位，（1-2-）4-5室，每室有少数或多数倒生胚珠，中轴胎座；花柱1，柱头头状、棍棒状或具裂片。蒴果，室背开裂、室间开裂或不裂，有时为浆果或坚果。种子多数或少数，稀1，无胚乳。

15属，约650种，广布于温带与热带地区，以温带为多，主产北美西部。我国6属67种8亚种，其中2属引种并已野化，1属广为引种栽培。

本科为重要的花卉植物，有些植物可作香料、油料和药用。月见草属许多种的种子油富含γ亚麻酸，为有效降血脂、健脑、减肥等药物的原料。

1. 萼片、花瓣、雄蕊各2，子房1-2室，每室1胚珠；蒴果坚果状，不裂 ………………… 3. 露珠草属 Circaea
1. 萼片4-6，花瓣4-6，稀无，雄蕊4枚以上，子房4-5室；蒴果或浆果。
　2. 花两侧对称，花瓣水平排向一侧，雄蕊与花柱伸向花的另一侧，花丝基部有鳞片状附属物，子房每室1胚珠；
　　 果坚果状，不裂 ……………………………………………………………… 4. 山桃草属 Gaura
　2. 花常辐射对称，稀两侧对称时也不为上述状态；花丝基部无附属物，子房每室有多数胚珠；蒴果或浆果。
　　3. 种子有种缨 ……………………………………………………………… 6. 柳叶菜属 Epilobium
　　3. 种子无种缨。
　　　4. 灌木或小乔木；花下垂；浆果 ………………………………………… 2. 倒挂金钟属 Fuchsia
　　　4. 草本；花不下垂；蒴果。
　　　　5. 花筒不存在；萼片（3）4或5，花后宿存 ……………………………… 1. 丁香蓼属 Ludwigia
　　　　5. 花筒存在；萼片4，花后脱落 …………………………………………… 5. 月见草属 Oenothera

1. 丁香蓼属 Ludwigia Linn.

直立或匍匐草本，多水生，稀灌木或小乔木。水生植物的茎常膨胀成海绵状，节上生根，常束生白色海绵质根状浮水器。叶互生或对生，稀轮生，常全缘；托叶存在，常早落。花单生叶腋，或组成顶生的穗状花序或总状花序。小苞片2；花（3-）4-5数；花筒不存在；萼片（3）4-5，花后宿存；花瓣与萼片同数，易脱落，稀不存在，黄色，稀白色；雄蕊与萼片同数或为萼片的2倍；花药具单体或四合花粉；花盘位于花柱基部，隆起成锥状，在雄蕊着生基部有下陷的蜜腺；柱头头状，常浅裂，裂数与子房室数一致；子房室数与萼片数相等；胚珠每室多列或1列，稀上部多列或下部1列。蒴果室间开裂、室背开裂、不规则开裂或不裂。种子多数，与内果皮离生，或单个嵌入海绵质或木质的内果皮近圆锥状小盒里，近球形、长圆形或不规则肾形；种脊多少明显，带形。染色体数n=8，12，16，24。

约80种，广布泛热带，多数分布新世界，少数种至温带地区。我国9种（含1杂交种）。

1. 雄蕊与萼片同数。
　　2. 花瓣不存在；茎匍匐生；叶卵形或椭圆形 ·· 7. 卵叶丁香蓼 **L. ovalis**
　　2. 花瓣存在；茎直立；叶窄椭圆形、披针形或线形。
　　　3. 种子与内果皮离生。
　　　　4. 种子每室多列；蒴果圆柱状，长0.8-1.5厘米；花瓣椭圆形或倒卵状长圆形 ·· 2. 细花丁香蓼 **L. perennis**
　　　　4. 种子每室1列；蒴果四棱柱状，长1.2-2.3厘米；花瓣匙形 ·············· 2（附）. 丁香蓼 **L. prostrata**
　　　3. 种子熟时嵌入海绵状变硬的木栓质内果皮内 ·············· 3. 假柳叶菜 **L. epilobioides**
1. 雄蕊数为萼片的2倍。
　　5. 直立草本，茎枝节上无浮水器组织；萼片4；种子每室多列，与内果皮离生或至少蒴果上部如此。
　　　6. 植株常被伸展粗毛；花瓣长0.7-1.4厘米，开花时以四合花粉授粉；果柄长3-10厘米；种子每室多列，离生 ·· 1. 毛草龙 **L. octovalvis**
　　　6. 幼枝及花序被微柔毛；花瓣长2-3毫米，开花时以单体花粉授粉；果近无柄；种子在蒴果上部增粗部分每室多列，离生，在其下部每室1列，嵌入木质内果皮里 ·············· 4. 草龙 **L. hyssopifolia**
　　5. 浮水或上升草本，浮水茎枝节上束生白色海绵质根状浮器；萼片5；种子每室1列，嵌入硬内果皮里。
　　　7. 花瓣白色；叶倒卵形或倒卵状披针形，先端钝圆 ·············· 5. 水龙 **L. adscendens**
　　　7. 花瓣黄色；叶不为倒卵状或倒卵状披针形，先端常锐尖，有时稍钝。
　　　　8. 子房不发育，不能结实（三倍体），花瓣淡黄色，长1.3-1.8厘米；叶窄椭圆形或匙状长圆形，先端稍钝或微锐尖 ·············· 6. 台湾水龙 **L. × taiwanensis**
　　　　8. 子房发育，能结实（二倍体），花瓣金黄色，长0.7-1.3厘米；叶长圆形或倒卵状长圆形，先端锐尖或渐尖 ·············· 6（附）. 黄花水龙 **L. peploides** subsp. **stipulacea**

1. 毛草龙 草里金钗　　　　　　图 913

Ludwigia octovalvis (Jacq.) Raven in Kew Bull. 15: 476. 1962.

Oenothera octovalvis Jacq. Enum. Pl. Carrib. 19. 1760.

多年生直立草本，有时基部木质化，高达2米。多分枝，稍具纵棱，常被伸展的黄褐色粗毛。叶披针形或线状披针形，长4-12厘米，先端渐尖或长渐尖，基部渐窄，侧脉9-17对，两面被黄褐色粗毛；叶柄长达5毫米或无柄。萼片4，卵形，长6-9毫米，两面被粗毛；花

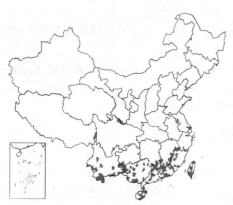

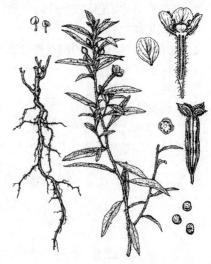

图 913 毛草龙 （引自《Fl. Taiwan》）

瓣黄色，倒卵状楔形，长0.7-1.4厘米，先端钝圆或微凹，基部楔形，侧脉4-5对；雄蕊8，花丝长2-3毫米；花药具四合花粉；花柱与雄蕊近等长，柱头近头状，4浅裂；花盘隆起，基部围以白毛，子房密被粗毛。蒴果圆柱状，具8条棱，长2.5-3.5厘米，被粗毛，成熟时不规则室背开裂；果柄长0.3-1厘米。种子每室多列，离生，近球形或倒卵圆形，一侧稍内陷，径0.6-0.7毫米，种脊明显，具横条纹。花期6-8月，果期8-11月。染色体2n=4x=32。

2. 细花丁香蓼　　　　　　　　　　图 914

Ludwigia perennis Linn. Sp. Pl. 119. 1753.

Ludwigia caryophylla (Lam.) Merr. et Metcalf；中国高等植物图鉴2: 1016. 1972.

　　一年生直立草本，高达80厘米。茎常分枝，幼茎枝被微柔毛或近无毛。叶椭圆状或卵状披针形，稀线形，长（3-）5-8（-10）厘米，先端渐窄或长渐尖，基部窄楔形，侧脉7-12对，两面无毛或近无毛；叶柄长0.3-1.5厘米，两侧有柄翅。萼片4，稀5，卵状三角形，长2-3毫米，无毛或疏被微柔毛；花瓣黄色，椭圆形或倒卵状长圆形，长1.4-2.5毫米，雄蕊与萼片同数，稀更多；花药宽椭圆状，具四合花粉；花柱与花丝近等长，柱头近头状，顶端微凹；花盘果时革质；子房近无毛或疏被微柔毛。蒴果圆柱状，果壁薄，长0.8-1.5厘米，带紫红色，后淡褐色，顶端平截，熟时不规则室背开裂；果柄长2-6毫米，常多少下垂。种子每室多列，离生，椭圆形或倒卵状肾形，长0.3-0.5毫米，具褐色细纹线。花期4-6月，果期7-8月。染色体n=8。

　　产台湾、福建、江西南部、广东、香港、海南、广西及云南南部，生于海拔100-600米池塘或水田湿地。亚洲热带、亚热带地区、非洲及澳大利亚热带地区有分布。本草有清热解毒、凉血消肿、去腐生肌的功能。

　　[附] **丁香蓼 Ludwigia prostrata** Roxb. Hort. Beng. 11. 1814. —— *Jussiaea prostrata* (Roxb.) Lévl.；中国高等植物图鉴 2: 1016. 1972. pro part. excl. fig. 本种与细花丁香蓼的区别：种子每室1列；蒴果四棱柱状，

3. 假柳叶菜　　　　　　　　　　图 915 彩片 210

Ludwigia epilobioides Maxim. Prim. Fl. Amur. 104. 1859.

Ludwigia prostrata auct. non Roxb.：中国高等植物图鉴 2: 1016. 1972.

　　一年生粗壮直立草本。茎高达1.5米，四棱形，带紫红色，多分枝。叶窄椭圆形或窄披针形，长（2）3-10厘米，先端渐尖，基部窄楔形，侧脉8-13对，脉上疏被微柔毛；叶柄长0.4-1.3厘米。萼片4-5（6），三角状卵形，

图 914　细花丁香蓼　（引自《海南植物志》）

　　产浙江南部、台湾、福建、江西、湖南东南部、广东、香港、海南、广西、贵州、四川、云南及西藏，生于海拔0-300（-750）米田边、塘边、沟旁。亚洲、非洲、大洋洲、南美洲及太平洋岛屿热带与亚热带地区有分布。全草有疏风凉血、利尿的功能。

长1.2-2.3厘米；花瓣匙形。本种外形及花、果酷似假柳叶菜，其不同主要在于种子离生，每室1列，横卧，种脊明显；萼片4，较小；花瓣很小，匙形等。产海南、广西及云南南部，生于海拔100-700米稻田、河滩或溪谷旁湿处。东至中南半岛，西至印度东北部、尼泊尔、斯里兰卡，南至马来半岛、印度尼西亚及菲律宾均有分布。

长2-4.5毫米，被微柔毛；花瓣黄色，倒卵形，长2-2.5毫米；雄蕊与萼片同数，花药具单体花粉；柱头球状，顶端微凹；花盘无毛。蒴果近无梗，长1-2.8厘米，径1.2-2毫米，初时具4-5棱，表面瘤状隆起，熟时淡褐色，

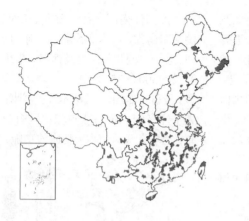

内果皮增厚变硬成木栓质，果成圆柱状，每室有1或2列稀疏嵌埋于内果皮的种子；果皮薄，熟时不规则开裂。种子窄卵圆形，稍歪斜，长0.7-1.4毫米，顶端具钝突尖头，淡褐色，具红褐色纵条纹，其间有横向的细网纹；种脊不明显。花期8-10月，果期9-11月。染色体2n=6x=48。

产黑龙江、吉林、辽宁、内蒙古、陕西、河南、河北、山东、江苏、安徽、浙江、台湾、福建、江西、湖北、湖南、广东、海南、广西、贵州、云南及四川，生于海拔0-800米（云南1200-1600米）湖、塘、稻田、溪边等湿润处。日本、朝鲜半岛、俄罗斯远东地区及越南有分布。嫩枝叶可作饲料；全草入药，有清热解毒、利尿消肿之效。

图 915 假柳叶菜 （孙英宝绘）

4. 草龙

图 916 彩片 211

Ludwigia hyssopifolia (G. Don) Exell, Garcia de Orta 5: 471. 1957.

Jussiaea hyssopifolia G. Don. Gen. Syst. 2: 693. 1832.

一年生直立草本，高达2米。茎基部常木质化，常三或四棱形，多分枝，幼枝及花序被微柔毛。叶披针形或线形，长2-10厘米，侧脉9-16对，下面脉上疏被短毛；叶柄长0.2-1厘米。花腋生。萼片4，卵状披针形，长2-4毫米，常有3纵脉；花瓣4，黄色，倒卵形或近椭圆形，长2-3毫米；雄蕊8，淡绿黄色，花丝不等长，花药具单体花粉；花盘稍隆起；花柱长0.8-1.2毫米，柱头头状，顶端浅4裂。蒴果近无柄，幼时近四棱形，熟时近圆柱状，长1-2.5厘米，上部1/5-1/3增粗，被微柔毛，果皮薄。种子在蒴果上部每室排成多列，离生，在下部排成1列，嵌入近锥状盒子的木质内果皮里，近椭圆状，长约0.6毫米，两端多少锐尖，淡褐色，有纵横条纹，腹面有纵形种脊。花果期几四季。染色体n=8。

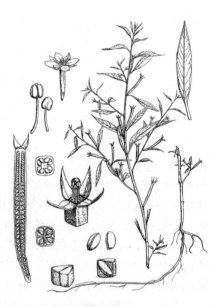

图 916 草龙 （引自《Fl. Taiwan》）

产台湾、福建、广东、香港、海南、广西及云南南部，生于海拔50-750米田边、水沟、河滩、塘边、湿草地等湿润向阳处。南亚、东南亚、澳大利亚及非洲热带地区有分布。全草入药，有清热解毒、凉血消肿、去腐生肌之效。

5. 水龙 玉钗草 草里银钗

图 917 彩片 212

Ludwigia adscendens (Linn.) Hara in Journ. Jap. Bot. 28: 290. 1953.

Jussiaea adscendens Linn. Mantissa1: 69. 1767.

Jussiaea repens Linn.; 中国高等植物图鉴 2: 1017. 1972.

多年生浮水或上升草本。浮水茎长达3米，茎节上常簇生圆柱状白色海绵状贮气的根状浮器，具多数须状

根；直立茎高达60厘米，无毛；生于旱生环境的枝上则常被柔毛但很少开花。叶倒卵形、椭圆形或倒卵状披针形，长3-6.5厘米，侧脉6-12对；叶柄长0.3-1.5厘米。花单生上部叶腋；小苞片生于花柄上部，鳞片状。萼片5，三角形或三角状披针形，长0.6-1.2厘米，被短柔毛；花瓣乳白色，基部淡黄色，倒卵形，长0.8-1.4厘米；雄蕊10，花丝白色，对花瓣的较短，对萼的较长；花药具单体花粉；花盘隆起，近花瓣处有蜜腺；花柱白色，长4-6毫米，下部被毛；花梗长2.5-6.5厘米。蒴果淡褐色，圆柱状，具10条纵棱，长2-3厘米，果皮薄，不规则开裂；果柄长2.5-7厘米，被长柔毛或无毛。种子在每室纵向单列，淡褐色，嵌入木质内果皮内，椭圆状，长1-1.3毫米。花期5-8月。果期8-11月。染色体2n=4x=32。

产安徽、浙江、台湾、福建、江西、湖北、湖南南部、广东、香港、海南、广西及云南南部，生于海拔100-600米（云南可达1500米）水田或浅水塘，印度、斯里兰卡、孟加拉国、巴基斯坦、中南半岛、马来半岛、印

图 917 水龙 （引自《华东水生维管束植物》）

度尼西亚及澳大利亚北部有分布。全草药用，有清热解毒、利尿消肿、去腐生肌的功能。可作猪饲料。

6. 台湾水龙

图 918 彩片 213

Ludwigia × **taiwanensis** C. I. Peng in Bot. Bull. Acad. Sin. 31: 343. f. 5. 1990.

多年生浮水草本，具匍匐或浮水的茎。茎长达1米。浮水茎节上常簇生白色向上纺锤状贮气的根状浮器，无毛，多分枝，顶端上升。叶窄椭圆形或匙状长圆形，长1-9.5厘米，先端稍钝或微锐尖，侧脉9-11对，无毛；

叶柄长0.5-2（3）厘米。花单生顶部叶腋，小苞片成对生于子房近基部或中部，宽卵形，长0.6-1.5毫米。萼片5，三角状披针形，长0.8-1.2厘米，开花后脱落；花瓣5，淡黄色，宽倒卵形，长1.3-1.8厘米，先端近平截或钝圆，微凹；雄蕊10，对花瓣的稍短，花药因为三倍体不发育不开裂，花粉粒几全部

败育；花盘隆起，基部生长毛；花柱黄色，无毛，柱头黄色，近球状，5浅裂。子房不发育。花期4-12月。染色体2n=3x=24。

产浙江、台湾及澎湖与金门列岛、福建南部、江西西南部、湖南、广东、香港、广西东部、贵州、云南西南部、四川东南部，生于低海拔水塘、江河、水田及水沟湿地，成片生长。越南有分布。全株可作猪饲料。

图 918 台湾水龙 （引自《Fl. Taiwan》）

［附］ **黄花水龙** 彩片 214

Ludwigia peploides (Kunth) Kaven subsp. **stipulacea** (Ohwi) Raven in Reinwardtia 6: 397. 1963. —— *Jussiaea stipulacea* Ohwi in Journ. Jap. Bot. 26: 232. 1951. 本种与台湾

水龙的区别：叶长圆形或倒卵状长圆形，先端锐尖或渐尖；花瓣金黄色，长0.7-1.3厘米；花药发育开裂；子房发育能结实（二倍体）。产浙江、福建及广东东部,生于海拔50-200米运河、池塘或水田湿地。日本有分布。

7. 卵叶丁香蓼

图 919

Ludwigia ovalis Miq. in Ann. Mus. Bot. Lugd.–Bat. 3: 95. 1867.

多年生匍匐草本，近无毛。节上生根，茎长达50厘米，茎枝顶端上升。

叶卵形或椭圆形，长1-2.2厘米，先端锐尖，基部骤窄成翅柄，侧脉4-7对，无毛；叶柄长2-7毫米。花单生茎枝上部叶腋，几无梗；小苞片2，生花基部，卵状长圆形，长约1.8毫米。萼片4，卵状三角形，长2-3毫米；花瓣无；雄蕊4，花药具单体花粉；花盘隆起，绿色，4深裂，无毛；花柱无毛，柱头花药具头状。蒴果近长圆形，具4棱，长3-5毫米，被微毛，果皮木栓质，易不规则室背开裂；果柄很短。种子每室多列，离生，淡褐或红褐色，椭圆状，长0.7-0.9毫米，一侧与内果皮连接，有纵横条纹，种脊明显，平坦。花期7-8月，果期8-9月。染色体$2n=4x=32$。

产江苏、安徽、浙江、台湾、福建、江西、湖北、湖南及广东，生于海拔40-200米池塘边、田边、沟边、草坡或沼泽湿润处。日本有分布。

图 919 卵叶丁香蓼 （引自《江苏植物志》）

2. 倒挂金钟属 Fuchsia Linn.

直立或攀援灌木或亚灌木，稀小乔木。叶互生、对生或轮生；具早落的小托叶。花两性、雌性两性花同株或雌雄异株，辐射对称，单生叶腋或排成总状或圆锥状花序。花具梗，常下垂；花筒由花萼、花冠与花丝之一部合生而成筒状或倒圆锥状，果时脱落，基部具蜜腺；萼片4，镊合状排列；花瓣4，稀缺如，开放时旋转或展开；雄蕊8，排成2轮，对萼的常较长，直立，或对瓣的内弯；花药具2药室，背着生，纵内向开裂，具单体花粉；子房下位，4室，花柱细长，柱头头状或棒状，4裂或近全缘，胚珠多数，排成（1）2至多列。浆果，4室，不裂。种子多数或少至6枚，具棱。

约100种，主要分布于南美洲沿海、中美洲，少数分布于新西兰、塔希提岛（大洋洲）。重要花卉植物，全世界普遍引种栽培。我国常见栽培1种。

倒挂金钟　灯笼花　吊钟海棠

图 920 彩片 215

Fuchsia hybrida Hort. ex Sieb. et Voss. in Vilm, Blumengart. 3, 1: 332. 1896.

亚灌木，茎直立，高达2米，多分枝。幼枝带红色，被短柔毛与腺毛，老时渐无毛。叶对生，卵形或窄卵形，长3-9厘米，先端渐尖，基部浅心形或钝圆，边缘具远离的浅齿或齿突，脉常带红色，侧脉6-11对，两面尤下面脉上被短柔毛；叶柄长2-3.5厘米，常带红色，被短柔毛与腺毛。花两性，单一，稀成对生于茎枝顶叶腋，下垂。花梗长3-7厘米；花筒红色，筒状钟形，长1-2厘米，连同花梗疏被短柔毛与腺毛；萼片红色，长圆状或三角状披针形，长2-3厘米，开放时反折；花瓣色多变，紫红、红、粉红或白色，宽倒卵形，长1-2.2厘米，先端微凹；雄蕊8，外轮的较长，花丝红色，伸出花筒的长1.8-3厘米，花药紫红色，长圆形，花粉粉红色；子房倒卵状长圆形，长5-6毫米，疏被柔毛与腺毛，花柱红色，长4-5厘米，基部围以绿色的浅杯状花盘；柱头棍棒状，褐色，长约3毫米，顶端4浅裂。果紫红色，倒卵状长圆形，长约1厘米。花期4-12月。

本种经杂交，园艺品种很多，广泛栽培于全世界。我国广为栽培，为重要花卉植物。

3. 露珠草属 Circaea Linn.

多年生草本，具根状茎，常丛生。叶具柄，对生，花序轴上的叶互生呈苞片状，常平展；托叶常早落。花序生于主茎及侧生短枝的顶端，单总状花序或具分枝。花2基数，花筒由花萼与花冠下部合生而成；子房1-2室，每室1胚珠；花萼与花瓣互生；雄蕊与花萼对生；花瓣倒心形或菱状倒卵形，先端有凹缺；蜜腺环生于花柱基部，或全部藏于花筒之内，或延伸而突出于花筒之外而形成一肉质柱状或环状花盘；花柱与雄蕊等长或长于雄蕊，柱头2裂。蒴果坚果状，不裂，外被硬钩毛，有时具木栓质纵棱。种子光滑，纺锤形、宽棒状或长卵圆形，多少紧贴于子房壁。染色体数n=11。

约7种7亚种，分布于北半球温带林中。

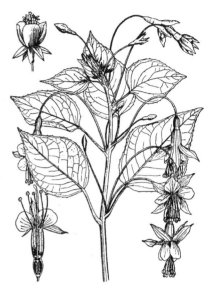

图 920 倒挂金钟 （引自《江苏植物志》）

1. 子房与果2室；根茎上不具块茎。
   2. 蜜腺藏于花筒中，不伸出，呈柱状或环状花盘。
      3. 花序轴混生腺毛和非腺毛；果近扁球形，基部近圆 ·················· 1. 露珠草 C. cordata
      3. 花序轴无毛或仅具腺毛；果倒卵圆形或梨形，不扁或微扁，基部对称渐窄至果柄 ···················· 2. 秃梗露珠草 C. glabrescens
   2. 蜜腺伸出花筒之外，形成一环状或柱状的肥厚花盘。
      4. 花瓣倒卵形或宽卵形，先端下凹，凹缺至花瓣长度1/4以上；花序轴及花梗常被毛；果具明显纵沟。
         5. 茎被毛，毛被常稠密；叶基楔形，稀心形；花序具腺状和镰状毛 ············· 3. 南方露珠草 C. mollis
         5. 茎无毛或仅被稀疏曲柔毛；叶基圆或近心形；花序仅密被腺毛 ···················· 4. 水珠草 C. lutetiana subsp. quadrisulcata
      4. 花瓣倒卵状菱形，先端凹缺至花瓣长度的1/5以下；花序轴与花梗无毛；果纵沟不明显 ···················· 5. 谷蓼 C. erubescens
1. 子房与果1室；根状茎顶端具块茎。
   6. 花瓣先端凹缺超过花瓣长度的一半，呈V字形，花梗被腺毛；叶侧脉9-15对；成熟果连果柄长达1.5厘米 ··· 6. 匍匐露珠草 C. repens
   6. 花瓣先端凹缺不足花瓣长度的一半或无凹缺，花梗无毛；叶侧脉4-10对；成熟果连果柄长3.5-7.8毫米。
      7. 茎无毛。
         8. 花瓣先端凹缺为长度的1/4至一半，子房被毛 ·················· 7. 高山露珠草 C. alpina
         8. 花瓣先端无凹缺或微凹，子房无毛 ·················· 7（附）. 高原寒珠草 C. alpina subsp. micrantha
      7. 茎密被或疏被柔毛 ·················· 7（附）. 高原露珠草 C. alpina subsp. imaicola

1. 露珠草 牛泷草　　　　图 921
Circaea cordata Royle, Illustr. Bot. Himal. 211. t. 43. f. 1 a-i. 1834.

粗壮草本，高达1.5米，被平伸长柔毛、曲柔毛和腺毛。根状茎不具

块茎。叶窄卵形或宽卵形，中部的长4-11(-13)厘米，宽2.3-7(-11)厘米，基部常心形，有时宽楔形、圆或平截，先端短渐尖，具锯齿或近全缘。总状花序顶生，或基部具分枝，长约2-20厘米；花序轴混生腺毛与柔毛。花梗长0.7-2毫米，与花序轴垂直生或在花序顶端簇生；萼片卵形，长2-3.7毫米，开花时反曲；花瓣白色，倒卵形，长1-2.4毫米，先端凹缺深至花瓣长度的1/2-2/3；雄蕊稍短于花柱或近等长；蜜腺藏于花筒内。果近扁球形，长3-3.9毫米，2室，具2种子；果柄长1.4-4毫米。花期6-8月，果期7-9月。染色体数n=11。

产黑龙江、吉林、辽宁、河北、山西、河南、山东、河南、安徽、浙江、台湾、福建、江西、湖北、湖南、广西、贵州、云南、西藏、四川、陕西及甘肃，生于海拔0-3500米落叶阔叶林中。俄罗斯西伯利亚东南部、朝

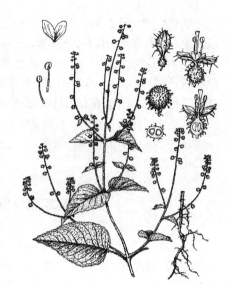

图 921 露珠草 （引自《Fl. Taiwan》）

鲜、日本、尼泊尔、印度西北部、克什米尔地区及巴基斯坦有分布。全草有清热解毒、生肌的功能。

2. 秃梗露珠草

图 922

Circaea glabrescens (Pamp.) Hand.–Mazz. Symb. Sin. 7(2)：604. 1933.

Circaea cordata Royle var. *glabrescens* Pamp. in Nuovo Giorn. Bot. Ital. n. s. 17：677. 1910.

植株高达80厘米，被弯曲短柔毛，稀无毛。根状茎上无块茎。叶窄卵形或宽卵形，长3.7-11厘米，基部圆，稀心形，先端渐尖或短渐尖，边缘具锯齿。总状花序或基部具分枝，长2-18厘米；花梗与花序轴垂直，无毛。花筒长0.9-1.3毫米；萼片长圆状椭圆形或近卵形，长1.8-3.3毫米，开花时反曲；花瓣粉红色，扁圆形或宽倒卵形，长1-1.9毫米，先端凹缺深至花瓣长度的约一半，裂片宽圆；雄蕊

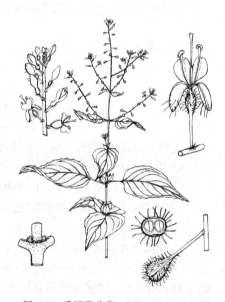

图 922 秃梗露珠草 （引自《Ann. Miss. Bot. Gard》）

产四川北部、甘肃东南部、陕西、山西西南部、河南、湖北西部、湖南西部及台湾，生于海拔700-2500米落叶林中。

伸展，短于花柱；蜜腺藏于花筒内。果长2.5-3.3毫米，2室，具2种子，倒卵圆形或梨形，基部渐窄至果柄，无纵沟，具一浅槽；果柄无毛，连同果长4.5-8.5毫米。花期7-8月，果期8-9月。染色体数n=11。

3. 南方露珠草

图 923

Circaea mollis Sieb. et Zucc. Abh. Akad. Wiss. Wien, Math.–Phay.

4：134. 1843.

植株高达1.5米，常被稠密曲柔

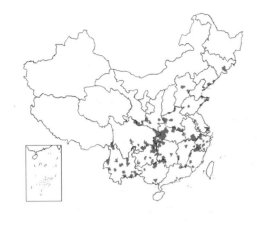

毛。根状茎不具块茎。叶窄披针形、宽披针形或窄卵形，长3-16厘米，宽2-5.5厘米，基部楔形，稀圆，先端渐尖，近全缘或具锯齿。顶生总状花序常基部分枝，长1.5-4(-20)厘米，生于侧枝顶端的总状花序常不分枝；花梗与花序轴垂直。花梗常被毛；萼片长1.6-2.9毫米，伸展或稍反曲；花瓣白色，宽倒卵形，长0.7-1.8毫米，先端下凹至花瓣长度的1/4-1/2；雄蕊通常直伸，短于或稀等长于花柱；蜜腺突出花筒。果窄梨形、宽梨形或球形，长2.6-3.5毫米，基部凹凸不平，不对称渐窄至果柄，果2室，具2种子，纵沟明显；果柄常明显反曲，连同果长5-7毫米。花期7-9月，果期8-10月。染色体数n=11。

产吉林、辽宁、河北、山东、江苏、浙江、安徽、福建、江西、河南、湖北、湖南、广西、贵州、云南、四川、甘肃及陕西，生于海拔0-2400米

图 923 南方露珠草 （左 焰 李爱莉仿）

落叶阔叶林中。越南北部、柬埔寨、老挝、缅甸及印度阿萨姆、日本、韩国及俄罗斯远东地区有分布。全草有祛风湿、止痛的功能。

4. 水珠草 露珠草 图 924

Circaea lutetiana Linn. subsp. **quadrisulcata** (Maxim.) Asch. et Magnus in Bot. Zeitung (Berlin) 28: 787. 1870.

Circaea lutetiana f. *quadrisulcata* Maxim. Prim. Fl. Amur. 106. 1859.

Circaea quadrisulcata (Maxim.) Franch. et Sav.；中国高等植物图鉴 2: 1013. 1972.

植株高达80厘米。根状茎不具块茎。茎无毛，稀疏生曲柔毛。叶窄卵形、宽卵形或长圆状卵形，长4.5-12厘米，基部圆或近心形，稀宽楔形，先端短渐尖或长渐尖，具锯齿。总状花序长约2.5-30厘米，有时基部具分枝；花梗与花序轴垂直，被腺毛。萼片长1.3-3.2毫米，反曲；花瓣倒心形，长1-2毫米，通常粉红色，先端凹缺至花瓣长度的1/3-1/2；蜜腺伸出花筒。果梨形或近球形，长2.2-3.8毫米，

基部常不对称渐窄至果柄，具纵沟；果柄连同果长5.3-8.5毫米。花期6-8(-9)月，果期7-9月。染色体数n=11。

图 924 水珠草 （引自《图鉴》）

产黑龙江、吉林、辽宁、内蒙古、河北、山西、河南、山东、江苏、浙江、安徽及贵州，生于海拔0-1500米落叶阔叶林及针阔混交林中。东欧、俄罗斯、朝鲜半岛及日本北部有分布。全草有解毒消肿的功能。

5. 谷蓼 图 925

Circaea erubescens Franch. et Sav. Enum. Pl. Jap. 2: 370. 1879.

植株高达1.2米，无毛。根状茎上无块茎。叶披针形或卵形，稀宽卵

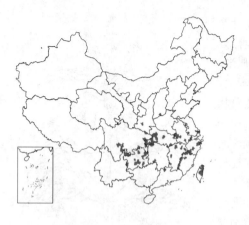

形，长2.5-10厘米，基部宽楔形、圆或平截，稀近心形，先端短渐尖，具锯齿。顶生总状花序或基部分枝，长2-20厘米；花梗与花序轴垂直，无毛。萼片长圆状椭圆形或披针形，长0.6-2.5毫米，反曲；花瓣窄倒卵状菱形、宽倒卵状菱形或倒卵形，长0.8-1.7毫米，粉红色，先端凹缺至花瓣长度的1/10-1/5，裂片具细圆齿或具2小裂片；雄蕊短于花柱；蜜腺伸出花筒。果倒卵圆形或宽卵圆形，微呈背向扁，长1.7-3.2毫米，2室，具2种子，基部平滑渐窄向果柄，纵沟不明显，有一窄槽，果柄连同果长4.3-8.8毫米。花期6-9月，果期7-9月。染色体数n=11。

产山西、陕西、江苏、浙江、安徽、台湾、福建、江西、湖北、湖南、广东北部、贵州、四川及云南，生于海拔0-2500米砾石河谷或渗水隙缝、山涧路边和土层深厚肥沃的温带落叶林中。日本及韩国有分布。

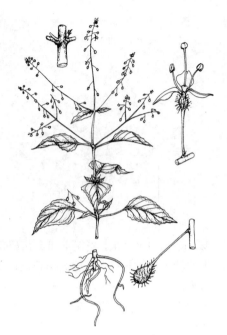

图 925 谷蓼 （左 焰 李爱莉仿）

6. 匍匐露珠草 图 926： 4-7

Circaea repens Wallich ex Asch. et Magnus in Bot. Zeitung （Berlin） 28: 761. 1870.

植株高达1米，被镰状毛。根状茎秋时顶端具块茎。叶窄卵形或宽卵形，稀近圆形，长1.8-9厘米，基部圆、宽楔形或心形，先端急尖或短渐尖，具锯齿；叶柄长1.5-5.5厘米。总状花序或具分枝，被腺毛；花梗与花序轴垂直或微上升，被腺毛。萼片长圆状椭圆形或卵形，长1.8-2.5毫米，平伸至反曲。花瓣白或粉红色，宽倒三角形或窄倒三角形，长1.4-2.3毫米，先端具V形凹缺，凹缺深达花瓣长度的3/4；雄蕊与花柱等长或较短；蜜腺藏于花筒中。果棒状，基部平滑渐窄至果柄，单室，具1种子，长3.5-4.2毫米，纵沟不明显，具一浅槽；果柄连同果长0.8-1.5厘米。花期7-10月，果期7-11月。染色体数n=11。

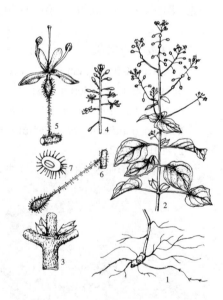

图 926: 1-3.高原露珠草 4-7.匍匐露珠草 （引自《图鉴》）

产湖北西部、四川、云南及西藏，生于海拔1500-3300米潮湿林中、灌丛内或空地。缅甸、不丹、尼泊尔、印度北部及巴基斯坦有分布。

7. 高山露珠草 图 927

Circaea alpina Linn. Sp. Pl. 9. 1753.

植株高达30厘米。茎多少肉质，无毛。根状茎顶端具块茎。叶半透明，卵形或宽卵形，稀圆形，长1.5-6厘米，基部心形或近心形，稀平截或圆，先端短渐尖或急尖，具牙齿；叶柄长0.5-3厘米。顶生总状花序长10-15厘

米，无毛或密被短腺毛；花梗无毛，呈上升状或直立；花集生于花序轴顶端。萼片长圆状椭圆形或卵形，先端钝圆或微呈乳突状；花瓣白色，倒三角形或倒卵形，长0.5-2毫米，先端凹缺为花瓣长度的1/4至一半，裂片圆形；雄蕊与花柱等长；蜜腺藏于花筒内；子房被毛。果棒状，长1.6-2.5毫米，基部平滑渐窄向果柄，1室，具1种子，无纵沟，钩状毛不具色素。花期6-8（9）月，果期7-9月。

产黑龙江、吉林、辽宁、内蒙古、河北及山西，生于海拔50-2500米潮湿处或苔藓覆盖的岩石及枯木上。广布于北半球温带与寒温带。

[附] **高原寒珠草** Circaea alpina subsp. **micrantha** (Skvortsov) Boufford in Ann. Missouri Bot. Gard. 69: 959. f. 22. 1982. —— *Circaea micrantha* Skvortsov in Bull. Glavn. Bot. Sada 103: 36. 1977. 与模式亚种的区别：花瓣先端无凹缺或微凹；子房无毛。产甘肃、四川、云南及西藏，生于海拔3100-5000米灌丛和针叶林中，以及高山草甸。缅甸北部经喜马拉雅山至印度东北部有分布。

[附] **高原露珠草** 图 926: 1-3 **Circaea alpina** subsp. **imaicola** (Asch. et Mag.) Kitamura, Fl. Afghanistan 279. 1960. —— *Circaea alpina* var. *imaicola* Asch. et Mag. in Bot. Zeitung (Berlin) 28: 749. 1870. 与模式亚种的区别：茎密被或疏被柔毛；叶质较厚，常带红色，基部宽楔形或近圆，常近全缘。产青海、甘肃、陕西、山西、河南、安徽、浙江、福建、台湾、江西、湖北、四川、贵州、云南及西藏，生于海拔

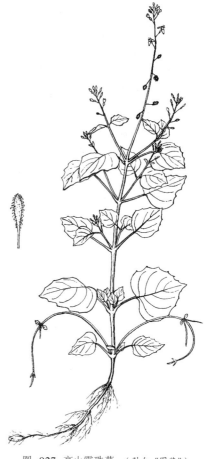

图 927 高山露珠草 （引自《图鉴》）

2000-4000米沟边湿处及林中。越南西北部、缅甸及喜马拉雅山南坡有分布。

4. 山桃草属 Gaura Linn.

一年生、二年生或多年生草本。具基生叶与茎生叶，基生叶较大，排成莲座状，基部渐窄成翅柄；茎生叶互生，具柄或无柄，向上渐小，全缘或具齿。花序穗状或总状。花常4数，稀3数，两侧对称，花瓣水平排向一侧，雄蕊与花柱伸向花的另一侧，常傍晚开放，一天内凋谢；花筒窄长，由花萼、花冠与花丝之一部分合生而成，其内基部有蜜腺；萼片4，反折，脱落；花瓣4，常白色，后红色，具爪；雄蕊数为萼片2倍，近等长，每一花丝基部内面有1鳞片状附属体，花药2室，具药隔；子房（3）4室，每室1胚珠，不全发育；花柱线形，被毛，柱头（3）4深裂，常高出雄蕊。蒴果坚果状，不裂，具（3）4条棱。种子常卵圆形，柔软光滑。

21种，产北美洲墨西哥。我国栽培3种，已野化为杂草。

1. 一年生草本；花序多少下垂；花瓣长1.5-3毫米，萼片长2-3毫米 ·················· 1. **小花山桃草 G. parviflora**
1. 多年生草本；花序直立；花瓣长1.2-1.5厘米，萼片长1-1.5厘米 ·················· 2. **山桃草 G. lindheimeri**

1. 小花山桃草 图 928

Gaura parviflora Dougl. in Hook. Fl. Bor.-Amer. 1: 208. 1833.

一年生草本，全株密被灰白色长毛与腺毛，茎高达1米。基生叶宽倒

披针形，长达12厘米，先端锐尖，基部渐窄下延至柄；茎生叶窄椭圆形、长圆状卵形或菱状卵形，长2-10厘米，先端渐尖或锐尖，基部下延至柄，侧脉6-12对。穗状花序，有时少分枝，生茎枝顶端，常下垂，长8-35厘米。花筒带红色，长1.5-3毫米，线状披针形，长2-3毫米，反折；花瓣白色，后红色，倒卵形，长1.5-3毫米，具爪；花丝长1.5-2.5毫米，基部具鳞片状附属物；花柱长3-6毫米，伸出花筒，柱头4深裂。果纺锤形，长0.5-1厘米，具不明显4棱。花期7-8月，果期8-9月。

原产美国，中西部最多。南美、欧洲、亚洲、澳大利亚有引种并已野化。河北、河南、山东、安徽、江苏、湖北及福建有引种，已野化。

2. 山桃草　　　　　　　　　　　　　　　　　　　　图 929

Gaura lindheimeri Engelm. et Gray in Bost. Journ. Nat. Hist. 5: 217. 1845.

多年生粗壮草本，常丛生；茎直立，高达1米，常多分枝，入秋变红色，被长柔毛与曲柔毛。叶椭圆状披针形或倒披针形，长3-9厘米，向上渐小，先端锐尖，基部楔形，具远离的齿突或波状齿，两面被近贴生长柔毛，无柄。花序长穗状，生茎枝顶部，不分枝或少分枝，直立，长20-50厘米。花筒长4-9毫米，内面上部有毛；萼片长1-1.5厘米，被长柔毛，反折；花瓣白色，后粉红，倒卵形或椭圆形，长1.2-1.5厘米，花丝长0.8-1.2厘米；花柱长2-2.3厘米，近基部有毛，柱头4深裂。果窄纺锤形，长6-9毫米，成熟时褐色，具棱。花期5-8月，果期8-9月。

原产北美。河北、山东、江苏、浙江、江西、香港等地引种并已野化。

图 928 小花山桃草 （引自《江苏植物志》）

5. 月见草属 Oenothera Linn.

一年生、二年生或多年生草本。具主根，稀仅具须根。茎直立、上升或匍匐，稀无茎。叶在未成年植株常基生，以后茎生，螺旋状互生，全缘、有齿或羽状深裂；有柄或无柄，无托叶。花4数，辐射对称，生茎枝顶端叶腋或退化叶腋，排成穗状花序、总状花序或伞房花序，常傍晚开放，至次日日出时萎凋。花筒发达（指子房顶端至花喉部紧缩成筒状部分，由花萼、花冠及花丝一部分合生而成），圆筒状，近喉部多少呈喇叭状，花后迅速凋落；萼片4，反折，花后脱落；花瓣4，常倒心形或倒卵形；雄蕊8，近等长或对瓣的较短；花药丁字着生，花粉单体，有孢粘丝连接；子房4室，胚珠多数，柱头深裂成4线形裂片。蒴果圆柱状，常具4棱或翅，直立或弯曲，室背开裂，稀不裂。种子多数，每室排成（1）2（3）行。

图 929 山桃草 （引自《江苏植物志》）

约119种，产北美洲、南美洲及中美洲温带至亚热带地区。我国引入栽培作花卉园艺及药用植物，并野化的有10种。有些种的种子油富含α-和γ-亚麻酸，对高血脂症、高血压、动脉粥样硬化、脑血栓、糖尿病等有显著疗效，对治疗关节炎、硬皮症也有很好功效，并增强胰岛素、抗癌、抗炎、健脑、抗衰老、防痴呆、美容、减肥；有些种的花可提芳香油，根可入药，有消炎、降血压之效。

1. 花黄色；蒴果圆柱状，无翅，无果柄。
　　2. 茎生叶长达20厘米；种子短楔形或棱形，具棱角，具不整齐注点。

3. 柱头围以花药；花瓣长不及3厘米。

　　4. 花瓣长不及2厘米；蒴果圆柱形 ··· 1. 长毛月见草 O. villosa

　　4. 花瓣长2.5-3厘米；蒴果锥状圆柱形 ····································· 2. 月见草 O. biennis

3. 柱头高过花药；花瓣长4-5厘米 ··· 3. 黄花月见草 O. glazioviana

2. 茎生叶长不过10厘米；种子椭圆形或近球形，不具棱角，表面具整齐洼点。

　　5. 茎生叶窄倒卵形或倒披针形，基部心形；柱头高出花药，花粉几乎全发育，花瓣长2-4.5厘米 ···············

　　　　　　　　　　　　　　　　　　　　　　　　　　　　　　　　　　　　　4. 海边月见草 O. drummondii

　　5. 茎生叶倒披针状线形，基部心形；柱头围以花药，花粉约50%发育，花瓣长0.5-2.7厘米 ·······················

　　　　　　　　　　　　　　　　　　　　　　　　　　　　　　　　　　　　　5. 待宵草 O. stricta

1. 花白、粉红或紫红色；蒴果倒卵状圆形或棒状，具翅，有果柄。

　　6. 茎生叶窄椭圆形或披针形，近无柄；花傍晚开放，花瓣白色，受粉后变紫色，长1.5-2.5厘米，柱头高出花药，
　　　花粉全部发育；蒴果长1-1.5厘米 ·· 6. 四翅月见草 O. tetraptera

　　6. 茎生叶披针形或长圆状卵形，叶柄长1-2厘米；花早晨近日出开放，花瓣粉红或紫红色，长6-9毫米，柱头
　　　围以花药，花粉约50%发育；蒴果长0.8-1厘米 ······························ 7. 粉花月见草 O. rosea

1. 长毛月见草　　　　　　　　　　　　图 930

Oenothera villosa Thunb. Prodr. Fl. Cap. 75. 1794.

二年生直立草本；茎高达2米，密被近贴生的曲柔毛与长毛。基生叶窄倒披针形，长15-30厘米，先端锐尖，基部渐窄，具明显浅齿，侧脉10-13对，两面被贴生曲柔毛与长柔毛，叶柄长1.5-2.5厘米；茎生叶倒披针形或椭圆形，长8-20厘米，先端锐尖，基部楔形，具浅齿或下部有时具浅波状齿，侧脉10-12对，两面尤下面脉上被近贴生曲柔毛与长柔毛；叶柄长不及8毫米。穗状花序，生茎顶端，不分枝，顶端直立；苞片披针形、窄椭圆形或卵形，长2-7厘米。萼片披针形，长1-1.8厘米；花瓣黄或淡黄色，宽倒卵形，长1-2厘米，先端微凹；子房长0.7-1.5厘米，密被曲柔毛与近贴生或伸展的长柔毛，花柱长3-5厘米，伸出花筒部分长0.4-1.4厘米，柱头围以花药，裂片长3-9毫米。蒴果圆柱形，向上渐窄，长2-4厘米，毛被同子房，较稀疏，灰绿或暗绿色，具红色条纹与淡绿色脉纹。种子短楔形，长1-2毫米，深褐色，具棱角和不整齐洼点。花期7-9月，果期9-10月。

原产北美。黑龙江、吉林、辽宁及河北有栽培与野化，常生于开旷田园边、荒地或沟边较湿润处。种子可榨油食用与药用。

图 930 长毛月见草 （引自《Syst. Bot. Monogr.》）

2. 月见草　夜来香　　　　　　　　　图 931

Oenothera biennis Linn. Sp. Pl. 346. 1753.

二年生直立草本，基生莲座叶丛紧贴地面；茎高达2米，被曲柔毛与伸展长毛，在茎枝上端常混生有腺毛。基生叶倒披针形，长10-25厘米，边缘疏生不整齐浅钝齿，侧脉12-15对，两面被曲柔毛与长毛，叶柄长1.5-3厘米；茎生叶椭圆形或倒披针形，长7-20厘米，基部楔形，有稀疏钝齿，侧脉6-12对，两面被曲柔毛与长毛，茎上部的叶下面与叶缘常混生有腺毛，叶柄长不及1.5厘米。穗状花序，不分枝，或在主序下面具次级侧生花序；苞片叶状，长1.5-9厘米，宿存。萼片长圆状披针形，长1.8-2.2厘米，先端尾状，自基部反折，又在中部上翻；花瓣黄色，稀淡黄色，宽倒卵形，长2.5-3厘米，先端微凹；子房圆柱状，具4棱，长1-1.2厘米，密被伸展长毛与短腺毛，有时混生曲柔毛，花柱长3.5-5厘米，伸出花筒部分长0.7-1.5厘米，柱头裂片长3-5毫米。蒴果锥状圆柱形，长2-3.5厘米，直立，绿色，毛被同子房，渐稀疏，具棱。种子在果中呈水平排列，暗褐色，棱形，

长1-1.5毫米,具棱角和不整齐洼点。

原产北美。东北、华北、华东及台湾、四川、贵州等省区有栽培,并已野化,常生于开旷荒坡路旁。种子含油量达25.1%,其中含λ-亚麻酸达8.1%,是最有开发前景的物种。

3. 黄花月见草 图 932 彩片 216

Oenothera glazioviana Mich. in Martius. Fl. Brasil. 13(2): 178. 1875.

二年生至多年生直立草本;茎高达1.5米,常密被曲柔毛与疏生伸展长毛,茎枝上部常混生短腺毛。基生叶倒披针形,长15-25厘米,先端锐尖或稍钝,基部渐窄并下延为翅,边缘有浅波状齿,侧脉5-8对,两面被曲柔毛与长毛,叶柄长3-4厘米;茎生叶窄椭圆形或披针形,长5-13厘米,先端锐尖或稍钝,基部楔形,边缘疏生齿突,侧脉8-12对,叶柄长0.2-1.5厘米,向上变短。穗状花序,生茎枝顶,密被曲柔毛、长毛与短腺毛;苞片卵形或披针形,无柄,长1-3.5厘米。萼片窄披针形,长3-4厘米,反折,毛被较密;花瓣黄色,宽倒卵形,长4-5厘米,先端钝圆或微凹;花柱长5-8厘米,伸出花筒部分长2-3.5厘米,柱头出花药,裂片长5-8毫米。蒴果锥状圆柱形,长2.5-3.5厘米,具纵棱与红色的槽,被曲柔毛与腺毛。种子棱形,长1.3-2毫米,褐色,具棱角和不整齐洼点。花期5-10月,果期8-12月。

本种源于欧洲栽培或野化的一个杂交种。东北、华北、华东(含台湾)、西南常见栽培,并已野化,常生于开旷荒地、田园或路边。花大美丽,花期长;种子榨油,食用与药用,用于冠状动脉梗塞、动脉粥样硬化、脑血栓等,并用于肥胖病、精神分裂症、风湿性关节炎。

图 931 月见草 (马 平绘)

4. 海边月见草 图 933

Oenothera drummondii Hook. in Curtis's Bot. Mag. 61: t. 3361. 1834.

一年生至多年生直立或平铺草本;茎高达50厘米,被白色或带紫色曲柔毛与长柔毛,有时上部有腺毛。基生叶窄倒披针形或椭圆形,长5-12厘米;茎生叶窄倒卵形或倒披针形,有时椭圆形或卵形,长3-7厘米;先端锐尖或圆,基部渐窄或骤窄至叶柄,边缘疏生浅齿至全缘,两面被白或紫色曲柔毛与长柔毛,叶柄长不及4毫米。穗状花序,疏生茎枝顶端,有时下部有少数分枝,通常每日傍晚开一朵花;苞片窄椭圆形或窄倒披针形,长1-5厘米。萼片披针形,长2-3厘米;花瓣黄色,宽倒卵形,长2-4厘米;花瓣黄色,宽倒卵形,长2-4厘米,先端平截或微凹;花粉90%-100%发育,花柱长5-7厘米,伸出花筒部分长2.5-3.5厘米,柱头开花时高过花药,裂片长0.5-1毫米。蒴果圆柱状,长2.5-5.5厘米,密被柔毛。种子椭圆状,长1-1.7毫米,褐色,具整齐洼点。花期5-8月,果期8-11月。

原产美国大西洋海岸与墨西哥湾海岸。福建及广东等有栽培,并在沿海海滨野化。

图 932 黄花月见草 (引自《江苏植物志》)

5. 待宵草 图 934 彩片 217

Oenothera stricta Ledeb. et Link, Enum Pl. Hort. Berol. 1: 377. 1821.

Oenothera odorata auct. non Jacq.: 中国高等植物图鉴 2: 1018.

1972.

一年生至二年生直立或外倾草本；茎不分枝或自莲座状叶丛斜生出分枝，高达1米，被曲柔毛与伸展长毛，上部有混生腺毛。基生叶窄椭圆形或倒线状披针形，长10-15厘米，先端渐窄锐尖，基部楔形，边缘具浅齿，两面及边缘生曲柔毛与长柔毛；茎生叶无柄，倒披针状线形，长6-10厘米，先端渐窄锐尖，基部心形，有6-10对齿突，两面被曲柔毛，中脉及边缘有长柔毛。穗状花序生茎及枝中上部叶腋。苞片卵状披针形或窄卵形，长2-3厘米；萼片披针形，长1.5-2.5厘米，反折，花瓣黄色，基部具红斑，宽倒卵形，长1.5-2.7厘米，先端微凹；花粉约50%发育；花柱长3.5-6.5厘米，伸出花筒部分长1.5-2厘米，柱头围以花药，裂片长3-5毫米。蒴果圆柱状，长2.5-3.5厘米，被曲柔毛与腺毛。种子宽椭圆状，无棱角，长1.4-1.8毫米，褐色，具整齐注点。花期4-10月，果期6-11月。

原产南美、智利及阿根廷。江苏、福建、台湾、江西、广东、广西、云南、贵州及陕西等有栽培，并已野化。花香美丽，常栽培观赏用。花可提制芳香油；种子可榨油食用和药用；根为解热药，可治感冒、喉炎等。

图 933 海边月见草 （孙英宝仿）

6. 四翅月见草　　　　　　　　　　　　　图 935：1-2

Oenothera tetraptera Cav. Icon 3：40. pl. 279. 1796.

多年生或一年生草本，具主根。茎常丛生，直立或上升，高达30厘米，基部或上部分枝，被曲柔毛及疏生伸展具疱状基部的长毛，基生叶椭圆形或窄倒卵形，长2.5-3厘米，边缘疏生浅齿突，基部常有羽状裂柄，上部全缘，侧脉3-5对，两面与边缘疏生曲柔毛，或近无毛；茎生叶近无柄，窄椭圆形或披针形，长1.5-7厘米，宽0.6-2.5厘米，先端锐尖，基部窄楔形，疏生3-5对浅齿，下部的深羽裂状，两面疏生曲柔毛。花序总状，由少数花组成，生茎枝顶部叶腋。花傍晚开放；萼片黄绿色，窄披针形，长1.7-2.2厘米，宽3-4毫米，开放时反折，再从中部上翻；花瓣白色，受粉后紫红色，宽倒卵形，长1.5-2.5厘米，宽1.3-2.3厘米，先端钝圆或微凹；花粉全部发育；柱头长2-2.5厘米，伸出花筒部分长1.2-1.4厘米，柱头绿色高出花药，裂片长2.5-3.5毫米。蒴果倒卵状，稀棍棒状，长1-1.5厘米，径0.6-1.2厘米，具4条纵翅，翅间有白色棱，顶端骤缩成喙，密被伸展长毛；果柄长1.2-2厘米。种子倒卵状，无棱角，长0.8-1毫米，径0.5-0.6毫米，淡褐色，有整齐注点。花期5-8月，果期7-10月。

原产墨西哥、哥斯达尼加、哥伦比亚、美国西南部、委内瑞拉。云南、贵州、台湾、台中、四川等地栽培，有野化，生于海拔1000-2200米山坡路边、田埂开旷或阴生草地。

图 934 待宵草 （引自《江苏植物志》）

7. 粉花月见草　　　　　　　　　　　　　图 935：3-8

Oenothera rosea L'Her. ex Ait. Hort. Kew ed. 1, 2：3. 1789.

多年生草本；茎常丛生，上升，长达50厘米，多分枝，被曲柔毛，有时混生长柔毛，下部常紫红色。基生叶紧贴地面，倒披针形，长1.5-4厘米，自中部渐窄或骤窄，并不规则羽状深裂下延至柄，叶柄长0.5-1.5厘米；茎生叶披针形或长圆状卵形，长3-6厘米，基部宽楔形并骤缩下延至柄，边缘具齿突，基部细羽状裂，侧脉6-8对，两面被曲柔毛，叶柄长1-2厘米。

图 935：1-2.四翅月见草　3-8.粉花月见草　（孙英宝绘）

花单生茎、枝顶部叶腋，近早晨日出开放。萼片披针形，长6-9毫米，背面被曲柔毛，反折再向上翻；花瓣粉红或紫红色，宽倒卵形，长6-9毫米，先端钝圆，具4-5对羽状脉；花粉约50%发育；花柱白色，长0.8-1.2厘米，伸出花筒部分长4-5毫米，柱头围以花药，裂片长约2毫米。蒴果棒状，长0.8-1厘米，具4条纵翅，翅间具棱，顶端具短喙；果柄长0.6-1.2厘米。种子长圆状倒卵形，长0.7-0.9毫米。花期4-11月，果期9-12月。

原产美国得克萨斯州南部至墨西哥。浙江、江西、贵州及云南已野化，生于海拔1000-2000米荒地草地或沟边半阴处，繁殖力强，成为难于清除的有害杂草。根或全草用于冠心病、白血病，并有消炎、降血压功效。

6. 柳叶菜属 Epilobium Linn. (Chamaenerion Seg.)

多年生、稀一年生草本，有时为亚灌木。常具纤维状根与根状茎。茎圆柱形或近四棱形。叶交互对生，茎上部花序上的常互生，或全互生；无托叶。花单生茎或枝上部叶腋，排成穗状、总状、圆锥状或伞房状花序。花两性，4数，辐射状或有时两侧对称，花筒由花萼与花冠在基部合生而成，存在或不存在，花后脱落；萼片4，排成筒状或漏斗状；花瓣先端凹缺或全缘；雄蕊8，近等长，排成2轮或不等的2轮，内轮4枚较短，着生于花瓣基部，外轮4枚较长，着生于萼片基部；花粉多以四合花粉授粉，花粉粒间以粘丝连接，稀以单体花粉授粉；花柱直立，或初弯后直；柱头棍棒状或头状，或4深裂；子房4室；胚珠多数，直立。蒴果具柄，线形或棱形，具不明显的4棱，熟时自顶端室背开裂为4片，中轴四棱形。种子多数，具乳突或网状，顶端常喙状，其上生一簇种缨。染色体数n=12，13，15，16，18，30，36，54。

约165种，广布于寒带、温带与热带高山，以北半球更多。我国37种、4亚种。

1. 叶螺旋状排列或互生；花多少两侧对生；花筒缺，花瓣全缘，雄蕊排成1轮，近等长，柱头4深裂。
　2. 花序上部苞片叶状，长达茎叶的一半；叶窄卵形、椭圆形或椭圆状披针形，侧脉4-6对，在近边缘不网结。
　　3. 花柱无毛；茎无毛或疏被曲柔毛；侧脉不明显；种子长1.2-2.1毫米 ·········· 1. **宽叶柳兰 E. latifolium**
　　3. 花柱下部有毛；茎密被曲柔毛；侧脉明显；种子长1.2-1.4毫米。
　　　4. 二级脉明显，结成细网；植株高达1.2米；萼片长1.1-1.5厘米，花瓣长0.8-1.4厘米；果柄长1.5-5厘米
　　　··· 2. **网脉柳兰 E. conspersum**
　　　4. 二级脉不明显；植株高达45厘米；萼片长1.5-2厘米，花瓣长1.7-2.5厘米；果柄长1-3厘米 ·········
　　　··· 2(附). **喜马拉雅柳兰 E. speciosum**
　2. 花序上部的苞片不明显，披针形或线形，长不及茎叶的1/10；叶线形或披针形，侧脉10-25对，近边缘网结。
　　5. 茎与叶下面中脉无毛；叶无柄，基部钝圆，近全缘 ·········· 3. **柳兰 E. angustifolium**
　　5. 茎与叶下面中脉被毛；叶柄长2-7毫米，基部楔形，具远离细牙齿
　　　··· 3(附). **毛脉柳兰 E. angustifolium subsp. circumvagum**
1. 叶交互对生，至少花序以下如此（中华柳叶菜的叶互生）；花辐射对称；花筒长0.6-2.8毫米，花瓣先端半裂或有凹缺；雄蕊排成不等长2轮，柱头全缘或微凹至4裂。
　6. 柱头4裂。
　　7. 茎高0.3-2.5米，被伸展长柔毛和常混生短直的腺毛；叶长3-12厘米，先端锐尖或渐尖，具20-60对齿；果柄长0.5-2厘米。
　　　8. 叶基部半抱茎；花瓣长0.9-2厘米，柱头伸出稍高过雄蕊 ·········· 4. **柳叶菜 E. hirsutum**
　　　8. 叶基部抱茎；花瓣长4-8.5毫米，柱头与雄蕊近等长 ·········· 5. **小花柳叶菜 E. parviflorum**
　　7. 茎高3-25(-40)厘米，被曲柔毛；叶长0.8-3厘米，先端钝，有(1-)3-7对不明显浅齿；果柄长1.5-3.5厘米。
　　　9. 直立或上升草本，茎高达45厘米，通常不分枝；花瓣长1-1.5厘米；种子具细乳突 ·········
　　　·· 6. **长柱柳叶菜 E. blinii**
　　　9. 铺地草本，茎长3-18厘米，分枝；花瓣长1.6-3.1厘米；果柄长0.4-0.7厘米；种子表面网状
　　　·· 6(附). **南湖柳叶菜 E. nankotaizanense**

6. 柱头全缘或微凹。

    10. 茎被毛,无棱线或具不明显毛棱线。

        11. 植株入秋生出基生的根出条,常成丛生;茎在基部无或稀有宿存的鳞片。

            12. 花序被曲柔毛而无腺毛。

                13. 子房贴生灰白色短柔毛;种子顶端有明显的喙;叶窄卵形或长圆状披针形,长2-7厘米 ……………
                …………………………………………………… **25. 细籽柳叶菜 E. minutiflorum**

                13. 子房被曲柔毛;种子顶端喙不明显;叶近线形或椭圆状披针形,稀椭圆形,长1-4厘米。

                    14. 植株直立,疏散丛生;茎多分枝;叶线形,有时窄披针形 … **10. 阔柱柳叶菜 E. platystigmatosum**

                    14. 植株上升或近铺地生,成丛生;茎不分枝或下部分枝;叶椭圆形或披针形 ……………
                  ………………………………………………… **10(附). 合欢柳叶菜 E. hohuanense**

            12. 花序被曲柔毛与混生腺毛。

                15. 茎中部与上部的叶基部楔形,叶柄长2-7毫米;果柄长0.4-1厘米 … **11. 短梗柳叶菜 E. royleanum**

                15. 茎中部与上部的叶基部近心形、圆或楔形,叶柄长不及2毫米;果柄长(1)2-5厘米。

                    16. 叶窄椭圆形或椭圆状披针形,近全缘;种缨污白色 ……… **24. 多枝柳叶菜 E. fastigiatoramosum**

                    16. 叶卵形、披针形或长圆状披针形,具细牙齿;种缨白或灰白色。

                        17. 花瓣长3-4.3(-5)毫米,子房贴生灰白色短柔毛;种子顶端有透明的长喙 ……………
                    …………………………………………………… **25. 细籽柳叶菜 E. minutiflorum**

                        17. 花瓣长0.7-1.1厘米,子房被曲柔毛;种子顶端喙不明显。

                          18. 叶卵形或宽卵形,基部近心形 ……………… **14. 短叶柳叶菜 E. brevifolium**

                          18. 叶披针形、窄卵形或椭圆形,基部圆或楔形 ………………………………………
                …………… **14(附). 腺茎柳叶菜 E. brevifolium subsp. trichoneurum**

        11. 植株入秋自茎基部生出莲座状芽、鳞芽或匍匐枝;茎基部常有宿存鳞片。

            19. 植株密被贴生丝状长粗毛;茎基部生莲座状芽;花瓣长0.8-1.6厘米 … **13. 硬毛柳叶菜 E. pannosum**

            19. 植株被曲柔毛、长柔毛或混生腺毛;茎基部生匍匐枝或鳞芽;花瓣长4-8毫米(锐齿柳叶菜长达1.8厘
              米)。

                20. 种子长0.8-1.2毫米;蒴果长7-11厘米;叶有28-60对锐锯齿;植株自茎基部生出粗状匍匐枝 ……
                …………………………………………………………… **12. 锐齿柳叶菜 E. kermodei**

                20. 种子长1.3-2.2毫米;蒴果长3-9厘米;叶全缘或有7-15对锯齿;植株自茎基部生出纤细的匍匐枝。

                    21. 叶近线形或窄披针形,近全缘或有少数不明显浅齿;匍匐枝顶端有柔质鳞芽;果柄长1-5厘米;
                    种缨灰白或褐黄色 ………………………………………… **23. 沼生柳叶菜 E. palustre**

                    21. 叶卵形、宽卵形或披针形,具锯齿;匍匐枝顶端无鳞芽;果柄长0.7-1.5厘米;种缨红褐色 ………
                …………………………………………………………… **15. 长籽柳叶菜 E. pyrricholophum**

    10. 茎无毛或近无毛,花序以下有2或4条毛棱线。

        22. 植株直立,常丛生,茎高(5-)10-30(-60)厘米;叶长(0.8-)1.5-7.5厘米;花瓣长0.7-1.4厘米;蒴
        果长5-9厘米 …………………………………………………………… **19. 鳞片柳叶菜 E. sikkimense**

        22. 植株铺地生,茎高3-22厘米;叶长0.8-2.5厘米;花瓣长2.5-6.5毫米;蒴果长1.7-3.6厘米 ………
        …………………………………………………… **19(附). 新疆柳叶菜 E. anagallidifolium**

        23. 花序无腺毛。

            24. 叶螺旋状互生,密集,窄匙形、长圆状披针形或线形,下面具隆起淡白色中脉,叶柄长达1.1厘米;
            果柄长1.3-4厘米 ……………………………………………… **9. 中华柳叶菜 E. sinense**

            24. 叶对生,近线形或窄卵形,下面不具隆起淡白色中脉,叶柄长2-7毫米;果柄长0.5-2.5厘米。

                25. 叶窄披针形或线形;种子长0.8-1毫米,具乳突 ……… **7. 圆柱柳叶菜 E. cylindricum**

                25. 叶披针形或窄卵形;种子长1-1.3毫米,具网状纹饰。

　26. 种子具网状纹饰；茎多分枝；柱头头状或宽棍棒状 ················ 8. 光籽柳叶菜 E. tibetanum
　26. 种子具粗突乳；茎不分枝；柱头棍棒状，稀近头状 ············ 8(附). 天山柳叶菜 E. tianschanicum
23. 花序多少混生腺毛。
　27. 地下茎生肉质鳞芽；茎基部宿存褐色革质鳞叶。
　　28. 种子具明显排列成纵脊的乳突；茎基部生多叶的莲座状芽 ········ 26. 东北柳叶菜 E. ciliatum
　　28. 种子具乳突，不合生成脊，或呈网状；茎基部生根出条或匍匐枝。
　　　29. 植株铺地生或丛生，茎上升；种子表面网状；蒴果长1.7-3.6厘米，果柄长1-3.5(-5)厘米；叶近全
　　　　缘或具稀疏细齿 ·················· 19(附). 新疆柳叶菜 E. anagallidifolium
　　　29. 茎常直立；种子具乳突；蒴果长(1.5-)3.5-11厘米，果柄长0.3-2.5厘米；叶具锯齿或牙齿。
　　　　30. 茎基部生粗匍匐枝，其顶端生出肉质芽；茎高0.4-1.2(-2)米；蒴果长7-11厘米 ············
　　　　　·· 12. 锐齿柳叶菜 E. kermodei
　　　　30. 茎基部生根出条；茎高4-50(-100)厘米；蒴果1.5-7.5厘米（鳞片柳叶菜有时可达9厘米）。
　　　　　31. 茎高达25厘米（但矮生柳叶菜高不过25厘米）。
　　　　　　32. 种子长0.8-1毫米，具粗乳突；茎直立，高达1米。
　　　　　　　33. 果柄长0.3-1.2厘米；花瓣长0.5-1厘米；茎近圆柱形，具2条棱线；叶卵形或长圆状披针形，
　　　　　　　　先端锐尖或渐尖。
　　　　　　　　34. 茎常具2条明显的毛棱线；花序轴混生曲柔毛与腺毛；花筒喉部有一环长柔毛；叶常卵形
　　　　　　　　　·································· 16. 毛脉柳叶菜 E. amurense
　　　　　　　　34. 茎具2条不明显、至少在下部未贯通节间的毛棱线；花序轴被曲柔毛；花筒被曲柔毛，喉
　　　　　　　　　部无毛环；叶长圆状披针形或窄卵形 ·······························
　　　　　　　　　·················· 16(附). 光滑柳叶菜 E. amurense subsp. cephalostigma
　　　　　　　33. 果柄长1-2.5厘米；花瓣长0.5-1.3厘米；茎常四棱形，具4条棱线；叶长圆形或椭圆形，先
　　　　　　　　端钝圆，稀锐尖 ···················· 18. 滇藏柳叶菜 E. wallichianum
　　　　　　32. 种子长1.4-1.6毫米，具细小乳突；茎上升，高8-25厘米 ······ 17. 矮生柳叶菜 E. kingdonii
　　　　　31. 茎高常不及25厘米，基部密生或疏生褐色近革质的鳞叶。
　　　　　　35. 花瓣长0.7-1.4厘米；蒴果长5-9厘米，果柄长0.6-2.5厘米；叶长1.5-7.5厘米；茎直立，常不
　　　　　　　分枝 ························· 19. 鳞片柳叶菜 E. sikkimense
　　　　　　35. 花瓣长5-6.5毫米；蒴果长3.5-5(-6)厘米，果柄长0.4-1厘米；叶长0.7-2.2厘米；茎常上升，
　　　　　　　多分枝 ························ 20. 埋鳞柳叶菜 E. williamsii
　27. 地下茎颈部生根出条、匍匐枝或莲座状芽；茎基部无宿存鳞叶（在鳞片柳叶菜及高山柳叶菜密生或疏生鳞叶）。
　　36. 叶窄卵形或披针形，叶柄长1-2.5毫米；种子具粗乳突 ·········· 21. 亚革质柳叶菜 E. subcoriaceum
　　36. 叶椭圆形、长圆形或椭圆状披针形，叶柄长达6毫米；种子具细小乳突。
　　　37. 叶柄长2-6毫米；种子窄倒卵圆形，柱头头状 ··············· 22. 小西柳叶菜 E. fangii
　　　37. 叶柄长0.3-1.5厘米；种子倒卵圆形，柱头常宽棍棒状 ·········· 22(附). 长柄柳叶菜 E. roseum

1.　宽叶柳兰

图 936 彩片 218

Epilobium latifloium Linn. Sp. Pl. 347. 1753.

　多年生草本。茎直立，常丛生，高达45厘米，无毛，有时茎上部尤其
花序轴被曲柔毛。叶互生或有时在茎下部对生，中上部的叶椭圆形、卵形
或椭圆状披针形，长2-5(-8)厘米，先端钝或短渐尖，基部常楔形，全缘
或稀疏齿凸，两面近无毛或在脉上被曲柔毛，侧脉不明显，每边3-4；叶
柄近无。总状花序直立；苞片叶状，长约叶的一半。花下垂。花梗长0.7-
2厘米；花筒缺，花盘径3-4毫米；萼片长圆状披针形，长1-1.6厘米，近
无毛或疏被曲柔毛；花瓣玫瑰红或粉红色，下面2枚较上面2枚较窄，倒

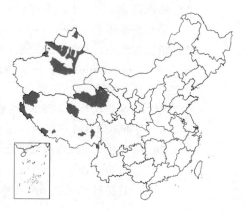

卵形或长圆状倒卵形，长1-2.4 (-3.2) 厘米；子房紫色，长1-1.7厘米，密被灰白色柔毛，花柱强烈反折，无毛，柱头白色，4深裂，开花时外弯。蒴果长2.5-8厘米；果柄长1.2-2.5厘米。种子常纺锤状，长1.2-2.1毫米，近平滑，有不明显、不规则的网纹；顶端具短喙；种缨长0.9-1.5厘米，黄褐或带灰色，不易脱落。花期6-8月，果期8-10月。染色体数n=18，36。

产青海北部、新疆阿尔泰、天山及帕米尔地区、云南西北部、西藏东北部，在新疆生于海拔1600-2500米河滩砾石地或草坡；在青藏高原多生于海拔（3480-）4000-5200米河谷冰川冲积土、高山地区河旁沙地或草地，有时延伸到雪线流石滩。广布于堪察加、西伯利亚东部、阿尔泰和天山地区、克什米尔、巴基斯坦、阿富汗、欧洲北部和北美洲北部至西部。

2. 网脉柳兰　　　　　　　　　图 937 彩片 219

Epilobium conspersum Hausskn. in Oesterr. Bot. Zeitschr. 29: 51. Feb. 1879.

多年生草本。秋季自根颈处生出短根出条，茎高达1.2米，被曲柔毛。叶螺旋状互生，茎中上部的叶窄长圆状或椭圆状披针形，长4.5-11厘米，先端锐尖或渐尖，基部楔形，具少数齿凸，两面尤下面脉上被曲柔毛，侧脉明显，4-5对，次级脉与细脉明显，结成细网；叶柄长1-3毫米，被曲柔毛。总状花序直立，密被曲柔毛；苞片叶状，长不及叶的一半，近膜质。花下垂。花梗长1.5-4厘米；花盘径3-4.5毫米；萼片长圆形，长1.1-1.5厘米，被曲柔毛；花瓣淡红紫色，下面的2枚较窄，近心形或近圆形，长0.8-1.4厘米，子房紫色，长1-2厘米，密被灰色柔毛，花柱紫色，下部密被长柔毛，柱头4深裂。蒴果长2.5-7.5厘米，密被曲柔毛；果柄长1.5-5厘米。种子倒卵状长圆形，长1-1.2毫米，具鳞片状细乳突或不明显网纹，顶端具喙；种缨长1-1.2厘米，黄褐色，不易脱落。花期7-9月，果期9-10月。染色体数n=18。

产陕西西部、四川西部、云南西北部、西藏南部及青海东部，生于海拔（2300-）3000-4200(-4700)米山沟谷湿地或开旷山坡较湿沙地或多石砾土。尼泊尔、锡金、不丹、印度至缅甸北部有分布。

[附] **喜马拉雅柳兰 Epilobium speciosum** Decne. in Jacquem. Voy. India Ⅳ, Bot.: 57. t. 69. 1844. 本种与宽叶柳兰的区别：植株高25-45厘米；次级脉不明显；萼片长1.5-2厘米；花瓣长1.7-2.5厘米；果柄长1-3

图 936 宽叶柳兰 （张春方绘）

图 937 网脉柳兰 （吴彰桦绘）

厘米。产西藏东南部及西部，生于海拔3900-4500米流石坡足下沙地或多石砾地的湿处。尼泊尔至克什米尔有分布。

3. 柳兰　　　　　　　　　图 938 彩片 220

Epilobium angustifolium Linn. Sp. Pl. 347. 1753.

Chamaenerion angustifolium（Linn.）Scop.；中国高等植物图鉴 2:

1021. 1972. pro. part.

多年生丛生草本；根状茎匍匐

于表土层，长达2米，自茎基部生出强壮的越冬根出条。茎高达1.3米，不分枝或上部分枝，圆柱状，无毛。叶螺旋状互生，稀近基部对生，中上部的叶线状披针形或窄披针形，长7-14（-19）厘米，基部钝圆，两面无毛，近全缘或疏生浅小齿，侧脉10-25对；无柄。花序总状，长5-40厘米，无毛；苞片下部的叶状，长2-4厘米，上部的三角状披针形，长不及1厘米。直立展开。花梗长0.5-1.8厘米；花筒缺，花盘径2-4毫米；萼片紫红色，长圆状披针形，长0.6-1.5厘米，被灰白柔毛；花瓣粉红或紫红色，稀白色，稍不等大，上面2枚较长大，倒卵形或窄倒卵形，长0.9-1.5（-1.9）厘米，全缘或先端具浅凹缺；花药长圆形，花粉粒常3孔；子房淡红或紫红色，长0.6-2厘米，被贴生灰白色柔毛，花柱开放时强烈反折，花后直立，下部被长柔毛，柱头4深裂。蒴果长4-8厘米，密被贴生白灰色柔毛；果柄长0.5-1.9厘米。种子窄倒卵状圆形，长0.9-1毫米，具不规则细网纹，顶端短渐尖，具短喙；种缨长1-1.7毫米，灰白色，不易脱落。花期6-9月，果期8-10月。染色体数n=2x=8。

产黑龙江、吉林、内蒙古、河北、河南、山西、宁夏、甘肃、青海、新疆、西藏、云南西北部、四川及湖北，北方生于海拔500-3100米、西南生于海拔2900-4700米山区半开旷或开旷较湿润草坡灌丛、火烧迹地、高山草甸、河滩或砾石坡。广布于欧洲、小亚细亚东经喜马拉雅至日本，高加索经西伯利亚至蒙古、朝鲜半岛，以及北美。为火烧后先锋植物与重要蜜源植物；茎叶可作猪饲料；全草有理气消肿的功能；根有续筋接骨、消肿散瘀、除风祛湿的功效；全草含鞣质，可制栲胶。

［附］**毛脉柳兰** 彩片221 **Epilobium angustifolium** subsp. **circumvagum** Mosquin in Brittonia 18: 167. 1966. —— *Chamaenerion angustifolium* auct. non (Linn.) Scop.: 中国高等植物图鉴 2: 1021. 1972. pro part. 与模式亚种的区别：茎中上部周围被曲柔毛；叶多少具短柄（长2-7毫米），下面脉上有短柔毛，基部楔形，边缘具浅牙齿；花粉粒有1/3

图 938 柳兰 （冀朝祯绘）

具4或5孔；地理分布较南或与柳兰生于同一山上海拔较低地带。花期6-9月，果期7-10月。染色体数n=4x=36。

产黑龙江、吉林、辽宁、内蒙古、河北、山西、山东、河南西部、陕西、宁夏南部、甘肃东南部、青海东部、江西、湖北西部、四川、贵州西部、云南西北部、西藏东部及南部，北方生于海拔（50-）500-1700（-2800）米，西南生于海拔（550）1100-3600米。亚洲分布堪察加南部、萨哈林南向日本、朝鲜半岛，向西经喜马拉雅高加索与土耳其；在北美洲也广为分布。

4. 柳叶菜 水朝阳花 　　　　图 939 彩片 222
Epilobium hirsutum Linn. Sp. Pl. 347. 1753.

多年生草本，秋季自根颈常平卧生出长可1米多粗壮地下匍匐根状茎，先端常生莲座状叶芽。茎高达2.5米，多分枝，密被伸展长柔毛，常混生短腺毛，花序上较密，稀密被白色绵毛。叶草质，对生，茎上部的互生，多少抱茎，披针状椭圆形、窄倒卵形或椭圆形，稀窄披针形，长4-12（-20）厘米，先端锐尖至渐尖，基部近楔形，具细锯齿，两面被长柔毛，有时下面混生短腺毛，稀下面密被绵毛或近无毛，侧脉7-9对；无柄。总状花序直立。花直立；花梗长0.3-1.5厘米；萼片长圆状线形，长0.6-1.2厘米，背

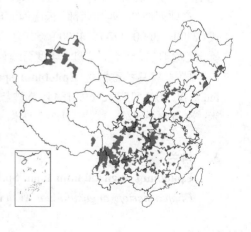

面隆起成龙骨状；花瓣玫瑰红、粉红或紫红色，宽倒心形，长0.9-2厘米，先端凹缺；子房灰绿或紫色，长2-5厘米，密被长柔毛与短腺毛，花柱无毛，稀疏生长柔毛，柱头伸出稍高过雄蕊，4深裂。蒴果长2.5-9厘米，毛被同子房；果柄长0.5-2厘米。种子倒卵圆形，长0.8-1.2毫米，具粗乳突；顶端具短喙；种缨长0.7-1厘米，黄褐或灰白色，易脱落。花期6-8月，果期7-9月。染色体数n=18。

产吉林、辽宁、内蒙古、宁夏、新疆、青海、甘肃、陕西、山西、河北、山东、河南、安徽、江苏、浙江、福建、江西、湖北、湖南、广东、广西、贵州、云南、西藏东部及四川，黄河流域以北生于海拔（150-）500-2000米，西南生于海拔（180-）700-2800（-3500）米河谷、溪流、沙地或石砾地或沟边、湖边向阳湿处、灌丛中、荒坡，常成片生长。广布欧亚大陆与非洲温带。嫩苗嫩叶可食；根有理气、活血、止血的功能；花有清热消炎、调经止滞、止痛的功效；全草用于骨折、跌打损伤、疔疮痈肿、外伤出血。并对水泻肠炎有效。

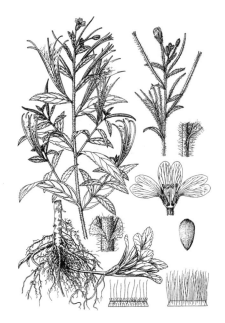

图 939 柳叶菜 （王金凤绘）

5. 小花柳叶菜 图 940

Epilobium parviflorum Schreber, Spicil. Fl. Hips. 146. 155. 1771.

多年生草本，秋季自茎基部生出地上生的越冬的莲座状叶芽。茎高1-1.6米，上部常分枝，混生长柔毛与腺毛，叶对生，茎上部的互生，窄披针形或长圆状披针形，长3-12厘米，先端近锐尖，基部抱茎圆形，具不等距细牙齿，两面被长柔毛，侧脉4-8对；叶柄近无或长1-3毫米。总状花序直立，常分枝。花直立，花梗长0.3-1厘米；花筒长1-1.9毫米，喉部有一圈长毛；萼片窄披针形，被腺毛与长柔毛；花瓣粉红或鳞玫瑰紫红色，稀白色，宽倒卵形，长4-8.5毫米，先端凹缺；子房密被直立短腺毛，有时混生少数长柔毛；柱头4深裂，与雄蕊近等长。蒴果长3-7厘米，毛被同子房；果柄长0.5-1.8厘米。种子倒卵圆形，长0.8-1.1毫米，具粗乳突；顶端具不明显喙；种缨长5-9毫米，深灰或灰白色，易脱落。花期6-9月，果期7-10月。染色体数n=18。

产内蒙古、新疆、甘肃、陕西、山西、河北、山东、河南、湖北、湖南、贵州、云南、四川及西藏，生于海拔（350-）500-1800（-2500）米山区河谷、溪流、湖泊湿润地及向阳或荒坡草地。日本、喜马拉雅南坡、高

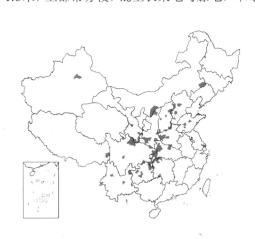

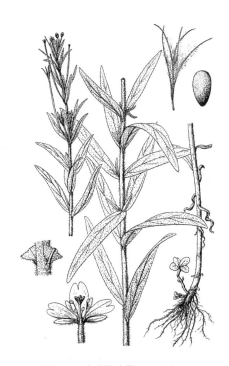

图 940 小花柳叶菜 （吴彰桦绘）

加索、欧洲及非洲北部有分布；北美与新西兰有野化居群。

6. 长柱柳叶菜 图 941：1-6

Epilobium blinii Lévl. in Fedde, Repert. Sp. Nov. Regni Veg. 7: 338. 1909.

多年生草本，直立或稍上升，具平卧根状茎，自茎基部生出莲座状越冬芽。茎高达45厘米，常不分枝，被近贴生曲柔毛，稀近无毛，棱线多少明显。叶对生，上部的互生，基生叶

倒卵形或倒披针形，长1.5-4.5厘米，具1-5毫米长的叶柄；茎生叶窄椭圆形、长圆形或椭圆状披针形，长1-3厘米，先端钝，基部近楔形，稀圆形，疏生远离齿凸，稀近全缘，两面脉上疏生曲柔毛，侧脉3-4对。花序近直立或下垂。花直立；花梗长1.2-3.5厘米；花筒长1.2-2.5毫米，喉部疏生一环长毛；萼片窄披针形，长5-7.5毫米，密被曲柔毛，并混生腺毛；花瓣玫瑰或紫色，倒卵形，长1-1.5厘米，先端凹缺；子房被曲柔毛，有时混生腺毛；花柱下部与柱头之下密被伸展毛；柱头深至浅4裂，伸出雄蕊。蒴果长3-5.5厘米，常密被曲柔毛，有时混生腺毛；果柄长1.5-3.5厘米。种子褐色，长圆状或窄倒卵球状，长1.2-1.5毫米，具细乳突；基部细尖，顶端具短喙；种缨灰白色，长0.7-1厘米，易脱落。花期4-7月，果期5-8（-10）月。染色体数n=18。

产四川南部及云南，生于海拔1500-2000（-3300）米山地沼泽地及湖泊水沟边阴湿处，尤喜生水藓及竹林下阴湿处。

[附] **南湖柳叶菜** 图941: 7-11 彩片223 **Epilobium nankotaizanense** Yamamoto, Suppl. Lc. Pl. Formos. 2: 29. pl. 2. 1926. 本种与长柱柳叶菜的区别：铺地草本，茎长3-18厘米，分枝；花瓣长1.6-3.1厘米，花梗长

图 941: 1-6.长柱柳叶菜 7-11.南湖柳叶菜
（刘春荣　张泰利绘）

4-7毫米；种子表面网状。花期7-8月，果期8-9月。产台湾宜兰、台中和花莲，生于海拔2600-3750米高山流石坡。

7. 圆柱柳叶菜　　　　图942

Epilobium cylindricum D. Don, Prodr. Fl. Nepal. 222. 1825.

多年生草本。自茎基部生出多叶的根出条或疏散的莲座状苗。茎圆柱状，高达1.1米，上部多分枝，上部被曲柔毛，下部常无毛，棱线不明显。叶对生，窄披针形或线形，长3-12厘米，具细锯齿，两面脉上及边缘疏生曲柔毛，侧脉4-5对；叶柄长3-7毫米。花序直立，密被曲柔毛，稀有少数腺毛。花近直立，花梗长0.5-1.5厘米；萼片披针形，龙骨状，长3-5毫米；花瓣粉红或玫瑰紫色，稀白色，倒心形，长3.6-7毫米，先端凹缺；子房密被曲柔毛，通常无腺毛；花柱白色，无毛，柱头头状或宽棍棒状，与外轮雄蕊等长。蒴果长4-8.5厘米，多少被曲柔毛；果柄长（0.5-）1-2.5厘米。种子窄倒卵圆形，长0.8-1毫米，具乳突，顶端具不明显的喙；种缨灰白色，长5-8毫米，易脱落。花期6-9

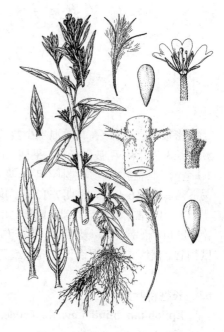

图 942 圆柱柳叶菜 （冯晋庸绘）

月，果期7-10（-12）月。染色体数n=18。

产甘肃南部、四川、湖北西部、湖南西北部、贵州东部、云南东北及西北部、西藏东南部及青海南部，生于海拔（400-）1300-3300米山坡林缘、沟谷或湖边等湿处。阿富汗、巴基斯坦、印度北部、尼泊尔、锡金、不丹，西至吉尔吉斯斯坦、乌兹别克斯坦天山地区均有分布。根有祛风除湿、止血生肌、调经的功能；全草有拔毒生肌、接筋接骨、补虚的功效。

8. 光籽柳叶菜

图 943

Epilobium tibetanum Hausskn. Oesterr. Bot. Zeitschr. 29: 53. 1879.

多年生草本，地下茎密生纤维根，自茎基部生出短的多叶的根出条。茎高达1米，常分枝，上部疏生曲柔毛，下部无毛，棱线上疏被毛。叶对生，披针形或窄卵形，长1.2-6.5厘米，先端锐尖或渐尖，基部楔形，稀近圆，具细锯齿，侧脉4-5对，脉上与边缘疏生柔毛；叶柄长2-5毫米。花序直立。花梗长0.4-1.2厘米；花筒长1-1.3毫米，喉部常无毛；萼片长圆状披针形，龙骨状，长3.5-5毫米；花瓣粉红或玫瑰紫色，稀白色，倒卵形，长5-8毫米，先端凹缺；柱头头状或宽棍棒状，高1-1.8毫米，开放时被外轮雄蕊包围。蒴果长4.2-8.8厘米，疏被毛；果柄长0.8-2.5厘米。种子倒卵圆形或倒梨形，长1.1-1.3毫米，具网状纹饰；顶端具不明显的喙；种缨灰白色，长7-9毫米，易脱落。花期7-9月，果期8-10月。染色体数n=18。

产四川西部、云南西北部、西藏东南及西南部，生于海拔2350-4500米山坡河谷或溪边等湿处。不丹、锡金、尼泊尔、印度北部、巴基斯坦、克什米尔及阿富汗北部有分布。

图 943 光籽柳叶菜 （王金凤绘）

枝；花瓣长5.5-6.5毫米，柱头棍棒状，稀近头状；种子具粗乳突。产新疆天山地区，生于海拔1000-1700米山区河谷或溪流湿处。哈萨克斯坦、乌兹别克斯坦、吉尔吉斯斯坦天山地区有分布。

　　[附] **天山柳叶菜 Epilobium tianschanicum** Pavlov, Ucen. Zap. Moskovsk. Gosud. Univ. 2: 327. 1934. 本种与光籽柳叶菜的区别：茎不分

9. 中华柳叶菜

图 944

Epilobium sinense Lévl. in Bull. Herb. Boiss. sér. 2, 7: 590. 1907.

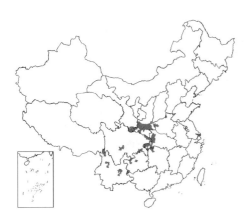

多年生草本，常丛生，自茎基部生出多叶的根出条。茎圆柱状，高达50厘米，密生叶，棱线明显，其上有曲柔毛，其余无毛，叶近基部对生，其余螺旋状互生，窄匙形、长圆状披针形或线形，长1.2-7厘米，先端钝，基部窄楔形，疏生不明显齿凸，中脉明显，淡白色，侧脉4-5对，脉上及边缘有毛；叶柄长

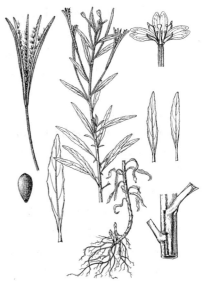

图 944 中华柳叶菜 （张春方绘）

0.2-1.1厘米。花序直立。花直立；花梗长0.7-2厘米；花筒长1-1.2毫米，喉部有一环长毛；花萼长圆状披针形，长4.5-6.5毫米；花瓣白、粉红或紫红色，倒卵形，长5.5-8毫米，先端凹缺；子房长1.5-2.5厘米；花柱无毛；柱头头状，有时宽棍棒状，高0.8-1.7毫米，开花时被外轮花药包围。蒴果长2.2-5.5厘米，褐色，疏被曲柔毛或无毛；果柄长1.3-4厘米。种子长圆状倒卵圆形，长1.2-1.3毫米，有细乳突；具短喙；种缨淡红色，长6-8毫

米，易脱落。花期6-8（-9）月，果期8-10（-12）月。染色体数n=18。

产陕西南部、甘肃南部、河南、湖北西部、湖南西北部、贵州、四川及云南，生于海拔550-2400米河谷、溪沟或塘边湿地。

10. 阔柱柳叶菜 图 945

Epilobium platystigmatosum C. Robinson in Philipp. Journ. Sci. Bot. 3: 210. 1908.

多年生草本，常丛生，从茎地面下生出根出条。茎圆柱状，常紫红色，高达70（-90）厘米，从下至上多分枝，侧枝有时2-3次再分枝，纤细，被曲柔毛，无棱线。叶对生，茎上部的互生，窄披针形或近线形，长1-4.5厘米，先端锐尖或稍钝，基部渐窄或窄楔形，边缘中上部具明显的齿凸，侧脉4-5对，下面渐紫色，脉上与边缘疏生曲柔毛，其余无毛；叶柄长1-4毫米。花序开花时稍下弯。花直立；花梗长0.4-1.1厘米；花萼长圆状披针形，长

图 945 阔柱柳叶菜 （冀朝祯绘）

2.5-3.2毫米；花瓣白或粉红，稀玫瑰色，倒卵形，长3-5毫米，先端凹缺；子房长1-1.2厘米，柔弱，密被曲柔毛；花柱无毛，柱头头状，有时宽棍棒状，高0.7-1.4毫米，开花时围以花药。蒴果长2.3-5厘米，褐色，疏被曲柔毛或渐无毛；果柄长0.8-2.2厘米。种子长圆状倒卵圆形，长0.8-0.9毫米，具粗乳突；顶端具短喙；种缨灰白色，长6-8毫米，易脱落。花期8-10月，果期9-11月。染色体数n=18。

产河北西南部、山西东部、河南西部、陕西、甘肃、青海东部、四川、湖北西部、云南、贵州、广西东北部及台湾，生于海拔（400-）1000-2000（-3500）米山区草坡、沟谷或溪边湿润处。日本及菲律宾北部有分布。

[附] **合欢柳叶菜 Epilobium hohuanense** S. S. Ying in Quart. Journ. Chin. Forest. 8: 121. 1975. 本种与阔柱柳叶菜的区别：植株上升或近铺地，丛生，基部不分枝或下部分枝；叶椭圆形或披针形。产台湾，生于海拔2650-3600米山坡开旷流石滩、砾石地湿处或林缘。

11. 短梗柳叶菜 图 946

Epilobium royleanum Hausskn. in Oesterr. Bot. Zeitschr. 29: 55. 1879.

多年生草本，直立或上升，自茎基部生出越冬肉质根出条。茎高达60厘米，常多分枝，被曲柔毛，上部常混生腺毛，无棱线。叶对生，基部稍抱茎，窄卵形或披针形，有时椭圆形或长圆状披针形，长1.5-7厘米，先端锐尖或近渐尖，基部楔形，稀近圆，具细锯齿，侧脉4-6对，脉上与边缘有曲柔毛；叶柄长2-7毫米。花序直立，密被曲柔毛，常混生腺毛。花直立；花梗长0.3-0.8厘米；花筒喉部有一环长毛；萼片倒披针形，长3.8-6毫米，被曲柔毛与腺毛；花瓣粉红或玫瑰紫色，窄倒心形，长5-7.2毫米，先端凹缺；子房密被曲柔毛，常混生腺毛，花柱长2-3.2毫米，通常无毛，

柱头头状或宽棍棒状,高1.6-2毫米,开花时围以外轮花药。蒴果长3.5-7厘米,被曲柔毛与少量腺毛;果柄长0.4-1厘米。种子长圆状倒卵圆形,长0.9-1.2毫米,具乳突;顶端具短喙;种缨灰白色,长5-6毫米,易脱落。花期7-9月,果期8-10月。染色体数n=18。

产陕西、甘肃、新疆、青海、西藏、云南、四川、贵州、湖北及河南,生于海拔1000-3200(-4300)米山区,沿河谷、溪沟、路旁或荒坡湿处。锡金、尼泊尔、印度北部、克什米尔及阿富汗有分布。

12. 锐齿柳叶菜 图 947

Epilobium kermodei Raven in Bull. Brit. Mus. (Nat. Hist.) Bot. 2: 364. pl. 33B. 1962.

多年生草本,自茎基部地面上生出长达10多厘米的根出条,顶生肉质越冬芽。茎高达1.2(-2)米,被腺毛和混生曲柔毛,棱线不明显。叶对生,窄卵形或披针形,长3.5-11厘米,宽1.5-4.5厘米,先端锐尖,基部宽楔形或近圆,具28-60对锐锯齿,侧脉5-6对,两面脉上密生曲柔毛;叶柄长1-6毫米。花序直立,初时近伞房状,后伸长,常密被腺毛。花直立;花梗长0.3-1.2厘米,花筒长1.2-2毫米,喉部有一环长柔毛;萼片披针形,龙骨状,长5-8毫米,被腺毛与曲柔毛;花瓣玫瑰或紫红色,宽倒心形,长7-1.8厘米,先端凹缺;子房密被曲柔毛与腺毛;花柱近基部有伸展毛;柱头头状或宽棍棒状,高1.7-2毫米,开花时围以外轮雄蕊。蒴果长7-11厘米,被曲柔毛与腺毛;果柄长0.7-1.5厘米。种子倒卵圆形,长0.8-1.2毫米,具粗乳突,顶端具短喙;种缨白色,长5-6毫米,易脱落。花期(2-)5-7月,果期(5-)7-9月。染色体数n=18。

产湖南西部、湖北西部、四川、贵州、云南及广西北部,常生于中低海拔山区开旷草坡、河谷与溪沟两旁或湖塘边湿润处,海拔在华中地区400-1400米,西南地区1800-2800(-3800)米。缅甸北部有分布。

13. 硬毛柳叶菜 图 948

Epilobium pannosum Hausskn. in Oesterr. Bot. Zeitchr. 29: 54. 1879.

多年生草本,自茎基部地下或地上生越冬莲座状芽;各部密被丝状长粗毛。茎高达1.2米,中上部常分枝,密被贴生绒毛,有时上部混生腺毛。叶对生,密集叠覆排列,无柄,基部常多少抱茎,椭圆形、披针形或卵形,长1-4.8厘米,先端自上至下渐尖、锐尖或近钝,基部近圆,有细牙齿,侧脉5-8对。花序直立。花下垂或近直立,长达1.7厘米;花梗长1-2厘米;花筒长0.8-1.2毫米,喉部有一环长毛;萼片长圆状披针形,长5.5-8毫米,密被绒毛与腺毛;花瓣粉红或玫瑰色,宽倒心形,长0.8-16厘米,先端凹

图 946 短梗柳叶菜 (张泰利绘)

图 947 锐齿柳叶菜 (引自《Syst. Bot. Monogr.》)

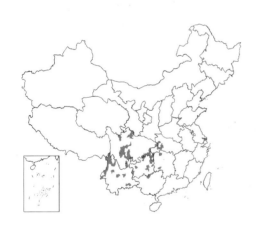

缺；子房长2-3.5厘米，密被绒毛与腺毛，花柱白色，近无毛或下部有疏毛，柱头圆柱状或宽棍棒状，高1.5-3.5毫米，明显高出雄蕊。蒴果长3.5-6.5厘米，被绒毛与腺毛；果柄长1.2-2.8厘米。种子宽倒卵圆形，长0.9-1毫米，具细乳突；顶端具短喙；种缨灰白色，长7-8毫米，易脱落。花期（7）8-10月，果期9-11月。染色体数 n=18。

产四川西南部、贵州西南部及云南，生于海拔（760-）1500-2200米开旷草坡、河谷及溪沟旁湿润处。越南北部、缅甸东北部及印度（阿萨姆）有分布。

14. 短叶柳叶菜

图 949：1-5

Epilobium brevifolium D. Don, Prodr. Fl. Nepal. 222. 1825.

多年生草本，自茎基部生出越冬的根出条。茎高达60厘米，不分枝或稀疏分枝，被曲柔毛，常在上部混生腺毛，无棱线。叶对生，宽卵形或卵形，长2.5-4.5厘米，基部近心形，有锐锯齿或不明显浅锯齿，侧脉5-6对，两面及脉上被曲柔毛，有时混生少数腺毛；叶柄长1-4毫米或近无柄。花序直立至稍下垂，被曲柔毛与混生腺毛。花梗长0.5-0.8厘米；花筒喉部有少数长毛；萼片披针状长圆形，龙骨状，长4.5-6.5毫米，被曲柔毛和腺毛；花瓣粉红或玫瑰紫色，倒心形，长0.9-1.1厘米，先端凹缺；子房被曲柔毛，有时混生腺毛，花柱无毛，柱头宽棍棒状或棍棒状，高2-3.2毫米，与外轮雄蕊近等高或稍伸出。蒴果长5-7厘米，被曲柔毛，有时混生有腺毛；果柄长0.4-1.5厘米。种子长圆状倒卵圆形，长0.9-1.1毫米，具乳突，顶端具短喙；种缨灰白色，长0.5-1厘米，易脱落。花期6-7月，果期8-9月。染色体数 n=8。

产云南西部、西藏东南部及南部，生于海拔1700-2100米溪旁湿处。印度东北部至尼泊尔有分布。

[附] **腺茎柳叶菜** 图 949：6-11 **Epilobium brevifolium** subsp. **trichoneurum** (Hausskn.) Raven in Bull. Brit. Mus. (Nat. Hist.) Bot. 2: 362. 1962. —— *Epilobium trichoneurum* Hausskn. in Oesterr. Bot. Zeitschr. 29: 54. 1879. 与模式亚种的主要区别：茎常上升，上部被腺毛与曲柔毛；叶窄卵形或披针形，基部圆或楔形，下面常紫红色，脉上被较密的毛。花期7-9（-10）月，果期9-10月。染色体数 n=18。产河南、陕西南部、甘肃东南部、安徽南部、浙江、江西、福建、台湾、广东、广西北部、湖南西部、湖北西部、四川、贵州、云南及西藏东南部，生于山区开

图 948 硬毛柳叶菜 （郭木森绘）

图 949: 1-5.短叶柳叶菜 6-11.腺茎柳叶菜
（郭木森 冀朝祯绘）

旷草坡、河谷与溪沟、池塘边湿润处，海拔在华南与华东为600-1800米，在西部为900-2500（-3600）米。菲律宾、越南北部、缅甸、印度、不丹有分布。

15. 长籽柳叶菜

图 950

Epilobium pyrricholophum Franch. et Savat. Enum. Pl. Jap. 2: 370. 1879.

多年生草本，自茎基部生出纤细

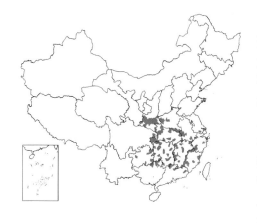

的越冬匍匐枝,枝端无鳞芽。茎高达80厘米,圆柱状,常多分枝,密被曲柔毛及腺毛。叶对生,排列密,长于节间,近无柄,卵形或宽卵形,茎上部的有时披针形,长2-5厘米,先端锐尖或下部的近钝,基部钝或圆,有时近心形,具锐锯齿,侧脉4-6对,两面及脉上被曲柔毛,茎上部的混生腺毛。花序直立。花直立,花梗长4-7毫米;花筒喉部有一环白色长毛;萼片披针状长圆形,长4-7毫米,被曲柔毛与腺毛;花瓣粉红或紫红色,倒卵形或倒心形,长6-8毫米,先端凹缺;子房长1.5-3厘米,密被腺毛;花柱无毛,柱头棍棒状或近头状,高2-3毫米,稍伸出外轮雄蕊或近等长。蒴果长3.5-7厘米,被腺毛;果柄长0.7-1.5厘米。种子窄倒卵圆形,长1.5-1.8毫米,具细乳突;顶端渐尖,具喙;种缨红褐色,长0.7-1.2厘米,常宿存。花期7-9月,果期8-11月。染色体数n=18。

产山东东北部、河南、安徽南部、江苏南部、浙江、福建、江西、湖北西部、湖南、广东、广西北部、贵州、四川东部及陕西南部,生于海拔

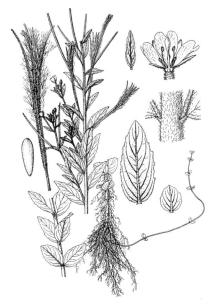

图 950 长籽柳叶菜 (冯晋庸绘)

(150-)300-1770米山区沿江河谷、溪沟旁、池塘或水田湿处。日本、俄罗斯远东地区有分布。全草有除湿、驱虫、止血的功能。

16. 毛脉柳叶菜   图 951 彩片 224

Epilobium amurense Hausskn. in Oesterr. Bot. Zeitschr. 29: 55. 1879.

多年生草本,秋季自茎基部生出短的肉质多叶的根出条,伸长后有时成莲座状芽,稀成匍匐枝条。茎高达50(-80)厘米,不分枝或有少数分枝,

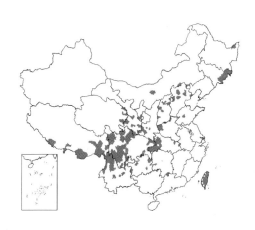

上部被曲柔毛与腺毛,中下部有时甚至上部常有2条明显的毛棱线,其余无毛。叶对生,卵形,有时长圆状披针形,长2-7厘米,先端锐尖,有时近渐尖或钝,基部圆或宽楔形,边缘有锐齿,侧脉4-6对,脉上与边缘有曲柔毛,其余无毛;近无柄或茎下部的有很短的柄。花序常被曲柔毛与腺毛。花在芽时近直立,被曲柔毛与腺

图 951 毛脉柳叶菜 (引自《Syst. Bot. Monogr.》)

毛;花筒喉部有一环长柔毛;萼片披针状长圆形,长3.5-5毫米,疏被曲柔毛,在基部接合处腋间有一束毛;花瓣白、粉红或玫瑰紫色,倒卵形,长0.5-1厘米,先端凹缺;子房长1.5-2.8毫米,被曲柔毛与腺毛,花柱有时近基部疏生长毛,柱头近头状,开花时围以外轮花药或稍伸出。蒴果长1.5-7厘米,疏被柔毛或无毛;果柄长0.3-1.2厘米。种子长圆状倒卵圆形,长0.8-1毫米,具粗乳突,深褐色,顶端具不明显短喙;种缨污白色,长6-9

毫米,易脱落。花期(5-)7-8月,果期(6-)8-10(-12)月。染色体数n=18。

产黑龙江、吉林、内蒙古、河北、山东、河南、山西、陕西、甘肃东部、宁夏、青海、西藏南部、四川、湖北、

湖南、贵州、云南、广西北部及台湾，生于山区溪沟边、沼泽地、草坡、林缘湿润处，在华北海拔1300-2000米，在西部为1800-4200米。俄罗斯勘察加、远东地区及萨哈林岛，南至日本、朝鲜，西经喜马拉雅至克什米尔均有分布。

[附] **光滑柳叶菜** 岩山柳叶菜 **Epilobium amurense** Hausskn. subsp. **cephalostigma** (Hausskn.) C. J. Chen, Hoch et Raven, Syot. Bot. Monogr. 34: 127. 1992. —— *Epilobium cephalostigma* Hausskn. Oesterr. Bot. Zeitschr. 29: 57. 1879. 与模式亚种的区别：茎常多分枝，上部周围被曲柔毛，无腺毛，中下部具不明显棱线，不贯穿节间，棱线上近无毛；叶长圆状披针形或窄卵形，基部楔形，叶柄长1.5-6毫米；花较小，长4.5-

17. 矮生柳叶菜

图 952

Epilobium kingdonii Raven in Bull. Brit. Mus. (Nat. Hist.) Bot. 2: 377. 1962.

多年生矮小草本，常松散丛生，自茎基部地面下生出肉质根出条，次年茎基部有不明显的鳞叶。茎高8-25厘米，上升，不分枝，上部被曲柔毛，下部常有2条明显棱线，其上有曲柔毛，其余无毛。叶对生，卵形，与节间等长或稍长于节间，长0.8-2(-2.7)厘米，宽0.4-1(-1.6)厘米，先端锐尖，基部楔形，具浅锯齿，侧脉3-5对，脉上与边缘疏生曲柔毛；无柄。花序有花数朵，被曲柔毛与腺毛。花近直立，花梗长0.4-1厘米；花筒喉部有一环长毛；萼片披针状长圆形，长4-5毫米，混生有腺毛与曲柔毛；花瓣玫瑰紫色，倒心形，长7-8毫米，先端凹缺；子房长1.4-1.8厘米，被曲柔毛与腺毛；花柱近基部疏生白毛，柱头头状，围以外轮花药。蒴果长3.5-5.5厘米，近无毛；果柄长0.4-1.2厘米。种子窄倒卵圆形，长1.4-1.6毫米，具细小乳突；顶端具短喙；种缨污白色，

7毫米；萼片疏被曲柔毛。花期6-8(9)月，果期8-9(10)月。染色体数n=18。产黑龙江、吉林、辽宁、河北、山东、陕西、甘肃东部、安徽、浙江、江西、福建、广东北部、广西北部、湖南、湖北、四川东部、贵州及云南东部，生于海拔600-2100米河谷与溪沟边、林缘、草坡湿润处。日本、朝鲜及俄罗斯远东地区有分布。

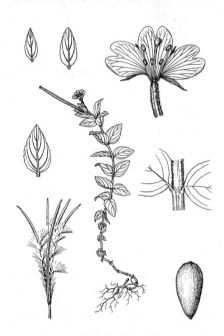

图 952 矮生柳叶菜 (郭木森绘)

长5-7毫米，易脱落。花期8-9月，果期9-10月。

产四川西部、云南西北部及西藏，生于海拔3300-3700米河谷、溪沟旁草地或灌丛湿润处。

18. 滇藏柳叶菜

图 953

Epilobium wallichianum Hausskn. in Oesterr. Bot. Zeitschr. 29: 54. 1879.

多年生草本，直立或上升，自茎基部生出多叶的根出条。茎高达80厘米，四棱形，不分枝或分枝，花序上被曲柔毛与腺毛，花序以下除有(2-)4条毛棱线外无毛。叶对生，在茎上常排列稀疏，长圆形、窄卵形或椭圆形，长2-6厘米，先端钝圆，稀锐尖，基部近圆、近心形或宽楔形，边缘有细锯齿，侧脉4-6对，脉上与边缘有毛。花序下垂，被混生的曲柔毛与腺毛。花通常多少下垂；花梗长0.4-1.2厘米；花筒喉部有一环毛；萼片披针状长圆形，长4-8毫米，被稀疏曲柔毛与腺毛；花瓣粉红或玫瑰紫色，倒心

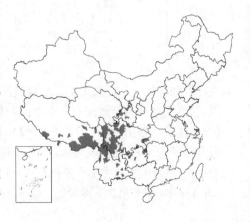

形,长0.5-1.3厘米,先端凹缺;子房长1.8-4厘米,被混生曲柔毛与腺毛;花柱基部常有稀疏白毛,柱头稍伸出花药。蒴果长3.8-7.5厘米,疏被曲柔毛与腺毛;果柄长1-2.5厘米。种子长圆状倒卵圆形,长0.9-1毫米,具乳突,顶端有短喙;种缨污白色,长6-7毫米,易脱落。花期(5-)7-8月,果期8-9月。染色体数n=18。

产甘肃南部、青海东部、四川、湖北西部、贵州、云南及西藏,生于海拔(1380-)1800-4100米山区溪沟旁、湖边或林缘草坡湿润处。印度阿萨姆、缅甸、锡金、尼泊尔及孟加拉国有分布。

19. 鳞片柳叶菜
图 954

Epilobium sikkimense Hausskn. in Oesterr. Bot. Zeitschr. 29: 52. 1879.

图 953 滇藏柳叶菜 (冯晋庸绘)

多年生丛生草本,直立或上升,自茎基部地面或地面下生出粗壮的肉质根出条,次年鳞叶褐色,革质,宿存于茎基部。茎高达25(-60)厘米,不分枝或有时分枝,棱线2,有时4,其上有曲柔毛,其余无毛。有时上部花花序被曲柔毛与腺毛。叶对生,卵形、椭圆形或长圆状披针形,长(-0.8)1.5-7.5厘米,向着下部的渐变小变窄,通常与节间等长或较短,先端钝或锐尖,基部宽楔形或圆,有细锯齿,侧脉4-5(6)对,脉上与边缘有曲柔毛;叶柄长1-3毫米。花序常下垂,开始与苞片密集于茎顶端。花在芽时直立或下垂;花梗长0.5-0.8厘米;花筒喉部有一环长毛;萼片长圆状披针形,龙骨状,长5.5-8毫米;花瓣粉红或玫瑰紫色,宽倒心形或倒卵形,长0.7-1.4厘米,先端凹缺;子房长1.5-3.5厘米,被曲柔毛与腺毛,花柱通常近基部疏生伸展白毛,柱头头状,花时围以外轮花药。蒴果长5-9厘米,疏被曲柔毛与腺毛,果柄长0.6-2(-2.5)厘米。种子窄倒卵圆形,长1-1.3毫米,有粗乳突;顶端具短喙;种缨污白色,长6-8毫米,易脱落。花期(6-)7-8月,果期8-9月。染色体数n=18。

产陕西西部、甘肃南部、青海南部、西藏、四川及云南,生于海拔(2400-)3200-4700米草地溪谷、砾石地或冰川外缘砾石地湿处。缅甸、印度北部、不丹、锡金、尼泊尔及巴基斯坦北部有分布。

[附] **新疆柳叶菜 Epilobium anagallidifolium** Lam. Encycl. 2: 376. 1786. 本种与鳞叶柳叶菜的区别:植株铺地生,茎高3-22厘米;叶长0.8-2.5厘米;花瓣长2.5-6.5毫米;蒴果长1.7-3.6厘米。产新疆阿尔泰地区,

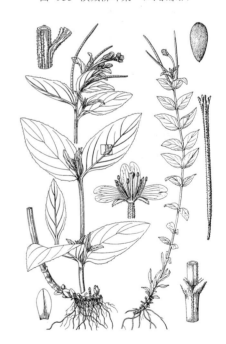

图 954 鳞片柳叶菜 (王金凤绘)

生于海拔1300-1500米山区溪沟砾石地湿润处。广布于欧洲与北美地区,在亚洲勘察加半岛、日本及西伯利亚有分布。

20. 埋鳞柳叶菜
图 955

Epilobium williamsii Raven in Bull. Brit. Mus.(Nat. Hist.) Bot. 2: 378. 1962.

多年生矮小丛生草本,直立或上升,自茎基部生出伸长的肉质根出

条，次年鳞叶宿存茎基部。茎高4-17（-25）厘米，常在基部多分枝，上部被曲柔毛，下部仅棱线上有曲柔毛。叶对生，在茎上排列较密，长于节间，卵形或椭圆状卵形，长0.7-2.2厘米，先端锐尖或近渐尖，基部近圆、宽楔形或近心形，有较密细锯齿，侧脉3-4（5）对，脉上有曲柔毛；通常近无柄。花序密被曲柔毛与腺毛。花初期稍下垂或直立；花梗长3-6毫米；花筒喉部有一环伸展的毛；萼片披针状长圆形，龙骨状，被曲柔毛与腺毛；花瓣玫瑰红色，倒心形，5-6.5毫米，先端凹缺；子房长1-2厘米，密被腺毛与曲柔毛，花柱紫色，无毛；柱头头状，花时围以外轮花药。蒴果长3.5-5（-6）厘米，疏被曲柔毛；果柄长0.4-1厘米。种子窄倒卵圆形，长0.9-1（-1.2）毫米，具细小乳突，顶端具短喙；种缨污白色，长5-6毫米，易脱落。花期7-8月，果期8-9月。

产青海东部、四川西部、云南北部及西藏，生于海拔3350-4900米高山草甸、溪谷、湖边或冰川附近砾石地等湿处。锡金、尼泊尔及印度北部有分布。

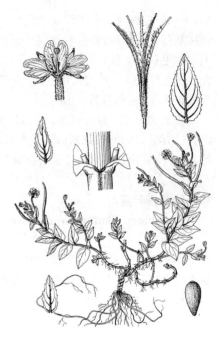

图 955 埋鳞柳叶菜 （张春方绘）

21. 亚革质柳叶菜 图 956

Epilobium subcoriaceum Hausskn. in Oesterr. Bot. Zeitschr. 29: 56. 1879.

多年生草本，自茎基部地面下生出肉质鳞根出条，次年鳞叶宿存于茎基部。茎高达45厘米，下部常带紫红色，棱线2或4条，明显，其上有毛，其余无毛。叶对生，窄卵形或披针形，长1.5-5.5厘米，先端锐尖，基部宽楔形，边缘具细锯齿，侧脉4-5对，脉上与边缘有曲柔毛；叶柄长1-2.5毫米。花序花前稍下垂。花在芽时多少下垂；花梗长4-8毫米；花筒喉部有一环白色毛；萼片披针形，龙骨状，长3.5-6毫米，花瓣粉红或玫瑰紫色，倒卵形，长0.6-1.1厘米，先端凹缺；

子房长1.5-2.5厘米，被曲柔毛与腺毛；花柱无毛或近基部疏生长柔毛；柱头头状，开花时围以外轮花药。蒴果长3-7厘米，疏被腺毛与曲柔毛；果柄长0.4-1.2厘米。种子倒披针形或窄倒卵圆形，长1.1-1.5毫米，具粗乳突，顶端稍渐尖，具短喙；种缨污白色，长6-7毫米，易脱落。花期7-8月，果

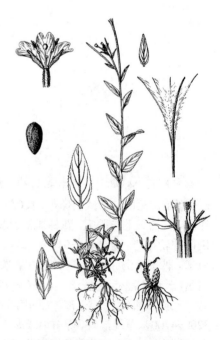

图 956 亚革质柳叶菜 （冯晋庸绘）

期8-9月。

产陕西中西部、甘肃东南部、青海东部、四川、云南及西藏东南部，生于海拔2400-3700米山区沿溪流两旁砾石地、湖边或荒坡湿处。

22. 川西柳叶菜

图 957

Epilobium fangii C. J. Chen, Hoch et Raven, Syst. Bot. Monogr. 34: 151. f. 55. 1992.

多年生草本，自茎基部地面下生出鳞根出条，鳞芽伸长达2-3.5厘米，鳞叶革质，次年密生于茎基部。茎高达40厘米，被曲柔毛与腺毛，下部棱线不明显。叶对生，椭圆形或椭圆状长圆形，长1.5-4厘米，先端近钝，有时近锐尖，基部楔形或宽楔形，具浅细锯齿，侧脉不明显，4-5对，脉上与边缘疏生曲柔毛，余无毛；叶柄长2-6毫米。花序直立，密被曲柔毛与稀疏腺毛。花直立；花柄长3-7毫米；花筒喉部有一环长毛；萼片长圆状披针形，龙骨状，长4-5毫米；花瓣粉红或玫瑰紫色，窄倒心形，长6-7.5毫米，先端凹缺；子房长1.5-3厘米，花柱无毛或基部疏毛，柱头头状，开花时围以外轮花药。蒴果长3-7厘米，近无毛或疏生曲柔毛；果柄长0.5-1.8毫米。种子窄倒卵圆形，长1.1-1.4毫米，具细小乳突，顶端具不明显的喙；种缨污白色，长6-7毫米，易脱落。花期5-7（8）月，果期6-8（10）月。染色体数n=18。

产四川南部及云南东北部，生于海拔（1100-）1700-3500米沿河谷与溪沟两旁向阳地或高山砾石地等湿润处。

[附] **长柄柳叶菜 Epolobium roseum** Schreber, Spicil. Fl. Lips. 155.

图 957 川西柳叶菜
（引自《Syst. Bot. Monogr.》）

1771. 本种与川西柳叶菜的区别：叶柄长0.3-1.5厘米；种子倒卵圆形；柱头宽棍棒状。花期7-9月，果期8-9月。产新疆天山与阿尔泰地区，生于海拔1850-2200米山坡溪流两岸、湖泊边等湿处。阿富汗、哈萨克斯坦、高加索地区、伊朗、土耳其、俄罗斯及欧洲广泛分布。

23. 沼生柳叶菜

图 958

Epilobium palustre Linn. Sp. Pl. 348. 1753.

多年生草本，自茎基部底下或地上生出纤细的越冬匍匐枝，长5-50厘米，稀疏的节上生成对的叶，顶生肉质鳞芽。次年鳞叶褐色，生茎基部。茎高达70厘米，圆柱状，被曲柔毛，有时下部近无毛。叶对生，近线形或窄披针形，长1.2-7厘米，先端锐尖或渐尖，有时稍钝，基部近圆或楔形，全缘或有不明显浅齿，侧脉3-5对，下面脉上与边缘疏生曲柔毛或近无毛；叶柄无或长1-3毫米。花序密被曲柔毛，有时混生腺毛。花近直立；花梗长0.8-1.5厘米；花筒喉部近无毛或有一环稀疏的毛；萼片长圆状披针形，长2.5-4.5毫米，密被曲柔毛与腺毛；花瓣白、粉红或玫瑰紫色，倒心形，长（3-）5-

图 958 沼生柳叶菜 （冀朝祯绘）

7（-9）毫米，先端凹缺；子房密被曲柔毛与稀疏的腺毛，花柱无毛，柱头棍棒状或近圆柱状，稍伸出外轮花药。蒴果长3-9厘米，被曲柔毛；果柄长1-5厘米。种子棱形或窄倒卵圆形，长（1.1-）1.3-2.2毫米，具细小乳突，顶端具长喙；种缨灰白或褐黄色，长6-9毫米，不易脱落。花期6-8月，果期8-9月。染色体数n=18。

产黑龙江、吉林、辽宁、内蒙古、河北、山西、河南、陕西、甘肃、宁夏、青海、新疆、西藏、云南、四川及湖北，生于湖塘、河谷、溪旁、草地湿润处，海拔在北方200-2500米，在西南2500-4500（-4950）米。广布于北半球温带与寒带地区湿地。全草入药，有清热、祛风、镇咳、止泻、止血的功能。

24. 多枝柳叶菜　　　　　　图959

Epilobium fastigiatoramosum Nakai in Bot. Mag. Tokyo 33: 9. 1919.

多年生草本，自茎基部生出多叶的根出条，有时在地面下生出短细的匍匐枝，茎高达50（-80）厘米，多分枝，被曲柔毛。叶对生，无柄或具很短的柄，窄椭圆形或椭圆状披针形，长（1）2-7厘米，先端锐尖，有时稍钝，基部楔形或近圆，近全缘，侧脉具4-6对，上面与下面脉上疏生曲柔毛。花序直立，密被曲柔毛与腺毛。花直立；花梗长0.4-1.3厘米；花筒喉部疏生一环白毛或近无毛；萼片窄卵形至披针形，长2.5-3.3毫米；花瓣白色，倒心形或窄倒卵形，长3-4毫米，先

端凹缺；子房长1.2-2.5厘米，密被曲柔毛与腺毛，花柱无毛，柱头近头状，有时近棍棒状，稍伸出或围以花药。蒴果长1.7-7厘米，被曲柔毛；果柄长0.9-2.1厘米。种子窄倒卵形或窄倒披针状，长0.9-1.3毫米，具很细的乳突，顶端具短喙；种缨污白色，长0.7-1.2厘米，不易脱落。花期7-8月，果期8-9月。染色体数n=18。

产黑龙江、吉林、辽宁、内蒙古、河北、山东、河南、山西、陕西、甘肃、宁夏、青海及四川，生于山区湿地、高山草甸、河谷、溪沟旁、塘边，

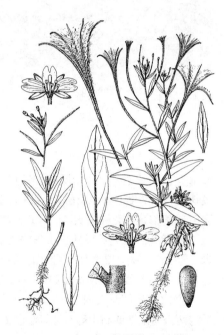

图 959 多枝柳叶菜 （张春方绘）

海拔在北方400-2000米，西南达3300米。日本、朝鲜、俄罗斯远东地区及蒙古有分布。

25. 细籽柳叶菜　　　　　　图960

Epilobium minutiflorum Hausskn. in Oesterr. Bot. Zeitschr. 29: 55. 1879.

多年生草本，自茎基部生出短的肉质根出条或多叶莲座状芽。茎高达1米，多分枝，上部密被曲柔毛，有时具2（稀4）条不明显的棱线。叶对生，长圆状披针形或窄卵形，长2-7厘米，先端近钝或锐尖，基部楔形或近圆，边缘具细锯齿，侧脉4-7对，脉上与边缘具曲柔毛，其余无毛；叶柄长1-6毫米，上部的叶近无柄。花序被灰白色柔毛与稀疏的腺毛。花直立；花梗长0.4-1.5厘米；花筒喉部有一环稀疏长毛；萼片长圆状披针形，长2.4-4毫米；花瓣白色，稀粉红或玫瑰红色，长圆形、菱状卵形或倒卵形，长3-4.3（-5）毫米，先端凹缺；子房长1.5-4厘米，密被灰白色柔毛与稀疏腺毛，花柱无毛，柱头棍棒状，稀近头状，开花时围以外轮花药。蒴

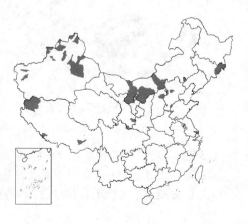

果长3-8厘米，被曲柔毛，稀无毛；果柄长0.5-2厘米。种子窄倒卵圆形，长0.8-1.2毫米，具细乳突，顶端具透明的长喙；种缨白色，长5-7毫米，易脱落。花期6-8月，果期7-10月。染色体数n=18。

产吉林、辽宁、内蒙古、河北、山西、陕西、宁夏、甘肃、新疆及西藏西部，生于海拔500-1800米溪边、塘边、河床两岸或荒坡湿处。广布于中亚至喜马拉雅山区，朝鲜、蒙古、吉尔吉斯斯坦、哈萨克斯坦、乌兹别克斯坦、克什米尔、阿富汗、伊朗、高加索、土耳其及小亚细亚。

26. 东北柳叶菜

图 961

Epilobium ciliatum Raf. Med. Repos. II. 5: 361. 1808.

多年生草本，自茎基部生出莲座状芽，稀在地面下生出肉质鳞根出条。茎达0.9(-1.5)米，多少分枝，被曲柔毛与腺毛，下部渐无毛而常有毛棱线，基部无宿存鳞叶。叶对生，披针形或窄卵形，长2.5-6(-7)厘米，先端锐尖或近渐尖，基部圆，稀近心形，边缘具细齿，侧脉5-8对，脉上与边缘有曲柔毛；叶柄长1-3毫米，茎上部的叶无柄。花序被曲柔毛与腺毛。花直立，花梗长2-5毫米；花筒喉部有一环稀疏的毛；萼片披针状长圆形，龙骨状，2.4-3.5毫米，被曲柔毛与腺毛；

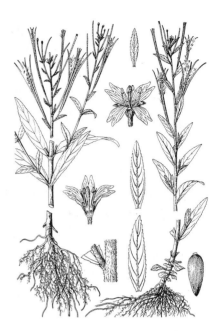

图 960 细籽柳叶菜 （王金凤绘）

花瓣粉红或玫瑰紫色，稀白色，长圆状倒卵形，先端凹缺；子房密被曲柔毛与腺毛，花柱无毛，柱头棍棒状或圆柱状，开花时围以外轮花药。蒴果长4.5-7厘米，疏被曲柔毛与腺毛；果柄长0.5-0.8(-1.4)厘米。种子窄倒卵圆形或长圆状椭圆形，长0.8-1.2毫米，具排列成纵脊的乳突；顶端具喙；种缨白色，长6-8毫米，易脱落。花期7-8(-9)月，果期8-10月。染色体数n=18。

产黑龙江北部及吉林东部，生于海拔(700-)1230-2100米溪旁、河床滩地、泉边或草坡等湿处。俄罗斯远东地区、朝鲜、日本、北美阿拉斯加、加拿大、格陵兰、美国西部山区、中美洲墨西哥、危地马拉、南美洲智利与阿根廷均有分布。在欧洲与大洋洲有野化居群。

图 961 东北柳叶菜 （张泰利绘）

124. 野牡丹科 MELASTOMATACEAE

（向巧萍　陈 介）

草本、灌木或小乔木，直立或攀援，地生，有少数附生。枝条对生。单叶对生或轮生，全缘或具锯齿，基出脉3-5，稀7或9，侧脉通常平行，多数，稀羽状脉；具叶柄或无，无托叶。花两性，辐射对称，4-5数，稀3或6数；排列成聚伞花序、伞形花序或伞房花序，或由上述花序组成圆锥花序，或蝎尾状聚伞花序，稀单生、簇生或为穗状花序；具苞片或无，小苞片对生，常早落；花萼漏斗形、钟形或杯形，常4棱，与子房基部合生，常具隔片，稀分离，裂片各式，稀平截；花瓣生于萼管喉部，与萼片互生，螺旋状排列或覆瓦状排列，常偏斜；雄蕊数目为花瓣的1倍或同数，与萼片及花瓣两两对生，或与萼片对生，异形或同形，等长或不等长，生于萼管喉部，花蕾时内折，花丝丝状，花药2室，稀4室，顶孔开裂，稀2孔裂或纵裂，基部具小瘤或附属体或无；药隔常膨大，下延成长柄或短距，或各式形状；子房下位或半下位，稀上位，子房室数与花瓣同数或1室，顶端具冠或无，花柱1，柱头点尖；中轴胎座或特立中央胎座，稀侧膜胎座，胚珠多数或数枚。蒴果，通常顶孔开裂，或室背开裂，与宿存花萼贴生，或为浆果而不开裂。种子极小，近马蹄形或楔形，稀倒卵形，无胚乳，胚小，直立，胚弯曲。

约240属，3000余种，分布于各大洲热带及亚热带地区，主产美洲。我国25属，160种、25变种。

1. 叶具基出脉，侧脉多数，互相平行，与基出脉近垂直；子房（2-）4-5（6）室，胚珠多数，中轴胎座或基底侧膜胎座；种子多数，长约1毫米，胚极小。

  2. 花药顶孔开裂；中轴胎座。

    3. 种子马蹄形（或称半圈形）弯曲；叶通常密被紧贴的糙伏毛或刚毛。

      4. 雄蕊同形，等长或近等长，药隔微下延成短距。

        5. 蒴果，顶孔先开裂，后4-5纵裂 ·· 1. **金锦香属 Osbeckia**

        5. 浆果，不开裂 ··· 2. **耳药花属 Otanthera**

      4. 雄蕊异形，5长5短，其中长者药隔基部伸长为花药长的1/2以上，弯曲 ····· 3. **野牡丹属 Melastoma**

    3. 种子不弯曲，呈长圆形、倒卵形、楔形或倒三角形；叶疏被毛或无毛。

      6. 蒴果，顶端开裂或室背开裂。

        7. 雄蕊8（10）；叶下面及花萼无腺点。

          8. 雄蕊同形，等长或近等长。

            9. 花无梗，排成穗状花序；花萼钟形 ························· 4. **长穗花属 Styrophyton**

            9. 花具梗，多个聚伞花序组成窄圆锥花序；花萼窄漏斗形或漏斗状钟形 ··· 5. **异形木属 Allomorphia**

          8. 雄蕊异形，不等长，其中长者的花药约比短者的长1倍。

            10. 花药基部无刚毛或无小疣。

              11. 短雄蕊花药不呈曲膝状。

                12. 短雄蕊药隔通常膨大，基部下延成短距；花萼窄漏斗形，常被星状毛或糠粃状星状毛；聚伞花序组成圆锥状 ······················· 6. **尖子木属 Oxyspora**

                12. 短雄蕊药隔不膨大，有时基部隆起成极小的距；花萼钟形，常被腺毛；伞形花序组成伞房花序，稀伞形花序 ··········· 7. **偏瓣花属 Plagiopetalum**

              11. 短雄蕊花药呈曲膝状，药隔膨大，弯曲 ············· 8. **药囊花属 Cyphotheca**

            10. 花药基部具刚毛 ·· 9. **棱果花属 Barthea**

        7. 雄蕊4（-5），稀8；叶下面及花萼通常被黄色透明腺点 ············ 10. **柏拉木属 Blastus**

          13. 伞形花序，腋生，花序梗极短或几无 ······················· 11. **八蕊花属 Sporoxeia**

        13. 花序非伞形，顶生，若为伞形花序，则具2厘米以上的花序梗。

          14. 聚伞花序、圆锥状复聚伞花序或伞形花序。

15. 雄蕊异形，不等长。
　　16. 长雄蕊花药基部常具小疣，药隔通常膨大，下延成短柄，稀柄不明显 …… **12. 野海棠属 Bredia**
　　16. 长雄蕊花药基部无小疣，药隔不膨大，基部无距或微隆起。
　　　　17. 长雄蕊花药长约7毫米，基部与花丝紧连，不呈羊角状叉开 …… **14. 无距花属 Stapfiophyton**
　　　　17. 长雄蕊花药长1.2厘米以上，基部伸长，常分开或叉开 ………… **15. 异药花属 Fordiophyton**
15. 雄蕊同形，等长或近等长。
　　18. 花药钻形或长圆柱线形，长4.5毫米以上，稀2.5毫米，花丝背着 …… **13. 锦香草属 Phyllagathis**
　　18. 花药倒心形或倒心状椭圆形，长不及1毫米，花丝基着 ……………… **16. 肉穗草属 Sarcopyramis**
14. 蝎尾状聚伞花序或再组成圆锥花序。
　　19. 花4或5数；由蝎尾状聚伞花序组成圆锥花序；叶通常为圆形或宽椭圆形，宽10厘米以上。
　　　　20. 花5数；雄蕊不等长，花药线形，长雄蕊药隔下延呈短柄，末端前方具2小疣，后方微具三角形
　　　　　　短距；叶心形，长20-30厘米或更大 ………………… **17. 虎颜花属 Tigridiopalma**
　　　　20. 花4数；雄蕊等长，花药长圆形，药隔不下延成短柄；叶卵形、宽卵形、近圆形、宽椭圆形或椭
　　　　　　圆形，长4.5-14厘米 ……………………………………… **18. 卷花丹属 Scorpiothyrsus**
　　19. 花3数或6数；蝎尾状聚伞花序通常少分枝或几呈伞形花序；叶通常非圆形或宽椭圆形，宽1.3-7厘
　　　　米以下 …………………………………………………………………… **19. 蜂斗草属 Sonerila**
6. 浆果，不开裂。
　　21. 雄蕊异形，不等长，短雄蕊不发育，花药常呈薄片状，基部前面具刚毛或片状体，后面具尾状长距 …
　　　　……………………………………………………………………………… **20. 藤牡丹属 Diplectria**
　　21. 雄蕊同形，等长或近等长。
　　　　22. 花药基部具小疣或线状突起物，药隔下延成明显的短距 ……………… **21. 酸脚杆属 Medinilla**
　　　　22. 花药基部无小疣等，药隔微下延成极短的距 …………………… **22. 厚距花属 Pachycentria**
2. 花药纵裂；近基底侧膜胎座。
　　23. 浆果；柱头圆锥状或棍棒状 ………………………………………… **23. 翼药花属 Pternandra**
　　23. 蒴果；柱头头状 ……………………………………………………… **24. 褐鳞木属 Astronia**
1. 叶侧脉羽状；子房1室，胚珠6-10，中央特立胎座；种子1，径4毫米以上，胚较大 … **25. 谷木属 Memecylon**

1. 金锦香属 Osbeckia Linn.

草本、亚灌木或灌木。茎四或六棱形，常被毛。叶对生或3枚轮生，全缘，常被糙伏毛或具缘毛，基出脉3-7，侧脉多数，平行，与基出脉近垂直；具叶柄或几无柄。头状花序或总状花序，或组成圆锥花序，顶生；花4-5数；萼管坛状或长坛状，通常具刺毛状突起（或星状附属物）、篦状刺毛突起（或篦状鳞片）或多轮刺毛状的有柄星毛，裂片具缘毛；花瓣具缘毛或无；雄蕊为花被片的1倍，同型，等长或近等长，常偏向1侧，花丝较花药短或近相等，花药顶孔开裂，有喙，药隔微下延成短柄，向前伸延成2小疣，向后微膨大或成短距，距端有时具1-2刺毛；子房半下位，4-5室，顶端常具1圈刚毛。蒴果顶孔先开裂，后4-5纵裂；宿存花萼坛状或长坛状，顶端平截，中部以上常缢缩成颈，常具纵肋。种子小，马蹄状弯曲，具密小突起。

约100种，分布于东半球热带及亚热带至非洲热带。我国12种，2变种。

1. 花萼被刺毛状突起；子房除顶端具刚毛外，其余通常无毛；草本或亚灌木。
　　2. 叶线形或线状披针形，稀卵状披针形；宿存花萼外面无毛或具1-5枚刺毛状突起 …… **1. 金锦香 O. chinensis**
　　2. 叶长圆状卵形或椭圆状卵形；宿存花萼外面具多数（5个以上）刺毛突起
　　　　……………………………………………………… **1（附）. 宽叶金锦香 O. chinensis var. angustifolia**
1. 花萼被多轮刺毛状的有柄星状毛或篦状刺毛突起，稀具刺毛状突起；子房除顶端外，其余被糙伏毛或几无毛；灌木或稀亚灌木。

3. 花4数；萼管长坛状，中部稍上缢缩成颈，裂片线形或卵状披针形。

  4. 萼管外面被多轮刺毛状的有柄星状毛；花瓣具各式缘毛，稀无缘毛。

    5. 茎被糙伏毛或基部膨大的刺毛。

      6. 叶上面被糙伏毛，下面仅脉上被糙伏毛；花瓣长1.5厘米以下。

        7. 花瓣倒卵形，长约1.5厘米；萼片线状披针形或钻形 ························· 2. **假朝天罐** O. crinita

        7. 花瓣宽卵形；萼片窄披针形或近线形。

          8. 叶对生，上面近边缘疏被糙伏毛，其余无毛；花瓣长约8毫米；子房除顶部具一圈刺毛外，其余无毛 ························· 5. **秃金锦香** O. rostrata

          8. 叶通常3枚轮生，上面被疏糙伏毛，下面仅脉上被毛；花瓣长约1.3厘米；子房顶端具一圈刺毛和上半部密被糙伏毛 ························· 5(附). **三叶金锦香** O. mairei

      6. 叶两面除被糙伏毛外，尚密被柔毛及透明腺点；花瓣卵形，长约2厘米 ········· 3. **朝天罐** O. opipara

    5. 茎被平展的绒毛；叶下面绒毛间常具透明腺点 ························· 4. **湿生金锦香** O. paludosa

  4. 萼管外面具刺头状篦状毛及少数具柄星状毛，萼片宽披针形或窄三角形；花瓣无缘毛；子房被毛；茎被平贴的糙伏毛 ························· 6. **星毛金锦香** O. sikkimensis

3. 花5数；聚伞花序组成圆锥花序；萼管外面及裂片间具篦状刺毛突起，裂片长卵形 ··· 7. **蚂蚁花** O. nepalensis

1. 金锦香

图 962 彩片 225

Osbeckia chinensis Linn. Sp. Pl. 345. 1753.

直立草本或亚灌木，高达60厘米。茎四棱形，具紧贴糙伏毛。叶线形或线状披针形，稀卵状披针形，先端急尖，基部钝或近圆形，长2-4（-5）厘米，全缘，两面被糙伏毛，基出脉3-5叶柄短或几无，被糙伏毛。头状花序顶生，有2-8（-10）花，基部具叶状总苞2-6，苞片卵形。花4数；萼管常带红色，无毛或具1-5枚刺毛突起，裂片4，三角状披针形，与萼管等长，具缘毛，裂片间外缘具一刺毛状突起；花瓣4，淡紫红或粉红色，倒卵形，长约1厘米，具缘毛；雄蕊常

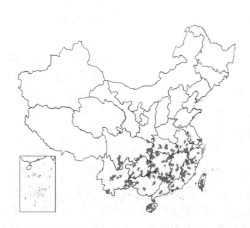

偏向一侧，花丝与花药等长，花药具长喙；子房近球形，无毛，顶端有16条刚毛。蒴果卵状球形，紫红色，先顶孔开裂，后4纵裂，宿存花萼坛状，长约6毫米，外面无毛或具少数刺毛突起。花期7-9月，果期9-11月。

产江苏、安徽、浙江、福建、台湾、江西、湖北、湖南、广东、香港、海南、广西、贵州、四川及云南，生于海拔1100米以下荒山草坡路旁、田边或疏林下阳处，常见。越南至澳大利亚、日本有分布。全草入药，能清热解毒、收敛止血，治痢疾止泻，又能治蛇咬伤。鲜草捣碎外敷，治痈疮肿毒及外伤止血。

  [附] **宽叶金锦香 Osbeckia chinensis** var. **angustifolia** (D. Don) C.

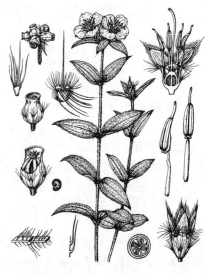

图 962 金锦香 （引自《Fl. Taiwan》）

Y. Wu et C. Chen, Fl. Yunnan. 2: 80. 1979. —— *Osbeckia angustifolia* D. Don Prodr. Fl. Nepal. 221. 1825. 本变种与模式变种的主要区别：叶长圆状卵形或椭圆状卵形；宿存萼管外面具多数（5枚以上）有刺毛的突起。产云南及四川西南部，生于海拔550-2700米山坡矮草地或矮草坡阳处。尼泊尔、印度至越南有分布。

2. 假朝天罐 朝天罐

图 963 彩片 226

Osbeckia crinita Benth. ex Triana in Trans. Linn. Soc. 28: 53. t. 4. f. 37b. 1871.

灌木,高达1.5(稀2.5)米。茎四棱形,被平展刺毛。叶长圆状披针形、卵状披针形或椭圆形,先端急尖或近渐尖,基部钝或近心形,长4-9(-13)厘米,全缘,具缘毛,上面被糙伏毛,下面仅脉上被毛,基出脉5;叶柄长0.2-1(-1.5)厘米,密被糙伏毛。总状花序顶生,分枝各节有两花,或聚伞花序组成圆锥花序,长4-9厘米;苞片卵形,具缘毛。花4数;花萼长约2厘米,常紫红或紫黑色,具多轮有柄刺毛状星状毛,裂片线状披针形或钻形;花瓣紫红色,倒卵形,长约1.5厘米,具缘毛;花丝与花药等长,花药黄色,喙与药室等长;子房上部被疏硬毛,顶端有刚毛20-22。蒴果卵圆形,先顶孔开裂,后4纵裂,上部被疏硬毛,顶端具刚毛;宿存萼片紫或黑紫色,萼管长坛状,顶端平截,长1.1-1.6(-1.8)厘米,近中部缢缩成颈,上部常有毛痕,下部密被多轮有柄刺毛状星状毛。花期8-11月,果期10-12月。

产湖北、湖南、福建、广东、广西、贵州、四川、云南及西藏,生于

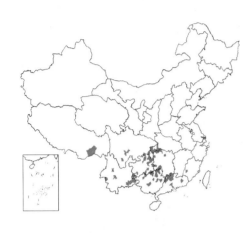

图 963 假朝天罐 (引自《图鉴》)

海拔800-2300(-3100)米山坡向阳草地、地梗、山谷溪边、矮灌木丛中或林缘湿地。印度及缅甸有分布。全株入药,有清热收敛止血的功效,也有用根治痢疾及淋病。

3. 朝天罐

图 964 彩片 227

Osbeckia opipara C. Y. Wu et C. Chen in Guihaia 2(4): 184. f. 1: 13-14. 1982.

Osbeckia crinita auct. non Benth. ex C. B. Clarke: 中国高等植物图鉴 2: 1001. 1972.

灌木,高达1.2米。茎四棱(稀六棱)形,被平贴糙伏毛或上升糙伏毛。叶对生或有时3枚轮生,卵形或卵状披针形,先端渐尖,基部钝或圆,长5.5-11.5厘米,全缘,具缘毛,两面被糙伏毛和密被微柔毛及透明腺点,基出脉5;叶柄长0.5-1厘米,密被平贴糙伏毛。稀疏的聚伞花序组成圆锥花序,顶生,长7-22厘米或更长;花4数;

花萼长约2.3厘米,外面除被多轮的刺毛状有柄星状毛和密被微柔毛外,裂片4,长三角形或卵状三角形,长约1.1厘米;花瓣深红或紫色,卵形,长约

图 964 朝天罐 (孙英宝绘)

2厘米;花药具长喙,药隔末端具2刺毛;子房顶端具一圈短刚毛,上半部被疏微柔毛。蒴果长卵圆形,为宿

存花萼所包；宿存萼长坛状，中部稍上缢缩，长1.4（-2）厘米，被刺毛状有柄星状毛。花果期7-9月。

产浙江、福建、台湾、江西、湖南、广东、海南、广西、贵州及四川南部，生于海拔250-800米山坡、山谷、水边、路边、疏林中或灌木丛中。越南至泰国有分布。

4. 湿生金锦香
图 965

Osbeckia paludosa Craib in Kew Bull. 1916: 262. 1916.

亚灌木或灌木，高约1米。茎四棱形，密被平展绒毛。叶长圆状披针形、长圆状卵形或长圆形，先端短渐尖，基部圆或钝，长约7.8厘米，全缘或具不明显细齿，具缘毛，两面密被糙伏毛及绒毛，基出脉5（-7），下面毛间常具透明腺点；叶柄长约5毫米，被绒毛。疏散的聚伞花序组成顶生圆锥花序，分枝各节常仅1花发育，长8-11厘米或较长；苞片卵形或宽卵形，背脊上被糙伏毛，具缘毛。花4数；花萼长1.5-1.7厘米，外面密被多轮有柄刺毛状星状毛、刺毛及微绒毛，裂片披针形或线状披针形，具缘毛；花瓣红或紫色，宽卵形，长约1.5厘米，仅上部具缘毛；花丝稍短于花药，喙长为花药长的3/5；子房顶端具一圈短刚毛，上部密被糙伏毛；宿存花萼长坛状，中部稍上缢缩成长颈，长约1.2厘米，顶端平截，具纵肋，密被刺毛（常脱落）及绒毛。花果期约10月。

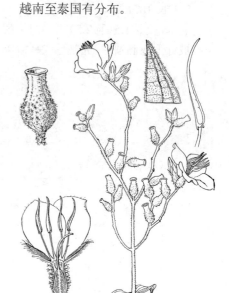

图 965 湿生金锦香 （曾孝濂绘）

产西藏东南部及南部、云南南部及西北部，生于海拔500-2200米湿润草地上及路边阳处。泰国有分布。

5. 秃金锦香
图 966

Osbeckia rostrata D. Don Prodr. Fl. Nepal. 221. 1825.

小灌木，高约1米。茎四棱形，棱上被上升疏糙伏毛。叶对生，卵形或卵状披针形，先端渐尖，基部钝或圆，长5-10.5厘米，全缘，具缘毛，上面近边缘疏被糙伏毛，其余无毛，基出脉5，密布小突起；叶柄被毛。近头状聚伞花序，顶生，或由聚伞花序组成圆锥花序，分枝各节常1花发育，长3-18厘米；苞片宽卵形，具缘毛，外面被糙伏毛。花4数；花萼长约1.6厘米，外面被多轮刺毛状有柄星状毛，裂片窄披针形或近线形，被刺毛，顶尖有1束刺毛；花瓣红色，宽卵形，长约8毫米。上半部具缘毛；花丝较花药短，喙几与药室相等或稍短；子房顶端具一圈短刚毛，其余无毛。蒴果长卵圆形，先顶孔开裂，后4纵

图 966 秃金锦香 （孙英宝仿绘）

裂；宿存花萼长坛状，长约1.2厘米，顶端平截，具纵肋，中部稍上缢缩成颈，毛脱落。花期约9月，果期约12月。

产西藏东南部及南部、云南南部，生于海拔900-1600米山坡、疏林中湿润的地方。尼泊尔、锡金及印度有分布。

[附] **三叶金锦香 Osbeckia mairei** Craib in Notes. Roy. Bot. Gard. Edinb. 10: 54. 1917. 本种与秃金锦香的区别：叶通常3枚轮生，上面疏被糙伏毛，下面仅脉被毛；花瓣长约1.3厘米；子房顶端具一圈刚毛，上半部密被糙伏毛。产西藏、四川及云南，生于海拔600-900米次生杂木林缘下。

6. 星毛金锦香 图 967

Osbeckia sikkimensis Craib in Notes Roy. Bot. Gard. Edinb. 10: 56. 1917.

灌木，高1-1.5米。茎四棱形，被密或疏平贴的糙伏毛。叶披针形或卵状披针形，稀卵形，先端渐尖，基部钝或近圆，长6-10厘米，全缘或具不明显的细锯齿，具缘毛，两面被糙伏毛，基出脉5，上面无毛，下面脉上被毛；叶柄长0.5-1.1(-1.8)厘米，密被糙伏毛。聚伞花序顶生，近头状或圆锥状，长达7厘米；苞片宽卵形，具缘毛，背面被糙伏毛；花4数；花萼长约2厘米，外面被刺头状篦状毛及少数具柄星状毛，裂片宽披针形或窄三角形，背面被糙伏毛及疏缘毛；花瓣紫红或粉红色，卵形，长1-1.3厘米，全缘，无缘毛；花丝短于花药，喙长约花药1/3；子房被糙伏毛，顶端有一圈刚毛。蒴果卵圆形，4纵裂，长约1厘米，被糙伏毛；顶端具刚毛；宿存花萼坛状，长1.2-1.5厘米，顶端平

图 967 星毛金锦香 （孙英宝绘）

截，具纵肋，近上部缢缩成颈，毛常脱落，中下部具向上平贴刺毛状篦状毛。花期8-9月，果期9-10月。

产四川南部及云南西北部，生于海拔1700-2000米沟边灌木丛或山坡林缘。印度北部、尼泊尔、锡金及不丹有分布。

7. 蚂蚁花 图 968 彩片 228

Osberckia nepalensis Hook. f. Exot. Fl. 1: t. 31. 1823.

亚灌木或灌木，高达1(-1.5)米。茎四棱形，密被糙伏毛。叶长圆状披针形或卵状披针形，先端渐尖，基部心形或钝，长(5-)7-13厘米，全缘，具缘毛，两面密被糙伏毛，基出脉5；叶柄极短，长1-4毫米，密被糙伏毛。聚伞花序组成圆锥花序，顶生，长5-8厘米或更长；苞片叶状，小苞片2，紧包萼基部，宽卵形，长约1.3厘米，具缘毛。花5数；花萼长约2厘米，萼管卵球形，长0.8-1厘米，外面及裂片间具篦状刺状突起，裂片长卵形；花瓣红或

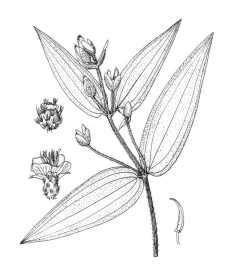

图 968 蚂蚁花 （孙英宝绘）

粉红色，稀紫红色，宽倒卵形，长1.5-2.5厘米，上半部具缘毛；雄蕊10，常偏向一侧，花丝稍长于花药，花药具短喙；子房顶端具一圈短刚毛，上半部密被糙伏毛。蒴果卵球形，先顶孔开裂，后5纵裂，长约8毫米，上半部密被糙伏毛；宿存花萼坛形，顶端平截，长约8毫米，外面具密篦状刺毛突起。花期8-10月，果期9-12月。

产西藏东南部、云南及广西西北部，生于海拔550-1900米山坡草地、灌木丛、路边及田边，或生于疏林缘、溪边湿润处，林中少见。喜马拉雅山区东部至泰国有分布。

2. 耳药花属 Otanthera Bl.

灌木。叶两面通常被毛，全缘，基出脉3-5；具叶柄，常被毛。花5（6）数，聚伞花序或单花，顶生或近顶生；萼管卵圆形，常具带胶质的鳞片或毛，裂片卵形或卵状披针形；花瓣通常倒卵形，雄蕊10，稀更多，近等长，同形；花药披针形或卵状披针形，顶孔开裂，无喙，基部具小疣，药隔下延呈短距；花丝丝状；子房半下位，顶端常具硬毛，5-6室，花柱丝状，柱头点尖。浆果坛形，与宿存萼贴生，同形；宿存萼被毛；种子马蹄形，密布小突起。

约8种，分布于印度、缅甸、马来西亚、菲律宾及澳大利亚北部。我国1种。

耳药花　糙叶耳药花　　　　　　　　　　　图 969

Otanthera scaberrima（Hayata）Ohwi in Journ. Jap. Bot. 12: 386. 1936.

Osbeckia scaberrima Hayata in Journ. Coll. Sci. Univ. Tokyo 30: 115. 1911.

图 969 耳药花 （引自《Fl. Taiwan》）

小灌木，高达30厘米。茎、枝圆柱形，被紧贴的糙伏毛。叶长圆形或披针状卵形，先端钝或急尖，基部急尖或圆，长2-4厘米，基出脉3-5，全缘，上面被紧贴的糙伏毛，脉上较密；叶柄长2-4毫米，被糙伏毛。聚伞花序近头状，顶生或近顶生，具3-5花，稀1-2花，长约2厘米，苞片线状披针形，具缘毛。花瓣粉红色，倒卵形，长1-1.4厘米，先端圆形，边缘具细缘毛；雄蕊10，稀更多，同形，花药卵状披针形，药隔向下延成短柄，前伸末端具明显2裂，与花丝具关节；子房半球形，径4-5毫米，5室，顶端具硬毛。浆果近球形，径约6毫米，为宿存花萼所包，被糙伏毛。花期7-10月。

产台湾，生于海拔1600-2700米山区常见，尤以东部为多。

3. 野牡丹属 Melastoma Linn.

灌木。茎四棱形或近圆，通常被毛或鳞片状糙伏毛。叶对生，被毛，全缘，基出脉5-7（-9）；具叶柄。花单生或组成圆锥花序顶生或生于分枝顶端，花5数；花萼坛状球形，被毛或鳞片状糙伏毛，裂片披针形至卵形，裂片间有或无小裂片；花瓣淡红、红色或紫红色，通常为倒卵形，常偏斜；雄蕊10，5长5短，长者带紫色，花药披针形，弯曲，基部无瘤，顶孔开裂，药隔基部伸长，呈柄，弯曲，末端2裂，短者较小，黄色，花药基部前方具1对小瘤，药隔不伸长；子房半下位，卵形，5室，顶端常密被毛；花柱与花冠等长，柱头点尖；胚珠多数，着生于中轴胎座上，有时果时胎座呈肉质，多汁。蒴果卵圆形，顶孔最先开裂或宿存花萼中部横裂；宿存花萼坛状球形，顶端平截，密被毛或鳞片状糙伏毛。种子小，多数，近马蹄形，常密布小突起。

约100种，分布于亚洲南部至大洋洲北部及太平洋诸岛。我国9种1变种。本属植物多供药用，有的果可食。

1. 直立或匍匐小灌木；茎逐节生根，高60厘米以下；叶长1-4厘米，宽0.8-2（-3）厘米以下。
 2. 叶上面通常仅边缘被糙伏毛，有时基出脉行间具1-2行疏糙伏毛；幼枝疏被糙伏毛；花瓣长1.2-2厘米，花萼被糙伏毛；匍匐小灌木，植株长达30厘米 ·· 1. **地念 M. dodecandrum**
 2. 叶上面、小枝密被糙伏毛；花瓣长2-2.5厘米，花萼密被稍扁的糙伏毛；直立或匍匐小灌木，植株高达60厘米 ··· 2. **细叶野牡丹 M. intermedium**
1. 直立小灌木，高0.5-3（-7）米；叶长4-15（-22）厘米，宽1.4-5（-13.5）厘米。
 3. 花小，花瓣长2-2.7（-4）厘米；果径1.2厘米以下。
  4. 叶长达10.5厘米，叶柄长1.5厘米以下。
   5. 茎密被平展的长粗毛及短柔毛；叶卵形、椭圆形或椭圆状披针形，基出脉5；萼片披针形 ··············· 3. **展毛野牡丹 M. normale**
   5. 茎密被紧贴的鳞片状糙伏毛。
    6. 叶披针形、卵状披针形或近椭圆形，上面密被糙伏毛，基出脉5；萼片宽披针形，花瓣长约2厘米 ··· 4. **多花野牡丹 M. affine**
    6. 叶卵形或宽卵形，上面密被糙伏毛及短柔毛，基出脉7；萼片卵形或稍宽，花瓣长3-4厘米 ·············· 5. **野牡丹 M. candidum**
  4. 叶长8-21厘米，宽卵形或宽椭圆形，叶柄长1.8-6.5厘米 ······························ 6. **大野牡丹 M. imbricatum**
 3. 花大，花瓣长3-5厘米，果径1.5-2厘米 ··· 7. **毛念 M. sanguineum**

1. 地念   图 970 彩片 229

Melastoma dodecandrum Lour. Fl. Cochinch. 274. 1790.

匍匐小灌木，长10-30厘米。茎匍匐上升，逐节生根，分枝多，披散，幼时疏被糙伏毛。叶卵形或椭圆形，先端急尖，基部宽楔形，长1-4厘米，全缘或具密浅细锯齿，基出脉3-5，上面通常仅边缘被糙伏毛，有时基出脉行间被1-2行疏糙伏毛，下面仅基出脉疏被糙伏毛；叶柄长2-6（-15）毫米，被糙伏毛。聚伞花序顶生，具（1-）3花，叶状总苞2，常较叶小；花梗被糙伏毛；苞片卵形，具缘毛，背面被糙伏毛。花萼管长约5毫米，被糙伏毛，裂片披针形，疏被糙伏毛，具缘毛，裂片间具1小裂片；花瓣淡紫红或紫红色，菱状倒卵形，长1.2-2厘米，先端有1束刺毛，疏被缘毛；子房顶端具刺毛。果坛状球形，近顶端略缢缩，平截，肉质，不开裂，径约7毫米；宿存花萼疏被糙伏毛。花期5-7月，果期7-9月。

产安徽南部、浙江、福建、江西、湖北西南部、湖南、广东、广西、贵州及四川东南部，生于海拔1250米以下山坡矮草丛中，为酸性土壤常见的

图 970 地念 （引自《图鉴》）

植物。越南有分布。果可食，亦可酿酒；全株供药用，有涩肠止痢，舒筋活血、补血安胎、清热燥湿等作用；捣碎外敷可治疮、痈、疽、疖；根可解木薯中毒。

2. 细叶野牡丹

图 971

Melastoma intermedium Dunn in Journ. Linn. Soc. Bot. 38: 360. 1908.

直立或匍匐，小灌木，高达60厘米，分枝多，披散，密被紧贴的糙伏毛。叶椭圆形或长圆状椭圆形，先端宽急尖或钝，基部宽楔形或近圆，长2-4厘米，全缘，具缘毛，基出脉（3-）5，上面密被糙伏毛，下面脉上被糙伏毛，侧脉平行；叶柄长3-6毫米，被糙伏毛。伞房花序顶生，具（1-）3-5花，叶状总苞常较叶片小。花梗长约3-5毫米，密被糙伏毛，苞片披针形，长0.5-1毫米，被糙伏毛；花萼管长约7毫

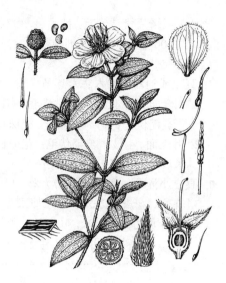

图 971 细叶野牡丹 （引自《Fl. Taiwan》）

米，密被略扁的糙伏毛，裂片披针形，外面被糙伏毛，具缘毛，裂片间具1棒状小裂片；花瓣玫瑰红或紫色，菱状倒卵形，长2-2.5厘米，先端微凹，具1束刺毛，被疏缘毛；子房顶端被刚毛。果坛状球形，顶端略缢缩成颈，平截，肉质，不开裂，径约1厘米；宿存花萼与果贴生，密被糙伏毛。花期7-9月，果期10-12月。

产台湾、福建、广东、海南、广西及贵州南部，生于海拔约1300米以下地区的山坡或田边矮草丛中。

3. 展毛野牡丹

图 972 彩片 230

Melastoma normale D. Don Prodr. Fl. Nepal. 220. 1825.

灌木，高0.5-1米，稀2-3米。茎钝四棱形或近圆柱形，密被平展的长粗毛及短柔毛。叶卵形、椭圆形或椭圆状披针形，先端渐尖，基部圆或近心形，长4-10.5厘米，全缘，基出脉5，上面密被糙伏毛，下面密被糙伏毛及密短柔毛；叶柄长0.5-1厘米，密被糙伏毛。伞房花序生枝顶，具3-7（-10）花，叶状总苞片2；苞片披针形或钻形，密被糙伏毛。花梗长2-5毫米，密被糙伏毛；花萼裂片披针形，与萼管等长或稍长于萼管，里面上部、外面及边缘均有鳞片状糙伏毛

图 972 展毛野牡丹 （引自《图鉴》）

及短柔毛，裂片间具1小裂片；花瓣紫红色，倒卵形，长约2.7厘米，具缘毛；子房密被糙伏毛，顶端具1圈密刚毛。蒴果坛状球形，顶端平截，宿存花萼与果贴生，径5-7毫米，密被鳞片状糙伏毛。花期春至夏初（稀至9-11月），果期秋季（稀至翌年5-6月）。

产福建、广东、海南、广西、贵州、湖南、四川、云南及西藏，生于海拔150-2800米山坡灌丛中或疏林下，为酸性土常见植物。尼泊尔、印度、缅甸、马来西亚及菲律宾有分布。果可食；全株入药，有收敛作用，可治消化不良、腹泻、肠炎、痢疾等症，也用于利尿；外敷可止血；治疗慢性支气管炎有一定疗效。

4. 多花野牡丹 图 973

Melastoma affine D. Don in Mem. Wern. Soc. 4: 288. 1823.

灌木, 高约1米。茎钝四棱形或近圆柱形, 密被紧贴的鳞片状糙伏毛。叶披针形、卵状披针形或近椭圆形, 先端渐尖, 基部圆或近楔形, 长5.4-13厘米, 全缘, 基出脉5, 上面密被糙伏毛, 下面被糙伏毛及密短柔毛, 脉上糙伏毛较密; 叶柄长0.5-1厘米或稍长, 密被糙伏毛。伞房花序生于枝顶, 近头状, 具花10朵以上, 叶状总苞2; 苞片窄披针形至钻形, 密被糙伏毛。花梗长3-8(-10)毫米, 密被糙伏毛; 花萼长约1.6厘米, 密被鳞片状糙伏毛, 裂片宽披针形, 与萼管等长或稍长

稍长, 里面上部、外面及边缘均被鳞片状糙伏毛及短柔毛, 裂片间常具1小裂片; 花瓣粉红或红色, 稀紫红色, 倒卵形, 长约2厘米, 上部具缘毛; 子房密被糙伏毛, 顶端具1圈密刚毛。蒴果坛状球形, 顶端平截; 宿存花萼与果贴生, 密被鳞片状糙伏毛。种子镶于肉质胎座内。花期2-5月, 果期8-12月, 稀1月。

产福建、台湾、广东、香港、海南、广西、贵州、湖南、四川及云南, 生于海拔300-1830米山坡、山谷林下或疏林下, 湿润或干燥的地方, 或刺

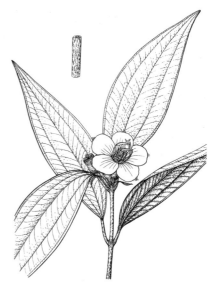

图 973 多花野牡丹 (引自《图鉴》)

竹林下灌草丛中及路边、沟边。中南半岛至澳大利亚及菲律宾有分布。果可食; 全草消积滞、收敛止血、散瘀消肿, 治消化不良、肠炎腹泻、痢疾; 捣烂外敷或研粉撒布, 治外伤出血, 刀枪伤。又用根煮水内服, 以胡椒作引子, 可催生。

5. 野牡丹 图 974 彩片 231

Melastoma candidum D. Don in Mem. Wern. Soc. 4: 288. 1823.

灌木, 高达1.5米。茎钝四棱形或近圆柱形, 密被紧贴的鳞片状糙伏毛。叶卵形或宽卵形, 先端急尖, 基部浅心形或近圆, 长4-10厘米, 全缘, 基出脉7, 两面被糙伏毛及短柔毛, 下面基出脉被鳞片状糙伏毛, 侧脉密被长柔毛; 叶柄长0.5-1.5厘米, 密被鳞片状糙伏毛。伞房花序生于枝顶, 近头状, 具(1-)3-5花, 叶状总苞2; 苞片披针形或窄披针形, 密被鳞片状糙伏毛; 花梗长0.3-2厘米, 密被鳞片状糙伏毛; 花萼长约2.2厘米, 密被鳞片状糙伏毛及长柔毛, 裂片卵形或稍宽,

与萼管等长或稍长, 两面被毛; 花瓣玫瑰红或粉红色, 倒卵形, 长3-4厘米, 密被缘毛; 子房密被糙伏毛, 顶端具1圈刚毛。蒴果坛状球形, 与宿存花萼贴生, 径0.8-1.2厘米, 密被鳞片状糙伏毛。种子镶于肉质胎座内。花

图 974 野牡丹 (引自《图鉴》)

期5-7月, 果期10-12月。

产浙江、福建、台湾、广东、香港、海南、湖南、广西及云南, 生于

海拔约120米以下的山坡松林下或灌草丛中,是酸性土常见的植物。越南、老挝、柬埔寨及泰国有分布。根、叶可消积滞、收敛止血,治消化不良、肠炎腹泻、痢疾便血等症;叶捣烂外敷或用干粉,作外伤止血药。

6. 大野牡丹 图 975

Melastoma imbricatum Wall. ex Triana in Trans. Linn. Soc. 28: 60. 1871.

灌木或小乔木,高达5(-7)米。茎四棱形或钝四棱形,密被曳贴鳞片状糙伏毛。叶宽卵形或宽椭圆形,先端急尖,基部圆或钝,长8-21厘米,全缘,具紧贴的缘毛,基出脉(5)7,上面被糙伏毛及短柔毛;叶柄长1.8-6.5厘米,密被鳞片状糙伏毛。伞房花序生于枝顶,约具12花,叶状总苞2;苞片无或极小。花梗密被鳞片状糙伏毛;花萼长2-2.3厘米,密被鳞片状糙伏毛,裂片卵状披针形,较萼管长

图 975 大野牡丹 (李锡畴绘)

或近等长,里面密被糙伏毛,裂片间常具1钻形小裂片;花瓣淡红或红色,倒卵形,长约2厘米,密被缘毛;子房顶端密被糙伏毛。果坛状球形,肉质,顶端平截,径约9毫米;宿存花萼密被鳞片状糙伏毛。花期6-7月,果期12月至翌年2-3月。

产贵州东南部、广西西南部及云南南部,生于海拔140-1420米密林下湿润地。印度、缅甸、泰国、越南、柬埔寨、老挝及印度尼西亚(苏门答腊)有分布。

7. 毛念 图 976 彩片 232

Melastoma sanguineum Sims in Curtis's Bot. Mag. 48: t. 2241. 1821.

大灌木,高达3米。茎、小枝、叶柄、花梗及花萼均被平展长粗毛。叶卵状披针形或披针形,先端长渐尖或渐尖,基部钝或圆,长8-15(-22)厘米,全缘,基出脉5,两面被糙伏毛,上面脉上疏被糙伏毛;叶柄长1.5-2.5(-4)厘米。伞房花序顶生,常具1花,稀3(-5)花;苞片戟形,膜质,顶端渐尖,背面被短糙伏毛,具缘毛。花萼管长1-2厘米,裂片5(-7),三角形或三角状披针形,长约1.2厘米,脊上被糙伏毛,裂片间具线形或线状披针形小裂

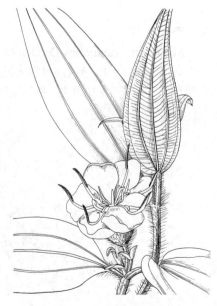

图 976 毛念 (孙英宝仿绘)

片,花瓣5(7),粉红或紫红色,宽倒卵形,先端微凹,长3-5厘米;子房密被刚毛。果杯状球形,胎座肉质,为宿存花萼所包;宿存花萼密被红色长硬毛,径1.5-2厘米。花果期几乎全年,通常在8-10月。

产福建、广东、香港、海南及广西,生于海拔400米以下低海拔地区,常见于坡脚、沟边、湿润草丛或矮灌丛中。印度、马来西亚及印度尼西亚有分布。果可食;根、叶可供药用,根有收敛止血、消食止痢的作用,叶捣烂外敷有拔毒生肌止血的作用。

4. 长穗花属 Styrophyton S. Y. Hu

灌木，高1-2（-5）米。茎圆柱形，密被锈色长柔毛。叶卵形或宽卵形，长10-21（-26）厘米，先端短渐尖或急尖，基部圆或浅心形，全缘，密被锈色缘毛，基出脉5，上面幼时密被糙伏毛，下面密被长柔毛；叶柄长1.5-5（-5.5）厘米，密被锈色长柔毛。穗状花序顶生，密被长柔毛，长13-20（-26）厘米，无苞片；花4数，单生或3-5朵簇生，无梗。花萼钟形，长2-2.5毫米，具8脉，其中4脉较明显，密被刚毛，裂片扁三角形或钝三角形，长约0.5毫米；花瓣粉红或白色，倒卵形或宽倒卵形，内凹，微具爪，先端钝，或具1-2小齿，外面常被糠秕；雄蕊8，近等长，同形，无附属物，浅紫色，长约3毫米，花丝与花药等长，花药顶孔开裂，药隔微膨大，基部无距；子房半下位，卵状球形，4室，被糠秕或几无，花柱丝状，柱头点状。蒴果卵状球形，顶端平截，冠以1圈刚毛，长2-2.5毫米，与宿存花萼贴生；宿存花萼密被刚毛，具明显的纵肋8。

我国特有单种属。

长穗花

图 977

Styrophyton caudatum （Diels）S. Y. Hu in Journ. Arn. Arb. 33: 176. 1952.

Anerincleistus? caudatus Diels in Engl. Bot. Jahrb. 65: 101. 1932.

形态特征同属。花期5-6月，果期10月至翌年1月。

产云南东南部及广西西部，生于海拔400-1500米山谷密林中、荫湿地或沟边等灌木丛中。

图 977 长穗花 （蔡淑琴绘）

5. 异形木属 Allomorphia Bl.

灌木多年生草本或基部木质化。茎圆柱形或四棱形，棱上有翅或无，通常被毛。叶全缘或具密细齿，基出脉3-7，侧脉平行；具长叶柄。多个聚伞花序组成窄圆锥花序，顶生，长达25厘米以上；苞片小，常早落，花4-5数，具梗；花萼窄漏斗形或漏斗状钟形，四棱形，中部常缢缩，具8脉，其中4脉不甚明显，裂片极短，先端具小尖头；花瓣粉红或紫红色，卵形、宽卵形或宽倒卵形；雄蕊数目为花瓣的1倍，近等长，花时常偏向一侧，花丝与花瓣等长或稍长，花药与花丝等长或稍长，顶孔开裂，基部无附属物，药隔基部微膨大，不成距或成短距；子房下位，卵圆形或卵状球形，长为萼长的1/3或1/2，4-5室，顶端有4-8（10）条刚毛或小齿，通常无隔片；花柱细长，通常长过雄蕊。蒴果卵圆形、椭圆形或近球形，与宿存花萼贴生；宿存花萼较蒴果长，有8条明显的纵肋，常在纵肋处开裂。种子多数，极小，楔形，有棱，被微柔毛。

约25种，分布于印度、我国南部、马来西亚至印度尼西亚等地。我国6种。

1. 叶下面脉上被锈色糠秕；茎及枝仅幼时被糠秕或兼被柔毛；花瓣长2-3毫米。
  2. 茎、幼枝及叶柄仅被糠秕；叶下面基出脉及侧脉被较密的糠秕，无瘤状横纹；花瓣宽卵形或卵形，子房顶端具4小齿 ·················· 1. 异形木 **A. balansae**
  2. 幼枝及叶柄被糠秕及柔毛；叶下面基出脉及侧脉常具瘤状横纹；花瓣宽倒卵形，子房顶端具8小齿 ········

·································· 1(附). 尾叶异形木 A. urophylla

1. 叶下面脉上被绒毛状刺毛；茎及枝密被平展锈色绒毛状短刺毛；花瓣长约5毫米，子房顶端具8小齿 ········

·································· 2. 越南异形木 A. baviensis

1. 异形木

图 978

Allomorphia balansae Cogn. in DC. Monogr. Phan. 7: 1183. 1891.

灌木，高达3米。茎幼时四棱形，密被锈色糠秕，后呈圆柱形，糠秕脱落，皮黑色，节稍膨大。叶卵形、宽卵形或椭圆形，稀披针形，长6.5-19

厘米，先端渐尖或尾状渐尖，基部圆或宽楔形，近全缘或具疏微细齿，基出脉5，最外侧的脉靠近边缘，上面无毛或幼时被疏糠秕，下面脉上糠秕较多；叶柄长1-4.5（通常为2.5）厘米，密被糠秕。聚伞花序组成窄圆锥花序，顶生，长7-11厘米，密被糠秕。花梗长约2毫米；花萼窄漏斗形，被糠秕，管长约5毫米，裂片窄三角形，

图 978 异形木 （引自《海南植物志》）

长约1毫米；花瓣宽卵形或卵形，顶端急尖，长约2毫米，外被糠秕；雄蕊长于花瓣。花药药隔不膨大，无距；子房顶端具4小齿；蒴果椭圆形或近卵形，长约4毫米；宿存花萼长约5毫米，近上部缢缩，具8条纵肋，被糠秕。花期6-8月，果期10-12月。

产广西及海南，生于海拔420-1500米林下、潮湿的地方。越南有分布。

[附] **尾叶异形木 Allomorphia urophylla** Diels in Engl. Bot. Jahrb. 65: 102. 1932. 本种与异形木的区别：茎、幼枝及叶柄被糠秕及柔毛；叶

下面基出脉及侧脉常被瘤状横纹；花瓣倒卵形。子房顶端具8小齿。花期7-9（-10）月，果期11-12月至翌年1月。产云南东南部、广西西部及大苗山，生于海拔500-1700（-2000）米密林下或湿润处。

2. 越南异形木

图 979 彩片 233

Allomorphia baviensis Guillaum. in Lecomte, Not. Syst. 2: 324. 1913.

灌木，高达2（-3）米。茎圆柱形，多分枝，密被平展的锈色绒毛状短刺毛，毛基略膨大，数枚一排，脱落后成瘤状横纹。叶宽卵形或椭圆形，先

端长渐尖，基部心形或圆，长11.5-20（-22）厘米，全缘或具密细齿，基出脉5-7，叶上面无毛或基出脉基部被微柔毛，下面脉上被绒毛状刺毛，余处具小腺点，脉凸起；叶柄长2-4厘米，密被平展锈色绒毛状短刺毛。聚伞花序组成的窄圆锥花序，顶生，具多花，长8-17厘米；苞片、小苞片三角状卵形，

图 979 越南异形木 （孙英宝绘）

密被毛；花梗极短或近无；花萼管部具腺点并被疏硬毛，长约6毫米，裂片小；花瓣4，三角状卵形，长约5毫米；雄蕊8，长约8毫米，花药微弯，药隔微膨大，无距；子房顶端具8小齿。蒴果宽卵圆形或卵圆形，长约4毫米；宿存花萼常绿色带红，长约5毫米，被疏糠秕，具8条纵肋。花期未

详，果期9-10月。

产云南南部及广西西南部，生于海拔700-2000米密林下，是占优势的灌木。越南北部有分布。

6. 尖子木属 Oxyspora DC.

灌木。茎钝四棱形，具槽。单叶对生，具细齿，基出脉5-7；具叶柄。聚伞花序组成的圆锥花序，顶生；苞片极小，常早落。花4数；花萼窄漏斗形，具8脉，常被星状毛或糠秕状星状毛，萼片短，宽三角形或扁三角状卵形，先端常具小尖头；花瓣粉红或红色，或深玫瑰色，卵形，先端常具小尖头并被微柔毛；雄蕊8，4长4短，长者药隔不伸长或伸长成短距，短者通常内藏，花药顶孔开裂，药隔通常膨大，基部下延成短距；子房下位，常为椭圆形，4室，顶端无冠。蒴果倒卵圆形或卵圆形，有时具4钝棱，顶端具伸出的胎座轴，4孔裂；宿存花萼稍长于果，通常漏斗形，近上部常缢缩，具8条纵肋。种子多数，近三角状披针形，有棱。

约20种，产中国西南部、尼泊尔、缅甸、印度、越南、老挝及泰国。我国3种。

1. 幼枝被糠秕状星状毛及具微柔毛的疏刚毛；圆锥花序宽约10厘米或更宽；叶上面被糠秕状鳞片或无，下面仅沿脉被糠秕状星状毛，叶柄密被鳞片状星状毛 ·········· **尖子木 O. paniculata**
1. 幼枝密被平展的腺毛；圆锥花序宽2.5-6厘米；叶两面被细小的糠秕状鳞片，幼时下面沿脉被星状毛，叶柄幼时被星状毛，后密被腺毛 ·········· （附）. **刚毛尖子木 O. vagans**

尖子木   图 980 彩片 234

Oxyspora paniculata (D. Don) DC. Prodr. 3: 123. 1828.

Arthrostemma paniculatum D. Don in Mém. Wern. Soc. 4: 299. 1823.

灌木，高达2(-6)米。茎四棱形或钝四棱形，常具槽，幼时被糠秕状星状毛及微柔毛和疏刚毛。叶卵形、窄椭圆状卵形或近椭圆形，先端渐尖，基部圆或浅心形，长12-24(-32)厘米，具不整齐小齿，基出脉7，上面被糠秕状鳞片或几无，下面通常仅脉上被糠秕状星状毛，叶柄长1-7.5厘米，常密被糠秕状星状毛。聚伞花序组成顶生圆锥花序，长20-30厘米，花序梗及花序分枝被糠秕状星状毛，基部具叶状总苞2；苞片和小苞片披针形或钻形，长1-3毫米。花萼长约8毫米，窄漏斗形，具钝4棱，有8条纵脉，幼时密被星状毛，裂片扁三角状卵形，长约1毫米；花瓣红或粉红色，或深玫瑰红色，卵形，长约7毫米，右上角突出1小片，先端具突起的小尖头并被微柔毛；雄蕊长者紫色，药隔隆起而不伸长，短者黄色，药隔隆起，基部伸长成短距；子房无毛。蒴果倒卵圆形，顶端具胎座轴，长约8毫米；宿存花萼较果长，漏斗形。花期7-9月，稀

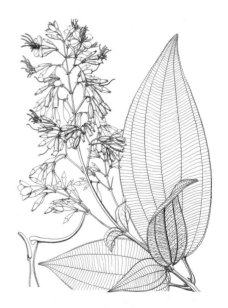

图 980 尖子木 （引自《图鉴》）

10月，果期1-3(-5)月。

产广西西部、贵州西南部、云南及西藏东南部，生于海拔500-1900米山谷密林下、荫湿处或溪边，也生长于山坡疏林下或灌木丛中的湿润地方。尼泊尔、缅甸至越南有分布。全株清热止痢，治痢疾、腹泻、疮疖等。

[附] **刚毛尖子木 Oxyspora vagans** (Roxb.) Wall. in Pl. As. Rar. 1: 78. 1830. —— *Melastoma vagans* Roxb. Fl. Ind. ed. Carey 2: 404. 1824. 与尖子木的区别：幼枝密被平展的腺毛；叶两面被细小的糠秕状鳞片，幼时下面沿脉被星状毛；叶柄幼时被星状毛，以后密被腺毛。圆锥花序较窄，宽2.5-6厘米。产云南，生于海拔700-930米的林中及湿润的溪边、河旁等地。印度、缅甸及泰国有分布。

7. 偏瓣花属 Plagiopetalum Rehd.

灌木。茎幼时四棱形，棱上常具窄翅，以后近圆柱形。叶通常具细锯齿或刺毛状疏缘毛，基出脉3-5，侧脉平行，细脉网状；具叶柄。伞形花序通常组成伞房花序，稀伞形花序，生于分枝顶端；苞片小，常披针形或三角状披针形；小苞片成对，常三角形。花梗四棱形；花萼钟形，近中部常缢缩，四棱形，常被腺毛，具8脉，其中4脉较明显，裂片4，先端具小尖头或锐尖，通常与花萼垂直；花瓣4，卵形或长卵形，偏斜；雄蕊4长4短，花药圆柱状披针形或披针形，顶孔开裂，基部无疣，短雄蕊药隔不膨大，基部有时膨大或微突起成极小的距；子房下位，4室，顶端常具齿，花柱细长，柱头点尖。蒴果球状或卵状坛形，四棱状，顶端常微露出宿存花萼；宿存花萼通常无毛，顶端平截，与果贴生。种子多数，长楔形或窄三角形，稍有棱，密布不明显的小突起。

2种2变种，分布于缅甸、越南及中国。我国均产。

偏瓣花   图 981

Plagiopetalum esquirolii (Lévl.) Rehd. in Journ. Arn. Arb. 15: 110. 1934, excl. syn. P. quadrangulum.

Sonerila esquirolii Lévl. in Bull. Soc. Bot. France 54: 368. 1907.

灌木，高达1.2米。茎幼时四棱形，棱上具窄翅，翅上常具疏刺毛及微柔毛。叶披针形或卵状披针形，先端渐尖，基部钝或圆，长6-14厘米，具整齐细齿或近全缘而具刺毛状疏缘毛，基出脉3-5，5脉时近边缘的2条不明显，上面近无毛或疏被微柔毛及糙伏毛，下面脉上密被微柔毛；叶柄密被鳞片及平展刺毛，长0.4-2厘米，伞房花序疏松或伞形花序组成复伞房花序，顶生或生于小枝顶叶腋，长1.5-7厘

图 981 偏瓣花 （引自《图鉴》）

米，幼时被鳞片及刺毛。花梗长0.6-1厘米，被微柔毛；花萼钟形，长约8毫米，具4棱及8脉，其中4脉明显，脉上疏被平展短刺毛及微柔毛，裂片卵形，背部常隆起菱形翅；花瓣红或紫色，稀粉红色，倒卵形，不对称，长约6毫米；雄蕊长者长约1.1厘米，花药长者约8毫米，短者长约3毫米；子房顶端具4个三角形齿。蒴果球形，具4棱，宿存花萼顶端平截，径约6毫米，无毛。花期8-9月，果期12月至翌年2月。

产广西西部、贵州西南部、四川南部及云南，生于海拔500-2000米疏林下湿润地、林缘或草坡灌丛中。越南北部有分布。

8. 药囊花属 Cyphotheca Diels

灌木，高达2米。茎钝四棱形，具粗糙薄栓皮。小枝四棱形，密被糠秕状微柔毛及星状毛，具深槽。幼叶上面、叶柄、叶脉、花序、苞片、花梗均密被星状毛。叶对生、卵形、卵状长圆形、卵状披针形或椭圆形，先端短渐尖或

近急尖，基部楔形或宽楔形，长5-12（-17）厘米，具疏细锯齿，齿具刺毛状尖头，基出脉5，侧脉多数，下行细脉网状，叶柄长1-5厘米。聚伞花序或退化成假伞形花序，或伞房花序，顶生或生于分枝顶端，长约5厘米；苞片小，三角形。花梗长2-6毫米；花萼漏斗状钟形，长约8毫米，成钝四棱形，外面被微柔毛，萼片浅半圆形，脊上具三角形翅；花瓣白或粉红色，宽倒卵形，常偏斜，长约6毫米；雄蕊4长4短，花药顶孔开裂，长者伸出花冠，长约1.4厘米，短者内藏，长约8毫米，花药成曲膝状，药隔膨大，弯曲，长约5毫米；子房坛状，4室，半下位，顶端具冠，冠边缘具细啮蚀状齿；花柱微弯，顶部伸出，下部疏被微柔毛。蒴果坛形，4纵裂，长约（6-）8毫米；宿存花萼与蒴果贴生，顶端平截，呈皱浪状，具8脉，其中4脉隆起，成钝四棱形，果后期上半部脱落而脉突出成8齿，果柄长1.3-1.5厘米，被微柔毛。

我国特有单种属。

药囊花 图 982

Cyphotheca montana Diels in Engl. Bot. Jahrb. 65: 103. 1932.

形态特征同属。

产云南，生于海拔1000-2350米山坡、箐沟密林下、竹林下、坡边或小溪边。

图 982 药囊花 （蔡淑琴绘）

9. 棱果花属 **Barthea** Hook. f.

灌木，高达1.5（稀3）米。小枝微呈四棱形，幼时被微柔毛及腺状糠秕。叶对生，椭圆形、近圆形、卵形或卵状披针形，先端渐尖，基部楔形，长（3.5-）6-11（-15）厘米，全缘或具细锯齿，基出脉5，外侧两条近边缘，无毛，上面基出脉微凹，侧脉不明显，下面密被糠秕，上尤密，脉隆起；叶柄长0.5-1.5厘米，被密糠秕或无。聚伞花序顶生，具3花，常仅1花发育。花梗四棱形，长约7毫米，被糠秕；花萼四棱状钟形，密被糠秕，棱上常具窄翅，裂片短三角形，边缘膜质，萼管长约6毫米；花瓣白、粉红或紫红色，长圆状椭圆形或近倒卵形，上部偏斜，长1.1-1.8厘米；雄蕊8，不等长，花药基部具刚毛，顶孔开裂，长者花药长约1厘米，披针形，具喙，药隔延长成短距，短者花药长约3毫米，长圆形，无喙，距不明显；子房半上位，梨形，四棱状，无毛。蒴果长圆形，顶端平截，为宿存花萼所包；宿存花萼四棱形，棱上有窄翅，长约1厘米，被糠秕。

我国特有单种属。

棱果花 图 983

Barthea barthei (Hance) Krass. in Engl. u. Prantl Pflanzenfam. 3 (7): 175. f. 768. 1893.

Dissochaeta barthei Hance in Benth. Fl. Hongkong. 115. 1861.

形态特征同属。花期1-4月或10-12月，果期10-12月或1-5月。

产福建、台湾、湖南南部、广东、香港及广西，生于海拔400-1300（- 2800）米，常见于山坡、山谷或山顶疏、密林中，有时也见于水边。

10. 柏拉木属 Blastus Lour.

灌木，常有分枝。茎通常圆柱形，被小腺毛，稀被毛。叶全缘或具细浅齿，基出脉3-5（-7），侧脉平行；具叶柄或无。聚伞花序组成顶生圆锥花序，或腋生的伞形花序或伞状聚伞花序；苞片小，早落。花4数，稀3或5数；花萼窄漏斗形或钟状漏斗形，或圆筒形，具4棱，稀3或5棱，具不明显的（6）8（10）脉，常被小腺点；裂片小，先端具小尖头；花瓣卵形或长圆形，有时上部一侧偏斜，或突出1小片；雄蕊4（5），等长，花丝丝状，花药钻形或线形，顶孔开裂，微弯或呈曲膝状，基部常无附属体，药隔微膨大，常下延至花药基部，有时几呈小瘤状；子房下位或半下位，卵圆形，4室，顶端具4个突起或钝齿，常被小腺点，花柱丝状，长于雄蕊。蒴果椭圆形或倒卵圆形，微具4棱，纵裂，与宿存花萼贴生；宿存花萼与果等长或稍长，有小腺点。种子多数，楔形。

图 983 棱果花 （蔡淑琴绘）

约18种，分布于印度东部至中国及日本。我国14种，3变种。

1. 花序为伞状聚伞花序，腋生，花序梗长约2毫米或几无；花冠通常白色。
  2. 花序腋生；叶下面密被小腺点，边缘的波状齿齿尖无刺毛。
    3. 花序梗长仅2毫米或几无梗；小枝无毛，仅幼时密被黄褐色小腺点；叶上面疏生腺点 ·················
    ······························ 1. 柏拉木 **B. cochinchinensis**
    3. 花序梗长0.5-1厘米以下；小枝密被锈色微柔毛及小腺点；叶上面无腺点 ·················
    ····························· 1(附). 南亚柏拉木 **B. cogniauxii**
  2. 花序生于无叶的茎上，几无花序梗；叶下面被微柔毛，边缘的波状齿齿尖具刺毛 ·················
    ······························· 1(附). 刺毛柏拉木 **B. setulosus**
1. 花序圆锥状，顶生，花序梗长4厘米以上；花冠粉红、红或紫红色。
  4. 叶下面被黄色小腺点。
    5. 花萼被黄色小腺点。
      6. 花瓣长约2.5毫米，萼片线状三角形 ··················· 2. 线萼金花树 **B. apricus**
      6. 花瓣长约4毫米，萼片短三角形 ··········· 2(附). 长瓣金花树 **B. apricus** var. **longiflorus**
    5. 花萼密被微柔毛及有柄的黄色腺毛 ····························· 3. 留行草 **B. ernae**
  4. 叶下面仅脉上被黄色小腺点。
    7. 萼片匙形，不反折；幼枝密被锈色微柔毛和疏腺点 ··················· 4. 匙萼柏拉木 **B. cavaleriei**
    7. 萼片卵形或椭圆状卵形，反折。
      8. 幼枝、花序、叶柄密被锈色微柔毛及黄色小腺点；叶下面密被小腺点 ········· 5. 金花树 **B. dunnianus**
      8. 幼枝、花序、叶柄被腺状刺毛，有时叶下面基出脉的基部亦被腺状刺毛 ·················
      ··············· 5(附). 腺毛金花树 **B. dunnianus** var. **glandulo-setosus**

1. 柏拉木
图 984

Blastus cochinchinensis Lour. Fl. Cochinch. 526. 1790.

灌木，高达3米。幼枝、叶两面、叶柄、花序梗、花梗、花萼及子房

均被小腺点。叶披针形、窄椭圆形或椭圆状披针形，先端渐尖，基部楔形，

长6-12（-18）厘米，全缘或具不明显浅波状齿，基出脉3（5），上面初时被疏小腺点，下面密被小腺点；叶柄长1-2（-3）厘米。伞形聚伞花序腋生，花序梗长约2毫米或几无。花梗长约3毫米；花萼钟状漏斗形，长约4毫米，钝四棱形，裂片4（5），宽卵形，长约1毫米；花瓣4（5），白色，稀粉红色，卵形，长约4毫米，右上角突出1小片；雄蕊4（5），等长，花丝长约4毫米，花药与花丝等长，呈曲膝状；子房坛状，下位，顶端具4个小突起。蒴果椭圆形，4纵裂，为宿存花萼所包；宿存花萼与果等长，檐部平截，被小腺点。花期6-8月，果期10-12月。有时茎上部开花，下部果熟。

产台湾、福建、广东、香港、海南、广西、湖南、贵州及云南，生于海拔200-1300米阔叶林内。印度及越南有分布。全株有拔毒生肌功效，用于治疮疖；根可止血，治产后流血不止；根、茎含鞣料。

〔附〕**南亚柏拉木 Blastus cogniauxii** Stapf in Hook. Icon. Pl. 24：t. 2311. 1894. 本种与柏拉木的区别：小枝密被锈色微柔毛及小腺点；叶上面无小腺点；总花梗长达1厘米。产海南，生于海拔60-1220米山谷、山坡或缓坡林下，荫湿地方或小溪边。越南至印度尼西亚有分布。

图 984 柏拉木 （引自《中国经济植物志》）

〔附〕 **刺毛柏拉木 Blastus setulosus** Diels in Engl. Bot. Jahrb. 65：106. 1932. 与柏拉木的区别：叶下面被微柔毛，边缘的波状齿具刺毛；伞形聚伞花序生于无叶的茎上；几无花序梗。产广东及广西，生于海拔250-860米的山谷林下。

2. 线萼金花树 图 985

Blastus apricus （Hand.-Mazz.）H. L. Li in Journ. Arn. Arb. 25：19. 1944.

Blastus spathulicalyx Hand.-Mazz. var. *apricus* Hand.-Mazz. in Anz. Akad. Wiss. Wien, Math.-Nat. 59：106. 1922.

灌木，高1（-2）米。幼枝密被微柔毛及黄色小腺点。叶披针形、卵状披针形或卵形，先端渐尖，基部圆或微心形，长4-14（-19）厘米，全缘或具细波状齿，基出脉5，上面无毛，下面被黄色小腺点；叶柄长0.3-2（-2.8）厘米，密被微柔毛及小腺点。聚伞花序组成顶生圆锥花序，长6.5-13厘米；花序梗长4厘米以上，与花序分枝均被微柔毛及小腺点；花梗长1-3毫米；花萼漏斗

图 985 线萼金花树 （吴锡麟绘）

形，具4棱，长约5毫米，密被黄色小腺点，裂片线状三角形；花瓣紫红色、卵形、近圆形或倒卵形，长约2.5毫米；雄蕊4，花丝长0.7-1厘米，被微柔毛；花药长约8毫米，弯曲，基部叉状；子房半下位，卵圆形，顶端具4小突起，被小腺点。蒴果椭圆形，4纵裂，为宿存花萼所包；宿存花萼长约5毫米，径约4毫米，被小腺点。花期6-7月，果期10-11月。有时植株上部开花，下部熟。

产福建、江西、广东及湖南，生

于海拔300-800米山谷、山坡疏、密林下、湿润地或水边。全株用于治水肿及月经不调。

[附] **长瓣金花树 Blastus apricus** var. **longiflorus**（Hand.-Mazz.）C. Chen in 4（3）: 35. 1984. —— *Blastus longiflorus* Hand.-Mazz. in Anz. Akad. Wiss. Wien, Math.-Nat. 59: 106. 1922. 本变种与模式变种的区别：

3. 留行草　　　　　　　　　　　　图 986

Blastus ernae Hand.-Mazz. in Anz. Akad. Wiss. Wien, Math.-Nat. 59: 106. 1922.

灌木，高达2米。幼时被微柔毛及小腺点。叶卵形或披针状卵形，先端渐尖，基部圆或微心形，长（5.5-）8-15.5厘米，全缘或具不明显的细锯齿，基出脉5，上面仅基出脉被微柔毛，下面密被黄色小腺点，脉上被微柔毛及小腺点；叶柄长1-2.5厘米，密被微柔毛及小腺点。聚伞花序组成顶生圆锥花序，长7.5-10.5厘米，花序梗长4厘米以上，与花序分枝均被微柔毛，有时兼被疏腺毛。花梗长约2毫米，与花萼均密被微柔毛及有柄黄色腺毛；花萼漏斗形，具4棱，长约4毫米，裂片宽三角形；花瓣红色，倒卵状长圆形，长约3.5毫米，外面具小腺点；花丝长约8毫米，被微柔毛；花药基部叉状，长约8毫米；子房下位，卵圆形，顶端具4小突起，被小腺点。蒴果椭圆形，4纵裂，为宿存

萼片短三角形；花瓣长达4毫米。产广西、广东及江西，生于海拔200-600米山坡、山谷，疏、密林下，路边、水旁及湿润地。

图 986　留行草　（余汉平绘）

花萼所包；宿存花萼漏斗形，顶端平截，长6-8毫米，密被微柔毛及腺毛。花期约6月，果期8-9月。

产江西南部、湖南南部及广东北部，生于海拔350-800米山谷林下或溪边水旁。

4. 匙萼柏拉木　　　　　　　　图 987

Blastus cavaleriei Lévl. et Van. in Mem. Soc. Sci. Nat. Cherbourg 35: 395. 1906.

灌木，高达1.5米。幼枝、下面叶脉、叶柄、花序梗、花序分枝、花梗、花萼均密被锈色微柔毛和腺点。叶卵形或披针状卵形，先端渐尖，基部心形或圆，长6.5-14厘米，具细浅波状齿或全缘，基出脉5，上面几无毛，下面细脉具小腺点。聚伞花序组成顶生圆锥花序，长4.5-9厘米，花序梗长4厘米以上；花梗长2-5毫米；花萼漏斗形，具4棱，长4-5毫米，裂片匙形，长2-3毫米；花瓣粉红或紫红色，长圆形，长约5毫米；花丝长约6毫米，无毛，花

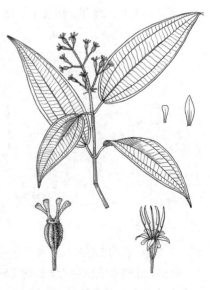

图 987　匙萼柏拉木　（余汉平绘）

药线形，弯曲，长约6毫米，基部微膨大；子房半下位，卵圆形，顶端具4小突起，无毛。蒴果椭圆形，4纵裂，为宿存花萼所包；宿存花萼顶端平截，被小腺点，长约4毫米。花期6-8月，果期8-11月。

产福建、广东、广西、湖南及贵州，生于海拔100-1600米山坡、山谷的疏、密林下，潮湿处或灌丛中。叶可止血。

5. 金花树 巨萼柏拉木 图988

Blastus dunnianus Lévl. in Fedde, Repert. Sp. Nov. 9: 449. 1911.

灌木，高约1米。幼枝、叶柄、花序梗及花序分枝均密被锈色微柔毛及黄色小腺点。叶卵形或宽卵形，稀长圆状卵形，先端渐尖，基部钝至心形，长6.5-15（-25）厘米，全缘或具细波状齿，基出脉5（-7），上面无毛，下面沿基出脉及侧脉被疏微柔毛及黄色小腺点；叶柄长1-2厘米。聚伞花序组成顶生圆锥花序，长5-9厘米，花序梗长4厘米以上。花梗长约2毫米；花萼漏斗形，具4棱，长约3毫米，被小腺点，裂片反折，卵形或椭圆状卵形，长约1.5毫米；花瓣粉红、玫瑰红或红色，卵形，长约3.5毫米；花丝长约6毫米；花药线形，弯曲，长约5毫米；子房半下位或下位，卵圆形，顶端具4小突起。蒴果椭圆形，4纵裂，为宿存萼所包；宿存萼顶端平截，长约5毫米，具4棱，被小腺点。花期6-7月，果期9-11月。

产福建西南部、江西南部、湖南、广东、广西及贵州，生于海拔230-1520米山谷、山坡疏、密林下、溪边或路旁。全株供药用，治风湿及止血，叶可敷疮疖。

[附] **腺毛金花树 Blastus dunnianus** var. **glandulo-setosus** C. Chen

图 988 金花树 （引自《图鉴》）

in Bull. Bot. Res. (Harbin) 4(3): 36. 1984. 本变种与模式变种的区别：幼枝、花序、叶柄、有时叶下面基出脉基部均被腺状刺毛。产湖南南部及广东北部，生于海拔400-1400米山谷、山坡或山顶密林下、荫湿处或溪边。

11. 八蕊花属 Sporoxeia W. W. Smith

灌木。茎钝四棱形，幼时常被毛。叶缘常具密细锯齿，基出脉5（-7），侧脉平行，多数，细脉网状；具叶柄。伞形花序腋生，花序梗极短或几无；苞片早落。花4数；花萼钟状漏斗形，具4棱，脉不明显，裂片常宽卵形或半圆形；花瓣卵形或宽卵形，偏斜，长不过1厘米；雄蕊8，同型，等长或近等长，花丝丝状，与花药近等长，花药钻形或长圆状线形，顶孔开裂，基部具小疣，药隔微膨大，基部伸延呈短距；子房下位，坛状，4室，具4棱，棱上具隔片，顶端无冠，具钝齿。蒴果近球形或卵状球形，具4钝棱，4裂，为宿存花萼所包；宿存花萼钟状漏斗形，顶端平截，与果等长，具8脉。种子多数，楔形，微具3棱，密布小突起。

约4种，分布于我国及缅甸。我国均产。

八蕊花 图989

Sporpxeia sciadophila W. W. Smith in Notes Roy. Bot. Gard. Edinb. 10: 70. 1917.

灌木，高达1.2米。茎钝四棱形。幼枝被极细微柔毛。叶圆形、近圆形或倒卵状圆形，长9.5-13.5厘米，先端短渐尖，基部钝或近圆，边缘具不明显的密细锯齿，齿尖具短刺毛，基出脉5（-7），两面被细微糠秕，上面基出脉下凹，侧脉隆起，下面脉隆起；叶柄长3.5-8厘米，近无毛。伞形花

序腋生，花序梗极短或几无；花梗长约1厘米，被微柔毛；花萼钟状漏斗形，长约6毫米，被微柔毛，具4钝棱，裂片宽卵形或三角状卵形，长约2毫米，里面具小突起；花瓣粉红色，宽卵形，偏斜，长约9毫米，先端骤急尖；雄蕊近等长，花丝长约8毫米，花药长7毫米，基部具小疣，药隔基部下延呈短距；子房坛形，顶端具4钝齿，齿具缘毛。蒴果近球形，具4钝棱，径约5毫米；宿存花萼与果贴生，粗糙，具8条纵肋。花期7-8月，果期5-6月。

产云南西部，生于海拔1400-2500米石灰岩山坡常绿阔叶林下。缅甸有分布。

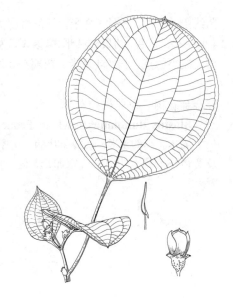

图 92 八蕊花 （孙英宝绘）

12. 野海棠属 **Bredia** Bl. ex C. Chen emend.

草本或亚灌木。茎圆柱形或四棱形。叶具细密锯齿或近全缘，基出脉5-9（-11），侧脉平行；具叶柄。聚伞花序或由聚伞花序组成圆锥花序，稀伞形聚伞花序，顶生；苞片小，早落；花4数，稀3数，花萼漏斗形、陀螺形或近钟形，脉不明显，裂片明显；花瓣卵形或宽卵形，有时稍偏斜；雄蕊数目为花瓣1倍，异形，不等长，长短各半，花丝丝状，花药顶孔开裂，长者花药基部常具小瘤，药隔下延呈短柄，无距；短者花药基部常具小瘤，药隔下延呈短距；子房下位或半下位，陀螺形，4室，顶端具膜质冠，冠檐具缘毛，具隔片；花柱细长，柱头点尖。蒴果陀螺形，具4钝棱，顶端平截，与宿存花萼贴生，伸出萼外；宿存花萼有时具不明显4棱，萼片通常宿存。种子多数，极小，楔形，密布小突起。

约30种，分布于印度至亚洲东部；我国约14种，2变种。

1. 直立灌木。
  2. 叶无毛（幼叶除外），全缘或近全缘，如具疏浅锯齿或波状齿，则无缘毛，基出脉离基不超过5毫米。
    3. 幼枝、总花梗及花序分枝、花梗、花萼均密被微柔毛及腺毛 ·················· 1. **秀丽野海棠 B. amoena**
    3. 幼枝无毛或疏被星状毛；花序梗及花序分枝、花梗、花萼均无毛。
      4. 花序有3-9（-15）花；花瓣长5-8毫米，长雄蕊的花药长3-6毫米；幼枝无毛。
        5. 叶基出脉3，基部楔形，有柄，柄长0.5-1.2厘米；花瓣玫瑰或紫色，长约5毫米；雄蕊长者长约8.5毫米，花药长约3.5毫米 ·················· 2. **过路惊 B. quadrangularis**
        5. 叶基出脉5，基部圆或微心形；叶柄极短或几无柄；花瓣粉红色，长约8毫米；雄蕊长者长约1.5厘米，花药长约6毫米 ·················· 2（附）. **短柄野海棠 B. sessilifolia**
      4. 花序约有20花；花瓣长约1厘米，长雄蕊的花药长1厘米；幼枝疏被星状毛 ··· 3. **鸭脚茶 B. sinensis**
  2. 叶下面被微柔毛，边缘具细密锯齿并具缘毛，基出脉离基1-1.5厘米 ·················· 4. **金石榴 B. oldhamii**
1. 草本或亚灌木状，茎通常匍匐上升。
  6. 叶基部钝或圆，稀微浅心形，上面被微柔毛及疏糙伏毛或长柔毛，下面密被微柔毛，有时杂有平展的长柔毛。
    7. 花瓣紫红色，长约1厘米，长圆状卵形，微偏斜，外面脊上无毛；雄蕊近等长 ··················
      ·················· 5. **长萼野海棠 B. longiloba**
    7. 花瓣粉红色，长约4.5-6毫米，宽卵形，外面脊上具1长条微柔毛；雄蕊4长4短

6. 叶基部心形,两面被微柔毛或仅下面脉上被疏糙伏毛及微柔毛。

1. 秀丽野海棠 图 990

Bredia amoena Diels in Notizbl. Bot. Gart. Mus. Berlin 9: 197. 1924.

小灌木,高达70厘米。幼枝、花序分枝、花序梗、花梗、花萼均密被微柔毛及腺毛。叶卵形或椭圆形,先端渐尖或急尖,具短尖头,基部圆或宽楔形,长4-10.5厘米,全缘或具细波齿,基出脉5,近边缘两条常不明显,幼时两面被微柔毛,后变无毛;叶柄长0.8-2.5厘米,被微柔毛。聚伞花序组成圆锥花序,顶生,长7-10厘米。花梗长约3毫米;花萼钟状漏斗形,具4棱,裂片短三角形;花瓣玫瑰或紫色,长圆形,稍偏斜,先端渐尖,长约8毫米;雄蕊4长4短,长者长约1.3厘米,短者长约9毫米;子房半下位,卵状球形,顶端具4小突起,疏被腺毛。蒴果近球形,为宿存萼所包;宿存花萼钟状漏斗形,具4棱,顶端平截,冠以宿存萼片,被微柔毛及腺毛或几无毛,具8脉,长约4毫米。花期7-8月,果期8-9月。

产安徽南部、浙江南部、福建、江西、湖北、湖南、广东及广西,生于海拔400-1100米山谷、山坡疏、密林下,溪边或路旁。全株煎水内服有活血通经、祛风利湿的作用,或煎水洗,可消手脚浮肿。

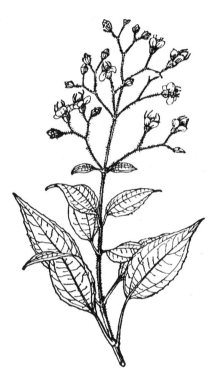

图 990 秀丽野海棠 (引自《浙江植物志》)

2. 过路惊 图 991

Bredia quadrangularis Cogn. in DC. Monogr. Phan. 7: 473. 1891.

小灌木,高达1.2米。小枝四棱形,棱上具窄翅,无毛。叶卵形或椭圆形,先端短渐尖或钝圆,基部楔形,长2.5-5(-6.5)厘米,边缘具疏浅锯齿或近全缘,基出脉3,两面无毛;叶柄长0.5-1.2(-1.5)厘米,无毛。聚伞花序生于枝条上部叶腋,有3-9花或稍多,长3-7厘米;花序梗纤细;无毛。花梗长约5毫米,下弯;花萼短钟形,具4棱,长约

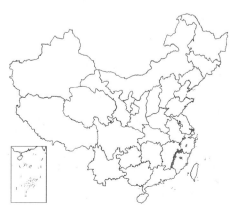

图 991 过路惊 (曾孝濂绘)

2.5毫米，裂片浅波状，先端具小短尖头；花瓣玫瑰或紫色，卵形，稍偏斜，先端急尖，长5-8毫米；雄蕊4长4短，长者长约8.5毫米，短者长约7毫米；子房半下位，扁球形，顶端有4个浅裂的突起，无毛。蒴果杯状，具4棱，顶端平截，露出宿存花萼外；宿存花萼浅杯状，具4棱，长约3毫米，顶端具浅波状宿存萼片。花期6-8月，果期8-10月。

产浙江、福建及江西，生于海拔300-1400米山坡、山谷林下、荫湿地或路旁。全株药用，治小儿夜间惊哭。

[附] **短柄野海棠 Bredia sessilifolia** H. L. Li in Journ. Arn. Arb.

3. 鸭脚茶 图 992

Bredia sinensis（Diels）H. L. Li in Journ. Arn. Arb. 25: 22. 1944, excl. pl. Kwangsi.

Tashiroea sinensis Diels in Notizbl. Bot. Gart. Mus. Berlin 9: 198. 1924.

小灌木，高达1米。小枝幼时被星状毛。叶披针形、卵形或椭圆形，先端渐尖，基部楔形或钝，长5-11(-13)厘米，近全缘或具疏浅锯齿，基出脉5，幼时两面被星状毛；叶柄长0.5-1.6(-2)厘米。聚伞花序顶生，有(5-)20花，长4-6厘米。花梗长5-8毫米；花萼钟状漏斗形，长约6毫米，具4棱，裂片极浅，圆齿状；花瓣粉红或紫色，长圆形，偏斜，先端急尖，长约1厘米；雄蕊4长4短，长者长约1.6厘米，短者长约1厘米；子房半下位，卵状球形，顶端被微柔毛。蒴果近球形，为宿存花萼所包，径约7毫米；宿存花萼钟状漏斗形，具4棱，顶端平截，萼片有时被星状毛。花期6-7月，果期8-10月。

产浙江南部、福建、江西、湖南南部、广西及广东东北部，生于海拔

25: 22. 1944. 与过路惊的区别：叶基出脉5，基部圆或微心形；叶柄极短或几无柄；花瓣粉红色，长约8毫米；雄蕊长者长约1.5厘米，花药长6毫米。产广东、广西及贵州，生于海拔800-1200米的山谷、山坡或山脚林下阴湿处或水边。

图 992 鸭脚茶 （引自《图鉴》）

400-1200米山谷、山坡林下、荫湿地、沟边草丛中或岩石积土上。全株供药用，叶煎水洗身可治感冒；根与猪脑煎服治头痛或疟疾，与猪腰煎水冲酒服治腰痛。

4. 金石榴 图 993

Bredia oldhamii Hook. f. Icon. Pl. 11: 68. t. 1085. 1871.

小灌木。幼枝黑褐色，近无毛或被微柔毛，具4钝棱。叶长圆状椭圆形或椭圆状卵形，先端渐尖，基部楔形或钝，长5-11厘米，边缘具密细锯齿，并具缘毛，离基三出脉，离基1-1.5厘米，上面无毛，下面被极细的微柔毛；叶柄长0.5-1.5(-2.5)厘米。松散聚伞花序组成圆锥花序，长约7厘米。花梗长约1.1厘米至几无梗，近无毛；花萼漏斗形，具4钝棱，被微柔毛，长约5毫米，裂片宽三角形，长不及1毫米；花瓣卵状长圆形，长约7毫米，先端急尖；雄蕊4长4短，长者长14-16厘米，短者长6-7毫米；子房半下位，卵圆形，顶端具膜质冠。蒴果杯形，为宿存花萼所包；宿存花萼杯形，具4钝棱，顶端平截，几无毛，长约5毫米。花期约5月，果期未详。

产台湾,生于海拔200-2500米山间林下。

5. 长萼野海棠　　　　　　　　　　图 994

Bredia longiloba (Hand.-Mazz.) Diels in Engl. Bot. Jahrb. 65: 111. 1932.

Fordiophyton gracile Hand.-Mazz. var. *longilobum* Hand.-Mazz. in Anz. Akad. Wiss. Wien, Math.-Nat. 63: 3. 1926.

亚灌木状,高达40厘米。茎四棱形,具匍匐茎,逐节生根,基部木质化,不分枝或少数分枝,密被柔毛及平展的腺毛,以后腺毛成刺毛。叶卵形或椭圆状卵形,先端急尖或短渐尖,基部钝或圆,稀浅心形,长5-8厘米,具细锯齿,齿尖具刺毛,基出脉7,靠近边缘的两条常不明显,上面被微柔毛及疏糙伏毛或长柔毛,下面密被微柔毛,有时杂有平展的长柔毛;叶柄长1-4.5厘米,被柔毛及平展的疏刺毛。伞形花序组成聚伞花序或复伞形花序,顶生,长3-7厘米,与花梗、花萼均被微柔毛及疏腺毛。花梗长约1厘米;花萼漏斗形,长约5毫米,裂片线状披针形,长约1毫米;花瓣紫红色,长圆状卵形,微偏斜,先端渐尖,长约1厘米,外面脊上无毛;雄蕊近等长,长1-1.2厘米,花药长5-6毫米;子房卵圆形,顶端膜质冠缘具腺毛。蒴果杯状,顶端膜质冠缘具疏腺毛,为宿存花萼所包,长约5毫米;宿存花萼杯形,具4棱,长约5毫米;被微柔毛及疏腺毛。花期8-10月,果期约10月。

产江西西南部、湖南、广西东北部及广东北部,生于海拔600-900米山坡、山谷疏林下、路边水旁或湿土上。

[附] **云南野海棠 Bredia yunnanensis** (Lévl.) Diels in Engl. Bot. Jahrb. 65: 111. 1932. —— *Blastus yunnanensis* Lévl. in Fedde, Repert. Sp. Nov. 11: 300. 1912. 本种与长萼野海棠的区别:叶长达11厘米;花瓣粉红色,宽卵形,长约4.5-6毫米,外面脊上具1长条微柔毛;雄蕊4长4短。产云南东北部及四川东南部,生于海拔约690米山谷次生林下沟边石缝间。

6. 红毛野海棠　　　　　　　　　　图 995

Bredia tuberculata (Guillaum.) Diels in Engl. Bot. Jahrb. 65: 111. 1932.

Fordiophyton tuberculatum Guillaum. in Lecomte. Not. Syst. 2: 326. 1913.

草本或亚灌木状,高30-60厘米;茎四棱形,浅棕或红色,通常不分枝,被平展红色长刚毛、腺毛及柔毛。叶宽卵形或椭圆形,先端渐尖,基部心形,长5-7.5(-11.5)厘米,具大小不等的密细齿,齿尖具红色长刚毛

图 993 金石榴 (引自《Fl. Taiwan》)

图 994 长萼野海棠 (余汉平绘)

状缘毛，基出脉5-7，上面疏被糙伏毛及微柔毛，有时具白色斑点，下面红紫色，仅脉上疏被糙伏毛及微柔毛；叶柄长2.5-6.5厘米，密被平展的红色长刚毛及微柔毛。伞状聚伞花序顶生，具8(10-12)花。花梗长0.5-1厘米；花萼杯状，长约7毫米，带红色，裂片窄披针形或披针形，反卷，里面被细腺点状微柔毛；花瓣粉红或紫红色，椭圆形或长圆状卵形，长0.7-1.1厘米，无毛；雄蕊4长4短，长者长约2.1厘米，短者长约1.1厘米；子房半下位，卵圆形，顶端具膜质冠，檐部边缘具一环缘毛，花柱常带红色。蒴果杯形，为宿存花萼所包，长约4毫米；宿存花萼常为淡紫红色，被平展红色长刚毛、腺毛和微柔毛，膜质冠露出萼外。花期7-8月，果期约10月。

产广西、四川南部及云南东北部，生于海拔750-1200米坡地、湿润的草丛中、水旁或林缘荫处。全株药用，可治内湿、跌打、腰痛、吐血等症。

［附］**赤水野海棠 Bredia esquirolii**（Lévl.）Lauener in Not. Bot. Gard. Edinb. 31: 398. 1972. p. p. —— *Barthea esquirolii* Lévl. in Fedde, Repert. Sp. Nov. 11: 494. 1913. 与红毛野海棠的区别：叶下面淡绿色，叶柄、枝条及花萼外面均被微柔毛；花瓣外面上部被微柔毛。产四川东南部及贵州西北部，生于海拔约800米山间阳坡或林下。

图 995　红毛野海棠　（孙英宝绘）

13. 锦香草属 Phyllagathis Bl. emend.

草本或灌木。茎直立或匍匐，通常四棱形，常被毛。叶全缘或具细锯齿，基出脉5-9，侧脉互相平行；具叶柄。花序为伞形花序、聚伞状伞形花序或聚伞花序组成圆锥花序，稀为头状花序，顶生或腋生；长花序梗常肉质；苞片较大，早落。花梗长或短，具小苞片；花4数，花萼长漏斗形、漏斗形或近钟形，具4棱，有8条纵脉，裂片先端具小尖头；花瓣卵形、倒卵形、宽倒卵形，常偏斜；雄蕊为花瓣数的1倍或同数，等长或近等长，同型，花丝背着，丝状，与花药等长或较短，花药钻形或长圆状线形，长4.5毫米以上，稀为2.5毫米，顶孔开裂，基部无附属体或呈小疣或盘状，药隔微膨大，基部有距；子房下位，坛形，稀杯形，4室，顶端具膜质冠，冠缘有时具小齿或缘毛，具隔片；花柱细长，柱头点尖。蒴果杯形或球状坛形，4纵裂，与宿存花萼贴生，顶端膜质冠常较宿存花萼高；宿存花萼具8脉。种子小，楔形或短楔形，具棱，密布小突起或小突起不明显。

约50种，分布于我国至马来西亚。我国有28种，5变种。

1. 伞形聚伞花序数枚组成长8-10厘米的圆锥花序，花序有2-3对分枝；叶上面具密的小白泡状突起 ……………………………………………………………………………………………………… 1. **直立锦香草 P. erecta**
1. 聚伞花序或伞形聚伞花单一，通常无分枝。
　　2. 灌木或亚灌木，茎长30厘米以上；花序梗短，长4厘米以下。
　　　3. 叶基部楔形或近圆；聚伞花序紧缩几呈伞形花序，顶生或生于小枝上部叶腋。
　　　　4. 雄蕊等长，药隔下延向前呈小瘤，向后成短距；花序梗长1厘米以下或几无；萼片长三角形或窄三角形或披针形。
　　　　　5. 叶长10-17(-20)厘米，两面及叶柄、花萼密布细泡状突起；花萼无毛，萼片长三角形 ……………………………………………………………………………………………………… 2. **刺蕊锦香草 P. setotheca**
　　　　　5. 叶长5-12.5厘米，两面及叶柄、花萼被微柔毛；花萼裂片披针形 …… 3. **偏斜锦香草 P. plagiopetala**
　　　　4. 雄蕊略不等长或近等长，药隔下延呈短距，花药基部具不明显的小瘤或无；花序梗长2.5-6厘米；萼片短宽三角形或浅圆齿形。
　　　　　6. 小枝及叶柄无毛；花药基部具不明显小瘤，花萼无毛 ……………… 4. **秃柄锦香草 P. nudipes**
　　　　　6. 小枝被微柔毛及疏腺毛；叶柄被微柔毛及两侧被髯毛或刺毛；花药基部无小瘤，花萼疏被腺毛 ……

1. 直立锦香草

图 996

Phyllagathis erecta (S. Y. Hu) C. Y. Wu ex C. Chen in Bull. Bot. Res. (Harbin) 4(3): 40. 1984.

Stapfiophyton erecta S. Y. Hu in Journ. Arn. Arb. 33: 147. 1952.

草本或小灌木;高0.3-1米。茎直立,四棱形,幼时密被微柔毛。叶椭圆形、宽椭圆形或卵状椭圆形,先端钝或短渐尖,基部楔形,长8.5-15.5厘米,全缘,基出脉5,中间的两条离基约5毫米,两面无毛,上面具密的小白泡状突起,下面被细糠秕,有时有小突起;叶柄长1.5-3.5厘米,无毛,两侧具极窄的翅。伞形聚伞花序数枚组成圆锥花序,顶生,长8-10厘米。蒴果杯形,具4棱,长约4毫米,径约6毫米,顶端具冠,冠4裂,裂片先端微凹。

产云南东南部及广西西部,生于海拔1000-1500米的山坡密林下潮湿地。

图 996 直立锦香草 (肖 溶绘)

2. 刺蕊锦香草

图 997

Phyllagathis setotheca H. L. Li in Journ. Arn. Arb. 25: 32. 1944.

小灌木,高约1米。茎钝四棱形,节略膨大。小枝四棱形,密被小皮孔,无毛。叶长圆状披针形、椭圆形或倒卵形,先端渐尖或急尖,基部楔形或宽楔形,长10-17(-20)厘米,全缘,基出脉5,两面无毛,密布细泡

状突起；叶柄长1-7.5厘米，密布细泡状突起。聚伞花序紧缩呈伞形，顶生；苞片披针形或卵状长圆形，与花梗、花萼均布泡状突起。花梗长0.8-1.8厘米；花萼漏斗形，长约6毫米，四棱形，无毛，裂片长三角形，长约6.5毫米；雄蕊等长，花丝长约7毫米，花药披针形，长约1厘米，药隔膨大；子房卵圆形，顶端具冠，4裂，边缘具腺毛。蒴果杯形，具4棱，顶端平截，长约7毫米，为宿存花萼所包，顶端微伸出萼外；宿存花萼具8纵肋；果柄长达2.3厘米。花期5-7月，果期7月以后。

产广西南部及广东南部，生于山谷、林下荫湿地或溪边、石缝间。越南北部有分布。

3. 偏斜锦香草   图 998

Phyllagathis plagiopetala C. Chen in Bull. Bot. Res.（Harbin）4（3）：44. 1984.

亚灌木状，高30-40厘米，具地下匍匐茎。茎四棱形，幼时槽内被微柔毛。下部的叶宽椭圆形，上部的叶卵形，先端渐尖或急尖，基部近圆或宽楔形，稀浅心形，长5-12.5厘米，边缘近全缘，具细缘毛，有时具细锯齿，齿尖具刺毛，基出脉5-7，近边缘的1对不明显，中间的1对离基约0.7（稀达2）厘米，两面被微柔毛或上面杂有疏短糙伏毛；叶柄长0.8-4（-5.2）厘米，被微柔毛。聚伞状伞形花序顶生，有时腋生，花序梗长0.5-3厘米，与花梗、花萼均被微柔毛。花梗长约1厘米；花萼钟状漏斗形，长约6毫米，具8脉，四棱形，裂片披针形，长约5毫米，被微柔毛，反折；花瓣粉红、红或紫色，宽倒卵形，一侧偏斜，长约7毫米；雄蕊同型，等长，长1.1-1.3厘米，花药长约7毫米；子房卵圆形，顶端的膜质冠4裂，具糠秕状缘毛。蒴果杯形，长约5.5毫米，顶端平截，冠木栓质，露出萼外约1.5毫米；宿存花萼与果贴生，长约4毫米。花期约7月，果期10月以后。

产湖南西南部及广西东北部，生于海拔800-1200米山地、山谷疏、密林下或沟边。

4. 秃柄锦香草   图 999

Phyllagathis nudipes C. Chen in Bull. Bot. Res.（Harbin）4（3）：47. 1984.

小灌木，下部常平卧，具匍匐茎，逐节生根，上升部分高10-20厘米。小枝钝四棱形，无毛。叶对生，有时同一节上的叶不等大，宽卵形或宽椭圆形，先端急尖，基部楔形或圆，长5-9厘米，全缘或具细锯齿，基出脉5，幼时两面被细糠秕；叶柄长0.6-2厘米，无毛。聚伞花序或紧缩几呈伞

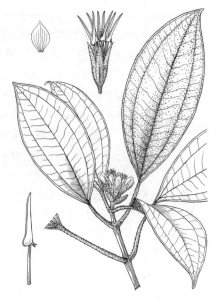

图 997　刺蕊锦香草　（余汉平绘）

图 998　偏斜锦香草　（曾孝濂绘）

形花序,顶生或3-5序生于植株上部叶腋;花序梗长2.5-5厘米,无毛。花萼钟状漏斗形,长约2毫米,无毛,具4棱,裂片浅圆齿状或短宽三角形;花瓣粉红或红色,卵状长圆形,稍偏斜,长约7毫米;雄蕊长者长约8毫米,短者长约6毫米,花药基部具不明显的小瘤,药隔下延呈短距;子房近球形,顶端平截,冠盘状,4裂,边缘被糠秕。蒴果杯形,顶端平截,具4棱,为宿存花萼所包,径4.5毫米;宿存花萼与果贴生,顶端露出木栓质冠。花期5-6月,果期8-10月。

产湖南南部、广东北部及广西中东部,生于海拔500-2300米山坡、山谷疏、密林下,荫湿地或水边,也见于草坡、草丛中。

图 999 秃柄锦香草 (吴锡麟绘)

5. 毛柄锦香草　　　　　　　　　　　　　　图 1000

Phyllagathis anisophylla Diels in Engl. Bot. Jahrb. 65: 115. 1932.

小灌木,下部常平卧,具匍匐茎,逐节生根,上升部分高约20厘米,密布小皮孔。小枝被微柔毛及疏长腺毛。叶对生,同一节上的叶不等大,宽卵形或宽椭圆形,有时下部的叶披针状卵形,先端急尖或钝,基部近圆,长(4.5)5-11(-14)厘米,全缘或具不明显的细浅锯齿,齿顶具刺毛,基出脉5,上面幼时被微柔毛及疏刺毛,下面脉上被疏刺毛,稀有1-2条刺毛;叶柄长0.6-1.7厘米,被微柔毛及两侧被髯毛或刺毛。聚伞花序或紧缩几呈伞形花

序,顶生或3-5序生于植株上部叶腋,花序梗长3.5-6厘米,密被微柔毛。花梗长约6毫米,被微柔毛;花萼钟状漏斗形,长约3毫米,疏被腺毛,具4棱,裂片短宽三角形;花瓣红色,长圆形或椭圆状长圆形,稍偏斜,长约6毫米;雄蕊近等长,花药基部无小瘤,药隔下延成短距;子房近球形,顶端平截,冠盘状,4裂。蒴果杯状,顶端平截,具4棱,长约6毫米;宿存花萼与果贴生,顶冠微露,被疏刺毛。花期约6月,果期8-11月。

图 1000 毛柄锦香草 (吴锡麟绘)

产湖南南部、广东北部及广西东部,生于海拔700-900米山谷、山坡疏、密林下,荫湿的路边、水旁或岩石缝间。

6. 叶底红　野海棠　　　　　　　　　　　图 1001

Phyllagathis fordii (Hance) C. Chen in Bull. Bot. Res. (Harbin) 4 (3): 50. 1984.

Otanthera fordii Hance in Journ. Bot. 29: 46. 1881.

Bredia fordii (Hance) Diels; 中国高等植物图鉴 2: 1007. 1972.

小灌木、亚灌木或近草本,高0.2-0.5(-1)米。茎上部与叶柄、花序、花梗及花萼均密被柔毛及长腺毛。叶心形、椭圆状心形或卵状心形,先端短渐尖或钝急尖,基部心形或近圆,长(4.5-)7-10(-13.5)厘米,具细重齿牙齿及缘毛和短柔毛,基出脉7-9,近边缘的两脉不明显,两面被疏长柔毛及微柔毛,下面脉上毛较密;叶柄长2.5-5厘米。伞形花序或聚伞花序,或聚伞花序组成圆锥花序,顶生,花序梗长1-5.5厘米。花梗长0.8-2厘米;

花萼钟状漏斗形,长5-7毫米,被微柔毛并兼有腺毛,裂片线状披针形或窄三角形,长4-5毫米;花瓣紫或紫红色,卵形或宽卵形,长1-1.4厘米;雄蕊等长,长1.6-1.8厘米,花药常近90°的膝曲,长0.9-1.1厘米,药隔膨大,下延,前后连成盘状;子房卵形,顶端具膜质冠,冠缘具啮蚀状细齿。蒴果杯形,为宿存花萼所包,长0.6-1厘米;宿存花萼顶端平截,被刺毛。花期6-8月,果期8-10月。

产浙江南部、福建、江西南部、湖南西南部、广东、广西、贵州东部及四川南部,生于海拔100-1350米山间疏、密林下,溪边、水旁或路边及土层肥厚的地方。全株供药用,有止痛止血、祛瘀活络、消炎通经等功效。

[附] **小花叶底红** 彩片 235 **Phyllagathis fordii** var. **micrantha** C. Chen in Bull. Bot. Rev. (Harbin) 4(3): 50. 1984. —— *Bredia fordii* auct. non (Hance) Diels: 中国高等植物图鉴 2: 1007. 1972. 本变种与模式变种的区别:叶长圆形或卵状长圆形,长4-10厘米,上面被微柔毛,下面被长柔毛;花萼长约5毫米,萼片长约3毫米;花瓣长1厘米以下;雄蕊长1.2厘米以下,花药长约6毫米,微弯,不成膝曲状。产贵州及广西,生于海拔500-1200米山谷、山坡密林下。

图 1001 叶底红 (曾孝濂绘)

7. 大叶熊巴掌　　　　　　　　　图 1002

Phyllagathis longiradiosa (C. Chen) C. Chen in Bull. Bot. Res (Harbin) 4(3): 51. 1984.

Bredia longiradiosa C. Chen, Fl. Yunnan. 2: 105. pl. 27: 1-5. 1979.

草本或小灌木,高0.3-1米。茎几无毛或被疏长柔毛,不分枝。叶宽卵形或近椭圆形,先端渐尖,基部心形,长11-23厘米,具微细齿或近全缘,具缘毛,基出脉7,其中1对常离基部0.5-1.4厘米,上面密被细糠秕及疏短糙伏毛,下面通常紫红色,密被糠秕及微柔毛;叶柄长3-8.5厘米,槽两侧具柔毛。伞形花序顶生,花序梗长2-4厘米,被微柔毛及疏长柔毛。花梗长约1厘米,被微柔毛;花萼长约1厘米,被基部膨大的刺毛,裂片扁圆形,先端微凹,长约2毫米,外面疏被刺毛,里面被柔毛;花瓣玫瑰红色,宽卵形,先端微凹,具缘毛,长约4毫米;雄蕊近等长,花药基部有2小瘤,药隔基部膨大成短距;子房卵圆形,顶端的膜质冠檐部具一环缘毛。蒴果顶端的膜质冠微露出宿存花萼外;宿存花萼长约6毫米,被基部膨大的刺毛。花

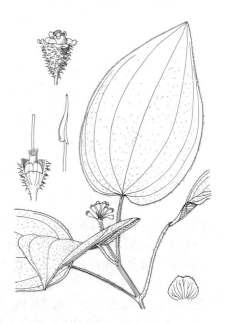

图 1002 大叶熊巴掌 (曾孝濂绘)

期6-7月,果期12月至翌年1月。

产云南东南部及西部、贵州东南部、广西西部,生于海拔300-2200米阔叶林下。全株用于妇女产后风湿、头痛等,煎水洗治腹胀。

8. 红敷地发　　　　　　　　　图 1003

Phyllagathis elattandra Diels in Engl. Bot. Jahrb. 65: 116. 1932.

多年生草本,具地下匍匐茎,有明显的叶痕。茎极短,有叶2-3对。叶椭圆形、稀倒卵形或近圆形,先端钝或微凹,基部心形或钝,长10-22厘米,全缘,稀具不明显的疏细齿,基出脉7-9,近边缘两脉极不明显,上面疏被短刺毛,下面被糠秕或有时脉

上疏被短刺毛；叶柄长4-8厘米，有时具翅。伞形花序或伞形花序组成仅有1对分枝的圆锥花序，顶生，花序梗长8-10厘米，被糠秕或杂有极疏的腺毛；花梗长约1厘米，与花萼均被糠秕及疏腺毛；花萼漏斗形，具4棱，长约5毫米，裂片齿状，不明显；花瓣粉红、红或紫红色，长圆状卵形，稍偏斜，长约1厘米；雄蕊8，其中4枚退化，能育雄蕊长1.3厘米，花药长约7毫米；子房卵圆形，顶端的膜质冠缘具细缘毛。蒴果杯形，顶端平截，为宿存花萼所包；宿存花萼具糠秕，长约6毫米，具8脉，四棱形，棱上具窄翅，被腺毛。花期9-11月，果期1-3月。

产广西及广东西南部，生于海拔200-910(-2000)米山坡、山谷疏林下或岩石上湿土中。全株有清热解毒、收敛止血、利湿止痢等功能。

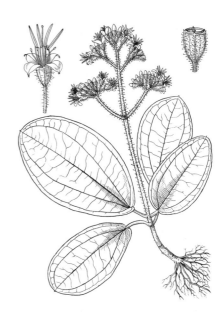

图 1003 红敷地发 （余汉平绘）

9. 锦香草   图 1004 彩片 236

Phyllagathis cavaleriei (Lévl. et Van.) Guillaum. in Lecomte, Not. Syst. 2: 325. 1913.

Allomorphia cavaleriei Lévl. et Van. in Mem. Soc. Nat. Sci. Nat. Math. Cherbourg 35: 394. 1906.

草本，高10-15厘米。茎直立或匍匐，逐节生根，密被长粗毛，四棱形，通常无分枝。叶宽卵形、宽椭圆形或圆形，先端急尖或近圆，有时微凹，基部心形，长6-12.5(-16)厘米，具不明显细浅波齿及缘毛，基出脉7-9，两面绿色或有时背面紫红色，上面疏被糙伏毛状长粗毛，下面仅脉上被平展的长粗毛；叶柄长1.5-9厘米，密被长粗毛。伞形花序顶生，总梗长4-17厘米；苞片被粗毛，通常4枚，长约1厘米或更大，超过4枚时则较小；花梗长3-8毫米，与花萼均被糠秕；花萼漏斗形，具4棱，长约5毫米，裂片宽卵形，长约1毫米；花瓣粉红色至紫色，宽倒卵形，长约5毫米；雄蕊近等长，长0.8-1厘米；子房杯形，顶端具冠。蒴果杯形，径约6毫米；冠4裂，伸出宿存花萼外约2毫米，宿存花萼具8纵肋；果柄被糠秕。花期6-8月，果期7-9月。

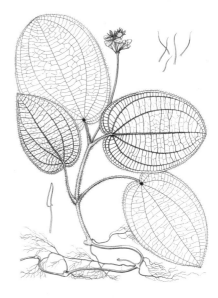

图 1004 锦香草 （引自《图鉴》）

沟边。

[附] **短毛熊巴掌 Phyllagathis cavaleriei** var. **tankahkeei** (Merr.) C. Y. Wu et C. Chen, Fl. Yunnan. 2: 111. 1979. —— *Phyllagathis tankahkeei* Merr. in Lingn. Sci. Journ. 7: 316. 1929. 本变种与模式变种的区别：叶下面基出脉及侧脉上被平展的长粗毛及短毛；花萼有时疏被长刺毛。产江西、福建、湖南、广东、广西、贵州及云南，生于海拔300-1400

产浙江南部、福建、江西西部、湖南西南部、广东北部、广西、贵州东北部及东南部，生于海拔400-1500米山谷、山坡疏、密林下荫湿地或水米山谷、山坡密林下荫湿地及水旁。全株药用，有清凉作用，又用叶炖肉吃有滋补作用；也作猪饲料。

14. 无距花属 Stapfiophyton H. L. Li, emend.

草本，通常直立，有时具匍匐茎。茎钝四棱形。叶全缘或具细锯齿，基出脉（3-）5-7，侧脉平行；具叶柄。伞状聚伞花序组成圆锥花序，顶生，苞片小，常为钻形，早落。花梗通常四棱形；花4数；花萼漏斗状钟形，具4棱，8脉，裂片明显，常为三角形，先端具小尖头；花瓣常偏斜；雄蕊8，极不等长，花丝丝状，花药长圆形或长圆状线形，顶孔开裂，长者花药长约7毫米，基部与花丝紧连，无附属体，药隔不膨大，无距；子房下位，窄卵圆形或长圆形，4室，顶端具膜质冠，冠常4裂，具微缘毛及隔片；花柱细长，柱头点尖。蒴果杯形，4纵裂，与宿存花萼贴生，顶端冠木栓化，较宿存花萼稍高；宿存花萼四棱形，具8脉。种子小，楔形，具棱，密布小突起。

3种，为我国特有属。

1. 茎高7-20厘米，密被微柔毛或无毛；叶边缘具细浅齿；花序梗长2-2.5厘米；花萼长约5.5毫米，花瓣长6-8毫米。
　2. 茎棱上无翅，密被微柔毛；叶卵形或宽卵形，上面被糙伏毛及密柔毛，基出脉7-9；雄蕊有4枚退化成丝状 ·· **败蕊无距花 S. degeneratum**
　2. 茎棱上具窄翅，无毛（除翅缘外）；叶卵形或近披针形，上面被糙伏毛，基出脉3；无退化雄蕊 ·· （附）. **短葶无距花 S. breviscapum**
1. 茎高2-3厘米，密被长硬毛；叶边缘具啮蚀状细齿；花序梗长14-35厘米；花萼长0.8-1厘米，花瓣长约1.7厘米 ·· （附）. **无距花 S. peperomiaefolium**

败蕊无距花　　　　　　　　　　　　　　图 1005

Stapfiophyton degeneratum C. Chen in Bull. Bot. Res. (Harbin) 4 (3): 58. 1984.

草本，高7-20厘米，具匍匐茎，逐节生根。茎直立，四棱形，棱上无翅，肉质，常带红色，密被微柔毛。叶卵形或宽卵形，先端渐尖，基部平截或微心形，长5-8（-9）厘米，基出脉7-9，近边缘的1对不甚明显，具细浅锯齿，齿尖具刺状尖头，上面被糙伏毛及密柔毛，有时糙伏毛基部具白色小圆斑点，下面疏被微柔毛及糙伏毛；叶柄长1-2（-2.5）厘米，密被微柔毛及长柔毛。聚伞花序具1（-2）次分枝，长3-4厘米，花序梗长2-2.5厘米。花梗长约1毫米，被微柔毛及有时兼有疏腺毛；花萼管状漏斗形，具4棱，近顶端缢缩，长约5.5毫米，被密微柔毛及疏腺毛，裂片宽三角形；花瓣淡红、红或紫红色，倒卵状椭圆形或长圆形，先端急尖或长急尖，长6-8毫米，疏被腺毛；雄蕊8，4枚能育，长约1.3厘米，另4枚退化成丝状；子房卵圆形，顶端平截，膜质冠4裂，裂片先端具啮蚀状细齿。蒴果宽卵圆形，具4钝棱，4裂；宿存花萼与果贴生，

图 1005 败蕊无距花 （曾孝濂绘）

较果稍长，疏被腺毛，长约4毫米。花期4-5月，果期约6月。

产广西，生于海拔200-300米山谷疏林下，水旁岩石缝间或积土上，荫湿处或阳处。全株用于蛇咬伤。

　　［附］**短葶无距花 Stapfiophyton breviscapum** C. Chen in Bull. Bot. Res.（Harbin）4（3）：57. 1984. 与败蕊无距花的区别：茎无毛，棱上具窄翅，翅缘具疏腺毛或刺毛；叶卵形或近披针形，上面被糙伏毛，基出脉3；无退化雄蕊。产湖南及广东，生于海拔820-1500米山谷、山坡疏、密林下、路边、水旁肥土上或石上积土上。

　　［附］**无距花 Stapfiophyton peperomiaefolium**（Oliv.）H. L. Li in Journ. Arn. Arb. 25：29. 1944. —— *Sonerila peperomiaefolia* Oliv. in Hook. Icon. Pl. t. 1814. 1889. 与败蕊无距花的区别：茎高2-3厘米，密被长硬毛；叶边缘具啮蚀状细齿；花序梗长14-35厘米；花萼长0.8-1厘米；花瓣长1.7厘米。产广东及香港，生于低山间潮湿处或石山湿土上。

15. 异药花属 Fordiophyton Stapf

　　草本或亚灌木，直立或匍匐状。茎四棱形，有时肉质。叶膜质，基出脉（3）5-7（9），具细齿或细锯齿，侧脉平行，细脉通常网状，不明显；具叶柄或几无。伞形花序单一或聚伞花序组成圆锥花序，顶生，花序梗基部具苞片或花葶。花4数；花萼倒圆锥形或漏斗形，膜质，具8脉，裂片膜质，早落；花瓣上部偏斜；雄蕊4长4短，长者通常粉红或紫红色，花药线形，长1.2厘米以上，基部伸长，常分开或呈叉状，药隔有时基部微突起，短者通常淡黄或白色，花药长圆形，长约为花丝的1/3或1/2，基部不呈叉状，顶孔开裂；子房下位或半下位，通常近顶部具膜质冠，冠有时4裂。蒴果倒圆锥形，顶端平截，顶孔4裂，冠露出或不露出宿存花萼，4裂；宿存花萼与果贴生，具8条纵肋。种子极多数，长三棱形，长约1毫米，有数行小突起。

　　约8种2变种，分布于中国及越南。我国均产。

1. 叶柄极短或长达8毫米，稀下部的叶柄长达2.5厘米 ················· 1. **劲枝异药花 F. strictum**
1. 叶柄长1.5-7厘米。
　2. 聚伞花序组成圆锥花序。
　　3. 花序有花50朵以上；叶长圆形、椭圆状长圆形或卵状长圆形，长10-22厘米；长雄蕊药隔不膨大 ········
　　　···························· 2. **多花肥肉草 F. multiflorum**
　　3. 花序有花30朵以下；叶宽披针形、卵形或椭圆形，长6-10（-17）厘米；长雄蕊药隔微膨大呈小距。
　　　4. 叶上面无毛或有时基出脉行间具极疏的细糙伏毛，叶柄仅与叶片连接处两侧具长柔毛 ········
　　　　···························· 3. **肥肉草 F. fordii**
　　　4. 叶上面被疏柔毛，有时被腺毛或毛基部有白色小腺点，叶柄被疏柔毛 ········
　　　　···················· 3（附）. **毛柄肥肉草 F. fordii** var. **pilosum**
　2. 聚伞花序或伞形花序；花萼及花梗被腺毛，长雄蕊药隔不膨大 ········ 4. **异药花 F. faberi**

1.　劲枝异药花　　　　　　　　图 1006 彩片 237
Fordiophyton strictum Diels in Engl. Bot. Jahrb. 65: 113. 1932.

　　草本，有时亚灌木，高0.6-2米。茎四棱形，有槽，节上常被柔毛或刺毛。叶宽披针形或披针形，稀卵状披针形，先端渐尖，基部浅心形或偏斜，长6.5-11.5（-15）厘米，具细锯齿，齿尖具刺毛，基出脉（3）5，两面被疏微柔毛；叶柄极短或长达8毫米，稀下部叶柄长达2.5厘米，无毛，有时具白色小腺点。聚伞花序长8.5厘米，花序梗及花序分枝被腺毛；苞片心形。花梗短；花萼长约9毫米，具8脉，裂片三角状宽卵形，先端常具1条腺毛；花瓣红、玫瑰红或紫色，长圆形，长约1厘米，外面被紧贴的疏糙伏毛；雄蕊长者紫红色，花丝长约1厘米，短者黄色，花丝长约7毫米；子房近顶部的膜质冠檐具缘毛。蒴果倒圆锥形，顶孔4裂，径（5-）6毫米；宿存花萼与果贴生，膜质冠伸出宿萼外约2毫米。花期（8）9月，果期约

12月。

产云南东南部及广西,生于海拔900-2200米山谷、山坡密林下荫湿处或草丛中。

2. 多花肥肉草　　　　　　　　　图 1007

Fordiophyton multiflorum C. Chen in Bull. Bot. Res.（Harbin）4（3）：60. 1984.

草本,高0.4-1.5米。茎四棱形,有槽,棱上有窄翅。叶长圆形、椭圆状长圆形或卵状长圆形,先端渐尖或镰状渐尖,基部圆或微心形,长10-22厘米,具细锯齿,基出脉7,上面疏被短柔毛,下面密布白色小腺点或圆形腺点;叶柄长1.5-7厘米,与叶片连接处两侧具长柔毛。聚伞花序组成圆锥花序,长约13厘米,有花50朵以上;花序梗长约2厘米,小苞片长圆形,长约1.1厘米,背面被疏腺毛和极疏缘毛。花梗长约7毫米,与花萼均被疏腺

图 1006　劲枝异药花　（余汉平绘）

毛;花萼窄漏斗形或漏斗形,具4棱,萼管长约5毫米,裂片长圆形,长约5毫米,具疏缘毛;花瓣淡红色,长圆形,具腺毛状尖头,长约1.4厘米;雄蕊长者长约2.2厘米,药隔不膨大,短者长约1厘米;子房半下位,倒卵圆形,顶端的膜质冠4浅圆裂。蒴果倒圆锥形;宿存花萼与蒴果贴生,长约6毫米,被腺毛。花期7-10月,果期10-11月。

产广西东北部,生于海拔500-1390米山谷密林下、荫湿处或溪旁。

图 1007　多花肥肉草　（曾孝濂绘）

3. 肥肉草　　　　　　　　　图 1008

Fordiophyton fordii（Oliv.）Krass. in Engl. u. Prantl Pflanzenfam. 3（7）：175. 1893.

Sonerila fordii Oliv. in Hook. Icon. Pl. 15：45. 1884.

草本或亚灌木,高达0.6（-1）米。茎四棱形,棱上常具窄翅。叶常在同一节上差别较大,宽披针形、卵形或椭圆形,先端渐尖,基部浅心形或圆,长6-10（-17）厘米,具细锯齿,齿尖具刺毛,基出脉5（7),上面无毛或有时基出脉行间具极疏的细糙伏毛,下面密布白色小腺点;叶柄长2-6厘米,具窄翅,与叶片连接处具刺毛。聚伞花序组成圆锥花序,长12-20厘米,有

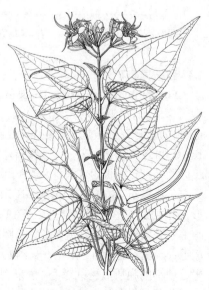

图 1008　肥肉草　（引自《图鉴》）

花30朵以下；花序梗长6-15厘米，无毛，总苞片扁圆形或宽卵形，长1-1.8厘米，具白色小腺点。花梗长0.5-1.5厘米，四棱形，密被腺毛，苞片倒卵形或椭圆形，长约1厘米，被腺毛及白色小腺点；花萼长约1.3厘米，被腺毛及白色小腺点；花瓣白色带红、淡红、红或紫红色，倒卵状长圆形，具腺毛状尖头，长约1.2厘米；雄蕊长者长约2.4厘米，药隔微膨大呈小距，短者长约8毫米；子房顶端的膜质冠檐具缘毛。蒴果倒圆锥形，具4棱，长0.6-1厘米，顶孔4裂，宿存花萼与果贴生，檐部缢缩，无毛，具白色小腺点。花期6-9月，果期8-11月。

产浙江、福建、江西、湖南、广东北部、广西及贵州东南部，生于海拔540-1700米山谷疏、密林下、荫湿地或水旁，或土质肥厚和湿润山坡草地。

[附] **毛柄肥肉草 Fordiophyton fordii** var. **pilosum** C. Chen in Bull. Bot. Res. (Harbin) 4(3): 61. 1984. 与模式变种的区别：叶上面及叶柄被疏柔毛，有时上面被腺毛或毛基部有白色小腺点。产湖南及广东，生于海拔540-950米山坡溪边或荫湿的山沟边。

4. 异药花 伏毛肥肉草 图 1009 彩片 238

Fordiophyton faberi Stapf in Ann. Bot. 6: 314. 1892.

草本或亚灌木，高达80厘米。茎四棱形，无毛。在同一节上的1对叶大小差别较大，宽披针形或卵形，稀披针形，先端渐尖，基部浅心形，稀近楔形，长5-14.5厘米，具不甚明显的细锯齿，基出脉5，上面被紧贴的微柔毛，下面几无毛或极不明显的微柔毛及白色小腺点；叶柄长1.5-4.3厘米，常被白色小腺点，与叶片连接处具短刺毛。聚伞花序或伞形花序顶生，花序梗长1-3厘米，无毛，基部有1对叶状总苞片，苞片早落；伞梗基部具一圈覆瓦状排列的苞片，苞片宽卵形或近圆，常带紫红色，长约1厘米。花梗被腺毛；花萼长漏斗形，具4棱，长1.4-1.5厘米，被腺毛及白色小腺点，具8脉，其中4脉明显，裂片长三角形或卵状三角形，长约4.5毫米；花瓣红或紫红色，长圆形，长约1.1厘米，外面被紧贴的疏糙伏毛及白色小腺点；雄蕊长者花丝长约1.1厘米，花药长约1.5厘米，药隔不膨大；短者花丝长约7毫米，花药长约3毫米；子房顶端的膜质冠檐具缘毛。蒴果倒圆锥形，顶孔4裂，径约5毫米；宿存花萼与蒴果贴生，具不明显的8条纵肋，无毛，

图 1009 异药花 （蔡淑琴绘）

膜质冠伸出萼外，4裂。花期8-9月，果期约6月。

产湖南西部、四川中南部、贵州及云南东北部，生于海拔600-1100(-1800)米林下、沟边或灌木丛中。叶用于冻疮。

16. 肉穗草属 Sarcopyramis Wall.

草本，茎直立或匍匐状，四棱形。叶具3或5基出脉，侧脉平行，常具细锯齿；具叶柄。聚伞花序近头状，顶生，有3-5花，基部具2枚叶状苞片。花梗短，四棱形，棱上常有窄翅；花萼杯状或杯状漏斗形，长3-5毫米，具4棱，棱上有窄翅，裂片4，先端平截，具刺状小尖头或流苏状长缘毛膜质的盘；花瓣4，常偏斜，具小尖头；雄蕊8，整齐，同型，花丝基着，花药倒心形或倒心状椭圆形，长不及1毫米，近顶孔开裂，药隔基部常下延，成钩状短距或成小突起；子房下位，4室，顶端具膜质冠，冠檐不整齐。蒴果杯状，具4棱，膜质冠常超出宿存花萼，顶孔开裂。种子小，多数，倒长卵形，背部具密小乳头状突起。

约6种，分布自尼泊尔至马来西亚及中国。我国4种，2变种。

1. 叶卵形或椭圆形，具疏浅波状齿，长1-3厘米，宽0.7-2厘米；萼片先端增厚成长方形，边缘有时微羽状分裂，背部有刺状尖头。

  2. 花较小；花萼长约3毫米，萼片长方形，与萼管垂直，有时边缘微羽状分裂，花瓣长3-4毫米 ……………
………………………………………………………………………………… 1. **肉穗草 S. bodinieri**

  2. 花大；花萼长约5毫米，萼片三角形，边缘具2-3条裂，花瓣长7-8毫米 ……………………
………………………………………………………… 1(附). **东方肉穗草 S. bodinieri** var. **delicata**

1. 叶宽卵形或卵形，稀近披针形，具细锯齿，长（2-）5-10厘米，宽（1-）2.5-4.5厘米；萼片先端具流苏状长缘
  毛膜质的盘 ……………………………………………………………… 2. **楮头红 S. nepalensis**

1.　肉穗草　　　　　　　　　　图 1010 彩片 239

Sarcopyramis bodinieri Lévl. et Van. in Mem. Soc. Sci. Nat. Cherbourg 35: 397. 1906.

  小草本，高5-12厘米，具匍匐茎。叶卵形或椭圆形，先端钝或急尖，基部钝、圆或近楔形，长1.2-3厘米，宽0.8-2厘米，具疏浅波状齿，基出脉3或5，上面被疏糙伏毛，绿或紫绿色，下面无毛，有时沿侧脉疏被糙伏毛，呈紫红色，稀绿色；叶柄长3-11毫米，具窄翅。聚伞花序顶生，有1-3（5）花，苞片倒卵形，被毛，花序梗长0.5-3（4）厘米。花梗长1-3毫米，四棱形，棱上具窄翅；花萼长约3毫米，具4棱，棱上有窄翅，顶端增宽而成垂

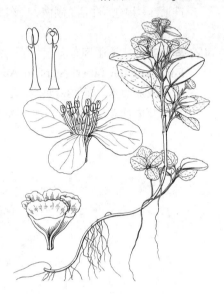

图 1010 肉穗草 （引自《图鉴》）

直的长方形裂片，裂片与萼管垂直，背部具刺状尖头，有时边缘微羽状分裂；花瓣紫红或粉红色，宽卵形，长3-4毫米；雄蕊内向，花药黄色，药隔基部的短距长约为药室1/2；子房坛状，顶端的膜质冠檐具波状齿。蒴果通常白绿色，杯形，具4棱，膜质冠长出宿存花萼的1倍。花期5-7月，果期10-12月或翌年1月。

  产四川东部及中南部、贵州、云南东南部及广西北部，生于海拔1000-2450米山谷密林下、荫湿处或石缝间。全株有清肺热、治肝炎、明目等功能。

  [附] **东方肉穗草**　肉穗草 **Sarcopyramis bodinieri** var. **delicata** (C. B. Rogins.) C. Chen in Bull. Bot. Res. (Harbin) 4(3): 63. 1984. —— *Sarcopyramis delicata* C. B. Robins. in Bull. Torr. Bot. Club. 35: 72, 75.

1908.; 中国高等植物图鉴 2: 1008. 1972. 本变种与模式变种的区别：叶通常较小，长1-1.5厘米，宽0.7-1.2厘米，或长达5厘米，宽2.5厘米；花大，萼管长约5毫米，萼片三角形，长1.5毫米，边缘具2-3条裂，裂片长约1.5毫米；花瓣长7-8毫米，椭圆形。产福建及台湾，生于中海拔地区密林下。菲律宾有分布。

2.　楮头红　　　　　　　　　　图 1011 彩片 240

Sarcopyramis nepalensis Wall. Tent. Fl. Nepal. 32. t. 23 23. 1826.

  直立草本，高10-30厘米。叶宽卵形或卵形，稀近披针形，先端渐尖，基部楔形或近圆，微下延，长（2-）5-10厘米，宽（1-）2.5-4.5厘米，具细锯齿，基出脉3或5，上面被疏糙伏毛，下面被微柔毛或几无毛；叶柄长（0.8-）1.2-2.8厘米，具窄翅。聚伞花序生于分枝顶端，有1-3花，苞片卵形。花梗长2-6毫米，四棱形，棱上具窄翅；花萼长约5毫米，具4棱，棱

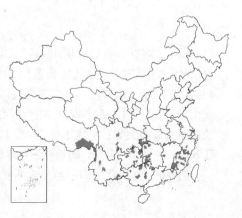

上有窄翅，裂片先端平截，具流苏状长缘毛膜质的盘；花瓣粉红色，倒卵形，长约7毫米；雄蕊等长，花药长为花丝1/2，药隔基部的距长为药室1/4-1/3；子房顶端的膜质冠缘浅波状，微4裂。蒴果杯形，具4棱，膜质冠伸出的部分长为宿存花萼的1倍。花期8-10月，果期9-12月。

产浙江南部、福建、江西、湖北、湖南、广东、广西、贵州、云南、四川及西藏，生于海拔1300-3200米密林下荫湿处或溪边。尼泊尔、缅甸至马来西亚有分布。全草入药，有清肝明目作用，治耳鸣及目雾等症或祛肝炎。

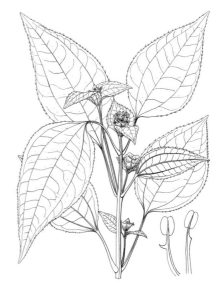

图 1011 楮头红 （引自《图鉴》）

17. 虎颜花属 Tigridiopalma C. Chen

草本，茎极短，被红色粗硬毛，具根状茎，长约6厘米。叶基生，膜质，心形，宽20-30厘米或更大，具不整齐啮蚀状细齿，具缘毛，基出脉9，侧脉平行，上面无毛，下面密被糠粃，脉上被红色长柔毛及微柔毛；叶柄长10-17厘米或更长，被红色粗硬毛。蝎尾状聚伞花序腋生，长24-30厘米，无毛；苞片极小，早落。花梗具棱，棱上具窄翅，被糠粃，长0.8-1厘米；花5数；花萼漏斗状杯形，无毛，具5棱，棱上具皱波状窄翅，顶端平截，萼片极短，三角状半圆形；花瓣暗红色，宽倒卵形，偏斜，几成菱形，长约1厘米；雄蕊10，5长5短，长者长约1.8厘米，花药长1.1厘米，药隔下延呈短柄，柄端前方具2小瘤，后方微具三角形短距，短者长1.2-1.4厘米，花药长7-8毫米，顶孔开裂，基部具2小疣，药隔下延成短距；子房卵圆形，上位，顶端具膜质冠，5裂，裂片具缘毛，胚珠多数，呈纵向5束排列，特立中央胎座。蒴果漏斗状杯形，顶端平截，孔裂，膜质冠木栓化，5裂，边缘具不规则细齿，伸出宿存萼外；宿存萼杯形，具5棱，棱上具窄翅，长约1厘米，膜质冠伸出宿花萼约2毫米；果柄五棱形，棱具窄翅，长约2厘米，无毛。种子小，楔形，密布小突起。

我国特有单种属。

虎颜花

图 1012

Tigridiopalma magnifica C. Chen in Acta Bot. Yunnan 1: 107. 1979.

形态特征同属。花期约11月，果期3-5月。

产广东西南部，生于海拔约480米山谷密林下荫湿处、溪旁、河边或岩石上积土处。也常栽培，供观赏。

图 1012 虎颜花 （蔡淑琴绘）

18. 卷花丹属 Scorpiothyrsus H. L. Li

直立亚灌木，具分枝或不分枝；茎下部近圆柱形，上部四棱形，有槽，被毛或无毛。叶纸质，基出脉5-9，侧脉平行；具长柄。蝎尾状聚伞花序组成圆锥花序，顶生，具花序梗；苞片小，早落。花梗短，常四棱形；花小，4数；花萼漏斗状钟形，具4棱，常被毛，裂片披针形、卵形、圆形或齿裂，先端急尖或具小尖头；花瓣白色，倒卵形、圆形或近卵形；雄蕊8，同型，等长；花丝短，花药长圆形，顶端钝，顶孔开裂，基部无瘤或具刺毛，药隔不下延成短柄，有时背部具小距；子房半下位，卵圆形，4室；花柱细长，柱头点尖。蒴果近球形，为宿存花萼所包；宿存花萼陀螺形或半球形，具钝4棱，具8条纵肋；种子小，楔形，密布小突起。

6种，我国特产。

1. 叶无毛，上面无黄色斑点，叶柄被疏粗毛 ·······························1. **光叶卷花丹 S. glabrifolius**
1. 叶两面被毛。
  2. 叶先端渐尖；茎幼时密被腺毛及柔毛；花萼密被腺毛及柔毛，长约4毫米，萼片窄披针形，长1.5毫米 ······
  ···2. **上思卷花丹 S. shangszeensis**
  2. 叶先端钝、微凹、急尖或近圆；茎幼时被疏粗毛；花萼被糠秕或细微柔毛，长2.5毫米以下，萼片锐三角形、宽三角形或卵形，长约0.5毫米。
    3. 花序长达19厘米，分枝多，第一次分枝长达5厘米；花梗与花萼疏被微柔毛；叶两面被淡红色长柔毛，先端钝或微凹 ·······························3. **红毛卷花丹 S. erythrotrichus**
    3. 花序长达11厘米，分枝少，第一次分枝长约1厘米；花梗与花萼被糠秕；叶两面疏被糙伏毛或糠秕，先端急尖或近圆 ···························3(附). **疏毛卷花丹 S. oligotrichus**

1. 光叶卷花丹 图 1013: 1-2

Scorpiothyrsus glabrifolius H. L. Li in Journ. Arn. Arb. 25: 34. 1944.

图 1013: 1-2. 光叶卷花丹 3-5. 上思卷花丹
(李锡畴绘)

亚灌木，高达22（-40）厘米。茎不分枝，幼时疏被粗毛。叶宽卵形，先端短渐尖或急尖，基部浅心形或近圆，长8-15（-18）厘米，具细锯齿，基出脉5或7，两面无毛，无黄色斑点；叶柄长4-7厘米，疏被粗毛。蝎尾状聚伞花序组成圆锥花序长9-11厘米；花序梗及花序分枝被糠秕及疏短刺毛，四棱形，棱上具窄翅；苞片披针形。花梗长约1毫米，与花萼均被糠秕；花萼钟形，

具4棱，长约1.5毫米，裂片宽三角形，长约0.5毫米，与萼筒垂直；雄蕊长约3毫米，花药基部具2小短刺，药隔背部具小距；子房卵圆形，顶端微凹。蒴果扁球形，为宿存花萼所包；宿存花萼扁球形，径约2毫米，具4棱，顶端平截，具8脉，棱上的脉较明显。花果期约10月。

产海南，生于密林下，荫闭而干燥的地方。

2. 上思卷花丹 图 1013: 3-5

Scorpiothyrsus shangszeensis C. Chen in Bull. Bot. Res. (Harbin) 4
(3): 63. 1984.

亚灌木，高达1米。茎幼时密被腺毛及柔毛。叶卵形或宽卵形，先端渐尖，基部心形，长7-14厘米，具细齿或近全缘，齿尖具刺毛及缘毛，基出脉9，外侧2条细且紧靠边缘，两面被疏糙伏毛及疏微柔毛，下面脉上毛较多；叶柄长4-10.5厘米，密被腺毛及柔毛。蝎尾状聚伞花序组成圆锥花

序长约8.5厘米；花序梗、花序分枝、花梗、花萼均被腺毛及柔毛。花梗长约1.5毫米；花萼钟形，具4棱，长约4毫米，裂片窄披针形，长约1.5毫米；花瓣白或粉红色，扁圆形或宽卵形，长4.5-7毫米；雄蕊长4.5-5.5毫米，花药基部具2刺毛，药隔无距；子房扁球形，无冠，无毛。蒴果扁球形，为宿存花萼所包；宿存花萼扁球形，径约2.5毫米，具4棱，顶端平截，具8脉，被腺毛及柔毛。花期5-6月，果期6-7月。

产广西南部，生于海拔600-850米山坡、山谷密林下或林下，溪边或荫湿处。

3. 红毛卷花丹

图 1014

Scorpiothyrsus erythrotrichus (Merr. et Chun) H. L. Li in Journ. Arn. Arb. 25: 35. 1944.

Phyllagathis erythrotricha Merr. et Chun in Sunyatsenia 5: 147. 1944.

亚灌木，高约20厘米。茎不分枝，幼时被疏粗毛。叶宽卵形或近圆形，先端钝或微凹，基部圆或浅心形，长7-13厘米，具细齿，齿尖具刺毛，基出脉9，外侧2条细且紧靠边缘，两面被淡红色长柔毛；叶柄长3-6厘米，被疏长柔毛。蝎尾状聚伞花序组成圆锥花序长达19厘米；花序梗及花序分枝被微柔毛及疏长柔毛，分枝多，第一次分枝长达5厘米。花梗长1-2毫米，与花萼疏被微柔毛；花萼钟形，微4棱，长约2.2毫米，裂片卵形；花瓣白色，卵形，长1.8毫米；雄蕊长约2毫米，花药基部无瘤，药隔背部小距不明显；子房卵圆形，顶端微凹。蒴果扁球形，与宿存花萼贴生，具4棱，径约3毫米。花期约5月。

产海南，生于海拔约1300米山谷林下或阴湿处。

[附] **疏毛卷花丹 Scorpiothyrsus oligotrichus** H. L. Li in Journ.

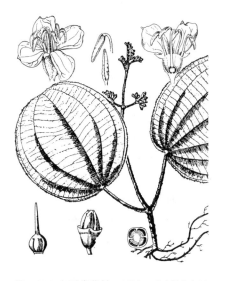

图 1014 红毛卷花丹 （引自《海南植物志》）

Arn. Arb. 25: 34. 1944. 本种与红毛卷花丹的区别：叶两面疏被糙伏毛或糠秕，先端急尖或圆；花序长达11厘米，分枝少，第一次分枝长约1厘米；花梗与花萼被糠秕。产海南，生于山坡密林下或荫闭而干燥的地方。

19. 蜂斗草属 Sonerila Roxb.

草本至小灌木。茎常四棱形，具翅或翅不明显，幼时常被毛或腺毛。叶具细锯齿，齿尖常有刺毛，羽状脉或掌状脉，基部常偏斜；叶柄具翅或无，常被毛。蝎尾状聚伞花序通常少分枝或几呈伞形花序，顶生或生于分枝顶端，有时腋生，花序梗通常长2厘米以上；苞片小，早落。花小，3数或6数；花萼钟状管形，具3棱，有纵脉6条，常被疏腺毛，裂片小，常宽三角形，极短；花瓣外面脊上具1行疏腺毛；雄蕊3或6，等长或不等长，花丝丝状，花药顶孔开裂，基部无瘤，药隔通常不膨大，不下延；子房下位，坛形，顶端具膜质冠，冠3或6裂，通常无毛，具3或6隔片；花柱丝状，稍短于雄蕊，柱头点尖。蒴果倒圆锥形或柱状圆锥形，冠在果时木质化，稍长于宿存花萼，3或6纵裂，与宿存花萼贴生；宿存萼具3棱或6棱，具6或12条纵脉，常被极疏的腺毛。种子小，多数，楔形，表面光滑或具小突起。

约170种，分布于亚洲热带地区。我国12种，2变种。

1. 植株通常较高，通常高15厘米以上（仅毛叶蜂斗草的少数植株高约5厘米）；叶长（2）3-13厘米，宽1.3-6厘米；花药长7-8毫米；蒴果倒圆锥形，径长4-6毫米。

2. 叶上面几无毛或被星散的紧贴短刺毛，下面仅脉上被粗毛或星散短刺毛，其余无毛或被细微柔毛，基部楔形或钝，通常不偏斜。

　　3. 幼茎、叶柄被微柔毛及小腺毛或叶柄仅被微柔毛；花瓣长约1厘米。

　　　　4. 叶柄被微柔毛及小腺毛；花萼被微柔毛及星散的腺毛 ·················· 1. 柳叶菜蜂斗草 S. epilobioides

　　　　4. 叶柄仅被微柔毛；花萼通常疏被糠秕，稀具疏腺毛 ·················· 1（附）. 溪边桑勒草 S. rivularis

　　3. 幼茎、叶柄被长粗毛及微柔毛；花瓣长约7毫米以下。

　　　　5. 叶卵形或椭圆状卵形；花序密被微柔毛及疏腺毛，花瓣长约7毫米，外面中脉被星散腺毛 ·················· ················· 2. 蜂斗草 S. cantonensis

　　　　5. 叶通常披针形长圆形或近椭圆形；花序被长柔毛，花瓣长约4毫米，外面仅中脉被柔毛 ·················· ················· 2（附）. 毛蜂斗草 S. cantonensis var. strigosa

2. 叶上面被糙伏毛，下面被长柔毛及微柔毛，基部圆或浅心形，偏斜 ·········· 3. 毛叶蜂斗草 S. yunnanensis

1. 植株高5-15厘米；叶窄椭圆形或卵形，长（0.5-）1-2.5厘米，宽（3-）4-7毫米，上面被星散长粗毛，下面仅脉上被星散长粗毛，其余无毛或被糠秕；花药长约1.8毫米；蒴果柱状圆锥形，径约2毫米 ·················· ················· 4. 三蕊草 S. tenera

1. 柳叶菜蜂斗草

图 1015

Sonerila epilobioides Stapf et King ex King in Journ. Asiat. Soc. Bengal 69: 22. 1909.

小灌木或亚灌木，高15-25厘米。茎幼时被微柔毛及小腺毛，具匍匐茎。叶椭圆形或卵状椭圆形，先端渐尖，基部楔形，长（3-）5-7（-11）厘米，宽（1.3）2-3（-4）厘米，具细锯齿，上面几无毛或被星散的紧贴短刺毛，下面有时紫红色，被极细微柔毛，有时脉上具星散的紧贴短刺毛，侧脉3-4对；叶柄长0.5（-1.5）厘米，被微柔毛及小腺毛。蝎尾状聚伞花序顶生或生于上部叶腋，有5-9花，长1.5-3.5厘米，花序梗长1-2.5厘米。花梗长1-5毫米，具3棱，棱上具萼脉下延的

窄翅；花萼长约6毫米，被微柔毛及星散的腺毛，具3棱、6脉，其中3脉较粗，裂片宽三角形，长不及1毫米，被腺毛；花瓣红或玫瑰红色，长圆形，长约1厘米，外面中脉具星散腺毛；雄蕊3，等长，偏向一侧，花丝与花药近等长，花药长约8毫米；子房瓶形，顶端平截，膜质冠3裂。蒴果倒圆锥形，具4棱，长约5毫米，3纵裂，与宿存花萼贴生；宿存花萼无毛，具6脉。花期7-9（-11）月，果期10-12月。

产贵州西南部及云南东南部，生于海拔130-1350米山谷或山坡林下荫湿处。越南、老挝、泰国至马来西亚有分布。

图 1015 柳叶菜蜂斗草 （孙英宝绘）

[附] 溪边桑勒草 **Sonerila rivularis** Cogn. in DC. Monogr. Phan. 7: 1182. 1891. 与柳叶桑勒草的区别：叶柄仅被微柔毛；花萼疏被糠秕，稀具疏腺毛。花期6-8月，果期8-11月。产广西、广东及福建，生于海拔500-830米或略低的山地、山谷、灌丛中或水旁石边。越南有分布。

2. 蜂斗草

图 1016

Sonerila cantonensis Stapf in Ann. Bot. 6: 302. 1892.

草本或亚灌木状，高达50厘米。茎幼时被平展的长粗毛及微柔毛，有时具匍匐茎。叶卵形或椭圆状卵形，先端短渐尖或急尖，基部楔形或钝，长3-5.5(-9)厘米，宽1.3-2.2(-3.8)厘米，具细锯齿，上面无毛或被星散的紧贴短刺毛，下面有时紫红色，仅脉上被粗毛，侧脉两对，其中一对基出；叶柄长0.5-1.8厘米，密被长粗毛及柔毛。蝎尾状聚伞花序或二歧聚伞花序顶生，有3-7花；花序梗长1.5-3厘米，密被微柔毛及疏腺毛。花梗长1-3毫米，微具3棱；花萼长约7毫米，被微柔毛及疏腺毛，微具3棱，具6脉，裂片宽三角形，长不及1毫米；花瓣粉红或淡玫瑰红色，长圆形，长约7毫米，先端急尖，外面中脉具星散腺毛；雄蕊3，等长，常偏向一侧，花丝长约7毫米，花药长约8毫米；子房瓶形，顶端具膜质冠，具3个缺刻。蒴果倒圆锥形，稍具3棱，长5-7毫米，3纵裂，与宿存花萼贴生；宿存花萼无毛，具6脉。花期(7-)9-10月，果期12月至翌年2月。

产福建南部、湖南南部、广东、广西及云南东南部，生于海拔1000-1500米山谷、山坡密林下或荫湿地，有时见于荒地上。越南有分布。全株药用，通经活血，治跌打、翳膜。

[附] **毛蜂斗草 Sonerila cantonensis** var. **strigosa** C. Chen, Fl.

图 1016 蜂斗草 (引自《图鉴》)

Yunnan. 2: 125. 1979. 本变种与模式变种的区别：植株密被糙伏毛；叶披针状长圆形或近椭圆形，较窄；花序总梗及花梗密被长柔毛，有3-7花；花较小，花萼长约5毫米，花瓣长约4毫米，外面仅中脉被柔毛。花期6-7月。产云南东南部及海南，生于海拔约1190米的密林下、潮湿处或林内较干燥的地方。

3. 毛叶蜂斗草

图 1017

Sonerila yunnanensis Jeffrey in Notes Roy. Bot. Gard. Edinb. 8: 207. 1914.

草本，高达40厘米。茎四棱形，棱上具窄翅，密被长柔毛。叶卵形或长圆状卵形，稀宽卵形，先端短渐尖或急尖，基部圆或浅心形，偏斜，长(2-)4.5-13厘米，宽(1.3-)2-6厘米，具密细锯齿及缘毛，上面被糙伏毛，下面有时紫红色，被长柔毛及微柔毛，尤以脉上为多，侧脉3-5对；叶柄长(1-)2-6厘米，密被长柔毛。蝎尾状聚伞花序顶生和腋生，有(2-)13花或更多，长2-6厘米，被疏柔毛；花序梗长1.8-4厘米。花梗长约3毫米，被微

图 1017 毛叶蜂斗草 (孙英宝绘)

柔毛及疏腺毛；花萼钟状管形，长约7毫米，被微柔毛及疏腺毛，具6脉，裂片宽三角形，长约1毫米，腺毛较多；花瓣粉红或红色，长圆形或宽椭圆形，长0.8-1厘米，先端急尖，外面中脉常具星散的腺毛；雄蕊3，等长，常偏向一侧，花丝与花药等长，均长约7毫米；子房瓶形，顶端平截，膜质冠3裂。蒴果倒圆锥形，具3棱，长4-7毫米，与宿存花萼贴生；宿存花萼常具星散粗毛，冠与宿萼近等长，具6脉。花期8-9月，果期10-11月

或翌年2月，有时在同一株上花序上部开花，基部果渐熟。

产云南及广西西部，生于海拔500-1400米山谷、山坡密林下，荫湿处或水边。

4. 三蕊草　　　　　　　　　　　　图 1018

Sonerila tenera Royle Ill. Bot. Himal. t. 45. 1834.

草本，高5-15厘米。茎微具4棱，棱上具窄翅，被平展腺毛及微柔毛，上部分枝或基部分枝。叶窄椭圆形或卵形，先端短渐尖，基部楔形，长（0.5-）1-2.5厘米，宽（3-）4-7毫米，具细锯齿，上面被星散长粗毛，下面仅脉上被星散长粗毛，其余无毛或具糠秕，侧脉两对，其中1对基出；叶柄长1-3毫米，微具窄翅，被腺毛。蝎尾状聚伞花序顶生，有2-5花，长1-2.5厘米，被平展腺毛；花序梗长0.8-1.5厘米。花梗长1-5毫米，与花序梗均被疏腺毛，微具3棱；花萼钟状管形，长约4毫米，微具3棱，具6脉，常仅脉上被疏腺毛，裂片宽卵状三角形，长约0.5毫米；花瓣粉红、紫红或淡蓝色，长圆状椭圆形，长约3毫米，一侧偏斜，外面中脉具疏腺毛；雄蕊3，等长，花丝与花药近等长，花药长约1.8毫米；子房瓶形，顶端的膜质冠微3裂。蒴果柱状圆锥形，微具3棱，长约4毫米，与宿存花萼贴生；宿存花萼被疏腺毛，具6脉。花期8-10月，果期10-12月。

图 1018 三蕊草 （引自《图鉴》）

产江西南部、湖南南部、广东北部、广西东北部及云南，生于海拔800-1800米松林下、林间空地、林缘路边草丛中及草地等。印度、缅甸、越南至菲律宾有分布。

20. 藤牡丹属 Diplectria Bl. ex Reichb.

攀援灌木或藤本。茎被鳞片，无毛或被毛。叶对生，常全缘，基出脉3或5；通常具短柄。聚伞花序组成圆锥花序，顶生或腋生，有时具苞片。花小，4数；花萼管状钟形或钟形，被鳞片，无毛或被毛，檐部平截或具不明显齿；花瓣通常白色，卵形或长圆形，无毛；雄蕊8，异型，4长4短，长者花药长圆形或线状长圆形，顶端有喙，顶孔开裂，基部无附属体或具2瘤状体及具短距，短者不发育，花药呈薄片状，基部前面具2片状体或刚毛，后面具尾状长距；子房下位，卵圆形，顶端平截，无冠；花柱线形，柱头点尖。浆果近球形或卵圆形，为宿存花萼所包，冠以萼檐。种子小，多数，楔形，具棱。

2种，分布印度、我国至马来西亚等地。我国1种。

藤牡丹　　　　　　　　　　　　图 1019

Diplectria barbata (Wall. ex C. B. Clarke) Franken et Roos in Blumea 24: 415. f. 3. A. 1978.

Anplectrum barbatum Wall. ex C. B. Clarke in Hook. f. Fl. Brit. Ind.

2: 256. 1879.

攀援灌木或藤本，长3-4米。幼枝疏被星状毛，空心，节上环纹明显。

叶长圆形、宽披针形或长圆状卵形，先端渐尖，基部微心形或浅心形，长8-12厘米，全缘，基出脉5，幼时两面被星状毛，下面脉上有时被星状毛；叶柄长约5毫米，密被星状毛，具槽，槽两侧有1排刚毛。聚伞花序组成圆锥花序，顶生，长约22厘米，花序梗与花序分枝密被星状毛，花序中常夹有叶、苞片、小苞片。花梗与花萼密被星状毛，花梗长2-5毫米；花萼管状钟形，长5-7毫米，裂片不明显；花瓣白色，宽卵形，长约7毫米；雄蕊长者长约1.2厘米，花药长约8毫米，熟时呈U形弯曲，短者不育，长约2.5毫米，花药长约1毫米；子房顶端平截，具隔片。果近球形，顶端平截，为宿存花萼所包。花期6月或11月，果期6-7月。

图 1019 藤牡丹 （引自《海南植物志》）

产海南及广西西部，生于海拔约400米密林中，常攀援于乔木上。印度、越南至马来西亚有分布。

21. 酸脚杆属 Medinilla Gaud.

直立、攀援灌木或小乔木，地生或附生。茎四棱形，有时具翅。叶对生或轮生，全缘或具齿，基出脉3或5，稀9，侧脉平行；具叶柄或无。聚伞花序或聚伞花序组成圆锥花序，顶生或腋生于老茎上或根茎的节上；苞片小，早落。花4数，稀5或6数；花萼檐部裂片明显或不明显，常具小尖头或小突尖；花瓣倒卵形、卵形或近圆形，有时上部偏斜；雄蕊数为花瓣的1倍，等长或近等长，常同形；花丝丝状，花药顶端具喙，顶孔开裂，基部具小瘤或线状突起物，药隔微膨大，下延成短距；子房下位，卵圆形，顶端平截或冠以与子房室同数的裂片，有时具隔片；花柱丝状，柱头点尖。浆果顶端冠以宿存花萼檐部，不开裂，常具小突起。种子小，多数，具明显的小突起或光滑。

约400种，分布于非洲热带、马达加斯加、印度至太平洋诸岛及澳大利亚北部。我国约16种，1变种。

1. 花序顶生。
  2. 聚伞花序分枝少，长约3厘米，有1或3花；茎幼时具明显的窄翅；叶长2-3.5（-5）厘米，叶柄长1-4毫米；附生于树上 ………………………………………………… 1. 矮酸脚杆 M. nana
  2. 聚伞花序组成圆锥花序，分枝多，长8-30厘米，有花30朵以上；地生植物。
    3. 小枝节上具1环短粗刺毛；叶长圆状倒卵形或倒卵状披针形，先端骤缩尾状渐尖，基部楔形，全缘，叶柄长5-8毫米 …………………………………………… 2. 台湾酸脚杆 M. formosana
    3. 小枝节上无毛；叶卵形、披针状卵形或椭圆形，先端渐尖，基部心形，全缘或具细浅锯齿，叶柄极短或无 ……………………………………………………… 3. 顶花酸脚杆 M. assamica
1. 花序腋生、生于无叶老茎上或近根茎的节上。
  4. 花序腋生。
    5. 小枝绿色，枝皮非木栓化；叶基部钝或近圆，上面无毛，下面被糠粃，基出脉5；花序梗长1-2.5厘米；花瓣长0.8-1厘米；果长约7毫米 ……………… 4. 北酸脚杆 M. septentrionalis
    5. 小枝灰黄色，枝皮木栓化；叶基部楔形，上面具小窝点，离基3出脉；花序梗长约4毫米；花瓣长5-6毫米；果长约1.1厘米 ……………………… 4(附). 滇酸脚杆 M. yunnanensis

4. 花序着生于无叶老茎上或根茎的节上；叶披针形或卵状披针形，先端尾状渐尖，基部圆或钝，3-5基出脉 ……
………………………………………………………………………………………… 5. 酸脚杆 **M. lanceata**

1. 矮酸脚杆　　　　　　　　　　　　　　　图 1020

Medinilla nana S. Y. Hu in Journ. Arn. Arb. 33: 168. 1952.

小灌木，高达1米，附生于树上，具匍匐茎。茎弯曲上升，无毛，幼时具明显的窄翅。叶倒卵形或椭圆形，先端钝、近圆或微凹，基部楔形，长2-3.5(-5)厘米，通常中上部具疏细锯齿，下半部全缘，离基3出脉，两面无毛，下面被细糠秕；叶柄长1-4毫米，无毛。聚伞花序顶生，分枝少，有1或3花，长约3厘米，花序梗长约5毫米，四棱形。苞片和小苞片宽卵形，具缘毛，小苞片2，紧贴萼基部；

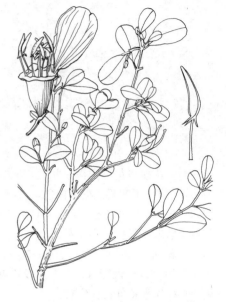

图 1020　矮酸脚杆　（吴锡麟绘）

花梗短，长约1毫米；花萼长漏斗形，长约6毫米，裂片浅波状，长约2毫米；花瓣4，粉红色，倒卵形，先端近平截，长约1.1厘米；雄蕊8，等长，花丝长约5毫米，花药长约4毫米；子房陀螺形，顶端平截，无冠。浆果坛形，长约1厘米，具小突起。花期约6月，果期约11月。

　　产云南东南部及西藏东南部，在海拔1100-2000米山谷、山坡或沟边密林中，附生于树上。越南北部有分布。

2. 台湾酸脚杆　台湾野牡丹藤　　　　　图 1021

Medinilla formosana Hayata, Ic. Pl. Formos. 2: 110. 1912.

攀援灌木。小枝四棱形，具皮孔，无毛，节上具1环短粗刺毛。叶对生或轮生，叶长圆状倒卵形或倒卵状披针形，先端骤缩尾状渐尖，基部楔形，长10-20厘米，全缘，离基3出脉，中部有1对侧脉，两面无毛；叶柄长5-8毫米，无毛。聚伞花序组成圆锥花序，顶生或近顶生，长约25厘米，分枝多，有花30朵以上，无毛。花梗长约6毫米，无毛；花萼近球形，具4棱，上部微缢缩，长3毫米，无毛，檐部全缘或具不明显的4齿；花瓣4，倒卵形，长约7毫米；雄蕊8，同形，等长，

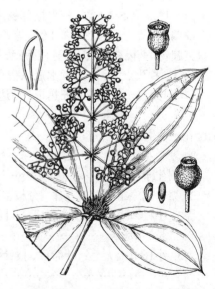

图 1021　台湾酸脚杆　（引自《Fl. Taiwan》）

花丝长约4毫米，花药窄披针形，长3-4毫米，基部具小瘤，药隔微膨大，下延成短距；子房与萼管贴生，顶端呈短圆锥形。浆果近球形，为宿存花萼所包，径约7毫米，无毛，顶端冠以宿存萼片。

　　产台湾南端及岛屿，生于海拔50-1000米山间林中。

3. **顶花酸脚杆** 图 1022 彩片 241

Medinilla assamica (C. B. Clarke) C. Chen in Acta Phytotax. Sin. 21 (4)：419. 1983.

Anplectrum assamicum C. B. Clarke in Hook. f. Fl. Brit. Ind. 2：546. 1879.

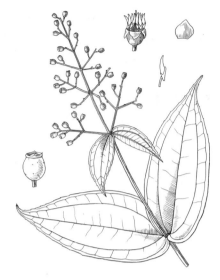

图 1022 顶花酸脚杆 （余汉平绘）

灌木或攀援灌木，有时呈藤本状，高1-4米。小枝无毛。叶卵形、披针状卵形或椭圆形，先端渐尖，基部心形，偏斜，长10-21厘米，全缘或具细浅锯齿，基出脉3或5，两面密布小突起，或背面被疏粗伏毛及糠秕；叶柄极短或无。聚伞花序组成圆锥花序，顶生，长8-30厘米，分枝多，有花30朵以上。花梗长约0.5毫米；花萼杯形，长约4毫米，密布小突起，边缘微波状，裂片不明显；花瓣4，粉红色，宽卵形，长4.5毫米，先端钝或急尖，下部稍偏斜；雄蕊8，等长，花丝长约3毫米，花药基部小瘤与药隔连接成距；子房4室，扁球形，顶端平截，全缘，具隔片。浆果球形，径约4毫米，顶端平截，盘形。种子短楔形，具

小突起。花期4-6月，果期约10月。

产云南东南部、广西北部及海南，生于海拔200-1250米山谷、山坡的疏、密林中，溪边或路旁湿润处。印度、越南及泰国有分布。茎、叶有退热作用。

4. **北酸脚杆** 图 1023

Medinilla septentrionalis (W. W. Smith) H. L. Li in Journ. Arn. Arb. 25：38. 1944.

Oritrephes septentrionalis W. W. Smith in Journ. Asiat. Soc. Bengal II，7：69. 1911.

图 1023 北酸脚杆 （余汉平绘）

灌木或小乔木，高达5（-7）米，有时呈攀援状灌木，分枝多。小枝圆柱形，无毛。叶披针形、卵状披针形或宽卵形，先端尾状渐尖，基部钝或近圆，长7-8.5厘米，中上部具疏细锯齿，基出脉5，叶上面无毛，下面被糠秕；叶柄长约5毫米。聚伞花序腋生，常有3花，稀1或5花，长3.5-5.5厘米，无毛，花序梗长1-2.5厘米。花梗长不及1毫米；花萼钟形，长4-4.5毫米，被极疏腺毛或几无，密布小突起，具钝棱，裂片不明显，具小突尖；花瓣粉红、淡紫或紫红色，三角状卵形，长0.8-1厘米；雄蕊4长4短，长者花丝长4.5毫米，花药长7毫米，短者花丝长3毫米，花药长6毫米，基部具小瘤，药隔基部具短距；子房卵圆形，顶端具4波状齿。浆果坛形，长约

7毫米。种子楔形，密被小突起。花期6-9月，果期2-5月。

产云南南部及西部、广西及广东西南部，生于海拔200-1760米山谷、山坡密林中或林缘荫湿处。缅甸、越南至泰国有分布。

〔附〕**滇酸脚杆 Medinilla yunnanensis** H. L. Li in Journ. Arn. Arb. 25: 39. 1944. 本种与北酸脚杆的区别: 小枝灰黄色, 枝皮木栓化; 叶基部楔形, 上面密布小窝点, 离基3出脉; 花序梗长约4毫米; 花瓣长5-6毫米; 果长约1.1厘米。产广西、云南及西藏, 生于海拔1000-1600米山谷林中、林缘或陡坡林下。

5. 酸脚杆

图 1024

Medinilla lanceata (Nayar) C. Chen in Acta Phytatax. Sin. 21 (4): 421. 1983.

Pseudodissochaeta lanceata Nayar in Journ. Bomb. Nat. Hist. Soc. 65: 563. f. 3. 1969.

灌木或小乔木, 高达5米。小枝四棱形, 枝皮木栓化, 纵裂。叶披针形或卵状披针形, 先端尾状渐尖, 基部圆或钝, 长15-24厘米, 具疏细浅锯齿或近全缘, 基出脉3或5, 5脉时外侧2脉细且近叶缘, 两面无毛或仅下面被微柔毛, 微被糠秕; 叶柄长0.5-1厘米。聚伞花序组成圆锥花序, 生于老茎或根茎的节上, 长8-25厘米, 被微柔毛。花梗长约4毫米, 与花萼均被微柔毛; 花萼钟形, 具不明显的棱, 长5.5-6毫米, 密布小突起, 顶缘浅波状, 裂片成小突尖头; 花瓣4, 扁宽卵形, 长约4.5毫米; 雄蕊8, 几等长, 花丝长约2毫米, 花药长约7毫米, 基部具小瘤; 子房卵圆形, 4室, 顶端具4齿。果坛形, 长约8毫米, 密布

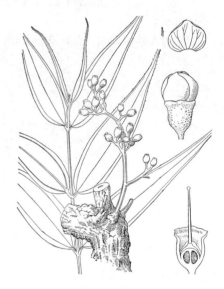

图 1024 酸脚杆 (曾孝濂绘)

小突起, 被微柔毛。种子短楔形, 具疏小突起。花期约8月, 果期4月或10月。

产云南南部, 生于海拔420-1000米山谷或山坡疏、密林中荫湿处。

22. 厚距花属 Pachycentria Bl.

灌木, 有时攀援。小枝四棱形, 具皮孔。叶对生, 常近肉质, 长圆形或卵状披针形, 全缘或具疏波状齿, 3基出脉; 叶柄短。聚伞花序组成圆锥花序, 顶生。花梗常具2小苞片; 花4数; 花萼漏斗形或近球形, 无毛或被糠秕, 上部常微缢缩, 裂片4, 齿状; 花瓣粉红或淡紫色, 卵形或长圆形; 雄蕊8, 同型, 等长, 花丝丝状, 花药线状长圆形或钻形, 顶端微具喙, 顶孔开裂, 基部无附属体, 药隔微下延成短距; 子房下位, 无冠; 花柱丝状, 柱头点尖或微头状。浆果球形, 为宿存萼所包; 宿存萼与果同形, 萼片宿存。种子小, 多数, 倒卵圆形, 光滑。

约8种, 分布于缅甸、马来西亚及我国。我国1种。

厚距花　台湾厚距花

图 1025

Pachycentria formosana Hayata Ic. Pl. Formos. 2: 109. 1912.

小灌木, 附生于树上。茎钝四棱形或圆柱形, 灰褐色。小枝棕褐色, 均布白色皮孔, 与叶幼时及花萼均被微柔毛及糠秕。叶肉质或革质, 卵状披针形或倒卵状披针形, 先端钝或急尖, 基部楔形, 长4-7.5厘米, 全缘或具疏微波状细齿, 离基3出脉, 两面无毛; 叶柄长0.5-1厘米, 幼时被糠秕。花序顶生或近顶生, 长宽约3厘米, 被糠秕; 花序梗长1-2厘米。花梗长约7毫米, 与花序梗均被糠秕; 花萼球状钟形, 长约4毫米, 裂片宽三角

形,具缘毛;花瓣粉红或淡紫色,宽卵形,长约7.5毫米;雄蕊近等长,长约9毫米,花丝扁,花药披针形,长约3.5毫米;子房近球形,花柱长5-6毫米,柱头近头状。浆果近球形,顶端圆形,为宿存花萼所包;宿存花萼顶端微平截,长与直径约7毫米。花期未详,果期约1月。

产台湾,生于海拔700-1750米阔叶林中或荫湿处。

图 1025 厚距花 (引自《Fl. Taiwan》)

23. 翼药花属 Pternandra Jack

小乔木或灌木,无毛。小枝圆柱形。叶对生,卵形或披针形,全缘,基出脉3。聚伞花序或圆锥花序,顶生或腋生,花多或少。花小,4数,花萼半球形或钟形,顶端平截,具不明显的4齿;花瓣4,卵形或披针形;雄蕊8,等长,同型,花丝短,钻形,花药宽长圆形,两端钝,基部无瘤,纵裂,药隔下延呈短距或呈小尖头;子房与花萼合生,4室,顶端下凹;花柱细,柱头圆锥状或棍棒状,近基底的侧膜胎座。浆果球形,顶端平截。种子多数,楔形,有时具棱。

约2种,从亚洲东南部至马来西亚、印度、缅甸。我国1种。

翼药花

Pternandra caerulescens Jack in Malay. Misc. 2: 61. 1822.

小乔木。小枝绿色,无毛。叶卵形或披针形,先端渐尖,基部楔形,长5-7.5厘米,全缘,基出脉3,两面无毛,侧脉平行;叶柄无或长约3毫米。圆锥花序顶生或生于小枝顶端叶腋,长2.5-7.5厘米,花序梗极短或无。花梗四棱形;苞片小,卵形,先端急尖;花萼长大于宽,顶端平截,具不明显4齿,干时具不明显网状鳞片;花瓣天蓝色,卵形,长约1.2厘米或较花梗短,无毛;雄蕊蓝色。浆果球形,顶端平截,具一圈宿存萼檐,径约6毫米,网纹粗糙。

产海南,生于山间林中。缅甸、印度至马来西亚有分布。

24. 褐鳞木属 Astronia Bl.

灌木或小乔木。小枝圆柱形或钝四棱形。叶对生,全缘,基出脉3;具叶柄。聚伞花序组成圆锥花序,顶生,苞片小,早落。花4或5数;花萼钟形,被毛或无毛,檐部不整齐或具3-8裂片;花瓣4-5;雄蕊8-10(-12),同型,等长,花丝短粗,花药短,纵裂,药隔膨大伸长,较药室大2-3倍,或无附属体;子房下位,2-5室,顶端通常平截,花柱短,柱头头状;侧膜胎座近子房底部。蒴果近球形,为宿存花萼所包;宿花萼顶端檐部具不整齐的边缘。种子小,线形或线状倒披针形。

约70种,分布于中国、菲律宾、印度、马来西亚至波利尼西亚。我国1种。

褐鳞木 锈叶野牡丹   图 1026

Astronia ferruginea Elmer in Leafl. Philipp. Bot. 4: 1205. 1911.

灌木或小乔木;树皮深褐色。小枝四棱形,被微柔毛及糠秕。叶椭圆形或近倒卵形,先端急尖或近渐尖,基部楔形或宽楔形,长8.5-12厘米,全缘,基出脉3,上面无毛,下面密被微柔毛及糠秕;叶柄长2-3厘米,被糠秕。花序长约10厘米,具多花,花序梗、花序分枝及花梗均密被糠秕及微柔毛。花梗长1-3毫米;花萼钟形,长1.5-2毫米,被糠秕,裂片5,宽三角形,长约0.5毫米;花瓣5,宽卵形;雄蕊花丝粗,长约2毫米,花药长圆

形，药隔膨大，较药室大2-3倍，无距；子房近球形，顶端平截，无冠，花柱长约1毫米。蒴果近球形，顶端平截，为宿存花萼所包；宿存花萼径3-5毫米，顶端平截，边缘不整齐。种子线状披针形，长约2毫米。

产台湾，生于海拔200-400米山间林中。菲律宾有分布。

图 1026 褐鳞木 （引自《Fl. Taiwan》）

25. 谷木属 Memecylon Linn.

灌木或小乔木；植株通常无毛。小枝圆柱形或四棱形，分枝多，叶全缘，羽状脉，具短柄或无柄。聚伞花序或伞形花序，腋生、生于已落叶的叶腋或顶生。花4数；花萼檐部浅波状或浅裂；花瓣圆形、长圆形或卵形，有时一侧偏斜；雄蕊8，等长，同形，花丝稍长于花药；花药椭圆形、纵裂，药隔膨大，伸长呈圆锥形，较花药大2-3倍，脊上常有一环状体；子房下位，半球形，1室，顶端平截，具8条放射状槽，槽边缘隆起或成窄翅；胚珠6-12，特立中央胎座。浆果状核果，通常球形，顶端具环状宿存萼檐，外果皮通常肉质，有种子1颗。种子光滑，径4毫米以上，种皮骨质；子叶折皱，胚较大，弯曲。

约130种，分布于非洲、亚洲及澳大利亚热带地区，其中以东南亚、太平洋诸岛为多。我国11种，1变种。

1. 叶长8-11（-16）厘米，宽2.5-6（-7.5）厘米。
   2. 果径1.3厘米，紫蓝色，外果皮肉质 ·················· 1. **蓝果谷木 M. cyanocarpum**
   2. 果径7-9毫米，黄绿色，外果皮稍肉质。
      3. 聚伞花序长2-3厘米，花序梗长1-2厘米；叶柄长约5毫米 ·········· 2. **海南谷木 M. hainanense**
      3. 花簇生或呈短聚伞花序，长达1.5厘米，花序梗长约5毫米；叶柄长达1厘米 ············
         ································ 2(附). **多花谷木 M. floribundum**
1. 叶长2-8厘米，宽1-3.5厘米或更窄。
   4. 花瓣白色、淡黄绿色、淡紫色，稀紫色；果径0.7-1厘米；花萼先端具波状齿或三角形裂片。
      5. 叶长5.5-8厘米，宽2.5-3.5厘米，两面粗糙；花梗基部及节上具刚毛，花萼先端具波状齿，花瓣白色、淡黄绿色，稀紫色；果球形，径约1厘米，密布小瘤状突起；小枝圆柱形或不明显四棱形，棱上无翅 ······
         ································ 3. **谷木 M. ligustrifolium**
      5. 叶长1.5-3.5厘米，宽0.7-1.8厘米，两面光滑；花梗无毛，花萼先端具三角形裂片，花瓣淡紫色；果扁球形，径约7毫米，有8条隆起的纵肋，肋粗达1毫米，小枝四棱形，棱上具窄翅 ······
         ································ 3(附). **棱果谷木 M. octocostatum**
   4. 花瓣紫或蓝色；果径6-7毫米；花萼先端近截形，仅具4点尖头 ·········· 4. **细叶谷木 M. scutellatum**

1. 蓝果谷木

图 1027

Memecylon cyanocarpum C. Y. Wu ex C. Chen, Fl. Yunnan. 2: 134. 1979.

大灌木或小乔木，高达12米。小枝圆柱形，无毛。叶革质，椭圆形或宽椭圆形，先端渐尖，基部楔形，长8.5-11（-14.5）厘米，宽3.8-6（-7.5）厘米，全缘，两面无毛，侧脉在近边缘网结成缘脉；叶柄长5-7毫米。聚伞花序腋生，稀近顶生，长约3厘米，花序梗长0.5-1.2厘米，与花梗均无

毛；苞片基部两侧具髯毛。花萼裂片宽卵形，具小尖头；花瓣白或黄绿色，基部淡蓝色，披针形或稍宽，中下部略偏斜，长约3毫米；雄蕊蓝色，花药下弯，长约1毫米，药室及膨大的圆锥形药隔长约1毫米，脊上具一环形体；子房先端具8条放射状槽，无毛。果球形，外皮肉质，成熟时紫蓝色，径约1.3厘米，无毛，顶端具环状宿存萼檐。花果期4-5月。

产云南南部及西藏东南部，生于海拔950-1060米密林中荫湿处。

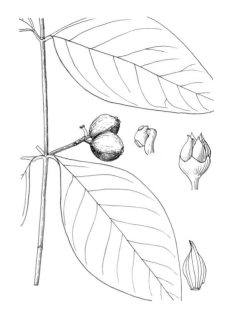

图 1027 蓝果谷木 （孙英宝绘）

2. 海南谷木 图 1028

Memecylon hainanense Merr. et Chun in Sunyatsenia 2: 44. 1934.

大灌木或乔木，高达15米。小枝圆柱形，无毛。叶革质或薄革质，椭圆形或长圆状椭圆形，先端短渐尖，基部楔形，长8-15厘米，宽3.5-6.5厘米，全缘，侧脉约9对；叶柄长约5毫米。聚伞花序腋生或生于已落叶的叶腋，长2-3厘米，无毛，花序梗长1-2厘米，微具4棱；小苞片披针形。花梗长达2毫米；花萼宽杯形，长2-3.5毫米，无毛，先端浅波状，4裂；花瓣白色，卵形，一侧偏斜，长约3.5毫米，基部具爪，爪长约0.5毫米；雄蕊蓝色，长约3.5毫米，药室及膨大的圆锥形药隔长约1.5毫米，脊上具一环状体；子房杯形，先端具8条放射状槽。果球形，径7-9毫米，黄绿色，外皮稍肉质，密布小瘤突起，顶端具环状宿存萼檐。花期约5月，果期约2月。

产云南东南部及海南，生于海拔约1000米山坡灌木丛中。

[附] **多花谷木 Memecylon floribundum** Blume Mus. Bot. Lugd.-Bat. 1: 361. 1851. 与海南谷木的区别：花簇生或成短聚伞花序，长达1.5厘米，花序梗长约5毫米；叶柄长达1厘米。花期5-8月，果期约12月以

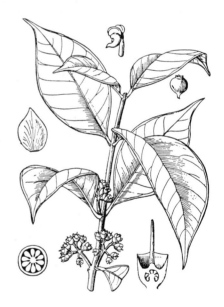

图 1028 海南谷木 （引自《海南植物志》）

后。产海南及西藏，生于海拔1200米左右山间疏、密林中。越南、柬埔寨至印度尼西亚有分布。

3. 谷木 图 1029

Memecylon ligustrifolium Champ. in Journ. Bot. Kew Misc. 4: 117. 1852.

灌木或小乔木，高达7米。小枝圆柱形或不明显四钝棱，棱上无翅。叶椭圆形、卵形或卵状披针形，先端渐尖，基部楔形，长5.5-8厘米，宽2.5-

3.5厘米，全缘，两面无毛，粗糙；叶柄长3-5毫米。聚伞花序腋生或生于已落叶的叶腋，长约1厘米；花序梗长约3毫米；苞片卵形。花梗长1-2

毫米，基部及节上具髯毛；花萼半球形，长1.5–3毫米，先端具波状4齿；花瓣白、淡黄绿色，稀紫色，半圆形，长约3毫米；雄蕊蓝色，长约4.5毫米，药室及膨大的圆锥形药隔长1–2毫米；子房顶端平截。果球形，径约1厘米，密布小瘤状突起，顶端具环状宿存萼檐。花期5–8月，果期12月至翌年2月。

产福建南部、广东南部、海南、香港、广西及云南南部，生于海拔160–1540米密林下。

［附］**棱果谷木 Memecylon octocostatum** Merr. et Chun in Sunyatsenia 2: 294. pl. 66. 1935. 与谷木的区别：小枝四棱形，棱上具窄翅；叶长1.5–3.5厘米，宽0.7–1.8厘米，两面光滑；花梗无毛，花萼先端具三角形裂片，花瓣淡紫色；果扁球形，径约7毫米，有8条隆起的纵肋，肋粗约1毫米。花期5–6月或11月，果期11月至翌年1月。产广东南部及海南。

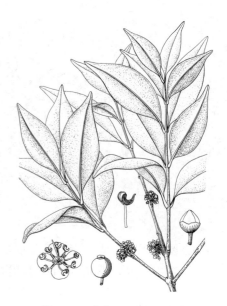

图 1029 谷木 （引自《图鉴》）

4. 细叶谷木 图 1030

Memecylon scutellatum (Lour.) Hook. et Arn. in Bot. Beechey Voy. 186. 1833, nom. consrev.

Scutula scutellata Lour. Fl. Cochinch. 1: 235. 1790.

灌木，稀小乔木，高达4米；树皮灰色。小枝四棱形。叶椭圆形或卵状披针形，先端钝、圆或微凹，基部宽楔形，长2–5厘米，宽1–3厘米，两面密布小突起，粗糙，无毛，全缘，边缘反卷，侧脉不明显；叶柄长3–5毫米。聚伞花序腋生，长约8毫米。花梗长1–2毫米，基部常具刺毛；花萼浅杯形，长约2毫米，无毛，先端平截，具4点尖头；花瓣紫或蓝色，宽卵形，长约2.5毫米；一侧上部具小裂片，背面具棱脊，脊具小尖头；雄蕊长约3毫米，药室及膨大的圆锥形药隔长约1毫米，脊上具一环状体，花丝长约2毫米。果球形，径6–7毫米，密布小疣状突起，顶端具环状宿存萼檐。花期（3–）6–8月，果期（11月–）翌年1–3月。

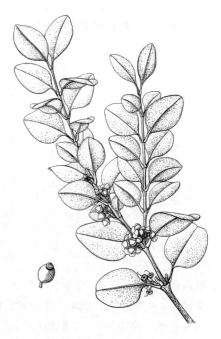

图 1030 细叶谷木 （引自《图鉴》）

产福建南部、广东、海南、广西、云南南部及西藏东南部，生于海拔约3000米山坡、平地或缓坡的疏、密林中或灌木丛中及水边。缅甸、越南至马来西亚有分布。

125. 使君子科 COMBRETACEAE

（向巧萍）

乔木、灌木，稀木质藤本，有些具刺。单叶对生或互生，稀轮生，全缘或稍波状，稀有锯齿；具叶柄，无托叶。叶基、叶柄或叶下缘齿间具腺体。毛被有时分泌草酸钙而成鳞片状，草酸钙有时在角质层下形成透明点或细乳突。花常两性，有时两性花和雄花同株，辐射对称，稀两侧对称；由多花组成花序。花萼裂片4-5 (-8)，镊合状排列，宿存或脱落；花瓣4-5或缺，覆瓦状或镊合状排列，雄蕊常插生萼筒，2枚或与萼片同数，或为萼片2倍，花丝在芽时内弯，花药丁字着，纵裂；常具花盘；子房下位，1室，胚珠2-6，倒生，垂悬于子房室顶，珠柄合生或离生；花柱单一，柱头头状或不明显。坚果、核果或翅果，常有2-5棱。种子1，无胚乳；子叶旋卷、折叠或扭曲，胚根小。

18-19属，450余种，主产热带，亚热带地区有分布，我国6属，25种7变种。

1. 无花瓣；叶常互生或近对生，互生叶常聚生枝顶，对生叶散生；叶两面无明显鳞片状毛被。
    2. 头状花序；坚果具棱或翅，萼筒宿存，在果端延伸成喙，花萼裂片脱落 ············· 1. 榆绿木属 Anogeissus
    2. 穗状或总状花序，或大型圆锥花序；核果或翅果。
        3. 花萼裂片果时膨大；近攀援灌木，枝下垂 ···················· 2. 萼翅藤属 Calycopteris
        3. 花萼裂片脱落；乔木或灌木 ··························· 3. 诃子属 Terminalia
1. 花瓣5-4；叶对生，常具鳞片状毛被。
    4. 萼筒具贴生小苞片2枚，萼齿宿存；直立灌木或小乔木 ··············· 4. 榄李属 Lumnitzera
    4. 萼筒无贴生小苞片；藤本。
        5. 萼筒细长，延伸于子房之上，长4-7厘米，花柱贴生萼筒内壁，雄蕊藏于萼筒，常无花盘，无毛环；果无翅，具5棱 ························· 5. 使君子属 Quisqualis
        5. 萼筒长2厘米以下，花柱不贴生萼筒，雄蕊常伸出花萼，花盘常具毛环；果具4-5膜质或纸质翅或4-5棱 ···························· 6. 风车子属 Combretum

1. 榆绿木属 Anogeissus Wall. ex Guillem. et Perr.

乔木或灌木。叶互生或近对生，全缘；具叶柄。头状花序腋生或顶生。花两性，无梗，花萼漏斗状，具5个三角形齿，裂片脱落；无花瓣；雄蕊10，花药丁字着，先端突尖；花盘浅裂；子房下位，1室，具2侧生翅，胚珠2，倒生，垂悬，花柱锥形，直立。坚果，具棱或翅，宿存萼筒在果端延伸成喙。种子1，子叶旋卷。

约8种，产非洲热带及亚洲。我国1变种。

榆绿木 图 1031 彩片 242

Anogeissus acuminata (Roxb. ex DC.) Guillem. et Perr. var. **lanceolata** Wall. ex C. B. Clarke in Hook. f. Fl. Brit. Ind. 2: 751. 1878.

乔木，高达20米，胸径1米。幼枝、叶被金黄色丝毛，后渐脱落。叶对生或近对生，窄披针形或卵状披针形，长5-8厘米，先端渐尖，基部渐窄或钝圆，全缘，上面无毛或微被毛，下面被疏柔毛，脉腋尤多，侧脉5-7对，在下面突起；叶柄长2-6毫米，被柔毛。头状花序腋生及顶生，花序梗上小苞片线形，长4-5毫米以上，脱落。花无梗；萼筒长2-2.5毫米，被黄色柔毛，顶部具5枚三角形齿；无花瓣；雄蕊10，生于萼筒，2轮，上轮对萼片，下轮与萼片互生，花丝长3-4毫米，花药具小突尖；花盘被长毛；子房密被柔毛，花柱长2-3毫米。果序头状；坚果长约4毫米，连翅

宽约5毫米，翅近方形，先端具喙，喙直而较短，被锈色柔毛。种子长圆形。

产云南南部，生于海拔500-800米河谷或石灰岩地区，为落叶林中优势种之一。越南、老挝、柬埔寨及缅甸有分布。木材重而细密，坚固耐用，适于建筑及室内装饰。

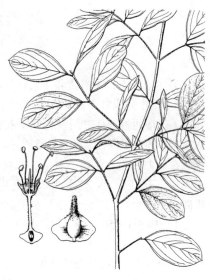

图 1031 榆绿木 （范国才绘）

2. 萼翅藤属 Calycopteris Lam.

披散攀援灌木或大藤本。枝下垂。叶对生，椭圆形或卵形，长5-12厘米，先端钝圆或渐尖，基部钝圆，全缘，上面被柔毛或无毛，中脉及侧脉被毛，下面密被鳞片及柔毛，侧脉5-8 (-10) 对，连同网脉在两面明显；叶柄长（0.8-）1 (-1.2) 厘米，密被柔毛。总状花序，腋生和聚生于枝顶端，形成大型圆锥花序，长5-15厘米，花序轴被柔毛，苞片脱落，花小，两性；苞片卵形或椭圆形，密被柔毛。花萼杯状，萼筒具5棱，被柔毛，长5-7毫米，5裂，裂片三角形，长2-3毫米，直立，两面密被柔毛，外面疏具鳞片；无花瓣；雄蕊10，2轮，5枚与花萼对生，5枚生于萼裂间，花丝长2-3毫米，无毛，花药2室；子房1室，下位，长3-4毫米，花柱锥形，单一，胚珠3，垂悬。假翅果窄圆形，长约8毫米，被柔毛，具5棱，宿萼裂片翅状，长1-1.4厘米，被毛。种子1，长5-6毫米，子叶卷曲。

单种属。

萼翅藤 图 1032

Calycopteris floribunda (Roxb.) Lam. Encycl. Suppl. 2: 41. 1811.

Getonia floribunda Roxb. Pl. Corom. 1: 61. t. 87. 1798.

形态特征同属。花期3-4月，果期5-6月。

产云南西部盈江，生于海拔300-650米林中。缅甸及印度有分布。

图 1032 萼翅藤 （吴锡麟绘）

3. 诃子属（榄仁树属） Terminalia Linn. nom. conserv.

大乔木，具板根，稀灌木。叶常互生，常成假轮状聚生枝顶，稀对生或近对生，全缘或稍有锯齿，间或具细瘤点及透明点，稀具管状粘腺腔；叶柄或叶基部常具2枚以上腺体。穗状或总状花序腋生或顶生，有时成圆锥花序状；花小，（4）5数，两性，稀花序上部为雄花，下部为两性花。雄花无梗；苞片早落；萼筒杯状，延伸于子房之上，萼齿（4）5，镊合状排列；无花瓣；雄蕊（8）10，2轮，生于萼筒，花药背着；花盘在雄蕊内面，稀微发育；子房下位，1室，花柱长，单一，伸出，胚珠2（3-4），垂悬。假核果、核果或瘦果，常肉质，有时革质或木栓质，具棱或2-5翅；内果皮具厚壁组织（与使君子属不同）。种子1，无胚乳，子叶旋卷。

约200种，广布于热带。我国8种。

1. 果具膜质翅。

　2. 叶对生，长10-18厘米，宽5-8厘米，侧脉15-25对，叶柄顶端有1对具柄腺体；萼筒内无长毛；果极多，翅2大1小，长大于宽；小枝无毛 ·· 1. **千果榄仁 T. myriocarpa**

　2. 叶互生，长1.5-6.5厘米，宽1.2-4.5厘米，侧脉6-13对；萼筒内有长毛；果翅等大。

　　3. 叶长1.5-3.8厘米，宽1.2-2.5厘米，两面无毛，两端钝圆，侧脉6-10对，2腺体在叶基 ·············· ·· 2. **错枝榄仁 T. intricata**

　　3. 叶长5-6.5厘米或更长，宽2.5-4.5厘米，侧脉8-15对，2腺体在叶柄顶部。

　　　4. 叶密被黄色丝状伏毛 ·· 3. **滇榄仁 T. franchetii**

　　　4. 叶下面无毛或近无毛，如具疏毛，则非丝状伏毛。

　　　　5. 叶较小，基部非心形 ················ 3(附). **光叶滇榄仁 T. franchetii** var. **glabra**

　　　　5. 叶较大，基部常心形 ········ 3(附). **薄叶滇榄仁 T. franchetii** var. **membranifolia**

1. 果无翅，具2-5纵棱。

　6. 叶互生，常螺旋状排列于枝顶；穗状花序腋生。

　　7. 果椭圆形，常稍扁，无毛，具2纵棱；叶倒卵形，基部平截或窄心形，侧脉10-12对 ················· ·· 4. **榄仁树 T. catappa**

　　7. 果卵圆形，密被锈色绒毛，具5纵棱；叶宽卵形或倒卵形，基部渐窄或钝圆，侧脉5-8对 ··········· ·· 5. **毗黎勒 T. bellirica**

　6. 叶对生或近对生，非螺旋状；圆锥花序腋生。

　　8. 幼枝被绒毛；果长2.4-4.5厘米 ································ 6. **诃子 T. chebula**

　　8. 幼枝、幼叶全被铜色平伏长柔毛；果长不及2.5厘米 ······· 6(附). **微毛诃子 T. chebula** var. **tomentella**

1. 千果榄仁

图 1033 彩片 243

Terminalia myriocarpa Van Huerck et Muell.–Arg. Obs. Bot. 215. 1870.

常绿乔木，高达35米，具大板根。小枝被褐色绒毛或脱落无毛。叶对生，长椭圆形，长10-18厘米，宽5-8厘米，全缘或微波状，稀有粗齿，先端有偏斜短尖头，基部钝圆，仅中脉两侧被黄褐色毛，余无毛或近无毛，侧脉15-25对，在两面明显，平行；叶柄较粗，长0.5-1.5厘米，顶端有1对具柄的腺体。大型圆锥花序，顶生或腋生，长18-26厘米，花序轴密被黄色绒毛。花极多，两性，红色，连同花梗长约4毫米；小苞片三角形，宿存；萼筒杯状，内面无毛，长2毫米，5齿裂；雄蕊10，突出；具花盘。瘦果极多，有3翅，其中2翅等大，1翅特小，长约3毫米，连翅宽约1.2厘米，翅膜质，干后苍黄色，被疏毛，大翅对生，长方形，小翅位于两大翅之间。花期8-9月，果期10月至翌年1月。

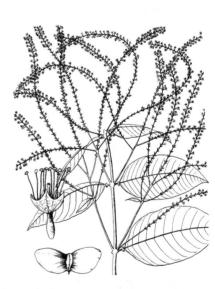

图 1033 千果榄仁 （范国才绘）

产广东南部、广西西南部、云南及西藏东南部，为产区习见上层树种之一。越南北部、泰国、老挝、缅甸北部、马来西亚、印度东北部及锡金有分布。木材坚硬，可作车船和建筑用材。

2. 错枝榄仁 云南榄仁　　　　　　　　　　图 1034

Terminalia intricata Hand.-Mazz. in Anz. Akad. Wiss. Wien, Math.-Nat. 40: 97. 1923.

灌木，高达1米；干皮红棕色。分枝多弯曲；枝黑褐或褐色，老时具纵纹，当年生枝被疏柔毛，老时渐脱落。叶互生，倒卵形或卵形，长1.5-3.8厘米，宽1.2-2.5厘米，两端钝圆，全缘，两面无毛，密被白色瘤点，侧脉6-10对，在两面均明显，叶基常具2腺体；叶柄纤细，长4-9毫米。穗状花序短小，紧密，单生枝顶或腋生，向基部较疏。基部花有梗及叶状苞片，上部花无梗；萼筒高脚碟状，密

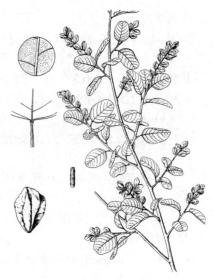

图 1034 错枝榄仁 （范国才绘）

被黄色柔毛，内面被长柔毛，顶端5齿裂；雄蕊10，花丝无毛，伸出萼筒；花柱短于雄蕊。果具相等的3翅，长0.7-1厘米，连翅宽4-7毫米，红褐色，被毛。花期5-6月，果期7月。

产云南西北部、四川西南部及南部、西藏东部。

3. 滇榄仁　　　　　　　　　　　　图 1035

Terminalia franchetii Gagnep. in Lecomte, Not. Syst. 3: 287. 1919.

落叶乔木，高达10米。枝纤细，老时皮纵裂；小枝被金黄色绒毛。叶互生，椭圆形、长椭圆形或宽卵形，长5-6.5厘米，宽2.5-4.5厘米，先端钝或微缺，稍有小凸尖，基部钝圆或楔形，上面被绒毛，下面密被黄色丝状伏毛，侧脉8-15对，在两面明显；叶柄长1-1.5厘米，密被棕黄色绒毛，顶端有2腺体。穗状花序腋生或顶生，被毛，长4-8厘米。花（连花丝）长约9毫米；萼筒杯状，下部密生黄色长毛，上部毛较少，内面具长毛，顶

图 1035 滇榄仁 （范国才绘）

端具5裂齿，萼齿三角形，被疏毛；雄蕊10，伸出萼筒，花药长5毫米；花盘具数腺体；子房长卵圆形，密被黄色长丝毛；花柱长约3毫米。果具等大3翅，倒卵形，被黄褐色长柔毛，长5-8毫米，宽3-5毫米，顶端渐尖，基部钝圆，横切面三角形；无柄。花期4月，果期5-8月。

产四川西南部、云南西北部及中部、广西西部，生于海拔1400-2600米干旱灌丛及林中。

　　[附] **光叶滇榄仁 Terminalia franchetii** var. **glabra** Exell in Sunyatsenia 1: 92. 1933. 本变种与模式变种的区别：叶较小，基部非心形，下面无毛或近无毛，如被疏毛，则非丝状平伏毛，干后常黄绿色。产

四川及云南金沙江流域，生于海拔（1000-）1800（-3200）米干旱河谷或阳坡。

　　[附] **薄叶滇榄仁 Terminalia franchetii** var. **membranifolia** Chao in Acta Phytotax. Sin. 7(3): 235. 1958. 本变种与模式变种的区别：叶常较大，先端常渐尖，基部心形，两面仅叶缘及叶脉被毛，余近无毛；花

序常较长大,雄蕊伸出萼达5毫米;果宽倒卵圆形,橙色,毛被极薄,稍具柄。产广西西部、云南中部及东南部,生于海拔1100-1600米稀树乔木林中。

4. 榄仁树 图1036 彩片244

Terminalia catappa Linn. Mant. Pl. Gen. 1: 128. 1767.

大乔木。枝近顶部密被棕黄色绒毛。叶互生,常密集枝顶,倒卵形,长12-22厘米,先端钝圆或短尖,中下部渐窄,基部平截或窄心形,两面无毛或幼时下面疏被软毛,全缘,稀微波状,中脉粗,在上面凹下成浅槽,基部近叶柄被绒毛,侧脉10-12对,网脉稠密;叶柄粗,长1-1.5厘米,被毛。穗状花序纤细,腋生,长15-20厘米,雄花生于上部,两性花生于下部。花多数,绿或白色,长约1厘米;无花瓣;萼筒杯状,无毛,内面被白色柔毛,萼齿5,三角形,与萼筒几等长;雄蕊10,

图 1036 榄仁树 (范国才绘)

油质。花期3-6月,果期7-9月。

产广东东南部、海南、香港、台湾及云南东南部,常生于气候湿热的海边沙滩,多栽培作行道树。马来西亚、越南、印度及大洋洲有分布,南美热带海岸常见。木材可为舟船、家具等用材。树皮含单宁,能生产黑色染料。种子油可食,也供药用。

伸出萼外;花盘具5个腺体,被白色粗毛;子房幼时被毛;花柱粗;胚珠2。果椭圆形,常稍扁,具2纵棱,棱上具翅状窄边,长3-4.5厘米,宽2.5-3.1厘米,两端稍渐尖,果皮木质,无毛、熟时青黑色。种子1,长圆形,含

5. 毗黎勒 图1037

Terminalia bellirica (Gaertn.) Roxb. Pl. Corom. 2: 54. t. 198. 1798.

Myrobalanus bellirica Gaernt. in Fruct. 2: 90. t. 97. 1791.

落叶乔木,高达35米,胸径达1米。小枝、幼叶及叶柄基部常被锈色绒毛。叶聚生枝顶,宽卵形或倒卵形,长18-26厘米,全缘或微波状,先端钝或短尖,两面无毛,疏生白色细瘤点,侧脉5-8对,下面网脉细密,瘤点较少;叶柄长3-9厘米,无毛,常在中上部有2腺体。穗状花序腋生,在茎上部常聚成伞房状,长5-12厘米,密被红褐色丝毛,上部为雄花,基部为两性花。花淡黄色,长4.5毫米,无梗;萼筒杯状,5裂,裂片三角形,被绒毛;无花瓣;雄蕊10,生于被毛的花

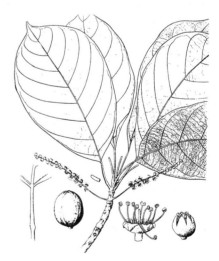

图 1037 毗黎勒 (范国才绘)

产云南南部,生于海拔540-1350米阳坡及疏林中。为沟谷及低丘季节性雨林上层树种之一。印度及东南亚有分布。木材浸水后更坚韧。果皮富含单宁,用于鞣革,供制黑色染料,也

盘外;仅两性花有花盘,10裂,被红褐色髯毛;花柱棒状,长5毫米,疏生长绒毛。假核果卵圆形,密被锈色绒毛,长2-3厘米,具5纵棱。花期3-4月,果期5-7月。

可药用，幼果可通便，成熟果为收敛剂；核仁可食，多食有麻醉作用。也产树脂。

6. 诃子 诃黎勒

图 1038 彩片 245

Terminalia chebula Retz. in Obs. Bot. 5: 31. 1789.

图 1038 诃子 （范国才绘）

乔木，高达30米，胸径1米。枝无毛，皮孔细长，白或淡黄色；幼枝黄褐色，被绒毛。叶互生或近对生，卵形、椭圆形或长椭圆形，长7-14厘米，先端短尖，基部钝圆或楔形，偏斜，全缘或微波状，两面无毛，密被细瘤点，侧脉6-10对；叶柄粗，长1.8-2.3（-3）厘米，近顶端有2（-4）腺体。穗状花序腋生或顶生，有时成圆锥花序，长5.5-10厘米；花多数，两性，长约8毫米。花萼杯状，淡绿带黄色，萼齿5，三角形，内面被黄棕色柔毛；雄蕊10，伸出花萼，花药椭圆形；子

房圆柱形，被毛，花柱粗长，胚珠2，长椭圆形。核果，坚硬，卵圆形或椭圆形，长2.4-4.5厘米，粗糙，无毛，熟时黑褐色，常有5钝棱。花期5月，果期7-9月。

产云南中西部及西南部，生于海拔800-1800米疏林中，常成片分布。东南亚、尼泊尔及印度有分布。果皮和树皮富含单宁（35-40%），系制革工业重要原料。果药用，可治慢性痢疾，幼果干燥后称"藏青果"，治慢性喉

炎，咽喉干燥等。木材供建筑、车辆、家具、家具等用。

[附] **微毛诃子 Terminalia chebula** var. **tomentella** （Kurz）C. B. Clarke in Hook. f. Fl. Brit. Ind. 2: 446. 1878. —— *Terminalia tomentella* Kurz For. Fl. Brit. Burma 1: 445. 1877. 本变种与模式变种的区别：幼枝、幼叶全被铜色平伏长柔毛；苞片长于花；果卵圆形，长不及2.5厘米。产云南西部。缅甸北部有分布。

4. 榄李属 Lumnitzera Willd.

灌木或小乔木。叶互生，肉质，全缘，有光泽，密集小枝顶端；柄极短。总状花序，腋生或顶生。萼筒延伸于子房之上，近基部具2小苞片，裂齿5；花瓣5，红或白色；雄蕊（5-7）10；子房下位，1室，胚珠2-5，垂悬于室顶。果木质，近平滑或具纵纹。种子1。

2种，产东非至马达加斯加、大洋洲北部、亚洲热带及太平洋地区。我国均产。本属植物多生于潮水能到达的热带海岸盐滩，为热带海岸红树林的成分之一。

1. 花序顶生；花瓣深红色；雄蕊伸出冠外，长约为花瓣2倍；果纺锤形，果柄长约5毫米 …… 1. **红榄李 L. littorea**

1. 花序腋生；花瓣白色，雄蕊不伸出冠外，与花瓣等长；果卵圆形，果柄长约1毫米 …… 2. **榄李 L. racemosa**

1. 红榄李

图 1039 彩片 246

Lumnitzera littorea （Jack）Voigt in Hort. Suburb. Calc. 39: 1845. *Pyrrhanthus littoreus* Jack in Mal. Misc. 2: 57. 1822.

乔木，高达25米；有细长膝状伸出水面的呼吸根。幼枝淡红或绿色，无毛，枝具纵裂。叶常聚生枝顶，肉质，倒卵形、倒披针形或窄倒卵状椭

圆形，长（2-）6.5-8厘米，先端钝圆或微凹，基部渐窄成不明显的柄，侧脉4-5对；无柄或近无柄。总状花序顶生，长3-4.5厘米，花多数；小苞

片2,三角形,具腺毛。萼片扁圆形,边缘具腺毛;花瓣红色,长圆状椭圆形,长5-6毫米,先端渐尖或钝头;雄蕊(5-)7(-10),长约1厘米,花药椭圆形,褐色,药隔凸尖;子房纺锤形,长约7毫米,基部渐窄成短柄;胚珠5,4珠柄稍合生,不等长,花柱长约1厘米。果纺锤形,长1.6-2厘米,径4-5毫米,成熟时黑褐色,萼宿存,具纵纹。花期5月,果期6-8月。

产海南(陵水),生于海岸边。亚洲热带、大洋洲北部和波利尼西亚、马来西亚有分布。

图 1039 红榄李 （范国才绘）

2. 榄李 图 1040 彩片 247

Lumnitzera racemosa Willd. in Gen. Naturf. Freund. Neue Schr. 4: 187. 1803.

常绿灌木或小乔木,高约8米。枝红或灰黑色,具叶痕,初被柔毛,后无毛。叶常聚生枝顶,肉质,匙形或窄倒卵形,长5.7-6.8厘米,先端钝圆或微凹,基部渐尖,侧脉3-4对。总状花序腋生,长2-6厘米,花序梗扁,有6-12花。小苞片鳞片状三角形,生于萼筒基部,宿存;萼筒延伸于子房之上,钟状或长圆筒状,长约5毫米,裂齿三角形,长1-2毫米;花瓣白色,长椭圆形,长4.5-5毫米,与萼齿互生;雄蕊10或5,生于萼筒,约与花瓣等长,花丝顶端弯曲;子房纺锤形,长6-8毫米,胚珠4,珠柄大部分合生而不等长。果木质,卵圆形或纺锤形,长1.4-2厘米,径5-8毫米,熟时褐黑色,每侧有1宿存小苞片,上部具线纹,下部平滑,1侧稍扁,具2-3棱,顶端冠以萼肢。种子1,圆柱状,种皮棕色。花果期12月至翌年3月。

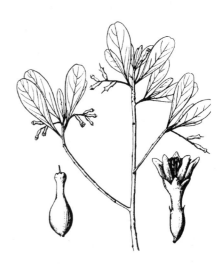

图 1040 榄李 （范国才绘）

产台湾、广东雷州半岛、海南、香港及广西南部,生于海岸边。东非热带、马达加斯加、亚洲热带、大洋洲北部和波利尼西亚及马来西亚有分布。

5. 使君子属 Quisqualis Linn.

木质藤本或蔓生灌木。叶对生或近对生,全缘,无毛或被毛;叶柄落叶后宿存。花较大,两性,白或红色,组成顶生或腋生穗状花序(稀分枝)。萼筒细长,脱落,具外弯萼齿5;花瓣5,大于萼齿;雄蕊10,2轮,插生萼筒内部或喉部,花药丁字着;花盘窄筒状或缺;子房下位,1室,胚珠2-4,垂悬于室顶,珠柄有时具乳突,花柱丝状,部分贴生萼筒内。果革质,长圆形,两端窄,具5棱或5纵翅,在翅间具深槽。种子1,具纵槽。

约17种，产亚洲南部及非洲热带。我国2种。

1. 花序较疏，花初白色后淡红色，花瓣长1.8-2.4厘米，萼筒长5厘米以上；叶柄长5-8毫米，无关节。
　　2. 叶椭圆形或卵形，上面无毛，下面有时疏被棕色柔毛 ················· 1. **使君子 Q. indica**
　　2. 叶卵形，两面被绒毛 ··············· 1(附). **毛使君子 Q. indica** var. **villosa**
1. 花序密集，花红或淡红色，花瓣长5毫米，萼筒长不及2.5厘米；叶柄长3-4毫米，有关节 ···········
　··· 2. **小花使君子 Q. caudata**

1. 使君子　　　　　　　　　　图 1041: 1-4 彩片 248

Quisqualis indica Linn. Sp. Pl. ed. 2, 556. 1762.

攀援状灌木，高达8米。小枝被棕黄色柔毛。叶对生或近对生，卵形或椭圆形，长5-11厘米，先端短渐尖，基部钝圆，上面无毛，下面有时疏被棕色柔毛，侧脉7-8对；叶柄长5-8毫米，无关节，幼时密被锈色柔毛。顶生穗状花序组成伞房状；苞片卵形或线状披针形，被毛。萼筒长5-9厘米，被黄色柔毛，先端具广展、外弯萼齿；花瓣长1.8-2.4厘米，先端钝圆，初白色，后淡红色；雄蕊10，不伸出冠外，外轮生于花冠基部，内轮生于中部；子房具3胚珠。果卵圆形，具短尖，长2.7-4厘米，无毛，具5条锐棱，熟时外果皮脆薄，青黑或栗色。种子圆柱状纺锤形，白色，长2.5厘米。花期初夏，果期秋末。

产福建、江西南部、湖南南部、广东、香港、海南、广西、贵州北部、云南南部及四川。印度、缅甸至菲律宾有分布。种子为中药中最有效的驱蛔药之一，对小儿寄生蛔虫症疗效尤著。

　　［附］**毛使君子 Quisqualis indica** var. **villosa** C. B. Clarke in Hook.

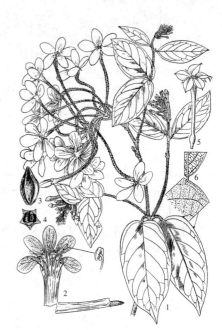

图 1041: 1-4. 使君子　5-6. 小花使君子
（仿《图鉴》）

f. Fl. Brit. Ind. 2: 459. 1878. 本变种与模式变种的区别：叶卵形、两面被绒毛。产福建、台湾及四川。亚洲热带有分布。

2. 小花使君子　　　　　图 1041: 5-6

Quisqualis caudata Craib in Kew Bull. 1930: 164. 1930.

大藤本。小枝黄褐色，被锈色柔毛。叶对生，长圆形，长5-8厘米，先端渐尖，基部圆，上面无毛，被细小白色乳突，下面除中肋有疏毛、脉腋有簇毛外，余无毛；叶柄粗，长3-4毫米，有膨大关节。穗状花序密集；苞片叶状，宽披针形，长0.5-1厘米，被绒毛。萼筒长1.7-2.4厘米，萼齿三角状披针形；花瓣深红或淡红色；雄蕊10，花药长0.8毫米，无花盘。果卵圆形，长约2.5厘米，有光泽，无毛，具棱，熟时黑色。种子1。花期1月。

产云南南部，生于海拔400-1050米密林中湿地。泰国北部有分布。

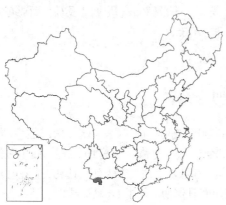

6. 风车子属 Combretum Loefl. nom. conserv.

木质藤本，稀攀援状灌木或乔木。叶对生、互生或近轮生，具柄，几全缘，常被鳞片，有时脉腋有小窝穴或簇毛。圆锥花序或仅为穗状花序或总状花序，顶生及腋生，密被鳞片或柔毛。花两性，(4) 5；萼筒下部细长，在子房之上略缢缩而后呈钟状、杯状或漏斗状，萼4-5齿裂；花瓣4-5，小，着生于萼筒或与萼齿互生，雄蕊数常为花瓣2倍，2轮；花盘与萼筒离生或合生，分离部常被粗毛环，很小或稀缺，花柱单一，常直立，有时很短；子房下位，1室，胚珠2-6，垂悬于室顶。假核果，具4-5翅、棱或肋，革质，有或无柄，干燥，不裂，种子1。

约250种，除大洋洲外，两半球热带地区均有分布，主产非洲热带。我国11种。

1. 花5数；果具5翅；植株常无鳞片。
　　2. 小枝密被锈色绒毛；叶下面脉腋无簇毛；花有梗；萼漏斗状，长4-6毫米，内面在萼肢基部具一疏毛环，无花盘，花丝长，突出花冠外；果密被微柔毛及稀疏红色鳞片 ·············· 1. 长毛风车子 C. pilosum
　　2. 小枝有红黄色微毛；叶脉腋有簇毛；花较细小，无梗，萼杯状，高约2毫米，有5个腺体组成的被毛花盘，花丝短，不伸出；果无毛，有光泽 ·············· 1(附). 十蕊风车子 C. roxburghii
1. 花4数；果具4翅或4棱；植株至少在花部常被鳞片。
　　3. 叶两面密被白色乳突，下面脉腋有长硬毛；花瓣与萼齿等长 ·············· 2. 石风车子 C. wallichii
　　3. 叶两面无白色乳突，下面脉腋无簇毛。
　　　4. 穗状花序腋生，常对生。
　　　　5. 叶对生，两面初被毛，脉上密；萼筒内有锈色稍长于萼齿的长硬毛环 ··· 3. 云南风车子 C. yunnanense
　　　　5. 叶对生、互生或轮生，先端渐尖或突尖，两面无毛，下面密被锈色鳞片；果近圆形或扁圆形，径（2.4-）3-3.5厘米，顶端平截或微凹，尖突有时长达5毫米，果柄长1-4毫米 ····· 4. 西南风车子 C. griffithii
　　　4. 由假头状或穗状花序组成顶生和腋生的圆锥花序。
　　　　6. 小枝及叶两面密被锈色盾状鳞片；萼筒长5-8毫米，萼齿直立。
　　　　　7. 叶披针形、卵状披针形或窄椭圆形；假头状穗状花序组成圆锥花序；花瓣倒卵形 ··············
　　　　　·············· 5. 盾鳞风车子 C. punctatum
　　　　　7. 叶宽椭圆形或近圆形，稀窄椭圆形；常由长穗状花序组成圆锥花序；花瓣窄椭圆形或披针形，锐尖
　　　　　·············· 5(附). 水密花 C. punctatum subsp. squamosum
　　　　6. 小枝及叶两面疏被白色鳞片或无；萼筒长0.8-1厘米，萼齿反折。
　　　　　8. 果纺锤形，具窄翅，被黄或红色鳞片，果柄长约2毫米；叶上面疏被白色鳞片，密被微小乳突，下面密被淡黄色腺鳞，脉腋无小窝穴；穗状花序极短，半球形；花柱疏被鳞片 ··············
　　　　　·············· 6. 榄形风车子 C. olivaeforme
　　　　　8. 果圆形或椭圆形，两端钝圆，翅较宽，果柄长（2-）4-8毫米。
　　　　　　9. 果无鳞片，被稀少短毛，果柄长5-8毫米；叶下面有鳞片 ·············· 7. 阔叶风车子 C. latifolium
　　　　　　9. 果被黄或橙黄色鳞片，无毛，果柄长2-4毫米；叶下面无鳞片 ·············· 8. 风车子 C. alfredii

1. 长毛风车子　　　　　　　　　　　图 1042

Combretum pilosum Roxb. Fl. Ind. 2: 231. 1832.

藤本或乔木，高达20米。小枝、叶柄、花序轴、萼筒及子房均密被锈色绒毛和白色长柔毛。叶对生或近对生，卵状长圆形或长椭圆形，长（8-）9-15厘米，先端短尖或渐尖，基部钝圆、平截或浅心形，幼时上面被柔毛，老时无毛或沿中脉被微柔毛，下面无毛或沿中脉被微柔毛，侧脉5-8(-10)对。圆锥花序顶生及腋生，稠密，苞叶叶状，卵形，长1-3厘米，宿存；苞片早落。花5数，长1.2-2.5厘米，有梗；萼筒漏斗状，长4-6毫米，内

面在萼肢基部具一疏毛环，裂齿5，三角形；花瓣淡红或粉黄色，稀白色，长圆形，长约5毫米，具爪，具羽状脉，被微柔毛；雄蕊10，突出花冠约1厘米；子房近纺锤形，具5棱，花柱中下部密被平展或倒向长柔毛；胚

珠2。果椭圆形或倒卵圆形，长2.5-3.5厘米，密被微柔毛及稀疏红色鳞片，具5翅，等大、膜质、光亮。种子纺锤形。花期12月至翌年3月。

产海南西南部及云南南部，生于海拔600-740米疏林中。中南半岛及印度有分布。

[附] **十蕊风车子 Combretum roxburghii** Spreng. in Syst. Veg. 2: 331. 1825. 本种与长毛风车子的区别：小枝幼时有红黄色微毛；叶下面脉腋有簇毛；花无梗，萼杯状，外面被金黄色长绒毛，内面基部有较短柔毛，有5个腺体组成、密被白色柔毛的花盘，花丝短，不伸出；果有光泽。产云南南部及海南。老挝、尼泊尔、缅甸及泰国有分布。

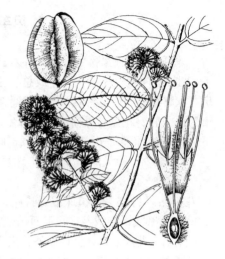

图 1042 长毛风车子 （范国才绘）

2. 石风车子

图 1043 彩片 249

Combretum wallichii DC. Prodr. 3: 21. 1823.

藤本，稀灌木或小乔木状。幼枝扁，有槽，密被鳞片和微柔毛，后渐脱落。叶对生或互生，椭圆形或长圆状椭圆形，稀卵形，长5-13厘米，先端短尖或渐尖，稀钝圆，基部渐窄，两面无毛，密被微小圆形乳突，侧脉（5-）7-9对，在背面凸起，脉腋有锈色或白色长硬毛；叶柄长0.5-1厘米，被褐色鳞片及微柔毛。穗状花序腋生或顶生，在枝顶排成圆锥花序状，花序轴被褐色鳞片及微柔毛；苞片线形或披针形。花4数；萼筒漏斗状或近钟形，长不及4.5毫米，外面上部被褐色鳞片，萼齿三角形；花盘环状，密被黄白色长硬毛，毛突出萼齿之外；花瓣与萼齿等长，倒披针形，渐窄成爪；雄蕊8，超出萼齿约3.5-4毫米，长于花柱，子房四棱形，密被鳞片，花柱粗，无毛；胚珠4。果具4翅，近圆形或扁椭圆形，稀近倒卵形或椭圆形，长2.1-3.2厘米；翅红色，有绢丝光泽，被白色或金黄色鳞片；果柄长约2毫米。花期

图 1043 石风车子 （范国才绘）

5-8月，果期9-11月。

产湖南西南部、广西、贵州、四川南部及云南，生于海拔（480）1000-1800（-2300）米山坡、路边或沟边杂木林或灌丛中，多见于石灰岩地区。锡金、孟加拉、尼泊尔及缅甸北部有分布。

3. 云南风车子

图 1044: 1-3

Combretum yunnanense Exell in Sunyatsenia 1: 88. t. 23. 1933.

藤本，高达4米。小枝被锈色柔毛及鳞片，老时渐脱落。叶对生或近对生，椭圆形、长椭圆形或卵状椭圆形，稀倒披针形或倒卵形，长（4-）7-15（-18）厘米，先端短尖或骤尖，稀尾尖，基部钝圆或楔形，两面初被柔毛，老时仅脉上被毛，具白和橙黄色鳞片，下面尤密，侧脉（6-）8-12对；

叶柄长（0.3-）0.7-1.2厘米，被鳞片及微柔毛。穗状花序腋生，常对生，长3-8（-10）厘米，下部1/3无花，有时聚生枝顶成圆锥花序。花密集，4

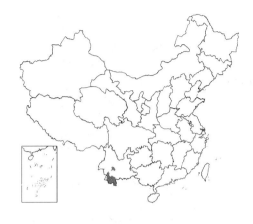

数，密被锈色盾状鳞片，无梗；苞片线形；萼筒漏斗状，与苞片等长，密被锈色鳞片及微柔毛，内面有一锈色稍长于萼齿的长硬毛环，萼齿三角形，锐尖；花瓣黄白色，倒卵形，较萼齿长；雄蕊8，伸出；子房近圆柱形，长约为萼筒之半，花柱长7毫米，无毛，胚珠2(3)。果具4翅，近球形，长2.2-3.5厘米，翅深棕褐色，全缘或有微齿，被锈色鳞片。种子卵圆形，有4条纵沟。花期4-6月，果期7-12月。

产云南南部及西南部，生于海拔500-1600(-2000)米沟谷、河边或疏林中。马来西亚、印度尼西亚及缅甸有分布。

图 1044: 1-3.云南风车子 4-6.西南风车子
（范国才绘）

4. 西南风车子 图 1044: 4-6

Combretum griffithii Van Huerck et Muell. Arg. in Obs. Bot. 5: 231. 1970, fide Kurz.

木质藤本，长达10米以上。枝无毛，密被锈色鳞片。叶对生或互生，稀3叶轮生，长圆状椭圆形或椭圆形，稀倒卵形，长9-14厘米，先端渐尖，稀突尖，基部钝圆或渐窄，两面无毛，被锈色鳞片，下面尤密，侧脉7-9对。穗状花序腋生或顶生，不分枝，稀基部分枝，长6-8厘米，花在序轴上较疏，近1/2以下无花。花4数，长约9毫米；苞片线状披针形，萼筒长约5毫米，上部杯状，下部漏斗状，密被锈色鳞片，内部边缘有锈色毛，稍短于萼齿，萼齿4，三角形；花瓣白色，宽倒卵形，具爪，较花萼裂片长2倍，花丝伸出萼筒约4毫米，长于花柱。果近圆形或扁圆形，径(2.4-)3-3.5厘米，具4翅；翅茶色，密被鳞片，全缘或有微齿，顶端平截或微凹，果柄长1-4毫米。花期5月开始，果期9-12月。

产广西西南部、云南西南部及南部，生于海拔(600-)1100-1600米山菁疏林中或坡地。印度东北部、孟加拉、缅甸至马来西亚有分布。

5. 盾鳞风车子 图 1045

Combretum punctatum Bl. Bijdr. 640. 1825.

攀援灌木或藤本。小枝密被锈色或灰色鳞片。叶对生，披针形、卵状披针形或窄椭圆形，长5-10厘米，先端常突渐尖，基部钝圆，两面无毛，密被鳞片，下面尤密；叶柄长0.5-1.2厘米。假头状穗状花序组成顶生及腋生圆锥花序，长达7厘米，被灰或锈色鳞片；苞片叶状，椭圆形，长1-4厘米。花4数，无梗，无小苞片；萼筒上部杯状，长3-5毫米，密被锈色鳞片，下部漏斗状，长1.5-2毫米；萼齿4，三角形；花盘漏斗状，边缘分离，被髯毛；花瓣倒卵形，黄色；雄蕊8，花丝长约3.5毫米。果常近圆形，有时倒梨形，长达3.5厘米，顶端内凹或平截，基部渐窄成短柄，具4翅；翅

茶褐色，疏被或密被鳞片。花期4月，果至翌年4月尚存。

产广东雷州半岛、海南、广西南部、云南南部及西南部，生于海拔1120-1500米灌丛中。印度尼西亚至越南南部有分布。

[附] **水密花** 彩片 250 **Combretum punctatum** subsp. **squamosum** (Roxb. ex G. Don) Exell in Fl. Males. ser. 1, 4: 539. 1954. —— *Combretum squamosum* Roxb. ex G. Don in Trans. Linn. Soc. Lond. 15: 419. 438. 1827. 本亚种与模式亚种的区别：叶较大，宽椭圆形或近圆形，稀窄椭圆形；圆锥花序由长穗状花序组成；花较短，早落；花瓣窄椭圆形或披针形，锐尖，具爪。产广东、海南、云南西南部及南部。尼泊尔、锡金、印度东北部、孟加拉及东南亚有分布。

6. 榄形风车子

图 1046: 1-6

Combretum olivaeforme Chao in Acta Phytotax. Sin. 7: 244. 1958.

攀援灌木。枝无毛，密被鳞片。叶对生，宽椭圆形，长8-13厘米，先端钝短尖或短渐尖，基部钝或稍尖，上面疏被白色鳞片及密被微小乳突，下面密被淡黄色腺鳞，侧脉7-8对，在下面凸起，网脉亦明显；叶柄长1-1.7厘米，密被鳞片。花聚集末次花序梗之顶而成半球形极短的穗状花序，密被微柔毛，鳞片不显著。花4数，长1.1-1.2厘米，无梗；萼筒外部初时被黄色鳞片，内部具短柔毛环；萼齿三角形，反折；花瓣白色，长椭圆状倒卵形或倒卵形，长约为萼片1/2，先端圆或微凹；雄蕊8，无毛；花柱棒状，疏被鳞片。果纺锤形，具4翅，长2.4-3厘米，两端短尖；被黄或红色鳞片，果柄长约2毫米。花期7月，果期8月开始。

产海南、广西西南部及云南南部。

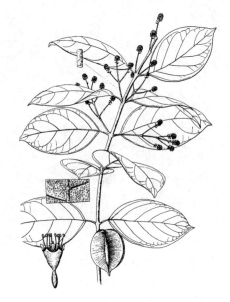

图 1045 盾鳞风车子 （范国才绘）

7. 阔叶风车子

图 1046: 7-11

Combretum latifolium Bl. Bijdr. 641. 1825.

大藤本，长达30米。小枝被鳞片。叶对生，宽椭圆形或卵状椭圆形，长7-15 (-20) 厘米，先端钝或短渐尖，基部钝圆，两面无毛，幼时疏被鳞片，老时密被极细鳞片，侧脉6-8对，脉腋有小窝穴；叶柄长1.5-2.5厘米。总状花序腋生或组成顶生圆锥花序，密被绒毛状微柔毛。花4数，极多；苞片早落；萼筒漏斗状，后钟状，外面密被短微柔毛和微小黄色鳞片，内有短毛环，毛长不超过萼齿，萼齿4，三角形，反折；花瓣绿白或黄绿色，长圆状倒卵形，先端内凹，具短爪，与萼齿等长；雄蕊8，长约8毫米；子房微具4棱，基部渐窄成柄；花柱棒状，无鳞片，长9毫米，胚珠常2。果圆形或倒卵圆形，顶端微凹，长与宽均2.5-3厘米，具4翅，翅光亮而有脉

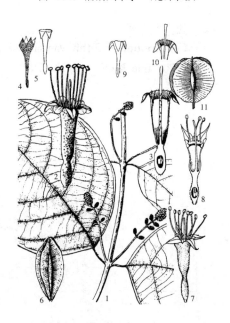

图 1046: 1-6. 榄形风车子 7-11. 阔叶风车子
（范国才绘）

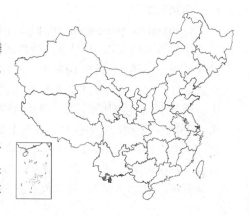

纹，浅黄或浅棕色，无鳞片，被稀少短毛；果柄长5-8毫米。花期1-4月，果期6-10月。

产云南南部，生于海拔540-1000米林中。印度及东南亚有分布。

8. 风车子 图 1047

Combretum alfredii Hance in Journ. Bot. 9: 131. 1871.

直立或攀援状灌木，高约5米。小枝、叶下面、叶柄、花序轴、花萼外面及果翅均密被棕黄色绒毛和橙黄色鳞片。小枝近方形，有纵槽。叶对生或近对生，长椭圆形或宽披针形，稀椭圆状倒卵形或卵形，长12-16(-20)厘米，先端渐尖，基部楔形，稀钝圆，全缘，两面无毛，稀下面脉上有粗毛，侧脉6-10对，伸达叶缘处弯拱而连结，脉腋有丛生粗毛；叶柄长1-1.5厘米。穗状花序腋生和顶生或组成圆锥花序；小苞片线状。花长约9毫米；萼钟状，长约3.5毫米，萼齿4或5，三角形，内面具大粗毛环，稀毛突出萼喉之上；花瓣黄白色，长倒卵形，长约2毫米；雄蕊8，花丝生于萼筒基部，伸出萼外甚长；子房圆柱状，稍四棱形，被鳞片，花柱圆柱状，胚珠2。果椭圆形，有4翅，圆形、近圆形或梨形，长1.7-2.5厘米；被黄色或橙黄色鳞片，翅

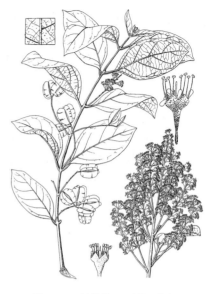

图 1047 风车子 （引自《图鉴》）

等大，熟时红或紫红色，宽0.7-1.2厘米；果柄长2-4毫米。种子纺锤形，有8条纵沟，长约1.5厘米。花期5-8月，果期9月开始。

产江西南部、湖南南部、广东及广西，生于海拔200-800米河边或谷地。

126. 红树科 RHIZOPHORACEAE

（覃海宁）

常绿乔木或灌木，具各种类型的根，为合轴分枝。小枝常有膨大的节，实心而具髓或中空或无髓。单叶，交互对生，具托叶，稀互生而无托叶，羽状叶脉；托叶生叶柄间，早落。花两性，稀单性或杂性同株；单生或簇生叶腋或排成疏或密的聚伞花序。萼筒与子房合生或分离，裂片4-16，镊合状排列，宿存；花瓣与萼裂片同数，全缘，2裂，撕裂状、流苏状或顶部有附属体，常具柄，早落或花后脱落，稀宿存；雄蕊与花瓣同数或2倍或无定数，常成对或单个与花瓣对生，并为花瓣所抱持；花药4室，纵裂，稀多室而瓣裂；花盘环状有钝齿，稀无花盘；子房下位或半下位，稀上位，2-6(-8)室，有时因隔膜抑缩而成1室，花柱单生或分枝，具头状或盘状柱头，胚珠每室2或1室多颗，下垂。果革质或肉质，不裂，稀蒴果而开裂，1室，稀2室，具1-2种子。种子有或无胚乳。

约16属120余种，分布全世界热带地区。我国6属13种1变种。本科大部分种类为海边红树林的主要植物，有防风、防浪、护堤的作用，也是盐土指示植物；树皮富含单宁，为浸染皮革和染料的重要原料；作药用除为收敛剂外，又能治疗麻疯病及胶皮脚病，也有止痛及止血作用；根、叶外敷，可治疗创伤。

1. 叶先端渐尖或凸尖，稀圆（竹节树属个别种类）。
  2. 叶先端凸尖；花瓣4，花药多室，瓣裂 ···································· **1. 红树属 Rhizophora**
  2. 叶先端渐尖；花瓣非4，花药4室，纵裂。
    3. 花瓣2深裂，裂缝间常有刺毛1条 ·································· **4. 木榄属 Bruguiera**
    3. 花瓣撕裂状或为不规则啮蚀状，常具柄。
      4. 小枝实心；叶下面常有黑色或紫黑色小点；雄蕊着生花盘上；果1室，稀2室，有1-3（稀多数）种子
        ··· **5. 竹节树属 Carallia**
      4. 小枝中空；叶下面无小点；雄蕊生于萼筒喉部；果5-10室，有多数种子 ····· **6. 山红树属 Pellacalyx**
1. 叶先端钝或微凹缺。
  5. 雄蕊为花瓣的倍数，花瓣先端有短棒状的附属体 ······················ **2. 角果木属 Ceriops**
  5. 雄蕊极多数，花瓣2裂，每裂片再分裂为数条线状裂片 ················ **3. 秋茄树属 Kandelia**

1. 红树属 Rhizophora Linn.

乔木或灌木，有支柱根。枝有明显叶痕。叶交互对生，全缘，无毛，具叶柄，下面常有黑色腺点，中脉伸出顶端成一尖头；托叶披针形，稍带红色。花两性；2至多花排列成一至三回的聚伞花序；花序梗生于当年生叶腋或已落叶的叶腋。花萼4深裂，革质，基部为合生的小苞片包围；花瓣4，全缘，生花盘基部，早落；雄蕊8-12，无花丝或花丝极短，生花盘边缘，多室，瓣裂；子房半下位，2室，每室2胚珠，花柱不明显或长达6毫米，柱头不裂或不明显2裂。种子1（2-3），无胚乳，于果实未离母树前发芽，胚轴突出果外成一长棒状。

约7种，广布于全世界热带海岸盐滩和海湾内的沼泽地。我国3种。

1. 花序梗粗大，短于叶柄，生于已落叶叶腋，有2花；小苞片合生成杯状；花瓣无毛，雄蕊12 ···········
  ·· **1. 红树 R. apiculata**
1. 花序梗稍纤细，约与叶柄等长或长于叶柄，生叶腋，有2至多花；小苞片仅基部合生；花瓣有毛，雄蕊8。
  2. 子房上部不高出花盘，花柱明显，线形，长4-6毫米 ····················· **2. 红海兰 R. stylosa**
  2. 子房上部高出花盘成一圆锥形，花柱不明显 ·················· **2（附）. 红茄冬 R. mucronata**

1. 红树

图 1048 彩片 251

Rhizophora apiculata Bl. Enum. Pl. Java 1: 91. 1827.

乔木或灌木，高达4米。叶椭圆形或长圆状椭圆形，长7-12（-16）厘米，先端短尖或凸尖，基部宽楔形，下面中脉红色；叶柄粗，淡红色，长1.5-2.5厘米，托叶长5-7厘米。花序梗粗，生于已落叶的叶腋，比叶柄短，有2花。花无梗；小苞片合生成杯状；花萼裂片长三角形，短尖，长1-1.2厘米；花瓣长6-8毫米，无毛；雄蕊约12，4枚瓣上着生，8枚萼上着生，短于花瓣；子房上部钝圆锥形，长1.5-2.5毫米，为花盘包围，花柱极不明显，柱头2浅裂。果倒梨形，长2-2.5厘米，径1.2-1.5厘米。胚轴圆柱形，稍弯曲，绿

图 1048 红树 （黄锦添绘）

紫色，长20-40厘米。花果期几全年。

产海南及广西南部，生于海浪平静、淤泥松软的浅海盐滩或海湾内沼泽地，喜盐分较高的泥滩，在淤泥冲积丰富的两岸盐滩上，常形成单种优势群落。东南亚热带、美拉尼西亚、密克罗尼西亚及澳大利亚北部有分布。树皮用作收敛剂。

2. 红海兰 红海榄 图 1049: 1-9 彩片 252

Rhizophora stylosa Griff. Not. Pl. Asiat. 4: 665. 1854.

乔木或灌木，基部有发达的支柱根。叶椭圆形或长圆状椭圆形，长6.5-11厘米，先端凸尖或钝短尖，基部宽楔形，中脉和叶柄绿色；叶柄粗，长2-3厘米，托叶长4-6厘米。花序梗纤细，从当年生的叶腋长出，与叶柄等长或稍长，有2至多花。花具短梗，基部有合生的小苞片；花萼裂片淡黄色，长0.9-1.2厘米；花瓣短于花萼，边缘被白色长毛；雄蕊8，4枚瓣上着生，4枚萼上着生；子房上部不高出花盘，半球形，为花盘包围，长1.5毫米，花柱丝状，长4-6毫米，柱头不明显2裂。果倒梨形，平滑，顶端收窄，长2.5-3厘米，径1.8-2.5厘米。胚轴圆柱形，长30-40厘米。花果期秋冬季。

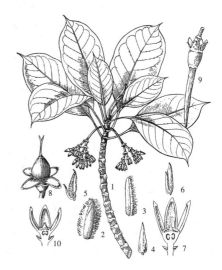

图 1049: 1-9.红海兰 10.红茄冬
（黄少容绘）

产广东雷州半岛、海南及广西南部，生于沿海盐滩红树林内缘。马来西亚、菲律宾、印度尼西亚（爪哇）、新西兰及澳大利亚北部有分布。本种对环境要求不严；抗海浪冲击力比同属其它植物强。

[附] **红茄冬** 图 1049: 10 **Rhizophora mucronata** Poir. in Lam. Tabl. Enc. (Text.) 2: 517. 1794. 与红海兰的主要区别：叶较大，长10-16厘米，宽5-10厘米；子房上部高出花盘成一圆锥形，花柱明显线形，长4-6毫米。

产台湾（高雄），生于海湾两岸盐滩或潮水到达的沼泽地。非洲东海岸、印度、马来西亚、菲律宾及澳大利亚北部有分布。木材坚重，边材淡红色，心材暗红色，耐腐性强，浸于水中经久不腐，为良好的建筑用材；树皮入药，有收敛作用；果味甜，可食。

2. 角果木属 Ceriops Arn.

灌木或小乔木，具支柱根。叶交互对生，密集于小枝顶端，全缘，无毛，具托叶。花小，排成稠密的聚伞花序；花序梗短或无；小苞片2，下部合生成浅杯状，分离部分卵形。花萼5-6深裂；花瓣与花萼裂片同数，每一花瓣抱持长短两枚雄蕊，生于杯状浅裂的花盘边缘，有时中部有钩状刺毛，顶端有2-3枚棒状附属体或分裂成流苏状；雄蕊为花瓣2倍，生于花盘的裂片间，长短相间，花药4室，纵裂；子房下位，3室，每室2胚珠，花柱圆柱形，不分枝，柱尖全缘或不明显2-3裂。果倒卵圆形，1室，1种子，中部为外反、宿存的花萼裂片围绕。种子无胚乳，于果实未离母树前萌发；胚轴长棒状，顶端尖，有明显的棱。

2种，分布于亚洲及非洲热带海岸。我国1种。

角果木 图 1050

Ceriops tagal (Perr.) C. B. Rob. in Philipp. Journ. Sci. Bot. 3: 306. 1908.

Rhizophora tagal Perr. in Mém. Soc. Linn. Paris 3: 138. 1824.

灌木或乔木，高达5米。枝有明显叶痕。叶倒卵形或倒卵状长圆形，长4-7厘米，先端圆或微凹，基部楔形，边缘骨质，干后反卷，中脉在两面凸起，侧脉不明显；叶柄长1-3厘米，托叶披针形，长1-1.5厘米。聚伞花

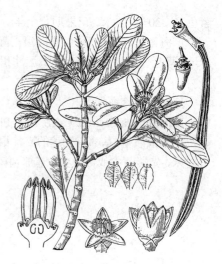

序腋生,长2-2.5厘米,分枝,有花2-4(-10)。花小,盛开时长5-7毫米;花萼裂片革质,花时直,果时外反或扩展;花瓣白色,短于花萼,先端有3或2枚微小的棒状附属体;雄蕊长短相间,短于花萼裂片。果圆锥状卵圆形,长1-1.5厘米,基部径0.7-1厘米。胚轴长15-30厘米,中上部稍粗大。花期秋冬季,果期冬季。

产广东雷州半岛、海南及台湾南部,生于潮涨时仅淹没树干基部的泥滩和海湾内的沼泽地。非洲东部、斯里兰卡、印度、缅甸、泰国、马来西亚、菲律宾及澳大利亚北部有分布。本种耐盐性很强,但很不耐海水淹没和风浪冲击,没有明显的支柱根,仅借基部侧根变粗而起支持作用,耐寒性较强。材质坚重,耐腐性强,可作桩木、船材和其它小件用材。全株入药,有收敛的功效,树皮煮汁,可以止血、治恶疮。

图 1050 角果木 (黄少容绘)

3. 秋茄树属 **Kandelia** Wight et Arn.

灌木或小乔木,高达3米,具支柱根。枝有膨大的节。叶交互对生,椭圆形、长圆状椭圆形或近倒卵形,长5-9厘米,先端钝或圆,基部宽楔形,全缘,叶脉不明显;叶柄粗,长1-1.5厘米,托叶长1.5-2厘米,早落。二歧聚伞花序腋生,有4(-9)花;花序梗长短不一,1-3枚着生上部叶腋,长2-4厘米。花具短梗,盛开时长1-2厘米;花萼(4)5(6)深裂,裂片线形,长1-1.5厘米,基部与子房合生并为一环状小苞片所包围,花后反卷;花瓣与花萼裂片同数,白色,2裂,每一裂片再分裂为数条丝状裂片,早落;雄蕊多数,长短不一,分离或基部多少合生,花丝纤细,花药4室,纵裂;子房下位,幼时3室,每室有胚珠2颗,结实时1室,仅1胚珠发育,柱头3裂。果圆锥状卵圆形,长1.5-2厘米,中部为外反、宿存的花萼裂片所包围。种子无胚乳,于果实未离母树即萌发;胚轴圆柱形或棒形,长12-20厘米。

单种属。

秋茄树

Kandelia candel (Linn.) Druce, Rep. Bot. Exch. Club. Br. Isl. 1913 (3): 420. 1914.

Rhizophora candel Linn. Sp. Pl. 443. 1753.

图 1051 彩片 253

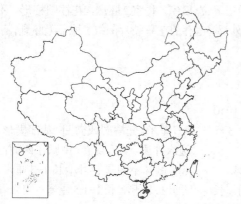

形态特征同属。染色体2n=36。花果期几全年。

产广东雷州半岛及东南部、海南、广西南部、福建南部及台湾北部,生于浅海及河流出口冲积带的盐滩。印度、缅甸、泰国、越南、马来西亚及日本(琉球群岛南部)有分布。树皮用作收敛剂。

图 1051 秋茄树 (黄少容绘)

4. 木榄属 **Bruguiera** Lam.

乔木或灌木，有板状支柱根或曲膝状气根。叶革质，交互对生，全缘，无毛，具柄；托叶膜质，早落。花单生或2-5花组成聚伞花序，腋生；花梗下弯，基部具关节；无小苞片；花萼萼筒钟形或倒圆锥形，上部7-14(-16)深裂，裂片钻状披针形；花瓣与花萼裂片同数；雄蕊数目为花瓣的2倍，每2枚雄蕊为花瓣所抱持，花药4室，纵裂；花盘着生于萼筒上；子房下位，(2)3(4)室，每室有2胚珠，花柱丝状，柱头2-4裂。果藏于萼管内或与其合生，1室1种子。种子无胚乳，于果实未离母树前萌发；胚轴圆柱形或纺锤形。

约7种，分布东半球热带海滩，从非洲东部至亚洲，经马来西亚到澳大利亚北部和波利尼西亚。我国3种1变种。

1. 萼平滑，花瓣中下部密被长粗毛，上部无毛或近无毛，裂片先端有2-3(4)条刺毛 ··· 1. **木榄 B. gymnorrhiza**
1. 萼具纵棱，花瓣边缘具长粗毛，裂片先端无刺毛 ························· 2. **海莲 B. sexangula**

1. 木榄

图 1052 彩片 254

Bruguiera gymnorrhiza (Linn.) Savigny in Lam. Taol. Enc. 4: 697. 1798.

Rhizophora gymnorrhiza Linn. Sp. Pl. 443. 1753.

图 1052 木榄 (黄少容绘)

乔木或灌木，高达6米。叶椭圆状长圆形，长7-15厘米，先端短尖，基部楔形；叶柄长2.5-4.5厘米，托叶长3-4厘米，淡红色。花单生，盛开时长3-3.5厘米。花梗长1.2-2.5厘米；萼平滑无棱，暗黄红色，裂片11-13；花瓣长1.1-1.3厘米，中下部密被长粗毛，上部无毛或几无毛，2裂，裂片先端有2-3(4)条刺毛，裂缝间具刺毛1条；雄蕊稍短于花瓣；花柱3-4棱柱形，长约2厘米，黄色，柱头3-4裂。胚轴长15-25厘米。染色体2n=26。花果期几全年。

产广东雷州半岛、海南、广西南部、福建南部及其沿海岛屿，生于浅海盐滩，多散生于秋茄树的灌丛中。非洲东南部、印度、斯里兰卡、马来西亚、泰国、越南、澳大利亚北部及波利尼西亚有分布。本种分布广，是我国红树林的优势树种之一。树皮含单宁达20%，用作收敛剂，水煎服可止泻。

2. 海莲

图 1053

Bruguiera sexangula (Lour.) Poir. in Lan. Enc. Meth. Bot. Suppl. 4: 262. 1816.

Rizophora sexangula Lour. Fl. Cochinch. 297. 1790.

乔木或灌木，高达4(稀8)米。叶长圆形或倒披针形，长7-11厘米，两端渐尖，稀基部宽楔形，中脉橄榄黄色，侧脉在上面明显；叶柄长2.5-3厘米，与中脉同色。花单生于长4-7毫米的花梗上，盛开时径2.5-3厘米。花萼鲜红色，微具光泽，萼筒有纵棱，裂片(9)10(11)，长于萼筒；花

瓣金黄色，长0.9-1.4厘米，边缘具长粗毛，2裂，裂片先端钝，反卷，无短刺毛，裂缝间有1条常短于裂片的刺毛；雄蕊长0.7-1.2厘米；花柱红黄色，有3-4纵棱，长1.2-1.6厘米，柱头3-4裂。胚轴长20-30厘米。花果期秋冬季至翌年春季。

产海南，生于滨海盐滩或潮水到达的沼泽地。印度、斯里兰卡、马来西亚、泰国及越南有分布。树皮含单宁23%，用作收敛剂。

图 1053 海莲 （黄少容绘）

5. 竹节树属 **Carallia** Roxb.

灌木或乔木；树干基部有时具板状根。叶交互对生，具柄，全缘或具锯齿，下面常有黑或紫色小点；托叶披针形。聚伞花序腋生，二歧或三歧分枝，稀具2-3花；小苞片2，分离而早落，或基部合生而宿存。花两性；花萼5-8裂，裂片三角形；花瓣与花萼裂片同数；雄蕊为花萼裂片数目的2倍，分离，生于波状花盘的边缘，一半与花萼裂片对生，另一半与花瓣对生，花药4室，纵裂；子房下位，3-5（-8）室，每室具2或1胚珠，胚珠着生中轴的顶端，下垂，花柱柱状，柱头头状或盘状，具槽纹或微裂。果肉质，近球形、椭圆形或倒卵圆形，有种子1至多颗。种子椭圆形或肾形；胚直或弯曲。

约10种，分布于东半球热带地区。我国4种。

1. 叶全缘或1/2-3/4边缘有小齿，齿端通常具骨质小硬头。
    2. 叶椭圆形、倒披针形或近圆形，长7-16厘米，宽2.5-5.5厘米，全缘，稀具小齿；花序梗和分枝均纤细；雄蕊长短不一 ·················· **1. 竹节树 C. brachiata**
    2. 叶椭圆形或宽椭圆形，通常长12-15厘米，宽5-9厘米，全缘或中部以上有小齿；花序梗和分枝均粗；雄蕊近等长 ·················· 1（附）. **大叶竹节树 C. garciniaefolia**
1. 叶缘全部具篦状小齿。
    3. 花冠玫瑰红色，花瓣数目为花萼裂片的2倍，2轮排列，外轮比内轮大 ········ **2. 锯叶竹节树 C. diplopetala**
    3. 花冠白色，花瓣数目与花萼裂片同数，排成1轮并与其互生 ·················· 2（附）. **旁杞木 C. longipes**

1. 竹节树

图 1054 彩片 255

Carallia brachiata (Lour.) Merr. in Philipp. Journ. Sci. Bot. 15: 249. 1919.

Diatoma brachiata Lour. Fl. Cochinch. 296. 1790.

乔木，高达10米，树干基部有时具板状支柱根。叶椭圆形、倒披针形或近圆形，长7-16厘米，宽2.5-5.5厘米，先端短渐尖或钝尖，基部楔形，全缘，稀具小锯齿，如有小锯齿，则齿端常具骨质小硬尖；叶柄粗扁，长6-8毫米。聚伞花序腋生，花序梗长0.8-1.2厘米，纤细，分枝细短，每一分枝有2-5

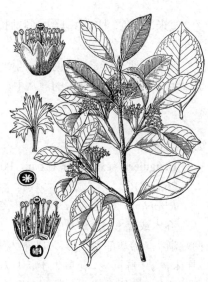

图 1054 竹节树 （黄少容绘）

花，有时具1花；花基部有浅碟状小苞片。花萼（5）6-7（8）裂，钟形，长3-4毫米，裂片三角形；花瓣白色，近圆形，连瓣柄长1.8-2毫米，边缘撕裂状；雄蕊长短不一；柱头盘状，4-8浅裂。果近球形，径4-5毫米，顶端有三角形宿存萼齿。花期冬季至翌年春季，果期春夏季。

产福建南部、广东、海南、香港、广西南部、云南南部及西南部，生于低海拔至中海拔丘陵灌丛或山谷杂木林中。马达加斯加、斯里兰卡、印度、缅甸、泰国、越南、马来西亚至澳大利亚北部有分布。材质硬重，心材暗红棕色而带黄，边材色淡而带红，有光泽，干后易裂，可作饰木、门窗、器具等。

2. 锯叶竹节树　　　　　　　　图 1055

Carallia diphopetala Hand.–Mazz. in Sinensia 2: 5. 1931.

乔木，高达13米。叶长圆形，长8.5-11厘米，先端渐尖或短渐尖，基部楔形，具篦状小齿；叶柄长3-4毫米，带褐色。聚伞花序二歧分枝；花序梗粗，长约5毫米；苞片褐色，宽卵形，微小，花在蕾时无梗，有树脂，1-3朵生于花序分枝的顶端。花萼圆形，6-7裂，裂片三角状卵形；花瓣玫瑰红色，12-14片排成2轮，外轮与花萼裂片互生，芽时短于萼，近长圆状卵形，基部近心形，有极小的短柄，内轮着生于萼片上，比外轮小；雄蕊14或7，长短不一，生于花瓣上，如仅7枚时则内轮花瓣上无雄蕊，花药长圆形；子房5室，花柱短于花萼，柱头盘状，4浅裂。果球形，径6-7毫米。花期秋末冬初，果期翌年春夏。

产广西南部十万大山，生于海拔730米山地，极少见。

[附] **旁杞木 Carallia longipes** Chun ex Ko in Acta Phytotax. Sin. 16(2)：109. 1978. 本种与锯叶竹节树的区别：花冠白色，花瓣数目与花

全株通经活络，治风湿、跌打。

[附] **大叶竹节树　Carallia garciniaefolia** How et Ho in Acta Phytotax. Sin. 2：142. pl. 19. 1953. 本种与竹节树的区别：叶椭圆形或宽椭圆形，长12-15厘米，宽5-9厘米，全缘或中部以上有小齿；花序梗及分枝均粗；雄蕊近等长。产广西及云南，生于中海拔山谷密林中。

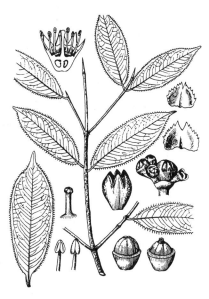

图 1055 锯叶竹节树　（邓晶发绘）

萼裂片同数，排成1轮，与萼裂片互生。花果期春夏雨季。产广东、广西及云南，生于山谷或溪畔杂木林中。

6. 山红树属 Pellacalyx Korth.

乔木。小枝中空。叶交互对生，全缘或具不明显小齿；托叶外面具星状毛。花簇生或排成分枝团伞花序，稀单生，有微小的小苞片。花萼筒状，（3）4-5（6）裂；花瓣与花萼裂片同数，生于萼筒边缘，外面密被毛，先端具齿或不同深度的撕裂；雄蕊数目为花瓣的2倍，生于萼筒喉部，内弯，锥形或三角形，分离或基部连合，不等长，通常长短各半，花药近圆形，4室，纵裂；子房下位，5-10（12）室，每室具8-25胚珠，花柱柱状，常被毛，柱头盘状或头状，不明显分裂。果近球形。种子多数，具胚乳，离母树后发芽；胚线形。

约8种，分布中国、泰国、缅甸、马来西亚及菲律宾。我国1种。

山红树　　　　　　　　图 1056 彩片 256

Pellacalyx yunnanensis Hu in Bull. Fan. Mem. Inst. Biol. Bot. 10: 130. 1940.

乔木，高达30米。小枝被疏长毛。叶膜质，倒披针形或披针形，长13-

20厘米，先端短渐尖，基部楔形，有小齿，干后微反卷，两面几无毛或下面沿中脉和侧脉有散生的短毛，侧脉8-9对；叶柄长1-2厘米。花单生或2-5朵丛生叶腋。花萼裂片6（7），宿存；花瓣6（7），与花萼互生，白色，椭圆形，边缘撕裂状，雄蕊12（14）；子房球形，被毛，12室，每室有胚珠多数，柱头盘状，12裂。果单生，成熟时暗黄色，近球形，径1.5厘米，顶端有6-7枚宿存的花萼裂片；裂片披针形，长1-1.2厘米，短尖，有宿存花柱和柱头，花柱粗壮，短于花萼裂片，柱头头状，6深裂，每一裂片再浅裂；果柄纤细，长约2厘米。种子多数，长圆形，黑褐色，有窝孔。果期冬季。

产云南南部，生于海拔850-1200米林中。为国家保护的稀有植物。

图 1056 山红树 （刘怡涛绘）

127. 八角枫科 ALANGIACEAE
（宋滋圃）

落叶乔木或灌木，稀攀援状。枝圆柱形，小枝有时略呈"之"字形。单叶，互生，掌状分裂或不裂，全缘或微波状，基部常不对称，羽状脉或3-5（-7）掌状脉，有叶柄，无托叶。花序腋生，聚伞状，稀伞形或单生；苞片早落。花两性，白或淡黄色，微具香味；花萼小，萼管钟状，与子房合生，萼齿4-10；花瓣线形，4-10，镊合状排列，基部粘合，开花时常上端外卷；雄蕊与花瓣同数或2-4倍，互生，花丝线形，微扁，分离或基部与花瓣微粘合，内侧常被微毛，花药2室，线形，纵裂；花盘褥状，近球形；子房下位，1（2）室，花柱位于花盘中部，柱头头状或棒状，不裂或2-4裂，胚珠下垂，单生。核果椭圆形、卵圆形或近球形，顶端宿存萼齿及花盘。种子1，具大型胚和丰富的胚乳，子叶长圆形或近圆形。

1属。

八角枫属 Alangium Lam.

形态特征同科。

约30余种，分布于亚洲、大洋洲及非洲。我国9种。

1. 雄蕊20-30，常为花瓣数目的3倍，花丝稍短于花药；叶倒卵状椭圆形 ·················· 1. **土坛树 A. salviifolium**
1. 雄蕊6-10，常与花瓣同数，花丝长仅为花药的1/4-1/3；叶卵形或圆形，稀线状披针形。
  2. 花较大，花瓣长1-3.5厘米。
    3. 雄蕊药隔无毛。

4. 花瓣长2.5-3厘米；叶基部心形或近圆；核果长椭圆形或长卵圆形，长0.8-1.2厘米 ·············
·· 2. **瓜木 A. platanifolium**

4. 花瓣长1-1.5厘米；叶基部两侧常不对称，斜截形或斜心形；核果近圆形或椭圆形，长5-7毫米。

  5. 花序具7-30（-50）花；叶长13-19（-26）厘米。

    6. 小枝、叶柄、花序梗和花序分枝无毛；叶柄长2.5-3.5厘米 ·············· 3. **八角枫 A. chinense**

    6. 小枝、叶柄、花序梗和花序分枝均密被淡黄色粗伏毛；叶柄长1-1.2厘米 ·············
················ 3（附）. **伏毛八角枫 A. chinense subsp. strigosum**

  5. 花序具3-6花；叶长6-9厘米。

    7. 叶卵形，基部圆，通常不分裂 ·············· 3（附）. **稀花八角枫 A. chinense subsp. pauciflorum**

    7. 叶近圆形，基部三角形或近圆，3-5裂，裂至叶片中部，裂片披针形或近卵形 ·············
················ 3（附）. **深裂八角枫 A. chinense subsp. triangulare**

3. 雄蕊药隔有长柔毛；聚伞花序有5-7花；叶近圆形或宽卵形，长12-14厘米，下面被黄褐色丝状绒毛。

  8. 幼枝、叶和叶柄被宿存的淡黄色绒毛和短柔毛；花瓣6-8，外面有短柔毛，内面无毛 ·············
··· 4. **毛八角枫 A. kurzii**

  8. 幼枝、叶和叶柄无毛或仅幼时被毛。

    9. 叶长圆状卵形或椭圆状卵形，长11-19厘米，宽5-6厘米，叶柄长2-2.5厘米 ·············
··· 4（附）. **云山八角枫 A. kurzii var. handelii**

    9. 叶近圆形或宽卵形，长11-12厘米，宽9-16厘米，叶柄长5-10厘米 ·············
··· 4（附）. **疏叶八角枫 A. kurzii var. laxifolium**

2. 花较小，花瓣长5-7毫米。

10. 叶不分裂者为长圆形或披针形，掌状3裂者则裂片披针形或线状披针形，幼时两面疏被小硬毛，叶柄长1-
1.5厘米；花瓣长5-6毫米，花药基部有硬毛 ·············· 5. **小花八角枫 A. faberi**

10. 叶宽椭圆形或卵状长圆形，幼时两面均密被黄色硬毛和绒毛，叶柄长1.5-2厘米；花瓣长6-7毫米，药隔内
侧有毛 ·· 6. **髭毛八角枫 A. barbatum**

1. 土坛树   图 1057 彩片 257

Alangium salviifolium (Linn. f.) Wanger. in Engl. Pflanzenr. 41（IV. 220b）: 9. f. 1: h-i et f. 2. 1910.

Grewia salviifolia Linn. f. Suppl. Sp. Pl. 409. 1781.

图 1057 土坛树 （引自《中国树木志》）

落叶乔木或灌木，稀攀援状。小枝有显著的圆形皮孔，稀具短刺，无毛或具微柔毛。叶倒卵椭圆形，长7-13厘米，先端急尖，基部楔形或宽楔形，上面无毛，下面仅脉腋被簇毛，侧脉5-6对；叶柄长0.5-1.5厘米，无毛或疏被黄色柔毛。聚伞花序生于小枝中部叶腋，具2-8花，被淡黄色疏柔毛，花序梗长5-8毫米。花梗长0.7-1厘米；小苞片3，窄卵形或长圆状卵形。花白或黄色，香气较浓；萼片宽三角形，长约2厘米，两面均被柔毛；花瓣6-10，淡绿色，线形，长1.5-

2厘米；雄蕊20-30，花丝长6-8毫米，被长柔毛，花药长0.8-1.2厘米，药隔无毛；花盘肉质；子房1室，花柱长

2厘米，柱头头状，微4-5裂。核果椭圆形或近圆形，长约1.5厘米，成熟时黑色，顶端宿存萼齿。

产广东东南部、香港、海南及广西南部，生于海拔1200米以下疏林中。越南、老挝、泰国、马来西亚、印度尼西亚、菲律宾、尼泊尔、印度、斯里兰卡及非洲东南部有分布。根药用，功能同八角枫。种子可榨油。木材纹理致密，可作家具。

2. 瓜木　　　　　　　　　　图 1058　彩片 258

Alangium platanifolium (Sieb. et Zucc.) Harms in Engl. et Pragl. Nat. Pflanzenfam. III 8: 261. 1898.

Malea platanifolia Sieb. et Zucc. in Abh. Acad. Wiss. Wien, Math.-Phys. 4(2): 134. 1845.

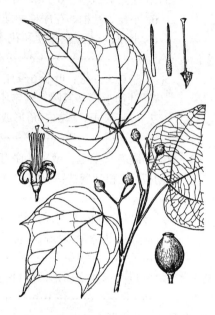

图 1058　瓜木　（引自《中国树木志》）

落叶灌木或小乔木，高约5-7米。小枝微呈"之"字形。叶近圆形或宽卵形，长11-13（-18）厘米，3-5（-7）裂，常裂至叶片1/3-1/4处，稀不裂，裂片先端钝尖，基部心形或近圆，基出脉掌状3-5条，羽状侧脉3-5对，边缘波状，稀具1-2三角状小裂片；叶柄长3.5-5（-10）厘米，具疏短柔毛或无毛。聚伞花序腋生，长3-3.5厘米，具3-5花；花序梗与花梗近等长，或稍短于花梗；小苞片1枚，线形，早落。花萼近钟形，外侧被稀疏短柔毛，萼齿5，三角形；花瓣线形，6-7，长2.5-3.5厘米，宽1-2毫米，紫红色，外侧被短柔毛，近基部较密；雄蕊与花瓣同数，花丝长0.8-1.4厘米，微被短柔毛，花药长约1.5-2厘米，药隔无毛或外侧有疏柔毛；子房1室，花柱粗壮，长约2.6-3.6厘米，柱头扁平；花盘肥厚，微裂。核果长椭圆形或长卵圆形，长0.8-1.2厘米，顶端宿存萼齿及花盘。

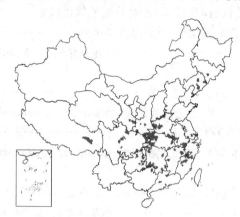

产吉林、辽宁、河北、山西、河南、山东、江苏、安徽、浙江、福建、台湾、江西、湖北、湖南、广东、广西、贵州、云南、西藏、四川、甘肃及陕西，生于海拔2000米以下向阳山坡疏林中。朝鲜及日本有分布。根药用，功能同八角枫。

3. 八角枫　木八角　　　　　图 1059　彩片 259

Alangium chinense (Lour.) Harms in Ber. Deutsch. Bot. Ges. 15: 24. 1897.

Stylidium chinense Lour. Fl. Cochinch. 220. 1790.

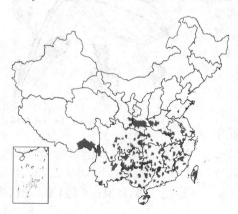

落叶乔木或灌木，高3-5（-15）米。小枝微呈"之"字形，无毛或被疏柔毛。叶近圆形或卵形，长13-19（-26）厘米，3-7裂或不裂，全缘或微波状，先端渐尖或急尖，基部两侧常不对称，斜截形或斜心形；不定芽长出的叶常5（7）裂，基部心形，下面脉腋被簇毛，侧脉3-4

图 1059　八角枫　（冯先洁绘）

对，基出掌状脉3-5（7）对，叶柄长2.5-3.5厘米，无毛。聚伞花序腋生，具7-30（-50）花；花序梗及花序分枝均无毛。花萼具齿状萼片6-8；花瓣与萼齿同数，线形，长约1-1.5厘米，白或黄色；雄蕊与瓣同数而近等长，花丝被短柔毛，微扁，长2-3毫米，花药长6-8毫米，药隔无毛；子房2室，花柱无毛或疏生短柔毛，柱头头状，常2-4裂；花盘近球形。核果近圆形或椭圆形，长5-7毫米，顶端宿存萼齿及花盘。

产山东、河南、安徽、江苏、浙江、福建、台湾、江西、湖北、湖南、广东、海南、广西、贵州、云南、西藏南部、四川、甘肃及陕西，生于海拔1800米以下疏林中。亚洲东南部及非洲东部各国有分布。根、茎均可药用，根称为白龙须，茎名为白龙条，有祛风除湿、舒筋活络、散瘀痛的功能。

[附] **伏毛八角枫 Alangium chinense** subsp. **strigosum** Fang in Acta Sci. Nat. Univ. Szechuan. 1979（2）：93. 1979. 与模式亚种的区别：小枝、花序梗、花序分枝及叶柄均密生淡黄色粗伏毛；叶柄长1-1.2厘米。产陕西南部、四川东部、湖北西部、贵州、云南、湖南、江西、安徽及江苏，生于海拔900-1200米的山坡疏林中。

[附] **稀花八角枫 Alangium chinense** subsp. **pauciflorum** Fang in Acta Sci. Nat. Univ. Szechuan. 1979（2）：94. 1979. 与模式亚种的区别：花序仅具3-6花；叶卵形，长6-9厘米，常不分裂。产甘肃、陕西、河南、

4. 毛八角枫 长毛八角枫　　　　图 1060 彩片 260

Alangium kurzii Craib in Kew Bull. 1911: 60. 1911.

落叶小乔木，稀灌木，高达10米。小枝被淡黄色绒毛及短柔毛。叶宽卵形或近卵形，长12-14厘米，宽7-9厘米，先端长渐尖，基部微偏斜，心脏形，稀近圆，幼时上面沿脉被微柔毛，下面被黄褐色丝状绒毛，脉上较密，基出脉3-5，侧脉3-4对；叶柄长2.5-4厘米，被黄褐色微绒毛。聚伞花序具5-7花；花序梗长3-5厘米。花梗长5-8毫米，萼齿、花瓣、雄蕊均6-8，花瓣线形，白或淡黄色，长2-2.5厘米，外面被淡黄色短柔毛；雄蕊稍短于花瓣，花丝长3-5毫米，微扁，被疏柔毛，花药长约1.2-1.5厘米，药隔有长柔毛；花盘被微柔毛；子房2室，胚珠2；花柱棍棒状，柱头头状，微4裂。核果长椭圆形，长约1.2-1.5厘米，成熟时紫褐或黑色，顶端具宿存萼齿。

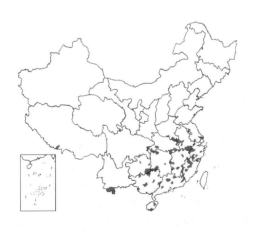

产河南、安徽、江苏、浙江、福建、江西、湖北、湖南、广东、海南、广西、贵州、云南南部及西藏南部，常生于海拔1600-600米疏林中。缅甸、越南、泰国、马来西亚、印度尼西亚及菲律宾有分布。

[附] **云山八角枫 Alangium kurzii** var. **handelii**（Schnarf）Fang in Acta Sci. Nat. Univ. Szechuan. 1979（2）：97. 1979. —— *Alangium*

湖北、湖南、四川、贵州及云南，生于海拔1100-2500米山坡丛林中。

[附] **深裂八角枫 Alangium chinense** subsp. **triangulare**（Wanger.）Fang in Acta Sci. Nat. Univ. Szechuan. 1979（2）：95. 1979. —— *Alangium platanifolium* var. *genuinum* f. *triangulare* Wanger in Engl. Pflanzenr. 41（IV. 220b）：24. pl. 6. f. g. 1910. 与模式亚种的区别：花序通常具3-6花；叶圆形，基部三角形或近圆，3-5裂，裂至叶片中部，裂片披针形或近卵形。产甘肃、陕西、四川、云南、贵州、湖南、湖北及安徽，生于海拔1000-2500米丛林中或林边。

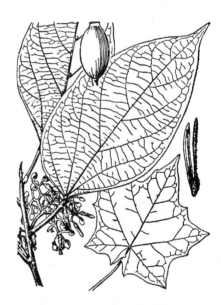

图 1060 毛八角枫 （引自《图鉴》）

handelii Schnarf in Anz. Akad. Wiss. Wien, Nath.-Nat. 59: 107. 1922. 与模式变种的区别：小枝、叶及叶柄无毛或仅幼时被毛；叶长椭圆形或长圆状卵形，长11-19厘米，宽5-6厘米；核果椭圆形，长0.8-1厘米。产河南、安徽、江苏、浙江、福建、江西、湖南、广东、广西及贵州，生于海拔1000米以下山地或疏林中。

[附] **疏叶八角枫 Alangium**

kurzii var. **laxifolium**（Y. C. Wu）Fang in Acta Sci. Nat. Univ. Szechuan. 1979（2）: 98. 1979. —— *Alangium rotundifolium* var. *laxifolium* Y. C. Wu in Engl. Bot. Jahrb. 71: 199. 1940. 与模式变种的区别: 小枝、叶及叶柄无毛; 叶柄长5-10厘米, 叶近圆形或宽卵形, 长11-12厘米, 宽9-16厘

米; 核果长1-1.2厘米。产江西南部、湖南南部、广东、广西及贵州南部, 生于低海拔山地疏林中。

5. 小花八角枫 图 1061: 1-6

Alangium faberi Oliv. in Hook. Icon. Pl. 18: t. 1774. 1888.

落叶灌木, 高达4米。小枝幼时被平伏毛, 后近无毛。叶长圆形或披针形, 稀掌状3裂, 如为掌状3裂, 则叶的轮廓为披针形或线状披针形, 长7-12（-19）厘米, 幼时两面被毛, 先端渐尖或尾状渐尖, 基部不对称或近圆, 全缘或微波状, 侧脉6-7对; 叶柄长1-1.5（-2.5）厘米, 被疏毛。聚伞花序腋生, 长2-2.5厘米, 具5-10（-20）花; 花序梗及花梗均长5-8毫米, 被淡黄色粗伏毛。花萼钟状, 外侧被毛, 裂片7, 三角形, 长1-1.5毫米; 花瓣5-6, 线形, 长约5-6毫米, 外侧被伏毛, 内侧被疏毛; 雄蕊与花瓣同数, 近等长, 花丝微扁, 长约2毫米, 顶端具长柔毛, 花药长4-6毫米, 基部具硬毛; 花盘近球形; 雌蕊与雄蕊近等长。核果卵圆形或卵状椭圆形, 长0.6-1厘米, 成熟时深紫色, 顶端具宿存萼齿。

产湖北、湖南、广东、海南、广西、贵州、四川及云南南部, 生于海

图 1061: 1-6. 小花八角枫 7. 髭毛八角枫
（冯先洁绘）

拔1600米以下疏林中。根可药用, 有清热、消积食、解毒之效。

6. 髭毛八角枫 图 1061: 7

Alangium barbatum（R. Br. ex Clarke）Baill. in Adansonia 5: 195. 1865.

Marlea barbata R. Br. ex Clarke in Hook. f. Fl. Brit. Ind. 2: 743. 1879.

落叶灌木或小乔木, 高达3米。小枝幼时密被黄色硬伏毛, 其后毛渐稀少, 叶不分裂或少有分裂, 宽椭圆形或卵状长圆形, 先端渐尖或尾状渐尖, 基部近心形或近圆, 明显偏斜, 长10-17厘米, 全缘, 幼时两面均密被黄色硬毛和绒毛, 主脉3-5, 侧脉6-10对; 叶柄长1.5-2（-6）厘米, 基部微扭曲, 被硬毛和绒毛。聚伞花序长1.4-2.5厘米, 有10-20花; 花序梗长5-8毫米。花梗长0.2-1厘米, 与花序梗均被硬毛和绒毛;

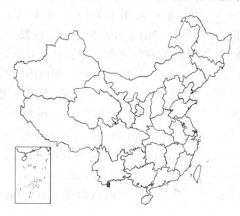

花6-7基数; 花萼筒漏斗状, 萼齿长约0.3毫米; 花瓣白或黄色, 长6-7毫米, 外面被绒毛, 内面被紧贴长毛; 雄蕊长约5.5毫米, 花丝顶端膨大并具硬毛, 药隔内侧有毛; 花盘近球形, 微4裂; 花柱无毛, 柱头头状。果卵圆形或椭圆形, 长0.8-1厘米, 顶端具宿存萼齿及花盘。

产云南南部及东南部、广西南部及广东西南部, 生于海拔1000米以下林中。不丹、印度、缅甸、越南、老挝及泰国有分布。

128. 蓝果树科 NYSSACEAE

（宋滋圃）

落叶乔木，稀灌木状。单叶互生，卵形或椭圆形，全缘或有锯齿。花单性或杂性，雌雄同株或异株；头状、总状或伞形花序。花瓣5-8（10），覆瓦状排列，雄蕊数目为花瓣数2倍，稀较少，2轮，花丝钻形或线形，花药内向；花盘垫状，稀不发育；雄花花萼较小，稀不发育；雌花花萼上部齿状5裂，筒部常与子房合生，子房下位，1室，具倒生下垂胚珠1枚，花柱钻形，上部微弯曲或分枝。核果或翅果，顶端具宿存花萼及花盘。种子1枚，胚乳肉质，胚根圆筒状。

3属，约10余种，分布于亚洲及美洲。我国3属9种。

1. 翅果，常多数聚集为头状果序；花无梗，密集，杂性同株；具花萼和花瓣 ················ 1. **喜树属 Camptotheca**
  2. 核果，常单生或几个簇生。
    3. 核果常数个簇生，长1-2厘米，径0.5-1厘米；头状、伞形或总状花序，花较少，单性或杂性异株；苞片小，脱落，具花萼和花瓣，子房1（2）室；常具1种子 ···················· 2. **蓝果树属 Nyssa**
    3. 核果常单生，长3-4厘米，径1.5-2厘米；头状花序由1雌花或两性花和多数密集雄花组成，或全由雄花组成，有2-3个白色大苞片；雄花无花被，雌花或两性花有退化花被，子房6-10室；具3-5种子 ··············
·· 3. **珙桐属 Davidia**

1. 喜树属 Camptotheca Decne.

落叶乔木，高达20余米；树皮灰色，浅纵裂。小枝皮孔长圆形或圆形，幼枝被灰色微柔毛。叶互生，长圆形或椭圆形，长12-28厘米，宽6-12厘米，先端短尖，基部圆或宽楔形，稀近心形，全缘，幼时上面脉上被柔毛，下面疏生柔毛，侧脉11-15对；叶柄长1.5-3厘米，幼时被微柔毛。花杂性同株；头状花序生于枝顶及上部叶腋，常2-6（-9）个组成复花序，雌花序位上部，雄花序位下部，花序梗长4-6厘米，幼时被微柔毛；苞片3，卵状三角形，长2.5-3毫米。花无梗；花萼杯状，齿状5裂，具缘毛；花瓣5，卵状长圆形，长2毫米，雄蕊10，着生花盘周围，花丝不等长，外轮长于花瓣，内轮较短，花药4室；子房下位，1室，胚珠下垂，花柱长约4毫米，顶端2（3）裂。头状果序具15-20枚瘦果，果长2-2.5厘米，顶端具宿存花盘，无果柄。种子1，子叶较薄，胚根圆筒状。

我国特产单种属。

喜树

图 1062 彩片 261

Camptotheca acuminata Decne. in Bull. Soc. Bot. France 20: 157. 1873.

形态特征同属。花期5-7月，果期9月。

产江苏南部、安徽南部、浙江、福建、江西、湖北、湖南、广东北部、广西、贵州、云南及四川，生于海拔1000米以下林缘或溪边。树干通直，速生，有"千丈树"之称，材质细密，冠幅较大，宜造林及作行道树。根可提制喜树碱作药用。全株有抗癌、

图 1062 喜树 （引自《中国森林植物志》）

散结、清热、杀菌的功能，用治癌症、白血病、血吸虫病肝脾肿大，外治牛皮癣。

2. 蓝果树属 Nyssa Gronov. ex Linn.

落叶或常绿乔木。叶互生，全缘，稀微波状；无托叶。花单性或杂性异株；头状、伞形或总状花序，花较少；苞片小，脱落。雄花花托扁平，稀杯状；雄蕊与花瓣同数或为其2倍；雌蕊不发育。雌花或两性花的花托常筒状或钟状；花萼5-10裂，细小；花瓣5-10；雄蕊与花瓣同数或不发育；花盘垫状，全缘或微裂；子房下位并与花盘合生，常1（2）室，胚珠1，花柱反卷或弯曲，不裂或2裂；柱头具纵纹。核果椭圆形或卵圆形，长1-2厘米，径0.5-1厘米，花萼与花盘宿存顶端；内果皮骨质，具纵沟纹。种子胚乳丰富。

10余种，产亚洲及美洲。我国7种。

1. 花单性；伞形、短总状或头状花序。
　　2. 叶纸质或薄革质；小枝、叶下面、叶柄和花序梗初时均疏被柔毛，后无毛；花伞形或短总状花序 …… 1. **蓝果树 N. sinensis**
　　2. 叶厚纸质；小枝、叶下面、叶柄及花序梗均密被黄绿或褐色毛；雄花为伞形花序，雌花为头状花序 ………………………………………………………………………………………………… 2. **云南蓝果树 N. yunnanensis**
1. 花杂性；头状花序，雄花序具20-40花，两性花及雌花序具3-8朵花；叶薄革质 … 3. **华南蓝果树 N. javanica**

1. 蓝果树　　　　　　　　　　　　图 1063

Nyssa sinensis Oliv. in Hook. Icon. Pl. 20: t. 1964. 1891.

落叶乔木，高约20余米。叶纸质或薄革质，椭圆形或卵状椭圆形，长12-15厘米，先端渐尖或短尖，基部近圆或宽楔形，全缘或微波状，上面无毛，侧脉6-10对；叶柄长1.5-2厘米。伞形或短总状花序；花序梗长3-5厘米。花单性。雄花生于已落叶的老枝；花梗长5毫米；花萼裂片细小；花瓣窄长圆形，短于花丝，早落；雄蕊5-10，着生花盘周围。雌花生于具叶的枝上，基部有小苞片；花梗长1-2毫米；花萼裂片近全缘；花瓣鳞片状，长约1.5毫米；花盘肉质垫状；子房下位与花托合生，无毛或基部微被粗毛。核果常3-4，长圆形或倒卵状长圆形，微扁，长1-1.2厘米，成熟时深蓝色，后为蓝褐色；果柄长3-4毫米；果序柄长3-5厘米。种子微扁，骨质，具5-7纵沟。花期4月下旬，果期9月。

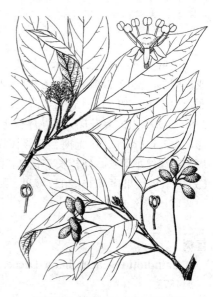

图 1063　蓝果树　（引自《图鉴》）

产江苏南部、浙江、安徽、福建、江西、湖北、湖南、广东东部、广西、贵州、四川及云南，生于海拔300-1700米山谷或溪边林中。木材纹理均匀，宜作家具、工艺雕刻及建筑用材。

2. 云南蓝果树　　　　　　　图 1064: 1-4

Nyssa yunnanensis W. C. Yin, Fl. Yunnan. 1: 292. pl. 69. f. 9-11. 1977.

大乔木，高达30米。小枝粗，当年生枝、芽、叶下面、叶柄、花序梗及小苞片均密被黄绿或褐色柔毛，老枝具褐色柔毛，皮孔显著。叶厚纸质，椭圆形或倒卵形，长15-22厘米，先

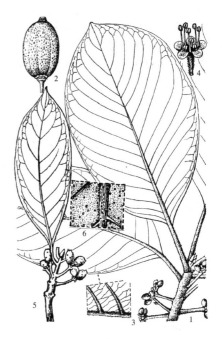

端钝尖,基部楔形或宽楔形,全缘或微波状,侧脉14-18对;叶柄粗,长2-3厘米。花单性,生于小枝中上部叶腋或叶痕处。雄花为伞形花序;老梗长3毫米;花序梗长2-2.5厘米;花萼具5小萼片;小苞片4;花瓣5,窄椭圆形,外侧被毛;雄蕊10,2轮;花盘肉质,边缘微裂。雌花为头状花序。头状果序具

图 1064: 1-4.云南蓝果树 5-6.华南蓝果树
（冯先洁绘）

4-5核果;果序梗长2厘米,被黄绿色绒毛;果近椭圆形,长约2厘米,微被绒毛,具4枚宿存小苞片。种子稍扁,具7条纵沟纹。花期3月下旬,果期9月。

产云南南部,生于海拔500-1100米山谷密林中。

3. 华南蓝果树

图 1064: 5-6

Nyssa javanica (Bl.) Wanger. in Engler, Pflanzenr. 41 (IV. 220a): 15. f. 2. 1910.

Agathisanthes arborea Bl. Bijdr. 645. 1826.

落叶乔木,高约30余米。叶薄革质,较密集,长圆状披针形或倒卵状长圆形,长10-15(-23)厘米,先端骤短尖,基部窄楔形,下面干后暗紫色,幼时下面被柔毛,后仅脉上微被毛;侧脉8-11对;叶柄长1.5-3.5厘米。花杂性;头状花序近球状,生于小枝顶端叶腋;花序梗长1-3.5厘米,中部具1-2枚苞片;花外具1枚大苞片,2枚小苞片,雄花苞片早落,雌花苞片宿存。雄头状花序具20-40花;花梗长0.5-4毫米;花萼顶端具4-5裂齿,边缘纤毛状,外侧贴生柔毛;花瓣4-5,卵形或倒卵形,长3-5毫米,两面均被柔毛;雄蕊8-10,2轮,花盘垫状,8-10裂。雌花序及两性花序具3-8花,稀达18花,无梗;花萼钟状,顶端4-5圆裂,密被贴生柔毛;花瓣4-5;雄蕊8-10,内轮不发育;花柱长1.5-2毫米,先端2裂。核果椭圆形,长1.5-2厘米,顶端宿存花萼及花盘,成熟后紫色。种子倒卵形,一侧具5条纵沟,另一侧具1龙骨状凸起及若干疣状凸起。花期4-5月,果期10月。

产海南、广西南部、云南南部及西北部,生于海拔100-2500米林中。锡金、印度、缅甸、越南、老挝、马来西亚及印度尼西亚有分布。

3. 珙桐属 Davidia Baill.

落叶乔木,高达25米,胸径1米;树皮灰褐至深褐色,成不规则薄片剥落。叶互生,集生幼枝顶部,宽卵形或圆形,长9-15厘米,宽7-12厘米,先端骤尖,基部深心形至浅心形,具三角状粗齿,齿端锐尖,幼叶上面疏被长柔毛,下面密被淡黄或白色丝状粗毛。侧脉8-9对;叶柄长4-5(-7)厘米,幼时疏生柔毛。杂性同株;常由多数雄花与1枚雌花或两性花组成球形头状花序,径约2厘米,生于小枝近顶端叶腋,花序梗较长,基部具2-3枚大型白色花瓣状苞片,苞片长圆形或倒卵状长圆形,长7-15(-20)厘米,宽3-5(-10)厘米。雄花无花萼,无花瓣,

雄蕊1-7，长6-8毫米，花药紫色；雌花及两性花子房下位，6-10室，每室具1枚下垂胚珠，花柱顶端具6-10分枝，柱头向外平展，子房上部具退化花被及雄蕊。核果单生，长圆形，长3-4厘米，径1.5-2厘米，紫绿色，具黄色斑点及纵沟纹，3-5室，每室1种子；果柄圆柱状。

　　我国特有单种属。

1. 叶下面密被淡黄或白色丝状粗毛 ···················· 珙桐 D. involucrata
1. 叶下面无毛或仅嫩时脉上被稀疏短柔毛和粗毛，有时被白霜 ········
　　·· （附）. 光叶珙桐 D. involucrata var. vilmoriniana

珙桐　鸽子树　　　　　　　　　　　图 1065　彩片 262

Davidia involucrata Baill. in Adansonia 10: 115. 1871.

　　形态特征同属。花期4月，果期10月。

产甘肃南部、四川、湖北西部、湖南西北部、贵州北部、云南西北部及东南部，生于海拔（700-）1500-2200（-3100）米湿润常绿阔叶及落叶阔叶混交林中。因其大型白色苞片包被头状花序，似白鸽，故称"鸽子树"，为著名观赏树种。根用作收敛、止泻药。

　　[附] **光叶珙桐**　彩片263 **Davidia involucrata** var.

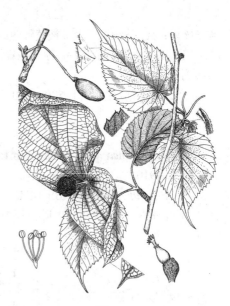

图 1065 珙桐 （引自《中国森林植物志》）

vilmoriniana (Dode) Wanger in Engl. Pflanzenr. 41 (IV. 220a): 17. 1910.
—— *Davidia vil-moriniana* Dode in Rev. Hort. II. 8. 406. 1908. 与模式变种的区别：叶下面无毛或仅嫩时脉上被稀疏短柔毛和粗毛，有时被白霜。分布与用途同珙桐。

129. 山茱萸科 CORNACEAE
（宋滋圃）

　　落叶或常绿乔木、灌木，稀多年生草本。单叶对生、互生或近轮生，羽状脉，稀掌状脉，全缘或具锯齿；托叶无或为纤毛状。花两性或单性，同株或异株，组成圆锥、总状、聚伞、伞房、伞形或头状花序，具总苞片或苞片。花3-5枚；萼管常与子房合生；花瓣镊合状或覆瓦状排列，雄蕊常与花瓣同数，互生于花盘上，花丝长或短，花药2室，稀愈合，子房下位，1-4（5）室，每室具1下垂倒生胚珠，花柱长或短，柱头头状或截形，稀2-3（-5）裂。核果或浆果状核果，稀呈球状聚合果，核骨质或木质。种子1-4（5），种皮膜质或薄革质，胚小，胚乳肉质，具一层珠被。

约14属130种，主要分布于热带至温带，稀至寒带。我国8属，60余种。

1. 单室茱萸属 Mastixia Bl.

常绿乔木。叶互生或对生，全缘或微波状。圆锥花序顶生或腋生；花两性，具2小苞片；花各部均为4-5数。花萼管钟状，萼片较厚；花瓣革质，镊合状排列，先端向内反折；雄蕊与花瓣互生，花丝短，花药微心形；子房1室，花柱短，柱头较小，稀2浅裂；花盘环状，肉质。核果顶端宿存萼齿及花柱；核木质，具纵槽。种子1，种皮白色，膜质。

约25种，产东南亚，南达新几内亚及所罗门群岛。我国4种。

单室茱萸　　　　　　　　　　　　　　　图 1066

Mastixia alternifolia Merr. et Chun in Sunyatsenia 5: 153. 1940.

常绿乔木，高达15米。幼枝紫褐色，老枝灰或灰黄色。叶互生，革质，椭圆形或长圆状倒卵形，长6-11厘米，侧脉3-5对，全缘；叶柄长1.5-2厘米。顶生圆锥花序长4-5厘米，被微柔毛；小苞片幼时被紧贴短柔毛；萼片三角形；花瓣革质，淡绿色，先端微内折；雄蕊5；花柱短，柱头较小，子房1室；花盘肉质，微5裂。核果长圆形，长1.5-1.7厘米，顶端宿存花柱及萼片。

图 1066 单室茱萸 （引自《图鉴》）

种子扁。花期5-6月，果熟期10月。

产海南，生于海拔350-900米密林中。越南及柬埔寨有分布。

2. 梾木属 Cornus Linn. nom. cons.

落叶或常绿，灌木或乔木。皮孔及叶痕显著。顶生冬芽卵圆形，腋生冬芽长卵圆形。叶对生，稀互生，全缘，有时微反卷，下面常被伏生柔毛，稀丁字着生，或具卷曲柔毛。顶生花序呈伞房状或圆锥状聚伞花序，无花瓣状总苞片。花萼较小，顶端常4齿裂，裂片三角形；花瓣4，白色，镊合状排列；雄蕊4，与花瓣互生，生于花盘外侧，花丝线形，花药2室，丁字着生；花盘垫状；子房下位，2室，花柱圆柱状或棒状，柱头头状或微盘状；花托膨大。核果球形或近卵圆形；核骨质，具2种子。

约40余种，分布于北温带。我国30余种。本属植物树形美观，几乎每一小枝顶端均有白色芳香花序着生，绿白相间，为优良的庭园观赏植物及行道树种；有些种类种子含油量较高，为我国山区及丘陵地区发展木本油料植物、绿化及水土涵养的优良树种。

1. 落叶乔木；叶互生；果核顶端具1小孔 ·· 1. 灯台树 C. controversa
1. 常绿或落叶，乔木或灌木；叶对生；果核顶端不具小孔。
　2. 常绿灌木或小乔木；叶革质，长圆形；柱头微头状；核果椭圆形或近球形 ········ 2. 长圆叶梾木 C. oblonga
　2. 落叶乔木或灌木；叶纸质；柱头头状，稀盘状或截形；核果球形。
　　3. 树皮紫红色，枝带红色；花托被伏生短柔毛。
　　　4. 核果成熟时淡蓝白或乳白色；柱头盘状；花托短椭圆形 ····················· 3. 红瑞木 C. alba
　　　4. 核果成熟时黑或蓝黑色；柱头头状；花托卵状 ························· 4. 沙梾 C. bretschneideri
　　3. 树皮不呈紫红色；核果成熟时蓝黑或黑色。
　　　5. 叶上面幼时被毛，下面常被毛，稀具疣状小突起。
　　　　6. 枝具棱。
　　　　　7. 乔木；叶椭圆形或长圆形。
　　　　　　8. 叶椭圆形或卵状长圆形，长8-16厘米，宽4-8厘米；柱头扁平，微裂 ·············
　　　　　　··· 5. 梾木 C. macrophylla
　　　　　　8. 叶卵状椭圆形或长圆形，长5-8厘米，宽2-4厘米；柱头头状 ·················
　　　　　　·· 6. 朝鲜梾木 C. coreana
　　　　　7. 灌木；叶椭圆状披针形，长4-8厘米；柱头平截 ··········· 7. 小梾木 C. paucinervis
　　　　6. 枝不具棱。
　　　　　9. 灌木或小乔木；叶先端尖尾长1厘米，下面密被卷曲毛及疣状小突起，侧脉7-8对 ·················
　　　　　··· 8. 黑椋子 C. poliophylla
　　　　　9. 乔木；叶先端无尖尾，下面密被伏生浅灰色短柔毛，侧脉4-5对 ·········· 9. 毛梾 C. walteri
　　　5. 叶上面被短柔毛，下面灰绿色，密被卷曲毛或毛及疣状小突起。
　　　　10. 叶下面不被卷曲毛，仅具疣状小突起。
　　　　　11. 乔木；树皮片状脱落，深灰色；叶上面疏被伏生短柔毛；聚伞花序圆锥状；花托倒钟状，外侧密被伏生毛 ·· 10. 光皮树 C. wilsoniana
　　　　　11. 灌木或小乔木；树皮褐色，不呈片状脱落；叶上面被白色短柔毛；伞房状聚伞花序常3分枝；花托倒卵状，伏生短柔毛 ·· 11. 凉生梾木 C. alsophila
　　　　10. 叶下面被黄色卷曲毛，沿脉较密，并具疣状小突起；花托倒圆锥状，密被灰白色伏生毛 ·············
　　　　·· 12. 卷毛梾木 C. ulotricha

1. 灯台树

图 1067 彩片 264

Cornus controversa Hemsl. in Kew Bull. 1909: 331. 1909.

Botrocaryum controversum (Hemsl.) Pojark.; 中国植物志 56: 38. 1990.

落叶乔木，高达15(-20)米。小枝紫红色，微被毛，皮孔及叶痕显著。叶纸质，互生，宽椭圆形或卵状椭圆形，长5-14厘米，先端急尖，基部圆或宽楔形，全缘，下面密被白色短柔毛，侧脉6-7(8)对，弧形上升，近叶缘即网连，横出网脉在两面均明显；叶柄紫红色，长约2-6厘米，近无毛。顶生伞房状聚伞花序长约15厘米，微被伏生柔毛；总花梗长3-4厘米，稀被伏生柔毛。花白色，径约8毫米；花萼具三角状裂片4，外侧被短柔毛，高于花盘；花瓣4，长圆状披针形，

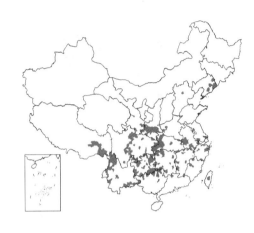

图 1067 灯台树 （冯先洁绘）

长4-4.5毫米，先端钝尖，外侧疏被伏生短柔毛；雄蕊4，长4-4.5毫米，伸出花外，花丝线形，花药长圆形；花盘垫状；花柱长2-3毫米，柱头头状，较小；花托长圆形，密被灰白色伏生短柔毛；花梗长3-6毫米，被伏生白色短柔毛。核果圆球形，径约6-7毫米，成熟时紫红或蓝黑色；核的顶端具1方形小孔。花期5-6月，果期7-10月。

产辽宁、河北、河南、山东、江苏、安徽、浙江、福建、台湾、江西、湖北、湖南、广东、广西、贵州、云南、西藏、四川、甘肃及陕西，尼泊尔、不丹、锡金、印度、朝鲜及日本有分布。

树皮、种子能治高血脂症；叶有消毒止痛的功能。

2. 长圆叶梾木　矩圆叶梾木

图 1068 彩片 265

Cornus oblonga Wall. in Roxb. Fl. Ind. ed. Carey & Wall. 1: 432. 1820.

Swida oblonga (Wall.) Sojak.; 中国植物志 56: 44. 1990.

常绿灌木或小乔木，高达6(-10)米。小枝灰黑色，初被淡黄色短柔毛，后无毛，皮孔及叶痕明显。叶革质，对生，长圆形，稀卵状长圆形，长7-14厘米，先端尾状渐尖或渐尖，基部楔形，边缘微反卷，下面粉白色，疏被淡灰色伏生柔毛；叶柄长0.6-2.5厘米，疏被短柔毛。顶生圆锥状聚伞花序，长约4-5.5厘米，被伏生短柔毛；花序梗长约1-1.5厘米，被伏生短柔毛。花白色，径约8毫米；花萼4齿

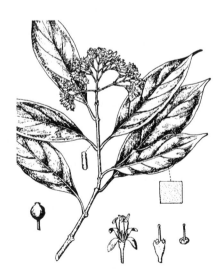

图 1068 长圆叶梾木 （引自《图鉴》）

裂，裂片卵状三角形，外侧疏被伏生短柔毛；花瓣长圆形，长约4毫米；雄蕊长于花瓣，花丝长约5毫米，花药2室，紫黄色；花盘垫状，微裂；花托倒卵形，花柱长约3毫米，柱头微头状。核果长椭圆形，长约5-7毫米，幼时被伏生短柔毛，成熟后黑色；核骨质，肋纹微显。花期6-9月，果

期至翌年5月。

产湖北西部、贵州西南部、云南、四川及西藏东南部,生于海拔1000-3000(3400)米林中。越南、缅甸、巴基斯坦、印度北部、不丹、锡金、尼泊尔及克什米尔地区有分布。

3. 红瑞木　　　　　　　　　　　图 1069 彩片 266

Cornus alba Linn. Mant. 1: 40. 1767.

Swida alba Opiz; 中国植物志 56: 43. 1990.

灌木,高达3米;树皮紫红色。幼枝初被短柔毛,后被蜡粉,老枝具圆形皮孔及环形叶痕。冬芽被毛。叶纸质,对生,椭圆或卵圆形,长5-9厘米,先端急尖,基部宽楔形或近圆,全缘或微波状,微反卷,上面暗绿色,微被伏生短柔毛,下面粉绿色,被伏生短柔毛,脉腋稀被褐色髯毛,侧脉4-6对,两面网脉微显。顶生伞房状聚伞花序长约2厘米,被短柔毛;花序梗长约2厘米,被短柔毛。花白或淡黄色,径达8毫米;花萼裂片4,三角齿状,外侧疏被毛;花瓣长圆形,

长3-4毫米,先端急尖,微内折,背面疏被伏生短柔毛;雄蕊长5-6毫米,花丝微扁,长约4毫米,花药淡黄色,长约1毫米;花柱长约2.5毫米,柱头盘状,子房下位,花托短椭圆形,密被灰白色伏生短柔毛;花梗密被灰白色短柔毛。核果扁圆球形,长约6毫米,外侧微具4棱,顶端宿存花柱及柱头,微偏斜;核扁,菱形,两端微呈喙状;果柄长约3-6毫米,疏被短柔毛。花期6-7月,果期8-10月。

图 1069 红瑞木 (引自《图鉴》)

产黑龙江、辽宁、吉林、内蒙古、河北、山西、河南、陕西、甘肃南部、青海东部、山东及江苏北部,生于海拔600-1700(-2700)米林中。朝鲜、俄罗斯及欧洲有分布。可作观赏树种。本种因树及老枝紫红色,北方民间视为祥瑞之物,故称"红瑞木",可作观赏树种。

4. 沙棶　　　　　　　　　　　图 1070

Cornus bretschneideri L. Henry in Le Jerdin 13: 309. f. 154. 1899.

Swida bretschneideri (L. Henry) Sojak.; 中国植物志 56: 51. 1990.

灌木或小乔木,高达6米;树皮紫红色。小枝疏被伏生灰白色短柔毛,后变无毛,皮孔显著。叶纸质,对生,宽椭圆形或卵状椭圆形,长5-8.5厘米,先端急尖或渐尖,基部圆或宽楔形,上面被短柔毛,下面密被伏生白色短柔毛及乳突状小突起,侧脉5-6对,弧状上升,下面脉上毛较密,脉腋被簇生白色柔毛,网脉横出;叶柄长0.7-1.5厘米,被伏生短柔毛。顶生伞房状聚伞花序长3-4.5厘米,被伏生灰色短柔毛。花径约5-7毫米;萼裂片齿状,外侧被毛;花瓣外侧被伏生毛;雄蕊长于花

图 1070 沙棶 (引自《图鉴》)

瓣，花丝长约5毫米，花药长约1毫米；花盘无毛，褥状；花柱长约2.2-2.5毫米，稀被伏生短柔毛；柱头头状；花托卵状，具灰色伏生短柔毛；花梗长2-6毫米，疏生灰色短柔毛。核果圆球形，径4-5毫米，成熟时蓝黑或黑色，被伏生短柔毛；核骨质，条纹不明显。花期6-7月，果期8-9月。

产辽宁、内蒙古、河北、河南、山西、陕西、宁夏、甘肃、青海东部、四川北部及湖北西部，生于海拔1100-2300（-3000）米的灌丛或林中。

5. 梾木 琼子木　　　　　　　　图1071 彩片267

Cornus macrophylla Wall. in Roxb. Fl. Ind. ed. Carey et Wall. 1: 431. 1820.

Swida macrophylla（Wall.）Sojak.；中国植物志 56: 75. 1990.

乔木，高达20（-25）米。幼枝具棱角，初被灰色伏生短柔毛，老枝皮孔及叶痕显著。叶纸质，对生，椭圆形或卵状长圆形，稀倒卵长圆形，长8-16厘米，宽4-8厘米，先端急尖或短尖，基部宽楔形或近圆，稀微不对称，边缘微波状，上面幼时被伏生小柔毛，下面具乳状突起及灰白色伏生短柔毛，沿叶脉毛为褐色，侧脉6-8对，弧状上升，网脉微横出；叶柄长3-5厘米，幼微被疏毛。顶生伞房状聚伞花序长5-7厘米，疏被短柔毛；花序梗长约

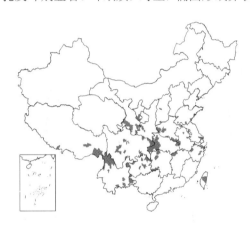

图 1071 梾木 （引自《图鉴》）

2.5-4厘米。花白色，径0.8-1厘米；萼片三角形，外侧被毛；花瓣卵状披针形或卵状长圆形，长3-5毫米，外侧疏被短柔毛；雄蕊与瓣近等长或外伸，花药长约1.5-2毫米；花盘垫状；花柱圆柱头，长约2-4毫米，被小柔毛，柱头扁平，微浅裂，花托倒卵形或倒圆锥形，密被淡灰色伏生短柔毛。核果近圆球形，径约4-6毫米，成熟时黑色；核骨质，扁球形，具2浅沟及6条纵肋纹。花期6-7（9）月，果期7-10（11）月。

产山西、河南、山东、江苏、安徽、浙江、台湾、江西西北部、湖北、湖南、贵州、云南、西藏、四川、甘肃南部、宁夏南部及陕西，生于海拔800-2400（3600）米沟边林中。阿富汗、印度、尼泊尔、巴基斯坦、缅甸及日本有分布。树皮、种子对治高血脂有明显疗效。

6. 朝鲜梾木　　　　　　　　图 1072

Cornus coreana Wanger. in Fedde, Report. Sp. Nov. 6: 99. 1908.

Swida coreana（Wanger.）Sojak.；中国植物志 56: 81. 1990.

落叶乔木，高达20米。幼枝具4棱，密被伏生绿色短柔毛，渐老则无毛。叶纸质，对生，卵状宽椭圆形或长圆形，长5-8厘米，宽2-4厘米，先端急尖或短渐尖，基部楔形或圆，稀微不对称，边缘波状，微反卷，上面幼时被白色伏生柔毛，后近无毛，脉均微下凹，下面被淡灰色短柔毛，侧脉4-5对；叶

图 1072 朝鲜梾木 （冯先洁绘）

柄细,长约1.5厘米,幼时被毛。伞房状聚伞花序顶生,花较密集,径约3-4厘米,密被灰棕色伏生短柔毛。花白色,径约5毫米;花萼裂片齿状三角形,外侧密被灰色短柔毛;花瓣窄三角状披针形,长约4毫米,先端钝尖;雄蕊与花瓣近等长,花药长圆形;花柱圆柱形,柱头头状,顶端凹陷,花托近椭圆形,密被灰色短柔毛;花梗长2-3毫米,密被灰棕色短柔毛。核

果圆球形,径约5毫米,成熟时黑色。花期5月,果期10月。

产辽宁千山、熊岳。朝鲜有分布。木材质地优良,且带红色,可作家具及工艺品。

7. 小梾木 图 1073

Cornus paucinervis Hance in Journ. Bot. n. s. 10: 217. 1881.

Swida paucinervis (Hance) Sojak.; 中国植物志 56: 77. 1990.

落叶灌木,高达4米。小枝微具棱,幼时微被毛。叶纸质,对生,椭圆状披针形或长圆形,长4-8(-10)厘米,先端钝尖或渐尖,基部楔形,全缘,上面疏被伏生短柔毛,下面被伏生柔毛或近无毛,侧脉(2)3(4)对;叶柄长约0.5-1(1.5)厘米,被伏生灰色短柔毛。顶生伞房状聚伞花序径约4-8厘米;花序梗长达4厘米,被伏生灰色短柔毛。花白或淡黄色,径0.9-1.2(-1.6)厘米;花萼裂片三角形,高于花盘,外侧被伏生短柔毛;花瓣窄三角状披针形,长约6毫米,外侧被伏生短柔毛;雄蕊长约5毫米,花丝无毛,花药卵状长圆形,淡黄色;花盘微浅裂;花托倒卵形,密被伏生灰白色短柔毛;花柱棒状,长约3.5毫米;柱头截形,具3-4小突起;花梗长2-9毫米,被灰色及褐色伏生短柔毛。核果圆球形,径4-5毫米,成熟时黑色;核骨质,近圆形,具6条不

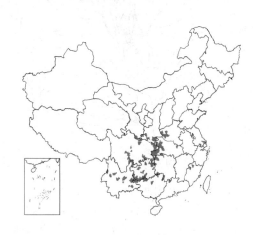

图 1073 小梾木 (冀朝祯绘)

明显肋纹。花期6-7月,果期10-11月。

产江苏南部、福建西北部、湖北、湖南、广东北部、广西、贵州、云南、四川、甘肃南部、陕西南部及河南西部,生于海拔50-2500米溪边或河滩地灌丛中。叶可药用,治烧伤及烫伤。

8. 黑椋子 灰叶梾木 图 1074

Cornus poliophylla Schneid. et Wanger. in Fedde, Repert. Sp. Nov. 7: 228. 1909.

Swida poliophylla (Schneid. et Wanger.) Sojak.; 中国植物志 56: 70. 1990.

落叶灌木或小乔木,高达5(-10)米。小枝紫红色,散生皮孔。叶纸质,对生,椭圆形或卵状椭圆形,长6-11(-13)厘米,先端急尖或渐尖,尖长近1厘米,基部宽楔形或圆,全缘或微波状反卷,上面疏被卷曲毛,下面密被卷曲毛及疣状小突起,沿脉较密,侧脉(6)7-8(9)

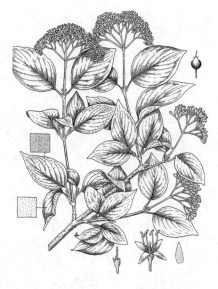

图 1074 黑椋子 (引自《图鉴》)

对，网脉横出；叶柄长1-2厘米，红色，被黄褐色短柔毛。伞房状聚伞花序顶生，长3-7厘米，疏被黄色短柔毛；花序梗长约3-5厘米，被短柔毛。花径7-8毫米；花萼裂片4，高于花盘，不整齐，外侧被毛；花瓣舌状披针形，长约3-5毫米，外侧被伏生柔毛；雄蕊外伸，长约4-6毫米；花药淡蓝或灰色；花盘垫状；柱头上端盘状，稀微裂；花托倒钟形，被淡灰褐色伏生柔毛；花梗长1-6毫米，密被淡褐色毛。核果倒卵状圆球形，径5-6毫米，成熟时黑色，微被伏生短柔毛；核具8条肋纹。花期6（9）月，果期至翌年3月。

产甘肃南部、陕西、河南西部、湖北、四川、云南及西藏东南部，生于海拔1300-2700（-3100）米林中。

9. 毛梾 图 1075 彩片 268

Cornus walteri Wanger. in Fedde, Report. Sp. Nov. 6: 99. 1908.

Swida walteri（Wanger.）Sojak.；中国植物志 56: 78. 1990.

落叶乔木，高达15米。幼枝密被淡灰色短柔毛，枝则无毛。叶纸质，对生，椭圆形或长圆形，长4-12厘米，先端渐尖，基部楔形或宽楔形，稀微不对称，上面疏被伏生短柔毛，下面密被浅灰色伏生短柔毛；侧脉4-5对，网脉横出；叶柄长1.2-2.2（3.5）厘米，密被灰色短柔毛。顶生伞房状聚伞花序，花较密，长5-6厘米，被短柔毛；花序梗长1.5-2厘米，密被伏生淡灰色短柔毛。花白色，径约1厘米；

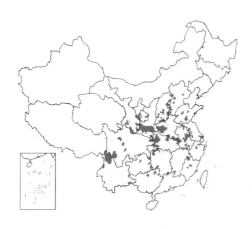

花萼裂片三角形，稍长于花盘，外侧疏生白色平伏毛；花瓣窄三角状披针形，长约5毫米，外侧被毛；雄蕊与花瓣近等长，花药卵状长圆形；花盘垫状或腺体状；花柱棒状，长约3.5-3.8毫米，被疏柔毛；柱头头状，微宽于花柱；花托倒卵形，密被短柔毛；花梗疏被毛。核果圆球形，径6-7毫米，成熟时黑色，被白色平伏毛；核骨质，扁圆形，径4-5毫米，肋纹不明显。花期5-6月，果期7-9月。

产辽宁东南部、河北、山西、河南、安徽、山东、江苏、浙江、福建、

图 1075 毛梾 （引自《图鉴》）

江西、湖北、湖南、广东北部、广西北部、贵州、云南、四川、陕西、甘肃南部及宁夏南部，生于海拔300-1800（-3300）米林中。鲜叶捣烂外涂用治漆疮。

10. 光皮树 光皮梾木 图 1076

Cornus wilsoniana Wanger. in Fedde, Repert. Sp. Nov. 6: 97. 1908.

Swida wilsoniana（Wanger.）Sojak.；中国植物志 56: 59. 1990.

落叶乔木，高达15（-40）米。幼枝微具棱，被伏生灰色短柔毛，老枝皮孔显著。叶纸质，对生，椭圆形或倒卵状椭圆形，长5-12厘米，先端急尖或短渐尖，基部楔形，边缘微波状，反卷，上面疏被伏生短柔毛，下面被较密的柔毛及疣状突起，侧脉3-4对；叶柄长1-2厘米，幼时密被毛。聚伞花序圆锥状顶生，径约6-10厘米，被疏柔毛；花序梗长约2-3厘米，被伏生毛。花径约7毫米；萼裂片三角形，较花盘长，外侧被短序花；花瓣三角披针形，长约5毫米，外侧被伏生灰色短柔毛；雄蕊长于花瓣；花柱稍粗壮，长3.5-4毫米，稀被伏生毛；柱头长圆形，稍粗于花柱；花托倒钟形，外侧密被伏生毛。核果圆球形，径约6-7毫米，成熟时紫黑或黑色，

被毛或近无毛。花期5月,果期10-11月。

产浙江、福建、江西、湖北、湖南、广东北部、广西东北部及北部、贵州、四川、甘肃东南部、陕西东南部及河南,生于海拔130-1100米林中。树形美观可为行道树,木材可作家具用;叶可为优质饲料,果实含油量较高、油质好,为优良木本油料植物。为优良树种,宜大力发展。

11. 凉生梾木 图 1077

Cornus alsophila W. W. Smith in Notes Roy. Bot. Gard. Edinb. 10: 19. 1917.

Swida alsophila (W. W. Smith) Holub; 中国植物志 56: 61. 1990.

图 1076 光皮树 (冀朝祯绘)

落叶灌木或小乔木,高达8米。枝紫红色,具稀圆形皮孔。叶纸质,对生,椭圆形或卵状椭圆形,长6-13厘米,先端急尖,基部圆或微心形,全缘,上面散生白色短柔毛,下面密被乳突状小突起及疏生白色短柔毛,主侧脉在上面微下凹,侧脉5-7(8)对,脉腋稀具长柔毛;叶柄红色,长1-2厘米,无毛或近无毛。顶生伞房状聚伞花序常为3分枝,长约4-6厘米。花萼裂片线状披针形,外侧被短柔毛;花瓣白或淡黄色,长圆状披针形,长约4-5毫米;雄蕊与花瓣等长或微外伸,

花丝白色,花药蓝灰色;花盘垫状,边缘微波状;花柱近无毛;柱头头状,2浅裂;花托倒卵形,稀近球形,被伏生短柔毛。核果圆球形,径4-5毫米,有光泽,成熟时由紫红至黑色,稀被短柔毛;核骨质,具2-8条不明显的肋纹。花期6-7月,果期8-10月。

产青海南部及东南部、甘肃东部、陕西西北部、四川、云南西北部及西藏东南部,生于海拔2000-3300(-3980)米杂木林中。

图 1077 凉生梾木 (冯先洁绘)

12. 卷毛梾木 图 1078

Cornus ulotricha Schneid. et Wanger. in Fedde, Repert. Sp. Nov. 7: 228. 1909.

Swida ulotricha (Schneid. et Wanger.) Sojak; 中国植物志 56: 66. 1990.

乔木,稀灌木,高达15(-20)米。小枝被伏生短柔毛,具环形叶痕。叶纸质,对生,宽椭圆形,稀宽卵形,长9-14厘米,先端急尖,基部圆,微不对称,边缘微波状,上面散生平伏短柔毛,下面被白色短柔毛及黄色卷曲毛,侧脉6-7对,沿脉卷曲毛较密,并具疣状突起;叶柄长约2-2.8厘米,幼时被毛。顶生伞房状聚伞花序长5-8厘米,疏被柔毛及微曲毛;花序梗长2-3厘米,初被毛。花白色,径约6-8毫米;花萼裂片等于或长于花盘,外侧被灰白色短柔毛;花瓣长圆形,先端渐尖,长约4毫米,外具灰

白色短柔毛；雄蕊与花瓣等长，花丝线状，花药长圆形；花盘垫状微裂，上面微被毛；花柱疏被伏毛；柱头近盘状；花托倒圆锥形，密被灰白色伏生短柔毛；花梗较短，疏被短柔毛。核果扁圆球形，长3-4毫米。花期5-6月，果期7-9月。

产甘肃、陕西南部、河南西部、湖北西部、贵州北部、云南西北部、四川及西藏东南部，生于海拔850-2700米林中。

3. 四照花属 Dendrobenthamia Hutch.

常绿或落叶小乔木或灌木，稀乔木。冬芽顶生或腋生。枝、叶均对生；叶革质或薄革质，稀纸质，卵形、倒卵形、椭圆形或长圆状披针形，侧脉3-6（7）对，边缘全缘或微波状；叶柄圆柱状。头状花序顶生，球形或近球形，下具4枚大型白色总苞片，常呈倒卵形、卵形、椭圆形或近圆形，具3-4对纵脉。花两性，较小，花萼管状，先端4浅裂；花瓣4，长椭圆形或倒卵形；雄蕊4，与瓣近等长或稍短，花丝纤细，花药椭圆形；花盘垫状或杯状，4-8浅裂；子房下位，2室，每室具1胚珠；花柱粗壮，长约1-1.5毫米；柱头截形或头状。核果密集，藏于由花托发育而愈合的球形果序中，由绿色至红色或黄色；果序柄纤细，稀粗壮。

图 1078 卷毛楝木 （冯先洁绘）

本属为东亚特有属，约11种，我国产10种，引入栽培1种。本属植物具顶生头状花序及大型白色总苞片，成熟头状果序为红或黄色，鲜艳美观，可为庭园观赏植物。多种木材坚硬，可作农具或工具用；成熟果序可食用及酿酒用。

1. 落叶小乔木或灌木；叶纸质或薄纸质。
  2. 叶纸质，长椭圆形或卵状椭圆形，基部楔形，微不对称，侧脉5-6（7）对，叶柄长0.8-1.6厘米 ……………………………………………………………………………… 1. 多脉日照花 **D. multinervosa**
  2. 叶厚纸质或纸质，卵形或卵状椭圆形，基部宽楔形或近圆，侧脉4（5）对，叶柄长0.5-1厘米 ……………………………………………………………………… 2. **四照花 D. japonica** var. **chinensis**
1. 常绿乔木、小乔木或灌木；叶革质至薄革质。
  3. 枝、叶近于无毛。
    4. 老枝皮孔不明显；叶亚革质，宽椭圆形或长椭圆形，基部宽楔形或钝圆 ……… 3. **秀丽四照花 D. elegans**
    4. 老枝皮孔显著；叶革质，长圆状倒卵形或长圆形，基部楔形，稀宽楔形 … 4. **东京四照花 D. tonkinansis**
  3. 枝、叶被毛。
    5. 叶下面脉腋具凹孔，密被粗伏毛；果序柄粗壮，被白色伏毛，果序扁球形，成熟时紫红色 ……………………………………………………………………………… 5. **头状四照花 D. capitata**
    5. 叶下面脉腋不具凹孔；果序柄纤细，果序球形，成熟时黄、红或紫绿色。
      6. 幼枝及叶两面均被伏生褐短柔毛；老叶下面具褐色残点 ……… 6. **香港四照花 D. hongkongensis**
      6. 幼枝及叶两面均被伏生白色短柔毛；老叶下面无褐色残点 ……… 7. **尖叶四照花 D. angustata**

1. 多脉四照花   图 1079

Dendrobenthamia multinervosa (Pojark.) Fang in Acta Phytotax. Sin. 2（2）: 106. pl. 16. f. 1-5. 1953.

Cynoxylon multinervosa Pojark. in Notul. Syst. Inst. Bot. Nom. Kom. Acad. Sci. URSS. 12: 194. 1950.

落叶小乔木或灌木，高达10米。小枝幼时被白色平伏毛，后无毛，皮孔显著。叶纸质，长椭圆形或卵状椭圆形，长7-13厘米，先端渐尖，基部

楔形,微不对称,全缘或微波状,上面疏被细伏毛,下面被较密的平伏毛,侧脉5-6(7)对,弧状上升;叶柄长0.8-1.6厘米,疏被细伏毛。顶生头状花序球形,径约1厘米,常由30-45花集聚而成;总苞片4,白或黄色,宽椭圆形或卵状三角形,长3-4.2厘米,疏被细伏毛。花萼4浅裂,裂片钝圆,两面被伏毛;花瓣长圆形,长约2.5毫米,背面被白色伏毛;雄蕊外伸,无毛;花盘垫状,无毛;花柱粗壮,下部被粗毛;柱头小,截形。头状果序球形,成熟时红色,径1.2-1.5厘米;果序柄细瘦,长7-10厘米,近无毛。花期5-6月,果期8-11月。

产浙江西北部、安徽南部、河南西部、湖北西部、陕西南部、四川及云南东北部,生于海拔1100-2500(-3100)米林中。

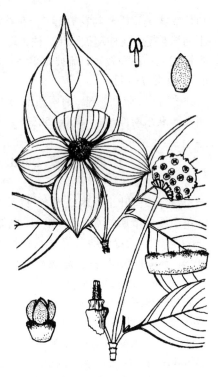

图 1079 多脉四照花 (胡 涛绘)

2. 四照花   图 1080 彩片 269

Dendrobenthamia japonica (DC.) Fang var. *chinensis* (Osborn) Fang in Acta Phytotax. Sin. 2(2): 105. 1953.

Cornus kousa Harms ex Diels var. *chinensis* Osborn in Gard. Chron. ser. 3, 72: 310. 1922.

落叶小乔木。小枝幼时被灰白色细伏毛。叶厚纸质或纸质,卵形或卵状椭圆形,长5-11.5厘米,先端尾状渐尖,基部宽楔形或近圆,全缘或具细齿,上面疏被白色细伏毛,下面被白色短伏毛,脉腋簇生黄色丝状毛,侧脉4(5)对;叶柄长0.5-1厘米,被白色细伏毛。顶生圆球形头状花序常由40-50花组成;白色总苞片4,卵形或卵状披针形,无毛;花序梗纤细,近无毛。花

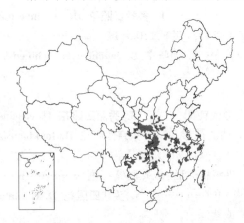

萼裂片内侧具一圈褐色短柔毛;花盘垫状;花柱被粗毛。果序球形,成熟时红色,微被毛;果序柄纤细,长5.5-6.5厘米。

产内蒙古东南部、山西南部、河南、安徽南部、江苏西南部、浙江、福

图 1080 四照花 (引自《图鉴》)

建西北部、台湾、江西、湖北、湖南、贵州、云南东北部、四川、陕西及甘肃南部,生于海拔800-2500米林中。

3. 秀丽四照花   图 1081

Dendrobenthamia elegans Fang et Hsieh in Journ. Sichuan Univ. Nat. Sci. 3: 162. pl. 9. f. 1. 1980.

常绿小乔木或灌木,高达10米。叶亚革质,宽椭圆形或长椭圆形,长

5-8厘米,全缘,稀微波状,先端短急尖,稀渐尖,基部宽楔形或钝圆;侧脉3-4对,弧状上升;叶柄长0.5-

1厘米。顶生球形头状花序常由45-55朵花组成；总苞片4，长圆形或椭圆形，长3-4厘米，两面被褐色细伏毛；花序梗纤细，长4-7厘米，近顶部疏被短柔毛。花萼管状，上部4浅圆裂，中具1齿状小突起或微凹陷，外侧被短伏毛；花瓣4，匙状长圆形，长1.8-2.5毫米，外侧疏被短伏毛；花盘垫状，微4裂；花柱圆柱状，疏被短伏毛，柱头较小。果序球形，成熟时红色，径1.5-1.8厘米，微被短伏毛；果序柄细柱状，长4.5-9厘米。花期6月，果期11月。

产浙江、福建及江西东部，生于海拔250-1200米林中。

图 1081 秀丽四照花 （胡 涛绘）

4. 东京四照花 图 1082

Dendrobenthamia tonkinensis Fang in Acta Phytotax. Sin. 2(2)：103. pl. 13. f. 1-2. 1953.

常绿小乔木或灌木，高达15米；树皮灰褐色。枝条纤细，皮孔显著。叶革质，长圆状倒卵形或长圆形，长5-10(13)厘米，先端渐尖或急尖，基部楔形，稀宽楔形，两面近无毛，侧脉3(4)对，弧状上升；叶柄长约0.8-1.2厘米，无毛。顶生头状花序常具40-50花；总苞片宽椭圆形，稀微倒卵形，长约1.6-2.6厘米，两面被细伏毛。花萼管状，4浅裂，裂片钝圆；花瓣倒卵状椭圆形，长约1.5毫米；雄蕊短于花冠裂片；花盘环状或微波状；花柱粗壮，长约0.4毫米；柱头平截，微被短柔毛。果序淡紫色，成熟时红色，径约1.5-2厘米；果序柄纤细，长5-6(7)厘米，常弯曲。花期5-6月，果期9-11(12)月。

图 1082 东京四照花 （胡 涛绘）

产广西西南部、贵州西北部、云南东南部及四川南部，生于海拔1100-2300米常绿阔叶林中。越南有分布。

5. 头状四照花 图 1083 彩片 270

Dendrobenthamia capitata (Wall.) Hutch. in Ann. Bot. n. s. 6(21)：93. 1942.

Cornus capitata Wall. in Roxb. Fl. Ind. ed. Carey et Wall. 1：434. 1820；中国高等植物图鉴 2：1106. 1972.

常绿小乔木或乔木，高达15(-20)米。幼枝粗壮，被贴生粗毛，老枝

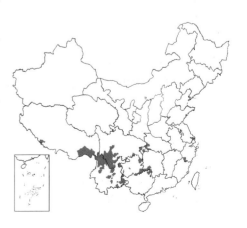

疏被毛。叶革质或薄革质，长圆形或长圆状倒卵形，稀披针形，长6-9（-12）厘米，先端锐尖，基部楔形或宽楔形，上面幼时被短伏毛，下面密被粗伏毛，脉腋具凹孔。侧脉4（5）对，弧状上升；叶柄长0.6-1.2厘米，被短伏毛。顶生球形头状花序常由近100朵花组成，径达1.2厘米；总苞片倒卵形或宽椭圆形，长3-5厘米，两面被细伏毛。花萼管状，裂片近圆形，微反卷，两侧被细毛；花瓣倒卵状长圆形，长2-3.5毫米，外侧被细毛；雄蕊短于花瓣，无毛；花盘垫状，4浅裂；花柱具4纵棱，被毛，柱头截形。果序扁球形，径2.5-3.5厘米，成熟时紫红色，被细毛；果序柄粗壮，长4-6厘米，初被毛。花期5-7月；果期8-10月。

产浙江南部、湖北、湖南、广西、贵州、云南、四川及西藏，生于海拔1000-3200米林中。印度、尼泊尔及巴基斯坦有分布。叶有消积、打虫的功能。

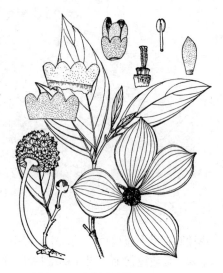

图 1083 头状四照花 （胡　涛绘）

6. 香港四照花　　　　　　　　　图 1084

Dendrobenthamia hongkongensis (Hemsl.) Hutch. in Ann. Bot. n. s. 6(21)：93. 1942.

Cornus hongkongensis Hemsl. in Journ. Linn. Soc. Bot. 23：345. 1888；中国高等植物图鉴 2：1107. 1972.

常绿乔木或灌木，高达15（-20）米。幼枝被伏生褐色短柔毛，老枝无毛，皮孔显著。叶革质或厚革质，椭圆形或长椭圆形，稀倒卵状椭圆形，长6-13厘米，先端短渐尖，基部楔形或宽楔形，幼时两面被褐色短柔毛，下面具褐色残点，侧脉（3）4对，弧状上升；叶柄长0.5-1.2厘米。球形头状花序顶生，径约1厘米；总苞片白色，宽椭圆形或倒卵状椭圆形，长2.8-4厘米，两面近无毛。花萼管状，被毛，先端4浅圆裂；花瓣淡黄色，倒卵状长圆形，长2-3.5毫米；雄蕊花丝长约2毫米，花药深褐色；花盘厚垫状，微裂；花柱圆柱状，微被毛，柱头小。球形果序径2.5-3厘米，被白色细毛，成熟时黄或红色；果序柄纤细，长3.5-10厘米，近无毛。花期5-6月，果期11-

图 1084 香港四照花 （引自《图鉴》）

12月。

产浙江、福建北部、江西东北部、湖南、广东、香港、广西、贵州、四川及云南东南部，生于海拔350-1700米林中。越南有分布。

7. 尖叶四照花　狭叶四照花　　图 1085

Dendrobenthamia angustata (Chun) Fang in Acta Phytotax. Sin. 2 (2)：95. pl. 11. 1953.

Cornus kousa Hance var. *angustata* Chun in Sunyatsenia 1：185. 1934；中国高等植物图鉴 2：1107. 1972.

常绿乔木或灌木，高达12米。幼枝纤细，被白色伏生短柔毛，老枝灰褐色，近无毛。叶薄革质或革质，椭圆形或长椭圆形，长5-9（12）厘米，先端渐尖或尾状渐尖，基部宽楔形或楔形，幼时上面被伏生白色短柔毛，后

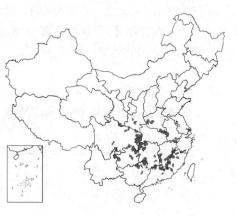

变无毛,下面密被伏生白色短柔毛,脉腋具簇生白色细柔毛,侧脉3-4对;叶柄长(0.4-)0.8-1.2厘米,幼时被细毛。顶生球形头形花序常由56-80(90)朵花组成,径8-9毫米;总苞片椭圆形或倒卵形,长2.5-5厘米,两面被白色伏生毛。花萼管状,两面密被毛,4浅裂;花瓣宽椭圆形,长2.2-2.8毫米,背面被白毛;雄蕊短于花瓣,花丝无毛,花药密被丝状毛;花盘4浅裂;花柱粗壮,密被白色丝状毛。球形果序,成熟时红色,径约2.5厘米,被白色细伏毛;果序柄纤细,长6-10.5厘米,紫绿色,微被毛。花期5-7月,果期10-11月。

产河南、安徽、浙江、福建、江西、湖北、湖南、广东、广西、贵州、云南东北部、四川、陕西南部及甘肃南部,生于海拔340-1400(-2000)米林中。花、叶有收敛止血的功能。

图 1085 尖叶四照花 （引自《图鉴》）

4. 山茱萸属 Macrocarpium (Spach.) Nakai nom. consers.

落叶乔木或灌木。小枝对生。冬芽顶生及腋生,被短柔毛。叶纸质,对生,全缘。伞形花序先叶开放,具花序梗;总苞片4,鳞片状,覆瓦状排列,外轮2枚大于内轮,后脱落。两性花;萼管陀螺状,具4枚齿状裂片;花瓣4,与花瓣互生,黄色,镊合状排列;雄蕊4,与花瓣互生,黄色,镊合状排列;雄蕊4,花药2室;花盘垫状;子房下位,2室,每室1胚珠;花柱短,圆柱状;柱头平截。核果单生。种子长圆形。

约5种,分布于美洲、欧洲及亚洲。我国2种。本属植物的果实为著名药材"枣皮"或称"萸肉"。

1. 叶宽椭圆形或椭圆形,先端短急尖,基部近圆或浅心形;花序梗长1-1.5厘米;核果长0.6-1厘米,径3-4毫米
   ·········· 1. 川鄂山茱萸 **M. chinensis**
1. 叶卵状披针形或卵形,先端长渐尖,基部楔表或窄楔形;花序梗长2-5毫米;核果长1.2-2厘米,径5-9毫米
   ·········· 2. 山茱萸 **M. officinalle**

1. 川鄂山茱萸 山茱萸 实枣儿 图 1086

Macrocarpium chinensis (Wanger.) Hutch. in Ann. Bot. n. s. 6: 89. 1942.

Cornus chinensis Wanger. in Fedde, Repert. Sp. Nov. 6: 100. 1906; 中国高等植物图鉴 2: 1106. 1972; 中国植物志 56: 84. 1990.

乔木,高达8米。枝幼时紫红色,被贴生疏柔毛,后近无毛。叶宽椭圆形或椭圆形,长6-14厘米,先端短急尖,基部圆或浅心形,全缘,下面脉腋密被灰色短柔毛,侧脉弧状上升至中上部叶缘;叶柄长1-2.5厘米,幼时被短柔毛。伞形花序生于叶下枝两侧,具总苞片4,纸质或厚纸质,花后脱落;花序梗长1-1.5厘米,密被贴生小柔毛。花黄色;花萼具4裂片;花瓣卵状披针形,长2.5-4毫米;花丝长约1.5毫米,花

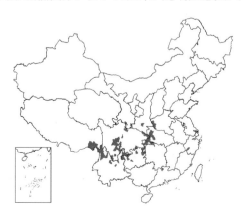

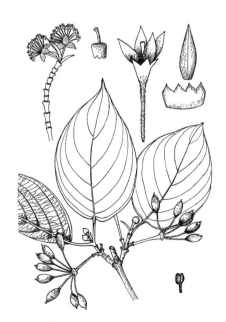

图 1086 川鄂山茱萸 （胡 涛绘）

药椭圆形；花盘垫状；花托钟状，被短柔毛，花柱长 1-1.4 毫米；花梗纤细，长 0.8-1.2 厘米，被淡黄色柔毛。核果长椭圆形，稀倒卵长圆形，长 0.6-1 厘米，径 3-4 毫米，成熟时紫褐或暗褐色，顶端宿存花萼及花柱；核骨质，具纵肋纹。花期 3-4 月，果期 7-9 月。

产甘肃南部、陕西南部、河南西部、湖北西部、湖南西北部、广东北部、贵州、云南、四川、西藏东南部及浙江西南部，生于海拔750-2500(-3200)米林缘、山谷或山坡疏林中。果实药用，功效同山茱萸。

2. 山茱萸　　　　　　　　　　图 1087 彩片 271

Macrocarpium officinale (Sieb. et Zucc.) Nakai in Bot. Mag. Tokyo 23: 38. 1909.

Cornus officinalis Sieb. et Zucc. Fl. Jap. 1: 100. t. 50. 1835; 中国高等植物图鉴 2: 1105. 1972; 中国植物志 56: 84. 1990.

乔木或灌木，高达 10 米。小枝棕褐色，被贴生短毛或近无毛。叶卵状披针形或卵形，长 5-10 厘米，先端长渐尖，基部楔形或窄楔形，下面脉腋被褐色短柔毛，侧脉与中脉交角小于 45°，弓状上升至叶中部与叶缘相交；叶柄长 0.6-1.2 厘米，微被贴生毛。伞形花序生枝侧；总苞 4，厚纸质或革质，两侧微被柔毛，花开即落；花序梗长 2-5 毫米，微被短柔毛。花萼裂片 4；花瓣长 3-3.5 毫米，微反卷；花丝钻形；花盘垫状；花托倒卵形，密被贴生柔毛；花梗纤细，长 0.5-0.8 厘米，密被疏柔毛。核果长圆形，长 1.2-2 厘米，径约 0.5-0.9 厘米，成熟时红或紫红色；骨质核具不整齐纵肋纹。花期 3-4 月，果期 7-9 月。

产河北、山西南部、河南、山东、江苏南部、浙江西部、安徽南部、江西北部、湖北、湖南西南部、贵州东北部及西北部、云南、四川东南部、甘肃南部及陕西南部，生于海拔 400-1500(-2100) 米林中或林缘。日本及朝鲜有分布。果实药用，称“山茱萸”，为“枣皮”、“萸肉”的正品，有补肝、益肾、涩精、敛汗的功效。

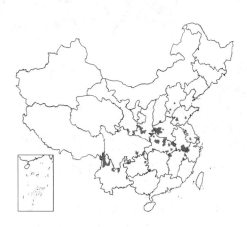

图 1087　山茱萸　（冀朝祯绘）

5. 桃叶珊瑚属 Aucuba Thunb.

常绿小乔木或灌木。小枝对生。叶对生，边缘具锯齿或腺状齿，稀近全缘，羽状叶脉常未达叶缘即网连；叶柄较粗壮。花单性，雌雄异株，雌花序常圆锥状，雄花排成总状圆锥花序。花4基数，下具关节及1-2枚小苞片；雄花花药2室，稀愈合为1室，背着，稀丁字药，花丝钻形；雌花萼管常与子房合生，子房下位，1室，具倒生悬垂胚珠，花柱短，柱头头状，微2-4裂，直立或偏斜。核果肉质，成熟时为红色或深红色，顶端宿存萼齿、花柱及柱头。种子1，种皮白色。

约13种，分布于中国、锡金、不丹、印度、缅甸、越南、日本及韩国。我国全产。

本属为常绿小乔木或灌木，严冬具鲜红色圆锥果序，极为美观，为绿化庭园的优良树种；木材可作工艺品用；民间作药用。

1. 雄花序为圆锥花序，雌花序较短；花瓣先端具短尖头，尖头长0.5毫米，雄蕊长3-4毫米。
　　2. 叶边缘1/3以上具5-8对锯齿或腺状齿；花绿或紫红色；核果径0.8-1.2厘米 ……… **1. 桃叶珊瑚 A. chinensis**
　　2. 叶边缘仅上段具2-4(-6)对疏锯齿或近全缘；花暗紫色；核果径5-7毫米。

3. 叶上面不具斑点 ························· 2. **青木 A. japonica**

3. 叶上面常有不规则黄色或淡黄色斑点 ········· 2(附). **花叶青木 A. japonica** var. **variegata**

1. 雄花序较长，为总状或聚伞状圆锥花序，花较多；雌花序为短圆锥花序，花较少；花紫红色，花瓣先端具长尖尾，尖尾长1-2.5毫米，雄蕊长1-2.5毫米。

  4. 叶中上部具波状浅齿或腺状齿，上面叶脉显著下凹；花瓣先端尖尾卷曲，长2.5毫米 ···················· 3. **纤尾桃叶珊瑚 A. filicauda**

  4. 叶边缘具细锯齿或粗锯齿，上面叶脉微下凹；花瓣先端尖尾内折。

    5. 叶厚纸质或近革质，倒心脏形或倒卵形，先端具长1.5-2厘米急尖尾 ······ 4. **倒心叶珊瑚 A. obcordata**

    5. 叶羊皮纸质或薄革质，长椭圆形或长圆状披针形，先端尖尾长0.6-1（1.5）厘米 ···················· 5. **喜马拉雅珊瑚 A. himalaica**

1. 桃叶珊瑚　　　　图 1088

Aucuba chinensis Benth. Fl. Hongkong. 138. 1861.

小乔木或灌木，高达6（-12）米。小枝2歧分枝，皮孔白色；叶痕大而显著；冬芽鳞片4对，内4片顶端被柔毛。叶革质，椭圆形或椭圆形，长10-20厘米，先端钝尖，基部楔形或宽楔形，边缘微反卷，1/3以上具5-8对锯齿或腺状齿，稀粗锯齿；叶柄粗壮，长2-4厘米。圆锥花序顶生，花序梗被柔毛。雄花序长于雌花序，长5厘米以上，雄花4数，绿或紫红色，花萼先端齿裂；

图 1088 桃叶珊瑚 （引自《图鉴》）

花瓣长3-4毫米，雄蕊长3毫米，生于花盘外侧；花盘肉质，微4棱；花梗长约3毫米，被柔毛；苞片1，长3毫米，外侧被疏柔毛。雌花子房圆柱状，花柱粗壮，柱头微偏斜；小苞片2枚，长4-6毫米，边缘具睫毛；花下关节被毛。核果长1.4-1.8厘米，径0.8-1.2厘米，萼片、花柱及柱头均宿存顶端。花期1-2月，果期较长，一、二年生果序常同存于枝上。

产福建、台湾、江西西部、湖南、广东、海南、广西、贵州及云南东南部，生于海拔1000米以下的常绿阔叶林中。

2. 青木　　　　图 1089 彩片 272

Aucuba japonica Thunb. Nov. Gen. Pl. 3: 61. 1783.

常绿灌木，高达3米。叶革质，长椭圆形或卵状长椭圆形，长8-20厘米，先端渐尖，基部近圆，上面无斑点，边缘上段具2-4（-6）对疏锯齿或近全缘。圆锥花序顶生，雄花序长7-10厘米，花序梗被毛。花暗紫色，花梗长3-5毫米，下具2枚小苞片；子房被疏柔毛，花柱粗壮，柱头偏斜。核果长约2厘米，径5-7毫米。花期3-4月，果期至翌年4月。

产浙江南部、福建及台湾，日本及朝鲜有分布。材质坚韧，可作手杖及工艺品用。

[附] **花叶青木**　彩片 273 **Aucuba japonica** var. **variegata** D'ombr. in Fl. Mag. 5: t. 277. 1866. 本变种与模式变种的区别：叶上面具大小不等的金黄色（稀淡黄色）斑点，似洒金点状，故江苏称为洒金叶珊瑚。我国大、

中城市公园中均引种栽培。

3. 纤尾桃叶珊瑚　　　　　　　　　图 1090

Aucuba filicauda Chun et How in Acta Phytotax. Sin. 7（1）：70. pl. 21. 1958.

灌木，高达2米。幼枝被疏伏毛。叶厚纸质，宽椭圆形或倒卵状椭圆

形，长11-18厘米，先端具长急尖尾，基部宽楔形，中上部边缘具波状浅齿或腺状齿，侧脉6-8对，在上面微下凹，下面中脉及侧脉被粗毛；叶柄粗壮，长1-3厘米，被短粗毛。雄花序1-3束呈顶生总状圆锥花序，长9-15厘米，被紧贴粗伏毛；线状小苞片1枚，长约1.5毫米；花萼杯状，萼片较短；花瓣紫红色，卵形，长3.5-4毫米，

边缘被短毛，先端具卷曲尖尾，长2.5毫米，花盘微4裂；雄蕊粗短。雌花序长2-5厘米；雌花萼片、花瓣近雄花；子房圆锥状，被短粗伏毛，柱头微4裂。果椭圆形，长约1.5厘米。花期4-5月，果期7月以后。

产广西北部、贵州东南部及云南东南部，生于海拔900-1400米林中。

4. 倒心叶珊瑚　　　　　　　　　图 1091 彩片 274

Aucuba obcordata（Rehd.）Fu in Fang, Fl. Sichuan. 1: 395. pl. 149. f. 6-8. 1981.

Aucuba chinensis Benth. f. *obcordata* Rehd. in Sarg. Pl Wilson. 2: 572. 1916.

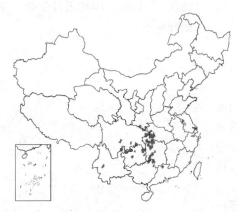

灌木或小乔木，高达4米。叶厚纸质至近革质，倒心脏形或倒卵形，长（4-）8-14厘米，先端平截或倒心形，具长1.5-2厘米的急尖尾，基部窄楔形；叶脉微下凹；边缘具缺刻状粗锯齿；叶柄被粗毛。雄花组成总状圆锥花序，长8-9厘米，花较稀疏，紫红色，花瓣具尖尾；雄蕊花药粗壮。雌花序短圆锥

状，长1.5-2.5厘米，花较密集。核果长卵圆形，长1.2厘米，顶端宿存药柱及柱头。花期4-5月，果熟期11月以后。

产陕西南部、湖北西南部、湖南、广东北部、广西东北部、贵州、四川及云南，生于海拔1300米林中。

图 1089 青木 （引自《Dendr.》）

图 1090 纤尾桃叶珊瑚
（引自《植物分类学报》）

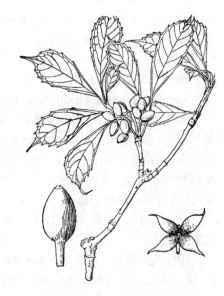

图 1091 倒心叶珊瑚 （胡 涛绘）

5. 喜马拉雅珊瑚 图 1092

Aucuba himalaica Hook. f. et Thams. Ill. Himal. pl. t. 12. 1855.

Aucuba chinensis auct. non. Benth.: 中国高等植物图鉴 2: 1112. 1972, excl. distr. geogr.

小乔木或灌木，高达8米。小枝具白色皮孔，叶痕显著。叶薄革质，椭圆形或长椭圆形，稀长圆状披针形，长10-15(20)厘米，先端渐尖或急尖，尖尾长0.6-1(1.5)厘米，边缘1/3以上具7-9对细锯齿，上面叶脉下凹，下面被粗毛；叶柄长2-3厘米，被粗毛。雄花组成顶生总状圆锥花序，长8-10(-13)厘米，紫红色，幼时密被柔毛，上段色较浅。花梗长2-2.5毫米，被柔毛；萼片小，圆裂；花瓣长卵形

图 1092 喜马拉雅珊瑚 （胡 涛绘）

或卵状披针形，长3-3.5毫米，先端尖尾长1.5-2毫米，内折；雄蕊长1-2.5毫米，花丝粗壮；花盘微裂。雌花萼片、花瓣近雄花，下具关节及2小苞片，子房被粗毛，花柱粗壮，柱头微2裂。果实卵状长圆形，长1-1.2厘米，被粗毛，成熟为深红色，顶端宿存花柱及柱头。花期1-3月，果期10月至翌年5月。

产江西、湖北西部、湖南、广东北部、广西、贵州、云南、西藏东南部、四川及陕西南部，生于海拔1500-2300米林下。锡金、不丹、印度北部及缅甸北部有分布。

6. 青荚叶属 **Helwingia** Willd.

落叶或常绿灌木，稀小乔木。冬芽卵圆形，鳞片4，外面2枚较厚。叶互生，边缘具腺状锯齿，叶脉羽状；托叶2，分裂或不分裂。花小，3-4(5)基数，单性，雌雄异株；花萼小；花瓣镊合状排列；花盘肉质。雄花4-20呈伞形或密伞花序，生于叶上面中脉上或幼枝上部及苞叶上，雄蕊3-4(5)，花盘中部具退化花柱。雌花单生或2-4呈伞形花序，生于叶面中脉上，稀生叶柄上；花柱短，头柱3-4裂，子房3-4(5)室。浆果状核果，成熟时红或黑色，常具纵沟，具1-4(5)种子。

约5-6种，分布于亚洲东部。我国5种。民间常以茎、叶及果实等作药用；个别种幼叶可代茶用；种子可榨油。

1. 落叶灌木；叶纸质或厚纸质；叶上面侧脉微凹陷。
　2. 叶纸质，卵形或宽椭圆形，先端渐尖，边缘具刺状细锯齿，托叶长4-6毫米，线状分裂或撕裂状 ……………
　………………………………………………………………………………………… 1. **青荚叶 H. japonica**
　2. 叶厚纸质，长圆状披针形或长椭圆形，先端尾状渐尖，边缘具腺状细锯齿，托叶长约2毫米，2-3裂，稀不
　裂 ………………………………………………………………………………… 2. **西域青荚叶 H. himalaica**
1. 常绿灌木或小乔木；叶革质或厚纸质，叶上面脉不显著。
　3. 灌木；叶革质或厚纸质，线状披针形或披针形，宽0.4-2厘米，边缘具稀疏腺状齿 ……………………
　…………………………………………………………………………………………… 3. **中华青荚叶 H. chinensis**
　3. 小乔木或灌木；叶革质，长圆形或倒卵状长圆形，稀倒卵状披针形，宽3-5厘米，下面干后具黄褐斑纹，边
　缘具腺状齿 ……………………………………………………………………… 4. **峨眉青荚叶 H. omeiensis**

1. 青荚叶 图 1093

Helwingia japonica (Thunb.) Oietr. Nachtr. Vollst. Lex. Gartn. Bot. 3: 680. 1817.

Ostris japonica Thunb. Fl. Jap. 31. 1784.

落叶灌木，高达2米。枝上叶痕显著。叶纸质，卵形或宽卵形，稀椭圆形，长3.5-9(-18)厘米，先端渐尖，基部宽楔形或近圆，边缘具刺状细锯齿；叶柄长1-5(6)厘米，托叶长约4-6毫米，线状分裂。花小，淡绿色，3-5基数；花萼小；花瓣长1-2毫米。雄花4-12呈伞形或密伞形花序，生叶上面中脉1/2-1/3处，稀生幼枝上部；雄蕊3-5，花丝纤细，花药卵圆形；花梗长1-2.5毫米。雌花1-

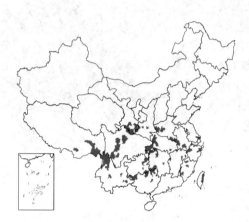

3，生叶面上1/2-1/3处；子房卵圆形或球形，花柱短，长约1毫米，柱头3-5裂；花梗长1-5毫米。浆果成熟时黑色，长约7-9毫米，径约5-7毫米，具3-5种子。花期4-5月，果期7-9月。

产河南、安徽南部、浙江、福建、台湾、江西、湖北、湖南、广西、贵

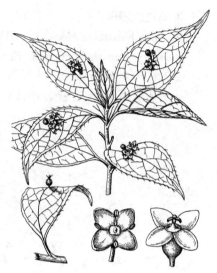

图 1093 青荚叶 （冀朝祯绘）

州、云南、西藏东南部、四川、甘肃南部及陕西南部，生于海拔3000米以下林中。喜阴湿及肥沃土壤。日本、缅甸北部及印度北部有分布。叶、果有清热利湿、消肿止痛、活血化瘀的功能；民间用作"阴症药"。

2. 西域青荚叶 图 1094 彩片 275

Helwingia himalaica Hook. f. et Thoms. ex C. B. Clarke in Hook. f. Fl. Brit. Ind. 2: 726. 1879.

落叶灌木，高达3米。叶厚纸质，长圆状披针形或长圆形，稀倒披针形，长5-11(-14)厘米，先端尾状渐尖，基部宽楔形或渐狭窄，边缘腺状细锯齿，侧脉4-9(12)对；叶柄长0.6-4.5厘米，托叶长约2毫米，2-3裂，稀不裂。雄花绿色带紫，常(3)5-14呈密伞花序，(3)4基数；花梗纤细，长5-8毫米。雌花3-4基数，柱头3-4裂，外卷。果实1-3生叶上面中脉上，卵圆形或长圆形，稀肾形或球形，长6-9毫米；

果柄长1-2毫米。花期4-6月，果期6-9月。

产浙江南部、安徽西部、湖北、湖南、广西、贵州、云南、四川及西藏东南部，生于海拔1400-3000米林中。尼泊尔、锡金、不丹、印度北部、

图 1094 西域青荚叶 （引自《图鉴》）

缅甸北部及越南北部有分布，海拔可达3300米。全株有活血化瘀、除湿利尿的功能。

3. 中华青荚叶

图 1095 彩片 276

Helwingia chinensis Batal. in Acta Hort. Petrop. 13：97. 1893.

常绿灌木，高达2米。叶革质或近革质，稀厚纸质，线状披针形或披针形，长4-15厘米，宽0.4-2厘米，先端长渐尖或尾状渐尖，基部楔形，稀宽楔形或近圆，边缘具稀疏腺状锯齿，侧脉6-8对；叶柄长1-4厘米，托叶纤细，线状分裂，边缘具细齿。雄花4-15呈伞形或密伞形花序，生叶上面主脉中部或幼枝上段；花3-5基数；花萼小；花瓣卵形，长2-3毫米；花梗长0.2-1厘米。雌花3-5基数，常1-3生

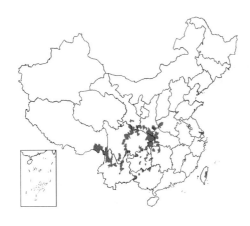

叶上面主脉中部；子房卵圆形，柱头3-5裂；花梗极短。果具种子3-5，长圆形或矩圆形。径约5-9毫米，成熟时红或红黑色；果柄长1-2毫米。花期4-5月，果期8-10月。

产甘肃南部、陕西南部、河南西部、湖北西部、湖南西北部、广西、贵州、云南、四川、西藏东南部、福建西部及台湾，生于海拔（400）1000-2000

图 1095 中华青荚叶 （引自《图鉴》）

（-3000）米林下。缅甸北部有分布。叶药用，可除湿、清热；果治胃病；根治骨折；嫩叶可代茶作饮料。

4. 峨眉青荚叶

图 1096 彩片 277

Helwingia omeiensis (Fang) Hara et Kuros. in Ohashi Fl. East. Himal. 3：410. f. 78. a-f. 1975.

Helwingia himalaica Hook. f. et Thoms. ex Clarke f. *omeiensis* Fang in Acta Phytotax. Sin. 1(2)：169. 1951.

常绿小乔木或灌木，高达4(-8)米。叶革质，倒卵状长圆形，稀倒披针形，长9-15厘米，宽3-5厘米，先端急尖或渐尖，尖尾长1-1.5厘米，基部楔形，边缘1/3以上具腺状锯齿，下面干后具黄褐色斑纹，叶脉仅在下面微显；叶柄长1-5厘米，托叶2，线状披针形或钻形。雄花5-20(-30)呈密伞花序或伞形花序，生叶上面1/3-

1/4处或幼枝上；花3-5基数，紫白色；小花梗长3-7毫米。雌花单生或2-4(-6)枚为伞形花序，生叶上面主脉1/3-1/4处；花绿色；小花梗长2-4毫米，柱头3-4(5)裂，子房3-4(5)室。浆果状核果长椭圆形，长

图 1096 峨眉青荚叶 （冯先洁绘）

约9毫米，成熟时黑色，具3-4(5)枚种子。花期3-4月，果期7-8月。

产湖北西南部、湖南西北部、广西北部、贵州东北部、云南西北部及四川，生于海拔600-1700(-1900)米林中。

7. 鞘柄木属 Toricellia DC.

落叶小乔木或灌木。枝具半圆形叶痕，髓部白色，疏松。叶互生，纸质，掌状5-7裂或不裂，掌状脉5-7（9）；叶柄较长，基部呈鞘状半包小枝。顶生雄花序疏散，雌花序较密，为总状圆锥花序，下垂或微下垂。花单性，雌雄异株；花梗短，具小苞片。雄花花梗无关节；花萼不整齐5裂，钝尖或尖；花瓣5，膜质，长椭圆形，先端尾尖，内折；雄蕊5，与花瓣互生，花丝短，花药2室，长圆形；花盘扁平，无退化子房或具1-3枚圆锥状突起。雌花花梗具关节；花萼3-5裂，先端尖或钝尖；花瓣及雄蕊均无；花盘不显著；子房椭圆形，3-4室，每室具下垂胚珠1枚，花柱极短，3-4裂。核果小，微偏斜，顶端宿存花萼及花柱。种子线形，弯曲，胚小。

2-3种，产不丹、锡金、尼泊尔、越南及中国。我国2种1变种。

1. 叶卵圆形或宽卵形，不裂，具粗锯齿 ·· 1. 鞘柄木 **T. tiliifolia**
1. 叶近圆形或扁圆形，掌状5-7裂，具5-7浅裂片。
　2. 叶缘全缘 ··· 2. 角叶鞘柄木 **T. angulata**
　2. 叶缘具细锯齿 ····························· 2（附）. 有齿鞘柄木 **T. angulata** var. **intermedia**

1.　鞘柄木　　　　　　　　　　　　　　　　　图 1097

Toricellia tiliifolia DC. Prodr. 4: 257. 1830.

小乔木，高达15米。叶互生，卵圆形或宽卵形，长10-20厘米，先端短尖，基部微心形，具粗锯齿，掌状脉7-9，下面疏被柔毛；叶柄长5-9（10）厘米，下部鞘状，疏被毛。总状圆锥花序顶生，雄花序长12-22厘米，微被柔毛；雄花梗长1.5-2.5毫米，无关节，具2枚小苞片；花萼筒短，5浅裂；花瓣5，白色，长椭圆形，长约5毫米，先端尾尖，内折；雄蕊5，花丝长1-1.5毫米，花药2室，长圆形，长约1.5毫米；具花盘。雌花具短梗，有关节，被疏毛，小苞片2；花萼裂片3-4浅裂；无花瓣及退化雄蕊；花盘不明显；子房卵圆形，长4-5毫米；花柱3，长3-4毫米。核果卵圆形或微倒卵形，长5-6毫米，成熟时红或灰黑色，顶端具宿存花萼及花柱。花期9-11月，果期翌年3-4月。

产云南西南部、四川南部及西藏东南部，生于海拔1500-2600米林缘或林中。不丹、锡金、尼泊尔及越南有分布。根皮、树皮有活血、止痛、除风湿的功能。

图 1097 鞘柄木 （冀朝祯绘）

2.　角叶鞘柄木　　　　　　　　　　　　　　图 1098

Toricellia angulata Oliv. in Hook. Icon. Pl. 29: t. 1893. 1889.

灌木或小乔木，高达8米。叶互生，近圆形或扁圆形，长6-15（-22）厘米，5-7裂，掌状脉5-7，直达叶缘，无锯齿；叶柄长8-9厘米，基部鞘状。顶生总状圆锥花序下垂；雄花序长5-30厘米，密被柔毛；萼筒倒圆锥

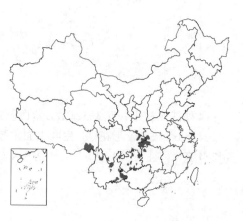

状，齿状5裂；花瓣5，长圆状披针形，长约1.8毫米，先端尾尖，内折；雄蕊5，花丝短，花药长圆形；花盘垫状，具3枚退化花柱；花梗纤细，长约2毫米，疏被柔毛，基部具2小苞片。雌花序长35-40厘米，花较稀疏；萼筒钟状，裂片5，不整齐，先端疏生纤毛，无花瓣；子房3室与萼筒合生，柱头微弯曲；花梗具小苞片3，不等大。核果卵圆形，径约4毫米，顶端具宿存花萼及花柱。花期3-4月，果期6-8月。

产陕西南部、湖北西南部、湖南西北部、贵州、云南、四川东部及西藏东南部，生于海拔900-2000米林缘、溪边阴湿杂木林中。根皮、叶有活血祛瘀、祛风利湿的功能。

[附] **有齿鞘柄木 Toricellia angulata** var. **intermedia**（Harms ex Diels）Hu in Journ. Arn. Arb. 13：336. 1932. —— *Toricellia intermedia* Harms ex Diels in Engl. Bot. Jahrb. 29：507. 1901. 与模式变种的区别：叶缘具细锯齿。产陕西南部、甘肃南部、四川、云南、湖北、湖南、贵州及广西，生于海拔450-1800米林下。根及茎皮捣烂敷骨折处或泡酒，有接骨丹之称；叶可作绿肥。

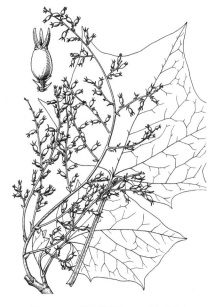

图 1098 角叶鞘柄木 （冀朝祯绘）

8. 草茱萸属 **Chamaepericlymenum** Graebn.

多年生草本，具匍匐根状茎及节明显的直立茎。叶对生，常集生枝顶，呈轮生状，全缘，叶脉羽状或掌状，上面被白色贴生柔毛，下面近无毛；叶柄较短。伞形聚伞花序顶生，总苞片4，白色，花瓣状。两性花，较小，4基数，花萼管顶端具齿状裂片；花瓣镊合状排列，常1-2枚近先端具针状附属物；雄蕊花丝较短；花盘较厚，如菜墩状；柱头头状，子房下位，2室，每室具1枚下垂胚珠。核果圆球形。

2种，分布于欧洲、亚洲东北部至美洲北部。我国1种。

草茱萸　　　　　　　　　　　　　　　　图 1099

Chamaepericlymenum canadense（Linn.）Aschers. et Graebn. in Nordost. Plachl. 799. 1898.

Cornus canadensis Linn. Sp. Pl. 117. 1753.

图 1099 草茱萸 （胡 涛绘）

多年生草本，高达17厘米；根状茎较长，匍匐于地，直立茎纤细，生于根状茎的节上，有2对鳞片。叶纸质，常3对集生于枝顶，呈轮生状，菱形或倒卵形，长4-5厘米，先端短渐尖，基部渐窄下延，两面被白色短柔毛，羽状脉3对，弧状上升，基部1对较长，近先端与叶缘相交；叶柄长2-3毫米。伞形聚伞花序顶生；总花梗长约2厘米；总苞片宽椭圆形，白色花瓣状，长宽近相等，先端短急尖，基部下延，具6-7条弧状纵脉。花径约2毫米；花萼管长约1毫米，密被白色短柔毛，裂片4；花瓣反折，长约1.5毫米，常1-2枚近先端具1针状附属物；雄蕊短于花瓣，长于花柱，花托花瓶状，被毛。核果圆球形，成熟时红色，径约5毫米。花期5月。

产黑龙江东南部及吉林东部，生于海拔约1200米针叶林下。朝鲜、日本、俄罗斯远东地区及北美洲有分布。

130. 十齿花科 DIPENTODONTACEAE

（向巧萍）

半常绿或落叶灌木或小乔木。叶互生；有柄，托叶细小，早落。聚伞花序排成圆头状伞形花序，花序梗及小花梗均较长；总苞片4-10，早落。花黄绿色，径2-4毫米，5数，稀6-7数；花萼花冠密接，萼片与花瓣均为5（-7），其形状、大小相似；花盘肉质，较薄，基部呈杯状，上部深裂成5（6）个直立肉质裂片，状如腺体；雄蕊5，着生花盘裂片下的杯状边缘上，与裂片互生，花丝明显，花药内向；子房3心皮，基部着生花盘上，不完全3室，每室基部具2直立胚珠，仅1室1胚珠发育成种子，发育时珠柄与胎座伸长增大成为种子柄。蒴果被毛，具宿存花被，花柱宿存成为果喙；种子1，周围有5枚败育胚珠，并有子房室隔，无假种皮；基部有粗短种子柄。

1属2种，产中国及缅甸。

十齿花属 Dipentodon Dunn

形态特征同科。

2种，产中国及缅甸。

1. 叶纸质，披针形或窄椭圆形，长7-12厘米，宽2-4厘米；花序径1-1.4厘米，花序梗长2.5-3.5厘米；小花梗长3-4毫米；总苞片4-6，卵形；蒴果密被灰棕色短绒毛，果喙粗短，长3-5毫米；种子卵状 ·· 十齿花 **D. sinicus**

1. 叶薄革质，卵形或长圆状椭圆形，长10-20厘米，宽5-8.5厘米；花序径1.5-2.2厘米，花序梗长5-10厘米；小花梗长0.9-1厘米；总苞片8-10，披针形或线形；蒴果疏被黄棕色短绒毛，果喙细长，长0.6-1厘米；种子椭圆状 ·· （附）. 长梗十齿花 **D. longipedicellatus**

十齿花

图 1100 彩片 278

Dipentodon sinicus Dunn in Kew Bull. 1911. 312. f. 1911.

落叶或半常绿灌木或小乔木，高达11米。叶纸质，披针形或窄椭圆形，长7-12厘米，宽2-4厘米，先端长渐尖，基部楔形或宽楔形，有细密浅锯齿，侧脉5-7对，多在近缘处结网；叶柄长0.7-1厘米。聚伞花序近圆球状，径1-1.4厘米，花序梗长2.5-3.5厘米。小花梗长3-4毫米，中部有关节；总苞片4-6，卵形，早落；花白色，径2-3毫米；花萼与花冠密接，萼片与花瓣均为5（-7），形状相似；花盘肉质，浅杯状，上部5（-7)裂，裂片淡黄色，长方形，直立；雄蕊5（-7)，花丝伸出花冠之外；子房具短花柱，柱头小。蒴果窄椭圆状卵形，密被灰棕色短绒毛，花萼花冠均宿存呈十齿状，花柱宿存为粗短的果喙，喙长3-5毫米，小果柄常向下弯曲。种子黑褐色，卵状，种子柄长约2毫米。

图 1100 十齿花 （冯晋庸绘）

产贵州、广西北部及云南南部，生于海拔900-3200米山坡沟边、溪边或路旁。

[附] **长梗十齿花 Dipentodon longipedicellatus** C. Y. Cheng et J. S. Liu in Wuhan Bot. Res. 9(1)：31. f. 1 A-E. 1991. 与十齿花的区别：叶薄革质，卵形或长圆状椭圆形，长10-20厘米，宽5-8.5厘米；花序径1.5-2.2厘米，花序梗长5-10厘米；小花梗长0.9-1厘米；总苞片8-10，披针形或线形；蒴果疏被黄褐色短绒毛，果喙细长，长0.6-1厘米；种子椭圆形。产云南西南部及西藏。缅甸东北部有分布。

131. 铁青树科 OLACACEAE

（林 祁）

常绿或落叶乔木或灌木。单叶，常互生，全缘，羽状脉，稀3或5出脉；无托叶。花小，通常两性，辐射对称，聚伞花序或排成伞形、复伞形、总状、穗状或圆锥状花序，稀伞花，腋生或稀在短枝上呈丛生状。萼筒短小，杯状或碟状，顶端具齿裂或平截，具副萼或无；花瓣通常4-5，离生或合生，花蕾时镊合状排列；花盘环状；雄蕊为花瓣的2-3倍或与花瓣同数且对生，离生或合生成单体雄蕊，花药2室，背着药，纵裂或孔裂；花柱单一，顶端不裂或2-5裂，子房上位或半下位，基部与花盘合生，1-5室或基部2-5室、上部1室，每室具胚珠1-4。核果或坚果，成熟时常花萼筒增大而包围果实，或不增大不包围果实。种子1，胚小，胚乳丰富。

约26属，260余种，主产热带地区。我国5属，9种。

1. 乔木或灌木，若呈攀援状则无卷须；叶具羽状脉。
  2. 果成熟时花萼筒不增大，不包围果实。
    3. 枝有刺；聚伞花序或单花；子房4室 ·················· 1. **海檀木属 Ximenia**
    3. 枝无刺；聚伞花序呈伞形、复伞形或短总状花序状；子房上部1室，下部2室 ······ 2. **蒜头果属 Malania**
  2. 果成熟时多少被增大的花萼筒所包围。
    4. 雄蕊不全发育，具退化雄蕊5-6；核果，部分或大部分为花萼筒包围 ·············· 3. **铁青树属 Olax**
    4. 雄蕊全发育；坚果，几全部为花萼筒包围 ·············· 4. **青皮木属 Schoepfia**
1. 藤本，有卷须；叶基部3或5出脉·················· 5. **赤苍藤属 Erythropalum**

1. 海檀木属 Ximenia Linn.

灌木或小乔木。具短枝及枝刺。叶互生，在短枝上簇生，羽状脉。聚伞花序，稀单花，腋生或在短枝上呈丛生状。萼筒短小，杯状，顶端4-5齿裂；花瓣4-5，狭窄，离生或其中2-3合生，外卷，腹面被毛；雄蕊为花瓣数的2倍，生于花瓣基部，花丝丝状，花药线形，纵裂；柱头不裂，子房上位，4室，中轴胎座，每室1胚珠。核果，卵圆形或球形。种子1，胚乳丰富。

10余种，分布于热带地区。我国1种。

海檀木   图 1101 彩片 279

Ximenia americana Linn. Sp. Pl. 1193. 1753.

灌木或小乔木，高达4米。小枝栗褐色，常有棱，有枝刺，刺长0.8-1.2厘米；短枝长4-8毫米。叶长圆形、椭圆形或宽卵形，长3-5厘米，先端圆钝或微凹，有小尖头，基部圆，侧脉3-5对，网脉不明显；叶柄长3-5毫米。聚伞花序腋生或在短枝上呈丛生状，长1.5-2.5厘米，有3-6花，花序梗长0.5-1厘米。花梗长2-3毫

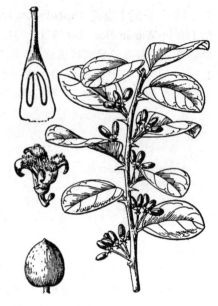

米；萼筒长约1毫米；花瓣4-5，白色，长椭圆形，长3-7毫米，离生或其中2-3片合生，腹面密被长毛；雄蕊8-10，与花瓣等长，生于花瓣基部。果卵圆状或球形，成熟时橙黄色，径2-3厘米。花期4-5月，果期6月。

产海南，生于海滩附近砂地或沿海低山中。分布于世界热带地区。木材可作檀香木的代用品；种子可榨油，食用。

图 1101 海檀木 （余汉平绘）

2. 蒜头果属 Malania Chun et S. Lee. ex S. Lee

常绿乔木，高达20米。叶互生，长椭圆形、长圆形或长圆状披针形，长7-15厘米，先端急尖或渐尖，基部圆或楔形，幼时被微柔毛，中脉在叶面下凹，侧脉3-5对；叶柄长1-2厘米，基部具关节。聚伞花序呈伞形花序状、复伞形花序状或短总状花序状，具10-15花，长2-3厘米；花序梗长1-2.5厘米。花梗长5-7毫米；萼筒杯状，顶端4-5齿裂；花瓣4-5，腹面下部被绵毛，背面被微毛；雄蕊为花瓣数的2倍，花药线形，纵裂；柱头2微裂，花柱粗短，子房上位，下部2室，上部1室，中央胎座，每室有胚珠1，悬垂于胎座顶端。浆果状核果，扁球形或近梨形，径3-4.5厘米，中果皮肉质，内果皮木质，坚硬。种子1，球状或扁球状，径约1.8厘米，胚乳丰富。

我国特有单种属。

蒜头果 图 1102 彩片 280

Malania oleifera Chun et S. Lee ex S. Lee in Bull. Bot. Lab. North-East. Forest. Inst. 6: 68, f. 1-2. 1980.

形态特征同属。花期4-9月，果期5-10月。

产广西及云南东部，生于海拔300-1600米石灰岩或砂页岩山地林中或稀树灌丛中。速生，在石灰岩山地生长良好，可作石山地区造林树种；种子可榨油，作润滑油或制肥皂，也可少量食用；木材纹理直、结构细，可作家具、建筑、船舶等用。

图 1102 蒜头果 （蔡淑琴绘）

3. 铁青树属 Olax Linn.

乔木或灌木，有时呈攀援状。叶互生，羽状脉。聚伞花序呈短穗状花序状、总状花序状或圆锥花序状，腋生。萼筒顶端平截或有不明显裂齿，结实时增大；花瓣3-6，离生，或其中2-5合生，或花瓣下部合生成筒状；能育雄蕊3-5，与花瓣或花冠裂片对生，通常生于花瓣或花冠筒下部，花药2室，纵裂，退化雄蕊5-6，较长，花药退化；花盘极薄，环绕子房基部；花柱3裂，子房上位，基部3室、上部1室，胚珠3。核果，部分或大部分埋于增大的萼筒内。种子1，胚乳丰富。

50余种，主要分布于非洲、亚洲及大洋洲热带地区。我国3种。

1. 聚伞花序呈穗状花序状，单生或2-4簇生叶腋；能育雄蕊3；果宽圆卵形或近球形，长1.5-2厘米，成熟时黄色，基部或下部埋在增大成浅杯状或碗状萼筒内 ·· 1. **铁青树 O. wightiana**
1. 聚伞花序呈圆锥花序状，单生叶腋；能育雄蕊5；果长椭圆状倒卵圆形或长圆形，长2.8-3.8厘米，成熟时红色，大部埋在增大成钟状的萼筒内 ·· 2. **疏花铁青树 O. austro-sinensis**

1. 铁青树

图 1103：1-6

Olax wightiana Wall. ex Wight et Arn. Prodr. 1：89. 1834.

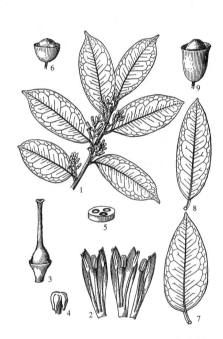

图 1103: 1-6.铁青树 7-9.疏花铁青树
（余汉平绘）

灌木或呈攀援状，高达6米。叶椭圆形、长椭圆形或长圆形，长5-10厘米，先端钝尖或凸尖，基部圆，侧脉7-15对，在两面微隆起；叶柄长0.5-1厘米。聚伞花序呈总状花序状，单生或2-4簇生叶腋，长1.5-2.5厘米；花序梗长0.3-1厘米。花梗长1-3毫米；花萼筒浅杯状，顶端平截；花瓣5，通常2或3基部合生，白或淡黄色，线形，长0.8-1厘米；能育雄蕊3，退化雄蕊5，稍长于能育雄蕊。果卵圆形或近球形，长1.5-2厘米，成熟时黄色，基部或下部埋在增大成杯状的花萼筒内。花期3-5月，果期4-9月。

产海南，生于低海拔林内。斯里兰卡、马来西亚及印度有分布。

2. 疏花铁青树

图 1103: 7-9 彩片 281

Olax austro-sinensis Y. R. Ling in Bull. Bot. Res. (Harbin) 2(4)：16. 1982.

灌木或呈攀援状，高达3.5米。叶长卵形、椭圆状卵形或长椭圆形，长8-18厘米，先端钝尖至渐尖，基部圆或宽楔形，侧脉10-15对，在两面凸起；叶柄长1-1.3厘米。聚伞花序呈圆锥花序状，腋生，长3.5-5厘米；花序梗长3-8毫米。花萼筒杯状，长1-1.5毫米，有不明显的波状齿；花瓣5，通常2或3基部合生，白色，线形，长1-1.3厘米；能育雄蕊和不育雄蕊各5；花柱顶端3浅裂，子房圆锥状。核果长椭圆球形或长倒卵球圆形，长2.8-3.8厘米，成熟时红色，半埋于增大成钟状的花萼筒内。花期3-5月，果期4-9月。

产广西南部及海南，生于海拔350-1600米丘陵沟谷密林、疏林或灌丛中。果熟时味甜可食。

4. 青皮木属 Schoepfia Schreb.

小乔木或灌木。叶互生，羽状脉。聚伞花序，稀单花，腋生。萼筒与子房贴生，结实时增大，顶端有4-6小萼齿或平截；副萼小，杯状，结实时不增大或无副萼而花基部有膨大的"基座"；花冠筒状，顶端具4-6裂片；雄蕊与花冠裂片同数，生于花冠筒上，与花冠裂片对生全部发育，花丝极短，花药2室，纵裂；柱头3浅裂，子房半下位，半埋于花盘中，下部3室、上部1室，每室胚珠1，自中央胎座顶端向下悬垂。坚果，成熟时几全部被增大成壶状的花萼筒所包围，顶端常有环状花被着生处的残迹。种子1，胚乳丰富。

约40种，分布于热带至亚热带地区。我国3种1变种。

1. 常绿性；花具副萼，有短梗；叶革质 ·· 1. **香芙木 S. fragrans**
1. 落叶性；花无副萼，无梗；叶纸质。
   2. 花3-9排成螺旋状聚伞花序，花序梗长1-2.5厘米；果序柄长4-5厘米。
      3. 叶纸质；果长1-1.2厘米，径5-8毫米 ····························· 2. **青皮木 S. jasminodora**
      3. 叶厚纸质；果长1.6-2厘米，径1.3-1.5厘米 ········ 2(附). **麻栗坡青皮木 S. jasminodora var. malipoensis**
   2. 花2-3集生成近头状聚伞花序，花序梗长0.5-1厘米；果序柄长1-2厘米 ········ 3. **华南青皮木 S. chinensis**

1. 香芙木 图 1104

Schoepfia fragrans Wall. in Roxb. Fl. Ind. 2: 188. 1824.

常绿小乔木，高达10米。叶革质，长卵形、长椭圆形或长圆形，长6-11厘米，先端渐尖或长渐尖，基部楔形或近圆，侧脉3-8对，在两面明显；叶柄长4-7毫米。聚伞花序呈总状花序状，具5-10花，长2-3.5厘米；花序梗长1-1.5厘米。花梗长2-6毫米；花萼筒杯状，与子房贴生，顶端具4-5萼齿；副萼杯状，结实时不增大，先端3裂齿；花冠筒状，白或淡黄色，长6-8毫米，顶端4-5三角形的齿裂；雄蕊着生于花冠筒上，着生处下方各有一束短毛；子房半下位，柱头通常不伸出花冠筒外。果近球状，径0.7-1.2厘米，成熟时几全为增大的萼筒所包围，萼筒黄色，基部为杯状副萼所承托。花期9-10月，果期10-1月。

产西藏东南部及云南，生于海拔850-2100米山地林中或灌丛中。亚洲

图 1104 香芙木 （引自《图鉴》）

东南部至南部有分布。根入药，治骨折；种子榨油，供工业用。

2. 青皮木 图 1105

Schoepfia jasminodora Sieb. et Zucc. in Abh. Akad. Wiss. Wien, Math.- Phat. 4(3): 135. 1846.

落叶小乔木或灌木，高达14米。老枝灰褐色。叶纸质，卵形或长卵形，长3.5-10厘米，先端近尾状或长尖，基部圆，侧脉4-5对；叶柄长2-3毫米。聚伞花序呈螺旋状，具3-9花，长2-6厘米；花序梗长1-2.5厘米，红色，果时增长至4-5厘米。花无梗；萼筒杯状，顶端4-5齿裂；无副萼；

花冠钟状，白或淡黄色，长5-7毫米，顶端4-5齿裂，裂齿长1-2毫米，外卷，雄蕊着生于花冠筒上，着生处下方各具一束短毛；子房半埋在花盘

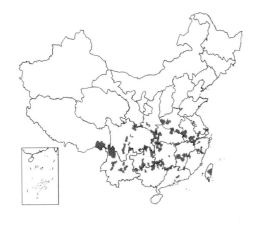

中,下部3室、上部1室,每室1胚珠。果椭圆状或长圆状,长1-1.2厘米,径5-8毫米,成熟几全为增大的萼筒所包围,萼筒紫红色,基部为略膨大的基座所承托。花叶同放。花期3-5月,果期4-6月。

产河南、安徽、江苏南部、浙江、福建、台湾、江西、湖北、湖南、广东、广西、贵州、云南、西藏东南部、四川、甘肃南部及陕西南部,生于海拔500-2600米山地沟谷、山坡密林或疏林中。日本有分布。全株有散瘀、消肿、止痛的功能。

[附] **麻栗坡青皮木 Schoepfia jasminodora** var. **malipoensis** Y. R. Ling in Act. Phytotax. Sin. 19(3):388. 1981. 与青皮木的区别:叶厚纸质,椭圆形或卵状椭圆形;果长圆状或长卵状,长1.6-2厘米,径1.3-1.5厘米。产云南东南部及广西西南部,生于海拔2000米以下石灰岩山地林中或林缘。

图 1105 青皮木 (引自《图鉴》)

3. 华南青皮木

图 1106

Schoepfia chinensis Gardn. et Champ. in Journ. Bot. Kew Misc. 1: 308. 1849.

落叶小乔木,高达6米。叶纸质,长椭圆形或卵状披针形,长5-9厘米,先端渐尖或钝尖,基部楔形,叶脉红色,侧脉3-5对;叶柄红色,长3-6毫米。聚伞花序近似头状花序状,具(1)2-3花,长2-3.5厘米;花序梗长0.5-1厘米,果时增长至1-2厘米。花无梗;萼筒大部与子房合生,顶端4-5齿裂;无副萼;花冠筒状,白或淡红色,长0.8-1.4厘米,顶端4-5齿裂;雄蕊着生于花冠筒上,着生处下方各具一束短毛;子房半埋在花盘中,下部3室、上部1室,每室1胚珠。果椭圆状或长圆状,长0.7-1.2厘米,成熟时几全为增大的萼筒所包围,萼筒红或紫红色,基部为膨大的"基座"所托。花叶同放。花期2-4月,果期4-6月。

图 1106 华南青皮木 (引自《图鉴》)

产福建、江西、湖南、广东、香港、海南、广西、贵州、四川及云南,生于海拔2000米以下山地沟谷或溪边林中。根、枝叶有清热利湿、消肿止痛的功能。

5. 赤苍藤属 Erythropalum Bl.

木质藤本;有腋生卷须。叶互生,基部3或5出脉。二歧聚伞花序。萼筒顶端4-5齿裂,下部与子房贴生,花后增大；花冠宽钟状，顶端5深裂；雄蕊5，与花冠裂片对生，花丝极短，花药2室，纵裂；子房半埋于花盘内，3心皮，1室，顶生胎座，胚珠2-3，悬垂于子房顶端，花柱极短，圆锥形，顶端3裂。核果成熟时为增大成壶状萼筒所包围，后萼筒与果分离并裂成不规则3-5片裂瓣。种子1枚。

约3种，分布于亚洲东南部。我国1种。

赤苍藤　　　　　　　　　　　　　　　图 1107　彩片 282

Erythropalum scandens Bl. Bijdr 922. 1826.

常绿藤本，长达10米；具腋生卷须。叶卵形或长卵形，长8-20厘米，先端渐尖或钝尖，基部微心形、平截、圆或宽楔形，下面粉绿色，基部3或5出脉，基出脉每边有侧脉2-4；叶柄长3-10厘米。二歧聚伞花序，长6-18厘米；花序梗长3-9厘米，花后增粗增长。花梗长2-5毫米；萼筒长5-8毫米，顶端4-5齿裂；花冠白色，径2-2.5毫米，顶端5齿裂；花盘隆起；雄蕊5。核果卵状椭圆形或椭圆状，长1.5-2.5厘米，全为增大的壶状花萼筒所包围，顶端有宿存的花萼裂齿，成熟时淡红褐色，常不规则裂为3-5裂瓣；果柄长1.5-3厘米。种子蓝紫色。花期4-5月，果期5-7月。

产广东、海南、广西、贵州西南部及云南，生于海拔1500米以下山地、丘陵沟谷、溪边林中或灌丛中。亚洲东南部至南部有分布。嫩叶可作蔬菜；

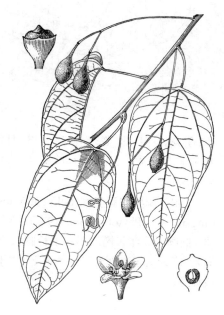

图 1107　赤苍藤　（余汉平绘）

全株有散瘀、消肿、止痛的功能，茎入药，可治黄胆、风湿骨痛。

132. 山柚子科 OPILIACEAE

（李　楠）

常绿小乔木、灌木或木质藤本。叶互生，单叶，全缘；无托叶。花小，辐射对称，两性或单性，组成腋生或顶生的穗状花序或总状花序，或总状花序式或圆锥花序状聚伞花序。单花被或具花萼和花冠，花被片或花瓣4-5数，离生或合生，花蕾时镊合状排列；雄蕊与花被片或花瓣同数、对生，花丝离生或基部与花瓣合生，花药2室，纵裂；花盘各式，位于雄蕊内，环状或杯状，或为分离的腺体；子房上位或半下位，1室，倒生胚珠，无珠被，花柱短或无，柱头全缘或具浅裂。核果。种子具丰富油质胚乳，胚小，圆柱状，子叶线形。

约9属，60种，多数种类分布于亚洲和非洲的热带地区，少数种类产澳大利亚东北部和美洲热带地区。我国5属。

1. 穗状花序；花两性，花被合生成坛状，裂片4，短于花被管，花柱圆柱状；攀援灌木 ⋯ 1. **山柑藤属 Cansjera**
1. 总状花序、总状花序式聚伞花序或圆锥花序状聚伞花序；花两性或杂性，花被片或花瓣4-5，离生或仅基部合生，花柱缺或极短。
 2. 攀援灌木或小乔木；总状花序式聚伞花序，花序轴密被淡红褐色短柔毛；花萼细小，花瓣5，离生，花柱极短 ⋯⋯⋯⋯⋯⋯⋯⋯⋯⋯⋯⋯⋯⋯⋯⋯⋯⋯⋯⋯⋯⋯⋯⋯⋯⋯⋯ 2. **山柚子属 Opilia**
 2. 灌木或小乔木；花序轴无毛或被微柔毛；单花被，花被片4-5，花柱缺。
  3. 总状花序；花两性，苞片宽卵形或圆形，宽4-7毫米，花被片4。
   4. 花被片离生，雄蕊长于花被片，花盘环状 ⋯⋯⋯⋯⋯⋯⋯⋯⋯⋯⋯⋯ 3. **尾球木属 Urobotrya**
   4. 花被基部合生，裂片开展，雄蕊短于花被，花盘杯状，具不整齐裂缺 ⋯⋯⋯⋯ 4. **鳞尾木属 Lepionurus**
  3. 圆锥花序状聚伞花序；花杂性，苞片小，早落，花被片5，离生 ⋯⋯⋯⋯⋯⋯ 5. **台湾山柚属 Champereia**

1. 山柑藤属 **Cansjera** Juss. nom conserv.

 直立或攀援灌木，有时具刺。叶互生，具短柄。花两性，排成稠密的腋生穗状花序，每花具1苞片；单花被，花被具柔毛，下部合生成坛状或钟状，上部4-5裂，裂片镊合状排列；雄蕊4-5，与花被裂片对生，花丝无毛，分离或基部与腺体结合，花药长圆形；腺体4-5，卵状或近三角形，肉质；子房上位，卵球形或圆筒状，1室，花柱圆柱状，柱头头状，具4浅裂。核果椭圆状，中果皮肉质，内果皮薄。种子1，胚小，具3-4子叶。

 约5种，分布于亚洲和澳大利亚热带地区。我国1种。

山柚藤   图 1108:1-5 彩片 283

Cansjera rheedii J. F. Gmel. Syst. Nat. 1: 280. 1791.

 攀援状灌木，高达6米。枝条广展，有时具刺，小枝、花序均被淡黄色短绒毛。叶卵圆形或长圆状披针形，长4-10厘米，先端长渐尖，基部宽楔形或圆钝，有时稍偏斜，全缘，侧脉4-6对，在两面微凸起；叶柄长2-4毫米，被短柔毛。花多朵排成密生的穗状花序，花序1-3聚生叶腋，长1-2.5厘米；苞片细小；花被管坛状，黄色，长约3毫米，外面被短柔毛，裂片4，卵状三角形；雄蕊约与花被管等长；腺体直立，极短，卵形，急尖头；子房圆筒状。核果长椭圆形或椭圆形，长1.2-1.8厘米，无毛，顶端有小突尖，成熟时橙红色，内果皮脆壳质。花期10月至翌年1月，果期1-4月。

 产广东、海南、香港、广西西南部及云南东南部，生于低海拔山地疏

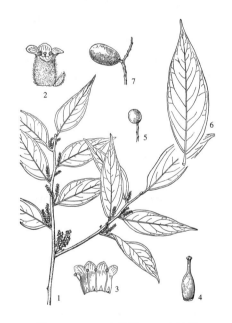

图 1108: 1-5.山柑藤 6-7.山柚子
（邓盈丰绘）

林或灌木林中。具根寄生习性。印度、缅甸及亚洲东南部各国有分布。

2. 山柚子属 **Opilia** Roxb.

 攀援灌木或小乔木。叶互生，排成2列，全缘，中脉明显凸起；叶柄短。花两性，排成腋生总状花序式聚伞花序；苞片早落；花萼细小，全缘，环状，或具不明显的（4）5（6）齿；花瓣（4）5（6），离生，长圆形，先端伸

展外弯；雄蕊5，离生，与花瓣对生，腺体5，肉质，与花瓣互生；子房上位，椭圆状，顶端较窄，1室，胚珠1，下垂，花柱极短，柱头小，盘状，中央下凹。核果，中果皮肉质，内果皮脆壳质。

约22种，分布于非洲、亚洲的热带地区及澳大利亚东北部。我国1种。

山柚子

图 1108:6-7

Opilia amentacea Roxb. Pl. Corom. 2: 31. t. 158. 1802.

攀援状灌木或柔弱小乔木。小枝被微柔毛。叶卵形或卵状披针形，长3-14厘米，无毛，全缘，中脉明显凸起；叶柄长0.3-1厘米。花序长2-4厘米，直立，密被淡红褐色短柔毛；苞片宽卵形。花梗长1.7-2.7毫米，被微柔毛；花萼小，全缘；花瓣5，黄绿色，长1.7-2.2毫米，外面被短柔毛，早落；腺体椭圆状，钝头，长为雄蕊的一半。核果卵球形、球形或椭圆形，成熟时红色，长1-2.5厘米，基部具宿存花萼和花盘。花期4-6月，果期7-10月。

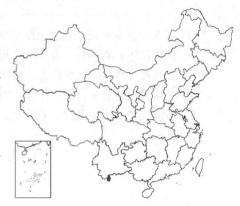

产云南南部，生于中海拔山地密林中。亚洲南部及东南部各国有分布。

3. 尾球木属 Urobotrya Stapf

灌木或小乔木。小枝无毛或被微柔毛。叶互生，无毛或仅中脉有毛，全缘；叶柄短。花两性，排成总状花序，通常3花生于每个苞片内，花序轴纤细，无毛或被微柔毛；苞片宽，绿色，边缘透明，具缘毛，密集覆瓦状，于开花前脱落，在花序基部的数枚较小的苞片宿存；花（3）4（5）数，单花被，花被片离生，镊合状排列，长圆形，顶急尖，内面无毛；雄蕊与花被片同数且对生，长于花被片；花盘环状，肉质；子房圆锥状或圆筒状，花柱缺，柱头不分裂或4浅裂。核果椭圆形，中果皮肉质，薄。胚小，具子叶3枚。

6-7种，分布于非洲的热带地区及亚洲东南部。我国1种。

尾球木

图 1109

Urobotrya latisquama (Gagnep.) Hiepko in Ber. Deutsch. Bot. Ges. 84: 662. 1972.

Lepionurus latisquamus Gagenp. in Lecomte, Fl. Gén. Indo-Chiné 1: 807. f. 91. 1911.

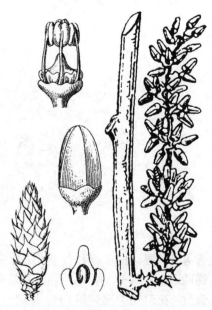

图 1109 尾球木 （引自《Fl. Gen. Indo-Chine》）

灌木或小乔木，高约4米。枝条淡绿色，干后黄褐色，无毛，具不明显的条纹。叶无毛，宽披针形或窄披针形，稀卵形或倒卵形，长（7-）11-18（-23）厘米，先端渐尖或急尖，基部楔形，全缘，侧脉7-10（-12）对，在两面均稍突起；叶柄长1-3毫米，无毛。花序通常单生叶腋，亦生于枝条已落叶腋部或主干上，花序轴长7-11厘米，无毛；苞片宽卵形或圆形，先端骤渐尖，长和宽均为6-7毫米，每个苞片内常生3花。无小苞片；花梗长3-5毫米；花被片4，黄绿色，长约3毫米；雄蕊与花被片对生，花丝长4-5毫米，花药椭圆状，长约1毫米；花盘突起呈环状；子房高于花盘部分近圆锥状，长1-1.5毫米，1室。核果成熟时红色，长1.3-2.5厘米，径0.7-1.5厘米；果梗长5-6毫米。花期4-5月，果期7-8月。

产广西、云南东南部及南部，生于海拔1000米以下山谷密林或疏林中，喜生于石灰岩山地。缅甸南部、泰国、老挝及越南有分布。

4. 鳞尾木属 Lepionurus Bl.

灌木，直立或枝条披散，通常无毛，嫩枝有时具短毛。叶互生，无毛。花两性，排成腋生总状花序，每个苞片内有3花，花序轴纤细，无毛；苞片宽，鳞片状，淡绿色，边缘透明，具短缘毛，密集覆瓦状，于开花前脱落。花（3）4（5）数；花被合生，深分裂；雄蕊短于花被，花丝扁平；花盘杯状，边缘具不整齐裂缺；子房卵圆状圆锥形，花柱通常缺，柱头不裂或4浅裂。核果椭圆形，有时卵球形或倒卵圆形，外果皮薄，中果皮肉质，内果皮壳质。胚几与种子等长，胚根小，子叶线形，3-4枚。

1-2种，分布于尼泊尔、锡金、中国、印度及马来西亚热带地区。我国1种。

鳞尾木

图 1110

Lepionurus sylvestris Bl. Bijdr. 1148. 1826.

灌木，高常不及2米。叶互生，多形，倒卵形、长圆形、披针形或卵形，长（5.5-）10-16（-25）厘米，先端短渐尖，基部宽楔形或渐窄，侧脉8-10对，通常中脉和侧脉在下面凸起；叶柄长2-5（-8）毫米。总状花序1-8序生于叶腋，长2-5厘米，花序轴直立、俯垂或下垂，果序轴长达6厘米；苞片宽卵形，长4-5（-7.5）毫米，先端渐尖或具细尖，每个苞片内生3花，无小苞片。花淡黄色，花梗长1-2毫米；花被径2-4.5毫米，花被管长0.5毫米，花被裂片卵形，开展，先端急尖；雄蕊生于花盘的外侧，约与花被管等长，花药椭圆状，长0.5毫米；花盘杯状，具裂缺；雌蕊长约1毫米。核果成熟时橙红色，长0.9-1.6厘米，径

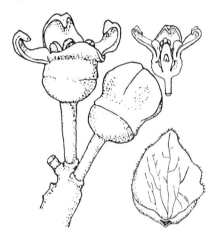

图 1110 鳞尾木 （引自《Willdenowia》）

0.6-1厘米，基部具宿存花盘；果柄长2-2.5毫米。

产云南南部，生于海拔1200米山地密林中。尼泊尔、锡金、印度东北部、缅甸、泰国、越南、马来西亚及印度尼西亚有分布。

5. 台湾山柚属 Champereia Griff.

直立灌木或小乔木。叶互生，全缘；叶柄短。花小，杂性，两性花或雌花均排成圆锥花序状聚伞花序；苞片小，早落。单花被，花被片5，镊合状排列；雄蕊5，约与花被片等长，花丝丝状，药室平行；花盘环状，5浅裂；子房上位，圆锥状，半埋于花盘中，花柱无，柱头垫状；雌花具不育雄蕊，花盘分裂。核果椭圆形，外果皮壳质，中果皮肉质。胚近圆柱头，胚根小，子叶长，3枚。

约2种，分布于亚洲南部和东南部热带地区。我国1种。

台湾山柚

图 1111

Champereia manillana (Bl.) Merr. in Philip. Journ. Sci. Bot. 7: 233. 1912.

Cansjera manillana Bl. Mus. Bot. Lugd-Bat. 1: 246. 1850.

常绿小乔木,高达7米,树皮白色。枝条细长,叶长圆形或长圆状披针形,长5-10厘米,先端急尖或渐尖,全缘,有光泽,干后苍白色,侧脉纤细;叶柄长3-5毫米。圆锥花序状聚伞花序腋生,两性花的花序具细长的分枝,雌花序具较粗短的分枝;花小,两性花的花被片外折,长1-1.5毫米,花梗长2-5毫米;雌花的花被片长约0.5毫米,花梗长约0.5毫米。核果椭圆形,长1-1.5厘米,顶端钝圆,无毛,成熟时橙红色;果柄短。

产台湾,生于干旱的灌木林或疏林中。印度安达曼群岛、缅甸、泰国、马来西亚、印度尼西亚、菲律宾及越南有分布。

图 1111 台湾山柚 （引自《Woody Fl. Taiwan》）

133. 檀香科 SANTALACEAE

（李 楠）

草本或灌木,稀小乔木,常为寄生或半寄生,稀重寄生植物。单叶,互生或对生,有时退化呈鳞片状;无托叶。苞片多少与花梗贴生,小苞片单生或成对,通常离生或与苞片连生呈总苞状。花小,辐射对称,两性,单性或败育的雌雄异株,稀雌雄同株;集成聚伞花序、伞形花序、圆锥花序、总状花序、穗状花序或簇生,有时单花,腋生。花被一轮,常稍肉质;雄花花被裂片3-4,稀5-6(-8),花蕾时呈镊合状排列或稍呈覆瓦状排列,开花时先端内弯或平展,内面雄蕊着生处有疏毛或舌状物;雄蕊与花被裂片同数且对生,常生于花被裂片基部,花丝丝状,花药基着或近基部背着,2室,平行或开叉,纵裂或斜裂;花盘上位或周位,边缘弯缺或分裂,有时离生呈腺体状或鳞片状,稀无花盘;雌花或两性花具下位或半下位子房,子房1室或5-12室(由横隔膜形成);花被管通常比雄花的长,花柱常不分枝,柱头小、头状、平截或稍分裂;胚珠1-3(-5),无珠被,生于特立中央胎座顶端或自顶端悬垂。核果或小坚果,具肉质外果皮和脆骨质或硬骨质内果皮。种子1,无种皮,胚小,圆柱状,直立,平滑、粗糙或有多数深沟槽,胚乳丰富,肉质,通常白色,常分裂。

约30属,400种,分布于全世界的热带和温带。我国8属,35种,6变种。

1. 木本植物;核果,外果皮常多少肉质。
  2. 花药室平行纵裂。
    3. 叶对生。
      4. 果实顶端有叶状苞片4(5);花盘边缘弯缺;花单性,单生或集成伞形花序,雌雄异株 ·················· ·· 1. 米面蓊属 **Buckleya**
      4. 果实顶端无叶状苞片;花盘的裂片离生,肉质;花两性,集成疏散的三歧聚伞式圆锥花序 ············· ·· 2. 檀香属 **Santalum**
    3. 叶互生。

　　5. 花5（6）数；花盘通常分裂；果径2-3厘米；叶膜质或纸质；枝圆柱状 ·············· 3. **檀梨属 Pyrularia**

　　5. 花3（4）数；花盘边缘弯缺；果径0.8-1厘米；叶薄革质；枝常呈三棱形 ·············· 4. **沙针属 Osyris**

　2. 花药室叉开。

　　6. 无叶；茎生于寄主植物内，隐没；花通常雌雄同株；核果具脆骨质内果皮，内面上部5-6室，下部1室 ···

　　　　·· 5. **重寄生属 Phacellaria**

　　6. 有叶；茎（或树干）明显。

　　　7. 木质藤本，无刺；花单生、簇生或集成聚伞花序或伞形花序；叶脉基出，3-9（-11），弧形；半寄生植

　　　　物 ·· 6. **寄生藤属 Dendrotrophe**

　　　7. 乔木或灌木，通常有刺（有1变种无刺）；花集成穗状花序；叶脉羽状；早期寄生植物 ·············

　　　　·· 7. **硬核属 Scleropyrum**

1. 草本植物；叶线形，稀退化为鳞片；花两性，花被裂片内面有丛毛，子房下位；坚果具干燥的外果皮 ···········

　·· 8. **百蕊草属 Thesium**

1. 米面蓊属 Buckleya Torr. nom. conserv.

　　半寄生落叶灌木。芽顶端锐尖，有鳞片2-5对。叶对生，无柄或有柄，全缘或近全缘，具羽状脉及网脉。花单性，雌雄异株；雄花小，钟形，集成腋生或顶生聚伞花序或伞形花序，无苞片；花被4（5）裂，内面在雄蕊后面无疏毛；雄蕊短，4（5），生于花盘弯缺内，花丝线状，药室平行，纵裂，花盘上位，贴生于花被管内壁，边缘弯缺；雌花单朵顶生，有时腋生，4（5）数；苞片4（5），叶状，与花被裂片互生，开展，花后增大，宿存；花被管与子房合生，花被裂片4，微小，退化雄蕊不存在；子房下位，有8棱或幼嫩时平滑无棱，花柱短，柱头2-4裂；胚珠3-4。果为核果，顶端有苞片4（5）；呈星芒状开展；花被裂片在果熟时有时脱落；外果皮肉质；稍薄，内果皮脆骨质。

　　约4种，产亚洲东部及美洲北部。我国2种。

1. 叶两面被短刺毛，长椭圆形或倒卵状长圆形，有微锯齿；核果椭圆状球形，被短柔毛，宿存苞片线状倒披针形

　·· 1. **秦岭米面蓊 B. graebneriana**

1. 叶无毛或嫩时疏被短柔毛，卵形、披针形或披针状长圆形，全缘；核果椭圆形或倒圆锥形，宿存苞片披针形或

　倒披针形 ·· 2. **米面蓊 B. lanceolata**

1. **秦岭米面蓊**　线苞米面蓊　　　　　　　　　图 1112

Buckleya graebneriana Diels in Engl. Bot. Jahrb. 29: 306. 1900.

　　小灌木，高约2.5米。小枝灰白色，有白色皮孔，幼嫩时黄绿色，被短刺毛，有细纵沟。叶绿色，常带红色，形状多变，常呈长椭圆形或倒卵状长圆形，长2-8厘米（基生枝的叶较小），先端锐尖或短渐尖（基生枝的叶尖常有红色鳞片），基部宽或窄楔形，有微锯齿，两面被短刺毛，沿叶面边缘被毛更密；叶柄极短或近无，被微刺毛。雄花径约3毫米，集成顶生聚伞花序或伞形花

图 1112 秦岭米面蓊 （引自《图鉴》）

序，花序梗长1.5-2.5厘米，被稀疏褐色短柔毛；花梗细长，长0.6-1厘米；花被裂片4，淡绿色，卵状披针形，长1.5毫米，比花被管稍长，有明显的网脉；雄蕊4（5），短于花被裂片，花药淡黄色。雌花单朵顶生；叶状苞片位于子房顶端，披针形或椭圆状披针形，被稀疏短柔毛；花被裂片4，淡绿色，椭圆状披针形，长2-3毫米，早落；子房无毛。核果椭圆状球形，长1-1.5厘米，成熟时橙黄色，粗糙，常被短柔毛，无纵棱；果柄长不及5毫米，有时近无柄；叶状苞片线状倒披针形，长1-2.5厘米。花期4-5月，果期6-7月。

产甘肃东南部、陕西南部、湖北西北部、河南西南部及东南部，生于海拔700-1800米林中。果实富含淀粉，可供酿酒或食用，也可榨油；嫩叶可作蔬菜。

2. 米面蓊　　　图 1113

Buckleya lanceolata (Sieb. et Zucc.) Miq. Cat. Mus. Bot. Lugd.-Bat. 79. 1870.

Quadriala lanceolata Sieb. et Zucc. in Abh. Akad. Wiss. Wien, Math.-Phys. 4(2): 194. 1845.

Buckleya henryi Diels；中国高等植物图鉴 2: 534. 1972.

灌木，高达2.5米。茎直立；多分枝，枝多少被微柔毛或无毛，幼嫩时有棱或有条纹。叶薄膜质，下部枝的叶呈宽卵形，上部枝的叶呈披针形，长3-9厘米，先端尾状渐尖，基部枝上的叶尖常具红色鳞片，基部楔形或窄楔形，全缘，中脉稍隆起，嫩时两面被疏毛，侧脉不明显，5-12对；近无柄。雄花序顶生和腋生；雄花淡黄棕色，卵圆形，径4-4.5毫米；花梗纤细，长3-6毫米；花被裂片卵状长圆形，长约2毫米，被稀疏短柔毛；雄蕊4，内藏。雌花单一，顶生或腋生；花梗细长或很短；花被漏斗形，长7-8毫米，外面被微柔毛或近无毛，裂片小，三角状卵形或卵形，先端锐尖；苞片4，披针形，长约1.5毫米；花柱黄色。核果椭圆形或倒圆锥形，长约1.5厘米，无毛，宿存苞片叶状，披针形或倒披针形，长3-4厘米，干膜质，有明显的羽脉；果柄细长，棒状，顶端有节，长0.8-1.5厘米。花期6月，果期9-10月。

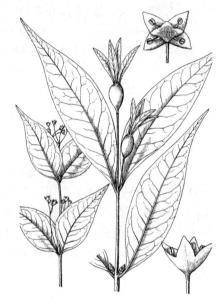

图 1113 米面蓊 （引自《图鉴》）

产浙江、安徽、湖北、河南、山西西南部、陕西南部、四川东北部及北部、甘肃南部及宁夏北部，生于海拔700-1800米山区林中。日本有分布。果实含淀粉，可盐渍供食用；鲜叶有毒，外用治皮肤搔痒；树皮也有毒，碎片对人体皮肤有刺激作用。

2. 檀香属 Santalum Linn.

半寄生小乔木。叶对生，有柄，全缘，薄革质、膜质或近肉质，有网脉，中脉常明显。花两性，常集成三歧聚伞式圆锥花序；苞片小，早落；花被与子房基部贴生，4（5）裂，裂片通常与花盘离生，镊合状排列，内面位于雄蕊后面有疏毛一撮；雄蕊5或4，生于花被裂片基部而较短，花药长圆形，2室，平行纵裂；花盘5裂，裂片离生呈鳞片状，肉质，间于雄蕊之间，似方块状排列；子房半下位，花柱细长，线状，柱头短，明显或不明显2-4裂；胚珠2-3，生于胎座顶端的下方。核果近球形或卵球形，花被残痕环状；外果皮颇薄，内果皮通常粗糙。种子近球形，胚位于胚乳中部，线状，稍粗糙。

约20种，分布于印度半岛、中南半岛及太平洋岛屿。我国引入栽培2种。

檀香　真檀　　　　　　　　　　　图 1114 彩片 284

Santalum album Linn. Sp. Pl. 349. 1753.

常绿小乔木，高约10米。枝具条纹，有多数皮孔和半圆形的叶痕；小枝细长，节间稍肿大。叶椭圆状卵形，长4-8厘米，先端锐尖，基部楔形或宽楔形，多少下延，边缘波状，稍外折，下面有白粉，中脉在下面凸起，侧脉约10对；叶柄长1-1.5厘米。三歧聚伞式圆锥花序腋生或顶生，长2.5-4厘米；苞片2，位于花序的基部，钻状披针形，长2.5-3毫米，早落；总花序梗长2-5厘米。花梗长2-4毫米；花径5-6毫米；花被管钟状，长约2毫米，淡绿色；花被4裂，裂片卵状三角形，长2-2.5毫米，内部初时绿黄色，后呈深棕红色；雄蕊4，长约2.5毫米，外伸；花盘裂片卵圆形，长约1毫米；花柱长3毫米，深红色，柱头3（4）浅裂。核果长1-1.2厘米，径约1厘米，外果皮肉质多汁，成熟时深紫红或紫黑色，顶端稍平坦，花被残痕，径5-6毫米，宿存花柱基多少隆起，内果皮具3-4纵棱。花期5-6月，果期7-9月。

图 1114 檀香　（黄少容绘）

原产太平洋岛屿。广东及台湾有栽培。檀香树干的边材白色，无气味，心材黄褐色，有强烈香气是贵重的药材和名贵的香料，并为雕刻工艺的良材。我国进口檀香的历史已有一千多年。

3. 檀梨属 Pyrularia Michx.

落叶灌木或小乔木。叶互生，具羽状脉。花两性或单性，集成腋生或顶生总状花序、穗状花序或聚伞花序，稀单生。两性花通常位于花序顶部，成对或单生，有苞片；花被管陀螺形，花被裂片5（6），开展，外面被微毛，内面在雄蕊后面有疏毛；雄蕊5，花丝很短，花药卵圆形，药室平行、纵裂；花盘稍明显，垫状环形，通常分裂，裂片呈鳞片状；子房下位，花柱圆筒状，柱头扁头状，不明显分裂；胚珠2-3。雄花花被管很短。核果颇大，顶端常冠以环状的花被残痕；外果皮厚肉质，内果皮脆骨质。种子球形或近球形，胚位于顶端附近。

约5种，分布于亚洲中南部、南部和北美洲。我国4种。

1. 叶上面通常光滑，无泡状隆起。
　2. 芽被绢毛；叶卵状长圆形，稀倒卵状长圆形；果梨形，顶端近平截，基部骤缩与粗壮的果柄相接 ……………
　……………………………………………………………………… 1. 檀梨 **P. edulis**
　2. 芽无毛；叶椭圆形；果近卵圆形，顶端圆，基部收缢与近圆柱形的果柄相接 ………… 2. 华檀梨 **P. sinensis**
1. 叶上面粗糙，有泡状隆起和密的透明点；果球形，基部圆，骤缩与细长的果柄相接 … 3. 泡叶檀梨 **P. bullata**

1.　檀梨　　　　　　　　　　　图 1115 彩片 285

Pyrularia edulis A. DC. Prodr. 14: 628. 1857.

小乔木或灌木，高达10米。芽被灰白色绢毛。叶纸质或带肉质，通常光滑，无泡状隆起，卵状长圆形，稀倒卵状长圆形，连叶柄长7-15厘米，先端渐尖或短尖，基部宽楔形或近圆，侧脉4-6对，被长柔毛；叶柄长6-8毫米。雄花集成总状花序，长1.3厘米；花序长2.5-5（-7.5）厘米，顶生或腋生。花梗长6毫米，无苞片；花被管长圆状倒卵形，花被裂片5（6），三角形，外被长柔毛；花盘5（6）裂。雌花或两性花单生；子房棒状，被短柔毛；花柱短。核果梨形，长3.8-5厘米，基部骤缩与果柄相接，顶端近平截，有脐状突起，外果皮肉质并有粘胶质。种子近球形，胚乳油质。果柄粗壮，长1.2厘米。果期8-10月。

产福建、广东北部、广西东北部、贵州东南部、云南、西藏东南部、四川东部及湖北西部，生于海拔1200-2700米常绿阔叶林中。印度、尼泊尔及锡金有分布。种子含油量为56-65%，经加工处理后可供食用，亦可用制皂和入药（治烧伤、烫伤等症），茎皮入药治跌打。

2. 华檀梨　　　　　　　　　　　　　　　　　　图 1116

Pyrularia sinensis Wu in Engl. Bot. Jahr. 71: 173. 1940.

图 1115 檀梨 （冯晋庸绘）

小乔木，高达4米。芽无毛。叶纸质，通常光滑，椭圆形，连叶柄长8-9厘米，透明点不显著，先端近渐尖或短尖，基部楔形或宽楔形，下延，边缘多少波状，两面几同色，有细斑点，下面被稀疏柔毛，侧脉5（-6）对；叶柄长约8毫米，被柔毛。花通常两性，生长在茎上部的常集成顶生总状花序，生长在茎下部的常单一，腋生；花序梗被稀疏长柔毛。花被漏斗形，长约4毫米；花被裂片5，三角形，淡绿色，肉质，长2毫米，先端反折，外面密被长柔毛；花盘通常5裂，裂片

先端钝圆；雄蕊长1.2毫米，花柱长2毫米，柱头膨大，稍分裂。核果近卵圆形，长2.5-3厘米，成熟时橙红黄色，顶端有脐状突起和花被残痕，基部收缢与果柄相接；果柄近圆柱形，顶端微粗，长1.8-2厘米，被稀疏长柔毛。花期5-6月，果期7-9月。

产江西南部、广东北部、广西、湖南西北部及四川东北部，生于海拔700-1600米林中。果成熟时味甜可食；种子榨油供食用。

图 1116 华檀梨 （黄少容绘）

3. 泡叶檀梨　　　　　　　　　　　　　　　　　图 1117

Pyrularia bullata Tam in Bull. Bot. Res. (Harbin) 1(3): 71. f. 1. 1981.

乔木，高达10米。小枝有肿大的节和多数的叶痕；芽密被淡黄色长柔毛。叶厚纸质，椭圆状卵形或长圆状椭圆形，长6.5-13厘米，先端短尖，基部宽楔形或近圆，边缘波状，上面粗糙，有泡状隆起和密集的透明点，下面多少凹入，中脉被疏长毛，侧脉4-6对；叶柄长0.8-1.3厘米，腹面有沟，背面被微毛。总状花序腋生或近顶生，长2.5-4厘

图 1117 泡叶檀梨 （黄少容绘）

米，约有6花。果球形，径1.8-2.2厘米，成熟时黄色，无毛，顶端具花被残痕和脐状突起，基部圆，骤缩而与细长的果柄相接。果期8-11月。

产广东北部及广西西北部，生于山谷林中。

4. 沙针属 Osyris Linn.

灌木或小乔木。枝常呈三棱形。叶互生，密集，常为薄革质，具羽状脉。花腋生，两性或单性；雄花集成聚伞花序，两性花或雌花通常单生；苞片和小苞片在雄花序上的早落。两性花花被管大部与子房贴生，离生部分3（4）裂；花被裂片三角形或卵形，内面有一撮疏毛；雄蕊3（4），生于花被裂片基部，花药卵圆形，药室离生，平行纵裂；花盘近平坦，边缘弯缺；子房下位，1室，花柱锥尖状，柱头3（4）裂；胚珠2-4。雌花花被管较短。雄花雄蕊稍长，子房退化。核果顶端通常冠以花被残痕或仅留花盘的痕迹，外果皮肉质，内果皮脆骨质。种子球形。

约5-6种，分布于欧洲地中海地区、非洲、亚洲南部及东南部。我国1种2变种。

沙针　　　　　　　　　　　图 1118 彩片 286

Osyris wightiana Wall. ex Wight, Icon. t. 1853. 1852.

灌木或小乔木，高达5米。枝细长，嫩时呈三棱形。叶薄革质，椭圆状披针形或椭圆状倒卵形，长2.5-6厘米，先端尖，有短尖头，基部渐窄，下延成短柄。花小；雄花2-4集成小聚伞花序；花梗长4-8毫米；花被径约4毫米，裂片3；花盘肉质，弯缺；雄蕊3，花丝很短，不育子房呈微小的突起，位于花盘中央。雌花单生，稀4或3朵聚生；苞片2；花梗顶部膨大；花盘、雄蕊同雄花，但雄蕊不育。两性花外形似雌花，但具发育的雄蕊；胚珠通常3，

柱头3裂。核果近球形，顶端有圆形花盘残痕，成熟时橙黄或红色，干后浅黑色，径0.8-1厘米。花期4-6月，果期10月。

产广西西南部、云南、四川、西藏东南部及南部，生于海拔600-2700米灌丛中。斯里兰卡、印度、尼泊尔、不丹、缅甸、越南、老挝及柬埔寨有分布。根部含有类似檀香的芳香油，药用消肿止痛，驱风并治跌打刀伤；心材作檀香的代用品。

图 1118 沙针 （黄少容绘）

5. 重寄生属 Phacellaria Benth.

寄生植物，茎隐没，生于寄主植物内，隐没，无叶。花序多少木质化，常簇生，具纵沟或纵条纹，不分枝或分枝。花小，单生或簇生苞片腋部，两性或单性，通常雌雄同株，稀雌雄异株，无花梗；苞片1；小苞片常集成总苞。雄花花被管短筒状，实心，花被裂片4-6（-8），镊合状排列，稍开展，常与花盘离生；雄蕊4-6（-8），生于花被裂片基部，花丝粗短，背面常扁平，内藏，花药叉开，多少斜裂；花盘平坦，盖着花被管，边缘弯缺。雌花花被管圆锥状或杯状，花被裂片（3）4-8，子房下位，花柱粗短，柱头全缘或浅3裂，胚珠3-5。两性花雄蕊可育。核果，顶端具宿存花被裂片和花盘残痕，内果皮脆骨质，内面上部5-6室，下部1室。种子具5条纵沟槽。

约8种，分布于亚洲东南部热带和亚热带地区。我国5种。

1. 花两性，单生；苞片大，长1-1.3毫米，先端反折；花序不分枝 ················ 1. **重寄生 Ph. fargesii**
1. 花单性，雌雄同株或异株；花序分枝或不分枝。
  2. 花序重（复）分枝，粗壮，圆柱状，长达30厘米；苞片明显，长约1毫米；花单生；无总苞 ·············
  ··· 2. **粗序重寄生 Ph. caulescens**
  2. 花序不分枝或少分枝；苞片较小，长不及1毫米；花有总苞。
    3. 花序扁平或大部压扁，被铁锈色绒毛；花簇生；果卵状长圆形，径3-4毫米 ···················
    ··· 3. **扁序重寄生 Ph. compressa**
    3. 花序不扁平，通常呈圆柱状或部分四棱形；花序坚硬，幼时薄被绒毛；花的四周有残存绒毛；果长圆形，
      径约1.5毫米 ······································· 4. **硬序重寄生 Ph. rigidula**

1. 重寄生 图 1119

Phacellaria fargesii Lecomte in Bull. Mus. Nat. Hist. Paris 20(7): 401. 1914.

花序密集簇生，嫩时被锈红色短柔毛，有纵条纹，不分枝，长6-8厘米。花两性，通常单一，散生，钟状圆柱形，长2.3-2.5毫米，黄白色，无毛；苞片卵状三角形，长1-1.3毫米，先端反折，被缘毛；小苞片2，长0.5毫米，卵状三角形，被缘毛；总苞不存在；花被裂片（4）5，常与花盘离生，长不及0.7毫米，内面常被微柔毛；雄蕊5；子房与花被大部连生，花柱短圆柱状，柱头多少呈长圆盾状。核果卵圆状长圆形，长6-8毫米，有5-6纵沟，基部圆，顶端宿存花被裂片直立，内弯。种子1，圆柱状。花果期7-8月。

产四川东部、湖北西南部、贵州中西部及广西北部，生于海拔1000-1400米林中，常寄生于锈毛钝果寄生(Taxillus levinei)等桑寄生科植物的枝上。

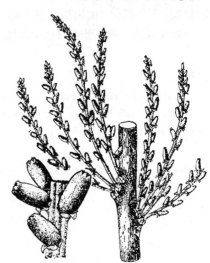

图 1119 重寄生 （黄少容绘）

2. 粗序重寄生 图 1120

Phacellaria caulescens Collett et Hemsl. in Journ. Linn. Soc. Lond. 28: 122. t. 17. 1890.

花序粗壮，圆柱状，长20-30厘米，常扭转，重（复）分枝，有细纵棱，不压扁，顶端初时多少被绒毛，后渐无毛。苞片覆瓦状排列，近圆形，先端短渐尖，小苞片2或更多。花单性，散生；雌花花蕾呈球形，径约1.3毫米，后渐增大呈椭圆形或椭圆状长圆形，花被裂片细小，4-6，三

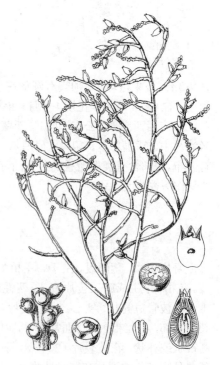

图 1120 粗序重寄生 （引自《Journ. Linn. Soc. Lond.》）

角形，花盘扁平；花柱短。核果卵状长圆形，长5-6毫米，径2毫米，黄色，宿存花被裂片内弯，下部稍缢缩，无果柄。花期5-8月，果期10-12月。

产广西西部及云南东南部，在海拔900-2400米杂木林中，寄生于鞘花（Macrosolen cochinchinensis）等桑寄生科植物上。缅甸有分布。

3. 扁序重寄生 图 1121

Phacellaria compressa Benth. in Benth. et Hook. f. Gen. Pl. 3(1): 229. 1880.

花序疏生，不分枝或很少分枝，通常长达20厘米，扁平或大部压扁，被铁锈色绒毛，后渐脱落仅花簇四周有残存的绒毛；苞片覆瓦状排列，卵形或倒卵形，长约0.8毫米，先端渐尖；小苞片小，多数，集成总苞。花单性，通常雌雄异株，苞腋内成簇着生，有时单生于短分枝上或陷入花序轴的洼穴中；雄花扁球形，径约1.5毫米，花被深裂至基部，裂片5-8，直立或稍开展，短三角形，长和宽约1毫米，花丝短而扁；雌花倒卵形，长2毫米，花被裂片5，三角形，长约0.5毫米；花盘近平坦，花柱很短，柱头截形。核果卵状长圆形，长达6毫米，径3-4毫米，无毛，顶端具宿存花被，基部稍宽。花期5月，果期10月。

产广西西部、云南、四川北部及西藏东南部，在海拔550-1800米杂木

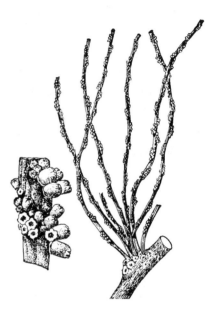

图 1121 扁序重寄生 （黄少容绘）

林中，常寄生于广寄生（Taxillus chinensis）等桑寄生科植物，偶寄生于寄生藤属（Dendrotrophe）植物上。缅甸、泰国、越南有分布。

4. 硬序重寄生 图 1122

Phacellaria rigidula Benth. in Benth. et Hook. f. Gen. Pl. 3(1): 229. 1880.

花序簇生，细长，圆柱状，坚硬，长10-25厘米，不分枝和很少分枝，幼嫩时薄被绒毛，成熟时除花的四周外渐无毛；苞片卵形呈椭圆形，覆瓦状排列；长约1毫米，先端尖锐；小苞片位于花簇周围，通常3-6集成总苞。花单性，雌雄同株，散生，生于苞片或小苞片腋内，后渐形成花簇；雄花近球形，径约1.6毫米，花被裂片4-5，三角形；雌花倒卵形，径1.5-1.7毫米，花被裂片比雄花的同大或稍大；花盘略呈圆锥状；柱头常多少外伸。果长圆形，有5棱，长4毫米，径1.5毫米，基部较上部宽，宿存花柱稍外伸。花期5月，果期9月。

图 1122 硬序重寄生 （孙英宝绘）

产福建南部、广东西部、广西东部及西部、云南东南部及南部、四川南部，在海拔1400-2100杂木林中，常寄生于桑寄生科（Taxillus thibetensis, T. limprichtii）及槲寄生属（Viscum）等植物上。缅甸有分布。

6. 寄生藤属 Dendrotrophe Miq.

半寄生、木质藤本。枝圆柱状，嫩时有纵棱。叶革质，互生，有叶柄或无叶柄，全缘，叶脉基出，3-9（-11）条，侧脉在基部以上呈弧形。花小，腋生，单性或两性，单生，簇生或集成聚伞花序或伞形花序；花被5-6裂，与花盘离生，内面在雄蕊后面有疏毛1撮或有舌状物1条，雄蕊5-6枚，生于花被裂片的近基部，花丝短，花药小，内向，花药室叉开，斜裂；花盘上位；雌花，稍大于雄花，单生或簇生，常无梗，花被管与子房贴生，裂片形状似雄花，退化雄蕊常存在；花盘覆盖着子房，子房下位，花柱几不存在，柱头形状各式，有时分裂；胚珠2-3枚，自胎座顶端悬垂。核果顶端冠以宿存花被裂片，外果皮肉质，内果皮坚硬，外面粗糙或有疣瘤，较大的疣瘤常形成约10条纵列，内壁深凹入种子内；种子有纵向的深槽，其横切面呈8-10条星芒状射线构造；胚短直；子叶微小。

约10种，分布于亚洲中南部（喜马拉雅山区）、东南部至大洋洲南部。我国6种2变种。

1. 小枝有小疣瘤；基出脉5-9。
  2. 小枝无皮孔；叶倒卵形或近圆形，雄花6朵簇生，雌花单生或2-5聚生 ……… 1. **多脉寄生藤 D. polyneura**
  2. 小枝有皮孔。
    3. 叶椭圆状卵形或倒卵状椭圆形，两面多少有小疣瘤；雄花5-6簇生，雌花单生或3-4聚生 ………………………… 1（附）. **异花寄生藤 D. heterantha**
    3. 叶宽卵形，无小疣瘤；雄花簇生或集成伞形花序，雌花单生或成对着生 …………………………………………………………… 1（附）. **疣枝寄生藤 D. granulata**
1. 小枝无小疣瘤；基出脉3（稀5）。
  4. 小苞片连生呈总苞状；花单性，雄花的雄蕊后面有1条舌状物 ……………… 2. **伞花寄生藤 D. umbellata**
  4. 小苞片半离生，稀呈总苞状；花单性或两性，雄蕊背后有一撮疏毛。
    5. 花通常单性；雄花集成聚伞状花序；雌花单生；柱头呈锥尖状不分裂 ………… 3. **寄生藤 D. frutescens**
    5. 花两性，单生或2-5簇生；柱头3-5裂 ……………………………………… 3（附）. **黄杨叶寄生藤 D. buxifolia**

1. 多脉寄生藤

图 1123

Dendrotrophe polyneura (Hu) D. D. Tao, in Index Fl. Yunnan. 1: 774. 1984.

Henslowia polyneura Hu in Bull. Fan Mem. Inst. Biol. Bot. 10(3): 157. 1940; 中国高等植物图鉴 1: 532. 1972.

木质藤本。枝长30-40厘米；小枝圆柱状，有条纹，具泡状小疣瘤，老时尤密。叶形多样，通常倒卵形或近圆形，长2-4.5厘米，先端圆钝，向基部收缩并下延，边缘软骨质，微皱波状，基出脉7-9，在两面稍隆起；叶柄扁宽，长5-7毫米。花单性，雌雄异株。雄花6朵簇生，花序梗长0.5-1毫米；花被裂片5，三角形，长0.8毫米；

图 1123 多脉寄生藤 （黄少容绘）

裂片5，与雄花的相似；花盘五角形；花柱缺，柱头头状。核果卵圆形，长4毫米，具不明显的棱，黄色。花期12月至翌年3月，果期5-7月。

雄蕊5，花丝短；雌花黄色，单生或2-5聚生；花序梗长1-1.5毫米；小苞片数枚，卵形，长2毫米，先端锐尖；花被管圆锥状，长1.8毫米，花被

产云南南部及西部，生于海拔

1400-2000米山地松栎混交林中。越南有分布。

[附] **异花寄生藤 Dendrotrophe heterantha**（Wall. ex DC.）A. N. Henry et B. Roy in Bull. Bot. Surv. Ind. 10: 274. 1969. —— *Viscum heteranthum* Wall. ex DC. Prodr. 4: 279. 1830. 本种与多脉寄生藤的区别：小枝有皮孔；叶椭圆状卵形或倒卵状椭圆形。与疣枝寄生藤的区别：叶椭圆形或倒卵状椭圆形，两面多少有小疣瘤；雄花5-6簇生，雌花单生或3-4聚生。果期8-10月。产云南西北部，在海拔2000-3700米山地阔叶林中，寄生于栎属植物的枝上。尼泊尔、锡金、缅甸及马来西亚西部有分布。

[附] **疣枝寄生藤 Dendrotrophe granulata**（Hook. f. et Thoms. ex A. DC.）A. N. Henry et B. Roy in Bull. Bot. Surv. Ind. 10: 276. 1969.

—— *Henslowia granulata* Hook. f. et Thoms. ex A. DC. in Prodr. 14: 632. 1857. 本种与多脉寄生藤的区别：小枝有皮孔；叶宽卵形。与异花寄生藤的区别：叶宽卵形，无小疣瘤；雄花簇生或集成伞形花序，雌花单生或成对着生。花果期5-8月。产西藏东南部，生于海拔1800米山坡栎林中。锡金、不丹、尼泊尔及印度东北部有分布。

2. **伞花寄生藤**　　　　　　图 1124

Dendrotrophe umbellata（Bl.）Miq. Fl. Ned. Ind. 1: 779. 1855.

Viscum umbellata Bl. Bijdr. 666. 1826.

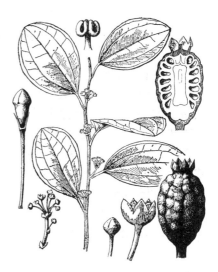

图 1124 伞花寄生藤 （黄少容绘）

木质藤本。小枝近四棱形，后变圆柱状。叶倒卵圆形或近匙形，长4-7（-8）厘米，先端圆或钝，基部宽楔形，下延成柄，上面有光泽，基出脉3，在两面不明显；叶柄长4-6毫米。花单性，雌雄异株，径约1毫米。雄花3-5集成伞形花序；花序梗长5-7毫米；花梗长2.5-3毫米；小苞片连生呈总苞状；花被管圆柱形，顶端5裂，裂片三角形，长2-3毫米，在雄蕊后面有一舌状物，雄蕊5，花丝长约0.3毫米；

花药室圆形。雌花单生或2-3聚生，花梗长1.5-2毫米；花被管卵圆形，花被裂片5，三角形；花盘肉质；花柱长3-4毫米，柱头盾状，近圆形，不明显5裂。核果倒卵圆形，长约1厘米，有柄，成熟时深红色至黑色。花期2-4月，果期5-6月。

产海南，生于疏林下。老挝、柬埔寨、马来西亚及印度尼西亚有分布。

3. **寄生藤**　　　　　　图 1125

Dendrotrophe frutescens（Champ. ex Benth.）Danser in Nov. Guin. 4: 148. 1940.

Henslowia frutescens Champ. ex Benth. in Hook. Journ. Bot. Kew Misc. 5: 194. 1853; 中国高等植物图鉴 1: 532. 1972.

木质藤本，常呈灌木状。枝长2-8米，幼时三棱形，扭曲。叶厚，倒卵形或宽椭圆形，长3-7厘米，先端圆钝，有短尖，基部收缩下延成柄，基出脉3，侧脉大致沿边缘内侧分出，干后明显；叶柄长0.5-1厘米，扁平。花通常单性，雌雄异株。雄花球形，长约2毫米，5-6集成聚伞状花序；小苞片近离生，稀呈总苞状；花梗长约1.5毫米；花被5裂，裂片三角形；雄蕊背后有一撮疏毛，药室圆形；花盘5裂。雌花或两性花通常单生；雌

花短圆柱状，花柱短小，柱头不分裂，锥尖形；两性花卵圆形。核果卵圆形，带红色，长1-1.2厘米，顶端有内拱形宿存花被，成熟时棕黄或红褐色。花期1-3月，果期6-8月。

产福建南部、广东、海南、香港、广西及云南，生于海拔100-300米山地灌丛中，常攀援于树上。越南有分布。全株药用，外敷治跌打刀伤。

[附] **黄杨叶寄生藤 Dendrotrophe buxifolia** (Bl.) Miq. Fl. Ned. Ind. 1: 781. 1855. —— *Henslowia buxifolia* Bl. Mus. Bot. Lugd.-Bat. 1: 244. 1850. 本种与寄生藤的区别：花两性，单生或2-5簇生；柱头3-5裂；核果球形，径约3毫米，成熟时深红或亮黑色。花期12月至翌年2月，果期3-5月。产云南西南部及广西南部，生于海拔400米向阳山谷或水边。泰国、柬埔寨、越南、马来西亚及印度尼西亚有分布。

7. 硬核属 Scleropyrum Arn. nom. conserv.

小乔木或灌木。茎节常具木质粗刺；树皮灰白色。单叶，互生，革质，全缘，有羽状脉。花单性或两性，雌雄同株或异株，集成腋生的悬垂葇荑式短穗状花序。雄花花被管短，花被裂片5，常自花盘以上离生；雄蕊5，生于花被裂片基部，花丝短，顶部2裂，药室叉开，顶端横裂；花盘初呈钝角四方形，后环状，边缘稍隆起，波状分裂。雌花花被管卵圆形，与子房贴生，花被裂片似雄花；花柱粗短，柱头大，盾形，3-5裂，胚珠3，自胎座顶端悬垂。两性花似雌花，有可育雄蕊。核果浆果状，倒卵状梨形，基部渐窄呈长果柄状，顶端冠以宿存的花被裂片和花盘痕迹，外果皮厚肉质，内果皮坚硬。种子近球形，胚圆柱状。

约6种，分布于亚洲东南部。我国1种1变种。

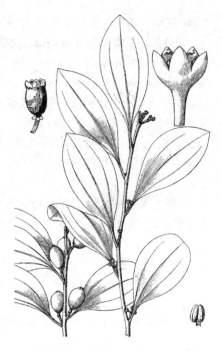

图 1125 寄生藤 （引自《图鉴》）

1. 枝具刺；叶无毛，基部圆 ························· **硬核 S. wallichianum**
1. 枝无刺；叶被疏毛，基部楔形 ············· （附）. **无刺硬核 S. wallichianum** var. **mekongense**

硬核　　　　　　　图 1126 彩片 287

Scleropyrum wallichianum (Wight et Arn.) Arn. in Mag. Zool. et Bot. 2: 550. 1858.

Sphaerocarya wallichiana Wight et Arn. in Edinb. Phil. Journ. 15: 180. 1832.

常绿乔木，高达10米。枝圆柱状，光滑，有时具细裂，枝刺长达8厘米。叶长圆形或椭圆形，长9-17厘米，嫩时亮红色，干后稍起皱，先端圆钝或急尖，基部近圆，中脉在上面凹陷，在下面隆起，侧脉3-4对，下面两对特别长，三级脉彼此相连呈网状；叶柄长0.6-1厘米，基部有明显或肿大的节。花序长2-2.5厘米，成对着生或少数簇生，被黄色绒毛；

图 1126 硬核 （冯晋庸绘）

苞片窄披针形,长约2毫米,外被长柔毛,早落;花淡黄或红黄色,花被裂片5,卵圆形,长约2毫米,先端近锐尖,外被短柔毛,近基部被毛较密;在雄蕊后面有一撮疏毛;雄蕊5,花丝短,长约1.5毫米;花盘中部凹陷,径约1.8毫米;花柱长0.8-1毫米,柱头3-4浅裂,中部凹入。核果长3-3.5厘米,径2.3-2.5厘米,无毛,成熟时橙黄或橙红色,有光泽,顶端的宿存花被呈乳突状,径2-2.5毫米,基部渐窄而伸长,上部较粗,下部较细,长1-1.5厘米,呈果柄状。花期4-5月,果期8-9月。

产海南、广西南部及云南南部,生于海拔800-1200米潮湿山区的缓坡或山谷疏林中,常与龙脑香属(Dipterocarpus)等植物组成混交林。斯里兰卡、印度、缅甸、老挝、柬埔寨、越南及马来西亚有分布。种子含油量为67.45%,提取的油可作润滑油和制皂等工业原料。部分和成熟的果实可少量食用。

[附] **无刺硬核 Scleropyrum wallichianum** var. **mekongense** (Gagnep.) Lecomte in Bull. Mus. Nat. Hist. Paris 20(7): 404. 1914. —— *Scleropyrum mekongense* Gagnep. in Lecomte, Not. Syst. 2: 196. 1912.

与模式变种的区别:茎或枝无刺;叶被疏毛,基部楔形。产云南南部,生于海拔600-1650米密林中。柬埔寨、老挝及越南有分布。

8. 百蕊草属 Thesium Linn.

纤细或细长的多年生或一年生草本,稀呈亚灌木状。叶互生,通常窄长,具1-3脉,有时呈鳞片状。花序常为总状花序,常集成圆锥花序式,有时呈小聚伞花序或具腋生单花,有花梗;苞片常呈叶状,有时部分与花梗贴生;小苞片1枚或2枚对生,稀4枚,位于花下,有时不存在。花两性;花被与子房合生,花被管延伸于子房之上,常深裂,裂片5(4),镊合状排列,内面或在雄蕊之后常具一撮丛毛;雄蕊5(-4),生于花被裂片的基部,花丝内藏,花药卵圆形或长圆形,药室平行纵裂;花盘上位,不明显或与花被管基部连生;子房下位,子房柄存或不存;花柱长或短,柱头头状或不明显3裂;胚珠2-3,自胎座顶端悬垂,常呈蜿蜒状或卷褶状。坚果,顶端有宿存花被,外果皮膜质,稀微带肉质,内果皮骨质或稍硬,常有棱。种子胚圆柱状,位于肉质胚乳中央,直立或稍弯曲,常歪斜,胚根与子叶等长或稍长于子叶。

约300种,广布于全世界温带地区,少数产热带。我国14种1变种。

1. 叶线形、长圆状线形、宽披针形或长圆形。
  2. 果有纵脉,纵脉偶分叉,但不呈网状;子房具子房柄。
    3. 茎平卧;枝、叶稀疏。
      4. 花柱内藏;花窄漏斗状或近管状;叶长圆形,长约1厘米 ·················· 1. 藏南百蕊草 Th. emodi
      4. 花柱外伸;花被管近钟形;叶线形,长2.5-3厘米 ·················· 1(附). 露柱百蕊草 Th. himalense
    3. 茎直立或斜升,不平卧;枝、叶较密。
      5. 苞片和小苞片均位于花下,近轮生或形成总苞状。
        6. 小苞片比苞片短得多;叶披针形,先端短尖,常带镰形;花被管钟状 ············
        ··· 4. 田野百蕊草 Th. arvense
        6. 小苞片稍短于苞片或几与苞片等长;花被管漏斗状钟形;叶线形,先端渐尖或钝。
          7. 果成熟时果柄反折;叶线形,长3-5厘米,常具单脉 ·················· 5. 急折百蕊草 Th. refractum
          7. 果成熟时果柄不反折;叶有3脉 ·················· 6. 长叶百蕊草 Th. longifolium
      5. 苞片位于花梗基部,小苞片位于花下,对生;花长0.6-1厘米,集成总状花序并常复合成圆锥状花序;叶线形,稀线状披针形,长0.7-1.7厘米 ·················· 7. 长花百蕊草 Th. longiflorum
  2. 果有网脉;子房无子房柄。
    8. 植株挺壮;茎直立或部分斜升;花4(-5)数;宿存花被呈高脚杯状,比果长 ············
    ··· 2. 华北百蕊草 Th. cathaicum
    8. 植株柔弱;茎斜升;花5数;宿存花被近球形,常比果短 ·················· 3. 百蕊草 Th. chinense
1. 叶鳞片状;苞片和小苞片很小;果有不明显的网脉 ·················· 8. 白云百蕊草 Th. psilotoides

1. 藏南百蕊草

图 1127

Thesium emodi Hendry. in Fedde, Repert. Sp. Nov. 70: 152. f. 2. 1965.

多年生草本；根茎细长，延展。茎平卧，长5-15厘米，常不分枝或少分枝，纤弱，常有不明显的纵棱。叶疏生，长圆形，长约1厘米，两面几同色，边粗糙，具单脉；无柄。总状花序单生；花单生。花被管窄漏斗状或近管状，长5.5-6.5毫米；苞片呈叶状，长1-1.5厘米，常与花梗基部连生；小苞片2，对生，窄长圆形，长4-6毫米，先端渐尖，边缘粗糙；花梗纤细，长5-8毫米；花被内面白色，外面绿黄或淡绿色，后呈绿褐色，深裂至中部，裂片5，窄线形，先端锐尖，内弯；子房柄长1.5毫米，花柱内藏。坚果近成熟时长约3毫米，椭圆状，有纵脉，淡黄色；宿存花被近圆柱状，长约2毫米。

产西藏东部及南部、云南西北部，生于海拔约4200米山谷或山坡灌丛、草甸中。尼泊尔及不丹有分布。

[附] **露柱百蕊草 Thesium himalense** Royle Ill. Bot. Himal. 322. 1839. 本种与藏南百蕊草的区别：花被管近钟形；花柱外伸；叶线形，长2.5-3厘米。花期6月，果期8-9月。产四川及云南，生于海拔2900-3700米向阳草坡。尼泊尔及印度有分布。

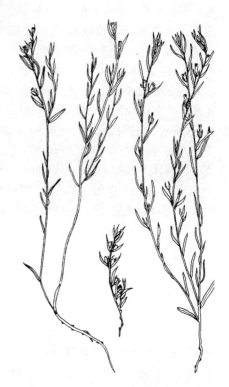

图 1127 藏南百蕊草
（引自《Repert. Sp. Nov.》）

2. 华北百蕊草

图 1128

Thesium cathaicum Hendry. in Fedde, Repert. Sp. Nov. 70: 150. f. 1. 1965.

多年生草本；根茎较纤细，短小。茎直立或部分斜面升，长12-20厘米，多分枝，具纵棱和纵沟。叶窄线形，长（1.5-）2-2.5（-3）厘米，全缘，具不明显单脉；无柄。总状花序常集成圆锥状花序；花排列疏散，花被管长漏斗状，长5-8毫米，裂片4（5）；苞片线形，长0.8-1.5厘米，具单脉；小苞片2，长4-5毫米；花梗纤细，长0.5-1厘米；花被内面白色，深裂至中部，裂片通常披针状长圆形，长仅1毫米，先端内弯，花被管长约3毫米，长柱状；子房椭圆状，无柄，花柱

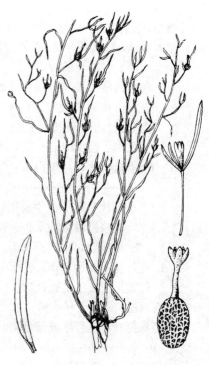

图 1128 华北百蕊草 （黄少容绘）

常外露。坚果椭圆状或圆柱状椭圆形，长约3毫米，有隆起的网脉；宿存花被长4-5毫米，呈高脚杯状，上部开展。花果期6-7月。

产山西东北部、河北及山东中西部，生于海拔350-2500米山地草丛间。

3. 百蕊草　　图 1129

Thesium chinense Turcz. in Bull. Soc. Nat. Mosc. 10(7)：157. 1837.

多年生柔弱草本，高15-40厘米，全株多少被白粉，无毛。茎细长，簇生，基部以上疏分枝，斜升，有纵沟。叶线形，长1.5-3.5厘米，先端急尖或渐尖，具单脉。花单一，5数，腋生；花梗长3-3.5毫米；苞片1，线状披针形；小苞片2，线形，长2-6毫米，边缘粗糙；花被绿白色，长2.5-3毫米，花被管呈管状，裂片先端锐尖，内弯，内面有不明显微毛；雄蕊不外伸；子房无柄，花柱很短。坚果椭圆形或近球形，长2-2.5毫米，有明显隆起的网脉，顶端的宿存花被近球形，长约

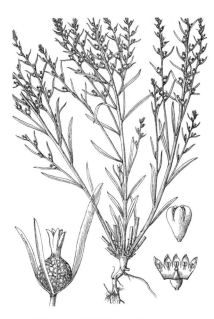

图 1129　百蕊草　（引自《图鉴》）

2毫米；果柄长约3.5毫米。花期4-5月，果期6-7月。

产黑龙江、吉林、辽宁、内蒙古、新疆、甘肃、陕西、山西、河南、河北、山东、江苏、安徽、浙江、台湾、福建、江西、湖北、湖南、广东、海南、广西、贵州、云南、四川及青海，生于荫蔽湿润或潮湿的小溪边、田野、草甸，也见于草甸和砂漠地带边缘及干草原与栎树林的石砾坡地上。日本及朝鲜有分布。本种含黄酮苷、甘露醇等成分，有清热解暑等功效，可治中暑、扁桃腺炎、腰痛等症，并作利尿剂。

[附] **长梗百蕊草 Thesium chinense** var. **longipedunculatum** Y. C.

Chu in Fl. Herb. Pl. Northeast. China 2：16. 107. 1959. 本变种与模式变种的区别：果柄长达8毫米。产黑龙江、吉林、辽宁、山西、四川及广东，生于草坡。

4. 田野百蕊草　　图 1130

Thesium arvense Harvatov. in Fl. Tyrnav. 1：27. 1774.

多年生草本，高达25厘米。茎细长，直立或斜升，有纵沟和细条纹。叶披针形，长3-3.8厘米，先端短尖，常呈镰状，基部下延成短柄，全缘，具3脉。总状花序腋生，长5-6厘米，常集成圆锥花序状；花梗长0.5-1.3厘米，花顶生，径4-5毫米，白或绿白色；苞片1，长圆形或呈窄舟状，长0.7-1（-1.2）厘米，具单脉；小苞片2，钻状，长3-4毫米，内弯，具单脉，边缘有稀疏或不明显的细锯齿；花被管钟状，长1.5-2毫米，裂片5，三角形，长2毫

图 1130 田野百蕊草　（孙英宝绘）

米，先端内弯；雄蕊5，花药黄色；子房柄长1毫米；花柱长约1.5毫米，黄白色，柱头头状，黄色，通常内藏，在花被裂片内弯时稍外露。坚果卵圆形或近球形，长约3.5毫米，有明显纵脉；顶端的宿存花被长约3毫米。

产新疆，生于海拔1600-2300米背阳草坡上。欧洲中部及亚洲中亚地区有分布。

5. 急折百蕊草 图 1131

Thesium refractum C. A. Mey. in Bull. Soc. Acad. Pétersb. 8: 340. 1841.

多年生草本，高达40厘米；根茎直，粗壮。茎有明显的纵沟。叶线形，长3-5厘米，先端常钝，基部收窄不下延，无柄，两面粗糙，常具单脉。总状花序腋生或顶生；花序梗呈之字形曲折。花梗长5-7毫米，细长，有棱，花后外倾并渐反折；花白色，长5-6毫米；苞片1，长6-8毫米，叶状，开展；小苞片2；花被管筒状或宽漏斗状，上部5裂，裂片线状披针形；雄蕊5，内藏；子房柄很短，花柱圆柱状，不外伸。坚果椭圆形或卵圆形，长3毫米，有5-10条不明显的纵脉（或棱），纵棱偶分叉；宿存花被长1.5厘米；果柄长达1厘米，果熟时反折。花期7月，果期9月。

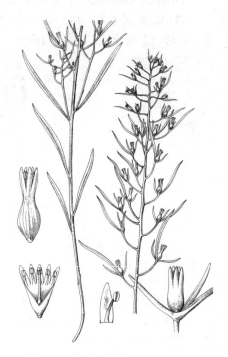

图 1131 急折百蕊草 （引自《图鉴》）

产黑龙江、吉林、辽宁、内蒙古、宁夏、甘肃、新疆、青海、西藏、云南、四川、山西、河南及河北，生于草甸或多砂砾的坡地。中亚地区、俄罗斯西伯利亚、蒙古、朝鲜及日本有分布。

6. 长叶百蕊草 图 1132:1

Thesium longifolium Turcz. in Bull. Soc. Nat. Mosc. 25（2）: 469. 1852.

多年生草本，高约50厘米。茎簇生，有明显的纵沟。叶线形，长4-4.5厘米，两端渐尖，有3脉；无柄。总状花序腋生或顶生。花黄白色，钟状，长4-5毫米；花梗长0.6-2厘米，有细条纹；苞片1，线形，长1厘米，小苞片2，窄披针形，长约4.5毫米，边缘均粗糙；花被5裂，裂片窄披针形，先端锐尖，内弯；雄蕊5，插生于

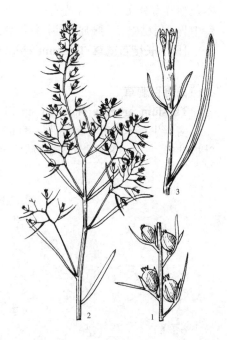

图 1132: 1. 长叶百蕊草 2-3. 长花百蕊草 （孙英宝绘）

裂片基部，内藏；花柱内藏，子房柄长0.5毫米。坚果近球形或椭圆形，黄绿色，长3.5-4毫米，偶有分叉纵脉（棱），宿存花被比果短。花果期6-7月。

产黑龙江、吉林、辽宁、内蒙古、河北、山西、河南、山东、江苏、四川、云南、西藏及青海,生于海拔1200-2000米砂壤草甸。俄罗斯东西伯利亚及蒙古有分布。

7. 长花百蕊草　　　　　　　　　　　　　　　　图 1132: 2-3

Thesium longiflorum Hand.-Mazz. Sym. Sin. 7(1): 157. 1929.

多年生草本,高约15厘米;根茎细长,长8-13厘米,具疏生鳞片。茎常基部分枝,有纵条纹。叶密生,线形或线状披针形,长0.7-1.7厘米,边缘常粗糙,具3脉。花黄白色,长达1厘米,集成总状花序并常复合成圆锥状花序。花梗长1.1-1.3厘米;苞片线状披针形,长达2.5厘米,具单脉,位于花梗基部并与花序梗贴生;小苞片2,线形,长6-7毫米,常内弯曲;花被管圆筒状,常裂至中部,裂片长圆状线形,长达5.5毫米,先端急尖内弯;雄蕊和花柱均内藏;子房柄长约2毫米。坚果球形,长约4.5毫米,约具10条纵脉,常并具多少平行侧脉;宿存花被长于果;果柄长1.3-1.5厘米。花期6-7月,果期8-9月。

产四川、云南、西藏及青海,生于海拔2600-4100米向阳草坡或干燥疏林中。

8. 白云百蕊草　　　　　　　　　　　　　　　　图 1133

Thesium psilotoides Hance in Journ. Bot. 6: 48. 1868.

矮小草本,高15-25厘米;根茎短,木质。茎直立,纤细,中部分枝,枝开叉。叶鳞片状,长1-1.5毫米,具单脉,沿茎部下延而成纵棱。花单一或2-3聚生,长1.5毫米,顶生。苞片1,小苞片4,同形,均比花被短并环绕花被基部;花被长约1毫米,5裂至中部,裂片三角形,边缘内折;雄蕊5,生于花冠裂片下部1/3处,花药2室,内向,花丝短;子房1室,花柱直立,稍短于雄蕊,柱头扁圆形。坚果

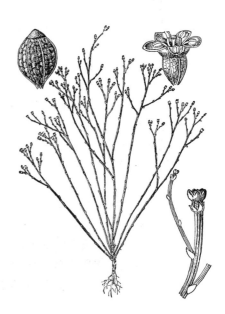

图 1133　白云百蕊草　（黄少容绘）

卵圆形,长约2毫米,向基部渐窄,有纵棱和不明显的网脉;宿存花被短,拱贴,稍呈脐状突起。花期5月,果期8月。

产广东广州至阳江一带,生于海拔200-1300米开旷松林下的草地上。柬埔寨、泰国、菲律宾及印度尼西亚有分布。

134. 桑寄生科 LORANTHACEAE

（丘华兴）

半寄生性灌木或亚灌木,稀草本,寄生于木本植物茎枝,稀寄生于小乔木或灌木的根部。叶对生,稀互生或轮生,全缘,或呈鳞片状;无托叶。花两性,稀单性,雌雄同株或异株;总状、穗状、聚伞状或伞形花序,有时单朵,腋生或顶生,具苞片,有的具小苞片。花托卵球形、坛状或辐状;副萼杯状或环状,全缘或具齿或无副萼;花被花瓣状,3-6(-8),镊合状排列,离生或不同程度合生成冠筒;雄蕊与花被片同数,对生并着生其上,花丝短或缺,花药2-4室,纵裂;心皮3-6,子房下位,贴生于花托,1室,稀3-4室,特立中央胎座或基生胎座,稀不形成胎座,无胚珠,由胎座或在子房室基部的造孢细胞发育成1至数个胚囊,花柱1,线状、柱状或短至几无,柱头钝或头状。浆果,外果皮革质或肉质,中果皮具粘胶质,稀核果。种子1,稀2-3,贴生内果皮,无种皮,胚乳丰富,胚1(2-3),圆柱状,子叶2(3-4)。

约57属,1100余种,主产热带和亚热带地区,少数种类分布于温带。我国8属,48种,7变种。本科植物对寄主有不同程度的危害,影响生长及开花、结实,致使果树或经济树木减产或失收;部分种类（如桑寄生）为常用中药。

1. 花具苞片1和小苞片2,6数,花瓣合生具冠筒,冠筒顶部分裂,子房初3室,后为1室,造孢细胞分别生于特立中央胎座,胎座基部3裂;种子萌发时子叶开展。
  2. 总状花序或伞形花序;苞片无脊棱,小苞片常合生 ………………………… 1. 鞘花属 Macrosolen
  2. 穗状花序,花序轴在花着生处具凹穴;苞片具脊棱,小苞片离生 …………… 2. 大苞鞘花属 Elytranthe
1. 花具苞片1,4-6数;花瓣离生或合生具冠筒,子房1室,造孢细胞生于胎座中央或子房室基部;种子萌发时子叶不开展。
  3. 花冠无冠筒,花瓣离生,花柱柱状。
    4. 总状花序或穗状花序;花4-5数,两性;花药椭圆状 ………………… 3. 离瓣寄生属 Helixanthera
    4. 穗状花序;花5-6数,两性或单性;花药近球形或近双球形 ………… 4. 桑寄生属 Loranthus
  3. 花冠具冠筒,冠筒顶部分裂成裂片,花柱线状。
    5. 苞片小,非总苞状。
      6. 花5数;花冠常辐射对称或稍两侧对称 ………………………… 5. 五蕊寄生属 Dendrophthoe
      6. 花4(5)数;花冠两侧对称。
        7. 花托或浆果下部或基部窄,果棒状、陀螺状或梨形 …………… 6. 梨果寄生属 Scurrula
        7. 花托或浆果基部圆钝,果椭圆状或卵球形,稀近球形 ………… 7. 钝果寄生属 Taxillus
    5. 苞片大,轮生,呈总苞状;花5数;花冠辐射对称 ………………… 8. 大苞寄生属 Tolypanthus

1. 鞘花属 Macrosolen (Bl.) Reichb.

寄生性灌木。叶对生,革质或薄革质,羽状脉,有时具基出脉。总状花序或伞形花序,有时穗状花序（我国不产）;花具苞片1;苞片无脊棱;小苞片2,常合生;花两性,6数,花托卵球形或椭圆状;副萼环状或杯状;花冠在成长的花蕾时筒状,冠筒常膨胀,中部具6棱,顶部棒状,开花时顶部6裂,常分裂至喉部,裂片反折;雄蕊6,花丝短,花药基着,4室,纵裂,有时药室具横隔;子房初3室,稍后为1室,特立中央胎座,胎座基部3裂,花柱线状,近基部具关节,柱头头状。浆果球形或椭圆状,顶端具宿存副萼或花柱基。种子1,椭圆状,萌发时子叶开展。

约40种,分布于亚洲南部及东南部。我国5种。

1. 叶先端渐尖或急尖,不具基出脉。

2. 总状花序，具4-8花；花冠长1-1.5厘米，花梗长4-6毫米；中脉在叶上面扁平，在下面凸起 ················ ··· **1. 鞘花 M. cochinchinensis**

2. 伞形花序，常具2花；中脉在两面均凸起。

　3. 花冠长3.2-3.5厘米，花托长约4毫米，圆柱状；果长椭圆状，具喙状花柱基 ················ ·· **2. 双花鞘花 M. bibracteolatus**

　3. 花冠长1.1-1.5厘米，花托长约2毫米，椭圆状 ·················· 2(附). **短序鞘花 M. robinsonii**

1. 叶先端圆钝，具基出脉；伞形花序，具2花，花冠长2.5-3.5厘米；果球形 ··········· **3. 三色鞘花 M. tricolor**

1. 鞘花　　　　　　　　　　　图 1134

Macrosolen cochinchinensis（Lour.）Van Tiegh. in Bull. Soc. Bot. France 41: 122. 1894.

Loranthus cochinchinensis Lour. Fl. Cochinch. 195. 1790.

Elytranthe fordii（Hance）Merr.；中国高等植物图鉴 1: 536. 1972.

灌木，高约1.3米，全株无毛。小枝灰色，具皮孔。叶革质，宽椭圆形或披针形，有时卵形，长5-10厘米，先端稍尾尖或渐尖，基部楔形或宽楔形，中脉在上面扁平，侧脉4-5对；叶柄长0.5-1厘米。总状花序1-3腋生或生于小枝落叶腋部，花序梗长1.5-2厘米，具4-8花。花梗长4-6毫米；苞片宽卵形；小苞片2枚，三角形，基部合生；花托椭圆状；副萼环状；花冠橙色，长1-1.5厘米，冠筒膨胀，具

图 1134 鞘花 （余汉平绘）

6棱，裂片6，披针形，反折；花丝长约2毫米，花药长1毫米；花柱线状，柱头头状。果近球形，长约8毫米，橙色，果皮平滑。花期2-6月，果期5-8月。

产湖南、福建南部、广东、香港、海南、广西、贵州、四川、云南及西藏东南部，在海拔1600米以下平原或山地常绿阔叶林中，寄生于壳斗科、山茶科、桑科植物或枫香、油桐、杉树等多种植物上。尼泊尔、锡金、印度东北部、孟加拉及东南亚有分布。全株药用，以寄生于杉树上的为佳品，称"杉寄生"，有清热止咳、补肝肾、祛风湿的功效。

2. 双花鞘花　　　　图 1135 彩片 288

Macrosolen bibracteolatus（Hance）Danser in Bull. Jard. Bot. Buitenzorg ser. 3, 10: 343. 1929.

Loranthus bibracteolatus Hance in Journ. Bot. 18: 301. 1880.

灌木，高达1米；全株无毛。小枝灰色。叶革质，卵形、卵状长圆形或披针形，长8-12厘米，先端渐尖或长渐尖，稀略钝，基部楔形；中脉两面均凸起；叶柄长2(-5)毫米。伞形花序1-4腋生或生于小枝落叶腋部，具2花，花序梗长约4毫米。花梗长4毫米；苞片半圆形；小苞片合生，近圆形；花托长约4毫米，圆柱形；副萼杯状；花冠红色，长3.2-3.5厘米，冠筒下部膨胀，喉部具6棱，裂片6，披针形，长约1.4厘米，反折，青色；花丝长7-8毫米，花药长3毫米；花柱线状，柱头头状。果长椭圆状，长

约9毫米，红色，果皮平滑，宿存花柱基喙状，长约1.5毫米。花期11-12月，果期12月至翌年4月。

产广东、海南、广西、贵州东南部、云南东南部及南部，在海拔300-1800米山地常绿阔叶林中，寄生于樟属、山茶属、五月茶属、灰木属等植物。越南北部及缅甸有分布。全株有祛风的功能。

[附] **短序鞘花 Macrosolen robinsonii** (Gamble) Danser in Bull. Jard. Bot. Buitenzorg ser. 3, 10: 345. 1929. —— *Elytranthe robinsonii* Gamble in Kew Bull. 1913: 45. 1913. 本种与双花鞘花的区别：花托椭圆状，长约2毫米，花冠橙红或黄色，长1.1-1.5厘米。产云南西南部及南部，在海拔1000-1850(-2500)米山地常绿阔叶林中，寄生于栎属植物。马来西亚及越南南部有分布。

图 1135 双花鞘花 （余汉平绘）

3. 三色鞘花 图 1136

Macrosolen tricolor (Lecomte) Danser in Bull Jard. Bot. Buitenzorg ser 3, 10: 346. 1929.

Elytranthe tricolor Lecomte, Not. Syst. 3: 94. 1914；中国高等植物图鉴 1: 537. 1972.

灌木，高约50厘米；全株无毛。小枝灰色，具皮孔。叶革质，倒卵形或窄倒卵形，长3.5-5.5厘米，先端圆钝，基部楔形，稍下延，基出脉3-5；叶柄长2-3毫米。伞形花序1-2腋生，稀生于小枝已落叶腋部，具2花；花序梗长约1毫米。花梗长1毫米；苞片半圆形；小苞片合生，呈近半圆形；花托椭圆状，长2.5-3毫米；副萼环状；花冠长2.5-3.5厘米，冠筒红色，稍弯，喉部具6棱，裂片6，青色，披针

形，长6-9毫米，反折；花丝长3-4毫米，花药长2-3毫米；花柱线状，柱头头状。果球形，紫黑色，长约7毫米，果皮平滑。花果期8月至翌年3月。

产广东(雷州半岛)、海南及广西南部，在海滨平原或低海拔山地灌木

图 1136 三色鞘花 （引自《图鉴》）

林中，寄生于香叶树、桔树、银柴、龙眼、红花榄李等植物。越南及老挝有分布。

2. 大苞鞘花属 Elytranthe Bl.

寄生性灌木。叶对生，革质，羽状脉；具叶柄。穗状花序，腋生，花交互对生，密集，花序轴在花着生处具凹穴；花具1苞片，苞片具脊棱，小苞片2，离生，包花托基部或包花托及花冠筒的基部。花两性，6数；花托卵球形或圆柱形，基部下陷于花序轴凹穴；副萼环状或杯状；花冠在成长的花蕾时筒状，冠筒膨胀，中部稍具6棱或无棱，开花时顶部分裂，裂片6，反折或稍扭曲；雄蕊6，花丝长，花药基着，4室，纵裂，药室有时具横隔；子房初3室，稍后为1室，特立中央胎座，胎座基部3裂，花柱线状，近基部具关节，柱头头状。浆果球形或椭圆状，顶端具宿存副萼及乳头状或喙状花柱基。种子1，萌发时子叶开展。

约10种，分布于亚洲南部和东南部。我国2种。

1. 叶两面侧脉稍明显；苞片和小苞片长于花托，苞片卵形，长0.6-1厘米，小苞片长卵形，长0.8-1.2厘米；花冠长6-7厘米 ·· 大苞鞘花 **E. albida**

1. 叶两面侧脉均不明显；苞片和小苞片短于花托，近圆形，长约2毫米；花冠长4.5-5厘米 ············· ··· （附）. 墨脱大苞鞘花 **E. parasitica**

大苞鞘花　　　　　　　　　　　　　　　　　　　　图 1137

Elytranthe albida (Bl.) Bl. in Schult. Syst. Veg. 7: 1611. 1830.

Loranthus albidus Bl. in Verhand. Batav. Genootsch. 9: 184. 1823.

灌木，高达3米；全株无毛。枝条披散，老枝灰色，粗糙。叶长椭圆形或长卵形，长6-8厘米，先端短尖，基部圆钝，侧脉稍明显；叶柄长2-3厘米。穗状花序1-3生于老枝落叶腋部或生于叶腋，具2-4花；花序梗长约1厘米，稍扁平，基部具2-3对鳞片；苞片卵形，长0.6-1厘米，具脊棱；小苞片长卵形，长0.8-1.2厘米，具脊棱；花托长卵状，长约2毫米；副萼杯状，全缘；花冠红色，长6-7厘米，冠筒下部膨胀，上部具6浅棱，裂片6，披针形，长约2厘米，反折；花丝长0.8-

图 1137 大苞鞘花 （余汉平绘）

Sp. Pl. 175. 1753. 本种与大苞鞘花的区别：叶侧脉在两面均不明显；苞片及小苞片短于花托，近圆形，长约2毫米；花冠长4.5-5毫米。产西藏东南部，在海拔1500-1650米山谷常绿阔叶林中，寄生于阔叶树。印度、锡金及斯里兰卡有分布。

1厘米，花药长4.5-6毫米。果球形，长约3毫米，顶端具宿存副萼和乳头状花柱基。花期11月至翌年4月。

产云南西部、南部及东南部，在海拔1000-1800（-2300）米山地常绿阔叶林中，寄生于栎属、榕属等植物。缅甸、泰国、老挝、越南、马来西亚及印度尼西亚有分布。

[附] **墨脱大苞鞘花 Elytranthe parasitica** (Linn.) Danser in Bull. Jard. Bot. Buitenzorg ser. 3, 10: 315. 1929. —— *Lonicera parasitica* Linn.

3. 离瓣寄生属 Helixanthera Lour.

寄生性灌木。叶对生或互生，稀近轮生，羽状脉。总状花序或穗状花序，腋生，稀顶生。花两性，4-5数，辐射对称，花具苞片1；花托卵球形或坛状；副萼环状，全缘或具4-6浅齿；花冠在花蕾期下部常具棱，上部常椭圆状，直立，花瓣离生；雄蕊常着生于花瓣中部，花丝短，花药椭圆状，2-4室，药室具横隔或无；子房1室，基生胎座，花柱柱状，具4-6棱，常在中部具缢痕，柱头头状或钝。浆果顶端具宿存副萼，外果皮革质，平滑或被毛，中果皮具粘胶质；种子1颗。

约50种，分布于非洲、亚洲热带和亚热带地区。我国7种。

1. 花5数；幼枝、叶均无毛；花序具40-60花；叶对生，花梗长1-2毫米，花被乳头状毛；花药4室 ······ ··· 1. **离瓣寄生 H. parasitica**

1. 花4数；幼枝、叶和花均被毛；花序具2-4（5）花；花被星状毛，花药2室。

　2. 叶先端短钝尖或短渐尖；花序梗长0.8-1.5厘米，花瓣长7-9毫米 ············ 2. **油茶离瓣寄生 H. sampsoni**

2. 叶先端圆钝；花序梗长约1毫米；花瓣长3-3.5毫米 ⋯⋯⋯⋯⋯⋯⋯⋯ 2(附). **广西离瓣寄生 H. guangxiensis**

1. 离瓣寄生 五瓣桑寄生　　　　　　　　图 1138 彩片 289

Helixanthera parasitica Lour. Fl. Cochinch. 142. 1790.

Loranthus pentapetalus Roxb.; 中国高等植物图鉴补编 1: 217. 1982.

灌木，高达1.5米。枝、叶无毛；小枝披散，平滑。叶对生，卵形或卵状披针形，长5-12厘米，先端急尖或渐尖，基部宽楔形或近圆形，干后常暗黑色；侧脉两面明显；叶柄长0.5-1.5厘米。总状花序1-2腋生或生于小枝落叶腋部，长5-10厘米，具40-60花，花梗长1-2毫米；苞片卵圆形或近三角形；花5数，红、淡红或淡黄色，被暗褐或灰色乳头状毛，花托椭圆状，长1.5-2毫米；副萼环状，全缘或具5浅齿；花冠花蕾下部膨胀，具5棱，

中部窄，顶部椭圆状，花瓣5，长（4-）6-8毫米，上部披针形，反折；花丝长1-2.5毫米，花药长1-1.5毫米，4室；花柱柱状，长3-6毫米，具5棱，中部有皱纹状缢痕，柱头头状。果椭圆状，红色，长约6毫米，被乳头状毛。花期1-7月，果期5-8月。

产福建、海南、广东、香港、广西、贵州南部、云南及西藏东南部，在

图 1138 离瓣寄生 （引自《图鉴》）

海拔1500(-1800)米以下沿海平原或山地常绿阔叶林中，寄生于锥属、柯属、樟属、榕属植物及荷树、油桐、苦楝等多种植物。印度东北部、锡金、东南亚有分布。茎、叶入药，有祛风湿等效。

2. 油茶离瓣寄生　　　　　　　　　图 1139

Helixanthera sampsoni (Hance) Danser in Bull. Jard. Bot. Buitenzorg ser. 3, 10: 318. 1929.

Loranthus sampsoni Hance in Journ. Bot. 9: 133. 1871.; 中国高等植物图鉴补编 1: 218. 1982.

灌木，高约70厘米。幼枝、叶密被锈色星状毛，后脱落无毛；小枝灰色，具密生皮孔。叶常对生，黄绿色，卵形、椭圆形或卵状披针形，长2-4(-5)厘米，先端短钝尖或短渐尖，基部宽楔形或楔形，稍下延，侧脉在上面略明显；叶柄长2-6毫米。总状花序1-2腋生，有时3序生于短枝顶部，具2-4（5）花；花序梗长0.8-1.5厘米。

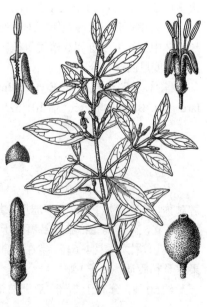

图 1139 油茶离瓣寄生 （余汉平绘）

花梗长1-2毫米；苞片卵形，被毛；花红色，被星状毛，花托坛状；副萼环状；花瓣4，披针形，长7-9毫米，中部两侧具长约2毫米内折的膜质边缘，上部反折；花丝长约2.5毫米，花药长2毫米，2室；花盘垫状；花柱长6-7毫米，4棱。果卵球形，红或

橙色,长约6毫米,顶部骤窄,平滑。花期4-6月,果期8-10月。

产福建、广东、香港、海南、广西、云南西北部、南部及东南部,生于海拔50-500米(云南1100米)山地常绿阔叶林中或林缘,常寄生于油茶或山茶科、樟科、柿科、大戟科、天料木科植物。越南北部有分布。

[附] **广西离瓣寄生 Helixanthera guangxiensis** H. S. Kiu in Acta Phytotax. Sin. 21:174. 1983. 本种与油茶离瓣寄生的区别:叶先端圆钝;

花序梗长约1毫米,花瓣长3-3.5毫米;果淡黄或橙色。花期8-11月,果期11-12月。产广西东南部及海南,在海拔300-1000米山地常绿阔叶林中,寄生于油茶等植物。

4. 桑寄生属 Loranthus Jacq.

寄生性灌木。嫩叶、叶无毛。叶对生或近对生,羽状脉。穗状花序,腋生或顶生,花序轴在花着生处常稍下陷。花两性或单性(雌雄异株),5-6数,辐射对称,花具苞片1;花托常卵球形;副萼环状;花冠长不及1厘米,花蕾时棒状或倒卵球形,直立,花瓣离生;雄蕊着生于花瓣,花丝短,花药近球形或近双球形,4室,稀2室,纵裂;子房1室,基生胎座,花柱柱状,柱头头状或钝。浆果顶端具宿存副萼,平滑,中果皮具粘胶质。种子1,胚乳丰富。

约10种,分布于欧洲和亚洲温带及亚热带地区。我国6种。

1. 穗状花序顶生,花两性。
  2. 花托椭圆状,长1.5毫米,花瓣长1.5-2毫米;果球形 ·················· 1. **北桑寄生 L. tanakae**
  2. 花托卵球形,长1毫米,花瓣长3-4毫米;果卵球形 ·················· 2. **南桑寄生 L. guizhouensis**
1. 穗状花序腋生,花两性或单性。
  3. 花两性,花瓣长约2.5毫米。
    4. 花药2室;果长椭圆状;寄生于梨果桑寄生属植物上 ·················· 3. **台中桑寄生 L. kaoi**
    4. 花药4室(2大、2小);果近球形;寄生于壳斗科栎属和锥属植物上 ··················
    ·················· 3(附) **华中桑寄生 L. pseudo-odoratus**
  3. 花单性,雌雄异株;雄花花瓣长4-5毫米,雌花花瓣长2.5-3毫米;果椭圆状或卵球形 ··················
  ·················· 4. **桐树桑寄生 L. delavayi**

1. 北桑寄生   图 1140

Loranthus tanakae Franch et Sav. Enum. Pl. Jap. 2:482. 1876.

Loranthus europaeus auct. non Jacq.: 中国高等植物图鉴 1:538. 1972.

灌木,高约1米。茎常呈二歧分枝,一年生枝暗紫色,二年生枝黑色,被白色蜡被,具稀疏皮孔。叶对生,纸质,倒卵形或椭圆形,长2.5-4厘米,先端圆钝或微凹,基部楔形,稍下延;侧脉3-4对,稍明显;叶柄长3-8毫米。穗状花序顶生,长2.5-4厘米,具10-20花;花两性,近对生,淡青色;苞片杓状;花托椭圆状,长约1.5毫米;副萼环状;花冠花蕾时卵球形,花瓣(5)6,披针形,长1.5-2毫米,开展;雄蕊生于花瓣中部,花丝短,花药4室;

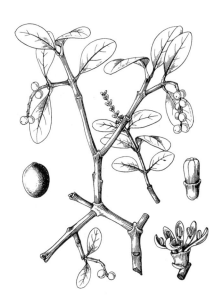

图 1140 北桑寄生 (余汉平绘)

花盘环状；花柱柱状，通常6棱，顶端钝或偏斜，柱头稍增粗。果球形，长约8毫米，橙黄色，果皮平滑。花期5-6月，果期9-10月。

产内蒙古（准格尔旗）、山东、河北、山西、陕西、甘肃南部、四川北部及东北部，在海拔950-2000(-2600)米山地阔叶林中，寄生于栎属、榆属、李属、桦属等植物上。日本本州、朝鲜中部有分布。枝、叶民间作桑寄生入药。

2. 南桑寄生 图 1141

Loranthus guizhouensis H. S. Kiu in Acta Phytotax. Sin. 21: 171. f. 1. 1983.

灌木，高达1米。茎常呈二歧分枝，小枝暗黑色，被蜡被。叶对生，纸质或薄革质，卵形或椭圆形，长3.5-5厘米，先端圆钝或急尖，基部楔形，稍下延；侧脉3-5对，两面均明显；叶柄长2-3毫米。穗状花序顶生，长2.5-4厘米，具8-16花，花两性，对生或近对生，淡青色；苞片杓状；花托卵球形，长1毫米；副萼环状；花冠花蕾时长倒卵球形，花瓣6，披针形，长3-4毫米，开展；雄蕊生于花瓣中部，

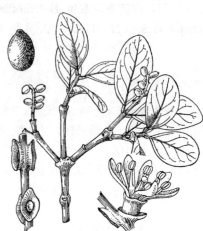

图 1141 南桑寄生 （余汉平绘）

花丝长约0.5毫米，花药长约1毫米，4室（2大2小）；花柱柱状，长2.5毫米，稍呈6棱，柱头近截平。果卵球形，长4-5毫米，淡青色，果皮平滑。花期5月，果期7-8月。

产湖南南部、广东西北部、广西西部、贵州及云南东部，在海拔200-1400米山地常绿阔叶林中，常寄生于小叶青冈等栎属植物。

3. 台中桑寄生 图 1142

Loranthus kaoi (J. M. Chao) H. S. Kiu in Acta Phytotax. Sin. 21: 171. 1983.

Hyphear kaoi J. M. Chao in Taiwan. 18: 169. f. 1. 1973.

灌木，高约30厘米。小枝具皮孔。叶对生，革质，卵形或长圆形，长3-4厘米，宽1-2厘米，先端钝或圆钝，基部楔形或近圆；叶柄长6-7毫米。穗状花序3-5腋生，长2-3厘米，具12-20花，花序轴在花着生处稍下陷；花两性，对生，苞片宽三角形，长不及0.5毫米；花托近球形，长约1毫米；副萼环状，近全缘，具疏缘毛；花冠花蕾时棒状，花瓣6，披针形，长约2.5毫米，柱头圆锥状。果长椭圆

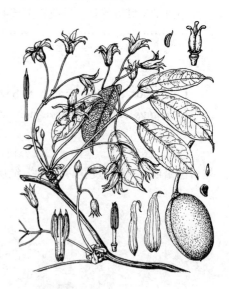

图 1142 台中桑寄生 （引自《Fl. Taiwan》）

状，长约5毫米，果皮平滑。花期5-6月，果期8-10月。

产台湾，在中海拔山地阔叶林中，寄生于梨果寄生属植物枝条上。

[附] **华中桑寄生 Loranthus pseudo-odoratus** Lingelsh. in Fedde, Repert. Sp. Nov. Beih. 12: 357. 1922. 本种与台中桑寄生的区别：叶4-10

厘米，宽2-5.5厘米；花序具4-6（-10）花，花药4（2大、2小）；果近球形。花期2-3月，果期7月。产四川东部、湖北及浙江，在海拔1600-1900米山地阔叶林中，寄生于栎属和锥属植物。

4. 椆树桑寄生 图 1143

Loranthus delavayi Van Tiegh. in Bull. Soc. Bot. France 41: 535. 1894.

灌木，高达1米。小枝淡黑色，具散生皮孔，有时具白色蜡被。叶对生或近对生，纸质或革质，卵形或长椭圆形，稀长圆状披针形，长（5）6-10厘米，先端圆钝或钝尖，基部宽楔形，稀楔形，稍下延，侧脉5-6对，明显；叶柄长0.5-1厘米。雌雄异株；穗状花序1-3腋生或生于小枝落叶腋叶，长1-4厘米，具8-16花；花单性，对生或近对生，黄绿色；苞片杓状。花托及副萼环状；花瓣6；雄花花蕾时棒状，花瓣匙状披针形，长4-5毫米，上部反折；花丝生于花瓣中部，花

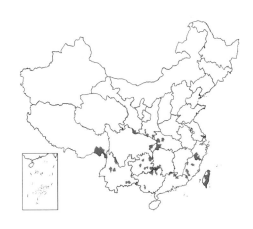

药4室；不育雌蕊的花柱顶端渐尖或2浅裂，稀尖；雌花花蕾时柱状，花瓣披针形，长2.5-3毫米，开展；不育雄蕊的花药线状；花柱柱状，6棱，柱头头状。果椭圆状或卵球形，长约5毫米，淡黄色，果皮平滑。花期1-3月，果期9-10月。

图 1143 椆树桑寄生 （余汉平绘）

产浙江南部、台湾、福建、江西南部、湖北、湖南、广东、广西、贵州、陕西南部、甘肃南部、四川、云南及西藏东南部，在海拔（200-）500-3000米山谷、山地常绿阔叶林中，常寄生于壳斗科植物，稀寄生于云南油杉、梨树等。缅甸北部及越南有分布。全株有舒筋活络的功能。

5. 五蕊寄生属 Dendrophthoe Mart.

寄生性灌木。叶常互生或近对生，羽状脉，具叶柄。总状花序或穗状花序腋生；花两性，5数，辐射对称或稍两侧对称，具苞片1。花托卵球形；副萼环状；花冠在成长的花蕾时筒状，冠筒膨胀，顶部椭圆，花期顶部分裂，裂片5，反折，有时稍扭卷；雄蕊生于裂片基部，花丝短，扁平，花药4室；子房1室，基生胎座，花柱线状，与花冠近等长，具5棱，柱头头状。浆果常卵球形，外果皮革质，中果皮具粘胶质；种子1。

约30种，分布于非洲、亚洲和大洋洲热带地区。我国1种。

五蕊寄生 图 1144

Dendrophthoe pentandra (Linn.) Miq. Fl. Ind. Bat. 1: 818. 1856.

Loranthus pentandrus Linn. Mant. 1: 63. 1767.

灌木，高达2米。冬芽密被灰色星状毛，枝、叶无毛。小枝灰色，皮孔疏生。叶革质，互生或在短枝上近对生，叶多椭圆形、披针形或近圆形，长5-13厘米，先端钝尖或钝圆，基部楔形或圆钝，侧脉2-4对，两面均明显；叶柄长0.5-2厘米。总状花序1-3腋生或簇生于小枝落叶腋部，具3-10花，初密被灰或白色星状毛，后渐稀疏；花序轴长0.7-2厘米。花梗长约2毫米；苞片宽三角形；花初青白色，后红黄色；花托卵球形或坛状；

副萼环状或杯状，具不规则5钝齿；花冠长1.5-2厘米，下部稍膨胀，5深裂，裂片披针形，长约1.2厘米，反折；花盘环状。果卵球形，长0.8-1厘米，红色，疏被毛或平滑。花果期12月至翌年6月。

产广东、广西及云南，在海拔700（-1600）米以下平原或山地常绿阔叶林中，寄生于乌榄、白榄、木油桐、杧果、黄皮、木棉、榕树等多种植物。孟加拉、马来西亚、泰国、柬埔寨、老挝、越南、印度尼西亚及菲律宾有分布。全株入药，治痢疾、腰痛、虚劳。

6. 梨果寄生属 Scurrula Linn.

寄生性灌木。嫩枝、叶被毛。叶对生、近对生或互生，羽状脉。总状花序，稀伞形花序具少花，腋生。花4数，两侧对称，具苞片1；花托梨形或陀螺状，基部窄；副萼环状，全缘或具4齿；花冠在成长的花蕾时筒状，稍弯，下部多少膨胀，顶部椭圆状或卵球形，开花时顶部分裂，下面一裂缺较深，裂片4，反折；雄蕊着生裂片基部，花丝短，花药4室，药室具横隔或无；子房1室，基生胎座，花柱线状，与花冠近等长，具4棱，柱头常头状。浆果陀螺状、棒状或梨形，下部缢缩呈柄状或近基部窄，外果皮革质，中果皮具粘胶质；种子1。

图 1144 五蕊寄生 （余汉平绘）

约50种，分布于亚洲东南部和南部。我国11种，2变种。

1. 果下部或近基部渐窄,非柄状。
  2. 老叶两面无毛；总状花序具6-10花，花序轴长0.5-1厘米；花冠红或红黄色，长2.8-3厘米，裂片披针形；果陀螺状 ·· 1. 高山寄生 S. elata
  2. 老叶下面被绒毛；总状花序的花序轴长1-8毫米。
    3. 花蕾椭圆形，花冠裂片披针形；总状花序具5-7花；苞片卵状三角形，长约1毫米；花冠红或红黄色，长2.2-2.5厘米；果梨形 ·· 2. 梨果寄生 S. philippensis
    3. 花蕾卵球形，花冠裂片匙形；伞形花序具（1）2（3）花；苞片匙形，长3-5毫米，花冠黄褐或红褐色，长2.4-3厘米；果棒状 ·································· 2(附). 小叶梨果寄生 S. notothixoides
1. 果下部骤窄呈柄状。
  4. 嫩叶和花被星状毛，老叶两面无毛；总状花序，花密集，3-5（-7）朵；花冠裂片披针形。
    5. 花冠红色，长2-2.5厘米 ·································· 3. 红花寄生 S. parasitica
    5. 花冠黄绿色，长1-1.2厘米 ············ 3(附). 小红花寄生 S. parasitica var. graciliflora
  4. 嫩叶和花被叠生星状毛和星状毛。
    6. 嫩叶和花具灰黄色星状毛和叠生星状毛。
      7. 老叶下面被绒毛。
        8. 总状花序具4-5（-7）花，花密生；花冠长1.5-1.6（-1.8）厘米，裂片披针形 ···········
          ··· 4. 滇藏梨果寄生 S. buddleioides
        8. 总状花序具7-14花，花不密集；花冠长1-1.3厘米，裂片近匙形 ··· 4(附). 卵叶梨果寄生 S. chingii
      7. 老叶两面无毛；叶柄长0.6-1.2厘米；花序梗和花序轴长1-2.5厘米；花冠长1-1.3厘米，裂片近匙形 ···
          ·· 4(附). 卵叶梨果寄生 S. chingii
    6. 嫩叶和花具锈色叠生星状毛，老叶下面被绒毛或近无毛；总状花序，具4-6花，花序梗和花序轴共长0.3-1厘米；花冠长0.8-1.5厘米，裂片披针形 ············ 5. 锈毛梨果寄生 S. ferruginea

1. 高山寄生

图 1145

Scurrula elata (Edgew.) Danser in Bull. Jard. Bot. Buitenzorg ser. 3, 10: 350. 1929.

Loranthus elatus Edgew. in Trans. Linn. Soc. 20: 58. 1846.

灌木，高达1.5米。嫩枝、叶密被褐色星状毛，旋脱落；小枝灰褐至黑褐色，近平滑，疏生皮孔。叶对生或互生，革质，卵形或长卵形，长6-10厘米，先端渐尖，基部圆钝或近心形，侧脉5-6对，两面均明显；叶柄长1-2厘米。总状花序1-2腋生或生于小枝落叶腋部，花序各部均被疏毛；花序轴长0.5-1.5厘米，具6-10花。花梗长3-5毫米；苞片卵形，长约1.5毫米；花红或红黄色；花托陀螺状；副萼环状，全缘；花冠花蕾时筒状，长2.8-3厘米，稍弯，下部膨胀，径3毫米，顶部椭圆状，花时4裂，裂片披针形，长约1厘米，反折；花柱线状，柱头头状。果陀螺状，浅黄色，长6-8毫米，顶端平截，近基部骤窄，平滑。花期5-7月，果期7-8月。

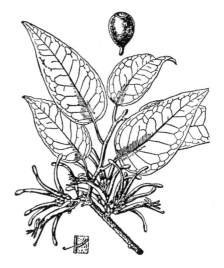

图 1145 高山寄生 （引自《图鉴》）

产云南西部、西藏南部及东南部，在海拔（2000-）2400-2850米常绿阔叶林或针阔叶混交林中，寄生于枸子属、杜鹃属、荚蒾属、冬青属植物或高山栎。印度、尼泊尔及不丹有分布。

2. 梨果寄生

图 1146

Scurrula philippensis (Cham. et Schlecht.) G. Don, Gen. Hist. Dichlam. Pl. 3: 442. 1834.

Loranthus philippensis Cham. et Schlecht. in Linnaea 3: 204. 1828.

灌木，高达1米。嫩枝、叶、花序和花均密被灰色、灰黄或黄褐色星状毛和叠生星状毛。小枝无毛。叶对生，卵形或长圆形，长5-10厘米，基部宽楔形或圆钝，上面无毛，下面被绒毛，侧脉4-5对；叶柄长0.7-1厘米，被毛。总状花序1-3腋生或生于小枝落叶腋部；花序梗长5-8毫米，具5-7花；花红或红黄色，密集。花蕾椭圆形；花梗长1.5-2毫米；苞片卵状三角形，长约1毫米；花托梨形；副萼环状；花冠花蕾时筒状，长2.2-2.5厘米，弯曲，下部稍膨胀，顶部椭圆状，花时4裂，裂片披针形，反折；花丝长约1毫米，花药长2.5(-3)毫米。果梨形，长约8毫米，近基部渐窄，疏被星状毛。花期6-9月，果期11-12月。

产广西西部、贵州西南部、云南、西藏东南部及南部，在海拔1200-2900

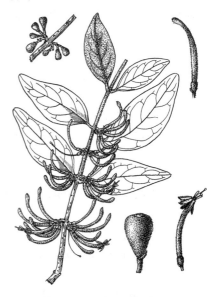

图 1146 梨果寄生 （余汉平绘）

米山地阔叶林中，常寄生于楸树、油桐、桑树或壳斗科植物。泰国、越南、马来西亚、印度尼西亚及菲律宾有分布。有剧毒，误食常发生中毒。

　[附] 小叶梨果寄生 **Scurrula notothixoides** (Hance) Danser in Bull.

Jard. Bot. Buitenzorg ser. 3, 10: 352. 1929. -- *Loranthus notothixoides* Hance in Journ. Bot. 21: 356. 1883. 本种与梨果寄生的区别：叶长1.5-2.5厘米；花蕾卵球形，花冠裂片匙形；苞片匙形；长3-5毫米；果棒形。花果期9月至翌年3月。产广东（雷州半岛）及广西，在海拔25-200米沿海

平原或低山常绿阔叶林中，寄生于倒吊笔、蓝树、三叉苦、鹊肾树、酸橙等植物。越南有分布。

3. 红花寄生 桑寄生 柏寄生 图 1147

Scurrula parasitica Linn. Sp. Pl. 110. 1753.

灌木，高达1米。嫩枝、叶密被锈色星状毛，后无毛。叶对生或近对生，厚纸质，卵形或长卵形，长5-8厘米，基部宽楔形，侧脉5-6对，两面均明显，无毛；叶柄长5-6毫米。总状花序1-2（3），腋生或生于小枝落叶腋部，各部被褐色毛；花序梗和花序轴共长2-3毫米，具3-5（-7）花；花红色，密集。花梗长2-3毫米；苞片三角形；花托陀螺状，长2-2.5毫米；副萼环状，全缘；花冠花蕾时筒状，长2-2.5厘米，稍弯，下部膨胀，顶部椭圆状，花时4裂，裂片披针形，长5-8毫米，反折；果梨形，长约1厘米，下部缢缩呈长柄状，红黄色，平滑。花果期10月至翌年1月。

图 1147 红花寄生 （引自《图鉴》）

黄褐色星状毛；花冠黄绿色，长1-1.2厘米，裂片披针形，长约3毫米；果红黄色，长约8毫米，被疏毛。花果期4-12月。产云南、四川南部、贵州西南部及广西西部，在海拔850-2100米山谷或山地阔叶林中，寄生于桃树、梨树、杏树、石榴、普洱茶、锥栗、小叶马鞍树或松属等植物。尼泊尔、锡金、印度东北部、孟加拉及缅甸有分布。

产台湾、福建、江西南部、湖南、广东、海南、广西、贵州、四川及云南，在海拔1000（-2800）米以下沿海平原或山地常绿阔叶林中，寄生于芸香科果树、桃树、梨树或山茶科、大戟科、夹竹桃科、榆科、无患子科。泰国、越南、马来西亚、印度尼西亚及菲律宾有分布。全株入药，治风湿性关节炎、胃痛等，民间以寄生于柚树、黄皮或桃树上的疗效较佳。

[附] 小红花寄生 **Scurrula parasitica** var. **graciliflora** (Wall. ex DC.) H. S. Kiu in Fl. Yunnan. 3: 363. 1983. —— *Loranthus graciliflorus* Wall. ex DC. Prodr. 4: 300. 1830. 与红花寄生的区别：花序和花均密被

4. 滇藏梨果寄生 图 1148

Scurrula buddleioides (Desr.) G. Don, Gen. Hist. Dichlam. Pl. 3: 421. 1834.

Loranthus buddleioides Desr. in Lamk. Encycl. 3: 600. 1789.

灌木，高达2米。嫩枝、叶、花序和花均密被灰黄色星状毛和叠生星状毛。小枝无毛。叶对生，卵形或长卵形，长6-7（-10）厘米，基部钝或圆钝，上面无毛，下面被绒毛，侧脉5对，两面均明显；叶柄长约5毫米，被毛。总状花序2-5簇生叶腋或小枝落叶腋部；花序梗和花序轴共长2-5毫米，具4-5（-7）花；花红色，密集。花梗长1-1.5毫米；苞片卵形，长1毫米；花托梨形；副萼环状，具缘毛；花冠花蕾时筒状，长1.5-1.6（-1.8）厘米，微弯，冠筒稍膨胀，裂片4，披针形，长约5毫米，反折；花

丝长1.5-3毫米,花药长1.5-2毫米,药隔突出;花柱红色。果梨形,长0.8-1厘米,下半部渐窄呈柄状,被星状毛。花期1-12月。

产四川南部、云南及西藏东南部,在海拔(1100-)1250-2200米河谷或山地阔叶林中,寄生于桃树、梨树、马桑、一担柴或荚蒾属、柯属等植物。印度东北部有分布。

[附] **卵叶梨果寄生 Scurrula chingii** (Cheng) H. S. Kiu in Acta Phytotax. Sin. 21: 175. 1983. —— *Loranthus chingii* Cheng in Sinensia 4(11): 327. f. 1. 1934. 与滇藏梨果寄生的区别:叶柄长0.6-1.2厘米;花序具7-14花,花序梗和花序轴共长1-2.5厘米,花不密集;花冠花蕾时长1-1.3厘米,裂片近匙形,花丝长约1.5毫米,花药长约1毫米。产云南南部及东南部、广西西部及西南部,在海拔90-1100米低山或山地常绿阔叶林中,寄生于油茶、木油桐、木菠萝、白饭树、普洱茶等植物。越南北部有分布。全株有祛风湿、消炎的功能。

5. 锈毛梨果寄生 图 1149

Scurrula ferruginea (Jack) Danser in Bull. Jard. Bot. Buitenzorg ser. 3, 10: 350. 1929.

Loranthus ferrugineus Jack, Mal. Miscell. 1: 279. t. 59. 1820.

灌木,高约1米。嫩枝、叶密被锈色叠生星状毛,稍后毛呈粉状脱落。小枝灰色,无毛,具皮孔。叶对生,薄革质,宽椭圆形或卵形,长5-10厘米,先端钝或近圆,基部圆或浅心形,上面无毛,下面疏生叠生星状毛或近无毛,侧脉5-8对,两面稍明显;叶柄长2-5毫米。总状花序1-2腋生,花序和花密被锈色叠生星状毛;花序梗和花序轴共长0.3-1厘米,具4-6花;花褐色,常3-4密集呈轮伞状。花梗长1-1.5毫米;苞片三角形;花托卵球形,长4毫米;副萼环状;花冠花蕾时筒状,长0.8-1.5厘米,稍弯,下部膨胀,花时4裂,裂片披针形,长约4.5毫米,反折;花丝、花药均长约1毫米;花柱线状,柱头头状。果梨形,长0.8-1厘米,下部骤窄呈柄状,被叠生星状毛;果柄长约3毫米,稍下弯。花期10月至翌年2月。

产云南,在海拔900-1800米山地常绿阔叶林中,寄生于余甘子、李属、

图 1148 滇藏梨果寄生 (余汉平绘)

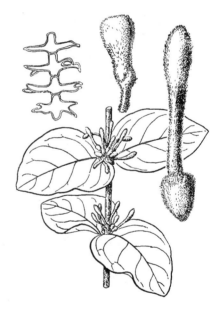

图 1149 锈毛梨果寄生
(引自《云南植物志》)

柑桔属等植物。缅甸、老挝、越南、柬埔寨、泰国、马来西亚及印度尼西亚有分布。枝叶有强壮、安胎的功能。

7. 钝果寄生属 Taxillus Van Tiegh.

寄生性灌木。嫩枝、叶常被绒毛。叶对生或互生,羽状脉。伞形花序,稀总状花序,腋生,具2-5花。花4(5)数,两侧对称,具苞片1;花托椭圆状或卵球形,稀近球形,基部圆钝;副萼环状,全缘或具齿;花冠在花蕾时筒状,稍弯,下部多少膨胀,顶部椭圆状或卵球形,花时分裂,下面1裂缺较深,裂片4-5,反折;雄蕊生于裂片基

部，花丝短，花药4室，药室具横隔或无；子房1室，基生胎座，花柱线状，与花冠近等长，具棱，柱头常头状。浆果，顶端具宿存副萼，基部圆钝，外果皮革质，具颗粒状体或小瘤体，稀平滑，中果皮具粘胶质；种子1颗。

约25种，分布于亚洲东南部和南部。我国15种、5变种。

1. 叶互生或在短枝上簇生；花冠无毛，花蕾顶部椭圆状，花冠裂片披针形。
  2. 全株无毛；叶卵形、长椭圆形或披针形，宽1.5-2厘米；花序具2-4花；花冠长2-3厘米；果椭圆状 ············
    ··· 1. **柳叶钝果寄生 T. delavayi**
  2. 嫩枝、叶被绒毛或星状毛；叶线形、近匙形或窄椭圆形，宽0.3-1.2厘米；果近球形或卵球形。
    3. 叶长1.5-3.5厘米，宽3-7毫米，中脉明显；花序具2-3花；果皮具颗粒状体。
      4. 花托无毛。
        5. 花冠长1.5-1.6厘米，花药长约2毫米 ·················· 2. **小叶钝果寄生 T. kaempferi**
        5. 花冠长3厘米，花药长4毫米 ··········· 2(附). **黄杉钝果寄生 T. kaempferi var. grandiflorus**
      4. 花托被绒毛，花冠长2-2.7厘米 ··················· 3. **松柏钝果寄生 T. caloreas**
    3. 叶长3-4.5厘米，宽0.7-1.2厘米，中脉和侧脉均明显；花序具4-6花；花冠长3-3.2厘米，花托无毛；果皮平滑 ··· 3(附). **显脉钝果寄生 T. caloreas var. fargesii**
1. 叶对生或近对生，稀互生；花冠被毛。
  6. 花蕾顶部椭圆状，花冠裂片披针形。
    7. 叶两面无毛。
      8. 叶革质，侧脉不明显或稍凹入；花冠长2.7-3厘米 ·············· 4. **木兰寄生 T. limprichtii**
      8. 叶薄革质，侧脉稍明显；花冠长1.7-2厘米 ············· 4(附). **台湾钝果寄生 T. theifer**
    7. 叶下面被绒毛。
      9. 嫩叶和花密被星状毛；总状花序，花密集呈伞形；花冠长2.2-2.8厘米；果椭圆状。
        10. 叶下面被褐或红褐色绒毛 ··················· 5. **桑寄生 T. sutchuenensis**
        10. 叶下面被灰色绒毛 ············· 5(附). **灰毛桑寄生 T. sutchunensis var. duclouxii**
      9. 嫩叶和花密被黄褐或褐色叠生星状毛和星状毛；伞形花序；花冠长2.2-3.2厘米；果卵球形或椭圆形 ···
        ··································· 5(附). **滇藏钝果寄生 T. thibetensis**
  6. 花蕾顶部卵球形，花冠裂片匙形。
    11. 老叶两面无毛，嫩叶被毛；伞形花序，常具2花；花梗长6-8毫米。
      12. 嫩叶和花密被锈色星状毛；花冠长2.5-2.7厘米；果密被小瘤体 ············· 6. **广寄生 T. chinensis**
      12. 嫩叶和花密被栗褐色叠生星状毛；花冠长3.5-4厘米；果具颗粒状体 ···
      ··································· 6(附). **栗毛钝果寄生 T. balansae**
    11. 老叶下面被绒毛，嫩叶和花密被叠生星状毛和星状毛；伞形花序或总状花序，花梗长1-2毫米。
      13. 花冠长1.2-1.8厘米；叶对生或互生，被灰黄、黄褐或褐色星状毛；总状花序，花2-5密集呈伞形；果椭圆状，果皮粗糙 ··· 7. **毛叶钝果寄生 T. nigrans**
      13. 花冠长（1.8-）2-2.2厘米；叶互生或近对生，被锈色，稀褐色星状毛；伞形花序，具（1）2（3）花；果卵球形，果皮具颗粒状体 ···················· 8. **锈毛钝果寄生 T. levinei**

1. 柳叶钝果寄生 柳树寄生   图 1150 彩片 290

Taxillus delavayi (Van Tiegh.) Danser in Verhand. Kon. Akad. Wetersch. Amsterdam afd. Natuurk. sect. 2, 29(6):123. 1933.

Phyllodesmis delavayi Van Tiegh. in Bull. Soc. Bot. France 42: 255. 1895.

灌木，高达1米；全株无毛。叶互生，有时近对生或数枚簇生短枝，革质，卵形、长卵形、长椭圆形或披针形，长3-5厘米，先端圆钝，基部楔形，侧脉3-4对；叶柄长2-4毫米。伞形花序1-2腋生或生于小枝落叶腋部，具2-4花；花序梗长1-2毫米或

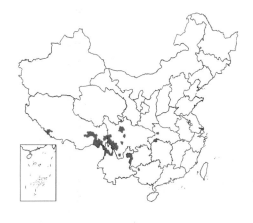

几无。花梗长4-6毫米；苞片卵圆形；花红色，花托椭圆状；副萼环状；全缘或具4浅齿，稀具撕裂状芒；花冠花蕾时筒状，无毛，长2-3厘米，稍弯，顶部椭圆状，裂片4，披针形，长6-9毫米，反折；花药长3-4毫米。果椭圆状，长0.8-1厘米，径4毫米，黄色或橙色。花期2-7月，果期5-9月。

产湖北西部及西南部、广西西北部、贵州西部、四川、云南、西藏东部及南部，在海拔（1500-）1800-3500米高原或山地阔叶林或针叶、阔叶混交林中，寄生于花楸、山楂、樱桃、梨树、桃树、马桑或柳属、桦属、栎属、槭属、杜鹃属等植物，稀云南油杉。缅甸、越南北部有分布。全株入药，治孕妇腰痛、安胎。

图 1150　柳叶钝果寄生　（引自《图鉴》）

2.　小叶钝果寄生　华东松寄生　　　　　　　图 1151

Taxillus kaempferi（DC.）Danser in Verhand. Kon. Akad. Wetensch. Amsterdam afd. Natuurk. sect. 2, 29（6）: 124. 1933.

Viscum kaempferi DC. Prodr. 4: 285. 1830.

灌木，高达1米。嫩枝、叶密被褐色星状毛，后全脱落。小枝灰褐色，具小瘤体和疏生皮孔。叶革质，互生或2-4簇生短枝，线形或近匙形，长1.5-3厘米，宽3-7毫米，先端圆钝，基部楔形，干后暗褐色，中脉略明显；叶柄长1-2毫米。伞形花序1-2腋生，具2-3花；花序梗长2-3毫米。花梗长2-3毫米；苞片兜状，先端常3浅裂；花深红色，无毛，花托近球形，长约1.5毫米，无毛；副萼环状，具4裂缺；花冠花蕾时筒状，长1.5-1.6厘米，顶部

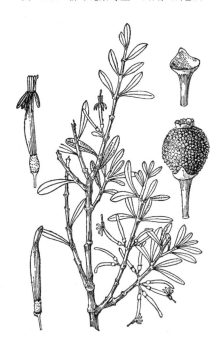

图 1151　小叶钝果寄生　（余汉平绘）

椭圆状，裂片4，披针形，长约5毫米，反折；花药长约2毫米。果卵球形，径4-5毫米，红褐色，果皮具颗粒状体。花期7-8月，果期翌年4-5月。

产安徽南部、浙江南部、福建西北部、江西东部及湖北西南部，在海拔（900）1000-1600米山地针叶、阔叶混交林中，寄生于黄山松、南方铁杉等植物。日本有分布。

　　[附] **黄杉钝果寄生 Taxillus kaempferi** var. **grandiflorus** H. S. Kiu

3.　松柏钝果寄生　松寄生　柏寄生　　　　　图 1152

Taxillus caloreas（Diels）Danser in Verhand. Kon. Akad. Wetensch.

in Acta Phytotax. Sin. 21: 177. 1983. 与小叶钝果寄生的区别：花冠长约3厘米，花药长约4毫米；果红色。产四川西部及东部、湖北西部，在海拔1000-2800米山地针叶林中，寄生于黄杉属植物。

Amsterdam afd. Natuufk. sect. 2, 29（6）: 123. 1933.

Loranthus caloreas Diels in Notes Roy. Bot. Gard. Edinb. 5: 251. 1912.

灌木，高达1米。嫩叶、叶密被褐色星状毛，后毛全脱落。小枝黑褐色，具瘤体。叶互生或簇生短枝上，革质，近匙形或线形，长2-3厘米，宽3-7毫米，先端圆钝，基部楔形，干后暗褐色，中脉明显；叶柄长1-2.5毫米。伞形花序1-2腋生，具2-3花；花序梗长1-2（3）毫米或几无。花梗长1-2毫米；苞片宽三角形或宽卵形，先端尖，稀3浅裂；花鲜红色，花托卵球形，被褐色绒毛；副萼环状，近全缘或具裂缺；花冠花蕾时筒状，长2-2.7厘米，无毛，稍弯，下部稍膨胀，顶部椭圆状，裂片4，披针形，长7-8毫米，反折；花丝长约2毫米，花药长4毫米。果近球形，长4-5毫米，紫红色，果皮具颗粒状体。花期7-8月，果期翌年4-5月。

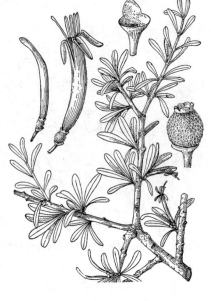

图 1152 松柏钝果寄生 （余汉平绘）

产西藏南部及东南部、云南、四川、贵州北部及西部、湖北西部及西南部、广西（大瑶山）、广东北部、海南、福建、台湾，在海拔900-2800（-3100）米山地针叶林或针阔叶混交林中，寄生于松属、油杉属、铁杉属、云杉属或雪松属植物。不丹有分布。枝、叶药用，可治风湿性关节炎、胃痛。

[附] **显脉钝果寄生 Taxillus caloreas** var. **fargesii** (Lecomte) H. S. Kiu, Fl. Yunnan. 3: 368. 1983. —— *Loranthus caloreas* Diels var. *fargesii* Lecomte, Not. Syst. 3: 49. f. 1. 1914. 与松柏钝果寄生的区别：叶线形或窄椭圆形，长3-4.5厘米，宽0.7-1.2厘米，干后暗绿色；中脉和

侧脉均明显；花序具4-5（6）花；花序梗长（2）3-4毫米；花梗长3-4毫米，苞片兜状，长约2毫米，先端初具疏毛，不久毛脱落；花冠长3-3.2厘米；果长5-8毫米，紫黑色，果皮平滑。花期6-9月，果期12月至翌年5月。产云南、四川及湖北，在海拔1000-3000米山地针叶林中，寄生于云南油杉、云南松或云杉属植物，稀寄生于三年桐。

4. 木兰寄生　　　　　　图 1153

Taxillus limprichtii (Grüning) H. S. Kiu in Acta Phytotax. Sin. 21: 178. 1983.

Loranthus limprichtii Grüning in Fedde, Repert. Sp. Nov. 12: 500. 1913.

灌木，高达1.3米。嫩枝密被黄褐色星状毛；小枝灰褐色，无毛。叶对生或近对生，革质，卵状长圆形或倒卵形，常稍偏斜，长4-12厘米，先端圆钝，基部楔形，两面无毛，侧脉4-5对，干后在上面不明显或稍凹入，叶柄长0.5-1.2厘米。伞形花序1-3腋生或生于小枝落叶腋

图 1153 木兰寄生 （余汉平绘）

部，具（3）4-5（6）花；花序梗长3-5毫米；花序和花均被黄褐色星状毛，后毛渐稀疏。花梗长约3毫米；苞片卵形；花红或橙色，花托长卵球形，长1.5-2.5毫米；副萼环状，全缘或具4小齿；花冠花蕾时筒状，长2.7-3厘米，稍弯，下部膨胀，顶部椭圆状，裂片4，披针形，长约9毫米，反折，被毛；花丝长2毫米，花药长4-5毫米。果椭圆状，果皮具小瘤体，被疏毛，长约7毫米，浅黄或浅红黄色，无毛。花期10月至翌年3月，果期6-7月。

产台湾、福建、江西南部、湖南、广东、广西、贵州南部、四川东南部及云南东南部，在海拔240-1300米山地阔叶林中，寄生于乐东木兰、金叶含笑、枫香、檵木、油桐、樟树、香叶树、栗、锥栗、梧桐等植物。

[附] **台湾钝果寄生 Taxillus theifer** (Hayata) H. S. Kiu in Acta

Phytotax. Sin. 21：179. 1983. —— *Loranthus theifer* Hayata, Ic. Pl. Formos. 5：186. 1915. 与木兰寄生的区别：叶薄革质，椭圆形或倒卵状长圆形，长4-5厘米，宽1.1-2厘米，侧脉稍明显；苞片宽三角形；花冠长1.7-2厘米。产台湾南部，在海拔500-800米山地常绿阔叶林中，寄生于黄荆等植物。

5. 桑寄生 桑上寄生 图 1154

Taxillus sutchuenensis (Lecomte) Danser in Bull. Jard. Bot. Buitenzorg ser. 3, 10：355. 1929.

Loranthus sutchuenensis Lecomte, Not. Syst. 3：167. 1915.

灌木，高达1米。嫩枝、叶密被褐或红褐色星状毛，有时具散生叠生星状毛。小枝黑色，无毛。叶近对生或互生，革质，卵形、长卵形或椭圆形，长5-8厘米，先端圆钝，基部近圆，上面无毛，下面被褐或红褐色绒毛；侧脉4-5对；叶柄长0.6-1.2厘米，无毛。总状花序1-3生于小枝落叶腋部或叶腋，具（2）3-4（5）花，花密集呈伞形，花序和花均密被褐色星状毛；花序梗和花序轴长1-2（3）毫米。花梗长2-3毫米；苞片卵状三角形；花红色，花托椭圆状；副萼环状，具4齿；

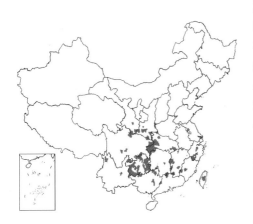

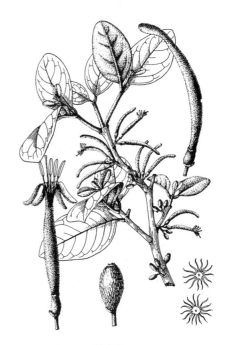

图 1154 桑寄生 （余汉平绘）

花冠花蕾时筒状，长2.2-2.8厘米，稍弯，下部膨胀，顶部椭圆状，裂片4，披针形，长6-9毫米，反折，花后毛稀疏；花丝长约2毫米，花药长3-4毫米，药室常具横隔；柱头圆锥状。果椭圆状，长6-7毫米，黄绿色，果皮具颗粒状体，被疏毛。花期6-8月。

产甘肃南部、陕西南部、山西西南部、河南西南部、湖北、湖南、江西、浙江、台湾、福建、广东、广西、贵州、云南及四川，在海拔500-1900米山地阔叶林中，寄生于桑树、梨树、李树、梅树、油茶、厚皮香、漆树、核桃或栎属、柯属、水青冈属、桦属、榛属等植物。本种是《本草纲目》记载的桑树寄生原植物，即中药材桑寄生的正品；全株入药，治风湿痹痛、腰痛、胎动、胎漏。

[附] **灰毛桑寄生 Taxillus sutchunensis** var. **duclouxii** (Lecomte) H. S. Kiu, Fl. Yunnan. 3：369. 1983. —— *Loranthus duclouxii* Lecomte, Not. Syst. 3：166. 1915. 本变种与模式变种的区别：嫩枝、叶、花序和花均密被灰色星状毛，有时具散生叠生星状毛；叶卵形或长卵形，下面被灰

色绒毛，侧脉6-7对；花序具3-5花。花期4-7月。产云南东北部、四川、贵州、湖北西部及湖南西部，在海拔600-1600米山地阔叶林中，寄生于青冈树、栗、梨树、油茶、三年桐或柳属等植物。

[附] **滇藏钝果寄生 Taxillus thibetensis** (Lecomte) Danser in Bull. Jard. Bot. Buitenzorg ser. 3, 10：355. 1929. —— *Loranthus thibetensis* Lecomte, Not. Syst. 3：168. 1915. 本种与桑寄生的区别：嫩叶和花密被黄褐和褐色叠生星状毛和星状毛；侧脉达8对；伞形花序；花冠长2.2-3.2厘米；果卵球形或椭圆形，长

达1厘米。产西藏东南部、云南及四川西南部,在海拔1700-2700(-3000)米山地阔叶林中,常寄生于梨树、柿树板栗、李树或栎属等植物。

6. 广寄生 苦楝寄生 桑寄生 图 1155

Taxillus chinensis (DC.) Danser in Bull. Jard. Bot. Buitenzorg ser. 3, 16: 40. 1938.

Loranthus chinensis DC. Mem. Loranth. 28. t. 7. 1830.

Loranthus parasiticus auct. non Merr.: 中国高等植物图鉴 1: 538. 1972.

灌木,高达1米;嫩枝、叶和花密被锈色星状毛,有时具疏生叠生星状毛,稍后绒毛呈粉状脱落;老叶无毛。小枝灰褐色。叶对生或近对生,厚纸质,卵形或长卵形,长(2.5-)3-6厘米,先端圆钝,基部楔形或宽楔形;侧脉3-4对;叶柄长0.8-1厘米。伞形花序1-2腋生或生于小枝已落叶腋部,具(1)2(3-4)花,花序和花被星状毛;花序梗长2-4毫米。花梗长6-7毫米;苞片鳞片状,长约0.5毫米;花褐色;花托椭圆状或卵球形,长2毫米;

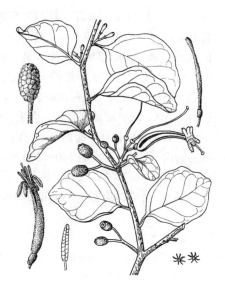

图 1155 广寄生 (张春方绘)

副萼环状;花冠花蕾时筒形,长2.5-2.7厘米,稍弯,下部膨胀,顶部卵球形,裂片4,匙形,长约6毫米,反折,被毛;花丝长约1毫米,花药长3毫米,药室具横隔;花盘环状;花柱线状,柱头头状。果椭圆状或近球形,果皮密生小瘤体,具疏毛,成熟果浅黄色,长0.8-1厘米,径5-6毫米。花果期4月至翌年1月。

产广西、广东、海南及福建南部,在海拔400米以下平原或低山常绿阔叶林中,寄生于桑树、桃树、李树、龙眼、荔枝、杨桃、油茶、油桐、橡胶树、榕树、木棉或马尾松、水松等多种植物。越南、老挝、柬埔寨、泰国、马来西亚、印度尼西亚(加里曼丹)及菲律宾有分布。全株入药,药材称"广寄生",系中药材桑寄生主要品种,可治风湿痹痛、腰膝酸软、胎动、胎漏、高血压等。草药以寄生于桑树、桃树、马尾松的疗效较佳;寄生于夹竹桃的有毒,不宜药用。

[附] **栗毛钝果寄生 Taxillus balansae** (Lecomte) Danser in Bull. Jard. Bot. Buitenzorg ser. 3, 11: 445. 1931. —— *Loranthus balansae* Lecomte, Not. Syst. 3: 73. 1914. 与广寄生的区别:嫩枝、叶、花序和花均密被栗褐色叠生星状毛;叶椭圆形或宽卵形;苞片三角形;花冠长3.5-4厘米,花柱具4棱,近顶部8棱;果具颗粒状体,被疏毛。花期3-12月,果期4-12月。产云南东南部、广西西南部及南部,在海拔400-1200米山地常绿阔叶林中,寄生于枫树、石栗、荷树、马尾树或木兰科、壳斗科等植物。越南北部有分布。

7. 毛叶钝果寄生 毛叶桑寄生 图 1156

Taxillus nigrans (Hance) Danser in Bull. Jard. Bot. Buitenzorg ser. 3, 11: 445. 1931.

Loranthus nigrans Hance in Journ. Bot. 19: 209. 1881.

Loranthus yadoriki auct. non Sieb. ex Maxim.: 中国高等植物图鉴 1: 537. 1972.

灌木,高达1.5米;嫩枝、叶、花序和花均密被黄黄、黄褐或褐色的叠生星状毛和星状毛;小枝灰褐色或暗黑色,无毛。叶对生或互生,革质,长椭圆形、长圆形或长卵形,长6-8.5(-11)厘米,先端圆钝或尖,基部楔

形至圆；侧脉4-5对；叶柄长5-8毫米，被绒毛。总状花序1-3（-5）个簇生叶腋或小枝已落叶叶腋部，具2（3-5）花，密集呈伞形；花序梗和花序轴长2-3（4）毫米。花梗长1-1.5毫米；苞片三角形，长约1毫米；花红黄色，花托卵球形，长约2毫米；副萼环状，全缘，稍内卷；花冠花蕾时筒状，长1.2-1.8厘米，微弯或近直立，冠筒稍膨胀，顶部卵球形，裂片4枚，匙形，长4-6毫米，稍开展或反折；花丝长1.5-3毫米，花药长约1.5毫米。果椭圆形，长约7毫米，径约4毫米，淡黄色，果皮粗糙，疏生星状毛。花期8-11月，果期翌年4-5月。

产河南、陕西、贵州、四川、云南、台湾、福建、江西、湖北、湖南及广西，在海拔300-1300米山地、丘陵或河谷盆地阔叶林中，寄生于樟树、桑树、油茶或栎属、柳属植物。全株药用，为中药材"桑寄生"品种之一，有祛风除湿、助筋骨、益血脉、降压、镇静、止咳、祛痰、止痢的功能。

8. 锈毛钝果寄生

Taxillus levinei (Merr.) H. S. Kiu in Acta Phytotax. Sin. 21: 181. 1983.

Loranthus levinei Merr. in Philipp. Journ. Sci. Bot. 15: 233. 1919.

灌木，高达2米。嫩枝、叶、花序和花均密被锈色、稀褐色叠生星状毛和星状毛；小枝灰褐或暗褐色，无毛。叶互生或近对生，革质，卵形，稀椭圆形或长圆形，长4-8（-10）厘米，先端圆钝，稀尖，基部近圆，上面无毛，干后榄绿或暗黄色，下面被绒毛，侧脉4-6对；叶柄长0.6-1.2（-1.5）厘米，被绒毛。伞形花序，1-2个腋生或生于小枝已落叶腋部，具（1）2（3）花，花序梗长2.5-5毫米。花梗长1-2毫米；苞片三角形，长0.5-1毫米；花红色，花托卵球形，长约2毫米；副萼环状，稍内卷；花冠花蕾时筒状，长（1.8-）2-2.2厘米，稍弯，冠筒膨胀，顶部卵球形，裂片4枚，匙形，长5-7毫米，反折；花丝长2.5-3毫米，花药长1.5-2毫米；花盘环状。果卵球形，长约6毫米，径4毫米，黄色，被颗粒状体及星状毛。花期9-12月，果期翌年4-5月。

图 1157

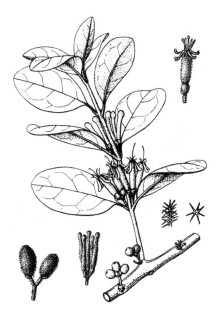

图 1156 毛叶钝果寄生 （引自《图鉴》）

图 1157 锈毛钝果寄生 （余汉平绘）

产安徽南部、浙江、福建、江西、湖北、湖南、广东、广西、贵州东北部及云南东南部，在海拔200-700（-1200）米山地或山谷常绿阔叶林中，常寄生于油茶、樟树、板栗或壳斗科植物。全株药用，祛风除湿。

8. 大苞寄生属 Tolypanthus (Bl.) Reichb.

寄生性灌木。叶互生或对生；具叶柄。密簇聚伞花序，腋生，具花3-6。花梗短或几无；花具苞片1，苞片叶状，轮生，离生或连合，呈总苞状；花两性，5数，辐射对称，花托卵球形；副萼杯状，花冠在成长的花蕾时筒状，直立，上部膨胀，顶部卵球形，开花时顶部分裂，裂片5，反折；雄蕊着生裂片基部，花丝短，花药4室；子房1室，基生胎座，花柱线状，具5棱，约与花冠等长，柱头头状。浆果椭圆状，外果皮革质，被疏毛，中果皮具粘胶质；种子1颗。

1. 花序梗长0.7-1.1厘米；花梗长约1毫米；苞片长卵形，长1.2-2.2厘米，宽0.7-1.1厘米，基部圆钝或浅心形 …………………………………………………………………………………… **大苞寄生 T. maclurei**

1. 花序梗长4-6毫米；花梗长1.5-2毫米；苞片披针形，长1.8-2.7厘米，宽3-6毫米，基部楔形 …………………………………………………………………………………（附）. **黔桂大苞寄生 T. esquirolii**

大苞寄生　大苞桑寄生　　　　　　　　　　　　　　　图 1158

Tolypanthus maclurei (Merr.) Danser in Bull. Jard. Bot. Buitenzorg ser. 3, 10: 355. 1928.

Loranthus maclurei Merr. in Philipp. Journ. Sci. Bot. 21: 494. 1922.; 中国高等植物图鉴 1: 539. 1972.

灌木，高达1米；幼枝、叶密被黄褐或锈色星状毛，后毛全脱落；枝条披散状，淡黑色，平滑。叶薄革质，互生或近对生，或3-4枚簇生短枝，长圆形或长卵形，长2.5-7厘米，基部楔形或圆钝；叶柄长2-7毫米。密簇聚伞花序，1-3生于小枝已落叶腋部或腋生，具3-5花；花序梗长0.7-1.1厘米。花梗长约1毫米；苞片长卵形，淡红色，长1.2-2.2厘米，先端渐尖，基部圆钝或浅心形，具直出脉3-7；花红或橙色；花托卵球形，长约2毫米，被黄褐或锈色绒毛；副萼杯状，长约1毫米，具5浅齿；花冠长2-2.8厘米，具疏生星状毛，冠筒上部膨胀，具5纵棱，纵棱间具横皱纹，裂片窄长圆形，长6-8毫米，反折；花丝长2-2.5毫米，花药长1.5-2毫米。果椭圆状，长0.8-1厘米，黄色，具星状毛，宿存副萼长约1毫米。花期4-7月，果期8-10月。

产福建西南部、江西西部及南部、湖南、广东、广西、贵州南部及东部，在海拔150-900(-1200)米山地、山谷或溪畔常绿阔叶林中，寄生于油茶、**檫木**、柿树、紫薇或杜鹃属、杜英属、冬青属等植物。全株有清热、补肝肾的功能。

[附] **黔桂大苞寄生 Tolypanthus esquirolii** (Lévl.) Lauener in

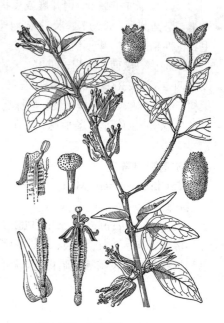

图 1158 大苞寄生 （余汉平绘）

Notes Roy. Bot. Gard. Edinb. 40: 357. 1982. —— *Loranthus esquirolii* Lévl., China Rev. Ann. 22. 1916. 与大苞寄生的区别：花序梗长4-6毫米；花梗长1.5-2毫米；苞片披针形，长1.8-2.7厘米，宽3-6毫米，基部楔形。产贵州西南部及广西西北部，在海拔1100-1200米山地或山谷阔叶林中，寄生于枇杷、油桐或山茶属植物。

135. 桑寄生科 VISCACEAE

（丘华兴）

半寄生性灌木、亚灌木，稀草本，寄生于木本植物的茎或枝上，稀寄生在梨果寄生属植物的枝上。叶对生，全缘，有基出脉，或叶呈鳞片状，基部或大部分合成环状、鞘状或离生；无托叶。花单性，雌雄同株或异株。聚伞花序或单朵，腋生或顶生，具苞片和小苞片或无；副萼无；花被片萼片状，3-4，镊合状排列，离生或下部合生；雄蕊与花被片等数，对生并着生其上，花丝短或缺，花药1至多室，横裂、纵裂或孔裂；心皮3-4，子房下位，贴生于花托，1室，特立中央胎座或基生胎座，无胚珠，由胎座或在子房室基部的造孢细胞发育成一至数个胚囊，花柱1，短至无，柱头乳头状或垫状。浆果，外果皮革质，中果皮具粘胶质层；种子1，贴生内果皮，无种皮，胚乳丰富或肉质，胚1，圆柱状，有时具2-3胚，子叶2（3-4）。

约8属，130余种；主产热带和亚热带地区，少数种类分布于温带。我国3属，16种，3变种。本科植物对寄主具不同程度的危害，影响生长及开花、结实，致使树或经济树木减产或失收；油杉寄生属植物使云南油杉等产生疯枝，甚至整株死亡。槲寄生等为常用中药。

1. 花药2室或1室，纵裂或横裂；叶鳞片状，对生，多少合生。
  2. 茎、枝扁平；雌雄同株，聚伞花序腋生，初具1花，后陆续增多密集呈团伞状；花基部被毛；花药2室，纵裂，合生为聚药雄蕊 ··· 1. 栗寄生属 Korthalsella
  2. 茎、枝圆柱形；雌雄异株，花单朵交互对生于叶腋或1至数朵顶生；花药1室，横裂 ·····················
  ··· 2. 油杉寄生属 Arceuthobium
1. 花药多室，孔裂；叶对生，叶具基出脉或呈鳞片状；雌雄同株或异株，聚伞花序顶生或腋生 ·····················
  ··· 3. 槲寄生属 Viscum

1. 栗寄生属 Korthalsella Van Tiegh.

寄生性小灌木或亚灌木。茎常扁平，相邻节间排列在同一水平面上；枝扁平，对生或二歧分枝。叶呈鳞片状，对生，基部或大部合成环状。花单性，雌雄同株；聚伞花序，腋生，初具1花，后陆续增多，密集呈团伞花序。花基部被毛，几无花梗，无苞片，无副萼，花被萼片状。雄花花托辐状；萼片3；雄蕊与萼片对生，无花丝，花药2室，聚合成聚药雄蕊，药室纵裂。雌花花托卵球形，萼片3；子房1室，特立中央胎座，无花柱，柱头乳头状。浆果具宿萼，外果皮平滑，中果皮具粘胶质。种子1颗，胚乳丰富，胚柱状。

约25种，分布于非洲东部和马达加斯加，亚洲南部、东南部、太平洋岛屿至日本和大洋洲。我国1种、1变种。

1. 小枝节间窄倒卵形或倒卵状披针形，宽3-6毫米；果椭圆状或梨形，径约1.5毫米 ········ 栗寄生 K. japonica
1. 小枝节间带状或线形，宽2-2.5毫米；果近球形，径约1毫米 ······（附）. 狭茎栗寄生 K. japonica var. fasciculata

栗寄生

图 1159 彩片 291

Korthalsella japonica (Thunb.) Engl. in Engl. u. Prantl. Nat. Pflanzenfam. Nachtr. 1: 138. 1897.

Viscum japonicum Thunb. in Trans. Linn. Soc. 2: 329. 1794.

常绿亚灌木，高达15厘米。枝扁平，常对生，绿色，多节，节间窄倒卵形或倒卵状披针形，长0.7-1.7厘米，宽3-6毫米。叶呈鳞片状，成对合成环状。3至多花排列成聚伞花序。花淡绿色，有具节的毛围绕于基部。雄花花蕾近球形，萼片三角形；聚药雄蕊扁球形；花梗短。雌

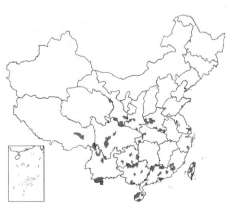

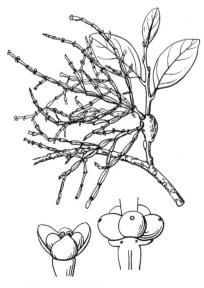

图 1159 栗寄生 （引自《图鉴》）

花花蕾椭圆状,花托椭圆状;萼片宽三角形;柱头乳头状。果椭圆状或梨形,长约2毫米,径约1.5毫米,淡黄色。花果期几全年。

产浙江、台湾、福建、江西、湖北、湖南、广东、海南、广西、贵州、云南、西藏、四川、甘肃、陕西及河南,在海拔150-1700(-2500)米的山地常绿阔叶林中,寄生于壳斗科栎属、柯属或山茶科、樟科、桃金娘科、山矾科、木犀科等植物。埃塞俄比亚、马达加斯加、巴基斯坦、印度、缅甸、泰国、越南、马来西亚、印度尼西亚、菲律宾、日本及大洋洲有分布。

[附] **狭茎栗寄生 Korthalsella japonica var. fasciculata** (Van Tiegh.) H. S. Kiu, Fl. Yunnan. 3: 374. 1983. —— *Bifaria fasciculata* Van Tiegh. in Bull. Soc. Bot. France 43: 174. 1896. 与栗寄生的区别:高达7厘米;小枝披散,节间带状或线形,宽2-2.5毫米,短侧枝长圆形,常2-4个簇生于主茎叶腋,长3-4毫米,节间长约1毫米;果近球形,径约1毫米。花果期6-8月。产云南、四川、甘肃南部、陕西南部及湖北,在海拔1200-2550米的山地阔叶林中,常寄生于椆子山栎、鹅耳枥或黄杨属植物。

2. 油杉寄生属 Arceuthobium M. Bieb.

寄生性亚灌木或草本。茎、枝圆柱状,具明显的节,枝对生或轮生。叶对生,具叶片或呈鳞片状,并合生呈鞘状。花单性,雌雄异株;单朵交互对生于叶腋,至数朵顶生。花梗短或几无;无副萼;花被萼片状。雄花萼片(2)3-4(-7);花药1室,横裂。雌花花托陀螺状;花萼筒短,顶部2浅裂;子房1室,特立中央胎座,花柱短,柱头钝。浆果下部平滑,上部为宿萼包被,中果皮具粘胶质,成熟时基部环状弹裂;果柄短,稍弯。种子1,常卵状披针形,胚小,胚乳丰富。

约36种,分布于北美洲、非洲北部、欧洲南部、亚洲的西亚、中亚至我国西南部。我国4种、1变种。

本属植物寄生于松科或柏科植物,对针叶林有严重危害性;受侵害的树常出现丛生疯枝,并生长大量的寄生植物,最后寄主衰竭枯死。

1. 雄花萼片4,径约2毫米;植株高2-8(-12)厘米 ·················· 1. **油杉寄生 A. chinense**
1. 雄花萼片常3,稀4。
  2. 寄主为松科植物。
    3. 植株高5-15(-20)厘米,主茎基部径1.5-2.5毫米;雄花径2-2.5毫米 ············· 2. **高山松寄生 A. pini**
    3. 植株高2-6厘米,主茎基部径1-1.5毫米;雄花径1.5-2毫米 ··· 2(附). **云杉寄生 A. pini var. sichuanense**
  2. 寄主为柏科圆柏属或刺柏属植物,植株高5-16厘米,主茎基部径1.5-5毫米;雄花径2-2.5毫米,萼片3,有时4 ················ 3. **圆柏寄生 A. oxycedri**

1. 油杉寄生   图 1160:1-3

Arceuthobium chinense Lecomte, Not. Syst. 3: 170. 1915.

亚灌木,高2-8(-12)厘米。主茎节间长3-7(-10)毫米,径1-2毫米;枝条黄绿或绿色;侧枝交叉对生,稀3-4(-6)轮生,常长不及1厘米。叶鳞片状,长约0.5毫米。花单朵腋生或顶生。雄花花蕾时近球形,长约1毫米,黄色,基部具杯状苞片,开花时径约2毫米,萼片4,近三角形;花药圆形,径约0.5毫米。雌花近球形,淡绿色,花萼筒长

图 1160: 1-3.油杉寄生 4.高山松寄生
（引自《云南植物志》）

约0.8毫米；花柱红色。果卵球形，长4-6毫米，径3-4毫米，上部为宿萼包被，下部平滑，粉绿或绿黄色；果柄长1-1.5毫米。花期7-10月，果期翌年10-11月。

产云南、四川、西藏及青海，在海拔1500-2700米山地油杉林或油杉-云南松林中，寄生于云南油杉。

2. 高山松寄生 图 1160: 4

Arceuthobium pini Hawksworth et Wiens in Brittonia 22（3）: 267. 1970.

亚灌木，高5-15（-20）厘米。主茎节间长0.5-1.5厘米，基部径1.5-2.5毫米。枝黄绿或绿色，侧枝交互对生，稀3-4轮生，分枝多。叶鳞片状，长0.5-1毫米。雄花1-2生于短侧枝顶部，黄色，基部具杯状苞片，蕾时近球形，长约1毫米，开花时径2-2.5毫米，萼片3(4)，卵形或椭圆形，长1-1.5毫米；花药圆形，长约0.5毫米；花梗长0.5毫米。雌花单生短侧枝腋部或顶部，卵球形，浅绿色，长约1毫米，

花萼筒长约0.8毫米；花柱红色。果椭圆状，长3-3.5毫米，径2-2.5毫米，上部为宿萼包被，下部平滑，黄绿色；果柄长1.5-2毫米。花期4-7月，果期翌年9-10月。

产四川西南部、云南西北部及西藏东部，在海拔2600-3500(-4000)米山地松林或高山松-栎属混交林中，寄生于高山松，稀乔松或云南松。

［附］**云杉寄生 Arceuthobium pini** var. **sichuanense** H. S. Kiu in Acta Phytotax. Sin. 22(3): 205. 1984. 与高山松寄生的区别：寄生于云杉属植物；植株较矮小，高2-6厘米；主茎基部径1-1.5毫米；雄花开花时径1.5-2毫米，萼片3枚。花期6-7月，果期翌年8-9月。产西藏及四川，在海拔（2800-）3800-4100米的山地云杉林或乔松-云杉林中，寄生于川西云杉或西藏云杉。

3. 圆柏寄生 图 1161

Arceuthobium oxycedri（DC.）M. Bieb. Fl. Taur.-Cauc. 3: 629. 1819.

Viscum oxycedri DC. Fl. Fr. 4: 274. 1805.

亚灌木，高5-16厘米。主茎节间长1-1.5厘米，径1.5-5毫米。枝黄绿色，侧枝交互对生，稀3-4(-6)轮生。叶鳞片状，长约1毫米。雄花单朵或3朵生于短侧枝顶部，黄绿色，花蕾时卵球形，长1-1.5毫米；开花时径2-2.5毫米，萼片3，有时4，长卵形，长1-1.4毫米；花药圆形，径0.5毫米；雌花单生短侧枝腋部或顶部，椭圆状，长约1毫米。幼果椭圆状，长2-3毫米，径约1.5毫米，上部为宿萼包围，下部平滑；果柄长约1毫米。花期8-9月。

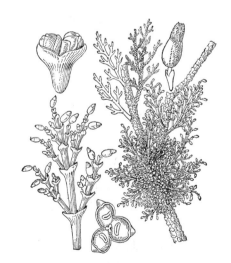

图 1161 圆柏寄生 （余汉平绘）

产西藏东部及南部，在海拔3000-3500米的山地圆柏林中，寄生于滇藏方枝柏、大果圆柏等植物。欧洲地中海沿岸各国，摩洛哥、阿尔及利亚、叙利亚、土耳其、伊朗、俄罗斯、巴基斯坦东北部及印度西北部有分布。

3. 槲寄生属 Viscum Linn.

寄生性灌木或亚灌木。茎、枝圆柱状或扁平，具明显的节，相邻节间互相垂直。枝对生或二歧分枝。叶对生，稀轮生，叶具基出脉或呈鳞片状。花单性，雌雄同株或异株；聚伞花序顶生或腋生，常具3-7花；花序梗短或无，常具2苞片组成的舟形总苞。无花梗，苞片1-2或无；无副萼；花被萼片状。雄花花托辐状；萼片常4；雄蕊贴生于萼片，无花丝，花药多室，药室大小不等，孔裂。雌花花托卵球形或椭圆状；萼片（3）4，花后常凋落；子房1室，基生胎座，花柱短或几无，柱头乳头状或垫状。浆果常具宿存花柱，外果皮平滑或具小瘤体，中果皮具粘胶质。种子1颗，胚乳肉质，胚1-3。

约70种，分布于东半球，主产热带和亚热带地区，少数种类分布于温带地区。我国11种、1变种。

1. 花雌雄异株；花序顶生或腋生于茎叉状分枝处，无不定花芽；雌花序聚伞式穗状，具3-5花，雄花序聚伞状。
　 2. 具叶片。
　　　 3. 叶宽0.7-2.5厘米，非线形。
　　　　　 4. 叶长椭圆形或椭圆状披针形；果球形，淡黄或橙红色 ·············· 1. **槲寄生 V. coloratum**
　　　　　 4. 叶倒卵形；果椭圆状，黄色 ·············· 1（附）. **卵叶槲寄生 V. album** var. **meridianum**
　　　 3. 叶宽（1）2-4毫米，线形；果卵球形，绿色 ·············· 2. **线叶槲寄生 V. fargesii**
　 2. 叶呈鳞片状；果卵球形，黄绿色 ·············· 2（附）. **绿茎槲寄生 V. nudum**
1. 花雌雄同株；聚伞花序腋生，稀顶生。
　 5. 聚伞花序具不定花芽，花在舟形总苞上排成1行；具叶片，叶先端尖或渐尖，稀钝。
　　　 6. 叶长卵形或披针形；果椭圆状，顶端平截，基部渐窄或圆钝 ·············· 3. **五脉槲寄生 V. monoicum**
　　　 6. 叶披针形或镰刀形；果上部呈倒卵球形或近球形，下部骤窄呈柄状 ·············· 4. **柄果槲寄生 V. multinerve**
　 5. 聚伞花序无不定花芽，具3花，中央为雌花，两侧为雄花，或仅具1雌花或雄花。
　　　 7. 具叶片，叶卵形、倒卵形或长椭圆形，先端圆钝；果近球形，基部骤窄呈柄状，果皮具小瘤体 ··············
　　　　 ·············· 5. **瘤果槲寄生 V. ovalifolium**
　　　 7. 叶呈鳞片状。
　　　　 8. 茎、枝扁平。
　　　　　 9. 枝节间宽2-3.5毫米，干后边缘薄，纵肋3；果球形，长3-4毫米，白或青白色 ··············
　　　　　　 ·············· 6. **扁枝槲寄生 V. articulatum**
　　　　　 9. 枝节间宽4-8毫米，干后边缘肥厚，纵肋5-7；果椭圆状，有时卵球形，长5-7毫米，橙红或黄色 ········
　　　　　　 ·············· 7. **枫香槲寄生 V. liquidambaricolum**
　　　　 8. 茎近圆柱状或圆柱状；小枝节间稍扁平，宽2-2.5毫米，具纵肋2-3；果椭圆状或卵球形，长4-5毫米，黄或橙色，果皮平滑 ·············· 8. **棱枝槲寄生 V. diospyrosicolum**

1.　槲寄生　北寄生　　　　　　　　　　　图 1162

Viscum coloratum (Kom.) Nakai, Rep. Veg. Degelet Isl. 17. 1919.
Viscum album Linn. subsp. *coloratum* Kom. in Acta Hort. Petrop. 22: 107. 1903.

灌木，高达80厘米。茎、枝均圆柱状，二歧或三歧、稀多歧分枝，节稍膨大。小枝节间长5-10厘米，径3-5毫米。叶对生，稀3枚轮生，长椭圆形或椭圆状披针形，长3-7厘米，先端圆或圆钝，基部渐窄，基出脉3-5；叶柄短。雌雄异株；花序顶生或腋生于茎叉分枝处；雄花序聚伞状；花序梗几无或长达5毫米；总苞舟形，常具3花，中央花具2苞片或无。雄花

花蕾时卵球形；萼片卵形；花药椭圆形。雌花序聚伞式穗状，花序梗长2-3毫米或几无，具3-5花，顶生花具2苞片或无，交互对生的花各具1苞片；苞片宽三角形；雌花花蕾时长卵球形；花托卵球形；萼片4，三角形；柱头乳头状。果球形，径6-8毫米，具宿存花柱，成熟时淡黄或橙红色，果皮平滑。花期4-5月，果期9-11月。

产黑龙江、吉林、辽宁、内蒙古、宁夏、甘肃、青海、陕西、山西、河北、河南、山东、江苏、安徽、浙江南部、台湾、福建东北部、江西北部、湖北、湖南、广东北部、广西、贵州及四川，在海拔500-1400（-2000）米阔叶林中，寄生于榆、杨、柳、桦、梨、李、苹果、枫杨、赤杨、椴属植物。俄罗斯远东地区、朝鲜及日本有分布。全株入药，即中药材槲寄生正品，治风湿痹痛、腰膝酸软，胎动、胎漏及降低血压等。

[附] **卵叶槲寄生 Viscum album** Linn. var. **meridianum** Danser in Blumea 4: 274. 1941. 与槲寄生的区别：叶倒卵形，宽达2.5厘米；果椭圆形，成熟时黄色。花期11月至翌年3月，果期7-11月。产西藏及云南，在海拔1300-2400（-2700）米的山地阔叶林中，寄生于樱桃、花楸、核桃、云南鹅耳枥等植物。不丹、锡金、印度东北部、缅甸北部、越南北部有分布。

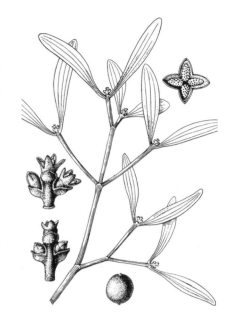

图 1162 槲寄生 （余汉平绘）

2. 线叶槲寄生　　　　　　　　　图 1163

Viscum fargesii Lecomte, Nct. Syst. 3: 173. 1915.

灌木，高达50厘米。茎圆柱状，常二歧分枝，节间长6-11厘米，径2-4毫米；枝节间长3-8厘米，径1-1.5毫米。叶线形，长（2-）3-5厘米，宽（1）2-4毫米，先端圆钝；叶柄短。雌雄异株；雄花序聚伞状，顶生，具（1-）3花；花序梗几无；雄花花蕾近球形，萼片4；雌花序聚伞式穗状，顶生或腋生于茎叉分枝处；花序梗长2-4毫米，具3-5花，顶生花具2苞片或无，交互对生的花各具1枚苞片；苞片三角形；雌花花托卵球形；萼片4。果卵球形，长4.5-5毫米，径约3毫米，绿色，果皮平滑。花期6-7月，果期7-10月。

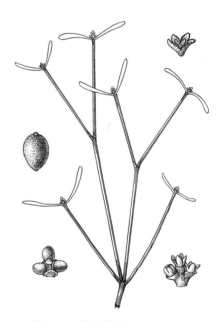

图 1163 线叶槲寄生 （余汉平绘）

产山西南部、陕西南部、甘肃南部、青海东部、四川北部及东北部，在海拔1350-2300米山地、沟谷或河边阔叶林中，寄生于山杨或山楂等。

[附] **绿茎槲寄生 Viscum nudum** Danser in Blumea 4: 275. 1941. 与槲寄生和线叶槲寄生的区别：叶呈鳞片状；果卵球形，径约4毫米，黄绿色。花期12月至翌年3月，果期8-10月。产云南、四川及贵州西北部，在

海拔2150-3800米山地阔叶林中，寄生于杨属、柳属、榛属或化香树、滇青冈、桦树、梨树、桃树等。全株入药，可祛风湿、安胎。

3. 五脉槲寄生　　　　　　　　　图 1164

Viscum monoicum Roxb. ex DC. Prodr. 4: 278. 1830.

灌木，高约40厘米。茎圆柱状。枝交互对生或二歧分枝，节间长3.5-

6厘米，径2-3毫米。叶对生，薄革质，长卵形或披针形，常稍偏斜或呈

镰形，长6-8厘米，宽1.5-3.5厘米，先端尖或渐尖，基部楔形或渐窄；基出脉(3-)5(-7)；叶柄短。扇形聚伞花序1-3腋生；花序梗长1-2毫米，基部具1至数对鳞片；总苞舟形，具(3)5(7)花；花排成一行，中央1-3为雌花，侧生的为雄花；雄花花蕾椭圆状，萼片4；雌花花蕾棒状或倒卵球形，花托长约1.5毫米；萼片4，三角形；柱头乳头状。果椭圆状，长5-8毫米，顶端平截，具宿存花柱，基部渐窄或圆钝，黄绿色，果皮平滑。花果期8月至翌年3月。

产广西西部、贵州西南部、云南南部及东南部，在海拔700-1360米山地疏林或常绿阔叶林中，寄生于垂叶榕、石榴、桂花或吴茱萸属。印度、孟加拉、斯里兰卡、缅甸、泰国及越南有分布。

图 1164　五脉槲寄生　(孙英宝绘)

4. 柄果槲寄生　图 1165

Viscum multinerve (Hayata) Hayata, Ic. Pl. Formos. 5: 196. f. 73. 1915.

Viscum orientale Willd. var. *multinerve* Hayata in Bot. Mag. Tokyo 20: 72. 1906.

灌木，高达70厘米。茎圆柱状。枝交互对生或二歧分枝；小枝节间长4-6厘米，径约1毫米。叶披针形或镰刀形，稀长卵形，长4.5-7(-8)厘米，先端渐尖或近尖，下部渐窄，基出脉5-7；叶柄短。扇形聚伞花序1-3腋生或顶生；花序梗长2-5毫米；总苞舟形，具3-5花；花排成一行，中央1-3朵雌花，侧生的为雄花；雄花花蕾卵球形，萼片三角形；花药圆形，贴生萼片下部；雌花花蕾椭圆状，长2.5-3毫米，花托长约2毫米，下部渐窄；萼片4，三角形；柱头乳头状。果黄绿色，长7-8毫米，上部倒卵球形或近球形，径约4毫米，下部缢缩呈柄状，长2-4毫米，果皮平滑。花果期4-12月。

图 1165　柄果槲寄生　(余汉平绘)

产台湾、福建、江西南部、广东、香港、广西、贵州西南部、云南南部及东南部，在海拔200-1200(-1600)米的山地常绿阔叶林中，寄生于锥栗属、柯属或樟树。泰国北部及越南北部有分布。

5. 瘤果槲寄生　图 1166　彩片 292

Viscum ovalifolium DC. Prodr. 4: 278. 1830.

灌木，高约50厘米。茎、枝圆柱状。枝交互对生或二歧分枝，节间长

1.5-3厘米，径3-4毫米，节稍膨大。叶卵形、倒卵形或长椭圆形，长3-8.5

厘米，先端圆钝，基部骤缩或渐窄，基出脉3-5；叶柄长2-4毫米。聚伞花序1或多序簇生叶腋；花序梗长1-1.5毫米；总苞舟形，具3花；中央为雌花，两侧为雄花，或雄花不发育，仅具雌花。雄花花蕾时卵球形，萼片三角形；花药椭圆形；雌花花蕾时椭圆状，长2.5-3毫米，花托卵球形；萼片4，三角形；柱头乳头状。果近球形，径4-6毫米，基部骤缩呈柄状，果皮具小瘤体，成熟时淡黄色，果皮平滑。花果期几全年。

产广东、香港、海南、广西及云南南部，在海拔1100米以下沿海红树林中或平原、盆地、山地亚热带雨林中，寄生于柚树、黄皮、柿树、无患子、柞木、板栗或海桑、海莲等。印度东北部、缅甸、泰国、老挝、柬埔寨、越南、马来西亚、印度尼西亚及菲律宾有分布。枝、叶入药，可祛风、

图 1166 瘤果槲寄生 （余汉平绘）

止咳、清热解毒，以寄生于柚树上的为佳。

6. 扁枝槲寄生　　　　图 1167:1-7 彩片 293

Viscum articulatum Burm. f. Fl. Ind. 211. 1786.

亚灌木，高达50厘米。茎基部近圆柱状；枝和小枝均扁平，交互对生或二歧分枝，节间长1.5-2.5（-4）厘米，宽2-3（-3.5）毫米，纵肋3，中肋明显。叶鳞片状。聚伞花序1-3个腋生，花序梗几无；总苞舟形，具（1-）3花，中央为雌花，两侧为雄花，常仅具1雌花或1雄花；雄花花蕾时球形，萼片4；花药圆形，贴生萼片下部；雌花花蕾椭圆状，基部具环状苞片；花托卵球形；萼片4，三角形；柱头垫状。果球形，长3-4毫米，白或青白色，果皮平滑。花果期几全年。

产浙江南部、台湾、福建、广东、海南、香港、广西、湖南、湖北西南部、贵州西南部、四川及云南，在海拔1200(-1700)米以下沿海平原或山地南亚热带季雨林中，常寄生于桑寄生科的鞘花、五蕊寄生、广寄生、小叶梨果寄生等的茎上，也寄生于壳斗科、大戟科、樟科、檀香科。亚洲南部及东南部各国、大洋洲热带地区均有分布。

7. 枫香槲寄生　　　　图 1167: 8-12 彩片 294

Viscum liquidambaricolum Hayata, Ic. Pl. Formos. 5: 194. f. 71. 72. 1915.

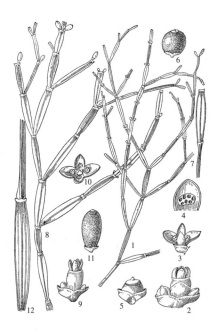

图 1167: 1-7.扁枝槲寄生　8-12.枫香槲寄生　（余汉平绘）

灌木，高达70厘米。茎基部近圆柱状；枝和小枝均扁平，交互对生或

二歧分枝，节间长2-4厘米，宽4-6（-8）毫米，纵肋5-7。叶鳞片状。聚伞花序1-3腋生；花序梗几无，总苞舟形，长1.5-2厘米，具1-3花，常仅具1雌花或雄花，或中央为雌花，两侧为雄花；雄花花蕾时近球形，萼片4；花药圆形，贴生萼片下部；雌花花蕾时椭圆状，花托长卵球形，基部具杯状苞片或无；萼片4，三角形；柱头乳头状。果椭圆状或卵球形，长5-7毫米，成熟时橙红或黄色，果皮平滑。花果期4-12月。

产浙江东南部、福建南部、台湾、江西南部、湖北西部、湖南、广东北部、海南、广西、贵州、云南、西藏南部及东南部、四川、甘肃南部、陕西南部，在海拔200-750米（西南地区1100-2500米）山地阔叶林中或常绿阔叶林中，寄生于枫香、油桐、柿树或壳斗科等。尼泊尔、印度东北部、泰国北部、越南北部、马来西亚及印度尼西亚爪哇有分布。全株入药，治风湿性关节疼痛、腰肌劳损，以寄生于枫香树的为佳。

8. 棱枝槲寄生

图 1168 彩片 295

Viscum diospyrosicolum Hayata, Ic. Pl. Formos 5: f. 67, 68. 1915.

亚灌木，高0.3-0.5米。茎近圆柱状或圆柱状，枝交互对生或二歧分枝，位于茎基部或中部以下的节间近圆柱状，小枝节间稍扁平，长1.5-2.5(-3.5)厘米，宽2-2.5毫米，具纵肋2-3。幼苗期具叶2-3对，叶椭圆形或长卵形，长1-2厘米，先端钝，基部窄楔形，基出脉3；成长植株叶鳞片状。聚伞花序1-3腋生，花序梗几无；总苞舟形，具1-3花，常仅具1雌花或雄花；或中央为雌花，两侧为雄花，雄花花蕾卵球形，长1-1.5毫米，萼片4枚，三角形；花药圆形，贴生于萼片下半部；雌花花蕾椭圆状，基部具环状苞片或无；花托椭圆状；萼片4，三角形；柱头乳头状。果椭圆状或卵球形，长4-5毫米，黄或橙色，果皮平滑。花果期4-12月。

产安徽南部、浙江、福建、台湾、江西、湖北、湖南、广东、香港、海

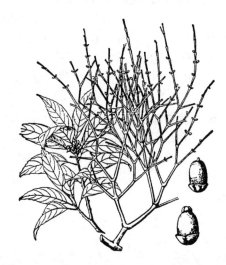

图 1168 棱枝槲寄生 （引自《图鉴》）

南、广西、贵州、云南、西藏东南部、四川、甘肃南部及陕西南部，在海拔20-1000米（西南地区2100米）平原或山地常绿阔叶林中，寄生于柿树、樟树、梨树、油桐或壳斗科等。

136. 蛇菰科 BALANOPHORACEAE
（陈 涛）

一年生或多年生肉质草本，无正常根，靠根茎上的吸盘寄生于寄主植物的根上。根茎粗，通常分枝，常有疣瘤或星芒状皮孔，顶端具开裂的裂鞘。花茎圆柱状，出自根茎顶端，常为裂鞘所包；鳞片状苞片互生、2列或近对生，有时轮生或旋生，稀聚生、散生或不存在；花序肉穗状或头状；花单性，雌雄花同株（序）或异株（序）。雄花常大于雌花，有梗或无梗，与雌花同序时，常混杂于雌花丛中或生于花序顶部、中部或较多地在基部，花被存在时3-6（8-14）裂，裂片在蕾期呈镊合状排列；雄蕊在无花被花中1-2，在具花被花中常与花被裂片同数且对生，稀多数；花丝离生或合生，花药离生或连合，2至多室，药室短裂、斜裂、纵裂或横裂。雌花微小，与附属体混生或生于附属体的基中，无花被或花被与子房合生；子房上位，1-3室，花柱1-2，顶生，柱头不开叉或呈头状，稀呈盘状；胚珠每室1枚，无珠被或具单层珠被，珠柄很短或无。坚果小，脆骨质或革质，1室，有种子1枚。种子球形，通常与果皮贴生，种皮薄或无，厚质；胚乳丰富，颗粒状，多油质，稀粉质；胚通常微小，未分化。

18属约120种，分布于全世界热带至亚热带。我国2属20种。

1. 花柱2；胚珠直生；花序嫩时为盾状鳞片所遮盖；花茎无鳞状苞片或有鳞状苞片；根茎内含大量的淀粉 ······
······ **1. 盾片蛇菰属 Rhopalocnemis**
1. 花柱1；胚珠悬垂，倒生；花序无盾状鳞片；花茎有鳞状苞片；根茎内含大量的蜡质物（蛇菰素）······
······ **2. 蛇菰属 Balanophora**

1. 盾片蛇菰属 Rhopalocnemis Jungh.

肉质草本，寄生于其他植物的根上，具粗大、光滑或稍有小疣瘤的根茎；根茎通常有不规则的皱褶；无星芒状皮孔，内含淀粉。花单性，雌雄异株（序）或雌雄同株（序）；花茎粗短，雌花的花茎上无鳞状苞片，雄花的花茎上有鳞状苞片。肉穗花序粗大，长圆状圆柱形，初时覆以多数的鳞片；鳞片粗厚常呈多角状盾形，大部扁平，中央常有翻曲的小凸尖；相邻鳞片边缘粘合，花期则呈碎片状剥落；花初期隐藏于粗厚鳞片下，与密生成丛的丝状体混生；雄花花被管状，顶端呈不规则齿牙状或撕裂成4裂；雄蕊3，花丝合生呈细长的柱状贴生于花被管上，花药基部合生，药室20-30，排成2-3层；雌花无花被，花柱2，细长，脱落，柱头头状，子房椭圆形，背部压扁，1室，胚珠直生。坚果窄长圆形，膨胀。种子球形，胚大。

2种，1种分布于亚洲东南部，1种产非洲马达加斯加岛。

盾片蛇菰　　　　　　　　　　图 1169

Rhopalocnemis phalloides Jungh. in Nov. Acta Acad. Nat. Cur. 18, Suppl. 1: 213. 1841.

草本，高15-30厘米；全株淡黄色或带褐色。根茎高6-13厘米，顶端有裂鞘，鞘5裂，裂片不整齐，呈三角形，长1-2厘米。花茎长2-10厘米，径2-5厘米，鳞片旋生，部分散生，稍反折，有疣瘤；花序长7-20厘米，径3-7.5厘米；盾状鳞片位于顶部的径约0.5厘米，在中

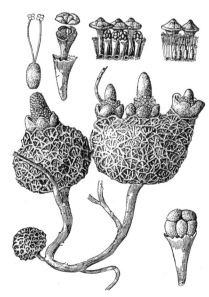

图 1169 盾片蛇菰 （黄少容绘）

部的较大；花无梗，雌雄花同序时，雄花常位于花序的下部。

产广西西部、云南及西藏东南部，生于海拔1000-2700米潮湿的密林或灌丛中。印度、尼泊尔、锡金、柬埔寨、越南及印度尼西亚有分布。常见的寄主有桑科、壳斗科、山茶科、大戟科、云实科等植物。

2. 蛇菰属 Balanophora Forst. et Forst. f.

肉质草本，具多年生或一次结果的习性。根茎具疣瘤、星芒状皮孔和方格状突起，皱褶或皱缩，稀平滑或仅有小凸体，内含蜡质物（蛇菰素）。鳞状苞片无柄。肉穗花序仅具单性花或雌花、雄花同株（序），花茎直立，通常圆柱状；花小，有梗或无梗；雌雄花同株（序）时，雄花与雌花混生，雄花常位于花序轴基部。雄花较大，下部常有短截形的苞片；花被管圆筒状，裂片3-6，内凹，同形，稀异形，在芽时呈镊合状排列，花期开展或外折；雄蕊常与花被裂片同数并彼此对生，常聚生成聚药雄蕊，花丝离生或合生呈短柱状，花药3-6或更多，在雄蕊较多时则花药纵裂或横裂而形成多数小药室。雌花密集于花序轴上，无花被，子房椭圆形或纺锤形，压扁，1室，两端渐窄，基部有时具短柄，胚珠倒生，花柱1，细长，宿存，附属体远大于子房，棍棒状或钻状，稀呈线形而顶端微大，与子房混生或基部与子房柄贴生。果坚果状，外果皮脆骨质。

约80种，分布于亚洲和大洋洲热带和亚热带。我国19种。

1. 雄花4-6数，聚药雄蕊通常长大于宽，筒状至椭圆状，花药纵裂、斜裂或短裂。
  2. 花药马蹄形，斜裂。
    3. 根茎有粗厚的方格状突起，鳞状苞片散生或多少旋生；花（4）5（6）数，雄花被裂片椭圆状披针形；雌花序通常近球形 ·· 1. **印度蛇菰 B. indica**
    3. 根茎无方格状突起；鳞状苞片互生，2列；花4数，雄花被裂片，卵形；雌花序椭圆形或圆锥状 ·············· 2. **粗穗蛇菰 B. dioica**
  2. 花药呈小块状，短裂，稀纵裂。
    4. 花雌雄同株（序）；雄花生于花序基部，4数；根茎通常呈杯状，有小疣瘤和小皮孔 ·················· 3. **杯茎蛇菰 B. subcupularis**
    4. 花雌雄异株（序）。
      5. 药室分成20-60小药室 ·················· 4. **多蕊蛇菰 B. polyandra**
      5. 药室分成10-14小药室。
        6. 根茎皱缩，小皮孔疏而不明显 ·················· 5. **皱球蛇菰 B. rugosa**
        6. 根茎不皱缩，小皮孔显著。
          7. 花被通常5裂；根茎密被粗糙小斑点 ·················· 6. **疏花蛇菰 B. laxiflora**
          7. 花被6裂；根茎有粗颗粒状疣瘤 ·················· 7. **穗花蛇菰 B. spicata**
1. 雄花3数，聚药雄蕊宽大于长，常呈盘状，无总柄，花药横裂。
  8. 鳞状苞片轮生，基部连合呈筒鞘状。
    9. 雌雄异株（序） ·················· 8. **筒鞘蛇菰 B. involucrata**
    9. 雌雄同株（序），雄花生于花序基部 ·················· 8（附）. **川藏蛇菰 B. fargesii**
  8. 鳞状苞片聚生、旋生或散生。
    10. 雌雄异株（序）。
      11. 根茎干时脆壳质，粗糙，密被小斑点，皱褶或近皱缩。
        12. 根茎皱褶，密被小斑点；花序近球形或卵状椭圆形；鳞状苞片聚生于花茎基部呈总苞状 ·················· 9. **红冬蛇菰 B. harlandii**
        12. 根茎近皱缩，有皮孔；花序宽卵圆形或卵圆形；鳞状苞片旋生于花茎上 ·················· 9（附）. **宜昌蛇菰 B. henryi**
      11. 根茎干时带木质，平滑或大部有小凸体，仅顶端裂鞘干时脆壳质，裂鞘密被颗粒状小疣瘤和疏生皮孔 ·················· 11. **红烛蛇菰 B. mutinoides**

10. 雌雄同株（序）；雄花不规则地散生于雌花丛中；花序圆锥状长圆形或卵圆形 ·· 10. 鸟黐蛇菰 **B. tobiracola**

1. 印度蛇菰 图 1170

Balanophora indica (Arn.) Griff. in Trans. Linn. Soc. Lond. 20: 95. 1846.

Langodorffia indica Arn. Nat. Hist. 2: 37. 1838.

Balanophora dioica auct. non R. Br.: 中国高等植物图鉴 1: 550. 1972.

草本，高达25厘米；根茎橙黄色至褐色，径达9厘米，通常分枝，单个分枝近球形，宽0.5-5.5厘米，有粗厚的方格状突起，稀有皮孔。花茎红色，长7.2-20厘米，径有时达2.5厘米；鳞状苞片橙黄红色，10-20，散生或多少旋生，覆瓦状排列，宽卵形或长圆状卵形，长3厘米，稍呈兜状，先端钝，中部多少肉质，两边近膜质。花雌雄异株（序）。雄花序红色，卵圆状椭圆形，长5-10厘米；雄花密集，(4)5(6)数，辐射对称，花被裂片(4)5(6)，椭圆状披针形，长3-7毫米，先端锐尖，开花时外折；聚药雄蕊生于粗短的总柄上，倒圆锥状；稍侧扁，花药4-5，马蹄形，斜裂；花梗长0.7-1厘米。雌花序暗紫红色，常近球形，长3-5厘米；雌花常生于附属体下部，子房柄长短不一；附属体长圆状棍棒形，顶端钝或平截。花期10-12月。

产海南、广西南部及云南，生于海拔900-1500米常绿阔叶林中。印度、缅甸、越南、马来西亚至大洋洲有分布。全株供药用，为民间补药。

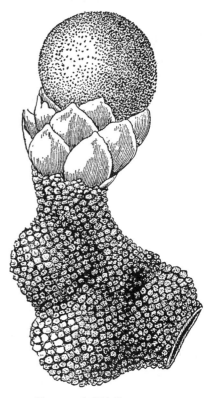

图 1170 印度蛇菰 （黄少容绘）

2. 粗穗蛇菰 图 1171

Balanophora dioica R. Br. ex Royle, Ill. Bot. Himal. 1: 330. 1839.

草本，高达15厘米；根茎黄褐至血红色或灰白带褐色，不规则分枝，单个分枝宽0.5-2.5厘米，有时近球形，密生颗粒状疣瘤和皮孔。花茎圆柱状，连花序长3-7厘米，紫红或淡红色，偶带灰白色；鳞状苞片多数，互生，2列，稀旋生呈覆瓦状排列，宽卵形或卵状长圆形，长1.5-3(-4)厘米，内凹，先端钝或微缺。花雌雄异株（序）。雄花序卵圆形或长圆形，长3-3.5厘米；雄花辐射对称，下面有苞片；花被裂片4，卵形，

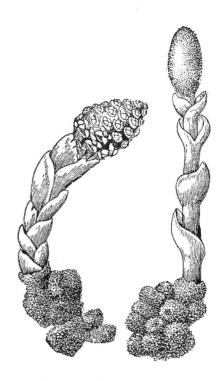

图 1171 粗穗蛇菰 （黄少容绘）

长约2毫米，外折；聚药雄蕊半球形，花药4，马蹄形，斜裂。花梗长5-7毫米。雌花序椭圆形或圆锥状，长2-7厘米；雌花紫红或橙黄色，子房卵圆形，长3毫米，生于附属体基部，附属体倒梨形，顶端拱圆形。花期8-10月。

产湖南西南部、云南及西藏东南部，生于海拔1150-2510（-3200）米山地密林中。尼泊尔、印度及缅甸有分布。

3. 杯茎蛇菰 图 1172

Balanophora subcupularis Tam, Fl. Fujian. 1: 509. 602. f. 459. 1982.

草本，高2-8厘米；根茎淡黄褐色，径1.5-3厘米，通常呈杯状，常有不规则的纵纹，密被颗粒状小疣瘤和皮孔，顶端的裂鞘5裂，裂片近圆形

或三角形，边缘啮蚀状。花茎长1.5-3厘米，常被鳞状苞片遮盖；鳞状苞片3-8，互生，稍肉质，宽卵形或卵圆形，长达1.2厘米。花雌雄同株（序）；花序卵圆形，长约1.5厘米，顶端圆形。雄花生于花序基部，近辐射对称；花梗短棒状，近四棱形，长0.8毫米；花被4裂，裂片披针形或披针状椭圆形，长1

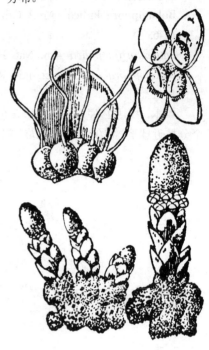

图 1172 杯茎蛇菰 （黄少容绘）

毫米，开展，中部以上内曲，先端锐尖；聚药雄蕊近圆盘状，有同型、短裂的花药，药室12-16。雌花子房卵圆形或近圆形，有子房柄，生于附属体基部；附属体棍棒状，顶端钝，中部以下渐窄。花期9-11月。

产浙江南部、福建、江西南部、湖南南部及西南部、广东北部、广西北部及云南东南部，生于海拔650-1450米密林中。

4. 多蕊蛇菰 图 1173

Balanophora polyandra Griff. in Proc. Linn. Soc. Lond. 1: 220. 1844.

草本，高达25厘米，全株带红色至橙黄色；根茎块茎状，常分枝，径2-3.5厘米，有纵纹，密被颗粒状小疣瘤和疏生皮孔。花茎深红色，长2.8-

8厘米，径0.5-1厘米；鳞状苞片4-12，卵状长圆形，在花茎下部的旋生，花茎上部的互生，有时呈卵形，长约2厘米，先端微圆。花雌雄异株（序）。雄花序圆柱状，长12-15厘米；雄花两侧对称，花被裂片6，开展，径约1厘米，两侧裂片三角形或卵形，先端尖，上下两裂片长圆形，先端平截，长3-4毫米；聚药雄蕊近圆盘状，中

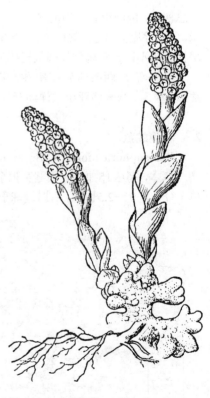

央呈脐状突起，花药短裂，分为20-60小药室。雌花序卵圆形或长圆状卵形，长2-3厘米；子房伸长呈卵圆形，基部渐窄或近圆柱形，花柱丝状；

图 1173 多蕊蛇菰 （引自《湖北植物志》）

附属体倒圆锥形或近棍棒状,长7-8毫米。花期8-10月。

产湖北西部、湖南南部、广东北部、海南、广西、云南东南部及西北部、四川东北部及西藏东南部,生于海拔1000-2500米密林下。尼泊尔、印度及缅甸有分布。

5. 皱球蛇菰 图 1174

Balanophora rugosa Tam in Bull. Bot. Res. (Harbin) 4 (2): 114. f. 2. 1984.

草本,高达20厘米;根茎扁球形,径约2厘米,皱缩,密生三角形鳞片状裂片和稀疏皮孔。花茎长4-12厘米;鳞状苞片5-6,长圆状披针形,长1.2-1.5厘米,先端急尖,钝头,旋生至花茎中部以上。花雌雄异株(序)。雄花序穗状,长约6.5厘米;雄花疏生,红色,径3-3.5毫米;花被6裂,裂片呈带状、宽三角形或长椭圆形,长2-3毫米,先端钝,内曲;聚药雄蕊近圆盘状,花药短裂,小药室14。雌花序圆柱状或椭圆状长圆形,长3.5-4.5厘米;子房通常卵球形,长6毫米,有短子房柄,生于附属体基部附近,花柱长约1

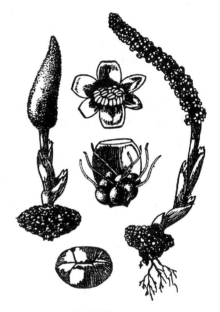

图 1174 皱球蛇菰 (引自《植物研究》)

毫米;附属体陀螺状或棍棒状,长约8毫米,褐色,顶端凸凹不平。花期11月至翌年2月。

产广西东南部及北部、贵州西北部及四川东南部,生于海拔1480米松林下或杂木林下较荫湿处。

6. 疏花蛇菰 图 1175

Balanophora laxiflora Hemsl. in Journ. Linn. Soc. Bot. 26: 410. pl. 9. 1894.

草本,高达20厘米,全株鲜红或暗红色,有时呈紫红色;根茎分枝,分枝近球形,长1-3厘米,密被粗糙小斑点和皮孔。花茎长5-10厘米;鳞状苞片8-14,椭圆状长圆形,顶端钝,互生,长2-2.5厘米,基部几全包着花茎。花雌雄异株(序)。雄花序圆柱状,长3-18厘米,顶端渐尖;雄花近辐射对称,疏生;无梗或近无梗;花序裂片(4)5(6),近圆形,长2-3毫米,先端尖或稍钝圆;聚药雄蕊近圆盘状,有时向两侧稍延展,中部呈脐状突起,径4.5-6毫米,花药5,小药室10。雌花序卵圆形或长圆状椭圆形,顶端渐尖,长2-6厘米;子房卵圆形,宽约0.5毫米,具细长的花柱和短子房柄,聚生于附属体基部附近;附属体棍棒状或倒圆锥尖状,顶端平截或顶端中部稍隆起,中部以下骤缩呈针尖状。花期9-12月。

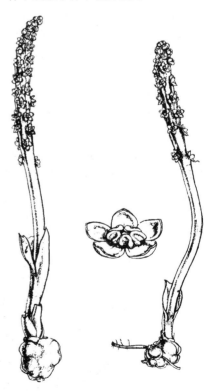

图 1175 疏花蛇菰 (引自《Journ. Linn. Soc. Bot.》)

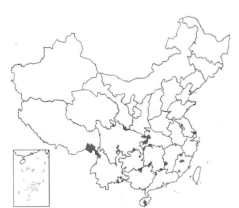

产福建、江西西部、广东北部、海南、广西北部、贵州、云南、西藏东南部、四川及甘肃南部,生于海拔660-1700米密林中。全株入药,治痔疮、虚劳出血和腰痛等症。

7. 穗花蛇菰　　　　　　　　　图 1176

Balanophora spicata Hayata in Journ. Coll. Sci. Univ. Tokyo 25: 192. t. 33. 1908.

草本,高达18厘米;根茎红或棕红色,分枝时呈倒卵圆形,不分枝时呈不规则球形,长3.5-5厘米,径2.5-3厘米,密被颗粒状粗疣瘤和皮孔,顶端的裂鞘4-6裂,裂片短三角形或锐三角形,长5-8毫米。花茎长1-9厘米;鳞状苞片带肉质,通常近对生,卵形或长圆状卵形,内凹,长1.5-2.5厘米,先端短尖,钝头,多少抱着花茎。花雌雄异株(序)。雄花序穗状,绿色带红色,后呈紫红色,长4.5-12厘米;雄花疏生,无梗,黄色,径7-8毫米,花被裂片6,不等大,其中上面1片长圆形,近平截,长2.2毫米,下面1片长圆状卵形,明显平截,长2-2.5毫米,侧裂片4,较小,长圆状三角形,长约2毫米;聚药雄蕊近圆盘状,花药短裂,药室多数。雌花序红色,卵形或长圆状圆柱形,长3-6.5厘米,顶端钝或近锐尖;子房近球形,有短子房柄,生于附属体基部,花柱丝状,比子房长2-3倍;附属体棍棒状,顶端

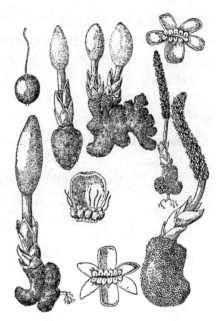

图 1176　穗花蛇菰　(黄少容绘)

平坦或稍凸起,稀凹陷,基部纤细。花期8-12月。

产浙江南部、台湾、江西南部、湖南南部、广东北部、广西北部、贵州及四川,生于海拔700-1300(-2400)米山谷阔叶林中。全株入药,为行气止痛剂,治腰痛和痔疮;又据有关研究,本种对肝炎的疗效颇为显著。

8. 筒鞘蛇菰　　　　　　　　　图 1177:1-2

Balanophora involucrata Hook. f. in Trans. Linn. Soc. Lond. 22: 30. t. 4-7. 1859.

草本,高达15厘米;根茎肥厚,干时脆壳质,近球形,常不分枝,径2.5-5.5厘米,黄褐色,稀红棕色,密集颗粒状小疣瘤和皮孔,顶端裂鞘2-4裂,裂片呈不规则三角形或短三角形,长1-2厘米。花茎长3-10厘米,径0.6-1厘米,红色,稀黄红色;鳞状苞片2-5,轮生,基部连合呈筒鞘状,顶端离生呈撕裂状,常包着花茎至中部。花雌雄异株(序);花序卵圆形,长1.4-2.4厘米。雄花3数,径约4毫米,具短梗,花被裂片卵形或短三角形,宽不及2毫米,开展;聚药雄蕊无柄,扁盘状,花序横裂。雌花子房卵圆形,有细

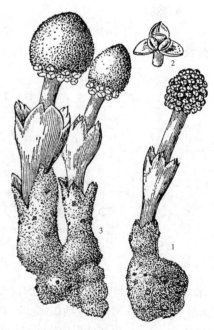

图 1177: 1-2.筒鞘蛇菰　3.川藏蛇菰

(黄少容绘)

长的花柱和子房柄；附属体倒圆锥形，顶端截形或稍圆形。花期7-8月。

产福建南部、河南西南部、湖北西部、湖南西北部、广西、贵州、云南、西藏、四川及陕西南部，生于海拔2300-3600米云杉、铁杉和栎树林中，常寄生于杜鹃属植物的根上。锡金及印度有分布。全株入药，有止血、镇痛和消炎等功效，民间用以治疗痔疮和胃病等症。

[附] **川藏蛇菰** 图 1177:3 **Balanophora fargesii** (Van Tiegh.) Harms in Engl. u. Prantl, Nat. Pflanzenfam. ed. 2, 16b: 332. 1935. —— *Bivolva*

fargesii Van Tiegh. in Ann. Sci. Nat. Bot. sér. 9, 6: 206. 1907. 本种与筒鞘蛇菰的区别：雌雄同株（序），雄花生于花序基部。产西藏及四川，生于海拔2700-3100米的松、杉、栎、桦等混交林中。

9. 红冬蛇菰 图 1178 彩片 296

Balanophora harlandii Hook. f. in Trans. Linn. Soc. Lond. 22: 426. t. 75. 1859.

草本，高2.5-9厘米；根茎苍褐色，扁球形或近球形，径2.5-5厘米，干时脆壳质，粗糙，密被小斑点，皱褶，花茎长2-5.5厘米，淡红色；鳞状苞片5-10，多少肉质，红或淡红色，长圆状卵形，长1.3-2.5厘米，聚生于花茎基部，呈总苞状。花雌雄异株（序）；花序近球形或卵圆状椭圆形。雄花序轴有蜂窠状洼穴；雄花3数，径1.5-3毫米；花被裂片3，宽三角形；聚药雄蕊有3花药；花梗初时很短，后伸长达5毫米，自洼穴伸出。雌花的子房黄色，卵圆形，通常无子房柄，生于附属体基部或花序轴上，花柱丝状；附属体暗褐色，倒圆锥形或倒卵形，顶端截形或中部凸起，无柄或有极短的柄。花期9-11月。

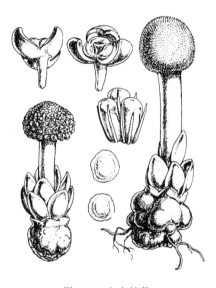

图 1178 红冬蛇菰
（引自《Trans. Linn. Soc. Lond.》）

产台湾、福建、江西、湖北、湖南西南部、广东、香港、海南、广西西北部、贵州、云南、四川、陕西南部及河南西部，生于海拔600-2100米荫蔽林中较湿润的腐殖质土壤处。

[附] **宜昌蛇菰 Balanophora henryi** Hemsl. in Journ. Linn. Soc. Bot. 26: 410. 1894. 本种与红冬蛇菰的区别：根茎近皱褶，有皮孔，花序宽卵圆形或卵圆形；鳞状苞叶旋生于花茎上。产广东、广西、贵州、湖北、四川及陕西，生于海拔600-1700米湿润的杂木林中。

10. 鸟黐蛇菰 图 1179

Balanophora tobiracola Makino in Bot. Mag. Tokyo 24: 290. f. 18. 1910.

草本，高5-10厘米，全株红黄色；根茎分枝，近球形或扁球形，径1.5-2.2厘米，粗糙，密被小斑点，近皱缩，常有皮孔，顶端的裂鞘5裂，裂片三角形。花茎淡黄色，长1-5.5厘米；鳞状苞片数枚，散生，长圆状披针形、长圆状卵形或宽卵形，长0.8-1.4厘米。花雌雄同株（序）；花序圆锥状长圆形、卵状椭圆形或卵圆形，长1.8-4厘米。雄花不规则散生于雌花丛中，

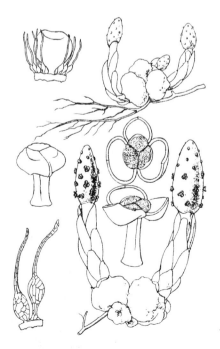

图 1179 鸟黐蛇菰
（引自《Bot. Mag. Tokyo.》）

径2-3毫米；花被裂片3，开展，卵圆形或近圆形，内凹；聚药雄蕊有花药3，花药横裂，近无梗。雌花的子房卵圆形或椭圆形，或呈纺锤形；花柱丝状，长于子房；附属体倒卵圆形或宽卵圆形，顶端锐尖，有时钝或稍凹陷。花期8-12月。

产台湾、江西南部、湖南、广东及广西东南部，生于较湿润的杂木林中。日本有分布。据报道本种常寄生于海桐花属（Pittosporum）和石斑木属（Raphiolepis）等植物的根上。

11. 红烛蛇菰　　　　　　　　图 1180

Balanophora mutinoides Hayata, Ic. Pl. Formos. 3: 168. t. 31. 1913.

草本，高约10厘米；根茎红褐或淡紫红色，不整齐卵圆形，多少分枝，部分平滑，大部有小凸体，顶端裂鞘呈钟状杯形，基部易与根茎脱离，裂鞘分裂至中部，裂片4，粗齿状，密被小疣瘤和稀疏而明显的皮孔。花茎红色，长10厘米，基部至中部以上为鳞状苞片所遮盖；鳞状苞片红黄色，舟状，长4厘米，旋生。花雌雄异株（序），花序圆锥状球形，长1.5-2厘米。雄花3数；花梗长3-6毫米；花被

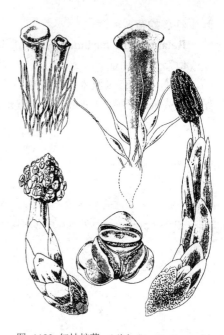

图 1180 红烛蛇菰　（引自《Ic. Pl. Formos.》）

3裂，裂片宽三角形，先端钝圆；聚药雄蕊有3枚横裂的花药。雌花淡红紫色，子房纺锤状，密集而生于附属体基部，花柱丝状；附属体棍棒状，顶端截平或中央稍凹陷。花期3-5月，果期5-7月。

产广东北部、广西北部及西部、贵州、四川东南部及云南东南部，生于海拔1100-2000米密林中荫湿地段或山谷间。

137. 帽蕊草科 MITRASTEMONACEAE

（王忠涛）

矮小草本，寄生在植物根上。根茎杯状。茎单生，直立，肉质。叶鳞片状，覆瓦状排列，交互对生，4列，内凹。花两性，整齐，单生茎顶，直立，近无梗，无苞片；花被杯状，辐射对称，合生；雄蕊合生成筒状，套包雌蕊，花后筒部纵裂而脱落；花药极多数，合生成环状，药室汇合，外向，孔裂，初被一薄膜所盖，旋破裂，药隔于顶部合生呈锥状体，上有小孔；子房上位，1室，侧膜胎座8-20，不规则伸向子房中央，花柱扁锥形；胚珠倒生，多数，单珠被。浆果。种子多数，小，种皮坚硬，具网纹。染色体基数x=10。

1属，2种、1变种，产墨西哥及亚洲热带、亚热带地区。我国1种、1变种。

帽蕊草属 **Mitrastemon** Makino

形态特征同科。

帽蕊草

图 1181

Mitrastemon yamamotoi Makino in Bot. Mag. Tokyo 23: 325. 1909.

肉质草本，高3-8厘米，直立。不分枝，根茎杯状，高2-2.5厘米，径约2厘米，被瘤状突起，口部4-5齿裂。鳞片叶交互对生，4列，每列有鳞叶3-4，卵形或卵状长圆形，长2-2.7厘米，宽1.5-2厘米，上部的较大，向下的渐小，顶端1对叶基部增厚，内有蜜腺。花单朵顶生；花被杯状，高5-6毫米，径1-1.7厘米，口部全缘或微波状，白色；雄蕊筒部长约7毫米，花药环长约6毫米，花药极多数，帽状药隔长约2毫米，顶端孔裂；子房球形或椭圆形，连花柱长1.2厘米，径9毫米，

1室，侧膜胎座10-20个，不规则内伸，胚珠倒生，多数；花柱粗短，柱头短锥形，高6-7毫米，顶端微凹；花期2-3月，果期10月。

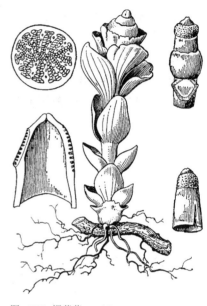

图 1181 帽蕊草 （引自《Bot. Mag. Tokyo》）

产福建南部、台湾、广东西部、广西东南部及云南东南部。柬埔寨、日本及印度尼西亚有分布。

138. 大花草科 RAFFLESIACEAE

（王忠涛）

肉质草本，寄生于植物的根、茎或枝条上，无叶绿素。叶鳞片状或无。花常为单生，稀成穗状花序。花辐射对称，单性，雌雄同株或异株，稀两性，有时十分巨大（世界上最大的花：大花草Rafflesia arnoldii R. Br. 径约1米，重达7.5公斤，产苏门答腊）。花被合生，稀分离，裂片4-10或无；雄花雄蕊多数至5枚，无花丝，1-3列环生于蕊柱上，花药2室，纵裂或顶孔开裂，药室有时汇合，花粉常具粘性，单个或成四分体；雌花雌蕊由8-6-4枚心皮所组成，子房下位、半下位或上位，1室或胎座伸于近中部，形成许多不规则的腔隙；胚珠极多数，生于侧膜胎座上，珠被1-2层；花柱1或无，柱头盘状、头状或多裂。浆果。种子小，种皮坚硬，有内胚乳。

7属，约50种，分布于热带及亚热带地区。我国1属，1种。

寄生花属 **Sapria** Griff.

肉质草本。茎极度退化。叶鳞片状，生于花基部，覆瓦状排列。花大。单性，雌雄异株，肉质，具鲜艳颜色；

有腐败气味,单生。花被裂片10,2列,覆瓦状排列,花被筒半球形,内面有20条纵棱,喉部有一圈膜质副花冠,其上有许多鳞片状突起。雄花花被筒基部实心,蕊柱细长,顶部杯状体底部凸起;雄蕊20枚,无花丝,花药环生于杯状体的下方,宽椭圆形,2室,顶孔开裂。雌花花被管基部与子房贴生,蕊柱粗壮,顶部杯状体具6条不明显辐射线,底部凹陷,有退化雄蕊;子房下位,1室,内多腔隙;胚珠倒生,极多数,生于侧膜胎座上,单珠被。果球形,冠以宿存、变硬的花被。

2种,分布于印度、泰国、柬埔寨、越南及中国。我国1种。

寄生花　　　　　　　　　　　　　　　　图 1182

Sapria himalayana Griff. in Proc. Linn. Soc. London 1: 216. 1844.

草本,寄生于植物根部,生于由寄主根皮构成的杯状托上。叶鳞片状,肉质,覆瓦状排列,约10枚,外方的较小,宽三角形或近圆形,内方的较大,卵形。花单朵顶生。雌雄异株,花被钟状,裂片10,宽三角形,长6-8厘米,宽4-6厘米,2列,覆瓦状排列,粉红色,被黄色疣点,花被筒长6-8厘米,外白色,内紫色,有乳突状柔毛及20条纵棱,喉部有一圈紫色的膜质副花冠,其上有许多线形突起。雄花:蕊柱细长,血红色,顶部杯状体底部凸起;雄蕊20枚,无花丝,环生于杯状体下方,花药宽椭圆形,2室,顶孔开裂。雌花:蕊柱较粗,顶部杯状体具6条不明显辐射线,底部凹陷,有退化雄蕊;子房下位,1室,内多腔隙,

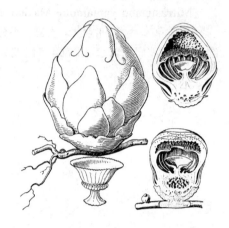

图 1182 寄生花　(引自《Bot. Jahrb.》)

胚珠多数,生于侧膜胎座上。果球形,冠以宿存、变硬的花被。花期8-9月。

产西藏东南部及云南南部。印度东北部、泰国及越南有分布。

139. 卫矛科 CELASTRACEAE

(黄普华)

常绿或落叶乔木、灌木或藤状灌木。单叶对生或互生,稀3叶轮生并类似互生;托叶细小,早落或无。聚伞花序常组成圆锥状或总状,稀成头状伞形。花两性或单性,杂性同株,稀异株;常具苞片;花萼4-5裂,宿存;花瓣4-5;雄蕊4-5,与花瓣互生,着生于花盘上或边缘,或花盘下面,花药2室或1室;花盘肥厚,稀不明显或近无;心皮2-5,合生,子房部分或全部埋藏于花盘内,子室与心皮同数或退化成不完全室或1室,每室常有胚珠2,稀1或3-18,花柱不裂或柱头3-5裂。多为蒴果,亦有核果、翅果或浆果。种子常有肉质假种皮;胚直立,子叶扁平。

约60属850种。主产热带、亚热带,少数分布至寒温带。我国12属201种(其中引入栽培1属1种)。

1. 心皮4-5。

  2. 叶对生稀互生或轮生并存,托叶细小,早落;花瓣在花后脱落。

3. 花盘扁平，子房基部与花盘合生，子房每室具2-12胚珠；蒴果裂后果皮不卷曲，中轴脱落；种子具不分枝种脊 ·· 1. **卫矛属 Euonymus**

3. 花盘常稍杯状，子房陷入花盘中被花盘包合，子房每室1胚珠；蒴果裂后果皮常内卷，中轴宿存；种子具3-7分枝的种脊 ·· 2. **沟瓣属 Glyptopetalum**

2. 叶互生，托叶细长，宿存；花瓣果时宿存，增大成4翅状 ···················· 3. **永瓣藤属 Monimopetalum**

1. 心皮常2-3。

4. 叶互生。

5. 叶缘具锯齿，叶柄顶端不增大，非膝状弯曲。

6. 蒴果；种子具肉质假种皮或无假种皮。

7. 果无翅；种子具假种皮；藤状或直立灌木或乔木。

8. 藤状灌木，无刺；枝具明显散生皮孔；蒴果裂后中轴宿存；种子被肉质红色假种皮所包 ··········· ··· 4. **南蛇藤属 Celastrus**

8. 直立灌木或乔木；小枝刺状或非刺状，无明显皮孔；蒴果裂后中轴脱落；种子基部稀大部被淡黄或白色假种皮所包 ··· 5. **美登木属 Maytenus**

7. 果具3片红色膜质翅；种子无假种皮；藤状灌木 ······················· 9. **雷公藤属 Tripterygium**

6. 浆果；种子被白色薄的假种皮 ··· 11. **核子木属 Perrottetia**

5. 叶全缘，叶柄顶端与叶基部增大呈膝状弯曲 ································· 6. **膝柄木属 Bhesa**

4. 叶对生。

9. 叶缘具锯齿；假种皮橙红色，包被种子下部并向下延伸成短翅状 ·················· 7. **巧茶属 Catha**

9. 叶全缘；种子无假种皮。

10. 蒴果2裂，柱头迹位于果顶中央；种皮常稍肉质，呈假种皮状 ········· 8. **假卫矛属 Microtropis**

10. 蒴果不裂，柱头迹位于果顶一侧，内果皮呈假种皮状 ···················· 10. **盾柱属 Pleurostylia**

1. 卫矛属 Euonymus Linn.

常绿、半常绿或落叶灌木或小乔木，稀藤状灌木。小枝常四棱形。叶对生，稀互生或轮生；托叶披针形，早落。聚伞花序排成圆锥状，腋生。花两性，白色、黄绿或紫色；萼片和花瓣均4-5；雄蕊4-5，着生于花盘近边缘处，稀靠近子房，花药2室或1室；花盘扁平肥厚，有时4-5浅裂；子房半埋于花盘内，4-5室，每室2-12胚珠，花柱单1，柱头细小或小圆头状。蒴果常上部4-5浅凹或4-5深裂至近基部或延展成翅，果皮平滑或有刺突或瘤突；种子每室多为1-2个成熟，稀多至6个以上，全部或部分被红色或黄色肉质假种皮所包。

约220种，主要分布于亚洲热带和亚热带地区，欧洲、非洲、大洋洲、北美洲和中美洲有少数种类分布。我国111种，10变种，4变型。

1. 蒴果无翅；花药2室，有花丝或无花丝；冬芽常卵圆形，长4-8毫米，稀达1厘米。

2. 蒴果近球形，仅在心皮腹缝线处稍有凹入，裂时果皮内层常突起成假轴；种子全部被假种皮所包；小枝常有细密疣点。

3. 果皮无刺状突起。

4. 枝具气生根。

5. 侧脉在叶两面明显隆起；聚伞花序多花。

6. 花紫棕色或外面棕色内面白色，雄蕊无花丝；叶近基部的一对侧脉伸至近中部呈三出脉状 ··········· ··· 1. **英蒾卫矛 E. viburnoides**

6. 花白绿或黄绿色,雄蕊有花丝;叶近基部侧脉不呈三出脉状。

  7. 花白绿色;果皮无深色细点;聚伞花序具1-7花。

    8. 叶基部楔形,叶柄长3-6毫米;每花序具4-7花;果熟时粉红色,果序柄长2-3.5厘米 ……………………………………………………………………………… 2. **扶芳藤 E. fortunei**

    8. 叶基部近圆或宽楔形,叶柄长0.6-1.2厘米;每花序具1-3花;果熟时紫红色,果序柄长1-2厘米 ……………………………………………………………………… 4. **常春卫矛 E. hederaceus**

  7. 花黄绿色;果皮有深色细点;聚伞花序多具15花 ……………… 3. **胶州卫矛 E. kiautshovicus**

 5. 侧脉在叶两面不明显隆起;聚伞花序具1-3花。

  9. 叶宽2-4.5厘米,叶柄细,长0.6-1.2厘米;花梗长4-5毫米 ……… 4. **常春卫矛 E. hederaceus**

  9. 叶宽1.5-2厘米,叶柄长2-3毫米;花梗长4-7毫米 ……… 4(附). **井岗山卫矛 E. jinggangshanensis**

4. 枝无气生根。

 10. 叶宽3厘米以上,全缘至近全缘或具粗大圆齿。

  11. 叶缘具粗大圆齿或近全缘,叶柄长0.8-1.5厘米;花白绿色;花序梗宽扁,长3.5-6.5厘米 ……………………………………………………………………… 5. **北部湾卫矛 E. tonkinensis**

  11. 叶全缘至近全缘,叶柄长3-5毫米;花带紫色或淡黄色;花序梗长1-2.5厘米。

    12. 叶柄长3-5毫米,叶侧脉常曲折1-3次;花淡黄色,花柱长约1毫米 ……………………………………………………………………………………… 6. **曲脉卫矛 E. venosus**

    12. 叶柄长5-8毫米,叶侧脉不曲折;花带紫色,无花柱 ……… 6(附). **南川卫矛 E. bockii**

 10. 叶宽3厘米以下,具粗圆锯齿或浅钝齿及锯齿。

  13. 叶倒卵形或椭圆形,长3-5厘米;花序梗粗扁;花白绿色,花丝长2-4毫米 ……………………………………………………………………………………… 7. **冬青卫矛 E. japonicus**

  13. 叶披针形、椭圆状披针形或长方椭圆形,长5-9厘米;花序梗具4棱;花淡黄白色,花丝长1-2毫米 ……………………………………………………………………… 7(附). **茶叶卫矛 E. theifolius**

3. 果皮被刺突。

 14. 叶柄长1厘米以上。

  15. 叶具细浅锯齿;雄蕊着生于垫状花盘,无花丝;小枝干后多黄色 ……… 8. **软刺卫矛 E. aculeatus**

  15. 叶具疏锯齿或不明显疏浅齿;雄蕊生于花盘边缘,具花丝;小枝干后棕色或灰绿色。

    16. 叶长圆状椭圆形或窄卵形,稀宽披针形,上面网脉不显著;果刺长约1.5毫米;小枝干后灰棕色 ……………………………………………………………………… 9. **刺果卫矛 E. acanthocarpus**

    16. 叶披针形或长圆状披针形,稀窄椭圆形,上面脉网下凹;果刺长5-8毫米;小枝干后灰绿色 ……………………………………………………………………………… 10. **长刺卫矛 E. wilsonii**

 14. 叶柄长1厘米以下。

  17. 蒴果被密刺。

    18. 果刺宽长,长6-9毫米,刺基宽约2.5毫米;叶柄长6-9毫米 ……… 11. **紫刺卫矛 E. angustatus**

    18. 果刺窄小,长1-2毫米。

     19. 叶无柄或几无柄;果径约1.5厘米;叶具明显锯齿,侧脉明显 ……… 12. **无柄卫矛 E. subsessilis**

     19. 叶柄长4-8毫米;果径1-1.2厘米;叶具疏浅锯齿,侧脉细而不明显 … 12(附). **灰绿卫矛 E. cinerius**

  17. 蒴果被疏刺,偶伴有近刺状。

    20. 叶两面被白粉,呈灰绿色,叶柄长6-8毫米;果刺先端微钩状 ……… 13. **疏刺卫矛 E. spraguei**

    20. 叶绿色不被白粉,叶柄长1-4毫米;果刺先端直而不弯。

21. 叶厚纸质或稍革质，椭圆形或倒卵形，几无柄，稀柄长3-4毫米；花序较大，具3-7花；花淡紫色，花梗长3-5毫米 ·············· 14. **隐刺卫矛 E. chuii**

21. 叶薄纸质，窄长卵形或窄椭圆形，叶柄长约1毫米；花序短小，具1-3花；花淡白黄绿色，花梗长7-8毫米 ·············· 15. **陈谋卫矛 E. chenmoui**

2. 蒴果浅裂至深裂状，裂时果皮内外层常不分离，无假轴；种子一部或全部被假种皮包被；小枝平滑无疣点。

22. 蒴果上端呈浅裂至半裂状；种子全部稀部分被杯状或盔状假种皮包被。

23. 胚珠每室4-12。

24. 雄蕊花丝长1-3毫米。

25. 叶对生；花4数或5数；花瓣中部有褶或有具色脉纹，花丝基部扩大，花盘平；蒴果近球形，有4-5棱，不明显浅裂。

26. 花4数；花瓣中央多少具皱褶。

27. 叶窄长圆形或窄倒卵形，先端圆或尖，叶柄长达1厘米 ··········· 16. **大花卫矛 E. grandiflorus**

27. 叶长圆状椭圆形、宽椭圆形、窄长圆形或长圆状倒卵形，先端突尖或短渐尖，叶柄长达2.5厘米 ·············· 17. **肉花卫矛 E. carnosus**

26. 花5数，稀4数；花瓣无皱褶，有紫色脉纹 ·············· 18. **染用卫矛 E. tingens**

25. 叶常3叶轮生或近对生；花5数，稀4数；花瓣无皱褶亦无具色脉纹，花盘五角形，有垫状突起；蒴果长倒圆锥状，5浅裂；叶窄长倒卵形、窄椭圆形、椭圆形或倒卵形 ·············· 19. **云南卫矛 E. yunnanensis**

24. 雄蕊无花丝或有极短花丝。

28. 叶长5-16厘米，叶柄长0.5-1厘米；种子全部被假种皮包被。

29. 花序长而宽大；花黄色，径0.8-1厘米，花梗长约7毫米；蒴果长1-1.5厘米 ·············· 20. **大果卫矛 E. myrianthus**

29. 花序较小；花淡绿色，径约5毫米，花梗长2-3毫米；蒴果长1厘米以下 ·············· 21. **矩叶卫矛 E. oblongifolius**

28. 叶长2-4厘米，稀更长，叶柄短或近无柄；种子仅下部被假种皮包被。

30. 叶互生或3叶轮生，稀对生并存，线形或线状披针形；花绿色带紫；枝条无栓翅 ·············· 22. **矮卫矛 E. nanus**

30. 叶对生，卵状披针形、窄卵形、线形、窄倒卵形或长圆状披针形；花紫棕或深紫色；枝条常有栓翅。

31. 叶长达6.5厘米；花紫棕色；蒴果倒心形，基部骤窄缩成短柄状；假种皮包种子大部，在近顶端一侧开裂 ·············· 23. **中亚卫矛 E. semenovii**

31. 叶长达4厘米；花深紫色；蒴果扁圆倒锥状或近球形；假种皮包种子基部至中部 ·············· 24. **八宝茶 E. przewalskii**

23. 胚珠每室2。

32. 雄蕊花丝长1-3毫米；种子全部被假种皮包被。

33. 花4数；落叶或常绿；叶对生；花瓣边缘不为流苏状齿裂。

34. 茎枝常无栓翅。

35. 落叶小乔木；叶缘具细锯齿；蒴果倒圆心形、倒三角形或倒卵形，淡粉红色或粉红带黄色。

36. 叶卵状椭圆形、卵圆形或窄椭圆形，长4-8厘米，宽2-5厘米，叶柄长1.5-3.5厘米；蒴果长不及1厘米 ·············· 25. **白杜 E. maackii**

36. 叶长圆状椭圆形、卵状椭圆形或椭圆状披针形，长7-12厘米，宽约7厘米，叶柄长达5厘米；蒴果长1-1.5厘米 ·········· 26. **西南卫矛** E. **hamiltonianus**

35. 常绿灌木；叶缘具微齿或近全缘；蒴果近长圆形，黄绿色 ·········· 27. **小果卫矛** E. **microcarpus**

34. 茎枝具4条纵向栓翅。

37. 叶长椭圆形或略椭圆状倒披针形，长6-11厘米，宽2-4厘米，叶柄长0.8-1.5厘米 ·········· 28. **栓翅卫矛** E. **phellomanus**

37. 叶非上述形状，长1-5厘米，宽1.5-8毫米，叶柄长1-2毫米或近无柄。

38. 叶椭圆状披针形、条状披针形或窄长椭圆形，长1-2厘米，宽2-8毫米，叶缘具细小向上紧贴锯齿，叶柄长1-2毫米；假种皮全包种子；落叶小灌木 ·········· 29. **小卫矛** E. **nanoides**

38. 叶窄长圆形，长1.5-5厘米，宽1.5-3毫米，近全缘，近无柄；假种皮包种子基部；常绿灌木 ·········· 29(附). **丽江卫矛** E. **lichiangensis**

33. 花5数；常绿；叶对生或3叶轮生；花瓣边缘具流苏状齿裂 ·········· 30. **流苏卫矛** E. **gibber**

32. 雄蕊无花丝或具短花丝；种子全部或部分被假种皮包被。

39. 花4数；假种皮呈浅杯状，包种子全部，红或黄色；花序梗长1厘米；蒴果倒三角形或三角状卵圆形；种子方椭圆形或宽椭圆形。

40. 小枝密被瘤突；花紫红色；蒴果倒三角形；种子方椭圆形，假种皮红色；叶两面密被毛，几无柄或具短柄。

41. 聚伞花序有1-3花，小花梗不等长（中央花几无梗）；叶倒卵形或长方倒卵形；叶柄短或几无柄 ·········· 31. **少花瘤枝卫矛** E. **verrucosus** var. **pauciflorus**

41. 聚伞花序的花多达7朵，小花梗近等长；叶椭圆形或卵形，叶柄长3-5毫米 ·········· 31(附). **中华瘤枝卫矛** E. **verrucosus** var. **chinensis**

40. 小枝无瘤突；花白或黄绿色；蒴果三角卵圆形；种子宽椭圆形，假种皮橙黄色；叶两面无毛，叶柄粗，长0.6-1厘米 ·········· 32. **中华卫矛** E. **nitidus**

39. 花5数；假种皮浅杯状，包种子基部，橙红色；花序梗长1厘米；蒴果倒圆锥形；种子长圆形 ·········· 33. **疏花卫矛** E. **laxiflorus**

22. 蒴果全体呈深裂状，基部连合；种子全部或部分为盔状或舟状假种皮所包。

42. 落叶或半常绿灌木；叶宽3厘米以下。

43. 雄蕊花丝长1-3毫米；叶柄长1-5厘米。

44. 茎翅有4条宽扁木栓翅；聚伞花序有1-3花，花白绿色，花丝长1毫米；假种皮橙红色，全包种子。

45. 叶卵状椭圆形或窄长椭圆形，两面无毛 ·········· 34. **卫矛** E. **alatus**

45. 叶倒卵状椭圆形，下面脉上密被柔毛 ·········· 34(附). **毛脉卫矛** E. **alatus** var. **pubescens**

44. 茎无木栓翅；聚伞花序有2-5花；花紫红色，花丝长2-3毫米；假种皮红色，包被种子的一半。

46. 叶长3-7厘米，宽2-3厘米，先端渐尖或尖，基部钝圆或渐窄，叶柄长2-5毫米；花紫色；花序梗长1-3厘米；果的裂片开展，长0.8-1.2厘米 ·········· 35. **疣点卫矛** E. **verrucosoides**

46. 叶长1.5-4厘米，宽0.8-1厘米，两端窄长，几无柄；花紫色或带绿；花序梗长1厘米以下；果的裂片卵圆形，斜展，较短 ·········· 35(附). **小疣点卫矛** E. **verrucosoides** var. **viridiflorus**

43. 雄蕊无花丝或有极短花丝；叶柄极短或几无柄。

47. 叶椭圆形或长椭圆形，长2-7厘米；花序具1-3花，花序梗极细，长约2毫米 ·········· 36. **双歧卫矛** E. **distichus**

47. 叶披针形或窄长披针形，长6-18厘米；花序具3-7花，花序梗长1-1.5厘米 ··········

1. 英蒾卫矛 图 1183

Euonymus viburnoides Prain in Journ. Asiat. Soc. Bengal 73: 194. 1901.

常绿藤状灌木。枝具多数气生根，有时有栓皮棱角或疣点。叶对生，革质或厚纸质，卵形或窄卵形，长4-10厘米，先端尖或钝，基部圆或近圆，有锯齿或重锯齿，侧脉4-7对，近基部一对伸至近中部呈三出脉状；叶柄长0.8-1.4厘米。聚伞花序常2-4次分枝；花序梗细长，长2-4厘米。花梗长4-6毫米；苞片与小苞片锥形，宿存；花紫棕色或外面棕色内面白色，径4-8毫米；花萼裂片薄，有3脉；花瓣长圆状宽卵形或近圆形；花盘4浅裂，裂片中央肥厚突起；雄蕊生突起上，无花丝；子房大部生于花盘内，无花柱，柱头盘状。蒴果近球形，径1-1.2厘米，熟时黄色。种子紫褐色，

球形,假种皮橙黄色,包其背部。

产广西西北部、贵州西南部、云南及四川南部,生于海拔1000-2900米山地林中或沟边。

2. 扶芳藤 滂藤 图 1184 彩片 297

Euonymus fortunei (Turcz.) Hand.-Mazz. Symb. Sin. 7: 660. 1933.

Eleodendron fortunei Turcz. in Bull. Soc. Nat. Mosc. 36 (1): 603. 1863.

常绿藤状灌木,高约1米,各部无毛。枝具气生根。叶对生,薄革质,椭圆形、长圆状椭圆形或长倒卵形,长3.5-8厘米,基部楔形,边缘齿浅不明显,小脉不明显;叶柄长3-6毫米。聚伞花序3-4次分枝,花序梗长1.5-3厘米,每花序有4-7花,分枝中央有单花。花4数,白绿色,径约6毫米;花萼裂片半圆形;花瓣近圆形;雄蕊花丝细长;花盘方形,径约2.5毫米;子房三角状锥形,4棱,花柱长1毫米。果序柄长2-3.5厘米;蒴果近球形,径0.6-1.2厘米,熟时粉红色,果皮光滑。种子长方椭圆形,假种皮鲜红色,全包种子。花期6月,果期10月。

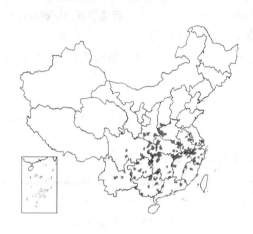

产山西南部、陕西南部、河南、安徽、江苏、浙江、福建、江西、湖北、湖南、广东、广西、云南、贵州及四川,生于海拔300-2000米山坡丛林、岩石缝中或林缘。茎、叶有补肾强筋、安胎、止血、消瘀的功能。

3. 胶州卫矛 胶东卫矛 图 1185

Euonymus kiautschovicus Loes. in Engl. Bot. Jahrb. 30: 453. 1902.

半常绿灌木,高达3米以上;下部枝有须状气生根。叶对生,纸质,倒卵形或宽椭圆形,长4-6厘米,先端尖或钝圆,基部楔形,稍下延,边缘有极浅锯齿,侧脉5-7对;叶柄长5-8毫米。聚伞花序较疏散,有2-3次分枝,每花序多具15花,花序梗长1.5-2.5厘米,四棱或稍扁。花4数,黄绿色,径1.5毫米;花盘径约2毫米,方形,四角略外展,雄蕊生于其角上,花丝细弱,长1-2毫米;子房四棱状,与花

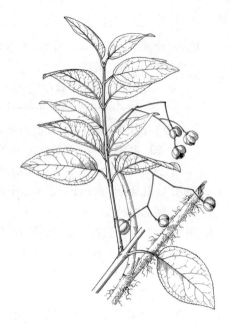

图 1183 荚蒾卫矛 (冯晋庸绘)

图 1184 扶芳藤 (引自《图鉴》)

盘近等大,花柱短粗。果序柄长3-4厘米;蒴果近球形,径0.8-1.1厘米,果皮有深色细点,顶部有粗短宿存柱头。种子每室1,稀2,黑色,假种皮全包种子。花期7月,果期10月。

产辽宁南部、山东、江苏、浙江、福建北部、安徽、湖北及陕西,生于平地或低海拔山坡或路旁。

4. 常春卫矛

图 1186

Euonymus hederaceus Champ. ex Benth. in Journ. Bot. Kew. Misc. 3: 333. 1851.

常绿藤状灌木，高达2米。小枝常有气生根，各部无毛。叶对生，革质或薄革质，卵形、宽卵形或椭圆形，长3-7厘米，宽2-4.5厘米，先端钝或短渐尖，基部近圆或宽楔形，近全缘或疏生钝齿，侧脉4-5对，在两面不明显隆起；叶柄长0.6-1.2厘米。聚伞花序1-2次分枝，具1-3花；花序梗长1-2厘米。花梗长4-5毫米；花淡白带绿，径0.8-1厘米；萼片卵形；花瓣近圆形，花盘近方形；雄蕊花丝长约2毫米，生于花盘边缘；子房稍扁，无花柱。蒴果球形，径0.8-1厘米，熟时紫红色，4室。每室具1种子；假种皮红色，全包种子。

产浙江、福建、江西、湖南、广东、香港、海南、广西、贵州及四川，生于海拔500-2200米山坡疏林、灌丛中及林缘。根、茎皮、叶或全株有调经、化瘀、利湿、解毒、利尿、强壮的功能。

［附］**井冈山卫矛 Euonymus jinggangshanensis** M. X. Nie in Bull. Bot. Res.（Harbin）（4）：25. 1990. 与常春卫矛的区别：叶宽1.5-2厘米，叶柄长2-3毫米；花梗长4-7毫米。产江西西部及广西东北部，生于海拔约1600米山地林中及山顶草地。

5. 北部湾卫矛

图 1187

Euonymus tonkinensis Loes. in Engl. Bot. Jahrb. 30: 453. 1902.

常绿灌木或半藤木，高达3米。小枝圆或稍扁。叶椭圆形或宽菱形，长5-10厘米，宽3-6厘米，先端尖，基部楔形，具粗大圆齿或近全缘，侧脉6-9对，基部3-4对，常斜出与主脉成锐角；叶柄长0.8-1.5厘米。聚伞花序疏大多花，2-4次分枝，花序梗宽扁，长3.5-6.5厘米，分枝渐短。花梗长3-5毫米；花白绿色，4数，径约8毫米；花瓣长方形或窄长方形；花盘小，径约3毫米，雄蕊花丝基部渐宽扁；子房4棱，花柱柱状，柱头小，不裂。蒴果近球形，稍扁，径0.8-1厘米，每室具1顶生种子。种子近球形或椭圆形，长3-4毫米，红褐色，光亮，

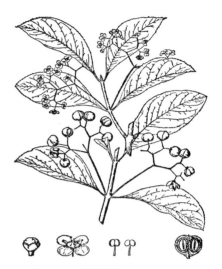

图 1185 胶州卫矛 （引自《图鉴》）

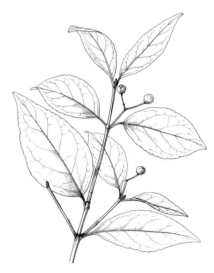

图 1186 常春卫矛 （冯晋庸绘）

图 1187 北部湾卫矛 （引自《中国植物志》）

假种皮红色,全包种子。

产广东雷州半岛、海南及广西南部,生于山坡路旁、水边向阴或灌丛中。越南、老挝及柬埔寨有分布。

6. 曲脉卫矛　　　　　　　　图 1188

Euonymus venosus Hemsl. in Kew Bull. 1893: 210. 1893.

常绿灌木或小乔木,高达6米。小枝黄绿色,密被细小瘤突。叶对生,革质,平滑光亮,椭圆状披针形或窄椭圆形,长5-11厘米,宽3-5厘米,先端圆钝或尖,基部圆钝,全缘或近全缘,侧脉5-6对,常折曲1-3次,小脉明显,结成菱状脉网,下面常灰绿色;叶柄长3-5毫米。聚伞花序多为1-2次分枝,具3-7花,稀达9花,花序梗长1.5-2.5厘米,中央花梗长5毫米,两侧花梗长约2毫米。花淡黄色,径6-8毫米,4数;花萼裂片近圆形;花瓣圆形;花盘小;雄蕊花丝基部膨大,长约1毫米以上,雌蕊位于花盘中央,4室,花柱长约1毫米。蒴果球形,径达1.5厘米,果皮极平滑,熟时黄白带粉红色,具4浅沟。种子每室1枚,近肾形,假种皮桔红色。

产陕西南部、湖北西部、湖南西北部、四川及云南西北部,生于海拔1400-2600米山地林中或岩石山坡林下。

图 1188 曲脉卫矛 (冯晋庸绘)

[附] 南川卫矛 Euonymus bockii Loes. in Engl. Bot. Jahrb. 29: 439. t. 4H-K. 1901. 与曲脉卫矛的区别:叶柄长5-8毫米,叶脉不曲折;花冠带紫色,无花柱。产四川东南部、贵州西北部及云南东北部,生于海拔约1500米沟谷较阴湿处。

7. 冬青卫矛　　　　　　　图 1189 彩片 298

Euonymus japonicus Thunb. in Nov. Acta Soc. Sci. Upsal. 3: 218. 1781.

常绿灌木,高达3米。小枝具4棱。叶对生,革质,倒卵形或椭圆形,长3-5厘米,先端圆钝,基部楔形,具浅细钝齿,侧脉5-7对;叶柄长约1厘米。聚伞花序2-3次分枝,具5-12花;花序梗长2-5厘米。花白绿色,径5-7毫米;花萼裂片半圆形;花瓣近卵圆形;花盘肥大,径约3毫米;花丝长1.5-4毫米,常弯曲;子房每室2胚珠,着生中轴顶部。蒴果近球形,径约8毫米,熟时淡红色。种子每室1,顶生,椭圆形,长约6毫米,假种皮桔红色,全包种子。

原产日本。南北各地均有栽培,供观赏或做绿篱。由于长期栽培,有多数栽培品种,如金边黄杨cv. Aureo-marginatus叶缘金黄色,银边黄杨cv. Albo-marginatus叶缘白色,金心黄杨cv. Aureus中脉附近金黄色等。

[附] 茶叶卫矛 Euonymus theifolius Wall. ex Laws in Hook. f. Fl. Brit. Ind. 1:612. 1875. 与冬青卫矛的区别:叶披针形、椭圆状披针形或长方椭圆形,长5-9厘米;花序梗具4棱;花淡黄白色;花丝长1-2毫米。蒴果近球形,径约1厘米。花期5月,果期8-10月。产贵州、四川、云南及

图 1189 冬青卫矛 (引自《中国植物志》)

西藏东部,生于海拔600-2050米山坡岩缝中。尼泊尔、锡金、克什米尔及印度东北部有分布。

8. 软刺卫矛

图 1190

Euonymus aculeatus Hemsl. in Kew Bull. 1893: 209. 1893.

常绿灌木,有时藤本状,高达3米。小枝黄绿色,干后黄色,近圆柱形,平滑。叶对生,革质,长圆形、椭圆形或长圆状倒卵形,长6-13厘米,先端渐尖,基部宽楔形,具细浅锯齿,外卷,侧脉5-6对;叶柄粗,长1-2厘米。聚伞花序2-3次分枝,有7-15花;花序梗长1.5-4厘米。花淡黄色,4数,径5-7毫米;花萼裂片半圆形;花瓣近圆形;雄蕊无花丝,生于垫状突起花盘上;子房4室,花柱极短。蒴果近球形,密生软刺,径1-2厘米(连刺),刺长3-5毫米,基部膨大,熟时粉红色,干后黄色。种子长圆形,长约7毫米,亮红色;假种皮肉红色。花期5月,果期7-8月。

图 1190 软刺卫矛 (冯晋庸绘)

产湖北西南部、湖南、广西北部、贵州、云南及四川,生于海拔700-2000米山地林中、路旁、水边岩石峭壁上。

9. 刺果卫矛

图 1191

Euonymus acanthocarpus Franch. Pl. Delavay. 129. 1889.

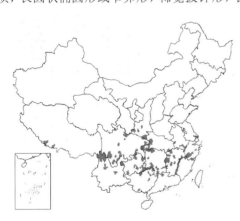

常绿藤状或直立灌木,高达3米。小枝密被黄色细疣突。叶对生,革质,长圆状椭圆形或窄卵形,稀宽披针形,长7-12厘米,先端尖,基部楔形或宽楔形,具不明显疏浅齿,侧脉5-8对,网脉不明显;叶柄长1-2厘米。聚伞花序较疏大,多2-3次分枝;花序梗宽扁或4棱,长2-8厘米。花黄绿色,径6-8毫米;萼片近圆形;花瓣近倒卵形,基部窄缩成短爪;花盘近圆形;雄蕊具长2-3毫米的花丝;子房具花柱,柱头不膨大。蒴果近球形,被密

图 1191 刺果卫矛 (冀朝祯绘)

刺,成熟时棕褐带红色,径1-1.2厘米(连刺),刺基部稍宽,长约1.5毫米。种子宽椭圆形,外被橙黄色假种皮。

产安徽南部、浙江、福建、江西、湖北、湖南、广东北部、广西、贵州、云南、西藏南部、四川及陕西南部,生于海拔600-2500米山谷、林内、溪旁阴湿处。

10. 长刺卫矛

图 1192

Euonymus wilsonii Sprague in Kew Bull. 1908: 180. 1908.

常绿藤状灌木,高达5米。小枝灰绿色。叶对生,厚纸质或薄革质,披针形或长圆状披针形,稀窄椭圆形,长6-15厘米,先端渐尖,基部楔形,疏

生锯齿，侧脉5-8对，基部一对较长，脉网在上面常下凹；叶柄长1-1.5厘米。聚伞花序较疏长，有2-4次分枝；花序梗长2-4厘米，四棱形。花白绿色，径6-8毫米；花萼裂片半圆形，边缘有短纤毛；花瓣近圆形；花盘近圆形；雄蕊生于花盘边缘，花丝三角锥状，长不及1毫米；子房具短花柱。蒴果球形，密生长刺，成熟时黄或淡黄白色，径约2厘米（连刺），刺细长，长5-8毫米。种子长卵圆形，被黄色假种皮。

产广西北部、贵州、四川及云南东北部，生于海拔900-1800米山坡林中。根入药，治风湿疼痛、劳伤、水肿。

图 1192 长刺卫矛 （冯晋庸绘）

11. 紫刺卫矛

图 1193

Euonymus angustatus Sprague in Kew Bull. 1908: 35. 1908.

常绿高大藤状灌木。小枝四棱形，棱有时宽扁呈窄翅状。叶对生，近革质，长圆状卵形或长圆状窄卵形，长7-10厘米，先端渐尖，基部近圆或宽楔形，边缘上半部有较明显锯齿，侧脉较明显，小脉不明显；叶柄粗，长6-9毫米。聚伞花序顶生及侧生，具多花，有4-5次平叉式分枝，径7-8厘米；花序梗及分枝粗壮宽扁，并有明显窄翅。花4数，淡白绿色，径0.7-1厘米；花

萼裂片扁圆；花瓣近圆形，长4-5毫米；花盘圆形，4浅裂，雄蕊着生其近缘处，具短锥状花丝；子房三角状卵圆形，花柱不明显。蒴果近球形，被密刺，成熟时紫褐带红色，径1.5-2.5厘米（连刺）；刺粗大扁宽，长6-9毫米，基部达2.5毫米。种子长圆状椭圆形，长7-8毫米，紫棕色；假种皮淡黄。花期4-5月，果期9-10月。

产湖南、广东、广西及贵州东南部，生于海拔1000米以下山谷中。

图 1193 紫刺卫矛 （引自《图鉴》）

12. 无柄卫矛

图 1193

Euonymus subsessilis Sprague in Kew Bull. 1908: 34. 1908.

灌木或藤状灌木，高达7.5米。幼枝绿色，四棱形。叶对生，近革质，椭圆形、窄椭圆形或长圆状窄卵形，长4-7(-10)厘米，先端渐尖或尖，基部楔形、宽楔形或近圆，边缘具明显锯齿，侧脉4-6对，明显；叶通常无柄，有时有长2-5毫米的短柄。聚伞花序2-3次分枝；花序梗长1-3厘米，四棱形。花梗圆柱形，常具细瘤点；花4数，黄绿色，径约5毫米；花萼裂片半圆形；花瓣近圆形；花盘方形；雄蕊具细长花丝，长2-3毫米，生于花盘边缘；子房具细长花柱。蒴果近球形，密被刺，径1-1.2厘米（连刺）；刺棕红色，三角状，长1-1.8毫米。种子每室1-2，宽椭圆形，紫黑色；假种皮红色。花期5-6月，果期8月以后。

产安徽南部、浙江、福建、江西、湖北西部、湖南、广东、广西、贵州、云南东南部及东北部、四川、甘肃南部，生于海拔500-2000米山沟林

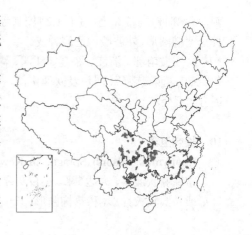

中或阴湿岩壁上。

[附] **灰绿卫矛 Euonymus cinereus** Laws in Hook. f. Fl. Brit. Ind. 1: 611. 1875. 与无柄卫矛的区别：叶柄长4-8毫米；果径1-1.2厘米，叶具疏浅细锯齿，侧脉细而不明显。产广西、贵州及云南东南部。喜马拉雅山区、印度东北部及孟加拉有分布。

13. 疏刺卫矛 刺果卫矛 图 1195

Euonymus spraguei Hayata in Journ. Coll. Sci. Tokyo 30 Art. 1: 59. 1911.

灌木。小枝稍4棱，具细密小疣点。叶对生，宽椭圆形或长圆状卵形，

长2.5-6.5厘米，先端尖或短渐尖，基部宽楔形或近圆，具浅锯齿，两面常被白粉，灰绿色；叶柄长6-8毫米。聚伞花序有2-3次分枝，具多花。花4数；花萼裂片和花瓣边缘多有纤毛状细齿；雄蕊具花丝；子房有刺。蒴果近圆形，径4-8毫米，4室全发育或2-3室发育，有极少细刺，刺微钩状，长4-5毫米，常每室具1成熟种子。种子卵圆形，长4-5毫米，褐棕色；假种皮深红色，全包种子。

产台湾、广东及江西西部，生于低海拔至中海拔山区。

14. 隐刺卫矛 宝兴卫矛 图 1196

Euonymus chuii Hand.–Mazz. in Oesterr. Bot. Zeitschr. 90: 121. 1941.

Euonymus mupinensis auct. non Loes. et Rehd.；中国高等植物图鉴 2: 669. 1972.

藤状灌木，高达4米。叶对生，厚纸质或近革质，椭圆形、长圆状椭圆形或倒卵形，长4-8厘米，先端尖，稀钝圆，基部宽楔形或近圆，边缘具疏浅齿，侧脉明显，在叶上面稍下凹；几无叶柄，稀间有长3-4毫米的短柄。聚伞花序有3-7花；花序梗细弱，长1.5-3.5厘米。花梗长3-5厘米；花4数，淡红色，

径6-8毫米；花萼极浅4裂；雄蕊生于花盘裂凹间近边缘处，花丝锥形。蒴果近球形，径0.8-1厘米，成熟时橙红色，被细短刺或刺极少至近无刺，刺基部膨大。种子橙红色，具淡白色假种皮。花期5-6月，果期9-11月。

产四川及云南东北部，生于海拔1300-2100米山地林中、路旁或溪旁。

图 1194 无柄卫矛 （冯晋庸绘）

图 1195 疏刺卫矛 （引自《Fl. Taiwan》）

图 1196 隐刺卫矛 （冯晋庸绘）

15. 陈谋卫矛　　　　　　　　　图 1197

Euonymus chenmoui Cheng in Contr. Boil. Lab. Sci. Soc. China Bot. 10:75. 1935.

匍匐小灌木, 高 0.4-2 米。小枝明显四棱形。叶对生, 薄纸质, 窄长卵形或窄椭圆形, 稀椭圆状披针形, 长 2-4 厘米, 先端尖, 稀渐尖, 基部楔形或近圆, 边缘具极浅锯齿, 侧脉 3-4 对, 纤细; 叶柄长约 1 毫米。聚伞花序短小, 有 1-3 花; 花序梗纤细, 长 3-5 毫米。花梗长 7-8 毫米, 4 数, 淡白黄绿色, 径约 6 毫米, 雄蕊无花丝; 子房无花柱, 柱头小。蒴果球形, 径 0.9-1.2 厘米, 具疏短刺, 刺基部膨大; 果序柄细短, 长约 1 厘米, 果柄稍长, 可达 1.5 厘米。

产浙江西北部、安徽南部及江西北部, 生于山地林荫处。

图 1197 陈谋卫矛 （引自《中国植物志》）

16. 大花卫矛　　　　　　　　　图 1198

Euonymus grandiflorus Wall. in Roxb. Fl. Ind. ed. Carey, 2: 404. 1824.

半常绿灌木或乔木, 高达 10 米。幼枝淡绿色, 微四棱形。叶对生, 近革质, 窄长椭圆形或窄倒卵形, 长 4-10 厘米, 先端圆或尖, 基部楔形, 具细密极浅锯齿, 侧脉 7-10 对, 细密; 叶柄长达 1 厘米。聚伞花序疏松, 有 3-9 花; 花序梗长 3-6 厘米。小花梗长约 1 厘米。花 4 数, 黄白色, 径 1.5 毫米; 花萼裂片极短; 花瓣近圆形, 中央具皱褶; 雄蕊具长约 2 毫米的花丝, 生于花盘四角的圆盘形突起上; 子房四棱锥形, 花柱长 1-3 毫米, 每室有 6-12 胚珠。蒴果近球形, 径达 7 毫米, 熟时红褐色, 常具 4 条翅状窄棱, 宿存花萼圆盘状, 径约 7 毫米。种子长圆形, 长约 5 毫米, 黑红色, 有光泽, 盔状红色假种皮包被种子上半部。花期 6-

图 1198 大花卫矛 （冯晋庸绘）

7 月, 果期 9-10 月。

产湖北、湖南、广东、广西、贵州、云南、四川、陕西南部及甘肃南部, 生于海拔 500-2200 米山地灌木丛中、河谷或山坡较湿润处。茎皮民间代杜仲用于高血压、腰膝痛、风湿、内伤及软组织损伤、骨折。

17. 肉花卫矛 厚叶卫矛　　　图 1199 彩片 299

Euonymus carnosus Hemsl. in Journ. Linn. Soc. Bot. 23: 218. 1886.

灌木或小乔木, 高达 5 米。小枝圆柱形。叶对生, 近革质, 长圆状椭圆形、宽椭圆形、窄长圆形或长圆状倒卵形, 长 5-15 厘米, 先端突尖或短渐尖, 基部宽圆, 边缘具圆锯齿, 侧脉细密; 叶柄长达 2.5 厘米。聚伞花序 1-2 次分枝; 花序梗长 3-5.5 厘米。

花4数，黄白色，径约1.5厘米；花萼稍肥厚；花瓣宽倒卵形，中央具皱褶条纹；雄蕊花丝较短，长1.5毫米以下。蒴果近球形，4棱有时成翅状，径约1厘米。种子具盔状红色肉质假种皮。

产江苏南部、安徽、浙江、福建、台湾、江西、湖北东部及湖南东北部，生于山坡路旁。日本有分布。

图 1199 肉花卫矛 （引自《图鉴》）

18. 染用卫矛
图 1200

Euonymus tingens Wall. in Roxb. Fl. Ind. ed. Carey, 2: 406. 1824.

常绿小乔木，高达8米，胸径达40厘米。小枝紫黑色，近圆柱形。叶对生，厚革质，长圆状窄椭圆形，稀窄倒卵形，长2-7厘米，先端尖或渐尖，基部宽楔形，边缘有极浅疏齿，侧脉7-9对，网脉常成下凹细网使叶面呈皱缩状；叶柄长5-8毫米。聚伞花序有1-5花；花序梗长1-2厘米。花5数；花萼裂片长圆形，花瓣近肉质，圆形或宽椭圆形，白绿色，有紫色脉纹；花盘肥厚；雄蕊具细长花丝；子房长锥状，花柱细长，每室具6-12胚珠。蒴果倒锥状或近球形，径约1.5厘米，具5棱，上部宽圆，平截；花萼、花丝、柱头均宿存。种子每室1-4，棕色或深棕色，具桔黄色盔状假种皮，假种皮厚而多皱纹，冠状覆盖种子1/2。

产广西北部、贵州西部、云南、四川南部及西藏，生于海拔2600-3600米山地林中或沟边。印度有分布。

图 1200 染用卫矛 （冯晋庸绘）

19. 云南卫矛　金丝杜仲
图 1201

Euonymus yunnanensis Franch. in Bull. Soc. Bot. France 33: 454. 1886.

常绿或半常绿乔木，高达12米。叶常3叶轮生或近对生，革质，窄长倒卵形、窄椭圆形、椭圆形或倒卵形，长2.5-5厘米，先端尖，基部窄楔形，边缘具短刺状小尖，常反卷；叶柄长3-8毫米。聚伞花序有1-3（5）花；花序梗长1.5-2.5厘米，花梗与花序梗近等长。花5数，稀4数，黄绿色，较大，径达2厘米以上；花萼基部短筒明显，裂片宽三角形，有3纵脉；花瓣近圆形，宽约8毫米；花盘五角形，有垫状突起，径约6毫米；雄蕊花

丝长约4毫米,与花盘相连处呈肥厚肉质突起;子房五角形,5室,每室4-10胚珠,花柱长约2毫米,柱头不膨大。蒴果长倒圆锥形,5浅裂,长2-2.5厘米,基部具增大肥厚的花盘及宿存花萼,每室具1至数个室轴垂生种子。种子椭圆形;假种皮红棕色,包被种子一半或基部。花期4月,果期6-7月。

产四川南部、云南及西藏东南部。茎皮及根皮民间代杜仲用,用治风湿、跌打、胎动不安。

图 1201 云南卫矛 (引自《图鉴》)

20. 大果卫矛 　　　　　　　　　　　　　　图 1202

Euonymus myrianthus Hemsl. in Kew Bull. 1893: 210. 1893.

常绿灌木,高达6米。幼枝微具4棱。叶对生,革质,倒卵形、窄倒卵形或窄椭圆形,有时窄披针形,长5-13厘米,先端渐尖,基部楔形,边缘常波状或具明显钝锯齿,侧脉5-7对;叶柄长0.5-1厘米。聚伞花序多聚生于小枝上部,有2-4次分枝;花序梗长2-4厘米,4棱。花4数,黄色,径达1厘米;花萼裂片近圆形;花瓣近倒卵形;花盘四角有圆形裂片,雄蕊着生于花盘裂片中央小突起上,花丝极短或无;子房锥状,有短花柱。蒴果多倒卵圆形,长1.5厘米,熟时黄色,4瓣开裂,4室,每室1种子,有时不发育。种子近圆形;假种皮桔黄色。

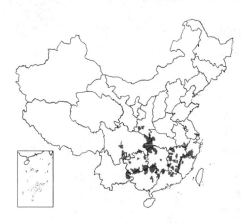

产安徽南部、浙江、福建、江西、湖北、湖南、广东北部、广西、贵州、云南东南部及东北部、四川及陕西南部,生于海拔600-2400米山坡、溪边、沟谷较湿润处。

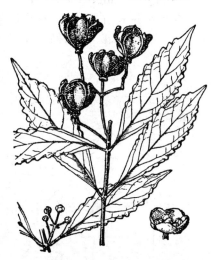

图 1202 大果卫矛 (引自《图鉴》)

21. 矩叶卫矛 　　　　　　　　　　　　　　图 1203

Euonymus oblongifolius Loes. et Rehd. in Sarg. Pl. Wilson. 1: 486. 1913.

常绿灌木或小乔木,高达7(-10)米。幼枝淡绿色,微具4棱。叶对生,薄革质,长圆状椭圆形、窄椭圆形或长圆状倒卵形,稀长圆状披针形,长5-16厘米,先端渐尖,基部钝圆,边缘具细浅锯齿,侧脉7-9对;叶柄长5-8毫米。聚伞花序多次分枝;花序梗长2-5厘米。花4数,淡绿色,径约5毫米;花萼裂片半圆形,细小;花瓣近圆形;雄蕊近无

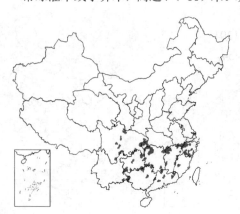

图 1203 矩叶卫矛 (引自《图鉴》)

花丝；子房每室2-6胚珠，花柱不明显。蒴果倒圆锥状，熟时黄色，长约1厘米，有4棱或4浅裂，顶部平，每室1-2（3）种子。种子近球形，径约3毫米，栗色；具橙黄色假种皮。花期5-6月，果期8-10月。

22. 矮卫矛　　　　　　　　　　　　　　图 1204

Euonymus nanus Bieb. in Fl. Taur. Cauc. 3：160. 1819.

小灌木，直立或有时匍匐，高约1米。枝具多数纵棱，绿色。叶互生或3叶轮生，稀兼有对生，线形或线状披针形，长1.5-3.5厘米，先端钝，具短刺尖，基部钝或渐窄，具疏短刺齿，常反卷，侧脉不明显；近无柄。聚伞花序有1-3花；花序梗细长，丝状，长2-3厘米。花梗丝状，长0.8-1.6厘米，紫棕色；花4数，紫绿色，径7-8毫米；雄蕊无花丝；子房每室3-4胚珠。蒴果熟时粉红色，扁圆形，径约9毫米，4浅裂。种子扁球形，棕色；假种皮橙红色，包被种子一半。

产内蒙古、山西、陕西、甘肃、宁夏、青海东部及东南部、西藏东部。格鲁吉亚及哈萨克斯坦有分布。

23. 中亚卫矛　　　　　　　　　　　　图 1205

Euonymus semenovii Regel et Herd. in Bull. Soc. Nat. Mosc. 29：557. 1866.

小灌木，高达1.5米。枝具4条栓棱或窄翅。叶对生，卵状披针形、窄卵形或线形，长1.5-6.5厘米，先端渐窄，基部圆或楔形，边缘具细密浅锯齿，侧脉7-10对，密集；叶柄长3-6毫米。聚伞花序多具2次分枝，通常有7花，稀3花；花序梗长2-4厘米，分枝长，中央小花梗明显较短。花4数，紫棕色，径约5毫米；雄蕊无花丝，生于花盘四角的突起处；子房无花柱，柱头平，微4裂呈中央十字沟状。蒴果倒心形，径0.9-1.2厘米，4浅裂，基部骤窄缩成短柄状，顶端浅心形。种子

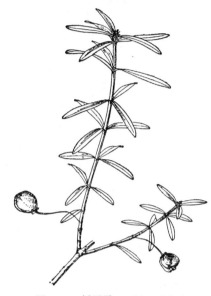

图 1204 矮卫矛 （引自《图鉴》）

图 1205 中亚卫矛 （引自《中国植物志》）

黑棕色；假种皮橙黄色，包被种子大部，仅近顶端一侧开裂。

产新疆，生于海拔2000米以下山地林下或灌丛中。哈萨克斯坦有分布。嫩枝可治产后血瘀腹痛、闭经、关节炎及痈疮红肿。

产安徽南部、浙江、福建、江西、湖北西南部、湖南、广东、广西、贵州、云南东南部及四川，生于海拔500-1400米山谷及近水阴湿处。

24. 八宝茶　　　　　　　　　　　　　图 1206

Euonymus przewalskii Maxim. in Bull. Acad. Sci. St. Pétersb. 27：

451. 1881.

落叶小灌木，高1-5米。枝常具

4棱栓翅；幼枝四棱形，微具窄翅。叶对生，窄卵形、窄倒卵形或长圆状披针形，长1-4厘米，宽0.5-1.5厘米，先端尖，基部楔形或近圆，边缘有细密浅锯齿，侧脉3-5对；叶柄长1-3毫米。聚伞花序多为1次分枝，有3或7花；花序梗长1.5-2.5厘米，丝状。花4数，深紫色，稀带绿色，径5-8毫米；花萼裂片近圆形；花瓣卵圆形；花盘微4裂；雄蕊无花丝，生于花盘四角突起处；子房无花柱，柱头圆，每室2-6胚珠。蒴果扁圆倒锥状或近球形，长5-7毫米，顶端4浅裂，紫色。种子黑紫色；橙色假种皮包种子基部至中部。

产河北西部、山西、陕西西南部、甘肃、宁夏、新疆、青海、四川、云南西北部及西藏，生于海拔2600-3500米山坡灌丛、林缘或林中。枝有活血、破瘀的功能。

图 1206 八宝茶 （冯晋庸绘）

25. 白杜

图 1207 彩片 300

Euonymus maackii Rupr. in Bull. Phy.–Math. Acad. Sci. St. Pétersb. 15: 358. 1857.

Euonymus bungeanus Maxim.；中国高等植物图鉴 2：670. 1972.

落叶小乔木，高达6米。小枝圆柱形。叶对生，卵状椭圆形、卵圆形或窄椭圆形，长4-8厘米，宽2-5厘米，先端长渐尖，基部宽楔形或近圆，边缘具细锯齿，有时深而锐利，侧脉6-7对；叶柄长1.5-3.5厘米，有时较短。聚伞花序有3至多花；花序梗微扁，长1-2厘米。花4数，淡白绿或黄绿色，径约8毫米；花萼裂片半圆形；花瓣长圆状倒卵形；雄蕊生于4圆裂花盘上，花丝长1-2毫米，花药紫红色；子房四角形，4室，每室2胚珠。蒴果倒圆心形，4浅裂，径0.9-1厘米，熟时粉红色。种子棕黄色，长椭圆形，长5-6毫米；假种皮橙红色，全

图 1207 白杜 （引自《图鉴》）

包种子。

产黑龙江、吉林、辽宁、内蒙古、甘肃东南部、陕西、山西、河南、河北、山东、江苏南部、安徽南部、浙江、江西、湖北、湖南、广东及贵州，生于林缘或较疏阔叶林中。朝鲜、俄罗斯东西伯利亚及远东地区有分布。

26. 西南卫矛　桃叶卫矛

图 1208

Euonymus hamiltonianus Wall. ex Roxb. Fl. Ind. ed. Carey, 403. 1762.

落叶小乔木，高5-6米。小枝具4棱。叶对生，卵状椭圆形、长圆状椭圆形或椭圆状披针形，长7-12厘米，宽3-7厘米，先端尖或钝，基部楔形或圆，边缘具浅波状钝圆锯齿，侧脉7-9对；叶柄长达5厘米。聚伞花序

具5-多花；花序梗长1-2.5厘米。花4数，白绿色，径1-1.2厘米。花萼裂片半圆形；花瓣长圆形或倒卵状长圆形；雄蕊具花丝，生于扁方形花盘

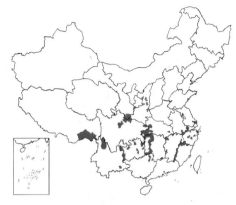

边缘上；子房4室，具花柱。蒴果倒三角形或倒卵圆形，径1-1.5厘米，熟时粉红带黄色，每室具1-2种子。种子棕红色，外被橙红色假种皮。花期5-6月，果期9-10月。

产安徽、浙江、福建、江西、湖北、湖南、广东北部、广西东北部、贵州、云南、西藏、四川、陕西及甘肃，生

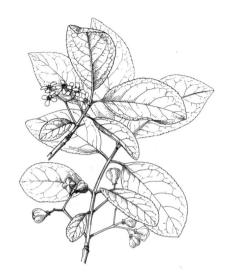

图 1208 西南卫矛 （冯晋庸绘）

于海拔2000-2600米山地林中。印度有分布。根、根皮及果或治鼻衄、血栓闭塞性脉管炎、风湿、跌打、漆疮。

27. 小果卫矛　　　　　　　　　　　　　　图 1209

Euonymus microcarpus (Oliv. ex Loes) Sprague in Kew Bull. 1908: 35. 1908.

Euonymus chinensis Lindl. var. *microcarpa* Oliv. ex Loes. in Engl. Bot. Jahrb. 30: 456. 1902.

常绿灌木或小乔木，高2-6米。幼枝微具4棱。叶对生，薄革质，椭圆形、卵形或宽倒卵形，长4-7厘米，宽2.5-4厘米，先端尖或短渐尖，基部楔形或宽楔形，边缘有微齿或近全缘，侧脉6-10对，细而密；叶柄长0.8-2厘米。聚伞花序有1-4次分枝；花序梗长2-4厘米，分枝稍短。花梗长2-5毫米；

图 1209 小果卫矛 （引自《图鉴》）

花4数，黄绿色，径6-9毫米，4数；花萼裂片扁圆，常有短缘毛；花瓣近圆形；雄蕊生于方圆形花盘边缘上，花丝长1.5毫米；子房具极短花柱，柱头小，有时退化。蒴果近长圆形，长0.5-1厘米，4浅裂，裂片平展。种子棕红色，长圆形，长约5毫米，外被桔黄色假种皮。

产河南西部、陕西南部、湖北西部、湖南西部、四川及云南西北部，生于海拔350-2600米山地林中或沟谷、河边。

28. 栓翅卫矛　　　　　　　　　　　　　　图 1210

Euonymus phellomanus Loes. in Engl. Bot. Jahrb. 25: 444. 1901.

落叶灌木，高3-4米。枝常具4纵列木栓质厚翅，在老枝上翅宽5-6毫米。叶对生，长椭圆形或椭圆状倒披针形，长6-11厘米，宽2-4厘米，先端窄长渐尖，基部楔形，边缘具细密锯齿；叶柄长0.8-1.5厘米。聚伞花序有2-3次分枝，有7-15花；花序梗长1-1.5厘米，第一次分枝长2-3毫米，第二次分枝几无梗。花梗长达5毫米；花4数，白绿色，径约8毫米；花萼裂片近圆形；花瓣倒卵形或卵状长圆形；雄蕊花丝长2-3毫米；子房半球形，花柱短，长1-1.5毫米，柱头圆钝，不膨大。蒴果倒心形，长7-9毫

米，熟时粉红色，4棱。种子椭圆形，长5-6毫米，种皮棕色；假种皮桔红色，包被种子全部。花期7月，果期9-10月。

产安徽北部、湖北西部、河南西部、山西南部、陕西、四川、甘肃南部及宁夏南部，生于海拔1700-3300米山谷林中。枝可治月经不调、产后血瘀腹痛、血崩、风湿等。

29. 小卫矛　　　　　　　　　　　　　　　　　　图 1211

Euonymus nanoides Loes. et Rehd. in Sarg. Pl. Wilson. 1: 492. 1913.

落叶小灌木，高达2米。小枝具乳突状毛或几无毛，老枝常具栓翅。叶对生，常密集于幼枝上，椭圆状披针形、线状披针形或窄长椭圆形，长1-2厘米，宽2-8毫米，两端渐窄，边缘具细小紧贴锯齿，侧脉3-5对，两面不甚明显，下面近脉处疏生短粗毛或乳突毛；叶柄长1-2毫米。聚伞花序有1-2（3）花；花序梗及花梗均极短，长2-3毫米。花黄绿色，径约5毫米；花萼裂片长圆形；花瓣宽卵形，基部窄；雄蕊生于微4裂花盘边缘上，花丝长约1毫米；子房有4微棱，花柱短，柱头扁圆。蒴果近球形，熟时紫红色，上部1-4浅裂；果柄长2-4毫米。种子紫褐色，卵圆形，径5-6毫米；假种皮橙色，全包种子，顶端有小口。花期4-5月，果期8-9月。

产内蒙古南部、河北西北部、山西中部、甘肃南部、四川、云南西北部及西藏东部，生于海拔1600-2900米山地、峭壁等处。

　[附]　**丽江卫矛** Euonymus lichiangensis W. W. Smith in Notes Roy. Bot. Gard. Edinb. 10: 33. 1917. 本种与小卫矛的区别：常绿灌木；叶窄长圆形，长1.5-5厘米，宽1.5-3毫米，近全缘，几无柄；假种皮包种子基部。花期5-6月，果期10月。产云南，生于山坡。

30. 流苏卫矛　　　　　　　　　　　　　　　　　图 1212

Euonymus gibber Hance in Journ. Bot. 20: 77. 1882.

常绿灌木，直立或微呈依附状。叶对生，或3叶轮生，革质或厚革质，窄长椭圆形或长倒卵形，长5-10厘米，宽2-5厘米，先端尖，基部楔形，近全缘，稍外卷，侧脉6-8对，与小脉均不甚明显；叶柄长5-7毫米。聚伞花序2-3次分枝，大而开展；花序梗长3-5厘米，分枝近平展，长1-1.5厘米，再次分枝较短。花梗长约5毫米；花5数，稀4数；花萼裂片边缘啮蚀状；花瓣近圆形，先端呈流苏状，基部窄缩成短爪，微5裂；雄蕊生于花盘角上突起处，花丝扁，基部扩大呈锥状；子房有短花柱，大部与花盘合生。蒴果近倒卵形，上部5裂，裂片常深浅大小不等；果序柄长，有4棱，长5-7厘米；果柄长5-8毫米。种子基部有浅杯状假种皮。

产台湾、香港及海南，生于低海拔林中。

图 1210　栓翅卫矛　（引自《图鉴》）

图 1211　小卫矛　（冯晋庸绘）

31. 少花瘤枝卫矛

图 1213

Euonymus verrucosus Scop. var. **pauciflorus**（Maxim.）Regel, Fl. Ussur. 41. 1861.

Euonymus pauciflorus Maxim. Prim. Fl. Amur. 74. 1859.

落叶灌木，高1-3米。小枝常被黑褐色长圆形木栓质扁瘤突。叶对生，纸质，倒卵形或长圆状倒卵形，长3-6厘米，宽1.5-3.5厘米，先端长渐尖，基部宽楔形或圆，边缘有细密浅锯齿，侧脉4-7对，纤细，两面密被柔毛；几无柄。聚伞花序有1-3（4-5）花；花序梗长2-3厘米。花梗长约3毫米，中央花几无梗；花4数，紫红或红棕色，径6-8毫米；萼片有缘毛；花瓣近圆形；花盘扁平圆形；雄蕊生于花盘近边缘处，无花丝；子房大部生于花盘内，柱头小。蒴果倒三角状，熟时黄或浅黄色，上部4裂，径约8毫米，每室有1-2种子；果序柄长2.5-6厘米；果柄长3-5毫米。种子长圆状，长约6毫米，棕红色；假种皮红色，包种子全部。

产黑龙江东部、吉林东南部及辽宁，生于山地林中。俄罗斯（远东地区）及朝鲜有分布。

[附] **中华瘤枝卫矛 Euonymus verrucosus** var. **chinensis** Maxim. in Mém. Acad. Sci. St. Pétersb. 74. 1859. 本变种与模式变种的区别：叶椭圆形或卵形；叶柄长3-5毫米；聚伞花序的花多达7朵，小聚伞花序的小花梗近等长。产陕西及甘肃，生于海拔1000-1700米山地杂木林中。

图 1212 流苏卫矛 （冯晋庸绘）

图 1213 少花瘤枝卫矛 （冯晋庸绘）

32. 中华卫矛

图 1214

Euonymus nitidus Benth. in Journ. Bot. 1: 483. 1842.

Euonymus chinenses Lindl.；中国高等植物图鉴 2: 672. 1972.

常绿灌木或小乔木，高达5米。叶对生，革质，微有光泽，倒卵形、椭圆形或长圆状宽披针形，长4-13厘米，宽2-5.5厘米，先端有长约8毫米的渐尖头，两面无毛，近全缘；叶柄较粗，长0.6-1厘米或更长。聚伞花序有1-3次分枝，有3-15花；花序梗及分枝均细长。花梗长0.8-1厘米；花4数，白或黄绿色，径5-8毫米；花瓣基部窄缩成短爪；花盘肥厚，4浅裂；雄蕊无花丝。蒴

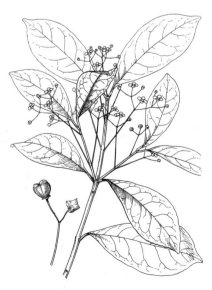

图 1214 中华卫矛 （冯晋庸绘）

果三角状卵圆形,4裂较深或成圆宽的4棱,长0.8-1.4厘米,径0.8-1.7厘米,每室有1-2种子;果序柄长1-3厘米;果柄长约1厘米。种子宽椭圆形,长6-8毫米,棕红色;假种皮橙黄色,全包种子,上部两侧开裂。花期3-5月,果期6-10月。

产福建、江西南部、湖南、广东、香港、广西及贵州西南部,生于山坡或林内较湿润处。

33. 疏花卫矛　　图 1215

Euonymus laxiflorus Champ. ex Behth. in Hook. Kew Journ. Bot. 3: 333. 1851.

灌木,高达4米。叶对生,纸质或近革质,卵状椭圆形、长圆状椭圆形或窄椭圆形,长5-12厘米,宽2-6厘米,先端钝渐尖,基部宽楔形或稍圆,全缘或具不明显锯齿,侧脉少而疏;叶柄长3-5毫米。聚伞花序分枝松散,有5-9花;花序梗长约1厘米。花5数,紫色,径约8毫米;萼片边缘常具紫色短睫毛;花瓣长圆形,基部窄;花盘5浅裂,裂片钝;雄蕊无花丝;子房无花柱,柱头圆。蒴果倒圆锥

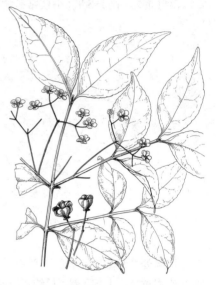

图 1215　疏花卫矛　(冯晋庸绘)

形,长7-9毫米,顶端稍平截,熟时紫红色。种子长圆状,长5-9毫米,径3-5毫米,枣红色;假种皮橙红色,浅杯状,包被种子基部。花期3-6月,果期7-11月。

产台湾、福建、江西、湖南、广东、香港、海南、广西、贵州及云南东南部,生于山坡、山腰及路旁密林中。枝皮药用,治腰腿酸痛,叶治跌打损伤。根、叶有强心、壮筋骨的功能;茎皮有活血、壮骨的功效。

34. 卫矛　　图 1216: 1-4

Euonymus alatus (Thunb.) Sieb. in Verh. Batav. Genoot. Kunst. Wetensch. 12: 49. 1830.

Celastrus alatus Thunb. Fl. Jap. 100. 1786.

落叶灌木,高达3米。小枝具2-4列宽木栓翅。叶对生,纸质,卵状椭圆形或窄长椭圆形,稀倒卵形,长2-8厘米,宽1-3厘米,具细锯齿,先端尖,基部楔形或钝圆,两面无毛,侧脉7-8对;叶柄长1-3毫米。聚伞花序有1-3花;花序梗长约1厘米。花4数,白绿色,径约8毫米;花萼裂片半圆形;花瓣近圆形;花盘近方形,雄蕊生于边缘,花丝极短;子房埋藏花盘

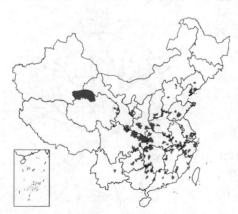

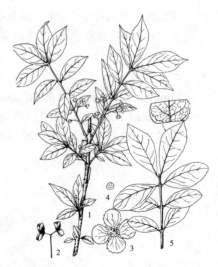

图 1216: 1-4.卫矛　5.毛脉卫矛
(孟　玲绘)

内。蒴果1-4深裂,裂瓣椭圆形,长7-8毫米,熟时红棕或灰黑色,每分果瓣具1-2种子。种子红棕色,椭圆形或宽椭圆形,褐或浅棕色;假种皮橙红色,全包种子。花期5-6月,果期7-10月。

产辽宁、河北、山西、河南、山

东、江苏、安徽、浙江、福建、江西、湖北、湖南、广东、广西、云南、贵州、四川、陕西、甘肃、宁夏及青海，生于海拔600-1400米丘陵或山地荒坡沟边。日本及朝鲜有分布。带栓翅的枝条入药，有活血散瘀之效。

[附] **毛脉卫矛** 图 1216:5 **Euonymus alatus** var. **pubescens** Maxim. in Bull. Acta. Sci. St. Pétersb. 27: 451. 1881. 本变种与模式变种的区别：叶

35. 疣点卫矛

图 1217

Euonymus verrucosoides Loes. in Engl. Bot. Jahrb. 30: 262. 1902.

落叶灌木，高达3米。小枝散生黑色疣点状突起。叶对生，纸质，倒卵形、长卵形或椭圆形，枝端叶常为宽披针形，长3-7厘米，宽2-3厘米，先端渐尖或尖，基部钝圆或渐窄，边缘具钝圆锯齿，侧脉7-8对；叶柄长2-5毫米。聚伞花序有2-5花；花序梗细线状，长1-3厘米。花梗长5-6毫米；花4数，紫色，径约1厘米；花萼裂片近半圆形；花瓣椭圆形；花盘近方形；雄蕊插生花盘内方，紧贴雌蕊，花丝长2-2.5毫米；子房4棱锥状，花柱长

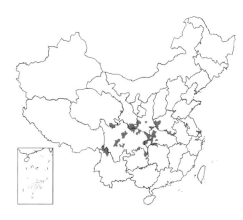

图 1217 疣点卫矛 （冯晋庸绘）

2毫米，柱头小。蒴果1-4全裂，裂瓣平展，窄长，长0.8-1.2厘米，成熟时紫褐色，每室具1-2种子。种子长椭圆形，近黑色；假种皮红色，长约为种子的一半或稍长，一侧开裂。花期6-7月，果期8-9月。

产青海东部及东南部、甘肃南部、陕西南部、河南、湖北西部、湖南西北部、贵州、四川及云南西北部，生于海拔1200-2500米山地灌丛中。

[附] **小叶疣点卫矛** **Euonymus verrucosoides** var. **viridiflorus** Loes

et Rehd. in Sarg. Pl. Wilson. 1: 493. 1913. 本变种与模式变种的区别：叶较小，长1.5-4厘米，宽0.8-1厘米，两端窄长，几无柄；花序梗长1厘米以下；蒴果裂片卵圆形，斜展，较短。产甘肃南部、青海东部、四川西部及西北部、云南西北部、西藏东部，生于海拔2000-3500米山坡和河谷地带。

36. 双歧卫矛

图 1218

Euonymus distichus Lévl. in Fedde, Repert. Sp. Nov. 13: 261. 1914.

落叶小灌木，高约1.5米。小枝四棱状。叶对生，2列，椭圆形，窄椭圆形或长椭圆形，长2-7厘米，先端短渐尖，基部楔形，具细密浅齿或重锯齿，齿稍钩状，齿端常具黑色腺点，侧脉常4对；叶柄短或近无柄。聚伞花序有1-3花，腋生；花序梗长约2毫米。花梗稍长，花4数，淡黄色，径约9毫米；花萼裂片近圆，先端具黑色腺点；花瓣近扁圆，宽约4毫米；雄蕊无花丝；花盘近圆形；子房4棱锥状，花柱不明显。蒴果4深裂，裂瓣近球形，每

倒卵状椭圆形，下面脉上密被柔毛。产黑龙江、吉林、辽宁、内蒙古及河北，生于山坡、林缘较干燥处。

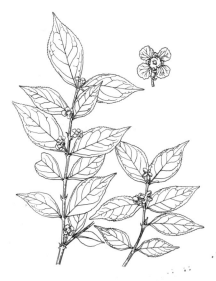

图 1218 双歧卫矛 （引自《中国植物志》）

室内具1种子。种子长圆形，长约4毫米；假种皮红色，盔状，覆盖种子上半部。花期6-7月，果期9月。

产湖南、贵州及四川，生于海拔600-1000米丘陵山坡或沟边。

37. 鸦椿卫矛

图 1219

Euonymus euscaphis Hand.-Mazz. in Azn. Akad. Wiss. Wien, Math.-Nat. 58: 148. 1921.

直立或蔓性灌木，高达3米。小枝无木栓翅。叶对生，革质，披针形或窄长披针形，长6-18厘米，宽1-3厘米，先端渐尖或长渐尖，基部近圆楔形或宽楔形，边缘具浅细锯齿；叶柄长2-8毫米。聚伞花序生于侧生新枝上，有3-7花；花序梗细，长1-1.5厘米。花梗长约1厘米，花4数，绿白色，径5-8毫米；雄蕊无花丝。蒴果4深裂，裂瓣卵圆形，长约8毫米，常1-2瓣成熟，每瓣内有1种子。种

子具桔红色假种皮。

产安徽南部、浙江、福建、江西、湖南及广东北部，生于山谷林下或山坡路旁。根、根皮可治血栓闭塞性脉管炎、风湿关节炎、腰痛、跌打。

图 1219 鸦椿卫矛 （冀朝祯绘）

38. 裂果卫矛

图 1220: 1-2

Euonymus dielsianus Loes. ex Diels in Engl. Bot. Jahrb. 29: 440. t. 4. 1. 1900.

常绿灌木或小乔木，高达7米。当年生枝微具4棱。叶对生，革质，窄长椭圆形或长倒卵形，长4-12厘米，宽2-4.5厘米，先端渐尖，基部楔形，近全缘，稀具疏浅锯齿，齿端常具小黑腺点，侧脉5-7对；叶柄长约1厘米。聚伞花序生1-7花；花序梗长约1.5厘米。花梗长3-5毫米；花4数，黄绿色，径约5毫米；花萼裂片宽圆形；

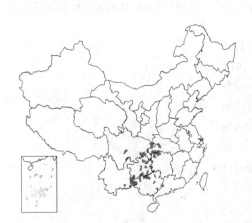

图 1220: 1-2.裂果卫矛 3-4.全育卫矛
（引自《中国植物志》）

长圆形，长约5毫米，成熟时枣红或黑褐色；假种皮桔红色，盔状，包种子上半部。花期6-7月，果期10月。

产湖北、湖南、广东西部、广西、贵州、云南东南部及四川，生于海拔360-1600米山顶、山坡、溪边疏林及山谷中。

边缘有锯齿，齿端具黑色腺点；花瓣长圆形，边缘呈浅齿状；花盘近方形；雄蕊花丝极短，生于花盘角上；子房四棱形，无花柱，柱头小头状。蒴果4深裂，裂瓣卵形，长约8毫米，有1-3裂瓣成熟，每裂瓣具1种子。种子

39. 全育卫矛

图 1220: 3-4

Euonymus fertilis (Loes.) C. Y. Cheng ex C. Y. Chang in Bull. Bot. Res. (Harbin) 5(1): 81. 1985.

Euonymus dielsianus Loes. var. *fertilis* Loes. in Engl. Bot. Jahrb. 29: 440. 1900.

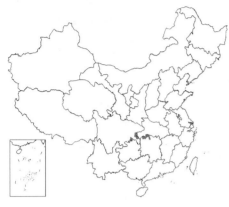

常绿灌木,高约2米。当年生枝圆柱形或稍具4棱。叶对生,革质,倒卵形或倒卵状椭圆形,稀宽椭圆,长8-14厘米,宽2-5厘米,先端尾状渐尖,尖尾长达2厘米,基部楔形,边缘中上部疏生浅波状锯齿,两面无毛,侧脉4-6对;叶柄长6-9毫米,上面两侧翅状。聚伞花序,腋生或生于小枝基部,常有3花;花序梗纤细,长0.8-1厘米。花梗长3-5毫米;花4数,黄或黄绿色,径0.8-1厘米;花萼裂片半圆形;花瓣近圆形;雄蕊生于近圆形花盘边缘上面;子房4室,每室2胚珠,花柱极短或无。蒴果4深裂或全裂成分果瓣,椭圆形或倒卵状椭圆形,全部发育,长0.7-1厘米。种子具橙红色假种皮。花期7月,果期8月。

产湖南西北部、湖北西南部及四川东南部,生于海拔800-1800米山坡较阴湿沟边或灌丛中。

40. 革叶卫矛

图 1221

Euonymus leclerei Lévl. in Fedde, Repert. Sp. Nov. 13: 260. 1914.

常绿灌木或小乔木,高达7米。老枝紫黑或深紫色。叶对生,厚革质,倒卵形、窄倒卵形或近椭圆形,长4-20厘米,宽3-6厘米,先端渐尖或短渐尖,基部楔形或宽楔形,边缘具明显浅锐齿,侧脉5-9对;叶柄粗,长0.8-1.2厘米。聚伞花序常具3花;花序梗长1-2厘米。花梗长0.8-1.2厘米;花4数,黄白色,径1-2厘米;花萼裂片近圆形,常呈深红色;花瓣近圆形;花盘厚方形,雄蕊无花丝,子房

图 1221 革叶卫矛 (引自《图鉴》)

陷入花盘内,花柱不明显,柱头盘状。蒴果4深裂,径达1.5厘米,裂瓣长而横展。种子椭圆状,长约8毫米,近黑色;假种皮盔状,棕色。

产湖北西南部、湖南西北部、贵州及四川,生于海拔600-1800米山地林阴下及沟边。

41. 百齿卫矛

图 1222

Euonymus centidens Lévl. in Fedde, Repert. Sp. Nov. 13: 262. 1914.

常绿灌木,高达6米。小枝方棱状,常有窄翅棱。叶对生,纸质或近革质,窄长椭圆形或近倒卵形,长3-10厘米,宽1.5-4厘米,先端长渐尖,基部钝楔形,边缘具密而深的尖锯齿,齿端常具黑色腺点,侧脉7-8对;近无柄或有长5毫米以下的短柄。聚伞花序有1-3花,稀较多;花序梗四棱状,长达1厘米。花4数,淡黄色,径约6毫米;花萼裂片半圆形,齿端常具黑腺点;花瓣长圆形,长约3毫米;花盘近方形;雄蕊无花丝;子

房4棱方锥状，无花柱，柱头小头状。蒴果4深裂，成熟裂瓣1-4，每裂瓣内常仅有1种子。种子长圆形，长约5毫米，径约4毫米，上部覆盖着黄红色假种皮。花期6月，果期9-10月。

产浙江、安徽、福建、江西、湖南、广东、广西、贵州、四川及云南东南部，生于海拔350-1100米丘陵、低山杂木林或竹林内湿润处。

42. 角翅卫矛

图 1223 彩片 301

Euonymus cornutus Hemsl. in Kew Bull. 1893: 209. 1893.

图 1222 百齿卫矛 （冯晋庸绘）

常绿灌木，高1-2.5米。老枝紫红色。叶对生，厚纸质或薄革质，披针形或窄披针形，稀近线形，长6-11厘米，宽0.8-1.5厘米，先端窄长渐尖，基部楔形或宽楔形，边缘有细密浅锯齿，侧脉7-11对；叶柄长3-6毫米。聚伞花序常仅1次分枝，具3花，稀2次分枝，具5-7花，花序梗长3-5厘米。花梗长1-1.2厘米；花4数及5数并存；紫红或暗紫带绿色，径约1厘米；萼片肾圆形；花瓣倒卵形或近圆形；花盘近圆形；雄蕊生于花盘边缘，无花丝；子房无花柱，柱头小盘

状，4-5室。蒴果近球形，径2-2.5厘米，成熟时紫红或带灰色，具4或5翅；翅长0.5-1厘米，向先端渐窄，微呈钩状。种子宽椭圆形，长约6毫米，包于橙色假种皮内。

产甘肃南部、陕西南部、湖北、湖南、贵州及四川，生于海拔1200-2800米山坡林中或灌丛中。

图 1223 角翅卫矛 （引自《图鉴》）

43. 垂丝卫矛

图 1224

Euonymus oxyphyllus Miq. in Ann. Mus. Bat. Lugd.-Bot. 2: 86. 1865.

落叶灌木，高达8米。叶对生，卵圆形或椭圆形，长4-8厘米，宽2.5-5厘米，先端渐尖或长渐尖，基部近圆或圆截形，具细密锯齿，或浅齿近全缘；叶柄长4-8毫米。聚伞花序宽疏，常有7-20花；花序梗细长，长4-5厘米，顶端有3-5分枝，每分枝具1聚伞花序。花梗长3-7毫米；花5数，淡绿色，径7-9毫米；萼片圆形，花瓣近圆形，花盘圆形，5浅裂；雄蕊花丝极短；子房圆锥形，顶端渐窄成柱状花柱。蒴果近球形，径约1厘米，无翅，仅

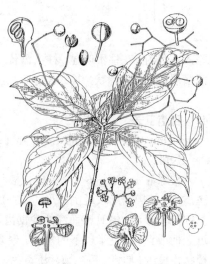

图 1224 垂丝卫矛 （引自《Fl. Taiwan》）

果皮背缝处常有突起棱线，成熟时暗红色，开裂。种子4-5，淡褐色，具红色假种皮；果序柄细，长5-6厘米，下垂。

产辽宁、山东、安徽、浙江、台湾、江西、湖北及湖南，生于海拔1200

米以下山坡林内。根治关节酸痛；根皮、茎皮治跌打损伤、经闭腹痛。

44. 凤城卫矛　　　　　　　　图 1225

Euonymus maximowiczianus (Prokh.) Varosh. in Seed List State Bot. Gard. Acad. Sci. USSR 9: 612. 1954.

Kalonymus maximowiczianus Prokh. in Kom. Fl. USSR 14: 744. 1949.

落叶灌木，高达3米。小枝紫褐或灰褐色。叶对生，纸质，椭圆形、菱状椭圆形、倒卵形或卵形，长5-8厘米，宽3-4.5厘米，先端渐尖或长渐尖，基部圆或宽楔形，边缘有细锯齿或重锯齿，齿端钩状；叶柄长4-8毫米，微扁平。聚伞花序有3-5分枝，具多花；花序梗长4-6厘米，分枝长1.2-2.5厘米；除中间一枝为单花外，其余2-4枝均有三出小聚伞花序。花5数，稀兼有4数，黄绿色，径4-5毫米；

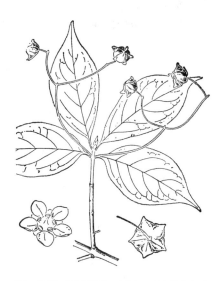

图 1225 凤城卫矛　（引自《辽宁植物志》）

萼片扁平；花瓣卵圆形；花盘圆形，5浅裂；雄蕊生于花盘裂片部分，花丝极短，肥厚锥状；子房大部陷入花盘中，柱头圆厚。蒴果球形，径约1厘米，具5（4）短翅，翅长5-6毫米，微三角形。种子肾形，黑褐色，包于桔黄色假种皮中。

产辽宁，生于山坡阔叶林或针阔叶混交林中。俄罗斯远东地区、朝鲜及日本有分布。

45. 紫花卫矛　　　　图 1226 彩片 302

Euonymus porphyreus Loes. in Notes Roy. Bot. Gard. Edinb. 8: 2. pl. 1. 1913.

落叶灌木，高达5米。老枝暗紫红或紫黑色。叶对生，纸质，卵形、长卵形或宽椭圆形，长3-7厘米，先端渐尖或长渐尖，基部宽楔形或近圆，具细密小锯齿，齿尖稍内弯，侧脉4-5对；叶柄长3-7毫米。聚伞花序3-5分枝；花序梗细，长2-3厘米；每分枝有三出小聚伞花序。花4数，深紫色，径6-8毫米；萼片近圆，具缘毛；花瓣椭圆形或窄卵形；花盘扁方形，微4裂，雄蕊无花丝，生于花盘边缘；子房扁，生于花盘中央，花柱极短。蒴果近球形，

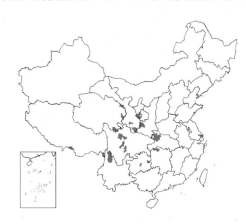

图 1226 紫花卫矛　（冯晋庸绘）

径约1厘米，具4窄长翅，翅长0.5-1厘米，先端常稍窄并向上内曲。种子宽椭圆形，具褐色假种皮。

产陕西、甘肃、宁夏南部、青海东部及东南部、西藏南部、四川、湖北西北部、湖南西北部、贵州及云南西北部,生于海拔2000-3600米山地丛林或溪边丛林中。

46. 纤齿卫矛

图 1227: 1-2

Euonymus giraldii Loes. in Engl. Bot. Jahrb. 29: 442. 1901.

落叶匍匐灌木,高达3米。幼枝暗紫色。叶对生,纸质,卵形、宽卵形或长卵形,稀长圆状倒卵形或椭圆形,长3-7厘米,先端渐尖或稍钝,基部宽楔形或近圆,具细密浅锯齿或纤毛状深锯齿,侧脉4-6对;叶柄长3-5毫米。聚伞花序有3-5分枝,分枝长1.5-3厘米,花序梗长3-5厘米。花4数,淡绿色,有时稍带紫色,径0.6-1厘米;萼片、花瓣近圆形,常具明显脉纹;雄蕊花丝长不及1毫米;花盘扁厚;子房有长约1毫米的短花柱。蒴果长圆状扁圆,径0.8-1.2厘米,成熟时红色,有4翅,翅长0.5-1厘米,翅基部与果等高,近先端稍窄。种子椭圆状卵圆形,棕褐色,有光泽;假种皮橙色。果序柄长达9厘米。花期5-9月,果

图 1227: 1-2.纤齿卫矛 3-4.陕西卫矛
(引自《中国植物志》)

期8-11月。

产河南、山西南部、陕西南部、甘肃南部、宁夏南部、青海东部、四川、湖北西北部及湖南西北部,生于海拔1000-2300米山坡林中或路旁。

47. 陕西卫矛

图 1227: 3-4

Euonymus schensianus Maxim. in Bull. Acad. Sci. St. Pétersb. 27: 445. 1881.

落叶藤状灌木,高达数米。小枝稍带灰红色。叶对生,膜质或纸质,披针形或窄长卵形,长4-7厘米,宽1.5-2厘米,先端渐尖或尾状渐尖,基部楔形,边缘有纤毛状细齿,侧脉5-6对;叶柄长3-6毫米。聚伞花序细柔,常有2-多次分枝,具多花;花序梗细,长4-6厘米,下垂;每一分枝顶端各有一三出小聚伞花序。花4数,黄绿色,径约7毫米;花萼裂片半圆形,大小不一;花瓣卵形,径约7毫米,稍带红色,有时具明显羽状脉纹;雄蕊生于花盘上面边缘,花丝极短;雌蕊位于花盘中央。蒴果方形或扁圆形,径约1厘米,成熟时褐色,具4翅,翅长圆形,长0.8-1.2厘米,基部与先端近等高;每室仅1种子成熟。种子全部被桔黄色假种皮包被。

产宁夏南部、甘肃南部、陕西南部、四川东北部及湖北西部,生于海拔600-1000米灌木林中或沟边丛林中。

48. 黄心卫矛 黄瓢子

图 1228

Euonymus macropterus Rupr. in Bull. Phys.-Math. Acad. Pétersb. 15: 359. 1875.

落叶灌木,高达5米。小枝紫红色。冬芽长卵圆形,长达1.2厘米。叶对生,纸质,倒卵形、长圆状倒卵形

或近椭圆形,长5-9厘米,宽3-6厘米,先端宽短渐尖,基部窄楔形,边缘具浅细密锯齿,侧脉5-8对;叶柄长2-8毫米。聚伞花序有1-2对分枝,生3-13花;花序梗长3-4.5厘米,分枝稍短。花梗长5毫米;花4数,黄色,径约5毫米;花萼裂片、花瓣均近圆形;雄蕊无花丝;子房埋藏在花盘中。蒴果近球形,径0.8-1.2厘米,具4长翅,翅长0.6-1.1厘米,平展,基部宽,末端渐窄。种子近卵圆形,成熟时黑褐色;假种皮橙红色。果序柄长2-6厘米,下垂。

产黑龙江南部、吉林东南部、辽宁及河北东北部,生于山地阔叶林或针阔叶混交林内。

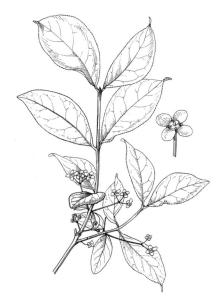

图 1228 黄心卫矛 (冯晋庸绘)

49. 石枣子

图 1229

Euonymus sanguineus Loes. in Engl. Bot. Jahrb. 29: 441. 1900.

落叶灌木,高达8米。小枝紫或紫黑色。叶对生,厚纸质或近革质,卵形、卵状椭圆形或椭圆形,长4-9厘米,先端短渐尖或渐尖,基部宽楔形或近圆,具细密锯齿,齿向上内弯,侧脉4-7对;叶柄长0.5-1厘米。聚伞花序有3-5细长分枝;花序梗长4-6厘米;除中央枝单花外,其余常具1对3花小聚伞花序。花4数,白绿色,径6-7毫米;萼片半圆形;花瓣卵圆形;雄蕊生于方形花盘上面边缘,无花丝;子房4-5室。蒴果扁球形,径约1厘米,成熟时带紫红色,4棱,每棱有微呈三角形的翅,翅长4-6毫米;每室具2种子。种子黑色,具红色假种皮。

产青海东部、甘肃南部、宁夏南部、陕西南部、山西南部、河南西部、湖北西南部、湖南、云南西北部、贵州东北部、四川及西藏东南部,

图 1229 石枣子 (冯晋庸绘)

生于海拔350-2100米山地林缘或灌丛中。

2. 沟瓣属 Glyptopetalum Thw.

常绿灌木或乔木。叶对生,全缘或具浅锯齿,稀具粗大刺状锯齿;托叶小,早落。聚伞花序有1-4次分枝,腋生或腋外生;苞片及小苞片细小。花两性,4数;萼片内轮2片常大于外轮2片;花瓣稍肉质,有时内面有1个附属物或有2个凹窝;花盘杯状或盘状;雄蕊生于花盘外侧或花盘之下,花丝短或近无,药隔宽大;子房下半部或近全部与花盘愈合,4室,每室1胚珠,柱头微圆头状。蒴果球形或近球形,室间开裂,果瓣常向内弯卷露出种子,种子和果瓣脱落后,中轴宿存于果柄。种子长0.8-1.5厘米,鲜时种皮与假种皮均红色,干后红褐、紫褐或褐色,基部有3-8条分枝的种脊；假种皮血红色，干后桔红、桔黄或淡黄色，包被种子1/3-1/2。

约41种，分布亚洲热带及亚热带。我国10种，1变种。

1. 叶具锯齿，叶脉明显，叶柄长0.3-1.2厘米。
　　2. 叶缘具疏浅锯齿，齿端无刺，叶长10-27厘米。
　　　　3. 叶厚纸质或薄革质；中脉在上面常下凹，干后叶面皱缩；花白绿或淡绿色，花梗长0.4-1厘米；果具糠秕状细斑块。
　　　　　　4. 叶长圆形、长圆状卵形或窄椭圆形，侧脉7-9对；花柱圆柱形 ························· **1. 罗甸沟瓣 G. feddei**
　　　　　　4. 叶窄长圆状或长圆状披针形，稀长圆状椭圆形或窄倒卵形，侧脉8-18对；无花柱 ·········
　　　　　　 ·· **2. 皱叶沟瓣 G. rhytidophyllum**
　　　　3. 叶厚革质；叶脉在叶上面平，干后上面不皱缩。
　　　　　　5. 果序柄长3-8厘米；果近球形，径1.2-2.2厘米，熟时棕褐或黄褐色，粗糙，有不规则皱纹；假种皮黄色；叶长12-17厘米 ················· **3. 硬果沟瓣 G. sclerocarpum**
　　　　　　5. 果序柄长2-4厘米；果球形，径约1.5厘米，成熟时淡黄或灰白色，密被细鳞斑；假种皮红色；叶长6-12厘米 ················· **3（附）. 大陆沟瓣 G. continentale**
　　2. 叶缘具粗大锯齿或波状齿，齿端具刺，长3.5-9厘米 ················· **4. 刺叶沟瓣 G. ilicifolium**
1. 叶全缘，常皱缩成浅波状，叶脉不甚明显，叶柄长约5毫米。
　　6. 叶长5-12厘米，宽2.5-6厘米，先端钝，常微凹；小聚伞花序的中央花有明显的花梗 ·········
　　 ···································· **5. 白树钩瓣 G. geloniifolium**
　　6. 叶长10-18厘米，宽6-8厘米，先端尖或钝；小聚伞花序的中央花无梗 ·········
　　 ························ **5（附）. 大叶白树钩瓣 G. geloniifolium var. robustum**

1. 罗甸沟瓣 图 1230

Glyptopetalum feddei (Lévl.) D. Hou in Blumea 12: 59. f. 1: a-i. 1963.

Euonymus feddei Lévl. in Fedde, Repert. Sp. Nov. 13: 260. 1914.

常绿灌木，高达2米。叶革质或薄革质，长圆形、长圆状卵形或近窄椭圆形，长10-22厘米，先端常稍偏斜渐尖，基部宽楔形，具疏波状齿或锯齿，侧脉7-9对，在上面常下凹，干时叶面皱缩；叶柄粗，长5-8毫米。聚伞花序1-3次分枝；花序梗长2-4厘米，分枝长1.5-3厘米。花梗长0.4-1厘米；花白绿色，径0.8-1厘米；萼片4，肾圆形；花瓣近圆形，中部常有2凹线状蜜腺；花盘肥厚，边缘上卷成一宽环；雄蕊生于环上，花丝锥状，长不及1毫米；子房上部露于花盘之外，花柱圆柱形。蒴果近球形，径1.2-1.5厘米，灰白色，密被糠秕状细斑块，开裂时裂瓣内卷，果轴宿存。种子长圆状椭圆形，长约1.2厘米，径约8毫米，棕色；假种皮包种子约1/2。

图 1230 罗甸沟瓣 （引自《图鉴》）

产广西北部及贵州中南部，生于山地、沟谷或河边疏林中。

2. 皱叶沟瓣 图 1231

Glyptopetalum rhytidophyllum (Chun et How) C. Y. Cheng, Fl. Reipubl. Popul. Sin. 45(3): 89. 1999.

Euonymus rhytidophyllum Chun et How in Acta Phytotax. Sin. 7(1): 51. pl. 17. f. 1. 1958.

图 1231 皱叶沟瓣 (引自《图鉴》)

常绿灌木。幼枝4棱宽扁,微窄翅状,绿色。叶薄革质,窄长圆形或长圆状宽披针形,稀长圆状椭圆形或窄倒卵形,长10-18厘米,先端细长渐尖,尖头长达1.5厘米,具疏短细齿,稀有尖锐深齿,侧脉8-18对,平伸,密集,在上面下凹较深,干后叶面皱缩;叶柄长0.5-1.2厘米,粗壮。聚伞花序有1-2次分枝;花序梗长2-4厘米。花4数,淡绿色;花瓣宽倒卵形;花盘边缘微上卷成浅皿状,雄蕊生于花盘边缘之上,花丝极短;子房无花柱,柱头盘状。蒴果球形,径1-1.4厘米,灰白或淡棕色,外被糠秕状细斑块。种子棕红色,假种皮干时黄色。

产广西西部及西南部、云南东南部,生于海拔600-900米山地密林下或林缘。

3. 硬果沟瓣 图 1232

Glyptopetalum sclerocarpum (Kurz) Laws. in Hook. f. Brit. Ind. 1: 613. 1875.

Euonymus sclerocarpum Kurz in Journ. Asiat. Soc. Bengal 1872. pt. 2: 299. 1872.

图 1232 硬果沟瓣 (引自《云南植物志》)

常绿乔木或灌木,高达12米。小枝黄色。叶革质或厚革质,窄长椭圆形或椭圆形,稀倒卵形,长12-27厘米,先端渐尖或钝,基部宽楔形或近圆,具疏浅齿或近全缘,侧脉10对以上,在两面较平;叶柄长0.8-1厘米,径约2毫米。聚伞花序有1-2次分枝,1-3枝生于短枝顶端;花序梗长2-5厘米,宽扁有纵纹。花梗长1-1.5厘米;花4数,黄白色;萼片2大2小;花瓣较厚,近圆形,上部内曲成兜状;花盘肥厚,雄蕊生于肥厚花盘的边缘,花丝极

短;子房大部分被花盘包围。蒴果近球形,径 1.2-2.2厘米,果皮极厚硬而迟裂,成熟时棕褐或黄棕色,粗糙,有不规则皱纹。种子黑紫色;假种皮黄色,包种子1/2。果序柄长3-8厘米。

产云南东南部及南部,生于海拔900-1200米山坡密林中。印度有分布。

[附] **大陆沟瓣 Glyptopetalum continentale** (Chun et How) C. Y. Cheng et Q. S. Ma, Fl. Reipubl. Popul. Sin. 45(3):92. 1999. —— *Euonymus longipedicellata* var. *continentalis* Chun et How in Acta Phytotax. Sin. 7(1): 50. 1958. 本种与硬果沟瓣的区别:叶长6-12厘米;果序柄长2-4厘米,果球形,径

约1.5厘米，成熟时淡黄或灰白色，密被细鳞斑；假种皮红色。产广东及广西，生于海拔约500米山地或石灰岩疏林中。

4. 刺叶沟瓣 图1233

Glyptopetalum ilicifolium (Franch.) C. Y. Cheng et Q. S. Ma, Fl. Reipubl. Popul. Sin. 45(3): 92. 1999.

Euonymus ilicifolia Franch. in Bull. Bot. Soc. France 33: 433. 1886.

灌木，高达4米。枝条绿色。叶厚革质，常被白粉，倒卵形或椭圆形，长3.5-9厘米，先端骤尖或宽圆，基部宽楔形，具疏离不整齐粗齿，齿端具刺，侧脉5-7对；叶柄长2-6毫米。聚伞花序常具3花；花序梗长约1.5厘米。花梗长1-1.3厘米，中央花之梗略长；萼片近三角形，花瓣4，扁圆形，淡绿带紫色，基部有2极浅蜜腺小窝；雄蕊花丝短，子房沉于花盘内，无花柱。蒴果白色微黄，具不明显的细碎糠

图 1233 刺叶沟瓣 （引自《中国植物志》）

斑，径1-1.5厘米；果序柄圆柱形，长1.5-2厘米。种子宽卵状椭圆形，长约1厘米，成熟时棕红色，半包于棕红色假种皮中。

产贵州南部、四川南部及云南，生于海拔560-1150米半阴坡林下。

5. 白树沟瓣 图 1234

Glyptopetalum geloniifolium (Chun et How) C. Y. Cheng, Fl. Reipubl. Popul. Sin. 45(3): 94. 1999.

Euonymus geloniifolium Chun et How in Acta Phytotax. Sin. 7(1): 45. t. 15. f. 2. 1958.

常绿灌木，高达2米。叶革质，椭圆形或较窄，稀倒卵状窄椭圆形，长5-12厘米，宽2.5-6厘米，先端圆钝或常微凹，基部宽楔形向柄下延，全缘，上下皱缩成浅波状；叶柄长约5毫米。聚伞花序有1-2次分枝；花序梗长2-3毫米，分枝长1-1.5厘米，二次分枝更短。花梗长1-2毫米，中央花有明显花梗。花4数，白绿色，径约8毫米；萼片边缘常黑褐色，干膜质；花瓣边缘啮蚀状；花盘与子房分界不明显，雄蕊生其边缘上，花丝长约1.5毫米；子房无明显花柱，柱头小。蒴果扁球形，径约1.5厘米，成熟时红色，有糠秕状斑块。种子卵圆形，长约8毫米，紫褐色，假种皮淡黄色，顶端开口。花期7-8月，果期12月至翌年2月。

产广东南部及西南部、海南及广西南部，生于海边、沟边或山坡疏林中。

图 1234 白树沟瓣 （引自《图鉴》）

[附] **大叶白树钩瓣 Glyptopetalum geloniifolium** var. **rubustum** (Chun et How) C. Y. Cheng, Fl. Reipobl. Popul. Sin. 45(3):94. 1999. —— *Euonymus geloniifolium* var. *rubustum* Chun et How in Acta Phytotax Sin. 7(1): 47. 1958. 本变种与模式变种的区别:叶长10-18厘米，宽6-8厘米，先端尖或

钝；聚伞花序中央的花无梗。产广东、海南及广西。

3. 永瓣藤属 Monimopetalum Rehd.

藤状灌木，高达6米。小枝稍4棱，基部常宿存多数芽鳞。叶互生，纸质，卵形、窄卵形或椭圆形，长5-9厘米，先端长渐尖或尖尾状，基部圆或宽楔形，边缘具浅细锯齿，侧脉4-5对；叶柄细长，长0.8-1.2厘米，托叶细丝状，宿存。聚伞花序有2-3次分枝；花序梗长0.2-1.2厘米；苞片及小苞片锥形，宿存，具缘毛状齿缘。花径3-4毫米，淡绿色；花萼4浅裂；花瓣4，匙形，长约1厘米；雄蕊4，生于圆形花盘近边缘上，无花丝；子房大部与花盘合生，4室，每室具2胚珠，花柱短或近无，柱头小。蒴果4深裂至果基部，常仅1-2室发育，宿存花瓣明显增大呈4翅状。种子每室1，稀2，黑褐色，基部有细小环状假种皮。

我国特有单种属。

永瓣藤   图 1235

Monimopetalum chinense Rehd. in Journ. Arn. Arb. 7: 234. 1926.

形态特征同属。花期9-10月。

产安徽南部、江西北部及西部，生于海拔150-1000米山坡、路旁及山谷杂木林中。

图 1235 永瓣藤 （史渭清绘）

4. 南蛇藤属 Celastrus Linn.

落叶或常绿藤状灌木。小枝具明显的皮孔。叶互生；托叶小，线形，脱落。聚伞花序排成圆锥状或总状，有时为单花，腋生或顶生。花小，单性，雌雄异株，稀两性或杂性；花梗具关节；萼5裂，果期宿存；花瓣5，全缘，具腺状缘毛或为啮蚀状；雄蕊5，生于花盘边缘或稍下面；花盘膜质，浅杯状，稀肉质扁平，全缘或5浅裂；子房与花盘分离或有时稍贴合，通常3室，稀1室，每室2或1胚珠，柱头3裂，每裂常2裂。蒴果常近球形，花柱常宿存，基部有宿存花萼，成熟时室背开裂，果轴宿存，具1-6种子。种子全被桔红色肉质假种皮所包；胚乳丰富。

约30余种，分布亚洲、大洋洲、南北美洲及马达加斯加热带及亚热带地区。我国24种和2变种。

1. 果3室，具3-6种子；落叶或常绿。
  2. 花序通常仅顶生，如花枝的最上部有腋生者，则花序分枝的腋部无营养芽。
    3. 小枝无明显纵棱；叶长0.5-1厘米，宽2.5-5厘米；花萼覆瓦状排列，宽大于长 … **1. 灯油藤 C. paniculatus**
    3. 小枝常具4-6纵棱；叶长7-17厘米，宽5-13厘米；花萼镊合状排列，长大于宽 … **2. 苦皮藤 C. angulatus**
  2. 花序腋生或腋生与顶生并存，花序分枝腋部具营养芽。
    4. 花序顶生和腋生并存；种子通常椭圆形，稀平凸，微呈新月形。
      5. 叶下面被白粉呈灰白色。

6. 叶柄长0.8-1.2厘米；果瓣内侧无棕色或棕褐色斑点；种子不平凸，不微呈新月形 ·················· ·· 3. **灰叶南蛇藤 C. glaucophyllus**

6. 叶柄长1.2-2厘米；果瓣内侧有棕色或棕褐色斑点；种子平凸，微呈新月形。

  7. 叶椭圆形或长圆状椭圆形，长6-9.5厘米，宽2.5-5.5厘米，基部宽楔形；顶生花序长7-10厘米；果柄长 1-2.5 厘米 ·· 4. **粉背南蛇藤 C. hypoleucus**

  7. 叶宽卵形、倒卵状椭圆形或近圆形，长达13.5厘米，宽达9.5厘米，基部圆；顶生花序长3-7厘米；果柄长0.5-1厘米 ··· 4(附). **薄叶南蛇藤 C. hypoleucoides**

5. 叶下面绿色；果瓣内侧有棕色细点或无细点。

  8. 顶生花序长6-18厘米；叶缘具内弯锯齿；果皮内侧有棕色细点 ············· 5. **长序南蛇藤 C. vaniotii**

  8. 顶生花序长1-6厘米；叶缘具浅锯齿；果皮内侧无细点。

    9. 冬芽大，长0.5-1.2厘米；果径1-1.3厘米；雄蕊花丝有时具乳突状毛 ··· 6. **大芽南蛇藤 C. gemmatus**

    9. 冬芽小，长1-3毫米；果径0.5-1厘米；雄蕊花丝无乳突状毛。

      10. 叶柄细长，长1-2厘米，叶长5-13厘米，宽3-9厘米；果径0.8-1厘米 ··· 7. **南蛇藤 C. orbiculatus**

      10. 叶柄较短，长2-8毫米，叶长1.5-9厘米，宽1-4.5厘米；果径5.5-8毫米。

        11. 叶两面无毛；花梗关节在中上部 ······························ 8. **东南南蛇藤 C. punctatus**

        11. 叶下面脉上被细柔毛；花梗关节在中部或中下部。

          12. 叶纸质，长圆状椭圆形或窄长圆形，稀倒卵状椭圆形，长3.5-9厘米，宽1.5-4.5厘米；果平滑 ·· 9. **短梗南蛇藤 C. rosthornianus**

          12. 叶半革质，椭圆形、宽椭圆形或长圆形，长5-11厘米，宽3-6.5厘米，果多具瘤状突起的皮孔 ··· 9(附). **宽叶短梗南蛇藤 C. rosthornianus var. loeseneri**

4. 花序腋生或侧生；种子常为新月状或半环状（仅刺苞南蛇藤为近椭圆状）。

  13. 小枝基部最外一对芽鳞特化成钩状刺，刺长1.5-2.5毫米，向下弯曲；嫩枝无毛；花1至数朵簇生，无花序梗或仅具1-2毫米的短梗；种子椭圆形 ··························· 10. **刺苞南蛇藤 C. flagellaris**

  13. 小枝基部无钩刺；嫩枝被棕色毛；花序具梗；种子新月形或弓状半环形。

    14. 叶柄长4-9厘米，叶倒披针形，稀宽倒披针形，长6.5-12.5厘米；花序梗长仅2毫米；果径7.5-8.5毫米 ··· 11. **窄叶南蛇藤 C. oblanceifolius**

    14. 叶柄长10厘米以上或更长。

      15. 聚伞花序有3花，花序梗长2-5毫米；花梗关节在上部；叶多为椭圆形或长圆形 ·················· ·· 12. **过山枫 C. aculeatus**

      15. 聚伞花序有3-14花，花序梗长0.5-2厘米；花梗关节在中部以下至基部。

        16. 幼枝、花序梗和花梗被棕色短硬毛；叶椭圆形或近圆形，侧脉3-4对 ············· 13. **圆叶南蛇藤 C. kusanoi**

        16. 幼枝、花序梗和花梗被黄白色短梗毛；叶长圆状椭圆形，稀长圆状倒卵形，侧脉5-7对。

          17. 叶长5-12.5厘米，宽3-6.5厘米，侧脉5-7对，下面脉上仅在幼时被短毛，叶柄无毛 ·············· ·· 14. **显柱南蛇藤 C. stylosus**

          17. 叶长7-14厘米，宽4-9.5厘米，侧脉4-5对，下面脉上及叶柄均密被硬毛 ·························· ··· 14(附). **毛脉显柱南蛇藤 C. stylosus var. puberulus**

1. 果1室，1种子；常绿。

  18. 叶柄长0.6-1厘米；花梗关节在中部稍上；果近球形，长7-9毫米，径6.5-8.5毫米 ·························· ·· 15. **青江藤 C. hindsii**

  18. 叶柄长约1.5厘米；花梗关节在最基部；果宽椭圆形，长1-1.8厘米，径0.9-1.4厘米 ·························· ·· 16. **独子藤 C. monospermus**

1. 灯油藤

图 1236

Celastrus paniculatus Willd. Sp. Pl. 1: 1125. 1797.

常绿藤状灌木。小枝通常密生皮孔，被毛或无毛。叶椭圆形、长圆状椭圆形、长圆形、宽卵形、倒卵形或近圆形，长5-10厘米，宽2.5-5厘米，先端短尖至渐尖，基部楔形较圆，边缘锯齿状，两面无毛，稀下面脉腋有微毛，侧脉5-7对；叶柄长0.6-1.6厘米。聚伞圆锥花序顶生，长5-10厘米；花序梗及花梗偶被短绒毛。花梗长3-6毫米，关节位于基部；花淡绿色；花萼裂片半圆形，具缘毛；花瓣长圆形或倒卵状长方形；花盘杯状，厚膜质；雄蕊生于花盘边缘；在雄花中子房退化成短棒状；在雌花中具长1毫米退化雄蕊；子房近球形。蒴果球状，径达1厘米，具3-6种子。种子椭圆形。

图 1236 灯油藤 （引自《图鉴》）

产台湾、湖南西南部及南部、广东北部、海南、广西西南部、贵州西南部、云南南部、西藏东南部，生于海拔200-2000米丛林地带。印度有分布。种子含油50%，药用，有缓泻、催吐、兴奋和治风湿麻痹等功效。

2. 苦皮藤

图 1237

Celastrus angulatus Maxim. in Bull. Acad. Sci. St. Pétersb. 3(27): 455. 1881.

藤状灌木。小枝常具4-6纵棱，皮孔密生。叶长圆状宽椭圆形、宽卵形或圆形，长7-17厘米，宽5-13厘米，先端圆，具渐尖头，基部圆，具钝锯齿，两面无毛，稀下面主侧脉被柔毛，侧脉5-7对；叶柄长1.5-3厘米。聚伞圆锥花序顶生，长10-20厘米；花序轴无毛或被锈色短毛。花梗短，关节在顶部；花萼裂片三角形或卵形；花瓣长圆形，边缘不整齐；花盘肉质；雄蕊生于花盘之下，具长约1毫米的退化雌蕊；雌花的子房球形，柱头反曲，具长约1毫米退化雌蕊。蒴果近球形，径0.8-1厘米。种子椭圆形。花期5-6月。

产甘肃南部、陕西南部、河南、河北南部、山东南部、江苏、安徽、浙江北部、江西、湖北、湖南、广东、广西、贵州、云南及四川，生长

图 1237 苦皮藤 （引自《图鉴》）

于海拔1000-2500米山地丛林及山坡灌丛中。根治风湿、劳伤；茎皮、根皮有清热解毒、杀虫的功能。

3. 灰叶南蛇藤

图 1238

Celastrus glaucophyllus Rehd. et Wils. in Sarg. Pl. Wilson. 2: 347. 1915.

藤状灌木。小枝具散生皮孔。叶长圆状椭圆形、近倒卵状椭圆形或椭

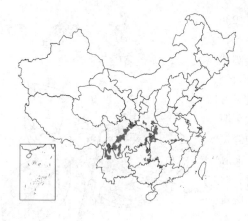

圆形，长5-10厘米，先端短渐尖，基部圆或宽楔形，具疏细齿，齿端具内弯的腺状小凸尖，侧脉4-5（6）对，下面灰白或苍白色；叶柄长0.8-1.2厘米。花序顶生及腋生，顶生的为总状圆锥花序，长3-6厘米，腋生的通常仅3-5花；花序梗长1-2毫米。花梗长2.5-3.5毫米，关节在中部或稍上；花萼裂片椭圆形或卵形，长1.5-2毫米，边缘有疏小齿；花瓣倒卵状长圆形或窄倒卵形，长4-5毫米，在雌花中花瓣稍小；花盘浅杯状，带肉质，裂片几半圆形；雄蕊短于花冠，在雄花中退化雌蕊长1.5-2毫米。果球形，长0.8-1厘米，裂瓣近圆形。种子椭圆形，长4-5毫米，黑色。花期3-6月，果期9-10月。

产甘肃南部、陕西南部、湖北、湖南、贵州、四川及云南西北部，生于海拔700-3700米混交林中。

图 1238 灰叶南蛇藤 （引自《图鉴》）

4. 粉背南蛇藤 图 1239

Celastrus hypoleucus (Oliv.) Warb. ex Loes. in Engl. Bot. Jahrb. 29: 445. 1900.

Erythrospermum hypoleucum Oliv. in Hook. Icon. Pl. 3:9. t. 1899. 1889.

藤状灌木。小枝具稀疏皮孔。叶椭圆形或长圆状椭圆形，长6-9.5厘米，宽2.5-5.5厘米，先端短渐尖，基部楔形，边缘具锯齿，侧脉5-7对，上面绿色，光滑，下面粉灰色，沿主脉及侧脉被柔毛或无毛；叶柄长1.2-2厘米。顶生聚伞圆锥花序，长7-10厘米，具多花，腋生者短小，具3-7花；花序梗较短。花梗长3-8毫米，花后明显伸长，关节在中上部；花萼裂片近三角形，先端钝；花瓣长圆形或椭圆形，长约4毫米；花盘杯状，顶端平截；雄蕊长约4毫米；退化雄蕊长1.5毫米。果序顶生，长而下垂；腋生花多不结实。蒴果球状，果皮内侧有棕红色细点。种子平凸，稍新月状，长4-5毫米，黑褐色；果柄长1-2.5厘米，果序下垂。花期6-8月，果期10月。

产安徽西南部及南部、河南、陕西南部、甘肃南部、四川、湖北、湖南、贵州及广东北部，生于海拔400-2500米丛林中。根、叶可治跌打红肿、刀伤。

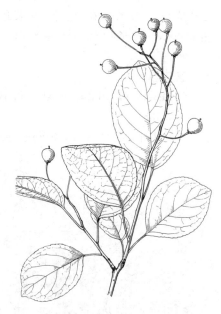

图 1239 粉背南蛇藤 （冯晋庸绘）

[附] **薄叶南蛇藤 Celatrus hypoleucoides** P. L. Chiu in Journ. Hangzhhou Univ. 8(1): 114. 1981. 本种与粉背南蛇藤的区别：叶宽卵形、倒卵状椭圆形或近圆形，长6-13.5厘米，宽3.5-9.5厘米，基部圆；顶生花序长3-7厘米；果柄长0.5-1厘米。产安徽、浙江、江西、湖北、湖南、广东、广西及云南，生于海拔800-2800米山坡灌丛或疏林中。

5. 长序南蛇藤

图 1240

Celastrus vaniotii (Lévl.) Rehd. in Journ. Arn. Arb. 14: 149. 1933.

Saurauia vaniotii Lévl. Fl. Kouy-Tcheou 415. 1915.

藤状灌木。小枝无毛。叶卵形、长圆状卵形或长圆状椭圆形，长6-12厘米，先端短渐尖，基部圆，具内弯锯齿，齿锯具腺状短尖，侧脉6-7对；叶柄长1-1.7厘米。顶生花序长6-18厘米，单歧分枝，每一分枝具1小聚伞花序，腋生花序较短；花序梗极短。花梗长4-6毫米，关节常位于中下部。花萼裂片具腺状缘毛；花瓣近倒卵形，长3-3.5毫米；花盘浅杯状，裂片宽圆，雄蕊花丝锥状线形，具1毫米长的退化雌蕊；雌花花柱粗壮，具1毫米长的退化雄蕊。蒴果近球形，径约8毫米，果皮内具棕色小斑点。种子椭圆形，长约4毫米。花期5-7月，果期9月。

产湖北西南部、湖南西南部、广西北部、贵州、云南东南部及四川，生于海拔500-2000米混交林中。

图 1240 长序南蛇藤 （仿《中国植物志》）

6. 大芽南蛇藤　霜红藤　哥兰叶

图 1241

Celastrus gemmatus Loes. in Engl. Bot. Jahrb. 30: 468. 1902.

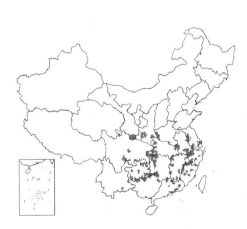

藤状灌木。小枝具多数棕灰白色突起皮孔；冬芽长达1.2厘米。叶长圆形、卵状椭圆形或椭圆形，长6-12厘米，先端渐尖，基部圆，具浅锯齿，侧脉5-7对，网脉密网状，两面均突起，下面或脉上具棕色短毛；叶柄长1-2.3厘米。顶生聚伞花序长约3厘米，侧生花序短而具少花；花序梗长0.5-1厘米。花梗长2.5-5毫米，关节在中下部；花萼裂片卵圆形，长约1.5毫米，边缘啮蚀状；花瓣长圆状倒卵形，长3-4毫米；花盘浅杯状；雄蕊与花冠等长，在雌花中退化；退化雌蕊长1-2毫米；雌花中子房球状，花柱长1.5毫米，具长约1.5毫米的退化雄蕊。蒴果球形，径1-1.3厘米。种子宽椭圆形，红棕色，长4-4.5毫米。花期4-9

图 1241 大芽南蛇藤 （引自《图鉴》）

月，果期8-10月。

产河南、安徽、江苏、浙江、福建、江西、湖北、湖南、广东、广西、云南南部、贵州、四川、甘肃南部及陕西南部，生于海拔100-2500米密林中或灌丛中。根、茎、叶有祛风湿、行气、舒筋、活血的功能。

7. 南蛇藤

图 1242 彩片 303

Celastrus orbiculatus Thunb. Fl. Jap. 42. 1784.

藤状灌木。小枝无毛。叶宽倒卵形、近圆形或椭圆形，长5-13厘米，

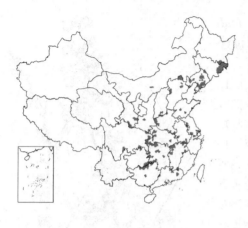

先端圆，具小尖头或短渐尖，基部宽楔形或近圆，具锯齿，两面无毛或下面沿脉疏被柔毛，侧脉3-5对；叶柄长1-2厘米。聚伞花序腋生，间有顶生，花序长1-3厘米，有1-3花。关节在花梗中下部或近基部；雄花萼片钝三角形；花瓣倒卵状椭圆形或长圆形，长3-4厘米；花盘浅杯状，裂片浅；雄蕊长2-3毫米；雌花花冠较雄花窄小；子房近球形；退化雄蕊长约1毫米。蒴果近球形，径0.8-1厘米。种子椭圆形，赤褐色，长4-5毫米。花期5-6月，果期7-10月。

产黑龙江、吉林、辽宁、内蒙古、甘肃南部、陕西南部、山西南部、河南、河北、山东、江苏、安徽、浙江、江西、湖北、四川、湖南、贵州、广东及广西，生于海拔450-2200米山坡灌丛中。朝鲜及日本有分布。茎有祛风除湿、活血脉的功能；根及根皮治跌打、风湿、带状疱疹、肿毒；叶治湿疹、痈疮、蛇咬；果有调理心脾、安神的功效。

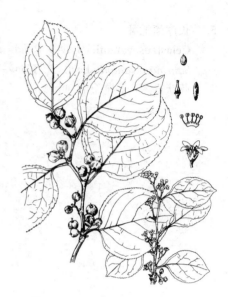

图 1242　南蛇藤　（仿《中国树木志》）

8. 东南南蛇藤　光果南蛇藤　　　　　图 1243　彩片 304

Celastrus punctatus Thunb. Fl. Jap. 97. 1784.

藤状小灌木。小枝纤细，无毛。叶椭圆形、长椭圆形、宽椭圆形或长圆形，稀倒卵状长圆形，长1.5-7厘米，宽1-3厘米，先端尖或短渐尖，基部楔形，具细锯齿或钝锯齿，侧脉（3）4-5对，两面无毛；叶柄长2-8毫米。花序常腋生，仅雄株有顶生花序，花1-2或稍多排成一小聚伞花序或疏花如总状的单歧聚伞花序。花梗长3-5毫米，关节在中上部；雄花萼片椭圆形，长1-1.2毫米，具不整齐锯齿；花瓣倒披针形或倒卵状长圆形，长约4.5毫米；花盘深裂，裂片椭圆形；雄花花丝扁，长约3.5毫米。蒴果球形，径5.5-7

图 1243　东南南蛇藤
（引自《中国植物志》）

毫米，果瓣近圆形。种子宽椭圆形，长约3.5毫米，棕或浅棕色。花期3-5月，果期6-10月。

产安徽南部、浙江北部、江西中西部、福建东北部及台湾，生于海拔150-2250米山谷或山坡林中。日本有分布。

9. 短梗南蛇藤　　　　　图 1244

Celastrus rosthornianus Loes. in Engl. Bot. Jahrb. 29: 445. 1900.

藤状灌木。叶椭圆形或倒卵状椭圆形，长3.5-9厘米，宽1.5-4.5厘米，先端骤尖或短渐尖，基部楔形或宽楔形，具疏浅锯齿或基部近全缘，侧脉4-6对；叶柄长5-8毫米。顶生总状聚伞花序，长2-4厘米，腋生花序短小，具1至数花，花序梗短。花梗长2-6毫米，关节在中部或稍下；雄花萼片

长圆形，长约1毫米，边缘啮蚀状；花瓣近长圆形，长3-3.5毫米；花盘浅裂；雄蕊较花冠稍短；退化雌蕊细小；雌花中子房球形，柱头3裂，每裂再2深裂；退化雄蕊长1-1.5毫

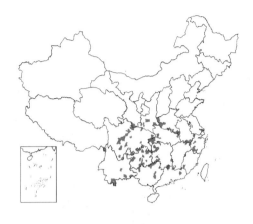

米。蒴果近球形，径5.5-8毫米，平滑。种子宽椭圆形，长3-4毫米。花期4-5月，果期8-10月。

产甘肃、陕西西部、河南、安徽、浙江、福建、江西、湖北、湖南、广东、广西、贵州、云南及四川，生于海拔500-1800米山坡林缘和丛林下。根有舒筋活血、镇静、镇痛、止血的功能。

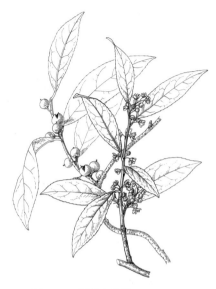

图 1244 短梗南蛇藤 （冯晋庸绘）

[附] **宽叶短梗南蛇藤 Celastrus rosthornianus** var. **loeseneri** (Rehd. et Wils.) C. Y. Wu, Fl. Tsinling. 1(3): 213. 1981. —— *Celastrus loeseneri* Rehd. et Wils. in Sarg. Pl. Wilson. 2: 350. 1915. 本变种与模式变种的区别：叶较宽而厚，半革质，椭圆形或长圆形，长5-11厘米，宽3-6.5厘米；蒴果多具瘤状突起的皮孔。产甘肃南部、陕西南部、河南、湖北西部、贵州南部、四川东部及广西西北部，生于海拔500-1500米山地灌丛或密林中。

10. 刺苞南蛇藤

图 1245

Celastrus flagellaris Rupr. in Bull. Acad. Sci. St. Pétersb. 15: 357. 1857.

藤状灌木。小枝无毛；冬芽最外一对芽鳞宿存并特化为长1.5-2.5毫米

的坚硬钩刺。叶宽椭圆形或卵状宽椭圆形，长3-6厘米，先端短尖或短渐尖，基部渐窄，边缘具纤毛状细锯齿，齿端常成细硬刺状，侧脉4-5对，沿主脉有时被毛；叶柄长1-3厘米。聚伞花序腋生，有1-5花或更多；花序近无梗或具1-2毫米长的短梗。花梗长2-5毫米，关节位于中下部；雄花萼片长圆形，长

图 1245 刺苞南蛇藤 （仿《中国树木志》）

果期8-9月。

产黑龙江、吉林、辽宁、河北及山东，生于山谷、河岸低湿地林缘或灌丛中。俄罗斯远东地区、朝鲜及日本有分布。根、茎、果有祛风湿、强筋骨的功能。

约1.8毫米；花瓣长圆状倒卵形，长3-3.5毫米；花盘浅杯状，顶端近平截；雄蕊稍长于花冠，退化雌蕊细小，雌花中子房球形，退化雄蕊长约1毫米。蒴果球形，径2-8毫米。种子近椭圆形，长约3毫米，棕色。花期4-5月，

11. 窄叶南蛇藤

图 1246:1

Celastrus oblanceifolius Wang et Tsoong in China Journ. Bot. 1(1): 65. 1936.

藤状灌木。小枝密被棕褐色短毛。叶倒披针形，长6.5-12.5厘米，宽1.5-3.5(-4)厘米，先端尾尖或短渐尖，基部楔形，边缘具疏浅锯齿，侧脉

7-10对，两面无毛或下面中脉下部被淡棕色柔毛；叶柄长4-9毫米。聚伞花序腋生或侧生，有1-3花，稀多于3花；花序梗几不明显或仅长2毫米。

花梗长1-2.5毫米,与花序梗均被棕色短柔毛,关节在上部;雄花萼片椭圆状卵形,长约2毫米;花瓣长圆状倒披针形,长约4毫米,边缘具短睫毛;花盘肉质,不裂;雄蕊与花瓣近等长,退化雌蕊长不及2毫米。蒴果球形,径7.5-8.5毫米;果序柄及果柄共长2-6毫米。种子新月形,长约5毫米。花期3-4月,果期6-10月。

产浙江、安徽南部、福建、江西、湖南南部、广东北部及广西西部,生于海拔500-1000米山坡湿地或溪边灌丛中。

图 1246: 1.窄叶南蛇藤 2.过山枫
(引自《中国植物志》)

12. 过山枫

Celastrus aculeatus Merr. in Lingnan. Sci. Journ. 13: 37. 1934.

图 1246: 2

藤状灌木。幼枝被棕褐色短毛;冬芽圆锥状,长2-3毫米,基部芽鳞宿存,有时坚硬成刺状。叶多为椭圆形或长圆形,长5-10厘米,先端渐尖或窄骤尖,基部宽楔形或近圆,边缘上部具疏浅锯齿,下部多全缘,侧脉多为5对,两面无毛或脉上被棕色短毛;叶柄长1-1.8厘米。聚伞花序短,腋生或侧生;花序梗长2-5毫米;常具3花。花梗长2-3毫米,与花序梗均被棕色短毛,关节在上部;雄花萼片三角形,长约2.5厘米;花瓣长圆状披针形,长约4毫米;花盘全缘,稍肉质;雄蕊长3-4毫米,花丝具乳突;退化雄蕊长1.5毫米。蒴果近球形,径7-8毫米,宿萼明显增大。种子新月形或弯成半环状,密布小疣点。

产浙江、福建、江西、湖南、广东、广西及云南东南部,生于海拔100-1000米灌丛或疏林中。

13. 圆叶南蛇藤　大叶南蛇藤

图 1247

Celastrus kusanoi Hayata in Journ. Coll. Sci. Tokyo 30 (1): 60. 1911.

落叶藤状小灌木。幼叶常被棕色短硬毛,老枝无毛,具稀疏小皮孔。叶宽椭圆形或圆形,长6-10厘米,先端圆,具短小尖,基部宽楔形或圆,稀近心形,边缘基部以上具稀疏浅锯齿,基部近全缘,侧脉3-4对,上面无毛,下面叶脉基部被棕白色短毛;叶柄长1.5-2.8(-3.5)厘米。花序腋生和侧生,雄花序偶有顶生;花序梗长约1厘米,被棕色短硬毛;

图 1247 圆叶南蛇藤 (引自《Fl. Taiwan》)

聚伞花序有3-7花。花梗长2-5毫米，关节位于基部；花萼裂片长圆状三角形，长约1毫米；花瓣长圆状窄倒卵形，长约4毫米，边缘微呈啮蚀状；花盘薄而平，无裂片；雄蕊长3毫米；花丝下部具乳突状毛；子房近球形，柱头3裂外弯。蒴果近球形，径0.7-1厘米，果皮具横皱纹；宿萼窄缩或平

截。种子球形或稍近新月形，黑褐色，长3.5-5毫米。花期2-4月。

产台湾、广东、海南及广西，生于海拔300-2500米山地林缘。根治喉痛、初期肺结核、跌打、骨折。

14. 显柱南蛇藤　　　　　　　图 1248

Celastrus stylosus Wall. in Roxb. Fl. Ind. ed. Carey, 2: 401. 1824.

藤状灌木。小枝通常无毛。叶长圆状椭圆形，稀长圆状倒卵形，长6.5-12.5厘米，宽3-6.5厘米，先端短渐尖或骤尖，基部楔形、宽楔形或钝，边缘具钝齿，侧脉5-7对，两面无毛或幼时下面被毛；叶柄长1-1.8厘米。聚伞花序腋生及侧生，有3-7花；花序梗长0.7-2厘米。花梗长5-7毫米，被黄白色短硬毛，关节位于中下部；雄花萼片近卵形或椭圆形，长1-2毫米，边缘微啮蚀状；花瓣长圆状倒卵形，长3.5-4毫米，边缘啮蚀状；花盘浅杯状，裂片

浅，半圆形或钝三角形，雄蕊稍短于花冠，花丝下部光滑或具乳突；在雌花中退化雄蕊长1毫米；子房瓶状，长约3毫米，柱头反曲。蒴果近球形，径6.5-8毫米。种子一侧突起或微呈新月形。花期3-5月，果期8-10月。

产安徽南部、江西东北部、湖北西南部、湖南西北部、广东西北部、广西北部、贵州、四川、云南西北部、西藏东南部及南部，生于海拔1000-2500米山坡林中。印度有分布。

[附] **毛脉显柱南蛇藤 Celastrus stylosus** var. **puberulus**（Hsu）C. Y. Cheng et T. C. Kao, Fl. Reipubl. Popul. Sin. 45（3）:121. 1999. —— *Celastrus glaucophyllus* Rehd. et Wils. var. *puberulus* Hsu in P. C. Chen,

图 1248 显柱南蛇藤 （引自《图鉴》）

黄山植物研究 141. 1965. 本变种与模式变种的区别：叶较大，宽椭圆形或长圆状椭圆形，长7-14厘米，宽4-9.5厘米，侧脉4-5对，下面脉上与叶柄均密被硬毛。产安徽、江苏、浙江、江西、湖南及广东，生于海拔350-1000米山谷林中。

15. 青江藤　　南华南蛇藤　　图 1249 彩片 305

Celastrus hindsii Benth. in Kew Journ. Bot. 3: 334. 1651.

常绿藤状灌木。小枝紫色，具稀疏皮孔。叶长圆状窄椭圆形或椭圆状倒披针形，长7-14厘米，先端渐尖或骤尖，基部楔形或圆，边缘具疏锯齿，侧脉5-7对，小脉密平行成横格状；叶柄长0.6-1厘米。顶生聚伞圆锥花序长5-14厘米，腋生花序具1-3花，稀成短小聚伞圆锥状。花淡绿色，花梗长4-5毫米，关节在中部偏上；雄蕊萼片近半圆形，长

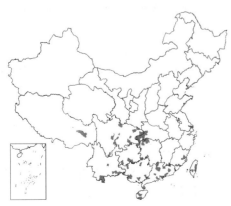

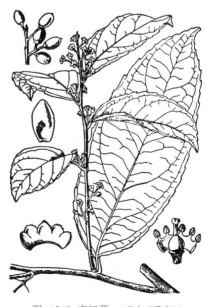

图 1249 青江藤 （引自《图鉴》）

约1毫米；花瓣长圆形，长约2.5毫米，边缘具细短毛；花盘杯状，厚膜质，浅裂，雄蕊着生其边缘；退化雌蕊细小；雌花中子房近球形，具退化雄蕊。蒴果近球形，长7-9毫米，径6.5-8.5毫米。种子1，宽椭圆形或近球形，长5-8毫米，假种皮红色。花期5-7月，果期7-10月。

产台湾、福建、江西南部、湖北西南部、湖南、广东、海南、广西、贵州、云南、四川及西藏东部，生于海拔300-2500米灌丛或山地林中。印度、缅甸、越南及马来西亚有分布。

16. 独子藤 　　　　　　　　　　图 1250 彩片 306

Celastrus monospermus Roxb. in Fl. Ind. ed. Carey, 2: 394. 1824.
Monocelastrus monospermus (Roxb.) Wang et Tang; 中国高等植物图鉴 2: 661. 1972.

常绿藤状灌木。小枝具细纵棱，具稀疏皮孔。叶长圆状宽椭圆形或窄椭圆形，稀倒卵状椭圆形，长5-17厘米，先端短渐尖，基部楔形，边缘具细锯齿，侧脉5-7对；叶柄长约1.5厘米。二歧聚伞花序排成聚伞圆锥状，腋生或顶生与腋生并存；花序梗长1-2.5厘米。花梗长1-4毫米，关节在最基部；花黄绿或近白色；雄花萼片三角状半圆形，长约1毫米；花瓣长圆形或长圆状椭圆形，长约2.5毫米，反卷；花盘垫状，5浅裂，裂片顶端平截，雄蕊着生其下；退化雌蕊长1毫米；雌花中子房近瓶状；退化雄蕊长约1毫米。蒴果宽椭圆形，长1-1.8厘米，径0.9-1.4厘米。种子1，椭圆形，长1-1.5厘米，有光泽，假种皮紫褐色。花期3月，果期6-10月。

图 1250 独子藤 （张宏则仿绘）

产湖南、广东、海南、广西、贵州、云南及西藏，生于海拔300-1500米山坡密林中或灌丛湿地。印度、巴基斯坦、孟加拉、缅甸及越南有分布。

5. 美登木属 **Maytenus** Molina

灌木或小乔木，多直立，稀藤状。枝常具密刺或疏刺，稀无刺；小枝刺状，着叶生花或不长花叶，稀不为刺状。叶互生或在短枝上簇生；无托叶。聚伞花序或排成圆锥状，簇生或单生叶腋，有时生于短枝顶端。花小，5数，稀4数；花盘肉质，扁平或稍隆起；雄蕊生于花盘边缘上或下面，心皮2-3，子房陷入花盘中，与花盘贴合，2-3室，稀1室，每室具2胚珠，稀1胚珠，花柱长短不一，柱头2-3裂。蒴果2-3裂，室背开裂，果瓣通常革质或近木质；有种子（1）2-6。种子具杯状假种皮，通常包种子基部，稀包近全部。

约300种，主要分布热带及亚热带地区，以非洲、南美洲分布最为集中。我国约20种和1变种。本属有些种类有抗肿瘤作用，对肺癌和急性淋巴细胞白血病等有一定疗效。

1. 叶较小，长1-7.5厘米，稀长达14厘米；植株通常多刺，小枝刺状，着叶生花或小枝非刺状而多具针状刺，极少小枝无刺。
　2. 小枝刺状，着叶生花，并有细刺；常为多刺灌木；花白或白绿色，稀淡黄色。
　　3. 小枝及叶柄均密被短毛，老时渐无毛。
　　　4. 子房2心皮；蒴果扁，稍呈倒心状，2裂，长5-8毫米；花序短，花序梗长0.5-1厘米；花白或淡黄色，径3-5毫米；叶柄长3毫米以下 ·················· **1. 变叶美登木 M. diversifolius**
　　　4. 子房3心皮；蒴果三角状圆锥形，3裂，长1-1.2厘米；花序梗长1-2厘米；花白绿色，径5-8毫米；叶

　　柄长3-8毫米 ·· 2. 小檗美登木 **M. berberoides**

　　3. 小枝光滑无毛；叶窄椭圆形或椭圆状披针形，长达12厘米，先端钝；聚伞花序2-3次分枝，花序梗粗，长

　　　0.3-1.3厘米；花淡黄色，径约5毫米 ··· 3. 刺茶美登木 **M. variabilis**

　2. 小枝顶端不为刺状，但常有散生针刺，刺上不着叶生花。

　　5. 叶长1.5-4厘米，宽0.5-2厘米，宽倒卵形、倒卵形或椭圆形，叶柄不带红色。

　　　6. 种子具囊状假种皮，包种子全部，仅在顶端开口或侧面开裂；花序2-4次二歧分枝；叶先端钝，基部楔

　　　　形，侧脉5-6对，叶柄长2-4毫米 ··· 4. 被子美登木 **M. royleanus**

　　　6. 种子具杯状假种皮，包种子基部；花序为2-4次单歧分枝；叶先端圆，基部近圆，侧脉通常4对，叶柄

　　　　长1-2毫米 ··· 4(附). 金阳美登木 **M. jinyangensis**

　　5. 叶长2.5-7.5（-14）厘米，宽1.5-4（-6）厘米，窄椭圆形或窄倒卵形，叶柄带红色；聚伞花序有1-3次单

　　　歧分枝，有1-5花 ··· 4(附). 隆林美登木 **M. longlinensis**

1. 叶较大，长7-25厘米；小枝通常只有稀少针刺或无刺，老枝有刺，稀无刺。

　7. 聚伞花序单生叶腋，花序梗长1厘米以上；叶长7-12厘米，宽4-5.5厘米，基部窄缩或下延呈窄楔形 ········

　　·· 5. 滇南美登木 **M. austroyunnanensis**

　7. 聚伞花序1-6丛，生于叶腋短枝，花序梗长2-5（-10）毫米或无梗；叶长8-20厘米，宽3.5-8厘米，基部楔

　　形或宽楔形 ··· 6. 美登木 **M. hookeri**

1. 变叶美登木 变叶裸实　　　　　图 1251 彩片 307

Maytenus diversifolius（Maxim.）D. Hou in Fl. Males. 1（6）: 242. 1963.

Gymnosporia diversifolia Maxim. in Bull. Acad. St. Pétersb. 27: 459. 1881；中国高等植物图鉴 2: 661. 1972.

图 1251 变叶美登木 （引自《图鉴》）

灌木或小乔木，高达3米或更高。一、二年生枝刺状，灰棕色，常密被点状锈褐色短刚毛。叶倒卵形、宽卵形或倒披针形，形状大小均多变异，长1-4.5厘米，先端圆钝，稀微凹，基部楔形或下延，稀圆，边缘具极浅圆齿；叶柄长1-3毫米。圆锥聚伞花序1至数枚丛生刺枝，一次二歧分枝；花序梗长0.5-1厘米。花白或淡黄色，径3-5毫米；花萼裂片三角状卵形；花盘扁圆；雄蕊着生其外；子房大部生花盘内，无花柱，柱头圆。蒴果扁倒心形，最宽处5-7毫米，成熟时红或紫色，常2裂。种子椭圆形，黑褐色，基部具白色假种皮。

　　产台湾、福建南部、广东雷州半岛、香港、海南及广西南部，生于山坡路旁或海滨疏林中。日本有分布。全株有抗癌作用。

2. 小檗美登木　　　　　　图 1252

Maytenus berberoides（W. W. Smith）S. J. Pei et Y. H. Li in Acta Bot. Yunna. 3（2）: 239. 1981.

Gymnosporia berberoides W. W. Smith in Notes Roy. Bot. Gard. Edinb. 10: 38. 1917.

　　多刺灌木，高达2米。小枝粗刺状，或有时为假顶生的侧生刺代替，节上多有粗短刺，幼枝和叶柄密被短毛。叶宽倒卵形或椭圆形，长1.2-5厘米，先端圆，有时内凹，基部楔形，边缘具浅锐齿或近全缘，侧脉4-7对；叶柄长3-8毫米。聚伞花序丛生于刺

状枝的短刺腋部, 2-4次分枝, 单歧或第一次二歧以后则为单歧分枝; 花序梗长1-2厘米。花白绿色, 径5-8毫米; 花萼裂片5, 三角状卵形或长圆状卵形; 花瓣长圆形或窄长卵形; 花盘扁, 微5裂; 雄蕊生于花盘外侧边缘, 花丝长1.5毫米; 子房有短花柱, 柱头3裂。蒴果倒圆锥形, 长1-1.2厘米, 3裂。

图 1252 小篦美登木 (王玢莹绘)

种子椭圆形, 基部有白色、杯状或不整齐2裂的假种皮。

产云南西北部及四川西南部。

3. 刺茶美登木 刺茶裸实 刺茶　　　　　　图 1253

Maytenus variabilis (Hemsl.) C. Y. Cheng, Fl. Reipubl. Popul. Sin. 45(3): 136. 1999.

Celastrus variabilis Hemsl. in Journ. Linn. Soc. Bot. 23: 124. 1886.

Gymnosporia variabilis (Hemsl.) Loes.; 中国高等植物图鉴 2: 662. 1972.

灌木, 高达5米。小枝先端常呈粗刺状, 腋生刺较细。叶椭圆形、窄椭圆形或椭圆状披针形, 稀倒披针形, 长3-12厘米, 先端尖或钝, 基部楔形, 边缘具密浅锯齿, 侧脉较细弱, 网脉不明显; 叶柄长3-6毫米。聚伞花序生于刺状小枝及非刺状长枝上, 有1-3次二歧分枝; 花序梗长0.3-1.3厘米。花淡黄色, 径5-6毫米; 花萼裂片卵形, 边缘有微齿; 花瓣长圆形; 雄蕊较花

图 1253 刺茶美登木 (冯晋庸绘)

瓣稍短; 花盘圆而肥厚; 子房基部约1/3与花盘合生; 花柱短, 柱头3裂, 裂片扁。蒴果三角状宽倒卵形, 长1.2-1.5厘米, 成熟时红紫色, 3室, 每室仅1种子成熟。种子倒卵柱状, 长约7毫米, 深棕色, 有光泽, 基部具浅

杯状淡黄色假种皮。花期6-10月, 果期7-12月。

产湖北西部、四川东部及东南部、贵州及云南南部, 生于岩边、草地、多石斜坡。

4. 被子美登木　　　　　　　　　　图 1254

Maytenus royleanus (Wall.) Cufod. in Senk Biol. 43: 3131. 1962.

Celastrus royleana Wall. Cat. no. 4817. 1830.

多刺灌木。刺粗壮, 长1-2.5厘米, 新枝生于刺腋。叶倒卵形或椭圆形, 长1.5-4厘米, 宽0.5-2厘米, 先端骤尖或钝, 稀圆, 基部楔形, 近全缘或有不明显浅齿, 侧脉5-6对, 细而不明显; 叶柄长2-4毫米。聚伞花序有2-4次二歧分枝, 有1-7花。蒴果倒三角状, 长约1厘米, 通常3裂; 果序

柄极短, 长2-3毫米, 分枝及果柄均长约5毫米。种子长圆状, 长约6毫米, 黑色, 假种皮枣红色, 包种子近全部, 仅顶端开口, 有时侧裂。

产新疆西部及西藏南部。印度、巴基斯坦、阿富汗有分布。

[附] 金阳美登木 **Maytenus jinyangensis** C. Y. Cheng in Journ. Sichuan. Univ. 1985(2)：88. 1985. 本种与被子美登木的区别：叶先端圆，基部近圆，侧脉通常4对，叶柄长1-2毫米；聚伞花序有2-4次单歧分枝；种子具杯状假种皮，包种子基部。产四川近中部及南部、云南东北部，生于山坡林缘。

[附] 隆林美登木 **Maytenus longlinensis** C. Y. Cheng et W. L. Sha in Acta Phytotax. Sin. 19(2)：234. 1981. 与被子美登木的区别：叶长2.5-7.5(-14)厘米，宽1.5-4(-6)厘米，窄椭圆形或窄倒卵形，叶柄带红色；聚伞花序有1-3次单歧分枝，有1-5花。产广西西北部、云南东南部及南部，生于石灰岩山地杂木林中或江边干旱石缝中。

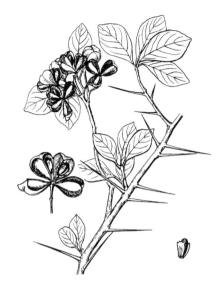

图 1254 被子美登木 （王玢莹绘）

5. 滇南美登木 图 1255 彩片 308

Maytenus austroyunnanensis S. J. Pei et Y. H. Li in Acta Bot. Yunnan. 3(2)：245. 1981.

灌木，高达3米。小枝无刺，二年生以上枝常有针状刺，刺直或微下弯。

叶倒卵状椭圆形、椭圆形或长圆状椭圆形，长7-12厘米，先端骤尖或钝，有小短尖，基部窄缩或下延呈窄楔形，具锯齿，侧脉7-9对，小脉不明显；叶柄长5-7毫米。聚伞花序单生叶腋，有2-3次二歧分枝；花序梗较粗，长1厘米以上，分枝稍短。花梗长4-6毫米；花白色，径6-8毫米；萼片宽卵形；花瓣长圆状卵形，花盘微5裂；雄蕊生于花盘外边，长1.2-1.5毫米。蒴果陀螺状，长1.2厘米，成熟时果皮增厚变硬。种子棕红色；假种皮白色，干后淡黄色，浅杯状或有2-3裂。

图 1255 滇南美登木
（引自《中国植物志》）

产云南南部及西南部，生于海拔500-900米路旁、江边灌丛中。抗癌植物，制成片剂、针剂或中草药复方、单方、水煎剂，经临床验证均有一定疗效。

6. 美登木 图 1256 彩片 309

Maytenus hookeri Loes. in Engl. u. Prantl, Nat. Pflanzenfam. ed. 1942. 20B：140. 1942.

灌木，高达4米。小枝通常少刺，老枝具疏刺。叶椭圆形或长圆状卵形，长8-20厘米，宽3.5-8厘米，先端渐尖或长渐尖，基部楔形或宽楔形，边缘有浅锯齿，侧脉5-8对；叶柄长0.5-1.2厘米。聚伞花序1-6丛生于短枝，通常有2-4次单歧分枝或第一次二歧分枝；花序梗细，长2-5毫米，有

时无梗或稀长1厘米。花梗细，长3-5毫米；花白绿色，径3-5毫米；雄蕊生于扁圆形花盘外侧下面，花丝长约2毫米；子房2室，柱头2裂。蒴

果扁，倒心形或倒卵圆形，长0.6-1.2厘米，果皮薄，易碎，2裂。种子长卵圆形，棕色；假种皮浅杯状，白色，干后黄色。

产云南南部及西南部，生于山地或山谷林中。印度及缅甸有分布。植株含美登木素、美登普林和美登布丁3种抗癌有效成分，对多种癌症有一定疗效。

图 1256 美登木 （冯晋庸绘）

6. 膝柄木属 Bhesa Buch.-Ham. ex Arn.

常绿乔木，具板根。叶互生，侧脉平行排列，全缘；叶柄先端与叶基部连接处呈膝状弯曲，托叶膜质，卵形或披针形，脱落后留有大托叶痕。花两性；聚伞花序排成总状或圆锥状，单生或2至数个簇生于枝侧或假顶生。花萼、花瓣、雄蕊均5；花盘肉质，边缘浅裂或深裂；雄蕊着生花盘边缘上或边缘之外；心皮2，合生，子房2室，每室2胚珠，花柱2，分离或基部合生。蒴果纵裂成2瓣或一边开裂。种子1-2，假种皮肉质，白色或棕色，包种子大部或部分。

约6种，主要分布于南亚热带地区热带雨林中。我国1种。

膝柄木 库林木　　　　　　　　　图 1257 彩片 310

Bhesa robusta (Roxb.) D. Hou in Blumea Suppl. 4: 152. 1958.

Celastrus robustus Roxb. Hort. Beng. 18. 1814.

乔木，高10米以上。小枝粗，紫棕色，粗糙，有较大叶痕和芽鳞痕。

叶长圆状窄椭圆形或窄卵形，长11-20厘米，先端尖或短渐尖，基部圆或宽楔形，稀平截或浅心形，侧脉14-18对，中脉和侧脉在叶下面极明显突起；叶柄圆柱状，粗壮，长2-3厘米，先端与叶基部连接处增大呈膝状弯曲。聚伞圆锥花序侧生于小枝上部，呈假顶生状；花序梗短或近无梗；花序轴有3-5分枝。花5数，径约

图 1257 膝柄木 （何顺清绘）

基部以上2/3处，并有条状或丝状延伸部分上达种子顶部。

产广西南部（合浦），生于海拔50米近海岸的坡地杂木林中。印度、越南及马来西亚有分布。

5毫米，黄绿色；萼片线状披针形，长约1.5毫米；花瓣窄倒卵形或长圆状披针形，长约2毫米；花盘浅盘状，雄蕊插生其外缘；子房近扁球形，上部近花柱处有疏毛丛。蒴果窄长卵形，长约3厘米，顶端喙状。种子1，椭圆状卵圆形，长约1.5厘米，棕红或棕褐色；假种皮淡棕色，包被种子

7. 巧茶属 Catha Forssk.

灌木，高达5米。小枝密被细小白色点状皮孔。叶对生，椭圆形或窄椭圆形，长4-7厘米，先端钝，短渐尖，基部窄楔形稍下延，边缘具明显密钝锯齿；叶柄长3-8毫米。花两性；聚伞花序单生叶腋，较短小，长宽均为1.5-2厘米，3-4次二歧分枝；花序梗、分枝及花梗均短粗；小聚伞具3花。花小，径3-5毫米，白色；花萼5裂，裂片三角状卵形；花瓣5，长圆状窄卵形或窄长圆形；雄蕊5，花丝明显，生于花盘外侧；花盘肥厚，浅杯状；心皮3，子房3室，每室具2胚珠，花柱短，柱头3裂。蒴果圆柱状，长约8毫米，成熟时每室具1或2种子。种子有极细点纹；假种皮橙红色，包种子下半部，并向下延伸呈翅状。

单种属。

巧茶　　　　　　　　　　　　　　　　　　　　　　图 1258

Catha edulis Forssk. Fl. Aegypt Arab. 63. 1775.

形态特征同属。

原产热带非洲。海南兴隆及广西南宁引种栽培。叶可制茶或酿酒，有兴奋作用。

8. 假卫矛属 Microtropis Wall. ex Meisn.

常绿或落叶，灌木或小乔木。小枝常绿色，无毛，多少四棱形。叶对生，全缘；无托叶。聚伞花序或聚伞圆锥状花序腋生或生于新枝基部。花小，两性，稀单性；花部多为5数，较少4数，稀6数；萼片边缘具不整齐细齿或缘毛，果期宿存，略增大；花瓣多白或黄白色；雄蕊常生于杯状花盘边缘；子房2室或不完全2室，稀3室，每室2胚珠，花柱短粗，柱头2-4浅裂或不裂。蒴果具短尖或尖喙，稀钝圆，沿一边倒裂，宿存萼片不反曲。种子1，直生于稍突起增大的胎座上，无假种皮，种皮常稍肉质呈假种皮状，具胚乳。

约60余种，分布于东亚、东南亚、美洲及非洲温暖地区。我国24种，1变种。

图 1258 巧茶 （余汉平绘）

1. 二歧聚伞花序，花序梗明显，分枝及小花梗较长，花排列疏散。
　2. 花5数。
　　3. 聚伞花序2-4次二歧分枝，花序梗长1-1.8厘米；叶窄椭圆形或窄长圆形，长6.5-13厘米，侧脉9-13对；蒴果圆柱形（未成熟）·······························1. **广序假卫矛 M. petelotii**
　　3. 聚伞花序1-2次二歧分枝。
　　　4. 花序梗长1.5-2厘米，花序有7朵花以上；叶先端宽圆，具长1.1-1.5厘米的尾尖，侧脉3-5对 ··········
　　　···2. **大叶假卫矛 M. macrophyllus**
　　　4. 花序梗较短，长不及1厘米，花序有3-7花；叶先端渐尖或尾状渐尖。
　　　　5. 叶较宽，长为宽的3倍以下；花序有3-7花，稀较多。
　　　　　6. 小枝近圆柱形；叶椭圆形或近卵状椭圆形，长3.5-7厘米，宽1.5-3.5厘米，侧脉4-7对，叶柄长约5毫米；枝叶和花干后具香味，以花为甚 ·······················3. **灵香假卫矛 M. submembranacea**
　　　　　6. 小枝四棱形；叶长圆状椭圆形或卵状窄椭圆形，长8-13厘米，宽2.5-5厘米，侧脉6-9对，叶柄长0.5-1厘米；枝、叶和花干后无明显香味 ·······························4. **方枝假卫矛 M. tetragona**
　　　　5. 叶较窄，长为宽的4-5倍，长圆状披针形、倒披针形或窄椭圆形，长5.5-10厘米，宽1-2.5厘米；聚伞花序有3花，稀5或7花 ·······································5. **三花卫矛 M. triflora**
　2. 花4数；聚伞花序有3-4次二歧分枝；花蕾尖塔形 ·······················6. **塔蕾假卫矛 M. pyramidalis**

1. 密伞或团伞花序,花序梗极短或几无梗(密花假卫矛的花序梗长1-2.5厘米)。
  7. 花序梗长1-2.5厘米;小枝、叶柄及花序梗常疏被短毛 ·················· 7. 密花假卫矛 M. gracilipes
  7. 花序梗长不及1厘米;植株无毛。
    8. 花序梗长3.5-8毫米;花4数,稀5数;叶长圆形或长圆状椭圆形,侧脉7-8对 ····················
    ················· 8. 云南假卫矛 M. yunnanensis
    8. 花序梗长2-5毫米;花5数,稀4-5数。
      9. 叶中部以上最宽,窄倒卵形或宽倒披针形,稀近菱状卵形 ·················· 9. 福建假卫矛 M. fokienensis
      9. 叶中部最宽,椭圆形、长圆形或长圆状椭圆形。
        10. 叶长3-10厘米,宽1-4厘米,先端钝尖或短渐尖,侧脉4-7对,叶柄长3-7毫米。
          11. 叶菱状椭圆形或倒卵状菱圆形;花盘浅盘状;蒴果长1.5厘米 ··· 10. 少脉假卫矛 M. paucinervia
          11. 叶长圆状椭圆形或卵状窄椭圆形;花盘浅盘状;蒴果长1.5厘米 ·················
          ··········· 10(附). 网脉假卫矛 M. reticulata
        10. 叶长5-19厘米,宽2-11厘米,两端渐窄,叶柄长0.5-1.5厘米。
          12. 侧脉直伸,7-11对,叶下面干后棕褐色;花序有3-7花;蒴果平滑 ·················
          ··········· 11. 斜脉假卫矛 M. obliquinervia
          12. 侧脉弧形弯曲,5-8对,叶下面干后灰棕色;花序有7-15花;蒴果有细疣点 ·················
          ··········· 12. 异色假卫矛 M. discolor

1. 广序假卫矛　　　　　　　　　　图 1259

Microtropis petelotii Merr. et Freem. in Proc. Am. Acad. 73: 291. 1940.

灌木或小乔木,高达10米。小枝近四棱形,紫褐色。叶窄椭圆形或窄长圆形,长6.5-13厘米,先端渐尖或骤渐尖,基部楔形,稀近宽楔形,全缘,中脉细,在两面凸起,侧脉9-13对,斜直;叶柄长0.8-1.2厘米。聚伞花序腋生或侧生,多为3-4次二歧分枝,花枝疏而平展;花序梗长1-1.8厘米,第一次分枝长5-7毫米,二次以上分枝渐短,1-2次二歧分枝上均无中央花,偶具5-8毫米长的花序轴。花5数;花萼裂片肾状半圆形,外面两片明显较小;花瓣长圆状椭圆形,长2.5-3毫米;花盘环状或浅杯状,5浅裂;雄蕊花丝长不及1毫米,花药棒状心形;子房三角锥形。蒴果近圆柱状(未熟),长约1.5厘米。

图 1259 广序假卫矛 (引自《图鉴》)

产广西西部、贵州东南部及云南东南部,生于海拔1300-1900米密林湿地中。越南有分布。

2. 大叶假卫矛　　　　　　　　　　图 1260

Microtropis macrophyllus Merr. et Freem. in Proc. Am. Acad. 73: 292. 1940.

灌木,高达3米。小枝细,径约1.3毫米,棕褐色。叶长圆形或长椭圆形,长8-15厘米,先端圆,具窄长尾尖,尾尖长1.1-1.5厘米,基部宽楔形,全缘,上面黄绿色,下面绿色,侧脉疏离,3-5对,弧形,与主脉均在下面明显突起;叶柄长0.5-1厘米。聚伞花序多为腋外侧生,1-2次二歧分

枝；花序梗长1.5-2厘米；第一次分枝长约1.5厘米。花梗长约1厘米或稍长,花5数。蒴果（未熟）纺锤状,长约5厘米,径约1.3厘米,顶端具锥状粗喙,宿存花萼稍增厚,近革质,半圆形或肾形,宽3.5-4毫米。

产云南东南部及西藏东南部,生于海拔1500-1700米山坡密林湿地。印度有分布。

图 1260 大叶假卫矛 （引自《中国植物志》）

3. 灵香假卫矛

图 1261：1-2

Microtropis submembranacea Merr. et Freem. in Proc. Am. Acad. 73: 291. 1940.

灌木,高达4米。枝、叶、花干后具香气,以花为甚。叶椭圆形或卵状椭圆形,稀宽披针形,长3.5-7厘米,宽1.3-3.5厘米,先端骤渐尖,基部宽楔形,侧脉4-7对,两面凸起；叶柄长约5毫米。聚伞花序腋生,具3-7花,侧生或顶生,二歧分枝；花序梗长0.5-1厘米；分枝长2.5-3.5毫米。花梗长约1.5毫米；花5数；花萼裂片半圆形；花瓣宽倒卵形,长约2毫米；花盘浅杯状,5浅裂,裂片圆；花丝长约1毫米,花药长宽近相等；子房窄卵圆形,花柱粗。蒴果宽椭圆形,长1.5厘米,径5-6毫米。

产广东雷州半岛及海南,生于海拔约1000米山地密林中。

图 1261：1-2.灵香假卫矛 3-4.方枝假卫矛 （引自《中国植物志》）

4. 方枝假卫矛

图 1261：3-4

Microtropis tertragona Merr. et Freem. in Proc. Am. Acad. 73: 290. 1940.

灌木或小乔木。小枝紫褐色,四棱形。叶长圆状椭圆形或卵状窄椭圆形,长8-13厘米,宽2.5-5厘米,先端渐尖,稀镰状渐尖,基部楔形,侧脉6-9对,细弱,弧形上升；叶柄长0.5-1厘米。聚伞花序疏散开展,花序梗细,长0.5-1厘米,分枝长3-5毫米,有3-7花,稀稍多。花梗长1.5-3毫米；花5数；花萼裂片近半圆形；花瓣长圆状椭圆形或稍倒卵状宽椭圆形；花盘薄环状,5浅裂或不裂；雄蕊短小,无明显花丝；子房宽三角状卵圆形,柱头常4裂。蒴果近长椭圆形,长约2厘米,顶端常具短喙,果皮具细棱线。

产广西中东部及云南西北部,生于海拔1000-2000米林中或近溪旁。

5. 三花假卫矛 图 1262

Microtropis triflora Merr. et Freem. in Proc. Am. Acad. 73: 288. 1940.

灌木,高达5米。叶长圆状披针形、窄椭圆形或宽倒披针形,长5.5-10厘米,宽1-2.5厘米,先端窄长而稍尖,基部窄楔形或渐窄,侧脉6-8对,稍弧状;叶柄长达1.5厘米。聚伞花序腋生或侧生,有时顶生,常具3花,稀有5或7花;花序梗长0.6-1.2厘米,中央花无花梗,两侧花具细梗,梗长2.5-6毫米。花5数;花萼裂片宽半圆形,长约1.5毫米,边缘具棕褐色细齿状缘毛;花瓣倒卵状椭圆形,长约3毫米,盛开时外展;花盘杯状,稍肉质,裂片弧形;雄蕊长约2毫米;子房近瓶状,柱头明显。蒴果倒卵状椭圆形,长

图 1262 三花假卫矛 (冯晋庸绘)

约1.5厘米。种子倒卵状椭圆形,红棕色。

产湖北西南部、四川东部及中南部、贵州及云南东北部,生于海拔1300-2100米山坡林缘或林中。

6. 塔蕾假卫矛 图 1263

Microtropis pyramidalis C. Y. Cheng et T. C. Kao in Acta Phytotax. Sin. 26(4): 313. t. 4. 1988.

小灌木,高达1.5米。小枝紫褐色,微具棱。叶椭圆形或长圆状椭圆形,长7-11厘米,先端渐尖或尾状渐尖,基部楔形或宽楔形,主脉在两面突起,侧脉4-7对,弧形;叶柄长5-9毫米。聚伞花序通常侧生,3-4次二歧分枝,分枝细弱疏展;花序梗长1-2厘米,第一次分枝长0.5-1.5厘米,以下的渐短。花梗长约3毫米或不显著;花蕾细长圆锥状,长3-3.5毫米;花白色,4数;花萼裂片倒三角状半圆形;花瓣长圆形,长约3毫米;花盘薄,窄环状;雄蕊与雌蕊近等长,花丝短而扁;子房圆锥形,长约1.5毫米。

图 1263 塔蕾假卫矛 (引自《图鉴》)

产广西西南部及云南东南部,生于海拔800-1500米山谷溪边或密林湿地。

7. 密花假卫矛 团花假卫矛 图 1264

Microtropis gracilipes Merr. et Metc. in Lingnan Sci. Journ. 14: 88. f. 6. 1937.

Microtropis confertiflora Merr. et Freem.; 中国高等植物图鉴 2: 663.

1972.

灌木,高达5米。小枝稍具棱。叶宽倒披针形、长圆形、长圆倒披针形

或长椭圆形，长5-11厘米，先端渐尖或窄渐尖，基部楔形，边缘干后棕白色，稍反卷，主脉在两面凸起，有时下面脉上疏被短毛，侧脉7-11对，直伸；叶柄长3-9毫米。密伞花序或团伞花序腋生或侧生；花序梗长1-2.5厘米，顶端无分枝或有短分枝，分枝长1-3毫米；花无梗，密集近头状。花5数；萼片近肾圆形，宿存；花瓣近肉质，宽椭圆形，长约4毫米；花盘环状；雄蕊长约1.5毫米，花丝显著；子房近球形或宽卵圆形，花柱长而粗，柱头4浅裂或微凹。蒴果宽椭圆形，长1-1.8厘米；宿存萼片稍增大，微被白粉。种子椭圆形，种皮暗红色。

产福建西北部、广东东部及北部、广西、贵州东南部及西南部、湖南西南部，生于海拔700-1500米山谷林中湿地、溪旁或河畔。

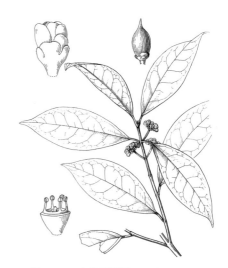

图 1264　密花假卫矛　（引自《图鉴》）

8.　云南假卫矛　　　图 1265

Microtropis yunnanensis (Hu) C. Y. Cheng et T. C. Kao, Fl. Reipubl. Popul. Sin. 45(3)：165. 1999.

Microtropis illicifolia (Hayata) Koidz. var. *yunnanensis* Hu in Bull. Fan Mem. Inst. Biol. Bot. 7：214. 1936.

灌木或小乔木，高达9米。叶长圆形或长圆状椭圆形，长4-10厘米，先端渐尖或窄渐尖，常弯向一侧，基部楔形或宽楔形，边缘稍反卷，侧脉7-8对，弧形上升；叶柄长5-9毫米。团伞花序腋生或侧生；花序梗长3.5-8毫米；常具1-3花，稀较多，中央花无梗，两侧花无梗或具短梗。花4数，稀5数；萼片厚，近半圆形，边缘具

图 1265　云南假卫矛　（引自《中国植物志》）

约1毫米。蒴果长圆状椭圆形，长1.5-1.8厘米。

产广西西部、贵州西南部及中部、云南东南部，生于海拔1500-2000米林缘或林中。

深褐色细齿状缘毛或近全缘；花瓣宽椭圆形，长约3毫米；花盘环形，厚肉质，裂片钝三角形或近平截；雄蕊4，稀5；子房宽圆锥形，花柱粗，长

9.　福建假卫矛　　　图 1266：1-4

Microtropis fokienensis Dunn in Journ. Linn. Soc. Bot. 38：375. 1908.

小乔木或灌木，高达4米。小枝近4棱。叶窄倒卵形、宽倒披针形、倒卵状椭圆形或菱状椭圆形，长4-9厘米，先端窄骤尖或近渐尖，稀短渐尖，基部渐窄或窄楔形，侧脉4-6对；叶柄长2-8毫米。密伞花序短小，腋生

或侧生，稀顶生；花3-9；花序梗长1.5-5毫米，通常无明显分枝。花梗极短或几无梗；花4-5数；花萼裂片半

圆形，覆瓦状排列；花瓣宽椭圆形或椭圆形，长约2毫米；花盘环状，裂片扁宽半圆形；雄蕊短于花冠；子房卵球形，花柱较明显，柱头4浅裂。蒴果椭圆状或倒卵状椭圆形，长1-1.4厘米。

产安徽南部、浙江、福建、台湾、江西、湖南西南部及广西，生于海拔800-2000米山坡或沟谷林中。

10. 少脉假卫矛   图 1267

Microtropis paucinervis Merr. et Chun ex Merr. et Freem. in Proc. Am. Acad. 73：285. 1940.

灌木或小乔木。小枝具明显或不甚明显的4棱，紫褐色。叶椭圆形、菱状椭圆形或近倒卵状椭圆形，长3-8厘米，宽1-4厘米，先端钝尖，稀短渐尖，基部楔形或宽楔形，边缘外卷，侧脉4-7对，直伸；叶柄长3-7毫米。聚伞花序腋生或侧生；花序梗及花梗极短或几无梗。花5数；萼片革质、肾形，宽约2毫米，边缘具细长缘毛；花瓣长约2.5毫米，有时先端微具缺刻；雄蕊短；花盘浅盘状，全缘或稍拱起；子房圆锥状。蒴果椭圆状，长约1.5厘米，宿存萼片厚革质。

产广东南部及沿海岛屿、香港、海南及广西南部，生于海拔约1200米山顶。

[附] **网脉假卫矛 Microtropis reticulata** Dunn in Journ. Bot. 47：375. 1909. 本种与少脉假卫矛的区别：叶长圆状椭圆形、窄椭圆形或卵状窄椭圆形，长达10厘米；花盘环状；蒴果长约2厘米。产香港、广东及沿海岛屿。

11. 斜脉假卫矛   图 1266：5-6

Microtropis obliquinervia Merr. et Freem. in Proc. Am. Acad. 73：286. 1940.

灌木或小乔木，高达5米。小枝上部有时微呈扁圆柱形。叶长圆状披针形、长椭圆形或长圆状椭圆形，长5-19厘米，宽2-5.5厘米，先端渐尖或长渐尖，基部渐窄下延，窄楔形或楔形，边缘稍反卷，主脉较粗，侧脉7-11对，在两面均凸起，网脉清晰；叶柄长0.5-1.5厘米。密伞花序腋生或

图 1266：1-4.福建假卫矛 5-6.斜脉假卫矛
（引自《中国植物志》）

图 1267 少脉假卫矛 （引自《中国植物志》）

侧生，稀顶生，花序梗长2-5（-8）毫米；分枝短或极短；花3-7朵，稀7朵以上。花梗不明显或几无梗，花5数，萼片圆宽，近半圆形；花瓣长圆状椭圆形或略倒卵状椭圆形，长约3毫米，宽约2毫米；花盘环状，稍肉质，裂片不明显或弧状突起；雄蕊花丝长约1毫米；子房三角锥状，柱

头2-4裂。蒴果宽椭圆形，长1.2-1.4毫米，径7-8.5毫米。

产湖南、广东、广西、贵州及云南东南部，生于海拔700-1300米山地林中或水边。

12. 异色假卫矛　　　　　　图 1268

Microtropis discolor Wall. ex Arnott in Ann. Nat. Hist. 3: 151. 1833.

灌木或小乔木，高达7米。叶厚纸质或近革质，长圆形或椭圆形，有时近宽披针形或倒卵状椭圆形，长7.5-19厘米，宽2.5-8厘米，先端尾状渐尖，尾长达1.5厘米，基部楔形或宽楔形，上面干后灰绿色，下面灰棕色，中脉于叶两面突起，下面尤明显，侧脉5-8对，细长弧形，两面凸起；叶柄长0.5-1厘米。团伞花序腋生或侧生；花序梗长2.5-6毫米，一次分枝长1.5-2.5毫米，二次分枝长约1毫米或不明显；花7-15朵。花梗极短；花5数；萼片半圆形，覆瓦状排列，边缘具深褐色不整齐细齿；花瓣稍肉质，长圆形，长2.5-3.5毫米，内侧中央具脊状隆起；花盘环状；雄蕊花丝长1.5-2.5毫米；子房椭圆状卵形，无明显花柱；柱头4裂。蒴果宽椭圆形，长1-1.4厘米，径0.8-1厘米，果皮具疣点所形成的纵棱线。

图 1268 异色假卫矛　（引自《图鉴》）

产云南东南部、南部及西北部，生于海拔800-1500米地带。印度、缅甸、越南、泰国及马来西亚有分布。

9. 雷公藤属 Tripterygium Hook. f.

落叶藤状灌木。小枝常具4-6棱。叶互生，边缘有锯齿；具叶柄，托叶细小，早落。聚伞花序排成大型圆锥状，顶生或腋生；小聚伞花序有花2-3朵，花序梗粗。花杂性，绿或黄绿色，径3-5毫米；萼片5；花瓣5；花盘扁平，全缘或极浅5裂；雄蕊5，生于花盘外缘，花丝细长，花药侧裂；子房三角形，下部与花盘愈合，不完全3室，每室具2直立胚珠，通常仅1室1胚珠发育，花柱短，单一，柱头3或6浅裂。蒴果具3片膜质翅。种子1，细柱状，无假种皮。

3种，分布东亚。我国均产。

1. 叶长不及8厘米；花序长5-7厘米；翅果长1.5厘米以下，中央果较宽大，中脉5条，翅较果窄 ⋯⋯⋯⋯⋯⋯⋯⋯⋯⋯⋯⋯⋯⋯⋯⋯⋯⋯⋯⋯⋯⋯⋯⋯⋯⋯⋯⋯ 1. 雷公藤 **T. wilfordii**
1. 叶长10-16厘米；花序长8厘米以上；翅果长1.2-2厘米，中央果短窄，中脉3条，翅较果宽。
  2. 叶薄革质，下面被白粉，无毛；果翅边缘平 ⋯⋯⋯⋯⋯⋯⋯⋯⋯ 2. **昆明山海棠 T. hypoglaucum**
  2. 叶纸质，下面无白粉，脉上有毛；果翅边缘波状 ⋯⋯⋯⋯⋯⋯⋯⋯⋯ 3. **东北雷公藤 T. regelii**

1. 雷公藤　　　　　　图 1269: 1-6 彩片 311

Tripterygium wilfordii Hook. f. in Benth. et Hook. f. Gen. Pl. 1: 368.

1862.

藤状灌木，高达3米。小枝棕红

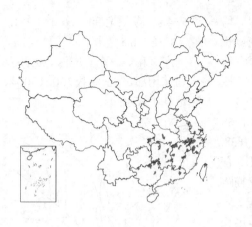

色，具4-6细棱，密被锈色短毛及细密皮孔。叶椭圆形、倒卵状椭圆形或卵形，长4-7.5厘米，宽3-4厘米，先端骤尖或短渐尖，基部宽楔形或圆，边缘有细锯齿，侧脉4-7对；叶柄长5-8毫米，密被锈色毛。聚伞圆锥花序长 5-7厘米，宽3-4厘米；花序轴、分枝及花梗均被锈色毛，花序梗长1-2厘米。花梗长约4厘米；花白绿色，径4-5毫米；萼片先端骤尖；花瓣长圆状卵形，5数；花盘5浅裂，雄蕊生于花盘浅裂内凹处，花丝长约3毫米；子房完全3室，通常仅1室1胚珠发育。翅果长圆形，长1-1.5厘米，径1-1.2厘米，具3片膜质翅，翅上有斜生侧脉，中央果体较宽，中央脉1，两侧各具2侧脉。种子细柱状，长达1厘米，黑色。

产台湾、福建、江苏南部、浙江、安徽南部、江西、湖北、湖南、广东及广西，生于山地林内。朝鲜及日本有分布。有剧毒，根治麻风、类风湿关节炎，外用治腰带疮、烧伤、皮肤发痒。

图 1269: 1-6.雷公藤　7-11.昆明山海棠　12-16.东北雷公藤　（冯怀伟绘）

2. 昆明山海棠　火把花　　　图 1269: 7-11 彩片 312

Tripterygium hypoglaucum (Lévl.) Hutch. in Kew Bull. 1917: 101. 1917.

Aspidopteris hypoglaucum Lévl. Fedde, Repert. Sp. Nov. 9: 458. 1911.

藤状灌木，高达4米。小枝有4-5棱，密被棕红色毡状毛，老枝无毛。

叶薄革质，长圆状卵形、宽卵形或窄卵形，长6-11厘米，宽3-7厘米，先端长渐尖、短渐尖，稀骤钝尖，基部圆、平截或微心形，边缘具浅疏锯齿，侧脉5-7对，疏离，上面绿色，偶被厚粉，下面被白粉，灰白色，无毛；叶柄长1-1.5厘米，密生棕红色柔毛。圆锥状聚伞花序生于小枝上部，呈蝎尾状多次分枝，顶生者有花50朵以上，侧生者较小；花序梗、分枝及小花梗均密被锈色毛。花绿色，径4-5毫米；萼片近卵圆形；花瓣长圆形或窄卵形；花盘微4裂；雄蕊着生于花盘边缘，花丝细，长2-3毫米；子房具3棱，花柱圆柱形，柱头膨大。翅果长圆形或

几圆形，果窄椭圆形，宽3-4毫米，长为总长的1/2，宽为翅1/4或1/6，中脉明显，侧脉稍短，与中脉密接，翅缘平。

产安徽南部、浙江、福建西北部、江西东北部、湖北、湖南、广东北部、广西东北部、贵州、云南及四川，生于山地林中。有剧毒，根和全株有祛风除湿、舒筋活血、消炎的功能。

[附] **东北雷公藤** 图 1269: 12-16 **Tripterygium regelii** Sprague et Takeda in Kew Bull. 1912: 223. 1912. 与昆明山海棠的区别：叶纸质，下面无白粉，脉上有毛；翅果之翅边缘呈波状。花期6-7月，果期7-8月。产吉林（长白山）及辽宁，生于海拔1100-2100米山地及林缘。朝鲜半岛及日本有分布。

10. 盾柱属 Pleurostylia Wight et Arn.

常绿乔木或灌木。叶对生，全缘；无托叶。花小，两性花，通常组成腋生、短小、1-2次分枝的聚伞花序。花5数；花盘杯状，雄蕊着生于花盘外缘；子房不与花盘合生，2室或退化为1室，每室具2胚珠，仅1室2胚珠发育成熟，花柱极粗短，柱头盾状，随花开增长而向子房偏侧移位。果熟时不裂，果顶一侧有柱头迹，果皮革质，内果皮稍肉质呈假种皮状，包被种子；种子通常1，极稀2。

约4种，分布于非洲南部，马达加斯加和南亚一带温暖地区。我国1种。

盾柱　　　　　　　　　　　　　　图 1270

Pleurostylia opposita（Wall.）Alston in Trimen, Handb. Fl. Ceylon. Suppl. 48. 1931.

Celastrus opposita Wall. in Roxb. Fl. Ind. ed. Carey, 2: 898. 1824.

图 1270 盾柱 （引自《图鉴》）

小乔木或灌木，高达5米。叶近革质，菱状椭圆形或倒卵形，长3-7厘米，宽1.2-4厘米，先端钝或稍内凹，基部楔形、稍下延，侧脉5-6对，细而清晰；叶柄长2-6毫米。聚伞花序单生或2个并生于叶腋，1-2次分枝，花5-9朵，花序梗长2-3毫米。花小，黄绿色，径约3毫米；萼片5，扁圆形；花瓣5，长圆状椭圆形；花盘杯状；上部稍波状，雄蕊着生外缘，花丝长约1毫米，下部稍宽；子房瓶状，与花盘离生，顶端稍窄，柱头盾状。果卵形，仅1室1胚珠成熟，顶端偏侧有柱头迹，花萼宿存；果柄短。种子1，被稍肉质果皮所包。

产海南，生于山地密林中。印度、越南有分布。

11. 核子木属 Perrottetia Kunth

常绿或落叶小乔木或灌木。叶互生；托叶小，早落。聚伞花序排成圆锥状或总状，腋生；花小，两性或有时单性或杂性，同株或异株，5数或4数；花萼基部连合，萼片与花瓣近同形等大；花盘较薄，扁平或杯状；雄蕊着生花盘边缘，花丝钻状，花药近圆球形，纵裂；子房半陷入花盘内，下部与之贴合或完全分离，通常2室，每室具2基生直立胚珠，花柱粗短，柱头小，有时微凹。浆果小，球形，果皮薄，通常具2种子，稀为4种子。种子近圆形或圆柱形，外被薄的假种皮，种皮厚，常有皱纹或细突；胚乳薄，胚小。

约16种，主要分布中美洲、东南亚至澳洲亦有少数种类。我国3种。

1. 叶先端尾尖部分直而不弯；聚伞花序多花，排成窄总状；花4数或5数，雌雄异株 ……… **核子木 P. racemosa**
1. 叶先端尾尖部分向一侧弯曲呈镰状；聚伞花序呈圆锥状；花多4数，雌雄同株 ……………………………………
…………………………………………………………………………………… （附）. **台湾核子木 P. arisanensis**

核子木　　　　　　　　　　　　　　图 1271

Perrottetia racemosa（Oliv.）Loes. in Engl. Bot. Jahrb. 24: 201. 1897.

Ilex racemosa Oliv. in Hook. Icon. Pl. 19: t. 1863. 1889.

灌木，高达4米。小枝圆，具微棱。叶纸质，长椭圆形或窄卵形，长

5-15厘米，宽2.5-5.5厘米，先端长渐尖，尾尖部分直而不弯，基部宽楔形或近圆，边缘有细锯齿或近全缘；叶柄长0.6-2厘米。聚伞花序多花排成窄总状。花5数，白色，单性为主，雌雄异株；雄花径约3毫米；花萼与花瓣紧密排列，均具缘毛，花瓣稍大，花盘平滑，雄蕊着生花盘边缘，花丝细长，子房细

小，不育；雌花径约1毫米，花萼、花瓣直立，花盘浅杯状，雄蕊退化；子房2室，每室2胚珠，花柱顶2裂。果序长穗状，长4-7厘米。浆果红色，近球形，径约3毫米，每室种子1-2粒。

产湖北西南部、湖南西北部、贵州、四川、云南东南部及南部，生于较阴湿的沟谷和溪旁。

[附] **台湾核子木**　彩片 313 **Perrottetia arisanensis** Hayata, Ic. Pl. Formos. 5: 26. t. 4. 1915. 与核子木的区别：叶先端尾尖部分向上侧弯曲

图 1271 核子木 （冯晋庸绘）

呈镰状；聚伞花序呈圆锥状；花多4数，雌雄同株。产台湾，生于海拔650-2500米山坡、水边及林缘。

140. 翅子藤科 HIPPOCRATEACEAE
（向巧萍 傅立国）

藤本、攀援状灌木、灌木或小乔木。单叶，对生或近对生，稀互生；具柄，托叶小或无。花两性，辐射对称，簇生或为二歧聚伞花序。萼片5，覆瓦状排列，花瓣5，分离，覆瓦或镊合状排列；花盘杯状或垫状，有时不明显；雄蕊（2）3（4-5），生于花盘边缘，与花瓣互生，花丝舌状，扁平，花药基着；子房上位，多少与花盘愈合，3室，每室有2-12枚胚珠排成2行，中轴胎座，花柱短，锥尖状，常3裂或平截。蒴果或浆果。种子有时扁，具翅，无胚乳，子叶大而厚，合生。

1. 肉质或木质浆果；种子无翅；花常簇生叶腋，稀成聚伞花序；攀援状或蔓生灌木或小乔木 ·· **1. 五层龙属 Salacia**
1. 蒴果，扁，中缝开裂；种子有翅；二歧聚伞花序；木质藤本。
　2. 花瓣长4毫米以上，广展，花盘杯状，高1-1.5毫米 ·············· **2. 翅子藤属 Loeseneriella**
　2. 花瓣长不及3毫米，直立；花盘不明显 ·············· **3. 扁蒴藤属 Pristimera**

1. 五层龙属 Salacia Linn.

攀援状或蔓生灌木或小乔木。小枝节间常膨大。叶对生或近对生，全缘或有钝齿；具柄，无托叶。花簇生叶腋或腋上生于瘤状突起体上，稀成聚伞花序；具苞片。萼片5，常不等大；花瓣5，广展，覆瓦状排列；雄蕊

（2）3（4），花丝外弯，花药2室，纵裂或横裂；花盘肉质，垫状或杯状；子房圆锥状三角形，全部或大部藏于花盘内，每室1-12胚珠，花柱顶端平截。浆果，肉质或近木质。种子1-12，有棱，无翅，果肉多汁；外果皮干时革质或近木质。

约200余种，主产热带地区。我国约10种。

1. 果径达5厘米，种子1-4粒。
　　2. 叶长圆状椭圆形或长圆状披针形，疏生细齿；花2-4簇生；花梗长不及1毫米；果柄长5-6毫米 ……………………………………………………………………………… 1. **无柄五层龙** S. sessiliflora
　　2. 叶披针形，全缘；花多数簇生；花梗长0.6-1厘米；果柄长约1厘米 … 1（附）. **柳叶五层龙** S. cochinchinensis
1. 果径1厘米，种子1粒；叶椭圆形、窄卵圆形或倒卵状椭圆形，具浅钝齿；花3-6簇生；果柄长约6.5毫米 …………………………………………………………………………………… 2. **五层龙** S. prinoides

1. 无柄五层龙　　　　　　　　　　图 1272

Salacia sessiliflora Hand.-Mazz. in Anz. Akad. Wiss. Wien, Math.-Nat. 59: 56. 1922.

灌木，高达4米。小枝暗灰色，具瘤状小皮孔。叶薄革质，长圆状椭圆形或长圆状披针形，长10-15厘米，先端渐尖或钝，基部圆或宽楔形，疏生细齿，上面光亮，侧脉8-9对，下面显著突起，网脉横出；叶柄长0.5-1厘米。花2-4簇生于叶腋内瘤状突起体上。花梗长不及1毫米；萼片卵形，长约1毫米，具短纤毛；花瓣长圆形，长约2毫米；花盘杯状，高约0.6毫米；雄蕊花丝短，扁平，花药肾形；花柱圆锥形，长0.4毫米。浆果橙黄或橙红色，径2（-4.5）厘米；果柄长5-6毫米。种子3-4。花期6月，果期10月。

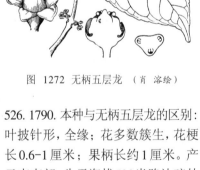

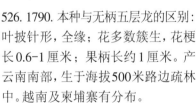

图 1272 无柄五层龙 （肖 溶绘）

526. 1790. 本种与无柄五层龙的区别：叶披针形，全缘；花多数簇生，花梗长0.6-1厘米；果柄长约1厘米。产云南南部，生于海拔500米路边疏林中。越南及柬埔寨有分布。

产湖南、广东、广西、贵州及云南东南部，生于海拔（200-）600-1600米山坡灌丛中。

　　[附] **柳叶五层龙** **Salacia cochinchinensis** Lour. in Fl. Cochinch.

2. 五层龙　　　　　　　　　　图 1273

Salacia prinoides（Willd.）DC. in Prodr. 1: 571. 1824.

Tontelea prinoides Willd. in Ges. Naturf. Fr. Neue Schr. 4: 184. 1803.

攀援灌木，长达4米。小枝具棱角。叶革质，椭圆形、窄卵圆形或倒卵状椭圆形，长（3-）5-11厘米，先端钝或短渐尖，具浅钝齿。上面光亮，下面褐绿色，侧脉6-7对；叶柄长0.8-1厘米。花3-6簇生叶腋内的瘤状突起体上。花梗长0.6-1厘米；萼片三角形，长约0.5毫米，具缘毛；花瓣宽卵形，长约3毫米，广展或外弯；花盘杯状，高约1毫米；雄蕊花丝短，扁平，药室叉开；每室2胚珠；花柱极短，圆锥形。浆果球形或卵圆形，径

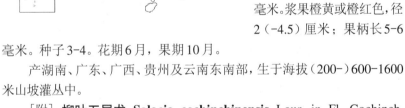

1厘米，成熟时红色，种子1粒；果柄长约6.5毫米。花期12月，果期翌年1-2月。

产广东西南部及海南，生于海拔60-700米林中。印度、东南亚有分布。根药用，可祛风除湿、通经活络。

图 1273 五层龙 （引自《图鉴》）

2. 翅子藤属 Loeseneriella A. C. Smith

木质藤本。枝和小枝对生或近对生，具皮孔，节间略粗。叶对生；具柄。聚伞花序腋生或生于小枝顶端。花梗和花序梗被毛，具小苞片；萼片5，窄；花瓣长4毫米以上，覆瓦状排列，全缘，广展；花盘肉质，杯状，有时基部具1垫状体；雄蕊3，广展或反折，花丝生于花盘边缘，花药外向；子房呈不明显三角形，大部或全部藏于花盘内，每室有4-6胚珠，花柱圆柱形，柱头不明显。蒴果（2）3聚生或因不育而单生，广展，扁，沿中缝开裂；外果皮薄，具纵条纹。种子4-8，基部具膜质翅。

约20种，产热带亚洲和非洲。我国5种。

1. 叶长圆状椭圆形，长（3）4-7厘米；花序梗长1.5-1.8厘米 ·················· 1. **程香仔树 L. concinna**
1. 叶长6-12（-21）厘米；花序梗长1.5-3厘米。
  2. 叶长椭圆形，先端骤渐尖；果托不膨大 ·················· 2. **翅子藤 L. merrilliana**
  2. 叶披针形或宽披针形，先端长尾尖；果托膨大 ·················· 2（附）. **皮孔翅子树 L. lenticellata**

1. 程香仔树

图 1274 彩片 314

Loeseneriella concinna A. C. Smith in Journ. Arn. Arb. 26: 170. f. 1. 1945.

藤本。小枝纤细，无毛，具粗糙皮孔。叶纸质，长圆状椭圆形，长（3）4-7厘米，先端钝或短尖，基部圆，疏生圆齿，侧脉4-6对，网脉显著；叶柄长2-4毫米。聚伞花序腋生或顶生，长与宽均2-3.5厘米，花疏生；花序梗长1.5-1.8厘米；苞片与小苞片三角形，长不及1毫米，边缘纤毛状。花梗长5-7毫米，被毛；萼片三角形，长约0.7毫米；花瓣淡黄色，长圆状披针形，长4-5毫米，背部顶端具附属物，边缘具纤毛；花盘杯状；花丝舌状，花药略圆形；子房三角形，大部藏于花盘内，每室胚珠4，花柱圆柱形。蒴果倒卵状椭圆形，长3-5厘米，顶端圆而微凹，种子4；果托不膨大。种子长约3厘米，基部具膜质翅。花期5-6月，果期

图 1274 程香仔树
（引自《Journ. Arn. Arb.》）

10-12月。

产广东东部及近中部、香港及广西东南部，生于山谷林中。

2. 翅子藤

图 1275

Loeseneriella merrilliana A. C. Smith in Journ. Arn. Arb. 26: 172.

1945.

藤本，小枝棕灰色，微呈四棱形，

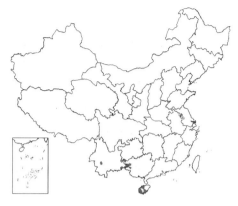

无毛，有时密被粗糙皮孔。叶薄革质，长椭圆形，长5-10(-18)厘米，先端骤渐尖，基部钝，具不明显锯齿，两面无毛，侧脉4-6对，网脉明显；叶柄粗，长5-8毫米。聚伞花序腋生或生于小枝顶端，长2.5-6厘米；花序梗密被粉状微柔毛，长1.5-3厘米；苞片和小苞片三角状，全缘，被粉状微柔毛。花梗长不及1.5毫米；花瓣长圆状披针形，长4-5毫米，背部具粉状毛；花盘杯状。蒴果椭圆形或倒卵状椭圆形，长4.5-6厘米；顶端圆或偏斜微缺，具3-4种子；果托不膨大。种子宽椭圆形，种翅膜质。花期5-6月，果期7-9月。

产海南、广西西部及云南东南部，生于海拔300-670米山谷林中。

[附] **皮孔翅子树 Loeseneriella lenticellata** C. Y. Wu, Fl. Reipubl. Popul. Sin. 46: 10. 290. 1981. 本种与翅子藤的区别：叶披针形或宽披针

图 1275 翅子藤 （引自《图鉴》）

形，先端长尾尖；果托膨大；小枝密被圆形小皮孔。产广西及云南，生于海拔650-1050米山谷林中。

3. 扁蒴藤属 Pristimera Miers

木质藤本。枝对生，稀互生，近圆形或四棱形，节间微膨大，有皮孔。叶对生，网脉突起；具柄。二歧聚伞花序单生或成对生于叶腋或小枝顶端，具花序梗。花具梗，有小苞片；萼片5，先端钝，边缘具齿；花瓣5，长不及3毫米，直立开展；花盘肉质，不明显；雄蕊3，花丝扁平，花药1室，横裂；子房扁三角形，3室，每室有并生或叠生胚珠2-6；花柱短，柱头不明显或微小。蒴果常3个聚生于膨大花托上，或单生，扁平，沿中缝开裂，外果皮薄革质，具线纹。种子2-6，基部具膜质翅，中间有1条明显脉纹。

约30种，主产中美、南美及热带亚洲。我国4种。

1. 花瓣长约1.5毫米，蒴果有2种子。
　　2. 叶长3.5-10厘米，宽2-5厘米；蒴果长2.5-4.5厘米，径1-1.5厘米。
　　　3. 幼枝和花序枝无毛；叶卵形、卵状椭圆形或披针形，叶柄长1-1.5厘米；蒴果径1-1.5厘米 ·················
　　　·············· 1. **扁蒴藤 P. indica**
　　　3. 幼枝和花序枝密被细刺状腺毛；叶椭圆形，叶柄长3-5毫米；蒴果径2-2.5厘米 ·················
　　　·············· 1(附). **毛扁蒴藤 P. setulosa**
　　2. 叶长8-15厘米；蒴果长6.5-8.5(-12)厘米，径2.5-3.8厘米 ············· 1(附). **二籽扁蒴藤 P. arborea**
1. 花瓣长2-3毫米；蒴果有6种子；叶近革质，长12-15厘米 ············· 2. **风车果 P. cambodiana**

1. 扁蒴藤　　　　　　　　　　图 1276

Pristimera indica (Willd.) A. C. Smith in Amer. Journ. Bot. 28: 440. 1941.

Hippocratea indica Willd. Sp. Pl. 1: 193. 1797.

藤本。小枝无毛。叶纸质，卵形或卵状椭圆形，稀披针形，长3.5-10厘米，宽2.5-5厘米，先端骤尖或钝，基部楔形，上部具不明显细齿，侧脉5-6对，网脉横出；叶柄长1-1.5厘米，具槽。聚伞花序长3-5厘米，无毛；苞片披针形，具疏细齿。花绿白色，花梗长约5毫米；萼片卵状三角形，膜质，具不整齐锯齿；花瓣长椭圆状三角形，长约1.5毫米；雄蕊长于花柱，花药近方形；花盘不明显；子房每室胚珠2，花柱近三角形。蒴果1-3，窄

长椭圆形，长3-4厘米，径1-1.5厘米，顶端圆而微凹。种子2颗，长约2.5厘米，种翅顶端微缺，具1中肋。花期5-7月，果期9-10月。

产广东雷州半岛及海南，生于低海拔灌丛中。印度、斯里兰卡、越南、马来西亚及菲律宾有分布。

[附] **毛扁蒴藤 Pris-timera setulosa** A. C. Smith in Journ. Arn. Arb. 26: 175. 1945. 本种与扁蒴藤的区别：幼枝及花序枝密被细刺状腺毛；叶椭圆形，叶柄长3-5毫米；蒴果径2-2.5厘米。产广西西南部及云南东南部，生于海拔600-1580米石灰岩山地疏林中。

[附] **二籽扁蒴藤 Pristimera arborea** (Roxb.) A. C. Smith in Journ. Arn. Arb. 26: 176. 1945. —— *Hippocratea arborea* Roxb. in Coast Cornom. 3: 3. pl. 205. 1819. 本种与扁蒴藤及毛扁蒴藤的区别：叶长8-15厘米，宽5-7厘米；蒴果窄椭圆形，长6.5-8.5（-12）厘米，径2.5-3.8厘

图 1276　扁蒴藤　（引自《图鉴》）

米；种子连翅长约6厘米。产广西西南部、云南南部及西南部，生于海拔300-1100米山坡或沟谷灌丛中。印度、不丹及缅甸有分布。

2.　风车果

图 1277

Pristimera cambodiana (Pierre) A. C. Smith in Journ. Arn. Arb. 26: 177. 1945.

Hippocratea cambodiana Pierre in Fl. For. Cochinch. 4: pl. 302b. 1893.

藤本。叶近革质，卵状长圆形、卵状椭圆形或卵状披针形，长12-15厘米，先端渐尖或钝尖，基部宽楔形，具不明显锯齿，侧脉6-7对，网脉横出，下面显著；叶柄长1-1.5毫米。花淡绿色，萼片长圆形；花瓣长2-3毫米；花丝扁平，花药近球形；花盘不明显；子房3室，与花柱均长不及1毫米，柱头微3裂。蒴果长圆形，长7-8（-12.5）厘米，扁平，先端斜截或偏斜微凹，基部圆钝，有6种子。种子扁

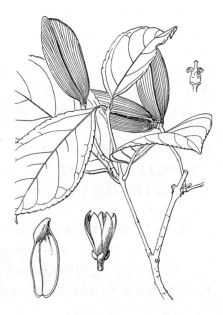

图 1277　风车果　（曾孝濂绘）

平，黑色。花期5-6月，果期翌年1-2月。

产广西南部及西南部、云南南部及西南部，生于海拔280-1500米山坡疏林中。柬埔寨、越南及缅甸有分布。

141. 刺茉莉科 SALVADORACEAE

（班 勤）

乔木或灌木。枝无毛或被白色绒毛，无刺或具腋生刺。托叶刚毛状；单叶对生，全缘。花小，两性或单性，辐射对称，成腋生及顶生总状花序或圆锥花序。花萼钟形或卵形，具3-4齿或4浅裂；花瓣4，分离或基部连合，芽时覆瓦状排列；雄蕊4，生于花冠筒或花瓣基部，与花瓣互生，花丝丝状或基部宽，分离或基部连合，花药卵形，背着，2室，药室背对背，纵裂，药隔常超出药室成一小尖突；无花盘，具4枚鳞片状腺体，与花丝互生；子房上位，2心皮，1-2室，或不完全4室，每室1-2倒生胚珠，直立，双珠被，花柱短，柱头全缘或2裂。果或核果，内果皮膜质或纸质，不裂。种子常1枚，直立，球形或扁，种皮薄或软骨质，无胚乳，子叶厚，基部心形，胚根直伸。

3属9种，分布于热带亚洲和非洲。我国1属1种。

刺茉莉属 Azima Lam.

直立或攀援灌木；无毛。分枝极多，揉之有腐败气味，具腋生刺，刺单个或成对。托叶极细小；叶对生，全缘。花小，单性或有时部分为两性，顶生和腋生总状花序或圆锥花序，或密伞花序腋生。花梗无或极短；花萼钟形，4浅裂或在雌花中为不规则2-4深裂；花瓣4，分离，长圆形或披针形。雄花的雄蕊4，与花瓣互生，长于花瓣，花丝细，分离，长圆形或披针形。雄花的雄蕊4，与花瓣互生，长于花瓣，花丝细，分离或基部连合，花药卵圆形；无退化子房。雌花具退化雄蕊4，花药不育，不伸出花瓣；子房球形，2室或不完全4室，花柱极短或近无，柱头2深裂。两性花与雌花相似，具4枚发育雄蕊。浆果球形或卵圆形，内果皮膜质，有1-3枚种子。种子圆形，扁平，无胚乳，种皮厚，革质。

约4种，分布于非洲南部至热带亚洲。我国1种。

刺茉莉

图 1278

Azima sarmentosa (Bl.) Benth. et Hook. f. Gén. Pl. 2: 681. 1876.

Actegeton sarmentosum Bl. Bijdr. 1143. 1826.

直立灌木，具长2-4米、攀援或下垂的枝条。小枝无毛，具腋生刺。叶纸质或薄革质，卵形、椭圆形、宽椭圆形、近圆形或倒卵形，长2.5-8厘米，先端尖，有时具小尖头，基部钝或圆，绿色，有光泽，中脉在两面突起；叶柄长0.5-1厘米，托叶钻形。圆锥花序或总状花序长4-15厘米。花小，雌雄异株或同株，淡绿色。雄花花萼钟形，深裂，裂片钝；花瓣稍长于花萼，长圆形，全缘或先端具细齿；雄蕊较花冠长；花梗无或近无。雌花花冠与雄花相同，但较短；退化雄蕊短于花瓣，不育花药戟形；子房2室或为不完全4室。两性花与雌花相似，具发育雄蕊。浆果球形，径约6毫米，白或绿色。种子1-3。花期1-3月。

图 1278 刺茉莉 （吴彰桦绘）

产海南，生于平原疏林下。印度、中南半岛、马来西亚及印度尼西亚有分布。

142. 冬青科 AQUIFOLIACEAE
（陈书坤）

乔木或灌木，常绿或落叶。单叶互生，稀对生或假轮生；具柄，托叶无或小，早落。花小，辐射对称，单性，稀两性或杂性，雌雄异株，组成腋生、腋外生或近顶生聚伞花序、假伞形花序、总状花序、圆锥花序或簇生，稀单生。花萼裂片4-6，覆瓦状排列；花瓣4-6，离生或基部合生，覆瓦状排列，稀镊合状排列；雄蕊与花瓣同数，且与之互生，花丝短，花药2室，内向，纵裂，或4-12，一轮，花丝短而粗或缺，药隔增厚，花药延长或增厚成花瓣状（如Sphenostemon属，我国不产），雌花具败育雄蕊，无花盘；子房上位，心皮2-5，合生，2至多室，每室具1（2）枚悬垂的横生或弯生胚珠，花柱短或无；雄花具败育雌蕊，近球形或叶枕状。果常为浆果状核果，具2至多数分核，常4分核，稀1分核，每分核具1种子。种子富含胚乳，胚小，直立，子叶扁平。

4属，约400-500种，分布中心为热带美洲和热带至温带亚洲，有3种至欧洲。我国1属，约204种。

冬青属 Ilex Linn.

常绿或落叶乔木或灌木。单叶互生，稀对生，叶全缘，具齿或具刺齿；具柄或近无柄，托叶小或无，早落或宿存。花小，辐射对称，单性，雌雄异株，组成聚伞花序或伞形花序，单生当年生枝叶腋或簇生于二年生枝叶腋，稀单花腋生。雄花花萼盘状，4-6裂；花瓣4-8，基部稍合生；雄蕊与花瓣同数，且与之互生；败育雌蕊近球形或叶枕状，具喙。雌花花萼4-8裂；花瓣4-8，伸展，基部稍合生；败育雄蕊箭头状或心形；子房上位，1-10室，花柱稀发育，柱头头状、盘状或柱状。浆果状核果，常球形，熟时红或黑色，具（1-）4-6（-18）分核，平滑、具条纹、棱及沟槽或多皱及洼点，内果皮木质、革质或石质。

400种以上，分布于热带、亚热带至温带地区，主产中南美洲和亚洲热带。我国约204种。

多为常绿树种，树冠优美，果色鲜红，有光泽，宿存枝头，为优美的观赏树种；花多而密，为良好的蜜源植物；一些种的木材坚韧细致；部分种药用，可清热解毒，消炎、镇咳、化痰及治疗心血管等疾病。产南美洲的巴拉圭茶(Ilex paraguariensis)及其它一些种为重要饮料，美洲东南部至古巴的Dahoon和我国的苦丁茶均作饮料和药用。

1. 常绿乔木或灌木；小枝均为长枝，无短枝，当年生枝常无皮孔。
  2. 果具14-15分核 ··· 1. **多核冬青 I. polypyrena**
  2. 果常具4-7分核，稀1或更多。
   3. 雌花序单生叶腋或雌花单生叶腋（三花冬青的雌花1-3簇生叶腋）；雄花序单生叶腋。
    4. 雄花序与雌花序均单生当年生枝叶腋；分核背部具单沟，或具3条纹或2沟。
     5. 花序聚伞状或假伞形；分核平滑，背部具纵沟，稀为印痕。
      6. 植株各部均被柔毛或部分被毛。
       7. 小枝、叶柄及花序梗等均密被毛。
        8. 小枝、叶柄及花序梗等均密被锈黄色具瘤基短硬毛 ··············· 2. **黄毛冬青 I. dasyphylla**
        8. 小枝、叶柄及花序梗等被非瘤基柔毛。
         9. 叶全缘；幼枝密被硫黄色卷曲柔毛 ······················· 3. **剑叶冬青 I. lancilimba**
         9. 叶具细齿或锯齿，稀全缘。
          10. 叶长7-20厘米，宽3-8厘米；雄花序为二至四回二歧聚伞花序，具12-20花；果径8毫米以上。
           11. 叶干后黑褐色，卵状椭圆形、长圆形或披针形；雄花序梗长0.9-1.2厘米，雄花梗长2-3毫米 ·········· 4. **广东冬青 I. kwangtungensis**

11. 叶干后橄榄褐色，椭圆形或卵状长椭圆形；雄花序梗长1.5-2.8厘米，雄花梗长1-2毫米 ··········
·································· 5. **阔叶冬青 I. latifrons**

10. 叶长2-7厘米，宽1.5-4厘米；雄聚伞花序简单，具1-6花；果径5-7毫米。

12. 叶革质，卵形或卵状椭圆形，长2-7厘米，宽1.5-3.5厘米，叶柄被锈毛柔毛；雄花序具1-6花，花5-7基数 ·················· 6. **锈毛冬青 I. ferruginea**

12. 叶坚纸质，椭圆形或长圆状椭圆形，长6-7厘米，宽2.5-4厘米；叶柄被硬毛，雄花序具1-3花，花5基数 ················ 6（附）. **硬毛冬青 I. hirsuta**

7. 小枝无毛；花序梗、花梗及果柄被柔毛或几无毛。

13. 叶椭圆状披针形或卵状披针形，长5-8厘米，幼时上面沿中脉被棕黄色长柔毛，网脉在两面不明显，叶柄被微柔毛；外果皮干后平滑 ············ 7. **木姜冬青 I. litseaefolia**

13. 叶长圆形或椭圆状长圆形，长7-13厘米，无毛，网脉在两面明显，叶柄无毛；外果皮干后皱缩 ······
·································· 8. **汝昌冬青 I. limii**

6. 植株仅顶芽被毛，余无毛。

14. 叶全缘或近先端具1-2细齿。

15. 叶近先端具1-2细齿，卵形或椭圆形，长5-8厘米，宽2-4厘米；花序梗长1.5-3厘米 ··········
·································· 9. **华南冬青 I. stenophylla**

15. 叶全缘，披针形或长圆形，长10-17厘米，宽3-8.5厘米；花序梗长1.2-1.8厘米 ··········
·································· 10. **显脉冬青 I. editicostata**

14. 叶具圆齿或疏锯齿。

16. 雌花序为一至二回聚伞花序，具3-7花，花序梗长0.3-1厘米；花梗长0.6-1厘米；分核窄披针形 ···
·································· 11. **冬青 I. chinensis**

16. 雌花序为具3花的聚伞花（果）序，花序梗或果序柄长0.9-2厘米；花梗或果柄长0.5-1.5厘米；分核长圆形。

17. 叶卵形或椭圆形，具细圆齿，侧脉8-10对，与中脉在两面均隆起；果长球形，宿存柱头乳头状；分核4，内果皮石质 ·········· 12. **香冬青 I. suaveolens**

17. 叶椭圆形或长圆状椭圆形，疏生细齿，侧脉7-8对，在两面不明显，中脉在上面平或稍隆起；果球形，宿存柱头厚盘状；分核5，内果皮革质 ········ 13. **硬叶冬青 I. ficifolia**

5. 伞状聚伞花序；分核背部具3纵棱及2沟。

18. 小枝直，几无毛；雄花序具4-13花，无毛，花序梗长0.3-1.1厘米；果近球形，稀椭圆形，径4-6毫米，宿存柱头厚盘状 ·············· 14. **铁冬青 I. rotunda**

18. 小枝之字形，幼时密被微柔毛，后脱落无毛；雄花序具8-23花，花序梗长（1-）1.4-1.8厘米；果球形，径约4毫米，宿存柱头盘状 ············ 15. **伞花冬青 I. godajam**

4. 雄花序单生于二年生（稀当年）枝叶腋；雌花单生于当年生枝叶腋，稀1-5花假簇生；分核背部平滑，或具条纹而无沟，或稍粗糙。

19. 叶下面具腺点；分核4，背面常具条纹。

20. 小枝常之字形；雌花1-5簇生叶腋；雄花序梗与花梗等长或稍短；退化子房金字塔形。

21. 叶椭圆形、长圆形或卵状椭圆形，先端急尖或渐尖 ············ 16. **三花冬青 I. triflora**

21. 叶倒卵形或长圆状椭圆形，先端圆或钝 ········ 16（附）. **钝头冬青 I. triflora** var. **kanehirai**

20. 小枝直；雌花单生叶腋；雄花序梗长于花梗；退化子房非金字塔形。

22. 花4-7基数；叶卵状椭圆形、卵状长圆形或椭圆形 ············ 17. **四川冬青 I. szechwanensis**

22. 花4基数；叶倒卵形、倒卵状椭圆形或宽椭圆形。

23. 叶长1-3.5厘米，宽0.5-1.5厘米，先端圆钝或尖；果径6-8毫米，分核背部平滑，具条纹 ⋯⋯⋯⋯⋯⋯ ⋯⋯⋯⋯⋯⋯⋯⋯⋯⋯⋯⋯⋯⋯⋯⋯⋯⋯⋯⋯⋯⋯⋯⋯⋯ **18. 齿叶冬青 I. crenata**

23. 叶长2.5-7厘米，宽1.5-3厘米，先端钝或短渐尖；果径0.9-1.1厘米，分核背部具皱纹，侧面平滑 ⋯⋯⋯ ⋯⋯⋯⋯⋯⋯⋯⋯⋯⋯⋯⋯⋯⋯⋯⋯⋯⋯⋯⋯⋯⋯⋯⋯ **19. 绿冬青 I. viridis**

19. 叶下面无腺点；分核4-6，背面平滑，无条纹，无沟，或沿中线具纵条纹。

  24. 分核背部沿中线具条纹；雄花序梗长2.5厘米；果序柄长2.5-4.5厘米，果柄长1.5-2厘米 ⋯⋯⋯⋯⋯ ⋯⋯⋯⋯⋯⋯⋯⋯⋯⋯⋯⋯⋯⋯⋯⋯⋯⋯⋯⋯⋯⋯ **20. 具柄冬青 I. pedunculosa**

  24. 分核背部平滑，无条纹，无沟；雄花序梗长不及1.5厘米；果柄长1.5厘米以下。

    25. 叶倒卵状长圆形或长圆形，长1-3厘米，宽0.6-1.4厘米，先端圆或钝；花（4）5（6）基数；分核（3-4）5，椭圆形 ⋯⋯⋯⋯⋯⋯⋯⋯⋯⋯⋯⋯⋯⋯⋯⋯⋯⋯⋯ **21. 高山冬青 I. rockii**

    25. 叶卵形、卵状披针形或长圆形，长2-4厘米，宽1-2.5厘米；花4-6基数；分核4，长圆形。

      26. 叶卵形或卵状披针形，稀椭圆形，先端急尖，边缘具细圆锯齿，齿尖常为芒状小尖头；雄花基数4 ⋯⋯ ⋯⋯⋯⋯⋯⋯⋯⋯⋯⋯⋯⋯⋯⋯⋯⋯⋯⋯⋯⋯⋯ **22. 云南冬青 I. yunnanensis**

      26. 叶卵形或长圆形，先端钝，稀近急尖，边缘具圆齿，齿尖不为芒状；雄花基数4-6 ⋯⋯⋯⋯⋯⋯⋯ ⋯⋯⋯⋯⋯⋯⋯⋯⋯⋯⋯⋯⋯⋯⋯ **22（附）. 高贵云南冬青 I. yunnanensis var. gentilis**

3. 雌花序及雄花序均簇生于二年生枝叶腋，或老枝叶腋。

  27. 雌花序簇的分枝为伞状或聚伞状，具5-9花 ⋯⋯⋯⋯⋯⋯⋯⋯⋯⋯⋯⋯ **23. 峨眉冬青 I. omeiensis**

  27. 雌花序簇的分枝均1花，若为聚伞花序，则具1-3（-5-7）花。

    28. 雌花序分枝均具1花；花4基数；分核4，稀较少，具条纹及沟槽或多皱纹及多孔。

      29. 叶缘具刺或全缘，先端具刺。

        30. 果具4分核，分核骨质或石质，具不规则皱纹及注点。

          31. 叶二型：四角状长圆形，先端宽三角形，有反曲尖硬刺，具1-3对刺齿，或长圆形、卵形或倒卵状长圆形，全缘，先端刺尖 ⋯⋯⋯⋯⋯⋯⋯⋯⋯⋯⋯⋯⋯⋯⋯⋯⋯ **24. 枸骨 I. cornuta**

          31. 叶椭圆状披针形，稀卵状椭圆形，先端渐尖，有刺状尖头，具3-10对刺状牙齿 ⋯⋯⋯⋯⋯⋯⋯ ⋯⋯⋯⋯⋯⋯⋯⋯⋯⋯⋯⋯⋯⋯⋯ **25. 华中枸骨 I. centrochinensis**

        30. 果具（1）2（3-4）核，分核木质，具掌状条纹及沟，无注点。

          32. 分核4，倒卵形或长圆形，背部具掌状条纹及沟，侧面具网状条纹及沟；叶卵形或卵状披针形，具1-3对深波状刺齿 ⋯⋯⋯⋯⋯⋯⋯⋯⋯⋯⋯⋯⋯⋯ **26. 猫儿刺 I. pernyi**

          32. 分核（1）2（-4），仅背部具掌状条纹及沟；叶椭圆形、卵状椭圆形、椭圆状长圆形、卵形或菱形。

            33. 果球形，径7-9毫米，分核（1）2（-4），椭圆形或近圆形，长5-7毫米；叶椭圆形或卵状椭圆形，长4-10厘米，全缘或具3-14枚刺齿 ⋯⋯⋯⋯⋯ **27. 双核冬青 I. dipyrena**

            33. 果椭圆形或倒卵状椭圆形，径5-7毫米，分核（1）2（3），卵形、近圆形、倒卵形或倒卵状长圆形。

              34. 叶披针形或卵状披针形，长1.8-4.5厘米，近全缘或具2-3对刺齿；果倒卵状椭圆形，长4-7毫米，分核倒卵状长圆形 ⋯⋯⋯⋯⋯⋯⋯⋯⋯⋯⋯⋯ **28. 长叶枸骨 I. georgei**

              34. 叶卵形、菱形、椭圆形或卵状椭圆形；果椭圆形。

                35. 叶卵形或菱形，先端渐尖，具长约3毫米的刺，边缘具3-4对硬刺齿；分核2，卵形或近圆形，宽4-5毫米 ⋯⋯⋯⋯⋯⋯⋯⋯⋯⋯⋯⋯⋯⋯⋯ **29. 刺叶冬青 I. bioritsensis**

                35. 叶椭圆形或倒卵状椭圆形，先端短渐尖或尖，具细刺，边缘具4-6对细刺齿；分核（1）2（3），倒卵形，宽3.5毫米 ⋯⋯⋯⋯⋯⋯⋯⋯⋯⋯⋯⋯ **30. 纤齿冬青 I. ciliospinosa**

      29. 叶全缘，具锯齿或圆齿状锯齿。

36. 果径0.8-1.2厘米，宿存柱头脐状，稀盘状，分核具不规则皱纹及洼点。

    37. 小枝、叶柄、花梗及果被微柔毛；果序假总状，轴粗，长4-8毫米，分核长圆形，背部具网状条纹及沟，侧面多皱纹及洼点 ·· 31. 扣树 **I. kaushue**

    37. 小枝及叶柄无毛；花梗幼时被微柔毛，后脱落无毛；果序簇生；分核非长圆形，背面具纵脊、凹槽或皱纹及洼点。

        38. 果径约7毫米，分核椭圆形，长5毫米，背部具纵脊、皱纹和洼点；叶长圆形或卵状长圆形，长8-19（-28）厘米 ······································· 32. **大叶冬青 I. latifolia**

        38. 果径1厘米以上，分核倒卵形或卵状椭圆形，长8毫米以上，背部无纵脊。

            39. 果径约1.5厘米，平滑，宿存柱头脐状，果柄长2-4毫米，分核倒卵形，长达1.2厘米，背部具宽凹槽；叶长11-15厘米，宽4-5厘米 ································· 33. 苗山冬青 **I. chingiana**

            39. 果径1-1.2厘米，密被瘤状突起，宿存柱头薄盘状；果柄长1厘米，分核卵状椭圆形，长8-9毫米，背面具皱纹及洼点凹槽；叶长5-10厘米，宽2-3厘米 ·············· 34. 拟榕叶冬青 **I. subficoidea**

36. 果径不及8毫米，宿存柱头盘状或头状，稀脐状；分核具掌状条纹及沟。

    40. 叶纸质或近革质，侧脉在上面凹下；果柄长4-7毫米。

        41. 小枝具木栓质小瘤；叶长达5厘米，稀更大。

            42. 匍匐小灌木；叶倒卵状椭圆形，长0.5-2厘米，宽3-9毫米；果球形，径约5毫米 ·· 35. **错枝冬青 I. intricata**

            42. 直立灌木或小乔木。

                43. 叶纸质，宽椭圆形，长0.7-1.4厘米，宽0.6-1.1厘米；果近球形，径3-3.5毫米 ··· 36. **小圆叶冬青 I. nothofagifolia**

                43. 叶近革质，椭圆状披针形或倒卵状椭圆形，长3-8厘米，宽1-2.5厘米；果球形，径约5毫米。

                    44. 小枝具纵棱，棱上有小瘤；叶长（2.5）4-5（-7）厘米，宽1-2（-2.2）厘米；花梗长1-2毫米 ··· 37. **陷脉冬青 I. delavayi**

                    44. 小枝具浅褶状沟，无瘤；叶长3-8厘米，宽1.5-2.5厘米；花梗长4-6毫米 ··· 37（附）. **高山陷脉冬青 I. delavayi var. exalta**

        41. 小枝无瘤状突起；叶长5-16厘米。

            45. 果序假总状，果柄与果径几等长，被微柔毛；小枝被直伸黑色硬毛；叶椭圆形或倒披针形。

                46. 小枝具5条锐纵棱，无毛；果序轴长0.5-1厘米，果柄无毛；叶窄椭圆形或椭圆形，长9-20厘米，宽5-7.5厘米 ·· 38. **五棱苦丁茶 I. pentagona**

                46. 小枝无纵棱，被直伸黑色硬毛；果序轴长3-5毫米，果柄被微柔毛；叶倒披针形或长圆状椭圆形，长6.5-13厘米，宽2.5-5厘米 ······················· 39. **黑毛冬青 I. melanotricha**

             45. 果序非假总状，果柄短于果径，无毛；小枝无毛；叶长圆状披针形、线状倒披针形或倒披针形。

                47. 叶具细锯齿；雄花花瓣长圆形，无缘毛，败育花药心形；分核长5-6毫米，内果皮骨质 ··· 40. **康定冬青 I. franchetiana**

                47. 叶中部以上疏生细齿；雄花花瓣倒卵状长圆形，具缘毛，败育花药箭头形；分核长4-4.5毫米，内果皮木质 ·· 41. **狭叶冬青 I. fargesii**

40. 叶厚革质、近革质或坚纸质，侧脉在上面不明显或平；果柄长1-4毫米。

    48. 小枝、叶柄及花梗均密被柔毛 ·················· 42. **短梗冬青 I. buergeri**

    48. 小枝、叶柄及花梗无毛或疏被微柔毛。

        49. 雌花序或果序假总状。

            50. 雄花序为聚伞花序或组成圆锥花序状。

51. 果具瘤状小突起；叶先端渐尖、钝或尖。

  52. 叶宽椭圆形或披针形，先端渐尖，具锐尖粗齿；分核卵状三棱形，具不规则网状条纹，多皱 ………
    …………………………………………………………… 43. **龙里冬青 I. dunniana**

  52. 叶椭圆形、卵状椭圆形或倒卵状椭圆形，先端尖或有凹缺，疏生细圆齿或锯齿；分核宽椭圆形或近
    圆形，背部具掌状条纹及沟，侧面平滑或具网状小洼点 ………………… 44. **中型冬青 I. intermedia**

51. 果无瘤状小突起；叶先端渐尖或尾状；分核卵状长圆形，背部中央稍凹入，具掌状纵棱及槽，侧面具
  纵棱及深槽 ………………………………………………………………… 45. **台湾冬青 I. formosana**

50. 雄花序簇生叶腋，分枝为具3花聚伞花序；果球形，径5-6毫米，宿存柱头脐状 ………………………
  ………………………………………………………………………………… 46. **灰叶冬青 I. tetramera**

49. 雌花序及果序为单花（果）簇生。

  53. 叶下面疏生腺点，长圆形或倒卵状长圆形，长6-9厘米，先端短尾尖，疏生小圆齿 ………………
    ………………………………………………………………………… 47. **密花冬青 I. confertiflora**

  53. 叶下面无腺点，先端非短尾尖，具锯齿或圆齿。

    54. 果径3-4毫米，近球形，分核椭圆状三棱形；叶卵形、卵状椭圆形或卵状披针形，长4-10厘米，侧脉
     及网脉在两面明显 …………………………………………………… 48. **珊瑚冬青 I. corallina**

    54. 果径5毫米以上，分核卵形、椭圆形或近圆形；叶网脉不明显。

     55. 雄花序簇生于当年生枝叶腋；果径6-7毫米，分核长3-4毫米；叶椭圆形、倒卵状椭圆形或卵形，先
      端尾尖。

      56. 幼枝被柔毛，叶柄及花序被微柔毛；叶椭圆形或倒卵状椭圆形，先端常镰状尾尖；果无小瘤 ……
       …………………………………………………………………… 49. **弯尾冬青 I. cyrtura**

      56. 幼枝、叶柄及花序无毛；叶椭圆形、长圆形、卵形或倒卵状椭圆形，长4.5-10厘米，先端尾尖；
       果具小瘤 ………………………………………………………… 50. **榕叶冬青 I. ficoidea**

     55. 花序簇生于二年生枝叶腋；果径7-8毫米，宿存柱头盘状或脐状，分核长圆形或近圆形，长5.5-7毫
      米；叶长圆形或长圆状椭圆形，长6-12厘米，先端渐尖 ………………… 51. **团花冬青 I. glomerata**

28. 雌花序每分枝具1花或1-3花，稀5或7花；花（4）6-8基数；分核（4）6-8，具条纹，稀具沟槽。

57. 分核背部粗糙或具3条纵条纹及沟，条纹与内果皮贴合；小枝具纵棱脊。

  58. 小枝、叶、叶柄及花序均密被长硬毛；叶长卵形或椭圆形，长2-6厘米，宽1-2.5（-3）厘米，疏生细齿
    或近全缘；分核具3条纹及纵宽沟 ………………………………………… 52. **毛冬青 I. pubescens**

  58. 小枝、叶柄及花序仅被微柔毛；叶椭圆形、倒卵状长圆形或卵状长圆形，长5-9厘米，宽2.5-5厘米，全
    缘；分核背部粗糙，具纵沟 …………………………………………… 53. **海南冬青 I. hainanensis**

57. 分核背部平滑，或具条纹而无沟，条纹易与内果皮分离；小枝圆柱形。

  59. 花4基数。

    60. 叶先端微凹，稀钝或短渐尖。

     61. 叶长圆形或椭圆形，长1-2.5厘米；小枝、中脉、叶柄及花序均密被柔毛；花粉红色 …………………
      …………………………………………………………………… 54. **矮冬青 I. lohfauensis**

     61. 叶卵形、倒卵形或倒卵状椭圆形，长2厘米以上；小枝和叶柄无毛或被微柔毛；花梗被微柔毛，花
      白色。

      62. 叶下面具腺点；退化子房垫状，具短喙；果扁球形，径3-4毫米，宿存柱头盘状凸起 …………
       …………………………………………………………………… 55. **凹叶冬青 I. championii**

      62. 叶下面无腺点；退化子房圆锥形，中央凹入；果球形，径5毫米，宿存柱头薄盘状 …………………
       …………………………………………………………………… 56. **青茶香 I. hanceana**

60. 叶先端长渐尖或尾状。

 63. 叶下面具腺点。

  64. 果径3毫米，宿存柱头厚盘状；分核宽椭圆形，长2.5毫米，背面具5-6条易与分核分离的条纹；叶椭圆形或卵状椭圆形 ·················· 57. **皱柄冬青 I. kengii**

  64. 果径5-7毫米，宿存柱头乳头状；分核长圆状三棱形，长5-6毫米，背面平滑；叶椭圆形，长圆状披针形或倒披针形 ·················· 58. **越南冬青 I. cochinchinensis**

 63. 叶下面无腺点。

  65. 小枝、叶柄及花梗无毛；叶卵形或倒卵状长圆形，全缘，先端尾尖 ········ 59. **尾叶冬青 I. wilsonii**

  65. 小枝、叶柄及花梗被微柔毛；叶椭圆形、长圆状椭圆形或长圆状披针形，近先端具1-2硬毛状牙齿或全缘，先端长渐尖。

   66. 灌木，高1-3米；叶长2.5-7.5厘米，宽1-2厘米，侧脉5-7对 ········ 60. **疏齿冬青 I. oligodonta**

   66. 小乔木，高达6米；叶长5.5-9厘米，宽2.7-4厘米，侧脉8-10对 ·················· 60（附）. **亮叶冬青 I. nitidissima**

58. 花4-8基数。

 67. 小枝、叶柄及花序无毛；叶椭圆形或长圆状椭圆形；花5-8基数；分核平滑，背部具细脊 ·················· 61. **厚叶冬青 I. elmerrilliana**

 67. 小枝、叶柄及花序被毛；叶披针形、倒披针形、卵状长圆形或倒卵形；花4-6基数；分核具纵棱沟或网状条纹，无纵脊。

  68. 乔木，高达20米；叶卵状长圆形或倒卵形，全缘；花4-6基数；果球形，分核4-5，具网状条纹，粗糙，被微柔毛 ·················· 62. **谷木叶冬青 I. memecylifolia**

  68. 灌木或小乔木，高达4米；叶披针形或倒披针形，近全缘，常近先端具1-2细齿；花5-6基数；果卵状椭圆形，分核5-8，具纵棱及沟，无毛。

   69. 幼枝、幼叶两面及花序被柔毛 ·················· 63. **河滩冬青 I. metabaptista**

   69. 幼枝几无毛；叶上面除中脉被毛外，余无毛；花序被极疏微柔毛 ·················· 63（附）. **紫金牛叶冬青 I. metabaptista var. myrsinoides**

1. 落叶乔木或灌木，具长枝和短枝，当年生长枝常具皮孔。

 70. 果熟时红色；内果皮革质或木质。

  71. 果扁球形，宿存柱头头状或鸡冠状，花柱明显；分核6-13，内果皮木质。

   72. 叶两面无毛 ·················· 64. **薄叶冬青 I. fragilis**

   72. 叶两面沿脉均被长硬毛状柔毛 ·················· 64（附）. **毛薄叶冬青 I. fragilis f. kingii**

  71. 果球形，花柱不明显，宿存柱头盘状；分核4-8，内果皮革质。

   73. 雌花序组成三歧聚伞花序或假伞形花序，每花序具10花或更多。

    74. 聚伞花序二至三回三歧分枝，二级轴及三级轴均发育，长于花梗；果径3毫米；叶侧脉5-8对。

     75. 花梗、花萼外面及叶无毛 ·················· 65. **小果冬青 I. micrococca**

     75. 花梗、花萼外面及叶下面均被柔毛 ·················· 65（附）. **毛梗冬青 I. micrococca f. pilosa**

    74. 假伞形花序，二级轴常不发育，若发育则短于花梗；果径4毫米；叶侧脉10-20对 ·················· 66. **多脉冬青 I. polyneura**

   73. 雌花序为具1-3花的聚伞花序单生叶腋；小枝、叶两面沿脉、叶柄、花序及花萼外面均被长硬毛或柔毛，稀近无毛 ·················· 67. **落霜红 I. serrata**

 70. 果熟时黑色，稀红色；内果皮石质或骨质。

  76. 果径1-2厘米。

77. 果径1-1.4厘米,分核7-9,侧面具网状棱沟,内果皮石质;花5-6基数,花梗及花序梗无毛;叶卵形或卵状椭圆形,叶柄长1-1.2厘米。

  78. 果柄长1-1.2厘米,与叶柄近等长 ·················· 68. **大果冬青 I. macrocarpa**

  78. 果柄长1.4-3.3厘米,较叶柄长2倍以上 ········ 68(附). **长梗冬青 I. macrocarpa** var. **longipedunculata**

77. 果径1.5-2厘米,分核6-7,背部与侧面均具棱沟,内果皮骨质;花6-8基数,花梗及花序梗均被微柔毛;叶卵状椭圆形或椭圆形;叶柄长1.2-3厘米 ·················· 69. **沙坝冬青 I. chapaensis**

76. 果径不及8毫米。

  79. 叶倒卵形,长2-5(-6)厘米,先端骤尖,侧脉4-5对;小枝与叶柄被柔毛;分核4,内果皮骨质 ············· ·················· 70. **满树星 I. aculeolata**

  79. 叶卵形、卵状椭圆形或宽椭圆形,先端渐尖或尾状,稀尖,侧脉(5)6对以上;小枝与叶柄无毛;分核4-6,内果皮石质或骨质。

    80. 雌花花梗长1-2厘米,花4-6基数,退化子房叶枕状,具短喙,败育花药箭头状;分核倒卵状椭圆形 ··· ·················· 71. **秤星树 I. asprella**

    80. 雌花花梗长不及8毫米,花5-6基数,退化子房垫状,顶端凹下或平,败育花药心形;分核长圆形。

      81. 果径5毫米,熟时红色,果柄长6-7毫米,分核5;花5基数,雄花梗被短柔毛,花萼径2.5毫米,裂片啮齿状 ·················· 72. **大柄冬青 I. macropoda**

      81. 果径6-8毫米,熟时紫黑色,果柄长1-3毫米,分核6;花6基数,雄花梗无毛,花萼径4毫米,裂片全缘,具缘毛 ·················· 73. **紫果冬青 I. tsoii**

1. 多核冬青

图 1279

Ilex polypyrena C. J. Tseng et B. W. Liu in Bull. Bot. Res.（Harbin）1（1-2）: 2. 1981.

常绿乔木,高6米。幼枝褐色,二年生枝带白色。叶倒卵状椭圆形或椭圆形,长6-8.5厘米,宽2.5-4.3厘米,先端圆,基部钝或楔形,全缘,干时上面橄榄色,有光泽,下面绿色,两面无毛,中脉在上面稍凹,侧脉6-7对,于叶缘处网结,网状脉两面不明显;叶柄长1-1.8厘米,无毛。二歧聚伞果序腋生,具6果。果球形或卵状球形,径约7毫米,熟时黑紫色,宿存花萼5裂,宿存柱头盘状;果柄长3毫米,无毛;分核14-15,椭圆形,两侧扁,长2-3毫米,背部宽约1毫米,具纵沟,内果皮革质。

产广西南部十万大山,生于山地林中。

图 1279 多核冬青 （张世经绘）

2. 黄毛冬青

图 1280

Ilex dasyphylla Merr. in Lingnan Sci. Journ. 7: 311. 1931.

常绿灌木或乔木,高达9米。小枝、叶柄、叶、花梗及花萼均密被锈黄色具瘤基短硬毛。叶卵形、卵状椭圆形、椭圆形或卵状披针形,长3-11

厘米，先端渐尖，基部钝或圆，全缘或中部以上疏生小齿，侧脉7-9对；叶柄长3-5毫米。花红色，4-5基数。雄花序假伞形，具3-5花，花序梗纤细，长4-5毫米；花梗长2毫米；花萼裂片圆形或三角形；花瓣卵状长圆形，基部稍合生；雄蕊与花瓣等长；退化子房金字塔形。雌花序聚伞状，具1-3花；花序梗长3-8毫米，基部具密被锈黄色短硬毛的小苞片；花萼与花瓣同雄花；退化雄蕊长为花瓣1/2，败育花序箭头形；子房卵状圆锥形，柱头乳头状。果球形，径5-7毫米，熟时红色，宿存柱头厚盘状；分核4-5，椭圆形，长4-6毫米，背部中央具宽深的单沟，内果皮革质。花期5月，果期8-12月。

产江西、福建、广东及广西，生于海拔270-650米山地疏林或灌丛中。

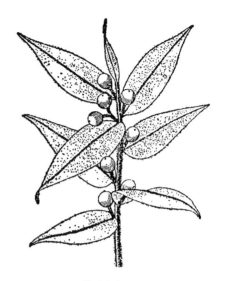

图 1280 黄毛冬青 （引自《图鉴》）

3. 剑叶冬青 图 1281

Ilex lancilimba Merr. in Lingnan Sci. Journ. 7: 312. 1929.

常绿灌木或乔木，高达10米。小枝粗而直，幼时密被硫黄色卷曲柔毛，后脱落近无毛。叶披针形或窄长圆形，长9-16厘米，先端渐尖，基部楔形，全缘，无毛，侧脉10-16对；叶柄长1.5-2.5厘米，疏被微柔毛。复聚伞花序单生当年生枝叶腋或鳞片腋内，被淡黄色柔毛；花4基数。雄花序为三回二歧或三歧聚伞花序，花序梗长0.5-1.4厘米；花梗长1.5-2毫米；花萼径3毫米；花瓣卵状长圆形，基部稍合生；退化子房圆锥形。雌花序为具3花的聚伞花序，花序梗长2毫米；花梗长1-2毫米；花萼与花瓣同雄花；退化雄蕊长为花瓣1/2，败育花药心形；柱头厚盘状，4裂。果球形，径1-1.2厘米，熟时红色；分核4，长圆

图 1281 剑叶冬青 （吴锡麟绘）

形，长约9毫米，背部具宽而深的"U"形槽，平滑，无条纹，内果皮木质。花期3月，果期9-11月。

产福建西北部、广东、海南及广西，生于海拔300-1800米山谷林内或灌丛中。

4. 广东冬青 图 1282

Ilex kwangtungensis Merr. in Journ. Arn. Arb. 8: 8. 1927.

常绿灌木或乔木，高达9米；树皮灰褐色。小枝被柔毛或脱落无毛。叶干后黑褐色，卵状椭圆形、长圆形或披针形，长7-16厘米，宽3-7厘米，先端渐尖，基部钝或圆，具细齿或近全缘，幼时两面被微柔毛，后脱落，近无毛，侧脉9-11对；叶柄长0.7-1.7厘米，被柔毛。复聚伞花序单生叶腋，

被微柔毛。花红或紫红色，4-5基数。雄花序为二至四次二歧聚伞花序，具12-20花，花序梗长0.9-1.2厘米。花梗长2-3毫米；花萼被微柔毛；花瓣

长圆形；退化子房圆锥状，具短喙。雌花序为一至二次二歧聚伞花序，具3-7花；花梗长4-7毫米；花4基数；花萼同雄花；花瓣卵形；败育花药心形；柱头乳头形。果椭圆形，径7-9毫米，熟时红色；分核4，椭圆形，长约6毫米，背部具"U"形深槽，两侧平滑，内果皮革质。花期6月，果期9-11月。

图 1282 广东冬青 （引自《图鉴》）

产浙江南部、江西、福建、湖南、广东、海南、广西、云南东南部及西部、贵州东南部，生于海拔300-1000米山地常绿阔叶林内或灌丛中。

5. 阔叶冬青   图 1283

Ilex latifrons Chun in Sunyatsenia 2：69. 1934.

常绿乔木，高达10米。小枝密被锈黄色或暗黄色长柔毛。叶干后橄榄褐色。椭圆形或卵状长椭圆形，长12-20厘米，宽5-8厘米，先端渐尖，基部圆或近圆，具浅细齿或近全缘，上面近无毛，中脉被暗黄色柔毛，下面被卷曲柔毛或脱落无毛；叶柄长1-1.3厘米，密被长柔毛。雄花序为一至三回聚伞花序，单生叶腋；花序梗长1.5-2.8厘米，二级轴不等长，花梗长1-2毫米，均被毛；花紫红色，4基数；花萼外面疏被微柔毛，裂片卵形；花瓣长圆形，基部连合；雄蕊长为

图 1283 阔叶冬青 （肖 溶绘）

花瓣2/3，花药椭圆形；不育子房圆锥形。果序聚伞状，多分枝；果序柄长约1厘米，被柔毛。果椭圆状球形，长0.9-1厘米，径6-8毫米，宿存花萼4裂，被柔毛及缘毛，宿存柱头平盘形；果柄长5-7毫米；分核4，椭圆形，背部具纵深沟，余平滑。花期6月，果期8-12月。

产广东西部、广西、海南及云南东南部，生于海拔1200-1800米常绿阔叶林中。

6. 锈毛冬青   图 1284

Ilex ferruginea Hand.-Mazz. Symb. Sin. 7: 657. pl. 10. f. 24. 1933.

常绿灌木或乔木，高达10米。幼枝被锈黄色柔毛。叶卵形或卵状椭圆形，长2-7厘米，宽1.5-3.5厘米，先端渐尖，基部圆，稀浅心形，具锯齿，两面中脉被锈色柔毛，侧脉8-10对；叶柄长2-4毫米，被锈色柔毛。雄花序聚伞状或伞状，具1-6花，生当年生枝叶腋，花序梗长3-5毫米；花梗长1-3毫米；花5-7基数；花萼近钟形，被毛，裂片卵状三角形，具缘毛；花瓣卵状长圆形，啮蚀状，基部合生；雄蕊5，与花瓣近等长；不育子房

近球形，具小喙。果序单生叶腋，具1-3果；果序柄长0.6-1厘米。果近球形，径5-7毫米，干后具棱，宿存柱头头状；果柄长5-9毫米，被长柔毛，具2枚线形小苞片；分核4-6，背部具单沟。花期4-6月，果期9-10月。

产广西西北部、贵州、云南东南部及北部，生于海拔1000-1900米山坡密林中。

［附］**硬毛冬青 Ilex hirsuta** C. J. Tseng ex S. K. Chen et Y. X. Fang in Acta Phytotax. Sin. 37(2):143. 1999. 本种与锈色冬青的区别：叶坚纸质，椭圆形或长圆状椭圆形，长6-7厘米，宽2.5-4厘米，叶柄被硬毛；雄花序具1-3花，花5基数。产江西西南部、湖北西南部、湖南西南部及西部，生于海拔600-2000米常绿阔叶林中。

图 1284 锈毛冬青 （引自《贵州植物志》）

7. 木姜冬青 图 1285

Ilex litseaefolia Hu et Tang in Bull. Fan. Mem. Inst. Biol. Bot. 9: 247. 1939.

常绿灌木或小乔木，高达8米。叶椭圆状披针形或卵状披针形，长5-8厘米，先端渐尖，基部楔形，全缘，幼时上面中脉被棕黄色长柔毛，后脱落，侧脉7-9对；叶柄长约1厘米，被微柔毛。雄花序为具（3-）5-7花的聚伞花序，单生于当年生枝叶腋，花序梗长0.7-1.2厘米；花梗长2-4毫米，均被棕黄色长柔毛；花白色，4基数；花萼杯状，裂片圆形，被毛及缘毛；花瓣倒卵形，基部稍合生；雄蕊长约花瓣1/2；果球形，径5-7毫米，熟时红色，外果皮干后平滑，宿存花萼平展，浅裂片圆形，具缘毛，宿存柱头薄盘状，4-5浅裂；分核5，椭圆形，长约5毫米，宽约1.8毫米，平滑，内果皮近革质。花期5-6月，果期8-11月。

图 1285 木姜冬青 （张世经绘）

产浙江、江西、福建北部、广西东北部、湖南西南部及贵州，生于海拔800-1100米山坡常绿阔叶林中及林缘。

8. 汝昌冬青 图 1286

Ilex limii C. J. Tseng in Journ. Xiamen Univ. (Nat.Sci.) 9(1): 305. 1962.

常绿乔木，高10米。叶革质，椭圆状长圆形，长7-13厘米，宽3-4厘米，先端渐尖，基部楔形，全缘，无毛，侧脉10-14对，网脉在两面明显；叶柄长1-1.3厘米，无毛。聚伞花序单生叶腋；果序具1-3果，果序柄长5-7毫米，密被柔毛。果椭圆形，径5-7毫米，外果皮干后皱缩，宿存花萼被短柔毛，5裂，裂片卵状三角形，具缘毛，宿存柱头薄盘状；果柄长5-7毫米，密被柔毛或几无毛；分核5，长圆形，长约7毫米，背部具纵深单沟，内果皮革质。果期8-11月。

产浙江南部、江西南部、福建及广东东北部,生于海拔500-1120米常绿阔叶林中,马尾松林中偶见。

9. 华南冬青　　　　　　　　　　　　　图 1287
Ilex stenophylla Merr. et Chun in Sunyatsenia 5: 10. 1940.

常绿乔木,高15米。叶卵形或椭圆形,长5-8厘米,宽2-4厘米,先端渐尖,基部楔形或近圆,近先端具1-2细齿,无毛,侧脉8-10对;叶柄长1.5-2.5厘米。花4-5基数。雄伞状聚伞花序单生叶腋,具5-13花;花序梗长1.5-3厘米,二级轴长1-2毫米,花梗长3-5毫米;花萼裂片圆形或三角形,具缘毛;花冠白色,花瓣长圆状倒卵形;雄蕊短于花瓣;败育子房卵圆形,具浅裂的喙。雌聚伞花序具3花,花序梗长1.2-2.3厘米;花梗长5-8毫米;

花萼与花瓣同雄花;退化雄蕊长为花瓣3/4,败育花药箭头形。果椭圆体形,长7-9毫米,熟时红色,宿存柱头厚盘状;分核4,长圆形,长5-6毫米,背部具浅凹,光泽,无条纹,内果皮革质。花期5月,果期9-10月。

产广东北部、广西及海南,生于山地密林中。

10. 显脉冬青　　　　　　　　　　　　图 1288
Ilex editicostata Hu et Tang in Bull. Fan. Mem. Inst. Biol. Bot. 9: 248. 1940.

常绿灌木或小乔木,高达6米。叶披针形或长圆形,长10-17厘米,宽3-8.5厘米,先端渐尖,基部楔形,全缘,无毛,侧脉10-12对;叶柄粗,长1-3厘米,无毛。雄花序为聚伞花序或二歧聚伞花序,单生当年生枝叶腋;花序梗长1.2-1.8厘米,花梗长3-8毫米,均无毛;花白色,4-5基数;花萼浅杯状,4-5浅裂;花瓣宽卵形,基部稍合生;雄蕊短于花瓣,花药卵状长圆形;退化子房垫状。果近球形或长球形,径0.6-1厘米,熟时红色,宿存柱头薄盘状,5浅裂;分核4-5,长

11. 冬青　　　　　　　　　　　　　　图 1289
Ilex chinensis Sims in Bot. Mag. Tokyo 46: pl. 2043. 1819.

图 1286 汝昌冬青　(引自《浙江植物志》)

图 1287 华南冬青　(张世经绘)

圆形,长7-8毫米,背部具浅沟,内果皮近木质。花期5-6月,果期8-11月。

产浙江南部、江西、湖北西南部、广东、广西及贵州,生于海拔600-1700米山坡常绿阔叶林中和林缘。

常绿乔木,高达13米。幼枝被微柔毛。叶椭圆形或披针形,稀卵形,长

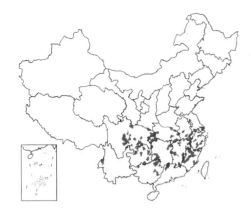

5-11厘米，先端渐尖，基部楔形，具圆齿，无毛，侧脉6-9对；叶柄长0.8-1厘米。复聚伞花序单生叶腋；花序梗长0.7-1.4厘米，二级轴长2-5毫米；花梗长2毫米，无毛。花淡紫或紫红色，4-5基数；花萼裂片宽三角形；花瓣卵形；雄蕊短于花瓣；退化子房圆锥状。雌花序为一至二回聚伞花序，具3-7花；

图 1288 显脉冬青 （引自《贵州植物志》）

花序梗长0.3-1厘米，花梗长0.6-1厘米；花被同雄花；退化雄蕊长为花瓣1/2。果长球形，长1-1.2厘米，径6-8毫米，熟时红色；分核4-5，窄披针形，长0.9-1.1厘米，背面平滑，凹形，内果皮厚革质。花期4-6月，果期7-12月。

产江苏南部、安徽、浙江、江西、福建、台湾、河南东南部、湖北、湖南、广东、广西及云南，生于海拔500-1000米山坡常绿阔叶林中和林缘。树姿优美，可栽培供观赏。木材坚韧，供细木工用；树皮及种子药用，为强壮剂，有较强的抑菌和杀菌作用；叶及根可清热解毒、消炎、消肿镇痛。

12. 香冬青　　　　　　　　　　图 1290

Ilex suaveolens (Lévl.) Loes. in Ber. Deutsch. Bot. Ges. 32: 541. 1914.

Celastrus suaveolens Lévl. in Fedde, Repert. Sp. Nov. 13: 263. 1914.

常绿乔木，高达15米。叶卵形或椭圆形，长5-6.5厘米，先端渐尖，基部宽楔形，具细圆齿，微内卷，无毛，侧脉8-10对，与中脉在两面均隆起；叶柄长1.5-2厘米，具翅。聚伞果序单个腋生，具3果，果序柄长（1-）1.5-2厘米，具棱，无毛。果长球形，长约9毫米，径约6毫米，熟时红色，宿存花萼径2毫米，5裂，裂片宽三角形，

图 1289 冬青 （肖 溶绘）

无毛，宿存柱头乳头状；果柄长5-8毫米，无毛。分核4，长圆形，长约8毫米，内果皮石质。

产安徽东南部、浙江、江西、福建、湖北西南部、湖南、广东、广西、四川、贵州及云南东南部，生于海拔600-1600米山坡常绿阔叶林中。

13. 硬叶冬青　　　　　　　　　图 1291

Ilex ficifolia C. J. Tseng ex S. K. Chen et F. X. Feng in Acta Phytotax. Sin. 37(2): 143. 1999.

常绿乔木或灌木，高达8米。叶

椭圆形或长圆状椭圆形,长4-7厘米,先端短渐尖或钝,基部楔形,疏生细齿,无毛,中脉在上面平或稍隆起,侧脉7-8对,在两面不明显;叶柄长0.5-1厘米,无毛。聚伞花序单生叶腋;雄花序具7花;雌花序具3花;花4-5基数;花萼5浅裂,裂片钝圆,具缘毛;花冠辐状;雄蕊5,短于花瓣;退化子房无毛。聚伞果序具1-3果,果序柄长0.9-2厘米,无毛;果球形,径6-8毫米,宿存花萼盘状,5裂,具缘毛,宿存柱头厚盘状,无毛;果柄长0.7-1.5厘米,分核5,长圆形,长约4毫米,背部具纵沟,内果皮革质。花期5-6月,果期9-10月。

产浙江南部、江西、福建、广西及广东西北部,生于海拔400-900米山地疏林中。

图 1290　香冬青 （王金凤绘）

14. 铁冬青 微果冬青　　　　　图 1292 彩片 315

Ilex rotunda Thunb. Fl. Jap. 77. 1784.

Ilex rotunda var. *microcarpa* (Lind. ex Paxt.) S. Y. Hu; 中国高等植物图鉴 2: 646. 1972.

常绿灌木或乔木,高达20米。小枝几无毛。叶卵形、倒卵形或椭圆形,长4-9厘米,先端短渐尖,基部楔形,全缘,两面无毛,侧脉6-9对;叶柄长0.8-1.8厘米。伞状聚伞花序单生当年生枝叶腋,具4-13花,无毛;雄花序梗长0.3-1.1厘米,花梗长3-5毫米,均近无毛;花白色,4基数;花萼径2毫米;花冠径5毫米,花瓣长圆形;雄蕊长于花瓣;退化子房垫状,具喙。雌花序具3-7花;花序梗长0.5-1.3厘米,花梗长4-8毫米,几无毛;花5(-

图 1291　硬叶冬青 （肖　溶绘）

7)基数;花萼浅杯状,裂片啮蚀状;花瓣倒卵状长圆形;退化雌蕊长为花瓣1/2;柱头头状。果近球形,稀椭圆形,径4-6毫米,熟时红色,宿存柱头厚盘状;分核5-7,椭圆形或披针形,背面具3纵棱及2沟,侧面平滑,内果皮近木质。花期4月,果期8-12月。

产江苏南部、安徽南部、浙江、江西、福建、台湾、湖北西南部、湖南、广东、海南、香港、广西、贵州及云南,生于海拔400-1100米山地常绿阔叶林中或林缘。朝鲜、日本及越南北部有分布。叶和树皮药用,可清热利湿、消炎解毒和镇痛。木材可作细木工用材。

图 1292　铁冬青 （王金凤绘）

15. 伞花冬青 米碎木

图 1293

Ilex godajam (Colebr. ex Wall.) Wall. List. no. 4329. 1839.

Prinos godajam Colebr. ex Wall. Pl. Asiat. Rar. 3: 38. pl. 261. 1932.

常绿灌木或乔木，高达13米。小枝之字形，幼时密被微柔毛，后脱落无毛。叶卵形或长圆形，长4.5-8厘米，先端钝圆或短渐尖，基部圆，全缘，侧脉7-9对；叶柄长1-1.5厘米，被微柔毛。伞状聚伞花序生当年生枝叶腋，被微柔毛；花白色带黄，4-6基数。雄花序具8-23花；花序梗长（1-）1.4-1.8厘米，花梗长2-4毫米；花萼被微柔毛，裂片啮蚀状，具缘毛；花瓣4，长圆形，基部合生；雄蕊与花瓣等长；退化子房球形，具短喙。雌花序具3-13花；花序梗长1-1.4厘米，花梗长2-5毫米；花萼同雄花，花瓣长椭圆形，柱头头状。果球形，径约4毫米，熟时红色，宿存柱头盘状；分核5-6，椭圆形，长2.5毫米，背部具3纵棱及2沟，内果皮木质。花期4月，果期8月。

图 1293 伞花冬青 （引自《图鉴》）

产湖南西南部、广西、海南及云南南部，生于海拔300-1000米山坡林中。越南及印度有分布。

16. 三花冬青

图 1294

Ilex triflora Bl. Bijdr. 1150. 1826.

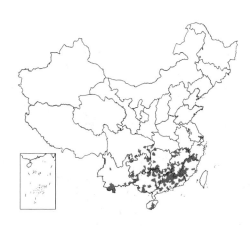

常绿灌木或乔木，高达10米。小枝常之字形，近4棱，密被柔毛。叶椭圆形或卵状椭圆形，长2.5-10厘米，先端尖或骤尖，基部圆或钝，具微波状细齿，上面幼时被微柔毛，后脱落无毛，下面疏被柔毛，具腺点，侧脉7-10对；叶柄长3-5毫米，密被柔毛。花白或粉红色，4基数。雄花序簇生，分枝为具1-3花的聚伞花序；花序梗长2毫米，花梗长2-3毫米，均被柔毛；花萼被毛及缘毛；花瓣宽卵形；雄蕊短于花瓣；退化子房金字塔形，具短喙。雌花1-5簇生，几无花序梗，花梗长4-8（-14）毫米；花萼同雄花，花瓣宽卵形或近圆形；退化雄蕊长为花瓣1/3；柱头厚盘形。果球形，径6-7毫米，熟时黑色；果柄长1.3-1.8厘米；分核4，卵状椭圆形，长约6毫米，背部平滑，具3条纹，无沟，内果皮革质。花期5-7月，果期8-11月。

产安徽南部、浙江、江西、福建、湖北西南部、湖南、广东、海南、广西、四川、贵州及云南，生于海拔（130-）250-1800（-2200）米山地阔叶

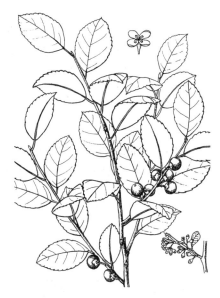

图 1294 三花冬青 （引自《图鉴》）

林内或灌丛中。印度、孟加拉、越南北方经马来半岛至印度尼西亚（爪哇、婆罗洲）有分布。

[附] **钝头三花冬青** 钝头冬青 **Ilex triflora** var. **kanehirai** (Yamamoto) S. Y. Hu in Journ. Arn. Arb.

30（3）：332. 1925. —— *Ilex crenata* Thunb. var. *kanehirai* Yamamoto Suppl. Ic. Pl. Formos. 1：31. f. 11. 1925. 本变种与模式变种的区别：叶倒卵形或长圆状椭圆形，先端圆或钝。产浙江、福建、台湾、江西、湖南、广

东及海南，生于海拔200-1100米山地林中。

17. 四川冬青 图 1295

Ilex szechwanensis Loes. in Nov. Act. Acad. Caes. Leop.-Carol. Nat. Cur. 78：347（Monog. Aquif. 1：347）. 1901.

常绿灌木或小乔木，高达10米。小枝近四棱形，被微柔毛。叶卵状椭圆形、卵状长圆形或椭圆形，稀近披针形，长3-8厘米，宽2-4厘米，先端

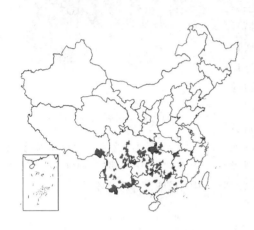

渐尖或尖，基部楔形，具锯齿，下面具腺点，上面沿中脉密被柔毛，侧脉6-7对；叶柄长4-6毫米，被柔毛。花白色，4-7基数。雄花1-7组成聚伞花序单生于当年生枝基部鳞片腋内或叶腋，稀簇生，花序梗长4-8毫米；花梗长2-3毫米；花萼裂片啮蚀状；花瓣4-5，卵形，基部稍合生；雄蕊短于花瓣，退化子房具短喙。雌花单生叶腋，花梗长0.8-1厘米；花萼4浅裂，啮蚀状；花瓣直立，卵形；退化雄蕊长为花瓣1/5；柱头厚盘状。果球形或扁球形，长6毫米，径7-8毫米，熟时黑色；分核4，长圆形或近球形，长4.5-5毫米，背部平滑，无沟，内果皮革质。花期5-6月，果期8-10月。

图 1295 四川冬青 （王金凤绘）

产江西、湖北、湖南、广东、广西、四川、贵州、云南及西藏东南部，生于海拔（250-）450-2500米山地常绿阔叶林、疏林内、灌丛中及溪边。

18. 齿叶冬青 图 1296

Ilex crenata Thunb. Fl. Jap. 78. 1784.

常绿灌木。小枝密被柔毛。叶倒卵形或椭圆形，稀卵形，长1-3.5厘米，

宽0.5-1.5厘米，先端圆钝或尖，基部楔形，具钝齿或锯齿，下面密被褐色腺点，侧脉3-5对；叶柄长2-3毫米，被柔毛。雄花1-7组成聚伞花序，生当年生枝的鳞片腋内或叶腋，稀簇生二年生枝上；花4基数，白色；花序梗长4-9毫米，花梗长2-3毫米；花萼径约2毫米，裂片宽三角形，啮蚀状；花瓣宽椭圆形，长2毫米；雄蕊短于花瓣；退化子房圆锥状。雌花单生叶腋，稀为2-3花的腋生聚伞花序；花萼4裂，裂片圆形；花瓣卵形；退化雄蕊长为花瓣1/2；子房卵圆形，柱

图 1296 齿叶冬青 （引自《图鉴》）

头盘形。果球形，径6-8毫米，熟时黑色，宿存柱头厚盘状；分核4，长圆状椭圆形，长5毫米，背部平滑，具条纹，无沟，内果皮革质。花期5-6月，果期8-10月。

产安徽南部、浙江、江西、台湾、湖北西部、湖南、广东、海南、香港及广西东北部，生于海拔700-2100米丘陵、山地林中或灌丛中。日本和朝鲜有分布。

19. 绿冬青 亮叶冬青   图 1297

Ilex viridis Champ. ex Benth. in Journ. Bot. Kew Gard. Misc. 4: 329. 1852.

常绿灌木或小乔木。小枝四棱形。叶倒卵形、倒卵状椭圆形或宽椭圆形，长2.5-7厘米，宽1.5-3厘米，先端钝或短渐尖，基部楔形，具细圆齿，下面具腺点，侧脉5-8对；叶柄长4-6毫米，被微柔毛或无毛。花白色，4基数。雄聚伞花序具1-5花，单生叶腋；花序梗长3-5毫米；花梗长2毫米；花萼裂片啮蚀状；花瓣倒卵形或近圆形；雄蕊长为花瓣2/3；退化子房窄圆锥形。雌花单生叶腋；花梗长1.2-1.5厘米；花萼径4-5毫米；花瓣卵形；退化雄蕊长为花瓣1/3；柱头盘状凸起。果球形，径0.9-1.1厘米，熟时黑色，宿存柱头盘状乳头形；果柄长1-1.7厘米；分核4，椭圆形，背部凸起，具皱纹，侧面平滑，内果皮革质。

产安徽南部、浙江、江西、福建、湖北西南部、广东、海南、广西、贵

图 1297 绿冬青 （引自《图鉴》）

州西部及西南部，生于海拔300-1700米山地和丘陵地区常绿阔叶林下、疏林及灌丛中。

20. 具柄冬青   图 1298

Ilex pedunculosa Miq. in Versl. Med. Kon. Akad. Wet. II, 2: 83. 1868.

常绿灌木或乔木，高达10(-15)米。叶薄革质，卵形或椭圆形，长4-9厘米，先端渐尖，基部钝或圆，全缘或近顶端疏生不明显锯齿，两面无毛，侧脉8-9对；叶柄长1.5-2.5厘米。雄花序一至二回二歧聚伞花序单生当年生枝叶腋，具3-9花；花序梗长2.5厘米，二级轴长3毫米；花梗长2-4毫米；花4-5基数，白或黄白色；花

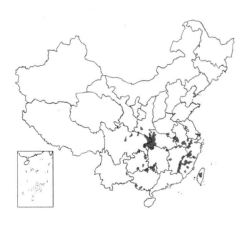

图 1298 具柄冬青 （引自《图鉴》）

萼径1.5毫米；花瓣卵形，长1.5-1.8毫米，基部合生；雄蕊短于花瓣。雌花单生叶腋，稀聚伞花序；花梗长1-1.5厘米；花萼径3毫米；花瓣卵形；柱头乳头形。果序柄长2.5-4.5厘米。果球形，径7-8毫米，熟时红色；果柄长1.5-2厘米；分核4-6，椭圆形，

平滑，背部沿中线具条纹，内果皮革质。花期6月，果期7-11月。

产陕西南部、河南南部、安徽南部、浙江、江西、福建、台湾、湖北、湖南、广西、贵州及四川，生于海拔1200-1900米山地阔叶林中、林缘和灌丛中。日本有分布。

21. 高山冬青　　　　　　　　　　　图 1299

Ilex rockii S. Y. Hu in Journ. Arn. Arb. 30: 336. 1949.

常绿灌木，高达2米。幼枝密被黄色长硬毛状柔毛，老枝被灰褐色柔毛。叶倒卵状长圆形或长圆形，长1-3厘米，宽0.6-1.4厘米，先端圆或钝，基部楔形，上部具圆齿，下部全缘，上面沿中脉密被柔毛，余无毛，下面无毛，干后上面具横网纹，侧脉3-4对；叶柄长2-3毫米，疏被柔毛。雌花单花腋生，花梗长2-5毫米，几无毛；花红色，（4）5（6）基数；花萼径3-4毫米，无毛；花瓣卵状长圆形，长约3毫米，基部稍合生；败育雄蕊长为花瓣1/2；子房锥状卵圆形，柱头头状。果球形，径5-7毫米，熟时红色，宿存柱头厚盘状；果柄长6毫米；分核（3-4）5，椭圆形，长约5毫米，平滑，无条纹，无沟槽，内果皮革质。花期6-7月，果期8-11月。

产四川南部、云南西北部及西藏东南部，生于海拔2700-3700(-4300)米山坡林中、冷杉林中、高山灌丛及杜鹃灌丛中。

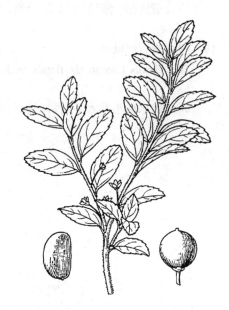

图 1299 高山冬青　（李锡畴绘）

22. 云南冬青　　　　　　　　　　　图 1300

Ilex yunnanensis Franch. Pl. Delav. 2: 128. 1889.

常绿灌木或乔木，高达12米。幼枝及顶芽密被金黄色柔毛。叶卵形或卵状披针形，稀椭圆形，长2-4厘米，宽1-2.5厘米，先端尖，基部圆或钝，具细圆齿，齿端常具芒尖，中脉在上面凸起，密被柔毛，余无毛；叶柄长2-6毫米，密被柔毛。花4基数，白色、粉红或红色。雄聚伞花序具1-3花，腋生；花序梗长0.8-1.4厘米，花梗长2-4毫米；花瓣卵形；雄蕊短于花瓣；退化子房圆锥形。雌花单花腋生，稀为具2-3花的聚伞花序；花梗长0.3-1.4厘米；花被同雄花；退化雄蕊长为花瓣1/2；花柱明显，柱头盘状。果球形，径5-6毫米，熟时红色，果柄长0.5-1.5厘米；分核4，长圆形，平滑，无条纹及沟，内果皮革质。花期5-6月，果期8-10月。

图 1300 云南冬青　（王金凤绘）

产陕西西南部、甘肃南部、湖北西部、广西西北部、四川、贵州、云南及西藏东南部，生于海拔1500-3500米山坡常绿阔叶林、铁杉林中、林缘、灌丛中和杜鹃林中。缅甸北部有分布。

　　[附]　**高贵云南冬青　Ilex**

yunnanensis var. gentilis Loes. in. Nov. Acta Acad. Caes. Leop.–Carol. Nat. Cur. 78: 132（Monog. Aquif. 1: 132）. 1901. 本变种与模式变种的区别：叶卵形或长圆形，先端钝，稀近急尖，边缘具圆齿，齿尖不为芒状；

雄花基数4-6。产陕西南部、湖北西部、四川、贵州及云南东南部，生于海拔1100-2600米山地疏林或灌木丛中。

23. 峨眉冬青 图 1301

Ilex omeiensis Hu et Tang in Bull. Fan. Mem. Inst. Biol. Bot. 9: 245. 1940.

常绿灌木或乔木，高达11米。叶宽椭圆形或椭圆形，长8-20厘米，先端短渐尖，基部钝或近圆，全缘，无毛，侧脉6-8对；叶柄长1.2-2厘米。聚伞花序或伞形花序簇生2-3年生枝叶腋，被柔毛。雄花序分枝为具5-9花的三歧聚伞花序；花序梗长2-2.5毫米，二级轴长2-3毫米，花梗长6-8毫米；花5-6基数，淡黄色；花萼被微柔毛，裂片三角形；花瓣卵状椭圆形；雄蕊短于花瓣；不育子房近球

形。雌花序分枝为伞形花序状；花序梗长0.7-1.2厘米，花梗长4-7毫米；花6-7基数；花萼径3.5毫米，花瓣卵形；退化雄蕊长为花瓣1/2；柱头乳头状，稀鸡冠状。果球形，径3.5-4毫米，熟时红色，宿存柱头厚盘状；

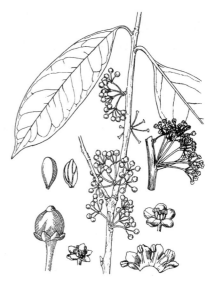

图 1301 峨眉冬青 （仿《四川植物志》）

分核6-7，长圆形，背部平滑，具3条微凹条纹，内果皮革质。花期5-6月，果期9-10月。

产四川中南部，生于海拔500-1500米山坡混交林内。

24. 枸骨 图 1302 彩片 316

Ilex cornuta Lindl. et Paxt. Flow. Gard. 1: 43. f. 27. 1850.

常绿灌木或小乔木。小枝粗，具纵沟，沟内被微柔毛。叶二型，四角状长圆形，先端宽三角形、有硬刺齿，或长圆形、卵形及倒卵状长圆形，全缘，长4-9厘米，先端具尖硬刺，反曲，基部圆或平截，具1-3对刺齿，无毛，侧脉5-6对；叶柄长4-8毫米，被微柔毛。花序簇生叶腋，花4基数，淡黄绿色；雄花花梗长5-6毫米，无毛；花萼径2.5毫米，裂片疏被微柔毛；花瓣长圆状卵形，长3-4毫米；雄蕊与花瓣几等长；退化子房近球形。雌花花梗长8-9毫米，花萼与花瓣同

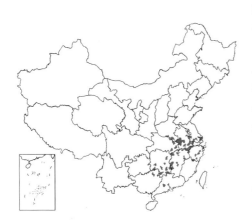

雄花；退化雄蕊长为花瓣4/5。果球形，径0.8-1厘米，熟时红色，宿存柱头盘状；分核4，倒卵形或椭圆形，长7-8毫米，背部密被皱纹及纹孔及纵沟，内果皮骨质。花期4-5月，果期10-12月。

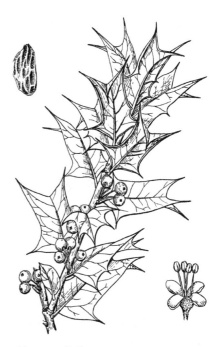

图 1302 枸骨 （引自《中国药用植物志》）

产江苏南部、安徽、浙江、江西、湖北东部及湖南,生于海拔150-1900米山坡灌丛、疏林中或溪边。朝鲜有分布。树形优美,秋季果实红色,挂满枝头,可供观赏。根药用,可滋补、活络、祛风湿,枝叶可治肺结核病、

劳伤、腰膝风湿痹痛;果可治淋浊、崩带,筋骨疼痛。

25. 华中枸骨 图 1303

Ilex centrochinensis S. Y. Hu in Journ. Arn. Arb. 30(3): 351. 1949.

常绿灌木,高达3米。叶椭圆状披针形,稀卵状椭圆形,长4-9厘米,先端渐尖,具刺尖,基部宽楔形或近圆,具3-10对刺尖牙齿,侧脉6-8对;叶柄长5-8毫米。雄花序簇生二年生枝叶腋;花梗长1-2毫米,被微柔毛;花4基数,黄色,花萼盘状,深裂,被微柔毛;花瓣长圆形,长约3毫米,上部具缘毛,基部稍合生;雄蕊长于花瓣;退化子房近球形,先端圆。果1-3成簇,球形,径6-7毫米,宿存柱头薄盘状;果柄长2毫米,被微柔毛。分核4,长圆状三棱形,长约6毫米,背部具纵脊,侧面具皱纹及洼点,内果皮石质。花期3-4月,果期8-9月。

图 1303 华中枸骨 (张世经绘)

产湖北、四川东北部及陕西西南部,生于海拔(500-)700-1000米溪边灌丛中或林缘。

26. 猫儿刺 图 1304 彩片 317

Ilex pernyi Franch. in Nouv. Arch. Mus. Hist. Nat. II, 5: 221. 1883.

常绿灌木或小乔木,高达8米。小枝密被暗灰色柔毛。叶卵形或卵状披针形,长1.5-3厘米,先端渐尖,有长粗刺,基部平截或近圆,具1-3对深波状刺齿,无毛,侧脉1-3对;叶柄长2毫米,被柔毛。花序簇生二年生枝叶腋,常2-3花簇生;花4基数,淡黄色。雄花梗长1毫米,花萼裂片半圆形;花瓣椭圆形,长3毫米;雄蕊长于花瓣;退化子房圆锥状。雌花梗长2毫米,花瓣卵形,基部合生;子房卵圆形,柱头盘状。果近球形或扁球形,径7-8毫米,熟时红色;分核4,倒卵形或长圆形,背部具掌状条纹及沟,侧面具网状条纹及沟,内果皮木质。花期4-5月,果期10-11月。

产陕西南部、甘肃南部、安徽、浙江南部、福建西北部、江西、河南、湖北西部、湖南西北部、四川、贵州东北部及云南西部,生于海拔1050-2500

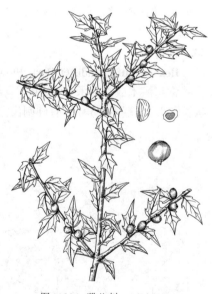

图 1304 猫儿刺 (王金凤绘)

米山谷林中或灌丛中。树皮含小檗碱,可代黄连;叶和果药用,可补肝肾、清风热,根可治肺热咳嗽,咯血,咽喉肿痛,角膜云翳。

27. 双核冬青

图 1305: 1-3

Ilex dipyrena Wall. in Roxb. Fl. Ind. ed. Carey, 1: 473. 1820.

常绿灌木或乔木,高达15(-25)米。叶椭圆形或卵状椭圆形,稀卵形,长4-10厘米,先端渐尖,具锐尖刺,基部宽楔形或近圆,全缘或有刺齿3-14枚,无毛,侧脉6-9对;叶柄长3-6毫米,被微柔毛。花序簇生二年生枝叶腋,每分枝具单花;花4基数,淡绿色。雄花花梗长2-3毫米;花萼裂片卵状三角形;花瓣卵形,长约3毫米,基部合生;雄蕊长于花瓣,花药长圆状卵形;败育子房卵圆形;雌花花梗长1-3毫米;花萼与花瓣同雄花,退化雄蕊略短于花瓣。果球形,径7-9毫米,熟时红色,宿存柱头盘状;分核(1)2(-4),椭圆形或近圆形,长5-7毫米,具掌状纵条纹及沟,内果皮木质。花期4-7月,果期10-12月。

产湖北西南部、四川西南部、云南、西藏东南部及南部,生于海拔2000-3400米山谷、箐边常绿阔叶林、混交林及灌丛中。印度东北部、尼泊尔、锡金及缅甸北部有分布。

图 1305: 1-3. 双核冬青 4-5. 长叶枸骨
(李锡畴绘)

28. 长叶枸骨 长叶冬青

图 1305: 4-5

Ilex georgei Comber in Notes Roy. Bot. Gard. Edinb. 18: 50. 1933.

常绿灌木或小乔木,高达5(-8)米。小枝具浅纵棱槽,密被短柔毛;顶芽圆锥形,被短柔毛。叶厚革质,披针形或卵状披针形,稀卵形,长1.8-4.5厘米,先端渐尖,具长约3毫米的黄色刺尖,基部圆或心形,边缘增厚,稍反卷,近全缘或每边具2-3刺齿,上面具光泽,中脉被短柔毛,下面无毛,侧脉5-7对;叶柄长1-2毫米,被短柔毛。花序簇生于二年生枝叶腋,雄花序的单个分枝具1-3花,花序梗和花梗疏被微小柔毛。花4基数,花萼裂片卵形;花瓣长约2毫米,具疏缘毛,基部合生;雄蕊较花瓣长,花药长圆形;退化子房近球形或卵状球形,先端钝或偶2裂。果2-3簇生于二年生枝叶腋内,通常双生,倒卵状椭圆形,长4-7毫米,熟时红色;果柄长约2毫米,被短柔毛;宿存花萼平展,4浅裂,宿存柱头盘状,中央微凹;分核1-2;倒卵状长圆形,长4-5毫米,背面具掌状条纹和浅沟槽,内果皮木质。花期4-5月,果期10月。

产四川中西部及南部、云南北部及西部,生于海拔1650-2900米山地疏林或灌丛中。缅甸北部有分布。

29. 刺叶冬青

图 1306 彩片 318

Ilex bioritsensis Hayata in Journ. Coll. Sci. Tokyo 30: 53. 1911.

常绿灌木或小乔木,高达10米。叶卵形或菱形,长2-5.5厘米,先端渐尖,具长约3毫米的刺,基部圆或平截,边缘波状,具3-4对硬刺齿,上面无毛,侧脉4-6对;叶柄长3毫米,被柔毛。花簇生于二年生枝叶腋;花

梗长约2毫米；花2-4基数，淡黄绿色；花萼径约3毫米，裂片宽三角形；花瓣宽椭圆形，长约3毫米，基部稍合生；雄蕊长于花瓣；不育子房卵球形。雌花花被同雄花；子房长圆状卵圆形，长2-3毫米，柱头薄盘状。果椭圆形，长0.8-1厘米，熟时红色；分核2，卵形或近圆形，背腹扁，宽4-5毫米，背部具掌状棱及浅沟7-8条，腹面具条纹，内果皮木质。花期4-5月，果期8-10月。

产台湾中部、湖北西南部、四川、云南西北部及东北部、贵州、广西东北部，生于海拔1800-3200米山地常绿阔叶林或杂木林中。

图 1306　刺叶冬青 （引自《图鉴》）

30. 纤齿枸骨

图 1307

Ilex ciliospinosa Loes. in Sarg. Pl. Wilson. 1：78. 1911.

常绿灌木或乔木。幼枝与顶芽密被柔毛。叶椭圆形或卵状椭圆形，长2.5-4.5厘米，先端短渐尖或尖，具细刺，基部圆，具4-6对刺尖细齿，无毛，侧脉4-6对；叶柄长2-3毫米，被柔毛。聚伞花序簇生当年生枝叶腋，具2-5花；花梗长2-3毫米。花4基数，浅黄色。雄花花萼4深裂，裂片卵状三角形，具缘毛；花瓣卵形，长约3毫米，基部合生；雄蕊长于花瓣；退化子房卵球形。雌花花萼同雄花，花瓣分离；退化雄蕊与花瓣等长；子房长圆形，柱头盘状。果单生或成对，稀

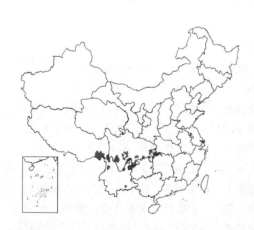

图 1307　纤齿枸骨 （李锡畴绘）

3个簇生，椭圆形，长7-8毫米，熟时红色；果柄长2-4毫米，被柔毛或脱落无毛；分核（1）2（3），倒卵形，宽约3.5毫米，背部具掌状条纹和沟槽，内果皮厚木质。花期4-5月，果期9-10月。

产湖北西南部、四川、云南及西藏东南部，生于海拔1500-2600(-3100)米山坡杂木林或云杉、冷杉林下。

31. 扣树

图 1308

Ilex kaushue S. Y. Hu in Journ. Arn. Arb. 30(3)：370. 1949.

常绿乔木，高8米。小枝被微柔毛。叶长圆形或长圆状椭圆形，长10-18厘米，先端尖或短渐尖，基部楔形，具重锯齿或粗锯齿，侧脉14-15对；叶柄长2-2.2厘米，被微柔毛。雄花序为聚伞状圆锥花序或假总状花序，生

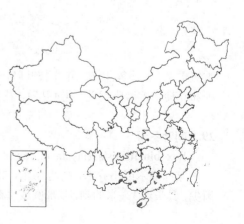

于当年生枝叶腋；单个聚伞花序具3-4（-7）花；花序梗长1-2毫米；花梗长1.5-3毫米，疏被微柔毛；花4基数；花萼裂片宽卵状三角形；花瓣卵状长圆形，长3.5毫米；雄蕊短于花瓣；不育子房卵圆形。果序假总状，长4-6（-9）毫米，轴粗，长（4-）8毫米，被柔毛或脱落无毛；果球形，径0.9-1.2厘米，熟时红色，宿存柱头脐状；分核4，长圆形，背部具网状条纹及沟，侧面多皱及洼点，内果皮石质。花期5-6月，果期9-10月。

产湖北西部、湖南西部、广东、海南、广西及云南东南部，生于海拔1000-1200米密林中。

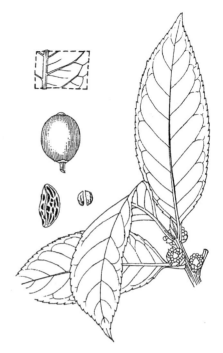

图 1308 扣树 （肖 溶绘）

32. 大叶冬青

图 1309 彩片 319

Ilex latifolia Thunb. Fl. Jap. 79. 1784.

常绿乔木，高达20米，全株无毛。叶长圆形或卵状长圆形，长8-19（-28）厘米，先端钝或短渐尖，基部圆或宽楔形，疏生锯齿，侧脉12-17对；

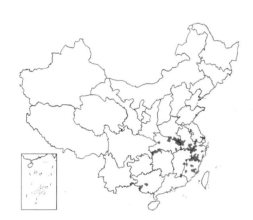

叶柄长1.5-2.5厘米。花序簇生叶腋，圆锥状；花4基数，浅黄绿色。雄花序每分枝具3-9花，花序梗长2毫米；花梗长6-8毫米；花萼裂片圆形；花瓣卵状长圆形，基部合生；雄蕊与花瓣等长；退化子房近球形。雌花序每分枝具1-3花，花序梗长2毫米；花梗长5-8毫米；花萼径3毫米；花瓣卵形；退化雄蕊长为花瓣1/3；子房卵圆形，柱头盘状。果球形，径7毫米，熟时红色，宿存柱头薄盘状；分核4，椭圆形，长约5毫米；背部具纵脊，不规则皱纹及洼点，内果皮骨质。花期4月，果期9-10月。

产河南东南部、安徽、江苏南部、浙江、江西、福建、湖北、湖南西北部、广西及云南东南部，生于海拔250-1500米山地常绿阔叶林中或竹林中。木材供细木工用；树形优美，可供观赏；叶药用，可清热解毒，止渴生津；果可解暑祛痧。

图 1309 大叶冬青 （引自《图鉴》）

33. 苗山冬青

图 1310

Ilex chingiana Hu et Tang in Bull. Fan. Mem. Biol. Bot. 9: 252. 1940.

常绿乔木，高达12米。叶长圆状椭圆形，稀倒披针形，长11-15厘米，宽4-5厘米，先端渐尖，基部钝，稀圆，疏生锯齿，侧脉8-12对；叶柄长1-1.5厘米，无毛。果少数簇生，常单果成熟，球形，径约1.5厘米，平滑，熟时红色；宿存柱头脐状，四角形，径4-5毫米；宿存花萼伸展，圆形，径约3.5毫米，4浅裂，裂片圆形，疏被微柔毛及缘毛；果柄长2-4毫米，幼时疏被微柔毛，后无毛，近基部具2小苞片；分核4，倒卵形，长1-1.2厘米，背部扁平，具宽凹槽，两侧面具网状条纹、皱及窝点，内果皮石质。果期8-9月。

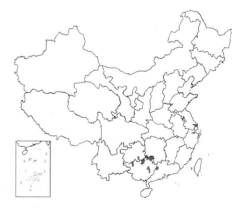

产湖南西南部、广东西部、广西及贵州东南部，生于海拔约800米山地阔叶林中。

34. 拟榕叶冬青　　　　　图 1311

Ilex subficoidea S. Y. Hu in Journ. Arn. Arb. 30: 384. 1949.

常绿乔木，高达15米。叶卵形或长圆状椭圆形，长5-10厘米，宽2-3厘米，先端骤短尖，基部钝，稀圆，具波状钝齿，无毛，侧脉10-11对；叶柄长0.5-1.2厘米。雄聚伞花序簇生二年生枝叶腋，具3花；花序梗长1毫米；花梗长约2毫米，幼时被柔毛；花4基数，白色；花萼径5毫米；花瓣倒卵状长圆形，长约3毫米，具缘毛，基部合生；雄蕊稍长于花瓣；退化子房圆锥形。果簇生，球形，径1-1.2厘米，密被细瘤状突起，宿存柱头薄盘状，4裂；宿存花萼径2.5-3毫米，4裂；裂片圆形，具缘毛；果柄长约1厘米，基部或近基部具2小苞片；分核4，卵状椭圆形，长8-9毫米，背部具不规则皱纹及洼点，内果皮石质。花期5月，果期6-12月。

产江西南部、福建南部、湖南西南部、广东、海南及广西，生于海拔500-1350米山地混交林中。越南北部有分布。

35. 错枝冬青　　　　　图 1312

Ilex intricata Hook. f. Fl. Brit. Ind. 1: 602. 1875.

常绿匍匐小灌木，高达2米；全株无毛。小枝具纵棱及小瘤。叶倒卵状椭圆形，长0.5-2厘米，宽3-9毫米，先端钝或圆，基部楔形，具3-6对锯齿，上面中脉、2-4对侧脉及网脉均凹下；叶柄长1-2毫米。聚伞花序簇生二年生枝叶腋；雄花序具1-3花；花梗长2毫米，无毛；花粉红色，4基数；花萼裂片卵圆形；花瓣长圆形，基部合生；雄蕊短于花瓣；退化子房近球形。雌花花梗长1毫米，花萼同雄花；花瓣卵形，离生；退化雄蕊长为花瓣2/3；子房卵圆形，花柱明显，柱头头状。果球形，径约5毫米，熟时红色，宿存柱头厚盘形；果柄长2毫米；分核4，长圆形，背部具纵向掌状棱及沟，侧面具条纹及微皱，内果皮木质。

图 1310 苗山冬青　（张世经绘）

图 1311 拟榕叶冬青　（引自《图鉴》）

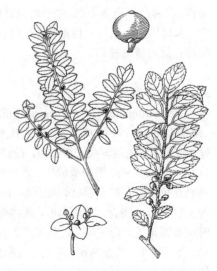

图 1312 错枝冬青　（肖溶绘）

花期6-7月，果期8-11月。

产四川西南部、云南西北部及西藏东南部，生于海拔约3200米冷杉林

下。锡金、不丹、尼泊尔、印度及缅甸北部有分布。

36. 小圆叶冬青   图 1313

Ilex nothofagifolia Ward in Gard. Chron. ser. 3, 81: 194. 1927.

常绿小乔木，高达5米。小枝密被乳头状木栓质瘤。叶宽椭圆形、稀宽倒卵形或宽卵形，长0.7-1.4厘米，宽0.6-1.1厘米，先端钝圆，基部楔形，

具4-9齿，无毛，中脉、3-4对侧脉，与网脉在上面均凹下；叶柄长4-5毫米。聚伞花序具1-3花或单花簇生二年生枝叶腋；雄花花梗长4毫米；花淡绿色，4基数；花萼无毛；花瓣卵形，长2毫米；雄蕊略短于花瓣；退化子房球形。果单生或双生，近球形，径3-3.5毫米，熟时红色，宿存花柱明显，柱头盘状；果柄长2.5-3毫米；

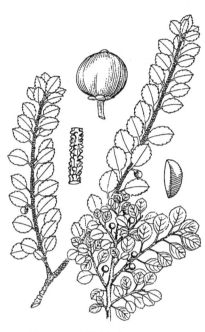

图 1313 小圆叶冬青 （肖 溶绘）

分核4，椭圆形，背部具3-4条纵纹，近平滑，内果皮革质。花期7-8月，果期10-11月。

产云南西北部及南部、西藏东南部，生于海拔2000-3000米山坡阔叶林或铁杉林中。印度东北部和缅甸北部有分布。

37. 陷脉冬青   图 1314

Ilex delavayi Franch. in Journ. de Bot. 12: 255. 1898.

常绿灌木或乔木，高达9米；全株无毛。小枝具纵棱，棱具小瘤。叶

椭圆状披针形或倒卵状椭圆形，长4-5厘米，宽1-2厘米，先端钝或尖，基部窄楔形，具细圆齿，中脉、5-7对侧脉与网脉在上面均凹下；叶柄长(0.5-)1-1.5厘米。花序簇生二年生枝叶腋；花淡绿色，4基数。雄花序分枝聚伞状，具1-3花，花序梗长约1毫米；花梗长1-2毫米；花萼径2毫米，4裂；花瓣倒卵形，长2毫米；雄蕊短于花

图 1314 陷脉冬青 （吴锡麟绘）

产四川西南部及南部、云南及西藏东南部，生于海拔2800-3700米栎林、云杉林、冷杉林中或灌丛中。

［附］ **高山陷脉冬青 Ilex delayayi** var. **exalta** Comber in Notes Roy. Bot. Gard. Edinb. 18: 44. 1933. 本变种与模式变种的区别：小枝具

瓣；退化子房球形。雌花花萼同雄花；花瓣卵形；退化雄蕊长为花瓣1/2，败育花药心形。果球形，径约5毫米，熟时红色，宿存柱头厚盘状；分核4，长圆形，长3.5-4.5毫米，背部凸起或略平，具掌状条纹及槽，侧面具纵沟，内果皮木质。花期5-6月，果期8-11月。

浅褶状沟,无瘤;叶长3-8厘米,宽1.5-2.5厘米,花梗长4-6毫米。产四川南部及云南,生于海拔2700-3600米山坡杂木林、杜鹃林或灌丛中。缅甸北部有分布。

38. 五棱苦丁茶 图 1315

Ilex pentagona S. K. Chen, Y. X. Feng et C. F. Liang in Acta Phytotax. Sin. 36(4): 357. f. 1. 1998.

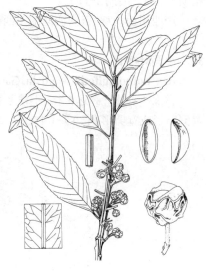

图 1315 五棱苦丁茶 (吴锡麟绘)

常绿乔木,高达12米;当年生枝无毛,具5条锐纵棱;顶芽卵状圆锥形,近无毛。叶革质,窄椭圆形或椭圆形,长(7.5-)9-20厘米,先端钝或急尖,基部楔形或钝圆,边缘具疏小浅锯齿,稍外卷,两面无毛,侧脉12-18对;叶柄长2-2.5厘米,无毛。果序假总状,生于1-2年生枝叶腋,果序轴长0.5-1厘米,无毛,具纵棱槽;果梗长5-6毫米,无毛。果球形,径6-8毫米,宿存柱头薄盘状,稍凹,宿存花萼平展,圆形,径约3毫米,具小缘毛。分核4,长圆形,长约6毫米,具条纹状凹凸。果期5月。

产于湖南西北部、广西西北部及西南部、贵州北部及云南东南部,生于海拔700-1500米石灰山林中。可作苦丁茶的代用品。

39. 黑毛冬青 图 1316

Ilex melanotricha Merr. in Brittonia 4: 101. 1941.

常绿乔木,高达10米。小枝被直伸黑色硬毛,稀无毛。叶倒披针形或长圆状椭圆形,长6.5-13厘米,宽2.5-5厘米,先端渐尖,基部楔形,具细锯齿,无毛,侧脉10-13对;叶柄长1-1.7厘米,无毛。雄花序为由3-4花的聚伞花序组成圆锥花序状,腋生;花序梗长3毫米,花序轴长3-7毫米;花4基数,浅绿色,芳香;花梗长3-4毫米,被微柔毛;花萼裂片三角形,具缘毛;花瓣卵状长圆形,长3毫米;雄蕊短于花瓣;退化子房近球形。果序假总状,生于二年生枝叶腋,几无果序柄,果序轴长3-5毫米。果球形,径4-7毫米,熟时红色,宿存柱头平盘状;果柄长4-7毫米,均被微柔毛;分核4,长圆状椭圆形,具掌状纵棱沟,内果皮木质。花期5-6月,果期10-11月。

图 1316 黑毛冬青 (吴锡麟绘)

产云南西北部、四川东南部及西藏东南部,生于海拔1500-3200米山地林中。缅甸北部有分布。

40. 康定冬青 山枇杷 图 1317

Ilex franchetiana Loes. in Sarg. Pl. Wilson. 1：77. 1991.

常绿灌木或乔木，高达8（-12）米；全株无毛。叶倒披针形或长圆状披针形，稀椭圆形，长6-12.5厘米，先端渐尖或稍尾尖，基部楔形，具细锯齿，侧脉8-15对；叶柄长1-2厘米。聚伞花序或单花簇生二年生枝叶腋，具苞片；花淡绿色，4基数。雄花聚伞花序具3花，花序梗长1-1.5毫米；花梗长2-5毫米；花萼径2毫米，裂片三角形，具缘毛；花瓣长圆形，基部合生；雄蕊短于花瓣，退化子房圆锥形。雌花单花簇生；花梗长3-4毫米；花萼同雄花；花瓣卵形，离生；退化雄蕊长为花瓣3/4，败育花药心形；子房卵圆形，柱头盘状。果柄长4-5毫米；果球形，径6-7毫米，熟时红色，宿存柱头薄盘状；分核4，长圆形，长5-6毫米，背部具掌状纵纹及沟，两侧面具条纹及皱纹，内果皮骨质。花期5-

图 1317 康定冬青 （王金凤绘）

6月，果期9-11月。

产湖北、湖南西北部、四川、贵州及云南，生于海拔1850-2300（-2850）米山地阔叶林中。缅甸北部有分布。

41. 狭叶冬青 图 1318

Ilex fargesii Franch. in Journ. de Bot. 12：255. 1898.

常绿乔木，高达8米；全株无毛。叶倒披针形或线状倒披针形，长5-13（-16）厘米，先端渐尖，基部楔形，中部以上疏生细齿，侧脉8-10对；叶柄长0.8-1.6厘米。花序簇生二年生枝叶腋；花白色、芳香，4基数。雄花为分枝具3花的聚伞花序；花序梗长1毫米；花梗长约2毫米；花萼4浅裂，裂片近圆形，具缘毛；花瓣4，倒卵状长圆形，具缘毛，基部稍合生；雄蕊长为花瓣3/4；退化子房卵状圆锥形。雌花分枝具1花；花梗长2-3毫米；花萼同雄花；花瓣长圆形，长约2毫米，分离；退化雄蕊短于花瓣；败育花药箭头形；子房卵圆形，柱头盘状。果球形，径5-7毫米，熟时红色，宿存柱头薄盘状；果柄长5-7毫米；分核4，长圆形，长4-4.5毫米，具掌状条纹及沟，内果皮木质。花期5月，果期9-10月。

产陕西南部、甘肃南部、湖北西部、湖南西北部、贵州东北部及四川，

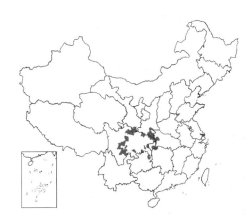

图 1318 狭叶冬青 （王金凤绘）

生于海拔1600-3000米山地林中或灌丛中。

42. 短梗冬青 图 1319

Ilex buergeri Miq. in Versl. Med. Kon. Akad. Wet. II, 2：1868.

常绿乔木，高达15米。小枝密被柔毛。叶革质，卵形、长圆形或卵状

披针形，长4-8厘米，先端渐尖，疏生浅齿，仅沿中脉被微柔毛，余无毛，侧脉7-8对；叶柄长4-8毫米，被柔毛。聚伞花序簇生当年生枝叶腋，具4-10花；花梗长2-3毫米，被柔毛；雄花花萼4裂，裂片被柔毛及缘毛；花瓣4，淡黄绿色，长圆状倒卵形，基部稍合生，先端具缘毛；雄蕊4，长于花瓣，退化子房圆锥形。雌花花萼似雄花；花瓣分离；退化雄蕊与花瓣等长或稍短，败育花药卵形；子房卵圆形，柱头盘状。果柄长约1毫米；果球形或近球形，径4.5-6毫米，熟时红色；分核4，近圆形，径约3毫米，背部具4-5条掌状细棱及宽而浅槽，侧面具皱纹及槽，内果皮石质。花期4-6月，果期10-11月。

产安徽南部、浙江、江西、福建北部及西部、湖北东南部、湖南及广西东北部，生于海拔100-700米山坡、沟边常绿阔叶林中或林缘。日本有分布。

图 1319　短梗冬青　（吴锡麟绘）

43. 龙里冬青　　　　　　　　　　图 1320

Ilex dunniana Lévl. in Fedde, Repert. Sp. Nov. 9: 458. 1911.

常绿乔木，高8米。小枝无毛或近顶端疏被微柔毛。叶宽椭圆形或披针形，长8-13厘米，先端渐尖，基部楔形，具锐尖粗齿，无毛，侧脉8-10对，在两面凸起；叶柄长0.8-1厘米，无毛或稍被微柔毛。花序簇生当年生枝叶腋。雄花1-3花成聚伞花序簇生或组成圆锥状花序，花序轴长4-7毫米，花序梗长1-2毫米，花梗长2-3毫米，均无毛或被微柔毛；花绿色，4基数；花萼裂片卵状三角形；花瓣长圆形，长约3毫米；基部稍合生；雄蕊与花瓣等长；退化子房近球形。雌花组成假总状花序；花梗长3-4毫米；花萼同雄花；花瓣卵状长圆形；退化雄蕊长为花瓣3/4；子房近球形，柱头盘状，4裂。果扁球形，径4-5毫米，具小瘤状突起，熟时红色，宿存柱头厚盘状，4裂；分核4，卵状三棱形，

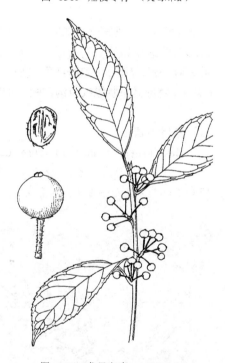

图 1320　龙里冬青　（吴锡麟绘）

具不规则网状条纹，多皱。花期4-5月，果期8-10月。

产江西北部及西部、湖北西南部、四川、云南东北部、贵州北部及近中部，生于海拔1200-2200米山坡林中。

44. 中型冬青　　　　　　　　　　图 1321

Ilex intermedia Loes. in Acta Acad. Caes. Leop.-Carol. Nat. Cur. 78: 273（Monog. Aquif. 1: 273）. 1901.

常绿乔木，高达7米。小枝被微柔毛或无毛。叶长圆状椭圆形、卵状

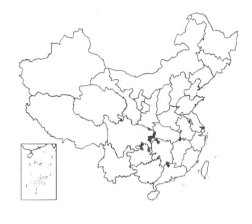

椭圆形或倒卵状椭圆形,长6-12.5厘米,先端钝尖或有凹缺,基部楔形,稀圆,疏生细圆齿或锯齿,无毛或被微柔毛,侧脉5-8对;叶柄长0.9-1.6厘米。雄花序为聚伞花序簇生或为圆锥状花序腋生,花序梗长1毫米;花梗长1-2毫米;花淡黄色,4基数;花萼裂片疏生缘毛;花瓣长圆形,基部稍合生;雄蕊与花瓣等长;退化子房近球形。果序假总状,果序轴长4-8毫米。果近球形,长约4毫米,熟时红色,具小瘤,宿存柱头厚盘状;果柄长5-8毫米,疏被微柔毛;分核4,宽椭圆形或近圆形,背部具掌状条纹及沟,侧面几平滑或具网状小洼点,内果皮石质。花期5月,果期8-10月。

产安徽西部、江西北部、湖北、湖南、四川东部及东北部、贵州北部及东北部,生于海拔600-1500米山地林中。

图 1321 中型冬青 (仿《四川植物志》)

45. 台湾冬青
图 1322 彩片 320

Ilex formosana Maxim. in Mém. Acad. Sci. St. Pétersb. VII. 29(3): 46. 1881.

常绿灌木或乔木,高达15米。叶椭圆形或长圆状披针形,稀倒披针形,长6-10厘米,先端渐尖或尾状,基部楔形,疏生细圆齿,稀波状,无毛,侧脉6-8对;叶柄长5-9毫米,无毛。花白色,4基数。雄聚伞花序具3花,组成圆锥状花序,腋生,花序轴长0.5-1厘米,被微柔毛,聚伞花序梗长1毫米;花梗长3-4毫米,被微柔毛;花萼被柔毛,4浅裂;花瓣长圆形,具缘毛;雄蕊与花瓣几等长;退化子房球形。

雌花组成假总状花序,花序轴长4-6毫米;花梗长3毫米,密被微柔毛;花萼同雄花;花瓣卵形,离生,具缘毛;退化雄蕊长为花瓣2/3;子房近卵圆形。果近球形,径约5毫米,熟时红色,宿存柱头头状;分核4,卵状长圆形,背部具掌状纵棱及槽,中央稍凹入,两侧面具纵棱及深槽,内果

图 1322 台湾冬青 (引自《图鉴》)

皮石质。花期3-5月,果期7-11月。

产浙江南部、江西、福建、台湾、湖北西南部、湖南、广东、广西、云南、四川及贵州,生于海拔100-1500(-2100)米山地常绿阔叶林中、林缘或灌丛中。

46. 灰叶冬青
图 1323

Ilex tetramera (Rehd.) C. J. Tseng in Bull. Bot. Res. (Harbin) 1(1-2): 21. 1981.

Symplocos tetramera Rehd. in Sarg. Pl. Wilson. 3: 598. 1916.

常绿乔木或灌木,高达12米。幼枝近圆,具棱沟,无毛或近顶端沟内具微柔毛。叶长圆状椭圆形或长圆状

披针形，长5-9(-11)厘米，先端渐尖或尾尖，具细圆齿或近全缘，无毛，侧脉7-9对；叶柄长4-7毫米，无毛。雄花序簇生叶腋，分枝为具3花聚伞花序，花序梗长约0.5毫米；花梗长1-3毫米，均被微柔毛；花4基数，白色；花萼裂片三角形，具缘毛；花瓣倒卵状长圆形，基部稍合生；雄蕊稍长于花瓣；退化子房近球形，顶端骤尖，微裂。果序假总状，稀单果簇生，果序轴长3-7毫米。果球形，径5-6毫米，熟时红色，宿存柱头脐状；果柄2-3毫米，被微柔毛；分核4，长圆形，背部凸起，具掌状条纹和槽，两侧面具不规则纵棱及槽，内果皮骨质。花期2-4月，果期10月。

产广西、四川、云南及贵州，生于海拔700-1800米常绿阔叶林中或疏林中。

图 1323　灰叶冬青　（吴锡麟绘）

47. 密花冬青　图 1324

Ilex confertiflora Merr. in Lingnan Sci. Journ. 13: 35. 1934.

常绿灌木或小乔木，高达8米。小枝无毛。叶长圆形或倒卵状长圆形，长6-9厘米，先端短尾尖，基部圆，稀钝，疏生小圆齿，无毛，下面疏生腺点，侧脉6-8对；叶柄长0.8-1厘米，无毛。花淡黄色，4基数；雄花序簇生二年生枝叶腋，分枝具3花，花序梗长1毫米，花梗长1-2毫米，均被微柔毛；花萼4深裂，裂片三角形；花瓣长圆形，先端具缘毛；雄蕊较花瓣长1/3；退化子房近球形。雌花单花簇生叶腋；花梗长1.5-2毫米，被微柔毛；花萼被微柔毛及缘毛；花瓣离生，椭圆形，具缘毛；子房卵圆形，柱头厚盘状，突起且反折。果球形，径5

图 1324　密花冬青　（肖溶绘）

毫米，宿存柱头长方形；果柄长1-2毫米，被微柔毛；分核4，长圆形，背部具宽凹陷和掌状条纹及沟槽，两侧面具皱纹，内果皮骨质。花期4月，果期6-9月。

产广东、海南及广西，生于海拔700-1200米山坡林中或林缘。

48. 珊瑚冬青　图 1325

Ilex corallina Franch. in Bull. Soc. Bot. France 33: 452. 1886.

常绿灌木或乔木。小枝细，具纵棱，无毛或被微柔毛；叶卵形、卵状椭圆形或卵状披针形，长4-10(-13)厘米，先端短渐尖或稍尾尖，基部圆或钝，边缘波状，具圆齿状锯齿，无毛，或上面沿中脉疏被微柔毛，侧脉7-10对，与网脉在两面明显；叶柄长0.4-1厘米，无毛或被微柔毛。花序簇生二年生枝叶腋，几无花序梗；花4基数，黄绿色。雄花序分枝为具1-

3花的聚伞花序，花序梗长1毫米；花梗长2毫米；花萼裂片具缘毛；花瓣长圆形；雄蕊与花瓣等长；退化子房近球形。雌花单花簇生；花梗长1-2毫米；花萼裂片圆形，花瓣卵形，离

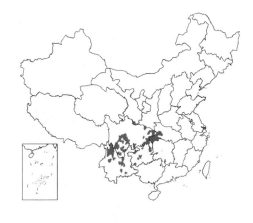

生；退化雄蕊长为花瓣2/3，子房卵圆形。果近球形，径3-4毫米，熟时紫红色，宿存柱头薄盘状；分核4，椭圆状三棱形，背面具不明显掌状纵棱及浅沟，侧面具皱纹。花期4-5月，果期9-10月。

产甘肃南部、湖北西南部、湖南、四川、贵州及云南，生于海拔（400-）750-2400（-3000）米山坡灌丛中或杂木林中。根、叶药用，可清热解毒、活血、止痛。

图 1325 珊瑚冬青 （引自《图鉴》）

49. 弯尾冬青

图 1326

Ilex cyrtura Merr. in Brittonia 4：101. 1941.

常绿乔木，高12米。幼枝纵沟内被柔毛，后脱落。叶椭圆形或倒卵状椭圆形，长6-11厘米，先端常镰状尾尖，基部楔形，具浅齿，上面仅沿中脉被微柔毛，两面无毛，侧脉7-8对，网脉不明显；叶柄长0.7-1.2厘米，被微柔毛。花序簇生当年生枝叶腋，被柔毛，分枝具单花；花4基数，黄色；雄花花梗长1毫米；花萼裂片具缘毛；花瓣长圆形；疏具缘毛；雄蕊与花瓣等长；退化子房近卵球形。雌花花梗长4毫米，花萼同雄花；花瓣卵状长圆形，无缘毛；退化雄蕊与花瓣等长，败育花药箭头形；子房卵圆形，柱头盘状凸起。果球形，径6毫米，宿存柱头薄盘状；分核4，椭圆形，长约3.5毫米，背部具掌状条纹，几无沟，内果皮木质。花期4月，果期6-9月。

产湖南西南部、广东、广西、贵州及云南西北部，生于海拔750-1800米山地阔叶林中。缅甸北部有分布。

图 1326 弯尾冬青 （吴锡麟绘）

50. 榕叶冬青

图 1327 彩片 321

Ilex ficoidea Hemsl. in Journ. Linn. Soc. Bot. 23：116. 1886.

常绿乔木或灌木，高达12米。幼枝无毛。叶椭圆形、长圆形、卵形或倒卵状椭圆形，长4.5-10厘米，先端尾尖，基部楔形或近圆，具细齿状锯齿，无毛，侧脉8-10对；叶柄长0.6-1厘米，无毛。聚伞花序或单花簇生当年生枝叶腋；花白或浅黄绿色，4基数；雄聚伞花序具1-3花，花序梗长2毫米；花梗长1-3毫米；花萼裂片三角形；花瓣卵状长圆形，基部合生；雄蕊长于花瓣；退化子房圆锥状卵圆形，顶端微4裂。雌花单花簇生；花梗长2-3毫米；花萼被微柔毛，裂片常龙骨状；花瓣卵形，离生；子房卵圆形，柱头盘状。果球形，径5-7

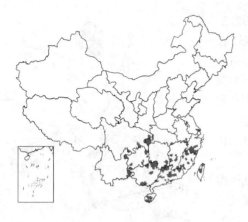

毫米,熟时红色,具小瘤,宿存柱头薄盘状或脐状;分核4,卵形或近圆形,长3-4毫米,背部具浅纵槽及掌状条纹,两侧面具皱纹及洼点,内果皮石质。花期4-5月,果期8-11月。

产安徽南部、江西、福建、台湾、湖北、湖南、广东、海南、广西、云南东南部、四川及贵州,生于海拔(100-)300-1500米山地常绿阔叶林、疏林内或林缘。日本(琉球群岛)有分布。

图 1327 榕叶冬青 (引自《图鉴》)

51. 团花冬青

图 1328

Ilex glomerata King in Journ. Asiat. Soc. Bengal. 64 (2): 135 (Mater. Fl. Malay. Penin. 2: 623). 1895.

常绿乔木,高13米。叶长圆形或长圆状椭圆形,稀卵状椭圆形,长6-12厘米,先端渐尖,尖头长0.8-1.5厘米,基部楔形,稀圆,具锯齿,无毛,侧脉8-10对;叶柄长0.8-1.5厘米,无毛。雄聚伞花序具1-3花,簇生二年生枝叶腋,花序梗长约1毫米;花梗长1-2毫米;花萼4深裂,裂片具缘毛;花瓣4,长圆形,基部稍合生;雄蕊与花瓣同数,且等长;退化子房近球形。果簇生,果柄长1-3毫米;果球形,径7-8毫米,熟时红色,宿存柱头盘状或脐状;分核4,长圆形或近圆形,长5.5-7毫米,背面具掌状条纹及沟,侧面具网状皱纹及洼点。花期4-5月,果期9-11月。

产湖南南部、广东及广西,生于海拔200-900米山地常绿阔叶林中、林缘或灌丛中。越南、马来西亚和印度尼西亚(爪哇)有分布。

图 1328 团花冬青 (张世经绘)

52. 毛冬青

图 1329 彩片 322

Ilex pubescens Hook. et Arn. Bot. Beechey Voy. 167. pl. 35. 1833.

常绿灌木或小乔木。小枝密被长硬毛。叶椭圆形或长卵形,长2-6厘米,宽1-2.5(-3)厘米,先端骤尖或短渐尖,基部钝,疏生细尖齿或近全缘,两面被长硬毛,侧脉4-5对;叶柄长2.5-5毫米,密被长硬毛。花序簇生1-2年生枝叶腋,密被长硬毛。雄花序分枝为具1或3花的聚伞花序;花梗长1-2毫米;花4-5基数,粉红色;花萼被长柔毛及缘毛;花瓣卵状长

圆形或倒卵形,退化雌蕊垫状,具短喙。雌花序分枝具1(3)花;花梗长2-3毫米;花6-8基数,花瓣长圆形,花柱明显。果球形,径约4毫米,熟时红色,宿存花柱明显,柱头头状或

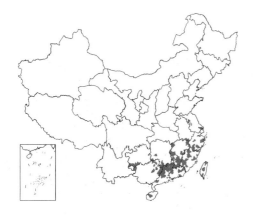

厚盘状；分核（5）6（7），椭圆形，背面具纵宽沟及3条纹，内果皮革质或近木质。花期4-5月，果期8-11月。

产安徽南部、浙江、江西、福建、台湾、湖南、广东、海南、香港、广西及贵州，生于海拔（60-）100-1000米山坡常绿阔叶林中、林缘、灌丛中及溪边。

图 1329 毛冬青 （引自《图鉴》）

53. 海南冬青 图 1330

Ilex hainanensis Merr. in Lingnan Sci. Journ. 13: 60. 1934.

常绿乔木，高达8米。小枝具纵棱，疏被微柔毛，后无毛。叶椭圆形、倒卵状长圆形或卵状长圆形，长5-9厘米，宽2.5-5厘米，先端尾尖，基部钝，全缘，仅沿中脉被微柔毛，余无毛，侧脉9-10对；叶柄长0.5-1厘米。聚伞花序簇生或为假圆锥花序生于二年生枝叶腋。雄花序分枝具1-5花，近伞状，花序梗长1-3毫米，花梗长1-2毫米，均疏被微柔毛；花淡紫色，5-6基数；花萼裂片啮蚀状；花瓣卵形，基部稍合生；雄蕊短于花瓣；退化子房垫状，具短喙。雌花序分枝为

具1-3花的聚伞花序；花萼与花冠同雄花；退化雄蕊长为花瓣1/2；柱头厚盘状。果近球状椭圆形，长约4毫米，宿存柱头头状或厚盘状；分核（5）6，椭圆形，长约3毫米，两端尖，背部粗糙，具纵沟，侧面平滑，内果皮木质。花期4-5月，果期7-10月。

产广东、海南、广西、云南南部及贵州东南部，生于海拔500-1000米山坡密林或疏林中。

图 1330 海南冬青 （肖 溶绘）

54. 矮冬青 图 1331

Ilex lohfauensis Merr. in Philipp. Journ. Sci. Bot. 13: 144. 1918.

常绿灌木或小乔木。小枝密被柔毛。叶长圆形或椭圆形，稀倒卵形或菱形，长1-2.5厘米，先端微凹，基部楔形，全缘，两面仅沿中脉被柔毛，余无毛，侧脉7-9对；叶柄长1-2毫米，密被柔毛，托叶三角形，宿存。雄聚伞花序簇生叶腋，具1-3花，被柔毛，花序梗及花梗长均约1毫米；花粉红色，4（5）基数；花萼被毛，裂片啮蚀状；花瓣椭圆形，基部稍合生；雄蕊长为花瓣1/2；不育子房具短喙。雌花2-3花簇生；花梗长1毫米；花萼与花瓣同雄花，花柱明显，柱头盘状突起。果球形，径约3.5毫米，熟

时红色；分核4，宽椭圆形，背面具3条纹，无沟，内果皮革质。花期6-7月，果期8-12月。

产安徽南部、浙江南部、江西、福建、湖南南部、广东、香港、广西及贵州，生于海拔（130-）200-1000（-1250）米山地常绿阔叶林下、疏林或灌丛中。

55. 凹叶冬青　　　　　　　　　　图 1332

Ilex championii Loes. in Nov. Acta Acad. Caes. Leop.–Carol. Nat. Cur. 78：349（Monog. Aquif. 1：349）. 1901.

常绿灌木或乔木。叶卵形或倒卵形，稀倒卵状椭圆形，长2-4厘米，先端圆微凹或凹缺，或具骤短尖，基部钝，全缘，上面无毛，下面具深色腺点，侧脉8-10对；叶柄长4-5毫米。雄花序簇生二年生枝叶腋，每分枝为具1-3花的聚伞花序；花序梗长1-1.5毫米，花梗长0.5-1毫米，均被微柔毛；花4基数，白色；花萼被柔毛，4深裂，裂片圆形；花瓣长圆状卵形，基部稍合生；雄蕊长不及花瓣；退化子房垫状，具短喙。果序簇生当年生枝叶腋，分枝具1-3果，果柄长1.5-2毫米，被微柔毛；果扁球形，径3-4毫米，熟时红色，宿存柱头盘状凸起；分核4，椭圆状倒卵形，背部具3条稍凸条纹，无沟，平滑，内果皮木质。花期6月，果期8-11月。

产江西西部及南部、福建西南部、湖南、广东、香港、广西及贵州东北部，生于海拔600-1600米山谷密林中。

56. 青茶香　　　　　　　　　　图 1333

Ilex hanceana Maxim. in Mém. Acad. Sci. St. Pétersb. VII, 29（3）：33. 1881.

常绿灌木或乔木。小枝被微柔毛。叶倒卵形或倒卵状长圆形，长2.5-3.5厘米，先端短渐钝尖，有时微凹，基部楔形，全缘，上面沿中脉被微柔毛，余无毛，下面无腺点，侧脉7-8对；叶柄长2-5毫米，被微柔毛。花序簇生于二年生枝叶腋，被微柔毛。雄花序分枝为2-3花的聚伞花序，花序梗长1-2毫米；花梗长1-1.5毫米；花白色，4基数；花萼被柔毛；花瓣卵形；雄

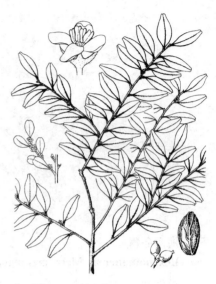

图 1331 矮冬青 （引自《图鉴》）

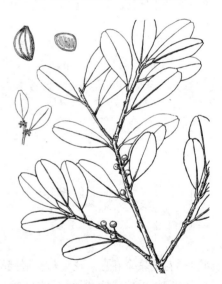

图 1332 凹叶冬青 （引自《图鉴》）

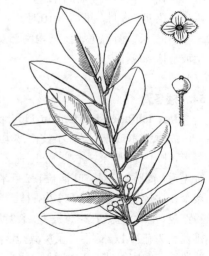

图 1333 青茶香 （余汉平绘）

蕊短于花瓣；退化子房圆锥形，中央凹入。雌花序分枝具单花；花梗长约1.5毫米，被微柔毛；花萼与花瓣同雄花；退化雄蕊长为花瓣3/4；子房近球形，柱头宽盘状。果球形，径5毫米，熟时红色，宿存柱头薄盘状；分核4，宽椭圆形或卵状椭圆形，背部具分枝纵纹，侧面平滑，内果皮革质。

花期5-6月，果期7-12月。

产福建西南部、湖南南部、广东、香港、海南及广西，生于海拔950-1800米山地灌丛中。

57. 皱柄冬青

图 1334

Ilex kengii S. Y. Hu in Journ. Arn. Arb. 31: 244. 1950.

常绿乔木，高达13(-15)米。小枝无毛或疏被微柔毛。叶椭圆形或卵状椭圆形，长4-11厘米，先端长渐尖，基部钝或宽楔形，全缘，下面具褐色腺点，两面无毛，侧脉6-9对；叶柄长0.7-1.5厘米，无毛或疏被微柔毛。雌花序簇生二年生枝叶腋，分枝为具1-5花的聚伞花序或近伞状，花序梗长3-8毫米；花梗长4-5毫米，无毛或疏被微柔毛；花4基数。果球形，径约3毫米，熟时红色，宿存花萼平展，径

2毫米，4浅裂片圆形，具缘毛，宿存柱头厚盘状，4浅裂；分核4，宽椭圆形，长约2.5毫米，两端尖，背面具5-6条易与分核脱离的条纹，无沟，内果皮革质。果期6-11月。

产浙江东部、福建、湖南南部、广东、广西及贵州南部，生于海拔500-1450米山坡疏林或混交林中。

图 1334 皱柄冬青 （吴锡麟绘）

58. 越南冬青

图 1335

Ilex cochinchinensis (Lour.) Loes. in Nov. Acta Acad. Caes. Leop.-Carol. Nat. Cur. 78: 230 (Monog. Aquif. 1: 230). 1901.

Hexadica cochinchinensis Lour. Fl. Cochinch. 562. 1790.

常绿乔木，高达15米。叶椭圆形、长圆状椭圆形、长圆状披针形或倒披针形，长6-16厘米，先端渐尖，基部楔形，全缘，下面具斑点，两面无毛，侧脉7-12对；叶柄长0.7-1厘米。雄花序簇生二年生枝叶腋，分枝为具3花的聚伞花序，花序梗长0.6-

1厘米；花梗长2-3毫米；花4基数，白色；花萼4深裂，裂片圆形；花瓣卵圆形，基部稍合生；雄蕊短于花瓣；退化子房具短喙。3-7果簇生二

图 1335 越南冬青 （张世经绘）

年生枝叶腋，分枝具1果，柄长0.8-1.2（-1.5）厘米，被微柔毛；果球形，径5-7毫米，熟时红色，宿存花萼浅杯状，被微柔毛，4浅裂，宿存柱头乳头状；分核4-5，长圆状三棱形，长5-6毫米，背部平滑，内果皮革质。花期2-4月，果期6-12月。

产台湾南部、广东、海南及广西南部，生于中海拔山地密林、杂木林中或溪边。越南北部有分布。

59. 尾叶冬青 图 1336

Ilex wilsonii Loes. in Nov. Acta Acad. Caes. Leop.–Carol. Nat. Cur. 89: 287（Monog. Aquif. 1: 287）. 1908.

图 1336 尾叶冬青 （王金凤绘）

常绿灌木或乔木。小枝无毛。叶卵形或倒卵状长圆形，长4-7厘米，先端尾尖，常偏向一侧，基部钝，稀圆，全缘，无毛，侧脉7-8对，在两面微凸起；叶柄长5-9毫米，无毛。花序簇生于二年生枝；花4基数，白色。雄花序分枝为具3-5花的聚伞花序或伞状；花序梗长3-8毫米，二级轴长1-2毫米或极短；花梗长2-4毫米，均无毛；花萼径约1.5毫米；花瓣长圆形；雄蕊稍短于花瓣；退化子房近

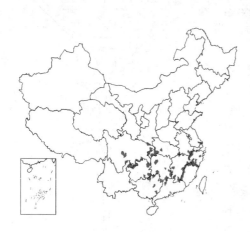

球形。雌花序的分枝具单花；花梗长4-7毫米，无毛；花被同雄花；退化雄蕊长为花瓣1/2；子房卵圆形，柱头厚盘形，被柔毛。果球形，径4毫米，熟时红色，宿存柱头厚盘状；分核4，卵状三棱形，背部具3条纹，无沟，侧面平滑。内果皮革质。花期5-6月，果期8-10月。

产安徽南部、浙江、江西、福建、湖北西南部、湖南、广东北部、广西、四川、贵州、云南东北部，生于海拔420-1900米山地阔叶林或杂木林中。

60. 疏齿冬青 图 1337

Ilex oligodonta Merr. et Chun in Sunyatsenia 1: 67. 1930.

常绿灌木。小枝被微柔毛，皮孔多。叶长圆状椭圆形或长圆状披针形，长2.5-7.5厘米，先端长渐尖，基部楔形，全缘或近先端具1-2硬毛状牙齿，两面被微柔毛，侧脉5-7对；叶柄长3-6毫米，被微柔毛，托叶三角形。雄聚伞花序簇生叶腋或鳞片腋内，被微柔毛，具3-7花；花序梗长3-6毫米，二级轴长1-2毫米；花梗长1-3毫米，被微柔毛；花4基数，白色、芳香；花萼被微柔毛，裂片圆卵形，具缘毛；

花瓣卵状长圆形，基部合生；雄蕊与花瓣等长；退化子房垫状，具短喙。雌花序的分枝具1花；花萼与花瓣同雄花；退化雄蕊长为花瓣2/3，败育

图 1337 疏齿冬青 （吴锡麟绘）

花药箭头形；子房卵圆形，柱头盘状凸起，4浅裂。果球形，熟时红色，宿存柱头盘状凸起。花期5月，果期7-10月。

产福建、湖南南部、广东北部及中部，生于海拔800-1200米密林中。

[附] **亮叶冬青 Ilex nitidissima** C. J. Tseng in Bull. Bot. Res. (Harbin) 1(1-2)：35. 1981. 本种与疏齿冬青的区别：小乔木，高达6米；

叶长5.5-9厘米，宽2.7-4厘米，侧脉8-10对。产江西东北部、湖南南部、广西东北部及南部，生于海拔960-1250米密林、疏林或杂木林中。

61. 厚叶冬青 图 1338

Ilex elmerrilliana S. Y. Hu in Journ. Arn. Arb. 31：229. 1950.

常绿灌木或小乔木。小枝具纵棱，无毛。叶椭圆形或长圆状椭圆形，长5-8厘米，先端渐尖，基部楔形，全缘，无毛；叶柄长4-8毫米，无毛。花序簇生二年生枝叶腋或当年生枝的鳞片腋内，无毛。雄花序分枝具1-3花，花梗长0.5-1厘米；花白色，5-8基数；花萼径3.5毫米，裂片三角形；花瓣长圆形，长约3.5毫米，基部合生；雄蕊与花瓣等长；退化子房圆锥状。雌花单花簇生；花梗长4-6毫米，无毛或被微柔毛；花萼同雄花；花瓣长圆形，离生，长约2毫米；退化雄蕊长为花瓣1/2；子房近球形，花柱明显，宿存柱头头状。果球形，径约5毫米，熟时红色；分核6-7，长圆形，平滑，背部具细脊，内果皮革质。花期4-5月，果期7-11月。

图 1338 厚叶冬青 （引自《图鉴》）

产安徽南部、浙江、江西、福建、湖北、湖南、广东、广西、四川及贵州，生于海拔（200-）500-1500米山地常绿阔叶林中、林缘或灌丛中。

62. 谷木叶冬青 壳木叶冬青 图 1339

Ilex memecylifolia Champ. ex Benth. in Hook. Journ. Bot. Kew Gard. Miscel. 4：328. 1852.

常绿乔木，高达20米。幼枝被微柔毛。叶卵状长圆形或倒卵形，长4-8.5厘米，先端渐尖或钝，基部楔形，全缘，两面无毛，侧脉5-6对；叶柄长5-7毫米，被微柔毛，托叶三角形，宿存。花序簇生二年生枝叶腋；花白色，4-6基数。雄花序分枝为具1-3花的聚伞花序。花序梗长1-3毫米；花梗长3-6毫米，均被微柔毛；花萼裂片三角形，啮蚀状；花瓣长圆形，基部合生；雄蕊与花瓣等长。雌花序分枝具单花；花梗长6-8毫米，被微柔毛；花萼与花瓣同雄花；退化雄蕊被微柔毛；花柱明显，柱头头状。果球形，径

图 1339 谷木叶冬青 （张世经绘）

5-6毫米，熟时红色，宿存柱头柱状；分核4-5，椭圆状长圆形，具网状条

纹，粗糙，具微柔毛。花期3-4月，果期7-12月。

产江西南部、福建、广东、香港、广西及贵州东南部，生于海拔300-

600米山坡密林、疏林、杂木林及灌丛中。

63. 河滩冬青 图 1340

Ilex metabaptista Loes. in Nov. Acta Acad. Caes. Leop.–Carol. Nat. Cur. 78: 238（Monog. Aquif. 1: 238）. 1901.

常绿灌木或小乔木，高达4米。幼枝被长柔毛。叶披针形或倒披针形，长3-6厘米，先端急尖或钝，基部窄楔形，近全缘，近先端常具1-2细齿，幼时两面被柔毛，后无毛，侧脉6-8对；叶柄长3-8毫米，被柔毛。花序簇生二年生枝叶腋，被柔毛。雄花序分枝具3花，花序梗长3-6毫米；花梗长1.5-2.5毫米；花5-6基数，白色；花萼被毛；花瓣卵状长圆形；雄蕊短于花瓣；退化子房垫状。雌花单花，稀为具2-3花的聚伞花序；花梗长4-5（-7）毫米，密被柔毛；花萼杯状，被柔毛；花瓣长圆形，基部合生，花柱明显，柱头头状，被柔毛。果卵状椭圆形，长5-6毫米，熟时红色；分核5-8，椭圆形，具纵棱及沟，内果皮革质。花期5-6月，果期7-10月。

产湖北西南部、湖南西北部、广西西北部及北部、四川、贵州及云南东北部，生于海拔450-1040米山坡、溪边林中。药用可祛风、止血、消肿、治风湿、跌打肿痛。

[附] **紫金牛叶冬青 Ilex metabaptista** var. **myrsinoides** (Lévl.) Rehd. in Journ. Arn. Arb. 14: 240. 1933. —— *Maesa myrsinoides*

图 1340 河滩冬青 （吴锡麟绘）

Lévl. in Fedde, Repert. Sp. Nov. 10: 375. 1912. 本变种与模式变种的区别：幼枝几无毛，叶上面中脉被毛，余无毛；花序被极疏微柔毛。产广西南部、四川东南部及贵州，生于海拔430米山谷、河滩及水边。

64. 薄叶冬青 图 1341

Ilex fragilis Hook. f. Fl. Brit. Ind. 1: 602. 1875.

落叶灌木或小乔木。具长枝及短枝。叶卵形或椭圆形，长4-8厘米，先端渐尖，基部圆或钝，具锯齿，无毛，侧脉8-10对；叶柄长0.5-1.5厘米。花单性，雌雄异株。雄花成聚伞花序簇生或单生叶腋；花梗长3-6毫米，无毛；花6-8基数；花萼径4毫米；花瓣长圆形，黄绿色，基部合生；雄蕊与花瓣同数，长为花瓣1/2；不育子房垫状。雌花单生短枝鳞片腋内；花梗长2-3毫米；

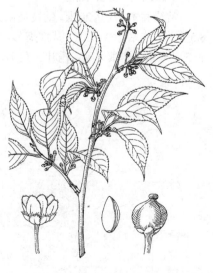

图 1341 薄叶冬青 （肖 溶绘）

花6-8基数或更多，花萼与花瓣同雄花；退化雄蕊长为花瓣1/3；子房扁球形，花柱明显，柱头头状或鸡冠状。果扁球形，径4-6毫米，熟时红色；果柄长约5毫米；分核6-13，椭圆形，背面具纵纹，内果皮木质。花期5-6月，果期9-10月。

产云南、四川及西藏南部，生于海拔2200-3000米山地疏林、铁杉林下或灌丛中。锡金、不丹、印度东北部及缅甸北部有分布。

65. 小果冬青

图 1342 彩片 323

Ilex micrococca Maxin. in Mém. Acad. Sci. St. Pétersb. VII, 29: 39. pl. 1. f. 6. 1881.

落叶乔木，高达20米。小枝具白色并生的皮孔。叶卵形或卵状椭圆形，长7-13厘米，先端长渐尖，基部圆或宽楔形，近全缘或具芒状锯齿，无毛，

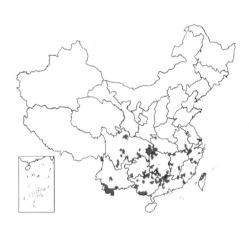

侧脉5-8对；叶柄长1.5-3.2厘米，无毛。聚伞花序二至三回三歧分枝，单生叶腋，无毛，花序梗长0.9-1.2厘米，二级分枝长2-3毫米；花梗长2-3毫米，无毛；花白色；雄花5-6基数；花萼5-6浅裂；花瓣长圆形，基部合生；雄蕊与花瓣近等长；败育子房近球形，具喙；雌花6-8基数；花萼6深裂，外面无毛；花瓣长1毫米；退

化雄蕊长为花瓣1/2；柱头盘状。果球形，径3毫米，熟时红色，宿存柱头厚盘状突起；分核6-8，椭圆形，背面粗糙，具纵向单沟，侧面平滑，内果皮革质。花期5-6月，果期9-10月。

产浙江、安徽南部、福建、台湾、江西、湖北、湖南、广东、海南、广西、云南、贵州及四川，生于海拔500-1300米山地常绿阔叶林中。日本有分布。

[附] **毛梗冬青** 彩片 324 **Ilex micrococca f. pilosa** S. Y. Hu in

66. 多脉冬青

图 1343 彩片 325

Ilex polyneura (Hand.–Mazz.) S. Y. Hu in Journ. Arn. Arb. 30: 363. 1949.

Ilex micrococca Mixim. var. *polyneura* Hand.–Mazz. Symb. Sin. 7: 654. 1933.

落叶乔木，高达20米。叶长圆状椭圆形，稀卵状椭圆形，长8-15厘米，先端长渐尖，基部圆或钝，稀偏斜，具纤细尖齿，上面无毛，下面被微柔毛，侧脉11-20对；叶柄长1.5-3厘米，槽内被微柔毛。假伞形花序单生当年生枝叶腋，二级轴常不发育，若发育则短花梗，花序梗及花梗均被微柔毛；花梗长2.5-4毫米；花6-7基数，白色；雄花花萼6-7深裂，裂片三角形，啮蚀状；花瓣卵形，基部合生；雄蕊与花瓣等长或稍短；不育

[附] **毛薄叶冬青 Ilex fragilis f. kingii** Loes. 本变型与薄叶冬青的区别：叶两面沿脉被长硬毛状柔毛。产云南西北、东北及东南部、四川、贵州、西藏东南部，生于海拔1500-2700 (-3000)米山地林中或灌丛中。锡金、印度东北部及缅甸北部有分布。

图 1342 小果冬青 （王金凤绘）

Journ. Arn. Arb. 30: 263. 1949. 本变型与小果冬青的区别：花梗、花萼外面和叶下面均被柔毛。产湖北、湖南、广东、广西、云南、贵州及四川，生于海拔650-1900米山地阔叶林或混交林中。越南北部有分布。

雌蕊金字塔形；雌花花被同雄花；柱头盘状。果球形，径约4毫米；分核6-7，背部具单沟，内果皮革质。花期5-6月，果期10-11月。

产贵州西北部、云南、四川及西藏东南部，生于海拔1000-2600米山谷林中或灌丛中。

67. 落霜红　　　　　　　　　　　　图 1344

Ilex serrata Thunb. Fl. Jap. 78. 1784.

落叶灌木。小枝被长硬毛或近无毛。叶椭圆形，稀卵状或倒卵状椭圆形，长2-9厘米，先端渐尖，基部楔形，密生尖锯齿，两面沿脉被长硬毛或近无毛，侧脉6-8对；叶柄长6-8毫米，被长硬毛或近无毛。雄花序为二至三回二歧或三歧聚伞花序，单生叶腋，具9-21花，花序梗长3毫米，二级轴长1.5毫米，花梗长2-2.5毫米，均被微柔毛；花4-5基数；花萼裂片三角形，外面被长硬毛及缘毛；花瓣长圆形，基部稍合生；雄蕊短于花瓣；不育子房窄圆锥形。雌花序为具1-3花的聚伞花序单生叶腋，稀簇生；花4-6基数；花萼同雄花；花瓣卵形，啮蚀形；退化雄蕊长为花瓣1/2。果球形，径5毫米，熟时红色，宿存柱头盘状；分核4-5（6），宽椭圆形，长2-2.5毫米，背面平滑，内果皮革质。花期5月，果期10月。

产浙江中南及南部、江西东北部、福建中部、湖南东部、四川东部及中南部，生于海拔500-1600米山坡林缘及灌丛中。

68. 大果冬青　　　　　　　　　　　　图 1345

Ilex macrocarpa Oliv. in Hook. Icon. Pl. 8: pl. 1787. 1888.

落叶乔木，高达15米。有长枝和短枝。叶卵形或卵状椭圆形，稀长圆状椭圆形，长4-15厘米，先端渐尖，基部圆或钝，具浅锯齿，无毛或幼时疏被微柔毛，侧脉8-10对；叶柄长1-1.2厘米，疏被微柔毛。雄花单花或为具2-5花的聚伞花序，单生或簇生叶腋；花序梗长2-3毫米，花梗长3-7毫米，均无毛；花5-6基数，白色；花萼裂片卵状三角形；花瓣基部稍合生；雄蕊与花瓣近等长；退化子房垫状。雌花单生叶腋或鳞片腋内；花梗长0.6-1.8

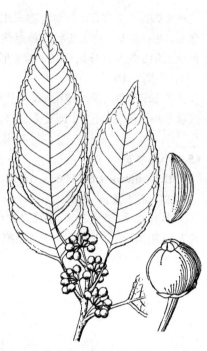

图 1343 多脉冬青 （引自《云南植物志》）

图 1344 落霜红 （肖 溶绘）

厘米；花7-9基数；花萼径5毫米；花瓣基部稍合生；退化雄蕊长为花瓣2/3；花柱明显，柱头柱状。果球形，径1-1.4厘米，熟时黑色；分核7-9，长圆形，背部具3棱2沟，侧面具网状棱沟，内果皮石质。花期4-5月，果期10-11月。

产江苏南部、安徽、浙江西北部、

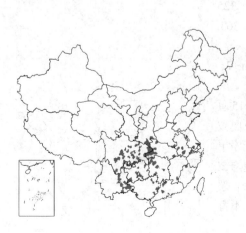

福建西北部、河南东南部、江西东南部、湖北、湖南、广东、广西、贵州、云南、四川及陕西南部，生于海拔400-2400米山地林中。根药用，可清热解毒，润肺止咳。

[附] **长梗冬青 Ilex marcrocarpa** var. **longipedunculata** S. Y. Hu in Ic. Pl. Omei. 2: pl. 17. 1946. 本变种与模式变种的区别：果柄长1.4-3.3厘米，较叶柄长2倍以上。产江苏南部、安徽南部、浙江西北部、湖北、湖南、四川、贵州、云南中部及东北部，生于海拔600-2200米山坡林中。根药用，可固精、止血。

图 1345 大果冬青 （王金凤绘）

69. 沙坝冬青　　　　　　　　图 1346 彩片 326

Ilex chapaensis Merr. in Journ. Arn. Arb. 21: 373. 1940.

落叶乔木，高达12米。具长枝及短枝。叶卵状椭圆形或椭圆形，长5-11厘米，先端短渐尖或钝，基部钝，具浅圆齿，无毛，侧脉8-10对；叶柄长1.2-3厘米。雄花序假簇生，每分枝具1-5花；花序梗长1-2毫米，花梗长2-4毫米，均被微柔毛；花白色，6-8基数；花萼6-8裂，裂片圆形，具缘毛；花瓣倒卵状长圆形，基部合生，具缘毛；雄蕊与花瓣等长；退化子房圆锥形，先端喙状浅裂。雌花单生短枝鳞片腋内，稀生叶腋；花梗长0.6-1厘米，被微柔毛；花萼6-7裂，似雄花；花瓣长4毫米；退化雄蕊长为花瓣2/3；花柱被微柔毛，柱头头状。果球形，径1.5-2厘米，熟时黑色；分核6-7，长圆形，长1.3厘米，宽约4毫米，背部具3棱2沟，侧面具1-2棱沟，内果皮骨质。花期4月，果期10-11月。

产福建、广东、海南、广西、云南东南部及贵州南部，生于海拔500-2000米山地林中。越南北方有分布。

图 1346 沙坝冬青 （张世经绘）

70. 满树星　　　　　　　　图 1347

Ilex aculeolata Nakai in Bot. Mag. Tokyo 44: 12. 1930.

落叶灌木。具长枝和短枝，长枝被柔毛，具宿存鳞片及叶痕。叶倒卵形，长2-5(-6)厘米，先端骤尖，基部楔形，具锯齿，两面疏被柔毛，后近无毛，侧脉4-5对；叶柄长0.5-1.1厘米，被柔毛。花序单生长枝叶腋或短枝叶腋或鳞片腋内；花白色，芳香，4-5基数。雄花序梗长0.5-2毫米，具1-3花，花梗长1.5-3毫米，无毛；花萼4深裂；花瓣圆卵形，啮蚀状，基部稍合生；雄蕊4-5；不育子房卵球形，具短喙。雌花单生短枝鳞片腋内或长枝叶腋，花梗长3-4毫米；花萼与花瓣似雄花；退化雄蕊长为花瓣2/3；柱头厚盘状。果球形，径约7毫米，熟时黑色；分核4，椭圆体形，背部具深皱纹及网状条纹，内果皮骨质。花期4-5月，果期6-9月。

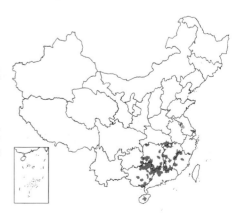

产浙江南部、福建、江西、湖北东南部、湖南、广东、海南、广西及贵州东南部，生于海拔100-1200米山谷、疏林或灌丛中。根皮药用，可清热解毒、止咳化痰。

图 1347 满树星 （王金凤绘）

71. 秤星树

图 1348 彩片 327

Ilex asprella (Hook. et Arn.) Champ. ex Benth. in Journ. Bot. Kew Misc. 4：329. 1852.

Prinos asprellus Hook. et Arn. Bot. Beech. Voy. 176. pl. 36. f. 1-2. 1833.

落叶灌木。具长枝及短枝，无毛。叶卵形或卵状椭圆形，长4-6厘米，先端尾尖，基部钝或圆，具锯齿，上面被微柔毛，下面无毛，侧脉5-6对；叶柄长3-8毫米，无毛。雄花序具2-3花，呈束状或单生叶腋；花梗长4-6（-9）毫米，花4-5基数；花萼4-5裂；花瓣白色，近圆形，基部合生；雄蕊4-5；败育子房叶枕状，具短喙。雌花单生叶腋或鳞片腋内；花梗长1-2厘米，无毛；花4-6基数；花萼4-6

深裂；花瓣近圆形；基部合生；败育花药箭头状，果球形，径5-7毫米，熟时黑色；分核4-6，倒卵状椭圆形，具3脊和2沟，内果皮石质。花期3月，果期4-10月。

产浙江、江西、福建、台湾、湖南、广东、香港及广西，生于海拔400-1000米山地疏林或灌丛中。菲律宾群岛有分布。根、叶药用，可清热解毒，生津止渴，消肿散瘀；叶含熊果酸，对冠心病、心绞痛有一定疗效；根加水在锈铁上磨汁内服，能解砒霜和毒菌中毒。

图 1348 秤星树 （冯晋庸绘）

72. 大柄冬青

图 1349

Ilex macropoda Miq. in Arn. Mus. Bot. Lugd.-Bat. 3：105. 1867.

落叶乔木，高达17米。有长枝和短枝，无毛。叶卵形或宽椭圆形，长4-8厘米，先端渐尖或骤尖，基部楔形，具锐锯齿，两面几无毛，侧脉6-8对；叶柄长1-2厘米。花5基数；雄花序由2-5花的分枝簇生于短枝顶部叶腋；花梗长4-7毫米，被柔毛；花萼径约2.5毫米，裂片啮蚀状，花瓣卵状长圆形，反折；雄蕊短于花瓣；退化子房垫状，顶端

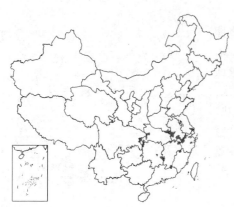

图 1349 大柄冬青 （王金凤绘）

凹下或平。雌花单生短枝鳞片腋内；花梗长6-7毫米，无毛；花萼与花瓣同雄花；退化雄蕊长为花瓣3/4，败育花药心形；柱头厚盘状。果柄长6-7毫米；果球形，径约5毫米，熟时红色；分核5，长圆形，背部具网状纵棱沟，内果皮骨质。花期5-6月，果期10-11月。

产安徽、浙江、江西、福建西北部、河南东南部、湖北西部及西南部、湖南西北部及东部，生于海拔700-1850（-2100）米山地杂木林中。根和果药用，治遗精、月经过多和崩漏。

73. 紫果冬青　　　　　　　　　　图 1350

Ilex tsoii Merr. et Chun in Sunyatsenia 1：66. 1930.

落叶灌木或乔木。具长枝及短枝。叶卵形或卵状椭圆形，长5-10厘米，先端渐尖，基部圆或钝，具细锐齿，上面被微小柔毛，下面无毛，侧脉8-10对；叶柄长0.6-1厘米，无毛。雄花单生或2-3簇生长枝叶腋或短枝鳞片腋内；花梗长3-4毫米，无毛；花6基数；花萼径4毫米，裂片全缘，具缘毛；花瓣长圆形，基部稍合生；雄蕊短于花瓣，退化子房垫状，顶端平。雌花常单生短枝鳞片腋内；花梗长1-3毫米，无毛；花萼与花瓣同雄花；退化雄蕊长为花瓣1/5，败育花药心形；柱头厚盘状，凸起。果球形，径6-8毫米，熟时黑紫色；果柄长1-3毫米；分核6，长圆形，背面具纵棱和沟，侧面具网纹和沟，内果皮骨质。花期5-6月，果期6-8月。

图 1350 紫果冬青　（引自《中国植物志图谱》）

产安徽南部、浙江、江西、福建、湖北西南部、湖南、广东、广西、四川及贵州，生于海拔510-1950（-2600）米山谷密林、疏林或灌丛中。

143. 茶茱萸科 ICACINACEAE

（向巧萍　傅立国）

乔木、灌木或藤本。具卷须。单叶互生，稀对生，羽状脉，稀掌状脉；无托叶。花两性或退化成单性而雌雄异株，稀杂性或杂性异株，辐射对称，排列成穗状、总状、圆锥或聚伞花序；花序腋生或顶生，稀对叶生；苞片小或无；花萼常4-5裂，裂片覆瓦状排列，稀镊合状排列，有时合成杯状，常宿存但不增大；花瓣（3）4-5，分离或合生，镊合状排列，稀覆瓦状排列，先端多半内折，稀无花瓣；雄蕊与花瓣同数对生，花药2室，常内向，花丝分离；花盘常不发育，稀杯状或分裂或在一侧成鳞片状；子房上位，（2）3心皮合生，1室，稀3-5室，花柱常不发育或2-3枚合生，柱头2-3裂，或合生成头状或盾状；胚珠每室2，倒生，悬垂，种脊背生，珠孔向上。果核果状，1室，具1（稀2）枚种子。种子悬垂，种皮薄，无假种皮，有胚乳，稀无，胚通常小，多少直立。

约57属400种，广布于热带地区，主产南半球。我国12属，约25种。

1. 乔木或灌木。
 2. 花单性或杂性异株。
  3. 嫩枝、幼叶下面及花序被锈色星状鳞粃，稀被单毛；花丝短于花药；乔木 ⋯⋯⋯⋯⋯⋯⋯ 1. **肖榄属 Platea**
  3. 枝、叶及花序不被星状鳞粃；花丝长于花序2-5倍；灌木或小乔木。
   4. 花排成腋生、顶生或对叶生的二至三歧聚伞花序；核果顶部常有宿存柱头；花萼合成杯状，花丝与花冠管分离，常被髯毛 ⋯⋯⋯⋯⋯⋯⋯⋯⋯⋯⋯⋯⋯⋯⋯⋯⋯⋯⋯⋯⋯⋯⋯ 2. **粗丝木属 Gomphandra**
   4. 花排成腋生短穗状或总状花序；核果顶部不具宿存柱头；花萼至少上部3/4分离，花丝贴生于花冠管上，无毛 ⋯⋯⋯⋯⋯⋯⋯⋯⋯⋯⋯⋯⋯⋯⋯⋯⋯⋯⋯⋯⋯⋯ 3. **琼榄属 Gonocaryum**
 2. 花两性。
  5. 花柱偏生，子房一侧肿胀；果基部具盘状附属物；叶干后常呈黑或黑褐色 ⋯⋯⋯ 4. **柴龙树属 Apodytes**
  5. 花柱不偏生，子房非一侧肿大；果不具附属物。
   6. 花序腋生；花瓣匙形，下部分开，外面被微柔毛，药隔突出，花盘与子房合生；果较大，中果皮薄，核近骨质；叶边缘微波状软骨质 ⋯⋯⋯⋯⋯⋯⋯⋯⋯⋯⋯⋯⋯⋯⋯⋯ 5. **假海桐属 Pittosporopsis**
   6. 花序顶生稀兼有腋生；花瓣线形，下部粘合，两面被毛，药隔不突出，花盘叶状5-10裂，内面被毛；果小，中果皮肉质，核薄；叶全缘 ⋯⋯⋯⋯⋯⋯⋯⋯⋯⋯ 6. **假柴龙树属 Nothapodytes**
1. 木质藤本或攀援灌木。
 7. 叶对生或近对生，具卷须；叶全缘。
  8. 花较大，花瓣两面被毛，1/3-2/3以上连合成钟状漏斗形，肉质，花丝扁平，向上渐宽成药隔，花药背着；果微偏卵圆形，内果皮具下陷网纹和纵槽；叶革质；聚伞花序两侧交替腋生 ⋯⋯⋯⋯⋯⋯⋯⋯⋯⋯⋯⋯⋯⋯⋯⋯⋯⋯⋯⋯⋯⋯⋯⋯⋯⋯⋯⋯⋯ 7. **定心藤属 Mappianthus**
  8. 花较小，花瓣外面密被毛，仅基部连合，花丝宽短，花药基着或背着；果斜倒卵圆形，内果皮常有具网状陷穴，极稀平滑；叶纸质；聚伞圆锥花序腋生或腋上生 ⋯⋯⋯⋯⋯⋯ 8. **微花藤属 Iodes**
 7. 叶互生，无卷须；叶具细齿，稀全缘。
  9. 花两性，排列成聚伞花序 ⋯⋯⋯⋯⋯⋯⋯⋯⋯⋯⋯⋯⋯⋯⋯⋯⋯ 9. **无须藤属 Hosiea**
  9. 花单性，穗状或总状花序。
   10. 无花瓣；花排列成穗状花序；叶全缘或具缺刻状疏齿 ⋯⋯⋯⋯⋯⋯ 10. **刺核藤 Pyrenacantha**
   10. 具花瓣；花排列成总状花序。
    11. 花萼5裂；花瓣5，基部稍连合；叶具叶脉延伸的细尖齿；总状花序腋上生 ⋯⋯⋯⋯⋯⋯⋯⋯⋯⋯⋯⋯⋯⋯⋯⋯⋯⋯⋯⋯⋯⋯⋯⋯⋯ 11. **薄核藤属 Natsiatum**
    11. 花萼4裂；花瓣下面2/3连合成管，裂片4；叶边缘波状，侧脉延伸成小尖突；总状花序数个簇生叶腋 ⋯⋯⋯⋯⋯⋯⋯⋯⋯⋯⋯⋯⋯⋯⋯⋯⋯⋯⋯⋯ 12. **麻核藤属 Natsiatopsis**

1. 肖榄属 Platea Bl.

 乔木。嫩枝、幼叶下面、花序、苞片、萼片、子房、果序及果均被锈色星状鳞粃，稀被单毛。叶全缘，革质，平行羽状脉。花小，杂性或雌雄异株，雄花排成腋生、间断的穗状花序，或组成圆锥花序；雌花排成腋生短总状花序。萼片5，分离或基部稍连合，覆瓦状排列；花瓣5，基部合生成短管，裂片镊合状排列，在雌花中早落或无；雄蕊5，生于花冠基部，与花冠裂片互生，花丝短于花药，花药外向；子房（在雄花中退化或无）球形或圆柱形，被毛，柱头阔盘状，1室，具2悬垂胚珠。核果圆柱状，外果皮蓝黑色，薄，内果皮木质，具网状肋。种子1，具丰富胚乳及微小的胚。

 约5种，分布自锡金至东南亚、马来西亚、印度尼西亚及菲律宾。我国2种。

阔叶肖榄 图 1351

Platea latifolia Bl. Bijdr. 647. 1826.

Platea hainanensis Howard；中国高等植物图鉴 2：695. 1972.

乔木，高达25米；小枝、芽、幼叶下面、花序、苞片、萼片、子房、

果序及幼果均被锈色星状鳞粃。叶椭圆形或长圆形，长10-19厘米，先端渐尖，基部圆或钝，中脉在上面微凹，在下面与侧脉隆起，侧脉6-14对，在边缘汇合；叶柄长2-3.5厘米。雌雄异株；雄花排成腋生圆锥花序，长4-10厘米；具苞片，卵形；萼片卵形，具缘毛；花瓣卵状椭圆形，长1.5-1.8毫米，先端内弯，绿色，无毛；花丝极短，

图 1351 阔叶肖榄 （引自《海南植物志》）

花药长圆形；退化子房圆锥状；雌花排成腋生短总状花序，长1-2厘米；花具披针形苞片；花梗长3-4毫米；萼片裂齿三角形，具缘毛；子房圆柱形，柱头盘状，3圆裂。果序长1.5-3厘米；核果椭圆状卵圆形，长3-4厘米，顶端为盘状柱头，具增大的宿存萼。种子1，子叶披针形。花期2-4月，

果期6-11月。

产广西、海南及云南东南部，生于海拔900-1300米的沟谷密林中。锡金、孟加拉国、泰国、老挝、越南、马来半岛、印度尼西亚及菲律宾有分布。

2. 粗丝木属 Gomphandra Wall. ex Lindl.

乔木或灌木。单叶互生，全缘，具柄，无托叶。雌雄异株，花排列成腋生、顶生或对叶生的二至三歧聚伞花序，雄花序多花，雌花序少花；苞片小；花萼杯状，4-5裂；花瓣4-5，合生成短管，镊合状排列；雄花的雄蕊4-5，下位着生，花丝长为花药的2-3倍，具髯毛，稀无毛，与花冠管分离，顶部内侧稍凹陷，花药内向开裂；花盘垫状，与子房或退化子房融合；雌花的雄蕊不发育或无花粉，子房圆柱状或倒卵圆形，常无花盘，1室，2胚珠，柱头头状或盘状，有时2-3裂。核果顶部常有宿存的柱头。种子1，下垂，胚乳肉质。

约33种，分布于我国南部、西南部至印度、马来西亚、菲律宾及澳大利亚东北部。我国2种。

粗丝木 海南粗丝木 毛蕊木 图 1352

Gomphandra tetrandra （Wall. in Roxb.）Sleum. in Notizbl. Berl.-Dahl. 15：238. 1940.

Lasiahthera? tetrandra Wall. ex Roxb. Fl. Ind. ed Carey & Wall. 2：328. 1824.

Gomphandra hainanensis Merr.；中国高等植物图鉴 2：694. 1972.

Stemonurus chingianus Hand.-Mazz.；中国高等植物图鉴 2：693. 1972.

灌木或小乔木，高达10米。嫩枝密被或疏被淡黄色短柔毛。叶窄披针形、长椭圆形或宽椭圆形，长6-15厘米，先端渐尖或尾状，基部楔形，两面无毛或幼时下面被淡黄色短柔毛，中脉在下面隆起，侧脉约6-8对，斜上至边缘互相网结；叶柄长0.5-1.5厘米。聚伞花序与叶对生，稀腋生，长2-4厘米，密被黄白色短柔毛；具花序梗；花梗长0.2-0.5厘米；雄花5数；

花萼浅5裂；花冠钟形，裂片近三角形，内向弯曲；雄蕊稍长于花冠，花丝上部具微透明髯毛，花药卵形，子房不发育；雌花花萼微5裂；花冠钟形，裂片长三角形，边缘内卷，先端内弯；雄蕊不发育，较花冠略短，花丝上部具微透明髯毛，子房圆柱状，无毛或被毛，柱头小，5裂稍下延于子房上。核果椭圆形，长（1.2-）2-2.5厘米，成熟时白色，浆果状，干后有纵棱，果柄疏被短柔毛。花果期全年。

产广东、海南、广西、贵州、云南东南部及南部，生于海拔500-2200米林下、灌丛、林缘或沟边。印度、斯里兰卡、缅甸、泰国、柬埔寨及越南有分布。

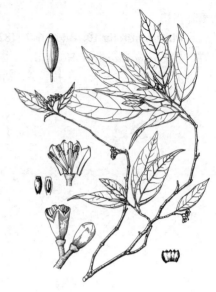

图 1352 粗丝木 （王金凤绘）

3. 琼榄属 Gonocaryum Miq.

灌木或小乔木。单叶互生，全缘，革质，两面无毛。花杂性异株或两性，排成1或数个腋生短穗状花序或总状花序。花萼至少上部3/4分离，萼片5-6，覆瓦状排列；花冠管状，裂片5，镊合状排列；雄蕊5（在雌花中萎缩），花丝比花药长3-5倍，无毛，贴生于花冠管上，与裂片互生，花药内向，背着；子房（在雄花中退化不育）圆锥状，1室，具2悬垂胚珠，花柱钻形或圆柱形，柱头盾形。核果椭圆形，顶端近平截，外果皮栓皮状海绵质，内果皮薄，木质。种子下垂，胚乳革质，多裂。

约9种，分布于东南亚热带地区。我国2种。

1. 叶长椭圆形或宽椭圆形，长9-20（-25）厘米，宽4-10（-14）厘米，先端骤渐尖；花杂性异株；萼片5，花丝长约3-4毫米，子房宽卵形，无毛 ·························· 琼榄 G. lobbianum
1. 叶圆形或卵状椭圆形，长8-14厘米，宽5-7厘米，先端圆形而钝；花两性；萼片6，无花丝，子房圆锥形，被短硬毛 ······················· （附）. 台湾琼榄 G. calleryanum

琼榄 图 1353 彩片 328

Gonocaryum lobbianum (Miers) Kurz in Journ. Asiat. Soc. Bengal 39 (2): 72. 1870.

Platea lobbiana Miers. in Ann. Mag. Nat. Hist. II, 10: 111, repr. Contr. Bot. 1: 97. t. 17. 1852.

Gonocaryum maclurei Merr.; 中国高等植物图鉴 2: 694. 1972.

灌木或小乔木，高达10米。叶长椭圆形或宽椭圆形，长9-20（-25）厘米，宽4-10（-14）厘米，先端骤渐尖，基部宽楔形或近圆，一侧偏斜，两面无毛，中脉在上面略凹，在下面隆起，侧脉5-6（-9）对；叶柄长1-2厘米。花杂性异株，雄花排列成腋生短穗状花序，雌花和两性花少数，排列成总状花序；花序梗短；雄花具短梗，萼片5，近基部连合，具缘毛；花冠管状，裂

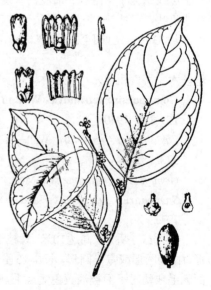

图 1353 琼榄 （引自《图鉴》）

片三角形，边缘内弯；花丝长约3-4毫米，无毛，花药卵形，长约1.5毫米；雌花萼片5，卵形；裂片三角形；子房宽卵圆形，无毛，花柱被毛，柱头3裂；花盘环状。核果椭圆形或长椭圆形，长3-4.5（-6）厘米，成熟时紫黑色，干时有纵肋，顶端具短喙。花期1-4月，果期3-10月。

产海南及云南南部，生于海拔500-1800米山谷密林中。缅甸、泰国、越南、柬埔寨、老挝、马来半岛及印度尼西亚有分布。种子油可供制皂及润滑油。

[附] **台湾琼榄** 彩片 329 **Gonocaryum calleryanum**（Baill.）Becc. in Malesia 1: 123. 1877. —— *Phlebocalymma calleryana* Baill. in Adansonia 9: 147. 1869. 与琼榄的区别：叶圆形或卵状圆形，长8-14厘米，宽5-7厘米，先端圆而钝，基部圆或楔形；花少数组成短总状花序，长1-2厘米；花两性；萼片6，不等大，圆形；子房圆锥形，被短硬毛。产台湾。菲律宾及印度尼西亚有分布。

4. 柴龙树属 Apodytes E. Meyer ex Arn.

灌木或乔木。嫩枝密被黄色微柔毛。叶互生，椭圆形或长椭圆形，长6-15厘米，先端急尖或短渐尖，基部楔形，全缘，干后为黑色或黑褐色，两面无毛或背面沿中脉稍被毛，侧脉5-8对；叶柄长1-2.5厘米。圆锥花序顶生，密被黄色微柔毛。花两性，花梗长不及1毫米，密被黄色微柔毛；花萼杯状，齿裂5，外面疏被微柔毛；花瓣5，镊合状排列，长圆形；雄蕊5，与花瓣互生，着生其基部，花丝稍扩大，花药箭形，纵裂，上部生于花丝上；子房1室，一侧肿胀，密被黄色短柔毛，长约1.5毫米，花柱偏生，稍弯曲；柱头小而斜，胚珠2，悬垂。核果长圆形，长约1厘米，熟时红至黑红色，有明显的横绉，基部具盘状附属物，其一侧为宿存花柱。种子1。

单种属。

柴龙树 图 1354

Apodytes dimidiata E. Meyer ex Arn. in Hook. Kew Journ. Bot. 3: 155. 1840.

Apodytes cambodiana Pierre；中国高等植物图鉴 2: 693. 1972.

形态特征同属。花果期全年。

产广西西部、海南、云南南部及西南部，生于海拔470-1540(-1900)米林中、石山及灌丛中。非洲南部、安哥拉及东北非洲至斯里兰卡、印度及东南亚至菲律宾、印度尼西亚有分布。

图 1354 柴龙树 （引自《图鉴》）

5. 假海桐属 Pittosporopsis Craib

灌木或小乔木。叶互生，长椭圆状倒披针形或长椭圆形，长12-22厘米，先端渐尖或钝，基部渐窄，边缘微波状，软骨质，两面几无毛，侧脉5-7对，弧曲上升，在远离边缘处汇合；叶柄长1.5-2.5厘米。花较大，两性，少花列成腋生聚伞花序；花序梗长1.5-2.5厘米，分枝长0.4-0.8厘米。花梗短，具节，被黄褐色微柔毛；小苞片3-4；鳞片状花萼5深裂，裂片三角形，外面疏被金黄色微柔毛；花瓣5，匙形，先部向内镊合状排列，下部分开，外面被微柔毛；雄蕊5，与花瓣互生，几等长，并微粘合于花瓣基部，花丝扁平，向上镒缩，花药长椭圆形，基部2圆裂，背着，药隔突出，成锐尖头；花盘与子房合生；子房椭圆形，1室，有2悬垂胚珠；花柱初时劲直，后膝曲，宿存。核果较大，近圆形或长圆形，稍偏斜，长2.5-3.5厘米，具2棱，1棱偏向突出，基部具宿存增大的萼片，中果皮薄，核近骨质。胚乳肉质，嚼烂状，子叶宽大，扁平。

单种属。

假海桐

图 1355

Pittosporopsis kerrii Craib in Kew Bull. 1911: 28. 1911.

形态特征同属。花期10月至翌年5月，果期2-10月。

产云南南部及西南部，生于海拔350-1600米山溪密林中。缅甸、泰国、老挝至越南有分布。

图 1355 假海桐 （引自《云南树木志》）

6. 假柴龙树属 Nothapodytes Bl.

乔木或灌木。叶互生，稀上部近对生，全缘，羽状脉；叶柄具槽。聚伞花序或伞房花序顶生，稀兼有腋生。花常有臭气，两性或杂性；花梗具关节，无苞片；萼杯状或钟状，5浅裂，宿存；花瓣5，线形，镊合状排列，下部粘合，外面被糙伏毛，里面被长柔毛，先端反折；雄蕊5，通常分离，花丝丝状，常扁平，花药纵裂，内向，背着，药隔长约花药之半；花盘叶状，环形，内面被毛，具5-10圆裂或齿缺；子房1室，有2倒生胚珠，花柱丝状或短圆锥形，柱头头状，截形，稀2裂或凹入。核果小，浆果状，中果皮肉质，内果皮薄，核薄。种子1，胚乳丰富，子叶薄而叶状。

7种，分布于印度、斯里兰卡、缅甸、泰国、柬埔寨、越南、马来西亚、印度尼西亚、菲律宾、日本及我国。我国6种。

1. 叶基部通常对称，长圆形或倒披针形；花瓣长6.3-7.4毫米 ················· 1. **马比木 N. pittosporoides**
1. 叶基部不对称，椭圆状卵形或披针状长圆形；花瓣长4.2-5毫米 ················· 2. **臭味假柴龙树 N. foetida**

1. 马比木

图 1356 彩片 330

Nothapodytes pittosporoides (Oliv.) Sleum. in Notizbl. Berl.-Dahl. 15: 247. 1940.

Mappia pittosporoides Oliv. in Hook. Icon. Pl. 18. t. 1762. 1888.

矮灌木，稀小乔木。小枝通常圆柱形。叶长圆形或倒披针形，长（7-）10-15（-24）厘米，先端长渐尖，基部楔形，对称，幼时被金黄色糙伏毛，侧脉6-8对，弧曲上升，在远离边缘处网结，和中脉常呈亮黄色，被长硬毛；叶柄长1-3厘米。聚伞花序顶生；花序轴常平扁，被长硬毛。花萼钟形，膜质，裂齿5，三角形，外面疏被糙伏毛，边缘具缘毛，果时稍增大；花瓣长6.3-7.4毫米，先端反折，外面被糙伏毛，里面被长柔毛；花药卵圆形；子房近球形，密被长硬毛，柱头头状；花盘肉质，具不整齐的裂片或

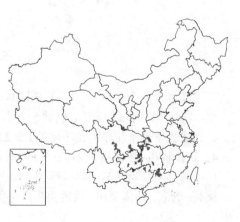

深圆齿，果时宿存。核果椭圆形或长圆状卵圆形，稍扁，熟时红色，长1-2厘米，顶端具鳞脐，常被细柔毛，内果皮具皱纹。花期4-6月，果期6-8月。

产甘肃南部、四川、湖北西部及西南部、湖南、广东北部、广西北部及贵州，生于海拔（150-）450-1600（-2500）米林中。

2. 臭味假柴龙树 图1357

Nothapodytes foetida (Wight) Sleum. in Notizbl.Berl.–Dahl. 15: 247. 1940.

Stemonurus foetidus Wight, Icon. 3. t. 955. 1843.

乔木，高约15米。小枝具棱和宽三角形叶痕。叶椭圆状卵形或披针状长圆形，长10-20厘米，先端渐尖，基部渐窄或圆，不对称，侧脉7-8对；叶柄长（1.5-）3（-5）厘米，上面具沟，被糙伏毛。聚伞花序或伞房状聚伞花序顶生；花序轴被绒毛。花萼钟形，5裂齿；花瓣披针状长圆形，长4.2-5毫米，外面被紧贴糙伏毛，里面被长柔毛，先端内弯；花药卵圆形；花盘稍分裂，里面和边缘被硬毛；子房卵圆形，密被硬毛或绒毛，柱头2裂。核果长圆状卵圆形，长1-2厘米，成熟时黑色，通常被细绒毛，内果皮薄，木质。胚乳具恶臭。

产台湾东南部沿海岛屿、云南东南部及广西西部。印度、斯里兰卡、缅甸、泰国、柬埔寨、印度尼西亚、菲律宾及日本有分布。

图 1356 马比木 （万淑芳 杜 鸣绘）

图 1357 臭味假柴龙树
（引自《Woody Fl. Taiwan》）

7. 定心藤属 Mappianthus Hand.-Mazz.

木质藤本，各部被糙伏毛；卷须粗壮，与叶轮生。叶对生或近对生，全缘，革质，羽状脉，具柄。花单性，雌雄异株；花小，被硬毛，形成短而少花、两侧交替腋生的聚伞花序，雄花花萼杯状，5浅裂；花冠较大，钟状漏斗形，肉质，5裂至1/3-2/3，裂片镊合状排列，两面被毛；花盘无；雄蕊5，分离，短于花冠，花丝扁平，向上逐渐扩大，花药背着；退化子房被毛，具厚钝柱头。核果长卵圆形，压扁，微偏，外果皮薄肉质，被硬伏毛，内果皮薄壳质，具下陷网纹和纵槽。

2种，1种产加里曼丹，1种产中国。

定心藤 甜果藤 图 1358

Mappianthus iodoides Hand.-Mazz. in Azn. Akad. Wiss. Wien, Math.-Nat. 58: 150. 1921.

木质藤本。幼枝、叶柄、花序梗、花萼外面、花瓣、子房及果均被黄褐色糙伏毛。小枝具皮孔；卷须粗壮，与叶轮生。叶长椭圆形或长圆形，稀披针形，长8-17厘米，先端渐尖或尾状，基部圆或楔形，侧脉（3-）5（-6）对；叶柄长0.6-1.4厘米。雄花序交替腋生，长1-2.5厘米；雄花花梗

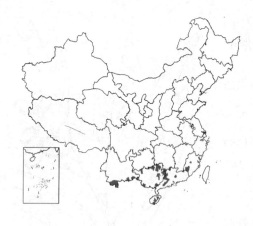

长1-2毫米；花萼杯状；花冠5裂；雄蕊花丝向上逐渐加宽，花药卵圆形；雌蕊不发育，子房圆锥形，花柱先端平截；雌花序交替腋生，长1-1.5厘米；雌花花梗长0.2-1厘米；花萼浅杯状，裂片钝三角形；花瓣长圆形，先端内弯；退化雄蕊5；子房近球形，柱头盘状，5圆裂。核果椭圆形，长2-3.7厘米，成熟时橙黄或橙红色，基部具宿存、微增大的萼片。种子1。花期4-8月，雌花较晚，果期6-12月。

　　产福建、湖南南部、广东、海南、广西、贵州、云南南部及东南部，生于海拔800-1800米疏林、灌丛及沟谷林内。越南北部有分布。

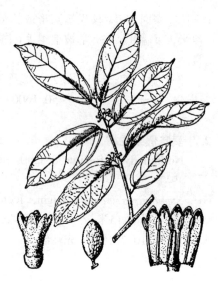

图 1358 定心藤 （引自《图鉴》）

8. 微花藤属 Iodes Bl.

　　木质藤本，各部常密被锈或黄色柔毛，叶间具卷须。单叶对生，稀近对生，全缘，纸质，具柄，羽状脉。聚伞式圆锥花序腋生或腋上生。花小；花梗具关节，雌雄异株；雄花花萼杯状，5齿裂；花冠具（3）4-5深裂，基部连合，外面密被毛；雄蕊3-5，下位，与花冠裂片同数互生，花丝宽短，稀无，花药背着或基着，内向，纵裂；退化子房无或极小。雌花花萼与雄花相似，宿存；花冠具4-5（6）裂片，下部管状并常扩大；无退化雄蕊；子房无柄或具极短柄，柱头厚盾状，顶端凹陷，有时稍偏斜，1室，有2悬垂胚珠。核果斜倒卵圆形，具宿存花萼及花瓣，中果皮薄，外果皮薄壳质，内果皮常有网状多角形陷穴。种子1。具肉质胚乳，子叶叶状。

　　约19种，分布热带亚洲及非洲。我国4种。

1. 小枝具多数瘤状皮孔，老时皮孔显著突起；叶卵形或近圆形，基部心形 ·············· **1. 瘤枝微花藤 I. seguini**
1. 小枝不具瘤状皮孔。
　　2. 果长3.5-3.8厘米；叶下面各级脉及细网脉均被淡黄色卷曲柔毛；雄花序较稀疏，具长梗 ·······················
　　·· **2. 大果微花藤 I. balansae**
　　2. 果长不及3厘米；叶下面非卷曲柔毛；雄花序较密集。
　　　　3. 小枝压扁；雄花花瓣下部1/2连合，先端具小突尖；雄花序为腋生聚伞式圆锥花序；果较小，长1.3-2.2厘米；叶薄纸质，下面被粗硬伏毛及少数直柔毛 ···················· **3. 小果微花藤 I. vitiginea**
　　　　3. 小枝圆柱形；雄花花瓣近基部连合，先端具尾尖；雄花序为密的聚伞花序或复合成腋生及顶生的大圆锥花序；果长2-2.6厘米；叶厚纸质，下面沿脉被伸展柔毛 ·············· **3（附）. 微花藤 I. cirrhosa**

1. 瘤枝微花藤　　　　　　　图 1359:1 彩片 331

Iodes seguini (Lévl.) Rehd in Journ. Arn. Arb. 15: 3. 1934.

Vitis seguini Lévl. in Fedde, Repert. Sp. Nov. 4: 331. 1907.

　　木质藤本。幼枝、叶柄、花序、花萼外面、花瓣外面均被锈色卷曲柔毛。小枝具数瘤状皮孔，嫩枝密被锈色卷曲柔毛；卷须侧生节上。叶卵形或近圆形，长4-14厘米，先端钝至锐尖，基部心形，下面密被硬伏毛及疏生微柔毛，侧脉4-6对，在近缘处汇合；叶柄长0.5-2厘米。伞房花序圆锥状，腋生或侧生，长2-3厘米；雄花花萼4-5裂至中部，裂片长卵形；花瓣4-5，卵形或椭圆形，基部1/3连合；雄蕊5，与花瓣互生，花丝上部

细，向基部逐渐加粗，近基部里面具锈色柔毛，花药卵形或长圆形。果倒卵状长圆形，长1.8-2.3厘米，熟时红色，密被伏柔毛，内果皮较平滑，微具沟槽及网纹。花期1-5月，果期4-6月。

产广西西部、贵州西南部及云南东南部，生于海拔200-1200米石灰山林内。

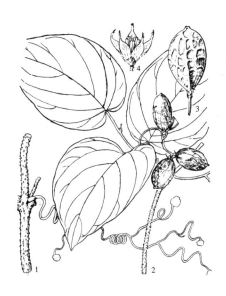

图 1359: 1.瘤枝微花藤 2.大果微花藤 3-4.微花藤 （引自《图鉴》）

2. 大果微花藤　　　　　　　　　　图 1359:2

Iodes balansae Gagnep. in Lecomte. Notul. Syst. 1: 200. 1910, quoad specim. fruct.

木质藤本。小枝、叶柄、花序、萼片外面及花瓣外面及果均被黄色柔毛，微具纵棱，无瘤状皮孔；卷须侧生与花序对生。叶卵形，长5-12厘米，先端渐尖或长渐尖，基部微心形，偏斜，两面沿叶脉被黄色卷曲柔毛，侧脉4-6对，在近缘处汇合；叶柄长1-1.5厘米。伞房花序圆锥状，腋生或侧生，长4-10厘米；雄花序较稀疏，花序

梗长4-9厘米。雄花花萼杯状，4-5裂，裂片先端钝或近圆；花瓣4-5，长

圆状卵形，基部连合；雄蕊（3）4-5，与花瓣互生。果长圆形，压扁，长3.5-3.8厘米，干时每侧各有3条纵肋及多角形陷穴，基部收缢，具宿存花萼与花瓣；种子1枚，长圆形，长约2-2.5厘米。花期4-7月，果期5-8月。

产广西西部及云南东南部，生于海拔120-1300米山谷疏林中。越南北部有分布。根可治肾炎。

3. 小果微花藤　　　　　　　图 1360 彩片 332

Iodes vitiginea °(Hance) Hemsl. in Journ. Linn. Soc. Bot. 23: 115. 1886.

Erythrostaphyle vitiginea Hance in Journ. Bot. 11: 226. 1873.

Iodes ovalis Bl. var. *vitiginea* (Hance) Gagnep.; 中国高等植物图鉴 2: 696. 1972.

木质藤本。小枝、叶下面、叶柄、花序、花萼外面、花瓣外面、子房及果均被淡黄、黄或黄褐色柔毛。小枝压扁；卷须腋生或生于叶柄一侧。叶薄纸质，长卵形或卵形，长6-17厘米，先端长

图 1360 小果微花藤 （引自《图鉴》）

渐尖或急尖,基部圆或微心形,侧脉4-6对;叶柄长1-1.5(-3)厘米。伞房圆锥花序腋生,密被绒毛;雄花序为腋生聚伞式圆锥花序,长8-20厘米,多花密集;雄花萼片披针形,近基部连合,外面被锈色柔毛;花瓣5(6),中下部连合,裂片长三角形或长卵形,先端有小突尖;雄蕊5,花丝极短,花药长圆形。雌花序较短;雌花萼片5,窄披针形,近基部连合;花瓣5(6),披针形或宽卵形,近基部连合;子房卵状球形或近圆柱形,柱头近圆盘形,3浅裂。核果卵圆形或宽卵圆形,长1.3-2.2厘米,熟时红色,具宿存花瓣和花萼。花期12月至翌年6月,果期5-8月。

产广东、海南、广西西北部及西南部、贵州东南部、云南东南部,生于海拔120-1300米沟谷季雨林或次生灌丛中。越南、老挝及泰国有分布。

[附] **微花藤** 彩片333 图1358:3-4 **Iodes cirrhosa** Turcz. in Bull. Soc. Nat. Mosc. 27(2): 281. 1854.

与小果微花藤的区别:小枝圆柱形,密被锈色软柔毛;叶厚纸质,下面沿脉被伸展柔毛;雄花序为密的聚伞花序或复合成腋生及顶生大型圆锥花序;雄花花瓣近基部连合,先端具尾尖;果长2-2.6厘米。花期1-4月,果期5-10月。产广西、云南南部及东南部,生于海拔400-950(-1300)米沟谷疏林中。印度、缅甸、泰国、老挝、越南、马亚半岛、印度尼西亚及菲律宾有分布。根可治风湿痛。

9. 无须藤属 Hosiea Hemsl. et Wils.

攀援藤本。茎不具卷须,无乳汁。枝圆柱形,具皮孔,疏被毛。单叶,互生,纸质,叶卵形,具长柄,边缘具齿,两面被短柔毛。聚伞花序腋生,花序梗及花序分枝被柔毛;花两性;花萼小,5裂;花瓣5,基部连合,远长于花萼,外面被柔毛,里面被微柔毛;雄蕊5,与花瓣互生,花丝粗,花药极小,内向,纵裂;雄蕊之间具肉质腺体;子房上位,1室,具1-2胚珠,花柱显著,柱头4裂。核果扁椭圆形,具不增大宿萼。种子1枚。

2种,1种产我国,1种产日本。

无须藤 图1361

Hosiea sinensis (Oliv.) Hemsl. et Wils. in Kew Bull. Misc. Inform. 154. 1906.

Natsiatum sinense Oliv. in Hook. Ic. Pl. 19: t. 1900. 1889.

攀援藤本。茎皮具明显皮孔。一年生枝被黄色微柔毛;冬芽密被黄褐色柔毛。叶卵形、三角状卵形或心状卵形,长4-13厘米,先端长渐尖,基部心形,稀平截,上面具密集微颗粒状突起,幼时两面均被黄褐色短柔毛,老叶近无毛,具稀疏尖锯齿或粗齿,侧脉约6对;叶柄长2-7.5厘米。疏散聚伞花序长2-8厘米;花序梗长1-2.5厘米,被黄褐色柔毛;花两性;花梗长0.3-0.5厘米;花萼裂片长卵形,外面密被黄褐色柔毛;花瓣基部联合,披针形,外面被柔毛,里面被微柔毛;雄蕊花丝粗,花药近球形;雄蕊间的肉质腺体长圆形;子房卵形,花柱圆柱状,柱头4裂,稍下延。核果扁椭圆形,长1.5-1.8厘米,成熟时

图 1361 无须藤 (引自《图鉴》)

红或红棕色,具不增大的宿萼,干时有多角形陷穴。种子具胚乳,胚肉质,橙红色。花期4-5月,果期6-8月。

产浙江南部、湖北西部及西南部、湖南西北部、四川中南部及东南部,生于海拔1200-2100米林中。

10. 刺核藤属 Pyrenacantha Hook. ex Wight

木质藤本。茎无卷须，不具乳汁。单叶互生，全缘或具疏齿，具柄。花单性，雌雄异株，无花瓣，雄花组成纤细的穗状花序；有小苞片；雄花花萼4裂，稀3或5裂，裂片镊合状排列；雄蕊4，与花萼裂片互生，花药内向；雌蕊退化。雌花组成密集的穗状花序或退化为单花；无小苞片；花萼和雄花的相似，宿存，外弯；退化雄蕊极短；子房1室，有1-2倒垂胚珠，无花柱，柱头盘状，有多个乳头状突体。核果稍压扁，核薄，内果皮脆壳质，外面具绉纹，内面有多数疣状或刺状突体穿入胚乳内。种子1枚，有肉质、多皱褶的胚乳，子叶叶状。

约10种，分布于热带非洲和亚洲。我国1种。

刺核藤　　　　　　　　　　　　　　图 1362

Pyrenacantha volubilis Wight in Hook. Bot. Misc. 2: 107. 1831.

木质藤本；嫩枝密被绒毛。叶长椭圆状倒卵形，长5-10厘米，先端钝或急尖，全缘或具疏离的缺刻状齿，下面被紧贴糙伏毛，侧脉3-5对，近叶缘处网结；叶柄长0.5-1厘米。雄花序腋生，为纤细而弯曲的长穗状花序，长3-8厘米；花近球形，无柄；小苞片锥形；花萼4深裂，裂片卵形；无花瓣；雄蕊花药与花丝等长，基着，纵裂；子房不发育。雌花序腋上生，为密集的窄穗状花序，长5-8毫米；花序梗长1.5-2.5厘米，被微柔毛；萼片4，卵状长圆形，先端厚而外弯，外面

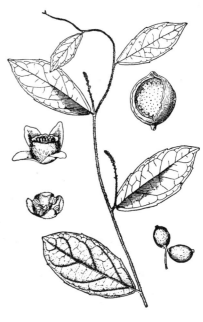

图 1362　刺核藤　（引自《海南植物志》）

密被毛；无花瓣和雄蕊；子房密被绒毛，柱头无柄，凹，具多数乳突。核果卵圆形，长约1.5厘米，压扁，先端具尖头，成熟时淡红或橙色；内果皮具伸展的刺状突体穿入种子。种子卵圆形，长约8毫米。花期5-8月，果期9月至翌年1月。

产海南南部（崖县），生于疏林中。印度、斯里兰卡至柬埔寨有分布。

11. 薄核藤属 Natsiatum Buch.-Ham. ex Arn.

攀援灌木。枝具皮孔。单叶互生，心状卵形，膜质，长8-12厘米，先端急尖，基部心形，边缘有叶脉延伸的细尖齿，两面疏被硬毛，基出脉3-5 (-7)，侧脉3-5对；叶柄长3.5-7.5厘米。雌雄异株，简单或复合的总状花序腋上生；雄花萼5深裂，宿存，花后不增大；花瓣5，基部稍连合，尖端内折，镊合状排列；雄蕊与花瓣互生，花丝宽短，基部两侧有扁瓶状附属器，花药直立，药室叉开，纵裂，药隔小而突出；子房不发育；雌花萼片、花瓣同雄花，退化雄蕊4-6，下位；子房卵圆形，无柄，被长柔毛，花柱短，圆筒形，先端2-3裂，柱头头状，1室，具2并生、悬垂胚珠，珠脊背向。核果斜卵形，扁压，成熟时黑色，中果皮薄，内果皮壳质。种子1枚，胚长与之相等，子叶薄，宽圆形或不等的倒心状卵形。

单种属。

薄核藤　　　　　　　　　　　　　　图 1363：1

Natsiatum herpeticum Buch.-Ham. ex Arn. in Edinb. New Philos.

Journ. 16: 314. 1834.

形态特征同属。

产云南西部(泸水),生于海拔2400米石灰岩山地常绿阔叶林中。印度、尼泊尔、斯里兰卡、孟加拉、缅甸、泰国、老挝及越南有分布。

图 1363: 1.薄核藤 2-3.麻核藤
（仿《Journ. Arn. Arb.》）

12. 麻核藤属 Natsiatopsis Kurz

攀援灌木。幼枝、叶柄、花序疏被糙伏毛。叶卵状长圆形,坚纸质,长11-14厘米,先端渐尖,基部心形,微波状,叶脉延伸成微小尖突,上面疏被黄褐色糙伏毛,沿脉较密,下面密被黄褐色及黄白色短柔毛,基生脉7,侧脉2对;叶柄长2-3厘米。花单性,雌雄异株;雄花序被短绒毛,2或3枚簇生于叶腋;花梗长约4.5毫米;雄花花萼4裂;花冠管状,4裂,花瓣2/3以上合生;雄蕊4,花丝宽线形;子房不发育,密被黄褐色硬毛。雌花序被黄白色短绒毛,数个簇生叶腋;雌花花萼、花冠与雄花同;子房卵圆形,被淡黄色长硬毛。核果卵圆形,压扁,长1.5-1.7厘米,密被黄色短柔毛,具不增大的宿存花萼,果柄长约1-2毫米,外果皮薄,中果皮肉质,内果皮表面具极浅的多角形陷穴。种子1。

单种属。

麻核藤　　　　　　　　　　　　　　图 1363:2-3

Natsiatopsis thunbergiaefolia Kurz in Journ. Asiat. Soc. Bengal 44, 2: 201. 1875.

形态特征同属。

产云南南部(勐腊),攀援于密林内石灰岩石上。缅甸有分布。

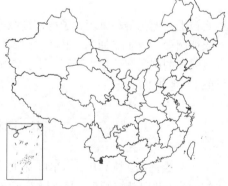

144. 心翼果科 CARDIOPTERYGACEAE

（杜玉芬）

草质藤本,具白色乳汁。单叶互生,全缘或分裂,3-7掌状脉,具长柄,无托叶。稀疏二歧聚伞花序腋生,先端蝎尾状;苞片卵形,早落;花两性或杂性,无梗;花萼5深裂,裂片覆瓦状排列,宿存;花瓣5,基部连合,覆瓦状排列，脱落；雄蕊5，与花瓣互生，生于花冠管喉部，花丝极短，花药内向，2室，纵裂；无花盘；子房短，卵圆状长圆形，稍成4棱，在雄花中退化，1室，胚珠2（1），下垂，倒生；花柱粗短，柱头2裂，一为头状，早落，另一在果时延长，顶端2裂，迟落。果具多横纹的膜质宽翅，圆形或倒心形，压扁。种子1，线形，有纵槽纹，胚极小，在极密颗粒状肉质胚乳顶部。

单属科。

心翼果属 Cardiopteris Wall. ex Bl.（Peripterygium）

形态特征同科。

3种，分布于热带东南亚至澳大利亚东北部。我国2种。

1. 翅果近圆形，翅不下延，宽2-3厘米，顶端微凹；宿存柱头延长达4-8毫米，花杂性 ························
·· 1. **大心翼果 C. platycarpa**
1. 翅果倒心形，翅下延，宽1.5-2厘米，顶端深凹；宿存柱头延长仅1-2毫米，花两性 ························
·· 2. **心翼果 C. lobata**

1. 大心翼果

图 1364：1-2

Cardiopteris platycarpa Gagnep. in Fl. Gen. Indo-China 1：847. f. 105. 1910.

Peripterygium platycarpa（Gagnep.）Sleum.；中国植物志 46：63. 1981.

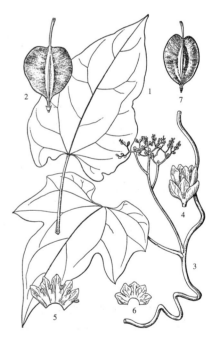

图 1364: 1-2.大心翼果 3-7.心翼果
（李锡畴绘）

草质藤本，具白色乳汁。茎无毛。叶心形、长卵状三角形或心状戟形，长7-15厘米，先端长渐尖，基部浅心形或平截，全缘或3（-5）浅裂，稀深裂，基出脉5；叶柄长3-8（-12）厘米。聚伞花序腋生，花序梗长14-16（-27）厘米。花小，白色，杂性，雌雄异株或同株。雄花萼片卵形或披针形，长1.5-2毫米，边缘有时具缘毛，下部约1/3连合；花瓣长卵形；花丝丝状，长约0.5毫米，花药长圆形，较花丝

长；子房不发育。雌花萼片长卵圆形，长约2毫米，边缘具稀疏缘毛或无毛；子房窄圆锥形，长约2-3毫米，上部具一蘑菇状附属器，花柱圆柱形，伸出花冠之外。翅果近圆形，宽2-3厘米，顶端微凹，基部翅下延，成熟时金黄色，具光泽，有宿存萼，子房柄在果时延长，顶端宿存柱头延长至4-8毫米，果柄极短。花期6-11月，果期10月至翌年1月。

产广西西部、云南南部及东南部，生于海拔130-1300米疏林、沟谷密林及灌木丛中。越南北部有分布。

2. 心翼果 裂叶心翼果

图 1364:3-7 彩片 334

Cardiopteris lobata R. Br. ex Mast. in Hook. f. Fl. Brit. Ind. 1：597. 1875.

Peripterygium quinquelobum Hassk.；中国植物志 43：64. 1981.

草质藤本，具白色乳汁。茎无毛。叶心形或心状三角形，长7-12厘米，先端长渐尖，基部戟形或心形，边缘3-5裂，稀全缘，裂片有时有浅波状疏齿，基出脉5；叶柄长4-10厘米。聚伞花序腋生，花序梗长5-10厘米；花小，两性，黄绿色；萼片卵形，长约2毫米，基部连合，无毛或外面疏被微柔毛；花瓣卵形，长约2.5毫米，边缘薄膜质，基部连合；花丝丝状，花药长圆状卵形，较花丝长；子房椭圆形，长约1.5-2毫米，微成4棱，无毛。翅果倒心形，宽1.5-2厘米，顶端深凹，基部翅不下延，成熟时金黄色，有光泽，具宿存萼，子房柄在果时延长，宿存柱头长1-2毫米；果柄极短。花期5-11月，果期10月至翌年3月。

产海南、广西西南部及云南，生于海拔150-860米山谷疏林、石灰岩山林中、沟谷边或灌丛内。印度东北部、缅甸、泰国、越南、马来半岛至印度尼西亚有分布。

145. 毒鼠子科 DICHAPETALACEAE

（李 楠）

小乔木或灌木，有时为攀援灌木。叶互生，单叶；托叶小，脱落。花组成伞房花序式聚伞花序，有时花序稠密而似头状花序，腋生；花序梗有时和叶柄贴生。花小，两性，稀单性，辐射对称或稍两侧对称；萼片5，分离或部分结合，覆瓦状排列；花瓣5，分离而相等或合生而不相等，先端2裂或近全缘；雄蕊5，与花瓣互生，分离或合生，花药2室，纵裂，药隔背部常加厚；花盘分裂为5个腺体，或为具浅波状边缘的环状花盘，腺体与花瓣对生，分离；子房上位或下位，2-3室，每室具2粒由室顶倒垂的胚珠，花柱多少结合或分离。核果，干燥或很少肉质，外果皮薄，有时爆裂。种子无胚乳，子叶肉质。

4属，约110种，分布于热带地区。我国1属，2种。

毒鼠子属 Dichapetalum Thou.

小乔木、直立灌木或攀援灌木。单叶，互生，螺旋状排列，通常假2列，全缘；叶柄短，托叶2，早落。花小，两性或很少单性；组成腋生聚伞花序。花梗顶端具关节；萼片5，覆瓦状排列，基部稍联合，不等大或等大；花瓣5，分离，多少呈匙形，先端2裂或近全缘；雄蕊5，等大；花盘分裂为5个腺体，或具浅波状边缘的环状花盘；子房上位，2-3室，花柱分离或多少结合。核果通常被柔毛，外果皮薄，带肉质，内果皮硬壳质。种子1粒。

100种以上，分布于热带和亚热带地区。我国2种。

1. 攀援灌木；叶上面中脉和侧脉上被锈色粗伏毛，其余无毛，下面被锈色长柔毛；花两性，花瓣近匙形，先端明显2裂 ·· 1. 海南毒鼠子 D. longipetalum
1. 小乔木或灌木；叶两面无毛或仅下面沿中脉被短柔毛；花单性，雌雄异株，花瓣宽匙形，先端微裂或近全缘 ··· 2. 毒鼠子 D. gelonioides

1. 海南毒鼠子

Dichapetalum longipetalum（Turcz.）Engl. in Engl. u Prantl, Nat.

图 1365

Pflanzenfam. 3（4）：348. 1896.

Chailletia longipetala Turcz. in

Bull. Soc. Nat. Mosc. 36 (1): 611. 1863.

攀援灌木, 高达4米。小枝被锈色长柔毛, 老枝无毛。叶长圆形、长圆状椭圆形或椭圆形, 长8-17厘米, 先端渐尖, 基部楔形、宽楔形或微圆, 上面沿中脉和侧脉被锈色粗伏毛, 其余无毛, 下面被锈色长柔毛, 侧脉6-7对; 叶柄长4-5毫米, 被粗毛。聚伞花序腋生, 被锈色柔毛。花两性, 具短梗; 萼片长圆形, 长3-4毫米, 外面密被灰色短柔毛; 花瓣白色, 近匙形, 长约5毫米, 无毛, 先端2裂;

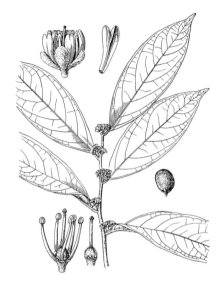

雄蕊长约5毫米; 腺体小, 近方形, 2浅裂; 子房被灰褐色柔毛, 花柱长于雄蕊, 顶端3裂。核果偏斜倒心形或偏斜椭圆形, 径约2厘米, 密被锈色短柔毛。花期7月至翌年1月, 果期1-6月。

图 1365 海南毒鼠子 (邓盈丰绘)

产海南及广西南部, 生于中海拔山地沟谷密林或疏林中。中南半岛及马来半岛有分布。

2. 毒鼠子 图 1366

Dichapetalum gelonioides (Roxb.) Engl. in Engl. u Prantl, Nat. Pflanzenfam. 3(4): 348. 1896.

Moacurra gelonioides Roxb. Fl. Ind. 2: 69. 1832.

小乔木或灌木。幼枝被紧贴短柔毛, 后变无毛。叶椭圆形、长椭圆形或长圆状椭圆形, 长6-16厘米, 先端渐尖或钝渐尖, 基部楔形或宽楔形, 稍偏斜, 全缘, 无毛或仅下面沿中脉和侧脉被短柔毛, 侧脉5-6对; 叶柄长3-5毫米, 无毛或疏被柔毛; 托叶针状, 长约3毫米, 被疏柔毛, 早落。花雌雄异株, 组成聚伞花序或单生叶腋, 稍被柔毛。花瓣宽匙形, 先端微裂或近全缘; 雌花中子房2室, 稀3室, 密被黄褐色短柔毛, 雄花中的退化子房密

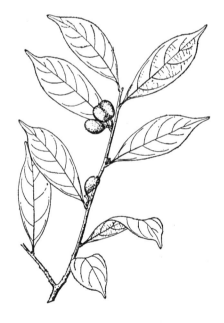

图 1366 毒鼠子 (引自《图鉴》)

被白色绵毛, 花柱1, 多少深裂。核果若2室均发育者, 则倒心形, 长宽均约1.8厘米, 若仅1室发育, 则呈偏斜的长椭圆形, 长约1.6厘米, 幼时密被黄褐色短柔毛, 成熟时被灰白色疏柔毛。果期7-10月。

产海南及云南, 生于海拔1500米左右的山地密林中。印度、斯里兰卡、菲律宾、马来西亚及印度尼西亚有分布。有剧毒, 果实、种子用于毒鼠。

本卷审校、图编、绘图、摄影及工作人员

审　　校	李沛琼　傅立国　洪　涛	
图　　编	傅立国（形态图）　郎楷永（彩片）　林　祁　张明理（分布图）	

绘　　图	（按绘图量排列）孙英宝　余汉平　何冬泉　李志民　邓晶发　钱存源
	冯晋庸　蔡淑琴　黄少容　邓盈丰　冯先洁　王金凤　冀朝祯　曾孝濂
	李锡畴　肖　溶　张世经　张泰利　范国才　余　峰　吴锡麟　张桂芝
	马　平　冯金环　何顺清　胡　涛　黄锦添　许芝源　辛茂芳　葛克俭
	李爱莉　林文宏　邹贤桂　吴彰桦　傅季平　张春方　郭木森　吕发强
	陶德圣　陈兴中　冯怀伟　胡劲波　黄门生　李光辉　李　森　刘怡涛
	刘宗汉　路桂兰　孟　玲　史渭清　杜　鸣　谭丽霞　王利生　王秀明
	王玢莹　王淑芳　万文豪　杨建昆　余志满　张荣生　左　焰

摄　　影	（按彩片数量排列）李泽贤　郎楷永　武全安　吕胜由　李延辉　林余霖
	吴光弟　邬家林　刘玉秀　陈虎彪　刘伦辉　刘　演　熊济华　陈家瑞
	李光照　傅立国　方震东　王泽富　费　勇　韦毅刚　夏聚康　杨　野
	朱格麟　陈自强　杜春华　周世权　徐朗然　董忠义　彭镜毅　谢恩福

工作人员	陈惠颖　赵　然　李　燕　孙英宝　童怀燕

Contributors

(Names are listed in alphabetical order)

Revisers   Li Peichun, Fu Likuo and Hong Tao

Graphic Editors   Fu Likuo, Lang Kaiyung, Lin Qi and Zhang Mingli

Illustrations   Cai Shuqin, Chen Xingzhong, Deng Jingfa, Deng Yingfeng, Du Ming, Fan Guocai, Feng Huaiwei, Feng Jinhuan, Feng Jinrong, Feng Xianjie, Fu Jiping,Ge Kejian, Guo Mushen, He Dongquan, He Shunqing, Hu Jinpo, Hu Tao, Huang Jintian, Huang Mensheng, Huang Shaorong, Ji Chaozhen, Li Aili, Li Guanghui, Li Sen, Li Xichuo, Li Zhimin, Lu Faqiang, Lu Guilan, Lin Wenhong, Liu Yitao, Liu Zonghan, Ma Ping, Meng Ling, Qian Cunyuan, Shi Weiqing, Sun Yingbao, Tan Lixia, Tao Desheng, Wan Wenhao, Wang Fenying, Wang Jinfeng, Wang Lisheng, Wang Shufang, Wang Xiuming, Wu Zhanghua, Wu Xiling, Xiao Rong, Xin Maofang, Xu Zhiyuan, Yang Jiankun, Yu Feng, Yu Hanping, Yu Zhiman, Zeng Xiaolian, Zhang Chunfang, Zhang Guizhi, Zhang Shijing, Zhang Taili, Zhang Rongsheng, Zhuo Yan, Zuo Xiangui

Photographs   Chen Chiajui, Chen Hubiao, Chen Ziqiang, Dong Zhongyi, Du Chunhua, Fang Zhendong, Fei Yong, Fu Likuo, Lang Kaiyung, Li Guangzhao, Li Yanhui, Li Zexian, Liu Lunhui, Liu Yian, Liu Yusiu, Lu Shengyou, LinYulin, Peng Jianyi, Wang Zefu, Wei Yigang, Wu Guangdi, Wu Jialin, Wu Quanan, Xia Jukang, Xie Enfu, Xiong Jihua, Xu Langran, Yang Ye, Zhou Shiquan and Zhu Gelia

Clerical Assistance   Chen Huiying, Li Yan, Sun Yingbao, Tong Huaiyan and Zhao Ran

彩片 1　海红豆 *Adenanthera pavonina* var. *microsperma*（林余霖）

彩片 2　榼藤 *Entada phaceoloides*
（李泽贤）

彩片 3　含羞草 *Mimosa pudica*（吕胜由）

彩片 4　银合欢 *Leucaena leucocephala*（李泽贤）

彩片 5　台湾相思 *Acacia confusa*（吕胜由）

彩片 6　儿茶 *Acacia catechu*（李延辉）

彩片 7　朱缨花　*Calliandra haematocephala*（林余霖）

彩片 8　亮叶猴耳环　*Archidendron lucida*（李泽贤）

彩片 9　猴耳环　*Archidendron clypearia*（刘　演）

彩片 10　锈毛棋子豆　*Archidendron balansae*（武全安）

彩片 11　山槐　*Albizia kalkora*（邹家林）

彩片 12　合欢　*Albizia julibrissin*（吕胜由）

彩片 13　楹树　*Albizia chinensis*（武全安）

彩片 14　野皂荚　*Gleditsia microphylla*（郎楷永）

彩片 15　华南皂荚　*Gleditsia fera*（武全安）

彩片 16　皂荚　*Gleditsia sinensis*（林余霖）

彩片 17　顶果树　*Acrocarpus fraxinifolius*（谢思福）

彩片 18　银珠　*Peltophorum tonkinense*（李泽贤）

彩片 19　凤凰木　*Delonix regia*（武全安）　　　　　彩片 20　苏木　*Caesalpinia sappan*（李泽贤）

彩片 21　金凤花　*Caesalpinia pulcherrima*（李泽贤）　　　彩片 22　刺果苏木　*Caesalpinia bonduc*（吕胜由）

彩片 23　喙荚云实　*Caesalpinia minax*（武全安）　　　彩片 24　华南云实　*Caesalpinia crista*（吕由胜）

彩片 25　云实　*Caesalpinia decapetala*（李泽贤）

彩片 26　大翅老虎刺　*Pterolobium macropterum*（李延辉）

彩片 27　老虎刺　*Pterolobium punctatum*（武全安）

彩片 28　紫荆　*Cercis chinensis*（傅立国）

彩片 29　羊蹄甲　*Bauhinia purpurea*
（郎楷永）

彩片 30　红花羊蹄甲　*Bauhinia blakeana*（郎楷永）

彩片 31　首冠藤　*Bauhinia corymbosa*（李泽贤）

彩片 32　粉叶羊蹄甲　*Bauhinia glauca*（刘　演）

彩片 33　鄂羊蹄甲　*Bauhinia glauca* subsp. *hupehana*（吴光第）

彩片 34　火索藤　*Bauhinia aurea*（武全安）

彩片 35　鞍叶羊蹄甲　*Bauhinia brahycarpa*（武全安）

彩片 36　云南羊蹄甲　*Bauhinia yunnanensis*（武全安）

彩片 37　任豆 *Zenia insignis*（武全安）

彩片 38　望江南 *Cassia occidentalis*（吴光第）

彩片 39　槐叶决明 *Cassia sophera*（邬家林）

彩片 40　含羞草决明 *Cassia mimosoides*（武全安）

彩片 41　腊肠树 *Cassia fistula*（李泽贤）

彩片 42　翅荚决明 *Cassia alata*（李泽贤）

彩片 43　黄槐决明　*Cassia surattensis*（李延辉）

彩片 44　铁刀木　*Cassia siamea*（李延辉）

彩片 45　仪花　*Lysidice rhodostegia*（武全安）

彩片 46　中国无忧花　*Saraca dives*（武全安）

彩片 47　缅茄　*Afzelia xylocarpa*（李延辉）

彩片 48　油楠　*Sindora glabra*（李泽贤）

彩片 49　酸豆 *Tamarindus indica*（武全安）

彩片 50　凹叶红豆 *Ormosia emarginata*（李泽贤）

彩片 51　槐 *Sophora japonica*（郎楷永）

彩片 52　苦豆子 *Sophora alopecuroides*（刘伦辉）

彩片 53　苦参 *Sophora flavescens*（刘伦辉）

彩片 54　砂生槐 *Sophora moocroftiana*（郎楷永）

彩片 55　白刺花　*Sophora davidii*（林余霖）

彩片 56　绒毛槐　*Sophora tomentosa*（吕胜由）

彩片 57　藤黄檀　*Dalbergia hencei*（李泽贤）　彩片 58　降香　*Dalbergia odorifera*（李泽贤）

彩片 59　相思子　*Abrus precatorius*（李泽贤）

彩片 60　广州相思子　*Abrus cantoniensis*（李泽贤）

彩片 61　小叶干花豆　*Fordia microphylla*（武全安）

彩片 62　海南崖豆藤　*Millettia pachyloba*（李泽贤）

彩片 63　厚果崖豆藤　*Millettia pachycarpa*（郎楷永）

彩片 64　网络崖豆藤　*Millettia reticulata*（韦毅刚）

彩片 65　亮叶崖豆藤　*Millettia nitida*（吕胜由）

彩片 66　香花崖豆藤　*Millettia dielsiana*
　　　　　（邹家林）

彩片 67　水黄皮　*Pongamia pinnata*（吕胜由）

彩片 68　紫藤　*Wisteria sinensis*（傅立国）

彩片 69　鱼藤　*Derris trifoliata*（吕胜由）

彩片 70　冬麻豆　*Salweeina wardii*（郎楷永）

彩片 71　刺槐　*Robinia pseudoacacia*
　　　　　（郎楷永）

彩片 72　毛洋槐　*Robinia hispida*（陈虎彪）

彩片 73　大花田菁　*Sesbania grandiflora*（李延辉）

彩片 74　木蓝　*Indigofera tinctoria*（林余霖）

彩片 75　野青树　*Indigofera suffruticosa*（吕胜由）

彩片 76　马棘　*Indigofera pseudotinctoria*（费　勇）

彩片 77　伞花假木豆　*Dendrolobium umbellatum*（吕胜由）

彩片 78　排钱树　*Phyllodium pulchellum*（李延辉）

彩片 79　小槐花　*Desmodium caudatum*（吕胜由）

彩片 80　广东金钱草　*Desmodium styracifolium*（李泽贤）

彩片 81　长波叶山蚂蝗　*Desmodium sequax*（吴光第）

彩片 82　圆叶舞草　*Codariocalyx gyroides*（李延辉）

彩片 83　葫芦茶　*Tadehagi triquetrum*（李延辉）

彩片 84　猫尾草　*Uraria crinita*（吕胜由）

彩片 85　西南莸子梢　*Campylotropis delavayi*（武全安）

彩片 86　三棱枝莸子梢　*Campylotropis trigonoclada*（李延辉）

彩片 87　莸子梢　*Campylotropis macrocarpa*（郎楷水）

彩片 88　美丽胡枝子　*Lespedeza formosa*（吕胜由）

彩片 89　胡枝子　*Lespedeza bicolor*（陈虎彪）

彩片 90　兴安胡枝子　*Lespedeza daurica*（郎楷永）

彩片 91　长叶胡枝子 *Lespedeza caraganae*
（郎楷永）

彩片 92　鹦哥花 *Erythrina arborescens*（武全安）

彩片 93　龙牙花 *Erythrina corallodendron*
（李光照）

彩片 94　刺桐 *Erythrina variegata*（吕胜由）

彩片 95　劲直刺桐 *Erythrina stricta*（李延辉）

彩片 96　白花油麻藤 *Mucuna birdwoodiana*（李泽贤）

彩片 97　大果油麻藤　*Mucuna macrocarpa*（吕胜由）

彩片 98　常春油麻藤　*Mucuna sempervirens*
（熊济华）

彩片 99　紫矿　*Butea monosperma*（李延辉）

彩片 100　肉色土圞儿　*Apios carnea*（吴光第）

彩片 101　刀豆　*Canavalia gladiata*（郎楷永）

彩片 102　小刀豆　*Canavalia cathartica*（李泽贤）

彩片 103　狭刀豆 *Canavalia lineata*（吕胜由）

彩片 104　海刀豆 *Canavalia maritima*（李泽贤）

彩片 105　豆薯 *Pachyrhizus erosus*（李泽贤）

彩片 106　葛 *Pueraria lobata*（吕胜由）

彩片 107　大豆 *Glycine max*（李泽贤）

彩片 108　心叶山黑豆 *Dumasia cordifolia*（武全安）

彩片 109　距瓣豆　*Centrosema pubescens*　（吕胜由）　　　　彩片 110　蝶豆　*Clitoria ternatea*（李光照）

彩片 111　四棱豆　*Psophocarpus tetragonolobus*（林余霖）

彩片 112　扁豆　*Lablab purpureus*　（郎楷永）

彩片 113　豇豆　*Vigna unguiculata*（郎楷永）　　　　彩片 114　菜豆　*Phaseolus vulgaris*（郎楷永）

彩片 115　荷包豆　*Phaseolus coccineus*（陈虎彪）

彩片 116　大花虫豆　*Cajanus grandiflorus*（李延辉）

彩片 117　蔓草虫豆　*Cajanus scarabaeoides*（吕胜由）

彩片 118　大叶千斤拔　*Flemingia macrophylla*（李泽贤）

彩片 119　鹿霍　*Rhynchosia volubilis*（李泽贤）

彩片 120　补骨脂　*Psoralea corylifolia*（陈虎彪）

彩片 121　紫穗槐　*Amorpha fruticosa*（郎楷永）

彩片 122　落花生　*Arachis hypogaea*（李泽贤）

彩片 123　苦马豆　*Sphaerophysa salsula*
（陈虎彪）

彩片 124　铃铛刺　*Halimodendron halodendron*（郎楷永）

彩片 125　锦鸡儿　*Caragana sinica*（林余霖）

彩片 126　西藏锦鸡儿　*Caragana spinifera*（郎楷永）

彩片 127　鬼箭锦鸡儿　*Caragana jubata*（郎楷永）

彩片 128　印度锦鸡儿　*Caragana gerardiana*（郎楷永）

彩片 129　变色锦鸡儿　*Caragana versicolor*（郎楷永）

彩片 130　云雾雀儿豆　*Chesneya nubigena*（郎楷永）

彩片 131　黄蓍　*Astragalus membranaceus*
　　　　　（杨　野）

彩片 132　蒙古黄蓍　*Astragalus membranaceus* var. *mongholicus*（林余霖）

彩片 133　细叶黄蓍　*Astragalus melilotoides* var. *tenuis*（郎楷永）

彩片 134　华黄蓍　*Astragalus chinensis*（林余霖）

彩片 135　紫云英　*Astragalus sinicus*（吕胜由）

彩片 136　笔直黄蓍　*Astragalus strictus*（郎楷永）

彩片 137　小叶棘豆　*Oxytropis microphylla*（郎楷永）

彩片 138　镰荚棘豆　*Oxytropis falcata*（郎楷永）

彩片 139　毛瓣棘豆　*Oxytropis sericopetale*（郎楷永）

彩片 140　骆驼刺　*Alhagi sparsifolia*（郎楷永）

彩片 141　多序岩黄蓍　*Hedysarum polybotrys*（林余霖）

彩片 142　湿地岩黄蓍　*Hedysarum inundatum*（郎楷永）

彩片 143　华北岩黄蓍　*Hedysarum gmelinii*（郎楷永）

彩片 144　歪头菜　*Vicia unijuga*（陈虎彪）

彩片 145　豌豆　*Pisum sativum*（林余霖）

彩片 146　胡卢巴　*Trigonella foenum-graecum*（林余霖）

彩片 147　红车轴草　*Trifolium pratense*（武全安）

彩片 148　猪屎豆　*Crotalaria pallida*
（林余霖）

彩片 149　光萼猪屎豆　*Crotalaria zanzibarica*（吕胜由）

彩片 150　多疣猪屎豆　*Crotalaria verrucosa*
（吕胜由）

彩片 151　大猪屎豆 *Crotalaria assamica*（武全安）

彩片 152　四棱猪屎豆 *Crotalaria tetragona*（李廷辉

彩片 153　假地蓝 *Crotalaria ferruginea*
（邬家林）

彩片 154　野百合 *Crotalaria sessiliflora*（吕胜由）

彩片 155　响铃豆 *Crotalaria albida*
（武全安）

彩片 156　山豆根 *Euchresta japonica*
（李泽贤）

彩片 157　尼泊尔黄花木 *Piptanthus nepalensis*（郎楷永）

彩片 158　黄花木　*Piptanthus concolor*
（李延辉）

彩片 159　沙冬青　*Ammopiptanthus mongolicus*（周世权）

彩片 160　小沙冬青　*Ammopiptanthus nanus*（杜春华）

彩片 161　披针叶黄华　*Thermopsis lanceolata*
（郎楷永）

彩片 162　高山黄华　*Thermopsis alpina*（方震东）

彩片 163　紫花黄华　*Thermopsis barbata*（郎楷永）

彩片 164　长叶胡颓子　*Elaeagnus bockii*（邬家林）

彩片 165　翅果油树　*Elaeagnus mollis*（董忠义）

彩片 166　牛奶子　*Elaeagnus umbellata*（熊济华）

彩片 167　中国沙棘　*Hippophae rhamnoides* subsp. *sinensis*
（刘玉琇）

彩片 168　云南沙棘　*Hippophae rhamnoides* subsp. *yunnanensis*
（刘伦辉）

彩片 169　中亚沙棘　*Hippophae rhamnoides* subsp. *turkestanica*
（刘玉琇）

彩片 170　山龙眼　*Helicia formosana*（吕胜由）

彩片 171　网脉山龙眼　*Helicia reticulata*
（武全安）

彩片 172　深绿山龙眼　*Helicia nilagirica*（武全安）

彩片 173　海桑　*Sonneratia caseolaris*（李泽贤）

彩片 174　八宝树　*Duabanga grandiflora*（李延辉）

彩片 175　节节菜　*Rotala indica*（吕胜由）

彩片 176　圆叶节节菜　*Rotala rotundifolia*（邬家林）

彩片 177　千屈菜　*Lythrum salicaria*（武全安）

彩片 178　虾仔花　*Woodfordia fruticosa*（李延辉）

彩片 179　水芫花　*Pemphis acidula*（吕胜由）

彩片 180　紫薇 *Lagerstroemia indica*（郎楷永）

彩片 181　南紫薇 *Lagerstroemia subcostata*（吕胜由）

彩片 182　大花紫薇 *Lagerstroemia speciosa*（刘　演）

彩片 183　土沉香 *Aquilaria sinensis*（李延辉）

彩片 184　革叶荛花 *Wikstroemia scytophylla*（贵　勇）

彩片 185　细轴荛花 *Wikstroemia nutans*（李泽贤）

彩片 186　了哥王　*Wikstroemia indica*（刘伦辉）

彩片 187　北江荛花　*Wikstroemia monnula*（李泽贤）

彩片 188　凹叶瑞香　*Daphne retusa*（郎楷永）

彩片 189　白瑞香　*Daphne papyracea*（李泽贤）

彩片 190　滇瑞香　*Daphne feddei*（武全安）

彩片 191　狼毒　*Stellera chamaejasme*（郎楷永）

彩片 192　桉树 *Eucalyptus robusta*（吴光第）

彩片 193　蓝桉 *Eucalyptus globulus*（刘伦辉）

彩片 194　直杆蓝桉 *Eucalyptus maideni*（刘伦辉）

彩片 195　红千层 *Callistemon rigidus*（刘玉琇）

彩片 196　垂枝红千层 *Callistemon viminalis*（熊济华）

彩片 197　岗松 *Baeckea frutescens*（李泽贤）

彩片 198　肖蒲桃　*Acmena acuminatissima*（吕胜由）

彩片 199　蒲桃　*Syzygium jambos*（郎楷永）

彩片 200　洋蒲桃　*Syzygium samarangense*（林余霖）

彩片 201　阔叶蒲桃　*Syaygium latilimbum*（武全安）

彩片 202　赤楠　*Syzygium buxifolium*（李延辉）

彩片 203　黑咀蒲桃　*Syzygium bullockii*（李泽贤）

彩片 204　水竹蒲桃 *Syzygium fluviatile*（李泽贤）

彩片 205　桃金娘 *Rhodomyrtus tomentosa*（吕胜由）

彩片 206　华夏子楝树 *Decaspermum esguirolii*
　　　　　（韦毅刚）

彩片 207　子楝树 *Decaspermum gracilentum*（吕胜由）

彩片 208　番石榴 *Psidium guajava*（林余霖）

彩片 209　石榴 *Punica granatum*（郎楷永）

彩片 210　假柳叶菜　*Ludwigia epilobioides*（李延辉）

彩片 211　草龙　*Ludwigia hyssopifolia*（李延辉）

彩片 212　水龙　*Ludwigia adscendens*（陈家瑞）

彩片 213　台湾水龙　*Ludwigia x taiwanensis*（陈家瑞）

彩片 214　黄花水龙　*Ludwigia peploides* subsp. *stipulacea*（陈家瑞）

彩片 215　倒挂金钟　*Fuchsia hybrida*（李泽贤）

彩片 216　黄花月见草　*Oenothera glazioviana*（武全安）

彩片 217　待霄草　*Oenothera stricta*（邬家林）

彩片 218　宽叶柳兰　*Epilobium latifolium*（方震东）

彩片 219　网脉柳兰　*Epilobium conspersum*（陈家瑞）

彩片 220　柳兰　*Epilobium angustifolium*（邱楷永）

彩片 221　毛脉柳兰　*Epilobium angustifolium* subsp. *circumvagum*（邱楷永）

彩片 222　柳叶菜 *Epilobium hirsutum*（郎楷永）

彩片 223　南湖柳叶菜 *Epilobium nankataizanense*（彭镜毅）

彩片 224　毛脉柳叶菜 *Epilobium amurense*（李延辉）

彩片 225　金锦香 *Osbeckia chinensis*（李泽贤）

彩片 226　假朝天罐 *Osbeckia crinita*（武全安）

彩片 227　朝天罐 *Osbeckia opipara*（李光照）

彩片 228　蚂蚁花　*Osberckia nepalensis*（武全安）

彩片 229　地念　*Melastoma dodecandrum*（李泽贤）

彩片 230　展毛野牡丹　*Melastoma normale*
（武全安）

彩片 231　野牡丹　*Melastoma candidum*（郎楷永）

彩片 232　毛念　*Melastoma sanguineum*（刘玉琇）

彩片 233　越南异形木　*Allomorphia baviensis*
（李延辉）

彩片 234　尖子木　*Oxyspora paniculata*（武全安）　　彩片 235　小花叶底红　*Phyllagathis fordii* var. *micrantha*（熊济华）

彩片 236　锦香草　*Phyllagathis cavaleriei*（郎楷永）　　彩片 237　劲枝异药花　*Fordiophyton strictum*（武全安）

彩片 238　异药花　*Fordiophyton faberi*（吴光第）　　彩片 239　肉穗草　*Sarcopyramis bodinieri*（邬家林）

彩片 240　楮头红　*Sarcopyramis nepalensis*（吴光第）

彩片 241　顶花酸脚杆　*Medinilla assamica*（李泽贤）

彩片 242　榆绿木　*Anogeissus acuminata* var. *lanceoloata*
　　　　（夏聚康）

彩片 243　千果榄仁　*Terminalia myriocarpa*（武全安）

彩片 244　榄仁树　*Terminalia catappa*（李延辉）

彩片 245　诃子　*Terminalia chebula*（林余霖）

彩片 246　红榄李 *Lumnitzera littorea*（李泽贤）

彩片 247　榄李 *Lumnitzera racemosa*（李泽贤）

彩片 248　使君子 *Quisqualis indica*（李泽贤）

彩片 249　石风车子 *Combretum wallichii*（武全安）

彩片 250　水密花 *Combretum punctatum* subsp. *squamosum*（李泽贤）

彩片 251　红树 *Rhizophora apiculata*（李泽贤）

彩片 252　红海兰　*Rhizophora stylosa*（李泽贤）

彩片 253　秋茄树　*Kandelia candel*（李泽贤）

彩片 254　木榄　*Bruguiera gymnorrhiza*（李泽贤）

彩片 255　竹节树　*Carallia brachiata*（武全安）

彩片 256　山红树　*Pellacalyx yunnanensis*（夏聚康）

彩片 257　土坛树　*Alangium salviifolium*（李泽贤）

彩片 258　瓜木　*Alangium platanifolium*（邹家林）

彩片 259　八角枫　*Alangium chinense*（李泽贤）

彩片 260　毛八角枫　*Alangium kurzii*（武全安）

彩片 261　喜树　*Camptotheca acuminata*（李泽贤）

彩片 262　珙桐　*Davidia involucrata*（王泽富）

彩片 263　光叶珙桐　*Davidia involucrata* var. *vilmoniniana*
（王泽富）

彩片 264　灯台树　*Cornus controversa*（邬家林）

彩片 265　长圆叶梾木　*Cornus oblouga*（武全安）

彩片 266　红瑞木　*Cornus alba*（刘玉琇）

彩片 267　梾木　*Cornus macrophylla*（陈虎彪）

彩片 268　毛梾　*Cornus walteri*（刘玉琇）

彩片 269　四照花　*Dendrobenthamia japonica* var. *chinensis*
（朱格麟）

彩片 270　头状四照花　*Dendrobenthamia capitata*（武全安）

彩片 271　山茱萸　*Macrocarpium officinale*（林余霖）

彩片 272　青木　*Aucuba japonica*（郎楷永）

彩片 273　花叶青木　*Aucuba japonica* var. *variegata*（郎楷永）

彩片 274　倒心叶珊瑚　*Aucuba obcordata*（吴光第）

彩片 275　西域青荚叶　*Helwingia himalaica*（郎楷永）

彩片 276　中华青荚叶　*Helwingia chinensis*（邱楷永）

彩片 277　峨眉青荚叶　*Helwingia omeiensis*（吴光第）

彩片 278　十齿花　*Dipentodon sinicus*（陈自强）

彩片 279　海檀木　*Ximenia americana*（李泽贤）

彩片 280　蒜头果　*Malania olerfera*（刘　演）

彩片 281　疏花铁青树　*Olax austro-sinensis*（李泽贤）

彩片 282　赤苍藤　*Erythropalum scandens*（李泽贤）

彩片 283　山柑藤　*Cansjera rheedii*（李泽贤）

彩片 284　檀香　*Santalum album*（李泽贤）

彩片 285　檀梨　*Pyrularia edulis*（武全安）

彩片 286　沙针　*Osyris wightiana*（熊济华）

彩片 287　硬核　*Scleropyrum wallichianum*（李泽贤）

彩片 288　双花鞘花 *Macrosolen bibracleolatus*
（李泽贤）

彩片 289　离瓣寄生 *Helixanthera parasitica*（李泽贤）

彩片 290　柳叶钝果寄生 *Taxillus delavayi*（邬家林）

彩片 291　栗寄生 *Korthalsella japonica*（吕胜由）

彩片 292　瘤果槲寄生 *Viscum ovalifolium*（李泽贤）

彩片 293　扁枝槲寄生 *Viscum articulatum*（林余霖）

彩片 294　枫香槲寄生　*Viscum liquidambaricolum*（吕胜由）

彩片 295　棱枝槲寄生　*Viscum diospyrosicolum*（郎楷永）

彩片 296　红冬蛇菰　*Balanophora harlandii*（吕胜由）

彩片 297　扶芳藤　*Euonymus fortunei*（武全安）

彩片 298　冬青卫矛　*Euonymus japonicus*（吕胜由）

彩片 299　肉花卫矛　*Euonymus carnosus*（吕胜由）

彩片 300　白杜　*Euonymus maackii*（郎楷永）

彩片 301　角翅卫矛　*Euonymus cornutus*（武全安）

彩片 302　紫花卫矛　*Euonymus porphyreus*（吴光第）

彩片 303　南蛇藤　*Celastrus orbiculatus*（刘玉琇）

彩片 304　东南南蛇藤　*Celastrus punctatus*（吕胜由）

彩片 305　青江藤　*Celastrus hindsii*（李泽贤）

彩片 306　独子藤　*Celastrus monospermus*（李泽贤）

彩片 307　变叶美登木　*Maytenus diversifolius*（吕胜由）

彩片 308　滇南美登木　*Maytenus austro-yunnanensis*（李延辉）

彩片 309　美登木　*Maytenus hookeri*（李延辉）

彩片 310　膝柄木　*Bhesa robusta*（刘　演）

彩片 311　雷公藤　*Tripterygium wilfordii*（吕胜由）

彩片 312　昆明山海棠　*Tripterygium hypoglaucum*（武全安）

彩片 313　台湾核子木　*Perrottetia arisanensis*（吕胜由）

彩片 314　程香仔树　*Loeseneriella concinna*（李泽贤）

彩片 315　铁冬青　*Ilex rotunda*（李泽贤）

彩片 316　枸骨　*Ilex cornuta*（林余霖）

彩片 317　猫儿刺　*Ilex pernyi*（徐朗然）

彩片 318　刺叶冬青 *Ilex bioritsensis*（吕胜由）

彩片 319　大叶冬青 *Ilex latifolia*（刘玉琇）

彩片 320　台湾冬青 *Ilex formosana*（吕胜由）

彩片 321　榕叶冬青 *Ilex ficoidea*（吕胜由）

彩片 322　毛冬青 *Ilex pubescens*（林余霖）

彩片 323　小果冬青 *Ilex micrococca*（吕胜由）

彩片 324 毛梗冬青 *Ilex micrococca f. pilosa*（武全安）

彩片 325 多脉冬青 *Ilex polyneura*（武全安）

彩片 326 沙坝冬青 *Ilex chapaensis*（武全安）

彩片 327 秤星树 *Ilex asprella*（吕胜由）

彩片 328 琼榄 *Gonocaryum lobbianum*（李泽贤）

彩片 329 台湾琼榄 *Gonocaryum calleryanum*（吕胜由）

彩片 330　马比木　*Nothapodytes pittosporoides*（吴光第）

彩片 331　瘤枝微花藤　*Iodes seguini*（武全安）

彩片 333　微花藤　*Iodes cirrhosa*（李延辉）

彩片 332　小果微花藤　*Iodes vitiginea*（武全安）

彩片 334　心翼果　*Cardiopteris lobata*（李延辉）